Kapazitätsplanung mit SAP®

SAP PRESS ist eine gemeinschaftliche Initiative von SAP SE und der Rheinwerk Verlag GmbH. Unser Ziel ist es, Ihnen als Anwenderinnen und Anwendern qualifiziertes SAP-Wissen zur Verfügung zu stellen. SAP PRESS vereint das Know-how der SAP und die verlegerische Kompetenz von Rheinwerk. Die Bücher bieten Ihnen Expertenwissen zu technischen wie auch zu betriebswirtschaftlichen SAP-Themen.

Damit Sie nach weiteren Titeln Ihres Interessengebiets nicht lange suchen müssen, haben wir eine kleine Auswahl zusammengestellt.

Mario Destradi, Stephan Kiesel, Christian Lorey,
Stefano Schütte, Bernd Lauterbach
Logistik mit SAP S/4HANA
616 Seiten, 2., aktualisierte und erweiterte Auflage 2019, gebunden
ISBN 978-3-8362-6671-0
www.sap-press.de/4789

Oliver Baltes, Heribert Lakomy, Petra Spieß, Elke Wörmann-Wiese
SAP-Materialwirtschaft Das Praxishandbuch
777 Seiten, 2017, gebunden
ISBN 978-3-8362-4419-0
www.sap-press.de/4280

Michael Grafunder, Ferenc Gulyássy, Binoy Vithayathil
SAP Integrated Business Planning. Prozesse, Funktionen, Implementierung
634 Seiten, 2020, gebunden
ISBN 978-3-8362-6324-5
www.sap-press.de/4647

Ferenc Gulyássy, Marc Hoppe, Oliver Köhler, Binoy Vithayathil
Disposition mit SAP
777 Seiten, 2., aktualisierte und erweiterte Auflage 2014, gebunden
ISBN 978-3-8362-2644-8
www.sap-press.de/3475

Ferenc Gulyássy, Binoy Vithayathil

Kapazitätsplanung mit SAP®

Liebe Leserin, lieber Leser,

stellen Sie sich vor, Sie haben einige Freunde zum Essen eingeladen. Alles ist von langer Hand geplant und gut vorbereitet. Doch während Sie gerade die Ente in den Ofen schieben, fragt ein Freund vorsichtig nach, ob er noch weitere Bekannte mitbringen darf. Obwohl Sie schon großzügig gerechnet haben, reicht das Essen für so viele Personen nicht aus und eine zweite Ente haben Sie nicht besorgt – Ihre Kapazitäten sind erschöpft. Während Sie in diesem Fall den Lieferservice anrufen können und die unvorhergesehene Entwicklung den netten Abend nicht sprengt, hätte ein Unvorbereitetsein dieser Art für viele Unternehmen katastrophale wirtschaftliche Folgen.

Ferenc Gulyássy und Binoy Vithayathil zeigen Ihnen in diesem Buch, wie Sie Ihre Kapazitäten mit dem SAP-System exakt und zuverlässig planen. Dabei gehen sie sowohl auf die lang- als auch auf die kurzfristige Kapazitätsplanung ein und stellen Ihnen alle relevanten Funktionen in SAP S/4HANA und SAP ERP, IBP und APO ausführlich vor. Ob pMRP, SNP, CTM oder ePP/DS: Sie erfahren, welche Planungsfunktionen für Sie infrage kommen und wie Sie sie einsetzen und miteinander kombinieren. Darüber hinaus erhalten Sie alle nötigen Informationen zu relevanten Stamm- und Bewegungsdaten und lernen verwandte Prozessschritte wie die Ausführung und die Planung von Transporten kennen. Auf dass sich Ihre Pläne nicht mehr einfach durchkreuzen lassen!

Wir freuen uns stets über Lob, aber auch über kritische Anmerkungen, die uns helfen, unsere Bücher zu verbessern. Scheuen Sie sich nicht, mich zu kontaktieren. Ihre Fragen und Kommentare sind jederzeit willkommen.

Ihre Maike Lübbers
Lektorat SAP PRESS

maike.luebbers@rheinwerk-verlag.de
www.rheinwerk-verlag.de
Rheinwerk Verlag · Rheinwerkallee 4 · 53227 Bonn

Auf einen Blick

Wir hoffen, dass Sie Freude an diesem Buch haben und sich Ihre Erwartungen erfüllen. Ihre Anregungen und Kommentare sind uns jederzeit willkommen. Bitte bewerten Sie doch das Buch auf unserer Website unter **www.rheinwerk-verlag.de/feedback**.

An diesem Buch haben viele mitgewirkt, insbesondere:

Lektorat Maike Lübbers
Korrektorat Anna Krepper, Rommerskirchen
Herstellung Vera Brauner
Typografie und Layout Vera Brauner
Einbandgestaltung Bastian Illerhaus
Coverbild Shutterstock: 432490420 © Nuamfolio
Satz SatzPro, Krefeld
Druck Beltz Grafische Betriebe, Bad Langensalza

Dieses Buch wurde gesetzt aus der TheAntiquaB (9,35/13,7 pt) in FrameMaker. Gedruckt wurde es auf chlorfrei gebleichtem Offsetpapier (90 g/m^2). Hergestellt in Deutschland.

Bibliografische Information der Deutschen Nationalbibliothek:
Die Deutsche Nationalbibliothek verzeichnet diese Publikation in der Deutschen Nationalbibliografie; detaillierte bibliografische Daten sind im Internet über *http://dnb.dnb.de* abrufbar.

ISBN 978-3-8362-7355-8

2., aktualisierte und erweiterte Auflage 2021

Informationen zu unserem Verlag und Kontaktmöglichkeiten finden Sie auf unserer Verlagswebsite **www.rheinwerk-verlag.de**. Dort können Sie sich auch umfassend über unser aktuelles Programm informieren und unsere Bücher und E-Books bestellen.

Inhalt

TEIL III Langfristige Kapazitätsplanung

16 Zeitreihenbasierte Kapazitätsplanung in SAP IBP 403

17 Auftragsbasierte Kapazitätsplanung in SAP IBP 459

18 Interaktive mittel- bis langfristige Kapazitätsplanung in SAP IBP 475

TEIL V Kurzfristige Kapazitätsplanung

21 Heuristiken der kurzfristigen Kapazitätsplanung in SAP APO und ePP/DS 603

22 Optimierung in der kurzfristigen Kapazitätsplanung in SAP APO und ePP/DS 645

23 Kapazitive Verfügbarkeitsprüfung 663

24 Sonderprozesse in der kurzfristigen Kapazitätsplanung in SAP APO und ePP/DS 693

25 Interaktive, kurzfristige Kapazitätsplanung in SAP APO und ePP/DS 717

TEIL VI Anschließende Prozessschritte und Kapazitätsplanungsszenarios

29 Beispielszenario 815

30 Fazit und Ausblick 833

Anhang 835

Einleitung

Die Kapazitätsplanung nimmt in physisch wertschöpfenden Unternehmen eine zunehmend wichtigere Rolle ein. Denn in einem stringenten Planungsprozess können nur valide und betriebswirtschaftlich sinnvoll verwendbare Ergebnisse entstehen, wenn die begrenzten Kapazitäten in den Planungsprozess einbezogen werden, die in der Praxis in der Regel zu beobachten sind.

In diesem Buch steht die Darstellung einer integrierten Lösung zur kapazitiven Planung unter Berücksichtigung von Materialverfügbarkeit mit Systemen von SAP im Fokus. In diesem Rahmen werden die Planungsfunktionalitäten der ERP-Systeme SAP ECC und SAP S/4HANA sowie von SAP Advanced Planning and Optimization (SAP APO) als Teil des SAP-SCM-Systems berücksichtigt. Ebenfalls Berücksichtigung findet SAP Integrated Business Planning (SAP IBP), welches als cloudbasierte Lösung die jüngste der Planungsfunktionen von SAP darstellt. Darüber hinaus zeigen wir einleitend betriebswirtschaftliche Zusammenhänge auf, geben einen Überblick über alle relevanten Stamm- und Bewegungsdatenobjekte und vermitteln Ihnen anhand eines Beispiels einen Eindruck vom Einsatz der SAP-Funktionen zur lang- und kurzfristigen Kapazitätsplanung.

Zielgruppe

Das Buch ist für Mitarbeiter von Unternehmen interessant, die sich in verschiedenen Funktionsbereichen mit der Erstellung und Beurteilung von Planungen im Rahmen eines betrieblichen Wertschöpfungsprozesses unter Berücksichtigung von begrenzten Kapazitätsangeboten befassen. Es richtet sich somit an die Mitarbeiter aller Unternehmen, die nicht rein auf den Handel von Gütern und Dienstleistungen spezialisiert sind. Dies schließt Berater, leitende Mitarbeiter der Projekt-, Produktions- und Absatzplanung, Projektplaner, Disponenten, Fertigungssteuerer, Absatzplaner sowie Mitarbeiter der Auftragsabwicklung und der IT-Abteilung mit ein.

Darüber hinaus wendet sich das Buch auch an Entscheidungsträger, die sich einen Überblick über die Möglichkeiten der Kapazitätsplanung mit SAP verschaffen möchten, sowie an alle Leser, die an Projekt-, Produktions-, Beschaffungs- und Instandhaltungsplanung interessiert sind.

Aufbau

Zur Darstellung der Möglichkeiten einer integrierten Planung unter Berücksichtigung von Material- und Kapazitätsverfügbarkeit stellen wir Ihnen in sieben Teilen die Funktionen der mittel- bis langfristigen sowie der kurzfristigen Kapazitätsplanung vor.

In **Teil I, »Grundlagen und Prozesse«**, gehen wir zunächst auf die Grundlagen und Prozesse der Kapazitätsplanung im Allgemeinen ein. Dabei stellen wir Ihnen in Kapitel 1, »Erweitertes MRP-II-Konzept«, zunächst das grundlegende Konzept für die Planung vor. In Kapitel 2, »Kapazitätsplanung«, gehen wir anschließend auf die Grundlagen der Kapazitätsplanung ein und stellen Ihnen verschiedene Szenarien vor.

In **Teil II, »Stamm- und Bewegungsdaten«**, stellen wir Ihnen die relevanten Stamm- und Bewegungsdaten für die Kapazitätsplanung vor. Dabei gehen wir in Kapitel 3, »Globale Stammdaten«, zunächst auf die globalen Stammdaten ein, bevor wir Ihnen in Kapitel 4, »Anwendungsspezifische Stammdaten«, die spezifischen Stammdaten der einzelnen Anwendungen vorstellen. Anschließend stellen wir Ihnen in Kapitel 5, »Bewegungsdaten«, mit den Bewegungsdaten die relevanten Planungsobjekte der Kapazitätsplanung vor. Nachdem Sie sich mit den wichtigsten Objekten zur Planung vertraut gemacht haben, erläutern wir in Kapitel 6, »Integration von Stamm- und Bewegungsdaten in SAP APO, ePP/DS und SAP IBP«, die Möglichkeiten, diese Stamm- und Bewegungsdaten aus dem verwaltenden ERP-System an die Planungssysteme APO und IBP zu übertragen, bevor wir Ihnen in Kapitel 7, »Funktionen der Auftragsanlage«, den für die Kapazitätsplanung grundlegenden Schritt der Auftragsanlage darlegen.

Im sich anschließenden **Teil III, »Langfristige Kapazitätsplanung«**, gehen wir im Detail auf die mittel- bis langfristige Kapazitätsplanung ein. Zu diesem Zweck wird zunächst in Kapitel 8, »Langfristplanung und predictive MRP in SAP ECC und SAP S/4HANA«, die Funktion der Langfristplanung im SAP-ERP-System dargestellt, bevor wir in den nachfolgenden Kapiteln die mittel- bis langfristigen Kapazitätsplanungsfunktionen von SAP APO erläutern. In Kapitel 9, »Grundlagen der langfristigen Kapazitätsplanung in SAP APO«, stellen wir Ihnen die Grundlagen vor, bevor die zentralen Funktionen im Detail in Kapitel 10, »SNP-Heuristik/Kapazitätsabgleich in SAP APO«, Kapitel 11, »SNP-Optimierer in SAP APO«, und Kapitel 12, »Capable-to-Match (CTM) in SAP APO«, beschrieben werden. Kapitel 13, »Sonderprozesse in der langfristigen Planung in SAP APO«, gibt Ihnen einen Überblick über Sonderfunktionen im Rahmen der langfristigen Kapazitätsplanung. Zum Abschluss dieses Teils gehen wir in Kapitel 14, »Interaktive, langfristige Kapazitätsplanung«, auf die Funktionen der interaktiven Planung in der mittel- bis langfristigen Kapazitätsplanung ein.

Teil IV, »Mittel- bis langfristige Kapazitätsplanung«, gibt Ihnen einen Überblick über die Kapazitätsplanungsfunktionen von SAP-IBP. Zu diesem Zweck führen wir Sie in Kapitel 15, »Grundlagen der mittel- bis langfristigen Kapazitätsplanung in SAP IBP«, zunächst in die Grundlagen ein, bevor wir in Kapitel 16, »Zeitreihenbasierte Kapazitätsplanung in SAP IBP«, und Kapitel 17, »Auftragsbasierte Kapazitätsplanung in SAP IBP«, die Details zu den einzelnen Planungsfunktionen erläutern. Analog zur

Vorgehensweise in Kapitel 17 schließen wir auch hier mit den Funktionen der interaktiven Planung (Kapitel 18, »Interaktive mittel- bis langfristige Kapazitätsplanung in SAP IBP«).

Der sich anschließende **Teil V, »Kurzfristige Kapazitätsplanung«**, ist analog aufgebaut. Nach einer Beschreibung der in den SAP-ERP-Systemen vorhandenen Kapazitätsplanungsfunktionalitäten von Capacity Requirements Planning in Kapitel 19, »Kapazitätsplanung in SAP ECC und SAP S/4HANA«, gehen wir in Kapitel 20, »Grundlagen der kurzfristigen Kapazitätsplanung in SAP APO und ePP/DS«, auf die grundlegende Basis der Kapazitätsplanungsfunktionalität im kurzfristigen Bereich im APO-System bzw. in ePP/DS ein. Im Anschluss daran finden Sie in Kapitel 21, »Heuristiken der kurzfristigen Kapazitätsplanung in SAP APO und ePP/DS«, detaillierte Beschreibungen zu Heuristiken, und in Kapitel 22, »Optimierung in der kurzfristigen Kapazitätsplanung in SAP APO und ePP/DS«, stellen wir Ihnen die kurzfristige Kapazitätsplanung im APO-System vor. In Kapitel 23, »Kapazitive Verfügbarkeitsprüfung«, gehen wir auf eine Funktionalität ein, die eine Integration der Kapazitätsplanung in die Verfügbarkeitsprüfung bzw. die Auftragsanlage ermöglicht. Im Rahmen von Kapitel 24, »Sonderprozesse in der kurzfristigen Kapazitätsplanung in SAP APO und ePP/DS«, erläutern wir – vergleichbar mit Kapitel 13 zur langfristigen Kapazitätsplanung – Sonderprozesse für den Kurfristhorizont. Anschließend stellen wir Ihnen in Kapitel 25, »Interaktive, kurzfristige Kapazitätsplanung in SAP APO und ePP/DS«, die interaktive Planung in der kurzfristigen Kapazitätsplanung vor.

In **Teil VI, »Anschließende Prozessschritte und Kapazitätsplanungsszenarios«**, gehen wir zunächst auf Prozessschritte ein, die üblicherweise auf die Kapazitätsplanung folgen. Zu diesem Zweck stellen wir in Kapitel 26, »Auftragsausführung (Execution)«, vor, wie Sie die Pläne der kapazitiven Planung ausführen. Den Transport der vorab beschafften Mengen behandeln wir in Kapitel 27, »Kapazitive Planung von Transporten«. Abschließend gehen wir in diesem Teil auf Integrationsszenarien ein (Kapitel 28, »Integration der Kapazitätsplanungsfunktionen«) und stellen Ihnen in Kapitel 29, »Beispielszenario«, den Ablauf einer Kapazitätsplanung anhand eines Beispiels vor. In Kapitel 30, »Fazit und Ausblick«, ziehen wir dann abschließend ein kurzes Fazit und wagen einen Blick in die Zukunft der Kapazitätsplanung.

Im **Anhang** listen wir einige relevante Schnittstellen für Sie auf, mit denen Sie individuelle Funktionserweiterungen entwickeln können.

Hinweise zur Lektüre

Für die Darstellungen in diesem Buch haben wir die folgende Systemkonstellation verwendet:

- SAP-ERP-Systeme:
  - SAP ERP 6.07 (im Folgenden als »SAP ECC« oder »ECC-System« bezeichnet)
  - SAP S/4HANA 1909 On-Premise (im Folgenden als »SAP S/4HANA«, »(SAP-)S/4HANA-System« oder »(SAP-)S/4HANA-Kern« bezeichnet)
- SAP SCM 7.03 (im Folgenden als »(SAP-)APO-System« bezeichnet)
  Im APO-System gehen wir auf die Funktionalitäten einer klassischen SCM-Serverinstallation ein. Die Option, SAP APO als Add-on zum ERP-System einzusetzen, wird nicht explizit betrachtet. Entsprechende Funktionen im kurzfristigen Produktions- und Feinplanungsbereich bringt ePP/DS bereits mit; diese behandeln wir genauso explizit wie die Kapazitätsplanungsfunktionen des IBP-Systems.
- Extended PP/DS in SAP S/4HANA 1909 On-Premise (im Folgenden als »ePP/DS« bezeichnet)
  Da es sich hier um eine in das SAP-S/4HANA-System eingebettete Komponente handelt, verwenden wir für das »übrige S4HANA-System« den Begriff »(SAP-) S/4HANA-Kern« (engl. Core), wenn es um die Abgrenzung zwischen den Funktionen geht.
- SAP IBP 2008 (im Folgenden als »(SAP-)IBP-System« bezeichnet)

Um den Erläuterungen gut folgen zu können, sollten Sie möglichst Folgendes mitbringen:

- ein Grundverständnis von SAP-Begriffen
- ein Grundverständnis von betriebswirtschaftlichen Zusammenhängen der Material- und Kapazitätsbedarfsplanung, im Einzelnen aus mindestens einem der folgenden Bereiche: Projekt-, Produktions- und Beschaffungsplanung bzw. Instandhaltungsplanung

In diesem Buch finden Sie viele grau hinterlegte Informationskästen, die Ihnen wichtige und interessante Zusatzinformationen bieten. Neben diesen Kästen finden Sie verschiedene Symbole, die Ihnen die Orientierung erleichtern sollen. Dabei handelt es sich um die folgenden:

[»] Mit diesem Symbol haben wir *Tipps* gekennzeichnet, die Ihnen spezielle Empfehlungen zur Arbeitserleichterung geben, oder *Hinweise*, die Informationen zu weiterführenden Themen enthalten.

[!] Dieses Symbol macht Sie auf Themen oder Bereiche aufmerksam, bei denen Sie besonders achtsam sein sollten.

[zB] *Beispiele* haben wir mit diesem Symbol kenntlich gemacht; es weist auf Szenarien aus der Praxis und auf die Erläuterungen hin, wie die Funktionen im Einzelnen eingesetzt werden.

TEIL I

Grundlagen und Prozesse

Kapitel 1
Erweitertes MRP-II-Konzept

Die Kapazitätsplanung in SAP-Systemen ist in das erweiterte MRP-II-Konzept eingebettet. In sukzessive hintereinander geschalteten Planungsschritten mit zunehmendem Detaillierungsgrad wird in diesem Planungskonzept den Rahmenbedingungen der Praxis Rechnung getragen, um einen möglichst guten Plan zu erzeugen.

Um die Kapazitätsplanung richtig einordnen zu können, ist zunächst einmal ein grundlegendes Verständnis des zugrunde liegenden Planungskonzepts notwendig. Die in der Praxis zu beobachtenden Abläufe folgen im Rahmen der Produktionsplanung und -steuerung (PPS) dem sogenannten *MRP-II-Konzept*, das man auch als *Sukzessivplanungskonzept* umschreiben kann. Der Begriff *MRP II* (aus dem Englischen für *Manufacturing Resource Planning*) beschreibt dabei eine bedarfsgesteuerte Planungsphilosophie, bei der schrittweise immer detailliertere Aspekte in die Planung einbezogen werden, um zu einem möglichst guten, machbaren Plan zu gelangen.

1.1 Schritte des MRP-II-Konzepts

Auch die SAP-Systeme, die zur Planung eingesetzt werden können, folgen dieser konzeptionellen Grundlage. Im Folgenden stellen wir Ihnen die einzelnen Schritte des MRP-II-Konzepts vor.

1.1.1 Absatz- und Produktionsgrobplanung

In der Absatzplanung werden zukünftige Absätze geplant, sofern der konkrete Kundenauftragseingang so spät erfolgt, dass keine ausreichende Zeit für eine Befriedigung des Bedarfs ohne eine Vorabbereitstellung zumindest von Teilen des Spektrums mehr möglich ist. Dabei fließen beispielsweise historische Absätze in die Überlegungen ein. Eine andere Vorgehensweise besteht – je nach Unternehmens- bzw. Marktkonstellation – darin, Einschätzungen des Vertriebs über zukünftige Absätze zugrunde zu legen. In der Praxis existieren auch viele Formen der Kombination aus einer rein statistisch geprägten Absatzplanung auf Basis von Vergangenheitswerten und einer Vertriebsplanung, in der die Vertriebsmitarbeiter ihre persönlichen Informationen aus den Kundenkontakten für eine Vertriebsprognose nutzen.

In einigen Fällen wird diese Absatzplanung auch direkt mit den operativen Möglichkeiten verglichen, die die Produktion bereitstellen kann. In diesem Zusammenhang spricht man häufig von einem *Sales-&-Operations-Planning-Prozess* (S&OP). Das Ergebnis einer solchen Planung sind Absatzplanungen auf grober Detailebene, die mit den Möglichkeiten der Produktion abgeglichen wurden. Gegebenenfalls werden aus diesem Prozess heraus bereits langfristige Anpassungsmaßnahmen an die Kapazität eingeleitet (z. B. Hinzuziehung von Leiharbeitern, Einstellung neuer Mitarbeiter, Aufbau neuer Produktionskapazitäten).

1.1.2 Programmplanung

Die Programmplanung führt die vorab entwickelte Absatzplanung mit konkreten Bedarfen aus dem Vertrieb, der Projekt- sowie der Instandhaltungsplanung zusammen. Über Planungsstrategien wird sichergestellt, dass die verschiedenen Bedarfe korrekt zusammenwirken und es nicht zu Doppelberücksichtigungen etc. kommen kann.

1.1.3 Materialbedarfsplanung

Die Materialbedarfsplanung (engl. Material Requirements Planning = MRP) hat die Aufgabe, die an sie übergebenen Bedarfe in interne Bedarfsdecker wie Planaufträge oder Bestellanforderungen umzuwandeln, die für die weiteren Planungen genutzt werden können. Dabei werden in der Reihenfolge der Dispositionsstufen nacheinander beim Fertigprodukt beginnend Materialbedarfe unter Berücksichtigung von Lagerbeständen und festen Zugängen ermittelt (Nettobedarfsrechnung). In dem sich anschließenden Schritt der Losgrößenrechnung wird errechnet, welche Beschaffungsmenge zugrunde gelegt werden soll, bevor die Bezugsquelle zugeordnet und der interne Bedarfsdecker initial terminiert wird. Dies erfolgt für alle Materialien der obersten Stücklistenebene (Fertigprodukte) sukzessive isoliert voneinander. Die entsprechenden Komponentenbedarfe wiederum ergeben sich anschließend aus der Ermittlung der abgeleiteten Bedarfe für die nächsthöhere Dispositionsstufe (z. B. Baugruppen bzw. Halbfabrikate). Für diese sowie die weiteren Dispositionsstufen wiederholt sich dieser Vorgang bis hin zum Rohstoff. In diesem Top-down-Planungsprozess werden beschränkte Kapazitäten nicht berücksichtigt, auch werden etwaige Probleme bei der Materialbereitstellung auf einzelnen Stufen nicht nach oben propagiert, d. h. an zeitlich vorher geplante Stufen zurückgegeben.

1.1.4 Kapazitätsplanung

Im Rahmen des nächsten Schritts im MRP-II-Planungsablauf, der Kapazitätsplanung, wird auf vollständig gedeckte Materialbedarfe aufgebaut. Durch Einbeziehung der Restriktion der begrenzten Kapazitäten wird versucht, dass vorher erzeugte Planungsergebnis in der Realität umzusetzen. In diesem Rahmen spricht man davon, einen *machbaren Plan* zu erzeugen. Zu diesem Zweck werden die internen planerischen Elemente der Eigenfertigung, d. h. die Planaufträge, so angepasst, dass das resultierende Planungsergebnis unter Berücksichtigung der bereitstellbaren Kapazitäten machbar ist.

1.1.5 Operative Beschaffungsplanung

Wie die Kapazitätsplanung erhält die operative Beschaffungsplanung aus dem vorgelagerten MRP-Schritt zunächst einmal temporäre Bedarfsdecker für interne Planungszwecke, in diesem Fall Bestellanforderungen. Diese müssen nun – vergleichbar mit dem Prozess der Kapazitätsplanung – zeitlich und gegebenenfalls mengenmäßig abhängig vom MRP-Planungsergebnis an die reellen Gegebenheiten angepasst werden. In diesem Bereich kann es dazu kommen, dass Bezugsquellen (neu) zugeordnet werden, sodass beispielsweise ein alternativer Lieferant ausgewählt wird, wenn eine rechtzeitige Beschaffung auf anderem Weg nicht realisiert werden kann.

1.1.6 Ausführung (Execution)

Ergebnis der vorhergehenden Planungsschritte sind interne temporäre Bedarfsdecker wie Planaufträge und Bestellanforderungen, die termin- und mengenmäßig sowie hinsichtlich ihrer Bezugsquelle an die reellen Gegebenheiten angepasst und somit bezüglich der relevanten Planungsaspekte final ausgeprägt sind. Diese Elemente können verbindlich in feste Beschaffungselemente umgewandelt werden. Daraufhin erfolgt die konkrete Umsetzung der geplanten Mengen in der Realität, also die Einleitung von Beschaffungs- oder Fertigungsvorgängen, deren Durchführung sowie die Verbuchung der Ergebnisse etc.

Anmerkungen zum MRP-II-Konzept

[«]

Zum Ablauf des MRP-II-Konzepts existieren in der betriebswirtschaftlichen Literatur verschiedene Variationen, die die genannten Planungsschritte gegebenenfalls weiter detaillieren. In unserem Buch sind – neben dem im Zentrum stehenden Schritt der Kapazitätsplanung – vor allem die angrenzenden Schritte der Materialbedarfsplanung sowie die Ausführung der Planungen relevant. Weitergehende Informationen zu diesen Schritten erhalten Sie in Kapitel 7, »Funktionen der Auftragsanlage«, und Kapitel 26, »Auftragsausführung (Execution)«.

Häufig wird im Zusammenhang mit dem MRP-II-Konzept hervorgehoben, dass es im Gegensatz zum klassischen Vorgehen in der Materialbedarfsplanung einen zusätzlichen Schritt zur Abbildung von begrenzten Kapazitäten gibt. Es grenzt sich damit bewusst vom Konzept einer reinen Befriedigung von Materialbedarfen ab, die in MRP das Zentrum der Überlegungen bildet. Im Rahmen des MRP-II-Konzepts sollen nicht nur die Materialbedarfe geplant werden, vielmehr sollen die vorhandenen Ressourcen der Fertigung (Manufacturing) beplant werden; somit stellt es eine Art Weiterentwicklung des älteren, klassischen MRP-Konzepts dar, was sich auch in der verwendeten Begrifflichkeit (Material Requirements Planning MRP vs. Manufacturing Resource Planning MRP II) widerspiegelt.

1.2 Sukzessivplanung vs. Simultanplanung

In diesem Zusammenhang ist es wichtig, noch einmal hervorzuheben, dass es sich auch beim MRP-II-Konzept, das den von SAP bereitgestellten Systemen zur Planung (ERP, APO und IBP) zugrunde liegt, um ein Konzept der sukzessiven Planung handelt.

Dadurch, dass die einzelnen Planungsschritte isoliert voneinander durchgeführt werden, kommt es prinzipiell in den einzelnen Schritten zu »Vorentscheidungen«, die einen Rahmen für die nachgelagerten Planungsschritte bilden und die jeweilige Planung einschränken können. Dies kann man sich am Beispiel der Losgrößenrechnung verdeutlichen, die im Rahmen der Materialbedarfsplanung durchgeführt wird. Durch die sukzessive Vorgehensweise wird die Auftragsmenge in einem Schritt ermittelt, der der nachgelagerten Kapazitätsplanung als Input dient und somit in dieser nicht mehr (oder zumindest nicht einfach) geändert werden kann. Dabei kann es unter Umständen sinnvoll sein, je nach Kapazitätsbelastung beispielsweise weniger Bedarfsmengen zukünftiger Perioden durch Losbildung vorzuziehen, wenn hierdurch Bedarfstermine gefährdet werden. Eine solche Abwägung ist in einem Konzept der sukzessiven Planung nicht der Standardfall, da zunächst einmal die Auftragsmenge bestimmt (im Rahmen der Losgrößenrechnung während der Materialbedarfsplanung) und anschließend der gebildete Auftrag im Zuge einer nachfolgenden Kapazitätsplanung unter Berücksichtigung der vorhandenen Kapazität eingeplant wird.

Hieran ändern im Kern auch Vorgehensweisen nichts, die bereits einen ersten Abgleich von Machbarkeit unter Einbeziehung von Kapazitäten im Rahmen einer Vertriebsplanung vorsehen. Denn in S&OP wird zwar zur Sicherstellung einer Machbarkeit früh das Kapazitätsangebot in die Überlegungen mit einbezogen, dies wird jedoch nur auf grober Ebene durchgeführt. Im Anschluss werden dann dem MRP-II-Konzept folgend sukzessive die nötigen Festlegungen durchlaufen, ohne dabei die Kapazitätssituation zu berücksichtigen.

Insgesamt ist daher das Konzept der sukzessiven Planung von MRP II von dem der simultanen Planung zu unterscheiden, bei dem die relevanten Festlegungen simultan in einem einzigen Planungsschritt vorgenommen werden, d. h. die Entscheidung über die Menge eines Auftrags gleichzeitig mit der Berücksichtigung der Kapazitäten fällt.

Wir werden Ihnen im Rahmen dieses Buches Funktionen erläutern, bei denen die Kapazitätsplanung in bestimmte, gemäß Sukzessivplanung vorab durchgeführte Schritte integriert ist. Dies suggeriert eine simultane Planung von Materialbedarfen und Kapazitäten und wird in manchen Kontexten auch so bezeichnet. Jedoch werden wir auch für diese Fälle darlegen, dass es sich dabei zumindest im auftragsbasierten Kontext lediglich um eine Modifikation der normalen sukzessiven Planung handelt, indem jeweils für einzelne Aufträge isoliert unmittelbar nach der Auftragsanlage eine Einplanung erfolgt, die wesentlichen Aspekte eines simultan vorgehenden Konzepts jedoch nicht berücksichtigt werden.

1.3 Einbettung der Kapazitätsplanung in das MRP-II-Konzept

Abbildung 1.1 zeigt einen Überblick über die Einbettung der Kapazitätsplanung in einen Planungsablauf, der dem MRP-II-Konzept folgt. Die dabei aufgelisteten Planungsobjekte wie Plan- und Fertigungsaufträge, Bestellanforderungen und Bestellungen, Netzpläne und Instandhaltungsaufträge etc. werden in Kapitel 3, »Globale Stammdaten«, näher erläutert.

Die Grafik enthält neben der Produktionsplanung, die in der Regel im Kern der MRP-II-Logik steht, auch die Aspekte der Projekt-, Instandhaltungs- und Beschaffungsplanung, die in üblichen Darstellungen des MRP-II-Konzepts fehlen, da es sich dabei um ein reines Produktionsplanungs- und Steuerungskonzept (PPS-Konzept) handelt. Für die Produktionsplanung wirken jedoch die Projekt- sowie die Instandhaltungsplanung analog zur üblichen Kundenauftragsverwaltung. Dies bedeutet, dass aus der Projekt- und Instandhaltungsplanung Bedarfe hervorgehen, die im Rahmen der Kapazitätsplanung relevant sind.

Diese Bedarfe können unterschiedlicher Natur sein: Zum einen können indirekte Bedarfe entstehen, indem durch Projekt- oder Instandhaltungsaktivitäten Komponentenbedarfe erzeugt werden, die wiederum durch Produktion oder Beschaffung gedeckt werden müssen. In diesem Fall unterscheidet sich die Vorgehensweise in der Kapazitätsplanung nicht von der üblichen Vorgehensweise im Rahmen der Produktionsplanung, da lediglich der ursprüngliche Auslöser statt eines Kundenauftrags oder eines Vorplanbedarfs ein Element der Projekt- oder der Instandhaltungsplanung ist, also ein Netzplan oder ein Instandhaltungsauftrag. Es gibt jedoch zum anderen noch eine direkte Verbindung dieser Bereiche in die Kapazitätsplanung, da auch die Aufträge der Projekt- und Instandhaltungsplanung selbst mit Vorgängen bzw. Aktivitäten verbunden sind und somit auch Objekte der Kapazitätsplanung werden können, wenn sie auf begrenzten Ressourcen durchgeführt werden sollen.

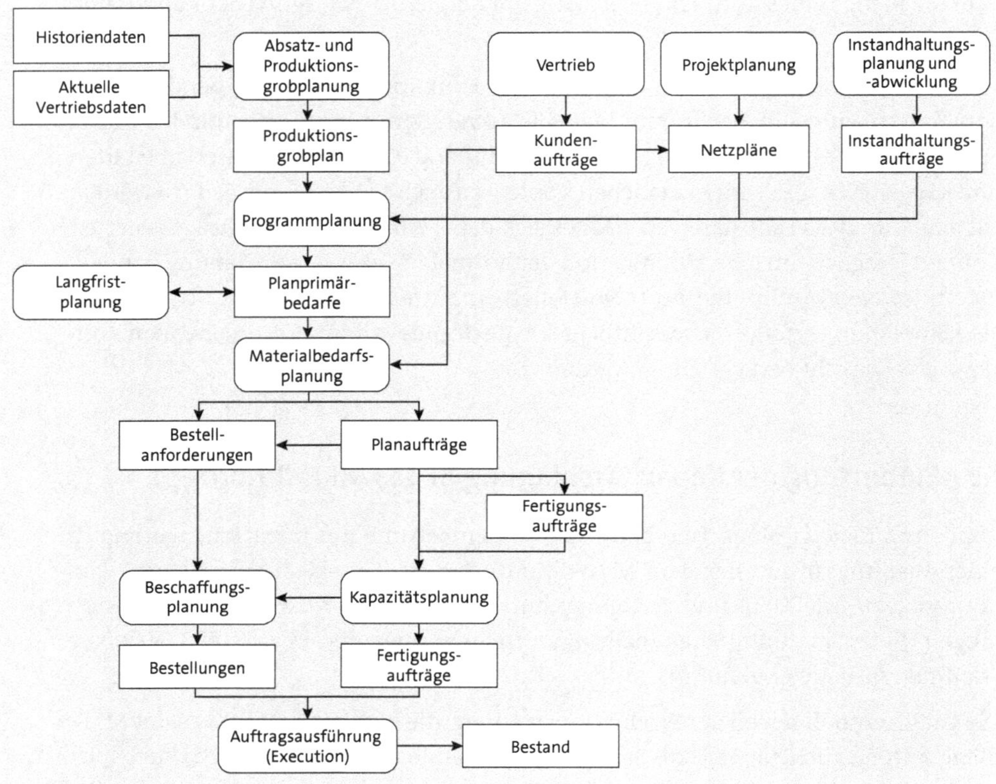

Abbildung 1.1 Um Aspekte der Projekt-, Instandhaltungs- und Beschaffungsplanung erweitertes MRP-II-Konzept

[»]

Push- vs. Pull-Konzept

Beim MRP-II-Konzept handelt es sich um ein sogenanntes *Push-Konzept*. Anders als bei gegenläufigen Konzepten, die gemeinhin als *Pull-Konzepte* bezeichnet werden, werden die durch die Wertschöpfung bereitzustellenden Mengen beispielsweise durch die Absatzplanung an den Planungsprozess aktiv übergeben. Diese im Rahmen der Absatzplanung in den Plan »geschobenen« Bedarfsmengen bilden die Grundlage für den restlichen Prozess bis hin zur Auftragsausführung. In der reinsten Form solcher Push-Vorgehensweisen liegt zum Zeitpunkt des Auftretens eines konkreten Kundenbedarfs ein Lagerbestand bereit, der durch die zum Push-Konzept gehörende Absatzplanung erzeugt worden ist.

Bei den gegenläufig arbeitenden Pull-Konzepten hingegen erfolgt das Signal für Wiederauffüllungen der Lagerbestände durch einen Abfluss beim Endverbraucher der Wertschöpfungskette. Der dadurch erfolgende Lagerabfluss führt zu einer Wiederauffüllung und erzeugt durch den Verbrauch in der jeweils vorgelagerten Stufe ein weiteres Signal. Somit »zieht« der vom Endverbraucher kommende Bedarf durch die gesamte Kette hindurch die Bereitstellung physischer Bereitstellungsmengen auf den einzelnen Stufen nach sich. Das prominenteste Pull-Vorgehen ist das klassische *Kanban*. Der Begriff kommt aus dem Japanischen und steht für eine physische Karte, mit der bei frühen Umsetzungen dieses Konzepts das Signal über eine bereitzustellende Menge weitergegeben wurde. Für die Abbildung eines solchen Prozesses existieren auch in SAP-Systemen Funktionalitäten, die jedoch keinen direkten Bezug zu den geschilderten Funktionalitäten der Kapazitätsplanung aufweisen. Eine Koexistenz der beiden Planungsansätze in einem ganzheitlichen Konzept ist jedoch möglich.

Kapitel 2
Kapazitätsplanung

Die Einbeziehung der Kapazitätsplanung in den Planungsprozess von physisch wertschöpfenden Unternehmen ist ein unabdingbarer Schritt, um machbare oder gar optimierte Pläne zu erhalten, die sowohl für eine hohe Kundenzufriedenheit sorgen als auch wirtschaftlichen Kriterien standhalten.

Ein Planungsprozess eines physisch wertschöpfenden Unternehmens, also eines Unternehmens, das sich nicht rein auf den Handel von Gütern und/oder Dienstleistungen spezialisiert hat, ist – wie Sie in Kapitel 1, »Erweitertes MRP-II-Konzept«, gelernt haben – in aller Regel schrittweise aufgebaut. Jedem der abgebildeten Planungsschritte lassen sich dabei unterschiedliche Aufgaben zuordnen.

Die Kapazitätsplanung hat in diesem Konzept die Aufgabe, die begrenzte Kapazität zumindest von Teilen des Kapazitätsangebots in den Plan einzubeziehen und somit eine zentrale Einflussgröße auf die Güte und Umsetzbarkeit der Planung zu berücksichtigen.

Die Kapazitätsplanung kann erst zu einem verhältnismäßig späten Zeitpunkt im Planungsablauf erfolgen, da eine Vielzahl von Informationen bereits feststehen muss, bevor eine sinnvolle Kapazitätsplanung begonnen werden kann. So werden beispielsweise die folgenden Informationen zu den Objekten benötigt, die beplant werden sollen, um die Kapazitätsplanung durchzuführen:

- Bedarfstermine
- Bedarfsmengen
- Bezugsquellen

Aus diesem Grund erfolgt eine sinnvolle Kapazitätsplanung in der Regel erst, nachdem vorab bereits eine Absatz- oder Vertriebsplanung und/oder ein Kundenauftragseingang stattgefunden hat. Zusätzlich werden die aus diesen Schritten resultierenden Bedarfstermine und -mengen über einen Mechanismus in zu beschaffende oder produzierende Aufträge umgewandelt, den man im Allgemeinen als *Materialbedarfsplanung* bezeichnet. Erst mit diesen, zunächst einmal für interne Planungsprozesse gedachten Bedarfsdeckern ist es möglich, den Ort der Leistungserstellung, d. h. den physischen Arbeitsplatz, zu benennen und somit die vorhandenen Kapazitätsangebote mit den aus den Aufträgen resultierenden Kapazitätsbedarfen abzugleichen.

2.1 Charakteristika und Vorgehensweisen in der Kapazitätsplanung

Ein Planungsprozess ohne Berücksichtigung von Begrenzungen des Kapazitätsangebots weist eine Vielzahl von Schwächen auf, auf die wir in den Unterabschnitten dieses Abschnitts näher eingehen. Es ist das Ziel der Kapazitätsplanung, genau diese Schwächen auszuräumen und somit ein Planungsergebnis zu erzeugen, das allen relevanten Rahmenbedingungen der Praxis ausreichend Rechnung trägt und somit ein valides Ergebnis erzeugt.

Ein valides Ergebnis im Rahmen der hier geschilderten Überlegungen wird in der Regel als machbarer Plan beschrieben. Hierunter versteht man einen Projekt-, Produktions-, Beschaffungs- bzw. einen Instandhaltungsplan, der aufgrund der Einbeziehung aller aus der Praxis resultierenden Rahmenbedingungen in der Realität umsetzbar ist. Dabei zielt die Planung im Detail darauf ab, die folgenden Informationen bezüglich des Wertschöpfungsprozesses zu ermitteln:

- **Bereitstellungsmenge**
  Die Planung muss eine Antwort auf die Frage finden, welche Menge auf Basis der vorab ermittelten Bedarfsmenge bereitzustellen ist. Während sich die ersten Phasen des erweiterten MRP-II-Konzepts um die Fragestellung kümmern, welche Bedarfsmenge einzubeziehen ist, wird im Rahmen der Materialbedarfsplanung die Frage beantwortet, mit welchen Bereitstellungsmengen auf diese Bedarfe zu reagieren ist. Für die Kapazitätsplanung ist dies in der Regel der Input, der nur in Ausnahmefällen durch die Kapazitätsplanung angepasst wird.
- **Bereitstellungstermine**
  Durch Einbeziehung der praxisrelevanten Restriktionen ist zu ermitteln, wann entsprechende Mengen bereitgestellt werden können bzw. müssen, um die aus den vorhergehenden Planungsschritten resultierenden Bedarfstermine möglichst einhalten zu können. Dies ist häufig Gegenstand der Kapazitätsplanung, da ein gängiges Mittel zur Berücksichtigung von begrenzten Kapazitäten das Vorziehen oder Verschieben von Mengen in Zeiten verfügbarer Kapazität ist.
- **Bezugsquelle**
  Im Rahmen der Planungen muss ermittelt werden, von welcher Bezugsquelle die Mengen beschafft werden sollen. Dabei wird der Begriff der Beschaffung auch verwendet, wenn die Wertschöpfung innerhalb des eigenen Unternehmens erfolgt. Die Ermittlung der Bezugsquelle ist wichtig, um Terminierungen durchführen zu können, sei es die Entscheidung über den Lieferanten im Rahmen der Fremd-

beschaffung oder aber auch die Ermittlung der jeweiligen Ressource, auf der die Wertschöpfung stattfinden soll. Ein Resultat einer Kapazitätsplanung kann es sein, auf eine alternative Bezugsquelle oder Bearbeitungsmöglichkeit auszuweichen, wenn eine rechtzeitige Bereitstellung aufgrund von Kapazitätserwägungen nicht realisierbar ist.

Begriff Restriktion bzw. Constraint

Die beschriebenen Rahmenbedingungen werden in der Praxis auch als *Restriktionen* oder *Constraints* bezeichnet. Dabei handelt es sich um Einschränkungen jeglicher Art, die die Freiheitsgrade der Planung einschränken, da sie bestimmte Konstellationen unmöglich machen.

Wird in einem Unternehmen neben der klassischen Produktion beispielsweise noch Projektplanung oder auch Instandhaltung betrieben, ist es nicht ausreichend, einen machbaren Produktions- und Beschaffungsplan aufzustellen, sondern vielmehr müssen auch alle sonstigen Planungen bezüglich der relevanten Restriktionen machbar sein. Ein machbarer Plan berücksichtigt somit immer alle vier Bereiche.

Um Ihnen zu vermitteln, welche die Kernaufgaben der Kapazitätsplanung sind, gehen wir im Folgenden auf einige zentrale Punkte ein, die bei einem Planungsvorgehen ohne stringente Kapazitätsplanung zu beobachten sind. Dabei erläutern wir auch die zentralen Charakteristika und Vorgehensweisen der Kapazitätsplanung.

2.1.1 Materialverfügbarkeit

Bevor überhaupt Kapazitäten selbst in die Betrachtung einbezogen werden können, ist es unerlässlich, einen Blick auf die Sicherstellung der Materialverfügbarkeiten zu werfen. Selbst wenn Kapazitäten berücksichtigt werden, kann eine Planung kein valides, in der Realität brauchbares Ergebnis liefern, wenn die Materialverfügbarkeit nicht als zentrale Restriktion behandelt wird.

Aus dem Materialbedarfsplanungsschritt resultieren in der Regel keine machbaren Pläne. Dies liegt daran, dass in diesem Schritt noch keine Kapazitäten berücksichtigt worden sind. Jedoch ist dies zur Erklärung allein nicht ausreichend, da die grundlegende Vorgehensweise ein weiteres, in diesem Zusammenhang wichtiges Charakteristikum aufweist. Der Materialbedarfsplanungsschritt arbeitet ausschließlich dispositionsstufenorientiert, beginnend mit der letzten Stufe zum Endverbraucher hin. Stücklistenübergreifende Zusammenhänge werden dabei lediglich durch die Verwendung pauschaler Wiederbeschaffungszeiten von der jeweils übergeordneten Stufe an die nächstgelegene Dispositionsstufe weitergegeben. Aus diesem Grund wird die Vorgehensweise des Materialbedarfsplanungskonzepts auch mit dem Begriff *Top-down* beschrieben.

Diese sowie die weiteren Beispiele dieses Kapitels folgen dem einfachen Muster einer dreistufigen Stücklistenstruktur mit einem zu montierenden Fertigprodukt, das sich aus einer Baugruppe bedient, die wiederum in einem Vormontageprozess aus Rohteilen zusammengesetzt wird. Das in Abbildung 2.1 aufgeführte Beispiel ist bewusst einfach strukturiert, da auch dieser Detaillierungsgrad ausreicht, um die klassischen Schwachpunkte eines Prozesses ohne die für die Kapazitätsplanung relevanten Rahmenbedingungen zu erläutern. Die detaillierte Erläuterung werden wir in der Folge aufgreifen.

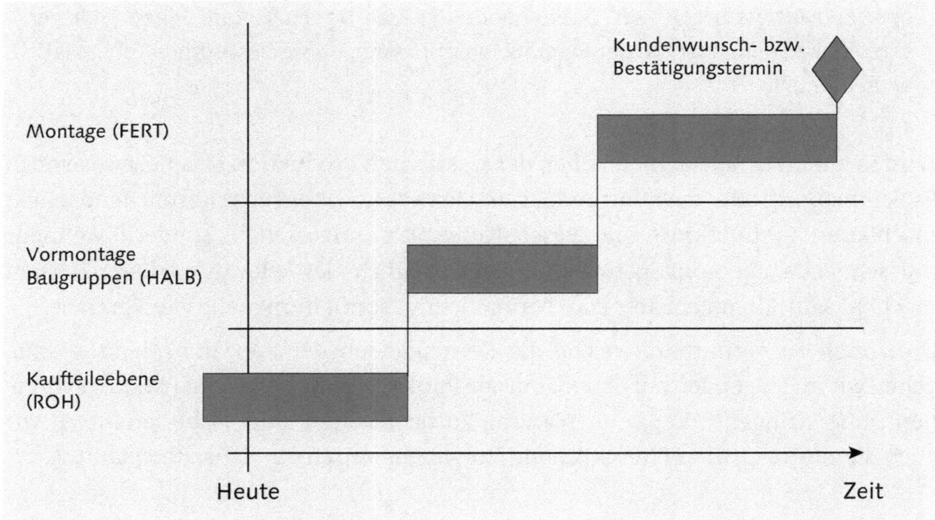

Abbildung 2.1 Materialbedarfsplanungskonzept – Top-down-Planung gemäß Dispositionsstufen auf Basis von Wiederbeschaffungszeiten

Kern der Kritik am Konzept der Materialbedarfsplanung ist an dieser Stelle, dass bei eventuellen Terminschwierigkeiten keine Propagierung dieser Situation an übergeordnete Stücklistenstufen erfolgt.

Somit entsteht ohne die Berücksichtigung von Kapazitäten ein unrealistischer Plan, wie in Abbildung 2.2 zu sehen ist. Weder die Vormontage noch die Montage können zum geplanten Zeitpunkt durchgeführt werden, da die benötigten Komponenten nicht rechtzeitig zur Verfügung stehen. Alle Eigenfertigungstermine sind Makulatur, und dies bereits, bevor überhaupt begrenzte Kapazitäten berücksichtigt worden sind.

In einem klassischen Materialbedarfsplanungsprozess, der bei Verzicht auf eine Kapazitätsplanung den Endpunkt der Planungen zu Bereitstellungsterminen und -mengen bildet, werden dem Planer nach der automatisierten Erstellung des Ergebnisses der Materialbedarfsplanung auf der untergeordneten Ebene Ausnahmemeldungen angezeigt. Dies ist unabhängig davon, ob der automatisierte Materialbedarfsplanungslauf in diesem Zusammenhang in die Vergangenheit terminieren darf (wie in Abbildung 2.1 unterstellt) oder im Fall einer Terminierung früher als dem Heute-Datum ein Umschalten auf Vorwärtsterminierung erfolgt. Dies liegt darin begründet, dass diese Vorwärtsterminierung nur die Stufe betrifft, auf der das Problem auftritt, im Fall der Abbildung 2.2 die Kaufteilebene. Da das Problem nur auf untergeordneter Ebene existiert, wird dies aufgrund des strikten Top-down-Vorgehens auch weder als Information an die Planer der Eigenfertigung weitergegeben noch innerhalb der Materialbedarfsplanung automatisch berücksichtigt.

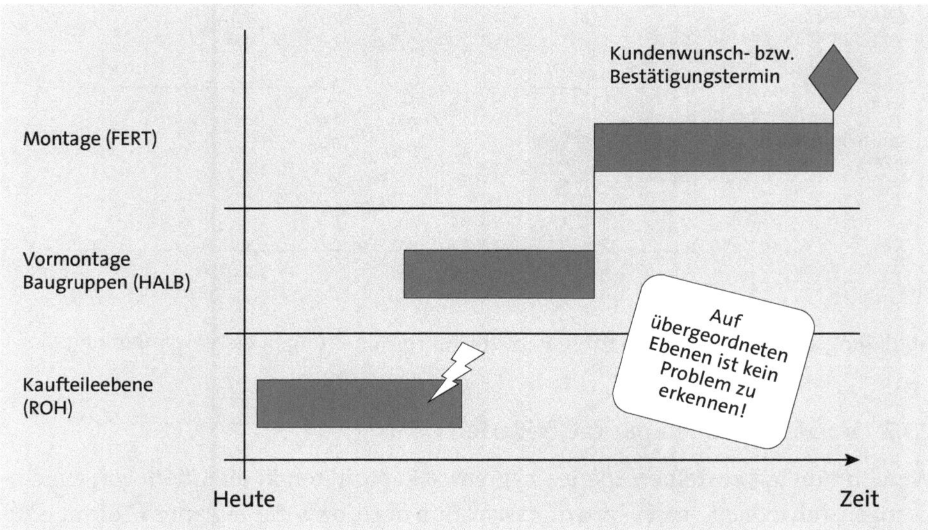

Abbildung 2.2 Materialbedarfsplanungskonzept – mangelnde Propagierung von Materialverfügbarkeitsproblemen auf übergeordneten Ebenen

In diesem Fall müssten die Planer manuell ein machbares Ergebnis über alle Stufen hinweg erzeugen. Dies ist in der Regel sehr aufwendig und fehleranfällig und in realistischen Szenarien aufgrund der Komplexität einer Vielzahl von Aufträgen mit weitaus intransparenteren Stücklistenstrukturen oft nicht zu bewerkstelligen. Häufig wird daher versucht, dieses Problem durch die Verwendung von Puffern zu lösen. Diese Puffer können vielfältiger Natur sein, beispielsweise können mengenmäßige Puffer wie zusätzliche (Sicherheits-)Bestände zum Einsatz kommen. Dies führt über die entstehenden Kapitalbindungskosten jedoch zu suboptimalen Ergebnissen aus betriebswirtschaftlicher Sicht.

Gehen wir jedoch in der Folge zunächst einmal davon aus, dass das Problem der zu späten Bereitstellung der Rohteile beispielsweise durch einen alternativen Lieferanten mit geringerer Wiederbeschaffungszeit zu lösen wäre und der Planer dies entsprechend im System verankert hätte (siehe dazu den mit ❶ gekennzeichneten

Schritt in Abbildung 2.3). Wie Sie sehen, kann das Problem in dem Fall nur auf der Ebene gelöst werden, auf der es aufgetreten ist.

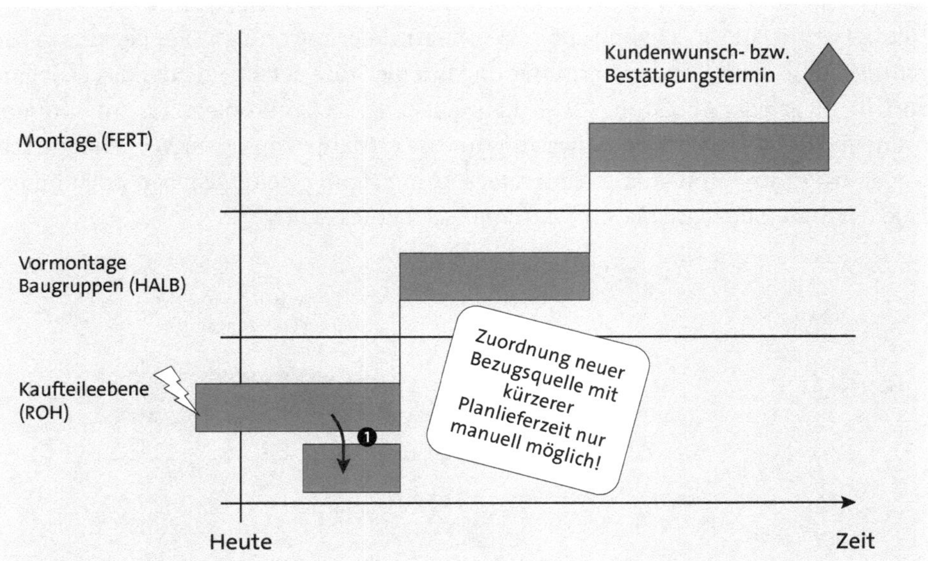

Abbildung 2.3 Manuelle Lieferantenauswahl bei Terminierung in die Vergangenheit

2.1.2 Vorziehen von Kapazitätsbedarfen

Werden nun auf einzelnen Ebenen begrenzte Kapazitäten in die Überlegungen einbezogen, führt dies je nach Kapazitätssituation dazu, dass die geplanten Termine zumindest partiell unrealistisch werden. Den einfachsten Fall verdeutlichen wir in Abbildung 2.4. Hier sind auf der Ebene der Vormontage Kapazitätsengpässe zu beobachten, die dazu führen, dass der von uns explizit betrachtete Auftrag auf dieser Stücklistenebene nicht, wie zeitlich von der Materialbedarfsplanung geplant, durchgeführt werden kann, da zeitgleich bereits andere Aufträge auf der Ressource zu finden sind. In den folgenden Beispielen gehen wir jeweils davon aus, dass auf der entsprechenden Ressource lediglich ein Auftrag zur gleichen Zeit gefertigt werden kann.

Nun müssen Maßnahmen ergriffen werden, um ein machbares Ergebnis zu erzeugen, das auch in der Realität umsetzbar ist. Um das Wunschdatum des Kunden halten zu können (analog könnte es sich auch um ein erstes Bestätigungsdatum handeln), wird nun der Auftrag entsprechend vorgezogen. Dies hat zur Folge, dass auch die Fremdbeschaffung auf Rohteilebene früher beginnen muss, damit die benötigten Inputgüter für den Vormontageprozess zur Verfügung stehen. Damit soll verdeutlicht werden, welchen bestimmenden Einfluss die Kapazitätsplanung auf die Beschaffungsplanung hat. Man kann sie in diesem Fall als Taktgeber für die Beschaffungsplanung bezeichnen.

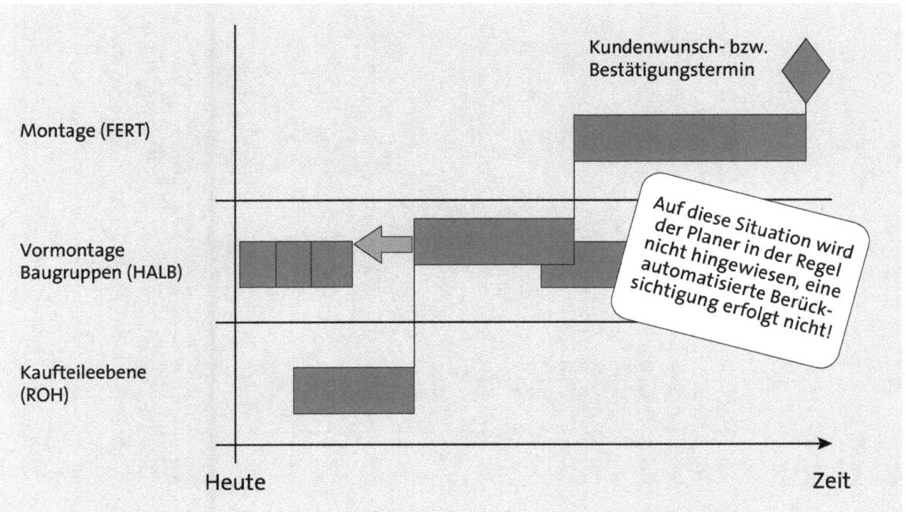

Abbildung 2.4 Berücksichtigung knapper Kapazitäten durch Vorziehen und Propagierung an die Beschaffungsplanung

Somit konnte die durch die knappe Kapazität hervorgerufene Problemsituation verhältnismäßig einfach durch ein Vorziehen eines Eigenfertigungsauftrags sowie eines Fremdbeschaffungselements beseitigt werden.

2.1.3 Verschieben von Kapazitätsbedarfen

In nicht seltenen Fällen sind die Maßnahmen komplexer, wie die folgenden Beispiele verdeutlichen. In Abbildung 2.5 ist die Situation dargestellt, dass die Kapazitätssituation auf der Vormontageebene kein Vorziehen erlaubt, da rückwärts von dem durch die Materialbedarfsplanung geplanten Termin bis hin zum Heute-Termin keine freie Kapazität zu finden ist.

Der Vormontageauftrag kann in diesem Fall lediglich durch ein Verschieben in die Zukunft mit Terminen versehen werden, die kapazitiv machbar sind (❶ in Abbildung 2.5). Diese Verschiebung muss nun durch eine Propagierung auf die anderen Ebenen auf den gesamten Produktionsplan angewendet werden, sodass sich auch der Montageauftrag ❷, das Bestätigungsdatum des Kundenauftrags ❸ und idealerweise auch der Beschaffungstermin für die Rohteilebene ❹ in die Zukunft verschieben, damit ein machbarer Plan entsteht. Die Verschiebung des Beschaffungstermins selbst ❹ ist dabei in diesem Fall für die Entstehung eines machbaren Plans nicht zwingend notwendig, da auch beim »alten« Termin rechtzeitig ausreichend Rohteile zur Verfügung stehen. Jedoch kann es unter Umständen ratsam sein, den Beschaffungstermin – falls noch möglich – entsprechend zu verschieben, um nicht unnötigerweise Bestände aufzubauen.

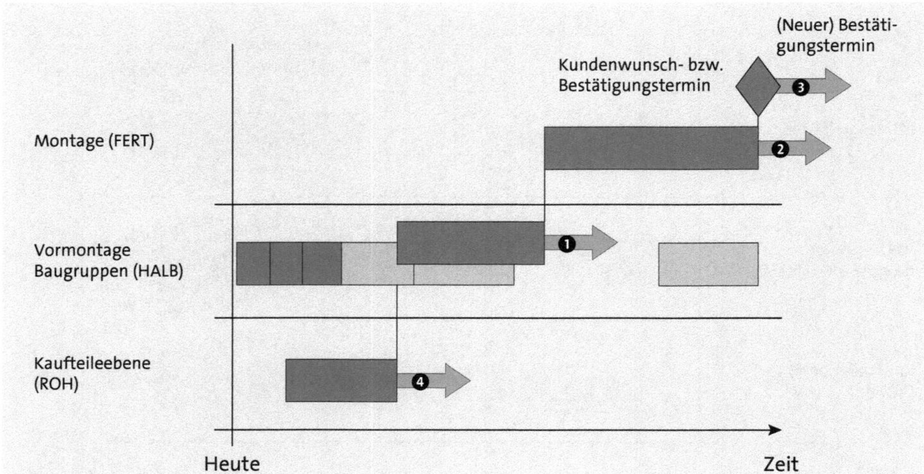

Abbildung 2.5 Berücksichtigung der Kapazitätssituation durch Verschieben und Propagierung auf die anderen Stücklistenebenen

Insgesamt ist an dieser Stelle anzumerken, dass sich die Verschiebung von Kapazitätsbedarfen auch auf die anderen, bereits zu einem gewünschten Einplanungszeitpunkt liegenden Aufträge erstrecken kann. Dieses Vorgehen ist in Abbildung 2.6 dargestellt. Dabei ist zu betonen, dass auch durch die Verschiebung der anderen Aufträge zumindest potenziell ebenfalls Bestätigungs- sowie Beschaffungsdaten angepasst werden müssen.

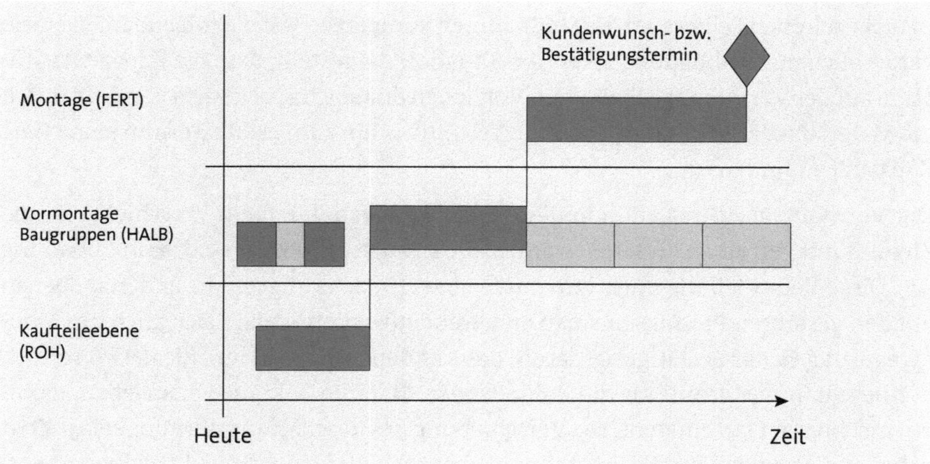

Abbildung 2.6 Beseitigung des Kapazitätsengpasses durch Verschieben bereits eingeplanter Aufträge

2.1.4 Berücksichtigung mehrstufig auftretender Engpasskonstellationen

In der Realität treten nicht selten auf mehreren Ebenen Kapazitätsengpässe gleichzeitig auf. Diesen Praxisfall verdeutlichen wir in Abbildung 2.7. Hier liegen auch auf der Montageebene knappe Kapazitäten vor, die gleichzeitig berücksichtigt werden müssen. Durch die Kapazitätssituation auf der Vormontageebene ist es in diesem Beispiel ratsam, den Vormontageauftrag vorzuziehen ❶, wodurch auch der Fremdbeschaffungsauftrag für das Rohteil zeitlich Richtung Heute-Datum geändert werden muss ❷, um eine machbare Konstellation herzustellen. Der Montageauftrag kann durch die Kapazitätssituation ebenfalls nicht zu dem in der Materialbedarfsplanung geplanten Termin gefertigt werden, da zu diesem Zeitpunkt bereits andere Aufträge auf der Montageressource gefertigt werden. Ein Vorziehen wie auf der Montageebene ist nicht möglich, da bis zum Heute-Datum keine ausreichende Kapazität zur Verfügung steht. Folglich bleibt auf dieser Ebene nur die Möglichkeit, in die Zukunft auszuweichen ❸.

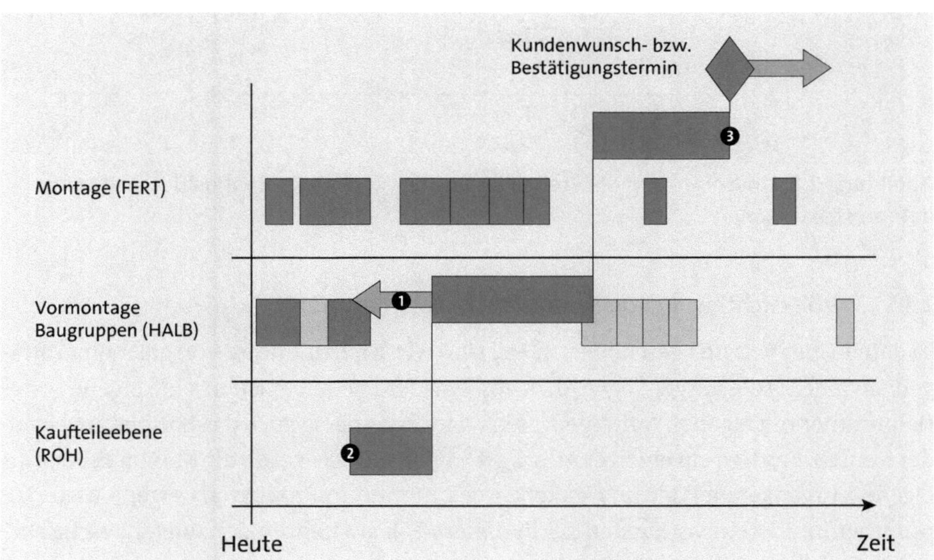

Abbildung 2.7 Kapazitätsanpassungsmaßnahmen bei Vorliegen von Kapazitätsengpässen auf mehreren Stufen

Das Ergebnis dieser Umplanungsmaßnahmen ist in Abbildung 2.8 dargestellt. Während der Vormontageauftrag ❹ sowie das zugehörige Fremdbeschaffungselement ❺ vorgezogen wurden, musste der Montageauftrag weiter in die Zukunft geschoben werden ❻, um der jeweiligen Kapazitätssituation Rechnung zu tragen. Hierdurch musste auch der an den Kunden weitergegebene Bestätigungstermin angepasst werden ❼. Auf diese Weise entsteht trotz der Kapazitätsengpässe auf mehreren Ebenen ein machbares Ergebnis, jedoch musste dieses mit dem Entstehen von Lagerbestand

»erkauft« werden, da die vormontierte Menge nicht sofort verarbeitet werden kann, sondern zunächst zwischengelagert werden muss.

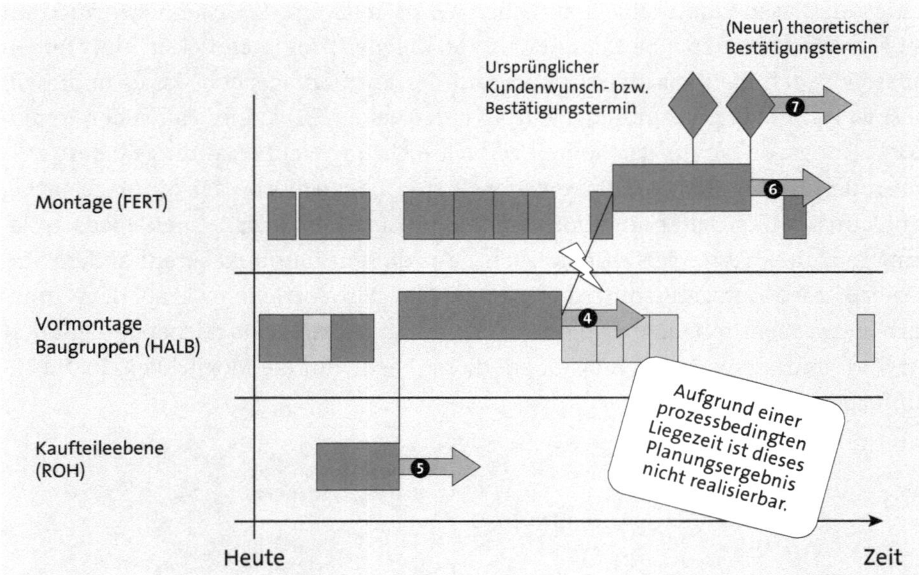

Abbildung 2.8 Einschränkung der Freiheitsgrade der Kapazitätsplanung durch Stammdatenrestriktionen

2.1.5 Berücksichtigung von Stammdatenrestriktionen

In dem bisher von uns geschilderten Fall sind wir implizit immer von eigenen Aufträgen auf jeder Stufe ausgegangen, d. h., für jede der Ebenen existiert eine eigene Materialnummer mit eigenen Aufträgen. Es kann jedoch analog auch das Beispiel angewendet werden, bei dem ein einziger Auftrag die Vormontage- sowie die Montageebene als eigene Vorgänge abbildet und lediglich das montierte Produkt als eigene Materialnummer im System vorhanden ist. In diesem Fall entsteht in der zuletzt beschriebenen Beispielkonstellation Work-in-Process-Bestand.

Wir erweitern das Beispiel nun durch eine kleine Variation, die in Abbildung 2.8 bereits dargestellt ist. Wir gehen in diesem Fall davon aus, dass die einzelnen Stufen in einem Auftrag abgebildet sind und es sich bei den dargestellten Objekten um die Vorgänge eines Auftrags handelt. Der zusätzliche Aspekt wird nun durch eine spezifische Stammdateneinstellung abgebildet. Durch eine prozessbedingte maximale Liegezeit zwischen der Vormontage und der Montage ist nun eine Zwischenlagerung des Work-in-Process-Bestands nicht wie bisher möglich. Der Zeitabstand zwischen den beiden Vorgängen darf in diesem Fall eine maximale Länge nicht überschreiten, da eine Weiterverarbeitung sonst nicht möglich ist. Dies ist beispielsweise dann der Fall, wenn eine spezifische Temperatur des Werkstücks nicht unterschritten werden darf, damit der Fertigungsvorgang ohne Schwierigkeiten durchgeführt werden kann. Durch diese Stammdatenrestriktion, die an dieser Stelle exemplarisch für eine große Anzahl prozessbedingter Restriktionen stehen soll, ist das genannte Planungsergebnis nicht möglich. Somit wird die Menge der zur Verfügung stehenden Lösungsalternativen durch Restriktionen eingeschränkt, was die Ermittlung einer machbaren Lösung erschwert.

Im vorliegenden Fall müssen beide Vorgänge aufgrund der Kombination von Stammdaten- und mehrstufig vorliegenden Kapazitätsrestriktionen so weit in die Zukunft geschoben werden (❷ in Abbildung 2.8), dass ein machbares Ergebnis entsteht, d. h., dass sowohl die maximale Liegezeit als auch die begrenzte Kapazität beachtet werden. Zusätzlich muss das Bestätigungsdatum weiter in die Zukunft geschoben werden ❸, und um unnötige Bestände zu vermeiden, wurde auch die Fremdbeschaffung verschoben ❹.

Das Ergebnis ist in Abbildung 2.9 dargestellt, es ist nun ein machbarer Plan entstanden, der sowohl den mehrstufigen Kapazitätsengpässen als auch der maximalen Liegezeit Rechnung trägt.

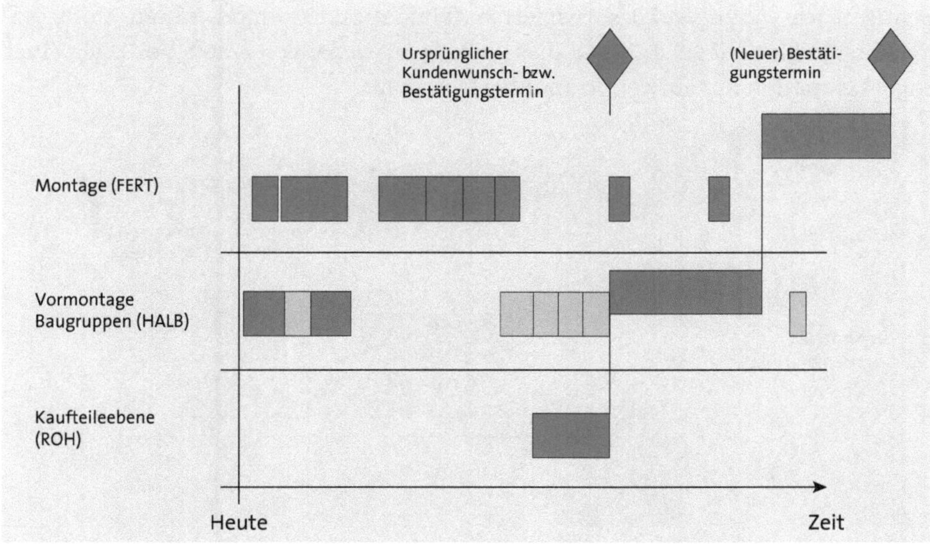

Abbildung 2.9 Planungsergebnis bei simultaner Berücksichtigung von Stammdatenrestriktionen und mehrstufig auftretenden Kapazitätsengpässen

Insgesamt nimmt die Kapazitätsplanung also eine sehr prozessnahe Stellung im Planungsablauf ein, wie das Beispiel der prozessbedingten maximalen Liegezeit zeigt.

Dies führt dazu, dass im Vergleich zu den vorgelagerten Schritten der Absatz- bzw. Vertriebsplanung sowie der Materialbedarfsplanung teilweise wesentlich umfangreichere Inputdaten für die Planung benötigt werden. Dies macht sich insbesondere im Detailgrad der zugrunde liegenden Stammdaten bemerkbar. Während aufgrund des eher langfristig angelegten Charakters einer Absatz- und Vertriebsplanung prozessnahe Aspekte, wie z. B. eine benötigte Liegezeit zur Abkühlung des Werkstücks, irrelevant sein können, muss diese Liegezeit für ein brauchbares Ergebnis in der Kapazitätsplanung teilweise sekundengenau in die Planungen einbezogen werden. Es werden also nicht nur zusätzliche Stammdaten einbezogen; darüber hinaus weisen die genutzten Stammdaten mitunter einen wesentlich höheren Detaillierungsgrad auf, als in den vorgelagerten Schritten benötigt wird.

2.1.6 Mengenanpassung

In den bisher geschilderten Beispielen erfolgte die Anpassung an das Kapazitätsangebot durch Vorziehen oder Verschieben eines Auftrags oder Vorgangs auf der Ebene, auf der die Kapazitätsbegrenzung wirkte. Gegebenenfalls musste die zeitliche Veränderung dabei auch auf andere Ebenen propagiert werden.

In der Praxis muss eine Kapazitätsplanung jedoch auch weitere Optionen berücksichtigen, wie wir anhand des Beispiels in Abbildung 2.10 demonstrieren. Zur besseren Verständlichkeit gehen wir in diesem Beispiel wieder von einem Vorliegen einer Engpasssituation nur auf der Vormontageebene aus.

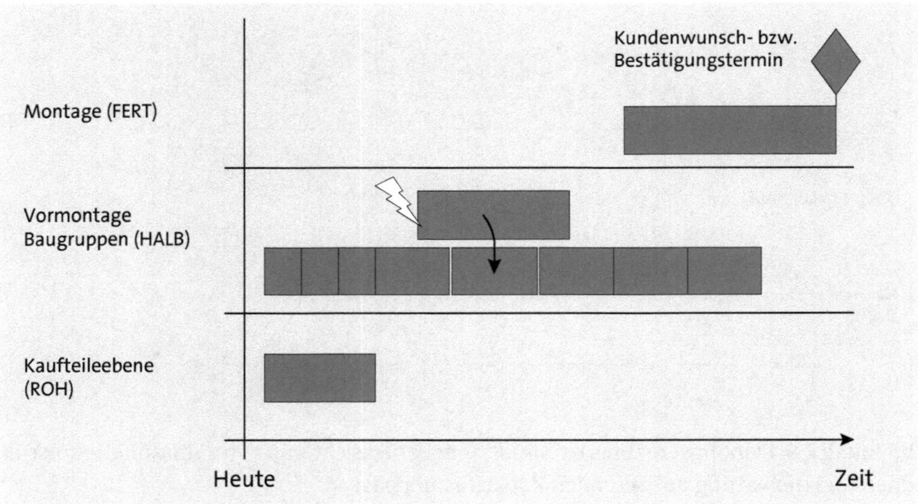

Abbildung 2.10 Durch Kapazitätsengpass hervorgerufene Mengenänderung

In der Vorgehensweise des MRP-II-Konzepts liegt es begründet, dass die Entscheidung über die Auftragsmenge bereits im Schritt der Materialbedarfsplanung getroffen wird, bevor Kapazitätsüberlegungen in die Betrachtung einfließen. Nicht selten kommt es zu dem Fall, dass mehrere Bedarfsmengen zur Einsparung von Prozesskosten zu größeren Losen zusammengefasst werden. Werden nun in der darauffolgenden Kapazitätsplanung Engpässe einbezogen, kann es vorteilhaft sein, die Auftragsmenge und damit die Produktionsdauer entsprechend zu reduzieren, um ein machbares Ergebnis zu erzielen. Die verringerte Auftragsmenge ist bezüglich der Machbarkeit des gesamten Plans unkritisch, sofern es sich um Auftragsmengen handelt, die zu einem späteren Zeitpunkt – jedoch immer noch rechtzeitig – gefertigt werden können. Dies ist beispielsweise dann der Fall, wenn die Bedarfe einer längeren Zeitspanne zu einem Los zusammengefasst wurden und erwartungsgemäß bis zum Auftreten des nächsten, in der ursprünglichen Auftragsmenge enthaltenen Bedarfs genug Zeit für ein erneutes Auflegen des Materials bleibt.

Es soll an dieser Stelle noch hinzugefügt werden, dass durch die Mengenreduzierung gegebenenfalls auch auf Rohteilebene eine andere Auftragsmenge sinnvoll sein kann. Hier obliegt es in der Regel dem Planer, zu entscheiden, ob die ursprünglich für die größere Vormontagemenge bereitzustellende Rohteilmenge beschafft oder ob auch ein Teil der Rohteilmenge gemeinsam mit der zugehörigen Vormontagemenge in die Zukunft verlagert werden soll.

[«]

Mengenanpassungen im Rahmen der Kapazitätsplanung

Wir haben im Rahmen der Erläuterungen zum MRP-II-Konzept sowie zu Beginn dieses Kapitels bereits beschrieben, dass die Ermittlung der Auftragsmenge auf Basis von Kapazitätsrestriktionen nicht Teil des MRP-II-Konzepts ist, sondern nur in einem Simultanplanungskonzept umgesetzt wird.

Die dargestellte Mengenanpassung beschränkt sich lediglich darauf, die Entscheidungen über die vorher gebildeten Auftragsmengen nachträglich durch einen – in aller Regel manuellen – Prozess in die Planung einfließen zu lassen.

2.1.7 Berücksichtigung alternativer Bearbeitungsmöglichkeiten

Ein in der Praxis mindestens ebenso häufig auftretender Fall wie die Mengenanpassung wird in Abbildung 2.11 dargestellt.

Durch die Kapazitätssituation auf dem Standardarbeitsplatz ist eine Einhaltung des Kundenwunsches nicht möglich, folglich muss nach Alternativen gesucht werden. In der abgebildeten Konstellation kommt weder ein Vorziehen noch ein Verschieben infrage, da die Kapazitätssituation dies nicht im Rahmen der durch den Kundenwunsch gesetzten Zeit ermöglicht. Eine Ausweichstrategie kann nun darin bestehen, eine alternative Bearbeitungsmöglichkeit mit ausreichend Kapazität zu verwenden, wie in Abbildung 2.11 dargestellt wird. Durch den Wechsel der Bearbeitungsmöglichkeit kann der Kundenwunsch eingehalten werden. Dabei kann es sich prinzipiell zunächst einmal um den Wechsel einer Bezugsquelle oder aber um die Auswahl einer alternativen Bearbeitungsmöglichkeit innerhalb einer Bezugsquelle handeln.

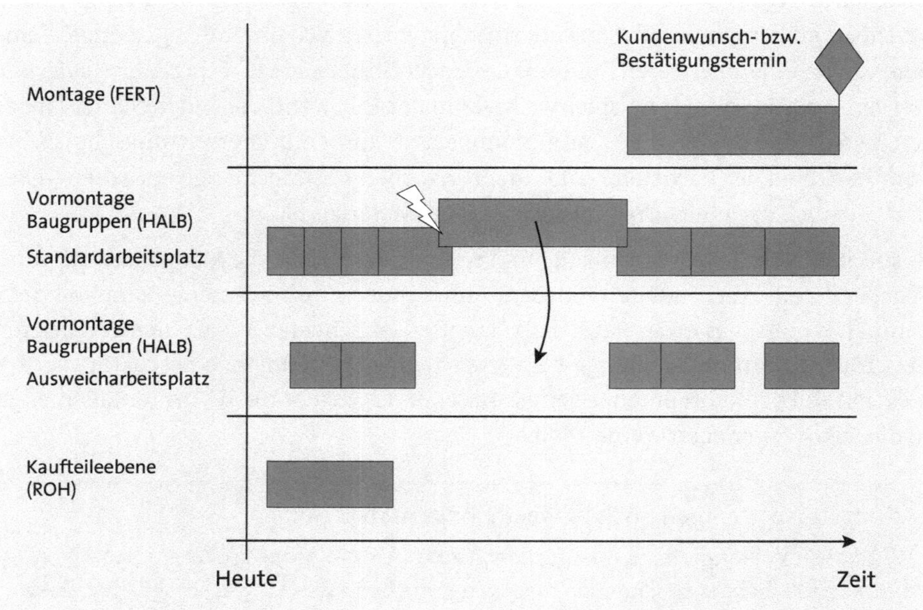

Abbildung 2.11 Berücksichtigung alternativer Bearbeitungsmöglichkeiten

2.1.8 Werksübergreifende Planung

Eine noch weitergehende Möglichkeit, um im Fall von Kapazitätsüberlasten nach Ausweichoptionen zu suchen, liegt Abbildung 2.12 zugrunde.

In diesem Fall liegt in Werk 1 eine Überlastsituation vor, die weder durch Vorziehen oder Verschieben noch durch das Ausweichen auf eine alternative Bearbeitungsmöglichkeit ausgeräumt werden kann. In einer solchen Situation kann es hilfreich sein, auch in anderen Werken nach freier Kapazität zu suchen. Dieser Schritt erfolgt häufig mittel- bis langfristig, da sich an einer solchen Planung auch die Materialbeschaffung etc. ausrichten muss.

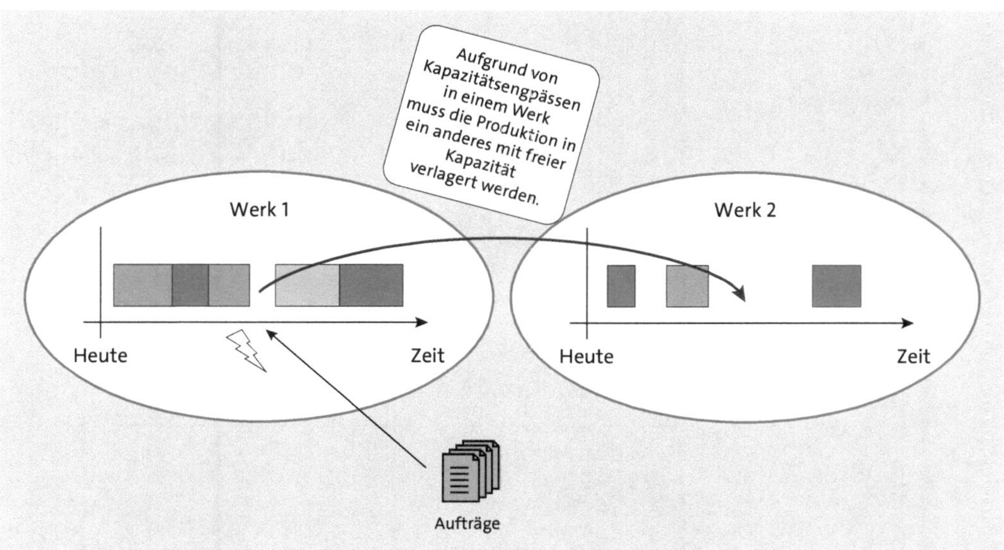

Abbildung 2.12 Berücksichtigung von Kapazitätsengpässen durch werksübergreifende Planung

2.1.9 Make-or-Buy-Entscheidung

Eine weitere Möglichkeit, auf Überlastsituationen zu reagieren, ist die Fremdvergabe von Schritten, die ursprünglich in der Eigenfertigung ablaufen sollten. Diese Fragestellung wird häufig auch als Make-or-Buy-Entscheidung bezeichnet. In vielen Beschreibungen einer Make-or-Buy-Entscheidung in der betriebswirtschaftlichen Literatur wird diese Frage als eine dargestellt, die vorab vor Beginn der Planungen zu beantworten ist. Bei genauerem Hinsehen wird jedoch deutlich, dass die Make-or-Buy-Entscheidung nicht unbedingt vorab getroffen werden muss, sondern sich aus der Kapazitätssituation ergibt. Den Fall der Make-or-Buy-Entscheidung haben wir in Abbildung 2.13 dargestellt. Wie zu sehen ist, ergibt sich die Entscheidung, die Vormontage nicht selbst zu produzieren, aus der konkreten Kapazitätssituation auf der entsprechenden Ressource. Wäre die Kapazität für eine Eigenfertigung im ausreichenden Maße vorhanden, so würde in diesem Fall eine Fertigung der Vormontagematerialien angestoßen.

Wichtig ist es dabei, anzumerken, dass im Fall der Delegation der Fertigung auf der Baugruppenebene die Vormontage auch für die Rohteilbeschaffung Konsequenzen hat. Eine Rohteilbeschaffung zumindest für die Befriedigung dieses Bedarfs ist in der Folge nicht mehr nötig, da die entsprechenden Rohteile bereits in der zugekauften Baugruppe enthalten sind.

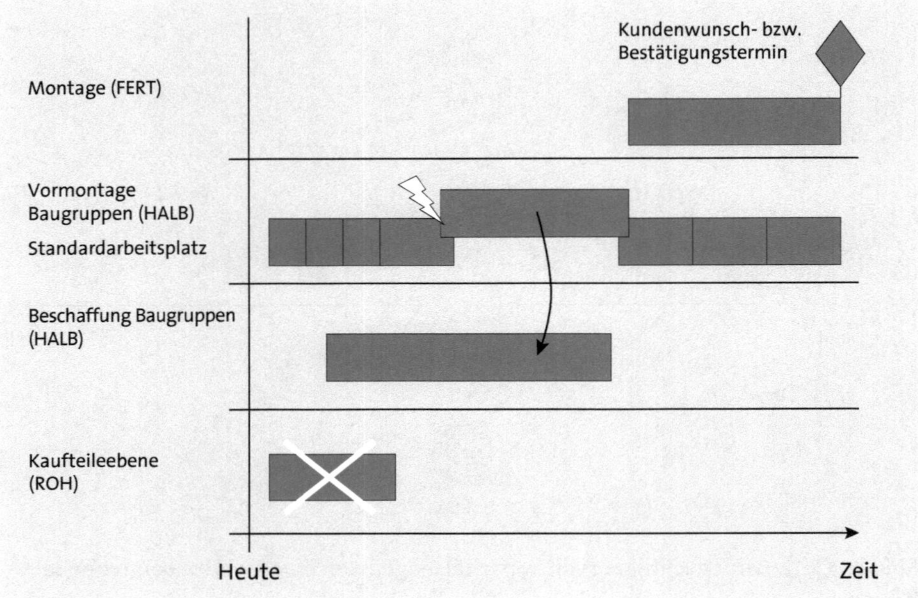

Abbildung 2.13 Make-or-Buy-Entscheidung als Ergebnis der Kapazitätsplanung

An dieser Stelle wird noch einmal deutlich, dass die Kapazitäts- und die operative Beschaffungsplanung eng miteinander verzahnt sind. Neben der zeitlichen Taktgeberfunktion, die wir bereits hervorgehoben haben, ist auch der Umfang der Beschaffungsplanung in vielen Fällen eine direkte Folge der Kapazitätsplanung, wie die beschriebenen Einflüsse (Beschaffung der Baugruppe anstelle der Rohteile) zeigen.

2.1.10 Ressourcenkonkurrenz

Bisher haben wir in unseren Beispielen immer die Befriedigung eines Kundenauftrags in den Mittelpunkt gestellt. Ein weiteres zentrales Charakteristikum der Kapazitätsplanung lässt sich mit dem Begriff *Ressourcenkonkurrenz* beschreiben (siehe Abbildung 2.14). In der Realität konkurrieren die Aufträge von mehreren Materialien um das knappe Kapazitätsangebot auf den Ressourcen. Dies ist insbesondere deshalb wichtig, weil sich damit der Betrachtungsgegenstand der Planung ändert. Während in der vorgelagerten Materialbedarfsplanung schrittweise in der Reihenfolge der Dispositionsstufen jeweils nur die Bedarfe eines einzelnen Materials gedeckt werden, ist in der Kapazitätsplanung eine materialübergreifende Sichtweise nötig, um einen machbaren Plan zu erzeugen. Wird dies nicht ausreichend im Planungsprozess abgebildet, kann es zu Schwierigkeiten kommen.

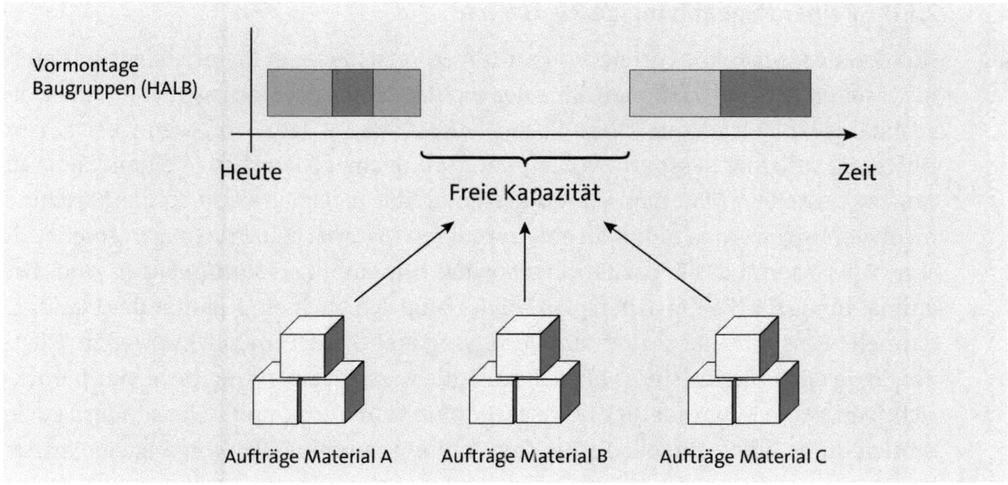

Abbildung 2.14 Ressourcenkonkurrenz

In einem Planungsvorgang ohne Kapazitätsplanungsschritt orientiert sich der Planer in der Regel am Material. Dies ist folgerichtig, da sich die vorgelagerte Materialbedarfsplanung wie beschrieben an den Bedarfen einzelner Materialien ausrichtet. Dies bedeutet in letzter Konsequenz, dass in einem Planungsschritt jeweils hauptsächlich die Informationen berücksichtigt werden, die für ein Material zur Verfügung stehen. Darüber hinausgehende Informationen, z. B. vertikaler Art, also vor- oder nachgelagerter Stücklistenebenen, werden über die Weitergabe von abgeleiteten Bedarfen für Komponenten etc. einbezogen.

Für den Einsatz einer Kapazitätsplanung ist es nicht zielführend, die Planungsverantwortung über das Material zu definieren. Durch die Konkurrenzsituation von Aufträgen mehrerer Materialien auf denselben Ressourcen würde es bei einer materialorientierten Vorgehensweise zu Zielkonflikten kommen, sobald begrenzte Kapazitäten zu beobachten sind. Jeder Planer wäre versucht, die Aufträge der eigenen Materialien in der begrenzten Kapazität unterzubringen. Die Planer, denen es zu Beginn gelingt, die Aufträge zu platzieren, könnten bessere Planungsergebnisse erzielen als diejenigen, die zu einem späteren Zeitpunkt keine Kapazität auf der Ressource mehr vorfinden.

Aus diesem Grund ist mit der Einführung einer Kapazitätsplanung in nicht seltenen Fällen auch ein Paradigmenwechsel verbunden, da die Planungsverantwortung von einer materialbezogenen Sicht auf eine ressourcenbezogene Vorgehensweise übergeht.

2.1.11 Reihenfolgeabhängige Rüstzeiten

Aus der Ressourcenkonkurrenz von Aufträgen verschiedener Materialien resultieren nicht selten Folgerestriktionen. Eine der wichtigsten ist das Vorliegen von reihenfolgeabhängigen Rüstzeiten. Diese liegen beispielsweise dann vor, wenn bei einem Übergang auf einer Ressource von einem Auftrag eines Materials zu einem anderen Auftrag desselben Materials keine Rüstzeit anfällt (beispielsweise da die Maschine nicht gereinigt werden muss), zu einem anderen Material jedoch schon. In einem solchen Fall ist somit das Kapazitätsangebot, das gemeinhin als Stammdatum zunächst einmal Input für die Kapazitätsplanung ist, zugleich auch ein Resultat der Planung, da mehr Ressourcenkapazität zur Verfügung steht, wenn möglichst wenige Rüstvorgänge einzuplanen sind. Folglich muss die Kapazitätsplanung nicht nur berücksichtigen, wann Kapazität für die Wertschöpfung zur Verfügung steht, sondern auch, ob sich durch eine sinnvolle Reihenfolgebildung unnötige Rüstvorgänge einsparen lassen.

In Abbildung 2.15 zeigen wir den Fall, dass die Aufträge für die Kapazitätssituation zwar eine direkte Einplanung des betrachteten Auftrags zulassen, die Rüstreihenfolge hierdurch jedoch nicht optimal ist, da ein Vorziehen des Auftrags einen Rüstvorgang einsparen würde. Folglich ist es für die Erstellung des Plans vorteilhafter, wenn der Vormontageauftrag vorgezogen (siehe ❶ in Abbildung 2.15) und zeitlich hinter den Aufträgen ❷ platziert wird, die den gleichen Rüstzustand erfordern (siehe ❸ in Abbildung 2.16). Durch das Vorziehen muss analog, wie vorab beschrieben, auch die Rohteilbeschaffung entsprechend zeitlich vorgezogen werden ❹.

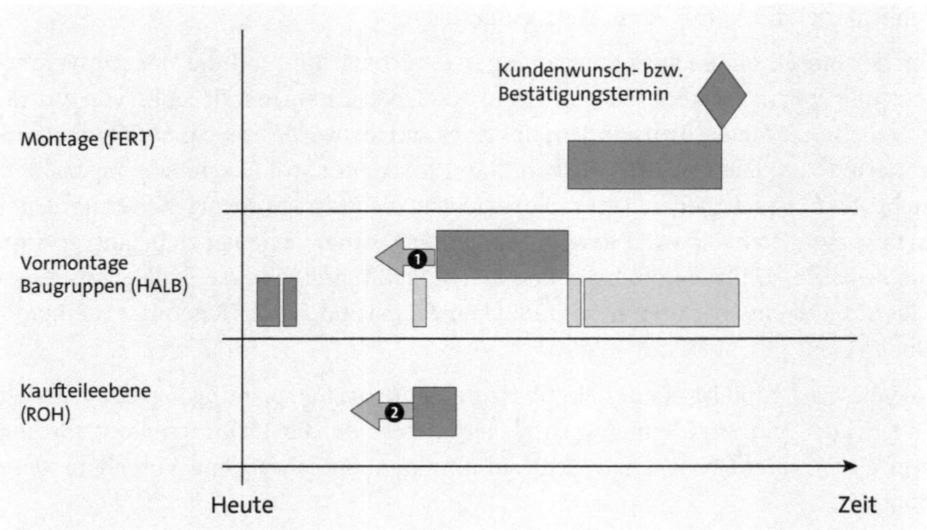

Abbildung 2.15 Berücksichtigung reihenfolgeabhängiger Rüstzeiten

Abbildung 2.16 stellt das Ergebnis der Erstellung eines rüstoptimierten Plans dar. Wichtig ist an dieser Stelle, dass ein solches Vorziehen nur unter Beachtung der bereits genannten Restriktionen möglich ist, wie z. B. der Liegezeit oder aber auch der Wiederbeschaffungszeit auf Rohteilebene. Wenn Aspekte wie die reihenfolgeabhängigen Rüstzeiten in die Planungen einbezogen werden müssen, spricht man nicht mehr nur von einem machbaren Plan, sondern von einem *optimierten Plan*.

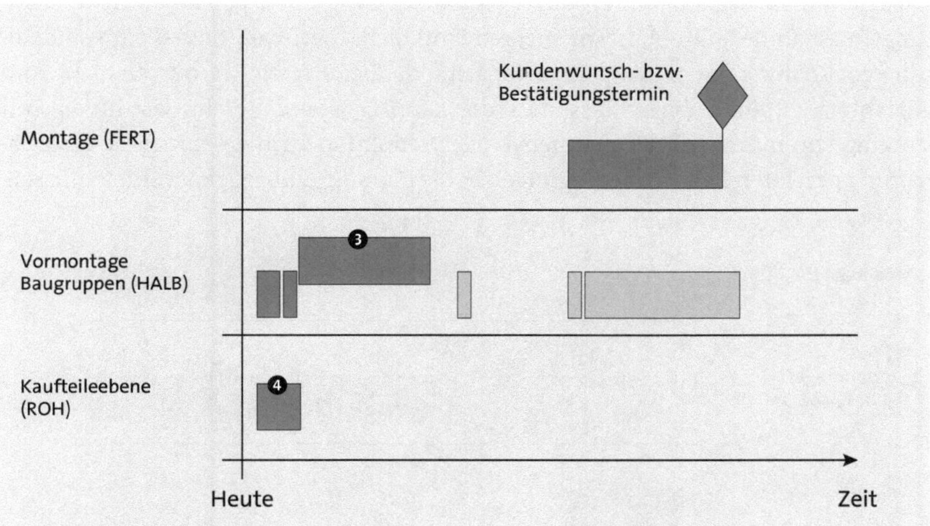

Abbildung 2.16 Erstellung eines rüstreihenfolgeoptimierten Plans

2.1.12 Maschinenausfall

Es gibt eine Reihe von Planungsrahmenbedingungen, die in die Erstellung des Plans einbezogen werden müssen. Einige davon haben wir beispielhaft herausgegriffen.

In der Folge gehen wir auf den Fall des Maschinenausfalls ein. Die Kapazitätsplanung muss dynamisch auf praxisgegebene Rahmenbedingungen wie den Ausfall einer Maschine reagieren. In der Konstellation, die Abbildung 2.17 zugrunde liegt, war ursprünglich ein machbarer Plan entstanden, der die begrenzte Kapazität auf Vormontageebene berücksichtigt hat. Fällt diese Vormontageebene nun aufgrund eines Defekts oder einer kurzfristig einzuplanenden vorbeugenden Instandhaltung aus (siehe Abbildung 2.17), muss die Kapazitätsplanung diese veränderte Konstellation einbeziehen und einen neuen machbaren Plan erzeugen.

Die Maßnahmen dazu können denjenigen gleichen, die bereits als Reaktion auf die begrenzten Kapazitäten beschrieben worden sind. An dieser Stelle wird die enge Verzahnung der Produktionsplanung mit der Instandhaltungsplanung deutlich. Aus der Instandhaltungsplanung kann die Information kommen, wie lange eine Instandhaltungsmaßnahme dauern wird und wann diese begonnen werden kann, die dann wiederum als Input für die Produktionsplanung gelten kann. Dies ist jedoch nicht der einzige Einfluss von Instandhaltungsmaßnahmen auf die Kapazitätsplanung. Auch können – wie bereits beschrieben – aus der Instandhaltung heraus Komponentenbedarfe resultieren, die wiederum Input für die weitere Planung sind. Und zusätzlich ist es möglich, auch die für die Instandhaltung benötigten Ressourcen als begrenzte Kapazitäten anzusehen. Ein Produktionsplan, der von einer geplanten Instandhaltungsmaßnahme ausgeht, ist im engeren Sinn nicht machbar, wenn die Instandhaltungsmaßnahme durch mangelnde Kapazität der benötigten Ressourcen nicht zum geplanten Zeitpunkt abgeschlossen werden kann. Dies verdeutlicht, dass für die Entstehung von machbaren Plänen neben der Produktion auch die durch die Instandhaltung gesetzten Rahmenbedingungen in die Planung einbezogen werden müssen.

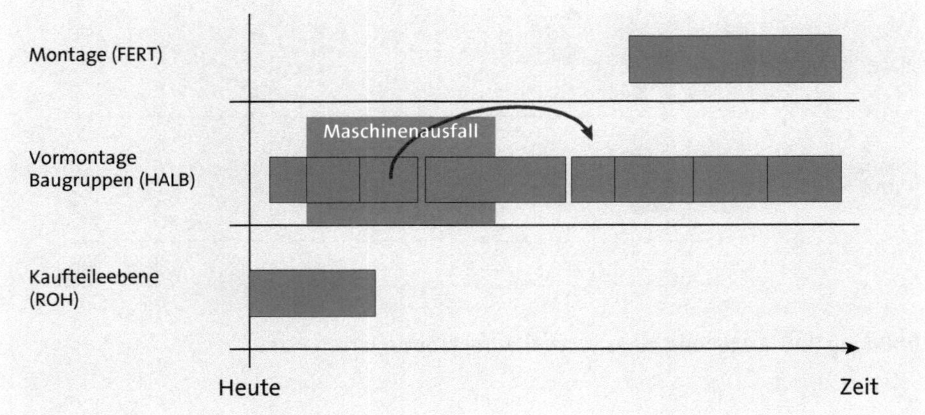

Abbildung 2.17 Einbeziehung von Maschinenausfällen in die Kapazitätsplanung

2.1.13 Propagierung von Bestellbestätigungen

An dieser Stelle spielt auch die Beschaffungsplanung eine wichtige Rolle. Dies soll am Beispiel einer verschobenen Bestellbestätigung erläutert werden (siehe Abbildung 2.18).

Im dargestellten Beispiel muss auf die Verschiebung einer Bestellbestätigung durch den Lieferanten reagiert werden (siehe ❶ in Abbildung 2.18). Die Verschiebung führt dazu, dass der geplante Termin für die Vormontage nicht haltbar ist, eine Verschiebung ❷ muss die sonstige Kapazitätssituation auf der entsprechenden Ressource berücksichtigen. Gleichzeitig muss entsprechend der Ressourcenkonstellation auch der Auftrag auf der Montageebene verschoben werden ❸, was wiederum eine Anpassung des Bestätigungstermins mit sich bringt ❹.

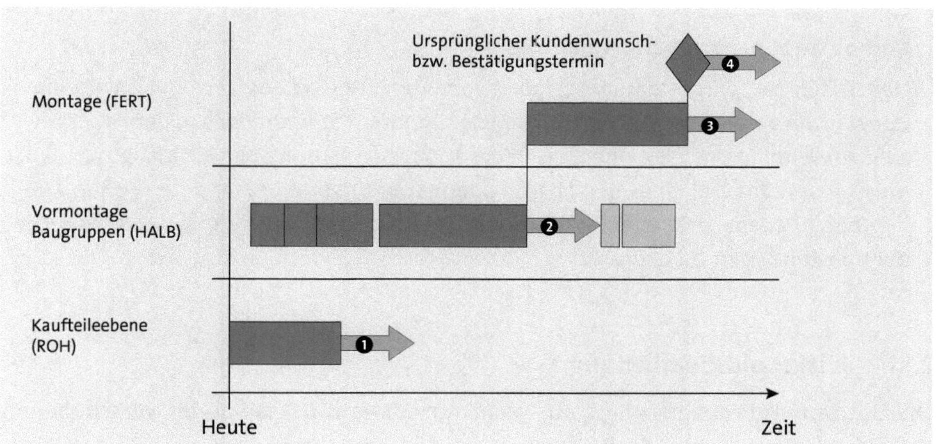

Abbildung 2.18 Propagierung einer verschobenen Bestellbestätigung auf übergeordnete Ebenen

Anders als der vorhergehende Schritt der Materialbedarfsplanung, die top-down von übergeordneten Stufen ausgehend Planungen über das gesamte Netzwerk durchführt, muss die Kapazitätsplanung in diesem Fall auf die Verschiebung der Bestellbestätigung von der untergeordneten Stufe ausgehend reagieren und bottom-up das gesamte zugehörige Auftragsnetz neu planen. Abbildung 2.19 stellt das Ergebnis einer Bottom-up-Planung dar. Dabei ist zu sehen, dass trotz der verhältnismäßig geringen Verschiebung der Bestellbestätigung das letztendlich weiterzugebende Bestätigungsdatum an den Kunden relativ stark verändert wird, da dies aufgrund der Kapazitätssituation auf der Ebene der Vormontage nicht anders möglich ist.

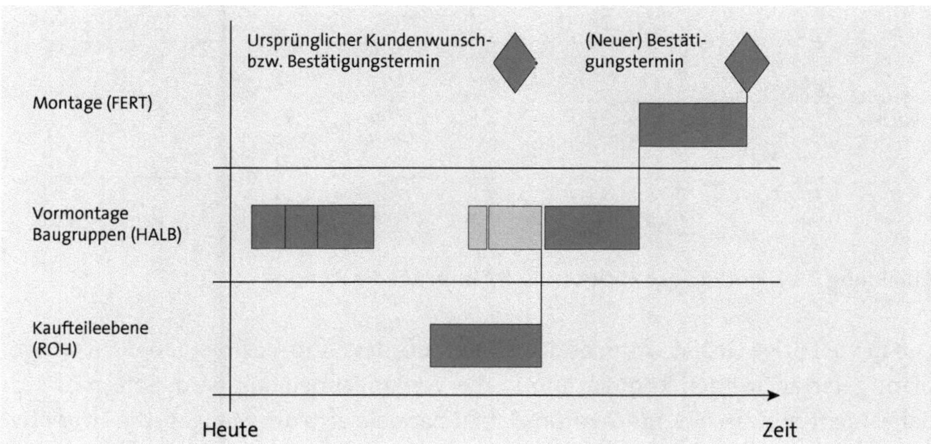

Abbildung 2.19 Ergebnis einer durch eine neue Bestellbestätigung gestarteten Bottom-up-Planung

[»]

Komplexität der Kapazitätsplanung

Neben den hier dargestellten Ausfällen von Produktionsressourcen sowie Verschiebungen von Bestellbestätigungen durch den Lieferanten finden sich in der Praxis unzählige weitere Konstellationen, die in der Kapazitätsplanung berücksichtigt werden müssen, um das Ziel eines machbaren oder gar optimierten Plans zu erreichen. Die hier beschriebene Liste kann aufgrund des komplexen Charakters keinen Anspruch auf Vollständigkeit erheben.

2.1.14 Rückstandsbearbeitung

Die Bottom-up-Propagierung kann nicht nur – wie im Beispiel der verschobenen Bestellbestätigung – von fremdbeschafften Elementen ausgehen, auch andere Konstellationen auf jeglichen Ebenen können dazu führen, dass Aufträge auf übergeordneten Stufen zeitlich verschoben werden müssen. So müssen zum Beispiel Rückstandssituationen in der Kapazitätsplanung berücksichtigt werden. Wir haben diese Konstellation beispielhaft in Abbildung 2.20 dargestellt.

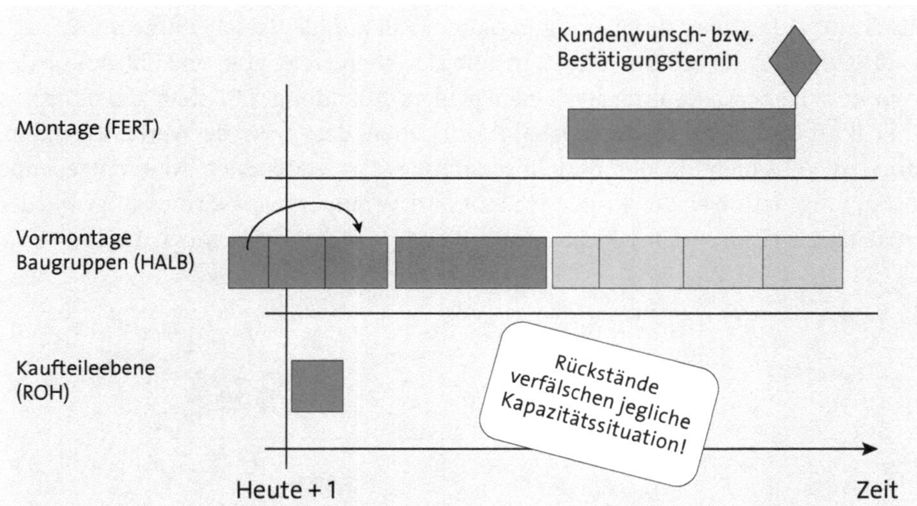

Abbildung 2.20 Einfluss der Rückstandssituation auf die Planung

Durch vielfältige Gründe kann es dazu kommen, dass Auftragsmengen nicht wie geplant gefertigt werden können und in die Vergangenheit wandern. Sofern es sich dabei nicht nur um ein Informationsdefizit handelt, also um Mengen, die zwar physisch schon produziert, jedoch noch nicht systemtechnisch zurückgemeldet sind (ein sogenannter *unechter Rückstand*), entsteht hierdurch bei Vorliegen von Kapazitätsengpässen zwangsläufig ein nicht mehr machbarer Plan. Dies liegt darin begründet, dass über den gesamten Planungshorizont hinweg durch die fortschreitende Zeit weniger Kapazitätsangebot zur Verfügung steht, auf der Engpassressource jedoch nicht entsprechend weniger Kapazitätsbedarf zu verzeichnen ist. Die Wanderung einzelner Aufträge in die Vergangenheit führt daher dazu, dass Kapazitätsbedarfe von Aufträgen, die bereits durch den Kapazitätsabgleich mit dem Kapazitätsangebot in Einklang gebracht wurden, nicht mehr mit dem vorgesehenen Kapazitätsangebot produziert werden können und somit unter Umständen der gesamte Plan unrealistisch geworden ist. Die in die Vergangenheit gewanderten Aufträge müssen zumindest auf das Heute-Datum vorgezogen werden, wodurch gegebenenfalls bereits dort eingeplante Aufträge in die Zukunft verschoben werden müssen.

Eine systematische Rückstandsbearbeitung ist daher in jedem Kapazitätsplanungsvorgehen unerlässlich, um entsprechende Planungen durchführen zu können. Dies gilt sowohl für die Implementierungsphase eines Kapazitätsplanungsprozesses als auch für das laufende Tagesgeschehen.

2.1.15 Bezugsquellenermittlung

Ein Problem, das nicht direkt die Kapazitätsplanung betrifft, jedoch nur mit einer stringenten Kapazitätsplanung sinnvoll gelöst werden kann, ist das der optimierten Lieferantenauswahl. Wir sind bereits an mehreren Stellen darauf eingegangen, dass die operative Beschaffungsplanung sowohl terminlich als auch mengenmäßig eng mit der Kapazitätsplanung verzahnt ist. Dieser Zusammenhang gilt dabei jeweils in beide Richtungen, d. h., sowohl die operative Beschaffungsplanung erhält aus der Kapazitätsplanung zentrale Informationen über Termine und Mengen, die für die Planung benötigt werden, als auch umgekehrt. Der Zusammenhang gilt jedoch nicht nur für Mengen und Termine, sondern auch für die Bezugsquelle, d. h. die dritte wichtige Funktion, die im Rahmen der Planung ermittelt werden muss. Dies verdeutlichen wir anhand der Darstellung in Abbildung 2.21.

Aufgrund von Kapazitätsengpässen auf der Ebene der Vormontage werden Vormontageaufträge in der Kapazitätsplanung vorgezogen (siehe ❶ in Abbildung 2.21). Gleiches gilt für die darunterliegende Rohteilbeschaffung ❷. Durch die lange Wiederbeschaffungszeit auf der Ebene der Rohteilbeschaffung entsteht so jedoch ein nicht machbarer Plan, da bereits in der Vergangenheit mit dem Beschaffungsvorgang hätte begonnen werden müssen, um die Mengen entsprechend rechtzeitig zur Verfügung zu haben. Stehen der operativen Beschaffungsplanung nun alternative Bezugsquellen zur Verfügung, kann es zur Erzeugung eines machbaren Plans sinnvoll sein, in der operativen Beschaffungsplanung einen anderen Lieferanten auszuwählen ❸, dessen kürzere Lieferzeit auch den übergeordneten Produktionsplan machbar werden lässt.

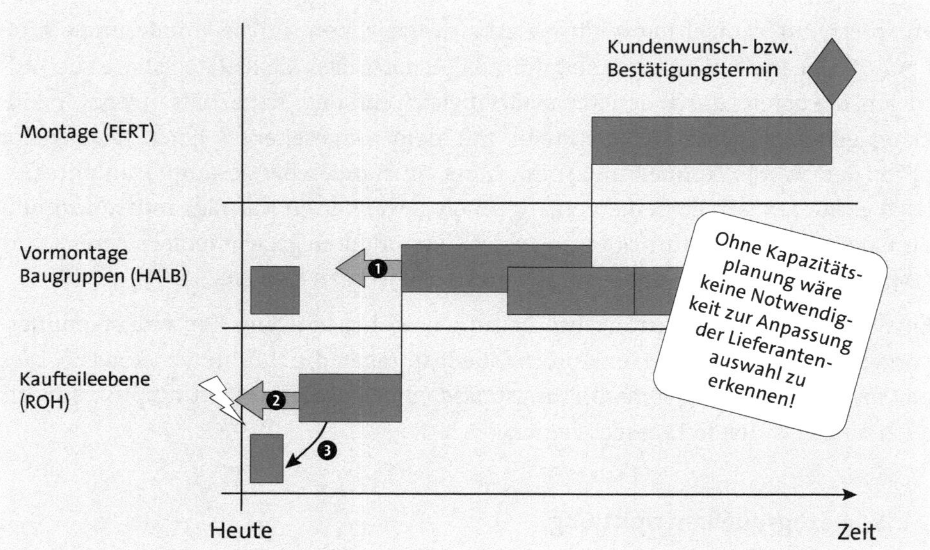

Abbildung 2.21 Lieferantenauswahl bei Einbeziehung von Kapazitätsengpässen

Dies verdeutlicht, dass sich das Zusammenwirken von Kapazitätsplanung und operativer Beschaffungsplanung nicht nur auf mengen- und terminmäßige Aspekte erstreckt, sondern auch die optimierte Bezugsquellenauswahl nur durch eine gemeinsame Betrachtung in einem Plan möglich wird.

2.1.16 Anpassungen des Kapazitätsangebots

Alle bisher beschriebenen Maßnahmen betreffen die Anpassung des Kapazitätsbedarfs an das Kapazitätsangebot. Es ist jedoch auch möglich, das Kapazitätsangebot an den Kapazitätsbedarf anzupassen. Abbildung 2.22 zeigt beispielhaft den Fall der Hinzunahme einer zusätzlichen Schicht aufgrund eines Kapazitätsengpasses.

Aufgrund der angespannten Kapazitätssituation auf der Vormontageebene fällt in diesem Fall die Entscheidung, eine zusätzliche Schicht durchzuführen (siehe ❶ in Abbildung 2.22). Dies ermöglicht die Verschiebung des Auftrags auf der Vormontageebene ❷ sowie auf der Montageebene ❸, Resultat ist eine Verschiebung des Bestätigungstermins ❹. Zur Vermeidung unnötiger Lagerbestände wird in diesem Fall auch die Beschaffung der Rohteile in die Zukunft verschoben ❺, das Endergebnis der Planungsmaßnahmen ist in Abbildung 2.23 zu sehen.

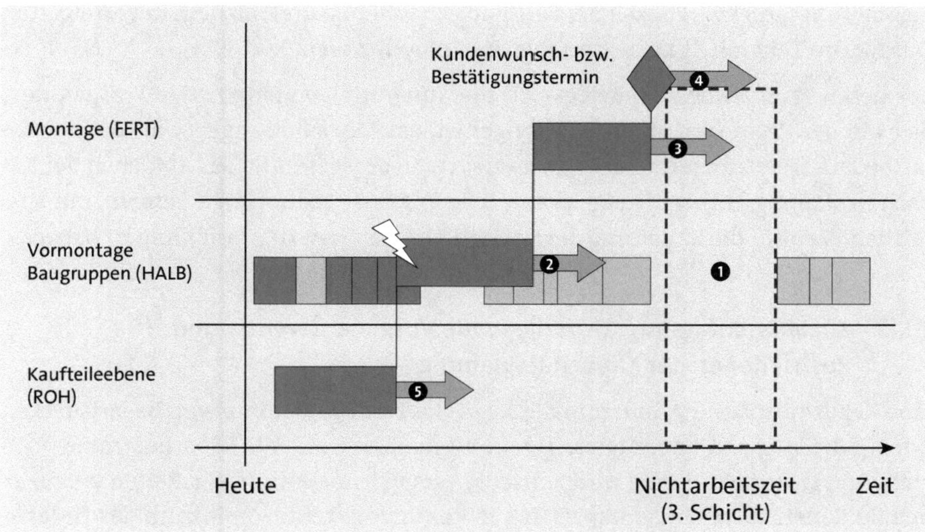

Abbildung 2.22 Ausweitung des Kapazitätsangebots aufgrund eines Kapazitätsengpasses (Ausgangssituation)

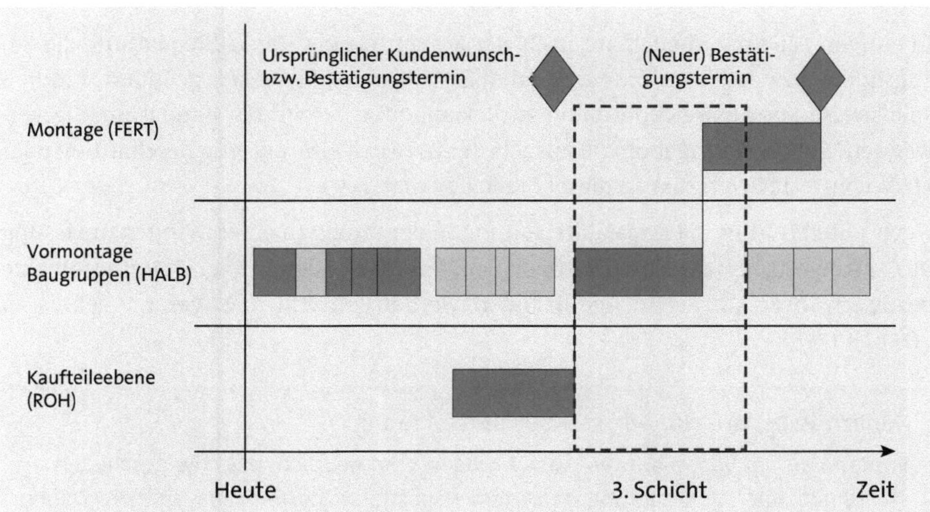

Abbildung 2.23 Ausweitung des Kapazitätsangebots aufgrund eines Kapazitätsengpasses

Weitere Maßnahmen zur Anpassung des Kapazitätsangebots an den Kapazitätsbedarf sind Leiharbeit, zusätzliche dauerhafte Produktionsmitarbeiter oder auch neue Produktionsmaschinen. In einigen Fällen ist es technologisch auch möglich, die

Bearbeitungsgeschwindigkeit der Fertigung zu erhöhen und mit dem so gesteigerten Output pro Zeiteinheit Kapazitätsengpässe zu reduzieren.

Bei diesen Maßnahmen handelt es sich eher um mittel- bis langfristige Maßnahmen, da es in der Regel wesentlich schwieriger ist, das Kapazitätsangebot als die Kapazitätsbedarfe zu verändern. Daher ist es auch eine der wesentlichen Aufgaben der Kapazitätsplanung, frühzeitig eine potenzielle Engpasssituation zu erkennen, um ausreichend Zeit für die Einleitung der nötigen Maßnahmen zur Verfügung zu haben.

2.1.17 Zusammenfassung: Grundlegende Vorgehensweisen und Restriktionen der Kapazitätsplanung

Eine Kapazitätsplanung ändert in der Regel die Termine der internen Bedarfsdecker, um auf die knappen Kapazitätsangebote zu reagieren und die Bedarfstermine noch einhalten zu können. Dabei wird zunächst versucht, die Aufträge in Zeiten vorzuziehen, in denen ausreichend Kapazität zur Verfügung steht. Somit kann das Bedarfsdatum eingehalten werden. Überall dort, wo dies nicht machbar ist, kann es auch zu einer Verschiebung in die Zukunft kommen, um einen realistischen Termin ermitteln zu können. Damit ist unter Umständen eine Änderung des Bestätigungsdatums verbunden, die an den Kunden weitergegeben werden muss.

In einigen Fällen wird auch auf Basis der Ergebnisse der Kapazitätsplanung die Bezugsquelle bzw. die zugrunde liegende Bearbeitungsmöglichkeit geändert, um beispielsweise auf Ausweichoptionen zurückzugreifen, wenn das standardmäßig verwendete Kapazitätsangebot voll ausgelastet ist. Auch eine externe Beschaffung oder ein Wechsel des Werks ist an dieser Stelle denkbar.

Noch seltener führt die Kapazitätsplanung in der Praxis zu einer Mengenanpassung der Aufträge, d. h., dass die im Rahmen der Planungen betrachteten Planungsobjekte bezüglich ihrer Auftragsmenge geändert werden, um ein machbares Ergebnis zu erzeugen.

Kapazitätsbedarfsplanung vs. Kapazitätsplanung

Im Rahmen der vorgenannten Ausführungen wird deutlich, dass die geschilderten Planungen über Veränderungen an den Kapazitätsbedarfen hinausgehen. Daher sprechen wir in diesem Kontext nicht – z. B. in Anlehnung an den vorgelagerten Schritt der Materialbedarfsplanung – von Kapazitätsbedarfsplanung, da dies suggerieren würde, dass es sich dabei lediglich um Anpassungsmaßnahmen aufseiten der Kapazitätsbedarfe handelt. Da die Planung wesentlich mehr umfasst und sämtliche kapazitätsbezogenen Fragen betrifft, also auch die der Anpassung des Kapazitätsangebots, verwenden wir in diesem Buch den Begriff *Kapazitätsplanung*.

Die geschilderten Anpassungsmaßnahmen verfolgen das Ziel, Kapazitätsbedarfe so anzupassen, dass sie zu einem bestehenden Kapazitätsangebot passen. Es besteht auch die Möglichkeit, das Kapazitätsangebot an die jeweiligen Bedarfe anzupassen. Zu diesem Zweck kann beispielsweise auf zusätzliche Schichten oder auch mittel- bis langfristig auf neue Ressourcen zurückgegriffen werden. Tabelle 2.1 zeigt überblicksartig die wesentlichen Anpassungsmaßnahmen von Kapazitätsbedarfen und -angeboten.

Anpassung der Kapazitätsbedarfe an das Angebot	Anpassung der Kapazitätsangebote an den Bedarf
Vorziehen von Aufträgen in die Gegenwart	Erhöhung des Kapazitätsangebots (z. B. zusätzliche Schicht oder neue Ressourcen)
Verschieben von Aufträgen in Richtung Zukunft	Beschleunigung der Bearbeitungsgeschwindigkeit (z. B. durch zusätzliches Personal)
Mengenanpassung von vorhandenen Aufträgen	Verschiebung geplanter Instandhaltungsmaßnahmen
Nutzung alternativer Bearbeitungsmöglichkeiten	
Werksübergreifende Planung	
Fremdvergabe von Aufträgen (Make-or-Buy)	

Tabelle 2.1 Ausgewählte Anpassungsmaßnahmen von Kapazitätsangebot und -bedarf

Bei den Anpassungsmaßnahmen ist zu beachten, welche Restriktionen auf die Erstellung eines machbaren Plans wirken. Hier wurden im Rahmen der Erläuterungen einige sehr zentrale Restriktionen aufgeführt. Davon möchten wir zwei hervorheben, die die Planung eines jeden Auftrags in aller Regel einschränken:

- **Komponentenverfügbarkeitstermin**
  Der zeitlich gesehen letzte Komponentenverfügbarkeitstermin eines Auftrags ist die zeitliche Begrenzung eines Auftrags für das Vorziehen in Heute-Richtung. Eine isolierte Verschiebung eines Auftrags vor diesen Termin ist nicht machbar, folglich entsteht diesbezüglich kein machbarer Plan.
- **Bedarfstermin**
  Der Bedarfstermin eines Auftrags bildet üblicherweise die zeitliche Begrenzung für die Verschiebung eines Auftrags in Richtung Zukunft. Dabei kann sich dieser auf Endproduktebene aus dem Kundenwunsch- oder Bestätigungstermin oder auf untergeordneten Ebenen aus den Komponentenbedarfsterminen der jeweils übergeordneten Ebenen ableiten. Die Kapazitätsplanung hat in aller Regel zum Ziel, diesen Termin einzuhalten. Jedoch kann es zu Konstellationen kommen, in

denen die Erstellung eines machbaren Plans nicht möglich ist, ohne dass dieser Bedarfstermin verletzt wird. Daher benötigt die Kapazitätsplanung in der Regel sogenannte *Ventile*, um in einer derartigen Situation nicht zu einem Abbruch zu führen, sondern ein machbares Ergebnis zu liefern. Sind bereits alle anderen Maßnahmen ausgeschöpft, wie z. B. das Ausweichen auf alternative Bearbeitungsmöglichkeiten, bleibt in vielen Fällen lediglich die Verletzung des Bedarfstermins als letzte Option zur Erstellung eines machbaren Plans. In mehrstufigen Konstellationen wird hierdurch eine Propagierung auf die übergeordneten Stufen nötig, beim Endprodukt muss das Bestätigungsdatum angepasst werden.

Abbildung 2.24 verdeutlicht grafisch die auf der Ebene der Vormontage als Rahmen für die Kapazitätsplanung fungierenden Grenzen, die die Freiheitsgrade einschränken.

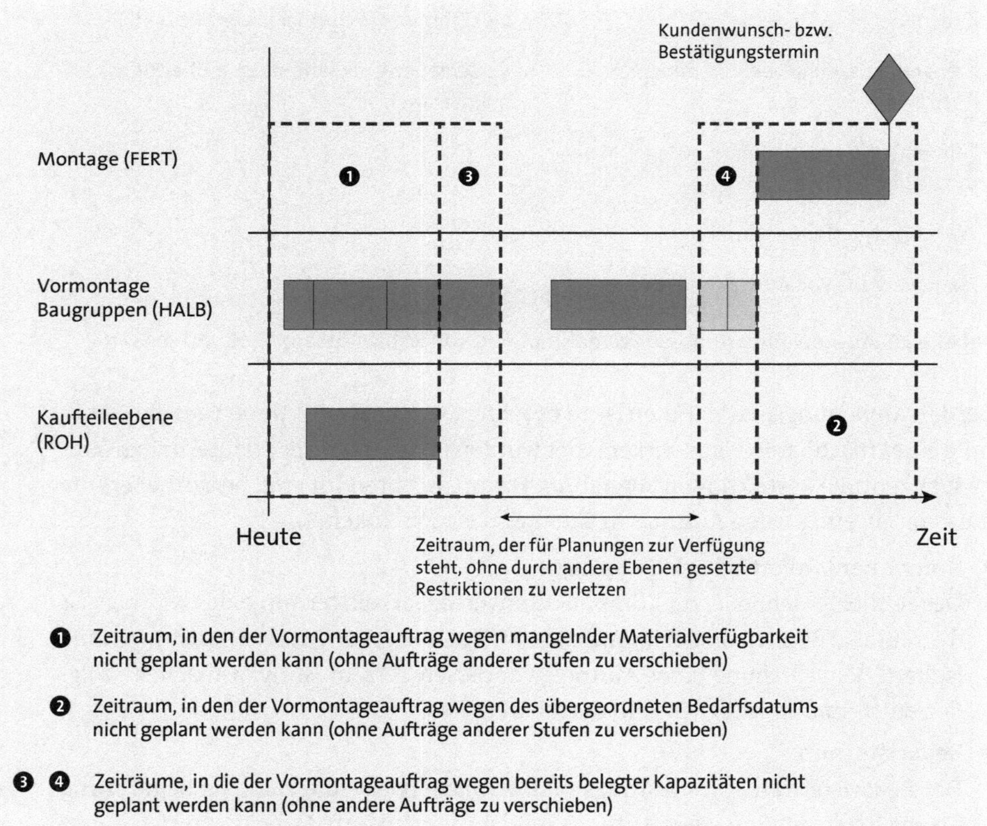

Abbildung 2.24 Freiheitsgrade in der Kapazitätsplanung (einstufig)

Der mit ❶ gekennzeichnete Zeitraum kann – zumindest ohne eine Verschiebung von Aufträgen anderer Ebenen – nicht für die Kapazitätsplanung auf Ebene der Vormontage genutzt werden, da hier die benötigten Rohteile noch nicht zur Verfügung stehen. Analog gilt dies für den mit ❷ gekennzeichneten Zeitraum, wobei hier anders als im vorhergehenden Fall nicht der Komponentenverfügbarkeitstermin, sondern der Bedarfstermin der übergeordneten Ebene die entscheidende Einschränkung darstellt. Die Zeiträume ❸ und ❹ kommen nicht infrage, da hier bereits andere Aufträge die knappe Kapazität belegen. Die so dargestellten zeitlichen Freiheitsgrade können jedoch zusätzlich durch weitere Restriktionen eingeschränkt werden, wie z. B. maximale Liegezeiten etc.

[«]

Freiheitsgrade in der Kapazitätsplanung

Wichtig ist an dieser Stelle, hervorzuheben, dass die beschriebenen Restriktionen als Output aus der Planung anzusehen sind und nicht als Input in die Planungen eingegeben werden sollten.

Wann der frühestmögliche Start eines Auftrags sein kann, ergibt sich durch die Komponentenverfügbarkeit. Demnach ist es maßgeblich, wie weit der Auftrag – ohne Verschiebung von Aufträgen anderer Ebenen – vorgezogen werden kann. Der späteste Endtermin ergibt sich durch das Bedarfsdatum des übergeordneten Auftrags, in den die zu fertigende Menge eingehen soll.

Wann diese Termine jeweils liegen, muss sich dynamisch aus der jeweiligen Planungskonstellation ergeben. In manchen Einsatzkontexten werden die planerischen Grenzen, innerhalb derer die Kapazitätsplanung agieren kann, durch Stammdaten vorbestimmt. Dies bedeutet, dass es sich dabei um Input für die Planung handelt. Ein solches Vorgehen wird beispielsweise bei einer Orientierung an den Eckterminen im ERP-System gewählt (siehe hierzu Abschnitt 19.1, »Auftragsterminierung und Kapazitätsbedarfe«). Derartige Vorgehensweisen führen in aller Regel zu qualitativ schlechteren Ergebnissen als diejenigen, die diese Termine dynamisch ermitteln, wie dies im Rahmen der kurzfristigen Planung im APO-System der Fall ist.

2.2 Anwendungsgebiete der Kapazitätsplanung

Einen hohen Stellenwert nimmt die Kapazitätsplanung bereits in Branchen ein, die klassisch durch die Produktion von Gütern wertschöpfend tätig sind. Als Beispiele lassen sich hier die Nahrungsmittel- und Konsumgüterindustrie, die Chemie- und Pharmabranche oder die Automobilindustrie nennen.

Die Kapazitätsplanung kann sich jedoch nicht nur auf klassische Produktionsprozesse beziehen. Vielmehr sollten begrenzte Kapazitäten überall dort bereits in der Planung berücksichtigt werden, wo sie auftreten. Dies kann neben der klassischen Produktionsplanung auch in den Bereichen der Planung von Projekten oder auch in der Instandhaltungsplanung der Fall sein. Von Projekten spricht man in der Regel, wenn für einen langfristigen Horizont komplexe Arbeitspakete mit einer Vielzahl von Abhängigkeiten zwischen den einzelnen durchzuführenden Arbeitsschritten berücksichtigt werden müssen. Solche Projekte finden sich beispielsweise im Maschinen- und Anlagen- bzw. Schiffs- und Flugzeugbau.

Instandhaltungsprozesse spielen dabei überall dort eine Rolle, wo zur Wertschöpfung Hilfsmittel eingesetzt werden, die aufgrund der Nutzung im Prozess einem Verschleiß oder sonstiger Abnutzung unterliegen. In diesen Fällen müssen Ressourcen eingesetzt werden, die für die Instandhaltung dieser Hilfsmittel sorgen. Diese Instandhaltungsressourcen können genauso wie die Produktionskapazitäten oder die Kapazitäten im Rahmen von Projekten z. B. des Anlagenbaus begrenzte Kapazitäten aufweisen, sodass auch hier die Notwendigkeit besteht, für die Erstellung von realisierbaren Plänen Kapazitäten einzubeziehen. All diese Bereiche können in der Regel nur dann wertschöpfend tätig sein, wenn Inputgüter zur Verfügung stehen, d. h., wenn im Zuge der Wertschöpfung Komponenten für die Produktion, die Projekte oder die Instandhaltungsmaßnahme vorhanden sind. Diese Inputgüter werden, wenn sie nicht selbst hergestellt werden, von Lieferanten fremdbezogen. Auch wenn die Aufgabe der Kapazitätsplanung zumindest für diese Materialien dadurch an den Lieferanten delegiert wird, ergibt sich die zeitliche Planung der resultierenden Beschaffungsvorgänge dennoch unmittelbar aus der Kapazitätsplanung. Umgekehrt müssen Informationen über Verzögerungen im Beschaffungsprozess unmittelbar in die Kapazitätsplanung zurückfließen. Anderenfalls kommt es zu unrealistischen Ressourcenbelegungen, die in der Realität aufgrund nicht vorhandener Inputgüter nicht umgesetzt werden können.

Die Kapazitätsplanung ist daher branchenübergreifend als ein bedeutender Planungsschritt zu sehen, unabhängig davon, ob physische Maschinen-, Personen- oder Werkzeugkapazitäten betrachtet werden.

In der Regel werden diese Prozesse dabei in der Praxis gegenwärtig nur auf die Erstellung von Gütern angewendet. Es kann jedoch vermehrt beobachtet werden, dass Aspekte der Kapazitätsplanung neben rein maschinen- oder werkzeugbezogenen Betrachtungen auch zunehmend in personenbezogenen Kontexten eingesetzt werden, weil nicht nur Produktionsanlagen begrenzt sind, sondern Engpässe bei der Verfügbarkeit der am Wertschöpfungsprozess beteiligten Personen ebenfalls zu Verzögerungen führen können, die bereits einbezogen werden müssen. Nicht zuletzt ist dies häufig in projekt- bzw. instandhaltungsbezogenen Kontexten der Fall. Hier ist der Anteil manueller Tätigkeiten häufig wesentlich höher als in klassischen Produktionsbereichen. Aber auch im Rahmen der häufig automatisierten Produktion ist es in vielen Fällen sinnvoll, Personenkapazitäten in die Überlegungen einzubeziehen, z. B. wenn der Output der am Wertschöpfungsprozess beteiligten Produktionsmaschinen durch die Verfügbarkeit von Maschinenbedienern oder sonstigen von Personen auszuführenden Schritten beeinflusst wird und sich das Kapazitätsangebot von Maschinen und Personen unterscheidet.

Die Aspekte, die im Rahmen der Überlegungen zur Kapazitätsplanung bei physischer Wertschöpfung, wie sie in einem produzierenden Unternehmen üblich ist, zu beachten sind, lassen sich zumindest in Teilen auch auf die Erstellung von Dienstleistungen übertragen. Gegenwärtig wird dies in der Praxis jedoch nur vereinzelt umgesetzt, wobei zu erwarten ist, dass diese Überlegungen langfristig an Bedeutung zunehmen werden.

2.3 Kapazitätsplanungskonstellationen in SAP

Für die Abbildung der geschilderten Vorgehensweisen stehen in den SAP-Systemen verschiedene Funktionalitäten zur Verfügung. Im Rahmen der in diesem Buch im Zentrum stehenden Kapazitätsplanungssysteme ERP, APO und IBP lassen sich die folgenden Funktionalitäten für die Kapazitätsplanung identifizieren:

- ERP-Systeme (SAP ECC und SAP S/4HANA)
  - Capacity Requirements Planning (CRP)
- APO-System
  - Supply Network Planning (SNP)
  - Capable-to-Match (CTM)
  - Production Planning & Detailed Scheduling (PP/DS)
  - Capable-to-Promise (CTP)
- Extended Production Planning and Detailed Scheduling (ePP/DS)
- IBP-System
  - Zeitreihenbasierte Planung
  - Auftragsbasierte Planung

Wir geben Ihnen in der Folge einen kurzen Überblick über die Funktionalitäten. Details dazu finden Sie in den jeweiligen Kapiteln in diesem Buch.

2.3.1 Capacity Requirements Planning (CRP)

Die Funktion Capacity Requirements Planning (CRP) aus den ERP-Systemen ECC und S/4HANA ermöglicht eine einfache Kapazitätsplanung. Die Funktion von CRP ist dabei in verschiedene Anwendungen der ERP-Systeme wie die Produktions-, die Projekt- und die Instandhaltungsplanung integriert, sie kann sowohl im kurzfristigen als auch im mittel- bis langfristigen Horizont zum Einsatz kommen. Es werden insgesamt zwei wesentliche Funktionen unterschieden:

- **Kapazitätsauswertung**
  Hierunter werden Funktionen verstanden, die zur Ermittlung der aktuellen oder zukünftigen Kapazitätsbelastung einzelner Ressourcen dienen.
- **Kapazitätsabgleich**
  Mit Kapazitätsabgleich werden verschiedene Mechanismen beschrieben, um Kapazitätsangebot und Kapazitätsbelastung in Einklang zu bringen und so ein machbares Ergebnis zu erzeugen. Hierfür stehen tabellarische und grafische Plantafeln zur Verfügung. Ebenso ist es möglich, im Rahmen der Auftragsumsetzung auf vorhandene Kapazität hin zu prüfen und im Nachgang eine Kapazitätsterminierung durchzuführen, falls keine ausreichende Kapazität zur Verfügung steht.

Die Funktionalität von CRP wird im Detail in Kapitel 19, »Kapazitätsplanung in SAP ECC und SAP S/4HANA«, erläutert.

2.3.2 Supply Network Planning (SNP)

Die Funktionalität Supply Network Planning (SNP) im APO-System ermöglicht eine mittel- bis langfristige Planung. Es enthält dabei sowohl Mechanismen zur Auftragsanlage gemäß der beschriebenen MRP-II-Logik als auch Funktionalitäten zur Planung gegen begrenzte Kapazitäten.

Dabei können auch Kapazitätsausweichmechanismen zur Anwendung kommen, die auf Basis begrenzter Kapazitäten werksübergreifend planen. Durch den eher mittel- bis langfristig ausgelegten Charakter sind die Planungsergebnisse gröber als bei den eher kurzfristig orientierten Funktionalitäten von Production Planning & Detailed Scheduling (PP/DS), da SNP nur in Kapazitäts-Buckets plant, d. h. die Kapazitäten nur periodengenau (z. B. tages- oder wochenweise) berücksichtigt. Hierdurch lassen sich einige Anforderungen an die Kapazitätsplanung nicht abbilden, wie beispielsweise die Berücksichtigung reihenfolgeabhängiger Rüstzeiten. Ferner stehen in SNP Produktions- und Beschaffungsprozesse im Vordergrund; die Projekt- sowie die Instandhaltungsplanung werden nicht im Detail abgebildet.

Die Funktionalitäten von SNP erläutern wir im Rahmen von Teil III, »Langfristige Kapazitätsplanung«.

2.3.3 Capable-to-Match (CTM)

Capable-to-Match bietet eine bedarfsorientiert vorgehende Funktionalität zur Anlage von Aufträgen sowie deren kapazitiver Planung. Die Bedarfe können dabei priorisiert abgearbeitet werden. Anders als im klassischen MRP-II- Ansatz werden die Aufträge nicht dispositionsstufenorientiert, sondern nach priorisierten Bedarfen angelegt und eingeplant. (Details zur Funktionalität von CTM finden Sie in Kapitel 12, »Capable-to-Match (CTM) in SAP APO«.)

2.3.4 Zeitreihenbasierte Kapazitätsplanung im IBP-System

Die zeitreihenbasierten Funktionen im IBP-System ermöglichen Ihnen die Planung in Zeit-Buckets, deren Granularität (z. B. Tage, Wochen, Monate etc.) Sie über die Konfiguration definieren können. Die zeitreihenbasierte Planung hat ihre Stärken im mittel- bis langfristigen Horizont, also um eine grobe Bedarfs- und Kapazitätsplanung im ganzen logistischen Netzwerk zu realisieren. Dabei werden Bedarfe pro Zeit-Bucket während einer Materialbedarfsplanung gedeckt, um Bedarfstermine, Bedarfsmengen und Bezugsquellen zu definieren, ohne dass dabei eine Auftragsanlage anschließt. Die Ergebnisse einer infiniten Planung können Sie dann mit den Analysefunktionen im IBP-System auswerten, um mögliche Kapazitätsengpässe zu identifizieren. Des Weiteren ist es möglich, in der zeitreihenbasierten Planung auch Kapazitäten finit zu berücksichtigen und Bucket-orientierte Kapazitätsengpässe z. B. im mittel- bis langfristigen Planungshorizont zu identifizieren. Hierfür stehen für die Materialbedarfs- bzw. Kapazitätsbedarfsermittlung infinite Heuristiken und für die Kapazitätsplanung eine finite Heuristik bzw. der Optimierer zur Verfügung. (Details zu Funktionen der zeitreihenbasierten Kapazitätsplanung finden Sie in Kapitel 16, »Zeitreihenbasierte Kapazitätsplanung in SAP IBP«.)

2.3.5 Auftragsbasierte Kapazitätsplanung im IBP-System

Die auftragsbasierte Planung im IBP-System ermöglicht Ihnen eine stärker operative kurz- bis mittelfristige Planung, die unter Berücksichtigung von einzelnen Aufträgen in von Ihnen definierten zeitlichen Dimensionen durchgeführt werden kann. Dabei stellt der Tag die granularste Ebene dar, und Sie können die zeitlichen Perioden in den Einstellungen zur auftragsbasierten Planung festlegen. Im Wesentlichen stehen Ihnen für den restriktionsbasierten Prognoselauf zwei Algorithmen zur Verfügung: Zum einen können Sie eine regelbasierte finite Heuristik verwenden, die einzelne Aufträge entsprechend der definierten Priorität in der Reihenfolge und unter Berücksichtigung von Restriktionen plant. Zum anderen können Sie einen restriktionsbasierten Prognoselauf mit dem Optimierer durchführen, um einen optimalen Beschaffungsplan unter Berücksichtigung von Kostenparametern und Restriktionen zu generieren. Dabei besteht auch die Möglichkeit, einzelne Restriktionen zu deaktivieren, sodass die Auswirkung einzelner Restriktionen verdeutlicht werden und somit ein infinites Planungsergebnis zur Analyse der Kapazitätsengpässe ermöglicht werden kann. (Details zu Funktionen der auftragsbasierten Kapazitätsplanung finden Sie in Kapitel 17, »Auftragsbasierte Kapazitätsplanung in SAP IBP«.)

2.3.6 APO-Production Planning & Detailed Scheduling (PP/DS)

Die Funktion Production Planning & Detailed Scheduling (PP/DS) ist die Produktions- und Feinplanungskomponente des APO-Systems zur Planung des kurzfristigen Bereichs. Sie enthält sowohl Funktionalitäten der Auftragsanlage im Kontext des MRP-II-Ansatzes als auch zahlreiche Funktionalitäten zur Planung von Kapazitäten.

Bei der Abbildung der Kapazitätsplanung in PP/DS lassen sich zwei grundlegende Ansätze unterscheiden:

- **Klassischer PP/DS-Ansatz**
  Bei Anwendung des klassischen PP/DS-Ansatzes führen Sie auf APO-Seite sowohl die Materialbedarfsplanung als auch die sich anschließende Kapazitätsplanung durch. Diese Vorgehensweise hat die größten Stammdatenanforderungen, da im APO-System sämtliche Stammdaten inklusive der Bezugsquellen vorliegen müssen. Jedoch bietet sie auch den größten Funktionsumfang, da sogar die Kapazitätsanpassungsmaßnahmen, die einen Bezugsquellenwechsel erfordern, im APO-System durchgeführt werden können.
- **Ansatz für die MRP-basierte Feinplanung**
  Der Ansatz für die MRP-basierte Feinplanung (engl. *MRP-based DS*) stellt die einfachste Anwendung des APO-Systems für die kurzfristige Kapazitätsplanung dar. Der Materialbedarfsplanungsschritt des Planungsprozesses wird weiterhin im ERP-System durchgeführt, das APO-System wird nur für die kurzfristige Kapazitätsplanung genutzt. Für die Realisierung dieses schlanken Ansatzes, der explizit im ERP-Customizing auf Werksebene gesetzt werden kann, ist es nicht notwendig (und auch nicht empfohlen), die Bezugsquellen an das APO-System zu übertragen. Somit weist dieser Ansatz die geringsten Stammdatenanforderungen auf, jedoch bestehen einige Einschränkungen hinsichtlich des Funktionsumfangs, da auf APO-Seite nicht auf die Information alternativer Bezugsquellen zurückgegriffen werden kann.

Dazwischen existieren zwei Mischformen, die es auf Basis des klassischen PP/DS-Ansatzes ermöglichen, die Materialbedarfsplanung weiterhin im ERP-System durchzuführen:

- **Kapazitätsplanung mit Fertigungsaufträgen (Production Order-based DS**
  Bei dieser Vorgehensweise werden die Aufträge der Eigenfertigung zunächst in Fertigungsaufträge umgesetzt, bevor die kurzfristigen Feinplanungsschritte im APO-System vorgenommen werden.
- **Erweiterter Ansatz für die ERP-MRP-basierte Feinplanung mit Bezugsquellen im APO-System**
  Bei Nutzung dieser Option kann ohne Aktivierung der Funktion MRP-basierte Feinplanung der Materialbedarfsplanungsschritt im ERP-System belassen werden, jedoch müssen die Bezugsquellen an das APO-System übergeben werden. Durch das Vorhandensein der Bezugsquellen im APO-System bestehen nicht die Ein-

schränkungen bezüglich des Funktionsumfangs, die für die MRP-basierte Feinplanung genannt wurden.

Die meisten im Rahmen der kurzfristigen Kapazitätsplanung im APO-System geschilderten Funktionalitäten können mit allen beschriebenen Ansätzen realisiert werden. Lediglich die Auswahl der Bezugsquelle ist bei den Ansätzen, bei denen die Bezugsquelle nicht an das APO-System übergeben wird, nicht durchführbar.

PP/DS plant auf Werksebene sekundengenau in kurzfristiger Perspektive und kann dabei auch Anforderungen wie die Berücksichtigung reihenfolgeabhängiger Rüstzeiten abbilden. Auch ist es mit dieser Funktionalität möglich, Aufträge aus der Projekt- sowie der Instandhaltungsplanung explizit zu beplanen. PP/DS konzentriert sich damit anders als SNP nicht einzig und allein auf die Produktions- und Beschaffungsplanung. (Details zu den Funktionalitäten von PP/DS finden Sie in Teil IV, »Mittel- bis langfristige Kapazitätsplanung«.)

2.3.7 extended Production Planning and Detailed Scheduling (ePP/DS)

Mit ePP/DS (extended Production Planning and Detailed Scheduling) wird die im SAP-S/4HANA-System vorhandene Funktion für die Produktions- und Feinplanung bezeichnet. Inoffiziell wird diese Funktion – in Anlehnung an Vorgängerversionen (Add-on für Embedded Production Planning and Detailed Scheduling) – auch als embedded PP/DS bezeichnet, da ein Großteil der Funktionen von APO-PP/DS in den SAP-S/4HANA-Kern (Core) eingebettet ist und damit technisch gesehen, anders als bei SAP APO, ohne ein zusätzliches System zur Verfügung steht.

[«]

Begrifflichkeit ePP/DS

Je nach Kontext werden gelegentlich auch die Funktionen der bedarfsorientierten Wiederbeschaffung bzw. des predictive Material and Resource Planning (pMRP) zusammen mit den aus dem APO-System übernommenen Produktions- und Feinplanungsfunktionen unter dem Begriff »extended Production Planning and Detailed Scheduling« zusammengefasst. Es handelt sich teilweise um Funktionen der Auftragsanlage bzw. um simulativ genutzte Langfristplanungsfunktionen, sie adressieren daher vornehmlich den Bereich Produktionsplanung, nicht den der kurzfristigen Feinplanung. (Auf diese Bereiche gehen wir in Kapitel 7, »Funktionen der Auftragsanlage«, und Kapitel 8, »Langfristplanung und predictive MRP in SAP ECC und SAP S/4HANA«, gesondert ein.) Kapazitätsplanungsaspekte werden mit diesen Funktionen maximal indirekt angesprochen. Im Rahmen dieses Buches verwenden wir den Begriff ePP/DS ausschließlich für die aus dem APO-System in das S/4HANA-System übernommene Produktions- und Feinplanungsfunktion.

Ansatz für die MRP-basierte Feinplanung in ePP/DS

Bei ePP/DS handelt es sich größtenteils um eine technisch aus der APO-Umgebung in das SAP-S/4HANA-System übernommene Funktion. Im Detail sind jedoch kleinere Funktionsunterschiede zu beobachten (siehe hierzu Kapitel 20, »Grundlagen der kurzfristigen Kapazitätsplanung in SAP APO und ePP/DS«, bis Kapitel 25, »Interaktive, kurzfristige Kapazitätsplanung in SAP APO und ePP/DS«). Im Hinblick auf die oben beschrieben PP/DS-Ansätze ist beispielsweise anzumerken, dass aktuell weder der Ansatz für die MRP-basierte Feinplanung noch die erweiterte Variante dieses Ansatzes von SAP für eine Verwendung in ePP/DS freigegeben worden sind.

2.3.8 Capable-to-Promise (CTP) bzw. Capable-to-Confirm (CTC)

Die Funktion des Capable-to-Promise (CTP) bietet die Möglichkeit, aus der Kundenauftragsverfügbarkeitsprüfung heraus im Fall einer Nichtbestätigung entsprechende Bedarfsdecker simulativ anzulegen und kapazitiv zu planen, um einen verlässlichen Bestätigungstermin an den Kunden weitergeben zu können. CTP wird daher in primär auftragsbezogenen Kontexten eingesetzt, die man gemeinhin als Make-to-Order-Konstellationen beschreibt. Dabei greift es im Rahmen der Feinplanung auf die Funktionen von PP/DS zurück. (Details zu CTP finden Sie in Kapitel 23, »Kapazitive Verfügbarkeitsprüfung«.) Es steht seit kurzem mit der Lösung Capable-to-Confirm (CTC) auch eine Option im Rahmen der ERP-Systeme von SAP zur Verfügung.

2.3.9 Kombinierte Szenarios

Die systemseitig sinnvollen kombinierten Szenarien zur Abbildung von Kapazitätsplanung im lang- bis kurzfristigen Horizont, die in der Praxis häufig gewählt werden, lassen sich wie folgt beispielhaft beschreiben:

- **Langfristplanung und CRP**
  Bei dieser Alternative handelt es sich um eine rein ERP-seitige Abbildung der Kapazitätsplanung. Weitere Informationen zu diesem Szenario erhalten Sie in Kapitel 8, »Langfristplanung und predictive MRP in SAP ECC und SAP S/4HANA«, Kapitel 14, »Interaktive, langfristige Kapazitätsplanung«, und Kapitel 28, »Integration der Kapazitätsplanungsfunktionen«. Zusätzlich wird dieses grundlegende Szenario in Kapitel 29, »Beispielszenario«, aufgegriffen.
- **Langfristplanung und CTP**
  Bei dieser Alternative handelt es sich um eine Kombination aus Funktionalitäten des ERP- sowie des APO-Systems. Weitere Informationen zu diesem Szenario erhalten Sie in Kapitel 8, »Langfristplanung und predictive MRP in SAP ECC und SAP S/4HANA«, und Kapitel 23, »Kapazitive Verfügbarkeitsprüfung«.

- **Langfristplanung und SAP APO-PP/DS**
Bei dieser Alternative handelt es sich anlog zum vorgenannten Punkt um eine Kombination aus Funktionalitäten des ERP- sowie des APO-Systems. Weitere Informationen zu diesem Szenario erhalten Sie in Kapitel 8, »Langfristplanung und predictive MRP in SAP ECC und SAP S/4HANA«, sowie in Kapitel 8, »Langfristplanung und predictive MRP in SAP ECC und SAP S/4HANA«. Darüber hinaus gehen wir in Kapitel 28, »Integration der Kapazitätsplanungsfunktionen«, auf die Integration der genannten Komponenten ein.
- **SNP und CRP**
Bei dieser Alternative handelt es sich anlog zum vorgenannten Punkt um eine Kombination aus Funktionalitäten des ERP- sowie des APO-Systems. Weitere Informationen zu diesem Szenario erhalten Sie zur Langfristplanung in SNP in Teil III, »Langfristige Kapazitätsplanung«, die kurzfristige Planung wird in Kapitel 19, »Kapazitätsplanung in SAP ECC und SAP S/4HANA«, erläutert.
- **SNP und CTP**
Bei dieser Alternative handelt es sich um ein reines APO-Szenario. Weitere Informationen zu diesem Szenario erhalten Sie zur Langfristplanung in SNP in Teil III, »Langfristige Kapazitätsplanung«, die kurzfristige Planung wird hingegen in Kapitel 23, »Kapazitive Verfügbarkeitsprüfung«, erläutert.
- **SNP und SAP APO-PP/DS**
Analog zur vorgenannten Alternative werden in diesem Szenario nur APO-Funktionalitäten zur Kapazitätsplanung eingesetzt. Weitergehende Informationen zu diesen APO-Planungsfunktionen finden Sie in Teil III, »Langfristige Kapazitätsplanung« und Teil V, »Kurzfristige Kapazitätsplanung«, sowie in Kapitel 28, »Integration der Kapazitätsplanungsfunktionen«. Zusätzlich wird dieses grundlegende Szenario in Kapitel 29, »Beispielszenario«, aufgegriffen.
- **Zeitreihenbasierte Planung im IBP-System und auftragsbasierte Planung im IBP-System**
Diese Alternative ist ein Standardszenario: Eine mittel- bis langfristige Kapazitätsplanung wird z. B. im Rahmen eines S&OP-Prozesses in der zeitreihenbasierten Planung realisiert (für Details siehe Kapitel 15, »Grundlagen der mittel- bis langfristigen Kapazitätsplanung in SAP IBP«, sowie Kapitel 16, »Zeitreihenbasierte Kapazitätsplanung in SAP IBP«), und dann wird die operative Planung in der auftragsbasierten Planung durchgeführt (siehe Kapitel 17, »Auftragsbasierte Kapazitätsplanung in SAP IBP«).
- **Zeitreihenbasierte Planung in IBP-System und CRP bzw. ePP/DS**
Eine weitere Alternative ist, eine mittel- bis langfristige Kapazitätsplanung z. B. im Rahmen eines S&OP-Prozesses in der zeitreihenbasierten Planung (siehe Kapitel 15, »Grundlagen der mittel- bis langfristigen Kapazitätsplanung in SAP IBP«) zu realisieren, die Ergebnisse für eine weitere operative Planung ans ECC- bzw.

S/4HANA-System zu übergeben und dort dann gegebenenfalls eine detaillierte Kapazitätsplanung mit ePP/DS zu realisieren.

- **Auftragsbasierte Planung in IBP-System und ePP/DS**
  In der Konstellation, dass Sie eine operative Planung in der auftragsbasierten Planung im IBP-System realisieren (siehe Kapitel 17, »Auftragsbasierte Kapazitätsplanung in SAP IBP«), aber für den Feinplanungshorizont eine detailliertere Planung benötigen, ist die Alternative einer Feinplanung in ePP/DS das von SAP vorgesehene Standardszenario.

Wir können hier aufgrund der hohen Anzahl an Optionen und der daraus resultierenden noch viel höheren Zahl an möglichen Kombinationen nicht jede realisierbare Konstellation aufführen. Daher haben wir uns auf die gängigsten Szenarien konzentriert.

2.4 Fazit

Wir haben Ihnen in diesem Kapitel einen Überblick über die Thematik der Kapazitätsplanung gegeben. Zu diesem Zweck sind wir zunächst einleitend auf die Charakteristika und die Vorgehensweisen der Kapazitätsplanung eingegangen, bevor wir Ihnen die Anwendungsgebiete dargelegt haben. In einem anschließenden Schritt haben wir Ihnen einen ersten Überblick über die SAP-Planungsfunktionalitäten der Kapazitätsplanung gegeben.

Sie können nun die Kapazitätsplanung als Planungsschritt grob beschreiben und die SAP-Funktionalitäten benennen, mit denen Kapazitäten geplant werden können.

TEIL II

Stamm- und Bewegungsdaten

Kapitel 3

Globale Stammdaten

Stammdaten haben im Rahmen der Kapazitätsplanung eine herausragende Bedeutung. Sämtliche Planungsaktivitäten basieren auf systemgestützt angelegten Bewegungsdaten, wie z. B. Planaufträgen und Bestellanforderungen. Die Ausprägung der Bewegungsdaten hängt dabei vom Zusammenwirken verschiedenster Stammdateneinstellungen ab.

Dieses Kapitel gibt Ihnen einen Überblick über die für die Kapazitätsplanung relevanten Stammdaten der SAP-Systeme. Behandelt werden in diesem Rahmen sämtliche wichtigen Stammdatenobjekte in den ERP-Systemen SAP ECC und SAP S/4HANA, dem APO- bzw. dem IBP-System sowie von ePP/DS. Dabei wird der Fokus auf die für die Kapazitätsplanung relevanten Stammdatenobjekte gelegt. Als global werden Stammdaten angesehen, wenn sie von einer Vielzahl von Funktionalitäten genutzt werden.

APO- und IBP-Stammdaten basieren in der Regel auf ERP-Objekten. Es finden sich für alle in diesem Kontext relevanten ERP-Stammdatenobjekte Äquivalente im APO- bzw. im IBP-System, die jedoch häufig andere Bezeichnungen aufweisen und aus Performancegründen auf die planungsrelevanten Kerninformationen beschränkt sind. Um dem modularen Aufbau des Buches Rechnung zu tragen, werden zunächst die ERP-Stammdatenobjekte erklärt, wobei diese im ECC- und im S/4HANA-System im Wesentlichen identisch sind, weshalb wir als übergreifende Begrifflichkeit »ERP« verwenden, um die Funktionen der beiden Systeme zu beschreiben. In den Fällen, in denen es Unterschiede zwischen beiden Systemen gibt, gehen wir explizit darauf ein. Anschließend werden die APO- und ePP/DS- sowie die IBP-Stammdatenobjekte beschrieben, jeweils in einem separaten Abschnitt.

3.1 Werk und Lokation

In jedem Unternehmen gibt es ein Organisationsmodell, das einzelne, in der Regel hierarchisch gegliederte Organisationseinheiten enthält, wie z. B. Buchungskreise, Kostenrechnungskreise, Geschäftsbereiche oder Sparten. Das Organisationsmodell eines Unternehmens lässt sich dabei im ERP-System flexibel durch die Verwendung einer Vielzahl von Organisationseinheiten darstellen, das APO- bzw. das IBP-System übernehmen die planungsrelevanten Elemente aus dem ERP-System.

Die wesentliche, im Rahmen der Kapazitätsplanung verwendete Organisationseinheit ist das *Werk*, das wir in diesem Kontext aus Gründen der besseren Verständlichkeit den globalen Stammdaten zuordnen, auch wenn es sich dabei im eigentlichen Sinn um eine Organisationseinheit handelt. Organisationseinheiten werden abweichend von den Stammdaten, die in der Anwendung definiert werden, im Customizing angelegt.

Wird das APO-System zur Planung eingesetzt, müssen die relevanten Werke als Lokationen per CIF-Schnittstelle (Core Interface) an das APO-System übertragen werden. Bei Verwendung des IBP-Systems muss ebenfalls eine Übertragung per Schnittstelle durchgeführt werden; welche Funktionen des IBP-Systems genutzt werden, definiert hier, wie die Übertragung stattfindet. Genauer gehen wir hierauf in Abschnitt 3.1.3, »IBP-System – Stammdatum ›Lokation‹«, bzw. in Kapitel 6, »Integration von Stamm- und Bewegungsdaten in SAP APO, ePP/DS und SAP IBP«, ein.

3.1.1 ERP-System – Stammdatum »Werk«

Das Werk ist per Definition eine organisatorische Einheit, die ein Unternehmen aus der Sicht der Produktion, der Beschaffung, der Instandhaltung und der Disposition gliedert. Waren und Dienstleistungen werden in einem Werk gefertigt, gelagert, verbraucht und/oder verteilt. Beispiele für Werke können etwa Fabriken, Zentrallager, Unternehmenszentralen oder Verkaufsbüros sein.

In der Regel bildet das Werk im ERP-System eine Betriebsstätte oder eine Niederlassung innerhalb einer Unternehmung ab. Dabei ist das Werk im ERP-Customizing zu definieren. Es ist folgendermaßen in die Organisationsstruktur des ERP-Systems eingebettet:

- Jedes Werk ist genau einem Buchungskreis zuzuordnen, wobei der Buchungskreis mehrere Werke haben kann.
- Für die Einlagerung von Materialien wird einem Werk ein Lagerort zugeordnet, wobei zu einem Werk mehrere Lagerorte gehören können. In den Lagerorten werden die Materialbestände geführt.
- Einem Werk und einer Sparte ist genau ein Geschäftsbereich zugeordnet.
- Ein Werk wird von genau einer Einkaufsorganisation versorgt.
- Ein Werk kann mehreren Verkaufsorganisation-Vertriebsweg-Kombinationen zugeordnet sein.
- Ein Werk kann mehrere Versandstellen haben, wobei eine Versandstelle auch gleichzeitig mehreren Werken zugeordnet werden kann.

- Ein Werk kann im Rahmen der Instandhaltungsplanung auch als Instandhaltungsplanungswerk definiert werden.
- Ein Werk kann in Standorte und Betriebsbereiche untergliedert sein. Während die Gliederung in Standorte räumliche Kriterien berücksichtigt, dient die Gliederung in Betriebsbereiche der betrieblichen Instandhaltungsplanung.

Abbildung 3.1 zeigt beispielhaft die Einbettung eines Werkes in die Organisationsstruktur des ERP-Systems.

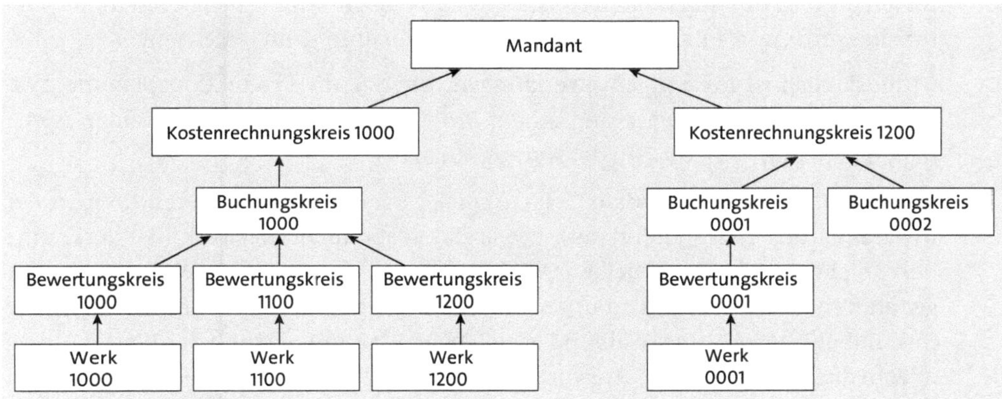

Abbildung 3.1 Einordnung des Werks in die Organisationsebenen des ERP-Systems

Das Werk ist für eine Vielzahl von Funktionalitäten im ERP-System von entscheidender Bedeutung. Für die Planung von Kapazitäten und allen daraus abzuleitenden Aktivitäten sind folgende Bereiche gesondert hervorzuheben:

- **Materialstammdaten**
  Eine Vielzahl von Informationen des Materialstamms wird auf Werksebene gepflegt, d. h., für ein identisches Material können Sie werksspezifisch verschiedene Werte pflegen.
- **Disposition**
  Die Disposition, die man auch als Materialplanung bezeichnen kann und die im Kontext dieses Buches insbesondere in Kapitel 7, »Funktionen der Auftragsanlage«, eine Rolle spielt, findet in der Regel auf Werksebene statt, d. h., jedes Werk hat eigene Dispositionsdaten. Im ERP-System ist es jedoch auch möglich, Dispositionen auf Ebenen unterhalb des Werks auszuführen, wie z. B. dem Dispositionsbereich oder – im ECC-System – dem Lagerort. Dessen ungeachtet können jedoch auch viele Dispositionsauswertungen werksübergreifend durchgeführt werden.

- **Fertigung**
  Für die Fertigung ist das Werk der Ort der Ausführung von Produktionsaktivitäten, ihm sind die bei der Fertigung eingesetzten Objekte zugeordnet, wie z. B. Arbeitsplätze.
- **Bestandsführung**
  Materialbestände werden innerhalb eines Werks an dem eindeutig einem Werk zugeordneten Lagerort geführt.

Neben diesen Funktionalitäten ist das Werk als Organisationsebene auch für die Materialbewertung, die Kalkulation und die Instandhaltung von Bedeutung.

Grundsätzlich ist für einige Anwendungen, wie z. B. die Produktionsplanung, zwischen einem Planungswerk und einem Produktionswerk zu unterscheiden (siehe hierzu Kapitel 7, »Funktionen der Auftragsanlage«).

Als in der Planung verwendete Objekte spielen hierbei im besonderen Kontext der Instandhaltung das Standortwerk sowie das Instandhaltungswerk (IH-Werk) eine hervorgehobene Rolle. Bei beiden Objekten handelt es sich um ein Werk im Sinn der genannten Definition, jedoch unterscheidet sich der Einsatzzweck im Rahmen der Instandhaltungsplanung. Während es sich beim Standortwerk um das Werk handelt, in dem die technischen Objekte vorzufinden sind, die instand zu halten sind, handelt es sich beim Instandhaltungswerk um das Werk, in dem die Instandhaltungsmaßnahmen geplant und vorbereitet werden. Daher ist es möglich, dass Standort- und Instandhaltungswerk nicht identisch sind, wenn technische Objekte eines Standorts von einem anderen Werk aus instand gehalten werden.

3.1.2 APO-System bzw. ePP/DS – Stammdatum »Lokation«

Im APO-System bzw. in ePP/DS werden die Werke aus dem ERP-System als *Lokationen* abgebildet. Die Lokation an sich entspricht in ihrer Funktion in ePP/DS der des APO-Stammdatums »Lokation«. Die offizielle SAP-Dokumentation bezeichnet die Lokation als logischen oder physischen Ort, an dem eine mengenmäßige Verwaltung von Produkten oder Ressourcen stattfindet.

Aus dieser Definition geht hervor, dass der Begriff der Lokation weiter gefasst ist als der des Werks im ERP-System. So werden im APO-System bzw. in ePP/DS beispielsweise auch Lieferanten, Kunden oder Lohnbearbeiter als Lokationen abgebildet. Differenziert werden diese aus planungstechnischer Sicht unterschiedlichen Objekte mittels *Lokationstypen*, das Werk aus dem ERP-System wird im APO-System bzw. in ePP/DS als *Produktionswerk* (Lokationstyp 1001) abgebildet. In der Lokation werden je nach Lokationstyp unterschiedliche Sichten angezeigt. Der Lagerort wird im APO-System sowie in ePP/DS als *Sublokation* abgebildet, die jeweils direkt einem Werk zugeordnet ist (siehe Tabelle 3.1).

SAP ERP	SAP APO bzw. ePP/DS
Werk	Lokation mit Lokationstyp 1001
Lieferanten, Kunden Lohnbearbeiter	Lokation mit speziellen Lokationstypen
Lagerort	Sublokation

Tabelle 3.1 Werk und Lokation

Lokationen können im APO-System bzw. in ePP/DS zwar manuell angelegt werden, wenn Ihre Planung jedoch auf ERP-Stammdaten basiert, werden die Lokationen automatisiert angelegt. Denn den Stammdaten aus dem ERP-System wurden die Werksinformationen bereits dort zugeordnet, sodass die entsprechenden Stammdatenobjekte, wie z. B. das Werk, bereits im ERP-System vorhanden sein müssen.

In ePP/DS steht Ihnen für die Anlage von Lokationen der Report **/SAPAPO/CREATE_LOCATION** zur Verfügung, für die Änderungen kann der Report **/SAPAPO/UPD_LOC_SP_PL** verwendet werden. Um die Daten an das APO-System zu übergeben, müssen Sie im ERP-System ein *Integrationsmodell* für das Filterobjekt Werk generieren und im Anschluss aktivieren (siehe hierzu Kapitel 6, »Integration von Stamm- und Bewegungsdaten in SAP APO, ePP/DS und SAP IBP«). Der Lokationstyp, der die im System vorhandenen Werke nach ihrer Funktion untergliedert, wird dabei über das CIF bzw. in ePP/DS über den oben genannten Report automatisch gefunden.

Aus planungstechnischer Sicht spielen insbesondere die in der Lokation einzutragenden *Kalenderinformationen* eine besondere Rolle. Sie können für verschiedene Planungsaktivitäten jeweils unterschiedliche Kalender im System pflegen:

- Produktionsaktivitäten
- Lageraktivitäten
- Versandaktivitäten
- Empfangsaktivitäten

Somit ist es möglich, beispielsweise für die Planung von Versandaktivitäten andere Arbeitszeiten im System zu verankern als für die Produktion. Die Kalenderinformationen müssen Sie dabei nach Anlage der Lokation im APO-System manuell nachpflegen.

Zusätzlich müssen Sie sie in der Transaktion /SAPAPO/LOC3 an der Lokation *Handlingressourcen* auf der Registerkarte **Ressourcen** hinterlegen, sofern Sie Wareneingangsbearbeitungszeiten verwenden und damit die Wareneingangsprozesse als eigene Vorgänge in den Arbeitsplänen abgebildet sind. Bei Handlingressourcen handelt es sich um Kalenderressourcen, die zur Planung von Warenbewegungen eingesetzt werden können. Die Abbildung als Ressource ermöglicht es aus planungstechnischer Sicht, auch diese Aktivitäten in die Planung einzubeziehen.

3.1.3 IBP-System – Stammdatum »Lokation«

Das IBP-System weist aufgrund seiner vielen Konfigurationsmöglichkeiten einen hohen Grad an Flexibilität auf. Stammdaten im IBP-System gliedern sich dabei in unterschiedliche Entitäten, im Kontext dieses Kapitels sind vor allem Attribute und Stammdatentypen zu nennen.

Attribute (engl. *Attributes*) sind eine wichtige Stammdatenentität im IBP-System. In SAP-Systemen wie dem ERP- oder APO-System würde man in diesem Zusammenhang von Tabellenfeldern sprechen, hier werden diese Entitäten als Attribute bezeichnet. Beispiele für Attribute sind *Product ID, Customer ID* oder eben *Location ID.*

Attribute werden modulübergreifend eingesetzt, d. h., sie kommen auch in den IBP-Modulen zum Einsatz, in denen Kapazitätsplanung durchgeführt wird. Zumindest teilweise werden jedoch auch unterschiedliche Attribute eingesetzt: In einem IBP-Modul wie beispielsweise IBP für Demand werden andere Attribute benötigt als in IBP für Supply. Die Umsetzung dieses modulbezogenen Unterschieds erfolgt über eine weitere Stammdatenentität, den Stammdatentyp.

Stammdatentypen (engl. *Master Data Types*) sind Klammern um Attribute. In der SAP-ERP- bzw. SAP-APO-Umgebung würde man in diesem Fall von Tabellen sprechen. Während also beispielsweise Attribute wie *Location ID* und *Location Description* im Rahmen der Attributpflege erzeugt werden, erfolgt eine Zusammenfassung dieser Attribute mithilfe des Stammdatentyps *Location,* da alle lokationsbezogenen Informationen in diesem Stammdatentyp eine gemeinsame Hülle finden, die in der weiteren Konfiguration verwendet werden kann.

Unterschiedliche Stammdatenkonfiguration je Planungsbereich

Die Planung im IBP-System wird in unterschiedlichen Planungsbereichen ausgeführt. Diese enthalten u. a. die Stammdateneinstellungen, auf denen die Planung basiert. Die jeweilige Konfiguration kann sich von Planungsbereich zu Planungsbereich unterscheiden. SAP liefert Beispielplanungsbereiche aus, die den spezifischen Anforderungen einzelner Module Rechnung tragen. So gibt es den Beispielplanungsbereich SAP3 für die Durchführung der Bestandsplanung im IBP-System mit IBP für Inventory oder den Beispielplanungsbereich SAP6 für IBP für Demand; auch die anderen IBP-Module haben eigene Beispielplanungsbereiche. Die jeweilige Konfiguration unterscheidet sich aufgrund der unterschiedlichen Planungsanwendungen. Wir beschränken uns im Rahmen der Erläuterungen dieses Buches auf allgemeine Gesichtspunkte der jeweiligen Stammdaten bzw. auf die spezifischen Gesichtspunkte des modulübergreifenden Beispielplanungsbereichs SAPIBP1 bzw. der anderen Beispielplanungsbereiche, mit denen eine Kapazitätsplanung möglich ist.

3

Im IBP-System werden – analog zum APO-System – physisch vorhandene Orte, an denen Bestandshaltung in einer Supply Chain stattfindet, als Lokation abgebildet. Dabei kann es sich z. B. um Produktionswerke, Distributionszentren oder Regionallager handeln, die aus dem ERP-System an das IBP-System übergeben worden sind. Der Stammdatentyp **IBPLOCATION** des Beispielplanungsbereichs SAPIBP1 beinhaltet die Stammdaten zu den für den Kapazitätsplanungsprozess relevanten Lokationen. Abbildung 3.2 zeigt den Lokationsstammdatentyp von SAPIBP1.

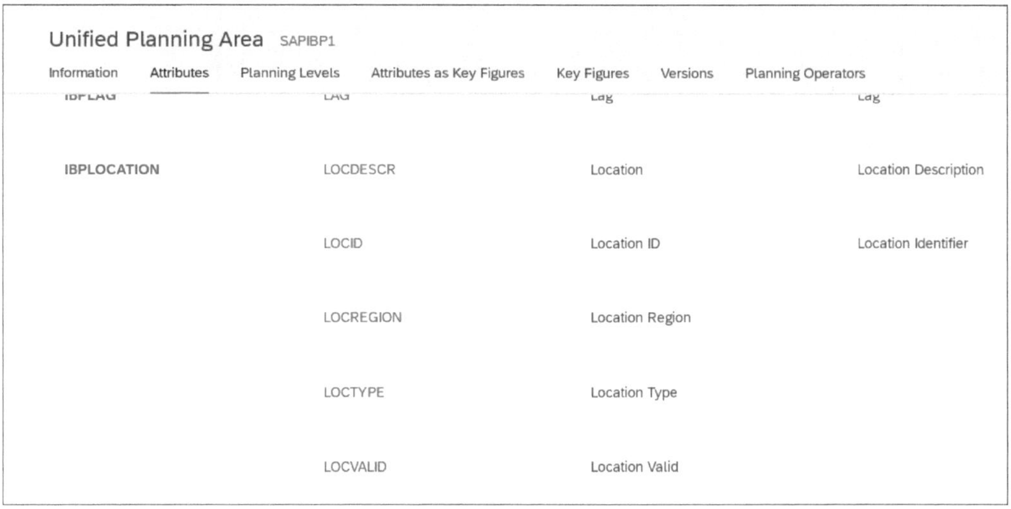

Unified Planning Area SAPIBP1

Information | Attributes | Planning Levels | Attributes as Key Figures | Key Figures | Versions | Planning Operators

IBPLAG	LAG	Lag	Lag
IBPLOCATION	LOCDESCR	Location	Location Description
	LOCID	Location ID	Location Identifier
	LOCREGION	Location Region	
	LOCTYPE	Location Type	
	LOCVALID	Location Valid	

Abbildung 3.2 Lokation des Beispielplanungsbereichs SAPIBP1

Analog zum APO-System ist auch im IBP-System die Abbildung der unterschiedlichen Arten der Lokationen über einen Lokationstyp eingebunden. Dabei ist anzumerken, dass im IBP-System die Abbildung der Kundenlokation anders als im APO-System nicht über den Lokationstyp (LOCTYPE), sondern über einen eigenen Stammdatentyp erfolgt.

3.2 Material und Produkt

Zentrales Objekt in der Planung sind in der Regel Waren, d. h. physisch vorhandene Materialien. Dieser Abschnitt gibt Ihnen einen Überblick über die Einstellungen, die im Zusammenhang mit den Materialien im ERP-System vorgenommen werden können. Zunächst stellen wir Ihnen das ERP-Stammdatum Material als das Objekt vor, das im Rahmen der Planungen im Zentrum steht, bevor wir auf die Abbildung dieses Stammdatums im APO- bzw. im IBP-System als Produkt eingehen.

3.2.1 ERP-System – Stammdatum »Material«

Für jedes in einem Unternehmen verwendete Material muss im Materialstamm ein *Stammsatz* angelegt werden (z. B. mit der Transaktion MM01, Material anlegen), der durch eine Materialnummer eindeutig identifiziert werden kann. Eine Materialnummer kann im ECC-System bis zu 18 Stellen lang sein, im S/4HANA-System stehen Ihnen sogar bis zu 40 Stellen zur Verfügung. In beiden Fällen kann die Materialnummer entweder intern durch das ERP-System oder extern durch den Benutzer bei der Anlage des Materialstammsatzes festgelegt werden. Welche dieser beiden Optionen zum Einsatz kommt, kann im Customizing der Bedarfsplanung pro Materialart festgelegt werden.

Materialart

Die Materialart muss bei der Anlage eines Materialstamms eindeutig vorgegeben werden und kann nachträglich nicht einfach wieder verändert werden. Sie dient der Zusammenfassung von Materialien mit denselben Grundeigenschaften und ermöglicht so eine gemeinsame Verwaltung der einer Materialart zugeordneten Materialien. Daneben enthält die Materialart, die Sie im Customizing des Materialstamms unter **Logistik allgemein** pflegen können, wichtige Steuerungsfunktionen, z. B. die folgenden (siehe Abbildung 3.3):

- Zweck, für den das Material vorgesehen ist
- **Externe Nummernvergabe ohne Prüfung**: Vorgehensweise bei der Nummernvergabe (extern oder intern sowie Nummernkreisintervall)
- Art der einzugebenden Sichten
- **Interne/Externe Bestellungen** erlauben bzw. mit einer Warnung versehen

Die im Customizing der Materialart über den Unterordner **Mengen-/Wertfortschreibung** zu definierende Kombination aus Werk und Materialart (z. B. Werk 0001 Materialart FERT) legt die Bestandsführungspflicht eines Materials fest.

Bestandsführungspflicht

Die *Bestandsführungspflicht* besagt, dass Mengenveränderungen im Materialstammsatz bzw. Wertveränderungen auch auf den Bestandskonten der Finanzbuchhaltung fortgeschrieben werden sollen.

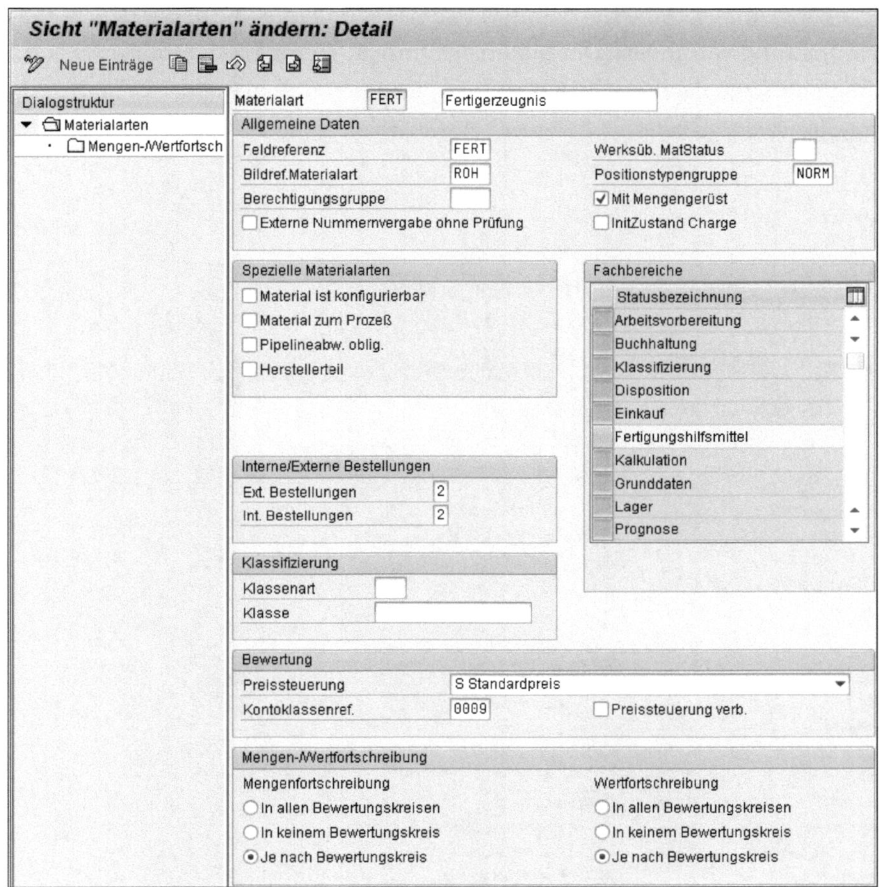

Abbildung 3.3 Materialart (Customizing)

Zusätzlich legt die Materialart fest, auf welchen Konten die Buchungen erfolgen, wenn für ein Material Lagerbewegungen zu verzeichnen sind.

Materialspezifische Daten

Der Materialstamm enthält als zentrale Informationsquelle die materialspezifischen Daten, die in einzelnen Sätzen, den sogenannten *Materialstammsätzen*, abgespeichert werden. Der Materialstammsatz, den Sie über die Transaktion MM03 aufrufen können (siehe Abbildung 3.4), enthält dabei die Informationen zu einzelnen Materialien, während der Materialstamm Informationen über sämtliche Materialien enthält, die ein Unternehmen fertigt, beschafft, lagert und verbraucht. Er hat einen globalen Charakter, da sämtliche ERP-Logistikkomponenten materialspezifische Daten aus ihm beziehen. Durch diese Konzentration aller materialspezifischen Daten im zentralen Datenbankobjekt Materialstamm wird eine redundante und daher fehleranfällige Datenhaltung verhindert. Der Materialstamm ist hierarchisch strukturiert und bildet folgende Organisationsebenen ab:

- Mandant
- Werk
- Lagerort

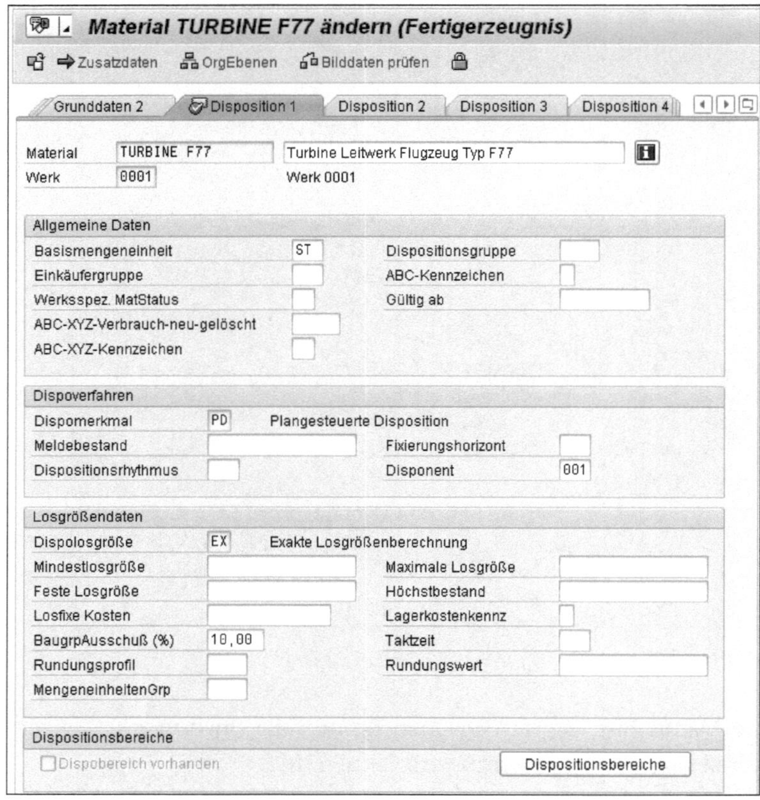

Abbildung 3.4 Materialstammsatz

Materialstammdaten können demnach *werksübergreifend* und *werksspezifisch* angelegt werden:

- **Werksübergreifende Daten**
  Bei den werksübergreifenden Angaben spricht man häufig vom A-Segment oder von MARA-Daten, da diese im ECC-System in der Tabelle MARA verankert sind.
- **Werksspezifische Daten**
  Werksspezifische Daten hingegen sind im ECC-System in der Tabelle MARC zu finden, daher spricht man auch häufig von C-Segment-Daten. Daten auf Lagerort-

ebene sind in der Tabelle MARD zu finden, weswegen diese häufig als D-Segment-Daten bezeichnet werden.

Der Großteil der Daten des Materialstammsatzes kann direkt vom Benutzer eingegeben bzw. verändert werden. Hierbei muss zwischen Daten mit beschreibendem (z. B. Größe, Abmessung, Bezeichnung etc.) und Daten mit steuerndem Charakter (z. B. Dispositionsmerkmal, Preissteuerungskennzeichen etc.) unterschieden werden. Neben diesen Informationen wird jedoch auch eine Reihe von Daten automatisch durch das System fortgeschrieben (z. B. Verwaltungsdaten etc.).

Sichten

Die verschiedenen Fachabteilungen eines Unternehmens, die auf einen Materialstammsatz zugreifen, benötigen unterschiedliche Informationen bzw. müssen unterschiedliche Steuerungsparameter pflegen. Daher sind die Daten des Materialstammsatzes nach ihrer Fachbereichszugehörigkeit gegliedert. Diese Gliederung wird durch unterschiedliche *Sichten* gebildet, die als Registerkarten im Materialstamm ausgewählt werden können. Abbildung 3.5 gibt einen Überblick über die möglichen Sichten des Materialstamms.

Abbildung 3.5 Sichten des Materialstamms

Während die anderen Sichten des Materialstamms werksübergreifenden Charakter aufweisen, zählen die folgenden Sichten des Materialstamms zu den werksspezifischen Informationen:

- Disposition (siehe Abbildung 3.6)
- Erweiterte Planung (nur S/4HANA-System)

- Einkauf
- Lagerung
- Arbeitsvorbereitung
- Fertigungshilfsmittel
- Prognose
- Qualitätsmanagement
- Vertrieb
- Kalkulation

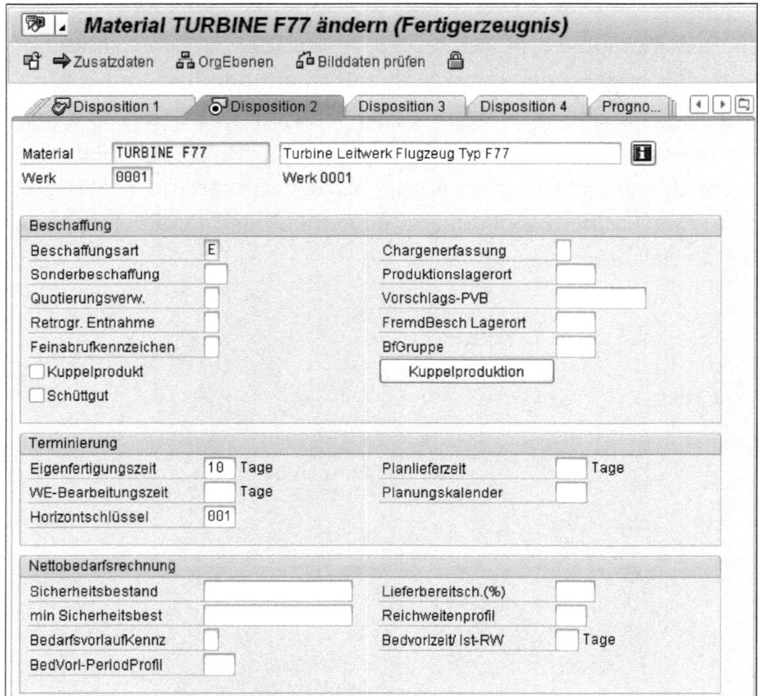

Abbildung 3.6 Sicht »Disposition« im Materialstamm

Sicht »Erweiterte Planung« für ePP/DS

Die Sicht **Erweiterte Planung** steht Ihnen nur im S/4HANA-System zur Verfügung, mit ihr können Sie bereits aufseiten des S/4HANA-Systems die Stammdateneinstellungen vornehmen, die für das ePP/DS-Stammdatum »Lokation« verwendet werden. Details hierzu erklären wir ihm Rahmen des Abschnitt 3.2.2, »APO-System bzw. ePP/DS – Stammdatum ›Produkt‹«.

Ein Material kann an verschiedenen Lagerorten gelagert werden. Um in einem Materialstammsatz lagerortspezifische Daten speichern zu können, muss der entsprechende Materialstammsatz für jeden der betreffenden Lagerorte mit der Transaktion MM01 angelegt bzw. erweitert werden. Im Customizing kann z. B. eingestellt werden, dass bei einer Wareneingangsbuchung in einem Lagerort der Materialstamm entsprechend fortgeschrieben wird. Ist dies im Customizing nicht vorgesehen, muss die Eingabe manuell oder per Sammeleingabe vorgenommen werden.

Beim Anlegen des Materialstammsatzes muss das Material einer *Branche* zugeordnet werden, diese einmalig vorgenommene Zuordnung des Materials kann nicht mehr geändert werden. Gemeinsam mit der Materialart hat die Branche eine Steuerungsfunktion für den Materialstammsatz. Die Bildfolge der Sichten des Materialstamms und die Feldauswahl werden unter anderem durch die Branche bestimmt, weitere Einflussfaktoren sind hier die eingesetzten SAP-Anwendungskomponenten, die Materialart und die Organisationsebenen, auf denen Daten eingegeben werden.

Profile

Zur Erleichterung der Dateneingabe können für bestimmte Sichten *Profile* verwendet werden, die bei der Anlage oder bei der Änderung von Materialstammsätzen zugeordnet werden können:

- Das für die Erleichterung der Pflege der Dispositionsparameter vorhandene *Dispositionsprofil* wird in der Transaktion MMD1 (Dispositionsprofil anlegen) angelegt.
- Für die Pflege der Prognoseparameter steht mit dem *Prognoseprofil* (anzulegen in der Transaktion MP80 – Prognoseprofil anlegen) eine in vielen Funktionen analoge Möglichkeit zur Verfügung.

Profile bündeln Einstellungen dieser Sichten und bieten die Möglichkeit, einzelne Feldinhalte entweder verpflichtend vorzubelegen oder dem Benutzer einen Vorschlagswert anzubieten, der anders als der feste Vorgabewert auch geändert werden kann, wenn ein Profil entsprechend zugeordnet worden ist. Mit der Transaktion MMD7 (Anzeige Dispositionsprofilverwendung) kann eingesehen werden, welches Dispositionsprofil welchen Materialien zugeordnet worden ist.

Wird ein Profil geändert, das bereits Materialstammsätzen zugeordnet ist, empfiehlt sich in der Regel die Einplanung des Reports RMMMOOO1. Mit dessen Hilfe können die entsprechenden Änderungen in die Materialstammsätze fortgeschrieben werden.

Wichtige Felder im Materialstamm

Ein zentrales Feld im Materialstamm ist aus Planungsgesichtspunkten der **Materialstatus**, der werksunabhängig auf der Registerkarte **Grunddaten 1** oder auch werksspezifisch auf der Registerkarte **Arbeitsvorbereitung** sowie auf der Registerkarte **Disposition 1** gepflegt werden kann. Neben diesen beiden Arten der Pflege kann auch ein vertriebslinienspezifischer bzw. ein vertriebslinienübergreifender Materialstatus gepflegt werden. Der Materialstatus ermöglicht eine gezielte Steuerung der Verwendung eines Materials in der Logistik. Über ihn können Sie festlegen, ob Sie ein Material für bestimmte betriebswirtschaftliche Vorgänge sperren möchten oder ob bei der Durchführung eines betriebswirtschaftlichen Vorgangs eine Warnmeldung erscheinen soll. Dabei sind diese Status hierarchisch gegliedert, d. h., eine Fehlermeldung übersteuert eine Warnmeldung, und eine Warnmeldung übersteuert die Einstellung **Keine Meldung**.

Zentral für die Planungen eines Materials ist das Feld **Mengeneinheit** in den Grunddaten des Materialstammes, das Sie über den Button **Zusatzdaten** im Kopf des Materialstamms aufrufen können. Auf Basis dieses Feldes führt das System die Berechnungen im Rahmen der Produktions- und Beschaffungsplanungen durch. Neben der in den Grunddaten zu pflegenden *Basismengeneinheit* besteht die Möglichkeit, für bestimmte Anwendungen die Verwendung einer *Alternativmengeneinheit* für das Material zu pflegen. Zulässige Alternativmengeneinheiten sind die Bestellmengeneinheit, die Verkaufsmengeneinheit und die Ausgabemengeneinheit. Alle in anderen als der Basismengeneinheit erfassten Mengen werden in die Basismengeneinheit umgerechnet, weswegen unter Umständen ein Umrechnungsfaktor zu pflegen ist.

Auf der Registerkarte **Grunddaten 1** können Sie einen Zugriffsschutz auf das Material formulieren, indem das Material einer **Berechtigungsgruppe** zugeordnet wird. Damit der Benutzer eine bestimmte Aktivität ausführen kann, muss er die Berechtigung für die Kombination der Aktivität mit der Berechtigungsgruppe aufweisen.

Die Pflege von Materialstammsätzen kann in vielfältiger Art und Weise durch Customer-Exits oder *Business Transaction Events* (BTE) beeinflusst werden.

3.2.2 APO-System bzw. ePP/DS – Stammdatum »Produkt«

Das APO- bzw. ePP/DS-Äquivalent zum ERP-Stammdatum *Material* ist das *Produkt*. Ein Produkt kann zwar manuell im APO-System angelegt werden, im Planungsszenario, das in diesem Buch verwendet wird, werden die Stammdaten jedoch über das CIF auf Basis der ERP-Stammdaten übertragen. Hierzu muss ein Integrationsmodell zum Filterobjekt Material generiert und im Anschluss aktiviert werden.

In ePP/DS selbst ist die Funktion der Anlage des Produkts für die aktive Planung deaktiviert. Für das ePP/DS muss jedoch keine Übertragung des Materials über das CIF vorgesehen werden, hier ist es ausreichend, wenn Sie in der Sicht **Erweiterte Planung** die Verwendung des Materials für ePP/DS durch Setzen des Kennzeichens **Erweiterte Planung** aktivieren. Dadurch erfolgt eine sofortige Speicherung der entsprechenden Daten im Produkt von ePP/DS, eine gesonderte Übertragung müssen Sie nicht vorsehen.

Die Angaben zu einem Produkt lassen sich sowohl im APO-System als auch in ePP/DS in globale und in lokationsabhängige Angaben gliedern. Analog zum Materialstamm ist auch der Produktstamm in verschiedene thematische Sichten unterteilt (siehe Abbildung 3.7).

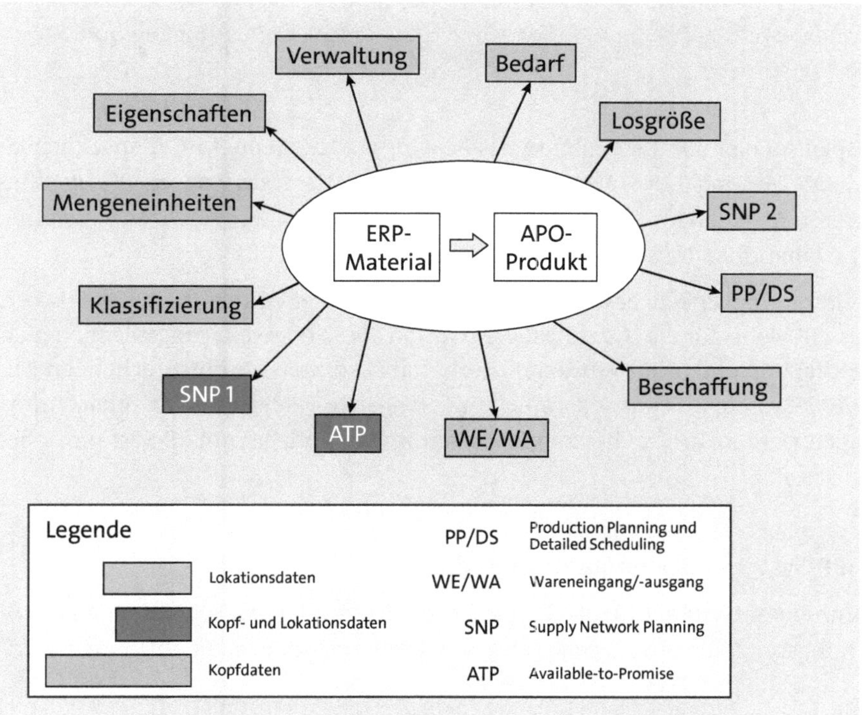

Abbildung 3.7 Sichten des Produktstamms

Analog zum ERP-System, bei dem eine Unterteilung in werksübergreifende und werksspezifische Daten des Materialstamms zugrunde liegt, können auch die Daten des Produktstamms gegliedert werden. Dabei wird unterschieden in Lokationsdaten, die mit den werksspezifischen Daten des ERP-Systems vergleichbar sind, und in übergreifende Kopfdaten. In einigen Sichten findet sich eine Mischung dieser Daten. Eine Vielzahl der im Produktstamm zu findenden Angaben wird im APO-System automatisch über das CIF und in ePP/DS direkt über Aktivierung der erweiterten Planung gefüllt.

Es gibt eine Reihe von Zusatzinformationen im APO-System bzw. in ePP/DS, die kein Äquivalent auf ERP-Seite kennen und daher nicht aus dem ERP-System übertragen werden können. Dies ist insbesondere bei differenzierten Planungsfunktionen im APO-System bzw. in ePP/DS der Fall, die zusätzliche Angaben benötigen, welche das ERP-System nicht kennt.

Datenpflege

Es empfiehlt sich, die material- bzw. produktbezogenen Daten nur im ERP-System zu pflegen, da die Stammdaten grundsätzlich nur vom ERP-System an das APO-System bzw. ePP/DS übertragen werden, die andere Richtung ist nicht möglich. In der Planungsumgebung gepflegte Einträge werden bei jeder Neuübertragung von ERP-Daten überschrieben.

Als Beispiel sei hier auf die Funktion des Peggings (siehe Kapitel 19, »Kapazitätsplanung in SAP ECC und SAP S/4HANA«) oder die im APO-System bzw. in ePP/DS differenzierteren Angaben für Kosten bei optimierenden Losgrößenverfahren verwiesen. Diese Informationen müssen separat nachgepflegt werden.

Eine weitere Möglichkeit besteht im APO-System in der Anreicherung von Daten über das CIF, wobei für die Nutzung dieser Option die SAP-Erweiterungstechnologien (BAdI, Exits) implementiert werden müssen. Dabei können die entsprechenden Felder im APO-System z. B. aus separaten kundeneigenen Feldern des Materialstamms übertragen werden, um so die komplette Stammdatenpflege im ERP-System zu belassen.

3.2.3 IBP-System – Stammdatum »Produkt«

Der Stammdatentyp **IBPPRODUCT** beinhaltet die Stammdaten zu den für den Kapazitätsplanungsprozess relevanten Materialien. Er beinhaltet u. a. die folgenden Attribute:

- Product ID (**PRDID**)
- Product Desc (**PRDDESCR**)
  Dieses Attribut bietet die Möglichkeit, eine Produktbeschreibung zu hinterlegen. Hierbei kann es sich beispielsweise um die Kurzbeschreibung aus dem angeschlossenen ERP-System handeln.
- Product Family (**PRDFAMILY**)

Dieser Stammdatentyp wird damit analog zum A-Segment des Materials im ECC-System eingesetzt, d. h., er enthält die lokationsübergreifenden Informationen. Analog zum Konstrukt des ECC-Systems gibt es auch im IBP-System eigene Stammdaten auf Lokationsebene. Diese werden im Stammdatentyp **IBPLOCATIONPRODUCT** abgebildet, der sich aus den beiden bereits beschriebenen Stammdatentypen **IBPLOCATION** und **IBPRODUCT** zusammengesetzt. In ihm finden sich planungsrelevante Informationen wie beispielsweise der Freeze Horizon.

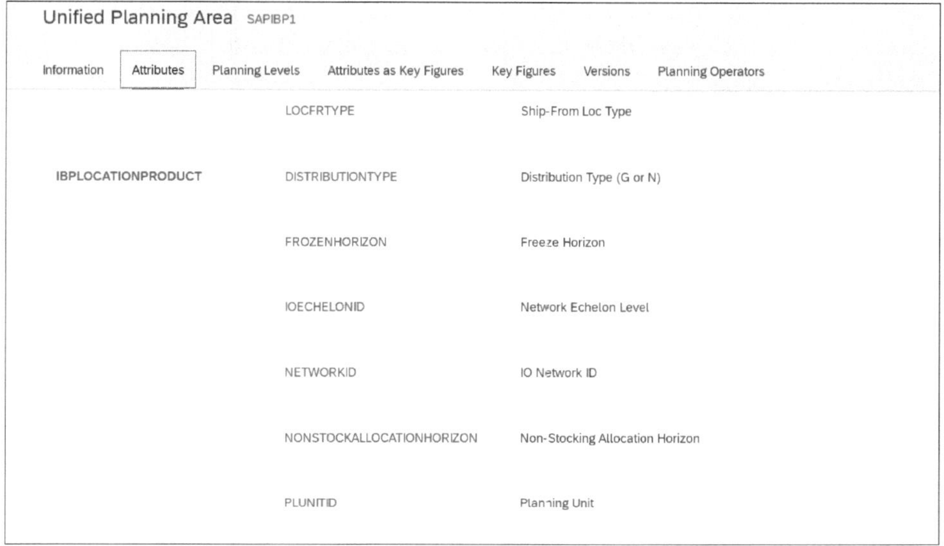

Abbildung 3.8 Lokationsprodukt des Beispielplanungsbereichs SAPIBP1

3.3 Arbeitsplatz und Ressource

Die in diesem Buch beschriebenen Kapazitätsplanungsaktivitäten beziehen sich auf physische Orte der Leistungserstellung. Dabei handelt es sich um Maschinen, jedoch können in diesem Zusammenhang auch Personen oder Werkzeuge verwendet werden, die zur physischen Wertschöpfung beitragen. Systemtechnisch wird dies im ERP-System als Arbeitsplatz bzw. im APO-System, in ePP/DS sowie im IBP-System als Ressource abgebildet.

3.3.1 ERP-System – Stammdatum »Arbeitsplatz«

Neben Arbeitsplänen und Stücklisten gehören die Objekte, mit denen die physischen Orte der Leistungserstellung systemseitig abgebildet werden, zu den wesentlichen Stammdaten der Kapazitätsplanung. Im Rahmen der diskreten Fertigung wird dabei der *Arbeitsplatz* als Objekt verwendet. Kommt die spezifische Ausprägung für die Prozessindustrie zum Einsatz, spricht man auch im ERP-Kontext von *Ressourcen*, im Rahmen der Serienfertigung von *Linien*. In den wesentlichen Strukturmerkmalen gleichen sich diese Elemente, sie kommen lediglich in einem anderen Anforderungszusammenhang zum Einsatz und haben so bestimmte Implikationen für die Planung von Kapazitäten. Aufgrund der weitgehend identischen Grundstruktur soll der Fokus im Rahmen der Stammdatenvorstellung auf dem ERP-Objekt Arbeitsplatz liegen. Die planungsspezifischen Charakteristika von Ressourcen und Linien sind für eine Vielzahl der in diesem Buch genannten Funktionen die grundlegende Basis der Planungsvorgehensweisen, da es sich dabei um die Objekte handelt, deren begrenzte Kapazitäten zu planen sind. Im ERP-System handelt es sich bei einem Arbeitsplatz um ein Business-Objekt, das beispielsweise die folgenden real existierenden Arbeitsplätze abbilden kann:

- Maschinen
- Maschinengruppen
- Personen
- Personengruppen
- Fertigungsstraßen
- Montagearbeitsplätze

Arbeitsplätze werden vor allem in Arbeitsplänen, Netzplänen und Instandhaltungsplänen verwendet: An einem Arbeitsplatz werden die Arbeitsvorgänge ausgeführt, die in einem Arbeitsplan verankert werden. Dabei enthält der Arbeitsplatz als Business-Objekt in Bezug auf die Planung vor allem Daten für die Bereiche der Terminierung sowie der Kapazitätsplanung. Zusätzlich werden im Arbeitsplatz noch Daten für die Kalkulation verankert.

Ein Arbeitsplatz wird für ein Werk z. B. in der Transaktion CR01 angelegt und durch einen Schlüssel eindeutig identifiziert. Mit der vorab im Customizing zu definierenden *Arbeitsplatzart* legen Sie fest, welche Daten im Arbeitsplatz gepflegt werden können. Zusätzlich bestimmt die Arbeitsplatzart, ob es sich bei Datenfeldern um Muss- oder Kann-Felder handelt, in welchen Plänen ein Arbeitsplatz verwendet werden darf und ob für den Arbeitsplatz Änderungsbelege erstellt werden sollen. Zu jeder Arbeitsplatzart können Sie werksspezifisch im Customizing einen Vorschlagsarbeitsplatz anlegen, dessen Daten bei der Neuanlage von Arbeitsplätzen mit der betreffenden Arbeitsplatzart verwendet werden.

Der Arbeitsplatz ist thematisch in mehrere Bilder bzw. Bildergruppen gegliedert, die im Arbeitsplatz analog zu den Sichten des Materialstamms als Registerkarten zu sehen sind:

- Grunddaten
- Terminierung
- Kapazitäten
- Vorschlagswerte
- Hierarchie
- Kalkulation
- Technologie
- Verknüpfungen (z. B. zum Personalsystem HR)

Für die Planung sind dabei neben den **Grunddaten** die Registerkarten **Terminierung** und **Kapazitäten** von besonderer Bedeutung.

Zur Vereinfachung der Datenpflege können in einem Arbeitsplatz Vorschlagswerte für Arbeitspläne hinterlegt werden. Für die Pflege der Vorschlagswerte ist im Arbeitsplatz die Registerkarte **Vorschlagswerte** vorhanden, auf der Sie folgende Werte pflegen können (siehe Abbildung 3.9):

- Steuerschlüssel
- Vorlagenschlüssel
- Eignung
- Rüstartenschlüssel
- Informationen zu Löhnen
- Rückmeldescheine
- Maßeinheiten der Vorgabewerte

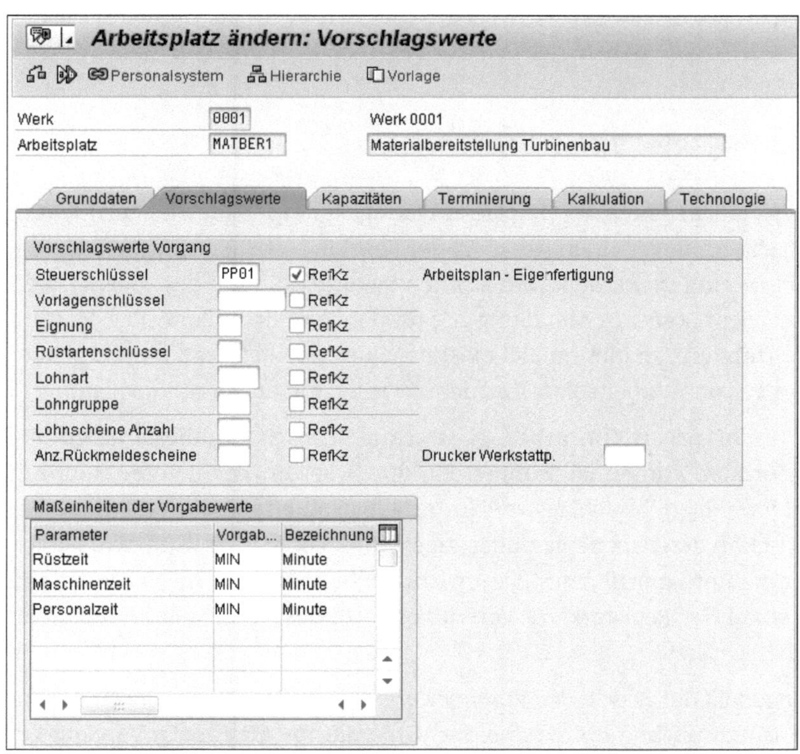

Abbildung 3.9 Registerkarte »Vorschlagswerte« aus dem Arbeitsplatz

Neben diesen auf der Registerkarte **Vorschlagswerte** zu pflegenden Angaben können Sie weitere Vorschlagswerte auf den Registerkarten **Grunddaten** und **Kalkulation** pflegen. Abbildung 3.10 verdeutlicht die Verwendung von Vorschlagswerten im Arbeitsplatz.

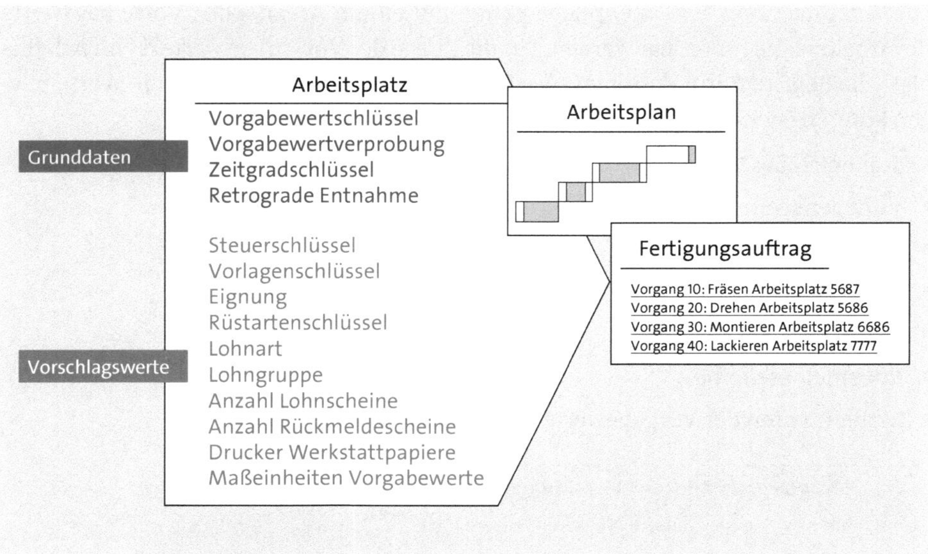

Abbildung 3.10 Vorschlagswerte des Arbeitsplatzes

Wird ein Arbeitsplatz in einem Arbeitsplan eingetragen, werden die Vorschlagswerte in den Plan übernommen, können jedoch in der Regel im Arbeitsplan durch den Benutzer manuell verändert werden. Dies können Sie durch Setzen des sogenannten *Referenzkennzeichens* (**RefKz** in Abbildung 3.9) für den jeweiligen Vorschlagswert im Arbeitsplatz verhindern. In diesem Fall existiert eine feste Referenz zwischen dem Vorschlagswert aus dem Arbeitsplatz und dem jeweiligen Wert im Arbeitsplan.

Werden die Vorschlagswerte im Arbeitsplatz geändert, nachdem dieser einem Arbeitsplan zugeordnet worden ist, können Sie durch Setzen des Referenzkennzeichens für den jeweiligen Vorschlagswert im Arbeitsplatz erreichen, dass die Änderung automatisch in den Arbeitsplan übertragen wird. Diese Änderung wird jedoch erst mit dem erneuten Aufrufen des Plans wirksam. In Abbildung 3.9 wurde für den **Steuerschlüssel** auf der Registerkarte **Vorschlagswerte** des Arbeitsplatzes ein Referenzkennzeichen gesetzt.

Für die Planungen ist der Begriff des *Vorgabewerts* zentral. Vorgabewerte sind Planwerte für die Durchführung eines Arbeitsschritts, die im Arbeitsplanvorgang gepflegt werden. Im Arbeitsplatz legen Sie auf der Registerkarte **Grunddaten** mit dem Vorgabewertschlüssel fest, wie die Vorgabewerte im Arbeitsplan gepflegt werden müssen. Der Vorgabewertschlüssel des Arbeitsplatzes muss zuvor im Customizing festgelegt werden und ordnet dem Arbeitsvorgang im Arbeitsplan bis zu sechs Datenfelder mit Schlüsselwörtern und Dimension zu.

[«]

Schlüsselwort

Das Schlüsselwort bezeichnet den einzugebenden Vorgabewert genauer. Gängige Schlüsselwörter für Vorgabewerte sind beispielsweise Rüstzeit, Bearbeitungszeit und Abrüstzeit.

In der ebenfalls auf der Registerkarte **Grunddaten** des Arbeitsplatzes zu pflegenden *Vorgabewertvorschrift* legen Sie fest, ob es sich bei den Vorgabewerten um Kann- oder Muss-Felder handelt. Zusätzlich können Sie hier die Eingabe bestimmter Vorgabewerte im Arbeitsplan unterbinden.

Kapazitäten

Für die Planungen sind nicht die eigentlichen Arbeitsplätze ausschlaggebend, sondern die in ihnen eingestellten Kapazitäten. Als *Kapazität* ist das Vermögen zu verstehen, eine bestimmte Leistung zu erbringen. Kapazitäten definieren Sie beispielsweise in der Transaktion CR11 (Anlegen Kapazität), Sie können jedoch auch direkt aus dem Arbeitsplatz heraus Kapazitäten auf der gleichnamigen Registerkarte anlegen.

Kapazitäten definieren ein *Kapazitätsangebot*, also eine zur Verfügung stehende produktiv nutzbare Arbeitszeit der Kapazität. Die Kapazitätsplanung stellt dem aus der Kapazität des Arbeitsplatzes stammenden Kapazitätsangebot den *Kapazitätsbedarf* gegenüber, d. h. die Leistung, die einzelne Aufträge an einer bestimmten Kapazität zu einem bestimmten Zeitpunkt benötigen.

Kapazitäten werden durch die *Kapazitätsart* unterschieden, die im Customizing der Kapazitätsplanung definiert werden kann (siehe Abbildung 3.11). Jede Kapazitätsart kann einem Arbeitsplatz maximal einmal zugewiesen werden. Dabei haben Sie beispielsweise die Möglichkeit, die Kapazitätsarten Maschine, Person oder Pool zu definieren, wobei ein Pool z. B. aus einer Gruppe von Personen bestehen kann, die gleichzeitig an mehreren Arbeitsplätzen eingesetzt werden kann. Den Schritt der Zuweisung der Kapazität führen Sie auf der Registerkarte **Kapazitäten des Arbeitsplatzes** durch. Neben der Kapazitätsart können Kapazitäten wie folgt unterschieden werden:

- **Arbeitsplatzkapazitäten**
  Eine Arbeitsplatzkapazität ist eine Kapazität, die in einem Arbeitsplatz eingetragen wird.
- **Poolkapazitäten**
  Eine Poolkapazität kann mehreren Arbeitsplätzen zugeordnet werden, sie wird unabhängig vom Arbeitsplatz angelegt und gepflegt. Ob eine Kapazität von mehreren Arbeitsplätzen verwendet werden darf, können Sie mit dem Kennzeichen **Poolkapazität** in der Kapazität festlegen. Die Verwendung einer Poolkapazität ist

immer dann sinnvoll, wenn einzelne Produktionskapazitäten, wie z. B. Personen, gleichzeitig an mehreren Arbeitsplätzen eingesetzt werden.

- **Referenzkapazitäten**
  Eine Referenzkapazität dient dazu, die Kapazitätspflege zu vereinfachen, indem ihr Kapazitätsangebot kopiert bzw. referiert wird. Analog zur Poolkapazität wird sie unabhängig vom Arbeitsplatz angelegt und gepflegt.
- **Vorschlagskapazitäten**
  Vorschlagskapazitäten sind prinzipiell mit Vorschlagsarbeitsplätzen vergleichbar, auch sie vereinfachen die Datenpflege. Sie werden analog im Customizing pro Kapazitätsart werksspezifisch gepflegt und können bei der Anlage einer neuen Kapazität Vorschlagswerte für die Kopfdaten der Kapazität liefern.

Sicht "Kapazitätsart" ändern: Übersicht

Neue Einträge

Art	Bezeichnung KapArt	KapArtTyp	KapArt Per	Kein Ist
001	Maschine		☐	☐
002	Person		☑	☐
008	Prozeßeinheit		☐	☐
010	Kammer		☐	☐
011	Lager	1	☐	☐
012	Lager+Prozeßeinheit	2	☐	☐
ET1	ETO-MaschineKapa		☐	☐
MOV	Prozeßeinheit Ov.		☐	☐
POV	Personal, Ov.		☑	☐
S01	Maschinenkapazität		☐	☐
S02	Personenkapazität		☑	☐

Abbildung 3.11 Kapazitätsarten im Customizing der Kapazitätsplanung

Für die detaillierte Kapazitätsplanung können zu jeder Kapazitätsart im Arbeitsplatz über den Menüpunkt **Springen** *Einzelkapazitäten* zugeordnet werden. Für diese Einzelkapazitäten können detailliert auf Einzelebene Kapazitätsangebote gepflegt werden. Als Alternative zur Verwendung von Einzelkapazitäten besteht auch die Möglichkeit, eine Kapazität mit HR-Objekten zu verknüpfen, wie z. B. Personen, Planstellen, Qualifikationen und Anforderungsprofilen, wenn Sie ein Personalsystem einsetzen. Diese Verknüpfung müssen Sie im Customizing des Arbeitsplatzes vornehmen.

Wie wir bereits zu Beginn ausgeführt haben, definiert eine Kapazität mit dem Kapazitätsangebot die produktiv nutzbare Arbeitszeit einer Kapazität, die im ERP-System auch als *Einsatzzeit* bezeichnet wird. Die Einsatzzeit wird folgendermaßen berechnet:

$$\text{Einsatzzeit} = (\text{Arbeitszeit} - \text{Pausenzeit}) \times \text{Nutzungsgrad} \div 100\,\%$$

Beim *Nutzungsgrad* handelt es sich um das prozentuale Verhältnis zwischen tatsächlicher und theoretisch zur Verfügung stehender Kapazität, die aus der gesamten Arbeitszeit abgeleitet wird.

Der Nutzungsgrad beeinflusst über diese Formel einerseits die Länge der Einsatzzeit, andererseits wirkt er sich auf den Abstand zwischen dem Beginn und dem Ende von Vorgängen aus – also auf die Dauer eines Vorgangs.

[zB]

Verwendung des Nutzungsgrads

Bei einem Nutzungsgrad von 100 % entspricht die Dauer eines Vorgangs den Zeitspannen, die mit den Terminierungsparametern festgelegt werden. Bei einer Reduktion des Nutzungsgrads unter 100 % verlängert sich die Dauer entsprechend. Es ist jedoch auch eine Erhöhung des Nutzungsgrads auf bis zu 400 % möglich, d. h., hier erfolgt eine entsprechende Reduktion der Vorgangsdauer.

Falls eine Kapazität aus mehreren Einzelkapazitäten besteht, ist ihre gesamte produktiv nutzbare Einsatzzeit die Summe der Einsatzzeiten der Einzelkapazitäten:

Kapazitätsangebot = Σ Einsatzzeiten der Einzelkapazitäten

Abbildung 3.12 verdeutlicht den Zusammenhang zwischen Arbeitsplatzdaten und Einsatzzeit.

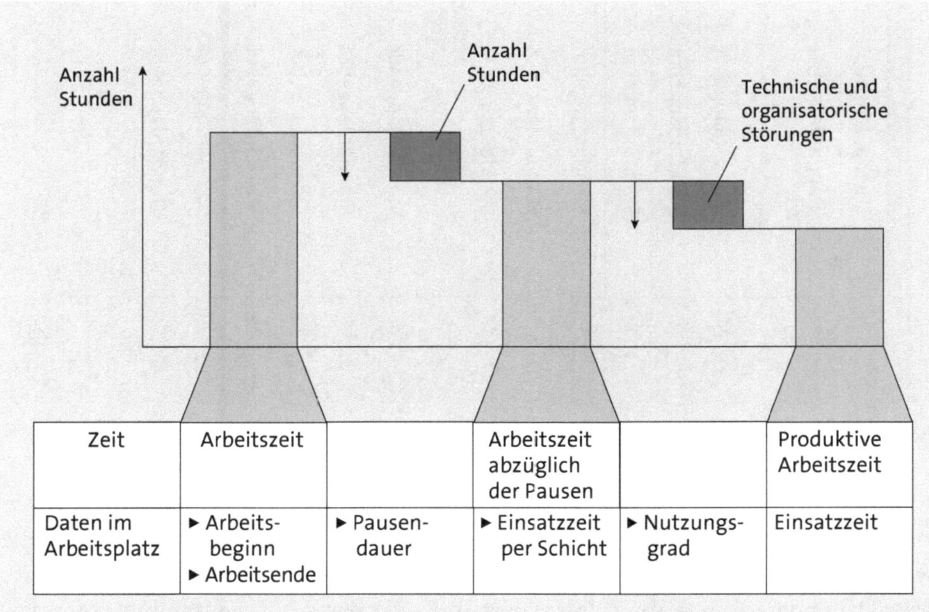

Abbildung 3.12 Zusammenhang zwischen Arbeitsplatzdaten und Einsatzzeit

Von der Arbeitszeit, die durch Arbeitsbeginn und -ende begrenzt wird, wird zunächst die Pausendauer abgezogen. Anschließend wird die Zeitspanne abgezogen, die durch einen Nutzungsgrad von unter 100 % verloren geht (liegt der Nutzungsgrad über 100 %, verkürzt sich die Zeitspanne entsprechend), um die Einsatzzeit zu erhalten.

Kapazitätsangebote werden sowohl für bestimmte Bereiche der Terminierung als auch für die Kapazitätsplanung herangezogen. Beim Kapazitätsangebot ist zwischen dem Standardangebot und den Angebotsversionen zu unterscheiden.

Das *Standardangebot* ist sozusagen der Ausgangspunkt für die Festlegung des Kapazitätsangebots, der unbegrenzt gilt, sofern kein spezielleres Kapazitätsangebot gepflegt worden ist. Im Standardangebot wird nicht in Schichten differenziert, an jedem Arbeitstag des Fabrikkalenders steht das gleiche Kapazitätsangebot zu den identischen Arbeitszeiten zur Verfügung. Abbildung 3.13 verdeutlicht beispielhaft ein Standardangebot.

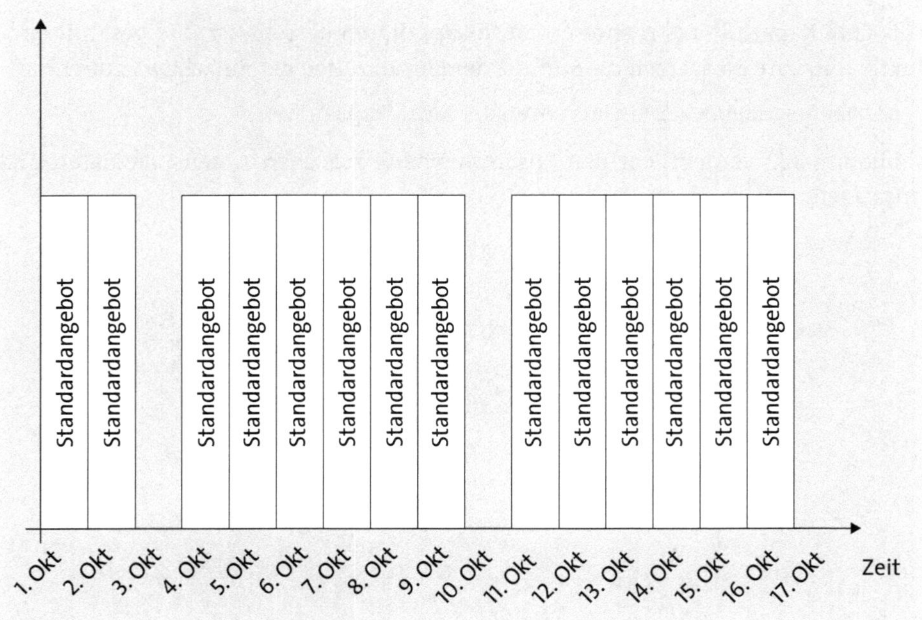

Abbildung 3.13 Beispielhafter Verlauf eines Standardangebots

Als Alternative zum Standardangebot können Sie im Customizing eine *Angebotsversion* anlegen und in den Kopfdaten der Kapazität aktivieren. Dies ist dann sinnvoll, wenn eine pauschale Pflege des Kapazitätsangebots mit einer für alle Arbeitstage des Fabrikkalenders identischen Einsatzzeit und identischen Arbeitszeiten planungstechnisch nicht detailliert genug ist, Sie also beispielsweise wochentagabhängige oder schichtgenaue Angebote pflegen möchten. Es können unterschiedliche Angebotsversionen parallel gepflegt werden, wirksam ist jeweils die in den Kopfdaten der Kapazität gepflegte Angebotsversion.

Innerhalb einer Angebotsversion können Sie *Angebotsintervalle* pflegen, die das Standardangebot für eine zu definierende Zeitspanne ersetzen. Ist eine Angebotsversion aktiv, übersteuert sie die zum Standardangebot gepflegten Werte innerhalb der Zeitspannen, in denen über das Angebotsintervall detailliertere Werte gepflegt worden sind. Dabei stehen Kapazitätsangebote eines Angebotsintervalls nur an den Arbeitstagen des Gültigkeitszeitraums zur Verfügung. Innerhalb des Angebotsintervalls steht entweder an jedem so definierten Arbeitstag das gleiche Kapazitätsangebot zur Verfügung (eintägige Zyklusdauer) oder das Kapazitätsangebot wiederholt sich nach sieben Tagen (einwöchige bzw. mehrtägige Zyklusdauer).

In einem Angebotsintervall können Sie ebenfalls *Schichten* hinterlegen. Dabei wird das Kapazitätsangebot einer Schicht durch die folgenden Daten determiniert:

- Schichtbeginn und Schichtende
- Pausenzeiten
- Nutzungsgrad
- Anzahl der Einzelkapazitäten

Abbildung 3.14 zeigt beispielhaft ein Angebotsintervall mit verwendeten Schichten.

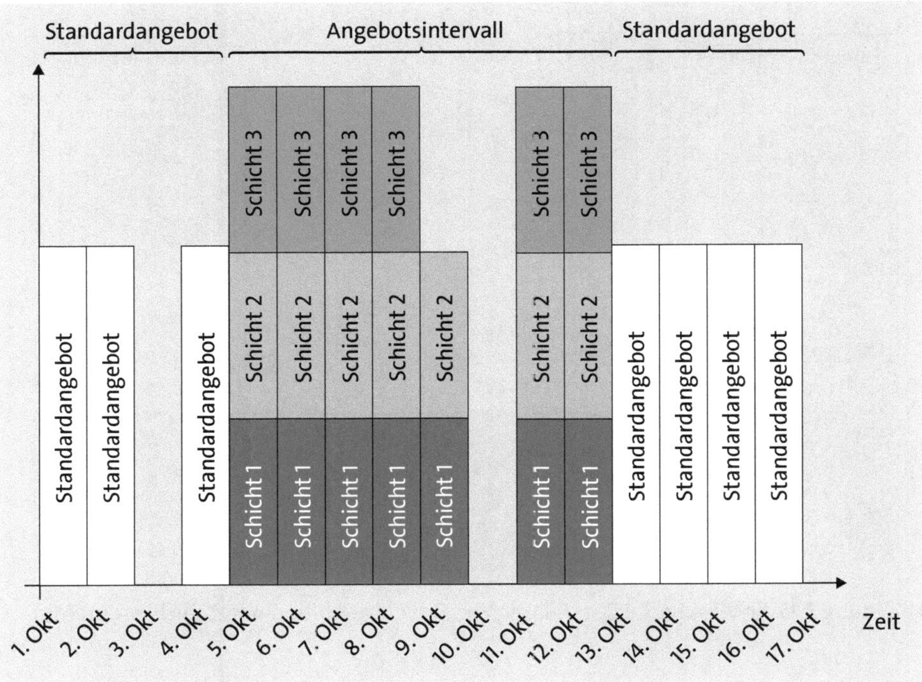

Abbildung 3.14 Angebotsintervall mit Schichten

Im Angebotsintervall können die Schichtzeiten sowie die Pausen auch manuell gepflegt werden, es besteht jedoch zusätzlich die alternative Option, im Customizing des Arbeitsplatzes Schichtdefinitionen und Schichtprogramme zu definieren und diese im Angebotsintervall einer Angebotsversion zuzuordnen:

- **Schichtdefinition**
  In einer Schichtdefinition werden der Schichtbeginn, das Schichtende, die Pausenzeiten sowie der Gültigkeitszeitraum einer Schicht festgelegt.
- **Schichtprogramm**
  Das Schichtprogramm dient zur Definition der täglichen Schichtfolge für die Dauer eines Zyklus, in einem Schichtprogramm kommen die Schichtdefinitionen zum Einsatz.

Schichten dürfen sich nie überlappen, per Definition gehört eine tagesübergreifende Schicht immer zu dem Tag, an dem sie beginnt. Schichtdefinitionen erleichtern die Pflege von Kapazitätsangeboten auch dadurch, dass automatisch alle Kapazitätsangebote, denen die Schichtdefinition zugeordnet wurde, geändert werden. Es kann auf eine Referenzierung auf Daten aus einem angeschlossenen Personalsystem (etwa SAP ERP HCM) zurückgegriffen werden. Abbildung 3.15 zeigt schematisch das Prinzip von Schichtdefinition und Schichtprogramm.

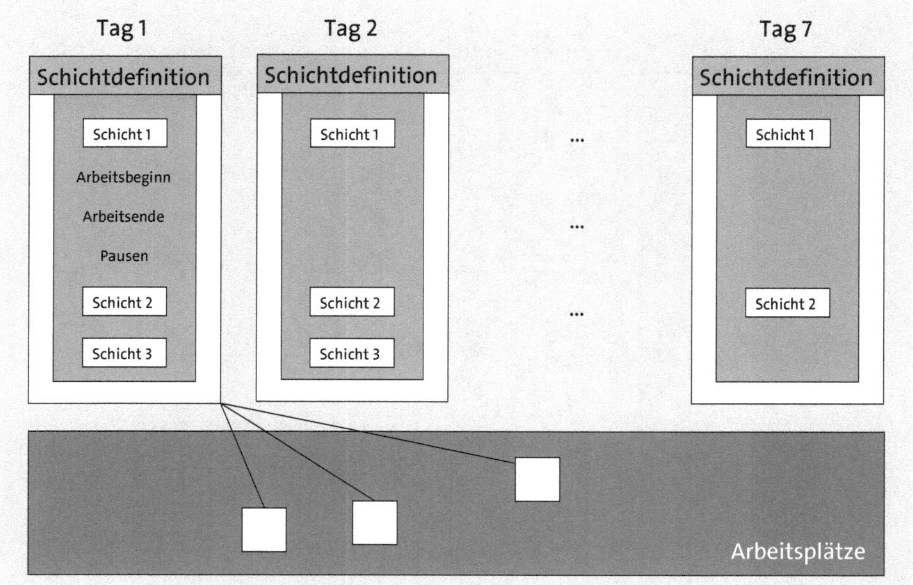

Abbildung 3.15 Schematische Darstellung von Schichtdefinition und Schichtprogramm

In den Kopfdaten der Kapazität müssen zusätzlich noch sogenannte *Planungsdetails* für die Kapazitätsplanung spezifiziert werden. Mit dem Kennzeichen **Relevant für die Kapazitätsterminierung** wird festgelegt, dass bei der Kapazitätsterminierung das Kapazitätsangebot und Kapazitätsbedarfe berücksichtigt werden, die die Kapazität belasten. Für die Langfristplanung kann mittels des Kennzeichens **Langfristplanung** eine Berücksichtigung von Kapazitäten vorgesehen werden.

Zusätzlich können Sie im Kapazitätskopf mithilfe des Kennzeichens **von mehreren Vorgängen belegbar** einstellen, ob eine Kapazität von mehreren Vorgängen gleichzeitig belegt werden kann. Belegt ein Vorgang demnach in einer bestimmten Zeitspanne einen Teil der Kapazität, kann kein weiterer Vorgang das Kapazitätsangebot beanspruchen, wenn dieses Kennzeichen nicht gesetzt wurde. Dies gilt auch für den Fall, dass die Anzahl der Einzelkapazitäten größer eins ist.

Mit dem Feld **Überlast** können Sie festlegen, um wie viel Prozent die Belastung das Kapazitätsangebot überschreiten darf. Dieses Feld wird bei der Kapazitätsverfügbarkeitsprüfung sowie bei der Kapazitätsterminierung genutzt.

Weiterarbeit in Pausen

So kann beispielsweise bei der Kapazitätsterminierung eingestellt werden, dass in einer Pause weitergearbeitet werden darf, wenn der Kapazitätsbedarf das Kapazitätsangebot übersteigt.

Terminierung

Auf der Registerkarte **Terminierung** des Arbeitsplatzes legen Sie die für die Terminierung relevanten Parameter fest (siehe Abbildung 3.16). Im Bereich **Terminierungsbasis** bestimmen Sie die Kapazitätsart, deren Einsatzzeit für die Terminierung zugrunde gelegt werden soll. Neben der Terminierungsbasis können auf dieser Registerkarte die Terminierungsparameter für die Bestimmung der sogenannten *Übergangszeiten* gepflegt werden.

Als Übergangszeit wird die Zeitspanne vom Verlassen eines Arbeitsplatzes bis zum Beginn des Vorgangs am nächsten Arbeitsplatz verstanden, sie setzt sich aus der Transportzeit zwischen den Arbeitsplätzen und der Wartezeit vor Beginn der Bearbeitung zusammen. Über das Feld **Ortsgruppe** auf der Registerkarte **Terminierung** ordnen Sie den Arbeitsplatz optional einer räumlich zusammenliegenden Gruppe von Arbeitsplätzen zu, sofern Sie nicht jeden Arbeitsplatz einzeln betrachten möchten.

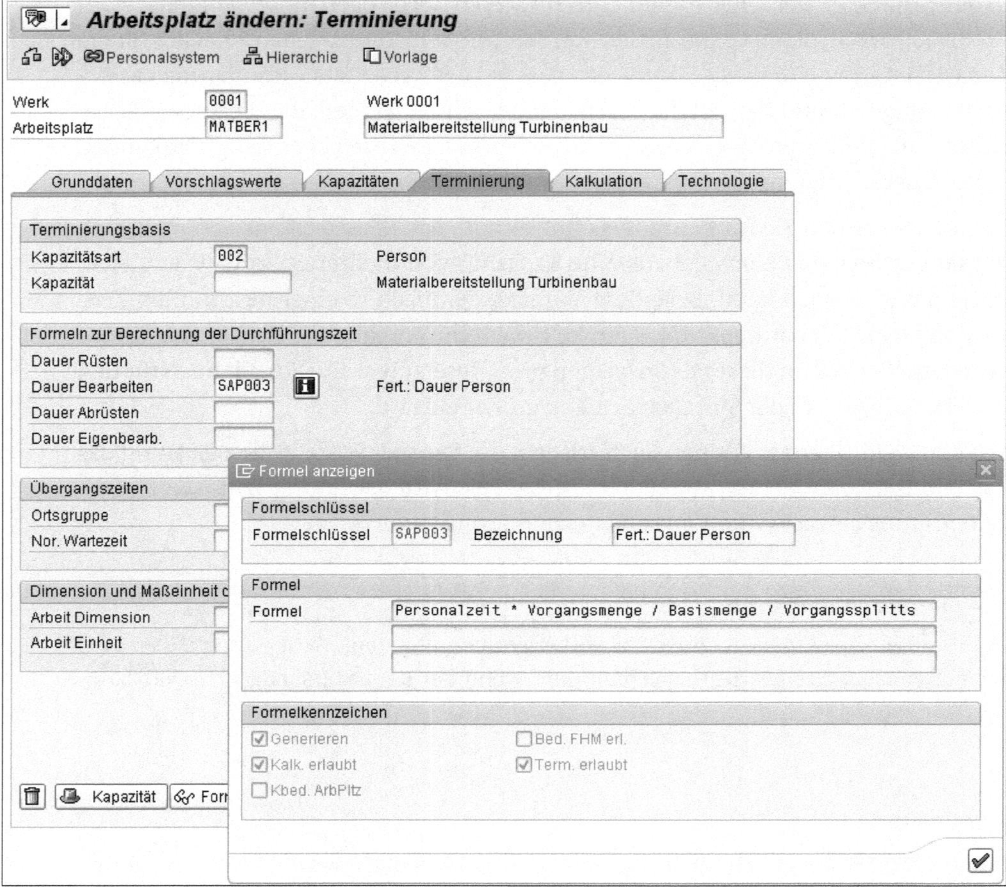

Abbildung 3.16 Registerkarte »Terminierung« aus dem Arbeitsplatz

Im Customizing können Sie für die Transportdauer oder Transportzeit (der erste Bestandteil der Übergangszeit) zwischen verschiedenen Ortsgruppen eine *Transportzeitmatrix* pflegen. Folgende Werte können Sie in der Transportzeitmatrix festlegen:

- **Minimale Transportzeit**
  Hier ist es möglich, neben einer normalen eine minimale Transportzeit zu pflegen, die auch im Fall einer weitgehenden Reduzierung der Zeiten nicht unterschritten werden kann.
- **Normale Transportzeit**
- **Zugrunde liegender Kalender**
  Jedem Arbeitsplatz kann ein Kalender zugeordnet sein. Es gibt jedoch auch »konkurrierende« Kalender, z. B. den Kalender im Werk (Fabrikkalender). In der Trans-

portzeitmatrix können Sie wählen, welcher Kalender für den Transport gültig sein soll. Dabei haben Sie die folgenden Optionen:

- Fabrikkalender
- der Kalender sowie die Arbeitszeit von Start- oder Zielarbeitsplatz
- der gregorianische Kalender ohne Berücksichtigung von Einschränkungen durch Wochenende oder Feiertage

Die *Wartezeit* als zweiter Bestandteil (neben der *Transportzeit*) der Übergangszeit ist die Zeitspanne, die ein Auftrag standardmäßig vor der Bearbeitung am Arbeitsplatz durch normale Warteschlangenvorgänge liegt. Analog zur Transportzeit können Sie für die Wartezeit neben einer normalen auch eine minimale Wartezeit vorsehen. Diese beiden Übergangszeiten können jedoch auch im Arbeitsplan im Bereich **Übergangszeiten** des Vorgangsdetails gepflegt werden. Da Arbeitsplandaten spezieller sind als Arbeitsplatzdaten, die gegebenenfalls für eine Vielzahl von verschiedenen Arbeitsplänen gültig sein können, übersteuern die Übergangszeiten aus dem Arbeitsplan die im Arbeitsplatz gepflegten Werte.

Ein zentraler Bestandteil der Arbeitsplatzdaten für die Terminierung ist der sogenannte *Zeitgradschlüssel*. Er wird im Customizing definiert und auf der Registerkarte **Grunddaten** in der Vorgabewertvorschrift einem Vorgabewert zugeordnet. Mit dem Zeitgradschlüssel legen Sie das Verhältnis zwischen der tatsächlichen Arbeitsleistung und einer fiktiven durchschnittlichen Leistung fest. Der Zeitgrad korrigiert demnach die Vorgabewerte des Vorgangs entsprechend der tatsächlich zu erwartenden Leistung.

[zB]

Berechnung einer Vorgangsdauer mit Zeitgrad

Die Bearbeitungsdauer eines Vorgangs ist im Arbeitsplanvorgang mit 60 Minuten angegeben, der Nutzungsgrad beträgt 100 %. Ist im Arbeitsplatz für diesen Vorgabewert ein Zeitgrad von 200 % angegeben, kann der Vorgang bereits nach 30 Minuten abgeschlossen werden. Beträgt der Zeitgrad dagegen in diesem Beispiel lediglich 80 %, würde das ERP-System eine Bearbeitungsdauer von 75 Minuten errechnen.

Zeitgrade können neben der Terminierung und der Kapazitätsplanung auch bei der Kalkulation eingesetzt werden. Über den Zeitgradschlüssel haben Sie die Möglichkeit, für die Terminierung und die Kalkulation unterschiedliche Werte zu pflegen, zusätzlich können Sie die zeitliche Gültigkeit von Zeitgraden beschränken und verschiedene Zeitgrade für unterschiedliche Zeiträume definieren. So können Sie z. B. von Mai bis Oktober einen anderen Zeitgrad verwenden als in den restlichen Monaten des Jahres. Die Vorgabewerte im Arbeitsplanvorgang beziehen sich dabei immer auf einen Zeitgrad von 100 %. Wird der Zeitgrad im Arbeitsplatz nicht gesondert angegeben, geht das ERP-System von einem Zeitgrad von 100 % aus, d. h., die Vorgabewerte aus dem Arbeitsplan werden nicht durch Werte aus den Grunddaten des Arbeitsplatzes beeinflusst.

Auswirkungen des Nutzungsgrads beachten
Hier ist jedoch zu beachten, dass mit dem Nutzungsgrad auch ein zeitlicher Modifikator auf die Vorgabewerte des Arbeitsplans wirken kann.

Formeln im Arbeitsplatz

Im Arbeitsplatz werden Formeln hinterlegt, mit deren Hilfe die Terminierung und die Kapazitätsplanung Folgendes berechnet:

- Durchführungszeit in Eigenfertigungsaufträgen wie Plan- und Fertigungsaufträgen (Terminierung)
- Eigenbearbeitungszeit in Netzplänen und/oder Instandhaltungsaufträgen (Terminierung)
- Kapazitätsbedarfe auf Basis der Terminierung

Zusätzlich kommen Formeln im Rahmen der Kalkulation zum Einsatz, da diese jedoch für die Kapazitätsplanung nicht von Relevanz sind, wird in der Folge nicht weiter auf diese Option eingegangen.

SAP stellt eine Reihe von Standardformeln für die Terminierung sowie die Ermittlung von Kapazitätsbedarfen zur Verfügung. Neben diesen im Standard vorhandenen Formeln können Sie flexibel unternehmensspezifische Anforderungen über eigene Formeln abdecken, indem Sie im Customizing des Arbeitsplatzes entsprechende Formeldefinitionen anlegen.

Die Formeln im Arbeitsplatz verwenden dabei sowohl in den standardmäßig ausgelieferten als auch in den kundenspezifisch formulierten Formeln Parameter, die Sie ebenfalls im Customizing des Arbeitsplatzes definieren müssen. Die Werte der Formelparameter können aus verschiedenen Quellen stammen:

- **Allgemeine Formelkonstanten aus dem Customizing**
  Den allgemeinen Formelkonstanten weisen Sie im Customizing einen festen Wert und eine Einheit zu.
- **Arbeitsplatzkonstanten aus den Registerkarten**
  Hier können Sie auf den Registerkarten **Terminierung** und **Kapazitäten** maximal sechs Konstanten mit unterschiedlichen Einheiten hinterlegen, indem Sie auf den Button **Formelkonstanten** klicken und die entsprechenden Werte im erscheinenden Pop-up pflegen.

- **Vorgabewerte aus dem Arbeitsplan**
  Die im Arbeitsplan gepflegten Vorgabewerte z. B. für Rüsten und Bearbeiten können mittels Formel in die Terminierung oder die Bestimmung von Kapazitätsbedarfen einfließen.
- **Allgemeine Vorgangsdaten aus dem Arbeitsplan**
  Zu den allgemeinen Vorgangsdaten zählen z. B. Losgrößen, Basismengen, Anzahl Mitarbeiter etc. Soll ein allgemeiner Vorgangswert verwendet werden, muss für den Formelparameter im Customizing der entsprechende Feldname eingestellt werden.
- **Benutzerfelder aus dem Arbeitsplan**
  Dem Formelparameter wird der Wert aus einem benutzerspezifischen Datenfeld des Arbeitsplanvorgangs zugewiesen. Die Steuerung erfolgt in diesem Fall über den Benutzerfeldschlüssel, der im Customizing zu definieren ist.
- **Feld aus der Fertigungshilfsmittelzuordnung**
  In den Formeln können auch Werte aus der Fertigungshilfsmittelzuordnung verwendet werden.
- **Fertigungshilfsmittelkonstante**
  Im Stammsatz des Fertigungshilfsmittels wird ein fester Wert definiert.

Abbildung 3.17 verdeutlicht den Zusammenhang zwischen der Herkunft der Formelparameter und der Formel.

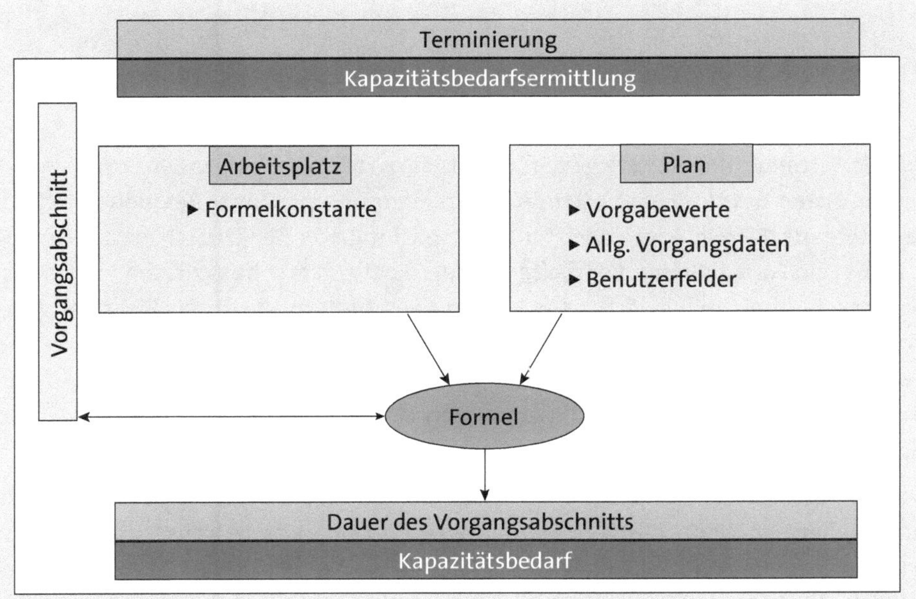

Abbildung 3.17 Zusammenhang zwischen Herkunft der Formelparameter und Formel

Die Formeln müssen Sie wie die Formelparameter im Customizing definieren, sie werden über einen eindeutigen *Formelschlüssel* identifiziert. Im Customizing ist es möglich, die Verwendung einer Formel auf bestimmte Funktionen wie die Terminierung und/oder die Kapazitätsplanung einzuschränken. Eine Formel unterliegt einer Größenbeschränkung von maximal drei Zeilen. Für Formeln gilt die Syntax der ABAP-Anweisung COMPUTE, und Maßeinheiten werden automatisch konvertiert. Zwischen einem Operanden und einem Operator muss mindestens ein Leerzeichen vorhanden sein, eine Ausnahme bildet in diesem Zusammenhang die Klammer in einer Funktion.

Insgesamt sind die folgenden *Rechenarten* zugelassen:

- Grundrechenarten: Addition [+], Subtraktion [–], Multiplikation [*], Division [/]
- trigonometrische Funktionen: Sinus [SIN], Cosinus [COS]
- ganzzahlige Division [DIV], [MOD]
- Quadratwurzel [SQRT]
- natürlicher Logarithmus [LOG]

Im Rahmen der Terminierung sowie der Ermittlung von Kapazitätsbedarfen von Eigenfertigungsaufträgen werden die Formeln verwendet, um die Dauer von Vorgangsabschnitten bzw. deren Kapazitätsbedarfe zu ermitteln. Zu diesem Zweck können Sie für die folgenden drei möglichen Vorgangsabschnitte unterschiedliche Formeln hinterlegen:

- Rüsten
- Bearbeiten
- Abrüsten

Für die Terminierung hinterlegen Sie jeweils die zu berücksichtigenden Formeln, z. B. für die Dauer des Vorgangsabschnitts Bearbeiten im Feld **Dauer Bearbeiten** auf der Registerkarte **Terminierung** oder für die Ermittlung von Kapazitätsbedarfen analog z. B. im Feld **Formel Bedarf Bearbeiten** auf der Registerkarte **Kapazitäten** im Arbeitsplatz. Nicht direkt in Bezug mit den Vorgangsabschnitten, die für die Eigenfertigung von Relevanz sind, stehen die Felder zur Eigenbearbeitung auf den Registerkarten **Terminierung** und **Kapazität**. Diese übernehmen die Funktion bei Netzplänen und Instandhaltungsaufträgen, die die einzelnen Vorgangsabschnitte bei der Eigenfertigung aufweisen.

Für die Kapazitätsplanung ist von zentraler Bedeutung, wie mit Kapazitätsbedarfen umzugehen ist, wenn die Wertschöpfungsschritte bereits teilweise durchgeführt wurden, jedoch noch Restbedarfe in der Planung zu berücksichtigen sind. Die Steuerung der Restdauer bei einer Neuterminierung eines Auftrags sowie des Abbaus des Kapazitätsbedarfs bei Teilrückmeldungen kann auf der Registerkarte **Kapazitäten** für jeden der drei Vorgangsabschnitte eingestellt werden. Dabei sind die folgenden Ausprägungen möglich:

- **Formelbezogen**
  Die Restdauer bzw. der Restbedarf wird unter Hinzuziehung der im Arbeitsplatz hinterlegten Formel ausgewertet, dabei wird jedoch statt der Vorgangsmenge die Restmenge nach der Teilrückmeldung verwendet.
- **Vollständig bei Teilrückmeldung**
  Die Restdauer und der Restbedarf werden bereits bei der Teilrückmeldung komplett reduziert.
- **Vollständig bei Endrückmeldung**
  Der Abbau von Restdauer und Restbedarf erfolgt erst bei einer Endrückmeldung, bei einer Teilrückmeldung wird keine Anpassung vorgenommen.
- **Proportional zur Leistung**
  Der Abbau der Restdauer bzw. des Restbedarfs erfolgt proportional zur Leistung, die im Arbeitsplatz in der Satzartgruppe dem jeweiligen Kapazitätsabschnitt zugeordnet worden ist.

Unabhängig von dieser Einstellung erfolgt bei einer Endrückmeldung immer ein vollständiger Abbau von Restdauer und Restkapazitätsbedarfen.

Für die Terminierung und die Ermittlung von Kapazitätsbedarfen von Netzplan- und Instandhaltungsaufträgen stehen keine unterschiedlichen Vorgangsabschnitte zur Verfügung. Die Formel zur Berechnung der Vorgangsdauer für die Terminierung können Sie im Feld **Dauer Eigenbearbeitung** auf der Registerkarte **Terminierung** des Arbeitsplatzes hinterlegen. Für die Ermittlung der Kapazitätsbedarfe für die jeweilige Kapazität können Sie das Feld **Formel Kapazitätsbedarf Eigenbearbeitung** pflegen.

Für die Ermittlung von Kapazitätsbedarfen müssen Sie für die periodengerasterte Auswertung zusätzlich zu den Formeln für Eigenfertigungsaufträge, Netzpläne und Instandhaltungsaufträge einen Verteilungsschlüssel angeben. Unter periodengerasterter Auswertung versteht man im SAP-Umfeld eine nach bestimmten Perioden (z. B. Tage, Wochen etc.) unterteilte Auflistung der jeweils zu beobachtenden Kapazitätsbedarfe.

Der Verteilungsschlüssel legt die Verteilung des Kapazitätsbedarfs über die Perioden der Vorgangsdauer fest; bei Eigenfertigungsaufträgen ist der Kapazitätsbedarf eines Vorgangs die Summe der Kapazitätsbedarfe der drei Vorgangsabschnitte Rüsten, Bearbeiten und Abrüsten. Der Verteilungsschlüssel wird im Customizing definiert und aus einer Kombination von Verteilungsfunktion und Verteilungsstrategie gebildet:

- **Verteilungsfunktion**
  Die Verteilungsfunktion legt fest, wie viel Prozent der Kapazität nach einer bestimmten prozentualen Vorgangsdauer verbraucht sein sollen. Sie besteht aus

einer Reihe von Stützwerten, die jeweils einen prozentualen Zeit- und einen prozentualen Bedarfswert beinhalten. Der prozentuale Zeitwert definiert einen Zeitpunkt innerhalb der Vorgangsdauer, während der prozentuale Bedarfswert den Anteil des Bedarfs angibt, der bis zum zugehörigen Zeitpunkt als Kapazitätsbedarf vorliegen muss.

- **Verteilungsstrategie**
  Die Verteilungsstrategie hat drei zentrale Aufgaben:
  - *Lage des Bedarfs festlegen*
    Die Verteilungsstrategie legt zum einen die Lage des Bedarfs fest. Ein Vorgang weist in der Regel eine früheste und eine späteste Lage auf. Über die Verteilungsstrategie wird bestimmt, welche dieser beiden Alternativen für die Verteilung des Kapazitätsbedarfs grundlegend sein soll.
  - *Art der Verteilung festlegen*
    Zum anderen legt die Verteilungsstrategie die Art der Verteilung fest. Dabei wird zwischen einer diskreten (punktuellen) und einer kontinuierlichen Einlastungsstrategie unterschieden. Bei der punktuellen Einlastungsstrategie wird der Bedarf genau zu den angegebenen Zeitpunkten in Höhe der angegebenen prozentualen Belastung eingelastet, wohingegen der Bedarf bei der kontinuierlichen Einlastungsstrategie gleichmäßig zwischen zwei aufeinanderfolgenden Stützwerten verteilt wird.
  - *Zeitbasis für die Verteilung festlegen*
    Zum dritten wird in der Verteilungsstrategie die Zeitbasis für die Verteilung festgelegt. Hier kann zwischen den folgenden Optionen gewählt werden: Fabrikkalender, gregorianischer Kalender, Einsatzzeit des Arbeitsplatzes.

Formeln und Verteilungsstrategien legen somit den grundlegenden Rahmen für die Ermittlung der Kapazitätsbedarfe fest.

Arbeitsplatzhierarchien

Für die Kapazitätsplanung im ERP-System kann es sinnvoll sein, Arbeitsplätze zu Hierarchien zusammenzufassen. Abbildung 3.18 verdeutlicht beispielhaft die Bildung einer Arbeitsplatzhierarchie. Dabei werden die zu einer Hierarchie gehörenden Arbeitsplätze sowohl hinsichtlich ihres Kapazitätsangebots als auch hinsichtlich des Kapazitätsbedarfs zusammengefasst, die Kapazitätsangebote untergeordneter Arbeitsplätze einer Hierarchiestufe werden auf einen übergeordneten Arbeitsplatz verdichtet. Sie können einen Arbeitsplatz dabei mehreren Hierarchien zuordnen, eine werksübergreifende Bildung von Arbeitsplatzhierarchien ist ebenfalls möglich.

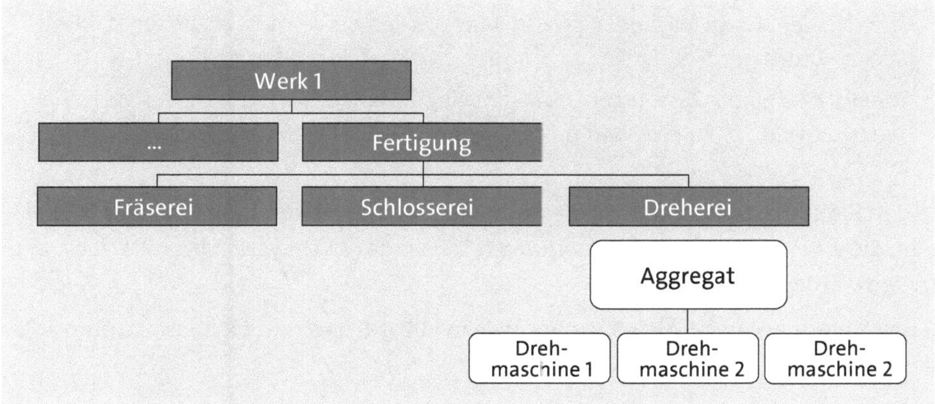

Abbildung 3.18 Beispielhafter Aufbau einer Arbeitsplatzhierarchie

3.3.2 APO-System bzw. ePP/DS – Stammdatum »Ressource«

Ressourcendaten werden für die Planung von Auftragsterminen benötigt, wobei aus kapazitiver Sicht insbesondere die Arbeitszeiten und Kapazitätsangebote der Ressourcen von Bedeutung sind. Ressourcenspezifische Planungsparameter werden von Supply Network Planning (SNP), von Capable-to-Match (CTM) sowie von der Produktions- und Feinplanungskomponente PP/DS des APO-Systems genutzt, analog verwendet diese auch ePP/DS.

In den Stammdaten der Ressourcen können Sie die Kapazität von Maschinen, Personen, Transportmitteln und Lagern festlegen. Im Planungskontext, der in diesem Buch beschrieben wird, werden die Ressourcen durch Übertragung der Arbeitsplatzkapazitäten im Kontext eines APO-Systems über das CIF angelegt. In ePP/DS ähnelt die Speicherung des Arbeitsplatzes als Ressource der Vorgehensweise des Produkts. Vergleichbar mit dem Prozess in Bezug auf den ERP-Materialstamm können Sie auch im ERP-Arbeitsplatz das Kennzeichen **Erweiterte Planung** setzen, die Folge ist die Speicherung auf ePP/DS-Seite als Ressource.

[«]

Ressourcen manuell in APO anlegen

Sie können Ressourcen auch manuell im APO-System anlegen. Da SAP jedoch die Verwendung von Produktionsdatenstrukturen (PDS) statt der von Produktionsprozessmodellen (PPM) empfiehlt, und Produktionsdatenstrukturen rein auf ERP-Stammdaten basieren, muss dem ERP-System die jeweilige Ressource als Arbeitsplatzkapazität bekannt sein (siehe Kapitel 6, »Integration von Stamm- und Bewegungsdaten in SAP APO, ePP/DS und SAP IBP«). Anderenfalls ist keine Verwendung der Ressourcen in den für die Planung benötigten Stammdaten möglich. Aus diesem

Grund gehen wir im Folgenden größtenteils von Ressourcen aus, die über das CIF angelegt wurden.

In ePP/DS können Ressourcen nicht angelegt werden, sie werden ausschließlich durch Aktivierung der erweiterten Planung im ERP-Arbeitsplatz angelegt.

In den Planungen verankern Sie Ressourcen über die Verwendung in den Arbeitsplänen, die als *Produktionsdatenstrukturen* (PDS) an das APO-System bzw. ePP/DS übertragen werden.

Ressourcen werden im APO-System sowie in ePP/DS nach zwei Kriterien unterschieden:

- Ressourcenart
- Ressourcentyp

Die Ressourcenart legt die Verwendung der Ressource fest, es stehen optional folgende Ressourcenarten zur Verfügung:

- Produktion
- Transport
- Lager
- Handling

Arbeitsplatzkapazitäten aus dem ERP-System werden immer mit der Ressourcenart Produktion übertragen, die anderen genannten Ressourcenarten können bei der manuellen Anlage im APO-System ausgewählt werden.

Neben der Unterscheidung nach Ressourcenart legt der jeweilige Ressourcentyp den Funktionsumfang sowie die Art und Weise fest, wie das APO-System bzw. ePP/DS mit den in der Ressource verwendeten Planungsparametern umgehen soll. Sie können in der ERP-Transaktion CFC9 (Zielsystemunabhängige Einstellungen festlegen) sowie auf der Registerkarte **Kapazitäten** im Arbeitsplatz über den Button **APO-Ressource** festlegen, welchen Typ die Ressourcen nach der Übertragung im APO-System bzw. in ePP/DS haben sollen. Beachten Sie, dass Sie die Ressourcenart und den Ressourcentyp nach der Anlage nicht mehr ändern können.

Single- und Multi-Activity-Ressourcen

Für die Übertragung von Arbeitsplatzkapazitäten stehen Ihnen Single- und Multi-Activity-Ressourcen als die wohl am häufigsten verwendeten Ressourcentypen zur Verfügung. Während an einer *Single-Activity-Ressource* zu einem bestimmten Zeitpunkt nur eine einzelne Aktivität eingeplant werden kann, können Sie an einer *Multi-Activity-Ressource* zu einem bestimmten Zeitpunkt mehrere Aktivitäten gleichzeitig durchführen. Ob bei der Übertragung aus dem ERP-System eine Single-

oder eine Multi-Activity-Ressource angelegt wird, hängt davon ab, wie viele Einzelkapazitäten verwendet werden und ob das Kennzeichen **von mehreren Vorgängen belegbar** auf der Registerkarte **Kapazitäten** im Arbeitsplatz gesetzt ist. Es werden automatisch Single-Activity-Ressourcen angelegt, wenn in der jeweils zu übertragenden Arbeitsplatzkapazität sowohl die Anzahl der Einzelkapazitäten »1« beträgt als auch das Kennzeichen **von mehreren Vorgängen belegbar** nicht gesetzt ist. In allen anderen möglichen Fällen, also wenn die Anzahl der Einzelkapazitäten größer eins ist und/oder das Kennzeichen **von mehreren Vorgängen belegbar** gesetzt ist, werden automatisch Multi-Activity-Ressourcen angelegt.

Sie können bei beiden genannten Ressourcentypen im APO-System zwischen zeitkontinuierlicher Kapazität zur sekundengenauen Planung sowie Bucket-Kapazität wählen, sofern Sie dies bei der Übertragung in der Transaktion CFC9 oder über den Button **APO Ressource** eingestellt haben.

[«]

Bucket-Kapazität

Bei einer Bucket-Kapazität handelt es sich um ein aggregiertes Kapazitätsangebot pro Periode, ein Bucket umfasst in der Regel einen Tag oder eine Woche.

Für Single- bzw. Multi-Activity-Ressourcen müssen Sie detaillierte Arbeits- und Pausenzeiten sowie Nutzungsgrade definieren. Zur Terminierung zieht das APO-System die sogenannte Produktivzeit heran:

Produktivzeit = (Arbeitsende – Arbeitsbeginn – Pausendauer) ×
Nutzungsgrad ÷ 100 %

Single- und Multi-Activity-Ressourcen unterscheiden sich neben der Anzahl der auf ihnen parallel einplanbaren Aktivitäten durch die *Dimension*. Eine Single-Activity-Ressource hat die dimensionslose Kapazität 1, während eine Multi-Activity-Ressource neben der Anzahl der Einzelkapazitäten auch Dimensionen wie beispielsweise eine Temperatur aufweisen kann.

Bei Multi-Activity-Ressourcen sind zwei Situationen zu unterscheiden:

- Zum einen kann eine dimensionslose Kapazität größer eins gepflegt werden (z. B. bei Vorhandensein von drei parallel einsetzbaren Fräsmaschinen, in diesem Fall liegt die dimensionslose Kapazität 3 vor). Die einzige Festlegung ist, dass die Kapazität dreimal vorliegt, es wird aber neben der Anzahl keine weitere Maßeinheit festgelegt.
- Zum anderen wenn die Ressource eine bestimmte Kapazität abbilden soll, die in einer Maßeinheit gemessen werden kann. Dies ist z. B. bei einer Sägekapazität von maximal fünf Meter langen Stäben der Fall. Somit ist in der Planung nicht nur zu berücksichtigen, dass die Anzahl der Einzelkapazitäten begrenzt ist, sondern auch,

dass es auf dieser Ressource nicht die Möglichkeit gibt, beispielsweise sechs Meter lange Stäbe zu bearbeiten. Die Möglichkeit, Einschränkungen wie beispielsweise die Länge der Stäbe oder aber eine Temperatur zu berücksichtigen, besteht bei Single-Activity-Ressourcen nicht, da dort keine Dimension gepflegt werden kann.

Der *Ressourcenverbrauch* wird im zugrunde liegenden Plan (im Planungskontext dieses Buches in der Produktionsdatenstruktur) festgelegt.

Single-Misch- und Multi-Misch-Ressourcen

Neben der beschriebenen Möglichkeit, Single- bzw. Multi-Activity-Ressourcen zu verwenden, können Sie auch Misch-Ressourcen über das CIF anlegen lassen, in ePP/DS steht Ihnen dieser Weg nicht zur Verfügung. Bei *Misch-Ressourcen* wird zwischen Single-Misch- und Multi-Misch-Ressourcen unterschieden. Im Wesentlichen gleichen die Misch-Ressourcen ihren jeweiligen Äquivalenten Single-Activity- bzw. Multi-Activity-Ressourcen, sie können jedoch zusätzlich für die SNP-Bucket-Planung verwendet werden (mehr Informationen erhalten Sie in Teil III zur langfristigen Kapazitätsplanung). Dabei können Sie die SNP-Bucket-Kapazitäten der Misch-Ressourcen aus der zeitkontinuierlichen Kapazität ableiten oder separat definieren, hierfür steht Ihnen die Registerkarte **SNP-Bucket-Kapazität** in der Ressource zur Verfügung.

Bei der Berechnung der SNP-Bucket-Kapazität aus der zeitkontinuierlichen Kapazität wird bei einer Single-Misch-Ressource die Arbeitszeit mit dem Verlustfaktor multipliziert. Letzterer bildet die ineffiziente Kapazitätsnutzung ab. Diese muss in die Planungen einbezogen werden, da in SNP reihenfolgeabhängige Rückaktivitäten und Anordnungsbeziehungen nicht detailliert berücksichtigt werden können.

Kalenderressource und Kalender-Misch-Ressource

Neben diesen Ressourcen spielt die Kalenderressource bzw. die Kalender-Misch-Ressource eine bedeutende Rolle. Dabei handelt es sich um Ressourcen, deren Kapazität bei der Planung nicht direkt belastet wird. Diese Ressourcen werden genutzt, um Kapazitäten abzubilden, die nicht direkt in der Planung verwendet werden, deren Arbeitszeiten jedoch berücksichtigt werden sollen.

Eine in sehr vielen Szenarien verwendete Kalenderressource ist die sogenannte *Handlingressource*, die zur Planung von Wareneingangsaktivitäten genutzt wird. Auf dieser Ressource liegen sehr viele Aktivitäten, eine finite Planung ist nicht unbedingt erforderlich. Daher ist eine Modellierung als Kalenderressource in vielen Fällen ausreichend. Falls Sie die Handlingressource als Kalenderressource abbilden möchten und diese nicht in den Planungsstammdaten des ERP-Systems verankern, müssen Sie die Handlingressource anders als beschrieben manuell in der Transaktion /SAPAPO/LOC3 des APO-Systems bzw. von ePP/DS anlegen und im Lokationsstamm manuell als Handlingressource eintragen.

Zu einer Ressource können Sie verschiedene Arten von Kapazität definieren:

- **Referenzressource**
  Sie können eine Referenzressource definieren, auf deren Kapazität im Ressourcenstamm Bezug genommen wird. Diese Option wird eingesetzt, wenn eine größere Gruppe von Ressourcen immer identische Kapazitätsangebote aufweist.
- **Externe Kapazität**
  Die Kapazitäten werden aus dem ERP-System unter Nutzung der Kopfdaten, der Referenzkapazität, der Intervalle, Schichtprogramme, Schichtdefinitionen, Pausenpläne und Fabrikkalender bereitgestellt. Änderungen für Schichten, Schichtprogramme und Pausen, die im ERP-System vorgenommen werden, werden dabei nicht übertragen. Lediglich das Kapazitätsangebot der jeweiligen Ressource wird bei Änderungen im ERP-System synchronisiert. Auch wenn Sie die externe Kapazität verwenden, können Sie im APO-System bzw. in ePP/DS in der Ressource Ausfallzeiten pflegen und das Kapazitätsangebot manuell durch Pflege von Abweichungen im Angebotsprofil beeinflussen.
- **Standardkapazitätsangebot**
  Das Standardkapazitätsangebot legt die grundsätzliche Verfügbarkeit der Ressource fest. Dieses grundlegende Angebot kommt dann zum Einsatz, wenn eine differenzierte Pflege über Schichten nicht nötig ist.
- **Angebotsvarianten**
  Im Einstiegsbild der Ressourcen können Sie bis zu 99 Angebotsvarianten festlegen. Bei einer Angebotsvariante handelt es sich um eine Gruppe von Festlegungen hinsichtlich Pausen, Schichtfaktoren, Schichten und Schichtprogrammen, in der Ressource kann eine der definierten Angebotsvarianten als aktiv gekennzeichnet werden.
- **Angebotsprofil**
  Das Angebotsprofil bietet die Möglichkeit, Kapazitätsdaten des Standardkapazitätsangebots oder einer Angebotsvariante manuell anzupassen.

Damit weist auch das APO-System bzw. ePP/DS die wesentlichen Kapazitätskomponenten auf, die auch auf ERP-Seite vorhanden sind (siehe Abschnitt 3.3.1, »ERP-System – Stammdatum ›Arbeitsplatz‹«).

3.3.3 IBP-System – Stammdatum »Ressource«

Die Arbeitsplatzinformationen werden im IBP-System über den Stammdatentyp **IBPRESOURCE** abgebildet. Dieser enthält lediglich die Kopfinformationen der Ressource (ID und Bezeichnung); die eigentlichen Kapazitätsangebote sind im Stammdatentyp **IBPSOURCELOCATION** zu hinterlegen, der einen aus Ressource und Lokation zusammengesetzten Stammdatentyp darstellt. Abbildung 3.19 zeigt beispielhaft die Lokationsressource des Beispielplanungsbereichs SAPIBP1 des IBP-Systems.

Location Resource IBPRESOURCELOCATION

Description	Type	Master Data Types	Planning Areas
Location Resource	Compound	1	0

Component Master Data Types | Assigned Attributes

ID	Name	Key
LOCID	Location ID	✓
RESID	Resource ID	✓
CAPASUPPLY	Capacity Supply	
CAPASUPPLYEXPANSION	Capacity Supply Expansion	
CAPASUPPLYEXPANSIONTS	Capacity Supply Expansion Time S	
CAPASUPPLYTS	Capacity Supply Time Series Indi	

Abbildung 3.19 Lokationsressource im Beispielplanungsbereich SAPIBP1

3.4 Fertigungsversion, Produktionsdatenstruktur (PDS) und Produktionsbezugsquellen

Dieser Abschnitt gibt Ihnen einen Überblick über die Fertigungsstammdaten, die in den in diesem Buch behandelten Systemkonstellationen vorhanden sind. Diese Stammdaten werden beispielsweise im Rahmen der Materialbedarfsplanung bei der Anlage von Bedarfsdeckern wie Planaufträgen verwendet. Ebenso fließen die Informationen der in der Folge vorgestellten Stammdatenobjekte bei der mehrstufigen Planung durch Auflösung der Stückliste ein. Mit dem Arbeitsplan und der Stückliste sowie mit der diese beiden Elemente zusammenfassenden Fertigungsversion werden Ihnen in diesem Abschnitt die zentralen Planungsstammdaten für die Kapazitätsplanung vorgestellt. Mit der Produktionsdatenstruktur wird im Anschluss an die Erläuterung der ERP-Stammdaten das Äquivalent auf APO- bzw. ePP/DS-Seite erörtert, bevor wir die entsprechenden Stammdatenobjekte des IBP-Systems vorstellen.

3.4.1 ERP-System – Stammdatum »Plan«

Pläne dienen zur Planung des Fertigungsprozesses von Materialien. Sie werden dabei als Vorlage für Dispositionselemente wie Plan-, Fertigungs- oder Prozessaufträge verwendet. Primär beschreibt ein Plan aus planerischer Sicht die zur Fertigung nötigen

Vorgänge (Arbeitsschritte) sowie deren Reihenfolge. Damit einhergeht die Festlegung, auf welchen Plätzen die Leistungserstellung durchgeführt wird und welche Kapazitätsbedarfe dabei unter Umständen entstehen.

Da die Grundstruktur des Plans im ERP-System bei den Elementen »Arbeitsplan«, »Planungsrezept«, »Prüfplan«, »Instandhaltungsplan« und »Standardnetz« weitgehend identisch ist, wird auch häufig vom Plan als Überbegriff für diese Objekte gesprochen. Aus diesem Grund soll im Rahmen dieses Stammdatenüberblicks der Fokus auf die Erläuterung der Struktur anhand des Arbeitsplans gelegt werden, dem in der Praxis am häufigsten zum Einsatz kommenden Objekt.

Strukturell besteht der Arbeitsplan aus einem Plankopf und einer bzw. mehreren Folgen. Im Plankopf sind die Kopfdaten zu finden, die für alle Folgen des Arbeitsplans Gültigkeit besitzen.

Eine *Folge* stellt dabei eine Reihe von Vorgängen dar, die die Arbeitsschritte beschreiben, die zur Fertigung nötig sind. Somit stellt die Folge eine lineare Sequenz von Vorgängen dar, die gemäß ihrer Vorgangsnummer hintereinander ausgeführt werden. Innerhalb einer Folge werden somit einfache, lineare Fertigungsabläufe abgebildet. Sollen komplexere Fertigungsabläufe verankert werden, müssen Sie mehrere Folgen durch Vorgänger- und Nachfolgerbeziehungen verknüpfen.

Jeder Arbeitsplan besitzt eine Stammfolge, zusätzlich können zu dieser Stammfolge parallele und/oder alternative Folgen verwendet werden.

Ein *Vorgang* im Arbeitsplan beschreibt eine Tätigkeit, die zur Fertigung eines Materials ausgeführt werden muss. Damit ist der Vorgang das zentrale Objekt des Arbeitsplans, über den das ERP-System planerisch die Termine und die Kapazitätsbedarfe ermittelt, die zur Fertigung nötig sind. Je nach Situation enthalten Vorgänge die folgenden Daten:

- Steuerschlüssel zur Festlegung bestimmter Planungsgrundsätze (z. B. Ermittlung von Terminen und Kapazitätsbedarfen)
- Arbeitsplatz
- Fremdbearbeitungsdaten, wie z. B. Beistellinformationen für die Lohnbearbeitung
- Vorgabewerte
- Benutzerfelder
- Prüfvorgaben

Neben den geschilderten Informationen, die zur Planung der Fertigung benötigt werden, können einem Vorgang auch diverse *Unterobjekte* zugeordnet werden. Dabei kann es sich z. B. um Untervorgänge handeln, die die Festlegungen eines Vorgangs konkretisieren. Darüber hinaus ist es möglich, Materialkomponenten den Vorgängen zuzuordnen und somit wichtige Festlegungen zur Planung mehrstufiger Stücklistenstrukturen zu treffen. Ein anderes wichtiges Unterobjekt ist das *Fertigungshilfsmittel*, das zur Ausführung eines Vorgangs benötigt wird. Neben der Zuordnung von Prüfmerkmalen, mit denen Sie fertigungsbegleitende Prüfungen veranlassen können, können Sie bei der Vorgangsausführung bestimmte Funktionen durch Ereignispunkte auslösen.

Zur Fertigung eines Materials über einen Arbeitsplan muss dieser dem Material zugeordnet werden, je nach Typ des Plans besteht dabei die Möglichkeit, einen Plan auch mehreren Materialien zuzuordnen.

3.4.2 ERP-System – Stammdatum »Stückliste«

Unter einer Stückliste wird ein für den jeweiligen Zweck vollständiges, formal aufgebautes Verzeichnis verstanden, das alle zu einem Objekt gehörenden Elemente unter Angabe der Bezeichnung, der Menge und der Einheit enthält. Dabei können Sie Stücklisten in vielen verschiedenen Konstellationen einsetzen.

Die Stückliste enthält demnach alle zur Fertigung eines Materials nötigen Materialien und ist im ERP-System sowie darauf aufbauend auch in der Produktionsdatenstruktur ein einstufiges Konstrukt, d. h., in ihr werden nur die Materialien aufgelistet, die direkt für die Fertigung eines Materials verwendet werden.

Die Stückliste kommt in dem der Kapazitätsplanung vorgelagerten Schritt der Auftragsanlage und Auflösung zum Tragen, beispielsweise im Rahmen des Materialbedarfsplanungslaufs. In der Kapazitätsplanung wird dann auf Stücklistendaten nur noch indirekt zugegriffen, indem für bereits erzeugte Aufträge mehrstufige Abhängigkeiten über Sekundärbedarfe und Auftragsreservierungen berücksichtigt werden. Dabei wird nicht auf das Stammdatum Stückliste zurückgegriffen, sondern auf die auftragsspezifischen Informationen, die gewissermaßen als spezifische Kopie bestimmter Stücklisteninformationen zum jeweiligen Auftrag zugeordnet werden.

3.4.3 ERP-System – Stammdatum »Fertigungsversion«

Eine Fertigungsversion ist die Zusammenfassung der unterschiedlichen Stammdatenobjekte, die zur Fertigung eines Materials benötigt werden. Hierzu zählen:

- die Stücklistenalternative für die Stücklistenauflösung
- der Plantyp, die Plangruppe und der Plangruppenzähler für die Zuordnung zu Plänen

Neben diesen Festlegungen enthält eine Fertigungsversion einen zeitlichen und einen mengenmäßigen Gültigkeitsbereich, der auf die Losgröße des zugrunde liegenden Beschaffungsvorschlags abzielt.

Zu einem Material können mehrere Fertigungsversionen existieren. Sie sind im Materialstamm auf den Registerkarten **Disposition 4**, **Arbeitsvorbereitung** oder **Kalkulation** zu einem Material anzulegen. Eine Massenpflege können Sie auch über die Transaktion C223 (Massenpflege Fertigungsversion) durchführen. In beiden Fällen kann die Fertigungsversionsnummer frei gewählt werden, sie ist jedoch eindeutig zu gestalten.

Die Anlage einer Fertigungsversion ist in der Regel für den Fall der Eigenfertigung sinnvoll. Sie können Fertigungsversionen jedoch auch im Fall der Lohnbearbeitung einsetzen. Mit dieser Option können Sie die Information hinterlegen, welche Komponenten dem Lohnbearbeiter beigestellt werden, um die vereinbarte Leistung zu erbringen. So kann es beispielsweise vorkommen, dass dem mit der Lohnbearbeitung beauftragten Unternehmen zusätzlich Verpackungsmaterial beigestellt wird, um ein bearbeitetes Werkstück im Nachgang zu verpacken.

[«]

Fertigungsversionspflicht

Im ECC-System kann die Selektion von Arbeitsplan und Stückliste ohne Fertigungsversion erfolgen. Dies ist nicht möglich, falls Sie das S/4HANA-System mit oder ohne ePP/DS bzw. das APO-System verwenden; in diesen Systemkonstellationen besteht eine Fertigungsversionspflicht. Zur Planung wird zwingend eine Fertigungsversion benötigt, die Auswahloptionen des ECC-Systems stehen hier nicht zur Verfügung.

3.4.4 APO-System – Produktionsdatenstruktur/Produktionsprozessmodell

Produktionsplanungsaktivitäten basieren im APO-System bzw. in ePP/DS auf sogenannten Plänen. Dabei ist eine Abbildung im APO-System als Produktionsdatenstruktur (PDS) oder als Produktionsprozessmodell (PPM) möglich. Beide Arten der Abbildung sind mit unterschiedlichen Vor- und Nachteilen verbunden.

[«]

Verwendung von PDS

SAP empfiehlt seit dem APO-Release 4.0 die Verwendung von PDS statt PPM, da dieses Objekt in Zukunft verwendet werden wird. Trotzdem ist die Verwendung von PPM im aktuellen APO-Release möglich. In ePP/DS steht Ihnen ausschließlich die Verwendung von PDS zur Verfügung.

Welche der Eigenfertigungs-Bezugsquellenarten PDS oder PPM bei der Auflösung zur Erzeugung eines Beschaffungsvorschlags im APO-System in der Regel verwendet wird, ist im Lokationsproduktstamm auf der Registerkarte **PP/DS** im Feld **Planauflösung** einzustellen. Es ist jedoch auch möglich, in den globalen Parametern einen

Default-Wert zu pflegen, der immer dann wirkt, wenn im Lokationsproduktstamm keine Spezifizierung der Eigenfertigungs-Bezugsquelle vorgesehen ist.

Produktionsdatenstruktur

Bei Eigenfertigung ist die primäre Bezugsquelle im APO-System bzw. in ePP/DS die sogenannte Produktionsdatenstruktur (PDS). Diese wird über die CIF-Schnittstelle in der Regel aus einer ERP-Fertigungsversion heraus angelegt, die wiederum die Zusammenfassung von ERP-Arbeitsplan und ERP-Materialstückliste bildet. Eine PDS besteht aus den folgenden Teilen:

- Liste der Komponenten
- Liste der Kapazitätsbedarfe mit Bezug zu den benötigten Ressourcen
- Liste der Aktivitäten (Rüsten, Produzieren, Abrüsten)
- Liste der Modi mit Angaben zur Dauer und der Zuordnung zu Aktivitäten
- Anordnungsbeziehungen

Abbildung 3.20 zeigt ein Beispiel einer PDS in SAP APO bzw. in ePP/DS.

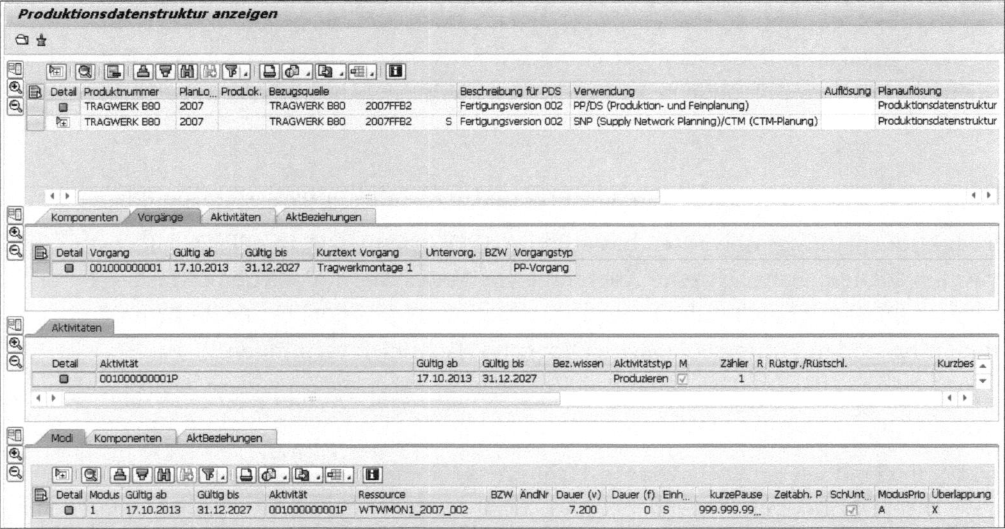

Abbildung 3.20 Produktionsdatenstruktur

Im APO-System sowie in ePP/DS ist es auch möglich, kundenauftragsspezifische Stücklisten in der Materialbedarfsplanung zu verwenden, wobei dieser Prozess nur für die Kundeneinzelfertigung unterstützt wird. Hierfür müssen Sie folgende Schritte unternehmen:

1. Nach dem Kundenauftragseingang im ERP-System müssen Sie eine Kundenauftragsstückliste anlegen (Transaktion CS61 – Anlegen).

2. Diese wird im Anschluss im APO-System mittels Transaktion CURTO_CREATE_FOCUS oder per Report CURTO_CIF_CREATE_FOCUS_RTO als Kundenauftrags-PDS an das APO-System übertragen; für die erfolgreiche Übertragung muss jedoch die entsprechende Kundenauftragsposition bereits im APO-System vorhanden sein. In ePP/DS steht Ihnen die Transaktion CURTOADV_CRT_FOCUS zur Verfügung.

Eine existierende kundenauftragsspezifische PDS wird im Rahmen der Materialbedarfsplanung immer einer nicht kundenauftragsspezifischen PDS vorgezogen, die durch Übertragung einer materialbezogenen Fertigungsversion vorab angelegt worden ist.

Produktionsdatenstrukturen können im APO-System bzw. in ePP/DS nicht geändert werden. Sie müssen die in einer PDS enthaltenen Daten daher über die entsprechenden Stammdatenobjekte Stückliste und Arbeitsplan im ERP-System und eine anschließende Änderungsübertragung über die CIF-Schnittstelle pflegen. Die Felder, die nicht aus dem ERP-Arbeitsplan bzw. der Stückliste übernommen werden können, können Sie in der ERP-Transaktion PDS_MAINT (Pflege von Zusatzdaten für Produktionsdatenstrukturen) pflegen. Die Generierung der PDS über die CIF-Schnittstelle lässt sich zusätzlich in PP/DS mithilfe des BAdIs /SAPAPO/CURTO_CREATE beeinflussen, die Auflösung durch Verwendung des BAdIs /SAPAPO/CULLRTOEXPL.

Für die Planung sind im APO-System und in ePP/DS die jeweiligen *PDS-Unterobjekte* ausschlaggebend. Zentraler Begriff ist dabei wie im ERP-System der *Vorgang*. Dieser wird aus dem ERP-Arbeitsplan übertragen, wenn er sowohl einen terminierungsrelevanten Steuerschlüssel trägt als auch wenn für mindestens eine der Aktivitäten (Rüsten, Produzieren, Abrüsten) gemäß Terminierungsformel eine Zeitspanne größer null vorgesehen ist.

Auf APO- bzw. ePP/DS-Seite werden in diesem Fall zu einem Vorgang separat *Aktivitäten* erzeugt, die Rüst- bzw. Abrüsttätigkeiten oder Bearbeitungsschritte abbilden. Alternative Bearbeitungsmöglichkeiten, die im ERP-System als alternative Folgen zur Stammfolge in einem Arbeitsplan verankert werden, können im Plan als alternative Modi zu einer Aktivität abgebildet werden. Hierzu ist jedoch für die automatische Übertragung aus dem ERP-System die Aktivierung eines Exits nötig (siehe zur Vorgehensweise und zu möglichen Einschränkungen SAP-Hinweis 217210).

Die Ressource, die im Modus als Primärressource verwendet wird, ist im Fall einer PDS diejenige, die auf der Registerkarte **Terminierung** des ERP-Arbeitsplatzes als Terminierungsbasis eingetragen ist.

Abbildung 3.21 zeigt beispielhaft eine Produktionsdatenstruktur mit ihren Unterelementen Vorgang, Aktivität und Modus, die aus dem ERP-Arbeitsplan übernommen wurden.

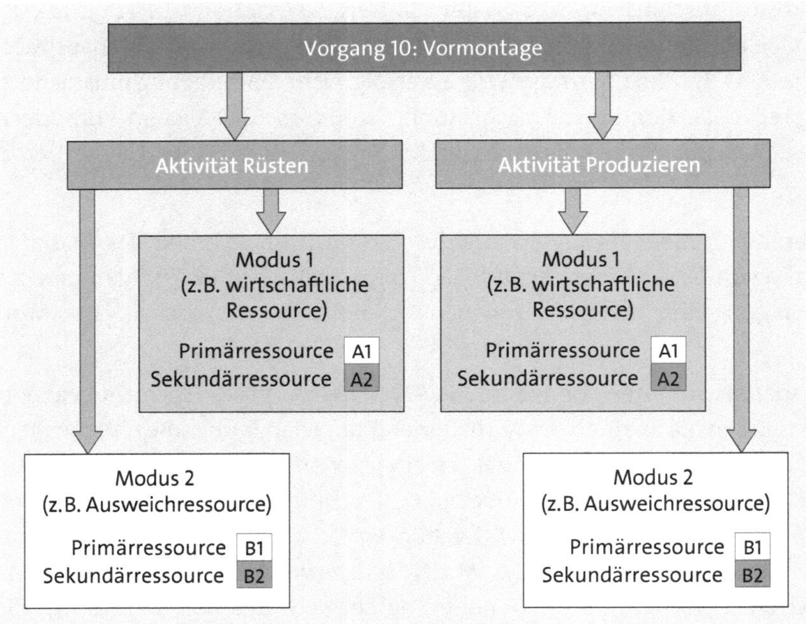

Abbildung 3.21 Beispielhafter Aufbau eines PDS-Vorgangs

Die in der Aktivität festgelegte *Dauer* wird mittels der Terminierungsformel aus dem ERP-Arbeitsplatz und den in den Formelparametern verwendeten Werten automatisch bei der Übertragung eines Plans ermittelt, d. h., im Anschluss an eine Änderung einer dieser Komponenten muss eine erneute Übertragung des Plans vorgesehen werden. Dabei kann die Dauer sowohl losgrößenabhängig als auch losgrößenunabhängig vorliegen.

Verbunden werden die Aktivitäten über sogenannte *Aktivitätsbeziehungen*, die ebenfalls automatisch bei der Planübertragung angelegt werden. Die Aktivitätsbeziehungen, die immer eine Vorgängeraktivität und eine Nachfolgeraktivität als Information in sich tragen, enthalten neben einer Anordnungsbeziehung (z. B. Ende-Start-Beziehung) auch die Übergangszeit. Darunter ist die Zeitspanne von der Vorgänger- zur Nachfolgeraktivität zu verstehen, wobei hier die ERP-Begriffe der Transportzeit, der Liegezeit sowie der sonstigen Puffer umgesetzt sind. Durch eine entsprechende Einstellung in den korrespondierenden ERP-Arbeitsplan- bzw. Arbeitsplatzfeldern lassen sich durch Planübertragung auch minimale und maximale Übergangszeiten in einer Aktivitätsbeziehung verankern. Die Logik bei der Übertragung der Übergangszeiten kann in vielfältiger und enorm flexibler Art und Weise durch die Verwendung von BAdIs (z. B. CUSLNTRTO_ADDIN) beeinflusst werden.

Produktionsprozessmodell

Eine weitere mögliche Eigenfertigungs-Bezugsquellenart ist das Produktionsprozessmodell (PPM). Im Gegensatz zur PDS lässt sich das PPM neben der optionalen Anlage über die CIF-Schnittstelle aus einer ERP-Fertigungsversion auch manuell im APO-System anlegen bzw. pflegen. Die Grundlage eines PPM ist der sogenannte PPM-Plan. Dieser beschreibt auftragsneutral und sekundengenau die Arbeitsschritte sowie die Komponenten (Inputprodukt), die zur Herstellung des jeweiligen Outputprodukts erforderlich sind. Abbildung 3.22 gibt Ihnen einen Überblick über den möglichen Aufbau eines PPM, in dem Sie die gleichen Elemente finden wie in einer PDS, also beispielsweise Vorgänge, Aktivitäten und Modi.

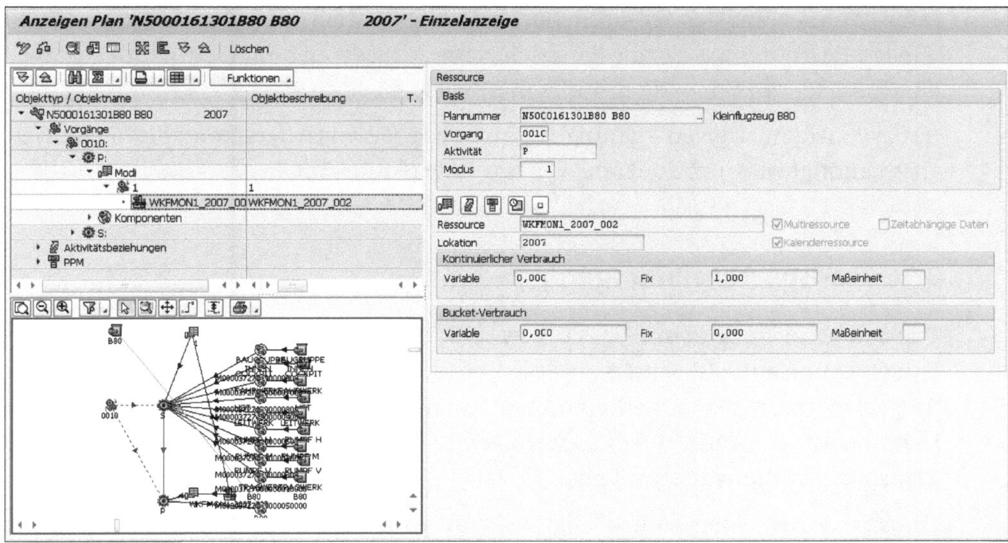

Abbildung 3.22 Produktionsprozessmodell

Beachten Sie jedoch bei der Verwendung von PPM die offiziellen SAP-Hinweise zum Thema »Verwendung PDS/PPM« wie z. B. 9172640 und 1079959.

3.4.5 IBP-System – Stammdatum »Produktionsbezugsquelle« bzw. »Produktionsdatenstruktur«

Die Produktionsbezugsquelle bildet die für die eigentliche Produktion nötigen Stammdaten ab. Dabei handelt es sich nicht um einen einzigen Stammdatentyp, vielmehr werden mehrere Stammdatentypen im Zusammenwirken eingesetzt, um die Daten abzubilden, die aus der Fertigungsversion des ERP-Systems abgeleitet werden. Die Bezeichnungen der jeweiligen Stammdatentypen variieren, je nachdem, ob Sie zeitreihenbasierte oder auftragsbasierte Kapazitätsplanung einsetzen. So spricht man in der zeitreihenbasierten Planung von der *Produktionsbezugsquelle*, während die Entsprechung aufseiten der auftragsbasierten Planung analog zum APO-System als *Produktionsdatenstruktur* bezeichnet wird. Die Struktur der Daten ähnelt sich jedoch ungeachtet der abweichenden Bezeichnungen.

Der Kopf der Produktionsbezugsquelle legt dabei beispielsweise fest, um welchen Typ von Bezugsquelle es sich handelt, also ob es sich um Produktion, Kuppelproduktion oder externen Bezug handelt. Auch sind Losgrößeninformationen und Produktionszeiten in diesem Stammdatentyp abgebildet.

Die Produktionsbezugsquellen-Position dient der Modellierung der Stückliste, während die Produktionsbezugsquellen-Ressource die Verbindung zwischen den Kopfinformationen und der zugeordneten Ressource herstellt. In der Produktionsbezugsquellen-Ressource werden die Kapazitätsverbrauchsdaten hinterlegt, damit liegt hier eine Äquivalenz zu den Daten aus dem Arbeitsplan vor.

In der auftragsbasierten Planung ist zusätzlich das Aktivitätslevel abgebildet, welches benötigt wird, um konkrete Aufträge anlegen zu können.

3.5 Transportbeziehungen

Transportbeziehungen sind APO- bzw. ePP/DS-Stammdatenobjekte ohne direkte Entsprechung auf ERP-Seite. Sie werden bei der Distributions- und bei der Beschaffungsplanung zwischen mehreren Lokationen benötigt. Eine Beschaffung von einer Lokation ist nur dann möglich, wenn zwischen den entsprechenden Lokationen Transportbeziehungen existieren.

Transportbeziehungen stellen allgemein die Geschäftsbeziehung zwischen einer Quelllokation und einer Ziellokation dar. Dabei ist die Transportbeziehung abhängig von der Richtung des Produktflusses; ihr werden alle Produkte, die entlang dieser Route transportiert werden, sowie die verfügbaren Transportmittel zugeordnet. Eine Transportbeziehung enthält demnach die logistischen Daten für die Geschäftsbeziehung zwischen den beiden zugrunde liegenden Lokationen. Transportbeziehungen müssen vorhanden sein, damit Beschaffungsvorschläge im APO-System Transportaktivitäten tragen können.

Transportbeziehungen können im APO-System sowie in ePP/DS manuell in der Transaktion /SAPAPO/SCC_TL1 oder per Massenpflege in der Transaktion /SAPAPO/SCC_TL2 angelegt werden.

3.5.1 Anlage über den Sonderbeschaffungsschlüssel

Zentral für die Anlage von Transportbeziehungen ist in der Regel jedoch die *Sonderbeschaffungsart* des ERP-Materialstamms. Bei bestimmten *Sonderbeschaffungs-*

schlüsseln im ERP-Materialstammsatz werden Transportbeziehungen bei der Übertragung des Materials über die CIF-Schnittstelle automatisch im APO-System angelegt. In ePP/DS erfolgt dies durch die Aktivierung der erweiterten Planung im Materialstamm. Die Transportbeziehung erhält in beiden Fällen das Erstellungskennzeichen S (Sonderbeschaffung). Voraussetzung für die Anlage der Transportbeziehungen ist, dass auch die Werke in das APO-System transportiert wurden bzw. in ePP/DS zur Verfügung stehen.

Manuell angelegte Transportbeziehungen werden nicht überschrieben

Existiert bei der automatischen Anlage bereits eine manuell angelegte Transportbeziehung mit der identischen Lieferwerk-Werk-Kombination im APO-System bzw. in ePP/DS, bleibt diese bestehen, und es wird keine neue Transportbeziehung automatisch angelegt.

Wird im ERP-System das Lieferwerk in der Sonderbeschaffungsart geändert, legt das APO-System bzw. ePP/DS für die neue Lieferwerk-Werk-Kombination eine neue Transportbeziehung an, wenn hierfür noch keine manuell angelegte Transportbeziehung existiert. Die bestehende und nun nicht mehr aktuelle Transportbeziehung, die den Stand vor der Änderung im ERP-System repräsentiert, wird im APO-System bzw. in ePP/DS für Aufträge gesperrt. Analoges Verhalten kann bei der Löschung der entsprechenden Sonderbeschaffungsart im ERP-Materialstamm beobachtet werden.

3.5.2 Elemente der Fremdbeschaffung

Neben dieser automatischen Anlage über den Sonderbeschaffungsschlüssel erfolgt auch eine Anlage von Transportbeziehungen bei der Übertragung von Elementen der Fremdbeschaffung, also von Einkaufsinfosätzen, Kontrakten und Lieferplänen. Diese Elemente werden im APO-System bzw. in ePP/DS als Fremdbeschaffungsbeziehungen angelegt und dienen zur Planung der Materialbeschaffung mit direktem Bezug z. B. zu einer konkreten Kontraktposition. Bei der Anlage dieser Elemente im APO-System bzw. in ePP/DS wird automatisch eine Transportbeziehung vom Lieferanten zum entsprechenden Werk generiert. Damit die Einkaufsdaten übertragen werden können, müssen als Voraussetzung Werke, Material- und Lieferantenstammsätze übertragen werden. Das APO-System bzw. ePP/DS verknüpfen die Transport- mit der Fremdbeschaffungsbeziehung und übernehmen die folgenden Daten aus dem jeweiligen ERP-Stammdatenobjekt:

- Gültigkeit
- Beschaffungsform
- Typ der Bezugsquelle

- Einkaufsbelegnummer
- Einkaufsbelegposition
- Einkaufsorganisation
- Planlieferzeit
- Wareneingangszeit

3.5.3 Vertriebslieferpläne

Zusätzlich zu den genannten Möglichkeiten werden Transportbeziehungen bei der CIF-Übertragung von Vertriebslieferplänen automatisch angelegt, wenn der APO-Vertriebslieferplan Positionen enthält, die als Quelllokation ein Werk und als Ziellokation eine Kundenlokation tragen. Voraussetzung ist, dass Werke, Material- und Kundenstämme aus dem ERP-System übertragen werden. Dabei werden APO-Vertriebslieferplan und Transportbeziehung miteinander verknüpft, und in die Transportbeziehung werden die folgenden Daten übernommen:

- Vertriebsbelegnummer
- Vertriebsposition
- Verkaufsorganisation

Automatisch angelegte Transportbeziehungen

Automatisch angelegte Transportbeziehungen besitzen in allen Fällen eine niedrigere Priorität als manuell erzeugte Transportbeziehungen. Die automatische Anlage lässt sich jedoch mittels Standard-SAP-Erweiterung unterdrücken.

Die Transportbeziehung selbst enthält Informationen zur eigentlichen Produktbeschaffung, den Transportmitteln und gegebenenfalls dem Transportdienstleister. Zu den Daten der Produktbeschaffung gehören:

- zeitliche Gültigkeit
- Losgrößengültigkeit
- Beschaffungskosten
- Beschaffungspriorität
- Kostenfunktion
- Sperrkennzeichen
- Beschaffungsform

Neben diesen Daten enthält die Produktbeschaffung auch gegebenenfalls die genannten Daten aus dem für die Anlage verantwortlichen Vertriebslieferplan oder der Fremdbeschaffungsbeziehung.

In der Fremdbeschaffungsbeziehung können Sie spezifizieren, mit welchem Transportmittel (z. B. Lkw, Schiff, Flugzeug) ein Transport durchgeführt werden soll. Dabei ist neben der zeitlichen Gültigkeit darüber zu entscheiden, ob das jeweilige Transportmittel, das einer Transportbeziehung zugeordnet ist, für die aggregierte Planung (beispielsweise des Bereichs Supply Network Planning) und/oder die detaillierte Planung (dem Transportation Management) verwendet werden soll. Durch das Kennzeichen **für alle Produkte gültig** in der Transportbeziehung unter **Transportmittel** kann bestimmt werden, ob ein Transportmittel für alle Produkte oder nur für die direkt zugeordneten gelten soll. Zusätzlich ist in einer Transportbeziehung eine Reihe von planungsspezifischen Parametern wie ein Transportkalender, eine Transportdauer oder auch entsprechende Kostenparameter zu pflegen.

Transportdauer

Hinsichtlich der Dauer des Transports ist anzumerken, dass ein Unterschied zwischen den Bucket-orientierten und zeitkontinuierlichen Planungsanwendungen besteht. Letztere ermöglichen eine sekundengenaue Aufgliederung von Zeiten, während bei der Bucket-orientierten Rechnung in den jeweils zugrunde liegenden Zeit-Buckets (z. B. Tag) geplant wird.

Transportmittelabhängige Dauern und Distanzen innerhalb von Transportbeziehungen können durch die Anbindung des Geographic Information System (GIS) an den Internet Graphic Server in unterschiedlichen Detaillierungsgraden berechnet werden.

Transportbeziehungen können zur Erleichterung der Datenpflege auch für eine oder mehrere Produktgruppen einer Produktgruppenart definiert werden.

3.6 Stammdatenumgebungen für aktive Planung und Simulationen

Im Zusammenhang mit den globalen Stammdaten spielen im APO-System bzw. in ePP/DS das Supply-Chain-Modell und die Planversion eine wichtige Rolle. Zu berücksichtigende Unternehmensstrukturen werden in einem Supply-Chain-Modell abgebildet, und die Planversion wird für die Versorgung von Stamm- und Bewegungsdaten benötigt. Die aktiven Stamm- und Bewegungsdaten Ihres Unternehmens werden im Supply-Chain-Modell 000 und der Planversion 000 abgebildet. Zu Simulationszwecken können Sie zusätzliche Supply-Chain-Modelle und Planversionen verwenden. Abbildung 3.23 zeigt die Abhängigkeiten und das Zusammenspiel von Stammdaten aus dem ERP-System unter Verwendung eines Supply-Chain-Modells und verschiedener Versionen im APO-System bzw. in ePP/DS.

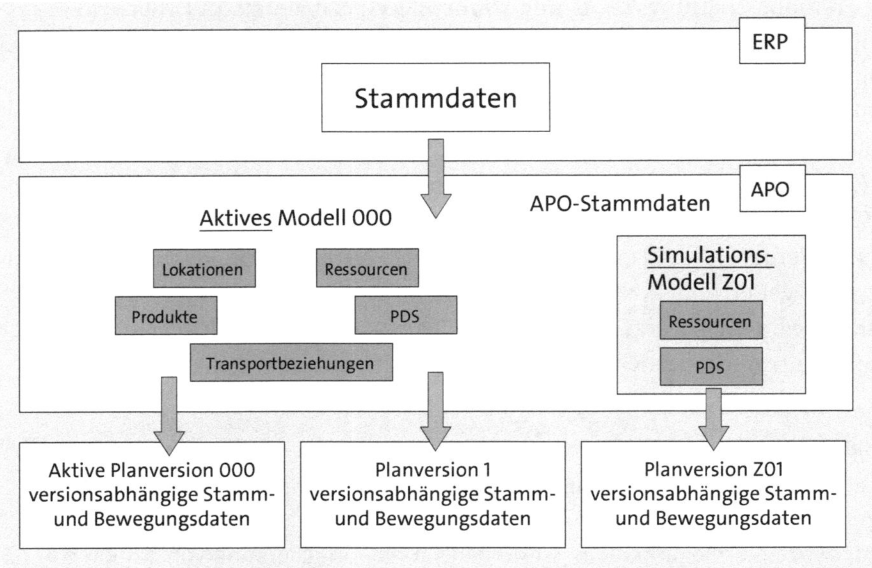

Abbildung 3.23 Modelle und Planversionen in APO bzw. ePP/DS (Quelle: SAP)

3.6.1 Supply-Chain-Modell

Vom System werden in der Planung nur Stammdaten berücksichtigt, die einem Modell zugeordnet sind. Das Supply-Chain-Modell, das häufig auch schlicht als Modell bezeichnet wird, bildet die gesamte logistische Kette vom Lieferanten über die Produktions- und Distributionsstätten bis hin zu Kunden ab. Es enthält dabei alle Lokationen, Transportbeziehungen, Produkte, Ressourcen und Pläne (PPM, PDS) und bildet somit die Basis aller APO-Planungsfunktionen bzw. von ePP/DS. In einem Modell sind lediglich Stammdaten enthalten. Es können mehrere Modelle im APO-System existieren, aktiv ist jedoch immer nur eines (Modell 000). In ePP/DS können Sie lediglich mit einem Modell arbeiten, Sie haben nicht die Möglichkeit, weitere Modelle anzulegen.

Aus dem ERP-System erzeugte Stammdaten werden automatisch dem aktiven Modell zugeordnet. Falls Sie im APO-System manuell Stammdaten anlegen, müssen Sie diese explizit einem Modell zuordnen. Die Zuordnung erfolgt entweder in den Pflegetransaktionen der jeweiligen Stammdaten oder über Transaktion /SAPAPO/SCC07 im Supply Chain Engineer.

Modelle können im Planversionsmanagement über das SAP-Menü und den Pfad **Advanced Planning and Optimization • Stammdaten • Planversionsmanagement** kopiert oder manuell angelegt werden. Alle nicht aktiven Elemente dienen dabei nur Simulationszwecken und sind daher nicht mit dem ERP-System integriert.

3.6.2 Planversion

Anders als das Modell enthält eine Planversion neben bestimmten Stammdaten auch Bewegungsdaten. Aktiv und daher mit dem ERP-System integriert ist auch hier nur die Version 000. Planversionen können jedoch ebenfalls im Planversionsmanagement manuell angelegt oder kopiert werden. Diese manuell angelegten oder kopierten Planversionen können anschließend genutzt werden, um simulativ Änderungen durchspielen zu können, indem einige Stamm- und Bewegungsdaten verändert, gelöscht und/oder hinzugefügt werden. Alle in der aktiven Planversion möglichen Planungsalgorithmen können auch für nicht aktive Versionen durchgeführt werden, sodass Auswirkungen von Änderungen (z. B. Maschinenausfall oder Schichtmodelländerung) simulativ ermittelt und so rechtzeitig Rückschlüsse für das aktive Geschehen gezogen werden können.

Im Rahmen der simulativen Planung wird bei Lokationen und Produkten auf die Feldeinträge der aktiven Version 000 zurückgegriffen, sofern hier nicht Gebrauch von der Option gemacht wird, planversionsspezifisch in einer inaktiven Version abweichende Daten zu hinterlegen. Dies ist manuell in den einzelnen Anwendungen oder per Massenpflege für eine bestimmte Auswahl von Feldern möglich. Solange also keine planversionsspezifischen Stammdaten vorhanden sind, wird in der Regel mit einer Referenz auf die aktive Version gearbeitet.

Bei Ressourcen, die aus dem ERP-System per CIF automatisch der aktiven Planversion 000 zugeordnet werden, erfolgt gleichzeitig mit der Übertragung eine Kopie zum einen als planversionsunabhängige Version (keine Zuordnung zu einer Planversion und somit Planversion = »blank«) und zum anderen in alle Planversionen des Modells, also auch in die inaktiven Versionen. Die Ressource liegt daher sowohl in der aktiven Planversion 000 als auch in jeder inaktiven Planversion sowie in Form einer planversionsunabhängigen Ressource vor. Falls nach der Initialübertragung der Ressource über das Planversionsmanagement eine neue inaktive Planversion erzeugt wird, werden alle planversionsunabhängigen Ressourcen in die neue inaktive Planversion kopiert. Die simulative Planung greift im Anschluss auf das entsprechende Element der inaktiven Planversion zurück, anders als z. B. bei Produkten wird hier nicht mit Referenz, sondern mit einer Kopie gearbeitet.

PPM sind jeweils in allen Planversionen gültig, es erfolgt keine planversionsspezifische Abbildung. Analog gilt dies für PDS, da diese nur über das CIF angelegt werden können. Sollen Lokationen, Produkte, PPM oder Ressourcen auch in einem inaktiven Modell verwendet werden, müssen diese Stammdatenobjekte manuell dem gewünschten inaktiven Modell zugeordnet werden.

Ein wichtiger SAP-Hinweis für das Planversionsmanagement, der einige Ratschläge zur Versionsverwaltung zusammenfasst, ist unter der Nummer 519014 zu finden.

3.6.3 Versionen

Die Entsprechung zur Planversion des APO-Systems ist im IBP-System die *Version*. Darin können Sie in Abhängigkeit vom zugrunde liegenden Prozess versionsabhängige Stammdaten für Simulationen hinterlegen.

3.7 Fazit

In diesem Kapitel haben wir Ihnen einen Überblick über die für die Planung relevanten globalen Stammdatenobjekte gegeben. Dabei handelt es sich um Objekte, die von mehreren Anwendungen gemeinsam genutzt werden.

Zunächst sind wir auf das grundlegende Objekt Werk eingegangen und haben Ihnen das Äquivalent Lokation im APO-System, in ePP/DS bzw. im IBP-System gezeigt. Im Anschluss haben wir das in vielen Planungsanwendungen zentrale Stammdatum Material erläutert und dargelegt, dass es in den Planungssystemen und Funktionen als Produkt abgebildet wird. Mit dem Stammdatum Arbeitsplatz des ERP-Systems bzw. der Arbeitsplatzkapazität und seiner Entsprechung Ressource wurde das Element beleuchtet, auf dem ein physischer Herstellungsprozess durchgeführt wird. In den darauffolgenden Abschnitten wurde mit den in einer Fertigungsversion zu bündelnden Plänen bzw. der Stückliste die Systeminformation dargelegt, die die Grundlage für alle Planungen bildet und in der Produktionsdatenstruktur auf Planungsseite ihre Entsprechung findet.

Nach dem Studium dieses Kapitels sollten Sie die für die Planung benötigten Stammdatenobjekte kennen und deren Bedeutung für die Planung einschätzen können.

Kapitel 4

Anwendungsspezifische Stammdaten

In SAP-Systemen wird zwischen globalen Stammdaten und anwendungsspezifischen Stammdaten unterschieden. Die als anwendungsspezifische Stammdaten festgelegten Systeminformationen werden nur von einigen Anwendungen genutzt.

In diesem Kapitel geben wir Ihnen einen Überblick über die in den SAP-Systemen vorhandenen anwendungsspezifischen Informationen, die lediglich von einzelnen Funktionalitäten genutzt werden. Wir stellen Ihnen zunächst die anwendungsspezifischen Stammdaten der Projektplanung und der Instandhaltungsplanung vor. Danach vermitteln wir Ihnen einen Überblick über Rüstinformationen, die lediglich von den Produktionsplanungskomponenten im ERP- und im APO-System genutzt werden, und zum Schluss des Kapitels gehen wir auf die Stammdaten Kosten und Kostenpflege näher ein, die bei der Optimierung in Supply Network Planning (SNP) genutzt werden. Das IBP-System verwendet das Konstrukt der anwendungsspezifischen Stammdaten nicht, daher beschränken wir uns im Rahmen dieses Kapitels auf das ERP- und das APO-System.

4.1 Stammdaten der Projekt- sowie der Instandhaltungsplanung

Anders als im Rahmen der Eigenfertigung wird bei der Projektplanung im Rahmen der Kapazitätsplanung in der Regel nicht auf Pläne im eigentlichen Sinn zurückgegriffen. Stattdessen werden in der Projektplanung Aufträge ohne Bezug zu vorab definierten Stammdaten angelegt.

Die Abbildung des Projektmanagements erfolgt dabei im ERP-System durch mehrstufig aufbaubare Strukturen. Hierbei sind die operativen Strukturen (Projektstrukturpläne und Netzpläne), die Standardstrukturen (Standardprojekt-Strukturplan und Standardnetz) sowie Versionen (Projektversion und Simulationsversion) zu unterscheiden,

Ein Projektstrukturplan bildet den Aufbau eines Projekts im ERP-System ab, während ein Netzplan den Ablauf widerspiegelt. Beide Elemente sind einer Projektdefinition untergeordnet, die die Eigenschaften des gesamten Projekts steuert und Vorschlagswerte für Unterelemente enthält. Zur Abbildung des Aufbaus werden *Projektstrukturplan-Elemente* (PSP-Elemente) eingesetzt, die auf verschiedenen Stufen angeordnet werden können, um den Aufbau eines Projekts hierarchisch zu gliedern.

Die Strukturierung mittels Projektstrukturplänen folgt in der Regel hauptsächlich den Anforderungen des Reportings, der benötigte Detaillierungsgrad von Kostenplanung und Budgetierung wirkt sich grundlegend auf die Anzahl der im Projektstrukturplan benötigten Hierarchiestufen aus.

Im Rahmen der Kapazitätsplanung spielt jedoch der Netzplan die herausragende Rolle. Dieses Element bildet den Ablauf eines Projekts ab. Anders als Projektstrukturpläne, die für die Zwecke des Reportings verwendet werden, sind Netzpläne Elemente zur Abbildung einer logistischen Struktur. So können beispielsweise die nötigen Schritte zur Erstellung einer Produktionsanlage über einen Netzplan abgebildet werden. Dabei werden für die einzelnen Arbeitspakete entsprechende Netzplanvorgänge in einem Netzplan angelegt, um die benötigten Komponenten und die zeitverbrauchenden Vorgänge im ERP-System darzustellen. Im Gegensatz dazu wird der Projektstrukturplan genutzt, um durch die den PSP-Elementen zugeordneten Netzplanvorgänge Kosten beispielsweise sinnvoll zu strukturieren und Bereichen oder Kostenstellen wie der Entwicklung oder der Projektierung zuzuordnen und somit für nachträgliches Controlling vorzubereiten.

Netzpläne werde technisch im ERP-System als Aufträge realisiert und ähneln in Struktur und Funktion Aufträgen anderer Komponenten, wie beispielsweise Fertigungs-, Instandhaltungs- oder Serviceaufträgen, die systemintern durch ihren Auftragstyp unterschieden werden. Analog zu den Eigenschaften anderer Aufträge im ERP-System werden die Auftragseigenschaften durch die Auftragsart – im Fall von Netzplänen *Netzplanarten* genannt – spezifiziert.

Sowohl Projektstrukturpläne als auch Netzpläne können somit als Bewegungsdaten interpretiert werden (siehe Kapitel 5, »Bewegungsdaten«), jedoch weisen sie eine zentrale Rolle im Rahmen der Projektplanung auf, die sonst nur auf Stammdaten wie Materialien und Arbeitsplatzkapazitäten zurückgreift. Durch die Funktion der Montageabwicklung werden vorab definierte Standardnetze als Vorlage genutzt, um daraus direkt beim Kundenauftragseingang einen entsprechenden Netzplan zu kopieren. Diese Abbildung können Sie durch die Verwendung der Planungsstrategie 82 in der Strategiegruppe des Materialstamms oder der Dispogruppe erreichen. Da das als Kopiervorlage definierte Standardnetz in diesem Zusammenhang die gleiche Funktion wie ein Arbeitsplan samt Stückliste im Kontext der Eigenfertigung übernimmt, kann diese Form des Plans auch als Stammdatum angesehen werden.

Für die Instandhaltung gelten im Wesentlichen die gleichen Zusammenhänge wie in der Projektplanung. Instandhaltungsaufträge werden nicht aus Arbeitsplänen abgeleitet, jedoch gibt es auch hier Möglichkeiten, einen bestehenden Auftrag als Kopiervorlage und somit als Stammdatenersatz zu verwenden. Jedoch besteht ein wesentlicher Unterschied darin, dass für die Instandhaltung im System kein Bedarf im ERP- oder im APO-System abgebildet wird; der Instandhaltungsauftrag selbst bildet das entsprechende Planungselement, ohne dass ein konkreter Bedarf besteht.

4.2 Rüstinformationen

Häufig liegen in produzierenden Unternehmen reihenfolgeabhängige Rüstzeiten vor. *Rüstzeiten* sind generell zu beobachten, wenn beispielsweise eine Maschine vorbereitet werden muss, damit die Produktion auf dieser Maschine durchführbar ist. Diese Rüstzeiten sind von der eigentlichen Bearbeitungsmenge unabhängig. Je nach Branchen- und Produktkontext sind die Dauern dieser Rüstzeiten, die als unproduktive Zeit angesehen werden können, von der Reihenfolge der auf der Maschine zu produzierenden Materialien abhängig. In diesen Fällen ist es sinnvoll, die Rüstinformationen im jeweils zum Einsatz kommenden Planungssystem zu verankern.

[zB]

Rüstzeiten – abhängig von der Reihenfolge der Arbeitsschritte

Dies ist beispielsweise bei der Verwendung von bestimmten Farben in der Produktion der Fall. So kann ein Wechsel der Bearbeitung mit weißer Farbe zu einer dunkleren Farbe, wie beispielsweise Rot, gegebenenfalls ohne Rüstzeit möglich sein, während bei einem Wechsel von roter zu weißer Farbe eine zeitaufwendige Reinigung der Maschine nötig ist, sodass Rüstzeit anfällt.

Derartige Informationen können in *Rüstmatrizen* abgelegt und im ERP- bzw. APO-System zu Planungszwecken verarbeitet werden. Rüstmatrizen sind dabei die systemtechnischen Elemente, in denen die Rüstinformationen abgelegt werden, also die Informationen über den Aufwand beim Rüsten von einem Rüstzustand in einen anderen. Dabei können neben den Rüstzeiten auch Rüstkosten abgebildet werden.

Das ERP-System bezieht die Rüstinformationen bei der Ermittlung der Feinterminierung genauso wie die Produktions- und Feinplanungskomponente des APO-Systems. Zusätzlich zur Berücksichtigung der Rüstinformationen in der Planung bietet das APO-System bei Verwendung der PP/DS-Optimierung eine Funktion zur Reduzierung/Minimierung der Produktivzeitverluste durch Rüstzeiten bzw. zur Minimierung der Rüstkosten an (siehe Kapitel 22, »Optimierung in der kurzfristigen Kapazitätsplanung in SAP APO und ePP/DS«).

Von besonderer Bedeutung für das Verständnis der Rüstinformationen ist der Vorgang im Arbeitsplan bzw. Auftrag, also die Beschreibung eines Arbeitsschritts im Arbeitsplan bzw. in einem Eigenfertigungsauftrag (siehe hierzu Kapitel 5, »Bewegungsdaten«). Ob ein Vorgang eine Rüstaktivität besitzt und wie lang seine daraus resultierende Rüstzeit ist, hängt vom sogenannten Rüstzustand ab, der zum Termin des Vorgangs an der jeweiligen Arbeitsplatzkapazität bzw. Ressource herrscht.

Die Rüstzeit eines Vorgangs bzw. die aus dem Rüstvorgang resultierenden Kosten hängen demnach vom Vorgang selbst ab, der zuvor an der Arbeitsplatzkapazität bzw. an der Ressource ausgeführt worden ist. Zur Bestimmung von reihenfolgeabhängigen Rüstaktivitäten können Sie sowohl im ERP- als auch im APO-System auf eine eigene *Rüstlogik* zurückgreifen. Dabei bildet die Reihenfolge der Vorgänge die Grundlage der weiteren Überlegungen. Sowohl das ERP- als auch das APO-System bestimmen diese anhand der Starttermine der Bearbeitungsaktivitäten.

Anhand dieser Reihenfolge ermittelt das jeweilige System mithilfe der Rüstmatrix die erforderlichen Rüstaktivitäten und daraus die zugehörige Rüstzeit und legt eine sogenannte Rüstaktivität mit der entsprechenden Zeit an.

Ein *Rüstzustand* wird in der Rüstmatrix im ERP-System entweder durch einen Rüstfamilienschlüssel oder durch eine Rüstfamiliengruppe definiert, die entsprechenden Begriffe auf APO-Seite lauten Rüstschlüssel und Rüstgruppe.

Während *Rüstfamilienschlüssel* bzw. *Rüstschlüssel* eher der Abbildung von Ausnahmeübergängen dienen, ordnet eine *Rüstfamiliengruppe* bzw. eine *Rüstgruppe* einen Vorgang einer Gruppe von Vorgängen zu, die hinsichtlich des zur Bearbeitung erforderlichen Rüstzustands über gleiche oder zumindest annähernd gleiche Eigenschaften verfügen.

Sie können die vorab im ERP-Customizing der Kapazitätsplanung definierte Rüstfamiliengruppe bzw. den Rüstfamilienschlüssel im Vorgang des ERP-Arbeitsplans pflegen und die jeweiligen Informationen an die Produktionsdatenstruktur im APO-System übertragen. Rüstfamilienschlüssel bzw. Rüstschlüssel dienen ebenfalls der Abbildung von Rüstzuständen, sind dabei jedoch eher für Ausnahmeübergänge gedacht. Abbildung 4.1 zeigt beispielhaft eine Rüstmatrix im APO-System, in der die Rüstzeiten und -kosten für Rüstübergänge zwischen Vorgängern und Nachfolgern aufgeführt sind.

In einigen Szenarien sind Rüstübergänge im Wesentlichen durch Merkmale bestimmt. Jede Änderung eines Merkmalswerts erfordert ein Umrüsten, die jeweiligen Rüstzeiten sind abhängig von den Merkmalen bzw. Merkmalswerten der Erzeugnisse, die jeweils zu fertigen sind. Die Rüstübergänge, die vom Merkmalswertwechsel verursacht werden, können Sie mithilfe der Rüstmatrix für Merkmalswerte beschreiben, die Sie im APO-System auch automatisch generieren lassen können. Die Vorgehensweise über eine im APO-System generierte Rüstmatrix schließt die über eine auf ERP-Daten beruhende Matrix aus. Sie müssen sich demnach für einen der beiden Wege entscheiden.

Rüstmatrix	Lokation	Typ	VorgRüstgr.	VorgRS	NachRG	NachRS	Rüstzeit	EH	Rüstkosten
SPRITZEN	0001		*		*		1	MIN	0
SPRITZEN	0001		235060100		235060100		1	SEC	0
SPRITZEN	0001		235060100		235060610		8,0	H	3.000
SPRITZEN	0001		235060100		335075003		1,0	H	70.000
SPRITZEN	0001		235060100		335075010		7,0	H	70.000
SPRITZEN	0001		235060100		373080122		7,0	H	70.000
SPRITZEN	0001		235060100		373080306		9,0	H	70.000
SPRITZEN	0001		235060100		373080501		1,0	H	70.000
SPRITZEN	0001		235060100		373080701		1,0	H	7.000
SPRITZEN	0001		235060100		373081312		7,0	H	7.000
SPRITZEN	0001		235060100		373080702		7,0	H	7.000
SPRITZEN	0001		235060100		373080502		1,0	H	70.000
SPRITZEN	0001		235060100		373081313		1,0	H	7.000
SPRITZEN	0001		235060100		333060305		7,0	H	70.000
SPRITZEN	0001		235060100		333060302		9,0	H	70.000
SPRITZEN	0001		235060100		335240503		7,0	H	70.000
SPRITZEN	0001		335070113		335070113		1	SEC	0
SPRITZEN	0001		335070113		335075010		3,0	H	3.000
SPRITZEN	0001		335070113		373080122		3,0	H	3.000
SPRITZEN	0001		335070113		373080306		3,0	H	3.000
SPRITZEN	0001		335070113		373080701		3,0	H	3.000
SPRITZEN	0001		335070113		373081312		3,0	H	3.000
SPRITZEN	0001		335070113		373080502		3,0	H	3.000
SPRITZEN	0001		335070113		335240503		3,0	H	3.000
SPRITZEN	0001		235060610		235060100		7,0	H	0
SPRITZEN	0001		235060610		335070113		7,0	H	170.000
SPRITZEN	0001		235060610		235060610		1	SEC	0
SPRITZEN	0001		235060610		335075003		7,0	H	170.000
SPRITZEN	0001		235060610		335075010		7,0	H	170.000
SPRITZEN	0001		235060610		373080122		3,0	H	170.000
SPRITZEN	0001		235060610		373080306		10,0	H	170.000
SPRITZEN	0001		235060610		373080501		10,0	H	170.000
SPRITZEN	0001		235060610		373080701		7,0	H	7.000
SPRITZEN	0001		235060610		373080702		1,0	H	7.000
SPRITZEN	0001		235060610		373080502		10,0	H	7.000
SPRITZEN	0001		235060610		373081313		7,0	H	7.000

Abbildung 4.1 Beispiel für eine Rüstmatrix des APO-Systems

4.3 Kostenpflege

Die Kostenpflege spielt in SNP und speziell bei der Verwendung von optimierungsbasierten Verfahren eine wesentliche Rolle. Die Kostenpflege findet ausschließlich im SAP-SCM-System statt, z. B. direkt in den entsprechenden Stammdatenobjekten oder über die Massenpflege der Stammdaten. Über die Definition der Kosten können die tatsächlichen Kosten für die Planung angesetzt oder als Lenkungskosten verstanden werden und Ihren betriebswirtschaftlichen Zielen entsprechen. Lenkungskosten definieren Sie, um gewünschte Planungsergebnisse durch SNP zu erzeugen, ohne dass diese Kosten der Realität entsprechen.

Dabei können Sie die Kosten automatisch auf der Grundlage der von Ihnen festgelegten betriebswirtschaftlichen Ziele generieren lassen. Primäres Ziel sind die Maximierung des Lieferbereitschaftsgrads und die Berücksichtigung von Bedarfs-, Produkt- und Beschaffungsprioritäten.

Grundsätzlich können Sie Kosten auch in den einzelnen Stammdatenobjekten direkt pflegen. Über die bereitgestellte anwendungsspezifische Stammdatenfunktion, die Sie über **Advanced Planning and Optimization • Stammdaten • Anwendungsspezifische Stammdaten • Supply Network Planning** erreichen, können Sie alle vom Optimierer verwendeten und den Stammdaten zugeordneten Kosten an zentraler Stelle festlegen.

Abbildung 4.2 zeigt die Pflegesicht der zentralen SNP-Kostenpflege-Transaktion in tabellarischer Form.

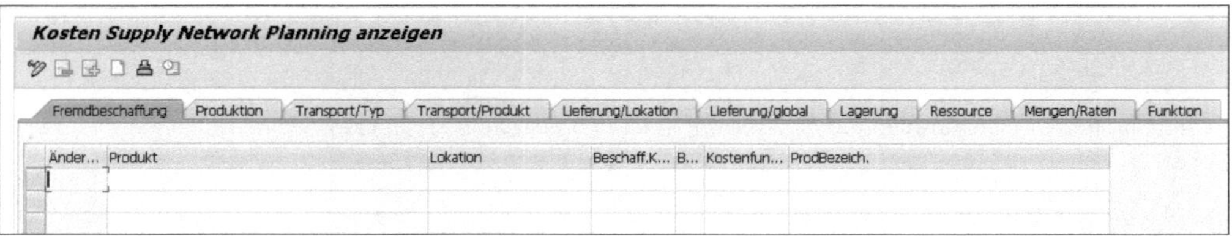

Abbildung 4.2 Transaktion /SAPAPO/CSNP

Die Stammdaten werden dann für die ausgewählte Planversion automatisch aktualisiert. Die folgenden Kosten können Sie über die zentrale anwendungsspezifische Stammdatenfunktion pflegen:

- **Beschaffungskosten**
  Sie können die Beschaffungskosten pro Lokationsprodukt in der Basismengeneinheit hinterlegen. Es ist auch möglich, die Beschaffungskosten über eine Kostenfunktion abzubilden.

  Alternativ können Sie die Beschaffungskosten auch im Produktstamm auf der Registerkarte **Beschaffung** pflegen.
- **Produktionskosten**
  Die Pflege der Produktionskosten wird einstufig definiert, d. h. nur für einen Produktionsprozessschritt ohne vorgelagerte und nachgelagerte Produktionsschritte. Dabei können Sie die Kosten variabel, mengenabhängig oder über eine Kostenfunktion definieren.
- **Transportkosten**
  Die Transportkosten können Sie pro Produkt, pro Transportmittel oder pro Transportdienstleister festlegen und auch über eine Kostenfunktion definieren. Die variablen Kosten für ein produktspezifisches Transportmittel überschreiben dabei

die variablen Kosten für ein Transportmittel. Die variablen Transportkosten eines Produkts werden pro angegebener Mengeneinheit definiert. Es ist auch möglich, distanzabhängige Kosten eines Transportmittels pro Kilometer zu definieren.

Alternativ können die Transportkosten auch direkt in der Transportbeziehung definiert werden.

- **Kosten für verspätete Lieferung/Nichtlieferung**
  Die Kosten für die verspätete/ausgefallene Lieferung können global pro Produkt oder lokationsspezifisch gepflegt werden. Wenn lokationsspezifische Kosten definiert wurden, übersteuern diese die globalen Kosten. Die Kosten werden pro Basismengeneinheit hinterlegt. Während der Planung werden die Strafkosten für verspätete bzw. Nichtlieferungen von Bedarfsmengen abhängig von der Menge pro Basismengeneinheit berechnet. Dabei können Sie Verspätungsstrafkosten getrennt für Kundenbedarfe, Bedarfsprognosen und korrigierte Bedarfsprognosen festlegen. Auch eine zeitabhängige Definition der Strafkosten können Sie vornehmen. Bei der Definition von Kosten für verspätete Lieferungen sollten Sie die maximal erlaubte Verspätung festlegen, die Sie in Tagen definieren können, bevor das System die Strafen für eine Nichtlieferung ermittelt.

  Alternativ können Sie die Strafkosten für verspätete oder Nichtlieferung auch direkt im APO-Produktstamm auf der Registerkarte **SNP1** festlegen.
- **Lagerkosten**
  Mit den Lagerkosten definieren Sie, wie viel die Lagerung des Produkts in der dazugehörigen Lokation (Lagerressource/Lager) pro Basismengeneinheit und Zeitbezug (z. B. Tag) kostet. Des Weiteren können Strafkosten für den Fall definiert werden, dass der Sicherheitsbestand unterschritten wird.

  Alternativ können Sie die Lagerkosten direkt im APO-Produktstamm auf der Registerkarte **Beschaffung** pflegen.
- **Kosten für die Nutzung des Kapazitätsangebots von Ressourcen**
  Hier können Sie die Mengen- und Ratendefinition festlegen, um das Kapazitätsangebot einer Ressource zu definieren. Sie können die Kosten pro Mengeneinheit festlegen. Falls Sie die Menge auf eine Anzahl von Arbeitstagen beziehen, werden die Kosten pro Arbeitstag angegeben.

  Alternativ können Sie die Kosten zur Nutzung des Kapazitätsangebots direkt in der Pflege der Ressourcen in der Transaktion /SAPAPO/RES01 festlegen.
- **Kostenfunktionen**
  Sie können eine Kostenfunktion einsetzen, wenn Sie keine eindeutige Kostendefinition verwenden können, sondern in Abhängigkeit von einem Mengenintervall fixe sowie variable Kosten festlegen müssen. Hierbei definieren Sie eine Mindest- und eine Maximalmenge mit dazugehörigen fixen sowie variablen Kosten, die

dann im Planungslauf entsprechend berücksichtigt werden. Kostenfunktionen können Sie für die Definition von Beschaffungskosten im Produktstamm, die Kosten der Produktion in PPM oder PDS und für die Transportkosten in der Transportbeziehung verwenden.

Diese anwendungsspezifische Stammdatenpflege erlaubt Ihnen somit, zentral alle für die SNP-Planung relevanten Kosten zu pflegen und die Planungsergebnisse zu steuern.

Die wesentliche Frage bei der Definition der Kosten ist dabei: Was möchten Sie optimieren? Abhängig von den zu berücksichtigenden Randbedingungen und Ihren Optimierungszielen, müssen Sie in Ihren SNP-Projekten ein für Ihre Anforderungen passendes Kostenmodell entwickeln. Die Schwierigkeit hierbei liegt darin, die relevanten Kosten richtig zu definieren, z. B. unter Berücksichtigung möglicher Abhängigkeiten und Relationen. Wie die Ergebnisse eines Optimierungslaufs durch die berücksichtigten Kosten beeinflusst werden, wird in Kapitel 11, »SNP-Optimierer in SAP APO«, erläutert.

4.4 Fazit

In diesem Kapitel haben Sie einen Überblick über die anwendungsspezifischen Stammdaten gewonnen, die nur von einzelnen Funktionen genutzt werden und im Zusammenhang mit der Kapazitätsplanung relevant sein können. Sie können nun die anwendungsspezifischen Stammdaten benennen und beschreiben, die die langfristige Kapazitätsplanung (SNP) und die kurzfristige Produktions- und Kapazitätsplanung betreffen.

Kapitel 5
Bewegungsdaten

Bewegungsdaten bauen auf Stammdaten auf und sind wichtige Planungsinformationen in der Kapazitätsplanung. Sie weisen eine zeitliche und/oder mengenmäßige Dimension auf und enthalten Informationen zu den Bezugsquellen der aufgeführten Mengen.

Dieses Kapitel gibt Ihnen einen Überblick über die Bewegungsdaten in den SAP-Systemen, die in der Kapazitätsplanung eine Rolle spielen. Die Bewegungsdatenstruktur ist dabei in den ERP-Systemen SAP ECC und SAP S/4HANA sowie im APO-System und damit auch bei ePP/DS identisch, in einigen Fällen unterscheiden sich die Bezeichnungen in den jeweiligen Systemen. Auf diese Weise können Sie das zugrunde liegende Planungssystem bereits an der Bezeichnung der Elemente erkennen.

Bewegungsdaten können in den SAP-Planungssystemen in zwei grundlegenden Kategorien vorliegen. Einige der Funktionen wie beispielsweise CRP, APO-PP/DS oder ePP/DS planen mit konkretem Auftragsbezug, d. h., der Planung liegen konkrete Objekte in Form von Aufträgen zugrunde. Andere Funktionen hingegen verwenden für die Planung gröbere Daten, d. h. de facto eine Mengeninformation in einem Zeit-Bucket, also einer Periode wie z. B. eine Woche. Dabei wird die Information in diesen Funktionen nicht weiter detailliert, es liegt also kein eigentlicher Auftrag vor. Wir werden Ihnen zunächst die auftragsbezogenen Bewegungsdaten vorstellen, bevor wir am Schluss noch einmal gesondert auf die zeitreihenbezogenen Mengeninformationen eingehen.

5.1 Auftragsbezogene Bewegungsdaten

Im Rahmen der Kapazitätsplanung spielen Aufträge als Träger von Kapazitätsbedarfen eine bedeutende Rolle. Zunächst gehen wir im nun folgenden Überblick über konkrete auftragsbezogene Bewegungsdatenobjekte mit dem Netzplan auf das projektplanungsspezifische Bewegungsdatum ein, das sowohl als Bedarfsträger als auch als Bedarfsdecker gesehen werden kann. Im Anschluss stellen wir Ihnen mit den Kundenaufträgen und den Vorplanungsbedarfen zwei wichtige Bedarfselemente der SAP-Systeme vor. In den folgenden Abschnitten erläutern wir innerbetriebliche Elemente zur Planung und Abwicklung von Produktionsaufgaben: Plan- und Fertigungsaufträge stellen wir Ihnen dabei ebenso vor wie die daraus resultierenden Bedarfe für untergeordnete Stücklistenstufen. Anschließend lernen Sie die entsprechenden Elemente der Fremdbeschaffung (Bestellanforderungen, Bestellungen und Beschaffungselemente aus Rahmenverträgen) kennen, und als Abschluss des Überblicks über die auftragsbezogenen Objekte stellen wir Ihnen die aus all diesen Zugangselementen resultierenden Bestände vor.

5.1.1 Netzplan und Projektauftrag

Ein Netzplan bildet in den ERP-Systemen den Ablauf eines Projekts oder eine Aktivität ab. Dabei werden die verschiedenen Ablaufstrukturelemente eines Projekts samt der vorhandenen Abhängigkeiten mit Methoden der sogenannten *Graphentheorie* dargestellt. Die Netzpläne sind somit Grundlage für die Planung, Analyse, Beschreibung, Steuerung und Überwachung von Kosten, Terminen und Ressourcen. Sie können sie entweder einem Projekt oder einem Verkaufsbeleg wie einem Kundenauftrag zuordnen.

In den ERP-Systemen ist der Netzplan eine besondere Form des Werkauftrags, der zusammen mit anderen Aufträgen wie Fertigungs-, Instandhaltungs- und Prüfplänen die identischen Strukturen nutzt. Wesentliche Elemente sind dabei der Netzplankopf, Netzplanvorgänge und Anordnungsbeziehungen.

Der Netzplankopf enthält die für den gesamten Netzplan relevanten Daten, ein Netzplanvorgang enthält konkrete Informationen über die Termine und die benötigten Ressourcen, die zur Abarbeitung des hinter dem Netzplanvorgang stehenden Arbeitspakets nötig sind. An einen Netzplanvorgang können Komponenten gehängt werden, die dabei benötigt werden. Sie können auch negative Komponentenmengen in einem Netzplanvorgang pflegen, wenn die hinter der Abarbeitung stehende Aktivität einen Output produziert.

Eine weitere Detaillierung von Netzplanvorgängen ist über sogenannte *Vorgangselemente* möglich. Dabei handelt es sich gewissermaßen um einen Vorgang, der einem anderen Vorgang zu dessen weiterer Spezifizierung untergeordnet ist. Vorgangselemente enthalten im Wesentlichen die gleichen Informationen wie Vorgänge selbst, es ist jedoch keine Zuordnung von Material möglich, Vorgangselemente weisen auch keine Anordnungsbeziehungen auf. Dieses Netzplanelement legt Art und Reihenfolge von Verbindungen zwischen Netzplanvorgängen fest, um technische oder inhaltlich bedingte Abhängigkeiten abzubilden. Damit werden Vorgänger-Nachfolger-Beziehungen im System verankert.

Ein Netzplan ist aus planerischer Sicht das Element zur Ermittlung von Mengen und Terminen, er wird aus dem ERP-System heraus angelegt. Wenn Sie Netzpläne in der Kapazitätsplanung verwenden möchten, können Sie sie an das APO-System bzw. ePP/DS als Projektauftrag übertragen und die dort zur Verfügung stehenden Planungsfunktionalitäten nutzen. Abbildung 5.1 vermittelt Ihnen einen Eindruck von einem Netzplan im ERP-System (oben) und dem dazugehörigen Projektauftrag im APO-System (unten).

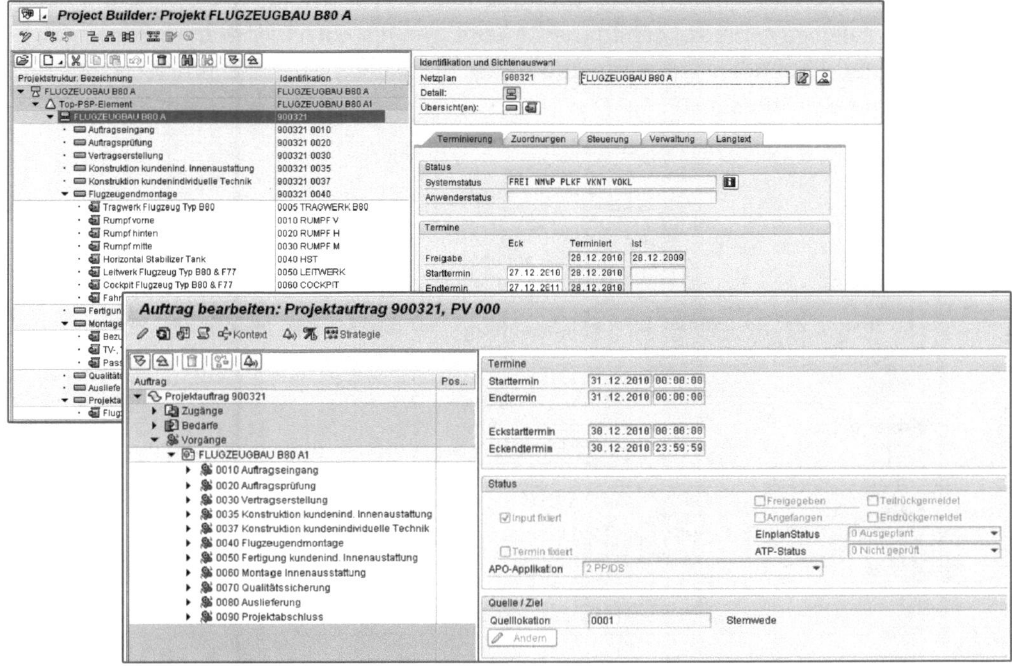

Abbildung 5.1 Beispiel für einen Netzplan und einen Projektauftrag

5.1.2 Primärbedarfe

In diesem Abschnitt erläutern wir Ihnen den Kundenauftrag und den Vorplanbedarf als wichtige Bedarfselemente, die als Inputgröße für die Produktions- und Kapazitätsplanung dienen.

Verkaufsbelege: Kundenauftrag

Im Vertrieb können die unterschiedlichen Geschäftsvorfälle z. B. in der Verkaufsabwicklung auf der Grundlage von Verkaufsbelegen abgebildet werden. Dabei können die vier folgenden Verkaufsbelege unterschieden werden:

- Kundenanfragen und Angebote
- Kundenaufträge
- Rahmenverträge (wie z. B. Kontrakte und Lieferpläne)
- Reklamationen (kostenlose Lieferungen, Gut- und Lastschriftanforderungen und Retouren)

Aus dem Verkaufsbeleg heraus können Lieferungen und Fakturen angelegt und bearbeitet werden. Bei Verkaufsbelegarten wie Barkauf oder Sofortaufträgen werden Lieferungen und Faktura automatisch angestoßen. Die verschiedenen Arten der Verkaufsbelege sind miteinander verbunden und können zu einer Kette zusammenhängender Belege gehören. Abbildung 5.2 zeigt, wie die einzelnen Verkaufsbelege miteinander verbunden sein können und wie die Daten nachfolgend in Versand- und Fakturabelege fließen.

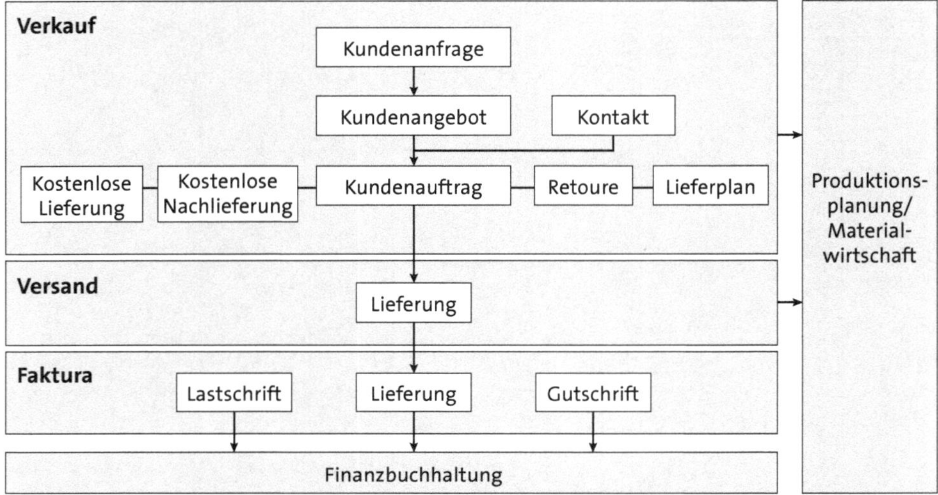

Abbildung 5.2 Belegfluss der verschiedenen Verkaufsbelege im Verkauf (Quelle: SAP)

Abhängig von der Konfiguration, kann Ihr System vollautomatisch oder nach manueller Bearbeitung folgende Grundfunktionen ausführen:

- Überwachung der Verkaufsvorgänge
- Verfügbarkeitsprüfung
- Bedarfsübergabe
- Versandterminierung
- Preisfindung und Steuerermittlung
- Kreditlimitprüfung
- Erstellen von Belegen

Die Verkaufsbelege (z. B. Anfragen, Angebote, Aufträge, Rahmenverträge) untergliedern sich wie folgt:

- **Kopf**
  Im Kopf werden für den gesamten Auftrag und somit für alle Positionen und Einteilungen gültige Informationen gespeichert, wie z. B. die Auftragsnummer, Kundennummer, Bestellnummer oder Zahlungsbedingungen.

- **Position**
  Auf der Positionsebene werden die vom Kunden bestellten Produkte und Leistungen definiert, wie z. B. die Materialnummer, die Auftragsmenge, das Lieferdatum oder der Preis.
- **Einteilung**
  Die Einteilungen untergliedern eine Position, um z. B. unterschiedliche Liefertermine für die Auftragsmenge einer Position abzubilden. Somit werden für jeden Liefertermin auch als mögliches Ergebnis einer Verfügbarkeitsprüfung Einteilungen angelegt.

Zur Bearbeitung von Verkaufsbelegen steht Ihnen eine Benutzeroberfläche zur Verfügung, die sich in die folgenden drei Hauptbilder und die entsprechenden Registerkarten untergliedert:

- **Übersichtsbild**
  Registerkarten **Verkauf**, **Positionsübersicht**, **Besteller**, **Beschaffung**, **Versand**, **Konfiguration**, **Absagegrund**
- **Kopfbild**
  Registerkarten **Verkauf**, **Versand**, **Faktura**, **Zahlkarte**, **Fakturaplan**, **Buchhaltung**, **Konditionen**, **Partner**, **Texte**, **Bestelldaten**, **Status**, **Zusatzdaten A** und **B**
- **Positionsbild**
  Registerkarten **Verkauf A** und **B**, **Versand**, **Faktura**, **Land**, **Konditionen**, **Kontierung**, **Einteilungen**, **Partner**, **Texte**, **Bestelldaten**, **Status**, **Struktur**, **Zusatzdaten A** und **B**

Aus Planungssicht ist der Verkaufsbeleg Kundenauftrag als Bedarfselement eine wesentliche Einflussgröße. Der Kundenauftrag wird in den ERP-Systemen beispielsweise mit Transaktion VA01 (Kundenauftrag anlegen) oder Transaktion VA02 (Kundenauftrag ändern) angelegt und kann in das APO-System, in ePP/DS bzw. in das IBP-System übertragen, dort jedoch nicht geändert werden. Die beschriebene Struktur des Verkaufsbelegs Kundenauftrag sehen Sie in Abbildung 5.3.

Ein Kundenauftrag ist die vertragliche Vereinbarung über die Lieferung von Materialien oder die Erbringung von Dienstleistungen zu definierten Preisen, Mengen und Zeitpunkten zwischen einer Verkaufsorganisation und einem Auftraggeber. Man unterteilt Kundenaufträge in verschiedene Auftragsarten, wie z. B. Terminaufträge, oder besondere Auftragsformen wie Sofortaufträge oder Baraufträge. Durch die Auftragsart werden die Verkaufsbelege klassifiziert.

Einige der genannten Grundfunktionen, wie z. B. die Preisfindung, werden bei der Abwicklung eines Kundenauftrags durchgeführt. Die aus Planungssicht relevanten Funktionen des Kundenauftrags sind dabei die Verfügbarkeitsprüfung, die z. B. gegen geplante Kontingente bzw. Vorplanbedarfe prüft, und die Bedarfsübergabe, die Bedarfselemente pro Einteilung für die Produktionsplanung erzeugt. Inwiefern

Kundenaufträge direkt in die Bedarfsplanung eingehen, ist von der eingestellten Planungsstrategie und somit technisch von der Bedarfsart abhängig. Außerdem muss definiert werden, wie weit der Kundenauftrag in die logistische Kette eingreifen soll, um eine Entkopplung der anonymen Lagerfertigung (Push-Strategie) und der Kundenauftragsfertigung (Pull-Strategie) zu nutzen.

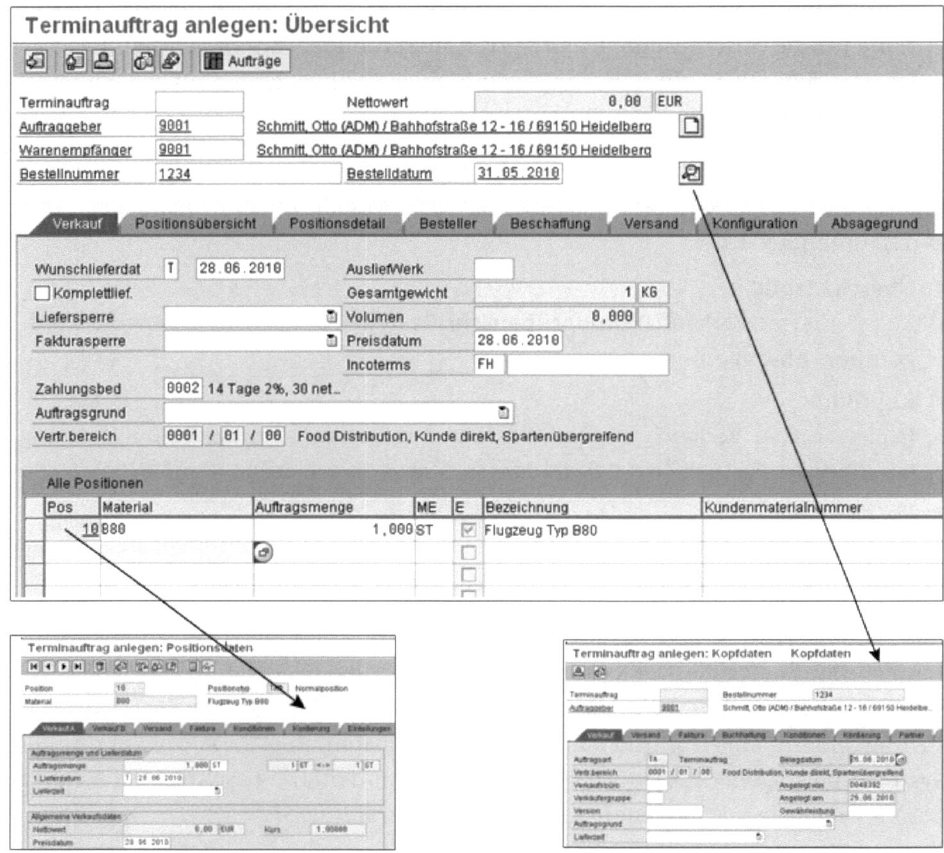

Abbildung 5.3 Aufbau Kundenauftrag (Transaktion VA01 – Anlegen)

Kundenaufträge können also entweder nicht bedarfswirksam sein, als alleinige Bedarfsquellen dienen (z. B. Kundeneinzelfertigung) oder gemeinsam mit den Planprimärbedarfen den Gesamtbedarf darstellen, wobei dabei auch eine Verrechnung mit den Planprimärbedarfen möglich ist. Somit kann der Kundenauftrag genau wie die Vorplanungsbedarfe ein Primärbedarf und Ausgangspunkt der Produktions- und Kapazitätsplanung sein.

Vorplanbedarf

Vorplanbedarfe sind wie Kundenaufträge wichtige Bedarfselemente in SAP-Systemen und können als sogenannte *kundenanonyme Primärbedarfe* ebenfalls Ausgangspunkt für die Produktions- und Kapazitätsplanung sein. Unter Vorplanbedarfen bzw. Planprimärbedarfen ist das Ergebnis der Absatzplanung zu verstehen, das aus der Prognose zukünftige, kundenauftragsanonyme Lagerbedarfe ableitet. (Über deskriptive Merkmale ist es generell auch möglich, kundenspezifische Planprimärbedarfe zu erzeugen.) Die Primärbedarfe können aus der Programmplanung in ERP oder im Demand Planning (DP) in APO erzeugt werden und definieren den genauen Bedarfstermin und die genaue Bedarfsmenge.

Diese anonymen Lagerbedarfe können abhängig von der gewählten Planungsstrategie die Produktion eines Materials anstoßen, ohne dass konkrete Bedarfe, wie z. B. Kundenbedarfe oder Sekundärbedarfe, für dieses Material existieren. Wie sich die Planprimärbedarfe in der Bedarfsplanung verhalten, ob sie bedarfswirksam sind oder sich mit anderen Bedarfen verrechnen, wird in der Planungsstrategie bzw. der Bedarfsart festgelegt. Zur Vorplanung der Produktion mithilfe der Planprimärbedarfe steht eine Vielzahl von Alternativen zur Verfügung, wie die Lagerfertigung (Produktion aufgrund kundenanonymer Vorplanung), die Baugruppenvorplanung (Lagerfertigung für Baugruppen) und die auftragsbezogene Produktion (Kundeneinzelfertigung gegebenenfalls mittels Baugruppenvorplanung).

Planprimärbedarfe können somit entweder nicht bedarfswirksam sein, als alleinige Bedarfsquellen dienen (z. B. anonyme Lagerfertigung) oder gemeinsam mit den Kundenbedarfen den Gesamtbedarf darstellen, wobei dabei auch eine Verrechnung mit den Kundenbedarfen möglich ist. Bei einer Verrechnung werden die Vorplanbedarfe reduziert und durch konkrete Bedarfe wie Kundenaufträge, Sekundärbedarfe oder Reservierungen ersetzt. Somit werden Materialen oder Baugruppen auf der Grundlage von Vorplanbedarfen anonym auf Lager produziert, und konkrete Kundenbedarfe werden dann entsprechend aus den Beständen im Lager beliefert. Auf welcher Ebene Sie eine anonyme Vorplanung durchführen, ist abhängig von Ihren unternehmensspezifischen Anforderungen und definiert das Zusammenspiel der entkoppelten anonymen Lagerfertigung (Push-Strategie) und der Kundenauftragsfertigung (Pull-Strategie).

5.1.3 Innerbetriebliche Elemente der Planung

In den folgenden Abschnitten stellen wir Ihnen die für innerbetriebliche Wertschöpfungsprozesse zentralen Begriffe vor.

Planauftrag

Ein Planauftrag ist sowohl in den ERP-Systemen als auch im APO-System, in ePP/DS sowie in der auftragsbasierten Planung des IBP-Systems eine Anforderung der Materialbedarfsplanung, in der die Beschaffung oder die Fertigung eines bestimmten Materials zu einem festgelegten Zeitpunkt in einer bestimmten Menge veranlasst wird. Im Planauftrag wird demnach die zeitliche und mengenmäßige Zusammensetzung der geplanten Wertschöpfung festgelegt.

Bei einem Planauftrag handelt es sich um ein internes, planerisches Element ohne direkten verbindlichen Charakter. Der Planauftrag löst demnach die Beschaffung bzw. die Fertigung nicht direkt aus, er dient der Planung von in der Zukunft zu beschaffenden oder fertigenden Mengen zu einem bestimmten Zeitpunkt. Nachdem die Planungen abgeschlossen worden sind und die Beschaffung bzw. Fertigung konkretisiert werden soll, wird dieses temporäre, planerische Element in ein anderes Element umgewandelt. Bis dahin kann er zu jedem Zeitpunkt geändert, fixiert oder gelöscht werden. Eine Ausnahme bilden hier lediglich Direktfertigungs- und Direktbeschaffungsaufträge, bei denen direkt ein entsprechend verbindliches Element erzeugt wird.

Planaufträge können in den ERP-Systemen sowohl bei Eigenfertigung als auch bei Fremdbeschaffung eingesetzt werden. Im Eigenfertigungsfall erfolgt nach dem Abschluss der Planungen die Umwandlung in ein verbindliches Element, den Fertigungsauftrag (siehe den Unterabschnitt »Fertigungsauftrag/Produktionsauftrag« weiter unten in diesem Abschnitt). Dieser Schritt wird häufig auch als *Auftragsumsetzung* oder englisch als *Order Conversion* bezeichnet.

Anders ist der Umstand bei einem Fremdbeschaffungsplanauftrag gelagert. Dieses Bewegungsdatenelement ist, im Unterschied zum Eigenfertigungsauftrag, nur in den ERP-Systemen verfügbar. In der Fremdbeschaffung wird der Planauftrag zunächst in die Bestellanforderung umgewandelt; dies ist ein weiteres unverbindliches internes Beschaffungselement, das zu Planungszwecken verwendet wird. Die zweistufige Planung der Fremdbeschaffung über mehrere temporäre Beschaffungselemente, also zunächst einen Planauftrag und im Anschluss eine Bestellanforderung, ist häufig organisatorisch motiviert. Diese Planungskonstellation kommt zum Einsatz, wenn beispielsweise die Fertigung zunächst die mengenmäßige und zeitliche Ausprägung des fremdbeschafften Beschaffungselements beplant und die Verantwortung im Anschluss an den operativen Einkauf weitergegeben wird, die Fertigungsplaner jedoch noch kein verbindliches Element anlegen sollen. Auf die Bestellanforderung gehen wir in Abschnitt 5.1.4, »Fremdbeschaffung«, näher ein.

Ein ERP-Planauftrag kann im Rahmen der Terminierung in den ERP-Systemen sowohl eck- als auch durchlaufterminiert werden.

[«]

Unterschied zwischen Plan- und Fertigungsauftrag in Bezug auf Vorgänge

Es ist zu beachten, dass die Durchlaufterminierung zwar auf Arbeitsplandaten zurückgreift und auch Vorgangstermine ermittelt, der Planauftrag im Gegensatz zum Fertigungsauftrag jedoch physisch nicht im eigentlichen Sinn Vorgänge aufweist. Dies spielt vor allem im Rahmen der Kapazitätsplanung eine Rolle, wenn Sie das APO-System zur Feinterminierung einsetzen, im ERP-System jedoch Kapazitätsbelastungen überwachen möchten. Dieses Szenario führt aufgrund der beschriebenen Tatsache, dass ein Planauftrag lediglich Vorgangstermine auf Basis einer einfachen Durchlaufterminierung ermittelt, ohne physische Vorgänge aufzuweisen, zu diversen Ungenauigkeiten. Durch das Fehlen von Vorgängen im eigentlichen Sinn wird die Feinterminierungsinformation der Planauftragsvorgänge aus dem APO-System nicht an das ERP-System übertragen, die dort vorhandenen Vorgangstermine entstehen demnach nicht auf Basis der APO-Daten, sondern sind lediglich das Ergebnis einer unkapazitierten Durchlaufterminierung im ERP-System. Dies kann dazu führen, dass die Kapazitätsbelastungen im ERP-System nicht denen des APO-Systems entsprechen.

Fertigungsauftrag/Produktionsauftrag

Ein Fertigungsauftrag dient der innerbetrieblichen Abwicklung eines Fertigungsvorgangs. Dabei legt er fest, welche Menge eines Materials mit welcher Leistung zu welchem Termin gefertigt werden soll. Zusätzlich enthält er die Informationen über die Orte der Leistungserbringung, d. h., an welchen Kapazitäten bzw. Ressourcen die Fertigung durchgeführt werden soll. Im APO-System bzw. in ePP/DS wird der Fertigungsauftrag als Produktionsauftrag bezeichnet. Im Gegensatz zum Planauftrag, aus dem ein Fertigungsauftrag häufig hervorgeht, handelt es sich dabei nicht mehr um ein unverbindliches, temporäres Element mit planerischem Charakter. Ein Fertigungsauftrag legt die Mengen und die Termine zur Fertigung – wenn auch innerbetrieblich – konkret und im eigentlichen Sinn verbindlich fest.

Fertigungsaufträge werden entweder aus einem internen, unverbindlichen Beschaffungselement, einem Planauftrag durch Auftragsumsetzung oder manuell ohne vorherigen Umweg über einen Planauftrag erzeugt. Die Erzeugung eines Fertigungsauftrags wird auch als Fertigungsauftragseröffnung bezeichnet. Dabei werden die folgenden Aktionen durchgeführt:

- Ein Arbeitsplan wird selektiert, und die entsprechenden Informationen über Vorgänge und Folgen werden in den Fertigungsauftrag übernommen.
- Die Stückliste wird selektiert und aufgelöst, die entsprechenden Stücklistenpositionen werden in den Fertigungsauftrag übernommen.

- Für lagerhaltige Stücklistenpositionen werden Reservierungen, für nichtlagerhaltige Komponenten werden Bestellanforderungen erzeugt.
- Auf den entsprechenden Arbeitsplatzkapazitäten werden Kapazitätsbedarfe erzeugt.

Nach der Fertigungsauftragseröffnung durchläuft der Fertigungsauftrag üblicherweise einen gewissen Lebenszyklus, der auch von der jeweiligen Unternehmenskonstellation beeinflusst wird. Dieser Lebenszyklus wird üblicherweise durch einen Auftragsstatus im System abgebildet. Zum Ablauf des Lebenszyklus eines Fertigungsauftrags siehe Kapitel 26, »Auftragsausführung (Execution)«.

Instandhaltungs- und Serviceauftrag

Instandhaltungsaufträge sind Aufträge in den ERP-Systemen, mit denen Instandhaltungsprozesse wie Reparaturen an innerbetrieblichen Anlagen abgebildet werden können (siehe hierzu beispielhaft Abbildung 5.4).

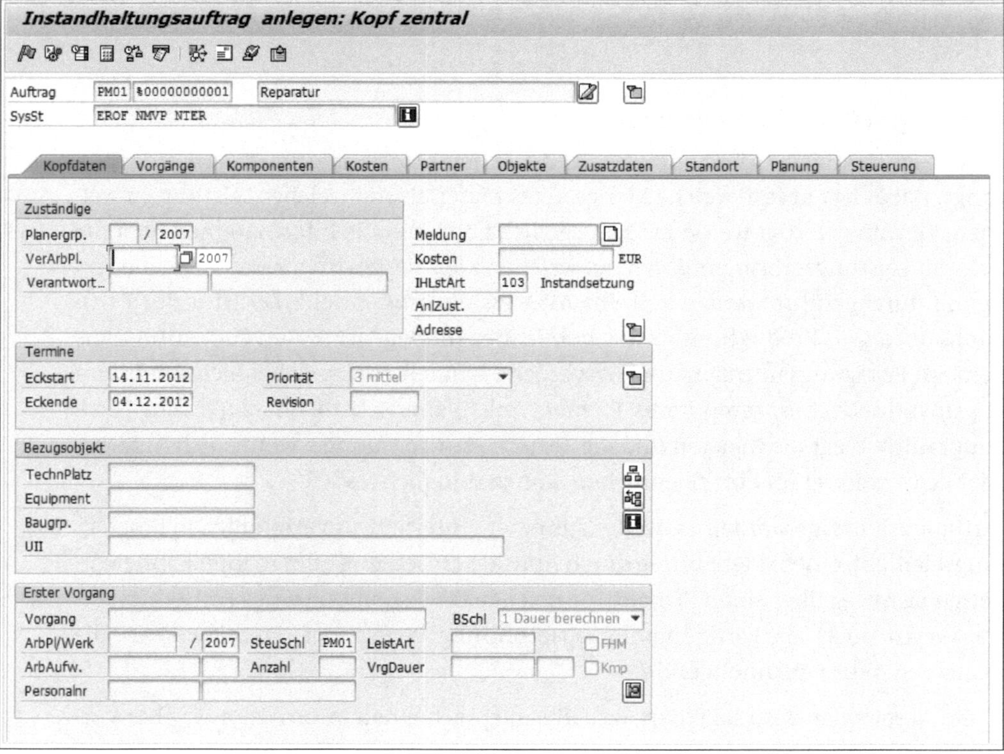

Abbildung 5.4 Instandhaltungsauftrag

Serviceaufträge hingegen repräsentieren außerbetriebliche Instandhaltungsprozesse, z. B. wenn eine an einen Kunden gelieferte Anlage gewartet oder instandgesetzt werden muss und hierfür eigenes Personal zum Einsatz kommt.

Instandhaltungs- und Serviceaufträge entsprechen in ihrer Struktur im Hinblick auf die Kapazitätsplanung der von Fertigungsaufträgen. Sie weisen zum einen entsprechende Vorgänge auf, von denen Kapazitäts- und Komponentenbedarfe abgesetzt werden können. Zum anderen sind sie Träger von Zeit- und Mengeninformationen.

Damit sind Instandhaltungs- und Serviceaufträge mit den wesentlichen Merkmalen ausgestattet, um für die Kapazitätsplanung herangezogen werden zu können. Ein wesentlicher Unterschied besteht jedoch analog zu Netzplänen darin, dass in der Regel kein Kopfprodukt enthalten ist, d. h., dass es bei diesen Aufträgen nicht primär um die Erzeugung einer Menge an Material geht.

Abhängige Bedarfe: manuelle Reservierung/Sekundärbedarf/Auftragsreservierung

Eine Reservierung ist eine Aufforderung an ein bestimmtes Lager, eine bestimmte Menge an Materialien für eine Entnahme zu einem späteren Termin bereitzuhalten. Ein Reservierungsbeleg besteht analog zu anderen Elementen der SAP-Systeme aus einem Belegkopf und einer oder mehrerer Positionen. Während der Belegkopf Informationen enthält, die für alle Positionen relevant sind, sind in den Positionen die konkreten Materialien mit den jeweiligen Mengen und Terminen festgelegt. In den Positionen können Sie wiederum die Ebenen der Reservierungen, Werk, Lagerort oder Chargenebene verwenden.

Reservierungen können sowohl automatisch als auch manuell angelegt werden. Die automatisch erzeugte Auftragsreservierung wird in der Regel dann ausgelöst, wenn durch die Eröffnung eines Auftrags (z. B. eines Fertigungsauftrags), eines Netzplans oder eines Projekts entsprechende Lagerkomponenten reserviert werden müssen. Diese automatischen Reservierungen können nicht gepflegt werden, eine Änderung ist nur durch Beeinflussung der Komponenten des übergeordneten Auftrags möglich.

Einen Sonderfall dieser automatischen Reservierung stellt der Sekundärbedarf dar, der z. B. von einem Planauftrag abgesetzt wird. Da das übergeordnete Objekt in diesem Fall noch ein internes, planerisches Element ohne verbindlichen Charakter darstellt, weist auch die von diesem Element abgesetzte Reservierung keinen Reservierungscharakter im eigentlichen Sinn aus und wird daher als Sekundärbedarf bezeichnet.

Ein weiterer planungsrelevanter Anwendungsfall einer automatischen Reservierung ist die Bestellpunktdisposition auf Lagerortebene im ECC-System. Wenn der verfügbare Bestand den Meldebestand auf Lagerortebene unterschreitet, löst das System eine Umlagerungsreservierung an das Werk in Höhe der gepflegten Auffüllmenge aus.

5.1.4 Fremdbeschaffung

In der Folge gehen wir näher auf die zentralen Bewegungsdaten der Fremdbeschaffungsplanung ein.

Bestellanforderung

Eine Bestellanforderung (oft kurz auch nur als Banf bezeichnet) ist – vergleichbar mit einem Planauftrag – ein internes, noch unverbindliches Beschaffungselement zur Planung von Mengen und Terminen, das beliebig geändert, fixiert oder gelöscht werden kann. Sie dient der Verwaltung von Bedarfen an fremdbeschafften Materialien und/oder Dienstleistungen, die in einzelnen Positionen einer Bestellanforderung festgehalten werden. Bei der Anlage einer Bestellanforderung unterscheidet man zwischen der direkten, manuellen Anlage beispielsweise in der ERP-Transaktion ME51N und der indirekten Anlage durch eine automatische Aktion einer SAP-Komponente, wie z. B. dem Materialbedarfsplanungslauf. Neben der Art der Anlage wird auch die Beschaffungsart unterschieden, hierbei sind die folgenden Optionen möglich:

- Normal
- Lohnbearbeitung
- Konsignation
- Umlagerung
- Dienstleistung

Nachdem die mengenmäßigen und terminlichen Planungen für eine Bestellanforderung abgeschlossen sind, erfolgt die Umwandlung in ein verbindliches Element, die Bestellung.

Bestellung

Eine Bestellung ist im Gegensatz zu einer Bestellanforderung ein Beschaffungselement zur Festlegung zu beschaffender Mengen zu einem festgelegten Termin mit verbindlichem Charakter. Es dient damit nicht nur der internen Planung, sondern auch der unternehmensexternen Kommunikation. Damit ist dieses Element eine Aufforderung einer Einkaufsorganisation an einen Lieferanten oder an ein Werk, zu einem bestimmten Zeitpunkt eine festgelegte Menge an Materialien zu liefern bzw. Dienstleistungen zu bestellen.

Analog zu anderen Elementen der Planung, wie z. B. dem Kundenauftrag, besteht eine Bestellung aus einem Belegkopf und Positionen, wobei die im Belegkopf enthaltenen Informationen für alle Positionen gültig sind. Wie bei der Bestellanforderung werden die Positionen einer Bestellung gemäß der jeweiligen Beschaffungsart unterschieden. Unterhalb einer Position gibt es die Möglichkeit, in den Einteilungen verschiedene Teilmengen zu verschiedenen Lieferterminen zu pflegen. Die Bestellung selbst ist planerisch nicht relevant, sondern die Bestellposition bzw. die einzelne Einteilung, da die zur Planung benötigten Informationen Material, Menge und Termin auf dieser Ebene vorhanden sind. Zusätzlich können Sie wichtige planungsrelevante Daten in den Bestellbestätigungen pflegen, indem Sie die vom Lieferanten kommunizierten Bestätigungstermine eintragen.

Beschaffungselemente zu Rahmenverträgen

Analog zur Anlage von Bestellungen, z. B. mit Bezug zu einem Einkaufsinfosatz, können Sie auch zu einem Rahmenvertrag eine Bestellung anlegen. Im Fall des Kontrakts wird diese als Kontraktabruf bezeichnet. Bei der Anlage müssen Sie neben der Nummer des Kontrakts die abzurufende Menge sowie das Lieferdatum angeben, die zur Abwicklung des Kontraktabrufs benötigten Informationen ermitteln die ERP-Systeme aus dem Kontrakt automatisch.

Eine andere Art der Rahmenverträge stellen die Lieferpläne dar. Hier sind vor allem die Lieferplaneinteilungen und die Lieferplanabrufe in planerischer Hinsicht interessant. Unterhalb der Lieferplanposition können Sie in den Lieferplaneinteilungen verschiedene Teilmengen mit dazugehörenden Lieferterminen untergliedern. In einem weiteren Schritt wird der Lieferant mit Lieferplanabrufen benachrichtigt, das Material an den in den Einteilungen aufgeführten Terminen zu liefern. Die Erstellung von Abrufen kann ebenfalls automatisiert durch die Verwendung der Materialbedarfsplanung erfolgen, die hierzu benötigten Einstellungen legen Sie im Erstellungsprofil fest. Durch die Pflege von Bestätigungen haben Sie die zusätzliche Möglichkeit, die der Einkaufsorganisation durch den Lieferanten mitgeteilten Bestätigungstermine in den ERP-Systemen zu verankern und so für die Planung verfügbar zu machen.

5.1.5 Bestand

Die aus der Produktion oder Beschaffung resultierenden Zugänge für einzelne Komponenten, Baugruppen oder Materialien erhöhen bei Wareneingang den Bestand dieser Komponenten, Baugruppen oder Materialien. Der Bestand definiert dabei die Menge, die sich körperlich auf Lager befindet, wobei es aus logistischer Sicht keine Rolle spielt, ob die Bestände bewertet oder unbewertet sind. Somit definiert der Lagerbestand aus logistischer Sicht den physischen Bestand auf Lager, der durch Zu- und Abgänge verändert wird.

In jedem Lagerort- und Sonderbestand wird in der Bestandsführung dabei in drei Bestandsarten unterschieden, die einen Hinweis auf die Verfügbarkeit eines Artikels geben:

- Frei verwendbarer Bestand
- Qualitätsprüfbestand
- Gesperrter Bestand

Die gewählte Bestandsart ist dabei relevant für die Ermittlung des verfügbaren Bestands in der Disposition und die geplanten späteren Entnahmen. Der frei verwendbare Bestand ist aus Sicht der Disposition verfügbar, wobei der gesperrte oder der Qualitätsprüfbestand im Standard nicht verfügbar ist, aber über das Customizing von Ihnen entsprechend definiert werden kann. Abbildung 5.5 zeigt Ihnen die aus der Bestandsführung stammenden Bestandsarten.

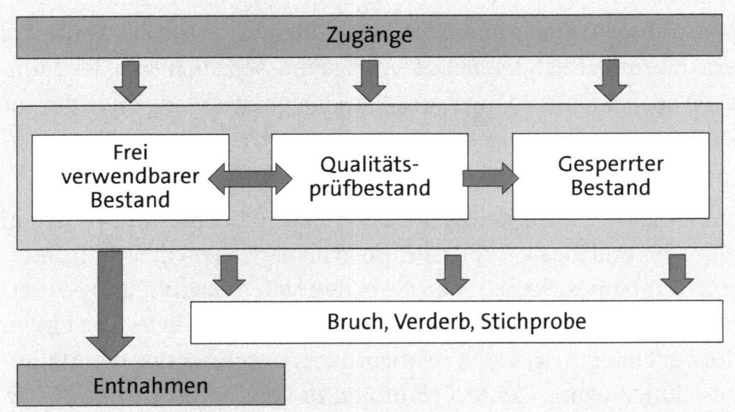

Abbildung 5.5 Bestandsarten aus der Bestandsführung in der Disposition (Quelle: SAP)

Unterschieden werden grundsätzlich immer *anonyme Bestände*, die ohne Zuordnung zu einem bestimmten Zweck anonym im Lager geführt werden, und *zugeordnete Bestände*, die einem bestimmten Zweck oder Verbraucher zugeordnet sind, z. B. Projekt, Kundenauftrag oder Lohnbearbeiter. Die *anonymen Bestände*, die keinem bestimmten Verbraucher oder Zweck zugeordnet werden können, können untergliedert werden in:

- **Lagerortbestand**
  Der Lagerortbestand setzt sich aus Sicherheitsbestand, frei verwendbarem Bestand, Bestand in Qualitätsprüfung, gesperrtem Bestand und eingeschränkt verwendbarem Chargenbestand zusammen.

- **Transitbestand**
  Der Transitbestand gruppiert den Umlagerungsbestand, den Transitbestand und den buchungskreisübergreifenden Transitbestand.
- **Wareneingangssperrbestand**
  Wareneingangssperrbestand wird weder dispositiv noch bewertet geführt. Diese Bestände werden entweder in den eigenen Bestand übernommen oder an Lieferanten zurückgeschickt.
- **Retourensperrbestand**
  Der Retourensperrbestand bezeichnet die vom Kunden zurückgeschickten Waren, die noch nicht bewertet wurden und noch nicht in den eigenen Bestand überführt sind.

Die zugeordneten Bestände, die einem bestimmten Verbraucher oder Zweck zugeordnet sind, können untergliedert werden in:

- **Lieferantenkonsignationsbestand**
  Der Lieferantenkonsignationsbestand ist Eigentum des Lieferanten, befindet sich physisch aber im eigenen Lager. Die Disposition und der Verbrauch obliegt dem Kunden (frei verwendbar, Qualitätsprüfung, gesperrter, eingeschränkt verwendbarer Chargenbestand).
- **Kundenkonsignationsbestand**
  Der Kundenkonsignationsbestand ist eigener Bestand, der sich beim Kunden befindet. Disposition und Verbrauch obliegt dem Kunden (frei verwendbarer Bestand).
- **Lieferantenbeistellbestand**
  Der Lieferantenbeistellbestand ist eigener Bestand, der z. B. Lohnbearbeitern zur Lieferung des bestellten Materials zur Verfügung gestellt und aus dem eigenen Bestand abgebucht wird
- **Kundenauftragsbestand**
  Der Kundenauftragsbestand wird nur einem Kundenauftrag zugeordnet und ist nur für diesen Kundenauftrag disponierbar und verwendbar.
- **Projektbestand**
  Der Bestand ist nur einem Projekt zugeordnet und nur für dieses Projekt disponierbar.

Eines der grundsätzlichen Probleme der Supply-Chain-Planung ist, dass die Lieferzeit zum Kunden wesentlich kürzer sein soll, als es die Fertigungs- oder Durchlaufzeiten zulassen. Aus diesem Grund müssen normalerweise Bestände bzw. definierte Sicherheitsbestände auf Komponenten- bzw. Enderzeugnisebenen vorgehalten werden. Hohe Bestände widersprechen jedoch dem Ziel, die Bezugskosten eines Unternehmens zu senken. Daher besteht eine der logistischen Herausforderungen darin, die Bestände in den Lagern zu optimieren und dabei den notwendigen Servicegrad zu gewährleisten.

5.2 Kennzahlenbezogene Bewegungsdaten

Bei Kennzahlen handelt es sich um zeitabhängige Zahlenreihen, sie stellen das zentrale Objekt der Planungen in der zeitreihenbasierten Planung des IBP-Systems dar. Es gibt eine große Anzahl von Kennzahlen zur Abbildung von Bewegungsdaten, die in unterschiedlichen Variationen auch die Kontexte abbilden, die wir in Abschnitt 5.1, »Auftragsbezogene Bewegungsdaten«, beschrieben haben. Oftmals sind die oben genannten Bewegungsdatenobjekte in einer oder mehreren Kennzahlen abgebildet.

Kennzahlen werden auf jeweils anzugebenden Planungsebenen abgelegt, über diese Planungsebenen stellen Sie eine Verknüpfung zu Stammdaten her (Attribute bzw. Zeitprofilebenen). So wird beispielsweise die Kennzahl Sales Forecast Quantity auf der Basisplanungsebene WKPRODLOCCUST abgelegt. Daraus geht hervor, dass die Speicherung der Kennzahl auf Wochenebene (WK) erfolgt und dabei auf der Ebene Produkt (PROD), Lokation (LOC) und Kunde (CUST) vorgenommen wird. Die letzten drei sind dabei Schlüsselattribute und stellen Stammdatenebenen dar, dazu kommt noch die zeitliche Dimension.

Kennzahlen können auch auf anderen Planungsebenen verwendet werden. Für diesen Fall müssen Sie Kennzahlenberechnungsformeln in der Konfiguration des IBP-Systems vorgeben, sodass eine Umrechnung von den auf Basisplanungsebene gespeicherten Daten auf die gewünschte Ebene erfolgen kann.

Kennzahlen im IBP-System

Üblicherweise weist das IBP-System eine Vielzahl von Kennzahlen aus. So hat beispielsweise allein der Beispielplanungsbereich SAPIBP1 über 450 Kennzahlen, und neben dem genannten Beispielplanungsbereich gibt es aktuell acht weitere Beispielplanungsbereiche. Eine vollständige Darstellung würde den Rahmen dieses Buches sprengen. Außerdem hängen die konkrete Funktionsweise und Bedeutung von Kennzahlen stark von der jeweiligen Konfiguration des IBP-Systems ab. An dieser Stelle können wir lediglich einige Kennzahlen beispielhaft herausgreifen, um Ihnen Einblick in die grundsätzliche Funktionsweise und Bedeutung von Kennzahlen als Bewegungsdaten im IBP-System zu geben. Dabei beziehen wir uns auf den Beispielplanungsbereich SAPIBP1.

Für weitere Details empfehlen wir unser Buch *SAP Integrated Business Planning*, das 2020 bei SAP PRESS erschienen ist (zu finden unter *https://www.sap-press.de/4647*).

5.2.1 Kennzahlen rund um Primärbedarfe

Zu den Primärbedarfen, wie wir sie in Abschnitt 5.1.2, »Primärbedarfe«, beschreiben, gibt es im IBP-System kennzahlenbezogene Äquivalente. Wir werden Ihnen im Folgenden einen Überblick über einige Kennzahlen aus diesem Bereich geben.

Kundenauftragsinformationen

Eine zentrale Kennzahl im Hinblick auf die Abbildung von Verkaufsbelegen ist die Wunschmenge (Requested Quantity). Sie wird – wie die Kennzahl Bestätigungsmenge (Confirmed Qty) – auf der Basisplanungsebene DAYSALESORDER abgelegt. Abbildung 5.6 zeigt die Kennzahl Bestätigungsmenge im Beispielplanungsbereich SAP-IBP1.

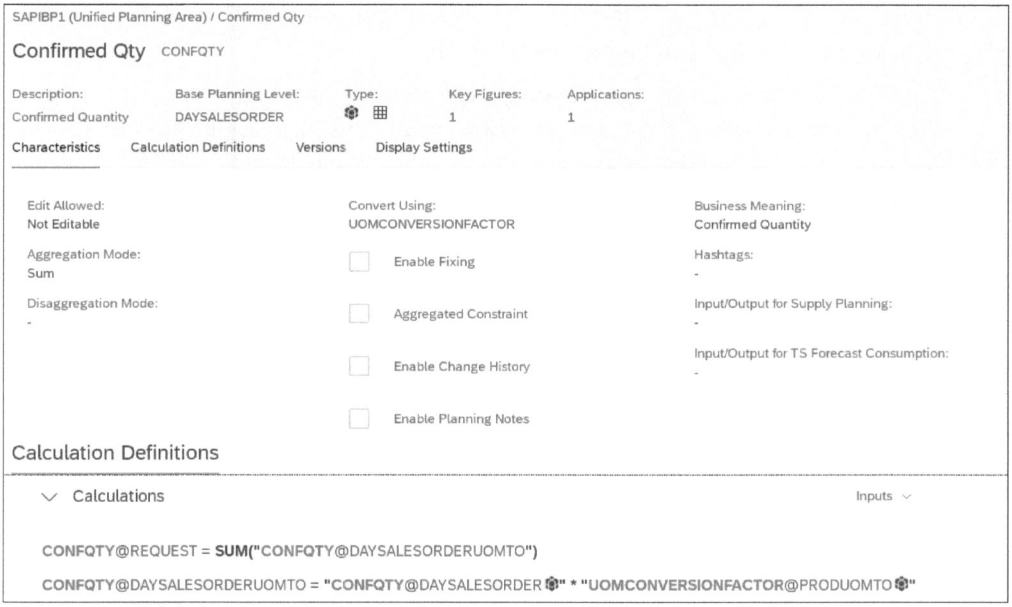

SAPIBP1 (Unified Planning Area) / Confirmed Qty

Confirmed Qty CONFQTY

Description:	Base Planning Level:	Type:	Key Figures:	Applications:
Confirmed Quantity	DAYSALESORDER		1	1

Characteristics | Calculation Definitions | Versions | Display Settings

Edit Allowed: Not Editable
Aggregation Mode: Sum
Disaggregation Mode: -
Convert Using: UOMCONVERSIONFACTOR
Enable Fixing
Aggregated Constraint
Enable Change History
Enable Planning Notes
Business Meaning: Confirmed Quantity
Hashtags: -
Input/Output for Supply Planning: -
Input/Output for TS Forecast Consumption: -

Calculation Definitions

Calculations | Inputs

CONFQTY@REQUEST = SUM("CONFQTY@DAYSALESORDERUOMTO")
CONFQTY@DAYSALESORDERUOMTO = "CONFQTY@DAYSALESORDER" * "UOMCONVERSIONFACTOR@PRODUOMTO"

Abbildung 5.6 Kennzahl Bestätigungsmenge (Confirmed Qty)

Neben den beiden genannten Kennzahlen spielt auch die Kennzahl Istkundenauftragsmenge (Actuals Qty) häufig eine zentrale Rolle, da sie als Input für Kalkulationen z. B. im Bereich von IBP für Demand verwendet werden kann.

Vorplanungsmengen

Die zentrale Outputkennzahl für den S&OP-Prozess in IBP für Sales and Operations Planning oder auch in IBP für Demand ist die Konsenznachfrage (Consensus Demand), die auf der Basisplanungsebene WKPRODCUST (Woche – Produkt – Kunde) abgelegt wird. Mit dieser Kennzahl wird oftmals die Information abgebildet, die aus dem Abstimmungsprozess verschiedener Abteilungen hervorgeht, die aufgrund ihrer Stellung im Unternehmen bzw. im Marktauftritt Informationen über zukünftig zu erwartende Absatzmengen beisteuern können. Zu diesen Abteilungen gehören beispielsweise der Vertrieb, das Marketing oder auch die Abteilung, die verantwortlich für einen statischen Prognoseprozess ist (sie wird üblicherweise als Demand-Planning-Abteilung bezeichnet). Gelegentlich werden auch Prognosen aus den langfristigen Finanzplanungen des Unternehmens einbezogen. Die in den Abstimmungsprozess eingehenden Informationen werden jeweils in einzelnen Kennzahlen eingebracht. Hierzu zählen beispielsweise die Vertriebsprognosemenge (Sales Fcst Qty, Basisplanungsebene WKPRODLOCCUST, d. h. Woche – Produkt – Lokation – Kunde), die Prognose des Marketings (Marketing Fcst Qty, Basisplanungsebene WKPRODCUST, d. h. Woche – Produkt – Kunde) oder die aus den Finanzplanungen abgeleitete Prognosemenge (Finance Plan Qty, Basisplanungsebene MTHPRODFMLCUSTRGN, d. h. Monat – Produktfamilie – Kundenregion).

Zusätzlich kommen in Bezug auf vorgeplante Mengen auch Kennzahlen zur Konsolidierung von lokalen und globalen Prognosen zum Einsatz. Beispiele hierfür sind die Kennzahlen für den lokalen Absatzplan z. B. eines Werks (Local Demand Plan) oder die globale Absatzmenge (Global Demand Plan Qty for SOP), beide auf der Basisplanungsebene WKPRODLOCCUST, d. h. Woche – Produkt – Lokation – Kunde.

5.2.2 Kennzahlen rund um innerbetriebliche Nachschubplanung (Supply)

Eine zentrale Outputkennzahl aus dem Supply-Prozess des IBP-Systems ist die Kennzahl CONSTRAINEDDEMAND (Basisplanungsebene WKPRODLOCCUST, d. h. Woche – Produkt – Lokation – Kunde). Dabei handelt es sich um die Menge des pro Periode von einer Lokation an einen Kunden gelieferten Produkts, wie von einem Planungsalgorithmus berechnet.

Eine weitere wichtige Kennzahl in diesem Bereich ist PRODUCTION (auf der Basisplanungsebene WKPRODLOCSRC, d. h. Woche – Produkt – Lokation – Bezugsquelle).

Es werden jedoch auch Informationen über Kennzahlen abgebildet, die nicht als auftragsbezogene Bewegungsdaten vorhanden sind. So sind beispielsweise die Kennzahlen Kapazitätsbedarf (PCAPADEMAND) und Kapazitätsauslastung (PCAPAUSAGE), beide auf der Basisplanungsebene WKRESPRODLOCSRC, d. h. Woche – Ressource – Produkt – Lokation – Bezugsquelle, ebenfalls Ergebnis des Supply-Prozesses des IBP-Systems, für sie gibt es auf der Auftragsseite keine Entsprechung. Ungeachtet dessen kann natürlich auch bei Verwendung der auftragsbezogenen Planung eine Ermittlung von Kapazitätsbedarf und -auslastung erfolgen, es wird dabei lediglich kein auftragsbezogenes Element eingesetzt.

5.2.3 Kennzahlen rund um den Bestand

Eine wichtige Kennzahl aus dem Bereich Bestand ist Stock on Hand (Basisplanungsebene WKPRODLOC, d. h. Woche – Produkt – Lokation).

5.3 Fazit

In diesem Kapitel haben Sie einen Überblick über die in der Kapazitätsplanung relevanten Bewegungsdaten erhalten, die im Zuge der Planung basierend auf den Stammdaten beeinflusst werden. Sie kennen jetzt die kapazitätsplanungsspezifischen Bewegungsdaten und können nun die Funktionen und die Bedeutung dieser Objekte in Ihrem Planungsszenario interpretieren und erklären.

Kapitel 6

Integration von Stamm- und Bewegungsdaten in SAP APO, ePP/DS und SAP IBP

In einem kombinierten Szenario aus ERP- und APO- bzw. IBP-System ist die Datenkommunikation zwischen beiden Systemen ein zentraler Bestandteil aller Überlegungen. Diese Datenkommunikation, im Fachjargon als »Integration« bezeichnet, wird je nach Systemkonstellation durch unterschiedliche Schnittstellen erreicht.

Die von SAP vorgedachte Aufgabenverteilung zwischen ERP- und APO- bzw. IBP-System sieht eine Trennung zwischen ausführenden Funktionen und planenden Funktionen vor. Um für diese beiden betriebswirtschaftlich notwendigen Funktionen nicht Daten doppelt pflegen bzw. vorhalten zu müssen, ist es sinnvoll, die im ausführenden ERP-System vorhandenen Stammdaten an das jeweilige Planungssystem (APO oder IBP) zu übertragen und dort zu Planungszwecken zu nutzen. Auch umgekehrt ist es sinnvoll, die im APO- bzw. IBP-System zu Planungszwecken generierten bzw. veränderten Bewegungsdaten im ausführenden ERP-System verfügbar zu machen, da das APO- bzw. das IBP-System als Planungssystem fungiert und die Daten für das ausführende ERP-System für weitere Schritte zur Verfügung stellen muss. Zu diesem Zweck benötigen Sie zwischen den Systemen eine Schnittstelle, die eine Integration der Daten in das jeweils andere System ermöglicht.

Dies gilt auch im Kontext einer Planung mit der Funktion ePP/DS, da auch hier systemintern Stamm- und Bewegungsdaten zwischen den beiden Bereichen ausgetauscht werden. Auch in diesem Zusammenhang gilt der bereits beschriebene Umstand, dass die grundsätzliche Funktionsweise von ePP/DS im Wesentlichen identisch mit der des »klassischen« APO-PP/DS ist. Dies bedeutet, dass Sie auch innerhalb des S/4HANA-Systems zwischen dem als Kern (Core) bezeichneten Rest und ePP/DS eine Schnittstelle verwenden müssen, die in größeren Teilen identisch mit dem Core Interface (CIF) ist, der Schnittstelle zu einem APO-System. Jedoch sind vonseiten SAP im Zuge der Einbettung der Funktion in das S/4HANA-System einige Vereinfachungen (Simplifications) vorgenommen worden, die bestimmte Integrationsschritte von APO-PP/DS obsolet werden lassen. Wir werden daher zunächst auf die Funktionsweise des Core Interface eingehen, bevor wir in einem separaten Abschnitt die Besonderheiten der Integration von ePP/DS erläutern werden. Abschließend gehen wir auf die Optionen der Integration in ein IBP-System ein.

6.1 Integration ins APO-System

Um die Funktionen zur Integration von Daten ins APO-System darzustellen, werden wir zunächst auf die Grundlagen der Integration eingehen, bevor wir Ihnen die Stammdatenübertragung erläutern. Im Anschluss zeigen wir Ihnen die Funktionen der Bewegungsdatenübertragung und stellen Ihnen mit den Monitoringoptionen übergreifende Methoden vor, die sowohl für Stamm -als auch für Bewegungsdaten eingesetzt werden.

6.1.1 Grundlagen

Um ein APO-System einsetzen zu können, müssen Sie es mit planungsrelevanten Daten versorgen. Sie können APO dabei sowohl in einem reinen SAP-Szenario verwenden, d. h. gemeinsam mit einem SAP-ERP-System, als auch an ERP-Systeme anderer Anbieter anschließen. In einem reinen SAP-Szenario steht Ihnen für die Übertragung das sogenannte *Core Interface* (CIF) zur Verfügung. Dabei handelt es sich um die von SAP vorgesehene Standardschnittstelle zur Übertragung von Daten zwischen dem SAP-ERP- und dem APO-System. Soll das APO-System dagegen mit ERP-Systemen von Fremdanbietern gekoppelt werden, können die erforderlichen Daten über sogenannte Business Application Programming Interfaces (BAPI, siehe hierzu Transaktion BAPI) übertragen werden. Dabei handelt es sich um Funktionsbausteine, die »aus der Ferne«, d. h. von einem anderen System, aufgerufen werden können und daher als RFC-fähig (Remote Function Call) bezeichnet werden. Da die Integration mit nicht von SAP stammenden ERP-Systemen im Einzelfall individuell ausgestaltet werden muss, werden wir in diesem Kapitel den Schwerpunkt auf eine Integration von APO mit SAP-ERP-Systemen legen.

In einem ERP-APO-Systemverbund wird das ERP-System als das System angesehen, in dem sowohl die Stammdatenpflege als auch die sogenannten ausführenden Schritte erfolgen, die sich an die Planung anschließen. Daher wird das ERP-System auch als Execution-System (englisch für Ausführungssystem) bezeichnet. Dahingegen dient das APO-System als Planungssystem im Sinn der Kapazitätsplanung lediglich zur Ermittlung von Mengen und Terminen sowie gegebenenfalls der Bezugsquellen von Aufträgen der Eigenfertigung und der Fremdbeschaffung.

Zwischen dem ausführenden und dem planenden System müssen zahlreiche Daten ausgetauscht werden, der technische Weg für diesen Datenaustausch wird mittels CIF über einen sogenannten *(queued) Remote Function Call* (qRFC) bereitgestellt. Bei einer qRFC-Verbindung werden die Datenpakete im Rahmen der Übertragung serialisiert, gepuffert und unter Einhaltung der logischen Reihenfolge asynchron abgearbeitet. Anders als die Schnittstellen von Konkurrenzsystemen ist das CIF eine Realtime-Schnittstelle, d. h., die planungsrelevanten Daten werden auf Wunsch je nach Einsatzkontext auch untertägig in Echtzeit zwischen den beiden Systemen immer sofort ausgetauscht, wenn sich in einem der beiden Systeme etwas Planungsrelevantes geändert hat. Somit sind Planungsaktionen nicht dadurch eingeschränkt, dass dem Planungssystem die entsprechenden Informationen erst in einem nächtlichen Übertragungslauf übermittelt werden. Hierdurch steigt die Reaktionsgeschwindigkeit enorm. Dadurch, dass nur planungsrelevante Daten übertragen werden, ist eine praxistaugliche Übertragungsgeschwindigkeit gewährleistet.

Systemverbund

Während der Anschluss mehrerer SCM-Systeme an ein ERP-System standardmäßig nicht vorgesehen ist und somit im Einzelfall genau geprüft werden muss, ist umgekehrt der Anschluss eines APO-Systems an mehrere ERP-Systeme ein übliches und von SAP vorgedachtes Szenario. Das CIF bietet in derartig komplexen Systemumgebungen die folgenden Funktionen:

- Bestimmung von Quell- und Zielsystemen
- Initial- und Änderungsübertragung von planungsrelevanten Stammdaten
- Übertragung von planungsrelevanten Bewegungsdaten und Bewegungsdatenänderungen
- Rückgabe von Planungsergebnissen an das APO-System
- Werkzeuge zur Administration der Datenübertragung

Durch den Umstand, dass ein APO-System an mehrere ERP-Systeme angebunden werden kann, kann es im APO-System zu Mehrdeutigkeiten kommen. Dies ist beispielsweise dann der Fall, wenn sich Nummernkreise von Aufträgen der verschiedenen ERP-Systeme überschneiden oder dieselbe Materialnummer in den jeweiligen ERP-Systemen für logisch unterschiedliche Objekte verwendet wird. Um derartige Mehrdeutigkeiten zu verhindern, werden mehrere physische Systeme zu einer übergeordneten logischen Einheit gebündelt. Diese logische Einheit wird dabei als *betriebswirtschaftlicher Systemverbund* (BSV) oder englisch als Business System Group (BSG) bezeichnet, die jeweiligen Systeme des Verbunds als *logische Systeme*.

[«]

Namenskonventionen betriebswirtschaftlicher Systemverbünde

Innerhalb eines solchen Verbunds muss der Name eines Objekts immer eindeutig sein, daher wird er auf Datenverarbeitungsebene um das logische System (gewissermaßen die Herkunft des Objekts) erweitert. Diese Erweiterung ist jedoch standardmäßig rein technischer Natur, dem Anwender wird dieser Zusatz nicht zwingend angezeigt. Bei einem betriebswirtschaftlichen Systemverbund wird deshalb häufig von einem Bereich gleicher Namenskonvention gesprochen.

Integrationsmodell

Das *Integrationsmodell* ist ein Objekt, das im ERP-System angelegt werden muss und die Übertragung von Stamm- und Bewegungsdaten steuert. Auch bei einer Verwendung von APO als Add-on ist es notwendig, entsprechende Integrationsmodelle anzulegen, um Daten an die Planungskomponente zu übertragen. Das Integrationsmodell wird über einen dreigliedrigen Schlüssel identifiziert, der den Namen des Integrationsmodells, das jeweilige logische System und die Anwendung beinhaltet. Abbildung 6.1 zeigt ein Beispiel eines Integrationsmodells (Transaktion CFM1) für Materialien mit dem dreigliedrigen Schlüssel im oberen Bereich (Felder **Modellname**, **LogSystem** und **APO Anwendung**).

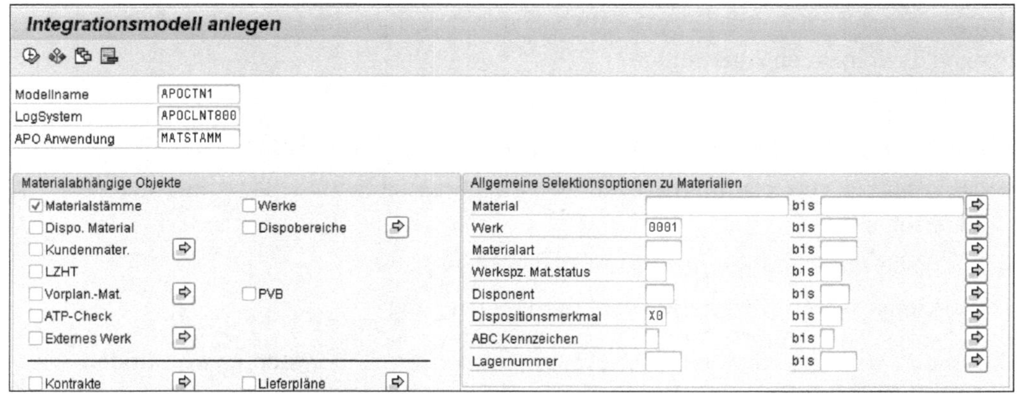

Abbildung 6.1 Beispiel für die Generierung eines Integrationsmodells für Materialien

Um ein Integrationsmodell für die Übertragung zwischen den beiden Systemen (ERP und APO) nutzen zu können, müssen Sie es zunächst generieren. Dazu müssen Sie erst einmal alle für die Übertragung vorgesehenen Elemente, wie z. B. Materialien, Werke etc., im ERP-System sammeln und diese zu einem Integrationsmodell bündeln. Die in einem Integrationsmodell enthaltenen Elemente werden als *Filterobjekte* bezeichnet. Die *Generierung* eines Integrationsmodells sorgt dafür, dass aus der Gesamtmenge aller im ERP-System vorhandenen möglichen Filterobjekte diejenigen ausgewählt werden, die Sie als APO-relevant angesehen haben. Zur Generierung von Integrationsmodellen können Sie die ERP-Transaktion CFM1 (Integrationsmodell anlegen) oder für die Hintergrundverarbeitung den Report RIMODGEN einsetzen.

Nach der Generierung eines Integrationsmodells sind die jeweiligen Filterobjekte im ERP-System selektiert, die Übertragung an das APO-System erfolgt mit der sogenannten *Aktivierung* des Integrationsmodells. Dies können Sie mit der ERP-Transaktion CFM2 (Integrationsmodell generieren) bzw. mit den Reports RIMODACT oder RIMODAC2 erreichen. Die in den zu aktivierenden Integrationsmodellen enthaltenen Filterobjekte werden mit den bereits im APO-System vorhandenen verglichen, und im Anschluss werden lediglich die Filterobjekte an das APO-System übertragen, die noch nicht dort vorhanden sind. Dies wird als *Delta-Übertragung* bezeichnet.

Unterschied zwischen Initial- und Änderungsübertragung

Grundsätzlich ist neben dem Begriff der Delta-Übertragung noch zwischen einer Initialübertragung und einer Änderungsübertragung zu unterscheiden. Die Initialübertragung wird durchgeführt, wenn das APO-System diese Daten das erste Mal verbucht, d. h. die entsprechenden Filterobjekte bisher nicht vorlagen, weil vorab noch kein aktives Integrationsmodell existierte. Die Änderungsübertragung wird dann ausgeführt, wenn ein bereits im APO-System vorhandenes Objekt geändert wird und somit eine Übertragung dieser Änderung nötig ist, um die Daten in beiden Systemen konsistent zu halten.

Eine *Deaktivierung* von Integrationsmodellen im ERP-System führt nicht zu einem Deaktivieren oder Löschen der entsprechenden Daten im APO-System. Eine Ausnahme kann hier der Materialstamm bilden, wenn Sie bei der Aktivierung des Integrationsmodells das Kennzeichen **Protokollierung deaktivierter Materialstämme** setzen. Lediglich der Datenkanal zwischen den beiden Systemen wird unterbrochen, d. h., durch die Deaktivierung wird lediglich die Änderungsübertragung unterbunden.

In üblichen Szenarien erfolgt die Generierung und Aktivierung von Integrationsmodellen in nächtlichem Rhythmus durch Einplanung der genannten Reports. Somit wird dafür gesorgt, dass neue Filterobjekte, die den Selektionskriterien der bisher integrierten entsprechen, wie z. B. neu angelegte Materialstämme oder neue Arbeitsplatzkapazitäten, in einem nächtlichen Lauf an das APO-System übertragen werden und somit zur Planung initial bereitstehen. Zu diesem Zweck wird die *Versionierung* von Integrationsmodellen genutzt, um zwischen bereits vorhandenen und neu zu übertragenden Objekten zu unterscheiden.

Versionierung von Integrationsmodellen

Bei einer *Neugenerierung* eines bestehenden Integrationsmodells wird automatisch eine neue Version angelegt. Zusätzlich zum genannten dreigliedrigen Schlüssel aus Namen, logischem System und Anwendung werden die unterschiedlichen Versionen über Datum und Uhrzeit ihrer Erstellung unterschieden. Es können beliebig viele Versionen von Integrationsmodellen angelegt werden, aktivieren können Sie jedoch lediglich eins.

Um ein gesamtes Integrationsmodell, dessen Filterobjekte bereits im APO-System enthalten sind, ungeachtet dieser Tatsache an das APO-System zu übertragen, können Sie eine erneute Initialübertragung mittels des Reports RIMODINI erreichen. Dies ist beispielsweise dann sinnvoll, wenn zu übertragende Stammdateneinträge aufgrund von Fehlern in der Schnittstelle »hängen« geblieben und manuell gelöscht worden sind. In diesem Fall kann es zu einem Datenschiefstand mit negativen Folgen für die Planung zwischen ERP- und APO-System kommen, den Sie durch eine erneute Initialübertragung bereinigen können.

Eine erneute Initialübertragung ist auch dann sinnvoll, wenn im laufenden Betrieb eine Standard-SAP-Erweiterung wie ein Exit oder ein BAdI aktiviert wird, die Einfluss auf Stammdaten im APO-System hat (beispielsweise entsprechende Standard-SAP-Erweiterungen in der Schnittstelle). In diesem Fall müssen die bereits im APO-System vorhandenen Stammdatenobjekte erneut übertragen werden, um bei der Übertragung entsprechende Erweiterungen durchlaufen und somit angepasst werden zu können.

6.1.2 Stammdatenübertragung

Das jeweilige ERP-System bleibt in einer kombinierten ERP-APO-Systemlandschaft das stammdatenführende System, d. h., sowohl die Eingabe neuer Daten als auch die Änderung bestehender Daten werden in der Regel im ERP-System vorgenommen. Lediglich spezielle APO-Stammdaten, für die eine Entsprechung im ERP-System fehlt, werden direkt im APO-System angelegt. Der Aufbau der vorhandenen Stammdatenobjekte im APO-System ist nicht mit denen des ERP-Systems identisch. Bei der Übernahme der Stammdaten aus dem ERP-System erfolgt eine Selektion auf planungsrelevante Daten, nur diese werden an das APO-System übertragen. In diesem Zusammenhang wird auch von *Planungsstammdaten* gesprochen.

Wenn planungsrelevante Stammdaten im ERP-System verändert werden, erfolgt bei der Änderungsübertragung grundsätzlich eine komplette Neuübertragung des Stammdatums in das APO-System. Daher ist es problematisch, wenn Sie spezifische Stammdaten abweichend im APO-System pflegen, da die Neuübertragung diese Einstellungen im APO-System entsprechend mit den ERP-Daten überschreiben würde. Wir empfehlen Ihnen daher, sämtliche Stammdaten, für die im Systemverbund eine Übertragung aus dem ERP-System vorgesehen ist, auch ausschließlich in diesem System zu pflegen, da es anderenfalls zu Datenverlusten und ungewolltem Verhalten in der Planung kommen kann.

Die Abbildung von ERP-Objekten auf APO-Seite geht in vielen Fällen mit einer Änderung der Bezeichnung des Objekts einher, d. h., der Name des im APO-System angelegten Objekts unterscheidet sich von dem im ERP-System. Nähere Informationen erhalten Sie in Kapitel 3, »Globale Stammdaten«.

Abbildung 6.2 gibt Ihnen einen Überblick über die Filterobjekte der Stammdaten in den beiden Systemen.

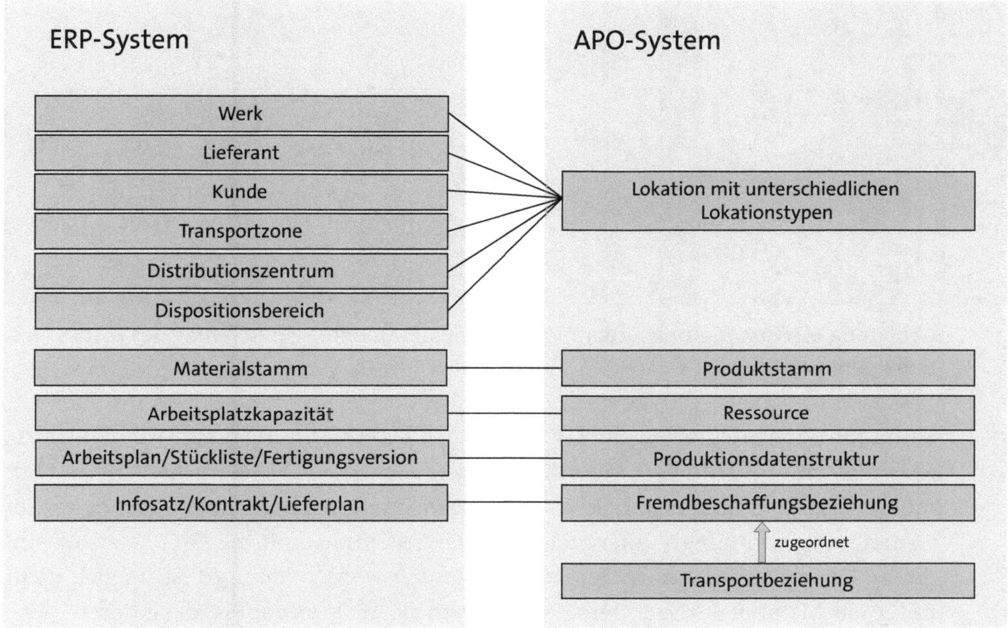

Abbildung 6.2 Filterobjekte der Stammdaten

Wir empfehlen Ihnen, bei der Selektion aller materialbezogenen Daten im ERP-System das Dispositionsmerkmal als Selektionskriterium zu verwenden. Dies hat zum einen den Vorteil, dass einem neu an APO zu übergebenden Material lediglich ein entsprechendes Dispositionsmerkmal zugeordnet werden muss, sodass der nächste Integrationslauf dieses Objekt automatisch an das APO-System übergibt. Zum anderen erreichen Sie damit in Planungskonstellationen, in denen der ERP-Materialbedarfsplanungslauf nicht verwendet werden soll, eine Unterdrückung der entsprechenden Planungsfunktionalität. Damit Materialien, die im APO-System bedarfsgeplant werden, nicht erneut im ERP-System geplant werden, sollte im ERP-System ein Dispositionsmerkmal gesetzt werden, mit dem das Material von der Planung ausgeschlossen wird. Hierfür bietet sich das **Dispositionsmerkmal** X0 (»Ohne Disposition, mit Stücklistenauflösung«) an, das eigens für die Materialien in den Standardlieferumfang des ERP-Systems integriert worden ist (siehe Abbildung 6.3).

Dieses Kennzeichen schließt zwar das Material von einer Planung im ERP-Materialbedarfsplanungslauf aus, sorgt jedoch für eine Auflösung der Stückliste, sodass etwaige Sekundärbedarfe auf untergeordnete Stücklistenmaterialien abgesetzt werden, die eventuell im ERP-System geplant werden sollen.

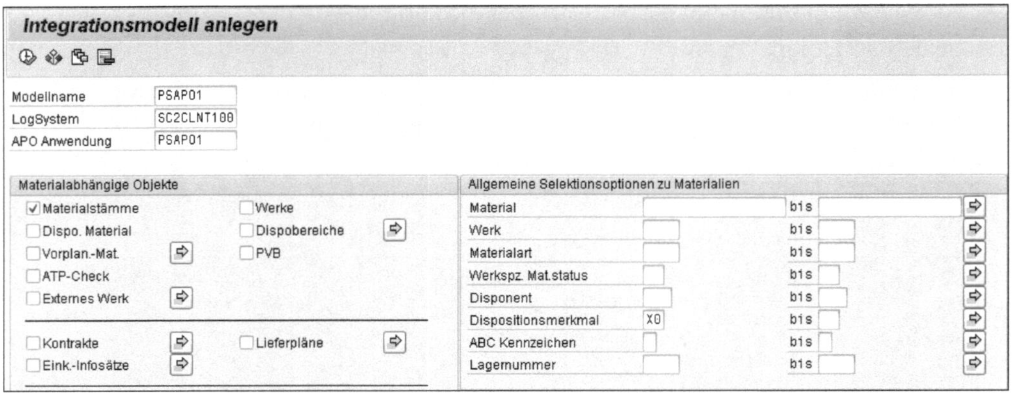

Abbildung 6.3 Generierung Integrationsmodell (CFM1) unter Verwendung des Dispositionsmerkmals

Somit führt die Integration eines Materials in die APO-Planung nicht zwingend dazu, dass alle untergeordneten Materialien ebenfalls im APO-System geplant werden müssen. Darüber hinaus hat dieses Dispositionsmerkmal den Vorteil, dass es bei der Generierung von Integrationsmodellen selektiert und somit die APO-Relevanz eindeutig bereits durch dieses Kennzeichen gesetzt werden kann. Es ist folglich nicht nötig, das Material durch andere Kennzeichen als APO-relevant zu deklarieren.

Eine Änderungsübertragung von Stammdaten erfolgt nur dann, wenn das Stammdatenobjekt in einem aktiven Integrationsmodell vorhanden ist. Die entsprechenden Einstellungen für eine Änderungsübertragung von Stammdaten legen Sie in der ERP-Transaktion CFC9 (Zielsystemunabhängige Einstellungen im CIF ändern) fest. In dieser Transaktion können Sie entscheiden, ob eine Änderungsübertragung für Materialstämme, Kunden und Lieferanten sofort oder periodisch erfolgen soll, und Sie können die Änderungsübertragung ausschalten. Auch für Ressourcen können Sie in der Transaktion CFC9 bestimmen, ob eine sofortige Übertragung von Änderungen vorgenommen werden soll, wobei von einer derartigen Änderungsübertragung lediglich die Kopfdaten betroffen sind. Für Produktionsdatenstrukturen (PDS) ist standardmäßig keine Änderungsübertragung in Echtzeit vorgesehen. Hier gibt es die Möglichkeit, durch Verwendung der ERP-Transaktion CURTO_CREATE eine periodische Übertragung anzustoßen. Zusätzlich können Sie durch die Implementierung des BAdIs CUSLNITRO_ADDIN eine Echtzeitübertragung auch für PDS vorsehen.

Bei einer Änderungsübertragung in Echtzeit wird genauso wie bei einer Hintergrundverarbeitung von Änderungszeigern, d. h. bei einer periodischen Übertragung, überprüft, ob die Änderung für das APO-System relevant ist. Diese Prüfung erfolgt auf Basis der APO-Stammdatenstruktur. Dies bedeutet, dass nach der Änderung der neue ERP-Stammdatenbeleg in den APO-Beleg konvertiert und mit dem bereits vorhandenen APO-Beleg verglichen wird. Lediglich wenn eine Differenz vorliegt, erfolgt eine erneute Stammdatenübertragung.

Wird in Transaktion CFC9 eine Einstellung zu einer Übertragung von Änderungen vorgenommen, werden die Nachrichtentypen CIFMAT, CIFVEN und CIFCUS automatisch als sogenannte ALE-Änderungszeiger (Application Link Enabling) verwendet. Dies setzt jedoch voraus, dass Sie Änderungszeiger generell in der Transaktion BD61 aktiviert haben. Mit dem Begriff des Änderungszeigers wird dabei umschrieben, dass im Fall einer planungsrelevanten Änderung ein entsprechender Datenbankeintrag erzeugt wird, der zur Vormerkung für die Übertragung führt. Zusätzlich müssen Sie in Transaktion BD50 (Schreiben von Änderungszeigern für Nachrichtentypen aktivieren) die Stammdatenobjekte kenntlich machen, für die Änderungszeiger geschrieben werden sollen. Wenn Sie eine periodische Übertragung vorsehen, können Sie die so erzeugten Änderungszeiger mittels Transaktion CFP1 (Änderungszeiger auswerten und senden) übertragen.

Um Fehler in der Integration von Stammdaten zu vermeiden, ist die korrekte Reihenfolge bei der Übertragung zu beachten, da es sonst zu Dateninkonsistenzen kommen kann. Beispielsweise werden in einer PDS Vorgänge nur auf den Ressourcen angelegt, die zum Zeitpunkt der Anlage der PDS im APO-System bekannt waren. Übertragen Sie nun die Ressourcen erst nach den PDS, werden planungsrelevante Informationen entsprechend nicht korrekt berücksichtigt. Daher empfehlen wir für die Stammdatenübertragung die Einhaltung der folgenden Reihenfolge:

1. ATP-Customizing, Rüstfamilien (Gruppe sowie Schlüssel) und Kontingente
2. Werke und Distributionszentren
3. Änderungsstammsätze
4. Merkmale und Klassen
5. Materialstämme
6. Chargen
7. Dispobereiche und Materialstämme zu Dispobereichen
8. Vorplanungsprodukte
9. Materialien, deren Verfügbarkeitsprüfung im APO-System durchgeführt werden soll
10. Kontingentierung
11. Kunden
12. Lieferanten
13. Arbeitsplätze
14. Produktionsdatenstrukturen (PDS) und Produktionsprozessmodelle (PPM)
15. Einkaufsinfosätze, Lieferpläne, Kontrakte

Die Objekte sollten dabei jeweils in ein eigenes Integrationsmodell eingetragen, die Aktivierung der Modelle in der aufgelisteten Reihenfolge durchgeführt werden. Die Trennung in separate Integrationsmodelle ist dabei insbesondere aus Gründen der erleichterten Fehlersuche und Modellverwaltung zu empfehlen.

6.1.3 Bewegungsdatenübertragung

Bei den Bewegungsdaten spielt im APO-System der *APO-Auftrag* eine zentrale Rolle. Dies ist ein technisches Objekt, das für einen Eigenfertigungs- oder Beschaffungsvorgang definiert, wann und wo welche Produkte bereitgestellt und benötigt werden und welche Ressourcen durch diesen betriebswirtschaftlichen Vorgang beeinflusst werden. Der APO-Auftrag kann somit neben Mengen- und Termininformationen Zugangselemente, Bedarfselemente und Aktivitäten enthalten. Im APO-System werden die Bewegungsdaten als APO-Auftrag behandelt, wobei nicht in jedem Element alle Teilobjekte verfügbar sein müssen. Abbildung 6.4 zeigt einen APO-Auftrag am Beispiel eines Planauftrags.

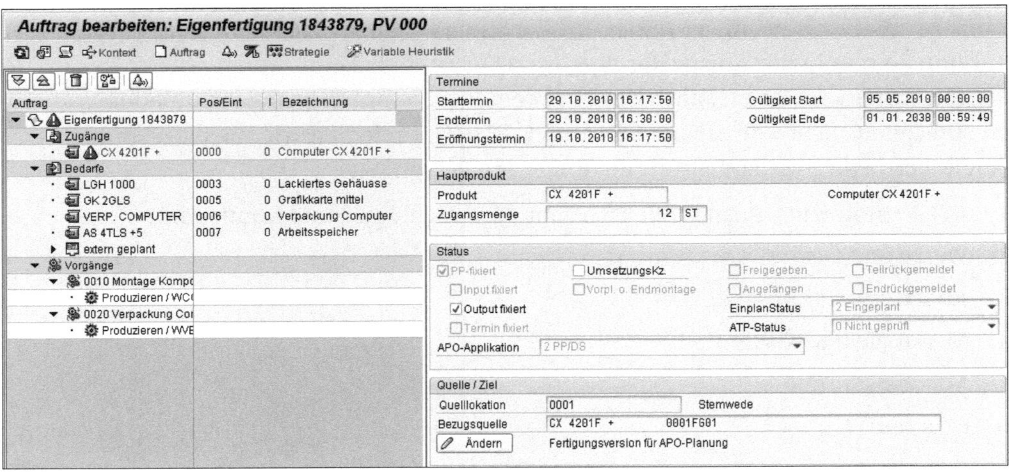

Abbildung 6.4 APO-Auftrag am Beispiel eines Planauftrags

Im APO-System werden die folgenden Bewegungsdatenobjekte als APO-Auftrag abgebildet:

- Planauftrag
- Fertigungsauftrag
- Reservierung (manuell)
- Bestellanforderung
- Bestellung
- Planprimärbedarf

- Transportauftrag
- Lieferplan
- Bestand
- Prüflos
- Projektauftrag
- Instandhaltungsauftrag
- Verkaufsbeleg

Die einzelnen Aufträge werden im APO-System anhand ihrer sogenannten ATP-Kategorie (Available-to-Promise) unterschieden.

In der Regel ist in der Produktions- und Feinplanung eine Echtzeitintegration von Planungsergebnissen vorgesehen, also den terminlichen und mengenmäßigen Ausgestaltungen von Aufträgen. Durch spezifische Einstellungen können Sie dies jedoch auch unterbinden und eine periodische Übertragung definieren. Dies ist auch die standardmäßig im Supply Network Planning (SNP) vorgesehene Vorgehensweise. Für die periodische Übertragung müssen Sie in Transaktion /SAPAPO/C4 (Pflege-View für globale Parameter) das Aufzeichnen von Änderungszeigern einstellen. Diese werden dann im Anschluss beispielsweise mittels Transaktion /SAPAPO/C5 (Selektion und Übertragung von Aufträgen) an das ERP-System übertragen.

Dieser Weg ist standardmäßig für SNP-Planungsergebnisse vorgesehen, jedoch kann hier umgekehrt auch eine Echtzeitintegration eingestellt werden. Welche Objekte überhaupt Teil der Integration werden sollen, entscheiden Sie durch Aufnahme in ein aktives Integrationsmodell auf ERP-Seite.

6.1.4 CIF-Monitoring

Grundsätzlich existieren zwei Monitoring-Funktionen, um das Geschehen in der Schnittstelle zwischen ERP- und APO-System zu überwachen. Hier ist zum einen der *qRFC-Monitor* zur Anzeige fehlerhafter Queue-Einträge und zum anderen das *Anwendungslog* zu nennen. Beide Funktionalitäten sind sowohl im ERP- als auch im APO-System verfügbar.

Damit der CIF-Administrator nicht alle Queues durch Verwendung von verschiedenen Transaktionen in beiden Systemen überwachen muss, steht mit dem *SCM Queue Manager* eine Funktionalität zur Verfügung, mit dem die Queues und Anwendungslogs beider Systeme zentral überwacht werden können. Während die Transaktionen für den qRFC-Monitor für Ausgangs- und Eingangs-Queues (SMQ1 bzw. SMQ2) separat ausgeführt werden müssen, können Sie im SCM Queue Manager des APO-Systems beide Queue-Typen parallel überwachen. Der qRFC-Alert-Monitor kann im APO-System als zusätzliche Funktionalität genutzt werden, um die für die Integration genutzten Queues zu überwachen und im Fall von Fehlern automatisch Meldungen per SAP-Office-Mail oder E-Mail zu generieren.

Wie einleitend zu den Grundlagen beschrieben, basiert die Schnittstelle zwischen ERP- und APO-System auf der qRFC-Technologie. Bei der Übertragung werden zwei grundsätzliche Arten von Fehlern unterschieden:

- **Kommunikationsfehler**
  Aus technischen Gründen kann die Kommunikation zwischen den beiden Systemen nicht durchgeführt werden. Das Problem liegt nicht in den zu übertragenden Daten, sondern in der – zumindest zeitweise – nicht zur Verfügung stehenden Verbindung zwischen den Systemen. Diese Fehler sollten sich selbstständig durch eine automatisch angestoßene periodische Wiederholung der Datenübertragung beseitigen. Diese automatische Aktivierung von Queues können Sie in Transaktion SM59 (Konfiguration der RFC-Verbindung) vornehmen.
- **Anwendungsfehler**
  Zu dieser Fehlerart zählen Programmfehler oder Nichtverbuchung von Daten im Zielsystem z. B. aufgrund von fehlenden Stammdaten. So kann z. B. eine PDS nicht im Zielsystem verbucht werden, wenn für die Verbuchung nötige Stammdaten wie das Material nicht verfügbar sind. Diese Fehlerarten müssen in der Regel durch einen CIF-Administrator beseitigt werden.

Beim CIF-Monitoring muss beachtet werden, dass bei der Onlineversorgung Übertragungsfehler nicht zur Laufzeit im Dialog angezeigt werden. Dies ist z. B. bei der Abarbeitung von Bestandsbuchungen im ERP-System der Fall und liegt in der asynchronen Übertragungstechnik begründet. Falls Daten nicht zwischen dem ERP- und dem APO-System übertragen werden, sollten Sie daher mit dem qRFC-Monitor überprüfen, ob Queue-Einträge als fehlerhaft markiert wurden. Diese Überprüfung kann jedoch auch durch den erwähnten qRFC-Alert-Monitor automatisiert erfolgen.

Im Anwendungslog wird fortgeschrieben, wann welche Datenobjekte aus welchem Integrationsmodell von welchem Benutzer übertragen worden sind. Ebenso werden in dieser Funktionalität im Fall von Anwendungsfehlern detaillierte Fehlermeldungen fortgeschrieben, sofern das entsprechende Logging vorab aktiviert worden ist. Dies können Sie in Transaktion CFC2 (Pflege-View für CIFGPARAMS) im ERP-System bzw. in Transaktion /SAPAPO/C4 (Pflege-View für globale Parameter) im APO-System vornehmen. Hierbei ist jedoch zu beachten, dass das detaillierte Logging im Produktivbetrieb zu erheblichen Datenmengen und daher zu Performanceverlusten führen kann. Daher sollten Sie überprüfen, ob das detaillierte Logging nach der Einführungsphase wirklich benötigt wird.

Neben den beschriebenen Überwachungsfunktionalitäten steht mit dem *CIF-Deltareport* eine Funktionalität zur Verfügung, mit der ein Abgleich zwischen den Bewegungsdatenobjekten des ERP- und des APO-Systems vorgenommen werden kann.

Diese Funktion wird beispielsweise dann benötigt, wenn stehende Queues gelöscht wurden und es so nicht zu einer Verbuchung der Planungsergebnisse eines Systems im jeweils anderen System kommen konnte. Für Stammdaten steht eine derartige Funktion nicht zur Verfügung, eine Ausnahme bildet hier die PDS.

6.2 Integration in ePP/DS

Wie bereits zu Beginn dieses Kapitels beschrieben, verwendet ePP/DS bestimmte Elemente der Integration des APO-Systems, jedoch liegen einige Vereinfachungen und Abwandlungen vor, auf die wir nun im Einzelnen eingehen werden.

6.2.1 Stammdatenübertragung

Viele der genannten Vereinfachungen liegen im Bereich der Stammdatenintegration. Wir werden Ihnen diese Besonderheiten nun genauer vorstellen.

Integration von Werken und anderen Lokationstypen

Anders als bei der Verwendung von APO-PP/DS müssen Sie bei der Integration des Werks oder anderer Lokationstypen in die Planungsumgebung von ePP/DS keine Integration per CIF vorsehen. Stattdessen führen Sie den Report **/SAPAPO/CREATE_LOCATION** zum Anlegen von Lokationen aus, eine Änderung erfolgt mittels des Reports **/SAPAPO/UPD_LOC_SP_PL**. Abbildung 6.5 zeigt beispielhaft den Report zur Anlage von Lokationen in ePP/DS.

Lokationen für Geschäftspartner, Werke und Versandstellen anlegen

Geschäftspartner			
Geschäftspartner		bis	
Kategorie		bis	
Rolle		bis	
Land		bis	
Werk			
Werk	1000	bis	
Versand-/Empfangsstelle			
Versandstelle/Annahmestelle		bis	
Land		bis	
Dispobereich			
Dispobereich		bis	

Abbildung 6.5 Report /SAPAPO/CREATE_LOCATION zur Übertragung von Lokationen

Integration von Materialien

Auch die Integration von Materialien erfolgt in ePP/DS nicht mehr über das Core Interface, Sie müssen lediglich das Kennzeichen **Erweiterte Planung** auf der gleichnamigen Registerkarte des Materialstamms setzen (siehe Abbildung 6.6).

Abbildung 6.6 Sicht bzw. Kennzeichen »Erweiterte Planung« im Materialstamm

In diesem Falle erfolgt – parallel zur Ablage im S/4HANA-Kern (Core) – eine direkte Speicherung der gepflegten Daten in den Tabellen von ePP/DS. Voraussetzung ist jedoch, dass das entsprechende Werk bereits in ePP/DS integriert wurde.

Integration von Arbeitsplätzen

Die Vorgehensweise bei der Integration von Arbeitsplätzen bzw. Arbeitsplatzkapazitäten in ePP/DS als Ressourcen gleicht der von Materialien, auch hier steht Ihnen ein Kennzeichen **Erweiterte Planung** zur Verfügung (siehe Abbildung 6.7); nach dessen Setzen und Speichern erfolgt eine sofortige Anlage. Bei Problemen werden Fehlermeldungen, die sich auf die ePP/DS-Daten beziehen, bereits bei der Pflege im S/4HANA-Arbeitsplatz angezeigt.

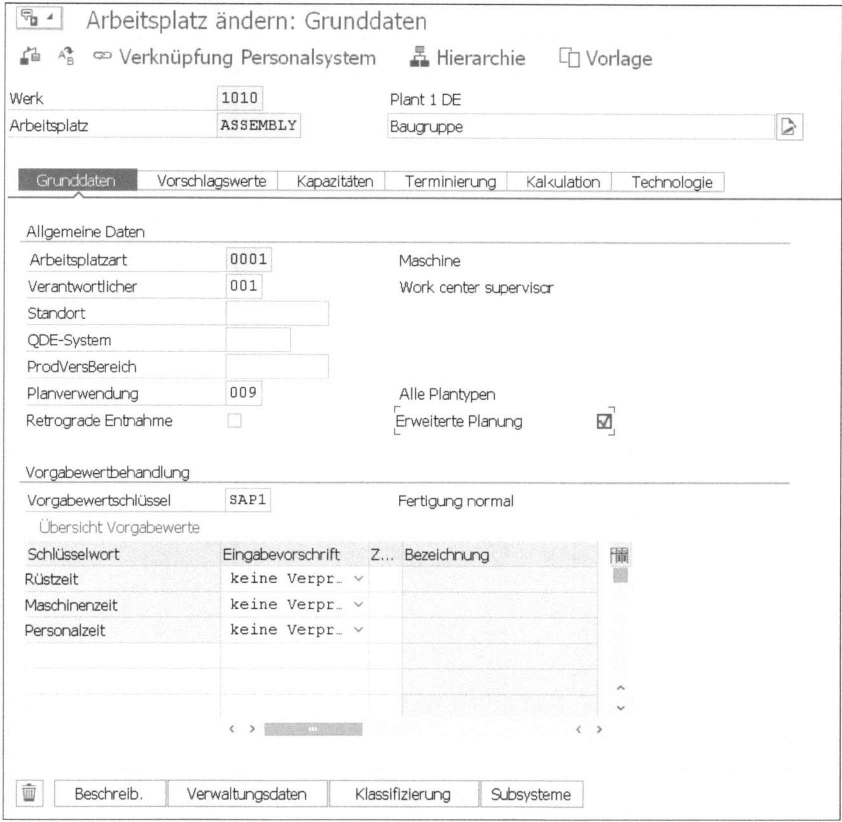

Abbildung 6.7 Kennzeichen »Erweiterte Planung« im Arbeitsplatz

Integration von Fertigungsversionen

Auch die Integration von Fertigungsversionen als Produktionsdatenstrukturen erfolgt ohne CIF-Integration. ePP/DS verwendet CDS-Views zum direkten Lesen von Fertigungsversionen, um eine synchrone Replikation sicherzustellen. Sie können den Report PPDS_ERP_CUSLNTRTO_CIF_REPORT verwenden, um die ePP/DS-Tabellen entsprechend zu aktualisieren. Voraussetzung für eine fehlerfreie Übertragung aller Komponenten und Vorgänge ist eine vorherige Markierung der Kennzeichen zur erweiterten Planung bei allen ePP/DS-relevanten Materialien und Arbeitsplätzen. Andernfalls werden entsprechende Komponenten bzw. Vorgänge nicht als ePP/DS-relevant angesehen und daher nicht in ePP/DS integriert.

Integration von Infosätzen, Kontrakten und Lieferplänen

Die Übertragung von Infosätzen, Kontrakten und Lieferplänen erfolgt auch bei ePP/DS analog zum APO-System durch Anlage und Aktivierung eines entsprechenden Integrationsmodells für Fremdbeschaffungsbeziehungen.

6.2.2 Bewegungsdatenübertragung

Wenn ein Material für die erweiterte Planung markiert wurde, ist damit automatisch eine Reihe von Auftragsarten für ePP/DS als relevant gekennzeichnet:

- Planaufträge
- Planprimärbedarfe
- Fertigungsaufträge
- Kundenaufträge
- Alle Bestände
- Bestellungen/Bestellanforderungen
- Produktionskampagnen
- Terminierte VMI-Kundenaufträge
- Bedarfsabbau
- Manuelle Reservierungen
- Prüflose
- Chargen
- SD-Lieferpläne

Anlage und Generierung von Integrationsmodellen sind für diese Objekte nicht nötig.

Deaktivierung einzelner Bewegungsdatenobjekte

Im Customizing der erweiterten Planung können Sie unter **Basiseinstellungen • Einstellungen** für die Datenübertragung einzelne der oben genannten Objekte deaktivieren, falls keine Übertragung erfolgen soll (siehe Abbildung 6.8).

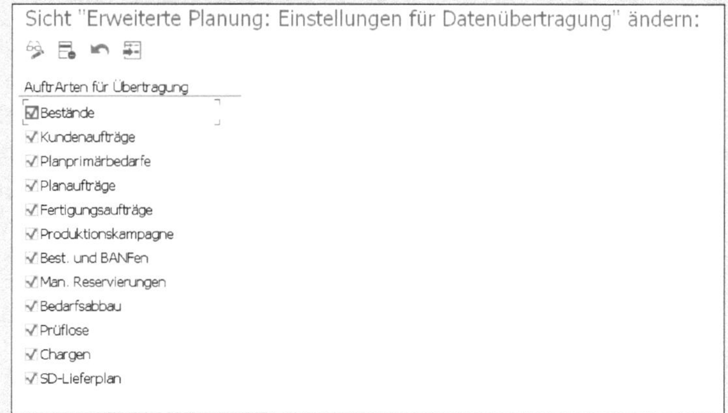

Abbildung 6.8 Deaktivierung von Bewegungsdatenobjekten für die Datenübertragung

Folgende Bewegungsdaten werden ständig zwischen dem S/4HANA-Kern und ePP/DS synchronisiert:

- Planaufträge
- Fertigungsaufträge
- Prozessaufträge
- Bestellanforderungen
- Bestellungen

Damit haben wir Ihnen aufgezeigt, dass die zu Beginn erläuterten Vereinfachungen und Abwandlungen der Datenübertragung auch im Bewegungsdatenbereich von Relevanz sind.

6.2.3 Monitoring der Übertragung

Anders als im Standard-CIF erfolgt die Übertragung von ePP/DS in den S/4HANA-Kern ohne Queues. Sie können jedoch die im Rahmen von Abschnitt 6.1.4, »CIF-Monitoring«, erläuterten Monitoring-Funktionen wie beispielsweise den Deltareport auch für diese Art der Übertragung einsetzen.

Die Übergabe der Daten aus dem S/4HANA-Kern in ePP/DS wiederum erfolgt analog zur geschilderten Vorgehensweise im APO-System mit Queues, auch hier stehen Ihnen die angesprochenen Monitoring-Funktionen zur Verfügung.

6.3 Integration ins IBP-System

Prinzipiell stehen Ihnen zwei grundsätzliche Wege zur Verfügung, Daten in ein IBP-System zu integrieren:

- zeitreihenbasierte Integration
- auftragsbasierte Integration

Für die zeitreihenbasierte Integration können Sie beispielsweise SAP Cloud Platform Integration für Datenservices (CPI-DS) nutzen, das eine hohe Flexibilität im Hinblick auf die Datenflüsse aufweist. Diese können flexibel modelliert werden. CPI-DS ist das Integrationswerkzeug, das in den meisten produktiven Implementierungen verwendet wird.

Ferner ist es auch möglich, csv.-Dateien per Datenintegrationsjob-App in das IBP-System zu laden, um zeitreihenbasierte Daten zu integrieren. Diese Option wird vornehmlich im Rahmen von Proof-of-Concept-Projekten oder in den ersten Phasen eines Implementierungsprojekts genutzt, da hiermit schnell ein funktionierendes Datengerüst im IBP-System hergestellt werden kann. Sie können sich im linken unteren Bereich der App eine Vorlage herunterladen, die aufzeigt, wie die Daten strukturiert sein müssen, um in das IBP-System integriert werden zu können. Abbildung 6.9 zeigt beispielhaft den Screen der App **Datenintegration**.

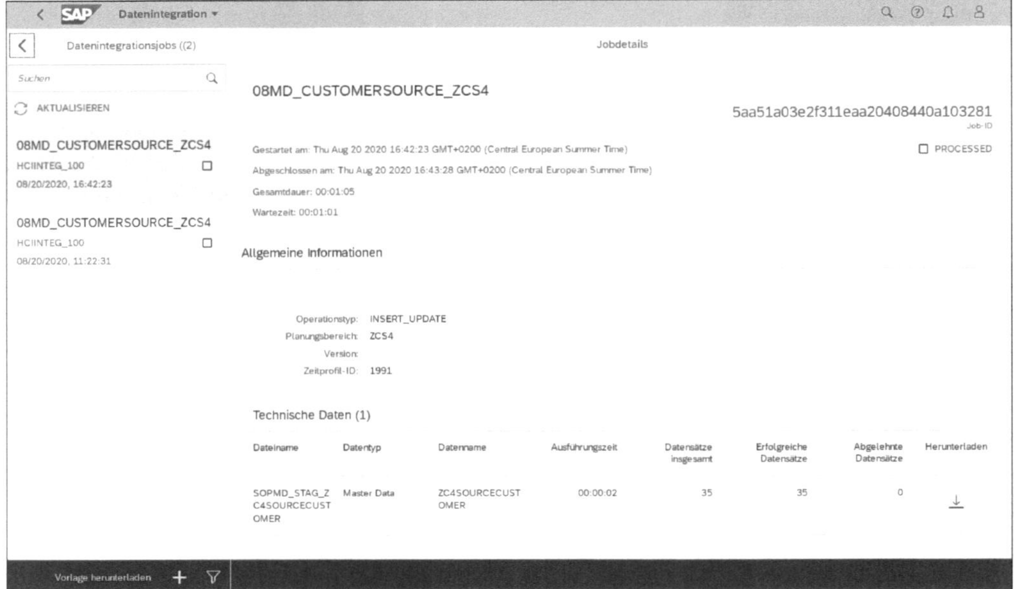

Abbildung 6.9 App »Datenintegration« zum Upload von csv.-Dateien

Die auftragsbasierte Integration wird über SAP Cloud Platform Smart Data Integration (SDI) durchgeführt, dies ähnelt in der Vorgehensweise sehr viel stärker dem CIF. Es werden Stamm- und Bewegungsdaten sowie Konfigurationsdaten übertragen.

Aktuell erfolgt die Integration jedoch sowohl bei zeitreihen- als auch bei auftragsbasierter Integration auf periodischer Basis, d. h., hier liegt – anders als bei der Integration von Daten in das APO-System – keine Echtzeitintegration vor.

Details zur Integration ins IBP-System

Die Integration von Daten in das IBP-System kann komplex und aufwendig ausfallen, daher können wir nicht alle zur Verfügung stehenden Werkzeuge in diesem auf Kapazitätsplanung fokussierten Buch erläutern. Für eine detaillierte Darstellung der Integration von Daten ins IBP-System empfehlen wir unser Buch *SAP Integrated Business Planning*, das 2020 bei SAP PRESS erschienen ist (siehe *https://www.sap-press.de/4647*).

6.4 Fazit

Mit dem CIF steht Ihnen eine leistungsfähige Echtzeitschnittstelle zur Verfügung, mit der Sie Stamm- und Bewegungsdaten zwischen den ERP-Systemen und dem APO-System austauschen können. Das ERP-System übernimmt dabei die ausführenden Funktionen, während das APO-System für die Planung verantwortlich ist. Dies gilt auch für die Integration von Daten aus dem S/4HANA-Kern in ePP/DS sowie bei einer Integration in das IBP-System.

Wir haben Ihnen einen Überblick über die Grundfunktionalitäten zur Integration von Daten zwischen den oben genannten Systemen gegeben, sodass Sie im Anschluss an die Lektüre dieses Kapitels die mit den unterschiedlichen Integrationswerkzeugen möglichen Funktionalitäten einschätzen können.

Kapitel 7
Funktionen der Auftragsanlage

Einer der häufigsten Vorgänge in der Kapazitätsplanung ist die Verschiebung von Planungselementen (Aufträgen). In diesem Kapitel lernen Sie, wie Sie Aufträge durch verschiedene Funktionen anlegen können.

Bei der Kapazitätsplanung werden wichtige Auftragsdaten ermittelt, wie z. B. Termine, indem vorhandene Kapazitäten, die in den vorhergehenden Planungsschritten, wie beispielsweise der Materialbedarfsplanung, nicht Teil der Überlegungen waren (siehe Kapitel 2, »Kapazitätsplanung«), in die zu erstellende Planung einbezogen werden. Zu diesem Zweck greift die Kapazitätsplanung auf Elemente zurück, die wesentliche Informationen (insbesondere Mengen- und Zeitangaben, gegebenenfalls auch bezüglich ihrer Bezugsquelle) enthalten. Die Kapazitätsplanung hat dabei die Aufgabe, diese zeitliche und mengenmäßige Ausprägung hinsichtlich bestehender Kapazitätsrestriktionen zu »überarbeiten« und so durch Einbeziehung dieser Vorgaben einen machbaren oder gar einen optimierten Plan zu ermitteln. Dies geschieht in der Regel durch zeitliches Verschieben der bestehenden Elemente, die aus den vorgelagerten Planungsschritten bereits so übergeben worden sind, dass alle sonstigen Restriktionen bereits berücksichtigt sind. Hierzu zählen vielschichtige Vorgaben, wie beispielsweise:

- Mengenvorgaben
- Terminvorgaben
- Bezugsquellenvorgaben
- abgeleitete Bedarfsmengen und -termine (Sekundärbedarfsseite bzw. Auftragsreservierung)
- Mengenzusammenfassungen aus Losgrößenerwägungen
- Stammdatenrestriktionen wie benötigte Rüst-, Bearbeitungs-, Liege- und Transportzeiten etc.

Die genannten Vorgaben werden dabei in den SAP-Systemen je nach Herkunft und Zielsetzung in unterschiedlichen Funktionalitäten genutzt, um temporäre planerische Elemente zu erzeugen, wie z. B. Planaufträge. Diese bilden den Input für die Kapazitätsplanung und können dort durch Einbeziehung der Kapazitätsrestriktion »machbar« oder gar »optimiert« eingeplant werden.

In diesem Kapitel erhalten Sie einen Überblick über die unterschiedlichen Funktionen der Auftragsanlage, die die SAP-Systeme als Grundlage für die Kapazitätsplanung bereitstellen. Dabei gehen wir zunächst auf die Funktionen der Bedarfsplanung ein, die im Rahmen der Produktions- und Beschaffungsplanung verwendet werden, um Materialbedarfe zu decken. Im Anschluss stellen wir die Funktionen der Projektplanung, der Instandhaltung sowie der Kundenauftragsverwaltung vor.

Weitergehende Informationen

Wenn Sie weitergehende Informationen zu den aufgeführten Funktionalitäten benötigen, empfehlen wir Ihnen die Bücher *Disposition mit SAP*, *Projektmanagement mit SAP Projektsystem* und *Instandhaltung mit SAP*, die alle drei bei SAP PRESS erschienen sind.

7.1 Anlage von Planungselementen in der Bedarfsplanung

Die Bedarfsplanung ist die wohl am häufigsten verwendete Funktion der Auftragsanlage. Sie spielt insbesondere im Rahmen der Produktions- und Beschaffungsplanung eine herausragende Rolle. Bei ihr werden Materialbedarfe, die beispielsweise aus Primärbedarfen (Kundenaufträge und/oder Vorplanbedarfe) oder abgeleiteten Bedarfen (z. B. Sekundärbedarfe aus Planaufträgen und Auftragsreservierungen aus Fertigungs-, Prozess- oder Instandhaltungsaufträgen sowie Netzplänen) resultieren, in automatisierten und/oder manuellen Planungsschritten durch Bedarfsdecker befriedigt. Diese Bedarfsdecker sind häufig zunächst temporärer planerischer Natur (Planaufträge bzw. Bestellanforderungen), da mit diesen Bedarfsdeckern weitere Planungstätigkeiten insbesondere im Rahmen der Kapazitätsplanung erfolgen. Erst im Rahmen der Auftragsausführung (siehe Kapitel 26, »Auftragsausführung (Execution)«) werden diese temporären planerischen Elemente in verbindliche Elemente wie Fertigungs- oder Prozessaufträge bzw. Bestellungen umgewandelt.

Für die Planung von Bedarfen existiert im ERP-, im APO- bzw. im IBP-System eine Vielzahl von Funktionen, die wir in der Folge überblicksartig erläutern.

7.1.1 Bedarfsplanung im ERP-System

Die Bedarfsplanung im ERP-System, d. h. in SAP ECC sowie in SAP S/4HANA, erfolgt in der Regel durch einen automatisierten Bedarfsplanungslauf und gegebenenfalls nachgelagert durchzuführende interaktive Schritte zur Weiterverarbeitung des Planungsergebnisses. Bei diesem Bedarfsplanungslauf wird unterschieden zwischen den folgenden drei Optionen:

- Materialbedarfsplanung
- Kundenbedarfsplanung
- Projektbedarfsplanung

Materialbedarfsplanung im ERP-System (ERP-MRP)

Bei der Materialbedarfsplanung (engl. Material Requirements Planning, MRP), die im deutschen Sprachgebrauch auch als Disposition bezeichnet wird, werden alle Materialbedarfe, die zum Zeitpunkt der Planung als dispositiv relevant anzusehen sind, gesamthaft betrachtet.

Die Materialbedarfsplanung findet dabei im ERP-System häufig auf der Ebene der Material-Werk-Kombination statt, dies ist die standardmäßig für die Disposition vorgesehene Planungsebene. Dies bedeutet zum einen, dass die planungsrelevanten Parameter auf dieser Ebene gepflegt werden (die Disposichten des Materialstamms sind werksspezifisch), zum anderen jedoch, dass bei der Planung alle Materialbedarfe auf Werksebene gemeinsam in die Kalkulation einbezogen werden. Ob einzelne Bedarfe auf unterschiedliche Lagerorte zielen, ist dabei für diese Art der Bedarfsplanung irrelevant.

Es ist jedoch im ERP-System möglich, die Bedarfsplanung mit den Dispositionsbereichen auch auf Ebenen unterhalb der Material-Werk-Kombination durchzuführen, wobei hier lediglich eine eingeschränkte Auswahl der auf der Werksebene zur Verfügung stehenden Verfahren auswählbar ist. Im ECC-System ist sogar eine Bedarfsplanung auf Ebene der Material-Werk-Lagerort-Kombination verfügbar, diese Funktion steht jedoch im S/4HANA-System nicht mehr zur Verfügung.

Ebenen oberhalb der Material-Werk-Kombination sind im Rahmen der Bedarfsplanung im ERP-System standardmäßig nicht abgebildet, Sie haben – anders als im APO- bzw. im IBP-System – keine Möglichkeit, werksübergreifend zu planen. Sie können lediglich mit dem Planungsumfang im Materialbedarfsplanungslauf verschiedene Werke aufführen, die dann sukzessive nacheinander geplant werden. Dabei können gegebenenfalls Umlagerungsbeziehungen eingeplant werden.

Das ERP-System durchläuft während der automatischen Bedarfsplanung verschiedene Schritte, die in Abbildung 7.1 dargestellt sind. Dabei beginnt es mit den Materialien der niedrigsten Dispositionsstufe, d. h. den Endprodukten. Die Reihenfolge der Planung wird daher durch das Dispositionsstufenverfahren bestimmt.

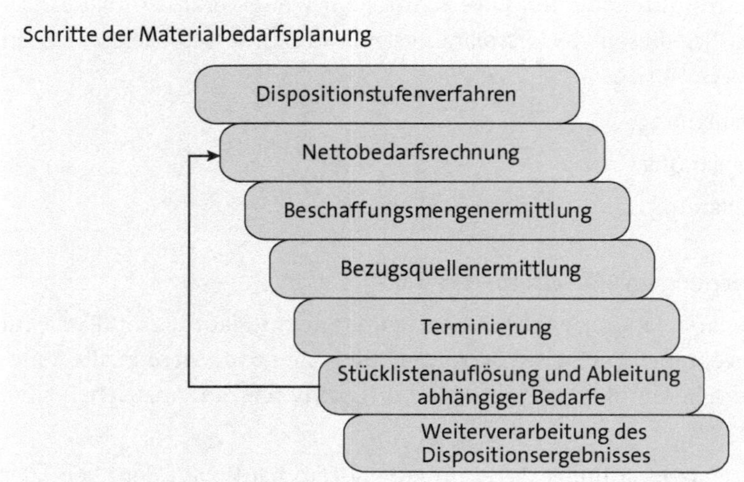

Abbildung 7.1 Übersicht über die Schritte der Materialbedarfsplanung

Bedarfsübergabe

Ausgangspunkt für die weiteren Schritte der Bedarfsplanung ist die Bedarfsübergabe. Im Rahmen der Bedarfsübergabe legen Sie durch verschiedene Systemeinstellungen fest, ob ein Bedarf dispositiv relevant ist und ob es beispielsweise zu einer Verrechnung zwischen einem Vorplanbedarf und einem anderen Primär- oder abgeleiteten Bedarf kommen soll. Die Bedarfsübergabe ist somit maßgeblich für die Festlegung der vom ERP-System zu berücksichtigenden Bruttobedarfe, also der Bedarfe, die insgesamt befriedigt werden müssen.

Nettobedarfsrechnung

Im Rahmen der Nettobedarfsrechnung werden Nettobedarfe ermittelt. Dabei werden die übergebenen Bruttobedarfe, bestehenden Bestände und fixierten sowie festen Zugänge berücksichtigt. Von einer Fixierung spricht man, wenn ein internes planerisches Element wie ein Planauftrag oder eine Bestellanforderung vor einer automatisierten Änderung geschützt werden soll, wohingegen mit einem festen Element ein bereits umgewandelter verbindlicher Fertigungs- oder Prozessauftrag beschrieben wird. Das Dispositionsverfahren, das dem Planungsobjekt zugrunde liegt, entscheidet dabei darüber, wie die Dispositionselemente interpretiert werden. Je nach Dispositionsverfahren werden daher auch unterschiedliche Nettobedarfe ermittelt.

Beschaffungsmengenermittlung

Im Anschluss an die Nettobedarfsrechnung erfolgt im Bedarfsplanungslauf die Beschaffungsmengenermittlung, d. h., nachdem im vorhergehenden Schritt ermittelt wurde, wie viel Bedarf durch zusätzliche Bedarfsdecker befriedigt werden muss, wird nun die tatsächlich zu realisierende Menge bestimmt. Hierbei werden zum einen über das Losgrößenverfahren gegebenenfalls Nettobedarfsmengen zu einem Los zusammengefasst, zum anderen werden diese Mengen über Ausschussmengenermittlung und Einbeziehung von Losgrößenrestriktionen, wie z. B. Mindestlosgrößen oder Rundungsrestriktionen, noch einmal modifiziert.

Da im Anschluss an die Beschaffungsmengenermittlung die Menge eines Bedarfsdeckers festgelegt ist, spricht man bei den beiden Schritten der Nettobedarfsrechnung und der Beschaffungsmengenermittlung zusammenfassend auch von der Mengenplanung.

Bezugsquellenermittlung

Nachdem die Beschaffungsmenge eines Bedarfsdeckers festgelegt wurde, kann nun die Bezugsquelle ermittelt werden. Dieser Schritt ist erst nach der Festlegung der Beschaffungsmenge möglich, da es im ERP-System verschiedene Möglichkeiten gibt, mengenabhängige Bezugsquellenentscheidungen zu treffen.

Im Rahmen der Bezugsquellenermittlung wird zunächst die Beschaffungsart interpretiert und somit zwischen Eigenfertigung und Fremdbeschaffung unterschieden. Diese Unterscheidung kann durch Verwendung von Sonderbeschaffungsarten weiter differenziert werden, so kann beispielsweise für ein fremdbeschafftes Material eine Umlagerung oder eine Lohnbearbeitung vorgesehen werden. Je nach Systemeinstellung können bereits in diesem Schritt konkrete Bezugsquellen wie Lieferanten bei der Fremdbeschaffung zugeordnet werden. Im Anschluss an die Bezugsquellenermittlung steht für die Bedarfsdecker eines Materials fest, woher das ERP-System die Parameter für eine initiale Terminierung ableiten kann.

Terminierung

Nachdem in der Bezugsquellenermittlung festgelegt wurde, ob es sich um ein eigengefertigtes oder fremdbeschafftes Material handelt und welche Terminierungsparameter bei der initialen Terminierung zugrunde gelegt werden können, kann nun eine erste terminliche Ausgestaltung des Bedarfsdeckers definiert werden. Dabei werden z. B. bei Eigenfertigung Terminierungsparameter aus dem Materialstamm oder dem Arbeitsplan in Kombination mit dem Arbeitsplatz interpretiert.

Die Kapazitätsbelastung der zugrunde liegenden Arbeitsplätze wird jedoch in diesem Schritt noch nicht mit einbezogen, dies bleibt der nachfolgenden Kapazitätsplanung vorbehalten. Auch werden noch keine Materialverfügbarkeiten einbezogen; es wird prinzipiell beim automatisierten Lauf von einer Verfügbarkeit der jeweils untergeordneten Komponenten ausgegangen. Eine eventuelle Verspätung einer Baugruppe oder Komponente muss im ERP-System durch manuelle, der automatisierten Bedarfsplanung nachgeordnete Schritte in die Planung einbezogen werden. Das ERP-System unterstützt den Planer lediglich durch Anzeige einer eventuellen Verzögerung auf der Ebene des verspäteten Materials.

Mit Abschluss des Schritts der Terminierung ist der durch die Bedarfsplanung angelegte Bedarfsdecker wie ein Planauftrag oder eine Bestellanforderung hinsichtlich seiner planungsrelevanten Eigenschaften wie Menge, Termin und Bezugsquelle initial ausgeprägt und steht für eine nachträgliche Kapazitätsplanung für die Erstellung eines machbaren Produktions- und Beschaffungsplans zur Verfügung.

Ableitung abhängiger Bedarfe

Aus dem ausgeprägten Bedarfsdecker werden für die untergeordneten Baugruppen und Komponenten entsprechende Bedarfe abgeleitet. Bedarfe, die aus temporären planerischen Bedarfsdeckern wie Planaufträgen abgeleitet werden, werden als Sekundärbedarfe bezeichnet, bei bereits festen Aufträgen, wie z. B. Fertigungsaufträgen, spricht man von Auftragsreservierungen (siehe hierzu Kapitel 5, »Bewegungsdaten«).

Diese Bedarfe bilden für die Bedarfsplanung der untergeordneten Stücklistenstufen die Ausgangsbasis. Dabei wird die Planungsreihenfolge der Materialien gemäß des erwähnten Dispositionsstufenverfahrens so geregelt, dass ausgehend von der Endproduktebene die einzelnen Stücklistenstufen in einer sinnvollen Reihenfolge geplant werden.

Weiterverarbeitung der Planungsergebnisse

Die so erzeugte Planungskonstellation steht für die Weiterverarbeitung bereit, die gelegentlich auch als Nachbearbeitung bezeichnet wird. Die Weiterverarbeitung wird je nach Konstellation für jedes Material unterschiedlich durchgeführt.

Diese Weiterverarbeitung kann beispielsweise bei eigengefertigten Materialien, die auf Kapazitätsengpässen produziert werden, in der Planung der Kapazitäten bestehen. Hierfür stehen im ERP-System verschiedene Funktionen zur Verfügung, die wir Ihnen in Kapitel 19, »Kapazitätsplanung in SAP ECC und SAP S/4HANA«, näher vorstellen. Falls ein APO-System eingesetzt wird, können auch bei der Ausführung der Materialbedarfsplanung im ERP-System Kapazitätsplanungsfunktionen des APO-Systems z. B. durch Verwendung der materialbedarfsplanungsbasierten Feinplanung (MRP-basierte Feinplanung) genutzt werden, die in ePP/DS aktuell nicht zur Verfügung stehen.

Fremdbeschaffte oder eigengefertigte Materialien, die nicht auf Engpassressourcen zu fertigen sind, werden bei identifizierten Terminverzögerungen oder anderen Ausnahmesituationen in der Regel durch manuelle Tätigkeiten wie Interaktion mit den Lieferanten oder mit der Produktion nachbearbeitet.

Gegebenenfalls existieren auch Materialien, die nicht durch den Weiterverarbeitungsprozess laufen, sondern ohne weitere Tätigkeiten direkt aus der automatisierten Planung heraus der nachgelagerten Auftragungsumsetzung zugeführt werden. In diesem Zusammenhang spricht man gelegentlich von »Dunkeldisposition«, da diese Materialien komplett automatisiert disponiert werden und somit niemand direkt Notiz vom Prozess nimmt, d. h., dass der Bestellprozess im »Dunkeln« abläuft. Diese Art der Disposition eignet sich insbesondere für fremdbeschaffte Materialien mit geringer Verbrauchsbedeutung und konstantem Verbrauch (sogenannte CX-Materialien).

Auftragsumsetzung

Im Anschluss an die Weiterverarbeitung erfolgt die Auftragsumsetzung, d. h., im Rahmen dieses Schritts werden die temporären planerischen Elemente wie Planaufträge oder Bestellanforderungen in feste Zugangselemente wie Fertigungs- oder Prozessaufträge bzw. Bestellungen umgewandelt und somit den der Planung nachgelagerten Schritten wie der Auftragsausführung zugeführt. In Kapitel 26, »Auftragsausführung (Execution)«, gehen wir näher auf die Auftragsumsetzung ein.

[«]

Ausführung der Materialbedarfsplanung im ERP-System (ERP-MRP)

Die konkrete Ausführung der automatisierten Materialbedarfsplanung erfolgt im ERP-System in der Regel für ein oder mehrere sukzessiv hintereinander geplante Werke im Hintergrundlauf.

Dabei steht im ECC-System der sogenannte *klassische MRP-Lauf* (engl. Classic MRP Run) zur Verfügung, der mittels Transaktion MDBT (in der Langfristplanung Transaktion MSBT) gestartet werden kann. Interaktiv genutzt wird für die automatisierte Planung eines oder mehrerer Werke die Transaktion MD01 bzw. in der Langfristplanung MS01. Die mehrstufige Planung einer einzelnen Stücklistenstruktur können Sie interaktiv in der Transaktion MD02 (bzw. in der Langfristplanung MS02) durchführen, wohingegen Sie eine einstufige Planung mit den Transaktionen MD03 und MD43 (Langfristplanung: MS03) realisieren können.

In SAP S/4HANA steht die Funktion *MRP Live* zur Verfügung, die funktional in großen Teilen mit dem klassischen MRP-Lauf identisch ist. Jedoch ist MRP Live für eine Verwendung mit SAP HANA optimiert, d. h., bei vielen Datenkonstellationen ist mit einer reduzierten Laufzeit zu rechnen. Sie können MRP Live im SAP GUI über die Transaktion MD01N starten. In SAP Fiori steht Ihnen die App **MRP-Läufe einplanen** zur Verfügung. Der klassische MRP-Lauf kann auch in SAP S/4HANA eingesetzt werden. (Bitte konsultieren Sie SAP-Hinweis 2638465 bzgl. der Unterschiede zwischen den beiden MRP-Vorgehensweisen.)

Für die manuelle Disposition, die zumindest die Schritte der Weiterverarbeitung und gegebenenfalls sogar die vorab aufgeführten Schritte beinhaltet, steht sowohl im ECC- als auch im S/4HANA-System in der SAP-GUI-Oberfläche eine Vielzahl an Transaktionen zur Verfügung. Besonders hervorzuheben sind an dieser Stelle die Transaktionen der aktuellen Bedarfs-/Bestandsliste (Einzeleinstieg über Transaktion MD04 bzw. Sammeleinstieg mittels Transaktion MD07, in der Langfristplanung MS04 und MS07) und die Dispositionsliste (Einzeleinstieg über Transaktion MD05 bzw. Sammeleinstieg mittels Transaktion MD06, in der Langfristplanung MS05 und MS06). Ebenfalls wichtig sind in diesem Zusammenhang die Transaktionen MD11 (Langfristplanung MS11) zur Anlage eines Planauftrags und ME51N zur Anlage von Bestellanforderungen. Im S/4HANA-System können Sie in der Fiori-Oberfläche auch eine Vielzahl von auf bestimmte Planungszwecke spezialisierten Apps nutzen, um die MRP-Ergebnisse nachzubearbeiten.

Kunden- und Projektbedarfsplanung im ERP-System

Die Auftragsanlage im Rahmen der Kunden- und der Projektbedarfsplanung erfolgt im Wesentlichen analog zu den genannten Schritten, jedoch wird die Bedarfsplanung dabei nur für einen eng abgegrenzten Bereich an Bedarfen ausgeführt. Es werden, anders als bei der Materialbedarfsplanung, nicht die kompletten Bedarfe eines Materials gleichzeitig betrachtet, sondern lediglich die in Einzelabschnitten vorhandenen Bedarfe zu einer Kundenauftragsposition oder einem Projekt. Von einem *Einzelabschnitt* (Kunden- oder Projekteinzelabschnitt) spricht man, wenn die Bedarfe, die dafür angelegten Zugänge sowie der entstehende Bestand in einem von anderen Planungselementen separierten Abschnitt geführt werden.

Dabei kann die Planung analog zur Materialbedarfsplanung auch in diesen Fällen mehrstufig erfolgen, sofern die Einzelabschnitte über das Einzel-/Sammelkennzeichen im Materialstamm auch auf den untergeordneten Stücklistenebenen mitgeführt werden. Jedoch stehen bei dieser Art der Auftragsanlage im Vergleich zur Materialbedarfsplanung nicht alle Funktionen zur Verfügung, da durch die Beschränkung der Betrachtung auf einzelne Abschnitte beispielsweise Losgrößenzusammenfassungen nicht oder nur eingeschränkt sinnvoll durchführbar sind.

Abbildung 7.2 zeigt beispielhaft die möglichen Einstellungen im Rahmen der Material-, Kunden- und Projektbedarfsplanung. Wie Sie in der Abbildung am Beispiel der Kundenbedarfsplanung (Transaktion MD50) sehen können, sind entsprechende Einstellungen zu Planungsmodus oder Terminierungsart vorzunehmen. Hier legen Sie fest, ob bereits bestehende Elemente wiederverwendet werden sollen oder ob eine detaillierte Durchlaufterminierung bereits für Planaufträge durchzuführen ist.

Kundenplanung -mehrstufig-

Kundenauftrag	518273	
KundAuft-Pos	10	
Materialdaten		
Material		
Werk		
Steuerungsparameter Disposition		
Bestellanf. erstellen	2	Bestellanforderung im Eröffnungshorizont
Lieferplaneinteilungen	3	Grundsätzlich Lieferplaneinteilungen
Planungsmodus	3	Planungsdaten anpassen (Normalmodus)
Terminierung	2	Eckterminbestimmung für Planaufträge
Steuerungsparameter Ablauf		
☐ Auch unveränderte Komponenten planen		
☐ Ergebnisse vor dem Sichern anzeigen		
☐ Materialliste anzeigen		

Abbildung 7.2 Einstellungsmöglichkeiten der Bedarfsplanung im ERP-System am Beispiel der Kundenbedarfsplanung (MD50)

Ausführung der Kunden- und Projektbedarfsplanung im ERP-System

Die Ausführung der automatisierten Kundenbedarfsplanung erfolgt durch Verwendung der Transaktion MD50 (Langfristplanung MS50), wohingegen die automatisierte Projektbedarfsplanung mittels Transaktion MD51 (Langfristplanung MS51) durchgeführt wird. Zur Weiterverarbeitung können Sie die bereits im Rahmen der Materialbedarfsplanung genannten Transaktionen nutzen.

7.1.2 Bedarfsplanung in der werksübergreifenden Planung (SNP) des APO-Systems

Das Vorgehen in der werksübergreifenden Planung (Supply Network Planning, SNP) unterscheidet sich abhängig von dem verwendeten Verfahren der Heuristik, von Capable-to-Match (CTM) oder des Optimierers.

Materialbedarfsplanung in der werksübergreifenden Planung des APO-Systems mittels SNP-Heuristik

In SNP werden Primärbedarfe (Kundenaufträge oder Vorplanbedarfe) und abgeleitete Bedarfe (wie z. B. Sekundärbedarfe oder Auftragsreservierungen) von der Planung berücksichtigt. Die SNP-Heuristik legt ohne Berücksichtigung von Kapazitäten Bedarfsdecker an, wie z. B. Planaufträge und Bestellanforderungen. Die Kapazitäten werden in einem nachgelagerten automatischen/manuellen Prozessschritt berücksichtigt, dem *Capacity Leveling*. Weitere Details zur SNP-Heuristik finden Sie in Kapitel 10, »SNP-Heuristik/Kapazitätsabgleich in SAP APO«.

Ausführung der Materialbedarfsplanung in der werksübergreifenden Planung des APO-Systems (SNP-Heuristik)

Die Ausführung der SNP-Heuristik für ein ausgewähltes Datenvolumen können Sie manuell über Transaktion /SAPAPO/SDP94 starten. Die SNP-Heuristik führen Sie in der Hintergrundverarbeitung über die Einplanung des Programms /SAPAPO/RSNPDRP1 z. B. mithilfe einer Prozesskette und einer entsprechenden Variante aus.

Bedarfsplanung in der werksübergreifenden Planung des APO-Systems mittels Capable-to-Match

Auch CTM berücksichtigt die Primärbedarfe und abgeleiteten Bedarfe im Planungslauf. Wesentlicher Unterschied ist dabei, dass CTM jeden Bedarf einzeln über alle Stücklistenstufen plant und die Kapazitäten bereits während des CTM-Planungslaufs finit berücksichtigt werden können. Eine infinite Berücksichtigung der Kapazitäten während des CTM-Planungslaufs ist auch möglich und würde einem reinen Bedarfsplanungslauf entsprechen. Weitere Details zu CTM finden Sie in Kapitel 12, »Capable-to-Match (CTM) in SAP APO«.

Ausführung der Kundenbedarfsplanung in der werksübergreifenden Planung des APO-Systems (Capable-to-Match)

Die Ausführung der Planung mit CTM kann interaktiv über die Transaktion /SAPAPO/CTM durchgeführt werden. In der Hintergrundverarbeitung können Sie CTM über Transaktion /SAPAPO/CTMB durchführen.

Materialbedarfsplanung in der werksübergreifenden Planung des APO-Systems mittels SNP-Optimierung

Der SNP-Optimierer berücksichtigt alle Primärbedarfe und abgeleiteten Bedarfe eines selektierten Planungsszenarios simultan und ermittelt unter Berücksichtigung von Lenkungskosten und harten sowie weichen Restriktionen einen kostenoptimierten Plan. Dabei können kapazitive Restriktionen während des Planungslaufs sofort berücksichtigt werden. Weitere Details zum SNP-Optimierer finden Sie in Kapitel 11, »SNP-Optimierer in SAP APO«.

[«]

Ausführung der Materialbedarfsplanung in der werksübergreifenden Planung des APO-Systems (SNP-Optimierung)

Die Ausführung des SNP-Optimierers für ein ausgewähltes Datenvolumen können Sie manuell über die Transaktion /SAPAPO/SDP94 starten. Den SNP-Optimierer führen Sie in der Hintergrundverarbeitung über die Transaktion /SAPAPO/SNPOP und z. B. mithilfe einer Prozesskette und einer entsprechenden Variante aus.

7.1.3 Bedarfsplanung in der werksübergreifenden Planung (Supply) des IBP-Systems

Das Vorgehen in der werksübergreifenden Planung (Supply) des IBP-Systems unterscheidet sich je nach Verfahren, das Sie anwenden (Heuristik, SNP-Optimierung oder auftragsbasierte Planung).

Zeitreihenbasierte Planung im IBP-System mittels Supply-Heuristik

Das Vorgehen in der zeitreihenbasierten Planung gleicht dem des APO-Systems unter Nutzung der SNP-Heuristik in seinen wesentlichen Grundzügen. Jedoch können hier aktuell keine Aufträge generiert werden, es handelt sich lediglich um einen zeitreihenbasierten Algorithmus. Details hierzu erläutern wir Ihnen in Kapitel 16, »Zeitreihenbasierte Kapazitätsplanung in SAP IBP«.

Zeitreihen- bzw. auftragsbasierte Planung im IBP-System mittels Supply-Optimierung

Ähnlich wie das APO-System stellt auch das IBP-System im mittel- bis langfristigen Horizont eine Optimierungskomponente zur Verfügung. Diese erfüllt dabei in einem kombinierten Schritt sowohl die Aufgaben der Bedarfs- als auch die der Kapazitätsplanung. In bestimmten Konstellationen kann diese Funktion auch zur Generierung von Aufträgen genutzt werden. Details hierzu erläutern wir Ihnen in Kapitel 16, »Zeitreihenbasierte Kapazitätsplanung in SAP IBP«, bzw. in Kapitel 17, »Auftragsbasierte Kapazitätsplanung in SAP IBP«.

Auftragsbasierte Planung im IBP-System

In Teilen vergleichbar mit dem bereits im APO-System vorhandenen Capable-to-Match-Algorithmus können Sie auch im IBP-System verschiedene Algorithmen einsetzen, die auf Basis der Bedarfspriorität einen Plan erstellen. Ergebnis dieser Vorgehensweise sind grob auch kapazitiv geplante Aufträge. Details hierzu finden Sie in Kapitel 17, »Auftragsbasierte Kapazitätsplanung in SAP IBP«.

7.1.4 Bedarfsplanung in der Produktions- und Feinplanung (PP/DS) des APO-Systems bzw. von ePP/DS

Die Bedarfsplanung in der Produktions- und Feinplanungskomponente des APO-Systems bzw. ePP/DS gleicht in wesentlichen Zügen denen des ERP-Systems, die wir in Abschnitt 7.1.1, »Bedarfsplanung im ERP-System«, näher beschrieben haben. Es ist sowohl eine Funktion zur Materialbedarfsplanung als auch eine zur Kundenbedarfsplanung vorhanden. Ein Äquivalent zur Projektbedarfsplanung des ERP-Systems findet sich jedoch in der Produktions- und Feinplanung des APO-Systems bzw. von ePP/DS nicht.

Materialbedarfsplanung in der Produktions- und Feinplanung des APO-Systems (APO-MRP)

Die Materialbedarfsplanung im APO-System bzw. in ePP/DS gleicht vom Ablauf her der in Abschnitt 7.1.1 beschriebenen Materialbedarfsplanung im ERP-System, d. h., auch hier werden die aufgeführten Schritte durchlaufen. Jedoch ist der Funktionsumfang nicht identisch, und es steht eine Reihe zusätzlicher Funktionen zur Verfügung.

Ein wesentlicher Unterschied, insbesondere im Hinblick auf die Kapazitätsplanung, ist die Möglichkeit, den Materialbedarfsplanungslauf bereits unter Berücksichtigung von begrenzten Kapazitäten auszuführen, die im SAP-Sprachgebrauch auch als finite Kapazitäten bezeichnet werden.

Weitere Beispiele für zusätzlichen Funktionsumfang im APO-Materialbedarfsplanungslauf im Vergleich zum ERP-MRP-Lauf sind Sicherheitsbestands- und Losgrößenverfahren.

An dieser Stelle sei jedoch angemerkt, dass die Materialbedarfsplanung im APO-System bzw. in ePP/DS zwar einerseits zusätzliche Funktionen aufweist, jedoch gibt es andererseits auch einige Funktionen, die im Rahmen der ERP-Materialbedarfsplanung verwendet werden können, für die jedoch kein Äquivalent im APO-System bzw. in ePP/DS zur Verfügung steht. Beispielhaft sei an dieser Stelle die teilweise Verfügbarkeit von Sicherheitsbeständen oder die Erstellung von Planaufträgen für fremdbeschaffte Materialien genannt.

Ebenso gibt es eine Reihe von Funktionen, bei denen sich die Funktionslogik im APO-System bzw. in ePP/DS von der des ERP-Systems unterscheidet (z. B. bei der dynamischen Sicherheitsbestandsberechnung oder der Ausschussmengenermittlung).

[«]

Ausführung der Materialbedarfsplanung in der Produktions- und Feinplanung des APO-Systems (APO-MRP)

Die Ausführung der APO-Materialbedarfsplanung erfolgt über den Produktionsplanungslauf, den Sie mit Transaktion /SAPAPO/CDPSB0 aufrufen können. Die Transaktionen zur Weiterverarbeitung werden in Kapitel 25, »Interaktive, kurzfristige Kapazitätsplanung in SAP APO und ePP/DS«, zur interaktiven Planung im Detail betrachtet. Aus diesen Transaktionen heraus ist im APO-System teilweise auch eine manuelle Anlage von Bedarfsdeckern oder eine Einzelplanung möglich.

Kundenbedarfsplanung in der Produktions- und Feinplanung des APO-Systems (Capable-to-Promise, CTP)

Eine Kundenbedarfsplanung kann im APO-System mittels der Funktionen CTM, ATP-Baumstrukturen sowie Capable-to-Promise (CTP) ausgeführt werden. Während die CTM-Planung als Funktion in SNP untergebracht ist (siehe Kapitel 12, »Capable-to-Match (CTM) in SAP APO«), handelt es sich sowohl bei ATP-Baumstrukturen als auch bei der CTP-Funktionalität um Funktionen, die aus der globalen Verfügbarkeitsprüfung heraus gestartet werden. Während bei ATP-Baumstrukturen im Rahmen der Verfügbarkeitsprüfung vorliegende Informationen in konkrete Aufträge umgesetzt werden sollen, werden bei CTP zusätzlich Produktions- und Feinplanungsfunktionalitäten ausgeführt.

Analog zur Kundenbedarfsplanung im ERP-System steht die Planung eines einzelnen Kundenauftrags bei CTP im Vordergrund. CTP bietet dabei mehr Möglichkeiten als die im ERP-System vorhandene Funktionalität zur Anlage von Aufträgen für eine nachgelagerte Planung und Abwicklung. Bei CTP handelt es sich um eine simultan während der Auftragsanlage ablaufende Ermittlung eines Bestätigungstermins für den Kundenauftrag, bei der mehrstufige kapazitive Planung berücksichtigt werden kann.

[«]

Ausführung der Kundenbedarfsplanung in der Produktions- und Feinplanung des APO-Systems (CTP)

Die Ausführung der CTP-Planung erfolgt ohne direkten Anstoß in einer eigenen Transaktion. Sofern keine Produktverfügbarkeit durch Lagerbestand oder vorhandene Zugänge gegeben ist und entsprechende Customizing-Einstellungen vorliegen, werden mit der CTP-Planung schon während der Kundenauftragserfassung in Echtzeit beispielsweise in der Transaktion VA01 simulativ Bedarfsdecker angelegt und kapazitiv eingeplant, um ein realistisches Bestätigungsdatum ermitteln zu können. Nach Speicherung des Kundenauftrags werden die simulativ angelegten Bedarfsdecker in temporäre planerische Elemente umgewandelt und stehen bei weiteren Planungen zur Verfügung.

Weitere Details zur Planung gemäß CTP erhalten Sie in Kapitel 23, »Kapazitive Verfügbarkeitsprüfung«.

7.2 Anlage von Planungselementen in der Projektplanung

In der Projektplanung geht es um die Abbildung und Planung von in der Regel langfristig angelegten Projekten mit einer Vielzahl von durchzuführenden Arbeitsschritten (Vorgängen), die in den meisten Fällen komplexe Anordnungsbeziehungen zueinander aufweisen. Häufig müssen diese Projekte verhältnismäßig individuell ausgeprägt werden, d. h., es gibt in der Regel ein hohes Maß an von Projekt zu Projekt unterschiedlich auszugestaltenden Schritten.

Anders als in der Produktionsplanung wird daher nicht mit den Planungselementen Plan- oder Fertigungs- bzw. Prozessauftrag gearbeitet, sondern das Planungselement des Netzplans als Grundlage verwendet. Abweichend von den beschriebenen Vorgehensweisen zur Auftragsanlage, werden Netzpläne nicht durch einen automatisierten Lauf erzeugt, sondern direkt manuell (eventuell unter Nutzung von Standardnetzen als Kopiervorlage) von einem Planer angelegt. Außerdem können Netzpläne aus der Auftragsabwicklung automatisch erstellt werden (siehe hierzu Anmerkungen zur Montageabwicklung im Rahmen von Kapitel 5, »Bewegungsdaten«).

Die Netzpläne weisen dabei prinzipiell Charakteristika von festen Zugängen vergleichbar mit Fertigungs- und Prozessaufträgen auf. Es gibt daher in diesem Zusammenhang kein Äquivalent zum temporären planerischen Element des Planauftrags bzw. der Bestellanforderung, diese Funktion wird vom Planungselement Netzplan übernommen.

Genauso wie bei Plan- und Fertigungs- bzw. Prozessaufträgen weisen Vorgänge auch bei Netzplänen häufig Komponentenbedarfe auf. Diese werden als Auftragsreservierungen an die jeweiligen Materialien weitergegeben und dort durch die zu Beginn des Kapitels beschriebenen Mechanismen der Bedarfsplanung befriedigt.

Anlage von Planungselementen der Projektplanung

Die Anlage von Netzplänen erfolgt in den ERP-Transaktionen CJ20N sowie CN21. Im APO-System selbst existieren keine eigenen Funktionen zur Anlage von Planungselementen der Projektplanung. Es können jedoch Netzpläne als Projektaufträge aus dem ERP-System über das Core Interface (CIF) an das APO-System übertragen und dort zu Planungszwecken genutzt werden.

7.3 Anlage von Planungselementen in der Instandhaltungsplanung

Im Rahmen der Instandhaltung geht es darum, betriebene Anlagen, wie z. B. Fertigungsmaschinen, im Fall von nötigen Reparaturen entweder im Anschluss an einen Defekt oder auch vorbeugend instand zu halten. Die Anlage von Planungselementen der Instandhaltungsplanung ist in wesentlichen Zügen mit der der Projektplanung vergleichbar. Auch hier gibt es keinen automatisierten Lauf zur Anlage des Planungselements Instandhaltungsauftrag, vielmehr wird vergleichbar mit der Projektplanung manuell eine Auftragsanlage ausgeführt, sobald eine Instandhaltung durchgeführt werden soll. Die Charakteristik von Instandhaltungsaufträgen ist dabei jedoch dem Fertigungsauftrag näher als dem Netzplan, da in der Regel weitaus weniger komplexe Anordnungsbeziehungen zu berücksichtigen sind und die Laufzeit einer Instandhaltungsaufgabe im Vergleich zur Projektplanung eher kurz ist. Komplexe Instandhaltungsaufgaben mit entsprechend vielen zeitlich abhängigen und teilweise parallel durchzuführenden Vorgängen und langen Laufzeiten können gegebenenfalls auch als Projekt bzw. Netzplan abgebildet werden.

Genauso wie bei Plan-, Fertigungs- und Prozessaufträgen oder Netzplänen weisen Vorgänge auch bei Instandhaltungsaufträgen in häufigen Fällen Komponentenbedarfe auf. Diese werden als Auftragsreservierungen an die jeweiligen Materialien weitergegeben und dort durch die genannten Mechanismen der Bedarfsplanung befriedigt.

Anlage von Planungselementen der Instandhaltungsplanung

Die Anlage von Instandhaltungsaufträgen erfolgt in der ERP-Transaktion IW31. Im APO-System existieren keine Funktionen zur Anlage von Planungselementen der Instandhaltungsplanung. Es können jedoch Instandhaltungsaufträge aus dem ERP-System über das CIF an das APO-System übertragen und dort zu bestimmten Planungszwecken genutzt werden.

7.4 Anlage von Planungselementen in der Kundenauftragsabwicklung

Auch aus der Kundenauftragserfassung des ERP-Systems können automatisiert Planungselemente angelegt werden. So kann über die Planungsstrategien der Montageabwicklung (in der Standardauslieferung die Planungsstrategien 81, 82 und 83) direkt zu einem Kundenauftrag entsprechend ein Plan- oder Fertigungsauftrag oder ein Netzplan angelegt werden, ohne dass hierfür ein separater Bedarfsplanungslauf ausgeführt werden muss. Diese sogenannten *Montageaufträge* weisen eine enge planerische Bindung mit dem jeweiligen Kundenauftrag auf. Die Vorgänge der Montageaufträge können – ähnlich wie Netzplan- und Instandhaltungsauftragsvorgänge – Komponentenbedarfe als abgeleitete Bedarfe an die Bedarfsplanung weitergeben.

Eine analog zur Montageabwicklung ebenfalls aus der ERP-Kundenauftragsabwicklung heraus angestoßene APO-Funktion der Auftragsanlage wird mit CTP durchgeführt, die wir in Kapitel 23, »Kapazitive Verfügbarkeitsprüfung«, erläutern.

Anlage von Planungselementen in der Kundenauftragserfassung

Die Auftragsanlage aus der Kundenauftragserfassung heraus ist nicht an eine einzelne Transaktion gebunden. Vielmehr wird – entsprechende Einstellungen in der beispielsweise durch die Planungsstrategie gefundenen Bedarfsart vorausgesetzt – durch eine Kundenauftragserfassung (beispielsweise in Transaktion VA01) ein entsprechender Montageauftrag (Plan- oder Fertigungsauftrag oder Netzplan) automatisch angelegt. Ein separater Lauf ist für die Montageebene nicht mehr nötig.

Das APO-System übernimmt die über die Montageabwicklung erzeugten Aufträge über das CIF.

7.5 Fazit

In Rahmen dieses Kapitels haben wir Ihnen die Funktionen der Auftragsanlage, die häufig den Ausgangspunkt für die nachgelagert ablaufende Kapazitätsplanung bilden, überblicksartig vorgestellt.

Zu diesem Zweck sind wir zunächst auf die Bedarfsplanung eingegangen und haben Ihnen die Möglichkeiten des ERP-, des APO- und des IBP-Systems vorgestellt, die zumindest teilweise auch bereits Kapazitätsplanungsaspekte beinhalten. Mit der Kunden- und der Projektbedarfsplanung im ERP-System sind wir außerdem auf zwei spezielle Formen der Bedarfsplanung eingegangen.

Im Anschluss erfolgte eine überblicksartige Einordnung der Funktionen der Auftragsanlage in der Projekt- und der Instandhaltungsplanung sowie der Funktionen, die aus der Kundenauftragsabwicklung heraus angestoßen werden können (Montageabwicklung und Capable-to-Promise). Sie können nun die Funktionen der Auftragsanlage, die der Kapazitätsplanung zugrunde liegen, benennen und einordnen.

TEIL III

Langfristige Kapazitätsplanung

Kapitel 8
Langfristplanung und predictive MRP in SAP ECC und SAP S/4HANA

Mit der Langfristplanung bietet Ihnen bereits SAP ECC rudimentäre Funktionen für eine mittel- bis langfristige Produktions- und Kapazitätsplanung sowie die Möglichkeit, Simulationen in der kurzfristigen Kapazitätsplanung auszufüllen. Im S/4HANA-System können Sie zusätzlich die Komponente predictive Material and Resource Planning (pMRP) nutzen.

Auch die ERP-Systeme von SAP, ECC und S/4HANA, bieten Ihnen im Langfristhorizont einige Funktionen, mit deren Hilfe Sie eine mittel- bis langfristige Produktions- und Kapazitätsplanung durchführen können. Es handelt sich um diese beiden alternativen Funktionen:

- Langfristplanung (engl. *Long Term Planning*, LTP)
- predictive Material and Resource Planning (pMRP)

Wir werden nun zunächst auf die Möglichkeiten der Langfristplanung (LTP) eingehen, bevor wir im Anschluss die Funktion pMRP erläutern.

8.1 Langfristplanung

Mit der Langfristplanung, die Ihnen sowohl im ECC- als auch im S/4HANA-System zur Verfügung steht, haben Sie auch die Möglichkeit, alternative Szenarien zu simulieren und gegebenenfalls die Ergebnisse aus der Simulationsversion in die operative aktive Planung zu übergeben. Dabei verfolgt die Langfristplanung im Wesentlichen folgende Ziele:

- Planung bzw. Simulation des Produktionsprogramms unter Berücksichtigung sämtlicher Stücklistenstufen
- Abstimmung der Kapazitäten und Kapazitätsplanung des zu erwartenden zukünftigen Kapazitätsbedarfs auf Basis der alternativen Planungsszenarien
- Abstimmung mit der Kostenstellenplanung, indem die Produktionskosten an jede Kostenstelle übermittelt werden und die Produkte kalkuliert werden können

- Vorschau für den Einkauf zur Ermittlung zukünftiger Budgets
- Vorschau für das Bestandscontrolling, indem die ermittelten Bedarfs- und Bestandssituationen ausgewertet werden

In diesem Kapitel gehen wir auf die grundlegende Funktionsweise und Verwendung der Funktionen der Langfristplanung in SAP ERP ein und erläutern Ihnen die Möglichkeiten im Rahmen einer Kapazitätsplanung.

8.1.1 Grundlagen, Verwendung und Funktionsweise

Das Grundprinzip der Langfristplanung ist es, verschiedene Versionen des Produktionsprogramms bzw. Planungsszenarios zu simulieren und bei der Simulation teilweise operative Daten zu berücksichtigen, wie z. B. Stammdaten, Kundenaufträge, Bestellungen und Fertigungsaufträge. Die kurzfristigen, simulativen Planungen in den unterschiedlichen Versionen und die Auswirkungen der unterschiedlichen Bedarfs- und Kapazitätsplanungen können miteinander verglichen werden.

Für eine langfristige Planung hingegen ist es notwendig, dass Sie sich einen Überblick über die zukünftige Bedarfs- und Bestandssituation verschaffen, um abzuleiten, auf welche Weise die Absatz- und die Programmplanung die zukünftigen Kapazitäten beeinflussen werden. Hierbei können Sie in der Langfristplanung auch Materialien, die in der operativen Planung verbrauchsgesteuert disponiert werden und keine langfristigen Kapazitäten belegen, als plangesteuerte Materialien in der langfristigen Planung berücksichtigen. Dies ermöglicht Ihnen, frühzeitig zu entscheiden, ob Sie das Kapazitätsangebot anpassen, indem z. B. neue Maschinen gekauft bzw. alte abgeschaltet werden, oder ob Sie eventuell alternative Ressourcen verwenden können. Für die Langfristplanung werden eigene *Planungsräume* geschaffen, die teilweise in die operative Planung integriert sind. Auf diese Weise kann im System für jedes Szenario ein eigener Planungsraum mit eigenem Produktionsprogramm und Planungsszenario für Simulationszwecke aufgebaut werden, der sich aus operativen und in der Langfristplanung simulierten Daten zusammensetzt. Durch die Nutzung von unterschiedlichen, voneinander unabhängigen Planungsräumen können die Simulationsfunktionen der Langfristplanung langfristig, aber auch kurzfristig ausgerichtet sein. Es gibt keine zeitliche Einschränkung für die Planung in der Langfristplanung. Allerdings sollten die Planungszeiträume der Langfristplanung und der operativen Planung aufeinander abgestimmt sein, damit keine betriebswirtschaftlichen Inkonsistenzen entstehen.

Abbildung 8.1 zeigt die Einbettung und Integration der Langfristplanung in das funktionale Umfeld der operativen Planung und mögliche alternative Daten- bzw. Informationsquellen. Grundsätzlich kann die Langfristplanung auf Basis der operativen Stammdaten wie Stücklisten, Arbeitsplänen, Arbeitsplätzen sowie Materialstämmen durchgeführt werden. Wenn Sie Situationen simulieren möchten, die auf abweichenden Stammdaten beruhen, können Sie für die Langfristplanung auch spezielle Stammdaten hinterlegen.

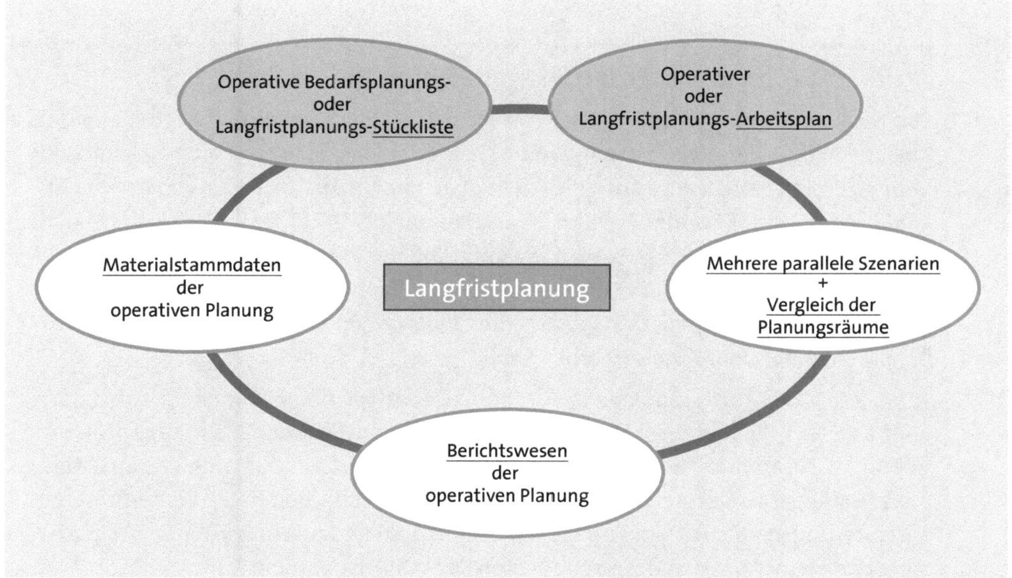

Abbildung 8.1 Zusammenspiel der Langfristplanung mit der operativen Planung (Quelle: SAP)

- Spezielle Langfristplanungs-Arbeitspläne können Sie verwenden, wenn Sie hinsichtlich der Durchlaufterminierung und der Kapazitätsplanung alternative Szenarien abbilden möchten (siehe auch den Unterabschnitt »Spezifische Stammdaten für die Langfristplanung« in Abschnitt 8.1.2, »Einstellungen und Stammdaten der Langfristplanung«).
- Spezielle Langfristplanungs-Stücklisten können Sie nutzen, wenn Sie abweichende Stücklisten in der Langfristplanung verwenden möchten. Grundsätzlich stehen für die Langfristplanung eigene Werkzeuge zur Verfügung, die sich von den Funktionen der operativen Planung nicht unterscheiden. Über das Kennzeichen Auflösungssteuerung in einzelnen Stücklistenpositionen können diese für die Langfristplanung ausgeschaltet werden (siehe ebenfalls den Unterabschnitt »Spezifische Stammdaten für die Langfristplanung«).

Die starke Integration der Langfristplanung mit den Funktionen der operativen kurzfristigen Planung in den SAP-ERP-Systemen beschränkt sich nicht nur darauf, dass dieselben Stammdaten verwendet werden, sodass die Materialien bereits in der operativen Planung bekannt sind. Auch die in der Langfristplanung verwendeten Werkzeuge, z. B. zur Auswertung der Planung, unterscheiden sich in der Handhabung nicht von denen aus der operativen Planung. So existieren z. B. für die Transkationen der operativen Planung, die mit MD* beginnen, entsprechende Transaktionen in der Langfristplanung, die mit MS* beginnen.

Relevante Funktionen der kurzfristigen Planung

Da sich die grundlegende Vorgehensweise bei der Planung in der Langfristplanung nicht von der operativen Planung unterscheidet, sind in Bezug auf die Kapazitätsplanung zumindest teilweise auch die Funktionen der kurzfristigen Planung in den SAP-ERP-Systemen aus Kapitel 19, »Kapazitätsplanung in SAP ECC und SAP S/4HANA«, relevant. Da jedoch die Langfristplanung aufgrund des Planungshorizonts weniger auf eine Feinplanung fokussiert ist als die operative Planung, liegt der Schwerpunkt hier in der Regel auf der Kapazitätsauswertung, auch wenn Kapazitätsabgleichsfunktionalität ebenfalls aufgerufen werden kann.

Für Details der Auftragsanlage bzw. Materialbedarfsplanung können Sie daher auch auf Kapitel 7, »Funktionen der Auftragsanlage«, und für Details zur Kapazitätsplanung im Zusammenhang mit der Langfristplanung auf Abschnitt 19.2, »Kapazitätsauswertung«, zurückgreifen. In den genannten Kapiteln finden Sie weiterführende Erläuterungen zu den Funktionen. In diesem Kapitel erläutern wir Ihnen die grundlegenden Funktionen und Besonderheiten der Langfristplanung.

Sie können die Planungsergebnisse aus der Langfristplanung auch für die operative Bedarfsplanung, für Auswertungszwecke in den Einkaufsinfosystemen, das Bestandscontrolling und die Kostenstellenrechnung verwenden.

Grundsätzlich gliedert sich der Planungslauf in der Langfristplanung in die folgenden Schritte, die auch in Abbildung 8.2 grafisch skizziert sind:

- Planungsszenario anlegen und freigeben
- Planprimärbedarfsversionen anlegen und ändern
- Langfristplanung durchführen
- Planungsergebnisse auswerten
- Planungsergebnisse eventuell in die operative Planung übernehmen

Die wesentliche Einstellung, die die Langfristplanung von der operativen Planung unterscheidet, ist die Nutzung von Planungsszenarien. In einem Planungsszenario werden die notwendigen Einstellungen und Eingangsgrößen für eine simulative Planung festgelegt. Diese werden im Unterabschnitt »Planungsszenario anlegen und ändern« in Abschnitt 8.1.2, »Einstellungen und Stammdaten der Langfristplanung«, beschrieben. Als Input für eine Planung dienen die Planprimärbedarfe, die durch die Nutzung von inaktiven Planprimärbedarfsversionen von den aktiv verwendeten

Planprimärbedarfen abweichen können. Die Berücksichtigung von Kundenaufträgen legen Sie ebenfalls im Planungsszenario fest. Die Durchführung und Auswertung der Planung erklären wir in Abschnitt 8.1.3, »Durchführung der Langfristplanung«.

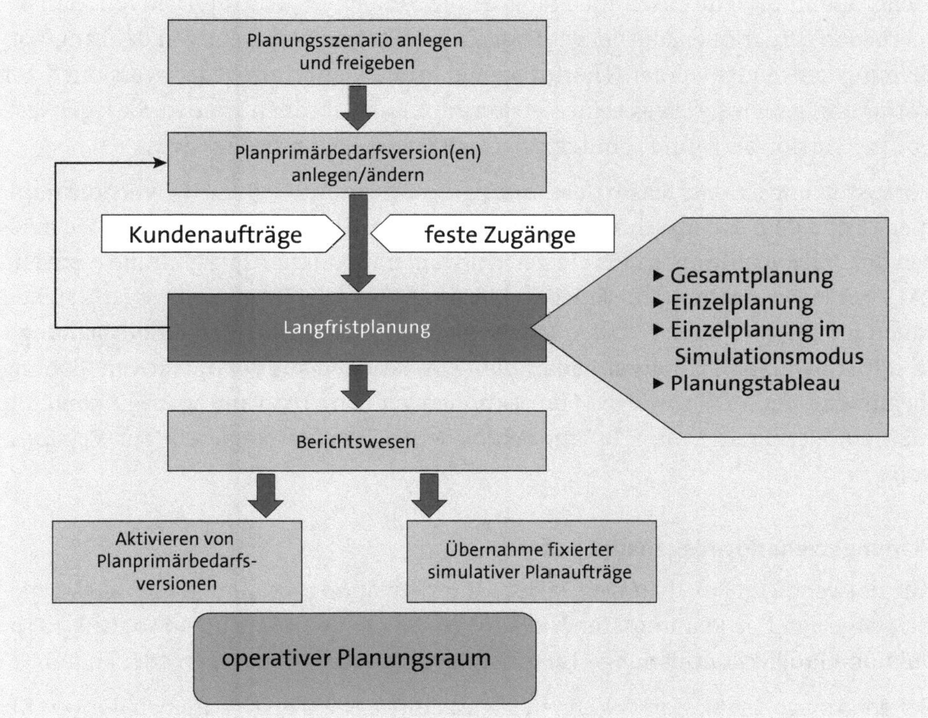

Abbildung 8.2 Planungslauf Langfristplanung (Quelle: SAP)

8.1.2 Einstellungen und Stammdaten der Langfristplanung

Neben der Nutzung von Planprimärbedarfsversionen ist das Planungsszenario das wesentliche Objekt, das Sie in der Langfristplanung pflegen müssen. Bezüglich der Stammdaten verwendet die Langfristplanung primär die Stammdaten aus der operativen Planung. Sie haben die Möglichkeit, spezifische Stammdaten für die Langfristplanung zu verwenden. Das kann sinnvoll sein, wenn Sie zukünftige Veränderungen einplanen möchten. Die wesentlichen Transaktionen, die Sie bei der Nutzung der Langfristplanung benötigen, sind im SAP-Menü über den Menüpfad **Logistik • Produktion • Produktionsplanung • Langfristplanung** für die Langfristplanung zusammengefasst. In diesem Abschnitt erläutern wir Ihnen die wichtigsten Einstellungen, die in diesem Zusammenhang in der Langfristplanung relevant sind.

Planprimärbedarfsversionen für die Langfristplanung pflegen

In der Langfristplanung werden in der Regel alternative Szenarien durchgespielt, um z. B. Rückschlüsse auf zukünftige Kapazitätsbedarfe etc. abzuleiten. Eine wichtige Stellgröße in diesem Zusammenhang ist die Simulation von alternativen Planprimärbedarfssituationen, die bei der Bedarfs- und Kapazitätsplanung in der Langfristplanung verwendet werden. Hierfür stehen Ihnen Planprimärbedarfsversionen zur Verfügung, denen Sie jeweils eine Versionsnummer zuordnen können. Sie legen fest, ob eine Version aktiv und somit operativ wirksam oder ob sie inaktiv ist.

Voraussetzung ist, dass Sie im Customizing zur Programmplanung die Versionsnummern unter dem Arbeitsschritt **Versionsnummer festlegen** vergeben haben. Sie müssen die Versionsnummern für die verschiedenen Produktionsprogramme erstellen, die Sie anlegen möchten. Zur Anlage oder zum Ändern der Planprimärbedarfe stehen Ihnen im SAP-Menü über im den Pfad **Logistik • Produktion • Produktionsplanung • Langfristplanung • Planprimärbedarf** die Transaktionen aus der operativen Planung (beginnend mit MD*) sowie die Transaktionen der Langfristplanung (beginnend mit MS*) zur Verfügung, wie z. B. Transaktion MS64 (Version kopieren) zur Versionskopie.

Planungsszenario anlegen und ändern

Alle notwendigen Einstellungen in der Langfristplanung werden im Planungsszenario festgelegt. Das Planungsszenario können Sie über den Menüpfad **Logistik • Produktion • Produktionsplanung • Langfristplanung • Szenario** anlegen oder ändern.

Bei der Anlage des Szenarios können Sie im Einstiegsbild erste Voreinstellungen für die Steuerungsparameter festlegen. Dann werden beispielhafte, für das ausgewählte Szenario sinnvolle Parametereinstellungen vorgeschlagen, die jederzeit von Ihnen wieder angepasst werden können. Sie können sich für folgende Anwendungsfälle Voreinstellungen der Steuerungsparameter vorschlagen lassen:

- **Radiobutton »Langfristplanung«**
  Einstellungen zur Berücksichtigung verbrauchsgesteuerter Materialien in der Langfristplanung werden gesetzt.
- **Radiobutton »Brutto-Langfristplanung«**
  Einstellungen zur Bruttoplanung werden gesetzt.
- **Radiobutton »kurzfristige Simulation«**
  Einstellungen zur kurzfristigen Planung wie Berücksichtigung von Kundenaufträgen und festen Zugängen werden gesetzt.
- **Radiobutton »Parameter kopieren aus Szenario«**
  Einstellungen werden aus dem als Quelle selektierten Szenario übernommen.

Abbildung 8.3 zeigt die Einstellungen und Steuerungsparameter, die Sie im Planungsszenario festlegen können.

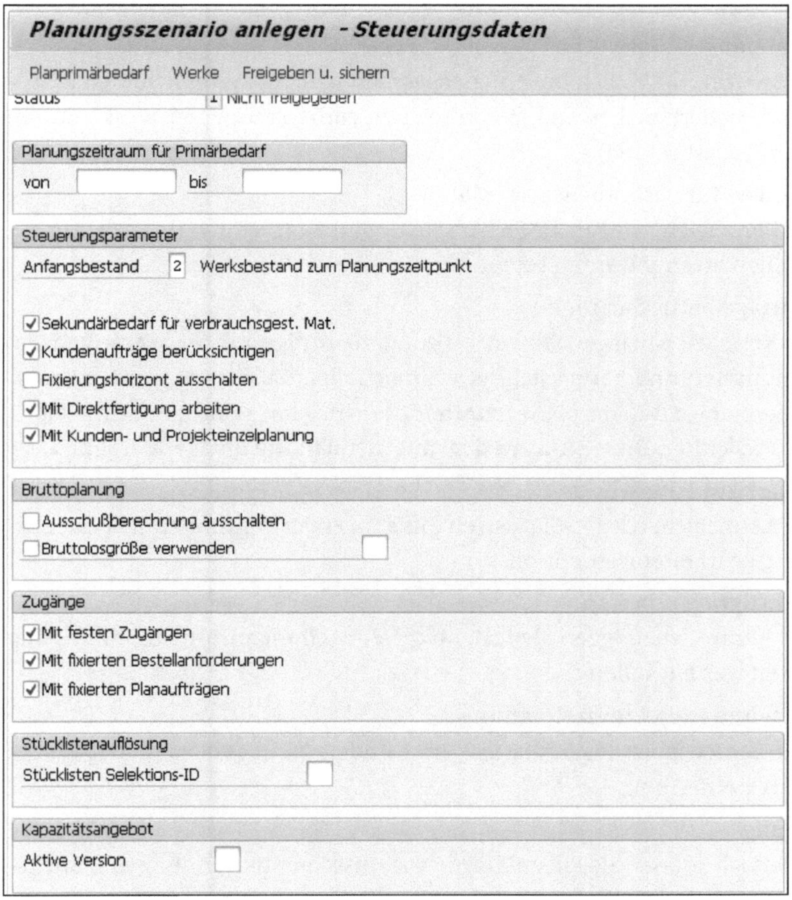

Abbildung 8.3 Planungsszenario anlegen (Transaktion MS31)

Hier können Sie unter anderem Folgendes festlegen:

- **Planungsszenario**
  Hier legen Sie einen Schlüssel und die Bezeichnung eines Planungsszenarios fest.
- **Planprimärbedarf**
  Hier legen Sie fest, welche Planprimärbedarfsversionen bei der Planung mit dem Planungsszenario verwendet werden sollen.
- **Werke**
  Hier legen Sie fest, für welche Werke eine Planung durchgeführt werden soll.

- **Planungszeitraum für Primärbedarf**
  Hier legen Sie fest, für welchen Zeitraum die Planprimärbedarfe berücksichtigt und geplant werden.
- **Anfangsbestand**
  Hier legen Sie fest, mit welchem Anfangsbestand geplant werden soll (kein Anfangsbestand, Sicherheitsbestand, Werksbestand zum Planungszeitpunkt, durchschnittlicher Werksbestand).
- **Sekundärbedarf für verbrauchsgest. Mat.**
  Mit diesem Kennzeichen legen Sie fest, ob Sekundärbedarfe für verbrauchsgesteuerte Materialien erzeugt werden sollen.
- **Kundenaufträge berücksichtigen**
  Über dieses Kennzeichen legen Sie fest, ob Kundenaufträge aus der operativen Planung übernommen und berücksichtigt werden sollen. Zusätzlich werden Anfragen, SD-Lieferpläne, SD-Lieferpläne externer Dienstleister, Kontrakte sowie Lieferungen berücksichtigt. Diese sind aus der Langfristplanung nicht änderbar.
- **Fixierungshorizont ausschalten**
  Über dieses Kennzeichen legen Sie fest, ob mit dem Fixierungshorizont aus der Bedarfsplanung gearbeitet werden soll.
- **Mit Direktfertigung arbeiten**
  Über dieses Kennzeichen legen Sie fest, ob die Einstellungen zur Direktfertigung berücksichtigt werden sollen.
- **Mit Kunden- und Projekteinzelplanung**
  Über dieses Kennzeichen legen Sie fest, ob Kunden- bzw. Projekteinzelplanung durchgeführt werden soll.
- **Bruttoplanung**
  In diesem Bereich können Sie Einstellungen wie Ausschussberechnung und Bruttolosgröße festlegen, die im Zusammenhang der Bruttoplanung sinnvoll sind.
- **Zugänge**
  In diesem Bereich können Sie festlegen, welche Zugänge in die Langfristplanung übernommen werden sollen. Feste Zugänge und fixierte Bestellanforderungen aus der operativen Planung werden übernommen und sind nicht änderbar. Fixierte Planaufträge können übernommen werden und sind änderbar.
- **Stücklisten Selektions-ID**
  Über dieses Feld legen Sie fest, ob anstelle der Stücklisten aus der operativen Planung, die Stücklisten, die Sie für die Langfristplanung gepflegt haben, verwendet werden sollen. Dies legen Sie über die Eingabe einer Stücklistenselektions-ID fest.

- **Aktive Version**
  Über dieses Feld legen Sie fest, welche Version des Kapazitätsangebots in der Planung berücksichtigt werden soll. Mithilfe der Kapazitätsversion können Sie mehrere verschiedene Angebote zu einer Kapazität im Arbeitsplatz pflegen und unterschiedliche Kapazitätsangebote in der Simulation berücksichtigen.

Dies sind die wesentlichen Einstellungen, die Sie im Planungsszenario festlegen können. Damit Sie das Planungsszenario verwenden können, müssen Sie es über den Button **Freigeben u. sichern** freigeben.

Spezifische Stammdaten für die Langfristplanung

Grundsätzlich verwendet die Langfristplanung die Stammdaten aus der operativen Planung. In einigen Anwendungsfällen ist es jedoch sinnvoll, spezifische Stammdaten für die Langfristplanung zu verwenden, um z. B. zukünftige Szenarien zu simulieren.

In der Langfristplanung können Sie spezifische Arbeitspläne verwenden, wenn Sie von der operativen Planung abweichende Szenarien für die Durchlaufterminierung und Kapazitätsplanung simulieren möchten. Außerdem haben Sie die Möglichkeit, eigene spezifische Stücklisten zu definieren. Dies kann z. B. nützlich sein, um zukünftig geplante Produkte bzw. Produktalternativen in der langfristigen Betrachtung zu planen. Neben der Verwendung von spezifischen Stammdaten ist es bei einer Langfristplanung manchmal sinnvoll, Materialien oder weniger relevante Kapazitäten aus der Planung auszuschließen und die Planung auf die für eine langfristige Betrachtung relevanten Objekte einzugrenzen. Auf diese drei Aspekte der Stammdaten in der Langfristplanung gehen wir im Folgenden weiter ein.

Spezifische Arbeitspläne

Möchten Sie mit spezifischen Arbeitsplänen in der Langfristplanung arbeiten, um z. B. ein Szenario hinsichtlich der Durchlaufterminierung und der Kapazitätsplanung zu simulieren, müssen Sie im Customizing eine Arbeitsplanselektions-ID pflegen. Diese Arbeitsplanselektions-ID können Sie im Customizing-Schritt **Terminierungsparameter Planaufträge festlegen** anlegen und einem simulativen Planungsraum zuordnen. Über diesen Customizing-Schritt können Sie auch andere Terminierungsparameter und Terminierungsebenen hinterlegen als die in der operativen Planung verwendeten.

Abbildung 8.4 zeigt Ihnen die Einstellungsmöglichkeiten, die Sie im Zusammenhang mit den spezifischen Arbeitsplänen und der Terminierung in der Langfristplanung festlegen können.

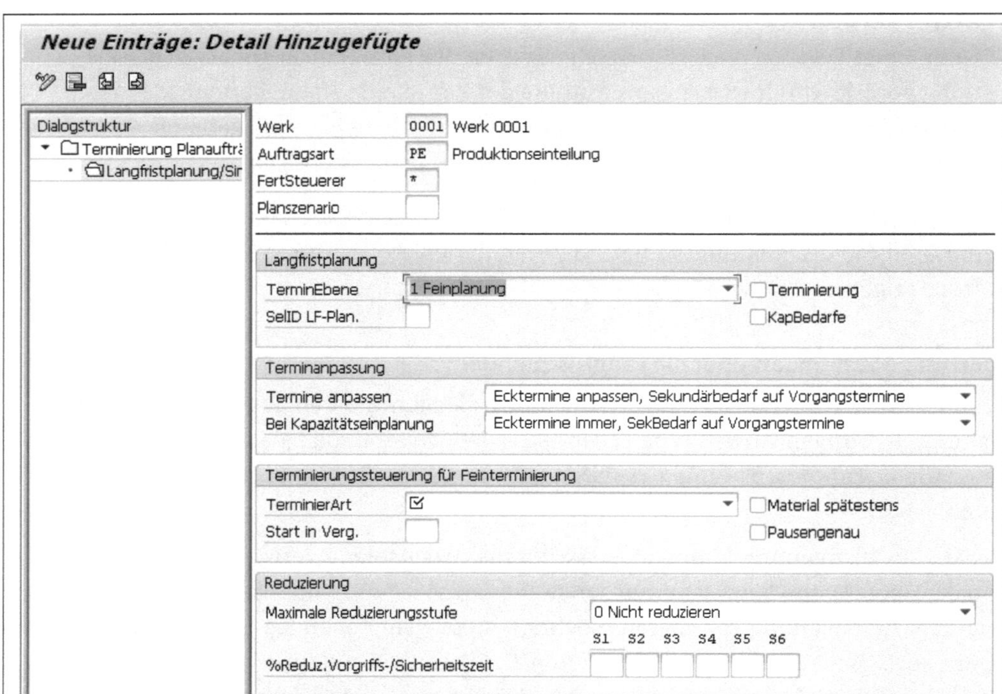

Abbildung 8.4 SPRO – Terminierungsparameter Planaufträge festlegen

In diesem Schritt können Sie pro Werk, Auftragsart, Fertigungssteuerer und Planungsszenario die folgenden Einstellungen vornehmen:

- **TerminEbene**
  Hier können Sie die Terminierungsebene Fein-, Raten- und Grobplanung festlegen und steuern somit, welche Kapazitätsbedarfe vom System selektiert und ausgegeben werden sollen.
- **SelID LF-Plan.**
  Hier legen Sie über die Zuordnung einer Selektions-ID die Priorität der Auswahl des Arbeitsplans für die Terminierung in der Langfristplanung fest.
- **Terminierung**
  Über dieses Kennzeichen können Sie festlegen, ob eine Durchlaufterminierung durchgeführt oder die Ecktermine der Produktionstermine übernommen werden sollen.
- **KapBedarfe**
  Über dieses Kennzeichen können Sie festlegen, ob durch die Langfristplanung Kapazitätsbedarfe erzeugt werden sollen. Dies ist Voraussetzung, damit Sie eine Kapazitätsplanung in der Langfristplanung realisieren können.

- **Terminanpassung**
  In diesem Bereich haben Sie die Möglichkeit, festzulegen, wie die Termine angepasst werden sollen. Dabei können Sie zur Durchlaufterminierung Anpassungsregeln für die Ecktermine und die Sekundärbedarfstermine festlegen. Im Zusammenhang mit der Kapazitätsplanung können Sie die Termine für die kapazitive Einplanung in der grafischen bzw. tabellarischen Plantafel für Sekundärbedarfstermine festlegen.
- **Terminierungssteuerung für Feinterminierung**
  In diesem Bereich können Sie die Terminierungsart festlegen, ob vorwärts, rückwärts oder nur Kapazitätsbedarfe. Die Grob- und Ratenterminierung verwendet immer die Rückwärtsterminierung. Auch die Anzahl der Tage, die ein Eckstarttermin in der Vergangenheit liegen darf, können Sie hier festlegen, ebenso wann der Bedarfstermin einer Komponente in der zeitlichen Planung eines Vorgangs liegen soll und ob Pausenzeiten berücksichtigt werden sollen.
- **Reduzierung**
  In diesem Bereich können Sie bei der Nutzung der Feinplanung die maximalen Reduzierungsstufen der Durchlaufzeit bei terminlichen Engpässen festlegen.

Über diese Einstellungen können Sie für die Planung in der Langfristplanung alternative Szenarien hinsichtlich der Durchlaufterminierung und der Kapazitätsplanung simulieren.

Spezifische Stücklisten

Um spezifische Stücklisten in der Langfristplanung zu verwenden, legen Sie im Customizing-Schritt **Stücklistenverwendung definieren** eine eigene Stücklistenverwendung für die Langfristplanung an und hinterlegen in den folgenden Customizing-Schritten **Zulässige Materialarten für den Stücklistenkopf festlegen** und **Zulässige Materialarten für Stücklistenpositionen festlegen** die zulässigen Materialarten für den Stücklistenkopf und die Stücklistenposition fest. Anschließend legen Sie im Customizing-Schritt **Prioritätenfolge** der Stücklistenverwendung eine Stücklistenselektions-ID für die Langfristplanung fest, die Sie bei der Anlage des Planungsszenarios selektieren und vorgeben können.

Materialien und Kapazitäten von der Langfristplanung ausschließen

Bei der Planung von mittel- bis langfristigen Horizonten ist es nicht immer sinnvoll, mit den detaillierten Stammdaten der operativen Planung zu arbeiten. Es kann aber sinnvoll sein, die Stammdaten und somit das Planungsvolumen der einzelnen Planungsszenarien in der Langfristplanung auf die eigenen Anforderungen abzustimmen, indem das Planungsszenario über Stammdaten angepasst wird. Ihnen stehen grundsätzlich die folgenden drei Möglichkeiten zur Verfügung, um Materialien und Kapazitäten aus dem Planungsszenario der Langfristplanung auszuschließen.

- Sie können Materialien generell über den Materialstatus von der Langfristplanung ausschließen. Hierfür definieren Sie einen entsprechenden Materialstatus im Customizing und ordnen diesen in relevanten Materialstämmen zu.
- Sie können Materialien für einzelne Stücklisten aus der Langfristplanung ausschließen. Hierfür legen Sie im Customizing der Stücklisten im Arbeitsschritt **Auflösungssteuerung festlegen** einen Schlüssel für die Auflösungssteuerung fest, der für die Langfristplanung ausgeschlossen ist; diesen Schlüssel ordnen Sie für die Auflösungssteuerung in der Stücklistenposition auf der Registerkarte **Grunddaten** im Bereich **Dispositionsdaten** ein.
- Sie können Kapazitäten im Arbeitsplatz von der Langfristplanung ausschließen und somit die Kapazitätsplanung auf die relevanten Engpasskapazitäten einschränken. Dies erreichen Sie, indem Sie im Arbeitsplatz im Kapazitätskopf der gewünschten Kapazitätsart das Kennzeichen **Langfristplanung** deaktivieren.

Auf diese Weise können Sie in der Langfristplanung das Planungsszenario auf die relevanten Stammdaten eingrenzen, um Ihre Problemstellung zu simulieren.

8.1.3 Durchführung der Langfristplanung

In diesem Abschnitt gehen wir überblicksartig auf die alternativen Möglichkeiten ein, mit denen Sie die Langfristplanung im Zusammenhang mit der Kapazitätsplanung ausführen können. Da die Werkzeuge, die Ihnen in der operativen Planung zur Verfügung stehen, auch in der Langfristplanung verwendet werden, verweisen wir an dieser Stelle für weiterführende Details auf Kapitel 7, »Funktionen der Auftragsanlage«, und Abschnitt 19.2, »Kapazitätsauswertung«.

Die Durchführung einer Planung in der Langfristplanung wird immer mit Bezug zu einem definierten Planungsszenario (siehe den Unterabschnitt »Planungsszenario anlegen und ändern« in Abschnitt 8.1.2, »Einstellungen und Stammdaten der Langfristplanung«) realisiert. Die folgenden Planungsfunktionen stehen Ihnen zur Verfügung:

- Online-Gesamtplanung (Transaktion MS01)
- Gesamtplanung – als Hintergrundjob (Transaktion MSBT)
- einstufige Einzelplanung (Transaktion MS03)
- mehrstufige Einzelplanung (Transaktion MS02)
- Simulationsmodus (kann nur mit der mehrstufigen Einzelplanung im Selektionsbild eingestellt und verwendet werden)
- Kundeneinzelplanung (Transaktion MS50)
- Projekteinzelplanung (Transaktion MS51)
- Planungstableau der Serienfertigung (Transaktion MFS0)

In den nächsten beiden Abschnitten erläutern wir Ihnen beispielhaft die möglichen Einstellungen und Funktionen, die den Planungslauf betreffen. Dabei gehen wir primär auf die Online-Gesamtplanung mit Transaktion MS01 und die Kapazitätsplanung ein.

Planungslauf der Langfristplanung

Grundsätzlich können Sie eine Netto- oder eine Bruttoplanung in der Langfristplanung realisieren. Dies ist abhängig von den gewählten Einstellungen im Planungsszenario. Eine Bruttoplanung ist z. B. für Kostenauswertungs- oder Budgetierungszwecke sinnvoll.

Abbildung 8.5 zeigt die Einstellungen, die Sie in Transaktion MS01 vornehmen können. Grundsätzlich wird der Planungslauf pro Planungsszenario ausgeführt und ist somit ein Pflichtfeld, das Sie festlegen müssen.

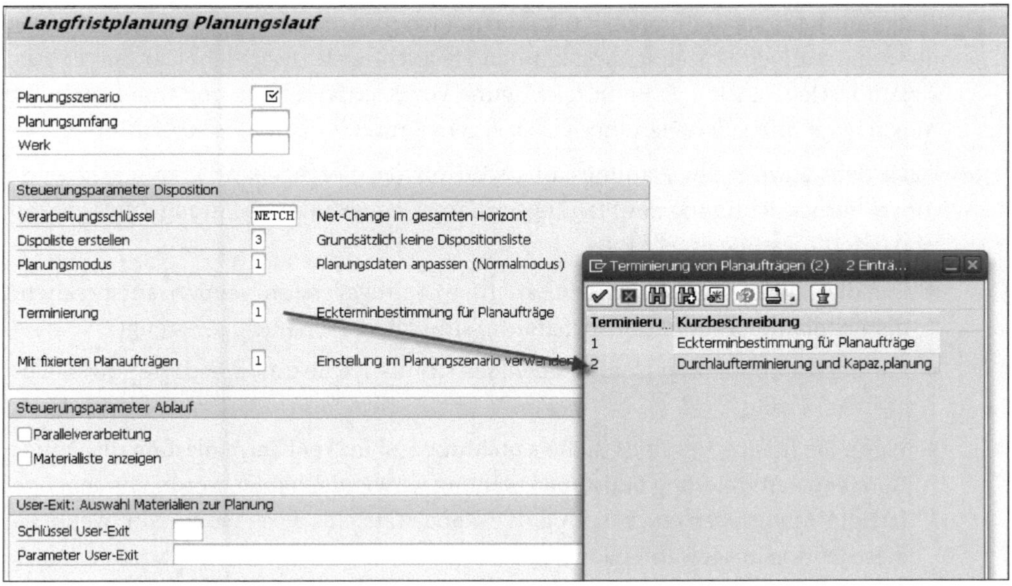

Abbildung 8.5 Transaktion MS01

Die Langfristplanung findet auf Werksebene statt, und über den Planungsumfang können Sie eine Gruppe von Werken oder Dispositionsbereichen zusammenfassen. Dabei werden die von der Disposition ausgeschlossenen oder separat disponierten Lagerorte im Werksabschnitt mit geplant. Ein Unterschied zur operativen Planung mit Transaktion MD01 besteht darin, dass die Langfristplanung nur Planaufträge anlegt und daher keine Erstellungskennzeichen für Bestellanforderungen und Lieferplaneinteilungen vorgegeben werden können. Auch wird in der Langfristplanung nicht mit dem Planungshorizont geplant, daher wird ausschließlich eine Veränderungsplanung und Neuplanung verwendet. In der Langfristplanung legen Sie über das Feld **Terminierung** fest, ob Kapazitätsbedarfe generiert werden sollen, die Voraussetzung für eine nachfolgende Kapazitätsplanung sind. Im Feld **Mit fixierten Planaufträgen** legen Sie fest, wie fixierte Aufträge aus der operativen Planung in der Langfristplanung berücksichtigt werden sollen. Dabei gibt es die folgenden Optionen:

- Einstellung im Planungsszenario verwenden
- Fix. Planaufträge aus operativer Planung kopieren
- Fix. Planaufträge nicht aus operativer Planung kopieren

Wenn Sie eine der alternativen Planungsfunktionen verwenden, wie z. B. die einstufige Einzelplanung oder die Projekteinzelplanung, passen sich die Einstellungsoptionen entsprechend an. Bei der einstufigen Einzelplanung müssen Sie das Material und bei der Projekteinzelplanung und der Kundenauftragseinzelplanung die entsprechenden Elemente definieren, z. B. Kundenauftrag und Position, PSP-Element etc. Bei der mehrstufigen Einzelplanung können Sie auch noch zusätzliche Parameter zum Ablauf festlegen, wie z. B. Berücksichtigung von Komponenten, und Ihnen steht die Möglichkeit offen, den Planungslauf in einem Simulationsmodus auszuführen.

Nach dem Starten des Planungslaufs wird für das vorgegebene Planungsszenario (unter Berücksichtigung des Planungsumfangs) eine Bedarfsrechnung durchgeführt und liefert folgende Ergebnisse:

- Für die Enderzeugnisse in der Langfristplanungsversion werden entsprechend dem geplanten Produktionsprogramm simulative Planaufträge erzeugt.
- Für die Komponenten werden ebenfalls simulative Sekundärbedarfe sowie Planaufträge erzeugt.
- Wenn Sie im Einstiegsbild (siehe Abbildung 8.5) im Feld **Terminierung** die Option **Durchlaufterminierung und Kapaz.planung** verwendet haben, werden für eigengefertigte Materialien auch simulative Kapazitätsbedarfe erzeugt. Nur wenn Sie diese Option ausgewählt haben, können Sie die Kapazitätsplanung verwenden.

Kapazitätsplanung in der Langfristplanung

Auch in der Langfristplanung können Sie einige Funktionen der Kapazitätsplanung verwenden, um Überlasten auf einzelnen Arbeitsplätzen zu identifizieren und frühzeitig reagieren zu können, indem Sie die Planaufträge, wenn möglich, umplanen oder das Kapazitätsangebot anpassen.

Grundsätzlich können Sie die Kapazitätsplanung aus der Planauftragsbearbeitung, aus dem Planungsergebnis der Einzelplanung oder aus der aktuellen Bedarfs-/Bestandsliste aufrufen. Voraussetzung ist dabei, dass die Planaufträge aus der Langfristplanung terminiert wurden (Option **Durchlaufterminierung und Kapaz.planung** im

Feld **Terminierung** der Transaktion MS01). Im Rahmen der Kapazitätsplanung stehen Ihnen die folgenden Auswertungen zur Verfügung:

- Auslastung von Arbeitsplätzen pro Periode
- Belastung auf Arbeitsplätzen durch die Produktion des gewählten Materials
- detaillierte Darstellung von Überlasten an den betroffenen Arbeitsplätzen
- Ermittlung der verursachenden Planaufträge
- grafische Plantafel

Abbildung 8.6 zeigt den Benutzerbildschirm der Kapazitätsplanung. In der Kapazitätsprüfung der aktuellen Bedarfs-/Bestandsliste wird pro Arbeitsplatz und Kapazitätsart das Kapazitätsangebot (**KapaAngebot**), der materialunabhängige Gesamtkapazitätsbedarf (**Gesamtbed.**) und der materialspezifische Kapazitätsbedarf (**Material**) periodenweise ausgewiesen. Überlasten werden farblich hervorgehoben.

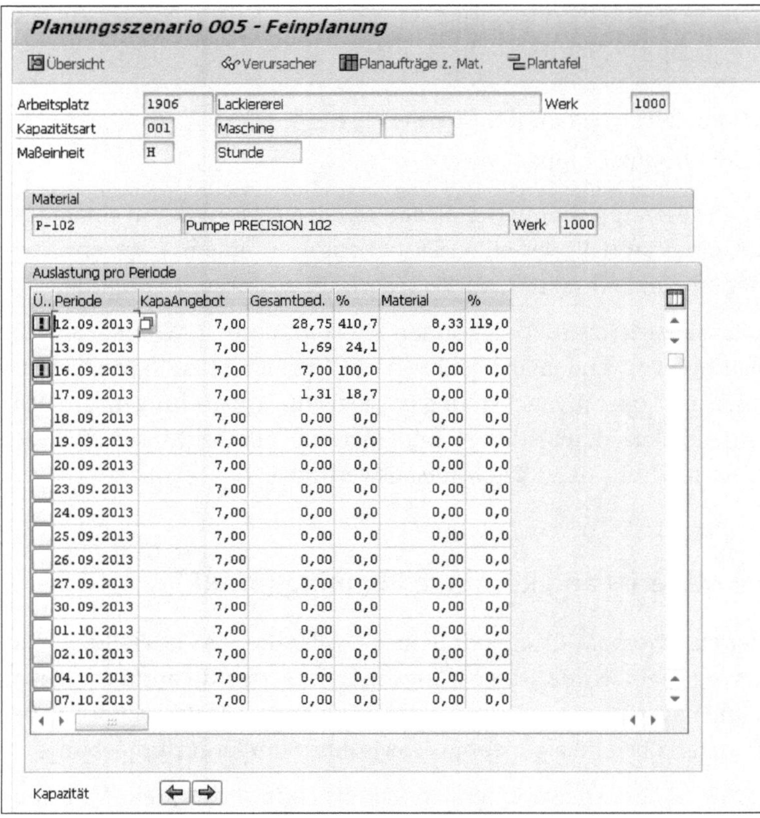

Ü..	Periode	KapaAngebot	Gesamtbed.	%	Material	%
!	12.09.2013	7,00	28,75	410,7	8,33	119,0
	13.09.2013	7,00	1,69	24,1	0,00	0,0
!	16.09.2013	7,00	7,00	100,0	0,00	0,0
	17.09.2013	7,00	1,31	18,7	0,00	0,0
	18.09.2013	7,00	0,00	0,0	0,00	0,0
	19.09.2013	7,00	0,00	0,0	0,00	0,0
	20.09.2013	7,00	0,00	0,0	0,00	0,0
	23.09.2013	7,00	0,00	0,0	0,00	0,0
	24.09.2013	7,00	0,00	0,0	0,00	0,0
	25.09.2013	7,00	0,00	0,0	0,00	0,0
	26.09.2013	7,00	0,00	0,0	0,00	0,0
	27.09.2013	7,00	0,00	0,0	0,00	0,0
	30.09.2013	7,00	0,00	0,0	0,00	0,0
	01.10.2013	7,00	0,00	0,0	0,00	0,0
	02.10.2013	7,00	0,00	0,0	0,00	0,0
	04.10.2013	7,00	0,00	0,0	0,00	0,0
	07.10.2013	7,00	0,00	0,0	0,00	0,0

Abbildung 8.6 Transaktion MS04 – Kapazitätssituation

Die Funktionen der Kapazitätsplanung, die auch die Langfristplanung betreffen, werden in Abschnitt 19.2, »Kapazitätsauswertung«, dargestellt.

Auswertungen in der Langfristplanung

Um die Ergebnisse der Langfristplanung auszuwerten, stehen eigene Transaktionen zur Verfügung, die den in der operativen Planung verwendeten Transaktionen ähneln. Für die Langfristplanung werden eigene Dispositions- sowie Bedarfs- und Bestandslisten erstellt.

- Dispoliste Material (Transaktion MS05)
- Dispoliste Sammelanzeige (Transaktion MS06)
- Bedarfs- und Bestandsliste (Transaktion MS04)
- Bedarfs- und Bestandsliste Sammelanzeige (Transaktion MS07)

Sie können auch die Planungssituationen auswerten und vergleichen. Es besteht die Möglichkeit, aus den Auswertungen einen Vergleich aufzurufen, in dem Sie Ergebnisse der simulativen Planung eines Planungsszenarios mit der operativen Planung (Planungssituation und Planungsergebnis) vergleichen. Die folgenden Transaktionen stehen Ihnen zur Verfügung, um die Planungssituationen auszuwerten und zu vergleichen:

- Planungssituation Material (Transaktion MS44)
- Planungssituation Produktgruppe (Transaktion MS47)

Sie können auch den gesamten simulierten Bedarf anzeigen lassen, der in einem Planungsszenario für ein Material oder einen Disponenten in einem Werk ermittelt wurde. Hierfür steht Ihnen Transaktion MS65 (Bedarfssituation) zur Verfügung.

Zur Auswertung der Kapazitätssituation können Sie Transaktion CM38 (Kapaz. Planung Langfristplanung) verwenden, die es Ihnen entsprechend den Kapazitätsauswertungsfunktionen der operativen Planung ermöglicht, Auswertungen pro Planungsszenario, Arbeitsplatz, Kapazitätsart und Material durchzuführen. Weitere Details finden Sie in Abschnitt 19.2, »Kapazitätsauswertung«.

8.2 predictive Material and Resource Planning (pMRP)

Die Idee hinter der Funktion pMRP, die mit dem S/4HANA-Release 1908 Cloud bzw. 1909 On-Premise vorgestellt wurde, ist die frühestmögliche Identifikation von Kapazitätsproblemen und Bewertung möglicher Lösungsszenarien. Die Basis bilden dabei ein vereinfachter Materialbedarfsalgorithmus sowie eine Simulationsumgebung.

Der vereinfachte Materialbedarfsplanungsalgorithmus ist im Prinzip ein MRP-Lauf auf HANA-Basis, also vergleichbar mit der Funktion MRP Live des S/4HANA-Systems, jedoch mit einer reduzierten Datenkomplexität, damit im längerfristigen Horizont Nachfrageszenarien für die Kapazitätsplanung bewertet werden können.

[«]

Weitere Aspekte von pMRP neben der Kapazitätsplanung

Neben der in diesem Buch vorrangig behandelten Kapazitätsplanung kann pMRP auch verwendet werden, um Simulationen für Produktion, Einkauf und internen Materialfluss zur Verfügung zu stellen.

Die vereinfachte MRP-Logik besteht vor allem darin, dass keine Losgrößenfunktion verwendet und dass die Planung immer plangesteuert durchgeführt wird. Das Ergebnis ist ein über alle Stücklistenstufen hinweg aufgelöster Bedarfsplan, vom Endprodukt ausgehend, mit jeweils abgeleiteten Kapazitäts- und Mengenbedarfen, wobei die Verbindungen zwischen den Stufen transparent sind (*Pegging*, siehe hierzu auch die entsprechenden Funktionen im APO-System sowie in ePP/DS, Details finden Sie in Abschnitt 20.2, »Pegging«). Werksübergreifende Zusammenhänge werden über Umlagerungsbeziehungen eingebunden.

[«]

pMRP im Vergleich zu LTP

Im S/4HANA-System können Sie sowohl LTP (Langfristplanung) als auch pMRP benutzen. Im Gegensatz zur LTP-Funktion hat pMRP für SAP eine strategische Bedeutung im Bereich der langfristigen Kapazitätsplanung im S/4HANA-System, d. h., hier sind entsprechende Roadmap-Themen zu erwarten.

8.2.1 Vorbereitende Tätigkeiten

Um pMRP durchführen zu können, müssen Sie einige Schritte vorab durchführen, die wir Ihnen nun erläutern werden.

Grunddaten für pMRP

Für pMRP müssen Sie vorbereitend sicherstellen, dass alle benötigten Grunddaten für den Prozess zur Verfügung stehen (siehe Kapitel 3, »Globale Stammdaten«, und Kapitel 5, »Bewegungsdaten«):

- Materialien
- Stückliste
- Arbeitsplätze
- Arbeitspläne
- Fertigungsversionen
- Planprimärbedarfe

Wie an dieser Liste zu erkennen ist, basiert der pMRP-Prozess auf den Stammdaten, die auch in den anderen Planungsfunktionen rund um die Kapazitätsplanung zur

Anwendung kommen. Sie werden jedoch für pMRP in vereinfachte Referenzdaten kopiert, wie wir Ihnen in Abschnitt 8.2.2, »Planungsablauf«, noch erläutern werden.

Neben den Stammdaten spielen als einzige relevante Bewegungsdaten die Planprimärbedarfe eine Rolle. Sie können die App **Planprimärbedarfe pflegen** als Ausgangspunkt nutzen, um diese zentralen Inputdaten zu pflegen.

Jobkatalogeinträge aktualisieren

Um die pMRP-Simulationen nutzen zu können, müssen Sie vorab in Transaktion SM30 in der Tabelle/Sicht **APJ_C_SCOPE** die folgenden Jobkatalogeintrags-Namen pflegen:

- SAP_SCM_PMRP_CREATE_MAT
  Dieser Jobkatalogeintrag wird benötigt, um die vereinfachten Referenzdaten für pMRP-Simulationen in Bezug auf Materialien anzulegen.
- SAP_SCM_PMRP_CREATE_WC
  Mit diesem Jobkatalogeintrag ermöglichen Sie die Anlage von Referenzdaten für Arbeitsplätze.

Nachdem Sie die Jobkatalogeinträge aktualisiert haben, können Sie die entsprechenden Anwendungsjobs für pMRP nutzen.

8.2.2 Planungsablauf

Abbildung 8.7 zeigt überblicksartig den Ablauf der Planungen mit pMRP. Wie die einzelnen Schritte vonstattengehen, werden wir Ihnen in den folgenden Unterabschnitten genauer erläutern.

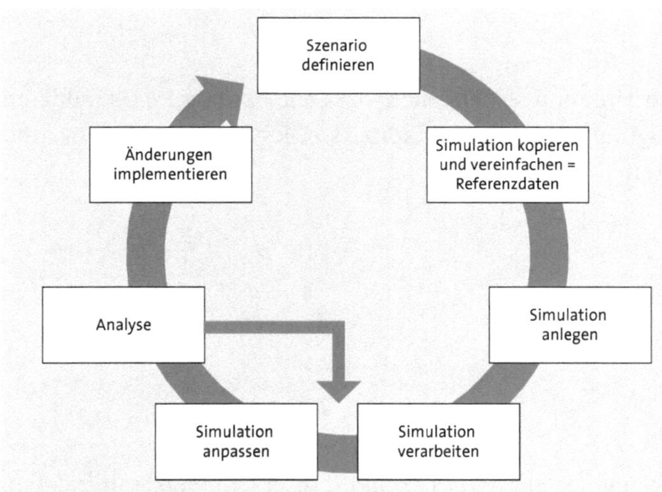

Abbildung 8.7 Planungsablauf mit pMRP

Szenario definieren

Im Zusammenhang mit den Grunddaten haben wir bereits erläutert, dass in pMRP auf Planprimärbedarfe als einziges Bewegungsdatum zurückgegriffen wird. Mit ihnen definieren Sie das Szenario, das pMRP zugrunde liegt. Um die Nachfragekonstellation zu modellieren, können Sie die App **Planprimärbedarfe pflegen** verwenden. Abbildung 8.8 zeigt beispielhaft die Pflege der Planprimärbedarfe in der oben genannten App.

SAP PPBs bearbeiten

Mengen pro Periode bearbeiten (1) Okt. 12, 2020

Material (Werk/Dispositionsbereich/Version/B...	Bedar...	Beda...	ME	M10.2020	M11.2020	M12.2020	M01.2021	M02.2021	M03.2021
FG29-1 (1010 / 1010 / 00 / VSF)			KG	0.000	100.000	100.000	120.000	100.000	120.000

Abbildung 8.8 Definition eines Szenarios in der App »Planprimärbedarfe pflegen«

Referenzdaten und Simulation anlegen

Das Anlegen einer neuen Simulation erfolgt über die App **pMRP-Simulationserstellung**. Klicken Sie auf die Plus-Schaltfläche, um eine neue Simulation für pMRP anzulegen. Sie müssen eine der folgenden verfügbaren Jobvorlagen verwenden:

- Anlegen von pMRP-Daten über übergeordnete Materialien
- Anlegen von pMRP-Daten über Arbeitsplatz

Nach Pflege der entsprechenden Daten können Sie die Simulationserstellung einplanen (Abbildung 8.9).

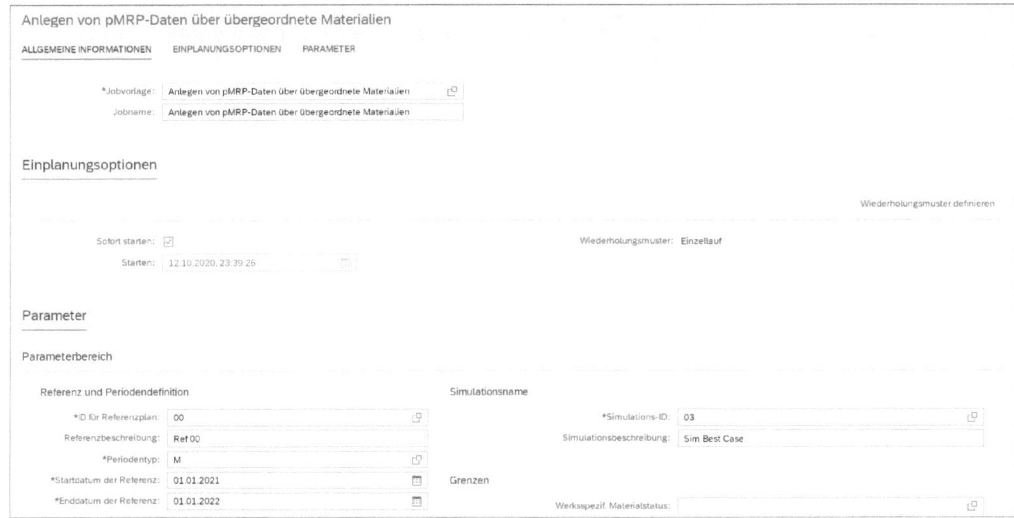

Abbildung 8.9 Anlegen von pMRP-Daten über das Material

Simulation bearbeiten

Für die Folgeschritte steht Ihnen die App **pMRP-Simulationen verarbeiten** zur Verfügung. Diese App unterscheidet die folgenden Funktionen:

- **Simulationsliste**
  Die Simulationsliste erlaubt Ihnen den Zugriff auf mehrere Simulationen gleichzeitig, es werden Fehler und Warnungen angezeigt (siehe Abbildung 8.10). Ferner können Sie aus dieser Liste auch eine Freigabe für ein angelegtes Szenario vornehmen.

pMRP-Simulationen verarbeiten

Standard *
Nicht gefiltert

Protokoll anzeigen

Fehler übersteuern · Kopieren · Umbenennen · Löschen

Simulation	Referenzdaten	Angelegt	Zuletzt geändert		Kapazitätsprobleme	KritikalKennzeichen	Lieferleistung	Trendindikator	Überlastungstoleranz
Simulation für Best Case 01	Simulation für Best Case 00	12.10.2020	12.10.2020	Freigeben	0	1	0 %	2	2
Best Case SIM 02 Simulationszusammenfassung	Referenz 00 00	12.10.2020	12.10.2020	Freigeben	0	1	0 %	2	2
Sim Best Case 04 Simulationszusammenfassung	Ref 00 03	12.10.2020	12.10.2020	Freigeben	0	2	100 %	2	2

Abbildung 8.10 Simulationsliste in der App »pMRP-Simulationen verarbeiten«

  Aus der Simulationsliste können Sie per Klick auf eine Zeile in die Detaildaten der App **pMRP-Simulationen verarbeiten** abspringen.

- **Bedarfsplansimulation**
  Die Bedarfsplansimulation erlaubt es Ihnen, das Simulationsszenario aus mengenmäßiger Sicht zu betrachten. Dies ist folglich nur indirekt mit der Kapazitätsplanung verbunden, da hier noch keine Kapazitäten betrachtet werden. Jedoch ist eine Kapazitätsbetrachtung nur sinnvoll, wenn die in die Kapazitätsrechnung eingehenden Mengen an sich nicht zu Verfügbarkeitsproblemen führen. Andernfalls wäre eine auf dieser Basis beruhende Kapazitätsplanung gewissermaßen irrelevant, da mit Mengenänderungen zu rechnen ist und somit auch die Kapazitätssituation mit anderen Daten neu bewertet werden müsste. Daher ist die Bedarfsplansimulation eng mit der Kapazitätsplanung verknüpft.

  Abbildung 8.11 zeigt beispielhaft eine Bedarfsplansimulation in der App **pMRP-Simulationen verarbeiten**.

Abbildung 8.11 Bedarfsplansimulation in der App »pMRP-Simulationen verarbeiten«

- **Kapazitätsplansimulation**
  In der Sicht **Kapazitätsplansimulation** erhalten Sie einen Überblick über die Kapazitätssituation eines Arbeitsplatzes mit Bezug zur ausgewählten Simulation. Sie können entsprechende Überlasten erkennen und direkt aus der App in eine Kapazitätspflege abspringen. Eine andere Möglichkeit, eine in der Kapazitätsplansimulation erkannte Überlast zu beseitigen, ist die Verschiebung eines Kapazitätsbedarfs von Materialien der obersten Ebene.

  Abbildung 8.12 zeigt beispielhaft die Kapazitätsplansimulation in der App **pMRP-Simulationen verarbeiten**.

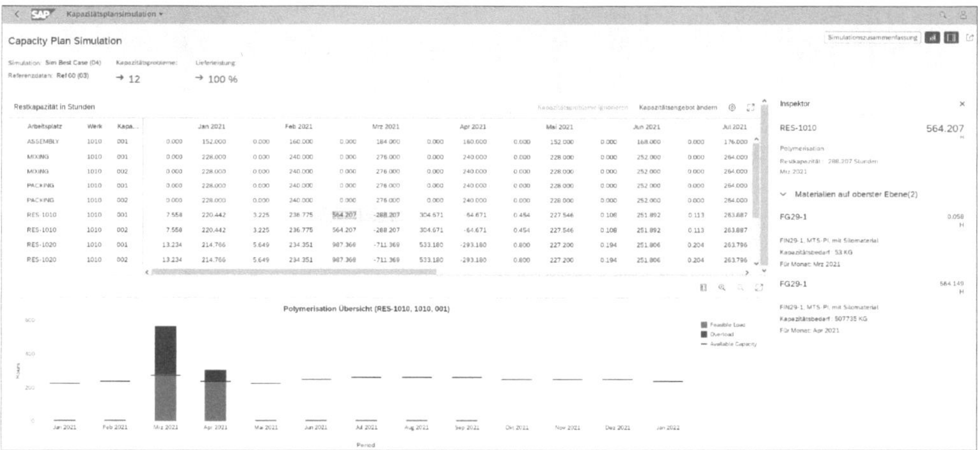

Abbildung 8.12 Kapazitätsplansimulation in der App »pMRP-Simulationen verarbeiten«

- **Mehrstufige Materialsimulation**
  In der mehrstufigen Materialsimulation können Sie die vorzeitige Fertigung einer Komponente zur Beseitigung einer Kapazitätsüberlast anstoßen oder die Bezugsquelle ändern, um so den Kapazitätsbedarf umzuleiten und die Überlast zu beseitigen (Abbildung 8.13).

Mehrstufige Materialsimulation

Mehrstufige Materialsimulation

Simulation: Sim Best Case (04) Kapazitätsprobleme: → 12 Lieferleistung: → 100 %

Referenzdaten: Ref 00 (03)

Stückliste

Material/Stücklistenstufe	Werk	Probleme	Quellen	Kalenderzeitraum	Bedarfsmenge	Fehlmenge
∨ Bedarf : FG29-1	1010	0	1	Apr 2021	781130.000 KG	0.000 KG
∨ FG29-1 (FG29_1 - Bottled I...	1010	0	1	Mrz 2021 - Apr 2021	781130.000 KG	0.000 KG
› SG2200 (SG2200)	1010	12	1	Mrz 2021 - Apr 2021	781130.000 KG	562907.000 KG
RM15	1010	0	0	Mrz 2021 - Apr 2021	78113 ST	0 ST
RM16	1010	0	0	Mrz 2021 - Apr 2021	78113 ST	0 ST
RM17	1010	0	0	Mrz 2021 - Apr 2021	78113 ST	0 ST
RM18	1010	0	0	Mrz 2021 - Apr 2021	78113 ST	0 ST
SG1010 (SG1010)	1010	0	1	Mrz 2021 - Apr 2021	781130.000 L	0.000 L
RM1420	1010	0	0	Mrz 2021 - Apr 2021	781130.000 L	0.000 L

Abbildung 8.13 Mehrstufige Materialsimulation in der App »pMRP-Simulationsergebnisse verarbeiten«

- **Simulationszusammenfassung**
  Die Simulationszusammenfassung zeigt einen Überblick über die vorgenommenen Änderungen der Simulation im Vergleich zum Referenzplan. Sie können diese Zusammenfassung sowohl aus der Simulationsliste als auch aus der Bedarfsplan- bzw. der Kapazitätsplansimulation heraus aufrufen.

Damit stellt Ihnen pMRP Funktionen zur Verfügung, die explizit die Machbarkeit der Planprimärbedarfssituation in den Mittelpunkt stellen. Dies gilt sowohl für die kapazitive Machbarkeit als auch für die Verfügbarkeit der Inputkomponenten.

8.3 Fazit

In diesem Kapitel haben Sie einen Überblick über die Funktionen der langfristigen Planung erhalten, die es Ihnen bereits in den ERP-Systemen SAP ECC und SAP S/4HANA ermöglichen, eine mittel- bis langfristige Kapazitätsplanung durchzuführen bzw. alternative Szenarien zu simulieren. Die Langfristplanung, die Ihnen sowohl im ECC- als auch im S/4HANA-System zur Verfügung steht, verwendet dabei im Wesentlichen die auch in der operativen Planung genutzten Funktionen. Dagegen basiert die erst im S/4HANA-Release 1909 vorgestellte Funktion pMRP auf einer neuartigen benutzerfreundlichen Herangehensweise an die Problematik der langfristigen Planung.

Kapitel 9
Grundlagen der langfristigen Kapazitätsplanung in SAP APO

In SAP APO steht Ihnen mit dem Supply Network Planning eine Planungsfunktionalität zur Verfügung, die es ermöglicht, Kapazitätsengpässe mittel- bis langfristig mit erweiterten Planungsfunktionen über die komplette Wertschöpfungskette hinweg zu überblicken.

In diesem Kapitel werden wir Ihnen einleitend die Möglichkeiten der mittel- bis langfristigen sowie lokationsübergreifenden Kapazitätsplanungen im APO-System darstellen. *Supply Network Planning* (SNP) ermöglicht Ihnen in APO eine lokationsübergreifende Berücksichtigung der Kapazitäten über die komplette (unternehmensübergreifende) Supply Chain und dient als Schnittstelle zwischen der langfristigen Absatz- und der kurzfristigen Produktionsplanung. SNP liefert dabei wesentliche Informationen zur mittel- und langfristigen Entscheidungsfindung bezüglich möglicher Kapazitätsengpässe und damit verbundenen Kapazitätserhöhungen, Reduktionen oder notwendigen Umverteilungen.

Dieses Kapitel soll Ihnen einen Überblick über die Funktionen von SNP zur langfristigen Kapazitätsplanung geben, um in den nachfolgenden Kapiteln die einzelnen Themengebiete detaillierter zu beleuchten. In Abschnitt 9.1, »Überblick und Prozesse von SNP«, stellen wir Ihnen einen klassischen Planungsprozess mit SNP vor, sodass Sie einen groben Überblick über die Ziele von SNP erhalten. In Abschnitt 9.2, »Grundkonzept und Funktionsweise von SNP«, gehen wir auf wesentliche und ausgewählte Details der Funktionen von SNP intensiver ein. Anschließend erhalten Sie in Abschnitt 9.3, »Überblick über die Konfiguration von SNP«, zunächst einen Überblick über die notwendigen Einstellungen in SNP, um dann abschließend in Abschnitt 9.4, »Methoden zur langfristigen Kapazitätsplanung in SAP APO«, einen ersten Eindruck und Vergleich von den Methoden zur Kapazitätsplanung in SNP zu gewinnen. Dabei werden zum besseren Verständnis neben den kapazitätsplanungsrelevanten Funktionen auch allgemeinere SNP-Funktionen skizziert.

9.1 Überblick und Prozesse von SNP

Die APO-Komponente SNP ermöglicht Ihnen die Simulation und Realisierung umfassender taktischer Planungs- und Bezugsquellenentscheidungen auf Grundlage eines einzigen globalen und konsistenten Modells, das Ihre Unternehmensstrukturen vereinfacht darstellt. Die Bereiche Beschaffung, Produktion, Distribution und Transport können entlang Ihrer Logistikkette geplant werden.

Dabei planen Sie den Material- und Informationsfluss in einem Netzwerk, das aus Kunden, Distributionszentren, Herstellern und Lieferanten bestehen kann. Sie können dabei verschiedene Optimierungsverfahren verwenden und verschiedene definierbare Restriktionen und steuernde Strafkosten berücksichtigen. Durch die Koordination und Integration dieser Material- und Informationsflüsse innerhalb Ihres Unternehmens oder unternehmensübergreifend können Sie Ihre lokale oder globale Supply Chain effektiv steuern und dabei kapazitive Einflussgrößen berücksichtigen. Abbildung 9.1 zeigt eine einfache Supply-Chain-Struktur vom Lieferanten bis zum Kunden und idealtypische Informationsflüsse, die die Steuerung der Supply Chain wie beschrieben unterstützen würden.

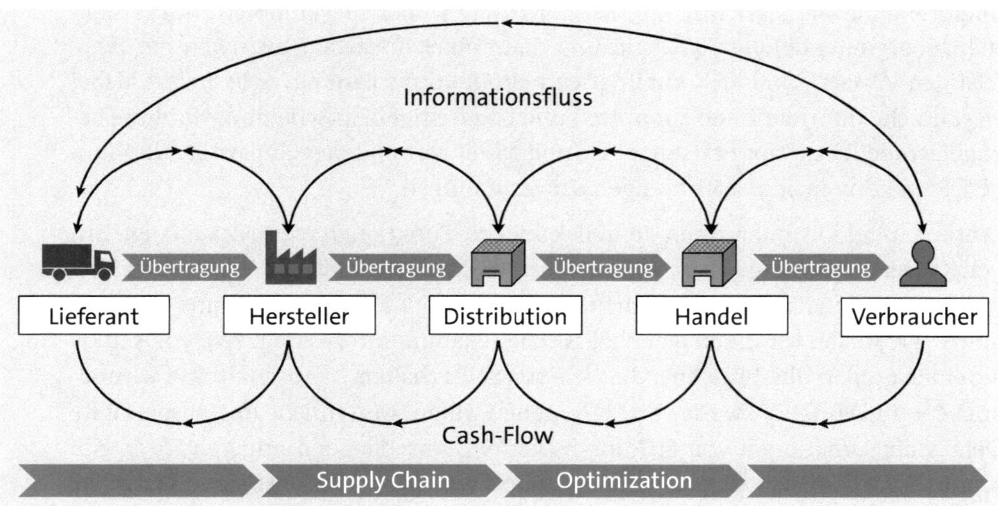

Abbildung 9.1 Supply-Chain-Informationsfluss vom Lieferanten bis zum Kunden (Quelle: SAP)

Um einen zulässigen mittel- bis langfristigen Plan zur Deckung der geschätzten Bedarfe zu ermitteln, geht SNP von restriktionsfreien Vorplan- und Kundenbedarfen aus und vergleicht diese mit dem Kapazitätsangebot. Restriktionen, die dabei berücksichtigt werden können, sind neben der Materialverfügbarkeit auch die Verfügbarkeit von Arbeitsplatz-, Lager-, Transport- und Handlingkapazitäten, auf die wir in den folgenden Abschnitten noch näher eingehen. Somit kann der in SNP ermittelte

Plan neben selbst zu produzierenden Mengen auch mögliche Transporte mit definierten Transportmittelalternativen zwischen verschiedenen Lokationen sowie weitere mögliche Fremdbeschaffungsprozesse und Entscheidungen zur Lagerhaltung beinhalten. Das Ergebnis sind z. B. lokationsübergreifend optimierte Einkaufs-, Produktions- und Distributionsentscheidungen, die unter anderem zu reduzierten Lagerbeständen führen können. Die relevanten Engpassressourcen in Ihrem Logistiknetzwerk in einem mittel- bis langfristigen Horizont zu berücksichtigen, kann bei der Entscheidungsfindung behilflich sein.

9.1.1 Prozesse in SNP

Wie bereits erwähnt, ist es Ihnen mit SNP möglich, Ihr gesamtes Liefernetzwerk einschließlich der damit verbundenen Restriktionen zu planen. Voraussetzung ist, dass Sie die für Ihre Planung relevanten Unternehmensstrukturen in einem Modell abbilden.

[«]

Hinweise zum Beispielprozess

Die unternehmensspezifischen Kernprozesse und deren Modellierung in SNP zur Planung Ihres Supply-Netzwerks sind individuell, sollten aber mehr oder weniger dem hier dargestellten idealtypischen Beispielprozess für einen SNP-Planungszyklus und der Integration mit anderen SAP-Komponenten entsprechen. Nicht alle der im Folgenden dargestellten Schritte sind obligatorisch, daher werden eventuell nicht alle dargestellten Prozessschritte in Ihrem Szenario verwendet. Auch kann die Reihenfolge in Ihrem Modell unterschiedlich sein bzw. einzelne Prozessschritte können sich wiederholen.

Wir unterscheiden an dieser Stelle die Planungsschritte, die als Voraussetzung zur SNP-Planung durchlaufen werden müssen, und die Planungsschritte selbst, die in einem Planungslauf zyklisch durchlaufen werden können und mit angrenzenden Modulen integriert sind.

Vorbereitende Planungsschritte

Es gibt fünf vorbereitende Schritte, die als Grundvoraussetzungen der SNP-Planung entweder im Rahmen der Konfiguration bzw. regelmäßig im Planungszyklus durchlaufen werden müssen:

1. **Anlegen von Modell/Version**
   Grundvoraussetzung ist, dass mindestens ein Modell angelegt und einer Version zugeordnet wurde, bevor Sie im nächsten Schritt die weiteren Details des Modells einrichten können. Dabei können Sie ein Modell verschiedenen Versionen für Simulationszwecke zuordnen (siehe Abschnitt 3.6, »Stammdatenumgebungen für

aktive Planung und Simulationen«). Dies ist kein Prozessschritt, der unbedingt durchlaufen werden muss.

2. **Administration des Planungsbereichs**
   Der Planungsbereich ist die zentrale Datenstruktur in SNP und definiert einige Rahmenparameter, die den Umfang der Planungsaufgaben in SNP festlegen. Führen Sie die notwendigen Schritte zur Einrichtung Ihres Planungsbereichs sowie der Planungsmappen, Datensichten, Alerts etc. durch. Auch diese Einstellungen müssen nicht zwangsläufig in jedem Planungszyklus durchlaufen werden.
3. **Einrichten der Stammdaten**
   Einige Stammdaten werden im ERP-System gepflegt und in APO integriert, andere Stammdaten wiederum müssen direkt in APO gepflegt werden. SNP ist eine stammdatenintensive Applikation; da in der Regel mit einem vereinfachten Modell im Vergleich zur kurzfristigen Produktionsplanung geplant wird, kann hier zusätzlicher Aufwand entstehen. Abhängig von Ihren Anforderungen und den erwarteten Ergebnissen müssen die Stammdaten von Ihnen eingerichtet und aktualisiert werden. Dies ist erforderlich, damit Sie die gewünschten Ergebnisse auf Grundlage der aktuellen Stammdaten erzielen. Stammdaten können dabei z. B. Lokationen, Produkte, Ressourcen, PPM (altes Objekt), PDS, Transportbeziehungen oder Kosten etc. sein (siehe hierzu Kapitel 3, »Globale Stammdaten«, und Kapitel 4, »Anwendungsspezifische Stammdaten«).
4. **Einrichten des Supply-Chain-Modells**
   Richten Sie das Supply-Chain-Modell für SNP so ein, dass die für die SNP-Planung relevanten Unternehmensstrukturen berücksichtigt sind, indem Sie Lokationen, Produkte, Ressourcen, PDS oder PPM einem Modell zuordnen. Durch Transportbeziehungen modellieren Sie Beziehungen zwischen Liefer- und Bedarfslokationen. Das Modell Ihres Unternehmens müssen Sie kontinuierlich aktualisieren.
5. **Festlegen der Planungsmethoden und Profileinstellungen**
   Abhängig von Ihren Anforderungen legen Sie fest, welche Planungsprozesse und Funktionen, wie z. B. Sicherheitsbestandsplanung, Sie in dem SNP-Planungslauf verwenden müssen. Ihnen stehen optimierungsbasierte und heuristikbasierte Planungsmethoden sowie die Bedarfs- und Bestandspropagierung zur Auswahl, die in Abschnitt 9.4, »Methoden zur langfristigen Kapazitätsplanung in SAP APO«, skizziert und in Kapitel 10, »SNP-Heuristik/Kapazitätsabgleich in SAP APO«, bis Kapitel 12, »Capable-to-Match (CTM) in SAP APO«, weiter erläutert werden.

Planungsschritte der SNP-Planung

Neben der kontinuierlichen Aktualisierung der Stammdaten und somit des Modells und den möglichen Anpassungen an den Profileinstellungen gibt es Prozessschritte, die Teil des regelmäßig ablaufenden Planungszyklus sind. In Abbildung 9.2 sehen Sie einen idealtypischen Prozess des eigentlichen Planungslaufs und der angrenzenden Komponenten.

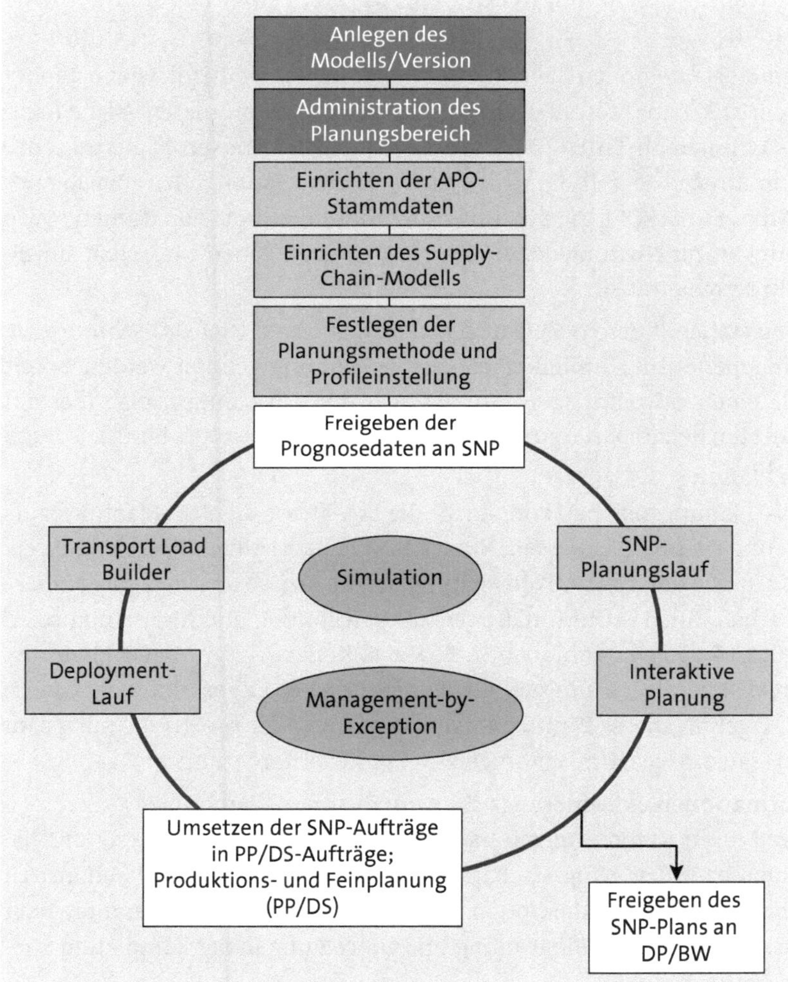

Abbildung 9.2 Typischer SNP-Planungsprozess

Einzelne der dargestellten Planungsschritte können in Ihrem speziellen Fall mehrfach wiederholt oder in einer anderen Reihenfolge durchlaufen werden. Im Folgenden stellen wir Ihnen die einzelnen Planungsschritte im Detail vor:

- **Freigabe des Absatzplans an SNP**
  Sie übergeben die Ergebnisse der marktorientierten Absatzplanung, die keine Produktions- oder Distributionsrestriktionen berücksichtigen sollten, aus den Absatzplanungssystemen als Ausgangsgröße an SNP.

- **SNP-Planungslauf**
  In diesem Prozessschritt führen Sie die von Ihnen gewählten Planungsmethoden einschließlich aller Vorbereitungsschritte aus, wie z. B. Verfahren zur Sicherheitsbestandsplanung.

  Im SNP-Planungslauf können Sie unter Verwendung der Heuristik (siehe Kapitel 10, »SNP-Heuristik/Kapazitätsabgleich in SAP APO«), des Optimierers (siehe Kapitel 11, »SNP-Optimierer in SAP APO«), der Bedarfs- und Bestandspropagierung oder weiterer Verfahren, wie z. B. Capable-to-Match (siehe Kapitel 12, »Capable-to-Match (CTM) in SAP APO«), die Planung durchführen. Auf die Funktionen sowie Voraussetzungen zur Nutzung der einzelnen Methoden gehen wir in den einzelnen Kapiteln detaillierter ein.

  Des Weiteren stehen Ihnen in SNP auch Makrofunktionen (siehe Abschnitt 9.3.4, »Planungsmappen«) zur Verfügung, die zur Berechnung genutzt werden. Somit erhalten Sie einen mittelfristigen Produktions- und Distributionsplan, der auf Ihrem erwarteten Bedarf basiert und Ihre verfügbaren Kapazitäten berücksichtigt.
- **Interaktive Planung**
  Über die SNP-Planungsmappen können Sie die Ergebnisse des SNP-Planungslaufs überprüfen und eventuell anpassen. Nutzen Sie die heuristikbasierten Verfahren, können Sie z. B. aus der interaktiven Planung den Kapazitätsabgleich vornehmen. Auch hier stehen Ihnen Makrofunktionen zur Berechnung und Alert-Funktionen zur Verfügung. Dadurch kann auch in SNP das Konzept von Management-by-Exception realisiert werden, um sich auf die wesentlichen Engpässe konzentrieren zu können. Ergebnis dieser Planung ist die Anpassung der im SNP-Planungslauf generierten Planaufträge, Umlagerungen und Bestellanforderungen.
- **Daten/Informationen extrahieren (z. B. in ein Business Warehouse)**
  Entsprechend Ihren Anforderungen haben Sie jederzeit die Möglichkeit, die Planungsergebnisse für Reportingzwecke in das APO-interne Business Warehouse zu extrahieren. Es besteht auch die Option, Planungsergebnisse mit Lieferanten oder Kunden auszutauschen, um die Planung und Umsetzung in der kompletten Supply Chain zu optimieren.
- **Freigeben** des **SNP-Plans an** die **Absatzplanung**
  Sie können optional die Planungsergebnisse der SNP-Planung an die Absatzplanung in APO-DP freigeben, um den restriktionsfreien Absatzplan mit dem restriktionsbasierten SNP-Plan abzugleichen. Dieser Prozessschritt kann z. B. durch Alerting unterstützt werden, somit können eventuell notwendige Anpassungen durch den Absatzplaner durchgeführt werden.
- **SNP-Aufträge in PP/DS-Aufträge umsetzen und Produktions- und Feinplanung durchführen**
  Diese Prozessschritte sind nicht Teil des SNP-Planungsprozesses. Da diese aber normalerweise vor den SNP-Funktionen Deployment und Transport Load Builder

(TLB) durchgeführt werden und in den Planungszyklus voll integriert sind, haben wir sie an dieser Stelle in den idealtypischen SNP-Planungszyklus aufgenommen (siehe Teil V zur kurzfristigen Kapazitätsplanung und Kapitel 27, »Kapazitive Planung von Transporten«).

- **Deployment-Lauf**
  Im Anschluss an die Produktionsplanung generiert der Deployment-Lauf im Rahmen der kurzfristigen Nachschubplanung Deployment-Umlagerungen, die auf den tatsächlich produzierten Mengen basieren. Dabei werden heuristische oder optimierende Verfahren verwendet. Durch diese Umlagerungen wird Fertigware vom Produktionswerk an die Distributionszentren verteilt.
- **Transport Load Builder (TLB)**
  Der TLB fasst die Deployment-Umlagerungen aus dem Deployment-Lauf in TLB-Transporte zusammen. Die Umlagerungen, die während des TLB-Laufs aufgrund von Restriktionen nicht berücksichtigt werden konnten, können von Ihnen auch manuell in TLB-Transporte zusammengefasst werden.

In den nachfolgenden Abschnitten stellen wir Ihnen die Funktionen und Voraussetzungen zu den einzelnen Verfahren detailliert vor, die in SNP zur Planung bereitstehen. Einige Verfahren skizzieren wir lediglich, wobei wir primär auf die für die Kapazitätsplanung relevanten Funktionen eingehen. Dies wird Ihnen helfen, einzuschätzen, welche der Funktionen für Ihre unternehmensspezifischen Anforderungen geeignet ist.

9.1.2 Vorteile und Ziele von SNP

Die werksübergreifende Kapazitätsplanung, die Sie mit SNP durchführen können, basiert z. B. auf Bedarfen, die Sie im Rahmen der Absatzplanung ermittelt haben und die Sie nun aus Ihrem Netzwerk aus Distributionszentren, Produktionswerken und Lieferanten decken möchten.

Der Einsatz von SNP als mittel- bis langfristige Kapazitätsplanung bietet Ihnen dabei z. B. die folgenden Vorteile:

- Sie können eine werksübergreifende mittel- bis langfristige Planung Ihrer Supply Chain unter Berücksichtigung der verfügbaren Kapazitäten realisieren.
- Sie können eine simultane Planung von Beschaffung, Produktion und Distribution in einem konsistenten Modell umsetzen, das Ihre Supply Chain vereinfacht abbildet.
- Sie können durch geschicktes Modellieren eine schnelle Planung von kritischen Engpassressourcen und Komponenten durchführen und mittel- bis langfristig steuern.

- Sie können mit SNP eine simultane Material- und finite Kapazitätsplanung von Produktions-, Lager- und Transportressourcen realisieren und somit einen machbaren Plan ermitteln.
- Sie können durch die standortübergreifende Modellierung und Planung in SNP eine werksübergreifende Optimierung der Ressourcenauslastung Ihrer gesamten Supply Chain erzielen.
- Sie können durch die hoch entwickelten Optimierungsfunktionen eine individuelle Priorisierung von Bedarfen sowie ein spezifisches Regelwerk zur Bezugsquellenfindung und zur Ermittlung von Zugängen erreichen.
- Sie können mit dem Einsatz von SNP auch eine kooperierende Beschaffungsplanung über das Internet nutzen.
- Sie können mit der Verwendung der Distributionsfeinplanung (Deployment) realisierbare Umlagerungen erzeugen.
- Sie können mit dem TLB die Gruppierung von Deployment-Umlagerungen für Transportmittel planen.

Die Planung und Planungsgüte in SNP ist dabei stark abhängig von den Stammdaten. Die vorhandenen Planungsverfahren in SNP liefern auf Basis der Stammdaten als Ergebnis Bewegungsdaten wie Planaufträge, Bestellanforderungen und Umlagerungsbestellanforderungen. Das Ziel ist dabei, aus einem unbeschränkten Absatzplan einen global und zentral geprüften, realisierbaren Beschaffungsplan abzuleiten, der die relevanten Restriktionen berücksichtigt. Die primären Ziele der SNP-Planung können wie folgt abgeleitet werden:

- SNP dient der mittel- bis langfristigen Planung und erstellt einen mengenbasierten, lokationsübergreifenden groben Produktions- und Distributionsplan mit eigenen groben Stammdaten (Stücklisten oder grobe Arbeitspläne).
- SNP-Stücklisten enthalten kritische Produkte, die auf Engpassressourcen gefertigt werden, und Produkte mit einer langen Wiederbeschaffungszeit.
- SNP stellt sicher, dass die richtige Menge des zu produzierenden Produkts am richtigen Tag zur Verfügung steht, ohne kritische Ressourcen übermäßig zu belasten. Die maximale Genauigkeit der Terminierung beträgt dabei einen Tag.
- SNP unterstützt nur die Strategien der Lagerfertigung (wie z. B. 10 – anonyme Lagerfertigung, 40 – Vorplanung mit Endmontage und 70 – Vorplanung auf Baugruppenebene).

Die genannten Vorteile und Ziele einer werksübergreifenden Kapazitätsplanung können Ihnen helfen, die Nutzbarkeit für Ihre Problemstellung einzuschätzen.

9.2 Grundkonzept und Funktionsweise von SNP

Bevor wir Ihnen das Konzept und die Funktionsweise von SNP in den folgenden Abschnitten detaillierter erläutern, nehmen wir an dieser Stelle zum Einstieg eine kurze Einordnung der SNP-Funktionalitäten in den Gesamtplanungskontext der kurz-, mittel- und langfristigen Planung vor. Abbildung 9.3 zeigt die Abgrenzung der Planungsfunktionen SNP und PP/DS für den langfristigen und kurzfristigen Planungshorizont.

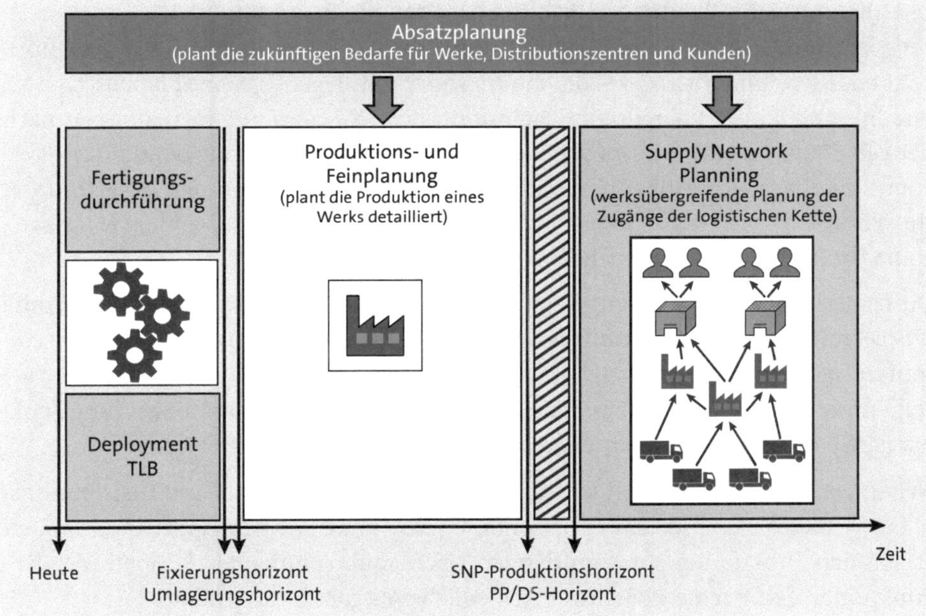

Abbildung 9.3 Abgrenzung Planungshorizont kurz/lang (Quelle: SAP)

Die Absatzplanung beispielsweise mit APO Demand Planning (DP) oder im SAP-ERP-System ermöglicht Ihnen eine periodenorientierte sowie restriktionsfreie Prognose von Kundenbedarfen für Werke, Distributionszentren oder einzelne Kunden. Gemeinsam mit bereits existierenden Kundenaufträgen dienen die Prognosen in Form von Planprimärbedarfen als Input der kurz- sowie mittel- und langfristigen Produktionsplanung.

Die kurzfristige Produktionsplanung hat höhere Anforderungen an den Detaillierungsgrad und plant mit den Funktionen in APO und ERP detailliert die Produktion eines Werks. Dabei dient die Produktions- und Feinplanung zur kurzfristigen und auftragsbasierten Planung unter Berücksichtigung von Reihenfolgen und Rüstzeiten. Eine Eingrenzung der kurzfristigen Produktionsplanung kann über den PP/DS-Produktionshorizont realisiert werden, den Sie im Produktlokationsstamm festlegen können. In einigen Fällen ist es sinnvoll, in einem ganz kurzfristigen Horizont keine Aufträge durch einen Planungslauf anzulegen, damit die Fertigung nicht gestört wird. Dieser Horizont zur Unterscheidung von Produktion/Fertigung und Produktionsplanung wird als *Fixierungshorizont* bezeichnet. Weitere Details zu den Funktionen der kurzfristigen Planung finden Sie in Teil V.

Die Anforderungen an eine mittel- bis langfristige Produktions- und auch Distributionsplanung sind andere wie in der kurzfristigen Produktionsplanung. Daher bietet SNP mit einer periodenorientierten bzw. Bucket-orientierten Planung die Möglichkeit, die mittel- bis langfristige Planung der Produktion zu steuern. Die Differenzierung des für SNP relevanten Planungshorizonts wird über den SNP-Planungshorizont realisiert. Innerhalb des SNP-Planungshorizonts legt SNP keine Planaufträge an. Wie in Abbildung 9.3 dargestellt, beginnt der für SNP relevante Horizont erst nach dem als SNP-Produktionshorizont im Produktlokationsstammsatz definierten Horizont. Auch die werksübergreifende Beschaffung kann über den SNP-Umlagerungshorizont gesteuert werden, sodass SNP nur außerhalb des Umlagerungshorizonts Umlagerungen einplanen kann.

Durch die gezielte Verwendung der zur Verfügung stehenden Produktionshorizonte (PP/DS und SNP) und SNP-Umlagerungshorizonte kann den unterschiedlichen Anforderungen an eine kurzfristige sowie mittel- bis langfristige Planung Rechnung getragen werden. Auch eine Überlappung der Horizonte ist je nach Anforderung denkbar (siehe Abschnitt 28.3.1, »Integration PP/DS-Horizont und SNP-Horizont«).

Neben den Funktionen der mittel- bis langfristigen Produktions- und Distributionsplanung bietet SNP mit den Funktionen Deployment und Transport Load Builder (TLB) auch Funktionen zur kurzfristigen Nachschubplanung. Sie können die SNP-Funktionen demnach für zwei unterschiedliche Aufgaben verwenden:

- Sie können die Distributionsplanung optimieren und die Deckung der Bedarfe im Netzwerk planen.
- Sie können nach Abschluss der Produktion im Produktionswerk die tatsächlich produzierten Mengen umlagern.

Mit SNP können Sie somit Bucket-orientiert eine mittel- bis langfristige Planung des Materialflusses werksübergreifend über Ihre logistische Kette durchführen. Dabei können Sie Ihre verfügbaren Produktions-, Lager- und Transportkapazitäten finit während der Planung berücksichtigen. Bucket-Orientierung meint in diesem Zusammenhang, dass Sie Zeit-Buckets (z. B. Monate, Wochen, Tage) für Ihre Planung frei definieren können, wobei ein Tag in SNP die kleinste mögliche Zeiteinheit ist. Die zeitliche Aggregation und Bucket-orientierte Planung in SNP ist im Vergleich zur Feinplanung in PP/DS in der Regel performanter. Somit ist es möglich, für komplexe Netzwerke unter Berücksichtigung und Priorisierung von Bedarfen und Optimierung von Zugängen einen machbaren Plan zu ermitteln.

[«]

Einschränkungen bei SNP-Funktionen

Beim Einsatz von SNP sind einige Einschränkungen zu beachten:

- SNP unterstützt nur die Bedarfsstrategien der Lagerfertigung, bei denen auf Grundlage der Vorplanung die Beschaffung und die Produktion geplant werden. Es werden die Standardbedarfsstrategien 10 – anonyme Lagerfertigung und 40 – Vorplanung mit Endmontage sowie 70 – Vorplanung auf Baugruppenebene unterstützt. Bedarfe und Zugänge aus Einzelsegmenten werden in der SNP-Planung ignoriert, können aber mit entsprechenden Einstellungen angezeigt werden.
- Einstellungen zum Pegging, das Bedarfe und Bedarfsdecker miteinander verknüpft wie in PP/DS, werden von SNP nicht berücksichtigt.

9.2.1 Relevante Stammdaten in SNP

In diesem Abschnitt gehen wir überblicksartig auf die relevanten Stammdaten in SNP ein. Allgemeine Erläuterungen finden Sie in Kapitel 3, »Globale Stammdaten«, und Kapitel 4, »Anwendungsspezifische Stammdaten«. Da SNP eine sehr stammdatenintensive Applikation ist, werden wir detailliertere Informationen zu den notwendigen Stammdateneinstellungen in den entsprechenden Folgekapiteln zu den einzelnen Planungsmethoden in SNP beschreiben.

- **Modell**
  Ein Modell ist Grundvoraussetzung für eine Planung in SNP. Nur das Modell 000 ist das aktive Modell. In einem Modell modellieren Sie ein konsistentes Abbild Ihrer Unternehmensstrukturen, das während der Planung verwendet werden soll. Entsprechend den möglichen Simulationsanforderungen legen Sie weitere Modelle an. Alle weiteren SNP-relevanten Einstellungen nehmen Sie in den Stammdatenobjekten vor, die Sie einem Modell zuordnen und somit das Modell kontinuierlich pflegen.
- **Planversion/Version**
  Auch eine Version ist eine Grundvoraussetzung für die Planung in APO und SNP. Nur die Version 000 ist die aktive Version. Entsprechend Ihren Anforderungen können Sie verschiedene Planversionen anlegen. In der Planversion gibt es einige SNP-spezifische Einstellungen, die die Planung in SNP beeinflussen können und in Abbildung 9.4 dargestellt sind.

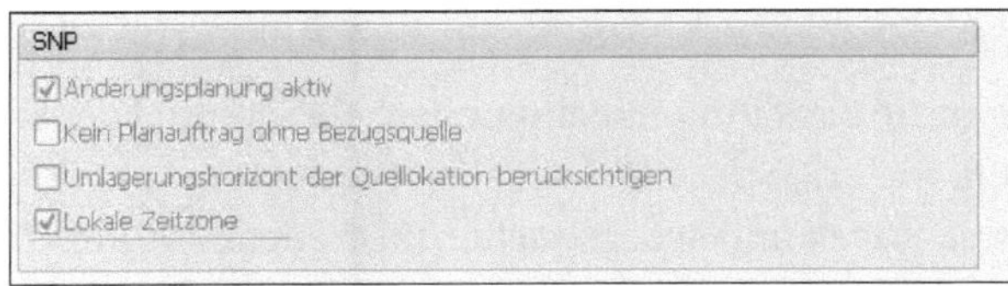

Abbildung 9.4 Planversion (SNP-spezifische Einstellungen)

In der Planversion können Sie über das Kennzeichen **Änderungsplanung Aktiv** steuern, dass im Fall von SNP-relevanten Änderungen eine Planungsvormerkung für die SNP-Heuristik erzeugt wird. Dies führt dazu, dass nur Objekte mit einer Planungsvormerkung während der SNP-Heuristik berücksichtigt werden. Zusätzlich können Sie steuern, ob ein Planauftrag auch ohne Bezugsquelle angelegt werden darf, und Sie können festlegen, dass der SNP-Umlagerungshorizont der Quelllokation berücksichtigt werden soll. Des Weiteren können Sie in der Planversion festlegen, ob Sie lokale Zeitzonen berücksichtigen möchten. Anderenfalls plant SNP alle Lokationen mit UTC (Universal Time Coordinated).

Neben den als Grundvoraussetzung für die Planung in SNP notwendigen Stammdaten Modell und Version gibt es weitere Stammdatenobjekte in der Supply Chain, die Sie zur Modellierung Ihrer Unternehmensstrukturen verwenden müssen. Diese in Abbildung 9.5 beispielhaft dargestellten Stammdaten sind grundlegende Parameter, die zur Abbildung Ihres unternehmensspezifischen Supply-Chain-Modells und zur Ausführung der Planung in SNP erforderlich sind. Sobald die Stammdaten in APO und im ERP-System existieren, ist das ausführende ERP-System das die Stammdaten bestimmende System. Lediglich Stammdaten, die im ERP-System nicht existieren, sollten direkt in APO angelegt werden.

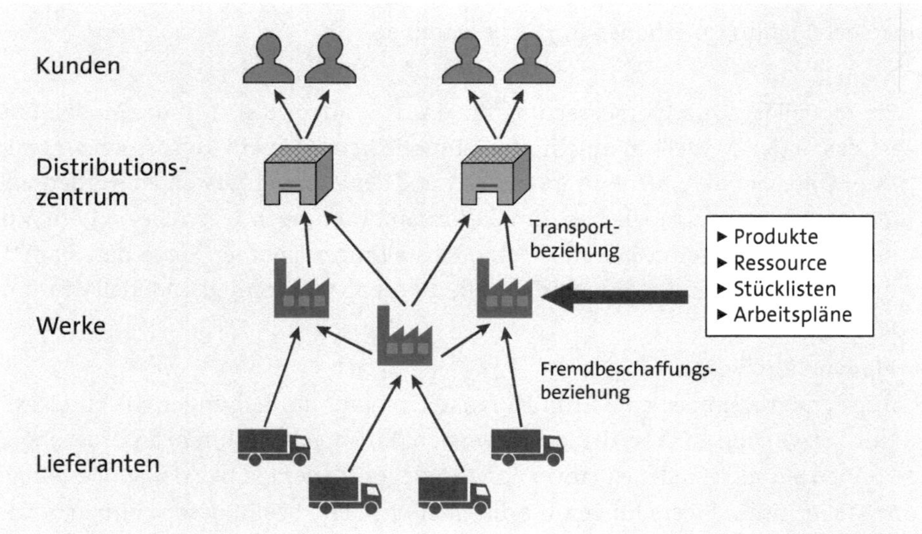

Abbildung 9.5 Stammdatenobjekte in der Supply Chain (Quelle: SAP)

Über die Stammdaten definieren Sie die Rahmenbedingungen, die während der SNP-Planung berücksichtigt werden, wie z. B. Spezifika bezüglich Produkten, Lokationen und Transportbeziehungen, Ressourcen und Bezugsquellen (PDS oder PPM) etc. Über die allgemeinen Stammdateneinstellungen hinaus müssen Sie spezielle Stammdaten für die in SNP verwendeten Planungsverfahren anlegen, da nur bestimmte Einstellungen für bestimmte Methoden relevant sind. Diese Stammdaten werden in den Kapiteln zu den einzelnen Methoden näher erläutert. In Tabelle 9.1 sind die notwendigen Stammdatenobjekte zusammengefasst, die Sie für die einzelnen Optimierungsverfahren pflegen müssen.

Heuristik	CTM	Optimierer
▪ Lokationen ▪ Produkte ▪ Ressourcen (Single- oder Multi-Misch- und Bucket-Ressource) ▪ PDS/PPM (SNP) ▪ Transportbeziehung ▪ heuristikrelevante Profile	▪ Lokationen ▪ Produkte ▪ Ressourcen (Single- oder Multi-Misch- und Bucket-Ressource) ▪ PDS/PPM (SNP/PP/DS-eingeschränkt) ▪ Transportbeziehungen ▪ CTM-Profil (Bestands- und Bedarfsprofile etc.)	▪ Lokationen ▪ Produkte ▪ Ressourcen (Single- oder Multi-Misch- und Bucket-Ressource) ▪ PDS/PPM (SNP) ▪ Transportbeziehungen ▪ SNP-Optimierungsprofil ▪ Optimierungskosten

Tabelle 9.1 Konfiguration der Stammdaten zur Planung in SNP (Quelle: SAP)

Folgende Stammdatenobjekte sind generell in SNP relevant und werden an dieser Stelle kurz beschrieben:

- **Lokationen**
  Lokationen sind logische und physische Orte, an denen Produkte und Ressourcen verwaltet werden (weitere Details finden Sie in Abschnitt 3.1, »Werk und Lokation«). In APO werden Lieferanten, Werke, Distributionszentren und Kunden als Lokationen abgebildet und über verschiedene Lokationstypen unterschieden, in denen Sie abhängig vom Lokationstyp Lager- und Handlingressourcen, Produktions- und Versandkalender, ATD-Kategoriegruppe und die Zeitzone definieren. Die Kalender und die Zeitzone werden zur Terminierung herangezogen.
- **Produkte**
  Sie müssen globale und lokationsabhängige Stammdaten pflegen, wobei ein Großteil der Stammdaten aus dem ERP-System übertragen wird und lediglich Einstellungen, die keine Entsprechung im ERP-System haben, direkt in APO gepflegt werden müssen (Details siehe Abschnitt 3.2, »Material und Produkt«).

Produkte als SNP-relevant markieren

Um ein Produkt generell für die SNP-Planung als relevant zu markieren, müssen Sie das Feld **SNP-Relevanz** auf der Registerkarte **Eigenschaften** im APO-Produktstamm entsprechend pflegen. Das Feld wird lokationsübergreifend definiert.

Darüber hinaus können folgende Registerkarten und Einstellungsoptionen im Lokationsproduktstamm bei einer Planung mit SNP für Sie relevant sein:

- **Bedarf** (Bedarfsprofil, Bedarfsstrategie, Bedarfsverrechnung, Bestandsarten)
- **Losgröße** (Losgrößenverfahren, Sicherheitsbestandsmethoden)
- **Beschaffung** (Beschaffungsart, Beschaffungskosten, Bestandskosten)
- **WE/WA** (Handling- und Lagerkapazitäten, TLB-spezifische Ladegruppe, Transporterweiterung oder maximale Eindeckung)
- **SNP1** (Strafkosten, lokationsabhängige Strafkosten)
- **SNP2** (SNP-Bedarfsprofil, SNP-Angebotsprofil, SNP-Deployment-Profil, SNP-interaktive Auftragsanlage, CTM-Einstellungen, sonstige Daten)
- **Ressourcen**

  Ressourcen definieren Kapazitäten von Anlagen, Maschinen, Personen, Transportmitteln, Lagern und ressourcenspezifischen Planungsparametern für SNP, CTM oder PP/DS und werden in der Regel aus dem ERP-System über das Core Interface (CIF) übertragen (Details siehe Abschnitt 3.3, »Arbeitsplatz und Ressource«).

  In SNP können Sie die Ressourcentypen Single-Misch-Ressource, Multi-Misch-Ressource, Bucket-Ressource und Transportressource verwenden.

[»]

Ressourcen als SNP-relevant markieren

Die SNP-Relevanz einer Ressource können Sie im ERP-System in der Kapazitätspflege in den **Kopfdaten APO Ressource** der Kapazität auf der Registerkarte **Planungsparameter** pflegen.

  Sie können in einer Ressource neben den **Allgemeinen Daten** (Grunddaten, Kapazitätsangebot, Planungsparameter) und **SNP-Bucket-Kapazitäten** (Bucket-Angebot, Planungsparameter) auch **Ausfallzeiten** definieren. Die SNP-Bucket-Kapazitäten können Sie aus der zeitkontinuierlichen Kapazität berechnen.

- **Transportbeziehungen**

  Transportbeziehungen benötigen Sie, sobald in der Distributions- und Bestandsplanung zwischen verschiedenen Lokationen transferiert wird. Dies ist in SNP nur möglich, wenn sogenannte Transportbeziehungen zwischen den Lokationen im Modell existieren. Sie können diese manuell in APO anlegen, oder das System legt diese automatisch an, sobald Sie die entsprechenden Objekte aus dem ERP-System übertragen. Transportbeziehungen können in folgenden Fällen automatisch angelegt bzw. angewendet werden:

- Modellierung von Umlagerungen zwischen Lokationen (Sonderbeschaffungsart aus Materialstammsatz)
- Fremdbeschaffungsbeziehungen (Einkaufsinfosatz, Kontrakt oder Lieferplan)

- **Vertriebslieferpläne**
  Bei der Definition der Transportbeziehungen werden die Einstellungen **Produktspezifische Transportbeziehung**, **Transportmittel** und **Produktspezifischer Transport zu einem Transportmittel** unterschieden. Weitere Details finden Sie in Abschnitt 3.5, »Transportbeziehungen«.

- **PDS bzw. PPM**
  PDS und PPM sind ähnliche Objekte, die zur Bezugsquellenfindung für die Eigenfertigung verwendet werden. Durch eine Kombination aus Arbeitsplan, Stücklisteninformationen und Fertigungsversion in ECC sind Vorgänge, Aktivitäten und Aktivitätsbeziehungen in APO integriert. PPM können Sie auch manuell in APO anpassen oder anlegen. PDS sind flexibler und können nicht in APO angepasst werden. Weitere Informationen finden Sie in Abschnitt 3.4, »Fertigungsversion, Produktionsdatenstruktur (PDS) und Produktionsbezugsquellen«. Sie können diese SNP-Arbeitspläne direkt aus dem ERP-System oder aus PP/DS-Plänen generieren. Dabei werden die Einstellungen zu der SNP-Relevanz im APO-Produktstamm und in den Ressourcen berücksichtigt und entsprechende, auf die SNP-Bezugsquellenfindung abgestimmte Arbeitspläne generiert.

[«]

Quelle für die Anlage der PDS aus dem ERP-System

Bei diskreter Fertigung werden die Stammdaten, wie Arbeitspläne, Arbeitsplätze und Stücklisten, zur Steuerung mit Fertigungsaufträgen verwendet, um in APO z. B. PDS zu generieren.

Wird PP-PI verwendet, werden für den Prozessauftrag anstelle des Arbeitsplans ein Planungsrezept und für Arbeitsplätze sogenannte Ressourcen verwendet. Hierbei wird das Planungsrezept als PDS in APO integriert.

- **Quotierung**
  Über die Definition der Quotierung steuern Sie, welcher prozentuelle Anteil eines Produkts an eine bestimmte Lokation geliefert werden soll. Mit der eingehenden Quotierung definieren Sie in der mittel- bis langfristigen SNP-Planung für eine Ziellokation, in welcher Aufteilung von den möglichen Quelllokationen beschafft werden soll. Über die ausgehenden Quotierungen, die in der Quelllokation pro Produkt definiert werden, steuern Sie, welche Anteile der realen Zugänge in der kurzfristigen Deployment-Planung an die möglichen Ziellokationen umgelagert werden (siehe hierzu Abschnitt 27.1, »Grundlagen des Deployments und des Transport Load Builders«).

- **Kosten**
  Die Kosten werden in SNP speziell von den optimierungsbasierten Planungsmethoden verwendet. Dabei wird im Kontext des definierten Regelwerks zur Bezugsquellenfindung versucht, ein kostenoptimiertes Planungsergebnis zu ermitteln. Sie können Beschaffungs-, Produktions-, Transport- und Lagerkosten sowie Kosten für verspätete oder Nichtlieferung oder Kosten für die Nutzung des Kapazitätsangebots einer Ressource definieren. Weitere Details finden Sie in Abschnitt 4.3, »Kostenpflege«.
- **Kalender**
  Kalender können Lokationen (Produktions-, Versand- und Lagerkalender), Transportbeziehungen und Ressourcen zugeordnet sein. Entsprechend den durchlaufenen Geschäftsprozessen werden dann die jeweiligen Kalender für die Terminierung verwendet.

Sie haben in diesem Abschnitt einen Überblick über die in SNP relevanten Stammdaten erhalten. Beachten Sie, dass die Verwaltung dieser Stammdaten für jedes Stammdatenobjekt hinsichtlich des Systems (APO oder ERP) und der versionsabhängigen oder der modellabhängigen Pflege unterschiedlich ist.

9.2.2 Terminierung in SNP

Da SNP Bucket-orientiert bzw. periodenorientiert plant und die kleinste mögliche zeitliche Einheit ein Tag ist, hat diese Art der aggregierten Planung auch Auswirkungen auf die Terminierung. In diesem Abschnitt gehen wir auf den grundsätzlichen Unterschied und die Besonderheiten der Terminierung und Mengenbetrachtung in SNP ein. Im Detail hängt die Terminierung vom verwendeten Planungsverfahren ab und wird in den entsprechenden Kapiteln zu den einzelnen Verfahren explizit thematisiert.

Abbildung 9.6 zeigt den Unterschied zwischen der zeitkontinuierlichen Terminierung in PP/DS und der Bucket- bzw. periodenorientierten Terminierung in SNP. SNP aggregiert alle Bedarfe, die innerhalb einer definierten Periode liegen, wobei ein Bucket mindestens einen Tag abbildet, und erzeugt für diese summierten Bedarfe die Zugänge in den Buckets.

Im Vergleich zur zeitkontinuierlichen Planung richtet sich die Ermittlung der Dauer nicht nach der Menge oder der Kapazitätsbelastung, sondern jeder Vorgang wird mit einer fixen Dauer von mindestens einem Tag eingeplant. Parallel dazu wird die Kapazitätsbelastung auf der Ressource sekundengenau ermittelt. So kann es in SNP dazu kommen, dass ein Vorgang mit einer Länge von einem Tag abgebildet wird und gleichzeitig eine Kapazitätsbelegung von nur einer Stunde aufweist. Dies kann dazu führen, dass z. B. für einen Prozessschritt mit drei Aktivitäten, der in PP/DS in zwei Stunden durchgeplant wird, in SNP eine Kapazitätsbelastung von zwei Stunden reserviert wird, der Planauftrag in SNP sich aber durch die drei Aktivitäten über drei Tage erstreckt. Diese Problematik der Terminierung verschärft sich, sobald in gröberen Perioden geplant wird, z. B. Wochen oder Monaten, und Aktivitäten mit einer Dauer von beispielsweise einem Tag terminiert werden müssen. Hier kann über den Periodenfaktor oder den Bucket-Versatz im SNP-Plan beeinflusst werden, ob der Auftrag an den Anfang oder das Ende der Periode terminiert wird. Besonderheiten werden in den Kapiteln zu den einzelnen SNP-Planungsmethoden behandelt.

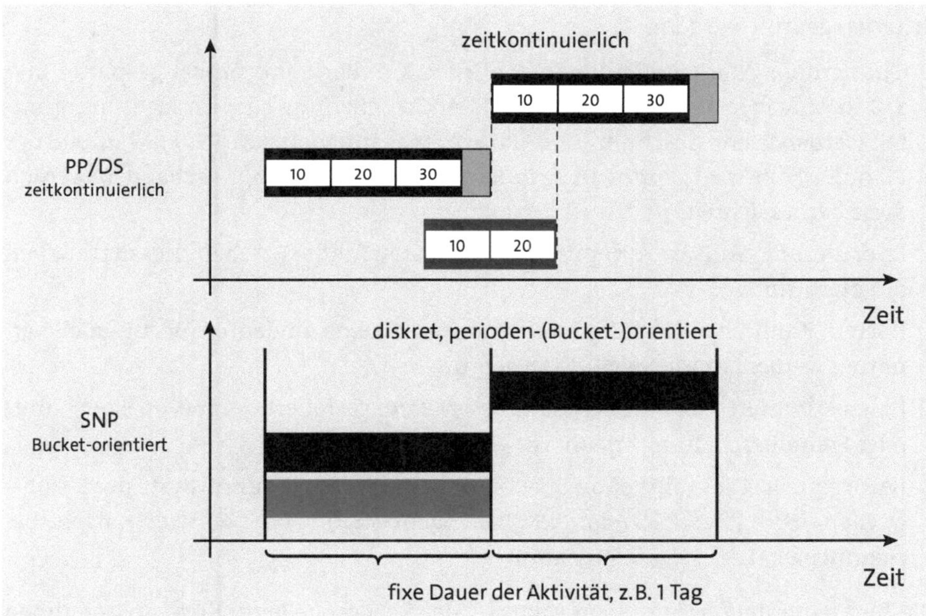

Abbildung 9.6 Vergleich zeitkontinuierliche vs. periodenorientierte Terminierung (Quelle: SAP)

Diese grundlegenden Erläuterungen zur Terminierung in SNP und das einfache Beispiel sollten zusätzlich unterstreichen, dass es meist nicht sinnvoll und zielführend ist, die zeitkontinuierlichen Arbeitspläne aus dem ERP-System für eine Planung in SNP zu übernehmen. Die Prämisse für eine zielführende Planung in SNP ist die sinnvolle Verdichtung der Aktivitäten auf Tagesraster und Fokussierung auf wichtige Engpassressourcen und -aktivitäten. Dies kann über gezielte Filterparameter z. B. bei der Auswahl der SNP-relevanten Produkte und Ressourcen erzielt werden.

9.2.3 Bezugsquellenfindung in SNP

Im Allgemeinen erfolgt die Bezugsquellenfindung nach einer generellen Logik in APO, die wir an dieser Stelle zum Grundverständnis kurz darstellen. Genau wie bei der Terminierung gibt es hier jedoch abhängig vom verwendeten Planungsverfahren auch innerhalb von SNP unterschiedliche Funktionsweisen, die wir in den entsprechenden Kapiteln näher erläutern. Nicht jedes Verfahren nutzt alle hier dargestellten Einflussgrößen bei der Bezugsquellenfindung.

Grundsätzlich funktioniert die Logik der Bezugsquellenfindung in SCM so, dass abhängig von den anwendungsspezifischen Vorgaben die nachfolgend aufgelisteten Kriterien geprüft werden:

1. Quotierung: Über Quotierungen können z. B. Bedarfe prozentual gesplittet und z. B. die Zugänge über Eigenfertigung, Fremdbeschaffung oder Umlagerung ermittelt werden (siehe Abschnitt 9.2.1, »Relevante Stammdaten in SNP«). Während des Planungslaufs wird geprüft, ob Quotierungen existieren. Falls vorhanden, werden diese berücksichtigt.
2. Priorisierung: Sonst wird geprüft, ob Prioritäten für die Beschaffungsalternativen definiert wurden.
3. Kosten: Kann über die definierten Prioritäten keine eindeutige Bezugsquelle ermittelt werden, werden die Kosten geprüft.
4. Beschaffungsart: Über die Beschaffungsart kann gesteuert werden, ob Eigen- und/oder Fremdbeschaffung erlaubt ist.
5. Bezugsquelle: Dies führt dann über die dargestellte Logik zur Auswahl der Bezugsquellen – SNP-Plan (PDS oder PPM) bei Eigenfertigung oder gültige Transportbeziehungen bei der Fremdbeschaffung.

Die hier dargestellten einzelnen Faktoren der Bezugsquellenfindung sollten Ihnen helfen zu verstehen, wie die Planungsalgorithmen vorgehen.

9.2.4 Bewegungsdaten in SNP

SNP generiert auf Basis der Stammdaten und der anwendungsspezifischen Vorgaben Bewegungsdaten. Ausgangspunkt für die SNP-Planung sind die Primärbedarfe wie Kundenaufträge oder Planprimärbedarfe. Der SNP-Planungslauf unter Berücksichtigung der Terminierungsmöglichkeiten und der skizzierten Bezugsquellenfindung erzeugt dann die folgenden Bewegungsdaten:

- im Kontext der Eigenfertigung/Herstellung:
  - Planaufträge
  - Produktionsaufträge

- im Kontext der Umlagerung:
  - Umlagerungen/SNP-Umlagerungen
  - Deployment-Umlagerungen
  - TLB-Transporte
- im Kontext der Fremdbeschaffung:
  - Bestellanforderungen
  - Bestellungen/Lieferplaneinteilungen

In Abbildung 9.7 ist das Zusammenwirken der SNP-Stammdaten und der vom Planungslauf erzeugten Bewegungsdaten dargestellt. Abhängig von den Stammdaten und den Beziehungen zwischen den definierten Lokationen, werden die entsprechenden Bewegungsdatenobjekte im Kontext der Eigenfertigung, Umlagerung oder Fremdbeschaffung während eines Planungslaufs erzeugt. Weiterführende Informationen finden Sie in Kapitel 5, »Bewegungsdaten«.

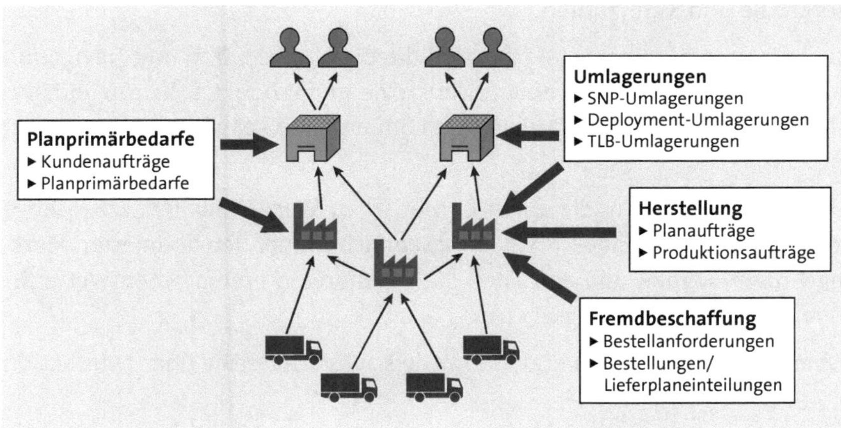

Abbildung 9.7 Relevante Bewegungsdaten in SNP (Quelle: SAP)

9.3 Überblick über die Konfiguration von SNP

An dieser Stelle geben wir Ihnen einen Überblick über die notwendigen Einstellungen und das Customizing für die Nutzung von SNP. SNP gliedert sich technologisch in zwei Bereiche.

1. Zum einen ist die Datengrundlage durch die Verwendung eines Planungsbereichs, von Planungsmappen oder Makros technologisch vergleichbar mit den APO-DP- bzw. BW-Funktionen.
2. Zum anderen verwendet SNP Optimierungsverfahren, für die entsprechende Profile, Stammdaten etc., vergleichbar mit PP/DS, erstellt werden müssen.

In Bezug auf die Kapazitätsplanung gehen wir in den folgenden Abschnitten verstärkt auf die notwendigen Profil- und Stammdateneinstellungen ein, die unter dem zweiten Punkt zusammengefasst werden können. Auf die Grundlagen der Konfiguration bezüglich der Planungsbereiche, Planungsmappen und Makros gehen wir in diesem Kapitel nur grundlegend ein. Ziel ist es, Ihnen ein Grundverständnis der relevanten Objekte zu vermitteln.

Grundsätzlich liefert SAP mit dem APO-System Standardobjekte für SNP aus, die für eine Vielzahl der Planungsanforderungen ausreichend sind. Diese Standardobjekte sollten immer als Grundlage verwendet werden. Wir möchten Ihnen an dieser Stelle ein Grundverständnis für diese in SNP zur Verfügung stehenden Objekte vermitteln. Weiterführende Erläuterungen zu möglichen Einstellungen und Anpassungen bezüglich Planungsbereich, Planungsmappen, Makros etc. werden wir in diesem Buch nicht beschreiben.

9.3.1 Merkmale und Kennzahlen

Merkmale definieren die Planungsebene und dienen zur Selektion und Navigation während der Planung. In SNP verwendete Merkmale sind Produkt, Lokation und Ressource; sie sind grundsätzlich festgelegt und können nicht geändert oder erweitert werden.

Kennzahlen enthalten Daten, die einen numerischen Wert darstellen, z. B. Menge oder Betrag. Kennzahlen können im Planungsbereich immer den definierten Merkmalen zugeordnet werden und enthalten die zugehörigen numerischen Werte für die einzelnen Merkmale/Planungsebenen.

Die BW-Objekte wie Kennzahlen und Merkmale konfigurieren Sie über Transaktion RSA1.

9.3.2 Planungsobjektstruktur

Die Basis-Planungsobjektstruktur ist Bestandteil eines oder mehrerer Planungsbereiche und enthält planbare Merkmale, die die möglichen Planungsebenen definieren. In SNP sind die möglichen Merkmale vorgegeben, und es ist nicht vorgesehen, benutzerdefinierte Planungsebenen zu ergänzen. Daher wird empfohlen, die Standard-Planungsobjektstrukturen für die SNP-Planung zu verwenden. Auf diese Weise können Sie sichergehen, dass Sie die SNP-Funktionen nutzen können. SAP liefert zwei Basis-Planungsobjektstrukturen mit APO aus:

- **9ASNPBAS – SNP-Basis** ist die Standard-Planungsobjektstruktur.
- **9ASNPSA – SNP-Basis für Lieferpläne** mit einigen zusätzlichen Merkmalen zur Lieferplanabwicklung

Abbildung 9.8 zeigt die Standard-Planungsobjektstruktur 9ASNPBAS mit den erforderlichen Merkmalen, wie z. B. Produkt, Lokation, Transportbeziehung, Ressource, PPM/PDS, oder einer Aktivität zur Planung in SNP, die von SAP ausgeliefert wird.

Abbildung 9.8 Basis-Planungsobjektstruktur SNP (Transaktion /SAPAPO/MSDP_ADMIN)

Es ist also nicht zwingend notwendig, eine Basis-Planungsobjektstruktur für SNP anzulegen. Wenn Sie dies dennoch möchten, sollten Sie die Standard-Planungsobjektstruktur kopieren. Um eine Planungsobjektstruktur anzulegen bzw. anzupassen, folgen Sie im SAP-Menü dem Menüpfad **Advanced Planning and Optimization • Supply Network Planning • Umfeld • Lfd. Einstellungen • /SAPAPO/MSDP_ADMIN – Administration Absatzplanung und Supply Network Planning**.

9.3.3 Planungsbereich

Der Planungsbereich ist die zentrale Datenstruktur in SNP. Folgende Standardplanungsbereiche liefert SAP für SNP mit aus:

- 9ASNP01 (zeitreihenbasiert – Propagierung nicht produktiv verwendet)
- 9ASNP02 (auftragsbasiert)
- 9ASNP03 (für Lieferplanabwicklung)
- 9ASNP04 (für optimierungsbasierte Planung mit zeitabhängigen Restriktionen)
- 9ASNP05 (für Sicherheitsbestandsplanung)
- 9AVMI03 (für Deployment-Heuristik mit Berücksichtigung von Bedarfen in der Quelllokation)

Grundsätzlich können und sollten Sie zwar eigene Planungsbereiche anlegen, jedoch darf die von SAP ausgelieferte Struktur in SNP nicht geändert werden, wie z. B. die

Liste von Merkmalen oder die vordefinierten Standardaggregate. Deshalb sollten Sie einen auftragsbasierten Planungsbereich anlegen, in dem Sie den auftragsbasierten Standardplanungsbereich als Vorlage verwenden. Somit stellen Sie sicher, dass Ihr eigener SNP-Planungsbereich alle in SNP benötigten Kennzahlen mit den erforderlichen Attributen enthält, wie z. B. vorhandene Aggregationsebenen, Kennzahlenfunktionen, ATP-Kategorien bzw. Kategoriegruppen. Dies ist wesentlich, um die bereitgestellten SNP-Funktionen einsetzen zu können. In SNP können dabei folgende Aggregate im SNP-Planungsprozess berücksichtigt werden:

- 9AMALO (Lokation – Produkt)
- 9AMALORE (Lokation – Produkt –Ressource)
- 9AMALA (Transportbeziehung – Produkt)
- 9AMALARE (Transportbeziehung – Produkt – Ressource)
- 9ALA (Transportbeziehung)
- 9AMAPR (PPM/PDS – Produkt)
- 9ARE (Ressource)
- 9AREPR (PPM/PDS – Ressource)
- 9AMARE (Ressource – Produkt)
- 9AACPR (Aktivität – Ressource)
- 9ALORE (Lokation – Ressource)
- 9AMALOSA (Lokation – Produkt – Lieferplan (in PLOB 0ASNPSA für Lieferplanabwicklung))
- 9AMALASA (Transportbeziehung – Produkt – Lieferplan (in PLOB 0ASNPSA für Lieferplanabwicklung))

Sie können zusätzliche Kennzahlen ergänzen und z. B. mit Makros füllen. Die Kennzahlen müssen auch den entsprechenden Aggregaten zugeordnet werden. Jeder Planungsbereich kann die Daten in verschiedenen Bereichen abspeichern. SNP bietet insgesamt drei Möglichkeiten der Datenspeicherung:

- **liveCache-Zeitreihenobjekte**
  Die Daten in *liveCache-Zeitreihen* werden ohne Bezug zu Aufträgen in Perioden abgelegt und eignen sich zur taktischen oder aggregierten Planung. Diese Form der Datenspeicherung wird normalerweise zum Sichern von Planungsdaten verwendet, die sich regelmäßig ändern.
- **liveCache-Aufträge**
  Im *Auftrags-liveCache* werden die Daten mit Bezug zu Aufträgen gespeichert. Über die Verwendung der ATP-Kategorie bzw. von Kategoriegruppen wird dann definiert, welche Daten in den entsprechenden Kennzahlen angezeigt werden. Diese Speichermethode eignet sich besonders zur operativen Planung.

Im klassischen SNP-Umfeld mit der Standardplanungsmappe 9ASNP94 und dem Planungsbereich 9ASNP02 wird meistens diese auftragsbasierte Speichermethode verwendet. Die meisten SNP-Funktionen und berücksichtigten Bewegungsdaten sind im Auftrags-liveCache gespeichert.

- **InfoCubes**
  Die Datenspeicherung im *InfoCube* eignet sich zur Ablage von alten Planzahlen oder großen Datenvolumina, die nicht regelmäßig verwendet werden und nicht im liveCache vorgehalten werden müssen.

Um einen Planungsbereich anzulegen bzw. anzupassen, folgen Sie dem Menüpfad **Advanced Planning and Optimization • Supply Network Planning • Umfeld • Lfd. Einstellungen • /SAPAPO/MSDP_ADMIN – Administration Absatzplanung und Supply Network Planning**.

9.3.4 Planungsmappen

Die Benutzeroberfläche in SNP wird über sogenannte Planungsbücher und Datensichten realisiert. Hier können Sie entsprechend Ihren Anforderungen die Kennzahlen und über Makros die Berechnungslogik anpassen. Die folgenden Standardplanungsmappen stehen zur Verfügung:

- **9ASNP94**
  Für die interaktive SNP-Planung bietet diese Planungsmappe Sichten, die Standardfunktionen zur interaktiven Durchführung der SNP- und TLB-Planung bereitstellen, unter anderem eine Datensicht zur Kapazitätsplanung.
- **9ACTM02**
  für die interaktive SNP-Planung mit CTM
- **9ASOP**
  für die Absatz- und Produktionsgrobplanung (SOP) bzw. Bedarfs- und Bestandspropagierung
- **9ADRP**
  für die interaktive SNP-Planung, ergänzt für die Distributionsplanung (Distribution Resource Planning, DRP)
- **9AVMI**
  für die interaktive SNP-Planung, ergänzt mit Informationen für Vendor-Managed-Inventory
- **9ASA**
  für die interaktive Lieferplanabwicklung, alle relevanten Informationen werden angezeigt
- **9ASNPAGGR**
  für die aggregierte Planung und die Planung mit aggregierten Ressourcen

- **9ASNP_PS**
  für die Planung unter Berücksichtigung der Produktaustauschbarkeit
- **9ATSOPT**
  für die optimierungsbasierte Planung unter Berücksichtigung zeitabhängiger Restriktionen
- **9ASNP_SSP**
  für die Sicherheitsbestandsplanung und Nutzung einiger Standard- und erweiterter Methoden
- **9ADRP_FSS**
  für die Planung mit der Deployment-Heuristik unter Berücksichtigung von Bedarfen in der Quelllokation
- **9ASNP_SHLF**
  für die Planung unter Berücksichtigung von Haltbarkeitsdaten

Individuelle Planungsmappen

Sobald Sie das Layout der Standardplanungsmappen anpassen müssen, sollten Sie individuelle Planungsmappen anlegen und die entsprechende Standardplanungsmappe als Vorlage verwenden, damit die notwendigen Standardfunktionen übernommen werden.

Grundsätzlich können Sie die Planungsmappen im SAP-Menü über **Advanced Planning and Optimization • Supply Network Planning • Umfeld • Lfd. Einstellungen • /SAPAPO/SDP8B – Planungsmappe definieren** konfigurieren. Da in SNP in der Regel mit Standardmappen gearbeitet wird, gehen wir an dieser Stelle nicht weiter auf die möglichen einzelnen Konfigurationsschritte ein.

Erweiterte Makros

Die Standardplanungsmappen enthalten bereits eine Vielzahl von Makros und erweiterten SNP-Funktionen, um die notwendigen Berechnungen durchzuführen. Sie haben natürlich auch die Möglichkeit, Berechnungen mit eigendefinierten Makros zu ergänzen. Dabei sollten Sie die Standardmakros nicht anpassen, sondern ebenfalls existierende Makros kopieren, falls Sie ähnliche Berechnungen entwickeln möchten. Alternativ können Sie die Makros auch entsprechend in der Makro-Workbench neu anlegen.

Die Makro-Workbench erreichen Sie über den Pfad **Advanced Planning and Optimization • Supply Network Planning • Umfeld • Lfd. Einstellungen • /SAPAPO/ADVM – Macro Workbench** oder über Transaktion /SAPAPO/ADVM.

Alerts

Eine weitere wichtige Funktion in APO generell und auch in SNP ist die Verwendung von Alerts. Die Alerts sollen den Planer auf vordefinierte Ausnahmesituationen aufmerksam machen und somit eine ausnahmebasierte Planung ermöglichen. Hierbei können Sie dynamische, zur Laufzeit ermittelte und zu einem festen Lauf generierte Datenbank-Alerts verwenden.

SAP liefert in SNP einige vordefinierte Alerts (dynamische und Datenbank-Alerts) aus, die den SNP-Planungsprozess unterstützen, wie z. B.:

- Bedarfsunterdeckung
- Sicherheitsbestand (Über- und Unterdeckung)
- Ziellagerbestand (Über- und Unterdeckung)
- Ressourcenüberlast
- Ressourcenunterlast
- Ressourcenauslastungsgrad = 100 %

Inwiefern sich diese Alerts mit Ihren Anforderungen decken, müssen Sie individuell prüfen. Weitere Alerts können Sie je nach Bedarf und eigenem Regelwerk definieren und anlegen. Alerts können Sie über Transaktion /SAPAPO/AMON1 anlegen. Eigendefinierte Alerts können Sie über Makros generieren lassen, die Sie in der Makro-Workbench (Transaktion /SAPAPO/ADVM) angelegt haben.

9.4 Methoden zur langfristigen Kapazitätsplanung in SAP APO

In diesem Abschnitt stellen wir Ihnen die in SNP zur Verfügung stehenden Methoden einleitend vor. Der Fokus liegt dabei auf den mittel- bis langfristigen Methoden der Kapazitätsplanung.

9.4.1 Mittel- bis langfristige Planungsmethoden

Im Folgenden geben wir Ihnen einen Überblick über die SNP-Heuristik, den SNP-Optimierer und Capable-to-Match (CTM) als mittel- bis langfristige Kapazitätsplanungsverfahren. Diese SNP-Planungsstrategien werden in den folgenden Kapiteln jeweils detaillierter beschrieben.

SNP-Heuristik

Die Heuristik ist ein infinites Planungsverfahren, das im Rahmen eines korrekturbasierten Planungsprozesses verwendet werden kann und in der Regel auch den *Kapazitätsabgleich* umfasst. Dabei versucht die Heuristik, den Bedarf nach dem MRP-II-

Konzept durch eine Planung gegen infinite Kapazitäten ohne Berücksichtigung von Restriktionen der Material- und Kapazitätsverfügbarkeit zu planen. Es stehen die folgenden Verfahren zur Planung mit der Heuristik zur Verfügung:

- **Lokationsheuristik**
  Sie selektieren ein lokationsspezifisches Produkt, und die Heuristik wird nur für das ausgewählte Produkt in der Lokation einstufig ausgeführt.
- **Netzwerkheuristik**
  Sie selektieren ein lokationsspezifisches Produkt, und die Heuristik wird nur für das ausgewählte Produkt in allen Lokationen ausgeführt. Dabei bestimmt das System die Reihenfolge der Lokationen intern.
- **Mehrstufige Heuristik**
  Sie selektieren ein lokationsspezifisches Produkt, und die Heuristik wird für alle Lokationen geplant. Zusätzlich werden alle Komponenten in allen Lokationen geplant, was einem mehrstufigen werksübergreifenden MRP-Lauf entspricht.

Das Ergebnis der Heuristik ist ein infiniter Plan, der keine Kapazitätsrestriktionen berücksichtigt. Dieser infinite Plan kann in einem zweiten Schritt mit der Funktion des Kapazitätsabgleichs geplant werden, indem Kapazitäten berücksichtigt und ein finites Planungsergebnis generiert werden. Dabei können die folgenden zwei Verfahren des Kapazitätsabgleichs unterschieden werden:

- heuristikbasierter Kapazitätsabgleich
- optimiererbasierter Kapazitätsabgleich

Weiterführende Details zur Heuristik und dem Kapazitätsabgleich finden Sie in Kapitel 10, »SNP-Heuristik/Kapazitätsabgleich in SAP APO«.

SNP-Optimierer

Der SNP-Optimierer ist ein kostenbasiertes Planungsverfahren, das Ihnen ermöglicht, einen zulässigen finiten Plan zu entwickeln, der Restriktionen wie Materialverfügbarkeit und Kapazitätsangebote global berücksichtigt. Auf Basis der definierten Priorisierungen über Lenkungskosten in APO wird ein finiter Plan ermittelt, der hinsichtlich der Gesamtkostenbewertung der günstigste ist. Die Gesamtkosten setzen sich zusammen aus:

- Kosten für Produktion, Beschaffung, Lagerung und Transport
- Kosten für die Erhöhung der Produktions-, Lager-, Transport- und Handlingkapazität
- Kosten für die Unterschreitung des Sicherheitsbestands
- Kosten für verspätete oder Nichtlieferung
- Fehlmengenkosten

Dies erfordert eine aufeinander abgestimmte Pflege der einzelnen Kosten, um das gewünschte Planungsergebnis zu erzielen. In den Projekten besteht die Herausforderung oft darin, die individuellen Anforderungen in ein konsistentes Kostenmodell zu übersetzen. Weitergehende Ausführungen zum SNP-Optimierer finden Sie in Kapitel 11, »SNP-Optimierer in SAP APO«.

Capable-to-Match (CTM)

Capable-to-Match ist ein regelgesteuertes, werksübergreifendes Planungsverfahren und bildet einen Rahmen für eine auftragsorientierte Planung im mittel- und langfristigen Planungshorizont. Es ergänzt dabei die Supply-Chain-Planungsstrategien der Anwendungen SNP und PP/DS in APO. Bei der Planung berücksichtigt CTM Restriktionen der Materialverfügbarkeit und Kapazitäten und ermittelt so einen machbaren finiten Plan auf Basis von definierten Prioritäten und Quotierungen. CTM nutzt ein heuristisches Verfahren, das auf Grundlage von Bedarfspriorisierung und Bestandskategorisierung sowie einer Auswahl der Beschaffungsalternativen die einzelnen Produktions- und Distributionsstufen nicht nacheinander, wie im klassischen MRP-Lauf, sondern gleichzeitig betrachtet. Das Ergebnis ist ein termingerecht durchführbarer Plan über alle geplanten Fertigungsstufen.

Ein wesentlicher Unterschied zwischen CTM und den beiden zuvor genannten Methoden (Heuristik und Optimierer) ist, dass durch die auftragsbasierte Planung ein Pegging zwischen Einzelbedarf und Bedarfsdecker möglich ist, was sonst nur in der kurzfristigen Planung im PP/DS durchführbar ist. Somit ist CTM in der Lage, einige Anforderungen aus der kurzfristigen sowie der mittel- bis langfristigen Planung zu bedienen. Weitere Informationen zum Planungsverfahren CTM finden Sie in Kapitel 12, »Capable-to-Match (CTM) in SAP APO«.

9.4.2 Vergleich der wichtigsten Methoden

In diesem Abschnitt vergleichen wir die beiden wichtigsten Planungsmethoden in SNP, die optimierungsbasierte und heuristikbasierte Planung, sowie die Planungsmethode Capable-to-Match (CTM). Welche Methode im speziellen Kundenumfeld die richtige ist, lässt sich nicht allgemeingültig festlegen. Daher geben wir an dieser Stelle eine grobe Einschätzung, wann welche Methode sinnvoll einzusetzen ist. Weitergehende Ausführungen zu den einzelnen Methoden finden Sie dann in den folgenden Kapiteln.

Zunächst fassen wir die drei Planungsverfahren kurz zusammen:

- Die *Heuristik* ist ein schnelles, infinites Planungsverfahren. Alerts weisen auf fehlende Materialverfügbarkeit oder Ressourcenüberlast hin. Mit dem Kapazitätsabgleich können im Nachgang interaktiv oder im Hintergrund Kapazitäten berücksichtigt werden.

- Die *optimierungsbasierte Planung* berücksichtigt Material- und Ressourcenverfügbarkeit simultan und schlägt eine Minimalkostenlösung entsprechend den Restriktionen und entstehenden Transport-, Produktions-, Lager- und Handlingkosten vor.
- *CTM* ist ein auftragsbezogenes, regelbasiertes Verfahren mit umfangreichen Priorisierungsoptionen für Bedarfe und Bestände zur finiten, globalen Planung der Produktionsressourcen.

Im Folgenden haben wir die Unterschiede der verschiedenen Planungsmethoden aufgeführt:

- **Schnelligkeit der Planung**
  Bezüglich der Schnelligkeit der drei Verfahren sollte die Heuristik die schnellste Methode sein, die CTM-Planung in der Mitte liegen und der Optimierer das komplexeste und langsamste Verfahren sein. Da CTM auftragsbasiert plant, kann bei einer Vielzahl von Aufträgen die Laufzeit bei CTM vergleichbar mit der des Optimierers sein.
- **Qualität der Planungsergebnisse**
  Die Qualität der Planungsergebnisse ist folgendermaßen einzuschätzen: Die Heuristik liefert mit den infiniten Ergebnissen die niedrigste Qualität, darauf folgt CTM mit der ersten machbaren Lösung. Beim Optimierer sind jedoch die besten Ergebnisse zu erwarten, weil der Algorithmus des Optimierers alle Alternativen simultan abwägt.
- **Berücksichtigung von Transport-, Lager- und Handlingressourcen**
  Transport-, Lager- und Handlingressourcen werden nur vom Optimierer global finit berücksichtigt.
- **Verfügbarkeit von Prioritäten**
  CTM wird über Prioritäten gesteuert. Im Optimierer können Prioritäten über Strafkosten z. B. für verspätete Lieferungen bzw. Nichtlieferungen etc. gesetzt werden.

Als grobe Anleitung kann grundsätzlich empfohlen werden, die einzelnen Planungsverfahren zu prüfen, sobald die folgenden Punkte zutreffen.

- Prüfen Sie in folgenden Fällen die Verwendung der Heuristik als Planungsstrategie:
  - wenn eine infinite Planung ohne Berücksichtigung von Kapazitäten im mittel- bis langfristigen Horizont ausreicht
  - wenn Ressourcenkapazitäten und mögliche Engpässe eine geringe Rolle spielen und vernachlässigt werden können
  - wenn der Planungsaufwand gering gehalten werden soll

- Prüfen Sie in folgenden Fällen die Verwendung des Optimierers als Planungsstrategie:
  - wenn Alternativen hinsichtlich der Produktionsstandorte und Bezugsquellen bestehen
  - wenn mehrere Produkte auf einer Ressource produziert werden
  - wenn Ressourcen für Produktion, Transport und Lagerung eine einschränkende Rolle im Planungsprozess darstellen und eine Ressourcenerweiterung nur mit hohem finanziellen Aufwand zu bewerkstelligen ist
- Prüfen Sie in folgenden Fällen die Verwendung von CTM als Planungsstrategie:
  - wenn Sie den Optimierer als Planungsstrategie prüfen (dann ist gegebenenfalls auch CTM für Sie relevant)
  - wenn eine prioritätsgesteuerte Planung hinsichtlich der Beschaffungs- und Bedarfsseite wichtig ist
  - wenn der Geschäftsprozess ein Down-Binning-Verfahren auf Basis von Produktersetzung verlangt. Mithilfe von ATP-Ersetzungsregeln können Sie dies umsetzen und ein Produkt mit höherer Qualität zur Deckung von Bedarfen eines Produkts mit niedriger Qualität verwenden.

In diesem Abschnitt haben Sie einen Überblick über Vorteile und mögliche Anwendungsfälle der Planungsstrategien erhalten. In den nachfolgenden Kapiteln gehen wir einzeln auf die Funktionen jeder diese Planungsstrategien ein.

9.5 Fazit

In diesem Kapitel haben Sie einen ersten Einblick in die Funktionen und das Grundkonzept der mittel- bis langfristigen Kapazitätsplanung in APO erhalten. Sie kennen nun den klassischen Planungsprozess, die möglichen Vorteile und die Ziele einer Planung mit SNP. Auch haben Sie einen ersten Eindruck von der notwendigen Konfiguration zur Nutzung von SNP erhalten und einen Überblick über die möglichen alternativen Planungsalgorithmen gewonnen.

Funktional kann SNP Anforderungen in der mittel- und langfristigen Kapazitäts- und Distributionsplanung unterstützen, aber auch Anforderungen zu einer kurzfristigen Nachschubplanung können mit Funktionen in SNP abgebildet werden. Letztere sind jedoch an dieser Stelle nicht relevant und wurden nur dargestellt, damit Sie die Informationen in den folgenden Kapiteln besser einordnen können.

Kapitel 10
SNP-Heuristik/Kapazitätsabgleich in SAP APO

Kapazitätsplanung mithilfe der SNP-Heuristik unterstützt einen »korrekturbasierten« Planungsprozess, der zweistufig neben der infiniten Heuristik auch den Kapazitätsabgleich zur Reduktion von Kapazitätsüberlasten umfasst.

Eine der Methoden zur mittel- und langfristigen Planung in APO ist die SNP-Heuristik (Supply Network Planning). Mit der SNP-Heuristik können Sie den Materialfluss durch Ihre komplette Supply Chain modellieren und pro Lokation die zu beschaffenden und zu produzierenden Produkte planen. Die SNP-Heuristik ist ein infinites Planungsverfahren, das keine Kapazitäten berücksichtigt und somit die Machbarkeit der ermittelten Lösungen nicht zwangsläufig gewährleistet. Die Vorgehensweise ist vergleichbar mit der des MRP-Laufs im SAP-ERP-System, wobei die SNP-Heuristik auch für eine lokationsübergreifende Netzwerkplanung gedacht ist.

Es handelt sich immer um ein zweistufiges Planungsvorgehen, wenn Sie mithilfe der SNP-Heuristik die Kapazitätsplanung realisieren möchten: Zuerst liefert die SNP-Heuristik ein infinites Planungsergebnis mit möglichen Kapazitätsüberlasten, und anschließend können diese Kapazitätsüberlasten in einem korrekturbasierten Planungsprozess bearbeitet werden. Diese Kapazitätsüberlasten können entweder manuell, wie von einer Vielzahl von Unternehmen praktiziert, oder mithilfe der Funktion des Kapazitätsabgleichs automatisiert reduziert werden. In diesem Kapitel erläutern wir Ihnen die Möglichkeiten der Kapazitätsplanung mit der SNP-Heuristik im Zusammenspiel mit dem automatisierten Kapazitätsabgleich.

In den folgenden Abschnitten erläutern wir Ihnen zunächst die Funktionsweise der SNP-Heuristik und des Kapazitätsabgleichs und zeigen Ihnen die dafür notwendigen Einstellungen. Anschließend stellen wir Ihnen die Planung mit der SNP-Heuristik und dem Kapazitätsabgleich sowie einzelne Sonderprozesse und Beispiele vor. Nach der Lektüre dieses Kapitels sollten Sie über ein Grundverständnis der Möglichkeiten einer Kapazitätsplanung mit der SNP-Heuristik und dem Kapazitätsabgleich verfügen.

10.1 Grundlagen, Verwendung und Funktionsweise der SNP-Heuristik

Die wesentliche Stärke von SNP ist die werksübergreifende Planung, die in Kombination mit der zeitlich aggregierten Planung, z. B. in Wochenrastern, eine schnelle mittel- bis langfristige Planung relevanter Aktivitäten in Ihrem logistischen Netzwerk ermöglicht. Die Heuristik entspricht dem Planungsverfahren, das gemäß dem MRP-II-Konzept die werksübergreifende Planung infinit durchführt, ohne Restriktionen in der Material- und Kapazitätsverfügbarkeit zu berücksichtigen.

Abbildung 10.1 zeigt exemplarisch die Vorgehensweise der SNP-Heuristik bei einer werksübergreifenden Planung. Welche Lokationen in Ihrer Planung berücksichtigt werden sollen, können Sie entweder bei der Modellierung des für die SNP-Planung relevanten Modells oder über gezielte Selektionen während des Planungslaufs und des Planungsverfahrens festlegen.

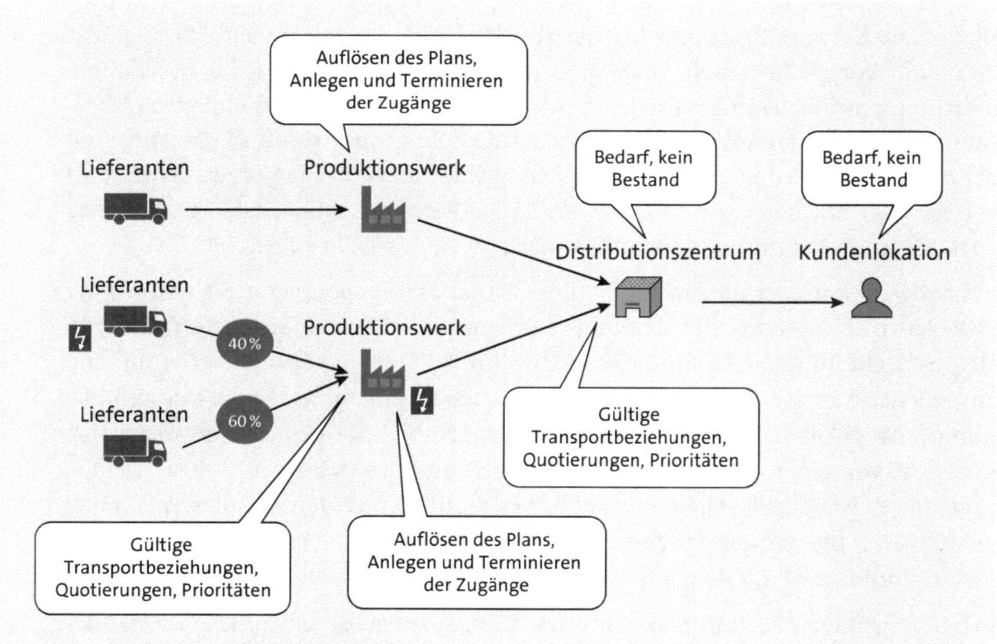

Abbildung 10.1 SNP-Planungsszenario

In unserem Beispiel wurden folgende Lokationen in APO modelliert:

- Kunde
- Distributionszentrum
- produzierendes Werk

- zulieferndes Produktionswerk
- externe Lieferanten, die Komponenten liefern

Anhand dieser Lokationen und des beispielhaften Logistiknetzwerks stellen wir Ihnen nun das grundlegend mögliche Systemverhalten bei einer SNP-Heuristik vor:

- **Planungsreihenfolge über Dispositionsstufen ermitteln**
  Im ersten Schritt ermittelt das System die Reihenfolge der zu planenden Lokationen. Das Planungsergebnis und die Planungsreihenfolge der Heuristik werden in der Regel von der Dispositionsstufe der Lokationsprodukte beeinflusst. Daher sollte als vorgelagerter Schritt die Dispositionsstufe der relevanten Lokationsprodukte ermittelt werden. Die Heuristik beginnt mit der Lokation, die nur eingehende Transportbeziehungen hat (in unserem Beispiel aus Abbildung 10.1 die Kundenlokation).
- **Planung in der Kundenlokation**
  In der Kundenlokation identifiziert die Heuristik Bedarfe, und über die Nettobedarfsrechnung in der Lokation findet das System keine Zugangselemente, um den Bedarf in der Lokation zu decken. Da das Produkt in der Kundenlokation als fremdbeschafft definiert ist, prüft das System die möglichen Transportbeziehungen (Quotierungen/Prioritäten) und findet über diese Transportbeziehungen das entsprechende Distributionszentrum, um dort den Bedarf über Umlagerung anzufragen.
- **Planung im Distributionszentrum**
  Da der Bedarf im Distributionszentrum nach einer Nettobedarfsrechnung ebenfalls nicht über vorhandene Bestände und geplante Umlagerungen gedeckt werden kann und das Produkt fremdbeschafft ist, analysiert das System gültige Transportbeziehungen unter Berücksichtigung von Quotierungen und Prioritäten und identifiziert so die beiden Werke.
- **Planung im Produktionswerk**
  Auch in den Werken gibt es nicht genügend Bestand, um die Bedarfe zu decken. Da SNP neben einer Distributionsplanung bei entsprechenden Stammdaten auch eine Produktionsplanung unterstützt, kann an dieser Stelle der SNP-Plan aufgelöst werden. Für die Enderzeugnisse können somit ein Planprimärbedarf und für die Komponenten entsprechende Sekundärbedarfe erzeugt werden. In diesem Beispiel ist die Produktion in dem Werk mit der höheren Quotierung kapazitiv nicht durchführbar und wird daher mit einem Überdeckungs-Alert markiert. Die SNP-Heuristik berücksichtigt keine Kapazitäten, sodass der Planer über den Alert gezielt eingreifen kann (dies kann manuell oder automatisiert geschehen).
- **Planung von Lieferanten**
  Die weitere Beschaffung der Komponenten aus anderen Lokationen erfolgt dann über mögliche Transportbeziehungen unter Berücksichtigung von Quotierungen

und Prioritäten. In unserem Beispiel kann ein Lieferant nicht genug liefern. Auch dies wird über einen Alert angezeigt, und der Planer muss interaktiv reagieren.

An dieser Stelle kann konstatiert werden, dass die SNP-Heuristik nur für eine schnelle werksübergreifende Distributions- und Beschaffungsplanung verwendet werden kann, wenn Restriktionen keine Rolle spielen bzw. manuell bearbeitet werden sollen.

Die dargestellte werksübergreifende Planung und das damit einhergehende Ergebnis ist wie beschrieben stark abhängig von der ermittelten Reihenfolge, in der die Lokationen prozessiert und die Bedarfe ermittelt werden, sowie von der Terminierung und der Bezugsquellenfindung in SNP und von der verwendeten Selektion des Planungsverfahrens. Diese Punkte werden in den nächsten Abschnitten detaillierter erläutert.

Um darzustellen, wie die SNP-Heuristik ein werksübergreifendes Planungsergebnis systemtechnisch ermittelt, gehen wir nun noch auf die Vorgehensweise und die Verarbeitung der SNP-Heuristik ein (siehe Abbildung 10.2).

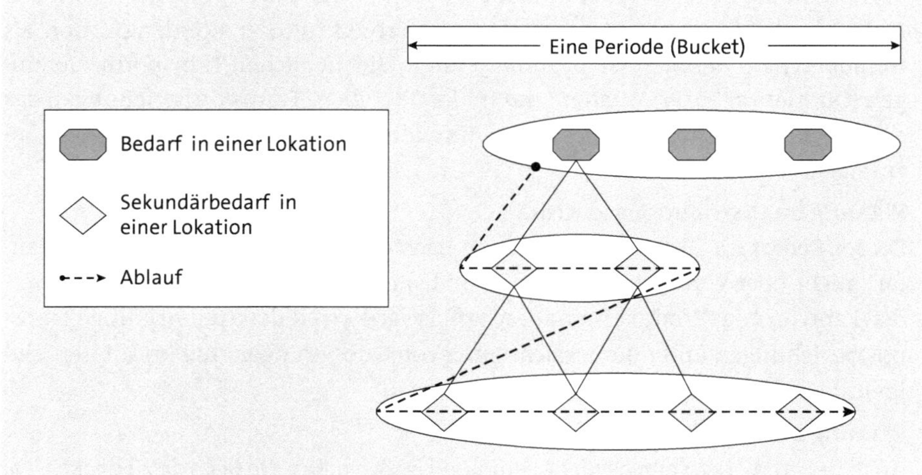

Abbildung 10.2 Verarbeitung SNP-Heuristik (Quelle: SAP)

Wie Sie sehen, plant die SNP-Heuristik immer nur eine Lokation. Auch bei einer werksübergreifenden Planung prozessiert die SNP-Heuristik die relevanten Lokationen nacheinander und fasst dabei alle Bedarfe einer Periode pro Produkt zu einem Gesamtbedarf in einer Lokation zusammen.

[»]

Gesamtbedarf

Der Gesamtbedarf wird in Abhängigkeit von der **Bedarfsstrategie** (Registerkarte **Bedarf**) und dem **Prognosehorizont** (Registerkarte **SNP2**) aus dem APO-Produktstamm ermittelt. Über die Bedarfsstrategie wird die Verrechnung von Prognosen mit Kundenaufträgen gesteuert. Vorplanbedarfe sind innerhalb des Prognosehorizonts nicht relevant.

Die Heuristik plant erst alle Distributionsbedarfe der obersten Lokationsstufe, bevor alle Produkte der nächsten Lokationsstufe geplant werden. Pro geplantem Lokationsprodukt geht die SNP-Heuristik folgendermaßen vor:

1. Lesen der Daten aus dem liveCache (technischer Schritt)
2. Berechnung des Nettobedarfs (siehe Abschnitt 10.1.2, »Nettobedarfsrechnung in der SNP-Heuristik«)
3. Berücksichtigung der Losgrößenregeln
4. Ermittlung der Bezugsquelle (siehe z. B. Abschnitt 10.1.3, »Bezugsquellenfindung im Heuristiklauf«, und Abschnitt 10.1.4, »Terminierung der SNP-Heuristik«)
5. Anlage der Zugangselemente (Planaufträge und Umlagerungen)
6. Berechnung der Ressourcenbelastungen

Wie Sie sehen, ist das finale Ergebnis von der korrekten Reihenfolge der geplanten Lokationen abhängig. Ein wesentlicher Schritt ist somit die korrekte Ermittlung der Dispositionsstufen über Transaktion /SAPAPO/SNPLLC (Dispositionsstufe bestimmen), auf die wir im folgenden Abschnitt eingehen. Dieser Prozessschritt erfolgt vor dem eigentlichen Heuristiklauf, um durch die Ermittlung der Dispositionsstufen die korrekte Planungsreihenfolge der Lokationsprodukte für die Bedarfsdeckung festzulegen.

In den nachfolgenden Abschnitten gehen wir auf einige der Prozessschritte der SNP-Heuristik näher ein.

10.1.1 Ermittlung der Dispostufen

Durch die Ermittlung der Dispostufen mit Transaktion /SAPAPO/SNPLLC (Dispositionsstufe bestimmen) wird einerseits ermittelt, auf welcher Stufe einer Stückliste und andererseits in welcher Lokation in dem mehrstufigen Lokationsnetzwerk sich ein bestimmtes Lokationsprodukt befindet. Diese Funktion hilft bei der SNP-heuristikbasierten Planung, die korrekte Reihenfolge der zu planenden Lokationsprodukte einzuhalten.

Die Ermittlung der Dispositionsstufen können Sie entweder für ein gesamtes Modell oder für ausgewählte Stammdaten pro Planversion, Produkt und Lokation oder über Selektionsprofile durchführen, wie in Abbildung 10.3 dargestellt. Die Ergebnisse können Sie sich über den Button **Anzeige der Ergebnisse** anzeigen lassen. Die Protokolle werden angezeigt, wenn Sie auf den Button **Prot. anz.** klicken. Die Funktion ist als

SNP-Funktion in die Pflege der Prozessketten integriert und kann von Ihnen als Hintergrundprozess eingeplant werden.

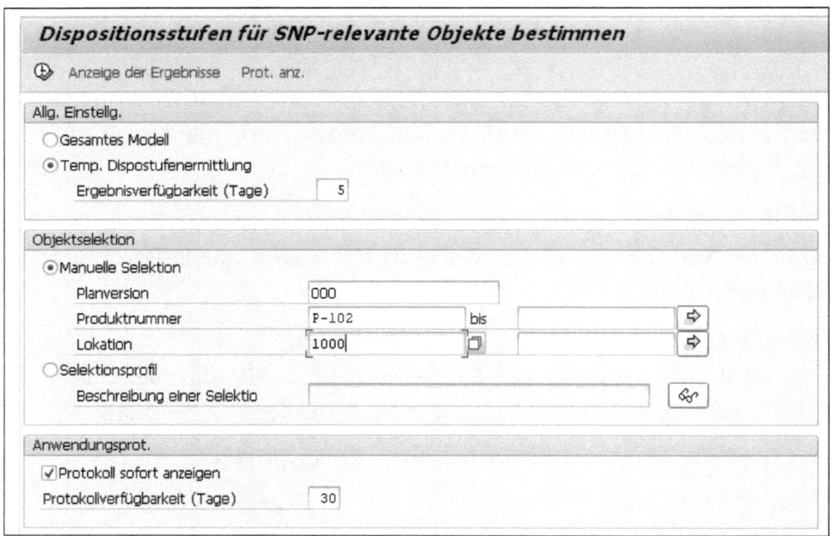

Abbildung 10.3 Dispositionsstufen bestimmen (Transaktion /SAPAPO/SNPLLC)

Das System ermittelt für die selektierten Objekte die Dispostufen gemäß der folgenden Vorgehensweise. Als Beispiel nehmen wir das in Abbildung 10.1 dargestellte Planungsszenario und Produkt P-102, das die Komponente K-102-1 benötigt.

1. Die höchste Dispositionsstufe, Stufe 0, erhält das Endprodukt, das der letzten Lokation im Netzwerk zugeordnet ist, die nur eingehende Transportbeziehungen hat. In unserem Beispiel ist dies das Endprodukt P-102 in der Kundenlokation (hier wird nicht produziert).
2. Die nächstniedrigere Dispositionsstufe, Stufe 1, wird dem Endprodukt in der vorletzten Lokation (im Beispiel Distributionszentrum) zugeordnet. In dieser Lokation wird nicht produziert.
3. Die nächstniedrigere Dispositionsstufe, Stufe 2, wird dem Endprodukt in der davorliegenden Lokation zugeordnet. In unserem Beispiel ist dies das produzierende Werk. Das Endprodukt kann dabei nicht von einer alternativen Lokation beschafft werden.
4. Die nächstniedrigere Dispositionsstufe, Stufe 3, wird in dem produzierenden Werk nach einer Stücklistenauflösung der Komponente K-102-1 in dem Produktionswerk zugeordnet.
5. Die nächstniedrigere Dispositionsstufe, Stufe 4, wird der Komponente in den Lieferantenlokationen zugeordnet.

So wurden für das selektierte Endprodukt und die dazugehörigen Komponenten unter Berücksichtigung der Stücklistenstufe und des gesamten logistischen Netzwerks die Dispositionsstufen ermittelt. Tabelle 10.1 zeigt Ihnen exemplarisch das Ergebnis dieses Prozessschritts, der jedem Lokationsprodukt eine eindeutige Dispositionsstufe zuordnet.

Produkt	Lokation	Dispositionsstufe
P-102	Kundenlokation	0
P-102	Distributionszentrum	1
P-102	Produktionswerk	2
K-102-1	Produktionswerk	3
K-102-1	Lieferantenlokation	4

Tabelle 10.1 Beispielergebnis Dispositionsstufe ermitteln

[«]

Ermittlung der Dispositionsstufen

Beachten Sie auch die folgenden Hinweise zur Ermittlung der Dispositionsstufen:

- Es wird empfohlen, diese Funktion immer vor der Heuristik auszuführen, wenn Änderungen der Stammdaten vorliegen, die Auswirkungen auf die Planungsreihenfolge der Heuristik haben können. Dies sind z. B. Änderungen in den Stücklisten/Plänen (PDS (Produktionsdatenstrukturen) oder PPM (Produktionsprozessmodell)) oder in relevanten Beziehungen zwischen Lokationsprodukten (Transportbeziehungen).
- Bei möglichen Zyklen in den Transportbeziehungen zwischen zwei Lokationen oder bei PDS müssen Sie das BAdI /SAPAPO/SNP_LLC und die Methode SAVE_WITH_CYCLES implementieren.
- Ist die Ermittlung der Dispositionsstufen fehlgeschlagen, können Sie über das BAdI /SAPAPO/LLC und die Methode CHECK_RESULTS auch unvollständige Ergebnisse aus der Hintergrundverarbeitung in einer Prozesskette abspeichern.

10.1.2 Nettobedarfsrechnung in der SNP-Heuristik

Die SNP-Heuristik ermittelt im ersten Schritt den tatsächlichen Nettobedarf. Auf Lokationsproduktebene und pro Periode wird der Ziellagerbestand ermittelt und eine Nettobedarfsrechnung auf Basis des Gesamtbedarfs und unter Berücksichtigung des aktuellen Lagerbestands sowie der verfügbaren Zugangselemente durchgeführt.

Abbildung 10.4 zeigt beispielhaft die Nettobedarfsrechnung in der plangesteuerten Disposition pro Planungsperiode.

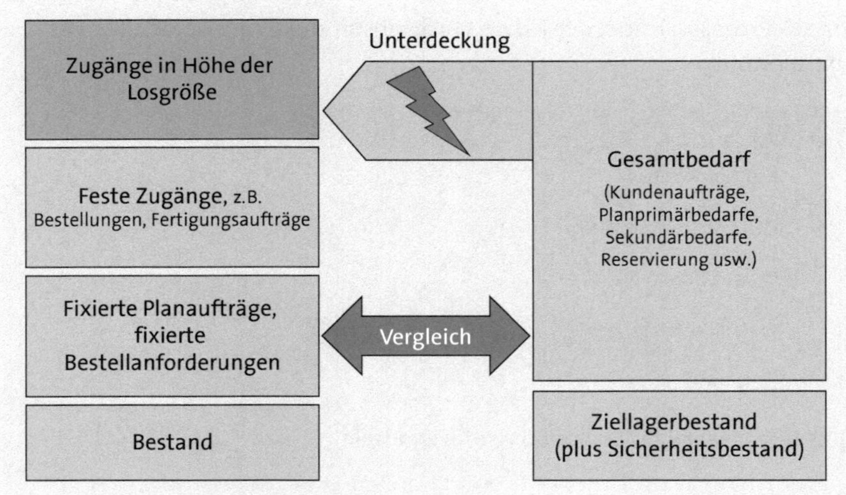

Abbildung 10.4 Nettobedarfsrechnung in SNP (Quelle: SAP)

Die folgenden Schritte werden dabei durchlaufen:

- **Berechnung Ziellagerbestand pro Periode**
  Summe der Bedarfe entsprechend definierter Zielreichweite und Berücksichtigung der Sicherheitsbestände. Die Berechnung wird durch Makros im Planungsbuch durchgeführt.
- **Berechnung geplanter Lagerbestand pro Periode**
  Bestand (Vorperiode) + Gesamtzugang (fixierte Planaufträge, fixierte Bestellanforderungen, feste Zugänge) – Gesamtbedarf

  Die Berechnung wird durch Makros im Planungsbuch durchgeführt.
- **Berechnung Nettobedarf pro Periode**
  Gesamtbedarf + Ziellagerbestand – geplanter Lagerbestand
- **Ermittlung der Zugänge in Höhe der definierten Losgrößenregeln**
  Dieser Prozessschritt wird in der Reihenfolge der Dispositionsstufen für jede Lokation und Stücklistenstufe im Netzwerk durchgeführt, bis alle Bedarfe gedeckt sind. Während des mehrstufigen Planungsprozesses werden Zugänge für Enderzeugnisse, Zwischenprodukte und Rohmaterialien angelegt.

Sie haben einen Einblick in die einzelnen Schritte und die gesamte Vorgehensweise der Nettobedarfsrechnung in der SNP-Heuristik erhalten und sollten diese bei der Bewertung von Planungsergebnissen berücksichtigen.

10.1.3 Bezugsquellenfindung im Heuristiklauf

Die grundlegende Vorgehensweise bei der Bezugsquellenfindung und Ermittlung der Rangfolge ist in Abschnitt 9.2.3, »Bezugsquellenfindung in SNP«, beschrieben. In diesem Abschnitt gehen wir auf die Besonderheiten der Bezugsquellenfindung bei der SNP-Heuristik ein.

Bei der Bezugsquellenfindung in der SNP-Heuristik werden die Beschaffungsart (Eigen- und Fremdbeschaffung), die Gültigkeit der Bezugsquelle (Transportbeziehung, PDS oder PPM) und die Losgrößenregeln (exakte und feste Losgröße, Zielreichweite, Rundungsprofile, Rundungswerte, Sicherheitsbestand und Ausschuss) berücksichtigt. Über folgende weitere Parameter wird die Bezugsquellenfindung grundsätzlich beeinflusst:

- Quotierungen (prozentuale Aufteilung der Bedarfe, Multi-Sourcing)
- Prioritäten (Single-Sourcing)
- Kosten (Single-Sourcing)

Die Bezugsquellenfindung in der SNP-Heuristik berücksichtigt die Quotierungen, Prioritäten, Kosten und die Gültigkeit der Bezugsquelle in dieser Reihenfolge. Falls keine Quotierungen gepflegt sind, werden Prioritäten geprüft, und wenn keine Prioritäten gepflegt sind, werden Kosten berücksichtigt. Dieses Vorgehen entspricht der allgemeinen Vorgehensweise der Bezugsquellenfindung in APO.

Sie können die automatische Bezugsquellenfindung während der SNP-Heuristik primär über folgende Parameter steuern.

- **Quotierungen für Lokationen, Fremdbeschaffungsbeziehungen, Eigenfertigung (PDS, PPM)**
  Mit der Bezugsquellenfindung über Quotierungen können Sie durch prozentuales Aufteilen ein Multi-Sourcing definieren. Sie können beispielsweise die Fremdbeschaffung und die Eigenfertigung (70 % zu 30 %) quotieren, indem Sie z. B. für die Fremdbeschaffung 30 % aus Lokation A und 40 % aus Lokation B festlegen und für die Eigenfertigung 30 % aus einer/m PDS/PPM decken lassen.
- **Beschaffungsprioritäten für Transportbeziehungen und Eigenfertigung (PDS, PPM)**
  Die Bezugsquellenfindung mit Beschaffungsprioritäten können Sie für bestimmte Bezugsquellen wie Transportbeziehungen und PDS/PPM festlegen. Folgende Voraussetzungen müssen erfüllt sein, damit die SNP-Heuristik die Prioritäten berücksichtigt:
  - Die Bezugsquelle muss gültig sein.
  - Der Auftrag muss innerhalb der festgelegten Losgrößenparameter liegen.

- Für Transportmittel muss das Kennzeichen **Aggr. Planung** aktiviert sein.
- Es dürfen keine Transportzyklen definiert sein.

Bei Transportzyklen, die Transportbeziehungen in beide Richtungen zwischen zwei Lokationen beschreiben, greift die SNP-Heuristik nur auf die festgelegten Quotierungen zurück und verwendet keine Prioritäten. Bei mehreren Transportmittelalternativen wird das Transportmittel mit den geringsten Kosten ermittelt. Bei gleichen Kosten gelten die allgemeinen Richtlinien der Bezugsquellenfindung.

Ist bei Fremdbeschaffung keine gültige Transportbeziehung bzw. ist das Produkt in der Quelllokation nicht bekannt oder bei definierter Eigenfertigung kein gültiges SNP-PDS/PPM vorhanden, legt das System während der SNP-Heuristik SNP-Umlagerungen oder SNP-Planaufträge ohne Bezugsquelle an.

10.1.4 Terminierung der SNP-Heuristik

In SNP planen Sie in der Regel in zeitlich aggregierten Perioden, wie z. B. Wochen oder Monaten. Die kleinste mögliche zeitliche Einheit ist ein Tag. Die grundlegende Vorgehensweise bei der Terminierung in SNP wird in Abschnitt 9.2.2, »Terminierung in SNP«, beschrieben.

Die Terminierung in der SNP-Heuristik erzeugt im Standard die Zugangselemente in der Mitte der Periode. Abbildung 10.5 zeigt beispielhaft die Standardterminierung in einem Wochen-Bucket mit dem Periodenfaktor 0,5, der die Zugangselemente in der Mitte der Periode anlegt. Über den Periodenfaktor können Sie den gewünschten Verfügbarkeitstermin der Zugänge bestimmen, d. h., ob der Zugang eher am Anfang einer Periode oder eher am Ende der Periode erzeugt werden soll. Bei einem Periodenfaktor von 1 werden die Zugänge am Ende der Periode erzeugt, und bei einem Periodenfaktor gegen 0 werden die Zugänge am Anfang der Periode erzeugt. Innerhalb von Tagesperioden setzt das System das Wunschverfügbarkeitsdatum im Standard (Faktor 0,5) auf 12:00 Uhr.

Damit die SNP-Heuristik den Periodenfaktor berücksichtigen kann, müssen Sie im Produktlokationsstamm das Kennzeichen **Periodenfaktor verwenden** setzen, sonst verwendet das System immer den Standardwert 0,5. Den Periodenfaktor können Sie ebenfalls im Produktlokationsstammsatz pflegen. Der Periodenfaktor aus dem Produktlokationsstammsatz kann für Eigenfertigungsaufträge mit dem Periodenfaktor in den Plänen (PDS/PPM) und für die Fremdbeschaffungsaufträge in der Transportbeziehung übersteuert werden.

In dem Beispiel in Abbildung 10.5 sehen Sie, wie die SNP-Heuristik im Standard mit einem Periodenfaktor von 0,5 vorgeht:

❶ Zusammenfassung aller Bedarfe der Periode zu einem Gesamtbedarf im Distributionszentrum

❷ Es wird eine Umlagerung für den Gesamtbedarf angelegt, deren Endtermin auf 12:00 Uhr in der Mitte der Woche liegt.

❸ Durch Rückwärtsterminierung wird der Bereitstellungstermin im Werk ermittelt. Dabei werden Transportzeiten sowie Wareneingangs- und Warenausgangsbearbeitungszeiten berücksichtigt.

❹ Die Endtermine für die Planaufträge werden über den Periodenfaktor im jeweiligen Plan (PDS/PPM) ermittelt und entsprechend terminiert.

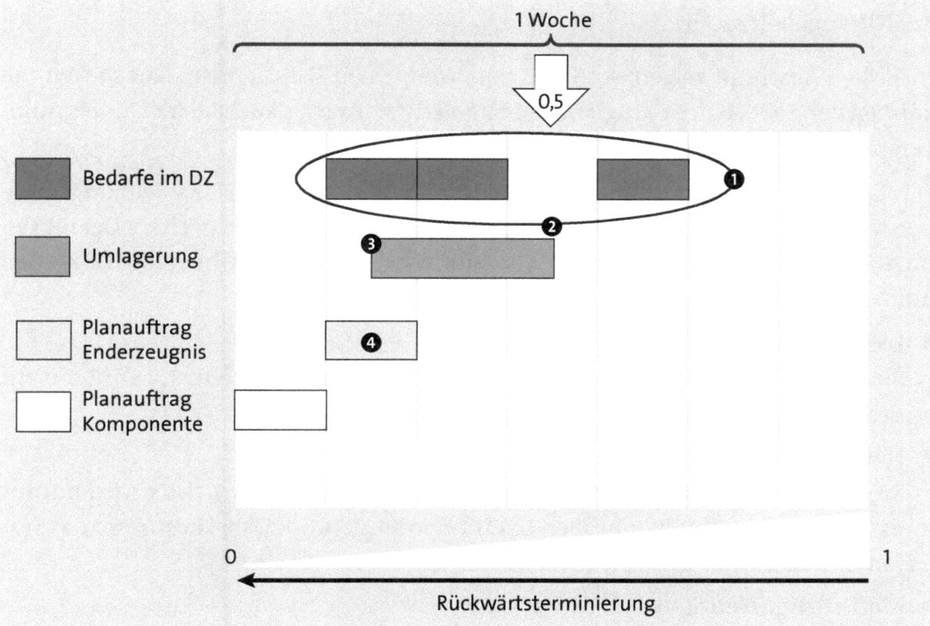

Abbildung 10.5 Terminierung in Heuristiken (Quelle: SAP)

Anonyme Bestellanforderungen oder Planaufträge, die keiner Bezugsquelle zuzuordnen sind, werden mit dem Periodenfaktor aus dem Produktlokationsstammsatz terminiert.

10.1.5 SNP-Heuristiklauf

In den vorhergehenden Abschnitten haben wir Ihnen die theoretischen Grundlagen zur Funktionsweise der SNP-Heuristik vorgestellt. Daher fassen wir an dieser Stelle die von der SNP-Heuristik berücksichtigten Faktoren noch einmal kurz zusammen. Die folgend aufgeführten Faktoren werden bei der Verarbeitung berücksichtigt:

- Lokationsprodukte und Dispositionsstufen der Lokationsprodukte
- gültige Transportbeziehungen, PDS, PPM

- Quotierungen oder Beschaffungsprioritäten
- Durchlaufzeiten
- Kalender
- Losgrößenregeln
- Ausschuss
- Komponentenverfügbarkeit
- SNP-Bedarfsprofil
- SNP-Angebotsprofil

In diesem Abschnitt zeigen wir Ihnen nun, wie Sie den SNP-Heuristiklauf starten. Sie können den SNP-Heuristiklauf sowohl interaktiv starten als auch in der Hintergrundverarbeitung einplanen.

Um den SNP-Heuristiklauf interaktiv zu starten, können Sie die SNP-Planungsmappen (z. B. 9ASNP94) aus Transaktion /SAPAPO/SDP94 verwenden (weitere Details siehe Abschnitt 10.4.1, »SNP-Heuristik durchführen«). Hier stehen Ihnen die folgenden drei Verfahren der Heuristikplanung zur Verfügung:

- **Lokationsheuristik**
  Sie selektieren ein lokationsspezifisches Produkt, und die Heuristik wird nur für das ausgewählte Produkt in der Lokation einstufig ausgeführt.
- **Netzwerkheuristik**
  Sie selektieren ein lokationsspezifisches Produkt, und die Heuristik wird nur für das ausgewählte Produkt in allen Lokationen ausgeführt. Dabei bestimmt das System intern die Reihenfolge der Lokationen.
- **Mehrstufige Heuristik**
  Sie selektieren ein lokationsspezifisches Produkt, und die Heuristik wird für alle Lokationen geplant. Zusätzlich werden alle Komponenten in allen Lokationen geplant, was einem mehrstufigen werksübergreifenden MRP-Lauf entspricht. Hierbei handelt es sich um eine Netzwerkheuristik und nicht um eine Lokationsheuristik mit Berücksichtigung der Stücklistenkomponenten.

Die Hintergrundverarbeitung können Sie im SAP-Menü über **Advanced Planning and Optimization • Supply Network Planning • Planung • /SAPAPO/SNP01 – Supply Network Planning im Hintergrund** starten.

Wie in Abbildung 10.6 dargestellt, können Sie in der Hintergrundverarbeitung auf Basis der definierten Datenquelle und der Objektselektion den Planungsumfang festlegen.

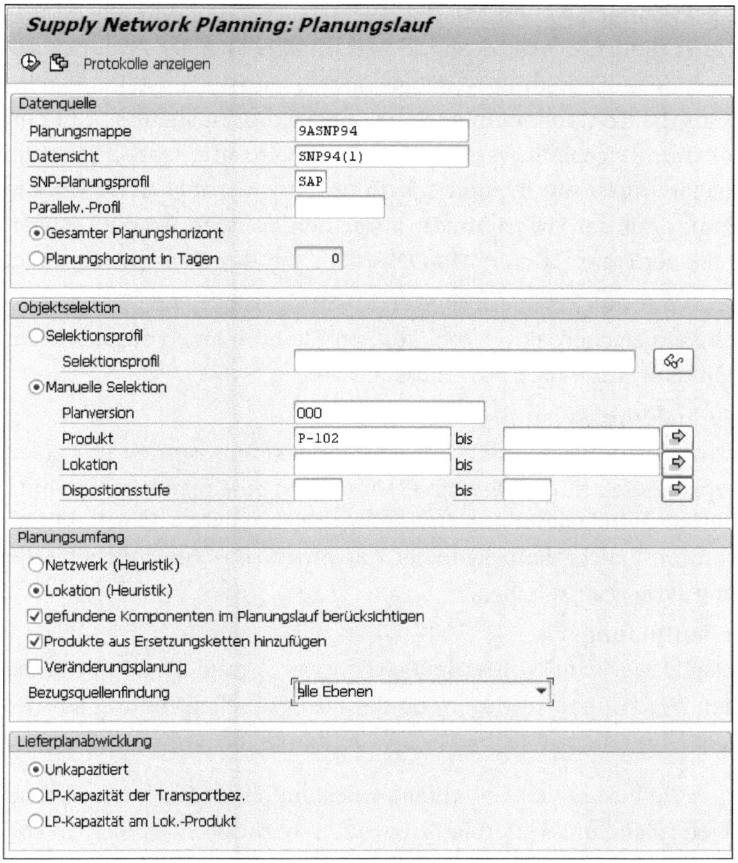

Supply Network Planning: Planungslauf

Protokolle anzeigen

Datenquelle

Planungsmappe	9ASNP94
Datensicht	SNP94(1)
SNP-Planungsprofil	SAP
Parallelv.-Profil	

(•) Gesamter Planungshorizont
( ) Planungshorizont in Tagen 0

Objektselektion

( ) Selektionsprofil
Selektionsprofil
(•) Manuelle Selektion

Planversion	000		
Produkt	P-102	bis	
Lokation		bis	
Dispositionsstufe		bis	

Planungsumfang

( ) Netzwerk (Heuristik)
(•) Lokation (Heuristik)
[x] gefundene Komponenten im Planungslauf berücksichtigen
[x] Produkte aus Ersetzungsketten hinzufügen
[ ] Veränderungsplanung
Bezugsquellenfindung: alle Ebenen

Lieferplanabwicklung

(•) Unkapazitiert
( ) LP-Kapazität der Transportbez.
( ) LP-Kapazität am Lok.-Produkt

Abbildung 10.6 Transaktion /SAPAPO/SNP01

Neben den Angaben in den Bereichen **Datenquelle** und **Objektselektion** können Sie im Bereich **Planungsumfang** folgende Parameter definieren:

- **Optionen »Netzwerk (Heuristik)« und »Lokation (Heuristik)«**
  Hier definieren Sie den Umfang des Planungslaufs. Mit der Option **Lokation (Heuristik)** werden nur selektierte Lokationen einbezogen, mit der Option **Netzwerk (Heuristik)** werden alle relevanten Netzwerklokationen einbezogen.
- **Kennzeichen »gefundene Komponenten im Planungslauf berücksichtigen«**
  Die Aktivierung dieses Kennzeichens ermöglicht die Ermittlung und mehrstufige Planung der Stücklistenkomponenten bzw. Sekundärbedarfe entweder als reine Lokations- oder als Netzwerkheuristik. Im Vergleich zur interaktiven Planung, die die ausgewählten Lokationen nicht mehrstufig planen kann, können Sie bei der Einplanung im Hintergrund über das Kennzeichen **gefundene Komponenten im**

Planungslauf berücksichtigen steuern, ob die Stücklistenkomponenten beim Planungslauf berücksichtigt und entsprechende Sekundärbedarfe der Produkte geplant werden sollen. Diese Einstellung ist dabei von den anderen Einstellungen insofern abhängig, als die Komponenten auch bei einer Lokationsheuristik in den ausgewählten Lokationen geplant werden können. Eine lokationsübergreifende und mehrstufige Planung ist nur in einer Lokationsheuristik möglich ist. Um die mehrstufige Planung mit der SNP-Heuristik zu planen, müssen Sie die Dispositionsstufen mithilfe der Transaktion /SAPAPO/SNPLLC für Ihre Version ermitteln.

- **Kennzeichen »Produkte aus Ersetzungsketten hinzufügen«**
  Indem Sie dieses Kennzeichen aktivieren, können Sie eine Ersetzungskette im Rahmen der Produktaustauschbarkeit berücksichtigen.
- **Kennzeichen »Veränderungsplanung«**
  Bei der Veränderungsplanung, auch als Net Change bekannt, werden nur Lokationsprodukte geplant, die seit dem letzten Planungslauf eine planungsrelevante Änderung erfahren und eine Planungsvormerkung erhalten haben. Eine Veränderungsplanung ist nur möglich, wenn Sie in der Planversion das Kennzeichen **SNP: Änderungsplanung aktiv** gesetzt haben.
- **Feld »Bezugsquellenfindung«**
  Das Feld kann beispielsweise im Prozess der Planung mit aggregierten Ressourcen verwendet werden. Sie können festlegen, ob die Bezugsquellenfindung auf der Kopf- oder/und der Unterebene einer Bezugsquellenhierarchie verwendet wird.

Des Weiteren können Sie im Bereich **Lieferplanabwicklung** festlegen, wie während der SNP-Heuristik Lieferpläne und Lieferplankapazitäten berücksichtigt werden sollen. Im Bereich **Anwendungsprotokoll** können Sie den Detaillierungsgrad festlegen und definieren, ob das Protokoll sofort angezeigt werden und wie lange es verfügbar sein soll.

Sobald Sie Planungsfunktionen in der SNP-Hintergrundverarbeitung durchführen, werden Anwendungsprotokolle geschrieben, die Sie über die zentrale Funktion mit Transaktion /SAPAPO/SNPAPLOG (Anwendungsprotokolle) oder direkt aus der jeweiligen Planungsfunktion aufrufen können. Das Anwendungsprotokoll zur SNP-Heuristik enthält sowohl allgemeine Informationen wie Eingabedaten für den Planungslauf, relevante Customizing-Einstellungen, BAdIs und erzeugte Meldungen während des Planungslaufs als auch Informationen wie die Planungsergebnisse und Details über angelegte Umlagerungen, Planaufträge etc., die für den Planungslauf spezifisch sind.

10.2 Grundlagen, Verwendung und Funktionsweise des Kapazitätsabgleichs

Da die durch die SNP-Heuristik erzeugte Lösung keine Kapazitätsrestriktionen berücksichtigt, muss die Lösung nicht zwangsläufig realisierbar sein. Daher erfordert die Planung mit der SNP-Heuristik immer eine nachgelagerte Korrektur unter Berücksichtigung von Kapazitäten. In diesem Abschnitt gehen wir auf die Funktionsweise des Kapazitätsabgleichs ein, der eine Ergänzung zur heuristikbasierten Planung darstellt, um aus dem infiniten Heuristikplanungsergebnis einen Plan unter Berücksichtigung von Kapazitätsengpässen zu erzeugen.

10.2.1 Kapazitätsprüfung und Kapazitätsabgleich

Der SNP-Kapazitätsabgleich ist dafür konzipiert, bestimmte Engpassressourcen auszugleichen, auf denen eine Ressourcenüberlast durch die infinite Planung entstanden ist. Der SNP-Kapazitätsabgleich berücksichtigt dabei grundsätzlich Produktions- und Transportressourcen. Lager- und Handlingressourcen werden nicht unterstützt. Dabei werden die von SNP generell unterstützten Ressourcentypen Bucket-, Single-Misch-, Multi-Misch- und Transportressourcen berücksichtigt. Der Kapazitätsabgleich beachtet bei der Umplanung SNP-Planaufträge und SNP-Umlagerungen. Kapazitätsbelegungen von anderen Aufträgen, wie z. B. PP/DS-Aufträgen, werden zwar berücksichtigt, aber nicht neu geplant.

Mit dem Kapazitätsabgleich findet keine Neuplanung in der gesamten Logistikkette statt, sondern es werden ausgewählte Ressourcen lokal optimiert. Abhängigkeiten von anderen Ressourcen werden dabei nicht beachtet. Ressourcenüberlastungen können ausgeglichen werden, indem Aufträge oder Teilmengen von Aufträgen durch Vorwärts- und Rückwärtsterminierung in vor- oder nachgelagerte Perioden verschoben werden. Es ist auch möglich, Aufträge auf alternative Ressourcen in derselben Periode zu übertragen. Hierfür bietet der Kapazitätsabgleich alternative Funktionen, die wir nachfolgend näher darstellen.

Der erste Schritt ist die Identifizierung der überlasteten Ressourcen. Die Kapazitätsprüfung können Sie in der interaktiven Planung (siehe Abschnitt 10.4.2, »Kapazitätsabgleich durchführen«) pro Ressource überprüfen. Das APO-System kann Sie auch mit entsprechenden Alerts auf überlastete Ressourcen aufmerksam machen, und Sie können dann aus dem Alert-Monitor direkt in die interaktive Planung springen. Abbildung 10.7 zeigt die in der SNP-Planung zur Verfügung stehenden Informationen zur Kapazitätsprüfung.

	Einheit	Tag 1	Tag 2
Kapazitätsangebot ▸ Normales Kapazitätsangebot ▸ Maximales Kapazitätsangebot ▸ Minimales Kapazitätsangebot	Std	20	20
Kapazitätsverbrauch	Std	18	22
Auslastungsgrad	%	90	110

Abbildung 10.7 Kapazitätsprüfung (Quelle: SAP)

Für die Analyse der Kapazitätssituation stellt Ihnen die SNP-Planung auch im Rahmen der Heuristikplanung pro Ressource folgende Informationen zur Verfügung:

- **Kapazitätsangebot**
  Das Kapazitätsangebot zeigt das Ressourcenangebot der aktiven Variante der selektierten Ressource. Sie können sich auch weitere Kapazitätsangebotsvarianten anzeigen lassen, wie z. B. normales, minimales oder maximales Kapazitätsangebot.
- **Kapazitätsverbrauch**
  Der Kapazitätsverbrauch enthält die Kapazitätsbelastung der Ressource durch PP/DS und SNP-Aufträge. In der interaktiven Planung werden Ihnen in einem zweiten Grid in der Datensicht die zugehörigen Aufträge angezeigt.
- **Ressourcenauslastungsgrad**
  Der Ressourcenauslastungsgrad informiert über das Verhältnis von Kapazitätsangebot und Kapazitätsverbrauch.

Dem Planer werden an dieser Stelle die notwendigen Informationen zur Ressourcenüberlast und Werkzeuge zur manuellen und automatischen Beseitigung der Überlasten zur Verfügung gestellt. Mithilfe des Kapazitätsabgleichs kann der Planer nur isoliert für jede Ressource die Überlasten auf benachbarte Perioden oder Alternativressourcen verteilen. Da die Umplanung auf einer Ressource zu einer Überlast/Unterlast auf anderen Ressourcen führen kann, z. B. auf Komponentenebene, sollten abhängige Ressourcen überprüft werden. Dies ist mithilfe von Alerts und einem iterativen Prüfprozess möglich.

Grundsätzlich können Sie den Kapazitätsabgleich interaktiv pro Ressource durchführen mit dem Vorteil, dass Sie die Auswirkungen Ihrer Umplanung für die geplante Ressource sofort in der interaktiven Planung sehen können. Es ist auch möglich, den Kapazitätsabgleich für selektierte Ressourcen in der Hintergrundverarbeitung durchzuführen. In diesem Fall werden diese nacheinander prozessiert.

Grundsätzlich stehen folgende Verfahren zur Beseitigung der Überlasten zur Verfügung und können über Parameter im Kapazitätsabgleichprofil (siehe Abschnitt 10.3.2, »Kapazitätsabgleichsprofil«) gesteuert werden:

- Zeitlicher Kapazitätsabgleich: Rückwärtsterminierung, die keine Verspätungen zulässt
- Zeitlicher Kapazitätsabgleich: Vorwärtsterminierung, die eine verspätete Bedarfserfüllung erlaubt
- Zeitlicher Kapazitätsabgleich: Vorwärts- und Rückwärtsterminierung kombinieren die beiden Methoden.
- Umplanung auf alternative Ressource (gültig für Produktionsressourcen)

Bei der Umplanung der Aufträge haben Sie die Möglichkeit, ein Regelwerk zur Priorisierung von Aufträgen festzulegen, die beim Kapazitätsabgleich zuerst bearbeitet werden. Die erforderlichen Einstellungen zur Vorgehensweise des Kapazitätsabgleichs werden im Kapazitätsabgleichsprofil definiert (siehe Abschnitt 10.3, »Einstellungen und Stammdaten der Heuristik und des Kapazitätsabgleichs«).

Abbildung 10.8 zeigt beispielhaft die Vorgehensweise bei einem zeitlichen Kapazitätsabgleich mit Vorwärts- und Rückwärtsverrechnung.

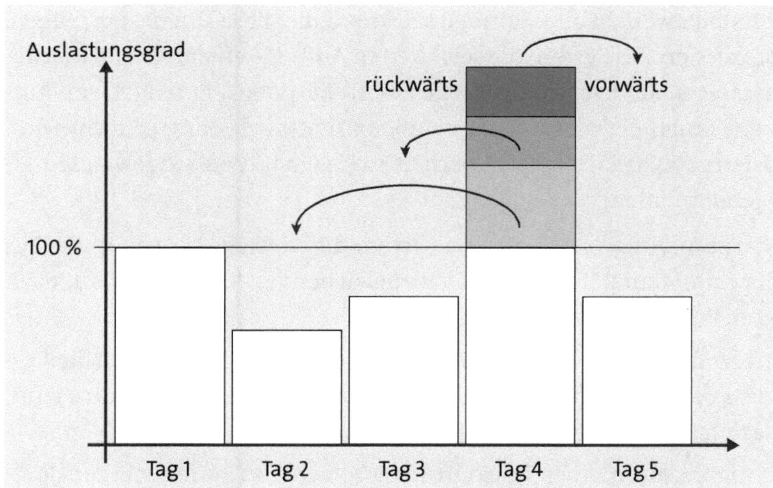

Abbildung 10.8 Beispiel zeitlicher Kapazitätsabgleich (Quelle: SAP)

Das System versucht bei Kapazitätsüberlasten einer Periode, abhängig von der definierten Terminierungsart, auf die freien Kapazitäten der angrenzenden Perioden zu verschieben. Zusätzlich zu dieser zeitlichen Verschiebung können Sie mit dem Kapazitätsabgleich auch eine Umplanung auf alternative Bezugsquellen für das gleiche Lokationsprodukt realisieren, das jedoch andere Ressourcen verwendet. Dabei verwendet das System nur die freien Kapazitäten der alternativen Ressource und erzeugt keine Überlasten auf dieser bzw. verändert bereits vorhandene Aufträge durch einen Kapazitätsabgleich. Bei der Umplanung auf alternative Bezugsquellen werden nur die alternativen Produktionsressourcen und keine Transportressourcen berücksichtigt. Die Reihenfolge der alternativen Ressourcen richtet sich nach der definierten Beschaffungspriorität.

Der Kapazitätsabgleich kann dabei über eine Heuristik oder über den Optimierer realisiert werden. Sie haben auch die Möglichkeit, über das BAdI /SAPAPO/SNP_CAP ein eigenes Verfahren zu definieren und zu verwenden. In den folgenden Abschnitten stellen wir Ihnen sowohl den Kapazitätsabgleich über eine Heuristik als auch über den Optimierer näher vor.

10.2.2 Heuristikbasierter Kapazitätsabgleich

Ziel des Kapazitätsabgleichs ist es, die tatsächliche Kapazitätsauslastung mit der Wunschauslastung pro Ressource und Periode abzugleichen. Abhängig von der definierten Terminierungsrichtung (Vorwärts- oder Rückwärtsterminierung) beginnt das System entweder am Anfang oder am Ende des als relevant definierten Planungshorizonts mit dem Abgleich. Sobald das System eine Überlastung der Ressource in einer Periode feststellt, werden alle Aufträge selektiert, die diese Überlast erzeugen. Anschließend prozessiert das System die selektierten Aufträge entsprechend den definierten Prioritätsregeln und verschiebt so viele Aufträge oder Teilmengen von Aufträgen, bis die von Ihnen definierte maximale Kapazitätsauslastung erreicht wird. Der heuristikbasierte Kapazitätsabgleich verhält sich gemäß den ausgewählten Eigenschaften folgendermaßen:

- Bei Vorwärtsterminierung verschiebt das System die Aufträge so weit in die Zukunft, dass die erste Aktivität, die auf der abzugleichenden Ressource läuft, nach der überlasteten Periode beginnt.
- Bei Rückwärtsterminierung verschiebt das System die Aufträge so weit in die Vergangenheit, dass die letzte Aktivität, die auf der abzugleichenden Ressource läuft, vor der überlasteten Periode endet.
- Bei Berücksichtigung alternativer Ressourcen verschiebt das System die zur Überlast führenden Aufträge teilweise oder vollständig auf die freien Kapazitäten der alternativen Bezugsquelle in derselben Periode. Bleibt eine Überlast bestehen, werden die Restmengen wieder zurück auf die ursprüngliche Bezugsquelle geplant. Die Aufträge für die Restmenge werden entsprechend den Terminierungsparametern in vor- oder nachgelagerte Perioden verschoben. Die Restmengen, die nach der Verarbeitung aller Perioden nicht eingeplant werden konnten, werden je nach Terminierungsregelwerk in die erste oder letzte Periode mit entsprechender Überlast auf der ursprünglichen Ressource eingeplant.

Die ausgewählte Prioritätsregel hat Einfluss auf das zu erwartende Planungsergebnis. Die folgenden Prioritätsregeln können Sie für die Auswahl der zu prozessierenden Aufträge im heuristikbasierten Kapazitätsabgleich selektieren, diese sind in Abschnitt 10.3.2, »Kapazitätsabgleichsprofil«, beschrieben:

- Keine Prioritätsregel und Zufallssteuerung durch System
- Zeitlicher Kapazitätsabgleich mit abnehmender Auftragsmenge, prozessiert zuerst den größten Auftrag, der Überlast erzeugt.
- Zeitlicher Kapazitätsabgleich mit zunehmender Auftragsmenge, prozessiert zuerst den kleinsten Auftrag, der Überlast erzeugt.
- Zeitlicher Kapazitätsabgleich mit abnehmender Produktpriorität, prozessiert zuerst die Aufträge mit höchster Priorität.
- Zeitlicher Kapazitätsabgleich mit zunehmender Produktpriorität, prozessiert zuerst die Aufträge mit niedrigster Priorität.

Ein Vorteil des Kapazitätsabgleichs mit der Heuristik ist, dass nur Aufträge neu geplant und verschoben werden, die die Überlast verursachen. Die Laufzeit hängt stark von der Anzahl der zu verarbeitenden Aufträge und Perioden ab und kann somit reduziert werden, wenn nur wenige Aufträge die Überlast verursachen.

10.2.3 Optimierungsbasierter Kapazitätsabgleich mit dem Optimierer

Mithilfe des SNP-Optimierers werden die Überlasten von Ressourcen während des optimierungsbasierten Kapazitätsabgleichs ausgeglichen. Das System erzeugt ein Optimierungsproblem, das alle Einflussfaktoren auf die abzugleichende Ressource berücksichtigt. Dabei werden im ersten Schritt alle Bezugsquellen (Pläne PDS/PPM und Transportbeziehungen) und dazugehörigen Stamm- und Bewegungsdaten ermittelt, die die abzugleichende Ressource verwenden. Das vom Optimierer für den Kapazitätsabgleich speziell generierte Optimierungsproblem berücksichtigt die von Ihnen vorgegebenen Einstellungen zum Kapazitätsabgleich, wie z. B. Terminierungsrichtung. Die Kosten zur Steuerung und Lösung des Optimierungsproblems werden vom System automatisch angelegt, um eine vollständige Neuplanung und Lösung des Problems zu ermöglichen. Dabei werden alle Aufträge und Umlagerungen gelöscht und neu geplant. Folgende Punkte sollten bei der Neuplanung mit dem Optimierer beachtet werden:

- Eigendefinierte Kosten in SNP werden vom Optimierer nicht berücksichtigt.
- Stehen alternative Bezugsquellen (PDS, PPM, Transportbeziehungen) zur Verfügung, werden, wenn möglich, die Beschaffungsprioritäten berücksichtigt.
- Der Optimierer verfolgt das Ziel, zeitliche Verschiebungen zum ursprünglichen Planungsergebnis möglichst gering zu halten.

- Frühe Zugänge und die Bildung von Lagerbeständen werden gegenüber verspäteten Zugängen und der Verursachung von Fehlmengen bevorzugt.

Aufträge, die aufgrund von Kapazitätsrestriktionen nicht eingeplant werden konnten, werden abhängig von den gewählten Einstellungen unterschiedlich prozessiert. Der optimierungsbasierte Kapazitätsabgleich verhält sich entsprechend den ausgewählten Eigenschaften folgendermaßen:

- Bei Vorwärtsterminierung legt das System Aufträge, die aufgrund von Kapazitätsrestriktionen nicht eingeplant werden konnten, in die letztmögliche Periode des Planungshorizonts.
- Bei Rückwärtsterminierung legt das System Aufträge, die aufgrund von Kapazitätsrestriktionen nicht eingeplant werden konnten, zum ursprünglichen Zugangstermin an.
- Alternative Bezugsquellen werden über automatisch generierte Kosten entsprechend ihrer Beschaffungspriorität berücksichtigt. Dabei werden die Kosten für die ursprüngliche Ressource niedriger festgelegt, sodass die ursprüngliche Ressource vom System bevorzugt und zuerst voll ausgelastet wird.

Da beim Kapazitätsabgleich mit dem Optimierer die Aufträge gelöscht und komplett neu geplant werden, haben Länge und Anzahl der Perioden im Planungshorizont, Anzahl alternativer Bezugsquellen (PDS, PPM, Transportbeziehungen), Anzahl der Produkte mit Planaufträgen oder Umlagerungen, die neu geplant werden müssen, einen signifikanten Einfluss auf die Laufzeit des Kapazitätsabgleichs mit dem Optimierer.

Folgende Besonderheiten gelten bei der Verwendung des optimierungsbasierten Kapazitätsabgleichs:

- Es werden keine Transportbeziehungen mit unterschiedlichen Quelllokationen und derselben Ziellokation unterstützt.
- Zyklische Transportbeziehungen werden nicht unterstützt.
- Der Output erfolgt immer in der letzten Aktivität, wie allgemein bei der SNP-Optimierung üblich.
- Aufeinanderfolgende Pläne (PPM oder PDS), bei denen die Outputprodukte des einen Plans gleichzeitig als Inputprodukte des anderen Plans (PPM oder PDS) verwendet werden und dabei nur der letzte Plan (PPM oder PDS) dieser Folge ausgeführt wird (mit Beschaffungskennzeichen P). Das ist nicht zulässig, wenn mindestens in zwei der beteiligten PPM oder PDS die abzugleichende Ressource verwendet wird.

Im folgenden Abschnitt stellen wir die wesentlichen Eigenschaften der beiden Alternativen noch einmal einander gegenüber.

10.2.4 Vergleich der Methoden

In Tabelle 10.2 stellen wir die wesentlichen Eigenschaften des heuristikbasierten und optimiererbasierten Kapazitätsabgleichs einander gegenüber.

	Heuristik	Optimierer
Art der Verarbeitung	Auftragsorientierte Verarbeitung: ▪ Nur verschobene Aufträge werden verändert. ▪ Vorteil, wenn viele Aufträge vorhanden, aber nur wenige Ressourcen überlastet sind	Perioden-/mengenorientierte Verarbeitung: ▪ Alle vorhandenen Aufträge werden gelöscht und nach Kapazitätsabgleich neu angelegt. ▪ Vorteil ist eine kostenoptimierte Lösung auf der prozessierten Ressource.
Ressourcenauslastung	nicht immer optimal, weil nicht alle Aufträge neu geplant bzw. optimiert werden	fast immer optimal
Veränderung der Planungssituation	gering	Neuplanung
Beachtung der Prioritätsregeln	▪ Auftragsgröße ▪ Produktpriorität (auf-/absteigende Sortierung ist möglich)	nein
Verschiebung von Überlasten bei Rückwärtsterminierung	immer	nur, wenn ausreichend Kapazität in Zielperiode vorhanden ist
Lage von Abgang und Zugang	Zugang muss im Planungshorizont und außerhalb des SNP-Produktions- bzw. SNP-Umlagerungshorizonts liegen.	Abgang und Zugang müssen im Planungshorizont und außerhalb des SNP-Produktions- bzw. SNP-Umlagerungshorizonts liegen.
Bucket-Versatz	wird nicht berücksichtigt (siehe stattdessen Periodenfaktor)	▪ für PDS/PPM immer 1 ▪ für Transportbeziehung immer 1

Tabelle 10.2 Eigenschaften Kapazitätsabgleich Heuristik/Optimierer (Quelle: SAP)

	Heuristik	Optimierer
Periodenfaktor	Periodenfaktor des PDS/PPM oder der Transportbeziehung wird berücksichtigt. Ist dort kein Periodenfaktor festgelegt, wird dieser aus dem Produktlokationsstamm bezogen.	wird nicht berücksichtigt (siehe stattdessen Bucket-Versatz)

Tabelle 10.2 Eigenschaften Kapazitätsabgleich Heuristik/Optimierer (Quelle: SAP) (Forts.)

Neben den bisher beschriebenen Alternativen des Kapazitätsabgleichs mit Optimierer oder Heuristik gibt es noch die Möglichkeit, über das BAdI /SAPAPO/SNP_CAP ein eigenes Regelwerk zum Kapazitätsabgleich festzulegen.

Neben dem manuellen oder automatischen Kapazitätsabgleich durch Verschieben von Aufträgen besteht auch die Möglichkeit, manuell einzugreifen. Sie können z. B. das Kapazitätsangebot von Ressourcen über Stammdaten so anpassen, dass mögliche Über- oder Unterdeckungen beseitigt werden. Auch können Sie z. B. entscheiden, dass Produktions- und Umlagerungsmengen reduziert werden sollen. Die Auswahl des Verfahrens hängt immer von Ihren Anforderungen ab und muss im Einzelfall entschieden werden.

10.3 Einstellungen und Stammdaten der Heuristik und des Kapazitätsabgleichs

In den vorhergehenden Abschnitten haben wir Ihnen die funktionalen Aspekte der SNP-Heuristik und des Kapazitätsabgleichs vorgestellt. Im Folgenden stellen wir die notwendigen Einstellungen und Stammdaten für die Nutzung der Funktionen dar. Dabei behandeln wir in diesem Abschnitt die Anforderungen aus Sicht der SNP-Heuristik und aus Sicht des Kapazitätsabgleichs.

10.3.1 SNP-Heuristikprofile

Die SNP-Heuristikprofile enthalten die für die SNP-Heuristikplanung notwendigen Einstellungen im Produktstamm und im Customizing. In Tabelle 10.3 sind die Profile beschrieben, die in der SNP-Heuristik verwendet werden.

Profil	Verwendung im SNP-Heuristikplanungslauf
SNP-Bedarfsprofil (Produktstamm)	Legt fest, wie der Bedarf vom System berechnet wird. Innerhalb des Prognosehorizonts berücksichtigt SNP nur Kundenaufträge, aber keine Planprimärbedarfe.
SNP-Angebotsprofil (Produktstamm)	Legt fest, wie das Angebot vom System berechnet wird, d. h. Kennzahlen, wie z. B. Produktion und Distributionszugang. Sie können z. B. den Produktionshorizont festlegen, in dem SNP die Produktion nicht plant, den Umlagerungshorizont festlegen, in dem SNP keine Umlagerungen plant, und den Push-Deployment-Horizont festlegen, in dem die Deployment-Heuristik Zugänge berücksichtigt.
SNP-Rundungsprofil (Customizing)	Legt fest, wie Auftragsvorschlagsmengen vom System zu lieferbaren Einheiten gerundet werden. Das Profil kann verwendet werden, wenn der Rundungswert je nach Transport- und Produktionsmenge variiert.
Losgrößenprofil (Produktstamm)	Legt fest, welches Losgrößenverfahren bei der Planung verwendet werden soll. Außerdem können Sie in diesem Profil weitere Restriktionen definieren, wie z. B. minimale oder maximale Losgrößen oder einen Rundungswert.
SNP-Losgrößenprofil (Transportbeziehung)	In diesem Profil können Sie Mindest- und maximale Losgrößen für den Transport festlegen. Anschließend geben Sie das Profil in der Transportbeziehung im Abschnitt **Produktspezifischer Transport** für ein bestimmtes Produkt an. Auf diese Weise können Sie für bestimmte Produkte Mindest- und maximale Transportlosgrößen festlegen. Wenn Sie nur ganzzahlige Vielfache einer Transportlosgröße transportieren möchten, können Sie in diesem Profil außerdem die Transportlosgröße als Rundungswert festlegen.
SNP-Bedarfsstrategie (laufende Einstellung)	Legt fest, wie die in der Absatzplanung (z. B. Demand Planning) prognostizierten Mengen produziert und wie Kundenaufträge gegen die Bedarfsprognose verrechnet werden.

Tabelle 10.3 Erläuterung zur Verwendung von Heuristikprofilen (Quelle: SAP)

Profil	Verwendung im SNP-Heuristikplanungslauf
SNP-Planungsprofil (laufende Einstellung)	In diesem Profil können Sie grundlegende Einstellungen für die verschiedenen SNP-Planungsverfahren vornehmen, wie z. B. Heuristik, Optimierer, Deployment-Heuristik, Deployment-Optimierer und Transport Load Builder (TLB). Das SNP-Planungsprofil, das Sie im Customizing von SNP unter **Globale SNP-Einstellungen pflegen** aktiviert haben, gilt global für alle SNP-Planungsverfahren. Bei einigen Planungsverfahren können Sie die Einstellungen des aktiven Profils überschreiben, indem Sie bei der Ausführung der Planung im Hintergrund ein anderes SNP-Planungsprofil angeben.
Planungskalender (Zeitstrahl)	Legt die Planungskalender fest, die das System verwendet, um unter anderem zu ermitteln, wann produziert und transportiert werden kann.
Parallelverarbeitungs-profil	Mit diesem Profil können Sie festlegen, wie Hintergrundjobs in parallele Prozesse aufgeteilt werden. Sie können die Anzahl parallel ablaufender Prozesse, die Anzahl der Objekte pro Verarbeitungsblock und die Servergruppe angeben. Sie definieren das Profil jeweils für eine bestimmte Anwendungsfunktion, wie z. B. die SNP-Heuristik.

Tabelle 10.3 Erläuterung zur Verwendung von Heuristikprofilen (Quelle: SAP) (Forts.)

Da die SNP-Heuristik im Rahmen der Kapazitätsplanung mit dem Kapazitätsabgleich zwar eine wesentliche Rolle als Grundvoraussetzung zur Nutzung des Kapazitätsabgleichs darstellt, aber nicht den Kernpunkt der Kapazitätsplanung beschreibt, soll dieser Überblick über die Profile und Einstellungen im Zusammenhang mit der SNP-Heuristik an dieser Stelle genügen. Grundlegende Informationen zu SNP finden Sie in Kapitel 9, »Grundlagen der langfristigen Kapazitätsplanung in SAP APO«.

10.3.2 Kapazitätsabgleichsprofil

An dieser Stelle gehen wir auf die notwendigen Einstellungen für die Nutzung des Kapazitätsabgleichs ein, die Sie größtenteils im Kapazitätsabgleichsprofil definieren. Während der Kapazitätsplanung muss eine Umplanung durchgeführt werden, wenn Überlasten auf mindestens einer Ressource in einer Periode identifiziert wurden. Dabei unterstützt der Kapazitätsabgleich generell Produktions- und Transportressourcen der Ressourcentypen Bucket-, Multi-Misch-, Single-Misch- und Transportressourcen.

Die Regeln und Eigenschaften des Kapazitätsabgleichs können Sie interaktiv für jeden Planungslauf oder über ein Kapazitätsabgleichsprofil zentral definieren, das

Sie auch für die Hintergrundverarbeitung und in der interaktiven Planung verwenden können. SAP liefert ein heuristikbasiertes und ein optimiererbasiertes Profil aus. Sie können entsprechend Ihren Anforderungen weitere Kapazitätsabgleichsprofile anlegen.

In der interaktiven Planung können Sie alle erforderlichen Parameter des Kapazitätsabgleichsprofils entweder direkt pflegen oder ein bereits definiertes Profil laden und verwenden.

In der Hintergrundverarbeitung müssen Sie das Programm /SAPAPO/RMSDPCAP einplanen und in der Variante neben der Datenquelle, dem Planungszeitraum und der Objektselektion auch die Parameter über ein Kapazitätsabgleichsprofil definieren. Die Option zur Berücksichtigung von alternativen Ressourcen definieren Sie für die Hintergrundverarbeitung direkt in der Variante dieses Programms. Sie können über folgende Parameter im Kapazitätsabgleichsprofil die Funktionsweise des Kapazitätsabgleichs festlegen:

- Auswahl Terminierungsrichtung: vorwärts, rückwärts oder kombiniert
- Definition der maximalen Ressourcenauslastung
- Behandlung von fixierten Aufträgen und Fixierung von Aufträgen des Kapazitätsabgleichs
- Behandlung von Aufträgen bei aggregierter Planung (Kapazitätsabgleich)
- Priorisierung von Aufträgen und Festlegen der Reihenfolge zur Bearbeitung
- Festlegen der maximalen Laufzeit des Kapazitätsabgleichs
- Kapazitätsabgleichsmethode (z. B. Heuristik, Optimierer oder BAdI)

Das Kapazitätsabgleichsprofil legen Sie über Transaktion S_AP9_86000053 an. Abbildung 10.9 zeigt exemplarisch einen Screenshot aus der interaktiven Planung, der alle Parameter für den Kapazitätsabgleich darstellt.

Es sind alle Parameter abgebildet, die auch in der Hintergrundverarbeitung über das Kapazitätsabgleichsprofil oder in der Variante des Programms /SAPAPO/RMSDPCAP definiert werden können/müssen.

Im Folgenden erläutern wir die funktionalen Auswirkungen der zur Verfügung stehenden Parameter, die das Ergebnis des Kapazitätsabgleichs beeinflussen.

Die **Richtung der Terminierung** beeinflusst die Richtung, in die der Kapazitätsausgleich ausgeführt wird. Bei einer Überlast auf einer Ressource werden Aufträge oder Teilmengen von Aufträgen entsprechend der Terminierungsrichtung vom Verfügbarkeitstermin des Auftrags innerhalb des Planungszeitraums verschoben. Ihnen stehen die Optionen der Vorwärtsterminierung, Rückwärtsterminierung oder der kombinierten Terminierung zur Auswahl. Details zu den Terminierungsalternativen sind in Abschnitt 10.2.1, »Kapazitätsprüfung und Kapazitätsabgleich«, beschrieben.

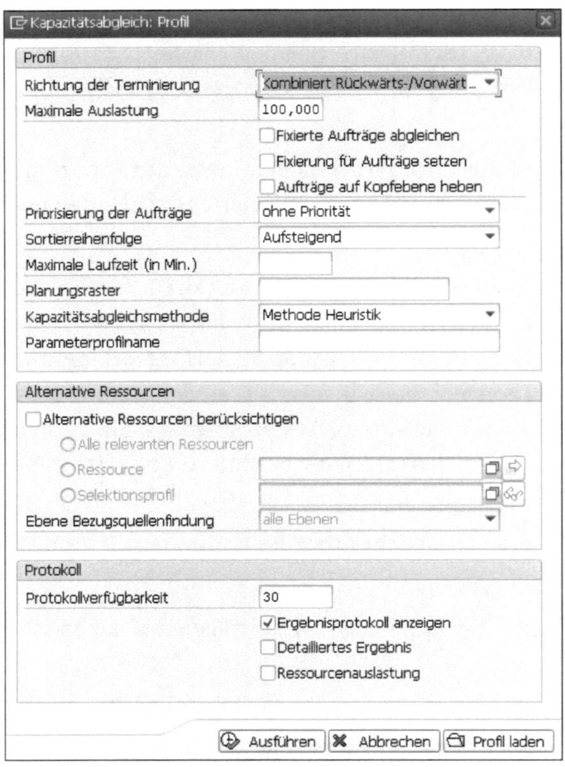

Abbildung 10.9 Parameter für den Kapazitätsabgleich

Mit dem Parameter **Maximale Auslastung** können Sie in Prozentwerten die mögliche Auslastung festlegen, die während des Kapazitätsabgleichs als verfügbare Kapazität der Ressourcen berücksichtigt werden soll. Dabei stellt das so definierte Kapazitätsangebot keine absolute Obergrenze dar. Die Gesamtmenge der vorhandenen Aufträge im Planungshorizont muss unverändert bleiben, auch wenn die erforderliche Kapazität nicht zur Verfügung steht. Dies kann zu Ressourcenüberlastungen führen.

Mit dem Kennzeichen **Fixierte Aufträge abgleichen** können Sie Fixierungen von Aufträgen aus früheren Planungsläufen ignorieren und diese Aufträge auch beim Abgleich berücksichtigen. Die in früheren Planungsläufen fixierten Aufträge können dann auch verschoben, verändert und gelöscht werden. Dies kann dazu führen, dass bereits fixierte Aufträge für nachfolgende Planungsläufe nicht mehr zur Verfügung stehen, insbesondere bei einem Kapazitätsabgleich mithilfe der Optimierers, der erst einmal alle Aufträge löscht und dann neu plant. Diese Option sollten Sie abhängig von Ihren spezifischen Anforderungen prüfen und verwenden.

Mit dem Kennzeichen **Fixierung für Aufträge setzen** können Sie festlegen, dass der Kapazitätsabgleich alle Aufträge fixieren soll. Diese während des Kapazitätsabgleichs angelegten Aufträge können dann bei nachfolgenden Planungsläufen als fixierte Aufträge berücksichtigt werden und werden dann nicht bearbeitet. Mit dem Kennzeichen **Fixierte Aufträge abgleichen** können Sie jedoch wie beschrieben auch explizit fixierte Aufträge vom Kapazitätsabgleich neu planen lassen.

Das Kennzeichen **Aufträge auf Kopfebene heben** aktivieren Sie, wenn Sie einen heuristikbasierten Kapazitätsabgleich im Rahmen der aggregierten Planung durchführen. Dann werden alle änderbaren SNP-Planaufträge entsprechend den definierten Hierarchien auf die abzugleichende Ressource auf Kopfebene gehoben, und die Bezugsquelle wird neu ermittelt. Wenn Sie das Kennzeichen nicht setzen, werden während des Kapazitätsabgleichs nur die SNP-Planaufträge auf die Kopfebene gehoben, die verändert werden.

Über die **Priorisierung der Aufträge** legen Sie fest, welche Aufträge bei einem heuristikbasierten Kapazitätsabgleich zuerst verschoben werden sollen. Sie haben die folgenden drei Möglichkeiten:

- **Ohne Priorität**
  Es werden keine Produkt- oder Auftragsprioritäten berücksichtigt. Diese Einstellung empfiehlt sich, wenn Sie an einer optimalen Ressourcenauslastung interessiert sind, da durch das Festlegen einer Priorität das Ergebnis des Kapazitätsabgleichs verfälscht werden kann, sodass sich unter Umständen keine optimale Ressourcenauslastung ergibt.
- **Auftragsgröße**
  Die Größe des Auftrags wird während des Kapazitätsabgleichs berücksichtigt, sodass z. B. große Aufträge zuerst verschoben werden. Dies hat einen direkten Einfluss auf das Ergebnis.
- **Produktpriorität**
  Sie können über die Produktpriorität im Lokationsproduktstamm auf der Registerkarte **SNP2** festlegen, welche Aufträge zuerst verschoben werden sollen. Somit können Sie steuern, dass Aufträge von unwichtigen Produkten zuerst in spätere Perioden verschoben werden sollen.

Die Einstellungen zur Priorisierung von Aufträgen werden nur im heuristikbasierten Kapazitätsabgleich berücksichtigt und sind abhängig von der Sortierreihenfolge, die Sie im folgenden Feld festlegen.

Im Feld **Sortierreihenfolge** können Sie für die festgelegte Priorität eine aufsteigende oder absteigende Reihenfolge angeben:

- **Aufsteigend**
  Bei einer aufsteigenden Sortierreihenfolge der Produktpriorität werden die Aufträge für Produkte mit hoher Priorität (erst 1, dann 2 etc.) prozessiert. Bei einer

Priorisierung nach aufsteigender Auftragsgröße werden die kleinen Aufträge zuerst verschoben.

- **Absteigend**
  Bei absteigender Sortierreihenfolge werden Aufträge für Produkte mit niedriger Priorität (0 oder 255, dann 254 etc.) verschoben. Bei einer Priorisierung nach absteigender Auftragsgröße werden die großen Aufträge zuerst verschoben.

Im Feld **Maximale Laufzeit (in Min.)** können Sie festlegen, nach welcher Laufzeit das System abbrechen soll. Da die Heuristik die Aufträge periodenweise abgleicht, liegt anschließend nur für die bearbeiteten Perioden ein Ergebnis vor. Wenn Sie den SNP-Optimierer verwenden, der alle Aufträge löscht und neu plant, kann es sein, dass bereits eine Lösung für den gesamten Planungshorizont vorliegt, die aber nicht die optimale Lösung darstellen muss.

Über das **Planungsraster** können Sie den relevanten Planungshorizont und die Periodizität definieren, wenn diese von den Einstellungen der Datensicht abweichen sollen. Anderenfalls werden die Einstellungen der Datensicht für die Planung herangezogen.

Über die **Kapazitätsabgleichsmethode** können Sie aus den drei Methoden Heuristik, Optimierer oder eigene BAdI-Methode auswählen. Detaillierte Informationen zu den Alternativen finden Sie in Abschnitt 10.2.2, »Heuristikbasierter Kapazitätsabgleich«, Abschnitt 10.2.3, »Optimierungsbasierter Kapazitätsabgleich mit dem Optimierer«, und Abschnitt 10.2.4, »Vergleich der Methoden«.

Über das Feld **Parameterprofilname** können Sie vordefinierte Kapazitätsabgleichsprofile aus dem System laden.

Sie können mit der Option **Alternative Ressourcen berücksichtigen** die freien Kapazitäten von alternativen Produktionsressourcen unter Berücksichtigung Ihrer Beschaffungspriorität verwenden. Diese Option steht Ihnen für alle drei Kapazitätsabgleichsmethoden zur Verfügung und wird für die Hintergrundverarbeitung im Programm /SAPAPO/RMSDPCAP festgelegt. Sie haben die Möglichkeit, alle infrage kommenden Ressourcen oder nur die von Ihnen einzeln oder über ein Selektionsprofil angegebenen Ressourcen zu berücksichtigen. Sobald Sie mehrere Ressourcen für einen Kapazitätsabgleichlauf auswählen, werden für alle abzugleichenden Ressourcen mögliche alternative Ressourcen bestimmt und während des Abgleichs der entsprechenden Ressource selektiert und berücksichtigt. Bei der Verwendung von alternativen Ressourcen sollten Sie beachten, dass die alternativen PDS/PPM nicht auch gleichzeitig die ursprüngliche oder eine andere alternative Ressource nutzen dürfen. Dabei besteht die Gefahr, durch die Verschiebung der Aufträge über die alternativen Pläne gleichzeitig die als alternative Ressourcen verwendeten Ressourcen zu belasten und zyklische Überlasten der ursprünglichen oder der alternativen Ressource zu erzeugen.

Sie haben für jeden Kapazitätsabgleich die Möglichkeit, ein Anwendungsprotokoll zu erzeugen und sofort anzuzeigen. Dabei können Sie je nach Bedarf ein detailliertes Protokoll mit den genauen Aufträgen/Mengen und der Ressourcenauslastung vor und nach dem Kapazitätsabgleich erzeugen. Das Erstellen von detaillierten Protokollen hat Einfluss auf das Datenvolumen und die Performance. Im Feld **Protokollverfügbarkeit** legen Sie in Tagen fest, wie lange ein Protokoll gespeichert werden soll, und können über das Programm zur Hintergrundverarbeitung /SAPAPO/RMSDPCAP die Protokolle vorangegangener Läufe anzeigen lassen.

10.3.3 Besonderheiten in den Stammdaten

Der Kapazitätsabgleich, der in der Regel nach einem Heuristiklauf eingeplant wird, berücksichtigt genau wie die SNP-Heuristik die dafür relevanten Stammdaten. Die folgenden Besonderheiten sind dabei zu berücksichtigen:

- Die maximalen und Mindestlosgrößen aus den Stammdaten werden vom Kapazitätsabgleich berücksichtigt. Periodische Losgrößen oder Losgrößen aus PDS oder PPM werden nicht berücksichtigt. Wie Losgrößen in der Kapazitätsplanung berücksichtigt werden, verhält sich entsprechend den Regeln der SNP-Heuristik oder des SNP-Optimierers und ist abhängig von der gewählten Methode.
- Das SNP-Rundungsprofil wird nicht berücksichtigt, stattdessen wird der Rundungswert aus dem Lokationsproduktstamm verwendet.
- Die Zielreichweite aus dem Lokationsproduktstamm wird nicht verwendet.
- Wie in SNP allgemein üblich werden keine lokalen Zeitzonen für Transportressourcen unterstützt, und es kann nur die Zeitzone UTC gewählt werden.
- Das minimale Kapazitätsangebot einer Ressource wird nicht berücksichtigt.

Die Besonderheiten des Kapazitätsabgleichs in Bezug auf Stammdaten sollten Sie bei der Verwendung der Funktion berücksichtigen.

10.4 SNP-Heuristik und Kapazitätsabgleich durchführen

In diesem Abschnitt geben wir Ihnen einen groben Überblick darüber, wie Sie eine Kapazitätsplanung mithilfe der SNP-Heuristik und des Kapazitätsabgleichs durchführen können und welche Transaktionen Ihnen zur Verfügung stehen, die Sie abhängig von Ihren individuellen Anforderungen verwenden können. Ein weiterführendes Beispiel finden Sie in Kapitel 29, »Beispielszenario«.

10.4.1 SNP-Heuristik durchführen

Um mithilfe der SNP-Heuristik ein infinites Planungsergebnis erzeugen zu können, sind bestimmte Voraussetzungen erforderlich. Zum einen müssen die notwendigen Stammdaten angelegt sein, und zum anderen müssen vorab die Bewegungsdaten wie Vorplanungs- und Kundenbedarf an die SNP-Planung übergeben werden. Die SNP-Heuristik läuft dann für das gesamte Planungsnetzwerk in der Regel im Hintergrund in der gewünschten Reihenfolge (z. B. nach Sicherheitsbestandsberechnung, Dispositionsstufe ermitteln etc.) ab.

Hintergrundverarbeitung

Die SNP-Heuristik führen Sie in der Hintergrundverarbeitung durch, indem Sie das Programm /SAPAPO/RSNPDRP1 einplanen (z. B. mithilfe einer Prozesskette und einer entsprechenden Variante).

Über die Transaktion /SAPAPO/SDP94 (Supply Network Planning interaktiv (alle Mappen)) gelangen Sie in die Benutzeroberfläche von SNP, um eine Planung interaktiv durchzuführen.

Nach Auswahl der Planungsmappe und Datensicht, z. B. der Standardsicht SNP94(1)-SNP PLAN zur SNP-Planung auf Lokationsproduktebene zur Anlage von Aufträgen, müssen Sie die relevanten Lokationsprodukte selektieren. Planungsmappen und Datensichten sind in der Regel kundenindividuell und können entsprechend angelegt werden, wie in Abschnitt 9.3.4, »Planungsmappen«, beschrieben. Es können auch die Standardplanungsmappen und Datensichten für die Planung verwendet werden, wenn diese Ihre Anforderungen abdecken.

In der interaktiven Planung stehen Ihnen mehrere Buttons zum Ausführen der SNP-Heuristik zur Verfügung, die in Kapitel 14, »Interaktive, langfristige Kapazitätsplanung«, beschrieben werden. Alle Aufträge, die während der SNP-Heuristik angelegt werden, berücksichtigen keine Kapazitätsrestriktionen und werden auf Basis von infiniten Kapazitäten angelegt.

10.4.2 Kapazitätsabgleich durchführen

Nach der infiniten Planung mit der SNP-Heuristik können auf einzelnen Ressourcen Kapazitätsüberlasten bestehen. Kapazitive Restriktionen können in den nachfolgenden Planungsschritten durch unterschiedliche Aktionen beseitigt werden. Das Kapazitätsangebot könnte z. B. angepasst werden, was einer Anpassung der Stammdaten z. B. des Ressourcenangebots bedeuten würde. Einzelne Bedarfe können verschoben werden, sodass die vorhandenen Kapazitäten ausreichen. Dies sind meist manuelle

Anpassungen. Systemgestützt kann automatisiert mithilfe der Funktion Kapazitätsabgleich versucht werden, bei gegebenem Kapazitätsangebot und Bedarfen eine entsprechend dem Regelwerk mögliche Lösung zur Deckung der Bedarfe zu erreichen.

Kapazitätsabgleich in der Hintergrundverarbeitung

Der Prozessschritt des Kapazitätsabgleichs kann in der Hintergrundverarbeitung eingeplant werden. Der Kapazitätsabgleich wird in der Hintergrundverarbeitung mithilfe des Programms /SAPAPO/RMSDPCAP und einem definierten Kapazitätsabgleichsprofil durchgeführt.

Über die Transaktion /SAPAPO/SDP94 (Supply Network Planning interaktiv (alle Mappen)) gelangen Sie in die Benutzeroberfläche von SNP. Nach Auswahl der Planungsmappe und Datensicht für die Kapazitätsprüfung müssen Sie die relevanten Ressourcen auswählen. Planungsmappen und Datensichten sind in der Regel kundenindividuell. Es können auch die Standardsichten verwendet werden, wie z. B. SNP94(2) – CAPACITY CHECK. Über mögliche Über- oder Unterlasten auf Ressourcen können Sie mithilfe von Alerts direkt hingewiesen werden, sodass Sie gezielt die Engpassressourcen identifizieren und mögliche Handlungsalternativen erarbeiten können. In der interaktiven Planung können Sie über den Button **Kapazitätsabgleich** einen interaktiven Kapazitätsabgleich für die ausgewählten Ressourcen durchführen. Weiterführende Informationen erhalten Sie in Kapitel 14, »Interaktive, langfristige Kapazitätsplanung«, und Kapitel 29, »Beispielszenario«.

10.4.3 Beispiel und Erläuterung der Vorgehensweise für den Kapazitätsabgleich mit SNP-Heuristik

Da es sich beim Kapazitätsabgleich mit dem Optimierer um eine komplette Neuplanung handelt und diese der Vorgehensweise der Planung mit dem SNP-Optimierer ähnelt, stellen wir diese Methode an dieser Stelle nicht weiter vor. Die Vorgehensweise des SNP-Optimierers wird in Kapitel 11, »SNP-Optimierer in SAP APO«, detailliert beschrieben. Durch ein theoretisches Beispiel möchten wir aber den heuristikbasierten Kapazitätsabgleich detaillierter erläutern und Ihnen die Vorgehensweise dieser Funktionalität verdeutlichen. Der heuristikbasierte Kapazitätsabgleich führt keine komplette Neuplanung durch, sondern ermittelt Überlasten pro Periode und versucht, durch Neuterminierung von Teilmengen oder kompletter Aufträge, die eine Überlast erzeugen, die Kapazitätsrestriktionen zu berücksichtigen.

Das Produkt PROD01 wird auf einer Ressource produziert. Der SNP-Plan bzw. die Bezugsquelle zur Eigenfertigung setzt sich aus drei Aktivitäten zusammen:

- Aktivität 1: Dauer = 1 Tag; Ressource = R1, Bucket-Verbrauch = 1 h
- Aktivität 2: Dauer = 1 Tag; Ressource = R1, Bucket-Verbrauch = 2 h
- Aktivität 3: Dauer = 1 Tag; Ressource = R1, Bucket-Verbrauch = 2 h, Outputprodukt = PROD01, Verbrauch = 1 Stück

Ein Auftrag mit dem Verfügbarkeitstermin Tag 3 über die Menge von 24 Stück für PROD01 belastet nach einem infiniten Heuristiklauf die Ressource R1. Entsprechend den Aktivitäten der Bezugsquelle zur Eigenfertigung wird die Ressource R1 an drei Tagen belegt, wobei durch Aktivität 2 und 3 in zwei Perioden/Tagen eine Überlast auf der Ressource R1 entsteht, wie in Tabelle 10.4 abgebildet ist.

Kapazitätsplan	Einheit	Tag 1	Tag 2	Tag 3	Tag 4	Tag 5	Tag 6	Tag 7
Kapazitäts-angebot	Stunden	24	24	24	24	24	24	24
Kapazitäts-verbrauch	Stunden	24	48	48				
Auslastung %	%	100	200	200				
Produktion (Summe)	Stück			24				
Produktion (geplant)	Stück			24				

Tabelle 10.4 Heuristikbasierter Kapazitätsabgleich (Ausgangssituation)

Folgende Parameter werden für den Kapazitätsabgleich verwendet:

- Vorwärtsterminierung (wir erlauben nun auch eine Verspätung)
- Ressourcenauslastung von 100 % (wir erhöhen das Kapazitätsangebot nicht)
- Kapazitätsabgleichsmethode: Heuristik
- Prioritäten: Es werden keine Prioritäten verwendet.

Im ersten Schritt versucht das System während des Kapazitätsabgleichs, die erste Periode mit einer Überlast durch Verschiebung einer Teilmenge abzugleichen. Um die Kapazitätsüberlast in Tag 2 abzugleichen, verschiebt das System die notwendige Teilmenge (in diesem Fall zwölf Stück) so weit in die Zukunft, dass die erste Aktivität des Auftrags außerhalb der betrachteten Periode liegt. Die betrachtete Periode ist Tag 2, somit darf die erste Aktivität des verschobenen Auftrags erst ab Tag 3 starten. Der Verfügbarkeitstermin des neuen Auftrags wurde daher auf Tag 5 verschoben, damit die erste Aktivität des Auftrags aus Periode 5 nicht die Ressource in der aktuell prozessierten Periode Tag 2 belastet (siehe Tabelle 10.5). Dies liegt an der Terminierung in SNP, die pro Aktivität einen Tag dauert und entsprechend Kapazitäten belegt.

Kapazitätsplan	Einheit	Tag 1	Tag 2	Tag 3	Tag 4	Tag 5	Tag 6	Tag 7
Kapazitäts-angebot	Stunden	24	24	24	24	24	24	24
Kapazitäts-verbrauch	Stunden	12	24	36	24	24		
Auslastung %	%	50	100	150	100	100		
Produktion (Summe)	Stück			12		12		
Produktion (geplant)	Stück			12		12		

Tabelle 10.5 Heuristikbasierter Kapazitätsabgleich (Schritt 1)

Um die Kapazitätsüberlast in Periode Tag 3 abzugleichen, verschiebt das System den Auftrag aus Periode Tag 5 weiter in die Zukunft, sodass die erste Aktivität des Auftrags außerhalb der betrachteten Periode Tag 3 liegt und erst in Periode Tag 4 startet. Der Auftrag über zwölf Stück wird in die Periode Tag 6 verschoben. Somit wurden die Kapazitätsüberlasten innerhalb eines Kapazitätsabgleichs schrittweise pro Periode abgeglichen (siehe Tabelle 10.6).

Kapazitätsplan	Einheit	Tag 1	Tag 2	Tag 3	Tag 4	Tag 5	Tag 6	Tag 7
Kapazitäts-angebot	Stunden	24	24	24	24	24	24	24
Kapazitäts-verbrauch	Stunden	12	24	24	12	24	24	
Auslastung %	%	50	100	100	50	100	100	
Produktion (Summe)	Stück			12			12	
Produktion (geplant)	Stück			12			12	

Tabelle 10.6 Heuristikbasierter Kapazitätsabgleich (Schritt 2)

10.5 Sonderprozesse und Beispiele

Mithilfe von SNP können Sie z. B. *Lieferantenrestriktionen* über die Berücksichtigung von Beschaffungslieferplänen in der heuristikbasierten SNP-Planung planen. Durch Lieferpläne können Sie die Kooperation mit Ihren Lieferanten verbessern und die vom Lieferanten bestätigten Mengen als maximale Lieferantenkapazitäten in Ihre Planung einbeziehen. Beschaffungslieferpläne, die über das CIF in APO integriert sind, werden als mögliche Bezugsquellen berücksichtigt. Es werden keine Lieferpläne für die Beschaffungsform Lohnbearbeitung oder Kontrakte berücksichtigt. Einkaufsinfosätze werden berücksichtigt. In SNP werden Lieferpläne nur in Versionen zum aktiven Modell berücksichtigt.

Sie können eine *Direktbelieferung* des Kunden vom Produktionswerk modellieren. Dies kann sinnvoll sein, wenn Sie größere Mengen eines Endprodukts an einen Kunden liefern. Da der Weg über das Distributionszentrum entfällt, können Sie so beispielsweise Transport- und Lagerkosten sparen. Sie können festlegen, dass bestimmte Produkte bevorzugt direkt geliefert werden. Das System prüft dann mit dem Transport Load Builder (TLB), welche Mengen mit welchen Transportmitteln direkt geliefert werden können, und deckt eventuelle Restmengen über die normale Bezugsquellenfindung ab. Aus Performancegründen empfiehlt es sich, keine große Anzahl von Produkten für die Direktbelieferung auszuwählen. In den meisten Fällen kommt auch nur ein kleiner Prozentsatz der Produkte für eine Direktbelieferung infrage.

Grundsätzlich unterstützt die SNP-Heuristik die *Lohnbearbeitung mit Quelllokation in SNP* oder die *Lohnbearbeitung mit Streckenbeistellung*. Allerdings kann in dem Lohnbearbeitungsprozess neben dem TLB und dem Deployment auch die Funktionalität Kapazitätsabgleich nicht verwendet werden.

Innerhalb von SNP unterstützt auch die aggregierte Planung mit der SNP-Heuristik und dem Kapazitätsabgleich eine Kapazitätsplanung. Die Planungsentscheidungen in der SNP-Heuristik werden nach einer Aggregation auf dem Kopflokationsprodukt einer Lokationsprodukthierarchie getroffen. Anschließend werden die Planungsergebnisse mithilfe der Funktion SNP-Disaggregation auf die Unterproduktebene verteilt. Die Kapazitätssituation können Sie sich in der Kapazitätssicht dann auf der Kopf- und auf der Unterproduktebene anzeigen lassen. Einen Kapazitätsabgleich können Sie auf der Unterproduktebene durchführen. Durch eine aggregierte Planung ist eine Performanceverbesserung sowie eine Vereinfachung des Planungsprozesses und des Supply-Chain-Modells zu erwarten.

Auch eine Auslaufsteuerung bzw. Produktersetzung und eine Austauschbarkeit mehrerer Produkte ist möglich, die sich in technisch relevanten Eigenschaften nicht unterscheiden. Dafür steht die APO-Stammdatenfunktion *Produktaustauschbarkeit* zur Verfügung.

10.6 Fazit

In diesem Abschnitt haben Sie einen Überblick über die Funktionsweise der SNP-Heuristik und des Kapazitätsabgleichs erhalten. Sie kennen nun die verschiedenen Methoden und Optionen des Kapazitätsabgleichs, um eine Kapazitätsplanung zu unterstützen. Die wesentlichen Einstellungen und Abhängigkeiten, die erforderlich sind, um Kapazitätsplanung mithilfe der SNP-Heuristik und dem Kapazitätsabgleich zu realisieren, sind Ihnen nun bekannt.

Kapitel 11
SNP-Optimierer in SAP APO

Der SNP-Optimierer ist eine komplexe Kapazitätsplanungsfunktionalität. Mit dem SNP-Optimierer können Sie auf Basis von definierten Lenkungskosten und harten sowie weichen Restriktionen unter Berücksichtigung von Produkt- und Ressourcenverfügbarkeit ein globales kostenoptimiertes Planungsergebnis ermitteln.

Eine weitere Methode zur mittel- und langfristigen Planung in APO ist der SNP-Optimierer. Mit dem SNP-Optimierer können Sie den Materialfluss werksübergreifend modellieren und unter Berücksichtigung von Kapazitäten und Lenkungskosten die zu beschaffenden und zu produzierenden Produkte global planen. Der SNP-Optimierer berücksichtigt dabei den Gesamtbedarf, prüft global die Machbarkeit der Zugänge und plant die im Planungslauf ermittelte kostengünstigste machbare Lösung ein. Dabei ermittelt der SNP-Optimierer ein Ergebnis, das auf einer simultanen Bedarfsplanung und Kapazitätsplanung basiert.

In diesem Kapitel erläutern wir Ihnen die Möglichkeiten der Kapazitätsplanung mit dem SNP-Optimierer. Abhängig von den Anforderungen in jedem Implementierungsprojekt müssen Sie während einer Implementierung mithilfe der zur Verfügung stehenden Funktionen, wie harten und weichen Restriktionen und aufeinander abgestimmten Lenkungskosten, individuelle Lösungen erarbeiten. In den folgenden Abschnitten erläutern wir Ihnen daher zunächst einige Grundlagen und die Funktionsweise des SNP-Optimierers sowie die dafür notwendigen Einstellungen und Profile. Anschließend stellen wir Ihnen die Planung mit dem SNP-Optimierer vor und gehen auf einzelne Sonderprozesse und Beispiele ein. Nach der Lektüre dieses Kapitels sollten Sie über ein Grundverständnis der Möglichkeiten einer Kapazitätsplanung mit dem SNP-Optimierer verfügen.

11.1 Grundlagen, Verwendung und Funktionsweise des SNP-Optimierers

Der SNP-Optimierer ermöglicht ein kostenbasiertes Planungsverfahren, mit dem Sie einen zulässigen werksübergreifenden Plan entwickeln können, der hinsichtlich der Gesamtkostenbewertung der günstigste ist. Dabei werden während des Planungslaufs Restriktionen wie Kapazitäten sowie Materialverfügbarkeit berücksichtigt, und das Gesamtergebnis wird von den definierten Lenkungskosten beeinflusst.

Die vom SNP-Optimierer geplanten Gesamtkosten, die sich aus den von Ihnen definierten Lenkungskosten und Strafkosten ergeben, setzen sich zusammen aus:

- Kosten für Produktion, Beschaffung, Lagerung und Transport
- Kosten für die Erhöhung der Produktions-, Lager-, Transport- und Handlingkapazität
- Kosten für die Unterschreitung des Sicherheitsbestands
- Kosten für verspätete Lieferung
- Fehlmengenkosten

Die Abstimmung der Kosten aufeinander ist ein wesentliches Kriterium zur erfolgreichen Anwendung des SNP-Optimierers. Kosten können Sie z. B. über den Produktstamm und/oder über das SAP-Menü **Advanced Planning and Optimization • Stammdaten • Anwendungsspezifische Stammdaten • Supply Network Planning** pflegen.

Neben den Kosten haben z. B. folgende Randbedingungen Einfluss auf das Ergebnis aus dem SNP-Optimierer:

- Produktpriorität
- Produktionskapazität
- Transportkapazität
- Handlingkapazität
- Lagerkapazität
- Losgrößen
- Sicherheitsbestände
- Haltbarkeiten, Quotierungen und Produktaustauschbarkeit

Welche Randbedingungen im Planungslauf berücksichtigt werden, müssen Sie festlegen. Ein Plan ist aus Sicht des SNP-Optimierers zulässig, wenn alle harten Restriktionen, die Sie definiert haben, erfüllt worden sind. Fälligkeitstermine und Sicherheitsbestände zählen zu den weichen Restriktionen, deren Verletzung Kosten verursacht. Diese werden nur verletzt, wenn dadurch eine insgesamt kostengünstigere Lösung gefunden wird.

Der SNP-Optimierer optimiert dabei simultan alle Bedarfe der selektierten Lokationsprodukte im definierten Horizont. Es handelt sich dabei um eine mengenbezogene Planung ohne Pegging, die keine direkte Zuordnung von Zugängen (Produktaufträgen oder Bestellanforderungen) zum ursprünglichen Bedarf (Kundenauftrag oder Vorplanung) ermöglicht. Je mehr Restriktionen relevant sind, umso komplexer wird das Optimierungsproblem und umso mehr Rechenzeit wird für die Lösung des Problems benötigt, sodass wir empfehlen, die Hintergrundverarbeitung für den SNP-Optimierer zu verwenden.

Der SNP-Optimierer ist vielseitig einsetzbar. Im Folgenden sind einige Beispiele für Problemsituationen in der Produktions- und Distributionsplanung aufgeführt, in denen Sie den SNP-Optimierer einsetzen können.

- **Finite Planung**
  Der SNP-Optimierer eignet sich besonders für die finite Planung, wenn die Kapazität Ihrer Unternehmensressourcen begrenzt ist und sich auf Ihre Produktions- und Distributionsplanung auswirkt. Mit der finiten Planung in SNP können Sie Kapazitäten und eventuelle Ressourcenanpassungen bereits in Ihrer mittelfristigen Planung berücksichtigen und der nachgelagerten Feinplanung (z. B. mit APO PP/DS) die Erstellung ausführbarer Pläne erleichtern.
- **Bezugsquellenfindung**
  Der SNP-Optimierer kann zur Bezugsquellenfindung eingesetzt werden, sobald in Ihrem Unternehmen alternative Bezugsmöglichkeiten existieren, die mit unterschiedlichen Kosten verbunden sind. SNP hilft Ihnen, die Problemstellung zu lösen, welche Produkte wie, wann und wo produziert, beschafft, transportiert, gelagert und ausgeliefert werden sollen.
- **Losgrößenplanung**
  Die Losgrößenplanung mit dem SNP-Optimierer vergleicht die unterschiedlichen Alternativstrategien der Produktions-, Beschaffungs- und Transportlosgrößen und ermittelt die auf Basis der Kosten optimale Alternative. Bewertet werden z. B. die Produktion und Beschaffung entsprechend der Bedarfsmenge einer Periode oder entsprechend den zusammengefassten Bedarfen mehrerer Perioden.
- **Bestandsplanung**
  Die Bestandsplanung mit dem SNP-Optimierer verfolgt vor allem das Ziel, den Lagerbestand zwischen vorgegebenen Unter- und Obergrenzen zu halten. Der Lagerbestand dient zur Absicherung gegenüber Unsicherheiten und Schwankungen. Bei hohem Lagerbestand wird Kapital gebunden, bei zu niedrigem Lagerbestand besteht die Gefahr, einen unvorhergesehenen Bedarf nicht decken zu können.

Abbildung 11.1 zeigt exemplarisch die Vorgehensweise des SNP-Optimierers bei einer werksübergreifenden Planung. Die relevanten Lokationsprodukte können Sie z. B. bei der Modellierung des Modells festlegen oder bei der Einplanung des SNP-Optimierers selektieren. Unser Beispiel basiert auf einer Supply-Chain-Struktur mit einem Distributionszentrum, zwei alternativen Produktionswerken und drei alternativen Lieferanten. Der SNP-Optimierer geht bei der Planung wie folgt vor:

- **Planung im Distributionszentrum**
  Der Bedarf im Distributionszentrum kann im ersten Schritt über eine Nettobedarfsrechnung durch bestehende Bestände nicht gedeckt werden. Das Produkt ist fremdbeschafft, und der SNP-Optimierer prüft die Möglichkeiten in den liefernden Werken. Der SNP-Optimierer prüft alle Beschaffungsalternativen global, um für das gesamte Optimierungsproblem die günstigste Beschaffungsmöglichkeit für die Endprodukte und Komponenten zu finden.
- **Planung in den Produktionswerken**
  Dabei wird geprüft, ob in den Werken Bestand existiert. Falls nicht, wird überprüft, ob eine Auflösung der Produktionspläne möglich ist, und die Beschaffung der Komponenten wird geprüft. Jeder dieser Schritte sollte mit entsprechenden Lenkungskosten belegt sein. Der SNP-Optimierer versucht, den Bedarf je nach Konfiguration mit minimalen Gesamtkosten oder maximalem Gewinn zu decken.

  Da die gesamte Menge aufgrund kapazitiver Engpässe und der Verletzung von Restriktionen nicht komplett aus dem günstigsten Werk beschafft werden kann, wird die Beschaffung nach Machbarkeit und Kosten aufgeteilt.
- **Planung der Lieferanten**
  Die Komponenten können von den Lieferanten rechtzeitig geliefert werden. Wobei auch hier bei alternativen Lieferanten der kostengünstigere Lieferant bevorzugt wird.

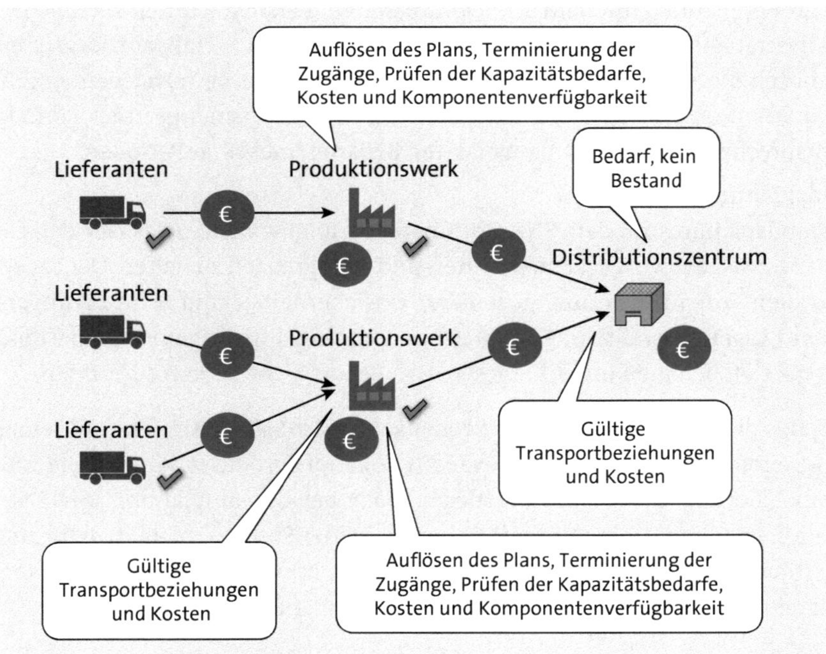

Abbildung 11.1 SNP-Optimierer-Szenario (Quelle: SAP)

In Abbildung 11.2 ist dargestellt, wie der SNP-Optimierer alle Distributionsbedarfe für alle Lokationen innerhalb des Distributionsnetzwerks plant, bevor die Stücklisten aufgelöst und die Sekundärbedarfe in den Produktionslokationen verarbeitet werden. Folgende Faktoren werden bei der Verarbeitung im SNP-Optimierer berücksichtigt:

- gültige Transportbeziehungen
- Durchlaufzeiten
- Transportkapazität und Transportkosten
- Handlingkapazität und Handlingkosten
- Produktionskapazität und Produktionskosten
- Lagerkapazität und Lagerkosten
- Zeitstrahl (Lokationsstammdaten)
- Losgröße (Mindest- und maximale Losgröße sowie Rundungswert)
- Ausschuss
- Alternativressourcen
- Strafkosten für Nichtdeckung des Bedarfs
- Strafkosten für Nichteinhaltung des Sicherheitsbestands
- Beschaffungskosten
- Haltbarkeit
- Kostenmultiplikatoren
- Lokationsprodukte
- fixer PPM/PDS-Ressourcenverbrauch
- fixer PPM/PDS-Materialverbrauch

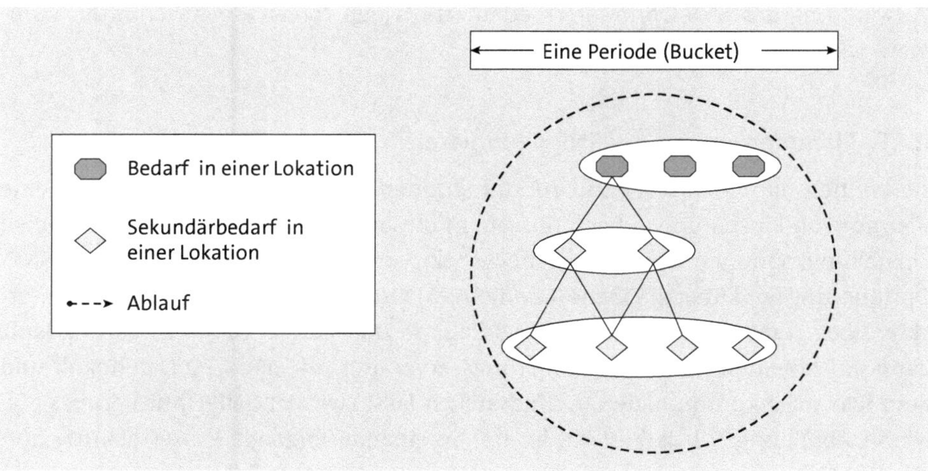

Abbildung 11.2 Verarbeitung SNP-Optimierer (Quelle: SAP)

Dabei berücksichtigt der SNP-Optimierer die gesamten global verfügbaren Kapazitäten und Alternativkapazitäten. Abhängig von den gewählten Optimierungsparametern, kann der SNP-Optimierer bei einer Kapazitätsüberlastungssituation entweder keine Lösung anbieten oder die Kapazitäten auf Basis von Strafkosten erhöhen. Dabei werden alle aktiven als relevant definierten Kapazitätsbeschränkungen wie Transport-, Produktions-, Handling- und Lagerrestriktionen sowie in eingeschränkter Form die Produkthaltbarkeit berücksichtigt. Da die SNP-Planung Bucket-orientiert ist, umfasst das Ergebnis des Optimierungslaufs nicht das Pegging von Aufträgen zum ursprünglichen Einzelbedarf.

Die optimierungsbasierte Planung entscheidet somit nach Kosten, wann, wo und wie welche Produkte und welche Mengen produziert, beschafft, transportiert, gelagert und ausgeliefert werden, und erzeugt machbare Zugänge wie Planaufträge, Umlagerungen und Bestellanforderungen. Nicht selektierte Lokationsprodukte werden nicht geändert und stellen fixe Kapazitätsbelastungen dar.

An dieser Stelle lässt sich die Grundfunktionalität des SNP-Optimierers folgendermaßen zusammenfassen: Der SNP-Optimierer sucht unter Berücksichtigung aller Randbedingungen (definierte Kosten, Restriktionen) nach einem Planungsergebnis, das aus Gesamtsicht ein Kostenoptimum darstellt. Der SNP-Optimierer eignet sich hingegen nicht für die folgenden Anwendungsfälle:

- Ermittlung lokal optimierter Lösungen
- Priorisierung einzelner Bedarfe
- ausschließlich Deckung der Bedarfe mit den höchsten Strafkosten
- ausschließlich Verwendung der günstigsten Bezugsquellen

In diesem Abschnitt haben wir die generelle Funktionsweise, die Grundlagen und die Verwendung des SNP-Optimierers erläutert. In den folgenden Abschnitten kümmern wir uns um die Details.

11.1.1 Planungsumfang des SNP-Optimierers

Sie können die beschriebenen Grundfunktionen des SNP-Optimierers durch eine Vielzahl von Einstellungen beeinflussen. In diesem Abschnitt gehen wir auf einige Einstellungsoptionen und technische Aspekte des SNP-Optimierers ein. Die SNP-Optimierung wird über die Transaktion /SAPAPO/SNPOP im Hintergrund oder interaktiv über Transaktion /SAPAPO/SDP94 aus APO gestartet. Die Optimierung läuft dann auf einem separaten Optimierungsserver, der mit der APO-Datenbank und dem liveCache kommuniziert. Grundsätzlich lässt sich der SNP-Optimierungslauf, wie in Abbildung 11.3 dargestellt, in drei aufeinanderfolgende Prozessschritte aufgliedern.

1. **Daten laden**
   Initial werden alle Stamm- und Bewegungsdaten aus der APO-Datenbank und dem APO-liveCache gelesen, im Inputlog aufbereitet und an den SNP-Optimierer-Server übergeben.
2. **Optimierung**
   Die SNP-Optimierer-Engine läuft auf einem separaten SNP-Optimierer-Server. Die im Planungslauf verwendeten Informationen stehen im Inputlog. Das Ergebnis wird in die Outputtabellen geschrieben.
3. **Daten an APO übergeben**
   Das Ergebnis des Planungslaufs wird zurück an die Applikation übertragen, und die Aufträge werden im liveCache generiert.

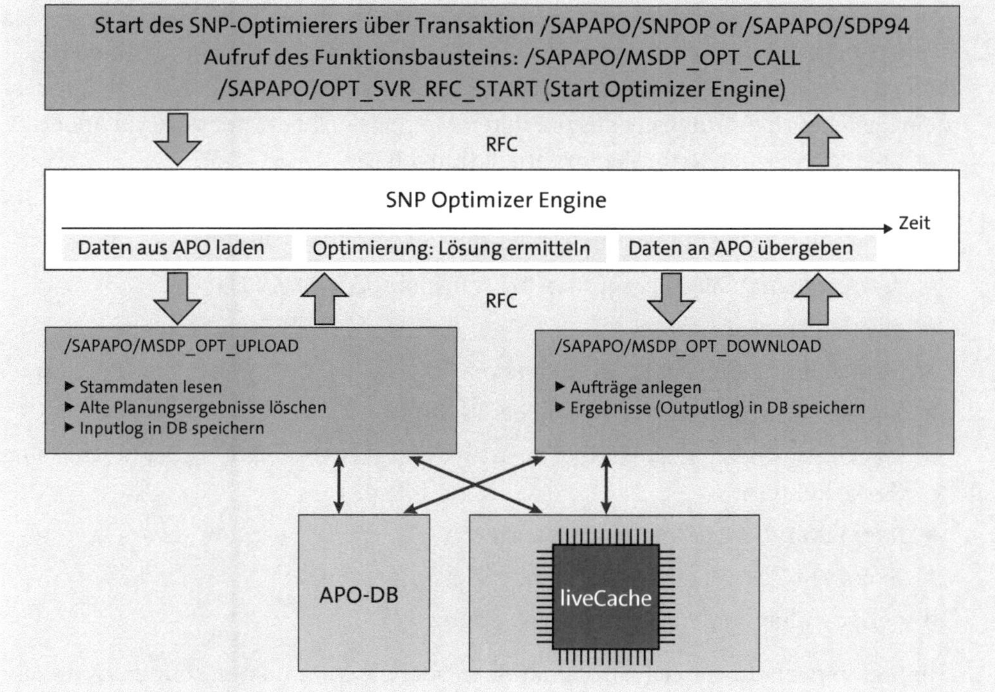

Abbildung 11.3 Technischer Ablauf SNP-Optimierer (Quelle: SAP)

Die Funktionsweise und die Laufzeit des SNP-Optimierers werden neben der Komplexität der Anforderungen auch durch einige Einstellungen beeinflusst, die Sie im SNP-Optimierungsprofil festlegen können. An dieser Stelle gehen wir auf einige dieser funktionalen Optionen ein. In Abschnitt 11.3.1, »SNP-Optimierer-Profil«, erfahren Sie dann mehr zu den einzelnen Einstellungen.

Lineare und diskrete Optimierung

Grundsätzlich werden durch den SNP-Optimierer *kontinuierlich lineare* und *diskrete* Optimierungsprobleme unterschieden. Entsprechend können Sie mit der linearen Optimierung die allgemeinen Restriktionen (z. B. kapazitive Restriktionen, Losgrößen, Sicherheitsbestand und Haltbarkeit) und mit der diskreten Optimierungsmethode die diskreten Restriktionen (z. B. kapazitive Restriktionen, Losgrößen, Fixverbräuche, Kostenfunktionen und periodenübergreifende Losgröße) im SNP-Optimierungsprofil als relevant definieren und planen.

Zur Lösung kontinuierlich linearer Optimierungsprobleme stehen Ihnen drei Methoden zur Auswahl: das *primale Simplex-Verfahren*, das *duale Simplex-Verfahren* und die *Innere-Punkt-Methode*. Alle drei Verfahren führen zu einer optimalen Lösung, wobei der Hauptunterschied in der Laufzeit besteht. Allerdings gibt es kein optimales Verfahren, das empfohlen werden kann. Die für Sie optimale Methode müssen Sie durch Experimentieren identifizieren. Die Auswahl der optimalen Methode hängt von der Struktur der Logistikkette ab und weniger von den Bewegungsdaten, sodass ein tägliches Überprüfen der ausgewählten Methode nicht erforderlich, bei Änderungen der logistischen Kette aber eventuell sinnvoll ist.

Sobald eine der folgenden Restriktionen berücksichtigt werden soll, ist in SNP ein Optimierungsproblem nicht mehr kontinuierlich, sondern diskret:

- diskrete (ganzzahlige) Losgrößen für Transport oder PPM/PDS
- diskrete Transportmittel
- diskrete Erhöhung der Produktionskapazität
- Mindestlosgrößen für Transport oder PPM/PDS
- stückweise lineare Kostenfunktionen für Transport, Produktion oder Beschaffung (Fixkostenterm)
- fixer PPM/PDS-Ressourcenverbrauch
- fixer PPM/PDS-Materialverbrauch
- periodenübergreifende Losgrößenplanung

Bei der Verwendung von Kostenfunktionen über die Stammdaten können zwei wichtige Fälle der *stückweisen linearen Kostenfunktion* unterschieden werden:

- **konvexe Kostenfunktion**
  Kosten pro Einheit erhöhen sich für höhere Volumina, z. B. Modellierung von Überstunden oder Nachtdienst.
- **konkave Kostenfunktion**
  Kosten pro Einheit sinken für höhere Volumina, z. B. Modellierung von Frachtraten.

Die konvexe Kostenfunktion verkompliziert das Planungsproblem nicht und kann effizient gelöst werden, im Gegensatz zur konkaven Kostenfunktion, die nur durch eine diskrete Optimierung gelöst werden kann. Wenn stückweise lineare Funktionen modelliert wurden, der SNP-Optimierer aber ohne Diskretisierung ausgeführt wird, werden die festgelegten linearen Kosten berücksichtigt.

[«]

Kontinuierlich lineare und diskrete Optimierung

Da eine diskrete Optimierungsmethode die Laufzeit stark erhöhen kann und SNP eine mittelfristige Planungsfunktion ist, sollten Sie SNP nicht für die diskrete Optimierung verwenden.

Die diskrete Optimierungsmethode kann nicht zusammen mit der strikten Priorisierung angewendet werden, die im folgenden Abschnitt beschrieben wird.

Bedarfspriorisierung

Der SNP-Optimierer kann zwischen der Priorität von Kundenaufträgen und prognostiziertem Bedarf unterscheiden. Wenn Sie die *kostenbasierte Priorisierung* aktivieren, berücksichtigt der SNP-Optimierer die Bedarfspriorisierung auf der Basis von Strafkosten, die Sie im Produktstamm (Registerkarte **SNP 1**) definiert haben. Wenn Sie die *strikte Priorisierung* aktivieren, hält sich der SNP-Optimierer streng an die Bedarfspriorisierung. Bedarfe mit der Priorität 1 werden zuerst berücksichtigt, dann Bedarfe mit der Priorität 2 etc. Dabei wird zuerst der Kundenbedarf (standardmäßig Priorität 1), dann die korrigierte Bedarfsprognose (standardmäßig Priorität 5) und anschließend die Bedarfsprognose (standardmäßig Priorität 6) gedeckt. Die entsprechenden Einstellungen können Sie im SNP-Optimierungsprofil in der Transaktion S_AP9_75000102 auf der Registerkarte **Lösungsmethoden** im Bereich **Prioritätendekomposition** festlegen.

Planung mit finiten Kapazitäten

Wenn Unternehmensressourcen begrenzt sind und sich auf die Produktions- und Distributionsplanung auswirken, können Sie mithilfe des SNP-Optimierers diese Restriktionen berücksichtigen und auch die möglichen Kosten bei einer Kapazitätsanpassung planen. Dabei unterstützt der SNP-Optimierer Produktions-, Transport-, Handling- und Lagerressourcen des Ressourcentyps Single- und Multi-Misch-Ressource, Bucket- und Transportressource. Der SNP-Optimierer berücksichtigt auch die von anderen Anwendungsbereichen oder durch fixierte SNP-Aufträge belegten Kapazitäten, indem er den Kapazitätsverbrauch dieser Aufträge vom Kapazitätsangebot subtrahiert. Somit wird für den Planungslauf grundsätzlich nur das Nettokapazitätsangebot verwendet.

Dabei werden für die Ermittlung des Kapazitätsangebots pro Bucket die definierten Arbeitstage im Fabrikkalender herangezogen. Durch die Nutzung von minimalem, normalem und maximalem Kapazitätsangebot und den dazugehörigen Kosten kann der SNP-Optimierer eine Anpassung des Kapazitätsangebots planen. Da der SNP-Optimierer grundsätzlich immer alle Restriktionen eines Modells gleichzeitig berücksichtigt, werden bei einer finiten Planung die Kapazitätsangebote aller Ressourcen und Produktionsstufen simultan geplant. Welche der Kapazitäten Sie finit berücksichtigen möchten, können Sie im SNP-Optimierungsprofil in der Transaktion S_AP9_75000102 auf der Registerkarte **Allgemeine Restriktionen** im Bereich **Kapazitative Restriktionen** festlegen. Weitere Grundlagen zur finiten Kapazitätsplanung mit dem SNP-Optimierer und die Auswirkungen auf die einzelnen Ressourcenarten werden in Abschnitt 11.2.1, »Restriktionen in der finiten Planung«, beschrieben.

Planung mit Kosten

Das Ergebnis des Planungslaufs in der optimierungsbasierten Planung wird im Wesentlichen durch die Kosten beeinflusst. Während des Planungslaufs werden die in den Stammdaten definierten Kosten verwendet, um je nach definiertem Ziel der Optimierung das Planungsergebnis durch eine Kostenminimierung oder durch eine Gewinnmaximierung zu ermitteln. Die wesentliche Herausforderung bei der Implementierung des SNP-Optimierers ist dabei, die aufeinander abgestimmten Kosten zu erarbeiten, damit der SNP-Optimierer das gewünschte Ergebnis liefert. Dabei ist es auch möglich, die Kosten auf Basis von Prioritäten automatisch generieren zu lassen. Weitere Details zum Thema Kosten finden Sie in Abschnitt 11.2, »Restriktionen und Kosten im SNP-Optimierer«.

Dekomposition

Die Dekomposition ist eine Funktion zum Ausgleich des Konflikts zwischen der Optimierungsqualität und der benötigten Laufzeit. Zwar liefert der SNP-Optimierer bessere Lösungen bei einer beliebigen Laufzeit ohne Dekomposition, aber bei fester Laufzeit kann mit der Dekomposition eventuell eine bessere Lösung ermittelt werden. Mit den Methoden der Dekomposition können Sie die Laufzeit- und Speicheranforderungen der Optimierung reduzieren. Für einige komplexe diskrete Probleme wird durch die Dekomposition eine Lösung erst möglich. Ihnen stehen im SNP-Optimierungsprofil auf der Registerkarte **Lösungsmethoden** die folgenden Methoden für die Dekomposition zur Auswahl:

- **Zeitdekomposition**
  Um ein komplexes Gesamtproblem zu lösen, kann es sinnvoll sein, das Problem in zeitlich aufeinanderfolgende Teilprobleme zu gliedern. Diese zeitliche Aufteilung wird *Zeitdekomposition* genannt und ermöglicht, dass Teilprobleme sequenziell gelöst werden können, um das Ausgangsproblem zu lösen. Die entsprechenden

Fenstergrößen für eine Zerteilung müssen hinterlegt werden. Im Allgemeinen ist die Qualität der Lösung geringer, als wenn keine Zeitdekomposition verwendet worden wäre.

- **Produktdekomposition**
  Eine weitere Möglichkeit, ein komplexes Gesamtproblem zu unterteilen, ist die Nutzung der Produktdekomposition. Mithilfe der Produktdekomposition können Sie den Lösungsprozess beschleunigen, indem Produktgruppen gebildet werden und das Problem jeweils für eine Produktgruppe gelöst wird. Über das Feld **Fenstergröße** können Sie festlegen, wie das Verhältnis zum gesamten ursprünglichen Modell sein soll. Es sollte ein Wert zwischen 1 % und 30 % festgelegt werden, wobei die Faustregel gilt, dass je kleiner die Fenstergröße ist, desto schneller eine Lösung gefunden wird, und je größer die Fenstergröße ist, desto besser die Qualität.
- **Ressourcendekomposition**
  Mithilfe der Ressourcendekomposition können komplexe Gesamtprobleme auch untergliedert werden. Dabei führt das System eine Materialflussanalyse durch, und unter Berücksichtigung von Entscheidungen des SNP-Optimierers wird eine Reihenfolge der Ressourcen ermittelt. Anhand dieser Reihenfolge können die Ressourcen unterteilt und Teilprobleme gebildet werden, die dann sequenziell gelöst werden können. Dieses Verfahren lässt sich gut einsetzen, wenn während des Produktionsprozesses die Ressourcen immer in einer ähnlichen Reihenfolge belegt werden. Eine sinnvolle Nutzung dieser Methode ist aber nur in Kombination mit einer diskreten Optimierungsmethode möglich. In Verbindung mit der Produktdekomposition oder der strikten Priorisierung kann die Ressourcendekomposition nicht verwendet werden.
- **SNP-Prioritätsprofil**
  Über das SNP-Prioritätsprofil können Sie für die Produkt- und Ressourcendekomposition Prioritäten festlegen, um zu bestimmen, in welcher Reihenfolge der SNP-Optimierer Produkte und Ressourcen zu Teilproblemen zusammenfasst und zu lösen versucht. Das SNP-Prioritätsprofil können Sie über Transaktion /SAPAPO/OPT_PRIOPROF definieren.
- **Prioritätendekomposition**
  Mithilfe der Prioritätendekomposition können Sie festlegen, ob der SNP-Optimierer eine kostenbasierte Priorisierung auf Basis von definierten Strafkosten verwendet oder ob die strikte Bedarfspriorisierung genutzt wird, bei der der SNP-Optimierer sich streng an die Bedarfspriorisierung hält. Bedarfe mit höherer Priorität werden zuerst gedeckt, bevor Bedarfe mit der nächsthöheren Priorität gedeckt werden (siehe auch Unterabschnitt »Bedarfspriorisierung« in Abschnitt 11.1.1).

Dies sind also die Optionen der Dekomposition, die der SNP-Optimierer Ihnen bietet. Kommen wir nun zum letzten Element seines Planungsumfangs.

Inkrementelle Optimierung

Sobald Sie den SNP-Optimierer nur für einen Teil des Modells oder auf Basis eines bereits bestehenden Plans ausführen, wird dies als inkrementelle Optimierung bezeichnet. Bei dieser Form der Optimierung kann der Plan unerfüllbar werden, weil für Unterdeckungen, die durch fixierte Aufträge vorangegangener Planungsläufe entstehen, keine Zugänge geplant oder Bestände in nicht selektierten Lokationen nicht berücksichtigt werden. Um dies zu vermeiden, können Sie im SNP-Optimierungsprofil festlegen, wie mit diesen Fällen zu verfahren ist. Die Fälle, die durch Einstellungen zur inkrementellen Optimierung im SNP-Optimierer-Profil berücksichtigt werden können, sind: **Sekundärbedarf fixierter Aufträge**, **Distributionsbedarf fixierter Aufträge**, **Bestände nichtselektierter PPM-/PDS-Inputprodukte**, **Bestände nichtselektierter Quelllokationsprodukte**. Für diese vier Ursachen können Sie ein Regelwerk festlegen, wie diese im Optimierungslauf berücksichtigt werden sollen.

11.1.2 Bezugsquellenfindung im SNP-Optimierer

Sobald unterschiedliche Bezugsquellen zur Verfügung stehen, können Sie den SNP-Optimierer verwenden, um die Auswahl zwischen verschiedenen Bezugsquellen auf Basis von definierten Kosten zu treffen. Dabei können neben Transportbeziehungen auch Eigenbeschaffungs-Bezugsquellen wie PPM (Produktionsprozessmodell) oder PDS (Produktionsdatenstruktur) verwendet werden. Der Optimierer versucht dann, das Gesamtkostenoptimum zu erreichen, und trifft folgende Entscheidungen:

- Entscheidungen zur Eigenfertigung vs. Fremdfertigung (Wo?)
- Entscheidungen zum Produktmix (Welche Produkte und Menge?)
- Entscheidungen zum Technologiemix (Welche Ressourcen und welche alternativen Bezugsquellen?)
- Entscheidungen zum Zeitpunkt (Wann?)
- Entscheidungen über Umlagerungen (Transport von Lokation A nach Lokation B?)

Das Ziel der Bezugsquellenfindung im SNP-Optimierer ist es, die Produktionsstandorte festzulegen und die Umlagerungen zu reduzieren, um die Gesamtkosten zu minimieren.

Neben den für die optimierungsbasierte Planung wichtigen Kosten kann der SNP-Optimierer auch eingehende zeitabhängige Quotierungen aus den Stammdaten für Eigenfertigung, Fremdfertigung und Umlagerungen von anderen Lokationen berücksichtigen. Die Quotierungen können Sie für Produkte oder Produktgruppen festlegen. Die Quotierung bezieht sich dann auf den Gesamtzugang der entsprechenden Produktgruppe, die Sie im Produktstamm auf der Registerkarte **Eigenschaften 2** zugeordnet haben, wobei alle Produkte der Produktgruppe dieselbe Basismengeneinheit haben müssen. Dabei können Sie für das Über- oder Unterschreiten von Quotierungen generell Strafkosten festlegen, die der SNP-Optimierer dann neben den anderen für die Bezugsquellenfindung relevanten Kosten mit berücksichtigt.

Als Einschränkung bei der Bezugsquellenfindung im SNP-Optimierer ist zu nennen, dass im Rahmen der Fremdbeschaffung keine Lieferpläne, Kontrakte oder Einkaufsinfosätze berücksichtigt werden. Die aus den Fremdbeschaffungsbeziehungen generierten Transportbeziehungen mit Transportmitteln werden vom SNP-Optimierer verwendet, aber es werden z. B. keine Aufträge für einen Lieferplan angelegt. Bestehende vorhandene Aufträge werden als fixiert berücksichtigt.

An dieser Stelle lässt sich konstatieren, dass die Bezugsquellenfindung im SNP-Optimierer von der generellen Vorgehensweise in SNP abweicht, da eine Steuerung der Bezugsquellenfindung primär über Kosten realisiert wird. Eine Priorisierung der Produktionsressourcen ist über alternative Produktionskosten möglich, eine Priorisierung des Beschaffungsortes über die Transportkosten. Für die bevorzugte Beschaffungsalternative sollten geringe Kosten hinterlegt werden. Bei der Vorgehensweise ist aber zu beachten, dass der SNP-Optimierer sämtliche Bedingungen eines Optimierungsproblems berücksichtigt und eine globale kostenoptimale Lösung ermittelt. Das bedeutet, dass neben den Produktions- oder Transportkosten auch weitere Faktoren, wie z. B. Lagerkosten und Kapazitätsangebot der belegten Ressourcen, im Gesamtkontext immer einen Einfluss auf die Bezugsquellenfindung haben.

11.1.3 Terminierung im SNP-Optimierer

In SNP planen Sie in der Regel in zeitlich aggregierten Perioden, z. B. Wochen oder Monaten. Die kleinste mögliche zeitliche Einheit ist ein Tag. Die grundlegende Vorgehensweise bei der Terminierung in der langfristigen Planung in APO wird in Abschnitt 9.2.2, »Terminierung in SNP«, beschrieben.

Der Verfügbarkeitstermin der Zugangselemente im Rahmen der SNP-Heuristik wird durch den Periodenfaktor beeinflusst. Im SNP-Optimierer wird der *Bucket-Versatz* verwendet, um den Verfügbarkeitstermin von Zugängen zu steuern. Der Bucket-Versatz ist eine »prozentuale« Angabe, die innerhalb eines Buckets eine Grenzlinie zieht. Ein Bucket-Versatz von 0,5 teilt eine Wochenperiode in der Mitte nach 3,5 Tagen (Donnerstagmittag 12:00 Uhr wird als Grenzwert verwendet).

In Abbildung 11.4 ist die grundlegende Vorgehensweise des Bucket-Versatzes dargestellt. Zunächst ermittelt der SNP-Optimierer unter Verwendung der entsprechenden Kalender den exakten Verfügbarkeitstermin. Liegt der so errechnete Endtermin vor dem Bucket-Versatz, wird der Auftrag mit den errechneten Terminen eingeplant. Liegt der so ermittelte Endtermin hinter dem Bucket-Versatz, wird der Auftrag im vorhergehenden Bucket eingeplant, sodass er am Anfang des aktuellen Buckets verfügbar ist.

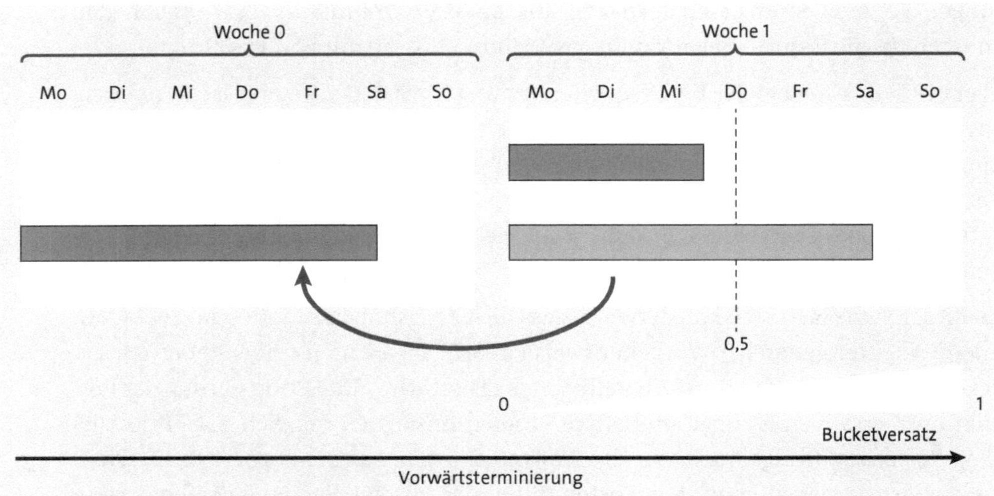

Abbildung 11.4 Terminierung – Bucket-Versatz im SNP-Optimierer (Quelle: SAP)

Bei der Verwendung des Bucket-Versatzes können Sie folgende Faustregel nutzen:

- Ein hoher Wert für den Bucket-Versatz impliziert eine optimistische Annahme, die davon ausgeht, dass die Produkte eher früher als festgelegt zur Verfügung stehen.
- Niedrige Werte für den Bucket-Versatz gehen hingegen von einer konservativeren Sichtweise aus, da die Zugänge bereits zum Ende der Vorperiode eingeplant werden.

Den Faktor für den Bucket-Versatz können Sie im SNP-Optimierer-Profil über Transaktion S_AP9_75000102 auf der Registerkarte **Modellparameter** hinterlegen. Es werden Rundungsfaktoren für produzierte und für transportierte Produkte unterschieden. SAP empfiehlt, für den Bucket-Versatztransport (z. B. für Umlagerungen) den Wert 1 zu verwenden, da es sonst zu Inkonsistenzen zwischen interaktiver Planung und den Ergebnissen im SNP-Optimierer-Log kommen kann. Der allgemeine Bucket-Versatz aus dem SNP-Optimierer-Profil wird von den Einstellungen in der Transportbeziehung für das Transportmittel und den Plänen übersteuert, sobald dort etwas gepflegt wurde. Bestellanforderungen werden immer am Anfang der Periode angelegt.

11.2 Restriktionen und Kosten im SNP-Optimierer

Um ein Optimierungsproblem lösen zu können, spielen verschiedene Einflussfaktoren eine Rolle. Abbildung 11.5 zeigt grob die vom SNP-Optimierer verwendeten Elemente, die das Gesamtergebnis bestimmen.

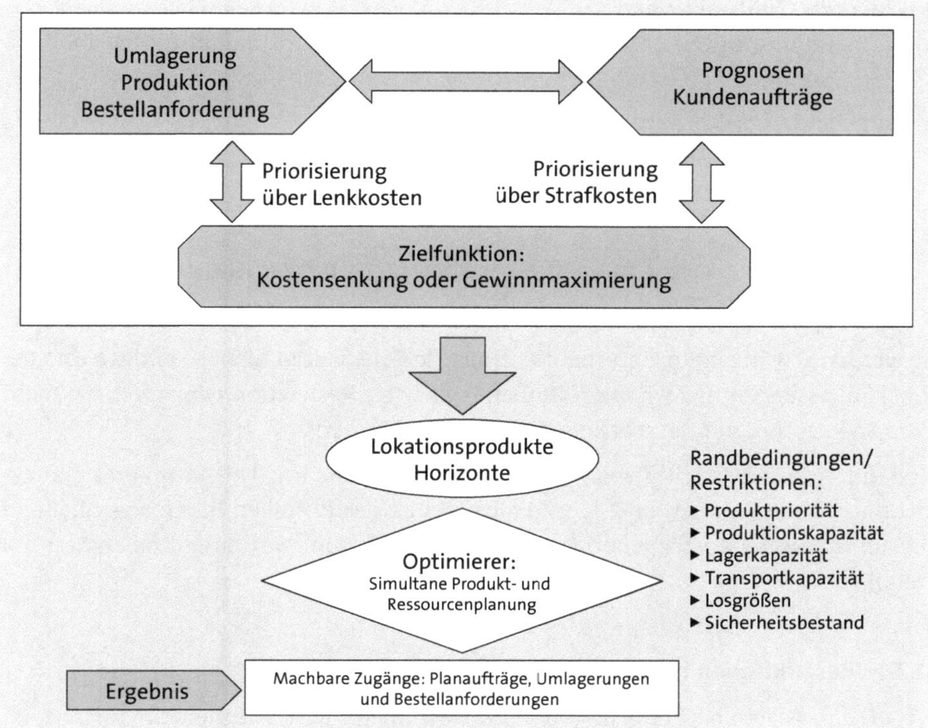

Abbildung 11.5 Funktionsweise SNP-Optimierer

Die sich aus den Unternehmenszielen ableitende *Zielfunktion*, z. B. eine absolute Kostenreduzierung oder eine Gewinnmaximierung, hat einen wesentlichen Einfluss auf das Gesamtergebnis, das der SNP-Optimierer erzielen soll. Beeinflusst wird das Gesamtergebnis durch die Priorisierung über Lenkungs- und Strafkosten. Dies gilt auch für *Entscheidungsalternativen*, die mit unterschiedlichen Auswirkungen (Kosten) für das Gesamtergebnis bewertet werden, z. B. wenn aus unterschiedlichen Lokationen beschafft werden kann, und dem SNP-Optimierer Entscheidungsmöglichkeiten öffnen, wie z. B. in welcher Lokation produziert und aus welcher Lokation beschafft werden soll. *Restriktionen* sind tatsächliche und logische Limitationen, wie z. B. Ressourcenkapazitäten oder Materialverfügbarkeiten, die das Ergebnis bestimmen. Der SNP-Optimierer kann dabei eine simultane Produkt- und Ressourcenplanung durchführen. Dabei können harte, nicht leicht änderbare Einschränkungen, wie z. B. eine Kapazitätserhöhung, und weiche Restriktionen, die flexibler angepasst werden können, wie z. B. Grenzwerte für Sicherheitsbestände, unterschieden werden.

Welcher Einflussfaktor die größte Rolle spielt, hängt von den Anforderungen der Unternehmen ab und kann sich sehr stark voneinander unterscheiden. Folgende Fragen können Ihnen helfen, die Einflussfaktoren zu gewichten:

- **Ziele bzw. Zielfunktionen**
  Was sind Ihre Unternehmensziele? Was soll der SNP-Optimierer für Sie abbilden bzw. optimieren?
- **Entscheidungsalternativen**
  Wo gibt es alternative Lösungswege, und was darf der SNP-Optimierer für Sie entscheiden?
- **Restriktionen**
  Was sind für Sie weiche und harte Restriktionen, und was ist eine aus Ihrer Sicht akzeptable Lösung?

So werden z. B. in einem Unternehmen, das die Kapazitäten nicht so einfach und flexibel anpassen kann, die Kapazitäten eher als harte Restriktion behandelt, die nicht vom SNP-Optimierer flexibel angepasst werden können.

In den folgenden Abschnitten gehen wir zuerst auf die im SNP-Optimierer berücksichtigten Restriktionen und Kosten allgemein ein und stellen Ihnen anschließend die automatische Kostengenerierung und die einzelnen relevanten Kostenarten im Detail vor.

11.2.1 Restriktionen in der finiten Planung

Neben den Kosten berücksichtigt der SNP-Optimierer Restriktionen, die Sie im SNP-Optimierer-Profil aktivieren können. Dabei werden harte (nicht verletzbare) und weiche (flexiblere) Restriktionen unterschieden. In Tabelle 11.1 sehen Sie die harten und weichen Restriktionen, die vom SNP-Optimierer verwendet werden.

Harte Restriktionen	Weiche Restriktionen
▪ Produktionskapazitäten ▪ Transportkapazitäten ▪ Handlingkapazitäten ▪ Lagerkapazitäten (pseudo-hart, können prinzipiell überlastet werden) ▪ Haltbarkeiten ▪ Materialverfügbarkeit ▪ Kalender ▪ Dauer von Aktivitäten ▪ Diskrete Produktionslosgröße ▪ Diskrete Transportlosgröße	▪ Sicherheitsbestand ▪ Bedarfstermine ▪ Kapazitätserweiterung (Minium, normal, Maximum kann definiert und berücksichtigt werden)

Tabelle 11.1 Restriktionen im SNP-Optimierer

Grundsätzlich erhöht sich die Komplexität des Optimierungsproblems, je mehr Restriktionen aktiviert werden, und dies hat entsprechend Einfluss auf die Laufzeit des SNP-Optimierers. Der SNP-Optimierer prüft verschiedene Planungsergebnisse, die konform mit den Restriktionen als machbare Pläne klassifiziert wurden, und wählt dabei den kostengünstigsten Plan aus. Ein machbarer Plan kann weiche Restriktionen verletzen und dabei der kostengünstigste Plan sein. Der SNP-Optimierer verwendet keinen Plan, der harte Restriktionen verletzt.

Wenn die hier genannten Standardrestriktionen nicht ausreichen, um Ihre Anforderungen abzubilden, können Sie seit SCM 7.0 EHP1 und der Aktivierung der Business Function SCM_APO_DP_SNP_CTM zusätzliche kundenindividuelle Benutzerrestriktionen über das BAdI /SAPAPO/SDP_OPT_LOG und die Methode ACCESS_INPUT_LOG implementieren. Diese Benutzerrestriktionen können für eine Vielzahl von Anforderungen verwendet werden, wie z. B. das Abbilden von Kontrakten und die Limitierung der Beschaffung pro Produktgruppe von einem Lieferanten innerhalb eines definierten Horizonts. Falls Sie Unterstützung brauchen, um abzuschätzen, ob Ihr spezielles Szenario über diese Erweiterung im SNP-Optimierer abgebildet werden kann, empfehlen wir Ihnen den *Expert Consulting Service für SNP-Optimierung* (SAP-Hinweis 579373).

Zeitabhängige Restriktionen in der interaktiven Planung festlegen

Wie beschrieben, kann eine Vielzahl von Restriktionen berücksichtigt werden, die Sie im SNP-Optimierer-Profil aktivieren können. In einigen Fällen ist es sinnvoll, mit zeitabhängigen Restriktionen zu arbeiten, z. B. wenn Sie wissen, dass ein Lieferant oder eine Ihrer produzierenden Lokationen von Periode zu Periode schwankende Kapazitäten hat. Zeitabhängige Obergrenzen können Sie für folgende Restriktionen setzen:

- Obergrenze für Fremdbeschaffung auf Ebene Produktlokation
- Obergrenze für Lagerbestand auf Ebene Produktlokation
- Obergrenze für Produktion auf Ebene Produkt PPM/PDS
- Obergrenze für Transport auf Ebene Produkttransportbeziehung
- Ober- und Untergrenze für Gesamtzugang auf Ebene Produktlokation

Die zeitabhängigen Obergrenzen für Fremdbeschaffung, Lagerbestand, Transport und Produktion können Sie z. B. in der Datensicht OPT_TSBD in der SNP-Standardplanungsmappe 9ATSOPT pflegen. Die zeitabhängigen Restriktionen für Fremdbeschaffung, Transport und Produktion werden vom SNP-Optimierer als sogenannte *pseudo-harte Restriktionen* berücksichtigt. Das bedeutet, dass eine Verletzung mit unendlich hohen Strafkosten verbunden ist und vom SNP-Optimierer nur verletzt wird, wenn sonst keine Lösung gefunden wird. Für die zeitabhängige Obergrenze für den Lagerbestand können Sie festlegen, ob diese als weiche Restriktion mit Strafkosten, die Sie in einer Sicht in der Planungsmappe 9ATOPT pflegen, oder auch als pseudo-harte Restriktion berücksichtigt werden soll. Die zeitabhängige Untergrenze für den Lagerbestand wird durch den Sicherheitsbestand gebildet. Die Ober- und Untergrenzen für den Gesamtzugang und die dazugehörigen Strafkosten können Sie in entsprechenden Kennzahlen in der Datensicht OPT_TSRCBD pflegen. Diese beiden Grenzwerte werden vom SNP-Optimierer als weiche Restriktionen berücksichtigt.

Sie können die Berücksichtigung von zeitlichen Restriktionen im SNP-Optimierer-Profil auf der Registerkarte **Erweiterte Einstellungen** über das Kennzeichen **Zeitabhängige Restriktionen nicht beachten** aktivieren oder deaktivieren.

11.2.2 Relevante Kosten im SNP-Optimierer

Neben den Restriktionen haben die zu definierenden Kosten einen wesentlichen Einfluss auf das Ergebnis des SNP-Optimierers, da primär auf Basis der definierten Kosten optimiert wird. Abbildung 11.6 zeigt die wesentlichen Kosten in der Supply Chain, die für den SNP-Optimierer relevant sind.

Das Ziel des SNP-Optimierers ist die Kostenreduzierung oder Gewinnmaximierung. Die Kosten, die in den Stammdaten gepflegt werden müssen, können in Lenkkosten und Strafkosten unterschieden werden (siehe Abbildung 11.5). Die Gesamtkosten setzen sich zusammen aus:

- Lenkkosten für Produktion, Beschaffung, Lagerung und Transport
- Lenkkosten für die Erhöhung der Produktions-, Lager-, Transport- und Handlingkapazitäten
- Strafkosten für die Unterschreitung des Sicherheitsbestands
- Strafkosten für verspätete Lieferungen
- Strafkosten für Fehlmengen

Die Schwierigkeit bei der Nutzung des SNP-Optimierers besteht darin, die relevanten Kosten passend zu definieren. Da alle Kosten voneinander abhängen, ist es nicht einfach, die richtigen Relationen und Auswirkungen über Kosten abzubilden, damit der SNP-Optimierer das gewünschte Ergebnis liefert.

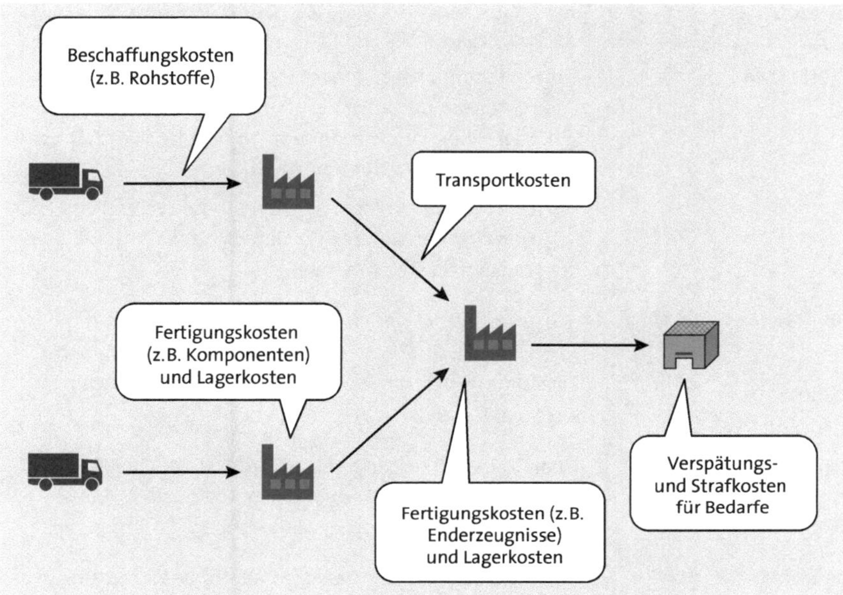

Abbildung 11.6 Für SNP-Optimierer relevante Kosten in der Supply Chain

Tabelle 11.2 zeigt beispielhaft die Abhängigkeiten zwischen den einzelnen Kosten. So können Sie z. B. sehen, wie sich hohe Lagerkosten und niedrige Verspätungskosten auf das Gesamtergebnis auswirken. Die Herausforderung beim Einsatz des SNP-Optimierers ist dabei immer das Festlegen und Feinjustieren dieser Kosten bzw. alternativer Kostenmodelle im Gesamtkontext. Dabei ist es oft einfacher, ein Kostenmodell über eine vereinfachte Kostenannahme (Lenkkosten) für die Planung abzubilden, als über reale Kosten ein kostenoptimales Modell abzuleiten, bei dem schwierig zu messende Faktoren, wie z. B. Kundenverlust/-verärgerung, zu tatsächlichen Deckungsbeiträgen hinzugerechnet werden müssen. Die manuelle Pflege relevanter Kosten der einzelnen Stammdatenobjekte können Sie zentral über das SAP-Menü und den Pfad **Advanced Planning and Optimization • Stammdaten • Anwendungsspezifische Stammdaten • Supply Network Planning** durchführen.

Kostendefinition	Einfluss auf das SNP-Optimierer-Ergebnis
Hohe Strafkosten für Nichtlieferung	Haben eine Priorisierung der Produktion zur Folge.
Hohe Strafkosten für verspätete Lieferung	Führen zu einer tendenziell frühzeitigen Produktion. (Mit der maximalen Verspätung wird definiert, ab wann ein Bedarf als nicht beliefert gilt.)

Tabelle 11.2 Kostendefinition und Einfluss auf Ergebnis des SNP-Optimierers

Kostendefinition	Einfluss auf das SNP-Optimierer-Ergebnis
Hohe Lagerkosten	Führen tendenziell zu einer Produktion kurz vor dem Bedarfstermin und zum Verbrauch von fertigen Produkten, bevor eine neue Produktion angestoßen wird. Dies hat eine Bestandsreduktion zur Folge. Führen auch zur Umlagerung von Produkten von einer Lokation zu einer anderen vor dem Bedarfstermin, sobald die Transportkosten niedriger sind.
Produktionskosten in PPM/PDS	Führen zu einer Priorisierung der Bezugsquelle mit niedrigen Kosten. Alternative Produktionswege oder auch Produktionslokationen mit niedrigen Kosten werden bevorzugt.
Transportkosten	Über Transportkosten wird die Priorität der Quelllokation gesteuert. Produkte werden bevorzugt aus Lokationen mit niedrigen Transportkosten bezogen.
Erhöhung Strafkosten für Sicherheitsbestand	Führen dazu, dass die Zielvorgaben für Bestandsführung eingehalten werden.
Hohe Strafkosten für verspätete Lieferung und Nichtlieferung + niedrige Lagerkosten	Führen dazu, dass tendenziell die Bedarfe rechtzeitig gedeckt werden. Dafür wird eventuell frühzeitig produziert, und Produkte werden auf Lager gelegt.
Niedrige Strafkosten für verspätete Lieferung und Nichtlieferung + hohe Lagerkosten + hohe maximale Verspätung	Führt dazu, dass Bedarfe tendenziell verspätet gedeckt werden, da eine frühzeitige Produktion und Lagerung höhere Kosten verursacht als eine verspätete Lieferung.

Tabelle 11.2 Kostendefinition und Einfluss auf Ergebnis des SNP-Optimierers (Forts.)

11.2.3 Automatische Kostengenerierung

Wie bereits erwähnt, ist es in SNP-Optimierer-Projekten in der Regel eine Herausforderung, das Kostenmodell und die Abhängigkeiten zwischen den einzelnen Kosten auf die eigenen Anforderungen abzustimmen. Neben der manuellen Pflege möchten wir daher auch die Funktion der automatischen Kostengenerierung erwähnen.

Mithilfe der automatischen Kostengenerierung haben Sie die Möglichkeit, alle für den SNP-Optimierer relevanten Lenkungskosten mithilfe von betriebswirtschaftlichen Zielen festzulegen. Anhand dieser Ziele generiert das System dann automatisch die Lenkungskosten, auf deren Basis der SNP-Optimierer die Planungsentscheidungen trifft. Das Hauptziel ist die Maximierung des Lieferbereitschaftsgrads, und außerdem können Sie festlegen, dass Bedarfs- und Produktprioritäten sowie Beschaffungsprioritäten berücksichtigt werden sollen.

Dabei können Sie unterschiedliche Prioritäten für Kundenbedarf, korrigierten Prognosebedarf, Prognosebedarf und Sicherheitsbestand festlegen. Zusätzlich zur Bedarfspriorisierung können Sie noch einzelne Lokationsprodukte über das Feld **Priorität** auf der Registerkarte **SNP2** im Lokationsproduktstammsatz priorisieren. Im SNP-Optimierer-Profil können Sie dann festlegen, ob die Bedarfs- oder die Produktpriorität wichtiger ist und zuerst berücksichtigt werden soll. Um die Kombination aus beiden Prioritätsarten nutzen zu können, können Sie die Produktpriorität in drei Klassen unterteilen: A-, B- und C-Produkte.

Abbildung 11.7 zeigt das unterschiedliche Systemverhalten bei Nutzung der Bedarfs- und Produktpriorisierung während der automatischen Kostengenerierung. Ist die Bedarfspriorität wichtiger, werden zuerst die Bedarfe der höchsten Prioritätsklasse gedeckt und erst danach die Bedarfe der nächsten Prioritätsklasse etc. Sobald Sie die Produktpriorität mit unterschiedlichen Klassen verwenden, werden erst alle Bedarfe der höchsten Produktklasse A entsprechend ihrer Bedarfspriorität und dann alle Bedarfe der Produktklasse B und danach die Bedarfe der Produktklasse C befriedigt.

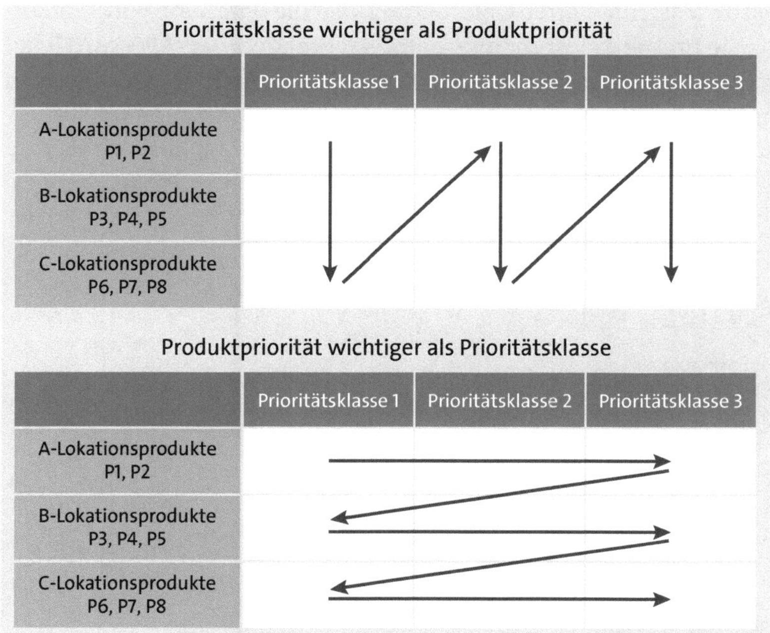

Abbildung 11.7 Automatische Kosten – Bedarfs- und Produktpriorisierung (Quelle: SAP)

Zusätzlich können Sie bei der automatischen Ermittlung der Lenkkosten auch festlegen, dass die Beschaffungsprioritäten aus PPM/PDS und aus den Transportbeziehungen (produktspezifische Priorität) verwendet werden sollen. Dabei werden Eigenfertigungs-Bezugsquellen immer höher priorisiert als Fremdbeschaffungs-Bezugsquellen, analog zur Vorgehensweise in der SNP-Heuristik. Der SNP-Optimierer versucht, die

Bedarfe einer Periode möglichst immer über Zugänge aus Bezugsquellen dieser Periode entsprechend der Reihenfolge der Beschaffungspriorität zu decken. Erst danach versucht das System, den Bedarf über Zugänge aus umliegenden (vorhergehenden/späteren) Perioden zu decken.

Für die Ermittlung der Kosten für Rohmaterialien (Produkte ohne Inputprodukte) haben Sie die Möglichkeit, anstelle eines Fixwerts von 1 die tatsächlichen Lagerkosten zu verwenden, die Sie im Lokationsproduktstamm auf der Registerkarte **Beschaffung** im Feld **Produkt Lagerkosten** definieren können.

Grundsätzlich können Sie die notwendigen Einstellungen für die automatische Generierung von Kosten, wie z. B. die betriebswirtschaftlichen Ziele, im SNP-Optimierer-Profil (siehe Abschnitt 11.3.1, »SNP-Optimierer-Profil«) festlegen.

11.2.4 Produktpriorisierung bzw. Kosten für Bedarfe

Die Produktpriorisierung bzw. die Priorisierung von Kundenaufträgen und Vorplanbedarfen wird bei der kostenbasierten Optimierung über die Definition von Strafkosten realisiert, die Sie im Lokationsproduktstamm (Transaktion /SAPAPO/MAT1) auf der Registerkarte **SNP1** oder über die zentrale Kostenpflege direkt in APO festlegen (siehe Abbildung 11.8).

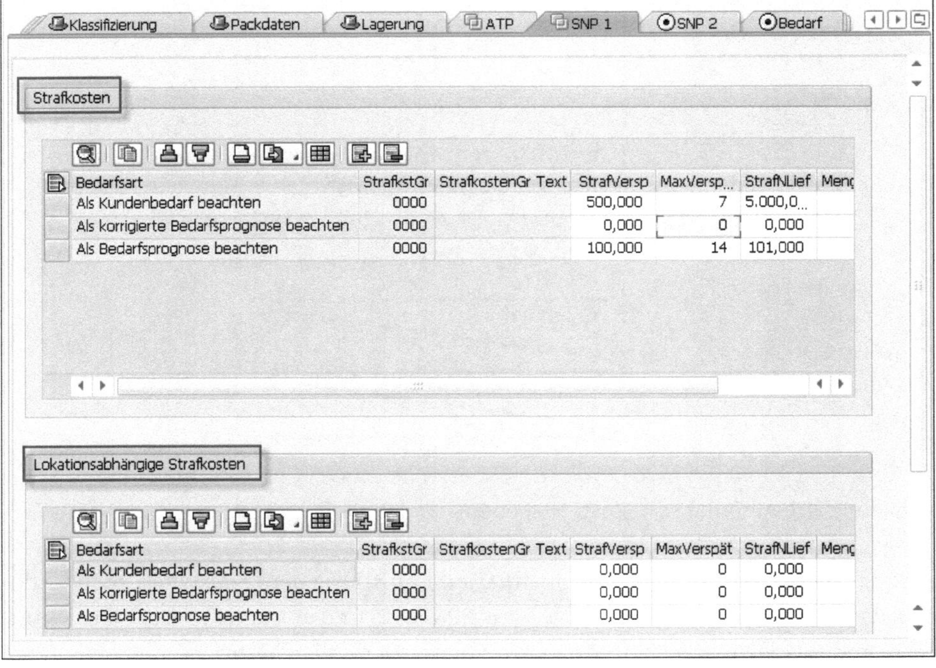

Abbildung 11.8 Lokationsproduktstamm – Registerkarte »SNP1 – Strafkosten«

Dabei können Sie festlegen:

- Strafkosten für Nichtlieferung (pro Basismengeneinheit)
- Strafkosten für Verspätung pro Tag
- maximal zulässige Verspätung (pro Tag)
- Strafkostengruppe (zur Abbildung z. B. kundenabhängiger Strafkosten)
- mengenbasiertes Strafkostenprofil

Diese Einstellungen können Sie global (pro Produkt) im Bereich **Strafkosten** oder lokationsspezifisch im Bereich **Lokationsabhängige Strafkosten** für Kundenbedarfe, korrigierte Prognosebedarfe und Prognosebedarfe beachten. Es besteht die Möglichkeit, die Strafkosten zeitabhängig zu definieren.

Bei der Verwendung der strikten Optimierung werden die Prioritäten verwendet (siehe Transaktion /SAPAPO/PBSTDOBJ). Die Reihenfolge der Priorisierung ist dabei folgende: erst Kundenbedarfe, dann korrigierte Prognosebedarfe und dann Prognose. Die verwendeten Strafkosten und Priorisierungen eines Planungslaufs können Sie im SNP-Optimierer-Inputlog (Transaktion /SAPAPO/SNPOPLOG) im Eingabelog ET_DEMCLTIM eingesehen werden.

11.2.5 Produktionskosten und Produktionskapazitäten

Sie können die Produktionskosten für Produkte sowie für die normale Nutzung der Ressourcen in den Kopfdaten über einstufig variable Kosten in PPM/PDS festlegen. Mittels der so definierten Kosten steuern Sie, über welche alternativen Produktionswege bzw. Ressourcen ein Produkt gefertigt werden soll.

Das PPM pflegen Sie über Transaktion /SAPAPO/SCC03. Die PDS hingegen können Sie im ERP-System über die Transaktion PDS_MAINT pflegen und dann über das CIF in APO integrieren. Ab SAP SCM 7.0 EHP2 ist es mit der Aktivierung der Business Function SCM_APO_VERSION_SIM möglich, die PDS manuell für Simulationen in inaktiven Planversionen direkt in APO anzupassen.

Neben der direkten Eingabe von variablen Kosten ist es auch möglich, Kostenfunktionen bzw. Kostenprofile zu nutzen, die während einer diskreten Optimierung verwendet werden (Transaktion /SAPAPO/SNPCOSF). Mit Kostenfunktionen können Sie die Kosten der Beschaffung, der Produktion und des Transports bei variierenden Produktmengen berechnen. Kosten werden vom SNP-Optimierer normalerweise linear berücksichtigt, sodass wenn ein Stück zwei € kostet, zehn Stück 20 € kosten. Über Kostenfunktionen können Sie einen nicht linearen Zusammenhang zwischen Kosten und Mengen aus variablen und fixen Kosten modellieren. Die Kostenfunktion für die Produktion wird im Plan zugeordnet.

Die verwendeten Produktionskosten eines Planungslaufs können im SNP-Optimierer-Inputlog (Transaktion /SAPAPO/SNPOPLOG) im Eingabelog ET_PROMO eingesehen werden. Die Kostenfunktionen werden separat übertragen.

Das *Kapazitätsangebot* für die Produktion können Sie über unterschiedliche Varianten steuern, indem Sie z. B. eine normale, eine minimale und eine maximale Kapazitätsangebotsvariante nutzen. Dabei können Sie festlegen, ob der SNP-Optimierer die Kapazität entweder um das gesamte Kapazitätsangebot einer Variante oder gar nicht erhöhen bzw. anpassen darf. Entsprechend werden die gesamten Anpassungskosten oder keine Kosten berücksichtigt. Um die automatische Kapazitätsanpassung zu verwenden, wählen Sie die diskrete Optimierungsmethode und legen einen Horizont für die Diskretisierung auf der Registerkarte **Diskrete Restriktionen** im SNP-Optimierer-Profil fest.

Der *Kapazitätsverbrauch* wird vom SNP-Optimierer aus dem Plan (PPM/PDS) ermittelt. Dabei wird die Dauer des Plans für die Terminierung verwendet und hat keinen direkten Einfluss auf den Ressourcenverbrauch. Stattdessen wird der pro Aktivität hinterlegte Ressourcenverbrauch gleichmäßig auf die Aktivitätslänge verteilt. Dabei kann ein Plan mehrere Ressourcen belegen, und eine Ressource kann von mehreren Plänen belegt werden. Wenn Sie die lineare Optimierung verwenden, nutzt das System die variablen Ressourcenverbräuche. Wenn Sie auch fixe Ressourcenverbräuche verwenden möchten, z. B. um Rüstkosten abzubilden, sollten Sie die diskrete Optimierung mit einem Diskretisierungshorizont verwenden.

Fixe Verbräuche bei linearer Optimierung

Die lineare Optimierung ignoriert die fixen Verbräuche während des SNP-Optimierer-Laufs, sie werden aber bei der Anlage der Aufträge im liveCache berücksichtigt. Dies kann dazu führen, dass in der interaktiven Planung eine Überlast angezeigt wird. Daher ist es sinnvoll, bei einer linearen Optimierung in SNP keine fixen Verbräuche im Plan zu pflegen. Sollen die fixen Verbräuche berücksichtigt werden, sollten Sie die diskrete Optimierung verwenden.

Bei einer integrierten SNP- und PP/DS-Planung können Sie durch das Setzen des Kennzeichens **Nicht-periodenübergreifende Losgrößenplanung** oder **periodenübergreifende Losgrößenplanung** auf der Registerkarte **Integration** im SNP-Optimierer-Profil erreichen, dass der fixe Verbrauch bei der Anlage der Aufträge im liveCache nicht berücksichtigt wird, sobald ein PP/DS-Auftrag für den Plan vorhanden ist.

Der SNP-Optimierer ist auch in der Lage, zeitabhängige Verbräuche zu berücksichtigen, die Sie im Plan festgelegt haben, sodass unterschiedliche Verbräuche im Zeitverlauf abgebildet werden können. Ein Beispiel hierfür ist der unterschiedliche Verbrauch von Schmierstoffen in einer Maschine zu Anfang und zum Ende der Produktion.

Die *Kapazitätskosten* für Produktionsressourcen können Sie auch für das normale Standardkapazitätsangebot hinterlegen. Die Kosten können Sie zeitabhängig von Kapazitätseinheit und Bucket/Periode angeben, und die Kosten werden proportional zur Ressourcennutzung ermittelt. Die Anpassung von Kapazitäten können auch mit Kosten hinterlegt werden (siehe auch Abschnitt 11.2.9, »Kosten der Ressourcenkapazitätsanpassung«), wobei Sie die Kosten auch zeitabhängig hinterlegen können, um beispielsweise abzubilden, dass eine Kapazitätserhöhung in bestimmten Zeitfenstern höher ist als in anderen. Minimale Kosten können vom SNP-Optimierer nur für Produktionsressourcen berücksichtigt werden. Sie müssen entsprechende Strafkosten definieren, sobald die Mindestauslastung unterschritten ist. Die Nutzung von Mindestauslastung und damit verbundenen Strafkosten kann dazu führen, dass der SNP-Optimierer Zugangselemente erzeugt, obwohl keine Bedarfe vorhanden sind.

11.2.6 Lagerhaltungskosten und Lagerkapazitäten

Die Lagerkosten werden verwendet, um die Bestandssituation in den einzelnen Lokationen zu beeinflussen und einen erhöhten Bestandsaufbau zu unterbinden. Die Lagerkosten und die Strafkosten für das Unterschreiten des Sicherheitsbestands sollten aufeinander abgestimmt sein. Die Lagerkosten können Sie im Produktstamm (Transaktion /SAPAPO/MAT1) auf der Registerkarte **Beschaffung** im Feld **Produkt Lagerkosten** pflegen (siehe Abbildung 11.9). Die Berechnung der Lagerkosten können Sie im SNP-Optimierer-Profil auf der Registerkarte **Modellparameter** beeinflussen und die Berechnung der Lagerkosten mit der Option **Durchschnittlicher Lagerbestand** (Formel: *Lagerbestand Periodenende* × *Lagerkosten Produktstamm* × *Anzahl Tage im Bucket*) oder **Periodenendbestand** (Formel: *Lagerbestand Periodenende* × *Lagerkosten Produktstamm*) auswählen.

Die verwendeten Lagerkosten eines Planungslaufs können im SNP-Optimierer-Inputlog (Transaktion /SAPAPO/SNPOPLOG) im Eingabelog ET_LOCMAT eingesehen werden.

Abbildung 11.9 Lokationsproduktstamm – Registerkarte »Beschaffung«

Das *Kapazitätsangebot* für die Lagerressourcen wird anders als für die anderen Ressourcenarten nicht nach Buckets aggregiert. Stattdessen berücksichtigt der SNP-Optimierer das Angebot, das am letzten Tag des Buckets zur Verfügung steht.

Fabrikkalender ohne arbeitsfreie Tage verwenden

Wenn der letzte Tag im Bucket ein arbeitsfreier Tag ist, wird dieser vom SNP-Optimierer mit einem Kapazitätsangebot von 0 interpretiert. Daher empfehlen wir Ihnen, einen Fabrikkalender ohne arbeitsfreie Tage für Ihre Lagerressourcen zu verwenden.

Sie können jeder Lokation nur eine Lagerressource zuordnen (Transaktion /SAPAPO/LOC3). Ein weiterer Unterschied ist auch, dass die Lagerkapazität eine weiche Restriktion darstellt und vom SNP-Optimierer gegen die Berechnung von Strafkosten, die Sie nicht beeinflussen können, verletzt werden kann. Ursache ist die Integration von SNP mit PP/DS und dem ERP-System, sodass Lagerbestände und fixe Zugänge z. B. aus PP/DS dazu führen, dass die Lagerkapazitäten verletzt und in einem Bucket nicht abgebaut werden können. Aufgrund der sehr hohen Strafkosten wird der SNP-Optimierer versuchen, die Restriktionen einzuhalten.

Der *Kapazitätsverbrauch* der Lagerressource wird pro Lokationsprodukt entsprechend den Einstellungen auf der Registerkarte **WE/WA** im Lokationsproduktstamm (Transaktion /SAPAPO/MAT1) berücksichtigt.

Die entstehenden *Kapazitätskosten* für die Lagerhaltung werden wie beschrieben aus dem Lokationsproduktstammsatz verwendet.

11.2.7 Strafkosten bei Unterschreitung von Sicherheitsbestand

Über die Strafkosten für die Unterschreitung des Sicherheitsbestands können Sie steuern, dass der SNP-Optimierer versucht, die vorgegebenen Sicherheitsbestände einzuplanen. Die Strafkosten bei Unterschreitung des Sicherheitsbestands sollten höher sein als die Kosten für den Lagerbestand und auch höher als die Produktionskosten, sodass der SNP-Optimierer versucht, den definierten Sicherheitsbestand aufzubauen.

Die Pflege der Strafkosten für den Sicherheitsbestand können Sie im Produktstamm (Transaktion /SAPAPO/MAT1) auf der Registerkarte **Beschaffung** im Feld **Strafe unter SiBst** vornehmen (siehe Abbildung 11.9). Die verwendeten Strafkosten bei Unterschreitung des Sicherheitsbestands eines Planungslaufs können im SNP-Optimierer-Inputlog (Transaktion /SAPAPO/SNPOPLOG) im Eingabelog ET_LOCMAT eingesehen werden.

11.2.8 Transportkosten und Transportkapazitäten

Über die Transportkosten wird gesteuert, aus welcher Lokation umgelagert bzw. beschafft werden soll, z. B. wenn alternative Quelllokationen zur Verfügung stehen. Die Transportkosten werden in der Transportbeziehung in Transaktion /SAPAPO/SCC_TL1 definiert. Dabei können die Transportkosten allgemein für ein Transportmittel oder produktspezifisch für ein Transportmittel hinterlegt werden. Sobald produktspezifische Transportkosten definiert wurden, werden die allgemeinen Transportkosten ignoriert. Transportkosten können genau wie Produktionskosten für eine diskrete Optimierung über Kostenfunktionen als nicht lineare fixe und variable Kosten abgebildet werden, die Sie in Transaktion /SAPAPO/SNPCOSF definieren können und den Transportbeziehungen zuordnen.

Die Berechnung der Transportkosten setzt sich aus Distanzkosten für das Transportmittel und aus Transportkosten pro Einheit zusammen:

[Transportmittelkosten × Transportdistanz] + [Transportkosten pro Einheit × Anzahl transportierter Einheiten])

Die verwendeten Transportkosten eines Planungslaufs können im Inputlog des SNP-Optimierers (Transaktion /SAPAPO/SNPOPLOG) im Eingabelog ET_ARC und ET_ARCMAT eingesehen werden. Die Kostenfunktionen werden separat übertragen.

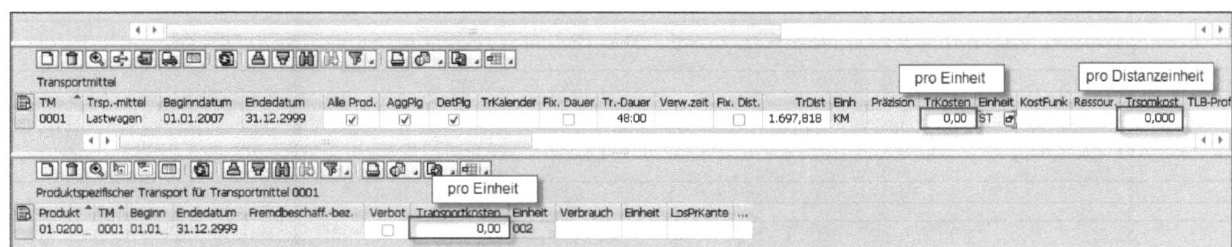

Abbildung 11.10 Transportbeziehung – Transportkosten

Das *Kapazitätsangebot* der Transportbeziehung zwischen Lokationen können Sie über Transportressourcen abbilden, die Sie im Feld **Ressource** im Bereich **Transportmittel** in der Transportbeziehung hinterlegen. Eine Transportressource können Sie mehreren Transportbeziehungen zuordnen. Sie können ein Transportmittel als diskret betrachten, wenn Sie das Transportmittel, z. B. einen Lkw, als nicht teilbar abbilden möchten. Dafür können Sie bei der diskreten Optimierungsmethode die Transportmittel nur als nicht teilbar/ganzzahlig setzen und müssen in der Transportbeziehung das Transportmittel als diskretes Transportmittel aktivieren.

Der *Kapazitätsverbrauch* wird aus dem variablen Kapazitätsverbrauch (pro Tag) des Transportmittels im Feld **Verbrauch** ermittelt, der im Bereich **Produktspezifischer Transport für Transportmittel** hinterlegt ist. Der Verbrauch ist dabei abhängig von der Transportdauer. Wurde kein Verbrauch bzw. keine produktspezifischen Daten hinterlegt, ermittelt der SNP-Optimierer den Verbrauch aus den Umrechnungsverhältnissen der Mengeneinheiten im Produktstamm.

Die *Kapazitätskosten* für den Transport setzen sich wie beschrieben aus produktspezifischen Transportkosten pro Einheit und Kosten (für das Transportmittel pro Einheit oder Distanzeinheit) zusammen, die in Abbildung 11.10 hervorgehoben sind. Dabei sind die Transportmittelkosten vom Transportressourcenverbrauch aller Produkte, die über die Transportbeziehung transportiert werden, und der definierten Entfernung der Transportbeziehung abhängig.

11.2.9 Kosten der Ressourcenkapazitätsanpassung

In Zeiten schwankender Bedarfe ist es notwendig, Kapazitäten entsprechend den Anforderungen anzupassen. Das APO-System unterstützt das Anpassen von Produktions-, Lager-, Handling- und Transportressourcen. Solche Kapazitätsanpassungen können mit entsprechenden Kosten verbunden sein, die der SNP-Optimierer fallbezogen berücksichtigen kann. Mit dem SNP-Optimierer können Sie maximal drei Angebotsvarianten berücksichtigen. Sobald die minimale Kapazitätsauslastung unterschritten oder die normale Kapazitätsauslastung überschritten wurde, werden entsprechend abweichende Kosten fällig und im Mengen-/Ratenprofil der Variante gepflegt (siehe Abbildung 11.11). Die maximale Kapazitätsauslastung wird bei einer finiten Planung nicht überschritten.

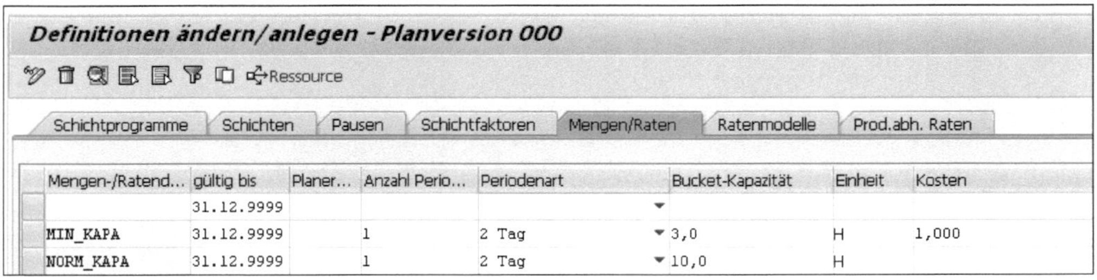

Definitionen ändern/anlegen - Planversion 000

Ressource

Schichtprogramme | Schichten | Pausen | Schichtfaktoren | Mengen/Raten | Ratenmodelle | Prod.abh. Raten

Mengen-/Ratend...	gültig bis	Planer...	Anzahl Perio...	Periodenart	Bucket-Kapazität	Einheit	Kosten
	31.12.9999						
MIN_KAPA	31.12.9999		1	2 Tag	3,0	H	1,000
NORM_KAPA	31.12.9999		1	2 Tag	10,0	H	

Abbildung 11.11 Mengen-/Ratenprofil »Ressourcenkapazität«

Dabei werden das minimale Kapazitätsangebot und die Kosten nur bei Produktionsressourcen berücksichtigt.

Da der SNP-Optimierer grundsätzlich die Lösung mit den geringsten Kosten ermittelt, wird die Kapazität nur angepasst, wenn dies trotz entstehender Zusatzkosten zu einer günstigeren Gesamtlösung führt.

11.2.10 Kosten für Beschaffung und Handlingressourcen

Über die Kosten zur Beschaffung modellieren Sie z. B. die Beschaffung von Komponenten oder Rohstoffen, die Sie beispielsweise von einem Zulieferer beziehen und nicht in Ihren eigenen Lokationen produzieren, die in APO abgebildet sind. Diese Beschaffungen können Sie über Lieferanten in APO abbilden und über Transportbeziehungen und entsprechende Transportkosten modellieren (siehe hierzu Abschnitt 11.2.8, »Transportkosten und Transportkapazitäten«). Alternativ besteht die Möglichkeit, anonyme Beschaffungskosten über den Produktstamm (Transaktion /SAPAPO/MAT1) auf der Registerkarte **Beschaffung** abzubilden (siehe Abbildung 11.9). Wie bei den Produktionskosten besteht die Möglichkeit, die Beschaffungskosten pro Einheit oder für die diskrete Optimierung über eine Kostenfunktion mit fixen und variablen Kostenbestandteilen nicht linearer Kosten abzubilden.

Diese Beschaffungskosten können auch als Strafkosten für die Weiterverwendung oder Entsorgung eines Produkts mit überschrittenem Haltbarkeitsdatum verwendet werden, wenn Sie dies im SNP-Optimierer-Profil eingestellt haben.

Die verwendeten Beschaffungskosten eines Planungslaufs können im SNP-Optimierer-Inputlog (Transaktion /SAPAPO/SNPOPLOG) im Eingabelog ET_ARC und ET_ARCMAT eingesehen werden. Die Kostenfunktionen werden separat übertragen.

Um die Wareneingangs- und Warenausgangsverarbeitung kapazitiv zu planen, können Sie sogenannte *Handlingressourcen* verwenden. Die Handling-Inbound-Ressource wird während der Wareneingangsbearbeitung durch eingehende Transporte (z. B. SNP-Umlagerungen) und durch die Fremdbeschaffung belastet. Die Handling-Outbound-Ressource wird während der Warenausgangsbearbeitung durch ausgehende Transporte belastet. Das *Kapazitätsangebot* für die Handlingressourcen definieren Sie über die Ressourcen (Transaktion /SAPAPO/RES1) und können jeweils eine Handling-Inbound- und eine Handling-Outbound-Ressource je Lokation zuordnen (Transaktion /SAPAPO/LOC3).

Der *Kapazitätsverbrauch* der Handlingressource wird pro Lokationsprodukt entsprechend den Einstellungen auf der Registerkarte **WE/WA** im Lokationsproduktstamm (Transaktion /SAPAPO/MAT1) berücksichtigt.

11.3 Einstellungen und Stammdaten im SNP-Optimierer

Im Folgenden werden die vom SNP-Optimierer verwendeten Profile dargestellt. Die Profile können Sie entweder über das Customizing oder im SAP-Menü über den Pfad **Advanced Planning and Optimization • Supply Network Planning • Umfeld • Lfd. Einstellungen • Profile** einstellen.

- **SNP-Optimierer-Profil**
  Das SNP-Optimierer-Profil enthält alle zentralen Einstellungen, die eine Optimierung beeinflussen. Neben den zu verwendenden Methoden der Optimierung wie linear oder diskret und weiteren Parametern legen Sie hier auch die allgemeinen und diskreten Restriktionen fest.
- **SNP-Kostenprofil**
  Im Kostenprofil legen Sie die Gewichtung der unterschiedlichen Kostenarten und die Relationen der Kosten zueinander über eine Zielfunktion fest. Die Standardeinstellung von 1.0 sollte nur zu Testzwecken geändert werden, damit im produktiven Betrieb die in der Kostenpflege definierten Kosten auch Anwendung finden. Die Modifizierung der gepflegten Kosten mithilfe einer Gewichtung im Kostenprofil kann sonst zu ungewollten Planungsergebnissen führen.
- **SNP-Losgrößenprofil (Transportbeziehungen)**
  Mithilfe des Losgrößenprofils können Sie minimale und maximale Losgrößen für den Transport festlegen. Anhand von Rundungswerten können Sie festlegen, dass immer nur ein ganzzahliges Vielfaches einer von Ihnen definierten Transportlosgröße transportiert werden soll. Das Losgrößenprofil geben Sie in der Transportbeziehung im Abschnitt **Produktspezifischer Transport** für ein bestimmtes Produkt an. Damit die festgelegten Transportlosgrößen und Rundungswerte vom SNP-Optimierer berücksichtigt werden, müssen Sie die diskrete Optimierungsmethode im SNP-Optimierungsprofil auswählen.
- **SNP-Optimierungsschrankenprofil**
  Mithilfe des SNP-Optimierungsschrankenprofils können Sie die möglichen Abweichungen der Entscheidungsvariablen beschränken und somit die Planungsstabilität erhöhen. Sie können z. B. auch zu Beginn des Planungszeitraums geringere Abweichungen zulassen und diese gegen Ende des Horizonts ausweiten. Damit können Sie vermeiden, dass kurzfristige Planungsänderungen zu groß ausfallen. In anderen Planungsapplikationen ist es teilweise möglich, nur seit dem letzten Planungslauf veränderte Bedarfe planerisch zu berücksichtigen, was als *Net-Change-Planung* bezeichnet wird. Der SNP-Optimierer unterstützt dies nicht, sodass eine gewisse Planungsstabilität über ein Optimierungsschrankenprofil erreicht werden kann. Welcher Optimierungslauf als Grundlage für die Neuplanung verwendet wird, können Sie festlegen.
- **SNP-Strafkostengruppenprofil**
  Mit einem Strafkostengruppenprofil können Sie festlegen, dass während der SNP-Optimierung bestimmte Bedarfe priorisiert werden, indem Sie den definierten Strafkostengruppen unterschiedliche Strafkosten zuordnen.

- **SNP-Prioritätsprofil**
  Das SNP-Prioritätsprofil können Sie verwenden, um bei der Nutzung der Produkt- und Ressourcendekomposition während der SNP-Optimierung eigene Prioritäten festzulegen, wie das System Produkte und Ressourcen zu Teilproblemen zusammenfasst und plant. Weitere Details finden Sie im Unterabschnitt »Dekomposition« in Abschnitt 11.1.1.
- **SNP-Planungsprofil**
  Das SNP-Planungsprofil ist die zentrale Stelle, an der grundlegende Einstellungen für die verschiedenen SNP-Planungsverfahren wie Heuristik, Optimierer, Deployment und Transport Load Buider (TLB) festgelegt werden. Das im Customizing unter **Globale SNP-Einstellungen pflegen** aktivierte SNP-Planungsprofil ist global für alle SNP-Planungsverfahren gültig. Die Einstellungen des aktiven Profils können Sie bei der Ausführung der Planung übersteuern.
- **Parallelverarbeitungsprofil**
  Mit diesem Profil können Sie festlegen, wie Hintergrundjobs in parallele Prozesse aufgeteilt werden. Sie können die Anzahl parallel ablaufender Prozesse, die Anzahl der Objekte pro Verarbeitungsblock und die Servergruppe angeben. Sie definieren das Profil jeweils für eine bestimmte Anwendungsfunktion, wie z. B. den SNP-Optimierer.

In den nachfolgenden Abschnitten gehen wir auf ausgewählte Profile etwas näher ein. Wir erläutern das SNP-Optimierer-Profil und das SNP-Kostenprofil, da diese Profile für eine Planung mit dem SNP-Optimierer zentral sind und das Planungsergebnis wesentlich steuern.

11.3.1 SNP-Optimierer-Profil

Das SNP-Optimierungsprofil ist das zentrale Profil, in dem Sie bestimmen, welche der beschriebenen Funktionen Sie verwenden möchten. Sie können festlegen, welche Methode der Optimierung, z. B. eine lineare oder diskrete Optimierung, verwendet werden soll, ob Sie mit der Dekomposition arbeiten oder ob Sie Funktionen der automatischen Kostengenerierung nutzen möchten etc.

Sie können das in Abbildung 11.12 dargestellte SNP-Optimierer-Profil über den Menüpfad **Advanced Planning and Optimization • Supply Network Planning • Umfeld • Lfd. Einstellungen • Profile • S_AP9_75000102 – SNP-Optimiererprofile festlegen** pflegen.

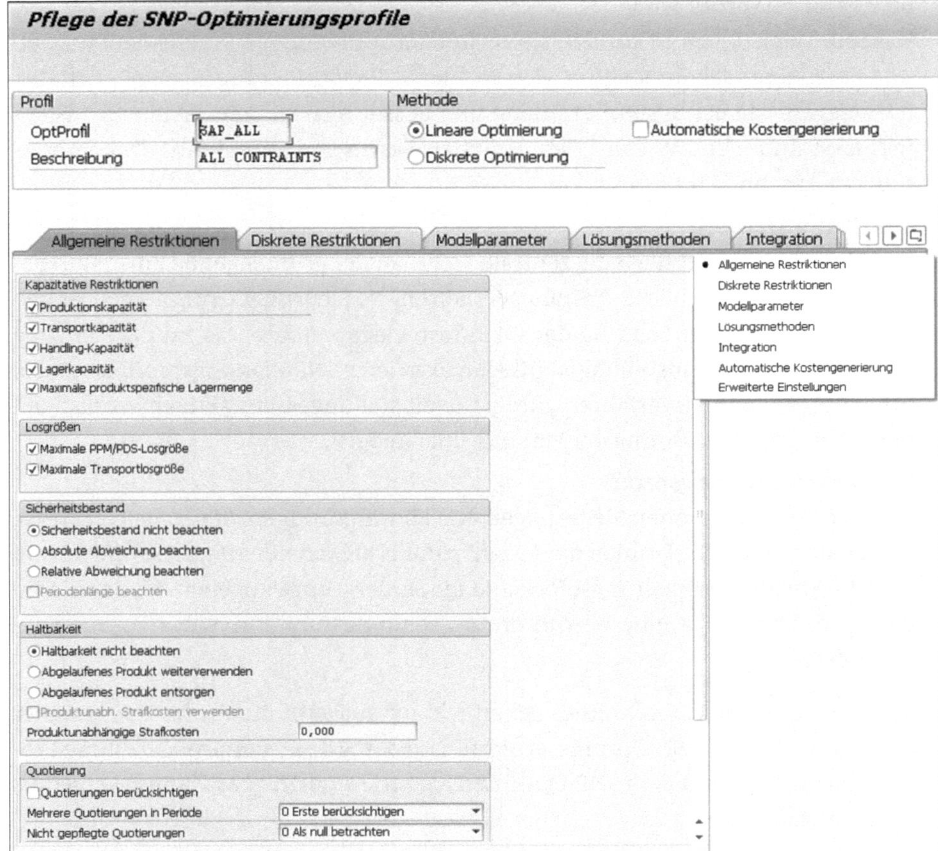

Abbildung 11.12 SNP-Optimierer-Profil festlegen

Das SNP-Optimierer-Profil untergliedert sich in die folgenden Registerkarten, auf denen Sie die wesentlichen Parameter definieren können, um das Planungsergebnis zu beeinflussen:

- **Registerkarte »Allgemeine Restriktionen«**
  Auf dieser Registerkarte legen Sie im Bereich **Kapazitative Restriktionen** fest, welche generellen Restriktionen Sie verwenden möchten. Diese sind unabhängig von der gewählten Optimierungsmethode, wie z. B. die Berücksichtigung von Produktions-, Lager- und Transportkapazitäten oder von definierten maximalen Losgrößen in PPM/PDS oder Transportbeziehungen.

  Außerdem können Sie in den Bereichen **Sicherheitsbestand** und **Haltbarkeit** festlegen, ob und wie Sicherheitsbestände oder Haltbarkeiten bei der Ermittlung der Strafkosten beachten werden sollen.

Im Bereich **Quotierung** legen Sie außerdem fest, ob und wie der SNP-Optimierer eingehende Quotierungen berücksichtigen soll. Einstellungen zur Produktaustauschbarkeit, ob Ersetzungsketten oder FFF-Klassen verwendet werden sollen, können Sie im Bereich **Produktaustauschbarkeit** vorgeben.

- **Registerkarte »Diskrete Restriktionen«**
  Auf dieser Registerkarte können Sie Restriktionen festlegen, die der SNP-Optimierer nur bei der Verwendung der diskreten Optimierungsmethode berücksichtigen kann. Diskrete Restriktionen sind z. B. die Erhöhung der Produktionskapazität (ganz oder gar nicht), die Nutzung von ganzzahligen oder Mindestlosgrößen für PPM/PDS sowie von Transportlosen und Transportmitteln. Bei der Verwendung der diskreten Optimierungsmethode können Sie Kostenfunktionen verwenden, fixe Material- und Ressourcenverbräuche berücksichtigen und vorgeben sowie erweiterte Losgrößenfunktionen nutzen.

  Wenn Sie die periodenübergreifende Losgrößenfunktion verwenden, werden bei Losgrößen, die über mehrere Perioden laufen, die Rüstvorgänge nur einmal geplant und die Rüstzustände der Vorperiode berücksichtigt. Diese Verwendung einer periodenübergreifenden Losgröße ist dann sinnvoll, wenn die Rüstzeiten relativ hoch sind. Mit der reihenfolgeabhängigen Losgrößenplanung können Sie in der Rüstmatrix die Kosten und Zeiten festlegen, und der SNP-Optimierer nutzt diese Daten, um die Rüstkosten zu optimieren.

- **Registerkarte »Modellparameter«**
  Auf dieser Registerkarte legen Sie fest, ob die Kosten für den Lagerbestand auf Basis des durchschnittlichen Lagerbestands oder des Lagerbestands zum Ende einer Periode berechnet werden sollen. Über den **Bucket-Versatz** legen Sie Rundungsgrenzen fest, die die Verfügbarkeit von produzierten und transportierten Produkten steuern.

- **Registerkarte »Lösungsmethoden«**
  Auf dieser Registerkarte legen Sie einige grundlegende Parameter fest, die die Lösungsfindung beeinflussen, wie z. B. ob Sie eine Laufzeitbegrenzung verwenden, mit einem Dekompensationsverfahren bei größeren Optimierungsproblemen planen oder eine aggregierte Planung durchführen möchten, welche der linearen Optimierungsverfahren (primaler oder dualer Simplexalgorithmus) Sie verwenden möchten, oder ob Sie mit einer heuristischen Startlösung beginnen möchten, die im Anschluss vom SNP-Optimierer perfektioniert wird, um die Laufzeit zu verkürzen.

  Für die **Prioritätendekompensation** können Sie eine kostenbasierte oder strikte Priorisierung wählen, mit der Sie festlegen, ob der SNP-Optimierer strikt nach Bedarfsprioritäten (Voraussetzung ist das Festlegen einer Priorität) oder nach Kosten optimieren soll. Die strikte Priorisierung sollte nicht mit der diskreten Optimierung verwendet werden.

Des Weiteren können Sie auf dieser Registerkarte das Ziel der Optimierung festlegen, d. h., ob Sie Kostenminimierung oder Gewinnmaximierung als Ziel für den SNP-Optimierer vorgeben möchten.

- **Registerkarte »Integration«**
  Auf dieser Registerkarte legen Sie fest, wie der SNP-Optimierer mit integrierten Objekten umgehen soll, die z. B. aus anderen Modulen wie PP/DS stammen. Sie können festlegen, ob der Prognose-, SNP-Produktions- oder SNP-Umlagerungshorizont verwendet werden soll, ob Sekundär- und Distributionsbedarfe aus fixierten Aufträgen z. B. als harte oder weiche Restriktionen berücksichtigt werden sollen und wie bestehende Rüstzustände oder Aufträge berücksichtigt werden sollen.
- **Registerkarte »Automatische Kostengenerierung«**
  Auf dieser Registerkarte legen Sie die betriebswirtschaftlichen Ziele fest, auf deren Basis der SNP-Optimierer ein Kostenmodell generiert.
- **Registerkarte »Erweiterte Einstellungen«**
  Auf dieser Registerkarte können Sie festlegen, ob z. B. Konsistenzprüfungen durchgeführt und Meldungen ausgegeben werden sollen, ob Logdaten geschrieben werden sollen und wie mit fehlgeschlagener Lösungsfindung umgegangen werden soll. Des Weiteren können Sie hier festlegen, ob der SNP-Optimierer die definierten zeitabhängigen Restriktionen und Bestandsobergrenzen berücksichtigen soll.

All diesse Registerkarten lassen sich im SNP-Optimierer-Profil pflegen. Welche Einstellungen für Sie relevant sind, müssen Sie entsprechend Ihren Anforderungen im Projekt festlegen.

11.3.2 SNP-Kostenprofil

Der SNP-Optimierer verwendet Kosten, auf deren Basis versucht wird, eine Lösung zu finden, die ein Gesamtkostenoptimum darstellt. Die entsprechenden Einflussgrößen wie Kosten bzw. Strafkosten, die in den für den SNP-Optimierer relevanten Stammdaten gepflegt werden können, wurden in Abschnitt 11.2, »Restriktionen und Kosten im SNP-Optimierer«, beschrieben. Über das Kostenprofil können Sie für alle relevanten Kosten einen Multiplikator festlegen, über den Sie dann entsprechende Kosten priorisieren können. Wenn Sie z. B. den Multiplikator für Lagerkosten auf 0 setzen, werden die in den Stammdaten definierten Lagerkosten nicht verwendet. Wenn Sie den Multiplikationsfaktor im Kostenprofil auf 1 setzen, werden die in den Stammdaten definierten Kosten verwendet. Über diese Kostenmultiplikatoren können Gewichtungen umgesetzt werden.

[«]

Faktoren zu Testzwecken verwenden

SAP empfiehlt, diese Faktoren zu Testzwecken während der Modellierung zu ändern, im Produktivsystem mit dem Faktor 1 zu arbeiten und die in den Stammdaten hinterlegten Kosten zu verwenden. Die Anpassung über diese Kostenmultiplikatoren kann zu ungewollten Ergebnissen führen, da die Auswirkungen einer Faktoränderung auf das Gesamtmodell schwer abzuschätzen sind.

Das Kostenprofil können Sie im SAP-Menü über den Menüpfad **Advanced Planning and Optimization • Supply Network Planning • Umfeld • Lfd. Einstellungen • Profile • S_AP9_75000101 – SNP-Kostenprofile festlegen** pflegen.

11.3.3 Besonderheiten in den Stammdaten

Eine wesentliche Besonderheit bezüglich der Stammdaten im Zusammenhang mit dem SNP-Optimierer ist die Pflege der Kosten. Der SNP-Optimierer verwendet die Kosten, um ein kostenoptimales Gesamtergebnis für das Optimierungsproblem zu ermitteln. In Tabelle 11.3 sind die relevanten Stammdaten für den SNP-Optimierer aufgelistet. Einige dieser Felder werden aus dem ERP-System gefüllt, und einige müssen in APO gepflegt werden. Die Tabelle ist dabei nicht vollständig, sondern soll nur einige wesentliche Stammdatenobjekte auflisten. Entsprechend Ihren Anforderungen können noch weitere Stammdatenparameter erforderlich sein.

Stammdaten	Registerkarte/Feld/Kommentar
Lokation	▪ Lokationstyp ▪ Lagerressource ▪ Handlingressource ▪ Kalender ▪ Zeitzone
Produkte	▪ Kopfdaten – Basismengeneinheit ▪ Mengeneinheiten – Umrechnungsfaktoren abhängig von Mengeneinheit des Planungsbereichs

Tabelle 11.3 Stammdaten für den SNP-Optimierer (Quelle: SAP)

Stammdaten	Registerkarte/Feld/Kommentar
Produkte (Forts.)	■ SNP1 – Strafkosten für Kundenbedarf, Prognose- und korrigierter Prognosebedarf – Strafkosten für Nichtlieferung – Strafkosten für Verspätung – maximale Verspätung ■ SNP2 – SNP-Produktionshorizont – SNP-Umlagerungshorizont – SNP-Prognosehorizont ■ Beschaffung – Beschaffungsart – Planlieferzeit (bei Fremdbeschaffung) – Kostenfunktion (bei Fremdbeschaffung) – produktabhängige Lagerkosten – Strafkosten für Unterschreitung des Sicherheitsbestands ■ WE/WA – Verbrauch an Handlingkapazität – Verbrauch an Lagerkapazität (falls nicht gepflegt, wird der Vorschlagswert für **Volumen** auf der Registerkarte **Eigenschaften** verwendet)
Ressourcen	Folgende Ressourcen werden vom SNP-Optimierer unterstützt: ■ Single-Misch-Ressource ■ Multi-Misch-Ressource ■ Bucket-Ressource ■ Transportressource
Plan PPM/PDS	Die aus Kapazitätsplanung und SNP-Optimierer-Lösungsfindungssicht relevanten Parameter: ■ Kosten einstufig ■ Kostenfunktion ■ Bucket-Versatz ■ Diskretisierung ■ Bucket-Ressourcenverbrauch (variabel/fix)

Tabelle 11.3 Stammdaten für den SNP-Optimierer (Quelle: SAP) (Forts.)

Stammdaten	Registerkarte/Feld/Kommentar
Transportbeziehung	Es werden hier nicht alle, sondern nur wenige ausgewählte Einstellungen genannt, die aus Kapazitätsplanung und SNP-Optimierer-Lösungsfindungssicht eine besondere Relevanz haben: ▪ Bereich Transportmittel: – Transportdistanz – Transportkosten – Kostenfunktion – Bucket-Versatz – diskrete Transportmittel ▪ Bereich produktspezifischer Transport: – Transportkosten

Tabelle 11.3 Stammdaten für den SNP-Optimierer (Quelle: SAP) (Forts.)

11.4 SNP-Optimierer-Planung durchführen und Ergebnisse analysieren

In diesem Abschnitt erläutern wir Ihnen überblicksartig die Möglichkeiten zur Nutzung des SNP-Optimierers. Sie können den SNP-Optimierer interaktiv oder in der Hintergrundverarbeitung ausführen. Des Weiteren steht Ihnen eine Vielzahl von Auswertungsmöglichkeiten zur Verfügung, die wir Ihnen in diesem Abschnitt vorstellen werden. Weitere Informationen speziell zur interaktiven Planung finden Sie in Kapitel 14, »Interaktive, langfristige Kapazitätsplanung«, in dem die Funktionen für die langfristige interaktive Planung näher beschrieben werden.

11.4.1 SNP-Optimierer in der Hintergrundverarbeitung ausführen

Wie beschrieben, ermittelt der SNP-Optimierer ein Planungsergebnis, das minimale Beschaffungs-, Lager-, Transport- und Produktionskosten aufweist und die kapazitiven Ressourcenrestriktionen berücksichtigt. Um den SNP-Optimierer ausführen zu können, müssen folgende Grundvoraussetzungen erfüllt sein:

- Der SNP-Planungsbereich und die Planungsmappen sowie Datensichten müssen angelegt worden sein.
- Ein Modell und eine Planversion müssen existieren.
- Die für den SNP-Optimierer relevanten Stammdaten müssen im System hinterlegt worden sein.

- Das Supply-Chain-Modell muss mit den entsprechenden Lokationen, (Ressourcen, Produkten und PPM/PDS) als logistisches Netzwerk über Transportbeziehungen verknüpft werden.
- Die für die Optimierung relevanten Profile (z. B. SNP-Optimierer-Profil oder Kostenprofile etc.) müssen gepflegt werden.
- Bedarfe müssen verfügbar sein (z. B. Planprimärbedarfe oder Kundenaufträge). Üblicherweise geschieht dies über die Freigabe der Absatzplanung an SNP, z. B. aus APO DP.
- In der Hintergrundverarbeitung ist es eventuell sinnvoll, die Eingangs- und Ausgangs-Queues im ERP-System zu sperren, damit während des SNP-Optimierer-Laufs keine neuen Daten über das CIF in APO transferiert werden und Inkonsistenzen und Sperrkonflikte erzeugen.

Wie in Abbildung 11.13 dargestellt, müssen Sie für die Einplanung und Ausführung eines SNP-Optimierer-Laufs folgende Eingabeparameter pflegen:

- **Felder »Planungsmappe« und »Datensicht«**
  In diesen Feldern definieren Sie die Periodenraster und Kennzahlen für die Planung.
- **Abschnitt »Objektselektion«**
  In diesem Abschnitt legen Sie fest, welche Produkte und Lokationen simultan optimiert werden sollen. Sie können auch festlegen, ob Produkte aus der Ersetzungskette (Produktaustauschbarkeit) zusätzlich in die Selektion mit aufgenommen und mit geplant werden sollen. Im Feld **Bezugsquellenfindung** können Sie angeben, auf welcher Ebene die Bezugsquellenfindung bei der aggregierten Planung laufen soll.
- **Abschnitt »Planungshorizont«**
  In diesem Abschnitt legen Sie das Start- und Enddatum der Planung fest.
- **Abschnitt »Profile«**
  In diesem Abschnitt legen Sie die zu verwendenden Profile fest, wie z. B. SNP-Optimierer-Profil, Kostenprofil, Schrankenprofil und Strafkostengruppenprofil für den SNP-Optimierungslauf.
- **Abschnitt »Quotierungen«**
  In diesem Abschnitt können Sie festlegen, ob und in welchem Zeitraum der SNP-Optimierer welche Quotierungen anlegen oder modifizieren soll. Verwenden Sie diese Funktion nur sehr vorsichtig, da es keine Sicherungskopie der alten Quotierungen gibt.

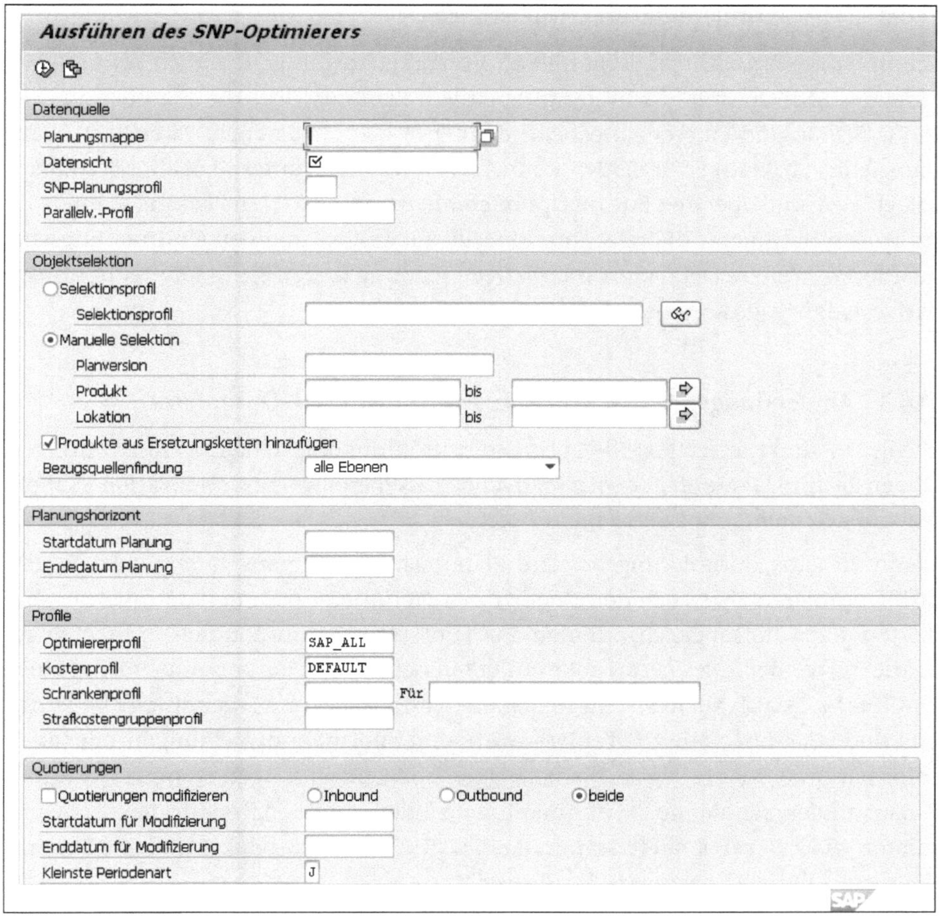

Ausführen des SNP-Optimierers

Datenquelle
Planungsmappe
Datensicht
SNP-Planungsprofil
Parallelv.-Profil

Objektselektion
Selektionsprofil
Selektionsprofil
Manuelle Selektion
Planversion
Produkt bis
Lokation bis
Produkte aus Ersetzungsketten hinzufügen
Bezugsquellenfindung alle Ebenen

Planungshorizont
Startdatum Planung
Endedatum Planung

Profile
Optimiererprofil SAP_ALL
Kostenprofil DEFAULT
Schrankenprofil Für
Strafkostengruppenprofil

Quotierungen
Quotierungen modifizieren Inbound Outbound beide
Startdatum für Modifizierung
Enddatum für Modifizierung
Kleinste Periodenart J

Abbildung 11.13 Parameter »Ausführen des SNP-Optimierers« im Hintergrund

Den SNP-Optimierer können Sie in der Hintergrundverarbeitung entweder über eine Prozesskette (Transaktion RSPC) oder über das Einplanen des Programms /SAPAPO/RMSNPOPT mit einer entsprechenden Variante ausführen.

Nach Abschluss des SNP-Optimierer-Laufs können Sie die Ergebnisse in den Logdaten des SNP-Optimierers über **Advanced Planning and Optimization • Supply Network Planning • Auswertungen • Logdaten des Optimierer** einsehen. Mehr Informationen dazu erhalten Sie in Abschnitt 11.4.3, »Anwendungsprotokolle und Auswertungen SNP-Optimierer«. In der interaktiven SNP-Planung können Sie Transaktion /SAPAPO/SDP94 verwenden. Weitere Details zur interaktiven, langfristigen Kapazitätsplanung finden Sie in Kapitel 14, »Interaktive, langfristige Kapazitätsplanung«.

11.4.2 SNP-Optimierer interaktiv ausführen

Die im vorigen Abschnitt dargestellten Voraussetzungen gelten auch bei der Nutzung des SNP-Optimierers in der interaktiven Planung. Über die Transaktion /SAPAPO/SDP94 und eine entsprechend definierte Planungsmappe/Datensicht (Standardsicht: SNP94(1)-SAP PLAN) können Sie die relevanten Lokationsprodukte selektieren, und über den Button **Optimierer** in der interaktiven Planung können Sie im Fensteroptimierer die relevanten Profile auswählen und den Optimierungslauf ausführen. Weitere Details zur interaktiven Planung finden Sie in Kapitel 14, »Interaktive, langfristige Kapazitätsplanung«.

11.4.3 Anwendungsprotokolle und Auswertungen SNP-Optimierer

Die in SNP und speziell im SNP-Optimierer zur Verfügung stehenden Auswertungen finden Sie im SAP-Menü über den Pfad **Advanced Planning and Optimization • Supply Network Planning • Auswertungen**.

Wenn Sie eine optimierungsbasierte Planungsfunktion verwenden, wie z. B. den SNP-Optimierer, aber auch den Deployment-Optimierer oder den optimierungsbasierten Kapazitätsabgleich, können im Hintergrund Anwendungsprotokolle geschrieben werden. Diese Protokolle enthalten neben den Planungsergebnissen eines Optimierungslaufs auch die Eingabeparameter (Eingabe- und Ergebnislog). Im Protokoll sind Ergebnisse, wie z. B. Fehler-, Warn- und Informationsmeldungen, oder auch Informationen zu angelegten Planaufträgen und Umlagerungen zu finden. Darüber hinaus finden Sie hier auch Informationen zu den Eingabedaten für den SNP-Optimierer, wie z. B. verwendete Stammdaten (z. B. Lokationsprodukte und alle Stammdateneinstellungen), genutzte Profile und Kosten.

Die Funktion **Logdaten des Optimierers**, die Sie über den Menüpfad **Advanced Planning and Optimization • Supply Network Planning • Auswertungen • Logdaten des Optimierers** aufrufen können, bietet Ihnen einen Überblick über die erstellten Protokolle. In der Überblickssicht sind die vorhandenen Protokolle mit einigen grundlegenden Daten aufgelistet, wie z. B. Status und Ersteller des Protokolls, Laufzeiten und verwendetes SNP-Optimierer-Profil etc.

In der Detailsicht der Transaktion /SAPAPO/SNPOPLOG können Sie sich die Protokolle ansehen, wie in Abbildung 11.14 gezeigt. Die nachfolgend genannten Daten und Unterprotokolle werden für Sie aufbereitet und für die Navigation und Analyse zur Verfügung gestellt:

- **Eingabeparameter**
  Hier finden Sie die im Einstiegsbild des SNP-Optimierers festgelegten Einstellungen.

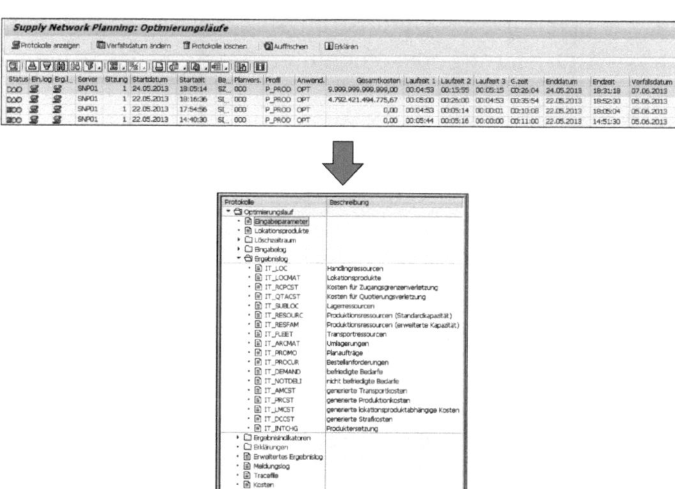

Abbildung 11.14 Transaktion /SAPAPO/SNPOPLOG

- **Lokationsprodukte**
  Hier finden Sie die ausgewählten Lokationsprodukte, für die eine Planung durchgeführt wurde.
- **Löschzeitraum**
  Hier finden Sie die festgelegten Zeiträume, in denen SNP-Planaufträge und SNP-Umlagerungen vor dem Optimierungslauf gelöscht werden.
- **Eingabelog**
  Hier finden Sie die vom Optimierungslauf berücksichtigten Stamm- und Bewegungsdaten. Die einzelnen Objekte werden in separaten Tabellen übertragen.
- **Ergebnislog**
  Hier finden Sie alle Ergebnisse des Optimierungslaufs, wie z. B. Planaufträge, Umlagerungen, Kosten und Kapazitätsverbräuche. Auch hier werden die einzelnen Informationen in separaten Tabellen gehalten.
- **Ergebnisindikatoren**
  Hier finden Sie Informationen zur Qualität eines Optimierungslaufs. Es werden Kenngrößen bereitgestellt, um die Qualität einer Optimierungslösung in Bezug auf Bedarfsdeckung, Lagerbestand und Ressourcenauslastung zu bewerten. Die Ergebnisindikatoren werden auf unterschiedlichen Aggregationsebenen aufbereitet, z. B. auf der Ebene des Modells und auf der Lokationsproduktebene oder bei der Kapazitätsauslastung pro Ressource.
- **Erklärungen**
  Hier finden Sie Informationen zu den Ausnahmesituationen. Sie finden weitere Erklärungen zu den Ausnahmefällen wie Nichtlieferung und Unterschreiten des

Sicherheitsbestands. Die Erklärung des Optimierungsergebnisses zeigt Ihnen an, ob die Ursache für eine Nichtlieferung oder eine Unterschreitung des Sicherheitsbestands durch Kapazitätsrestriktionen, zeitabhängige Restriktionen und maximale Losgrößen, Produktverfügbarkeit, Vorlaufzeit oder Kosten hervorgerufen wurde. Sie erhalten hier jedoch keine Informationen darüber, warum der Bedarf des einen und nicht des anderen Produkts gedeckt wurde.

- **Erweitertes Ergebnislog**
  Hier können Sie sich die Daten im Format der interaktiven Planung anzeigen lassen.
- **Meldungslog**
  Hier finden Sie die Fehler-, Warn- und Informationsmeldungen, die zur Laufzeit des SNP-Optimierers vom System erzeugt wurden.
- **Tracefile**
  Hier finden Sie die einzelnen Schritte des Optimierungslaufs, die Sie vom Optimierungsserver herunterladen können.
- **Kosten**
  Hier finden Sie detaillierte Informationen zu den Kosten der entwickelten optimierten Lösung. Neben allgemeinen Informationen, wie z. B. verwendete Profile, sind die Gesamtkosten für alle Kostenarten (alle Objekte der Logistikkette) zusammengefasst dargestellt. Auch die Gesamtkosten für die einzelnen Kostenarten, wie z. B. Produktions-, Transport-, Beschaffungs-, Lager-, Kapazitätserweiterungs- und Strafkosten, sind einzeln in dem Protokoll aufgeführt.
- **Lösungsqualität**
  Hier finden Sie die Gesamtkosten der vom SNP-Optimierer ermittelten besten Lösung.

Dies sind die wesentlichen Auswertungen, die Ihnen im Zusammenhang mit der Nutzung des SNP-Optimierers zur Verfügung stehen. Im folgenden Abschnitt gehen wir noch auf einige ausgewählte Sonderprozesse und Beispiele ein.

11.5 Sonderprozesse und Beispiele

Die in diesem Abschnitt beschriebenen Funktionen und Prozesse werden nur rudimentär der Vollständigkeit halber erwähnt und sind daher nur als kurze Information zusammengefasst. Ausgewählte Sonderprozesse in der langfristigen Planung werden in Kapitel 13, »Sonderprozesse in der langfristigen Planung in SAP APO«, dargestellt.

Über die *Aggregation* können Sie die Größe des zu optimierenden Modells reduzieren. Der SNP-Optimierer unterstützt die aggregierte Planung. Voraussetzung ist, dass die notwendigen Stammdaten, wie z. B. Hierarchien, zur Verfügung stehen. Zu unterscheiden sind dabei zwei Optionen:

- Über die **Aggregierte Planung – vertikal** legen Sie fest, dass der SNP-Optimierer eine aggregierte Planung auf der Ebene der Lokationsproduktgruppen durchführt. Die Lokationsprodukte werden automatisch aggregiert und nach der Planung wieder disaggregiert. Voraussetzung ist, dass Sie Stammdaten für die Hierarchien angelegt haben, die während der Generierung der Lokationsprodukthierarchie verwendet werden.
- Mit **Aggregierte Planung – horizontal** können Sie festlegen, dass nur ein Teilbereich Ihres Logistiknetzwerks geplant wird. Abhängige Bedarfe des nicht ausgewählten Bereichs, die im selektierten Bereich relevant sind, werden bei der Planung des selektierten Bereichs Ihres Logistiknetzwerks ebenfalls berücksichtigt. Außerdem werden auch Transportzeiten und die Dauer der Produktionszeiten berücksichtigt.

Bei einer mittelfristigen und lokationsübergreifenden Planung besteht die Anforderung, über das eigene logistische Netzwerk hinaus auch Kunden bzw. Lieferanten in der Planung zu berücksichtigen. Grundsätzlich unterstützt der SNP-Optimierer die *Lohnbearbeitung mit Quelllokation in SNP* oder die *Lohnbearbeitung mit Streckenbeistellung*. Funktionen wie der TLB oder das Deployment sind für diese Szenarien nicht nutzbar. Bei der Planung von Lieferanten kann der SNP-Optimierer keine Lieferplaneinteilungen erzeugen. Die bestehenden Aufträge werden jedoch als fixierte Aufträge während der Planung berücksichtigt.

Bei der Planung von verderblichen Produkten, die einer gewissen Haltbarkeit unterliegen, wie z. B. Pharmazeutika oder andere Verbrauchsgüter, kann es sinnvoll sein, *Haltbarkeiten* in der Planung zu berücksichtigen. Bedarfe (wie Kundenaufträge) können Informationen über zu erfüllende Haltbarkeitsanforderungen enthalten, und Bestände sowie Zugänge (z. B. Umlagerungen) können Daten zur Haltbarkeit enthalten. Somit können Sie in der Planung mit dem SNP-Optimierer berücksichtigen, ob die Anforderungen an die Haltbarkeit der Bedarfe durch die Bedarfsdecker erfüllt werden. Die anderen Planungsanwendungen in SNP berücksichtigen Haltbarkeitsdaten nicht. Details zur Berücksichtigung von Haltbarkeiten während der Planung in SNP finden Sie in den SAP-Hinweisen 579556 und 1072022.

11.6 Fazit

In diesem Kapitel haben Sie einen Überblick über die Funktionsweise des SNP-Optimierers erhalten. Sie kennen die verschiedenen Methoden und Funktionen, um eine Kapazitätsplanung zu unterstützen. Die wesentlichen Einstellungen und Abhängigkeiten, um eine Kapazitätsplanung mithilfe des SNP-Optimierers zu realisieren, sind Ihnen nun bekannt.

Kapitel 12
Capable-to-Match (CTM) in SAP APO

Mithilfe von Capable-to-Match können Sie eine finite mittel- bis langfristige auftragsorientierte Kapazitätsplanung durchführen, in der die einzelnen Bedarfe eindeutig mit Zugängen verknüpft werden.

Capable-to-Match (CTM) ist ein Planungsverfahren für den mittel- bis langfristigen Planungshorizont und ergänzt die SCM-Planungsstrategien der Anwendungen SNP (Supply Network Planning) und PP/DS in APO. CTM ist die Hauptfunktion der APO-Komponente *Multilevel Supply and Demand Matching* (SDM), die Sie z. B. über das Customizing oder im SAP-Menü über den Pfad **Advanced Planning and Optimization • Multilevel Supply & Demand Matching** konfigurieren bzw. anwenden können.

Mithilfe von CTM können Sie regelgesteuert und werksübergreifend eine simultane Mengen- und Kapazitätsplanung durchführen, bei der Sie Kapazitätsrestriktionen berücksichtigen und eine finite machbare Lösung ermitteln können. Die machbare Lösung wird sukzessive nach Prioritäten und Quotierungen ermittelt. Der wesentliche Unterschied zum SNP-Optimierer und zur Kapazitätsplanung mit Heuristik/Kapazitätsabgleich ist, dass es sich bei CTM nicht um eine mengenbasierte, sondern um eine auftragsbasierte Planung handelt, die über Pegging-Verfahren die Nachverfolgung der Aufträge zurück zum Einzelbedarf zulässt. Daher ist CTM im strengen Sinn keine reine mengenbasierte SNP-Planungsfunktion. CTM verbindet die Vorteile einer mittel- bis langfristigen SNP-Planung mit den Möglichkeiten einer auftragsorientierten Planung, unterstützt aber als mittel- und langfristiges Planungstool nicht alle notwendigen Funktionen der kurzfristigen PP/DS-Planung, wie z. B. eine reihenfolgeabhängige Rüstoptimierung.

In diesem Kapitel erläutern wir Ihnen die Möglichkeiten der Kapazitätsplanung mit CTM. Zuerst vermitteln wir Ihnen ein Grundverständnis der Funktions- und Vorgehensweise und stellen Ihnen im Anschluss die notwendigen Einstellungen und Stammdaten vor. Schließlich zeigen wir Ihnen, wie Sie eine Planung mit CTM durchführen und mit welchen Werkzeugen Sie die Planungsergebnisse anschließend analysieren können. Nach der Lektüre dieses Kapitels sollten Sie über ein Grundverständnis der Möglichkeiten einer Kapazitätsplanung mit CTM verfügen.

12.1 Grundlagen, Verwendung und Funktionsweise von CTM

Mit der heuristikbasierten Funktion CTM-Planung können Sie eine mehrstufige, finite Planung der Bedarfe Ihrer Supply Chain durchführen. Dazu werden priorisierte Kundenbedarfe und Prognosen mit dem kategorisierten Angebot unter Berücksichtigung gegenwärtiger Produktions- und Transportkapazitäten abgeglichen. Dies bedeutet, dass CTM im Gegensatz zum Optimierer keine Optimierung nach Kosten vornimmt, sondern über die von Ihnen festgelegten Prioritäten die Reihenfolge der Bedarfe und die Auswahl der Beschaffungsalternativen beeinflusst.

Dadurch kann CTM auch abhängig von den definierten Randbedingungen (wie z. B. möglicher verfrühter, verspäteter oder teilweiser Bedarfsdeckung) einen termingerechten, durchführbaren Plan erzeugen. Da CTM dabei auftragsorientiert arbeitet, können trotz der grundsätzlich Bucket-orientierten Planung in SNP nach dem CTM-Planungslauf für jeden Bedarf über die Pegging-Beziehungen die zugehörigen Bestände und Zugänge ermittelt werden. Dies stellt ein wesentliches Unterscheidungskriterium zu den mengenbezogenen Planungsverfahren des SNP-Optimierers und der Heuristik in SNP dar, die Bedarf und Angebot nicht miteinander verknüpfen.

CTM sucht abhängig von den definierten Regeln den ersten machbaren Plan und nicht den optimalen abhängig von Bewertungskriterien, wie z. B. Kosten. Da CTM, ebenso wie der SNP-Optimierer, auf einem separaten Server läuft, ist es auch für komplexe Planungsprobleme und große Datenvolumina geeignet. In der Simulation können Sie mit CTM auch einen infiniten Plan erstellen.

Dabei betrachtet CTM die einzelnen Produktions- und Distributionsstufen nicht nacheinander wie der »klassische MRP-Lauf«, sondern sucht gleichzeitig nach machbaren Zugängen auf allen Produktions- und Distributionsstufen, um Bedarfe nach ihrer Priorität durch sukzessive Prüfung nach festgelegten Regeln zu befriedigen.

Abbildung 12.1 zeigt exemplarisch die Vorgehensweise der CTM-Planung bei einer werksübergreifenden Planung. Über die benutzerdefinierte Stammdatenauswahl, wie z. B. Lokationsprodukte, PPM/PDS und Transportbeziehungen, kann das relevante Planungsszenario bzw. das CTM-Anwendungsmodell erzeugt werden, für das eine Lösung ermittelt werden soll.

In unserem Beispiel wurden folgende Lokationen berücksichtigt:

- Distributionszentrum
- zwei produzierende Werke
- externe Lieferanten, die Komponenten liefern

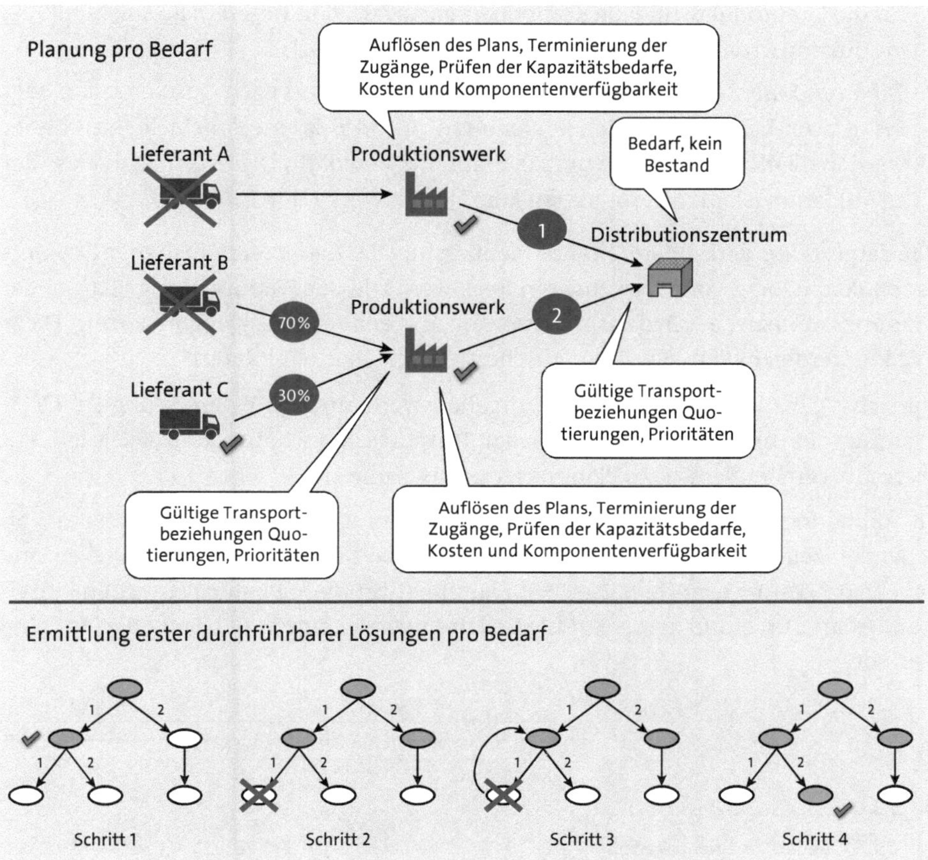

Abbildung 12.1 Planungsszenario CTM (Quelle: SAP)

Anhand dieser Lokationen werden wir Ihnen das grundlegend mögliche Systemverhalten bei einer Planung mit CTM vorstellen:

1. CTM führt eine auftragsbasierte Planung durch, die Bedarfe priorisiert und einzeln über alle Vorstufen plant. Im ersten Schritt wird in unserem Beispiel ein priorisierter Bedarf, z. B. ein Kundenauftrag oder Vorplanbedarf, aus dem Distributionszentrum ermittelt. Während der Nettobedarfsrechnung im Distributionszentrum findet die CTM-Planung keinen verfügbaren Bestand und ermittelt für das fremdbeschaffte Endprodukt die möglichen Transportbeziehungen. Dabei werden Quotierungen berücksichtigt, die Beschaffung nach Machbarkeit aufgeteilt und über Umlagerungen bei den Werken angefragt.
2. Kann der Bedarf nicht über verfügbaren Bestand in den Werken gedeckt werden, werden die SNP-Pläne (PPM/PDS) aufgelöst und Planaufträge und Sekundärbedarfe

für die Endprodukte und die Komponenten angelegt. In unserem Beispiel stellt die Produktion in den Werken keinen kapazitiven Engpass dar.

3. Die Komponenten müssen anschließend entsprechend nach Quotierungen oder Prioritäten beschafft werden. Lieferanten A und B können nicht liefern. Daher werden die Komponenten vom Lieferanten C beschafft. Dies führt dazu, dass der CTM-Planungslauf die Produktion komplett in Werk 1 durchführt.

Die dargestellte werksübergreifende Planung und das damit einhergehende Ergebnis ist stark abhängig vom verwendeten Regelwerk wie der Stammdatenselektion, der Planungsstrategie, der Bedarfspriorisierung und der Bestandskategorisierung. Diese Punkte werden in den folgenden Abschnitten detaillierter erläutert.

Zunächst gehen wir jedoch auf die Vorgehensweise und die Verarbeitung der CTM-Planung ein, um darzustellen, wie der Planungsalgorithmus auftragsbasiert ein werksübergreifendes finites Planungsergebnis ermittelt.

In Abbildung 12.2 sehen Sie, wie der CTM-Planungsalgorithmus ausgehend von jedem einzelnen Bedarf über alle Produktions- und Distributionsstufen hinweg eine machbare Lösung ermittelt. Die CTM-Planung führt diese Planung für jeden einzelnen Bedarf durch und aggregiert die Bedarfe nicht zu einem Gesamtbedarf für eine Periode.

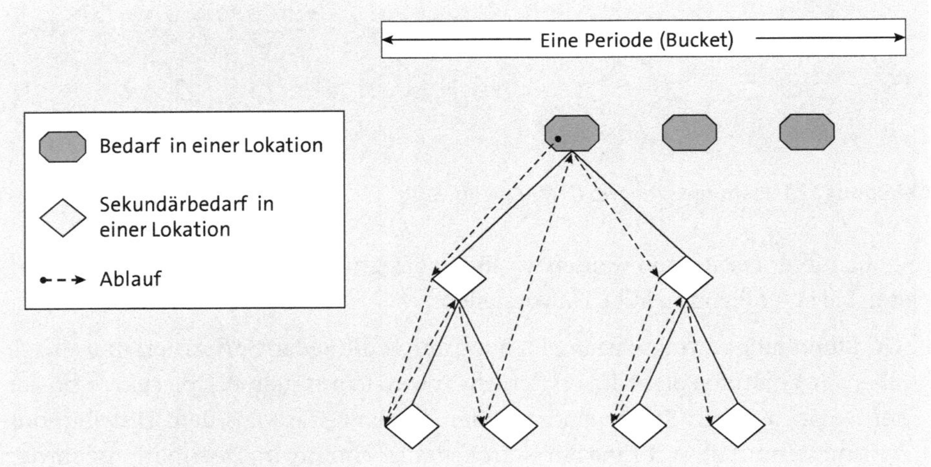

Abbildung 12.2 Verarbeitung CTM-Planung (Quelle: SAP)

12.1.1 Planungsumfang – Stammdatenselektion und Planungsmethode

Bevor der CTM-Planungsalgorithmus laufen kann, müssen Sie den Planungsumfang über die Stammdatenselektion und Auftragsselektion festlegen. Des Weiteren können Sie den Planungsumfang über die verwendete Strategie bzw. Planungsmethode beeinflussen, da das System abhängig von der verwendeten Einstellung die notwendigen Bewegungsdaten vorbereiten muss.

CTM kann grundsätzlich mit SNP- und PP/DS-Stammdaten durchgeführt werden, wobei die PP/DS-Stammdaten für eine werksübergreifende mittel- bis langfristige Planung meist zu detailliert sind. Dabei basiert die Planung immer auf einem Supply-Chain-Modell, und Sie können über die Funktion der Stammdatenselektion (Transaktion /SAPAPO/CTMMSEL) den relevanten Planungsumfang für einen CTM-Planungslauf bestimmen. Somit können Sie nach bestimmten Kriterien die folgenden Stammdaten aus einer Planung ausschließen oder berücksichtigen:

- Lokationsprodukte
- Fremdbeschaffungs-Bezugsquellen (Transportbeziehungen)
- Eigenfertigungs-Bezugsquellen

Bei der Auswahl der Stammdaten gibt es einige unterstützende Funktionen, die die Auswahl der Stammdaten vereinfachen. Sie können z. B. abhängige Stammdaten ermitteln lassen und diese entweder manuell überprüfen und selektieren oder eine automatische Selektion der abhängigen Stammdaten vornehmen. Diese Alternativen können Sie auf der Registerkarte **Einstellungen** im Bereich **Selektion abhängiger Stammdaten** beeinflussen. Das System ermittelt die abhängigen Stammdaten, wenn Sie dies eingestellt haben, indem es ausgehend vom angegebenen Stammdatum (Lokationsprodukt, Transportbeziehung, Eigenfertigungs-Bezugsquelle) alle in der Stückliste darunterliegenden Stammdaten selektiert, die zur Deckung des Bedarfs erforderlich sind. Über die statische (neue Objekte werden nicht automatisch berücksichtigt) und dynamische Selektion können Sie festlegen, ob die einzelnen Stammdatenausprägungen selbst statisch oder lediglich die Selektionskriterien und somit die Stammdaten dynamisch gespeichert werden sollen. Mit der Auswahl der relevanten Stammdaten können Sie gezielt Planungsszenarien definieren, die nur Teilbereiche Ihres gesamten Modells berücksichtigen sollen, wie z. B. eine Planung spezieller Produktgruppen. Die Stammdatenselektion müssen Sie abhängig von Ihren Anforderungen definieren. Notwendige und mögliche Einstellungen werden in Abschnitt 12.2.3, »Besonderheiten der Stammdatenselektion in CTM«, beschrieben.

Zusätzlich zur Stammdatenselektion können Sie über die Auftragsselektion (Transaktion /SAPAPO/CTMORDSEL) die im CTM-Lauf zu berücksichtigenden Aufträge festlegen. Standardmäßig werden alle Aufträge (Bedarfe, Zugänge und Bestände) der aktuellen Planversion für die ausgewählten Stammdaten berücksichtigt. Über die Auftragsselektion werden die für die Planung relevanten Stammdaten nicht beeinflusst, sondern Sie können eine Selektion der zu berücksichtigenden Aufträge anhand folgender Kriterien vornehmen:

- Lokationsprodukte über Stammdatenselektion
- Planungsperioden über festen oder relativen Zeitraum
- ATP-Kategorien (Available-to-Promise) festlegen für Bedarfe, Zugänge und Bestände

Die Auftragsselektion müssen Sie abhängig von Ihren Anforderungen definieren. Notwendige und mögliche Einstellungen werden in Abschnitt 12.3.2, »CTM in der Hintergrundverarbeitung ausführen«, beschrieben.

[!]

Gleichzeitige Verwendung von Auftrags- und Stammdatenselektion

Beachten Sie die folgenden Hinweise, wenn Sie eine Auftrags- und eine Stammdatenselektion im CTM-Profil verwenden:

- Auftragsselektion und Stammdatenselektion müssen gemeinsame Lokationsprodukte enthalten, da sonst keine Aufträge (auch Bedarfe) selektiert werden.
- Die Stammdatenselektionen und die Auftragsselektion müssen dem Modell im CTM-Profil entsprechen.

Die Planungsstrategie und Planungsmethode beeinflusst, wie das System die Bewegungsdaten für den CTM-Lauf vorbereitet. Sie können z. B. über den **Planungsmodus** festlegen, welche Aufträge neu geplant werden sollen, und über den **Löschmodus**, welche Aufträge gelöscht werden sollen. Die Planungsmethode können Sie über den Pegging-Typ **Dynamisches Pegging** oder **Fixiertes Pegging** auswählen oder z. B. die Terminierungsrichtung (**Vorwärts** oder **Rückwärts**) vorgeben. Es ist auch möglich, eine reine Veränderungsplanung nur für geänderte Aufträge durchzuführen, mit Produktersetzungen und Regeln zu planen, weitere Strategien wie verspätete Bedarfsdeckung zuzulassen oder die Berücksichtigung der Ressourcenkapazitäten zu beeinflussen. Alle diese Parameter haben einen Einfluss auf den Planungsumfang des CTM-Planungslaufs. Die notwendigen Einstellungen werden im CTM-Profil (Transaktion /SAPAPO/CTM) eingestellt und in Abschnitt 12.2.2, »Einstellungen im CTM-Profil«, beschrieben.

12.1.2 Bedarfspriorisierung und Bestandskategorisierung

Da CTM eine auftragsbasierte Planung durchführt, wird das Planungsergebnis wesentlich durch die Schritte der Auftragspriorisierung und der Bestandskategorisierung bestimmt. Abbildung 12.3 zeigt das Zusammenspiel zwischen Bedarfspriorisierung, Bestandskategorisierung sowie der Suchstrategie/Bezugsquellenfindung des CTM-Planungsalgorithmus.

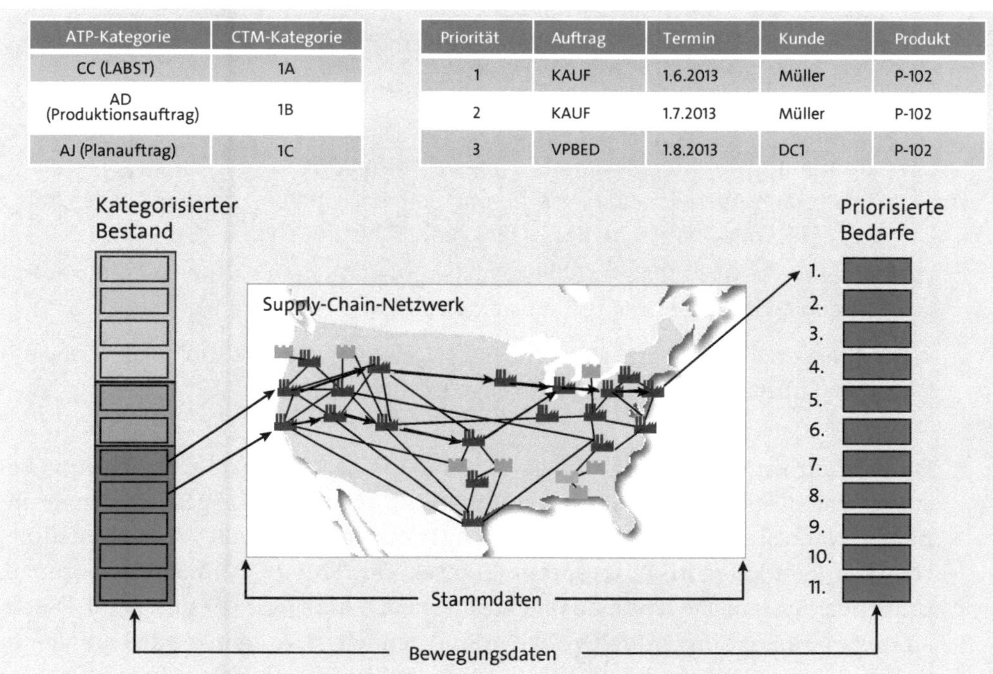

Abbildung 12.3 Bedarfspriorisierung und Bestandskategorisierung (Quelle: SAP)

Über die Bedarfspriorisierung legen Sie die Kriterien fest, nach denen die CTM-Planung die Bedarfe sortiert und in welcher Reihenfolge die CTM-Planung versucht, die Bedarfe zu decken. Im Beispiel in Abbildung 12.3 werden von den drei Bedarfen zuerst die Kundenaufträge für Kunde Müller abhängig vom Termin priorisiert und danach der Vorplanbedarf VPBED. Dabei ist die Reihenfolge der Kriterien entscheidend, da der CTM-Lauf erst die Bedarfe der höchsten Priorität und erst danach die der zweitgrößten deckt etc. Das liegt daran, dass nur die Bedarfe, die nach dem ersten Kriterium den gleichen Wert aufweisen, auch nach dem zweiten Kriterium sortiert werden. Für jedes Kriterium können Sie zusätzlich festlegen, ob eine aufsteigende, absteigende oder eine Sondersortierung verwendet werden soll.

Es steht eine Reihe von Sortierkriterien zu Auswahl, die Sie entsprechend Ihren Anforderungen für die Bedarfspriorisierung verwenden können. Über den User-Exit EXIT_/SAPAPO/SAPLBOP_SORT_020, der in SAP-Hinweis 450794 beschrieben ist, können Sie auch eigene Prioritätskriterien definieren. Die Sondersortierung können Sie für die folgenden Kriterien verwenden: Kategorie des Bestands/Zugangs/Bedarfs/Prognose, Liefergruppe (Pos. werden zusammen geliefert), Kunde, Lokation, Produktnummer, Positionstyp des Vertriebsbelegs und Vertriebsbelegtyp. Die notwendigen Einstellungen werden im CTM-Profil (Transaktion /SAPAPO/CTM) eingestellt und sind in Abschnitt 12.2.2, »Einstellungen im CTM-Profil«, beschrieben.

Bedarfspriorisierung

Folgend ein Beispiel, wie mit der Bedarfspriorisierung die Kundenaufträge vor den Primärbedarfen priorisiert werden:

- Kriterium 1: Wenn Sie die Priorisierungsreihenfolge über die ATP-Kategorie festlegen, kann über eine Sondersortierung definiert werden, dass ein Kundenauftrag (BM) vor einem Primärbedarf (FA) gedeckt werden soll.
- Kriterium 2: MBDAT (Materialbereitstellungsdatum) kann nach dem Datum aufsteigend oder absteigend sortiert werden.

Das führt dazu, dass zuerst die Kundenaufträge sortiert nach MBDAT und dann die Planprimärbedarfe sortiert nach MBDAT gedeckt werden.

Die Bestandskategorisierung ermöglicht es Ihnen, alle verfügbaren Zugänge und Bestände nach verschiedenen Kriterien auf Ihre Anforderungen abgestimmt zu gruppieren. Wenn Sie keine Bestandskategorien (Transaktion /SAPAPO/SUPCAT) definieren oder kein Kategorisierungsprofil (Transaktion /SAPAPO/CTMSCPR) zuordnen, ordnet das System alle Bestände und Zugänge einer Kategorie 00 zu. Über die Suchstrategie (Transaktion /SAPAPO/CTMSSTRAT) definieren Sie dann die Reihenfolge, in der das System während des CTM-Laufs die Bestandskategorien absucht, und ob CTM Planaufträge anlegen soll.

Für die Kategorisierung der Bestände stehen Ihnen zwei Verfahren zur Auswahl:

- **Kategorisierung mit ATP-Kategorien**
  Sie ordnen im Kategorisierungsprofil ATP-Kategorien oder Kategoriegruppen den CTM-Bestandskategorien zu, und in der Suchstrategie geben Sie dann die Reihenfolge vor, in der das System verschiedene CTM-Bestandskategorien verbrauchen soll. Ein Beispiel sehen Sie in Tabelle 12.1, das auch in Abbildung 12.3 zur Kategorisierung der Bestände verwendet wurde, um die Bedarfe zu decken.

ATP-Kategorie	CTM-Kategorie (Reihenfolge)
CC (LABST)	1A
AD (Produktionsauftrag)	1B
AJ (Planauftrag)	1C

Tabelle 12.1 Beispiel für die Kategorisierung mit ATP-Kategorien

Die Reihenfolge wird über die Suchstrategie festgelegt: Zuerst wird der verfügbare Bestand 1A, dann die Fertigungsaufträge 1B und schließlich die Planaufträge 1C aufgebraucht.

- **Kategorisierung mit Bestandslimits**
  Mit Bestandslimits (Transaktion /SAPAPO/CTM02) legen Sie pro Lokationsprodukt für die Bestands- und Zugangsmengen verschiedene Intervalle fest und ordnen diese im Kategorisierungsprofil den CTM-Kategoriegruppen zu. Ein Beispiel sehen Sie in Tabelle 12.2. Wie Sie sehen, bestimmen die Zugangsmengen in diesem Fall die relevanten CTM-Kategorien.

Bestandslimits	CTM-Kategorie
< 1.000	1A
10.000–50.000	1B
> 50.000	1C

Tabelle 12.2 Beispiel für die Kategorisierung mit Bestandslimits

Außerdem können Sie neben der Bestandskategorisierung auch eine Bestandssteuerung in CTM umsetzen, indem Sie im CTM-Profil auf der Registerkarte **Bestände** vorgeben, ob die Planung Sicherheitsbestände aufbauen sowie Zielreichweiten und Bestandslimits verwenden soll.

Die notwendigen Einstellungen zur Bedarfspriorisierung und Bestandskategorisierung werden im CTM-Profil (Transaktion /SAPAPO/CTM) eingestellt und sind in Abschnitt 12.2.2, »Einstellungen im CTM-Profil«, beschrieben.

12.1.3 Planungsalgorithmus – Bezugsquellenermittlung in CTM

Im vorangegangenen Abschnitt haben wir Ihnen das Konzept der Bedarfspriorisierung und der Bestandskategorisierung in CTM vorgestellt. Die Auswahl der Beschaffungsalternativen können Sie dabei über die Suchstrategie (Transaktion /SAPAPO/CTMSSTRAT) beeinflussen, in der Sie die Reihenfolge der zu verbrauchenden Bestände und Zugänge über CTM-Bestandskategorien für den CTM-Planungslauf beeinflussen.

Die Suchstrategie wird dabei immer lokal für ein Lokationsprodukt ausgeführt, sodass die Zugänge und Bestände von anderen Lokationsprodukten erst einmal keine Rolle spielen. Dabei kann das System sowohl eine systeminterne Reihenfolge als auch eine benutzerdefinierte Reihenfolge verwenden.

Wenn Sie keine benutzerdefinierte Suchstrategie mit Bestandskategorien verwenden, verhält sich das System entsprechend der systeminternen Reihenfolgeermittlung:

1. Zugänge und Bestände der vordefinierten Standardkategorie 00 verbrauchen
2. Zugänge und Bestände der Standardkategorie 00 ersetzen über Auswertung vorhandener Regeln
3. Bezugsquellenfindung durchführen und Bestellanforderungen anlegen

Der Standardkategorie 00 werden immer alle Bestände und Zugänge zugewiesen, die Sie keiner Bestandskategorie zugeordnet haben. Sobald Sie eine benutzerdefinierte Reihenfolge verwenden, kann CTM neben der Standardkategorie 00, die immer genutzt werden kann, nur die in den Bestandskategorien definierten Bestände und Zugänge in der Suchstrategie verwenden.

Sobald Sie eine benutzerdefinierte Suchstrategie mit Bestandskategorien verwenden, wird diese vom System berücksichtigt (die Schritte 2 und 6 sind benutzerdefiniert):

1. Zugänge und Bestände der vordefinierten Standardkategorie 00 verbrauchen
2. Zugänge und Bestände der Kategorie 01 verbrauchen
3. Zugänge und Bestände der Standardkategorie 00 ersetzen über Auswertung vorhandener Regeln
4. Zugänge und Bestände der Kategorie 01 ersetzen über Auswertung vorhandener Regeln
5. Bezugsquellenfindung durchführen und Bestellanforderungen anlegen
6. Zugänge und Bestände der Kategorie 02 verbrauchen

Sobald Sie die CTM-Regeln verwenden, erfolgt die Ersetzung immer vor der Bezugsquellenfindung (Schritt 3 und 4). Die Vorgehensweise der Suchstrategie verdeutlichen wir an dieser Stelle anhand eines kleinen Beispiels.

Vorgehensweise der Suchstrategie

In Abbildung 12.4 ist das folgende Beispielszenario grafisch dargestellt:

- In Lokation L muss ein Bedarf gedeckt werden, der aus den Lokationen L1 und L2 gedeckt werden kann.
- Die Transportbeziehung zwischen L1 und L hat die höhere Priorität 1, Transportbeziehung L2 und L nur Priorität 2.
- Laut Bestandskategorie hat der Bestand in L2 die Bestandskategorie 01 (höher) und die Lokation L1 die Bestandskategorie 02 (niedriger).

Die Suchstrategie läuft nun wie folgt ab:

- CTM führt die Suchstrategie in Lokation L durch und findet keine Zugänge. Durch die Bezugsquellenfindung werden die Transportbeziehungen und durch die höhere Priorität die Lokation L1 ermittelt.

- CTM führt nun die Suchstrategie lokal auf der Lokation L1 durch und findet den existierenden Bestand der Bestandskategorie 02. Der Bestand der Kategorie 01 aus Lokation L2 wurde nicht berücksichtigt.

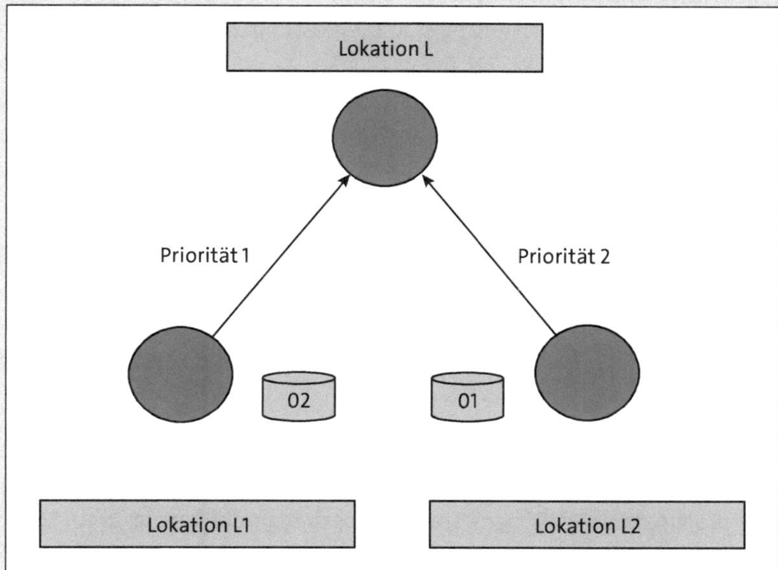

Abbildung 12.4 Beispiel für lokale Anwendung »Suchstrategie«

Die Bestandskategorie wird in der Regel während der Bezugsquellenfindung nicht berücksichtigt und hat keinen Einfluss auf die Auswahl der Lokation. Dieses Verhalten kann mit der Funktion des Bestandsaufbrauchs in CTM beeinflusst werden, die Sie über die Business Function SCM_APO_CTM_SUPPLY_CONS aktivieren können.

Wie beschrieben, geht der CTM-Algorithmus während des Planungslaufs so vor, dass er zuerst die Suchstrategie auswertet und entsprechend der definierten Reihenfolge lokal zuerst die existierenden Bestände und Zugänge konsumiert. Können die Bedarfe lokal nicht gedeckt werden, wird die Bezugsquellenfindung durchgeführt. Sobald die Bezugsquellenfindung vorgesehen ist, geht das System folgendermaßen vor:

1. **Termingerechte Bedarfsdeckung**
   Höchste Priorität hat die termingerechte Bedarfsdeckung, auch wenn dabei Quotierungen oder Beschaffungsprioritäten verletzt werden müssen.
2. **Quotierung und Beschaffungspriorität**
   Sobald alle Bezugsquellen den Bedarf termingerecht decken können, werden zuerst Quotierungen, falls vorhanden, und dann Beschaffungsprioritäten berücksichtigt. Bei den Quotierungen kann CTM ein prozentuales Bedarfs-Splitting für jeden Bedarf oder eine zeitliche Quotierung für den gesamten Planungslauf be-

rücksichtigen. Kann über die Priorität keine eindeutige Bezugsquelle ermittelt werden, werden die Kosten verwendet (siehe Abschnitt 9.2.3, »Bezugsquellenfindung in SNP«).

3. **Gültigkeitsbeginn und Gültigkeitsende**
   Kann über die Quotierung, Priorisierung und die Kosten keine eindeutige Bezugsquelle ermittelt werden, wird die Gültigkeit der Bezugsquelle herangezogen. Bei Rückwärtsterminierung wird die Bezugsquelle verwendet, die so nah wie möglich am Bedarfstermin liegt, und bei Vorwärtsterminierung die Bezugsquelle mit dem frühesten Gültigkeitsbeginn.
4. **Losgrößenangaben**
   Falls eine weitere Differenzierung erforderlich ist, wird die Losgrößenangabe bei Eigenfertigungs-Bezugsquellen berücksichtigt.
5. **Zufallsergebnis**
   Wird auf diese Weise kein Ergebnis bestimmt, ermittelt CTM ein zufälliges Ergebnis.

Voraussetzungen, damit die Bezugsquellenfindung während des CTM-Laufs durchgeführt werden kann, sind: die Beschaffungsart und die Planauflösung im Lokationsproduktstamm wurden gepflegt, im CTM-Profil wurden die Eigenfertigungs-Bezugsquellen vom Typ SNP oder PP/DS gewählt, die Bezugsquelle wurde dem Modell zugeordnet, das Sie im CTM-Profil verwenden, und bei Verwendung der Stammdatenselektion müssen die Bezugsquellen dort selektiert worden sein.

Über die Funktion des Bestandsaufbrauchs in CTM, die in SCM 7.0 EHP2 über die Business Function SCM_APO_CTM_SUPPLY_CONS aktiviert werden kann, können Sie die Bezugsquellenfindung des CTM-Laufs so anpassen, dass nicht mehr an erster Stelle die Prioritäten der Bezugsquelle ausschlaggebend sind, um die Quelle zu definieren. Mit dieser Funktion können Sie während des CTM-Planungslaufs zuerst die vorhandenen Zugangselemente in allen Lokationen Ihres Logistiknetzwerks verbrauchen, bevor das System zusätzliche Zugangselemente erzeugt. Dabei werden nur Zugangselemente auf der entsprechenden Ebene der Logistikkette berücksichtigt. In unserem Beispiel aus Abbildung 12.4 würde dann zuerst der Bestand aus Lokation L2 mit der Bestandskategorie 01 verbraucht, bevor in Lokation L1, die eine höhere Priorität aufweist, ein neues Zugangselement erzeugt wird.

12.1.4 Planungsalgorithmus – Terminierung in CTM

Die für die Terminierung relevanten Parameter in CTM werden im CTM-Profil festgelegt. Den Planungszeitraum, der vom CTM-Planungslauf berücksichtigt werden soll, bestimmen Sie über einen Zeitstrahl (Transaktion /SAPAPO/CTMTSTR). Sie können hier auch einen Zeitstrahl für CTM definieren, der sich aus gemischten Perioden, wie z. B. Tagen, Quartalen, Wochen oder Monaten, zusammensetzt und eine flexiblere

Gestaltung des Planungskalenders ermöglicht. Den so definierten Planungszeitraum können Sie über weitere Zeiträume und Horizonte einschränken:

- Zeitraum zur Selektion von Bedarfen und Zugängen
- Zeitraum zum Anlegen und Löschen von Aufträgen

Auch über Vorgaben mit dem Umgang von Verspätungen bzw. verspäteter Bedarfsdeckung können Sie die Terminierung im CTM-Planungslauf beeinflussen. Im Folgenden stellen wir Ihnen die beiden genannten Zeiträume näher vor.

Über den *Zeitraum zur Selektion von Bedarfen und Zugängen* können Sie zusätzliche Einschränkungen vornehmen. Dabei können Sie für die Selektion von Bedarfen und Zugängen auch einen Planungszeitraum definieren, der in der Vergangenheit beginnt. CTM berücksichtigt Zugänge, die laut Verfügbarkeitstermin vor dem Planungsbeginn liegen. Bedarfe jedoch müssen innerhalb des Planungszeitraums liegen. Wenn Sie keine Einschränkungen vornehmen, werden alle Bedarfe und Zugänge berücksichtigt, die mit dem Bedarfs- und Verfügbarkeitstermin innerhalb des Planungshorizonts liegen. Den Selektionszeitraum für Bedarfe und Zugänge legen Sie in der Auftragsselektion (Transaktion /SAPAPO/CTMORDSEL) fest und ordnen diese dem CTM-Profil zu. Des Weiteren können Sie einen produktspezifischen Selektionszeitraum für Bedarfe festlegen, um produktspezifischen Anforderungen, wie z. B. Wiederbeschaffungs-/Durchlaufzeiten, Rechnung zu tragen und den Selektionszeitraum für die Bedarfe entsprechend zu wählen. Um den produktspezifischen Selektionszeitraum zu verwenden, müssen Sie im Lokationsproduktstamm auf der Registerkarte **SNP2** im Feld **SelZeitraum Bedarfe** den Selektionszeitraum gemäß Ihren Anforderungen anpassen.

Auch den *Zeitraum zum Anlegen und Löschen von Aufträgen* können Sie abweichend vom definierten Planungszeitraum definieren und so die Terminierung der Aufträge beeinflussen, wie z. B. Planaufträge, Bestellanforderungen und Umlagerungen. Aufträge können dabei vor dem Planungsbeginn gelöscht, jedoch nur innerhalb des Planungshorizonts angelegt werden. Es gibt mehrere Möglichkeiten, den Horizont zur Anlage und zum Löschen von Aufträgen zu beeinflussen. Im CTM-Profil können Sie über die Felder **Beginn Auftragsanlage** und **Löschbeginn vor Auftragsanlage** den Zeitraum für das Anlegen und das Löschen von Aufträgen für den Planungslauf festlegen. CTM berücksichtigt die im Lokationsproduktstamm bzw. im Modell/Version festgelegten Produktionshorizonte (SNP und PP/DS), die Umlagerungshorizonte und Planlieferzeiten. Innerhalb dieser Horizonte verhält sich CTM entsprechend der SNP-Anwendung und löscht bzw. legt keine Aufträge an. Produktionsaufträge dürfen nicht im Produktionshorizont liegen, sondern müssen komplett außerhalb liegen, damit CTM diese löschen und anlegen kann. Umlagerungen, die komplett innerhalb des Umlagerungshorizonts der Ziellokation liegen, betrachtet CTM als fixiert und löscht diese nicht. Sobald jedoch das Zugangselement außerhalb des Umlagerungshorizonts liegt, kann CTM diese Aufträge neu planen, auch wenn der Auftrag innerhalb des Umlagerungshorizonts liegt. Innerhalb der Planlieferzeit plant SNP keine Bestellanforderungen ohne Quelllokation.

Neben den bisher beschriebenen Faktoren zur Beeinflussung der Terminierung, die definieren, welche Aufträge im Planungslauf relevant sind und in welchen Horizonten Aufträge angelegt werden können, können Sie die Terminierung im CTM-Planungslauf auch dadurch beeinflussen, dass Sie eine verspätete Bedarfsdeckung erlauben. Grundsätzlich versucht der CTM-Lauf, die Bedarfe termingerecht zu decken. In den globalen Einstellungen im Customizing in CTM (Transaktion /SAPAPO/CTM-CUST) oder über die Regelpflege bei einer CTM-Planung mit Regeln können Sie auf der Registerkarte **Bedarfsabhängige Constraints** folgende Einstellungen vornehmen:

- **Verspätete Bedarfsdeckung zulassen**
- **Verfrühte Bedarfsdeckung einschränken**
- **Unterdeckungen zulassen**

Im Folgenden stellen wir Ihnen die drei Möglichkeiten näher vor: Mit der Einstellung **Verspätete Bedarfsdeckung zulassen** legen Sie in Tagen fest, in welchem Zeithorizont innerhalb des Planungszeitraums das Zugangselement nach dem Fälligkeitsdatum des Bedarfs angelegt werden darf. Dabei können zwei Strategien, die Domino-Strategie und die Airline-Strategie, zur verspäteten Bedarfsdeckung unterschieden werden. Abbildung 12.5 zeigt die unterschiedlichen Strategien. Die Domino-Strategie ordnet einem verspäteten Bedarf, der nicht rechtzeitig gedeckt werden kann, das nächste Zugangselement zu, sodass sich unter Umständen nachfolgende Bedarfe auch verspäten. Bei der Airline-Strategie werden verspätete Bedarfe, die nicht rechtzeitig gedeckt werden können, an das Ende der Bedarfsprioritätenliste gestellt. Dies führt dazu, dass diese Bedarfe sich noch mehr verspäten oder gar nicht mehr befriedigt werden.

Die verwendete Strategie führt im Zusammenspiel mit den alternativen Vorgehensweisen aus dem CTM-Profil zu unterschiedlichen Ergebnissen. Entweder geben Sie vor, dass das System versuchen soll, die Verspätung zu minimieren, sodass es den Bedarfstermin nach vorgegebener Schrittweise verschiebt und versucht, verspätet zu decken, oder Sie geben vor, dass das Standardverfahren zur Terminierung gewählt werden soll. Das Standardverfahren verwendet dieselbe Vorgehensweise wie zur Deckung nicht verspäteter Bedarfe mithilfe der Suchstrategie, der Terminierungsrichtung und der Bezugsquellenfindung.

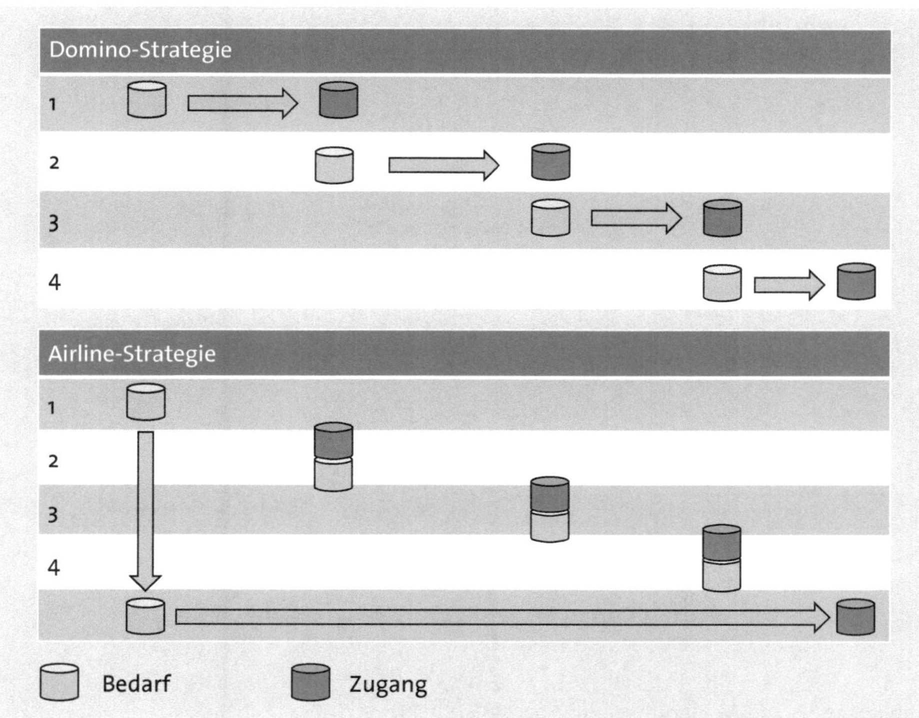

Abbildung 12.5 Verspätete Bedarfsdeckung – Domino- und Airline-Strategie (Quelle: SAP)

Mit **Verfrühte Bedarfsdeckung einschränken** können Sie einen Zeitraum in Tagen definieren, in dem CTM Aufträge vor dem Bedarfstermin anlegen darf. Den Horizont in Tagen für die Anlage von Aufträgen können Sie differenziert entweder für die erste Stücklistenstufe und die Anlage zu Planaufträgen oder für die Anlage aller Aufträge zur Deckung eines Bedarfs festlegen. Falls erforderlich, können Sie den Zeitraum zur Anlage der Aufträge auch produktspezifisch im Lokationsproduktstamm auf der Registerkarte **SNP2** im Feld **Zeitr. Auftragsanlg.** festlegen.

Mit der Funktion **Unterdeckungen zulassen** legen Sie fest, ob das System Teile des Gesamtbedarfs decken darf. Ist diese Funktion aktiviert, gilt ein Bedarf als gedeckt, auch wenn er nur teilweise gedeckt wurde. Ein Bedarf gilt nur dann als nicht gedeckt, wenn kein Zugangselement für den Bedarf eingeplant wurde.

12.1.5 CTM-Planungslauf

Der CTM-Planungslauf unterscheidet sich ein wenig vom SNP-Planungsablauf mit den optimierungsbasierten und heuristischen Planungsmethoden. Einen groben Ablauf der CTM-Planung zeigt Abbildung 12.6.

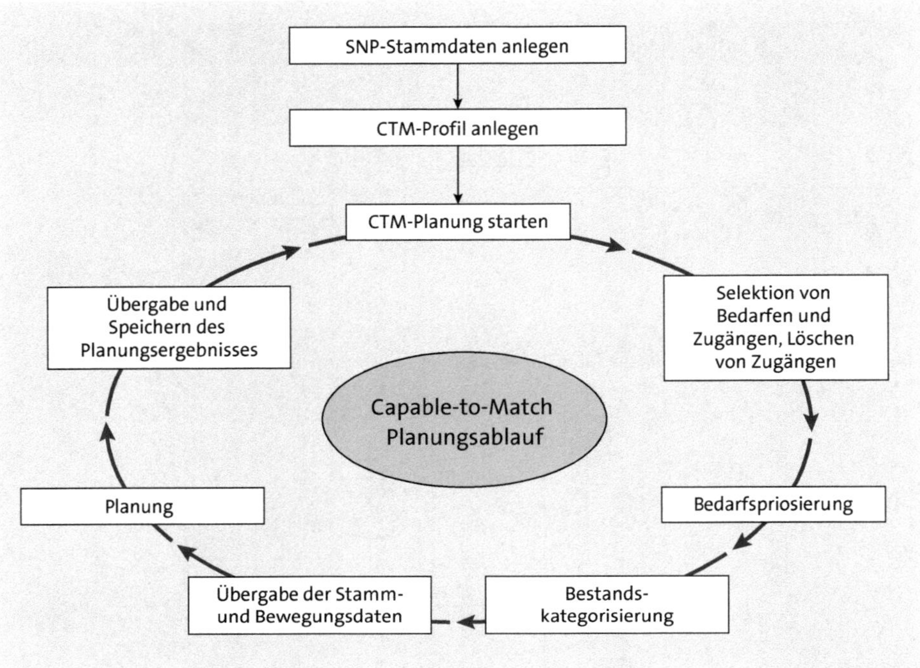

Abbildung 12.6 CTM-Planungslauf Prozesssicht (Quelle: SAP)

Die CTM-Planung können Sie entweder interaktiv aus der Pflege des CTM-Profils (Transaktion /SAPAPO/CTM) heraus oder im Hintergrund über Transaktion /SAPAPO/CTMB ausführen. Nachdem die notwendigen, z. B. globalen Einstellungen vorgenommen wurden, setzt sich die CTM-Planung aus den dargestellten Schritten zusammen:

1. CTM-Profil anlegen bzw. anpassen
2. CTM direkt oder im Hintergrund starten
3. Das System selektiert Bedarfe und Zugänge im Planungszeitraum und verarbeitet diese abhängig vom gewählten Planungs- und Löschmodus.
4. Bedarfe werden anhand der von Ihnen definierten Prioritäten sortiert.
5. Die Zugänge und Bestände werden den von Ihnen festgelegten Bestandskategorien zugeordnet.
6. Die für die Planung ausgewählten Stamm- und Bewegungsdaten werden selektiert und an die CTM-Planungsmaschine auf dem Optimierungsserver übergeben.
7. Die CTM-Planung führt folgende Schritte aus:
   - Beschaffungsalternative auswählen
   - Terminierung ausführen

- Aufträge erzeugen
- Zugänge und Bestände verbrauchen

8. Planungsergebnisse des CTM-Planungslaufs werden an den SAP liveCache übergeben und die Aufträge und Pegging-Beziehungen im liveCache gespeichert.

Abbildung 12.7 zeigt die Phasen der CTM-Planung aus technischer Sicht. Die Aufträge werden aus dem APO liveCache selektiert, die Bestände werden priorisiert und die Zugänge kategorisiert. Stammdaten werden aus der APO-Datenbank gelesen. Alle Informationen werden an die CTM-Optimierungsserver übergeben. Stamm- und Bewegungsdaten oder Parameter können nur vor der Übergabe an die CTM-Engine angepasst werden. Die Planungsergebnisse werden dann direkt zurück in den liveCache geschrieben.

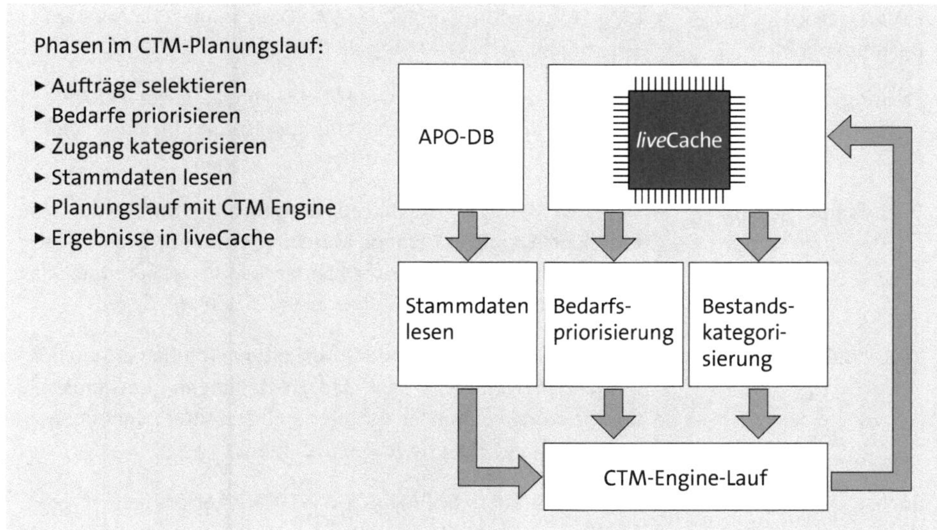

Abbildung 12.7 CTM – technischer Ablauf (Quelle: SAP)

In diesem Abschnitt haben Sie einen Überblick über die aus Kapazitätssicht relevanten Funktionen und eine CTM-Planung aus Prozess- und Systemsicht erhalten. Im nächsten Abschnitt gehen wir auf die notwendigen und möglichen Einstellungen und Parameter ein, die Sie für eine Kapazitätsplanung mithilfe von CTM verwenden müssen bzw. können.

12.2 Einstellungen und Stammdaten in CTM

Neben den notwendigen Basiskonfigurationen, wie z. B. Bereitstellen des separaten Optimierungsservers, Erstellen eines Supply-Chain-Modells und den globalen Einstellungen zu CTM in Transaktion /SAPAPO/CTMCUST, sind eventuell die folgenden, in Tabelle 12.3 aufgelisteten Einstellungen vorzunehmen.

Profil/Einstellung	Beschreibung
CTM-Profil	In diesem Profil definieren Sie alle relevanten Parameter für den CTM-Planungslauf bezüglich Planungsumfang, Strategien, Aggregation, Bedarfen, Beständen und generellen Einstellungen. Für einige Einstellungen können bzw. müssen die nachfolgend beschriebenen Profile genutzt werden.
Stammdatenselektion	Über Transaktion /SAPAPO/CTMMSEL können Sie relevante Stammdaten gruppieren, unterteilt nach Lokationsprodukten, Fremdbeschaffung oder Eigenfertigung.
Bedarfsselektion und Bestandsselektion	Über Transaktion /SAPAPO/CTMORDSEL können Sie Auftragsselektionen nach ATP-Kategorien anlegen.
Planungszeitraum	Über Transaktion /SAPAPO/CTMTSTR können Sie den CTM-Zeitstrahl anlegen, um den Planungszeitraum flexibel zu definieren.
Bedarfspriorisierung	Über den Menüpfad **Advanced Planning and Optimization • Multilevel Supply & Demand Matching • Umfeld • Lfd. Einstellungen • Bedarfspriorisierung** können Sie mittels bereitgestellter Funktionen die Reihenfolge der Prioritäten festlegen.
Bestandskategorisierung	Über **Advanced Planning and Optimization • Multilevel Supply & Demand Matching • Umfeld • Lfd. Einstellungen • Bestandskategorisierung** können Sie mittels bereitgestellter Funktionen die Reihenfolge der Prioritäten festlegen.
Suchstrategien	Über Transaktion /SAPAPO/CTMSSTRAT legen Sie fest, in welcher Reihenfolge CTM Zugänge und Bestände verbrauchen und neue Aufträge anlegen soll.
Stammdatenprüfung	Über Transaktion /SAPAPO/CTM01 können Sie die CTM-Stammdaten auf Konsistenz prüfen.

Tabelle 12.3 Einstellungen CTM-Planung

In den folgenden Abschnitten gehen wir auf die wesentlichen Einstellungen zur Nutzung von CTM in der Planung genauer ein, um Ihnen einen Überblick über die grundsätzlich möglichen Einstellungen in CTM zu geben.

12.2.1 Globale CTM-Einstellungen

Über die globalen Einstellungen in Transaktion /SAPAPO/CTMCUST können Sie Werte und Vorschlagswerte festlegen, die während der Planung mit CTM berücksichtigt werden. Die möglichen Einstellungen sind auf drei Registerkarten aufgeteilt:

- **Allgemeines Customizing**
- **ATP-Kategorien**
- **Bedarfsabhängige Constraints**

Abbildung 12.8 zeigt die möglichen Einstellungsoptionen, die auf der Registerkarte **Allgemeines Customizing** zusammengefasst sind. Sie können folgende Einstellungen vornehmen, um das Ergebnis der CTM-Planungsläufe damit zu beeinflussen:

- **Aggregierte Objekte**
  Im Bereich **Aggregierte Objekte** können Sie für die Planung in aggregierten Perioden, z. B. Wochen, den **Bedarfstermin** und den **Zugangstermin** beeinflussen. Diese Termine legen fest, ob alle Bedarfe/Zugänge zu Periodenbeginn, Periodenanfang, Periodenmitte wie frühester oder wie der späteste Bedarf/Zugang in der Planung berücksichtigt werden sollen.
- **Nachrichtenausgabe**
  Im Bereich **Nachrichtenausgabe** können Sie festlegen, wie der CTM-Lauf mit Fehlermeldungen umgehen soll und welche Meldungen während des Planungslaufs erzeugt werden sollen (**Nachrichtenausgabe im Batchlauf**). Im Feld **Behandlung von Fehlermeldungen** können Sie festlegen, bei welchen Fehlern in der Schnittstelle vom CTM-Optimierungsserver und dem liveCache der Planungslauf abgebrochen oder fortgesetzt werden soll. Beachten Sie, dass ein Fortsetzen trotz Fehler zu Inkonsistenzen des Gesamtergebnisses führen kann, sodass Sie die Vorgehensweise im Einzelfall prüfen sollten. Des Weiteren können Sie eine Planung der aktiven Planversion 000 immer explizit bestätigen lassen und die Ergebnisse des CTM-Laufs und der final terminierten Aufträge im liveCache vergleichen. Inkonsistenzen in der Terminierung können Sie im CTM-Profil über den Button **Auswertungen** überprüfen.
- **liveCache-Zugriffe**
  In diesem Bereich können Sie den technischen Ablauf der **liveCache-Zugriffe** beeinflussen, wie Paketgrößen zum Anlegen oder Selektieren von Aufträgen etc.
- **Planung**
  Im Bereich **Planung** können Sie z. B. festlegen, welchen Planungstyp (PDS aus ECC, PPM, keine Festlegung) das System zur **Planauflösung** der Eigenfertigung verwenden soll, wenn dies nicht im Lokationsprodukt definiert wurde. Sie können festlegen, ob die Bewegungsdaten in einem parallelen zweiten Modus zum CTM-Lauf oder nur im Modus des CTM-Laufs angezeigt werden sollen. Des Weiteren können Sie im Feld **Minimale Planungsmenge** angeben, ab welcher Mindestmenge Aufträ-

ge für die CTM-Planung überhaupt relevant sind, und die **Maximale Dauer für die Terminierung eines Bedarfs** in Sekunden definieren. Außerdem können Sie parallele CTM-Läufe für eine Planversion ermöglichen und definieren, ob von CTM angelegte PP/DS-Aufträge fixiert sind.

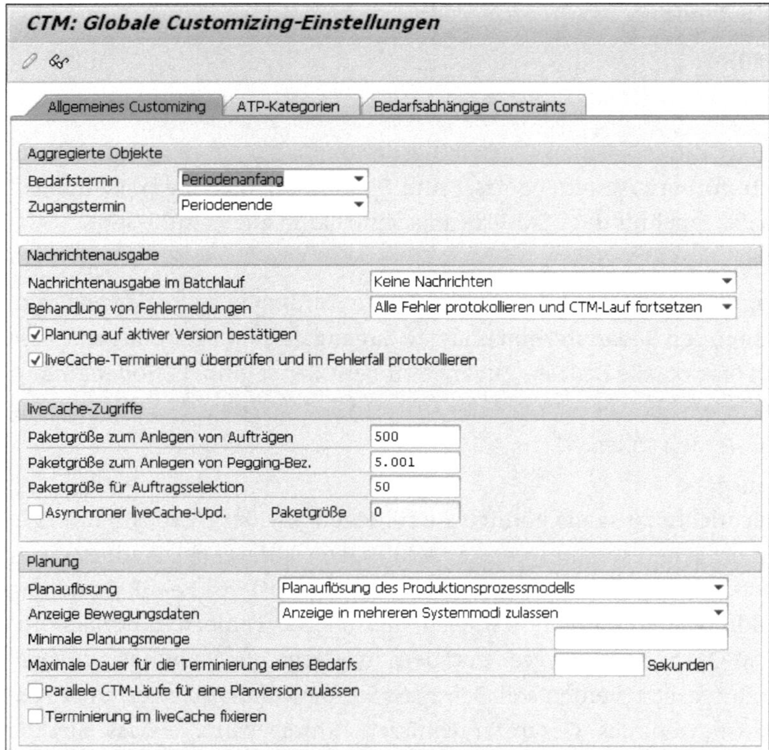

Abbildung 12.8 Globale Einstellungen CTM – Allgemeines Customizing

Abbildung 12.9 zeigt, wie Sie auf der Registerkarte **ATP-Kategorien** festlegen können, welche Aufträge CTM während der Planung in welcher Funktion verwenden soll. Sie können unterschiedliche ATP-Kategorien für die PP/DS-Aufträge und die SNP-Aufträge festlegen. Dabei können Aufträge für die Eigenfertigung, die Umlagerung, die Fremdbeschaffung und die Produktersetzung unterschieden werden. Wenn Sie die Kategorien nicht in den globalen Einstellungen festlegen möchten und das Kennzeichen nicht setzen, werden die ATP-Kategorien verwendet, die im jeweiligen SNP- oder PP/DS-Customizing festgelegt wurden.

Auf der Registerkarte **Bedarfsabhängige Constraints** (Abbildung 12.10) können Sie das Systemverhalten bezüglich verspäteter Bedarfsdeckung (Anzahl der Tage, die in der verspäteten Bedarfsdeckung erlaubt ist und Strategie zur Bedarfsdeckung), verfrühter Bedarfsdeckung (Anzahl der Tage für alle Aufträge zur Deckung eines Bedarfs und

Anzahl der Tage für die Eigenfertigung) und möglicher Unterdeckungen definieren. In Abschnitt 12.1.4, »Planungsalgorithmus – Terminierung in CTM«, werden diese Funktionen detailliert beschrieben.

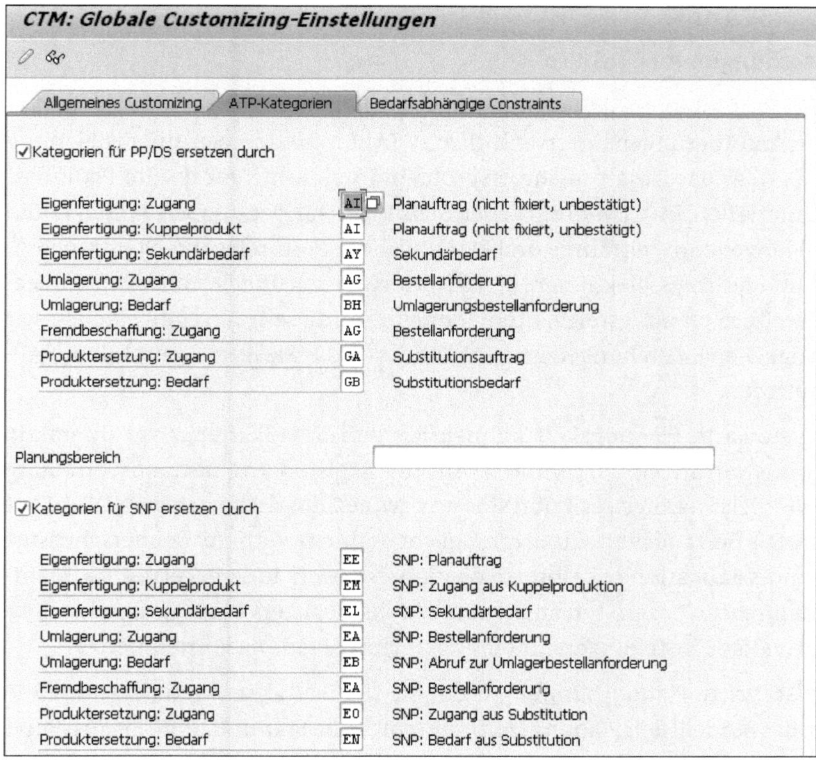

Abbildung 12.9 Globale Einstellungen CTM – ATP-Kategorien

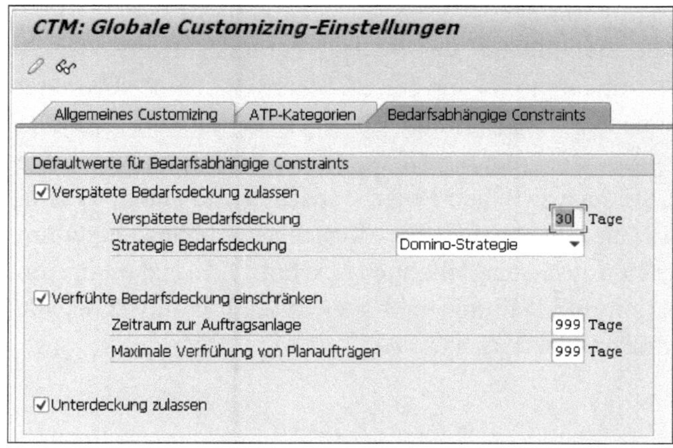

Abbildung 12.10 Globale Einstellungen CTM – Bedarfsabhängige Constraints

Dies sind die Einstellungen, die Sie in den globalen Einstellungen zum CTM-Lauf festlegen können. Alle weiteren für den Planungslauf relevanten Einstellungen werden im CTM-Profil zusammengefasst, auf das wir im folgenden Abschnitt eingehen.

12.2.2 Einstellungen im CTM-Profil

Über das CTM-Profil steuern Sie, was und wie Sie planen möchten. Sie können abhängig von Ihren Anforderungen unterschiedliche CTM-Profile anlegen, um die Planung zu simulieren oder das Gesamtplanungsproblem in einzelne gekapselte Planungsschritte zu unterteilen. Im CTM-Profil geben Sie alle für die Planung relevanten Daten vor, wie die Planversion, Zeiträume und Planungshorizonte, relevante Stammdatenselektionen und Auftragsselektionen, Bedarfspriorisierung und Bestandskategorisierung sowie weitere planungsrelevante Parameter. In diesem Abschnitt stellen wir Ihnen die möglichen Einstellungen im CTM-Profil vor, das Sie über Transaktion /SAPAPO/CTM aufrufen.

Auf der Registerkarte **Planungslauf** können Sie den CTM-Planungslauf interaktiv starten und Auswertungen durchführen. Auf der Registerkarte **Bestandsverteilung** können Sie die gleichnamige Funktion starten bzw. automatisch nach dem CTM-Lauf durchführen. Die Bestandsverteilung ermöglicht es Ihnen, verfügbare überschüssige Zugänge in andere Lokationen in Ihrem Lokationsnetzwerk umzulagern, die z. B. aufgrund von definierten Losgrößen entstehen. Auf der Registerkarte **Aggregation** können Sie notwendige Einstellungen für eine aggregierte Planung vornehmen.

Auf der Registerkarte **Planungsumfang** legen Sie die Grundparameter fest, wie die **Planversion**, das **Modell**, den **Planungszeitraum** sowie die Stammdaten-, Bedarfs- und Bestandsselektion (siehe Abbildung 12.11).

Im Folgenden gehen wir auf einige zentrale Bereiche näher ein:

- **Stammdatenselektion**
  Sie können entweder **Alle Stammdaten des Modells** berücksichtigen oder die Stammdaten über eine Stammdatenselektion einschränken. Im CTM-Profil ordnen Sie lediglich die Stammdatenselektion zu, die Sie über Transaktion /SAPAPO/CTMMSEL für Lokationsprodukte, Fremdbeschaffung und Eigenfertigung festgelegt haben. Dort können Sie auch zwischen einem statischen und einem dynamischen Selektionstyp auswählen und haben die Möglichkeit, abhängige Stammdaten automatisch selektieren zu lassen (siehe auch Abschnitt 12.1.1, »Planungsumfang – Stammdatenselektion und Planungsmethode«, und Abschnitt 12.2.3, »Besonderheiten der Stammdatenselektion in CTM«).

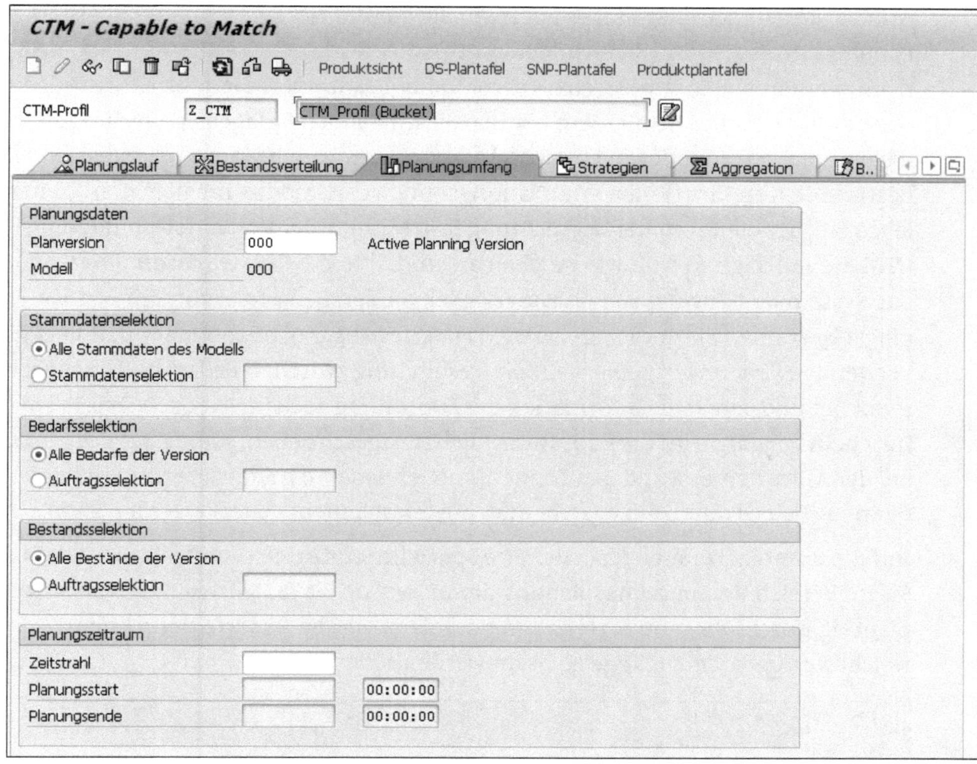

Abbildung 12.11 CTM-Profil – Planungsumfang

12

- **Bedarfsselektion**
  Im Bereich **Bedarfsselektion** können Sie entweder alle Bedarfe im Planungshorizont laden und berücksichtigen, oder Sie schränken die Auswahl der zu selektierenden Aufträge ein. Im CTM-Profil ordnen Sie lediglich die Auftragsselektion zu. Über Transaktion /SAPAPO/CTMORDSEL können Sie die Selektion von Aufträgen über eine zeitliche Selektion, die Auswahl relevanter Lokationsprodukte und über die Definition von relevanten ATP-Kategorien festlegen (siehe Abschnitt 12.1.1, »Planungsumfang – Stammdatenselektion und Planungsmethode«).
- **Bestandsselektion**
  Bei der Bestandsselektion können Sie alternativ alle Bestände im Planungshorizont berücksichtigen, oder Sie schränken auch hier die Auswahl der zu selektierenden Aufträge ein. Im CTM-Profil ordnen Sie lediglich die Auftragsselektion zu. Über Transaktion /SAPAPO/CTMORDSEL können Sie genauso wie für die Bedarfsselektion auch die Selektion von Aufträgen über eine zeitliche Selektion, das Festlegen von relevanten Lokationsprodukten und über die Definition von relevanten ATP-Kategorien bestimmen (siehe Abschnitt 12.1.1, »Planungsumfang – Stammdatenselektion und Planungsmethode«).

Auf der Registerkarte **Strategien** können Sie auf der untergeordneten Registerkarte **Planungsstrategien** im Bereich **Planungsmodus** festlegen, welche Aufträge neu geplant werden sollen. Im Bereich **Löschmodus** bestimmen Sie, welche Aufträge gelöscht werden sollen. Außerdem können Sie im Bereich **Anlegen von Aufträgen** auch die Horizonte zum Anlegen bzw. Löschen von Aufträgen bestimmen. Dabei sind nur bestimmte Kombinationen von Planungs- und Löschmodus möglich. Des Weiteren legen Sie hier die **Terminierungsrichtung** fest. Mithilfe der **Vorwärtsterminierung** legt CTM die Aufträge so früh wie möglich an, und über die **Rückwärtsterminierung** legt das System den Zugang so nah wie möglich an den Bedarfstermin. Im Bereich **Pegging-Typ** können Sie vorgeben, ob CTM **Fixiertes Pegging** oder **Dynamisches Pegging** verwendet. Fixiertes Pegging stellt die Verbindung zwischen Bedarf und Zugangselement her und behält die Information der Zuordnung auch im liveCache bei. Bei dynamischem Pegging wird die Zuordnung nicht festgeschrieben, sodass das Pegging z. B. bei der Anlage eines Kundenauftrags als neuer Bedarf dynamisch ermittelt wird und der neue Bedarf durch ein bestehendes Zugangselement gedeckt werden kann.

Auf der untergeordneten Registerkarte **Spezielle Strategien** (Abbildung 12.12) können Sie im Bereich **Veränderungsplanung** definieren, ob Sie lediglich eine Veränderungsplanung durchführen möchten, und vorgeben, welche **Bedarfe** berücksichtigt bzw. welche verfügbaren **Zugänge** gelöscht werden sollen.

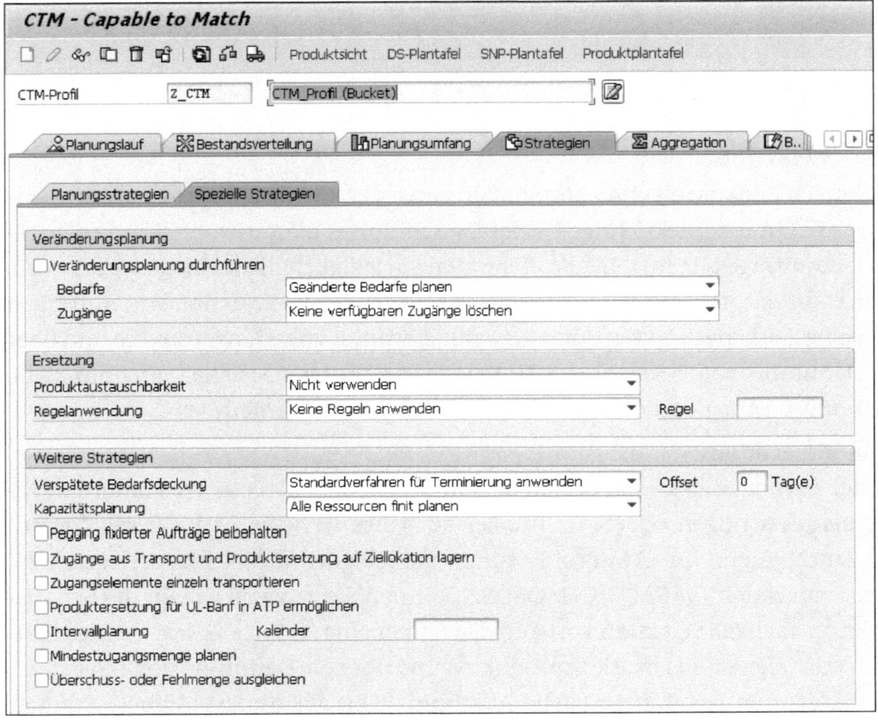

Abbildung 12.12 CTM-Profil – Strategien

Im Bereich **Ersetzung** geben Sie an, ob Sie die Ersetzung mithilfe der **Produktaustauschbarkeit** (Auslaufsteuerung, FFF-Klassen) oder über die **Regelanwendung** steuern möchten.

Im Bereich **Weitere Strategien** können Sie folgende für die Kapazitätsplanung relevante Einstellungen vornehmen:

- **Verspätete Bedarfsdeckung**
  Hier können Sie die Vorgehensweise bei verspäteter Bedarfsdeckung festlegen: ob das System die Standardterminierung verwenden soll, ob versucht werden soll, die Verspätung zu minimieren, oder ob eine Verspätung entsprechend den definierten Offset-Tagen über eine schrittweise Bedarfsverschiebung durchgeführt werden soll.
- **Kapazitätsplanung**
  Im Feld **Kapazitätsplanung** legen Sie fest, wie CTM mit den vorhandenen Kapazitäten umgehen soll. Sie können eine infinite Planung zulassen, was zur Folge hat, dass keine Kapazitäten berücksichtigt werden. Um eine Kapazitätsplanung mit CTM durchzuführen, haben Sie zwei alternative Einstellungsmöglichkeiten. Entweder sollen die Einstellungen aus den Ressourcenstammdaten übernommen werden, sodass Sie über Stammdaten die Engpassressourcen als finit definieren können, oder Sie haben die Möglichkeit, alle Ressourcen finit zu planen.

Von den weiteren verfügbaren Einstellungen können die folgenden einen Einfluss auf das Planungsergebnis haben:

- **Pegging fixierter Aufträge beibehalten**
  Wenn Sie dieses Kennzeichen aktivieren, legen Sie fest, dass das System Pegging-Beziehungen jedes Pegging-Typs von fixierten Aufträgen nicht ändern soll.
- **Zugänge aus Transport und Produktersetzung auf Ziellokation lagern**
  Die Aktivierung dieses Kennzeichens führt dazu, dass Umlagerungen in die Ziellokation sofort stattfinden und nicht erst kurz vor dem Bedarfstermin.
- **Zugangselemente einzeln transportieren**
  Die Aktivierung dieses Kennzeichens führt dazu, dass Lagerbestände in der Ziellokation aufgebaut werden, da einzelne Zugangselemente direkt aus der Quelllokation in die Ziellokation umgelagert werden. Werden Bedarfe über mehrere Teilmengen und Zugangselemente gedeckt, werden diese bereits einzeln in die Ziellokation umgelagert.

Des Weiteren haben Sie die Möglichkeit, die Bestandsverteilung sofort im Anschluss an den CTM-Lauf zu starten oder die **Intervallplanung** zu verwenden, die den gesamten Planungshorizont untergliedert und einzelne Intervalle plant und eventuell Sicherheitsbestände etc. anlegt. Die Zugänge aus vorhergehenden Intervallen können dabei zur Deckung von Bedarfen aktueller Intervalle verwendet werden. Dafür müssen Sie das Kennzeichen **Intervallplanung** aktivieren.

Auf der Registerkarte **Bedarfe** können Sie das Regelwerk zur Bedarfspriorisierung festlegen (siehe Abbildung 12.13). Sie können entweder die Reihenfolge verwenden, die Sie über ein Sortierprofil (z. B. Transaktion S_AP9_75000206) und Sondersortierungen (z. B. Transaktion S_AP9_75000183 oder /SAPAPO/VASOSORT) im Customizing über den Pfad **Advanced Planning and Optimization • Multilevel Supply & Demand Matching • Umfeld • Lfd. Einstellungen • Bedarfspriorisierung** festgelegt haben, oder Sie geben die Reihenfolge direkt im CTM-Profil auf der Registerkarte **Bedarfe** an.

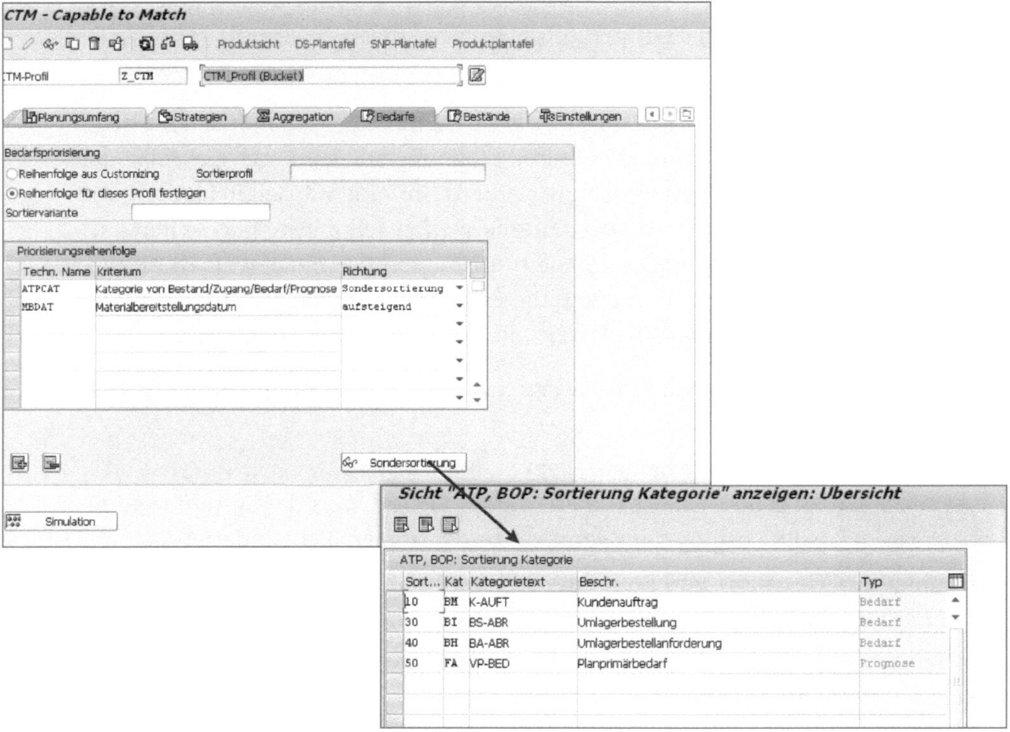

Abbildung 12.13 CTM-Profil – Bedarfe

Sie haben die Möglichkeit, die Reihenfolge der zur Verfügung stehenden Sortierkriterien für die Bedarfspriorisierung festzulegen. In dem Beispiel in Abbildung 12.13 werden die Bedarfe zuerst über eine Sondersortierung nach ATP-Kategorien sortiert. Im zweiten Schritt werden die Bedarfe mit derselben ATP-Kategorie nach dem Materialbereitstellungsdatum sortiert. Die für ATPCAT festgelegte Sondersortierung können Sie, wie in Abbildung 12.13 dargestellt, aus dem CTM-Profil heraus anzeigen, indem

Sie auf den Button **Sondersortierung** klicken. Abhängig von Ihren Anforderungen müssen Sie die notwendigen Einstellungen für Ihren CTM-Lauf bzw. für Ihre CTM-Läufe vornehmen.

Auf der Registerkarte **Bestände**, die in Abbildung 12.14 zu sehen ist, können Sie Einstellungen zur **Bestandssteuerung** und zur **Bestandskategorisierung** vornehmen.

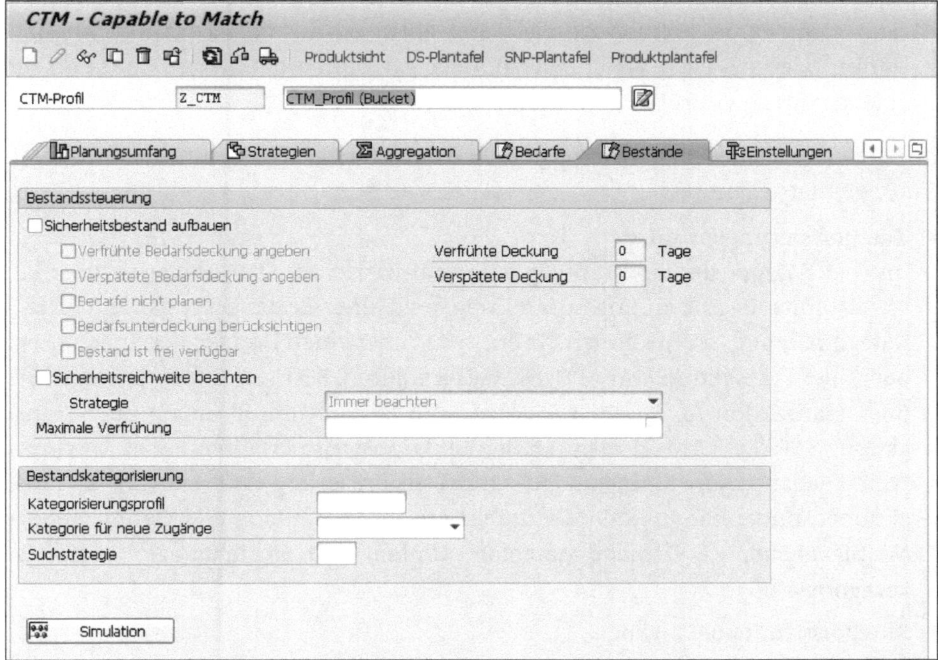

Abbildung 12.14 CTM-Profil – Bestände

Im Bereich **Bestandssteuerung** können Sie für den CTM-Planungslauf folgende Parameter festlegen:

- **Sicherheitsbestand aufbauen**
  Wenn Sie dieses Kennzeichen aktivieren, können Sie festlegen, in welcher Zeitspanne vor und nach dem Bedarfstermin CTM Sicherheitsbestände anlegen kann. Des Weiteren können Sie festlegen, ob zuerst die Bedarfe oder der Sicherheitsbestand geplant werden soll, wie Bedarfsunterdeckungen sich auswirken sollen und wie frei verfügbarer Bestand behandelt werden soll. Der Sicherheitsbestandsaufbau orientiert sich dabei an den Einstellungen zur Sicherheitsbestandsplanung im Lokationsproduktstamm.

- **Sicherheitsreichweite beachten**
  Wenn Sie dieses Kennzeichen aktivieren, können Sie festlegen, wann die Sicherheitsreichweite beachtet werden soll. CTM verwendet dabei die im Lokationsproduktstamm hinterlegten Einstellungen zur Sicherheitsreichweite.
- **Maximale Verfrühung**
  In diesem Feld legen Sie einen Horizont fest, in dem CTM einen Bedarf verfrüht decken darf. Hierbei können Sie die Werte entweder aus dem Lokationsproduktstamm oder aus einer SNP-Kennzahl oder gar keinen definierten Zeitraum für eine maximale Verfrühung verwenden.

Im Bereich **Bestandskategorisierung** können Sie für den CTM-Planungslauf folgende Parameter festlegen:

- **Kategorisierungsprofil**
  Im Feld **Kategorisierungsprofil** legen Sie auf Basis von ATP-Kategorien oder Bestandslimits die Zuordnung von Aufträgen zu einer Bestandskategorie fest. Das Kategorisierungsprofil können Sie entweder über einen Doppelklick auf das Feld oder über Transaktion /SAPAPO/CTMSCPR anlegen. Bestandskategorien legen Sie über Transaktion /SAPAPO/SUPCAT an und Bestandslimitgruppen über Transaktion /SAPAPO/CTM02. Mehr zu der Funktionsweise erfahren Sie in Abschnitt 12.1.2, »Bedarfspriorisierung und Bestandskategorisierung«. Alle relevanten Transaktionen finden Sie im SAP-Menü über **Advanced Planning and Optimization • Multilevel Supply & Demand Matching • Umfeld • Lfd. Einstellungen • Bestandskategorisierung**.
- **Kategorie für neue Zugänge**
  Über die Zuordnung einer Bestandskategorie im Feld **Kategorie für neue Zugänge** legen Sie fest, wie neue Zugänge kategorisiert werden sollen.
- **Suchstrategie**
  Über die **Suchstrategie** legen Sie die Reihenfolge fest, in der die CTM-Planung kategorisierte Zugänge und Bestände verbrauchen soll. Das Suchprofil legen Sie entweder über einen Doppelklick auf das Feld oder über Transaktion /SAPAPO/CTMSSTRAT an. Mehr über die Funktionsweise der Suchstrategie erfahren Sie in Abschnitt 12.1.2, »Bedarfspriorisierung und Bestandskategorisierung«.

Die Registerkarte **Einstellungen** ist in die untergeordneten Registerkarten **Grundeinstellungen**, **Einstellungen zu Stammdaten** und **Technische Einstellungen** unterteilt. In Abbildung 12.15 sehen Sie Registerkarte **Grundeinstellungen**.

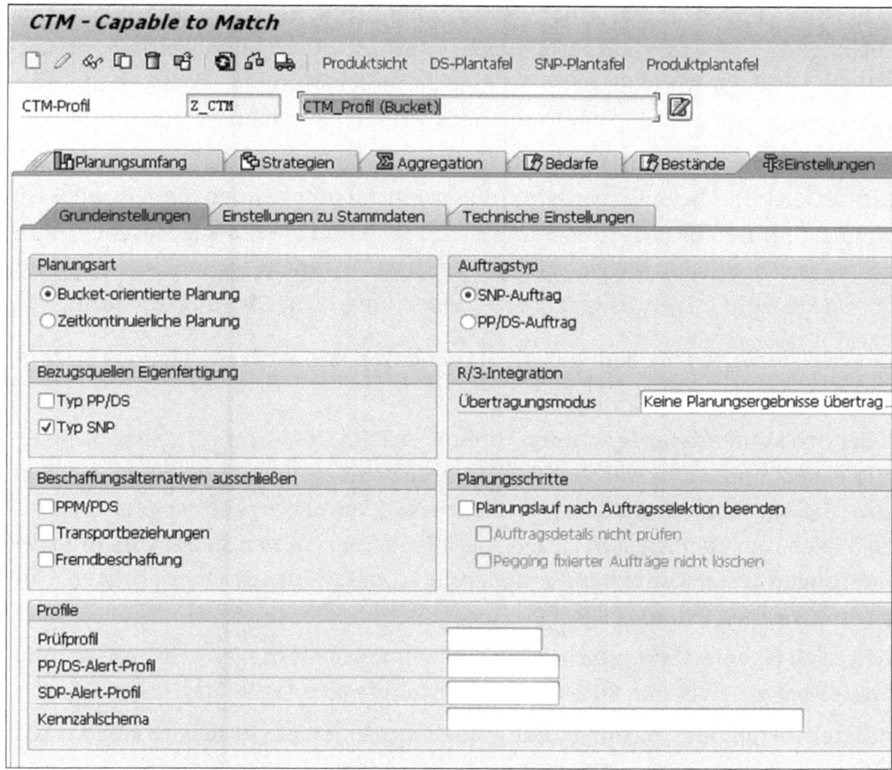

Abbildung 12.15 CTM-Profil – Einstellungen

Auf der Registerkarte **Grundeinstellungen** können Sie folgende Einstellungen vornehmen:

- Die **Planungsart** festlegen und entweder eine Bucket-orientierte SNP-Planung oder eine zeitkontinuierliche PP/DS-Planung durchführen
- Den **Auftragstyp** festlegen, um entsprechend der Planungsart die Aufträge mit der korrekten ATP-Kategorie (SNP-Aufträge oder PP/DS-Aufträge) zu planen. Hiermit legen Sie fest, ob Sie CTM für Fragestellungen der langfristigen Bucket-orientierten oder der kurzfristigen zeitkontinuierlichen Kapazitätsplanung verwenden.
- Im Bereich **Bezugsquellen Eigenfertigung** können Sie festlegen, ob die SNP- und/oder PP/DS-Bezugsquellen verwendet werden sollen. Dies hängt auch von der Fragestellung ab, ob Sie eine langfristige Bucket-orientierte oder kurzfristige detaillierte Planung mit entsprechenden Plänen durchführen möchten.
- Im Bereich **R/3-Integration** können Sie den Übertragungsmodus von Aufträgen zwischen APO und SAP ERP festlegen.

- Im Bereich **Beschaffungsalternativen ausschließen** können Sie **PPM/PDS** zur Eigenfertigung, die **Transportbeziehungen** und/oder die **Fremdbeschaffung** ausschließen. Dies ist sinnvoll, wenn Sie eine der Beschaffungsalternativen in Ihrem Planungsszenario während der Problemlösung nicht berücksichtigen möchten.
- Im Bereich **Planungsschritte** können Sie veranlassen, dass der CTM-Lauf nach der Auftragsselektion beendet wird. Mit dieser Einstellung können Sie z. B. auf Basis einer bestimmten Bedarfs- und Stammdatenselektion die Aufträge löschen, ohne dass Sie anschließend eine Planung durchführen. In einem zweiten Planungslauf, können Sie dann mit etwas veränderten Selektionen eine Planung durchführen.

Auf der Registerkarte **Einstellungen zu Stammdaten** können Sie folgendes Systemverhalten einstellen:

- Im Bereich **Stammdaten ignorieren** können Sie dem CTM-Lauf vorgeben, dass vordefinierte Stammdaten während der Planung nicht berücksichtigt werden sollen, damit Sie von den Stammdaten unabhängige Planungsergebnisse erzielen können. Welche der Stammdaten Sie ignorieren müssen/können, hängt von Ihren Anforderungen ab. Sie können unter anderem Produkthorizont, Quotierungen, Umlagerungshorizonte und Losgrößen ausschließen.
- Im Bereich **Eigenfertigungsbezugsquellen** können Sie festlegen, wie groß der maximale Abstand zwischen End- und Starttermin zweier Aktivitäten sein darf.
- Im Bereich **Fremdbeschaffungsbezugsquellen** können Sie festlegen, von wo Losgrößen für Umlagerungen ermittelt werden, und die maximale Anzahl von Umlagerungen definieren, damit das System die Zugangselemente aufgrund von Beschaffungsprioritäten nicht über mehrere Lokationen transportiert.
- Im Bereich **Sonstige Stammdaten** können Sie festlegen, dass das System alle verwendeten Horizonte auf den Planungsstart bezieht und nicht auf das aktuelle Tagesdatum, was von Vorteil sein kann, wenn Sie eine Planung in der Zukunft ausführen möchten. Des Weiteren haben Sie die Möglichkeit, die Beschaffungsart zu ersetzen, und können ohne Veränderung der Stammdaten simulieren, wie das Ergebnis wäre, wenn Sie eigengefertigte Produkte auch fremdbeschaffen können.

Auf der Registerkarte **Technische Einstellungen** können Sie folgende Systemparameter einstellen:

- Im Bereich **Planungsparameter** können Sie z. B. festlegen, dass Aufträge gerundet werden, minimale zu berücksichtigende Planungsmenge pro Auftrag vorgeben, maximale Terminierungsdauer pro Bedarf und Vorgehen bei fehlenden Stammdaten definieren sowie Einstellungen zur Parallelverarbeitung und Simulationsversionen vornehmen, die das CTM-Ergebnis nicht sofort in den liveCache, sondern in einen Puffer schreiben.

- Im Bereich **Protokolle** können Sie vorgeben, welche Informationen im Anwendungslog und im CTM-Log protokolliert werden. Über das Feld **Umfang CTM-LogFile** können z. B. alle Eingabe- und Ausgabedaten protokolliert und Ergebnisindikatoren zur **Bedarfsdeckung**, **Verwendete Bezugsquellen** oder **Ressourcenauslastung** erzeugt werden. Standardmäßig werden Erläuterungen für alle Bedarfe der Stammdatenselektion erzeugt. Über ein **Erklärungsprofil** (Transaktion /SAPAPO/CTMEXPL) können Sie den Umfang der Planungserläuterungen einschränken, indem Sie über eine Stammdatenselektion vorgeben, für welche bzw. wie viele Bedarfe eines Lokationsprodukts Sie definierte Informations- bzw. Warnmeldungen erhalten möchten. Dabei können Sie auch Einschränkungen der zu berücksichtigenden Suchschritte festlegen (siehe Abschnitt 12.4.2, »Auswertung CTM-Planungsergebnisse«).

In diesem Abschnitt haben Sie einen Überblick über die zentralen Einstellungen im CTM-Profil erhalten, um eine CTM-Planung im Rahmen der Kapazitätsplanung durchzuführen.

12.2.3 Besonderheiten der Stammdatenselektion in CTM

Eine zentrale Funktionalität in CTM ist die Stammdatenselektion, um den Planungsumfang für den CTM-Planungslauf einzuschränken. Neben der Stammdatenselektion bietet CTM die Möglichkeit, die Stammdaten zu prüfen. In diesem Abschnitt beschreiben wir diese beiden Funktionen und gehen auf die Stammdateneinstellungen ein, die für CTM relevant sind.

Mithilfe der Stammdatenselektion (Transaktion /SAPAPO/CTMMSEL) können Sie über ein Profil festlegen, welche Stammdaten relevant sind.

In diesem Profil können Sie verschiedene Vorgaben für die Auswahl der relevanten Stammdaten festlegen (Abbildung 12.16):

- **Selektion abhängiger Stammdaten**
  In diesem Bereich können Sie vorgeben, dass abhängige Stammdaten automatisch selektiert werden sollen. Außerdem können Sie die Ermittlung der abhängigen Stammdaten explizit für die angegebenen Bezugsquellen festlegen und den Prozess auf eine einstufige Selektion beschränken.
- **Selektionstyp für Lokationsprodukte**
  In diesem Bereich können Sie festlegen, ob für die Auswahl der Lokationsprodukte eine statische bzw. dynamische Selektion genutzt werden soll. Über die statische Selektion geben Sie die Selektion und die Objekte fest vor, und über die dynamische Selektion geben Sie Selektionskriterien mithilfe einer Selektions-ID vor, sodass die dazugehörigen Objekte dynamisch ermittelt werden.

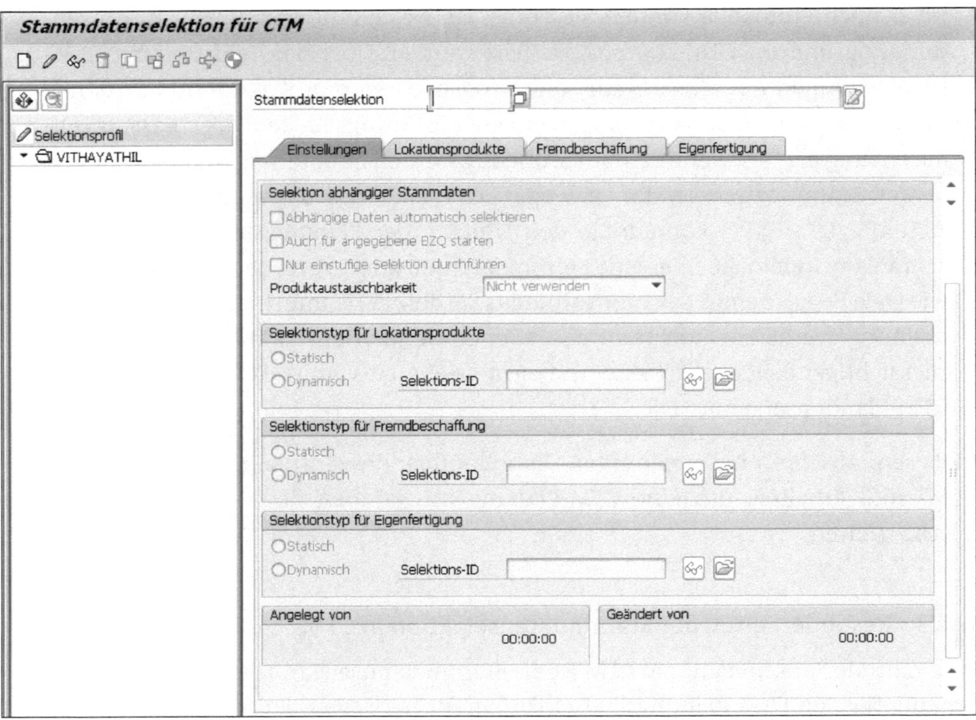

Abbildung 12.16 Stammdatenselektion

- **Selektionstyp für die Fremdbeschaffung**
  In diesem Bereich legen Sie fest, ob für die Fremdbeschaffung eine statische bzw. dynamische Selektion der Transportbeziehung durchgeführt werden soll.
- **Selektionstyp für Eigenfertigung**
  In diesem Bereich legen Sie fest, ob für die Eigenfertigung eine statische bzw. dynamische Selektion der Bezugsquellen durchgeführt werden soll.

Die Prüfung der Stammdaten können Sie direkt in der Transaktion zur Anlage der Stammdatenselektion über den Button **Stammdatenselektion prüfen** durchführen. Um eine Konsistenzprüfung der CTM-Stammdaten in Verbindung mit einem CTM-Profil durchzuführen, können Sie Transaktion /SAPAPO/CTM01 verwenden. Abbildung 12.17 zeigt ein Beispiel eines Ergebnisses des CTM-Stammdatendaten-Konsistenzchecks. Es werden drei Meldungen angezeigt.

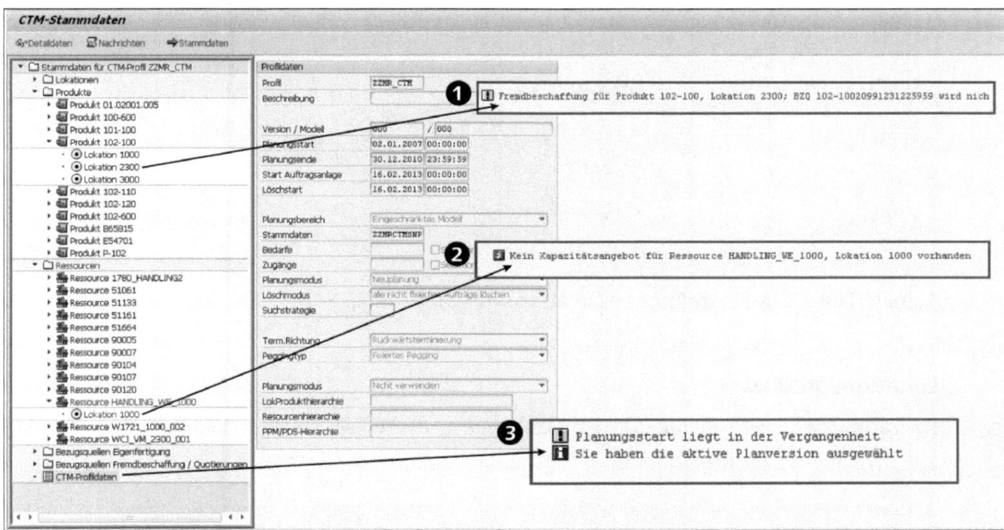

Abbildung 12.17 Ergebnis Konsistenzcheck CTM-Stammdaten

❶ Es wird eine Warnung angezeigt, dass für das Produkt 102-100 in der Lokation 2300 eine Eigenfertigungs-Bezugsquelle über die Stammdatenselektion ausgewählt wurde, obwohl das Material fremdbeschafft ist. Die Eigenfertigungs-Bezugsquelle könnte aus der Selektion entfernt werden.

❷ Es wird ein Fehler angezeigt, dass für die Ressource HANDLING_WE_1000 in der Lokation 1000 kein Kapazitätsangebot vorhanden ist. In diesem Fall sollte überprüft werden, ob z. B. die Ressource dem Modell zugeordnet wurde.

❸ Für die CTM-Profildaten wird die Warnung angezeigt, dass der Planungsstart in der Vergangenheit liegt, und es wird die Information ausgegeben, dass in der aktiven Version geplant wird.

Abhängig von den Meldungen eines Konsistenzchecks müssen bzw. können Korrekturen notwendig werden bzw. sind erforderlich. Die für die Planung relevanten Stammdaten werden grundsätzlich in den entsprechenden Kapiteln zu den Stammdaten (siehe Kapitel 3, »Globale Stammdaten«, und Kapitel 4, »Anwendungsspezifische Stammdaten«) beschrieben. An dieser Stelle gehen wir lediglich auf CTM-spezifische Einstellungen der Stammdatenobjekte ein.

Lokation

In Tabelle 12.4 sehen Sie die Einstellungen, die CTM aus dem Lokationsstammsatz verwendet.

Bild/Registerkarte	Feld
Einstiegsbild	Lokationstyp
Allgemein	▪ Lokationspriorität ▪ Zeitzone
Kalender	▪ Versandkalender ▪ Empfangskalender

Tabelle 12.4 CTM-Einstellungen Lokationsstamm (Quelle: SAP)

Lokationsprodukt

In Tabelle 12.5 sehen Sie die Einstellungen, die CTM aus dem Lokationsproduktstammsatz verwendet.

Bild/Registerkarte	Feld
Eigenschaften	▪ Haltbarkeit ▪ Reifezeit ▪ Geforderte Mindesthaltbarkeit ▪ Geforderte Maximalhaltbarkeit
SNP2	▪ SNP-Produktionshorizont ▪ Erweiterter SNP-Produktionshorizont ▪ SNP-Umlagerungshorizont ▪ Selektionszeitraum Bedarfe ▪ Zeitraum Auftragsanlage ▪ Priorität ▪ Zeitabhängige Priorität
Bedarf, Registerkarte **Bedarfsstrategie**	▪ Vorschlagsstrategie ▪ Sekundärbedarfe: Sammelbedarf und Kundeneinzelbedarf ▪ Baugruppenvorplanung
Bedarf, Registerkarte **Pegging**	▪ Maximale Verfrühung eines Zugangs
Bedarf, Registerkarte **Verfügbare Bestände**	▪ Alle Bestandsarten
Losgröße	▪ Sicherheitsbestand ▪ Sicherheitsbestandsmethode ▪ Sicherheitsreichweite

Tabelle 12.5 CTM-Einstellungen Lokationsproduktstamm (Quelle: SAP)

Bild/Registerkarte	Feld
Losgröße, Registerkarte **Verfahren**	■ Exakte Losgröße ■ Feste Losgröße
Losgröße, Registerkarte **Mengen- und Terminbestimmung**	■ Mindestlosgröße ■ Maximale Losgröße ■ Rundungswert ■ Baugruppenausschuss (%)
PP/DS	■ Planauflösung
Beschaffung	■ Beschaffungsart ■ Planlieferzeit
WE/WA	■ Wareneingangszeit ■ Warenausgangszeit

Tabelle 12.5 CTM-Einstellungen Lokationsproduktstamm (Quelle: SAP) (Forts.)

Transportbeziehung

In Tabelle 12.6 sehen Sie die Einstellungen, die CTM aus dem Transportbeziehungsstammsatz verwendet.

Bild/Registerkarte	Feld
Produktbeschaffung	■ Beginndatum ■ Endedatum ■ Sperrkennzeichen ■ Beschaffungspriorität ■ Wareneingangszeit ■ Beschaffungsform (normal und Lohnbearbeitung) ■ Produkt
Transportmittel	■ Transportkalender ■ Transportdauer ■ Transportmittelkosten
Produktspezifischer Transport	■ Losgrößenprofil

Tabelle 12.6 CTM-Einstellungen Transportbeziehungsstamm (Quelle: SAP)

Ressourcen

CTM verwendet Produktions-, Handling- und Transportressourcen. Entweder Sie planen alle Ressource infinit, finit oder je nach Einstellung im Ressourcenstammsatz. In

Tabelle 12.7 sehen Sie, welche Einstellungen des Ressourcenstammsatzes verwendet werden.

Bild/Registerkarte	Feld
Allgemeine Daten	■ Ressourcenart (nur Typ Produktion) ■ Lokation ■ Fabrikkalender ■ Aktive Variante ■ Gruppenrahmen Planungsparameter ■ Tage – ■ Tage + ■ Finite Planung
Zeitkontinuierliche Kapazität	■ Beginn ■ Ende ■ Kapazität
SNP-Bucket-Kapazität	■ Feld **Bucket-Definition – Aus kont. Kapazität** ■ Verlustfaktor ■ Feld **Bucket-Definition – Pflegen** ■ Periodenart ■ Anzahl Perioden ■ Bucket-Kapazität ■ Nutzungsgrad Bucket-orientierte Kapazität
Ausfallzeiten	■ Gültig von ■ Gültig bis ■ Typ Ausfallzeit

Tabelle 12.7 CTM-Einstellungen Ressourcenstamm (Quelle: SAP)

Bezugsquellen für Eigenfertigung

Als Bezugsquelle zur Eigenfertigung kann CTM Produktionsprozessmodelle (PPM) oder die Produktionsdatenstrukturen (PDS) verwenden. Im Unterschied zu den reinen SNP-Planungsfunktionen kann CTM PDS und PPM sowohl für SNP als auch für PP/DS verwenden.

Quotierung

In CTM werden die eingehenden Quotierungen verwendet, und Sie haben die Möglichkeit, Quotierungen mit oder ohne Bedarfs-Splitting zu nutzen. Bei der Option mit Bedarfs-Splitting werden zur Deckung eines Bedarfs mehrere Bezugsquellen entsprechend den vorgegebenen Quotierungen verwendet. Bei der Option ohne Bedarfs-Splitting wird pro Bedarf eine Bezugsquelle verwendet. Allerdings wird für jeden Bedarf geprüft, welche Bezugsquelle genutzt werden soll, damit annähernd die vorgegebene Quotierung eingehalten wird.

In diesem Abschnitt haben Sie einen Überblick über die notwendigen Einstellungen im Customizing und die relevanten Stammdaten für eine Planung mit CTM erhalten. Im folgenden Abschnitt gehen wir auf die Durchführung der Planung mit CTM ein.

12.3 CTM-Planung durchführen

Die CTM-Planung können Sie entweder interaktiv oder im Hintergrund durchführen. Voraussetzung ist dabei immer, dass die notwendigen Stammdaten zur Verfügung stehen. In diesem Abschnitt erläutern wir Ihnen, wie Sie eine Planung mit der Funktion in CTM interaktiv sowie im Hintergrund ausführen können.

12.3.1 CTM-Stammdaten-Konsistenzcheck

Voraussetzung, bevor Sie eine Planung mit CTM ausführen können, ist die Anlage von relevanten Stammdaten in APO. Sobald Stammdaten verändert wurden, ist es sinnvoll, den Stammdaten-Konsistenzcheck durchzuführen, damit vor dem CTM-Planungslauf die Konsistenz der Stammdaten sichergestellt wird.

Den Stammdaten-Konsistenzcheck können Sie entweder direkt aus dem CTM-Profil (Transaktion /SAPAPO/CTM) über **Bearbeiten** und **CTM Stammd. prüfen** ausführen oder über Transaktion /SAPAPO/CTM01. Dabei müssen Sie ein CTM-Profil angeben und können festlegen, welche CTM-Stammdaten, wie z. B. **Lokationsprodukte**, **Bezugsquellen (Eigenfertigung)** und **Bezugsquellen (Fremdbesch.)**, **Ressourcen**, **Produktaustauschbarkeit** oder **Bestandsverteilung (Fremdb.)** verwendet werden sollen.

12.3.2 CTM in der Hintergrundverarbeitung ausführen

Den CTM-Planungslauf können Sie in der Hintergrundverarbeitung ausführen, indem Sie über Transaktion /SAPAPO/CTMB ein CTM-Planungsprofil auswählen und mit Report /SAPAPO/CTMPLRUN über **Ausführen** den Planungslauf starten.

Eine weitere Möglichkeit, um den CTM-Planungslauf im Hintergrund einzuplanen, ist die Verwendung von Prozessketten über Transaktion RSPC. Die Nutzung von Prozessketten unterstützt die Planung von mehreren Prozessschritten, die in einer definierten Reihenfolge ablaufen sollen, und ermöglicht ein einfaches Monitoring.

12.3.3 CTM interaktiv ausführen

Den CTM-Planungslauf können Sie auch interaktiv direkt aus dem CTM-Profil in Transaktion /SAPAPO/CTM ausführen. Wenn Sie die erforderlichen Einstellungen vorgenommen haben, können Sie den Planungslauf über den Button **Planung starten** auf der Registerkarte **Planungslauf** ausführen.

12.4 Planungsergebnisse analysieren

Bei der Analyse der Planungsergebnisse eines CTM-Planungslaufs müssen Sie immer zwei Aspekte berücksichtigen: Sie müssen prüfen, ob während des CTM-Planungslaufs technische Probleme aufgetreten sind, und die Planungsergebnisse auswerten.

12.4.1 Technische Aspekte des CTM-Planungslaufs

Auf der Registerkarte **Planungslauf** im CTM-Profil informiert Sie das Feld **Status** in Form einer Ampel, ob CTM-Meldungen vorhanden sind:

- Ein grüner Status bedeutet, dass der CTM-Lauf erfolgreich abgeschlossen wurde.
- Ein gelber Status bedeutet, dass mindestens eine Warnung vorliegt.
- Ein roter Status bedeutet, dass mindestens ein Fehler aufgetreten ist. In diesem Fall muss das Planungsergebnis korrigiert werden.

Bei der Fehlersuche können Sie die Logdateien Ihrer Planungsläufe verwenden. Die Logdateien zeigen die Historie und den Status aller Optimierungsläufe und können aus dem CTM-Profil angezeigt werden. Klicken Sie dazu im Kopfmenü auf **Ergebnisanalyse • LogFiles anzeigen**.

Abbildung 12.18 zeigt eine beispielhafte Logdatei, die neben den technischen Daten zum Optimierungslauf auch ein Erklärungsprotokoll liefert, das z. B. Verspätungen, Fixierungen oder Umplanungen etc. dokumentiert.

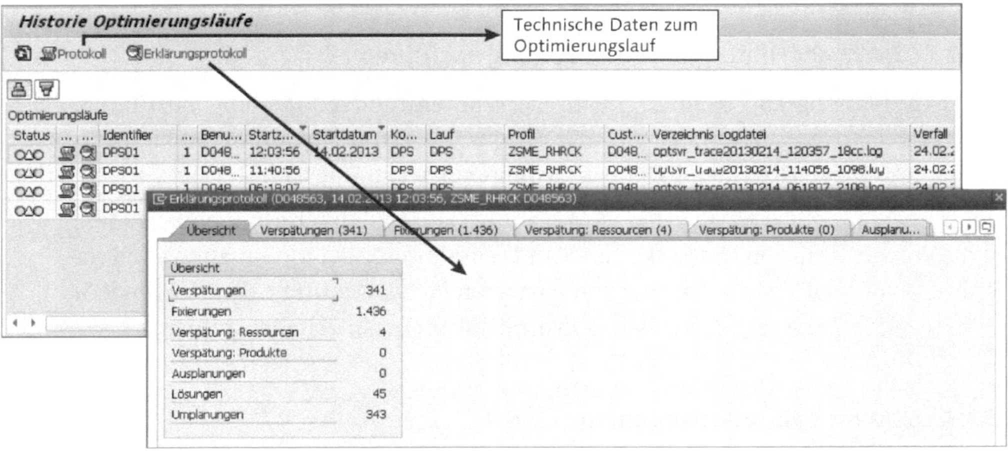

Abbildung 12.18 CTM-Logdatei

12.4.2 Auswertung CTM-Planungsergebnisse

Um das Planungsergebnis eines CTM-Laufs auszuwerten, stehen Ihnen neben CTM-spezifischen Funktionen auch die Werkzeuge und Planungstabellen aus APO zur Verfügung. Einen Großteil der Auswertungen können Sie über das CTM-Profil auf der Registerkarte **Planungslauf** und über den Button **Auswertungen** aufrufen.

Die folgenden generellen APO-Funktionen stehen Ihnen für die Analyse zur Verfügung:

- Alert-Monitor (Transaktion /SAPAPO/AMON1), wenn Sie Alert-Profile angegeben haben, in Abschnitt 14.2, »Alert-Monitor«, und Abschnitt 25.2, »Alert-Monitor«, beschrieben
- Plan-Monitor (Transaktion /SAPAPO/PMON), wenn Sie ein Kennzahlenschema verwenden. Der Plan-Monitor ist in Abschnitt 25.3, »Plan-Monitor«, beschrieben.
- Produktsicht (Transaktion /SAPAPO/RRP3), die auch im Rahmen der kurzfristigen Kapazitätsplanung verwendet und in Abschnitt 25.9.1, »Produktsicht«, erläutert wird
- Planungsmappen und Datensichten (Transaktion /SAPAPO/SDP94), die in Abschnitt 14.1, »Interaktive SNP-Planung«, weiter beschrieben sind
- Feinplanungsplantafel (Transaktion /SAPAPO/CDPSO), die in Abschnitt 25.7, »Grafische Feinplanungstafel«, beschrieben wird
- Produktplantafel (/SAPAPO/PPT1), die in Abschnitt 25.10, »Produktplantafel«, erläutert wird

Des Weiteren stehen Ihnen noch die Funktionen aus CTM zur Verfügung, um das Planungsergebnis zu analysieren, auf die wir im Folgenden weiter eingehen.

Um Bedarfe zu analysieren, klicken Sie im CTM-Profil auf der Registerkarte **Bedarfe** auf den Button **Bedarfe**. Anschließend werden alle Bedarfe angezeigt, die die CTM-Planung zu decken versucht hat. Sie finden dort auch Details zu den verwendeten bedarfsabhängigen Einschränkungen (Constraints) und Ersetzungsketten.

Während des CTM-Planungslaufs werden verschiedene CTM-Meldungen erzeugt, die Sie sich nach dem CTM-Planungslauf anzeigen lassen können. Sie können z. B. sehen, wie viele Aufträge gelöscht, wie viele Bedarfe und Bestände zur Planung an die CTM-Engine übergeben wurden und wie viele Aufträge und Pegging-Beziehungen von dem Planungslauf angelegt wurden. Somit haben Sie die Möglichkeit, sich die Ursachen erläutern zu lassen, warum Bedarfe z. B. gar nicht, verspätet oder nur teilweise gedeckt wurden, und können so das Planungsergebnis nachvollziehen. Standardmäßig werden Erklärungen für alle Bedarfe der Lokationsprodukte der Stammdatenselektion erzeugt. Über das Erklärungsprofil (Transaktion /SAPAPO/CTMEXPL) können Sie den Umfang der Erläuterungen einschränken und die Übersichtlichkeit entsprechend Ihren Anforderungen erhöhen, indem Sie nur ausgewählte Meldungen anzeigen lassen. Dabei können Sie auf der Registerkarte **Kopfdaten** alternative **Stammdatenselektionen für Lokationsprodukte** definieren, um z. B. nur für kritische Lokationsprodukte Erläuterungen zu generieren, oder die Anzahl für **Erklärte Bedarfe pro Lokationsprodukt** begrenzen, für die Erläuterungen erstellt werden sollen. Zusätzlich können Sie über den **Suchpfad** festlegen, dass nicht für alle Suchschritte des Planungslaufs Erläuterungen geschrieben werden, sondern nur für den letzten Schritt. Auch die Erläuterungen zur **Bestandssuche** können Sie einschränken und ausblenden, sobald auch andere Beschaffungsalternativen geprüft wurden. Zusätzlich haben Sie die Möglichkeit, über die Registerkarten **Informationsmeldungen** und **Warnmeldungen** die relevanten Meldungen zu selektieren und somit zu reduzieren.

Neben den Planungserläuterungen können Sie auch Ergebnisindikatoren erzeugen und sich anzeigen lassen. Ergebnisindikatoren sind Messwerte, die Informationen über das Ergebnis eines CTM-Planungslaufs bereitstellen sollen. Die folgenden Ergebnisindikatoren können Sie im CTM-Anwendungsprotokoll anzeigen lassen, indem Sie im CTM-Profil auf der Registerkarte **Technische Einstellungen** im Bereich **Protokolle** folgende Felder selektieren:

- **Bedarfsdeckung**
  Das System zeigt pro Bedarf die termingerechte und verspätete Menge sowie die Unterdeckung.
- **Verwendete Bezugsquellen**
  Pro Lokationsprodukt werden die verwendeten Bezugsquellen angezeigt.
- **Ressourcenauslastung**
  Das System zeigt die Ressourcenauslastungssituation.

Sie können sich die Meldungen interaktiv direkt nach dem Planungslauf im CTM-Profil auf der Registerkarte **Planungslauf** mit dem Button **Auswertungen** anzeigen lassen. Die CTM-Meldungen eines aktuellen Laufs werden gelöscht, sobald Sie das CTM-Profil verlassen. Sie können aber festlegen, dass die Meldungen im Anwendungsprotokoll (Transaktion /SAPAPO/CTMAPLOG) gespeichert werden, sodass Sie die CTM-Meldungen für einen Planungslauf erneut aufrufen können. Die in CTM zur Verfügung stehenden Auswertungen können nicht nur über das CTM-Profil, sondern auch über den Pfad **Advanced Planning and Optimization • Multilevel Supply & Demand Matching • Auswertungen** aufgerufen werden.

12.5 Sonderprozesse und Beispiele

Es gibt noch weitere Funktionen und Einstellungen, die das Planungsergebnis und eine Planung mit CTM beeinflussen. Dabei können funktionale und technische Parameter unterschieden werden, die einen Einfluss auf das Planungsergebnis haben und die wir in Abschnitt 12.2, »Einstellungen und Stammdaten in CTM«, beschrieben haben. Hier stellen wir Ihnen noch einige weitere Funktionen und Parameter überblicksartig vor, die das Ergebnis des CTM-Laufs beeinflussen und die Sie mithilfe von CTM umsetzen können.

CTM kann in der Planung Vorplanbedarfe und Kundenbedarfe berücksichtigen. Daher kann CTM grundsätzlich bei der Planung von Make-to-Stock- und Make-to-Order-Planungsstrategien verwendet werden. Die folgenden Standardbedarfsstrategien aus APO werden von CTM unterstützt:

- **Anonyme Lagerfertigung (10)**
  Wenn die Produktion nicht von Kundenaufträgen beeinflusst wird, sondern auf Basis von Vorplanbedarfen geplant werden soll, können Sie diese Strategie verwenden. Kundenaufträge beeinflussen die Produktion nicht und verrechnen sich auch nicht mit Vorplanbedarfen. CTM verwendet die Vorplanbedarfe aus dem Nettoabschnitt und legt auch die Zugangselemente im Nettoabschnitt an.
- **Planung mit Endmontage (20)**
  Wenn Sie die Bedarfe des Endprodukts gut vorplanen können und die Vorplanbedarfe sowie die Kundenaufträge eine Produktion des Fertigprodukts anstoßen sollen, können Sie diese Bedarfsstrategie verwenden. Kundenaufträge können dabei mit den Vorplanbedarfen verrechnet werden. Dies wird im liveCache durchgeführt, und der Nettobedarf wird in der CTM-Planung berücksichtigt.

  Der Einsatz dieser Bedarfsstrategie für Komponenten sollte kritisch geprüft werden. Auch auf Komponentenebene würde eine Verrechnung mit Vorplanbedarfen stattfinden. Während eines werksübergreifenden CTM-Laufs erfolgt allerdings keine Verrechnung zwischen Vorplanbedarfen und den im Planungslauf generierten Sekundärbedarfen, da die Verrechnung im liveCache und nicht in der CTM-Engine stattfindet. Dies führt zu erhöhten Zugängen auf Komponentenebene. In einem zweiten nachgelagerten Lauf auf Komponentenebene könnten die Nettobedarfe ermittelt und auf Kontingentebene berücksichtigt werden. Dies ist im Einzelfall abhängig von den Anforderungen zu prüfen.
- **Vorplanung ohne Endmontage (30)**
  Diese Bedarfsstrategie können Sie verwenden, wenn das Endprodukt noch nicht auf Basis von Vorplanbedarfen, aber die Komponenten schon produziert werden sollen. Es ist sinnvoll, diese Strategie zu verwenden, um z. B. die Wiederbeschaffungszeit zu verkürzen oder wenn die Komponenten in mehreren Endprodukten verwendet werden. CTM unterstützt diese Bedarfsstrategie im SNP- und PP/DS-Planungsmodus, wobei nur die PP/DS-Aufträge in das ERP-System integriert werden.
- **Vorplanungsprodukt (40)**
  Wenn Sie für die Planung ein Planprodukt verwenden, um eine Gruppe von vergleichbaren Endprodukten zu planen, können Sie diese Bedarfsstrategie nutzen.

Die notwendigen Einstellungen für den CTM-Lauf müssen Sie für das Vorplanprodukt durchführen. Falls Kundenaufträge auf den Einzelprodukten vorhanden sind, werden diese mit der Vorplanung auf dem Vorplanprodukt verrechnet.

Make-to-Order-Planungsstrategien bzw. Strategien mit Kundeneinzelabschnitt können Sie verwenden, wenn Sie eine kundenindividuelle Planung und Kundenaufträge abbilden möchten. Die Planung von Aufträgen im Kundeneinzelabschnitt wird im PP/DS-Modus von CTM automatisch unterstützt. In der SNP-Bucket-Planung muss dies erst über den Parameter BUCKET_MAKE_TO_ORDER freigeschaltet werden (siehe SAP-Hinweis 996299). Der Gesamtprozess der Kundeneinzelfertigung wird weiterhin nicht unterstützt. Um in den SNP-Planungsmappen und Datensichten die Aufträge aus den Kundeneinzelabschnitten und der Vorplanung ohne Endmontage anzuzeigen, müssen Sie das BAdI /SAPAPO/SDP_INTERACT und die Methode HEG_KEYF_SPECIALS nutzen.

In CTM haben Sie die Möglichkeit, eine finite oder eine infinite Planung durchzuführen. Entweder Sie lassen alle Ressourcen finit oder infinit planen oder Sie verwenden die Einstellung aus dem Ressourcenstamm, um dynamisch Engpassressourcen festlegen zu können. Im CTM-Profil auf der Registerkarte **Spezielle Strategien** können Sie die entsprechende Auswahl treffen. Im Rahmen einer Kapazitätsplanung sollten Sie die finite Berücksichtigung von Ressourcen verwenden. Abhängig von Ihren Anforderungen kann eine Kombination der möglichen alternativen Einstellungen in verschiedenen Planungsläufen zu dem gewünschten Ergebnis führen.

Die *aggregierte Planung mit CTM* berücksichtigt Hierarchiestrukturen für die Kapazitätsplanung und die Bezugsquellenfindung und ermöglicht eine performanceoptimierte Planung z. B. auf einem Kopflokationsprodukt einer Lokationsprodukthierarchie. Das Planungsergebnis können Sie anschließend mit der SNP-Disaggregation auf die Unterprodukte disaggregieren. Um die aggregierte Planung mit CTM zu verwenden, müssen Sie die notwendigen Stammdaten pflegen, wie z. B. Lokationsprodukthierarchie und Ressourcenhierarchie, und Customizing-Einstellungen vornehmen, wie z. B. im CTM-Profil auf der Registerkarte **Aggregierte Planung**.

Einschränkungen aggregierte Planung

Es empfiehlt sich nicht, die Produktaustauschbarkeit, CTM-Planung mit Regeln, Lohnbearbeitung, Kundeneinzelfertigung und die Planung ohne Endmontage in der aggregierten Planung mit CTM zu verwenden, da die Standardfunktion der SNP-Disaggregation diese Funktionen nicht unterstützt.

Mit der *erweiterten aggregierten Planung*, die Sie über die Business Function SCM_APO_HIER_AGG_PLAN aktivieren können, können Sie eine finite Kapazitätsplanung durchführen, die Ressourcen und Materialkapazitäten auf allen Ebenen der Supply

Chain einbezieht und Kapazitätsrestriktionen berücksichtigt. Dabei ist die erweiterte aggregierte Planung in CTM speziell auf die Berücksichtigung von zeitabhängigen Lokationsprodukthierarchien ausgerichtet. Die Planungsentscheidungen erfolgen dabei auf der Kopfproduktebene anstatt auf der Unterproduktebene einer zeitabhängigen Lokationsprodukthierarchie.

Im ersten Planungsschritt erfolgt in der *CTM-Aggregation* eine mehrstufige Zuordnung von Bedarfen und Zugängen, in der CTM alle vorhandenen Bedarfe und Zugänge auf der Unterproduktebene verrechnet und über Pegging-Beziehungen verknüpft. Im zweiten Schritt werden die offenen Bedarfe den Bedarfen auf der Kopfproduktebene zugeordnet, und CTM hebt jeden für die Planung benötigten Auftrag auf die Kopfebene. Die so ermittelten Bedarfe auf Kopfproduktebene werden dann über die *zeitliche Aggregation* nach ATP-Kategorien zu einem Bedarf pro Periode zusammengefasst. CTM führt die tatsächliche Planung dann auf Kopfebene mit Bezugsquellenfindung und Terminierung durch. Die Ergebnisse müssen schließlich über die *CTM-Disaggregation* auf die Unterprodukte disaggregiert werden.

Einschränkungen erweiterte aggregierte Planung

Die erweiterte aggregierte Planung kann nicht für Kuppelprodukte oder in Verbindung mit der Produktaustauschbarkeit mit CTM-Regeln, Lohnbearbeitung, Kundeneinzelfertigung, Vorplanung ohne Endmontage, merkmalsabhängigen Planung oder Variantenkonfiguration verwendet werden.

Auch die *zeitliche Aggregation*, die im CTM-Profil festgelegt werden kann, vereinfacht die Planung und hat Auswirkungen auf die Performance, da CTM auftragsbasiert plant. Mithilfe der zeitlichen Aggregation können Aufträge über die ATP-Kategorie pro Periode zu aggregierten Bedarfen oder Zugängen zusammengefasst werden. Die CTM-Planung würde dann auch nur einen aggregierten Bedarfsdecker bzw. Zugang erzeugen. So kann sichergestellt werden, dass z. B. nicht mehrere Bestellanforderungen pro Periode wie Tag, Woche oder Monat erzeugt werden.

CTM unterstützt zwei Arten des Produktaustauschs, die im CTM-Profil unter **Spezielle Strategien** festgelegt werden können: den *Einfachauslauf von Produkten*, bei dem ab einem Auslauftermin das Nachfolgeprodukt gültig ist und eventuell abhängig von der Aufbrauchstrategie auch überschüssige Bestände noch verwendet werden können, um Bedarfe des alten Produkts zu decken. Mit CTM können Sie aber auch die *FFF-Klassen* (*Form-Fit-Function*) verwenden, um Bedarfe eines Produkts, die nicht über eigene Zugänge und Bestände gedeckt werden können, ersatzweise durch Zugänge und Bestände von vergleichbaren Produkten decken zu lassen.

Mithilfe der *regelbasierten Planung* in CTM können Sie den Abgleich von Bedarf und Angebot auf Basis spezifischer Attribute des Bedarfs beeinflussen und Ihre gesamte

Logistikkette flexibler steuern. CTM verwendet die Regelsteuerung, die auch die regelbasierte ATP-Verfügbarkeitsprüfung einsetzt, um die Konditionen für die Nutzung einer Regel zu definieren. Über die Regeln können Sie in CTM auch sogenannte Ersetzungen berücksichtigen, die zur Deckung von Bedarfen verwendet werden.

- Bei Kundenaufträgen können Sie Ersetzungen oder bedarfsabhängige Constraints abhängig von ERP-Attributen, wie z. B. Kundennummer, Verkaufsorganisation, Auftragstyp etc., oder über deskriptive Merkmale festlegen.
- Bei Prognosebedarfen können Sie Ersetzungen oder bedarfsabhängige Constraints abhängig von den festen Merkmalen Produkt, Lokation und Kategorie oder über deskriptive Merkmale festlegen.
- Für alle anderen Bedarfsarten können Sie die Regeln über die festen Attribute Produkt, Lokation und Kategorie festlegen.

Mit den Ersetzungen können Sie über Regeln in CTM sogenannte *Down-Binning-Szenarien* realisieren. Dies bedeutet, dass Sie über ein Regelwerk festlegen, dass Bedarfe eines Produkts mit niedriger Qualität auch mit Zugangselementen eines Produkts mit höherer Qualität gedeckt werden können.

Über *deskriptive Merkmale* können Sie Planprimärbedarfe, die anonym pro Produkt und Lokation in SNP geplant werden, z. B. auftraggeberspezifisch über ein deskriptives Merkmal, beispielsweise für Kunden anlegen. Somit können dann für alle Werte oder für ausgewählte Werte des deskriptiven Merkmals Vorplanbedarfe angelegt werden, anstatt nur einen Vorplanbedarf zu generieren. So können Sie z. B. für das deskriptive Merkmal Kunde oder Kundengruppe während der Planung mit CTM bei der Bedarfspriorisierung die Primärbedarfe für diese Kunden höher priorisieren. Über Pegging-Beziehungen sind die Zugänge dann mit den Bedarfen verknüpft, und die Verrechnung der Kundenaufträge mit den Primärbedarfen lässt sich dann merkmals- bzw. kundenspezifisch erzielen.

Die CTM-Planung kann *alternative Ressourcen* berücksichtigen, um die Bedarfe fristgerecht zu decken. Dabei werden in CTM genau wie in SNP generell alternative Ressourcen über alternative Pläne (PPM oder PDS) abgebildet. Wenn alternative Pläne existieren, sucht CTM pro Bedarf nach den Kriterien für die rechtzeitige Deckung des Bedarfs, nach Quotierung, Priorität und Kosten, Gültigkeitszeitraum und nach Losgrößenbereichen die alternative Bezugsquelle aus.

Mithilfe von CTM können Sie auch die Kapazitäten Ihrer Lieferanten bei der Planung berücksichtigen. Sie können z. B. eine *finite Planung von Lieferanten* mit CTM durchführen, indem Sie die Pläne und Ressourcen für Ihre Lieferanten modellieren. Das ist jedoch sehr zeitaufwendig und wenig flexibel. Auch wäre es denkbar, dass Sie im Lokationsproduktstamm des Lieferanten eine sehr lange Planlieferzeit hinterlegen und Ihr Lieferant Ihnen seine machbaren Mengen zur Verfügung stellt. Diese können dann entweder über die kooperierende Planung interaktiv in das System eingespielt oder über eine definierte Schnittstelle in das System geladen werden.

Auch den Prozess der *Streckenbestellanforderung*, in dem Sie die Produktion beim Lieferanten planen und die Waren dann direkt vom Lieferanten oder aus Fabriken an den Kunden liefern, können Sie mit CTM abbilden. Dabei werden die Streckenbestellanforderungen integriert, eine Vorplanungsverrechnung findet statt, und in CTM werden die Streckenbedarfe (Streckenbestellanforderung) mit den Streckenzugängen (Planaufträge) abgeglichen. Die durch Planaufträge vollständig gedeckten Streckenbestellanforderungen können Sie dann auch freigeben, um den Bestellprozess im ERP-System fortzuführen. Voraussetzung sind die Business Function LOG_MM_OM_2 aus SAP ERP 6.0 EHP5 und die Business Function SCM_APO_DRS_PLAN in SAP SCM 7.0 EHP2.

Auch die *Lohnbearbeitung* können Sie mithilfe von CTM planen. Die entsprechenden Stammdaten Lokationsprodukt und Pläne müssen angelegt sein, und die Lohnbearbeitungs-Quelllokation und das Zielwerk müssen über eine Transportbeziehung für Lohnbearbeitung verbunden sein. Stammdaten werden teilweise automatisch über das Core Interface angelegt oder müssen über Entwicklungen oder manuell generiert werden.

Mithilfe der Bestandsverteilung über Transaktion /SAPAPO/CTM10 können Sie unabhängig oder direkt im Anschluss an einen CTM-Planungslauf überschüssige Zugänge und Bestände einstufig in eine andere Lokation im Supply-Chain-Modell umlagern und in diesen Lokationen verfügbar machen. Für die frei verfügbaren Mengen, die nicht über Pegging-Beziehungen verknüpft sind, legt die Bestandsverteilung Umlagerungen an.

12.6 Fazit

In diesem Kapitel haben Sie einen Überblick über die Grundlagen, Funktionen und die Verwendung von CTM als mittel- bis langfristiges Kapazitätsplanungsverfahren erhalten. Dabei haben wir Ihnen zuerst die grundlegende Funktionsweise von CTM wie Stammdatenselektion, Bedarfspriorisierung, Bestandskategorisierung oder den Planungsalgorithmus sowie den Prozess der CTM-Planung dargestellt. Anschließend haben Sie einen Einblick in die wesentlichen Einstellungen, Stammdaten und Analysemöglichkeiten erhalten sowie eine beispielhafte Vorgehensweise anhand eines Planungsszenarios kennengelernt. Abschließend wurden einige wesentliche Sonderprozesse und Funktionen kurz beschrieben. Nach Lektüre dieses Kapitels sollten Sie die grundlegende Vorgehensweise und Möglichkeiten der auftragsorientierten CTM-Planung nachvollziehen können.

Kapitel 13
Sonderprozesse in der langfristigen Planung in SAP APO

Unternehmen unterschiedlichster Branchen haben auch unterschiedliche Anforderungen. Einige dieser Sonderprozesse können in der langfristigen Planung in SAP APO planerisch berücksichtigt werden.

Die Anforderungen von Unternehmen variieren von Branche zu Branche. Für einige Unternehmen, z. B. aus der Chemie- oder Nahrungsmittelbranche, ist die Berücksichtigung von Haltbarkeiten von besonderer Relevanz. Daneben gibt es Branchen bzw. Unternehmen, die in der Lage sind, die Bestände ihrer Kunden zu planen oder Produktionskapazitäten bei kooperierenden Unternehmen (z. B. Lohnfertiger) zu planen und zu verwenden. In einigen Unternehmen ist die Logistikkette so komplex, dass in einer langfristigen Betrachtung eine detaillierte Planung nicht sinnvoll bzw. möglich ist, sondern eine aggregierte Planung notwendig und sinnvoll ist.

Eine Auswahl dieser spezialisierten Funktionen, die im Zusammenspiel mit der Langfristplanung in APO genutzt werden können, haben wir in diesem Kapitel zusammengefasst. Dieses Kapitel bietet Ihnen dabei nur einen groben Überblick über bestehende Möglichkeiten.

13.1 Aggregierte Planung in SNP

Die aggregierte Planung wird oft in einem der folgenden Fälle verwendet:

- wenn Performanceverbesserungen notwendig sind
- wenn der Planungsprozess bzw. das Planungsszenario vereinfacht werden soll
- um größere Szenarien zusammen zu planen
- wenn Entscheidungen z. B. zur Auswahl der Bezugsquellen oder der Kapazitäten auf aggregierter Ebene getroffen werden sollen

Die Planung wird auf dem Kopflokationsprodukt einer Lokationsprodukthierarchie durchgeführt und mithilfe der Funktion SNP-Disaggregation auf die einzelnen Unterprodukte verteilt. Aus Sicht der Kapazitätsplanung können Sie sich die Ressourcenverbräuche auf Kopf- und Unterebene anzeigen lassen. Auf Kopfebene werden die

Verbräuche der Einzelebenen summiert dargestellt. Eine Kapazitätsplanung ist nach dem aggregierten Planungslauf noch über einen Kapazitätsabgleich auf den Ressourcen der Unterprodukte möglich. Falls Sie Änderungen auf Kopflokationsebene durchführen möchten, nachdem Sie disaggregiert haben, können Sie über die Funktion SNP-Aggregation erneut aggregieren und anschließend die geänderten Daten wieder auf die untere Ebene verteilen. Alle Planungsfunktionen in SNP unterstützen die aggregierte Planung. Eine kurze Beschreibung finden Sie in Abschnitt 10.5, »Sonderprozesse und Beispiele«, Abschnitt 11.5, »Sonderprozesse und Beispiele«, sowie Abschnitt 12.5, »Sonderprozesse und Beispiele«.

13.2 Haltbarkeiten in SNP

Müssen Sie während Ihrer Planung Haltbarkeiten berücksichtigen? Dies ist eine gängige Anforderung z. B. im pharmazeutischen Umfeld, in dem ein Bedarf (z. B. Kundenauftrag) Anforderungen an eine Mindesthaltbarkeit aufweisen kann. Dafür müssen alle Bestände und Zugänge Informationen zur Haltbarkeit enthalten, die den Haltbarkeitszeitraum zwischen Herstellung und Verfall definieren. Über geforderte Maximal- oder Mindesthaltbarkeiten in den Bedarfen müssen dann Zugänge zugeordnet werden, die diese Haltbarkeitsanforderungen erfüllen.

Die Berücksichtigung von Haltbarkeiten in der Planung wird grundsätzlich nicht von den SNP-Planungsfunktionen unterstützt. Lediglich der SNP-Optimierer bietet die Möglichkeit, Haltbarkeitsdaten in eingeschränkter Form zu berücksichtigen. Der SNP-Optimierer versucht, keine höhere Reichweite zu planen, als in der entsprechenden Haltbarkeitsperiode als benötigt definiert wurde. Eventuell entstehende Überschüsse werden über Strafkosten für die Entsorgung planerisch berücksichtigt. Folgende Einschränkungen sind dabei zu beachten:

- Wenn Sie Aufträge im liveCache anlegen, nachdem der SNP-Optimierer gelaufen ist, wird nicht zwischen zu entsorgenden und sonstigen Mengen unterschieden, sondern alle Aufträge werden angelegt.
- Die im Produktstamm definierten Haltbarkeiten werden nicht über die Produktionsstufen hinweg vererbt. Die Haltbarkeit einer Inputkomponente hat keine Auswirkungen auf die Haltbarkeit einer Outputkomponente.
- Die Haltbarkeiten werden auch bei einer Umlagerung von einer Lokation in eine andere analog zu den Produktionsstufen nicht vererbt, d. h., die im Produktstamm definierte Haltbarkeit beginnt von Neuem. Dabei ist darauf zu achten, dass keine zyklischen Distributionsnetze modelliert werden, die eine Initialisierung der Haltbarkeit durch Umlagerung zur Folge hätten.

- Die Haltbarkeit des initialen Bestands wird ausgehend vom ersten Bucket des Planungshorizonts ermittelt, daher sollte der Start des Planungshorizonts entsprechend gewählt werden.

Seit SAP SCM 2007 steht eine Alert-Funktion für Haltbarkeiten zur Verfügung, mit deren Hilfe Sie Haltbarkeiten, Bedarfe, Zugänge und Bestände nach einem SNP-Planungslauf anzeigen und propagieren können. Somit können Alerts für demnächst verfallende Waren oder bei Abweichungen von Haltbarkeiten bei zugehörigen Bedarfen und Zugängen generiert werden.

Seit SAP SCM 7.0 können Haltbarkeiten auch von Capable-to-Match (CTM) berücksichtigt werden. Dabei werden die Einstellungen wie **Haltbarkeit**, **Reifezeit**, geforderte Mindesthaltbarkeit (**gefMinHaltbark**) und geforderte Maximalhaltbarkeit (**gefMaxHaltbark**) auf der Registerkarte **Eigenschaften** aus dem Produktstamm berücksichtigt.

Um Haltbarkeiten in der Planung zu berücksichtigen, müssen die notwendigen Einstellungen im Produktstamm vorgenommen werden. Über die Haltbarkeitsprofile können Sie die Anzeige von Haltbarkeiten in den SNP-Sichten beeinflussen. Für weitere Details lesen Sie auch die SAP-Hinweise 579556 und 1072022.

13.3 Variantenkonfiguration/merkmalsbasierte Planung

Um konfigurierbare Produkte abzubilden, wie z. B. Autos, verwenden viele Kunden die klassische Variantenkonfiguration des ERP-Systems. Über die Variantenkonfiguration können Sie für ein Produkt mithilfe von Merkmalen verschiedene Ausprägungen abbilden. Zum Beispiel kann es das Auto XY in den Farben Rot, Blau, Schwarz sowie mit den Ausstattungsmerkmalen Standard, Classic und Comfort geben. Diese unterschiedlichen Ausprägungen werden in den ERP-Systemen ECC und S/4HANA über die Variantenkonfiguration abgebildet.

In APO hingegen sind zwei Konfigurationsschemata verfügbar: die merkmalsabhängige Planung, bei der die Merkmale für die Planung relevant sind, und die Variantenkonfiguration, bei der die Merkmale für die Planung nicht relevant sind.

Merkmalsabhängige Planung vs. Variantenkonfiguration

In APO ist es nicht möglich, beide Konfigurationsschemata, die merkmalsabhängige Planung und die Variantenkonfiguration, in einem Mandanten zu verwenden. Die Variantenkonfiguration im ERP-System ist nicht mit der in APO gleichzusetzen, sodass Sie im ERP-System die Variantenkonfiguration verwenden und in APO die merkmalsabhängige Planung einstellen können.

Die SNP-Heuristik und der SNP-Optimierer unterstützen die Planung mit Merkmalen und die Variantenkonfiguration nicht. Seit SCM 7.0 können bei der zeitkontinuierlichen Planung mit CTM und der Nutzung von PP/DS-Stammdaten auch Merkmale berücksichtigt werden. Anderenfalls sollte für die merkmalsbasierte Planung in APO PP/DS verwendet werden (siehe Abschnitt 24.3, »Planung mit Merkmalen«).

13.4 Vendor-Managed Inventory (VMI)

Ziel eines Vendor-Managed-Inventory-Szenarios (VMI) ist es, die wichtigen Kunden in die Planung der Supply Chain mit einzubeziehen und zu integrieren. Voraussetzung ist ein intensiver Informationsaustauch, sodass ein VMI-Kunde (Ship-to oder Sell-to) im eigenen Liefernetzwerk abgebildet und geplant werden kann. Um ein VMI-Szenario mit einem Kunden erfolgreich aufzusetzen, müssen Sie die Bestände und Absatzprognosen des Kunden kennen, damit Sie auf Basis dieser Informationen die Nachschubbedarfe ermitteln und die Läger und Bestände des Kunden planen können. Auf diese Art erhält der Lieferant einen besseren Zugang zu den tatsächlichen Kundenbedarfen, und ihm steht eine fundierte Entscheidungsgrundlage bei der Verteilung von Waren auf die Kunden zur Verfügung. Dies kann positive Effekte auf den Kundenservice, die Vertriebs- und Transportkosten sowie auf die Bestände haben. Abbildung 13.1 zeigt beispielhaft den Ablauf und Informationsaustausch eines VMI-Szenarios zwischen dem Lieferanten und Kunden.

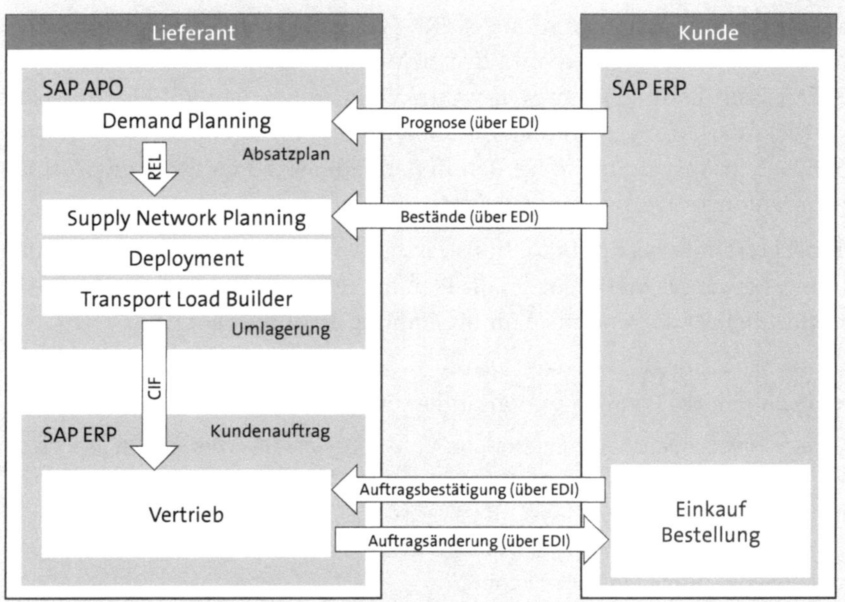

Abbildung 13.1 Beispiel zum Ablauf eines VMI-Szenarios (Quelle: SAP)

Um den Kunden in Ihrem Liefernetzwerk abzubilden, wird der Kunde als Lokation in APO angelegt und über Transportbeziehungen mit den anderen Lokationen verknüpft, sodass der VMI-Kunde im Gesamtnetzwerk planerisch berücksichtigt werden kann. Für die VMI-Lokationen werden auch Lokationsproduktstammsätze angelegt, in denen die planungsrelevanten Parameter festgelegt werden. Weitere Details hierzu finden Sie auch in den globalen Stammdaten. Die Informationen über Bestände und Absatzprognosen werden z. B. über EDI-Nachrichten (Electronic Data Interchange) empfangen und in APO gespeichert. Somit werden die Bedarfe aus der VMI-Kundenlokation bei der Planung in SNP berücksichtigt, und die SNP-Planung erzeugt geplante Umlagerungen zwischen der Lieferantenlokation, z. B. dem Distributionszentrum, und der Kundenlokation. Über die Funktion Deployment und den Transport Load Builder (TLB) können dann die Transportladungen zusammengestellt und somit die Verfügbarkeit der Produkte in der Kundenlokation geplant werden, sodass VMI-Kundenaufträge aus APO im ERP-System erzeugt werden könnten.

Abhängig von den Vereinbarungen der Geschäftspartner ist es möglich, den Verwaltungsaufwand zu reduzieren, indem Kundenaufträge aus APO automatisch im jeweiligen ausführenden ERP-System angelegt werden. Dabei können Sie festlegen, ob SNP (SNP-Umlagerungen), das Deployment (einzelne Produkte) bzw. der TLB (nach der Zusammenfassung verschiedener Produkte und der Anlage vieler Positionen mit unterschiedlichen Produkten) Umlagerungen und VMI-Kundeaufträge anlegen soll. Voraussetzungen sind dabei die Einstellungen im Kundenlokationsstamm, die anwendungsspezifischen Einstellungen und das Customizing, die das Systemverhalten beeinflussen und abhängig von Ihren Anforderungen vorgenommen werden müssen.

13.5 Planen von Lieferanten und Berücksichtigung von Lieferplänen

Wie das VMI-Szenario zeigt, kann neben der Integration der Kunden in den Planungsprozess auch die Einbindung der Lieferanten in den Planungsprozess positive Effekte haben. Grundsätzlich können die Lieferantenkapazitäten auch über Ressourcen und Pläne (PDS/PPM) abgebildet werden. Die Abbildung der Produktionskapazitäten beim Lieferanten ist in der Regel etwas aufwendiger. Auch über die Planlieferzeit im Produktstamm des Lieferanten kann eine Beziehung zum Lieferanten abgebildet werden, die keine weiteren kapazitiven Engpässe berücksichtigt. Wenn die Kooperation mit dem Lieferanten in der Form gestaltet werden kann, dass der Lieferant die lieferbaren Mengen regelmäßig über ein Interface (z. B. über eine Planungsmappe) zur Verfügung stellt, dann können diese Informationen als finite Zugänge im Planungslauf berücksichtigt werden. Dabei müsste dann eine sehr lange Planlieferzeit in der Lieferantenlokation hinterlegt sein, sodass der Planungslauf keine Zugänge erzeugen kann. Diese Vorgehensweise können Sie z. B. bei der Nutzung von CTM verwenden.

Es gibt Bereiche, wie z. B. die Automobilbranche, in denen Lieferanten über Lieferpläne angebunden werden. Da über Lieferpläne die Lieferanten besser über die benötigen Mengen und Zeiten informiert sind, können Bearbeitungszeiten verkürzt und die Kooperation mit den Lieferanten verbessert werden. Die Berücksichtigung von Lieferplänen und die Erzeugung von Lieferplaneinteilungen wird z. B. vom SNP-Optimierer nicht unterstützt. Der SNP-Optimierer kann nur bereits vorhandene Aufträge als fixe Aufträge berücksichtigen. Mithilfe der SNP-Heuristik können Sie Lieferpläne in der Planung zur Beschaffung von Produkten berücksichtigen, wobei keine Lieferpläne der Beschaffungsform Lohnbearbeitung und keine Kontrakte berücksichtigt werden. Sie können mit OLTP-Lieferplänen (Online Transaction Processing) arbeiten, bei denen der SNP-Planungslauf Umlagerungen zu einem Lieferanten anlegt und diese im ERP-System zu Lieferplaneinteilungen umgesetzt werden. Wenn Sie mit APO-Lieferplänen arbeiten, kann die SNP-Heuristik APO-Lieferplaneinteilungen für den Lieferanten planen. Hierbei können die hinterlegten Kapazitäten während des Planungslaufs berücksichtigt werden. Der Lieferant hat z. B. die Möglichkeit, über die Standardplanungsmappen die bestätigten Mengen sowie die maximale Kapazität festzulegen. Die SNP-Heuristik kann diese Kapazitäten dann entsprechend berücksichtigen, und die Bestätigungen werden automatisch als Lieferplaneinteilungen an das OLTP-System übertragen.

13.6 Lohnbearbeitung in SNP

Grundsätzlich können Sie mithilfe von SNP auch die sogenannte Lohnbearbeitung abbilden und kapazitiv planen. Die Lohnbearbeitung beschreibt ein Szenario, in dem Sie das zu beschaffende Produkt durch einen Lieferanten (den Lohnbearbeiter) fertigen lassen, das dann direkt vom Lohnbearbeiter an den Kunden geliefert wird. Hierbei können die Komponenten bzw. eine Komponente direkt von einem Ihrer Werke oder indirekt (Lohnbearbeitung mit Streckenbeistellung) von einem weiteren externen Lieferanten bereitgestellt werden. Grundsätzlich stehen Ihnen für diesen Prozess die heuristik- und die optimierungsbasierten Planungsverfahren in SNP zur Verfügung, wobei der Kapazitätsabgleich dieses Szenario nicht unterstützt und daher keine Kapazitätsplanung im Zusammenspiel mit der SNP-Heuristik möglich ist. Auch die Planungsverfahren Deployment und TLB unterstützen dieses Szenario nicht.

13.7 Fazit

In diesem Kapitel haben Sie einige Sonderprozesse bzw. Teilprozesse der mittel- bis langfristigen Kapazitätsplanung kennengelernt. Funktionen wie die aggregierte Planung, die Abbildung von Haltbarkeiten, VMI-Szenarien, die Planung von Lieferanten und die Berücksichtigung von Lieferplänen oder das Abbilden der Lohnbearbeitung betreffen nicht alle Kunden und werden daher in diesem Kapitel als Sonder- bzw. spezifische Teilprozesse der mittel- bis langfristigen Planung kategorisiert.

Kapitel 14

Interaktive, langfristige Kapazitätsplanung

Sie haben schon viele der Funktionen kennengelernt, die Ihnen in SAP APO für die langfristige Kapazitätsplanung zur Verfügung stehen. Auch für die interaktive Planung haben Sie verschiedene Werkzeuge zur Auswahl.

Wie bereits in den vorangegangenen Kapiteln dargestellt, stehen Ihnen in APO mehrere Planungsfunktionen bzw. Algorithmen für die langfristige Planung zur Verfügung, wie die SNP-Heuristik mit dem Kapazitätsabgleich (Capacity Leveling), der SNP-Optimierer oder Capable-to-Match (CTM). Der Prozessschritt der *interaktiven Planung* beschreibt die Möglichkeit des Planers, manuell sowie systemgestützt in die Planung einzugreifen und das Planungsergebnis entsprechend den individuellen Anforderungen anzupassen. Dabei sind im Rahmen der Bedarfs- sowie der Kapazitätsplanung unterschiedliche Einstiege in die Planungssituation möglich und sinnvoll. Eine interaktive Planung ist z. B. produktweise oder ressourcenweise möglich, aber auch eine ausnahmebasierte Planung ist möglich und in den meisten Fällen sinnvoll, damit der Planer sofort auf die kritischen Problemsituationen hingewiesen wird und konzentriert an diesen arbeiten kann. Aus Bedarfsplanungssicht ist meist ein Einstieg über die Produkte sinnvoll. Im Rahmen der Kapazitätsplanung bietet sich hingegen eine Planung über die Ressourcen und insbesondere die Engpassressourcen an. Die Ressourcen bilden die verfügbaren Kapazitäten ab, die von unterschiedlichen Produkten belegt werden können. Um Kapazitätsengpässe zu analysieren, ist daher eine ressourcenweise Planung sinnvoll.

Um die interaktive Planung im langfristigen Horizont und die unterschiedlichen Einstiegsmöglichkeiten zu unterstützen, gibt es Funktionen, wie z. B. die SNP-Planungsmappen, die für alle Planungsverfahren in SNP verwendet werden können. Des Weiteren gibt es Funktionen der interaktiven Planung, die nicht nur im langfristigen, sondern auch in der kurzfristigen Planung Anwendung finden können, wie z. B. der Alert-Monitor oder die Produktsicht in APO. Diese Funktionen werden in diesem Kapitel mit den Spezifika für die langfristige Planung kurz dargestellt und im Kapitel zur kurzfristigen Planung näher erläutert. Zusätzlich gibt es Auswertungen, die nur im Zusammenspiel mit einem der Planungsverfahren verwendet werden können, wie z. B. das Optimiererlog, das nur zusammen mit dem SNP-Optimierer verwendet werden kann. Diese algorithmusspezifischen Auswertungs- bzw. Planungsfunktionen werden in den jeweiligen Kapiteln zu den Planungsfunktionen beschrieben. In diesem Kapitel erhalten Sie einen Überblick über die allgemein zur Verfügung stehenden Funktionen der interaktiven Planung. SNP stellt neben verschiedenen Protokollen und Auswertungen primär die Planungsmappen und Datensichten sowie den Alert-Monitor als Benutzeroberfläche für den Planer zur Verfügung.

14.1 Interaktive SNP-Planung

Das Hauptwerkzeug von SNP in APO ist Transaktion /SAPAPO/SDP94 (Supply Network Planning interaktiv), mit der Sie manuell in die Bedarfs- sowie die Kapazitätsplanung eingreifen können. Diese Transaktion ermöglicht über Layouts bzw. Planungsmappen und Datensichten eine produktweise, ressourcenweise oder ausnahmeorientierte Planung.

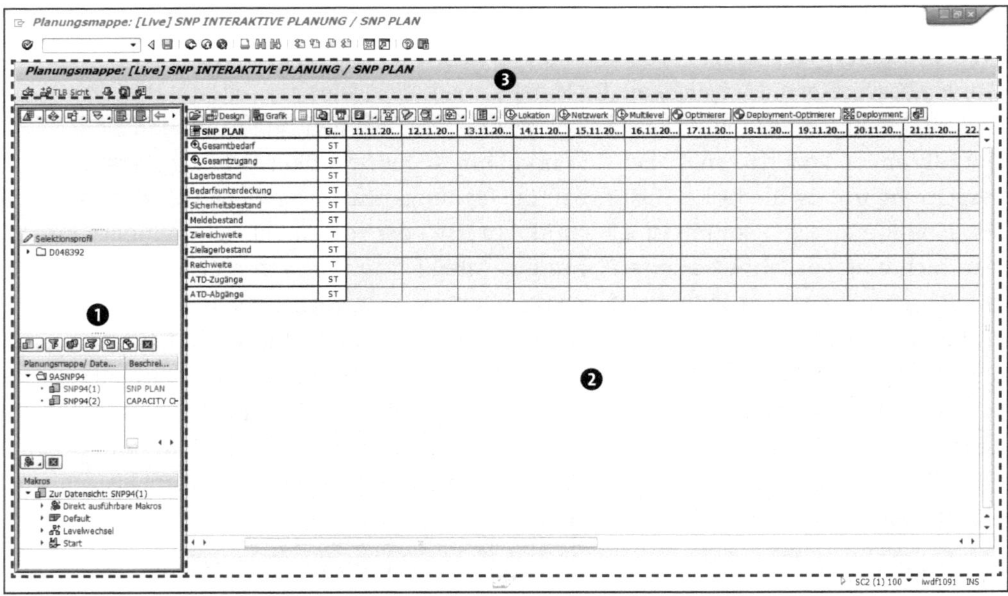

Abbildung 14.1 Beispiel Planungsmappe/Datensicht SNP PLAN

Das in Abbildung 14.1 dargestellte Planungslayout zeigt eine SNP-Standarddatensicht, die sich immer aus den folgenden Kernelementen zusammensetzt: Links sehen Sie den Selektionsbereich (❶ in Abbildung 14.1), rechts den Arbeitsbereich ❷ und oben die Kopfzeile ❸.

14.1.1 Selektionsbereich

Abbildung 14.2 zeigt den Selektionsbereich, der sich in die folgenden vier Teile untergliedern lässt:

- **Shuffler**
  Der Shuffler ist das Teilfenster, in dem Sie die Planungsebenen selektieren. Ihnen stehen die in der Planungsmappe definierten Merkmale als Planungs-/Selektionsebenen zur Verfügung, und Sie können aus den vorhandenen Merkmalswerten auswählen. Aus dem Shuffler laden Sie die relevanten Planungsobjekte in den Arbeitsbereich. Es ist auch möglich, häufig verwendete Selektionen in sogenannten Selektionsprofilen abzuspeichern.

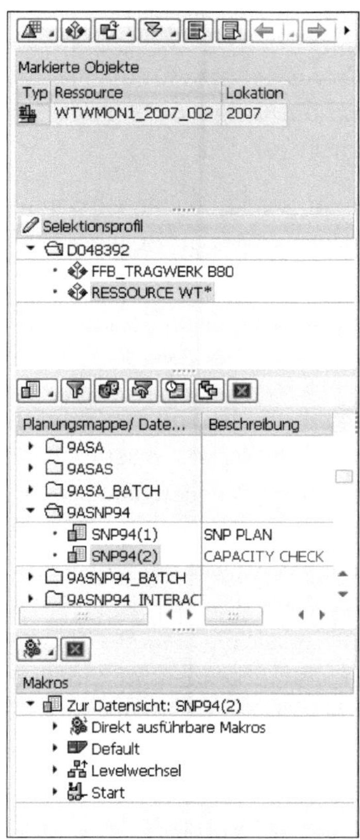

Abbildung 14.2 Selektionsbereich /SAPAPO/SDP94

- **Selektionsprofil**
  In diesem Teilfenster können Sie die Selektionen anzeigen, die Sie häufig verwenden und als Selektionsprofil gespeichert haben. Ihnen werden die Selektionsprofil-IDs angezeigt, die Sie ausgewählt haben, und Sie können einfach über einen

Doppelklick auf die Selektionsprofil-ID die selektierten Planungsobjekte in den Shuffler laden.

- **Planungsmappen/Datensichten**
  In diesem Teilfenster werden Ihnen die Planungsmappen und Datensichten angezeigt, für die Sie Berechtigungen besitzen. In der Regel werden für verschiedene Planungsprozesse optimierte Sichten verwendet. Es gibt eine Vielzahl von Datensichten, die im Standard für die einzelnen Planungsschritte bereitgestellt werden, wie z. B. die Standardplanungsmappe 9ASNP94 mit der Datensicht SNP94(1) – SNP PLAN für die Bedarfsplanung und die Datensicht SNP(2) – CAPACITY CHECK für die Kapazitätsplanung. Entsprechend Ihren Anforderungen können Sie auch individuelle Planungslayouts definieren.
- **Makros**
  Dieses Teilfenster zeigt alle Makros, die für die Datensicht bzw. für die Planungsmappe zur Verfügung stehen und einem bestimmten Ereignis, z. B. Start, Level-Wechsel, Default, zugeordnet oder direkt ausführbar sind.

In diesem Abschnitt haben Sie einen Überblick über den Selektionsbereich der interaktiven Planung im SNP in SAP APO gewonnen. Im nächsten Abschnitt gehen wir auf den Arbeitsbereich ein.

14.1.2 Arbeitsbereich

Abbildung 14.3 zeigt den Arbeitsbereich in der interaktiven Planung. Der Arbeitsbereich nimmt den größten Teil des Planungslayouts ein und ist der wesentliche Darstellungsbereich für die Planung. Er besteht aus bis zu zwei Tabellen (auch *Grids* genannt) bzw. alternativ kann eine Grafik verwendet werden. Sie können die Tabelle oder die Grafik zur manuellen Planung nutzen. Durch das Ändern der eingabebereiten Kennzahlen können Sie Kennzahlenwerte und somit die dahinter liegenden Aufträge ändern. In der Kopfzeile des Arbeitsbereichs können Sie die Merkmale bzw. Planungsebenen wie Lokationsprodukte oder Ressourcen einblenden. Abhängig von der selektierten Datensicht ist es möglich, SNP-Planungsfunktionen anzustoßen, wie z. B. die Heuristik sowie den Kapazitätsabgleich, den Optimierer oder das Deployment.

In der interaktiven Planung zur Unterstützung der ausnahmebasierten Planung können Sie sich über den Button **Alerts anzeigen/auffrischen** Alerts zur aktuellen Planungsmappe, zur aktuellen Version oder zur aktuellen Selektion anzeigen lassen und abarbeiten. Neben der Anzeige der Alerts in einem separaten Abschnitt im Arbeitsbereich können Sie über eine Farbgebung auch wichtige Ausnahmesituationen in den Datensichten bzw. in den Zellen des Planungslayouts mithilfe von Makrofunktionen direkt hervorheben. Einige weitere Details zu Alerts finden Sie in Abschnitt 14.2, »Alert-Monitor«, und in Abschnitt 25.2, »Alert-Monitor«.

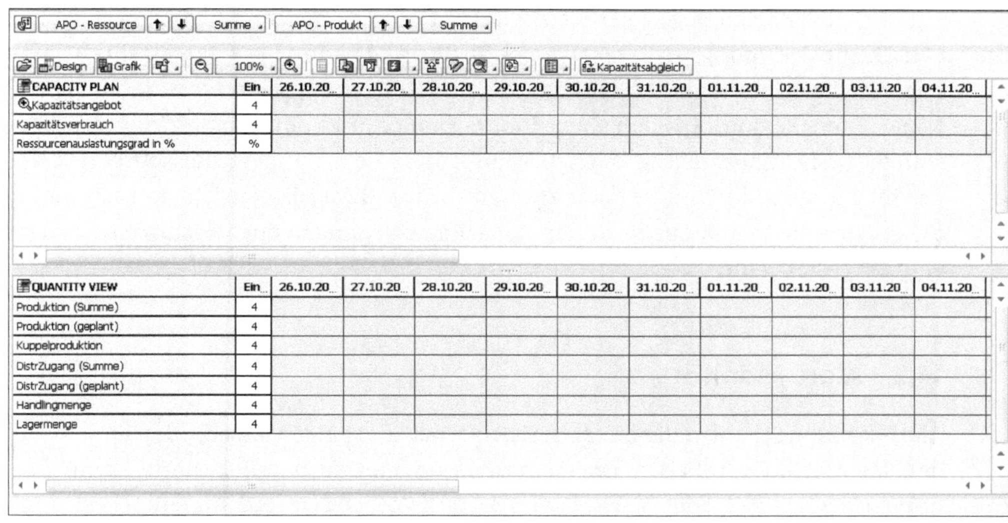

Abbildung 14.3 Arbeitsbereich /SAPAPO/SDP94

14.1.3 Kopfzeile

In der Kopfzeile können Sie einige grundlegende Einstellungen vornehmen, wie z. B. Selektionsbereich oder Kopfzeile ein-/ausblenden, Benutzereinstellungen pflegen oder in weitere SNP-Sichten und Funktionen abspringen.

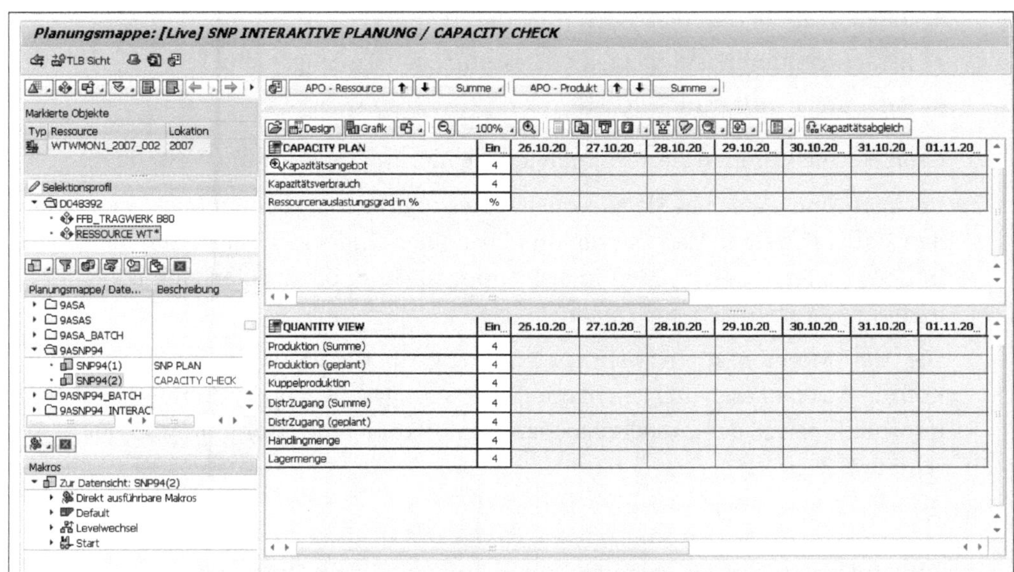

Abbildung 14.4 Standardplanungsmappe/Datensicht CAPACITY CHECK

Für die Kapazitätsplanung in SNP stellt SAP z. B. die Datensicht SNP94(2) – CAPACITY CHECK zur Verfügung. In dieser Datensicht, die in Abbildung 14.4 dargestellt ist, können Sie die kapazitiven Auswirkungen der SNP-Planungsläufe auf die einzelnen Kapazitäten/Ressourcen, den Kapazitätsverbrauch und eine Auswertung des Ressourcenauslastungsgrads in % sehen. Hier können Sie z. B. für eine Ressource den Kapazitätsabgleich durchführen. Im zweiten Grid in dieser Datensicht werden Ihnen die entsprechenden Mengen zu den Kapazitätsbelegungen angezeigt, die im ersten Grid dargestellt sind.

14.2 Alert-Monitor

Alerts können Sie entweder direkt in SNP interaktiv anzeigen lassen, oder Sie verwenden den Alert-Monitor als zentralen Einstieg, um eine ausnahmebasierte Planung zu unterstützen. Welche der Alerts, die im System vorhanden sind, für einen bestimmten Planer relevant sind, können Sie über die Zuordnung zu einem Alert-Gesamtprofil und einem anwendungsspezifischen Alert-Profil steuern (siehe Abschnitt 25.2, »Alert-Monitor«). Für die Planung in SNP ist das anwendungsspezifische Alert-Profil **APO: Absatz- und Beschaffungsplanung** relevant. Im SAP-Standard werden im Rahmen der Bedarfsplanung einige Alerts ausgeliefert, wie die Alerts zur Bedarfsunterdeckung, zum Sicherheitsbestand oder Ziellagerbestand. Im Zusammenhang mit der Kapazitätsplanung werden die folgenden Standard-Alerts mit ausgeliefert.

- Ressourcenüberlast (Ressourcenüberlast im Bucket)
- Ressourcenunterlast (mangelnde Ressourcenauslastung im Bucket)
- Ressourcenauslastung = 100 %

Grundsätzlich können Sie auch individuelle Alerts definieren und verwenden.

Im Alert-Monitor sehen Sie alle Ausnahmesituationen auf einen Blick. Sie können den Status einzelner Alerts setzen und über einen Doppelklick auf einen Alert in die interaktive Planungssituation in SNP springen. Zu unterscheiden sind dabei Informationen, Warnungen und Fehler.

Der Alert-Monitor ist ein wichtiges Werkzeug, um ein Management-by-Exception-Konzept zu etablieren und den manuellen Planungsaufwand zu minimieren. Weitere Informationen zu der interaktiven Planungsfunktion Alert-Monitor finden Sie in Abschnitt 25.2.

14.3 Allgemeine Funktionen der interaktiven Planung

Neben den SNP-spezifischen Planungsfunktionen können auch einige Funktionen für die interaktive Planung im Langfristhorizont verwendet werden, die auch in der kurzfristigen Planung bzw. Auswertung relevant sind. Die entsprechenden Funktionen sind in Kapitel 25, »Interaktive, kurzfristige Kapazitätsplanung in SAP APO und ePP/DS«, beschrieben. Einige Beispiele sind:

- **Supply Chain Cockpit**
  Das Supply Chain Cockpit ist das zentrale Monitoring-Tool für alle APO-Anwendungen. Auch in der langfristigen Planung können Sie mit dem Supply Chain Cockpit Ihre Supply Chain mithilfe von Kennzahlen oder über den Zugriff auf aktuelle Daten überwachen. Mehr Informationen erhalten Sie in Abschnitt 25.4, »Supply Chain Cockpit«.
- **Produktsicht, erweiterte Produktsicht und Produktübersicht**
  Produktsicht, erweiterte Produktsicht und Produktübersicht sind produktbezogene Benutzeroberflächen, die im Rahmen der Kapazitätsplanung im engeren Sinn eine untergeordnete Rolle spielen, aber dennoch im Gesamtplanungsprozess eine wesentliche Informationsfunktion haben. Auch die Aufträge, die in Bezug auf den zeitlichen Horizont der langfristigen Planung zugeordnet werden können, werden in diesen Sichten angezeigt und können als Informationsquelle genutzt werden. Mehr Informationen erhalten Sie in Abschnitt 25.9, »Produktsicht, erweiterte Produktplanung und Produktübersicht«.

Nun haben Sie einen Einblick in die allgemeinen Funktionen der interaktiven Planung erhalten, die nicht nur SNP-spezifisch sind, sondern anwendungsübergreifend verwendet werden können.

14.4 Fazit

In diesem Kapitel haben Sie einen groben Überblick über die in der interaktiven Planung zur Verfügung stehenden allgemeinen Funktionen erhalten. Sie können die interaktiven Planungsfunktionen benennen und kennen die grobe Funktionsweise und Struktur. Weitere Funktionen, die von der Planungsmethode abhängig sind, werden in den entsprechenden Kapiteln beschrieben.

TEIL IV

Mittel- bis langfristige Kapazitätsplanung

Kapitel 15

Grundlagen der mittel- bis langfristigen Kapazitätsplanung in SAP IBP

SAP IBP ist die intelligente cloudbasierte Supply-Chain-Planungslösung von SAP, mit der Sie Ihre Supply Chain End-to-End steuern können. Die Berücksichtigung von Kapazitätsengpässen spielt dabei eine wesentliche Rolle und wird umfänglich unterstützt.

In diesem Kapitel möchten wir Ihnen zum Einstieg einen generellen Überblick in die neue SAP-Supply-Chain-Planungslösung SAP IBP (Integrated Business Planning) geben, damit Sie die Kapazitätsplanung in IBP in den Gesamtkontext einordnen können. Anschließend gehen wir einleitend auf die aus Sicht der Kapazitätsplanung relevanten Funktionen von SAP IBP ein. In Abschnitt 15.2 thematisieren wir schließlich die zeitreihenbasierten Kapazitätsplanungsfunktionen und in Abschnitt 15.3 die auftragsbasierten Kapazitätsplanungsfunktionen.

15.1 Überblick und Prozesse in SAP IBP

In der heutigen schnelllebigen und starkem Wandel unterworfenen Zeit müssen Unternehmen sich mit unterschiedlichsten Herausforderungen auseinandersetzen. Dabei gibt es verschiedene Einflussfaktoren, die die Rahmenbedingungen definieren und auf die sich Unternehmen vorbereiten sollten. Wir möchten beispielhaft einige Aspekte beschreiben, um zu verdeutlichen, wie SAP zur Entwicklung von SAP IBP gekommen ist. Dabei sind es betriebswirtschaftliche Rahmenbedingungen und technologische Herausforderungen der Digitalisierung, die Unternehmen zum Überdenken bestehender Strukturen zwingen.

Veränderte Rahmenbedingungen wie z. B. geografische oder demografische Entwicklungen, das stetige Gesamtwachstum der Weltbevölkerung, eine starke Ausrichtung am Kunden mit individualisierten Produkten, volatile und disruptive Märkte stellen globale Liefernetzwerke vor besondere Herausforderungen. Diese komplexen Voraussetzungen erfordern eine besondere Transparenz des logistischen Netzwerks, und SAP trägt dieser Entwicklung mit der neuen Planungsapplikation SAP IBP Rechnung.

Neben den betriebswirtschaftlichen Herausforderungen spielt die digitale Transformation bei der Entwicklung zur intelligenten Supply Chain eine wesentliche Rolle. Die zunehmende Digitalisierung und die Optimierung der Prozesse stellen einen enormen Wettbewerbsvorteil dar. Innovationsthemen wie z. B. Big-Data-Applikationen, IoT (Internet of Things, Internet der Dinge), Künstliche Intelligenz (KI) bzw. der Teilbereich Maschinelles Lernen (ML) sowie Predictive Analytics sind aus Sicht der Supply Chain aktuell besonders relevant.

Die Antwort auf die oben genannten betriebswirtschaftlichen und technologischen Herausforderungen im Rahmen der Supply-Chain-Planung ist die Cloudlösung SAP IBP. Integrated Business Planning weitet die Prinzipien des Sales & Operations Planning (S&OP, Vertriebs- und Betriebsplanung), nämlich Demand (Absatzplanung) und Supply (Beschaffungsplanung) auszubalancieren und finanzielle Aspekte zu berücksichtigen, auf die übrigen Supply-Chain-Prozesse aus. Die erweiterten Absatz-, Bestands- und Beschaffungsplanungsfunktionen in SAP IBP ermöglichen durch die Verwendung eines Datenmodells die Integration der Planung aller beteiligten Bereiche.

Abbildung 15.1 IBP-Lizenzen und -Funktionen (seit SAP IBP 1905)

Abbildung 15.1 zeigt die SAP-IBP-Lizenzen und die unterschiedlichen Prozesse, die Sie seit SAP IBP 1905 in dieser Form abbilden können. Die folgenden Prozesse werden unter Berücksichtigung der Integrated-Business-Planning-Prinzipien unterstützt:

- Der *Supply Chain Control Tower* ist die Big-Data-Analytics-Applikation für End-to-End-Prozesse und unternehmensübergreifende Kollaboration.
- *SAP IBP für Sales and Operations Planning* ist als unterstützter Planungsprozess der Kern von SAP Integrated Business Planning.
- *SAP IBP für Demand* erweitert mit Predictive Demand Management und Demand Sensing die Möglichkeiten in der Absatzplanung.
- *SAP IBP für Inventory* gewährleistet Bestands-, Sicherheitsbestands- und Service-Level-Optimierung im kompletten Netzwerk.
- *Demand-Driven Replenishment* ermöglicht eine bedarfsorientierte Materialbedarfsplanung.
- *SAP IBP für Response and Supply* ermöglicht ein optimales Supply und Response Management.

Mithilfe von SAP IBP können Sie die genannten Prozesse der operativen, taktischen und strategischen Planung in einer integrierten Lösung realisieren. Abhängig von Ihrer aktuellen Situation und den möglichen Potenzialen zur Weiterentwicklung können Sie entscheiden, welche Prozesse Sie in Ihrem Unternehmen als Erstes mit SAP IBP optimieren möchten. Unabhängig von den Prozessen bzw. modulspezifischen Funktionen charakterisieren folgende Kernaspekte die IBP-Lösung generell:

- IBP bietet ein skalierbares Modell, welches die Finanz-, Absatz- und Beschaffungsplanung im operativen, taktischen und strategischen Horizont ermöglicht. Dabei können Sie die unterschiedlichen Planungsprozesse in einem Datenmodell auf Basis von SAP HANA planen.
- IBP bietet Simulation und Szenarioplanung für den Vergleich unterschiedlicher Pläne in Echtzeit, damit Entscheidungen auf der idealen Informationsgrundlage getroffen werden können.
- IBP ermöglicht die Kommunikation und Kollaboration über alle Prozesse und funktionalen Rollen der Planung hinweg und strukturiert die Zusammenarbeit und schnelle gemeinsame Entscheidungsfindung.
- IBP bietet einfache und einheitliche Benutzeroberflächen, die höchstmögliche Flexibilität bringen. Die Nutzung intuitiver Web-, Excel- und Mobile-Anwendungen erhöht dabei die Akzeptanz.
- IBP als Big-Data-Applikation ermöglicht die Echtzeitauswertung basierend auf aktuellen Daten.

Im weiteren Verlauf dieses Buches fokussieren wir uns auf die IBP-Funktionen, die aus Sicht der Kapazitätsplanung von Nutzen sind. Für weitere allgemeine Informationen zu SAP IBP verweisen wir unter anderem auf unser Buch *SAP Integrated Business Planning*, das 2020 bei SAP PRESS erschienen ist (*https://www.sap-press.de/4647*), sowie auf die verfügbaren generellen Informationen zu IBP, z. B. im SAP Help

Portal (*https://help.sap.com/ibp*). Im Rahmen der Kapazitätsplanung in SAP IBP unterscheiden wir die zeitreihenbasierten Funktionen, die in Abschnitt 15.2 sowie in Kapitel 16, »Zeitreihenbasierte Kapazitätsplanung in SAP IBP«, beschrieben werden, und die auftragsbasierten Funktionen, die in Abschnitt 15.3 sowie in Kapitel 17, »Auftragsbasierte Kapazitätsplanung in SAP IBP«, erläutert werden.

15.2 Zeitreihenbasierte Kapazitätsplanung mit SAP IBP

Die zeitreihenbasierten Kapazitätsplanungsfunktionen für eine infinite Planung werden im Wesentlichen mit der Lösung SAP Integrated Business Planning für Sales and Operations Planning (SAP IBP S&OP) und für eine finite Planung mit SAP Integrated Business Planning für Response and Supply (SAP IBP Response & Supply) bereitgestellt. Die zeitreihenbasierte Kapazitätsplanung findet oft Anwendung in der strategischen und taktischen Entscheidungsfindung zur Unterstützung des Demand-und-Supply-Abgleichs im Rahmen eines S&OP-Prozesses.

Die Absatzplanungs- sowie Distributions- und Beschaffungsprozesse werden mit den erforderlichen Planungsfunktionen für einen taktischen S&OP-Prozess unterstützt. Neben den notwendigen Planungsfunktionen und Algorithmen spielen die Kollaboration und das Prozessmanagement eine wesentliche Rolle, um einen S&OP-Prozess systemseitig bestmöglich zu unterstützen. Die klassischen Phasen Demand Review, Supply Review, Pre-S&OP und (Executive) S&OP können über alle Entwicklungsstufen hinweg mit SAP IBP abgebildet werden. Dabei wird ein kollaborativer, über unterschiedliche Unternehmensbereiche von Marketing, Vertrieb, Finanzen, Beschaffung und Produktion hinweg gesteuerter Prozess unterstützt. In diesem Kontext hilft die Berücksichtigung von Kapazitäten – infinit oder finit –, um die Entscheidungsfindungsprozesse zu unterstützen.

Folgende Funktionen stehen im Kontext der Lösungen SAP IBP S&OP und SAP IBP Response & Supply zur Unterstützung einer zeitreihenbasierten Kapazitätsplanung für Sie zur Verfügung:

- Im Kontext der Beschaffungsplanung wird die *infinite mehrstufige Bedarfs- und Beschaffungsplanung für zeitreihenbasierte Modelle* unterstützt. Dabei können drei Algorithmen unterschieden werden:
- *Zeitreihenbasierte Beschaffungsplanungsheuristik (infinit)* führt ohne Unterdeckungen eine mehrstufige infinite Bedarfs- und Beschaffungsplanung durch, und alle Bedarfe werden gedeckt. Es werden Kapazitätsengpässe und Probleme in der Beschaffung identifiziert, aber nicht im Planungslauf als Restriktion berücksichtigt. Das Ergebnis ist daher kein machbarer Plan.

- *Zeitreihenbasierte Bestandspropagierung* ist ebenfalls ein infiniter mehrstufiger Bedarfs- und Beschaffungslauf, der den verfügbaren Nachschub von oben nach unten in der Logistikkette propagiert. Somit können die Auswirkungen von Problemen bei der Beschaffung auf Kunden- und Lokationsebene aufgezeigt werden.
- *Zeitreihenbasierte Haltbarkeitsplanungsheuristik* führt ebenfalls ohne Unterdeckungen eine mehrstufige infinite Bedarfs- und Beschaffungsplanung durch. Es werden auch Kapazitätsengpässe und Probleme bei der Beschaffung aufgedeckt. Zusätzlich wird die Haltbarkeit von Produkten berücksichtigt.
- Im Kontext der Beschaffungsplanung wird auch die *finite mehrstufige Bedarfs- und Beschaffungsplanung für zeitreihenbasierte Modelle* zusätzlich über SAP IBP Response and Supply unterstützt. Dabei können zwei Algorithmen unterschieden werden:
- *Zeitreihenbasierte Beschaffungsplanungsheuristik (finit)* führt eine mehrstufige finite Bedarfs- und Beschaffungsplanung auf Basis von priorisierten Bedarfen durch und berücksichtigt dabei bestimmte Beschaffungs- und Ressourcenengpässe.
- *Zeitreihenbasierter Beschaffungsplanungsoptimierer* ermöglicht eine kostenbasierte bzw. kostenoptimierte Planung unter Berücksichtigung von Planungs-Constraints und liefert einen finiten, machbaren Plan. Relevante Kosten sind dabei die Kosten zur Bezugsquellenfindung, wie Produktion oder Transport, sowie Kosten der Nichtbelieferung.
- Die Funktion *Prozessmanagement* wird Ihnen nur über die Lösung SAP IBP S&OP zur Verfügung gestellt. Sie können Ihre Unternehmensprozesse (auch Kapazitätsplanungsprozesse) modellieren und strukturiert unterstützen. Ein Gesamtprozess kann in verschiedene Unterprozesse aufgegliedert werden, und Sie können Aufgaben, Abhängigkeiten, Berechtigungen, Verantwortlichkeiten etc. definieren. Die Voraussetzung dafür, dass das Prozessmanagement mit vollem Funktionsumfang in Bezug auf Kooperation verwendet werden kann, ist der Einsatz von SAP Jam.

Weiterführende Informationen zur zeitreihenbasierten Kapazitätsplanung finden Sie in Kapitel 16, »Zeitreihenbasierte Kapazitätsplanung in SAP IBP«.

Wir möchten Ihnen nun gebündelt einen Überblick über die wesentlichen Algorithmen und Funktionen geben und auf Operatoren hinweisen, die für die zeitreihenbasierte Beschaffungsplanung wesentlich sind. Da für SAP IBP pro Quartal ein neues Release veröffentlicht wird, unterliegt der Funktionsumfang einer kontinuierlichen Weiterentwicklung und verändert sich signifikant. Weitere Innovationen sind entsprechend in der Roadmap für IBP vom Produktmanagement beschrieben.

Im Kontext der zeitreihenbasierten Beschaffungsplanung in SAP IBP für S&OP und SAP IBP für Response and Supply stehen Ihnen die folgenden Algorithmen zur Verfügung, die Sie je nach Bedarf berücksichtigen können:

- Zeitreihenbasierte Beschaffungsplanungsheuristik (Unendlich ohne Unterdeckung)
- Zeitreihenbasierte Beschaffungsplanungsheuristik (Bestandspropagierung)
- Zeitreihenbasierte Beschaffungsplanungsheuristik (Planung der Haltbarkeit im Lager)
- Zeitreihenbasierte Beschaffungsplanungsheuristik (finite Heuristik)
- Zeitreihenbasierter Beschaffungsplanungsoptimierer (ZR-basierter Beschaffungsplanungsoptimierer)
- S&OP-Optimierer-Erklärung
- TS-Based Forecast Consumption (S&OP-Vorplanungsverrechnung)
- Check Mode (S&OP-Operator)
- Local Updates (S&OP-Operator)
- Compute Quotas (S&OP-Operator)

Für den Optimierer und die finite Beschaffungsplanungsheuristik ist die Lizenz für IBP für Response & Supply relevant. An dieser Stelle und im weiteren Verlaufe des Buches orientieren wir uns jedoch nicht an den Lizenzvorgaben, sondern fassen in unseren Erläuterungen die zeitreihenbasierten Algorithmen zusammen.

15.3 Auftragsbasierte Kapazitätsplanung mit SAP IBP

Um eine auftragsbasierte Beschaffungsplanung aus operativer Perspektive in SAP IBP durchzuführen, benötigen Sie SAP IBP Response & Supply. Detaillierte Daten wie Planaufträge, Produktionsaufträge, Kundenaufträge und Bestellungen werden berücksichtigt, wodurch eine stärkere Integration mit den ERP-Quellsystemen ermöglicht wird. Die auftragsbasierten Algorithmen können auch vorhandene Kapazitäten und Restriktionen während der Planung berücksichtigen. Folgende Algorithmen stehen Ihnen zur Verfügung:

- *Restriktionsbasierter Prognoselauf* verwendet eine regelbasierte Heuristik mit Priorisierungen, um die Bedarfe zu decken. Es werden Bedarfe, Zugänge, Sicherheitsbestand und Zielbestand berücksichtigt und es wird ermittelt, welche Bedarfe gedeckt werden können. Dabei wird zuerst die Priorität jedes Bedarfs geprüft, und die Bedarfe werden einzeln nach Regeln ihrer Reihenfolge der Priorität gelöst. Das Ergebnis können Sie auch verwenden, um Ihre Kontingentierung einzurichten.
- *Restriktionsbasierter Prognoselauf mit Optimierer* kommt zum Einsatz, um einen optimalen Beschaffungsplan unter Berücksichtigung von Kostenparametern und zusätzlichen Restriktionen zu ermitteln. Gewinnmaximierung oder Kostenminimierung sind die Zielgrößen der optimiererbasierten Planung.

- Mit dem *Bestätigungslauf* können Sie ermitteln, wie Ihr Unternehmen auf Kundenbedarfe reagiert. Dabei werden die offenen Auftragsmengen von Kundenaufträgen, fixe Bedarfe und Zugänge, verrechnete Prognosebedarfe, Sicherheitsbestand und Zielbestand berücksichtigt. Als Ergebnis kann der Algorithmus unter Berücksichtigung der genannten Einflussfaktoren und der Engpässe Auftragsbestätigungen erzeugen. Auch Kontingente können berücksichtigt werden.
- Den *Deployment-Lauf* nutzen Sie, um geplante Zugänge in Ihrem Netzwerk nach Prioritäten und Available-to-Deploy-Elementen (verfügbaren Elementen) zu verteilen. Es werden keine neuen Planaufträge oder Bestellanforderungen angelegt, sondern Bedarfe werden mit vorhandenen Zugangselementen gedeckt.
- *Engpassanalysen* helfen Ihnen, die Ergebnisse der Beschaffungsplanung zu erklären, da die einschränkenden Faktoren aufgeführt werden.
- Das *Auftrags-Pegging* ermöglicht Ihnen die Verknüpfung von Bedarfs- und Zugangselementen im Auftragsdatenmodell.

Die Kernfunktionen von SAP IBP für Response & Supply als auftragsbasierte Lösung sind somit die regelbasierte Beschaffungsplanung mit und ohne Optimierer in Bezug auf die Beschaffung unter Berücksichtigung von Kapazitäten. Dabei können auch Kontingente ermittelt und im weiteren Prozess verwendet werden. Der Aspekt Response umfasst die Möglichkeit, Kundenaufträge zu bestätigen und falls erforderlich Kontingente zu berücksichtigen. Dieser Aspekt wird im weiteren Verlauf des Buches nicht näher beleuchtet, da wir uns auf die Kapazitätsplanungsfunktionen konzentrieren.

Auch im Zusammenhang mit der auftragsbasierten Beschaffungsplanung gibt es eine Vielzahl an Operatoren, die Sie je nach Bedarf berücksichtigen können (siehe Tabelle 15.1).

Auftragsbasierte Planung
Operatoren/Profile
▪ Kontingentierungsprofil aktivieren ▪ Planungsebene aktivieren ▪ Integrationsprofil aktivieren ▪ Stammdaten löschen ▪ Versionsdaten löschen/kopieren ▪ Versionen aktualisieren ▪ Regeln aktualisieren ▪ Planungsobjekte neu generieren

Tabelle 15.1 Auftragsbasierte Operatoren und Algorithmen

Auftragsbasierte Planung
Algorithmen und Ergebnisse
■ Bestätigungslauf ■ Restriktionsbasierter Prognoselauf ■ Restriktionsbasierter Prognoselauf mit Optimierer ■ Deployment-Lauf ■ Engpassanalyse

Tabelle 15.1 Auftragsbasierte Operatoren und Algorithmen (Forts.)

15.4 Fazit

In diesem Kapitel haben Sie einen ersten Eindruck und Überblick über die Möglichkeiten der Kapazitätsplanung mit SAP IBP erhalten. Eine Unterscheidung in zeitreihenbasierte und auftragsbasierte Planung sollten Sie vornehmen können. Weiterführende Informationen erhalten Sie in Kapitel 16, »Zeitreihenbasierte Kapazitätsplanung in SAP IBP«, und in Kapitel 17, »Auftragsbasierte Kapazitätsplanung in SAP IBP«.

Kapitel 16

Zeitreihenbasierte Kapazitätsplanung in SAP IBP

Für den mittel- bis langfristigen Horizont bietet SAP IBP eine zeitreihenbasierte Planung, mit der Sie Kapazitätsbedarfe simulieren und taktisch strategische Entscheidungen strukturiert unterstützen können.

In diesem Kapitel geben wir Ihnen in Abschnitt 16.1 einen Überblick über die Verwendung und Funktionen einer zeitreihenbasierten Kapazitätsplanung in SAP IBP, und in Abschnitt 16.2, »Zeitreihenbasierte Algorithmen in der Kapazitätsplanung«, finden Sie weiterführende Erläuterungen zu verfügbaren Algorithmen wie z. B. der zeitreihenbasierten Beschaffungsplanungsheuristik, der zeitreihenbasierten Haltbarkeitsplanungsheuristik, der zeitreihenbasierten Beschaffungspropagierungsheuristik, der zeitreihenbasierten finiten Beschaffungsplanungsheuristik und dem zeitreihenbasierten Beschaffungsplanungsoptimierer. Anschließend gehen wir in Abschnitt 16.3 auf einige Aspekte der Konfiguration aus Sicht der zeitreihenbasierten Planungsalgorithmen ein. Die Funktionsweisen der einzelnen Beschaffungs- und Kapazitätsplanungsalgorithmen werden auf eine Planungssituation angewendet und die unterschiedlichen Ergebnisse in Abschnitt 16.4 dargestellt.

16.1 Verwendung und Funktionsweise

Betrachtet man ein Unternehmen mit allen internen und auch externen Einflussgrößen, die zum unternehmerischen Erfolg beitragen, handelt es sich um ein komplexes Netzwerk an Beteiligten, die teilweise konträre Ziele verfolgen. Mit Blick auf die gesamte Logistikkette spielen auch externe Faktoren eine große Rolle, wenn es um die Beschaffung, Produktion, Distribution und den Vertrieb einer Unternehmung geht. Konträre Zielvorgaben, z. B. die Reduktion von Bestand in der Supply Chain und hohe Umsatzvorgaben für den Vertrieb, erfordern einen hohen Abstimmungsaufwand und führen außerdem häufig dazu, dass sich die einzelnen Bereiche eines Unternehmens lokal optimieren und die daraus entstehenden »Silolösungen« nicht zwingend das Optimum für das gesamte Unternehmen bedeuten.

Ein strukturierter S&OP-Prozess mit den klassischen Phasen Demand Review, Supply Review, Pre-SOP und S&OP-Meeting hilft dabei, dass Entscheidungen nicht primär von kurzfristigen Faktoren, individuellen oder lokalen Zielen bestimmt werden. Durch die Etablierung eines strukturierten und klar definierten sowie kontinuierlichen Abstimmungsprozesses können Sie die Aktivitäten aller Bereiche auf die gemeinsame Vision und Strategie des Unternehmens ausrichten. Abbildung 16.1 zeigt den integrativen Charakter von S&OP.

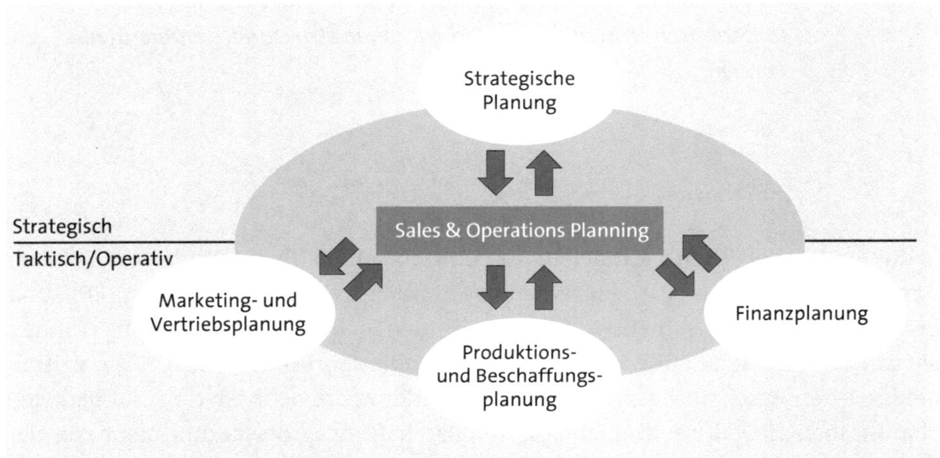

Abbildung 16.1 Integration von S&OP-Ausrichtung auf Strategie und Vision

Der klassische S&OP-Prozess als dynamischer, strategisch orientierter Managementprozess mit seinen externen und internen Abstimmungsszenarien entfaltet seine Vorteile besonders in einem volatilen Unternehmensumfeld. In der Praxis hat sich seine Anwendung aber meist nicht über den Abgleich von Nachfrage und Angebot unter Berücksichtigung von Bestandsführungsaspekten hinaus etabliert. In diesem Buch thematisieren wir den Teilaspekt der zeitreihenbasierten Kapazitätsplanung aus dem Kontext einer mittel- bis langfristigen Beschaffungsplanung bzw. eines S&OP-Prozesses. Bezüglich weiterführender Details der anderen Funktionen verweisen wir auf die offizielle Kommunikation von SAP auf *help.sap.com/ibp*.

Die zeitreihenbasierte Kapazitätsplanung ist funktional entwickelt worden, um den Anforderungen der Supply-Review-Phase des klassischen S&OP-Prozesses (Absatz- und Produktionsgrobplanungs-Geschäftsprozess) gerecht zu werden. Die Anforderungen an eine Beschaffungsplanung im mittel- bis langfristigen Horizont auch unter Berücksichtigung von Kapazitäten zur Entscheidungsunterstützung kann aktuell mit den Funktionen der zeitreihenbasierten Kapazitätsplanung am besten abgedeckt werden.

16.1.1 Das Supply-Chain-Modell in SAP IBP

Im einem Absatz- und Produktionsgrobplanungsprozess wird ein abgestimmter marktorientierter Absatzplan gegen die verfügbaren Kapazitäten sowie auf Materialverfügbarkeit geprüft. Dabei ist es das Ziel, die Bedarfssituation mit den verfügbaren Ressourcen abzugleichen und alternative Szenarien zu simulieren. Dies betrifft die Produktion, den Einkauf, die Bestände und Umlagerungen. Dabei können Sie in SAP IBP, wie in Abbildung 16.2 dargestellt, Ihre Lieferkette vom Lieferanten, der Produktion mit verschiedenen Stücklistenstufen, über Ihre individuelle Distributionsstruktur bis hin zum Kunden modellieren und Ihre Produkte unter Berücksichtigung von Engpässen planen. Der Beschaffungsplan als Ergebnis liefert Antworten auf die Fragen, wie viel und wo Sie produzieren oder umlagern oder fremdbeschaffen müssen. Dabei werden potenzielle Probleme aufgedeckt und visualisiert.

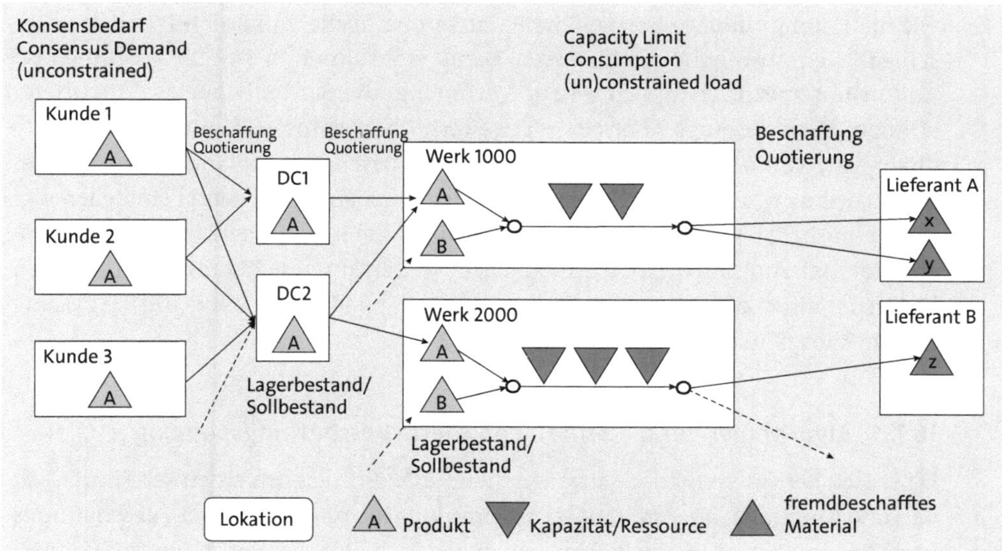

Abbildung 16.2 Supply-Chain-Modell in SAP IBP

Ziel der zeitreihenbasierten Beschaffungsplanung ist eine grobe aggregierte Kapazitätsplanung, bei der alternative Beschaffungsszenarien ermittelt werden, um taktisch strategische Entscheidungen auf der Basis von realistischen Szenarien zu treffen.

Für eine zeitreihenbasierte Beschaffungsplanung stehen Ihnen in SAP IBP 2008 die folgenden Planungsalgorithmen zur Verfügung:

- zeitreihenbasierte Beschaffungsplanungsheuristik
- zeitreihenbasierte Haltbarkeitsplanungsheuristik
- zeitreihenbasierte Bestandspropagierungsheuristik (ab 2005 nur für Bestandskunden)

- zeitreihenbasierte finite Beschaffungsplanungsheuristik
- zeitreihenbasierter Beschaffungsplanungsoptimierer

Um eine Beschaffungsplanung zu realisieren, werden einige Planungsdaten und Restriktionen als Voraussetzung benötigt, z. B. Stammdaten (Produkte, Lokationen, Kunden, Bezugsquellen) oder Stammdatenattribute (Quotierungen, Durchlaufzeiten und Losgrößen). Als weiterer Input können Kennzahlengrößen wie Prognosen, Kundenbedarfe, Lagerbestand, Sollbestand, Kapazitätsangebot oder manuelle Anpassungen dienen. Das Ergebnis kann in bedarfsbezogene Kenngrößen wie Sekundärbedarfe oder Kapazitätsbedarfe und in nachschuborientierte Größen wie Transport-, Produktions- und externe Zugänge unterteilt werden.

Die Ergebnisse der Algorithmen liefern Lösungen für komplexe Problemstellungen und müssen von den Endnutzern weiterverarbeitet und verwendet werden. Genau wie die Datengrundlage ist auch die Benutzeroberfläche von SAP IBP in den unterschiedlichen Anwendungen identisch. Damit steht Ihnen in SAP IBP das IBP-Excel-Add-in mit spezifischen Sichten zur Verfügung, die Sie individuell konfigurieren können. Auch die Apps **Analytics – Erweitert**, **Dashboards – Erweitert** und **Supply-Chain-Netzwerk** visualisieren die Ergebnisse der Beschaffungsplanung, ermöglichen die Auswertung und unterstützen die Entscheidungsfindung. Alerts sind ein weiterer wesentlicher Bestandteil, um auf die Ausnahmesituationen hinzuweisen und eine Fokussierung auf diese zu ermöglichen. Weiterführende Details zu den Möglichkeiten der interaktiven Planung finden Sie in Kapitel 18, »Interaktive mittel- bis langfristige Kapazitätsplanung in SAP IBP«.

16.1.2 Algorithmen für die zeitreihenbasierte Beschaffungsplanung

Da es sich bei einem taktisch strategischen S&OP-Prozess um einen sehr umfassenden und funktional übergreifenden Abstimmungsprozess der Absatz-, Beschaffungs- und Finanzplanung handelt, sind abhängig vom Prozessschritt unterschiedliche funktionale Systemunterstützungen notwendig. An dieser Stelle möchten wir Ihnen einen groben Überblick über die verfügbaren Algorithmen geben, die Sie im Kontext einer taktisch strategisch ausgerichteten zeitreihenbasierten Kapazitätsplanung in SAP IBP verwenden können. Die folgenden zeitreihenbasierten Planungsalgorithmen sind enthalten:

- Eine zeitreihenbasierte Beschaffungsplanungsheuristik, die eine infinite mehrstufige Bedarfs- und Beschaffungsplanung durchführt. Da keine Engpässe während der Heuristik berücksichtigt werden, ist das infinite Ergebnis ein Plan ohne Unterdeckungen, der Überbelegungen und weitere Engpässe identifiziert. Für weitere Details siehe Abschnitt 16.2.1, »Zeitreihenbasierte Beschaffungsplanungsheuristik«.

- Eine zeitreihenbasierte Haltbarkeitsplanungsheuristik, die der zeitreihenbasierten Beschaffungsplanungsheuristik ähnelt und Haltbarkeiten berücksichtigt. Für weitere Details siehe Abschnitt 16.2.2, »Zeitreihenbasierte Haltbarkeitsplanungsheuristik«.
- Eine zeitreihenbasierte Bestandspropagierungsheuristik, die ebenfalls eine infinite mehrstufige Bedarfs- und Beschaffungsplanung durchführt. Hierbei wird allerdings nur der verfügbare Nachschub durch das Logistiknetzwerk propagiert, und somit werden Fehlmengen auf der Kunden- bzw. Lokationsebene aufgedeckt. Für weitere Informationen siehe Abschnitt 16.2.3, »Zeitreihenbasierte Beschaffungspropagierungsheuristik«.

Zeitreihenbasierte Beschaffungspropagierungsheuristik

Die zeitreihenbasierte Beschaffungspropagierungsheuristik ist ab SAP IBP Release 2005 nicht mehr verfügbar. Wenn Sie diese Funktion bereits in einem früheren Release verwendet haben, können Sie sie aber weiterhin verwenden.

- Eine zeitreihenbasierte finite Beschaffungsplanungsheuristik, die einen finiten Bedarfs- und Beschaffungsplan auf Basis priorisierter Bedarfe und unter Berücksichtigung bestimmter Beschaffungs- und Ressourcen Constraints erstellt. Für weitere Details siehe Abschnitt 16.2.4, »Zeitreihenbasierte finite Beschaffungsplanungsheuristik«.
- Ein zeitreihenbasierter Beschaffungsplanungsoptimierer, der einen mehrstufigen finiten Bedarfs- und Beschaffungsplan auf Grundlage von Kostenoptimierung generiert. Für Details zu der Lizenz siehe den angefügten Hinweis und für weitere Details siehe Abschnitt 16.2.5, »Zeitreihenbasierter Beschaffungsplanungsoptimierer«.

Lizenz für den zeitreihenbasierten Optimierer

Der zeitreihenbasierte Beschaffungsplanungsoptimierer ist in der Lizenz SAP Sales and Operations Planning 3.0 oder früher (vor Juli 2014) enthalten. Ein zeitreihenbasierter Optimierer ist mit der Lösung SAP IBP für Response & Supply nutzbar. Wir erläutern die zeitreihenbasierten Funktionen inhaltlich in diesem Kapitel und ignorieren die lizenzorientierte Gruppierung in IBP-Lösungskomponenten.

Dies sind die wesentlichen Algorithmen, die Ihnen für eine zeitreihenbasierte Beschaffungsplanung bzw. für eine Kapazitätsplanung bereitstehen. Weiterführende Informationen entnehmen Sie bitte den entsprechenden Kapiteln.

16.1.3 Allgemeine Konfiguration

Damit Sie in SAP IBP eine Beschaffungsplanung auch im Kontext einer Kapazitätsplanung realisieren können, müssen Sie Ihr IBP-System entsprechend konfigurieren. Die folgenden Aktivitäten müssen durchgeführt werden:

- Sie müssen den Planungsbereich für die Beschaffungs- sowie Kapazitätsplanung konfigurieren. Dies schließt z. B. die Anlage erforderlicher Attribute und Stammdatentypen sowie der Ein- und Ausgabekennzahlen für den verwendeten Planungsalgorithmus ein. Notwendige Planungsebenen und ein Zeitprofil müssen Sie definieren und der Planungsbereich muss aktiviert sein.
- Sie müssen abhängig von den verwendeten Algorithmen und den Anforderungen die erforderlichen Planungsprofile und Einstellungen, wie z. B. Kalender, zeitliche Aggregation/Disaggregation, Lokationsproduktsubstitution, aggregierte Constraints, etc. vornehmen bzw. einplanen.
- Sie müssen sicherstellen, dass alle für die Beschaffungs- und Kapazitätsplanung relevanten Daten in SAP IBP bereitstehen. Diese können Sie über die Integration aus Quellsystemen wie z. B. SAP ERP importieren oder die manuelle Anlage direkt in IBP ermöglichen.
- Sie müssen die Benutzeroberflächen in der Excel-Benutzeroberfläche zur Planung sowie die webbasierten Benutzeroberflächen für die Planung, Alerts, Auswertung etc. konfigurieren.
- Sie müssen ein entsprechendes Berechtigungskonzept für die Beschaffungs- und Kapazitätsplanung hinterlegen, damit die Beschaffungsplaner alle relevanten Aktivitäten ausführen können.

Weiterführende Details zu den notwendigen Konfigurationsschritten im Kontext der zeitreihenbasierten Beschaffungs- und Kapazitätsplanung finden Sie in Abschnitt 16.3.

16.2 Zeitreihenbasierte Algorithmen in der Kapazitätsplanung

An dieser Stelle gehen wir erstmal spezifisch auf die Funktionen der zeitreihenbasierten Kapazitätsplanung ein. Aus Sicht der Kapazitätsplanung ist es wichtig zu unterscheiden, ob Kapazitäten finit oder infinit geplant werden können. Abhängig vom einzelnen Algorithmus werden Kapazitäten unterschiedlich berücksichtigt und Funktionalitäten unterstützt. Die folgenden Ressourcentypen können Sie in SAP IBP modellieren, um Ihre Kapazitäten abzubilden:

- **Produktionsressource**
  Eine Produktionsressource können Sie verwenden, wenn Sie einen Produkt- oder Montageprozessschritt modellieren möchten. Dabei verbraucht jede Einheit, die

produziert wird, diese Kapazität entsprechend des individuell festgelegten Verbrauchs. Produktionsressourcen können Sie finit planen und werden vom zeitreihenbasierten Beschaffungsplanungsoptimierer als harter Constraint berücksichtigt. Es besteht dabei die Möglichkeit einer Kapazitätserweiterung, die planerisch mit zusätzlichen Kosten modelliert werden kann.

- **Lagerressource**
  Eine Lagerressource können Sie verwenden, wenn Sie Kapazitätseinschränkungen bei der Lagerung modellieren wollen. Dabei können unterschiedliche Dimensionen, wie z. B. Volumen, Stellplätze etc., eine Rolle bei der Kapazitätsplanung von Lagern spielen. Lagerkapazitäten werden verbraucht, sobald Produkte planerisch gelagert werden. Lagerressourcen werden als pseudo-harte Constraints interpretiert, die unter Berücksichtigung von zusätzlichen Strafkosten verletzt werden dürfen. Aktuell werden Lagerressourcen nicht von der zeitreihenbasierten finiten Beschaffungsplanungsheuristik unterstützt.
- **Transportressource**
  Eine Transportressource können Sie verwenden, wenn Sie Kapazitätsbedarfe für Transporte bzw. Transportbezugsquellen modellieren möchten. Dabei verbraucht jede Einheit, die transportiert wird, diese Kapazität. Transportressourcen können Sie finit planen und werden vom zeitreihenbasierten Beschaffungsplanungsoptimierer als harter Constraint berücksichtigt. Es besteht dabei die Möglichkeit einer Kapazitätserweiterung, die planerisch mit zusätzlichen Kosten modelliert werden kann.
- **Handlingressource**
  Eine Handlingressource können Sie verwenden, wenn Sie die verfügbaren Kapazitäten beim Wareneingang modellieren möchten. Dabei kann jede empfangene Einheit eine definierte Kapazität der Handlingressource verbrauchen. Aktuell werden Handlingressourcen nicht vom zeitreihenbasierten Beschaffungsplanungsoptimierer und auch nicht von der zeitreihenbasierten finiten Beschaffungsplanungsheuristik unterstützt. Somit können sie mit der Handlingressource aktuell nur infinite Planungsergebnisse erzeugen.

16

Finite Beschaffungsplanungsheuristik

Die Funktion der Ressourcenkapazitätserweiterung wird von der finiten Beschaffungsplanungsheuristik nicht unterstützt.

Die Informationen als Stammdaten werden in dem Stammdatentyp Ressource im IBP-System bereitgestellt. Zur Planung von Kapazitäten benötigen Sie noch weitere Informationen, die in IBP in der Regel als Kennzahlen modelliert werden, z. B.:

- **Kapazitätsangebot**
  Das *Kapazitätsangebot* (CAPASUPPLY) wird auf der Ebene Ressource/Lokation definiert. Diese gibt die verfügbare Kapazität einer Ressource in einem definierten Zeitraum an. Die Einheit ist frei wählbar und muss entsprechend konsistent mit der Einheit der Kapazitätsverbrauchsrate modelliert werden.
- **Kapazitätsverbrauchsrate**
  Die Kapazitätsverbrauchsrate definiert den Verbrauch je Einheit. Dabei können die folgenden Kapazitätsverbrauchsraten unterschieden werden:
  - *Kapazitätsverbrauchsrate* (CAPACONSUMPTION) auf der Basisplanungsebene Ressource/Lokation/Produkt. Gibt den Kapazitätsverbrauch einer Handling- oder Lagerressource pro Stück eines Lokationsprodukts an, wenn angeliefert oder gelagert wird.
  - *Kapazitätsverbrauchsrate der Produktionsressource* (PCAPACONSUMPTION) auf der Basisplanungsebene Ressource/Lokation/Produkt/Quell-ID. Gibt den Kapazitätsverbrauch einer Produktionsressource bei der Produktion oder Montage eines Lokationsprodukts an.
  - *Kapazitätsverbrauchsrate der Transportressource* (TCAPACONSUMPTION) auf der Basisplanungsebene Produkt/Lokation/Auslieferlokation/Verkehrszweig/Ressource. Gibt den Kapazitätsverbrauch einer Transportressource beim Transport eines Produkts an.
- **Kapazitätsbedarf**
  Der Kapazitätsbedarf definiert die Auswirkung des Nettobedarfs eines Lokationsprodukts auf die verwendete Bezugsquelle; indem der Nettobedarf mit der Verbrauchsrate multipliziert wird, wird der Kapazitätsbedarf ermittelt
  - *Kapazitätsbedarf für Handling- oder Lagerressource* (CAPADEMAND) wird auf der Ebene Ressource/Lokation/Produkt ausgegeben. Für Handlingressourcen wird der Nettobedarf mit der entsprechenden Kapazitätsverbrauchsrate multipliziert. Bei Lagerressourcen wird die Kennzahl Projizierter Bestand anstelle des Nettobedarfs verwendet.
  - *Kapazitätsbedarf für Produktionsressource* (PCAPADEMAND) wird auf der Ebene Ressource/Lokation/Produkt/Quell-ID ausgegeben. Für Produktionsressourcen wird der Nettobedarf auf der Bezugsquelle mit der Kapazitätsverbrauchsrate der Produktionsressource multipliziert.
  - *Kapazitätsbedarf für Transportressource* (TCAPADEMAND) wird auf der Ebene Produkt/Lokation/Auslieferlokation/Verkehrszweig/Ressource ausgegeben. Für Transportressourcen wird der Nettobedarf auf der Bezugsquelle mit der Kapazitätsverbrauchsrate der Transportressource multipliziert.

- **Kapazitätsauslastung**
  Die Kapazitätsauslastung zeigt an, wie das Kapazitätsangebot von einer Ressource durch den Kapazitätsbedarf konsumiert wird. Bei einer finiten Planung besteht eine Abhängigkeit zwischen Bedarf und Angebot, sodass die Auslastung das Angebot nicht übersteigen kann.
  - *Kapazitätsauslastung für Produktionsressourcen* (PCAPAUSAGE) wird auf der Basisplanungsebene Ressource/Lokation/Produkt/Quell-ID ausgegeben. Um die Kapazitätsauslastung zu ermitteln, werden die Kapazitätsbedarfe aller Produkte pro Ressource aufsummiert und gegen das Kapazitätsangebot einer Ressource verglichen.
  - *Kapazitätsauslastung für Handling- und Lagerressourcen* (CAPAUSAGE) wird auf der Basisplanungsebene Ressource/Lokation/Produkt ausgegeben. Um die Kapazitätsauslastung zu ermitteln, werden die Kapazitätsbedarfe aller Produkte pro Ressource aufsummiert und gegen das Kapazitätsangebot einer Ressource verglichen.
  - *Kapazitätsauslastung für Transportressourcen* (TCAPAUSAGE) wird auf der Basisplanungsebene Produkt/Lokation/Auslieferlokation/Verkehrszweig/Ressource ausgegeben. Um die Kapazitätsauslastung zu ermitteln, werden die Kapazitätsbedarfe aller Produkte pro Ressource aufsummiert und gegen das Kapazitätsangebot einer Ressource verglichen.

16

Transportressource

[«]

Die Lokations-ID der Kennzahl für eine Transportressource muss __TransResLoc sein. Es sind keine anderen Lokations-IDs zulässig.

An dieser Stelle haben Sie schon einen ersten Einblick in die Details bezüglich Stammdatentypen und Kennzahlen für eine Kapazitätsplanung erhalten. In diesem Abschnitt gehen wir weiter erstmal auf die allgemeine Funktionsweise der einzelnen zeitreihenbasierten Beschaffungsplanungsalgorithmen ein.

16.2.1 Zeitreihenbasierte Beschaffungsplanungsheuristik

Der Algorithmus *zeitreihenbasierte Beschaffungsplanungsheuristik* ermittelt den Bedarfs- und Beschaffungsplan unter der Annahme infiniter Kapazitäten. Der Algorithmus ignoriert z. B. folgende Restriktionen:

- Zugänge werden ohne Berücksichtigung von Engpässen der Ressourcenkapazitäten angelegt und somit infinit geplant.
- Weil der projizierte Bestand nicht größer oder gleich null sein muss, kann der Bestand hier am Ende einer Periode negativ sein.

- Maximalwerte wie z. B. *Maximum Inventory* oder *Maximum Production Receipts* werden nicht berücksichtigt, sodass auch Werte über dem definierten Maximum möglich sind.
- Maximale Losgrößen und aggregierte Constraints werden nicht berücksichtigt.

Es werden alle Bedarfe erfüllt, sodass das Ergebnis nicht zwangsläufig ein durchführbarer Plan ist. Aber das projizierte Ergebnis legt potenzielle Probleme offen und zeigt Kapazitäts- oder Produktengpässe durch Überlast auf, die Sie dann nachfolgend über flexible Kapazitätsauswertungen z. B. in Dashboards und Analysen bewerten und Maßnahmen einleiten können.

Berücksichtigt werden von der Beschaffungsplanungsheuristik Einschränkungen wie Beschaffungszeiten für Transporte, manuelle Anpassungen (*Adjusted Key Figures*), Teilnetzwerke und Kennzahlen in Zusammenhang mit Teilnetzplanung, Kuppelproduktion, Mindestlosgrößen und Rundungswerten, Losgrößenverfahren, Quotierungen zwischen unterschiedlichen Bezugsquellen, Bestandskorrekturen, Zielbestand und in Kennzahlen definierten Mindestwerten wie *Minimum Customer Receipts* oder *Minimum Transportation Receipts*.

Die in Abbildung 16.3 skizzierte Funktionsweise der zeitreihenbasierten Beschaffungsplanungsheuristik wird für jedes Produkt und jede Periode durch das vorgegebene Netzwerk mit einer einheitlich definierten Kalkulationslogik realisiert:

1. Begonnen wird mit dem Bedarf, der z. B. in Form von Kundenaufträgen oder Forecasts als Eingabekennzahl auf der Ebene Kunde und Produkt und für den definierten Horizont in die Berechnung einfließt.
2. Der Bedarf wird dann abhängig von den definierten Bezugsquellen und Quotierungen auf die nachgelagerten Lokationen wie z. B. Distributionszentren oder Produktionswerke übertragen. Dabei werden die Kundenbedarfe, die von verschiedenen Kunden stammen können, summiert und für jede Periode als Sekundärbedarf berechnet.
3. In jeder Lokation wird der Nettobedarf berechnet und eine geeignete Bezugsquelle für das Produkt und Anlieferlokation gesucht. Begonnen wird mit der ersten Periode. Der Nettobedarf wir dann durch Produktionsquellen, Umlagerungen von anderen Lokationen oder durch Beschaffung von anderen Lieferanten gedeckt.
4. Nachdem der Gesamtzugang aus Produktionszugängen, Transportzugängen und externen Zugängen ermittelt wurde, wird der Nachschub an den Kunden aus der Lokation in der ersten Periode berechnet.
5. Anschließend werden die nachfolgenden Perioden nacheinander in derselben Art und Weise geplant. Dabei wird der projizierte Bestand ermittelt, indem der Endbestand der Vorperiode und der geplante Zugang addiert werden und der Nachschub an den Kunden subtrahiert wird. Bei der Berechnung jeder Periode wird der Soll-

bestand der einzelnen Perioden mit dem Netto-Sekundärbedarf addiert und anschließend der verfügbare Bestand subtrahiert.

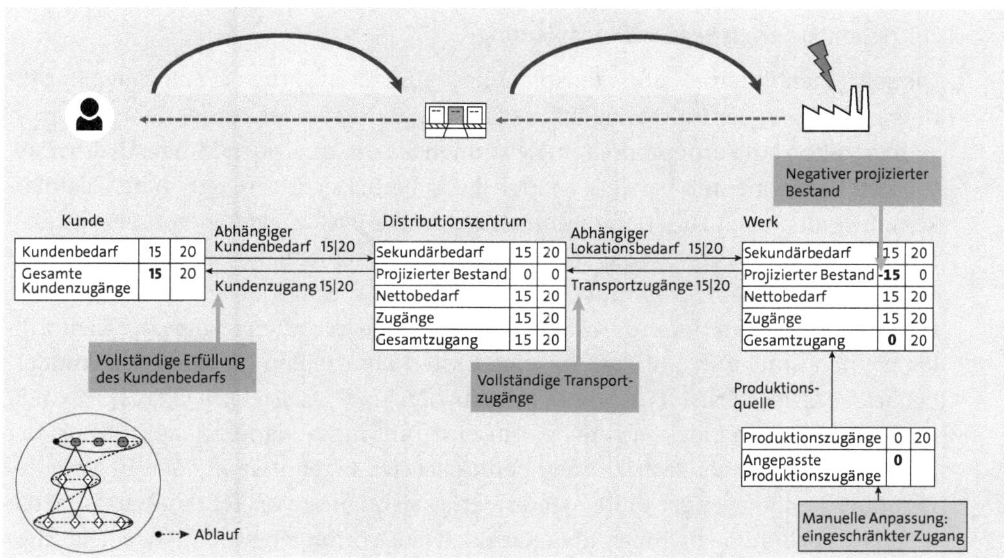

Abbildung 16.3 Funktionsweise der zeitreihenbasierten Beschaffungsplanungsheuristik

Bei diesem Vorgehen ignoriert die Beschaffungsplanungsheuristik Kapazitätsbegrenzungen und würde den erforderlichen Gesamtbedarf in aller Regel zeitgerecht produzieren. Manuelle Anpassungen, Quotierungen, fehlende Bezugsquellen oder zu lange Beschaffungszeiten für die ersten Perioden können das Ergebnis beeinflussen und eine Unterdeckung bzw. zeitweise Unterdeckung verursachen. Eine manuelle Anpassung wird als Restriktion berücksichtigt und schränkt den Zugang ein. Dies führt aber nicht zu einer Unterdeckung – die Kundenbedarfe werden weiterhin planerisch erfüllt –, sondern zu einem negativen projizierten Bestand in der Engpasssituation. Durch diese Art der infiniten Planung werden Bedarfe immer gedeckt und Engpässe durch negativen projizierten Bestand in der Engpasssituation abgebildet. Es findet keine aktive Kapazitätsplanung statt, sondern ermöglicht eine Kapazitätsauswertung. Mittels eines Alerts auf negativen projizierten Bestand kann man die Engpässe identifizieren.

16.2.2 Zeitreihenbasierte Haltbarkeitsplanungsheuristik

Der Algorithmus *zeitreihenbasierte Haltbarkeitsplanungsheuristik* ähnelt der zeitreihenbasierten Beschaffungsplanungsheuristik. Sie können ihn verwenden, wenn Sie Haltbarkeiten berücksichtigen und dabei einen infiniten Bedarfs- und Beschaffungsplan ohne Unterdeckung ablegen möchten. Um Haltbarkeiten abzubilden, werden weitere Stammdatentypen, Attribute, Kennzahlen und Planungsebenen benötigt, die im Planungsbereich SAP4S ausgeliefert werden. Weiterführende Informationen zu den spezifischen Einstellungen finden Sie in Abschnitt 16.3, »Konfiguration der zeitreihenbasierten Beschaffungsplanung«.

Die zeitreihenbasierte Haltbarkeitsplanungsheuristik ist aktuell der einzige Algorithmus in SAP IBP, der Haltbarkeiten berücksichtigt. Neben der Berücksichtigung von Haltbarkeiten auf Fertigproduktebene können Sie optional auch Mindesthaltbarkeiten von Komponenten bei der Eigenfertigung berücksichtigen. Neben den Haltbarkeiten werden auch Funktionen unterstützt, wie z. B. Gültigkeiten von Bezugsquellen, Transport- und Produktionszeiten, unterschiedliche Bedarfskategorien, minimale Losgrößen für Produktions- und Lokationsbezugsquellen, Rundungswerte für Kunden-, Produktions- und Lokationsbezugsquellen. Auch angepasste Kennzahlen werden unterstützt, bis auf die angepassten Kennzahlen für Kunden-Sekundärbedarfe (ADJDEPENDENTCUSTOMERDEMAND und ADJDEPENDENTCUSTOMERDEMANDDS). Es handelt sich dabei um einen infiniten Planungsalgorithmus, der keine Kapazitäten als Restriktionen berücksichtigt. Ergebnisse können Informationen über benötigte Kapazitäten unter Berücksichtigung von Haltbarkeitsaspekten liefern und können von Ihnen über Kapazitätsauswertungen bei der Entscheidungsfindung berücksichtigt werden.

Abbildung 16.4 zeigt die grobe Funktionsweise der Haltbarkeitsplanungsheuristik. Sie können die komplette Lieferkette von Kundenbedarfen, über Distributionszentren, Produktionswerken und Lieferanten berücksichtigen. Die Kundenbedarfe werden mit der erforderlichen Mindesthaltbarkeit versehen und definieren somit die Mindestresthaltbarkeit an die zu planenden Kundenzugänge. Die Anforderungen an die Mindesthaltbarkeit wird bei der Ermittlung der Nettobedarfe auf jeder Produktlokationsebene berücksichtigt und vererben diese über die Sekundärbedarfe an den ermittelten Nettobedarf durchs gesamte Liefernetzwerk. Dabei können Sie auch Anforderungen an Mindesthaltbarkeiten bei jeder verwendeten Komponente bei der Eigenfertigung berücksichtigen, indem Sie diese in der Produktionsbezugsquelle festlegen.

Bei der Ermittlung der Mindesthaltbarkeit wird die Transportzeit zu einer angeschlossenen Lokation berücksichtigt und die geforderte Mindesthaltbarkeit entsprechend verlängert. Die Nettobedarfsermittlung pro Lokationsprodukt prüft, ob ausreichend Lagerbestand mit der erforderlichen Mindesthaltbarkeit verfügbar ist und verwendet den verfügbaren nutzbaren Lagerbestand. Falls noch Bedarfe offen sind, wird der Nettobedarf mit der geforderten Mindesthaltbarkeit zur nächsten Ebene weitergereicht, ob Eigen- oder Fremdbeschaffung und die Mindesthaltbarkeit wird entsprechend der Transportbeschaffungszeit wieder verlängert.

Weiterführende Erläuterungen zu den notwendigen Einstellungen finden Sie in Abschnitt 16.3, »Konfiguration der zeitreihenbasierten Beschaffungsplanung«.

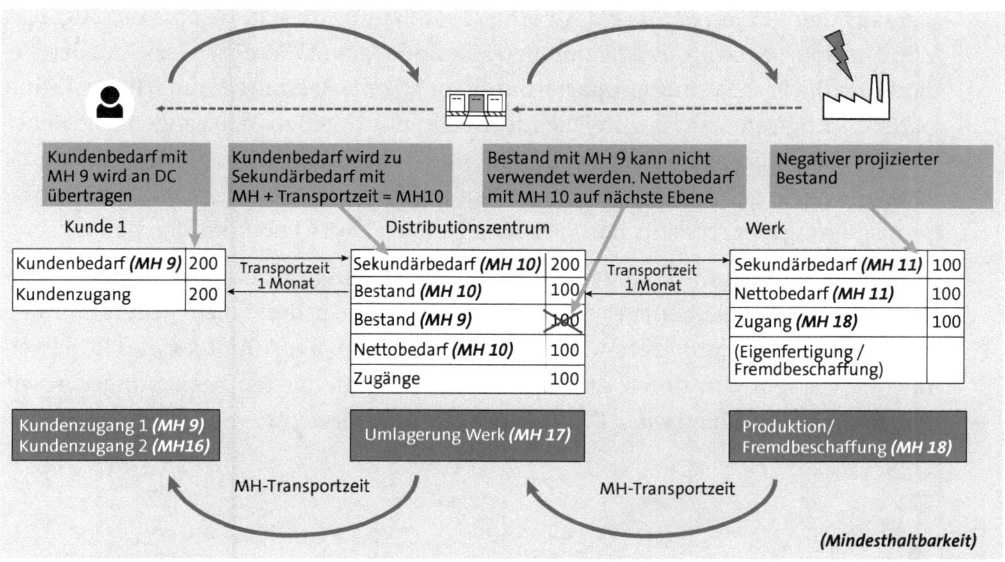

Abbildung 16.4 Funktionsweise der zeitreihenbasierten Haltbarkeitsplanungsheuristik

16

16.2.3 Zeitreihenbasierte Beschaffungspropagierungsheuristik

Auch der Algorithmus *zeitreihenbasierte Beschaffungspropagierungsheuristik* ermittelt einen infiniten Bedarfs- und Beschaffungsplan, der keine Kapazitätsengpässe berücksichtigt, allerdings ist die Vorgehensweise dabei eine andere. Es wird lediglich der verfügbare Nachschub berücksichtigt und in nachgelagerter Richtung in der Logistikkette propagiert. Somit kann abhängig vom Verhältnis des verfügbaren Nachschubs und der relevanten Bedarfe der Algorithmus alle Bedarfe decken oder auch nicht. Wenn der Nachschub geringer als der Bedarf ist, zeigt der resultierende Plan das Beschaffungsproblem, indem Kundenbedarfe und Nettobedarfe auf Kundenprodukten und Lokationsprodukten nicht gedeckt werden. Es werden keine Kapazitäten berücksichtigt, sondern es werden vorhandene Beschaffungsmengen propagiert, und Kapazitätsengpässe können auf Basis der Ergebnisse zur Kapazitätsanalyse verwendet werden.

[«]

Propagierungsheuristik

Die Propagierungsheuristik wird ab SAP IBP 2005 nicht mehr mit ausgeliefert. Kunden, die die Propagierungsheuristik in früheren Releases bereits verwendet haben, können die Propagierungsheuristik weiterhin verwenden.

Bedarfe setzen sich aus *Dependent Demand* und *Independent Demand* sowie aus dem Bedarf aus dem *Inventory Target* zusammen. Der verfügbare Nachschub ermittelt sich aus dem *Projected Stock* des vorherigen Planungszeitraums plus die Zugänge, z. B. *Transport Receipts, Production Receipts* und *External Receipts*, der aktuellen Periode. Da die Beschaffungspropagierungsheuristik die Ressourcenkapazitäten infinit berücksichtigt, entsteht unzureichender Nachschub durch manuell angepasste Kennzahlen (z. B. *Adjusted Production Receipt*), durch fehlende Bezugsquellen oder durch fehlende Zugänge aus einem früheren Planungslauf, die nun bei einer Beschaffungspropagierungsheuristik ins nachgelagerte Netzwerk verwendet werden können.

Wie in Abbildung 16.5 skizziert, werden die Beschaffungsdefizite in die nachgelagerten Ebenen propagiert, und es wird ersichtlich, welche Bedarfe nicht gedeckt werden können. Negativer projizierter Bestand wird von dem Algorithmus in der Regel vermieden, es sei denn durch die Verwendung von manuellen Anpassungen sowie Minimum-Kennzahlen wie z. B. *Minimum Customer Receipts*.

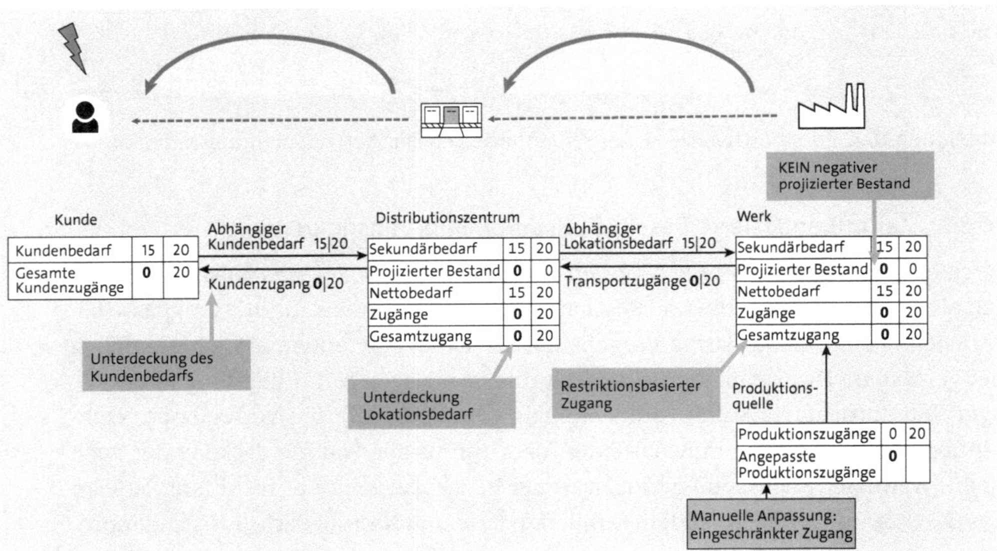

Abbildung 16.5 Funktionsweise der Beschaffungspropagierungsheuristik

Zeitreihenbasierte Beschaffungsplanung vs. Beschaffungspropagierung

Beide Algorithmen sind infinite Heuristiken und legen einen Bedarfsbeschaffungsplan an, der keine finiten Ressourcenkapazitäten berücksichtigt. Engpässe werden z. B. durch angepasste Kennzahlen oder fehlende Bezugsquellen erzeugt. Die Vorgehensweise ist jedoch unterschiedlich:

- Die Beschaffungsplanungsheuristik deckt alle Bedarfe. Dies kann zu negativem Bestand auf einzelnen Lokationsprodukten führen. Somit werden Engpässe und Ursachen deutlich und es können entsprechende Maßnahmen eingeleitet werden.

- Die Beschaffungspropagierungsheuristik verwendet nur den verfügbaren Nachschub und propagiert diesen durch das Logistiknetzwerk. Wenn dabei nicht alle Bedarfe gedeckt werden können, sehen Sie die Auswirkungen des Beschaffungsengpasses, da nicht alle Bedarfe gedeckt werden.

Da beide Heuristiken keine Entscheidungen über Bezugsquellen treffen, sondern Quotierungen und Stammdaten die Bezugsquelle vorab fest definieren, kann das Ergebnis ein suboptimaler Beschaffungsplan sein.

Die Beschaffungspropagierung kann am sinnvollsten eingesetzt werden, sobald finite bzw. feingeplante Zugänge vorliegen. Auf Basis der festen Zugänge können dann die Mengen ins Netzwerk verteilt werden.

16.2.4 Zeitreihenbasierte finite Beschaffungsplanungsheuristik

Einen prioritätsbasierten finiten Bedarfs- und Beschaffungsplan können Sie mithilfe der *zeitreihenbasierten finiten Beschaffungsplanungsheuristik* erstellen. Dabei handelt es sich um eine Lösung auf Basis von priorisierten Bedarfen unter Berücksichtigung von Beschaffungs- und Ressourcen-Constraints. Somit können Sie mit der zeitreihenbasierten finiten Beschaffungsplanungsheuristik ihre Kapazitätsplanung für einen mittel- bis langfristigen Horizont sehr gut realisieren.

Das finite Planungsergebnis verwendet Kosten, um die Bedarfe und Bezugsquellen zu priorisieren. Höhere Kosten definieren die Bedarfspriorität und niedrige Kosten steuern die Auswahl der Bezugsquellen. Die Priorität für Bedarfe wird über Nichtlieferkosten und verspätete Lieferkosten und den einzelnen Perioden ermittelt. Für die Bezugsquellen werden keine Fixkosten berücksichtigt, sondern lediglich die Kostensätze für Produktion, Transport und externe Zugänge. Dabei werden aktuell keine zeitabhängigen Kosten unterstützt, sondern die Kosten der aktuellen Periode werden für den gesamten Horizont verwendet. Die Kosten entlang der Lieferkette werden aufsummiert und der Beschaffungspfad mit den geringsten Kosten wird bevorzugt.

Ein weiterer wesentlicher Aspekt ist noch die Berücksichtigung von Restriktionen, die eine finite Kapazitätsplanung ermöglicht. Einige Funktionen und Restriktionen werden dabei unterstützt, wie z. B. Beschaffungszeiten für Produktion und Transport, Gültigkeiten von Bezugsquellen, Kalender für Produktion, Transport und Zugänge, eine Bedarfskategorisierung, manuelle Anpassungen, Minimal- oder Maximalwerte, Ressourcenverbrauch, Kapazitätsbeschränkungen, etc. Es gibt auch einige Funktionen und Constraints der Beschaffungsplanung, die aktuell von der finiten Heuristik nicht unterstützt werden, wie z. B. aggregierte Constraints, Handlingressourcen, Lagerressourcen, Ressourcenkapazitätserweiterungen, Lokationsproduktersetzungen, maximaler Bestand oder zeitabhängige Zeitreihen wie z. B. Kostensätze für Transport oder Produktion oder Ressourcenbedarfe.

Aktuelle Informationen

Bzgl. der aktuellen Auflistung der verfügbaren Funktionen verweisen wir auf die aktuellste Dokumentation von SAP auf der Help-Seite zur finiten Heuristik (**Anwendungshilfe IBP • Geschäftsanwendungen • Zeitreihenbasierte Beschaffungsplanung • Zeitreihenbasierte Beschaffungsplanungsheuristik (finit)**) oder die regelmäßige »What'sNew«-Kommunikation des IBP-Produktmanagements.

Abbildung 16.6 zeigt die grobe Funktionsweise der finiten Beschaffungsplanungsheuristik und ist folgendermaßen strukturiert:

1. Zuerst wird für die Bedarfe eine Priorität ermittelt. Hierfür werden die Kosten aus Nichtlieferung, dann aus verspäteter Lieferung und der Periode herangezogen. Die Bedarfe mit den höheren Kosten haben auch eine höhere Priorität.
2. Danach werden die Bezugsquellen bewertet, indem die Kosten entlang der logistischen Kette aufsummiert werden. Der Beschaffungsstrang mit den geringsten Kosten wird bevorzugt.

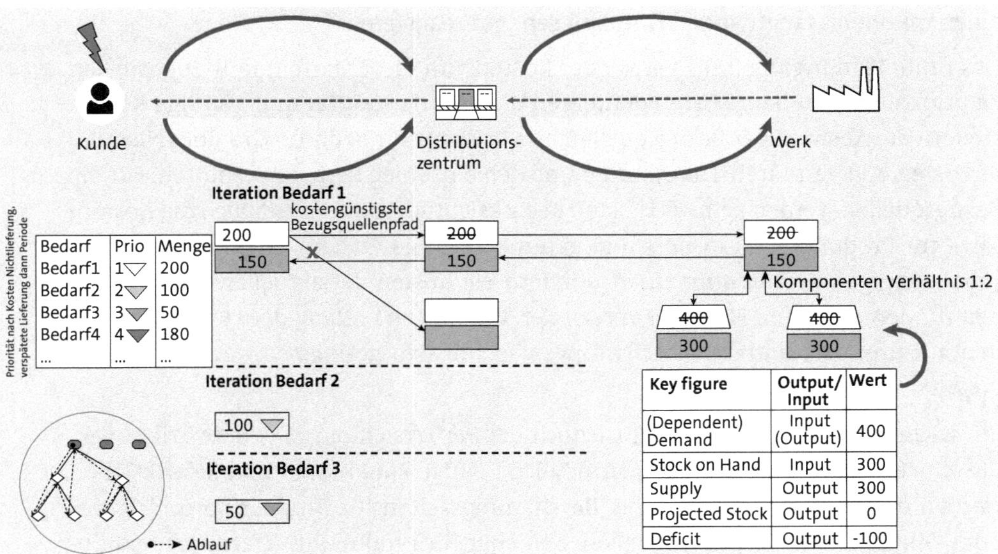

Abbildung 16.6 Funktionsweise der finiten Beschaffungsplanungsheuristik

Unter Berücksichtigung der geschilderten Priorisierung der Bedarfe und der Bezugsquellen werden im Rahmen der finiten Heuristik folgende Berechnungsschritte für jedes Produkt ausgeführt:

1. Ziel ist es, die Bedarfe im Planungshorizont zu erfüllen. Bedarfe stellen einen Input dar und sind z. B. Kundenbedarfe oder Lokationsbedarfe, die wie beschrieben priorisiert werden. Die Primärbedarfe werden der Priorität nach einzeln nacheinander geplant.
2. Um den Bedarf zu decken, wird zuerst geprüft, ob genug Lagerbestand in der Bedarfslokation verfügbar ist. Falls der Lagerbestand nicht ausreicht, werden die verfügbaren Bezugsquellen für Produktion, Umlagerung von einer anderen Lokation und Beschaffung vom Lieferanten überprüft.
3. Entsprechend der Priorität der Bezugsquelle, die über die geringsten Kosten ermittelt wird, wird dann die Beschaffung geregelt. Bei Auswahl der Produktion wird der Nettobedarf über die Produktionsbezugsquelle an die Komponenten weitergereicht. Bei einer Umlagerung wird der Nettobedarf als Sekundärbedarf an eine andere Lokation übergeben. Und bei der Fremdbeschaffung wird der Nettobedarf über einen externen Zugang gedeckt.
4. Die Schritte 2 und 3 werden wiederholt, um alle Sekundärbedarfe des ursprünglichen Bedarfs zu decken. Falls die Beschaffung des Gesamtbedarfs nicht möglich ist, ist es möglich, eine verspätete Bedarfserfüllung zu erlauben. Falls auch das nicht möglich ist, bleibt der Bedarf ungedeckt.
5. Die Schritte 2 bis 4 werden für alle Bedarfe innerhalb des Planungshorizonts durchgeführt. Ausgehend von Bedarfen mit hoher Priorität gefolgt von Bedarfen mit niedriger Priorität. Dabei werden Produktionszugänge, Transportzugänge und externe Zugänge berechnet.
6. Nachdem alle Bedarfe gedeckt wurden, versucht der Algorithmus den Beschaffungsplan, wenn die Restriktionen es zulassen, auf die definierten Ziellagerbestände anzupassen. Dabei wird die bereits geplante Bedarfsdeckung nicht geändert.

Dies beschreibt im Wesentlichen die Funktionsweise der finiten Heuristik in der zeitreihenbasierten Beschaffungsplanung. Dieser Planungsalgorithmus ermöglicht die simultane Planung von Bedarfen und Kapazitäten in einer zeitreihenbasierten bzw. Bucket-orientierten Form.

16.2.5 Zeitreihenbasierter Beschaffungsplanungsoptimierer

Mit dem *zeitreihenbasierten Beschaffungsplanungsoptimierer* können Sie kostenoptimierte Produktions-, Distributions- und Beschaffungspläne für Ihr komplettes logistisches Netzwerk unter Berücksichtigung verschiedener Restriktionen generieren. Der Algorithmus liefert einen finiten und machbaren Beschaffungsplan, der verfügbare Kapazitäten berücksichtigt und auf Gewinn- oder Liefermaximierung basiert (siehe Konfiguration in Abschnitt 16.3). Bei der *Gewinnmaximierung* werden dem Gesamterlös die Gesamtkosten gegenübergestellt, und Produkte werden nur produziert, wenn sie profitabel sind. Bei der *Liefermaximierung* wird versucht, alle Kundenbedarfe bei minimalen Kosten zu decken, und lediglich die Restriktionen in der Lieferkette beeinflussen die Erfüllung des Kundenbedarfs.

Der Optimierer entscheidet, wann und wo produziert, beschafft, gelagert oder ausgeliefert wird. Die Beschaffungsoptionen werden abhängig von Ressourcenkapazitäten, Materialverfügbarkeit, definierten Kosten und Restriktionen ermittelt. Dabei wird der Lösungsplan identifiziert, der minimale Kosten aufweist. Eine zulässige Lösung berücksichtigt alle Planungsrestriktionen, wobei weiche Restriktionen, die mit Nichteinhaltungskosten bewertet werden, verletzt werden dürfen. Beispielsweise kann ein zulässiger Plan auch Nichtlieferungen enthalten, weil es aus Gesamtplanungssicht kostengünstiger sein kann, einen Bedarf nicht oder nur verspätet zu decken.

Die Darstellung in Abbildung 16.7 macht deutlich, dass der Definition der Kosten im gesamten Supply-Chain-Modell eine wesentliche Rolle bei der Nutzung des Optimierers zukommt.

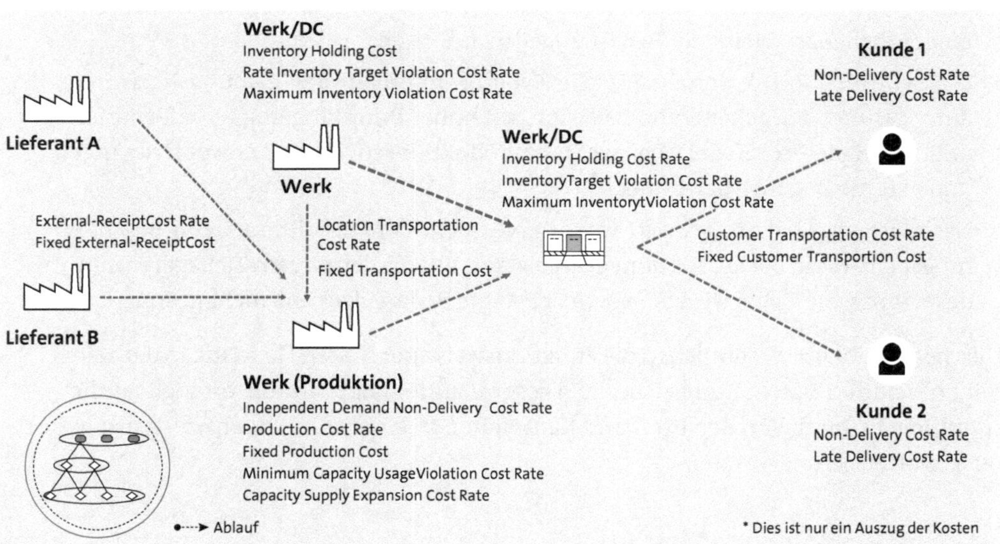

Abbildung 16.7 Funktionsweise des zeitreihenbasierten Beschaffungsplanungsoptimierers – Kosten (Beispiele)

Die wichtigsten Kosten steuern die Auswahl der Bezugsquellen, wie z. B. Produktions-, Transport- und Beschaffungsoptionen, und zusätzliche Kosten, wie z. B. Lagerhaltungskosten, haben ebenfalls Einfluss. Auch die Kosten für die Nichteinhaltung weicher Restriktionen, wie z. B. die Nichtbelieferung von Bedarfen, haben einen signifikanten Einfluss auf das Ergebnis. Kosten können Fixkosten und variable, von der Menge abhängige Kosten sein. Abhängig von Ihren Prioritäten, wie z. B. erlauben Sie verspätete Lieferungen oder nicht, müssen Sie im Projekt ein Kostenmodell entwickeln, das Ihre erwarteten Optimierungsergebnisse abbildet. SAP IBP bietet Ihnen die Möglichkeit verschiedenste Supply-Chain-Kosten als Lenkungskosten abzubilden und die genaue Parametrisierung der einzelnen Kosten – auch zueinander – ist eine Expertenaufgabe in jedem Optimiererprojekt.

Neben den Kosten spielen die *Restriktionen* eine wichtige Rolle. Es kann sich dabei um *harte Randbedingungen/Restriktionen*, die immer eingehalten werden müssen, *pseudo-harte Randbedingungen/Restriktionen*, die sehr hohe Strafkosten verursachen, und *weiche Randbedingungen/Restriktionen* handeln, die auch Kosten verursachen, deren Verletzung aber das Ergebnis steuert (siehe Tabelle 16.1).

Harte Restriktionen	Pseudo-harte Restriktionen	Weiche Restriktionen
Regeln der Bezugsquellenfindung	Minimaler Kundentransport	Inventory Target Violation Cost Rate
Min./Max. Losgröße*	Mindesttransport	Maximum Inventory Violation Cost Rate
Inkrementelle Losgröße*	Mindestproduktion	Non-Delivery Cost Rate for Customer Demand
Gültigkeit von Quellen	Minimale externe Zugänge	Independent Demand Non-Delivery Cost Rate
Anfangsbestand	Bestandskorrektur	Late-Delivery Cost Rate for Customer Demand
Maximale Verspätung von Bedarfen	Quotierungsschlüssel-Kennzahl	Late-Delivery Cost Rate for Independent Demand
Aggregierte Constraints**	Aggregierte Constraints (im Optimierungsprofil)	Minimum Resource Capacity Violation Cost Rate
Produktionsressourcenkapazität (und -erweiterung)	Lagerressourcenkapazität (und -erweiterung)	Capacity Supply Expansion Cost Rate

Tabelle 16.1 Beispiele für unterschiedliche Randbedingungen/Restriktionen (*wenn nicht über angepasste Werte überschrieben, oder über Diskretisierungshorizonte/**können im Optimierungsprofil als pseudo-hart definiert werden)

16

Harte Restriktionen	Pseudo-harte Restriktionen	Weiche Restriktionen
Maximaler Kundentransport*	Angepasster Kundentransport	Maximum Subperiods of Coverage
Maximaler Transport*	Angepasster Transport	Target Subperiods of Coverage
Maximale Produktion*	Angepasste Produktion	–
Maximale externe Zugänge*	Angepasste externe Zugänge	–

Tabelle 16.1 Beispiele für unterschiedliche Randbedingungen/Restriktionen (*wenn nicht über angepasste Werte überschrieben, oder über Diskretisierungshorizonte/**können im Optimierungsprofil als pseudo-hart definiert werden) (Forts.)

Aggregierte Constraints

Mithilfe der aggregierten Constraints können Sie auf einer aggregierten Ebene Restriktionen für die Attribute Produkt, Kunde, Lokation, Ressource festlegen, die dann auf einer aggregierten Ebene wirken und für mehrere Detailebenen wie z. B. Produkte gültig sind. Zum Beispiel können Sie somit den Transport von Produkten zu Kunden auf der Ebene Produktgruppe und Kundenregion festlegen. Aggregierte Restriktionen werden über Kennzahlen modelliert, die nur auf der definierten Planungsebene gültig sind, und somit müssen Sie bei der Konfiguration entsprechend Ihren Anforderungen die relevanten Kennzahlen und notwendigen Planungsebenen vorsehen.

Bei der Optimierung wird das Planungsproblem dann in ein gemischt-ganzzahliges lineares Programm (*Mixed-Integer Linear Programming*, MILP) umgewandelt und liefert einen kostenoptimierten Produktions-, Verteilungs- und Beschaffungsplan. Die Ergebnisse werden wie in Abbildung 16.8 beispielhaft dargestellt unter Berücksichtigung von verschiedenen Eingabekennzahlen inkl. Kosten und Restriktionen vom Algorithmus kalkuliert und in dafür vorgesehene Ausgabekennzahlen des Datenmodells zurückgespielt.

Das Ergebnis des Supply-Review-Prozesses sind alternative Beschaffungspläne, die Aufschluss über potenzielle zukünftige Kosten bzw. Gewinne und Restriktionen sowie notwendige Aktivitäten geben. Die alternativen Szenarien stellen somit erste Vorschläge für einen gemeinsam abgestimmten Plan dar, der in den darauffolgenden Phasen noch konkretisiert werden muss.

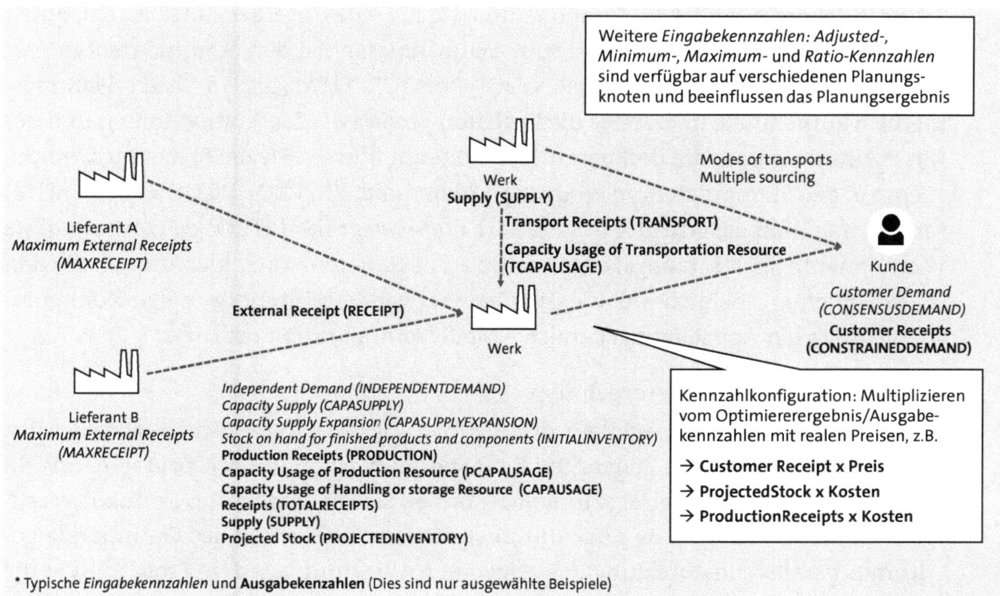

Abbildung 16.8 Typische Eingabe- und Ausgabekennzahlen des Beschaffungsplanungsoptimierers (Auszug)

16

[«]

Kosten für den Optimierer sind Lenkungskosten

Die genannten Kosten sind im Kontext eines Kostenmodells für die Optimierung als Lenkungskosten zu verstehen. Inwiefern reale Kosten geeignet sind, um die gewünschten Ergebnisse zu erzielen, ist projektspezifisch zu evaluieren. Ergebnisse des Optimiererlaufs können mit realen Kosten/Preisen über nachgelagerte Kennzahlenkalkulationen ermittelt werden.

Produktsubstitution/Komponentenersetzung

Bei der Planung mit dem zeitreihenbasierten Beschaffungsplanungsoptimierer können Sie in der Beschaffung die Ersetzung von Produkten planerisch berücksichtigen. Sobald Sie Alternativen für ein Produkt anbieten, können während der Planung die Kundenbedarfe durch ein oder mehrere Ersatzprodukte gedeckt werden. Um die Produktsubstitution zu ermöglichen, müssen Sie den Stammdatentyp *Product Substitution* (IBPPRODUCTSUBSTITUTION) mit den Schlüsselattributen *Product ID* (PRDID) und *Substitute Product ID* (SPRDID) in Ihren Planungsbereich aufnehmen, wie im Beispielplanungsbereich SAP4 ausgeliefert.

Auch die Ersetzung von Komponenten können Sie während der Planung mit dem zeitreihenbasierten Beschaffungsplanungsoptimierer berücksichtigen. Dabei können Sie die ursprünglichen Komponenten, für die eine Unterdeckung besteht, durch eine Ersetzungskomponente ersetzen. Dafür müssen Sie den Stammdatentyp *Production Source Item Sub* (IBPPRODUCTIONSOURCEITMSUB) in Ihren Planungsbereich aufnehmen, in dem Sie die Beziehung zwischen den Komponenten und der Ersetzungskomponente definieren. Des Weiteren müssen Sie die Ersetzungskomponente in den Stammdatentyp *Production Source Item* (IBPPRODUCTIONSOURCEITM) aufnehmen und das Attribut *Is Substitute Component* (ISALTITEM) setzen, um diese Komponente als Ersetzungskomponente zu deklarieren. Auch hier können Sie den Beispielplanungsbereich SAP4 als Vorlage verwenden. Die notwendige Konfiguration wird in der App **Planungsbereich – Modellkonfiguration** realisiert.

Erklärung der Optimiererergebnisse

Zur weiteren Planung, nachdem der Beschaffungsplanungsoptimierer ausgeführt wurde, stehen Ihnen die genannten Benutzeroberflächen in Excel und in den Webapplikationen zur Verfügung. Zusätzlich können Sie ein detailliertes Protokoll erzeugen, was Ihnen zusätzliche Auskunft über die Entscheidungen des Optimiereralgorithmus bereitstellt. Abbildung 16.9 zeigt einen Ausschnitt aus dem Protokoll, das die Nichtlieferung von Bedarfen erklärt.

1	Problem	Zeitraum	Product ID	Customer ID	Grund	Zeitraum	Product ID
404	Kundenbedarf kann nicht vollständig bedient werden (Gewünschte Menge: 80000.000000, Erfüllte Menge: 70407.000000, Erklärte Menge: 9593.000000).	W10.2020	IBP-300	CU03	Ressourcenkapazität von 5700.000000 ist zu niedrig. Erhöhen die Ressourcenkapazität um mindestens 3180.000000.	W04.2020	
470	Kundenbedarf kann nicht vollständig bedient werden (Gewünschte Menge: 772.000000, Erfüllte Menge: 0.000000, Erklärte Menge: 772.000000).	W03.2020	IBP-300	CE03	Aufgrund des Planungshorizonts ist die Beschaffung fehlender Zugänge von 772.000000 nicht möglich.		IBP-300

Abbildung 16.9 Geschäftsprozessprotokoll anzeigen

Die Erklärungsfunktionen helfen Ihnen, die Optimierungsergebnisse zu verstehen. Die folgenden Problemarten werden erläutert:

- **Bedarf nicht vollständig gedeckt**
  Liefert Ihnen Informationen, warum Kundenbedarfe und Primärbedarfe nicht vollständig gedeckt werden konnten.
- **Fehlender Sollbestand**
  Liefert Ihnen Details, warum die Bestandsziele nicht erfüllt werden konnten.
- **Fehlende angepasste Werte**
  Liefert Ihnen Erklärungen, warum manuell angepasste Werte nicht erfüllt werden konnten.

Bei der Erklärung der oben genannten Problemarten werden Aspekte berücksichtigt, wie Kosten, angepasste Werte in Kennzahlen, Obergrenzen, Ressourcenkapazitäten, Planungshorizonte, fehlende Bezugsquelle, oder aggregierte Constraints, die eine Nichterfüllung verursachen können. Voraussetzung, um das Geschäftsprozessproto-

torprofile für den Optimierungsalgorithmus unter **Allgemein** das Kennzeichen **Optimierungsergebnisse erklären** gesetzt haben (weitere Details siehe Abschnitt 16.3). Dann haben Sie die Möglichkeit, bei der Einplanung der S&OP-Optimierererklärung in der Hintergrundverarbeitung entweder über die Fiori App **Anwendungsjobs** oder in Excel auf der IBP-Registerkarte unter **Erweitert** und **Ausführen** den Umfang der Erklärung festzulegen. Die Erklärungen zum Optimierergebnis im **Geschäftsprozessprotokoll**, die auszugsweise in Abbildung 16.9 dargestellt sind, können Sie über die App **Anwendungsprotokolle** oder aus Excel über **Status** der S&OP-Operatoren heraus aufrufen.

16.3 Konfiguration der zeitreihenbasierten Beschaffungsplanung

Für die Implementierung einer zeitreihenbasierten Beschaffungs- und Kapazitätsplanung ist es notwendig, das IBP-System, das mit einem Grundgerüst aus allgemeinen Best-Practice-Konfigurationen ausgeliefert wird, an die eigenen Anforderungen anzupassen. Die Grundlagenkonfiguration gilt für alle Prozesse, die mithilfe der IBP-Lösung abgebildet werden können. An dieser Stelle gehen wir daher nur auf die Anforderungen an die Konfiguration aus Sicht von der zeitreihenbasierten Beschaffungsplanung ein.

In SAP IBP gibt es die folgenden relevanten Planungsbereiche, die für eine zeitreihenbasierte Kapazitätsplanung die notwendigen Grundstrukturen bereitstellen:

- **SAP4**
  Dieser Planungsbereich ist konzipiert, um die zeitreihenbasierte Beschaffungsplanung und entsprechende Algorithmen zu unterstützen. In diesem Planungsbereich sind keine weiteren Konfigurationen enthalten, sodass Sie die Konfiguration entsprechend erweitern müssen, sobald Sie z. B. Absatzplanung, mehrstufige Bestandsplanung, Kollaboration etc. abbilden möchten.
- **SAP4S**
  Dieser Planungsbereich ermöglicht Ihnen eine Beschaffungsplanung unter Berücksichtigung von Haltbarkeiten. Es werden keine der anderen Algorithmen unterstützt, sodass Sie keine der finiten Kapazitätsplanungsfunktionen in diesem Planungsbereich verwenden können.
- **SAPIBP1**
  Die Konfiguration dieses Planungsbereichs, auch als *Unified Planning Area* bezeichnet, ist optimiert für einen End-to-End-Prozess und konsolidiert Best-Practice-Einstellungen von der Absatzplanung über die Bestandsplanung bis hin zur Produktions- und Beschaffungsplanung in einem einzigen Datenmodell. Dieser Planungsbereich wird insofern mit jedem Release aktualisiert, als nach und

nach neue Funktionen in die Best-Practice-Lösung integriert werden. Langfristig soll mit diesem Planungsbereich eine Best-Practice-Lösung für den End-to-End-Prozess über alle IBP-Funktionen hinweg konsistent in einem Datenmodell bereitgestellt werden.

Sie können über die App **Beispielmodellentitäten – Modellkonfiguration** aus dem Fiori Launchpad diese von SAP vorausgelieferten Planungsbereiche kopieren und individuell anpassen oder anlegen. In einem Implementierungsprojekt müssen Sie je nach Anforderung entscheiden, welchen Planungsbereich Sie als Grundlage verwenden möchten. Diesen Anforderungen entsprechend definieren Sie Ihr Datenmodell und konfigurieren notwendige Operatoren, um einen Produktions- und Beschaffungsplan unter Berücksichtigung von Kapazitäten abbilden zu können. Dabei sind einige aus der zeitreihenbasierten Beschaffungsplanung relevanten Besonderheiten bei der Konfiguration des Planungsbereichs zu berücksichtigen. In Unterabschnitt 16.3.1 bis Unterabschnitt 16.3.4 gehen wir auf die folgenden Aspekte der Grundstruktur einzeln ein:

- Stammdatentypen und Attribute
- Planungslevel
- Kennzahlen
- Produktionsplanung (zeitreihenbasierte Planungsalgorithmen)

Dies sollte Ihnen einen guten Überblick geben, welche Möglichkeiten zur Konfiguration Ihnen in IBP zur Realisierung einer zeitreihenbasierten Beschaffungs- und Kapazitätsplanung zur Verfügung stehen.

16.3.1 Stammdatentypen und Attribute

Da Sie im Rahmen einer Kapazitätsplanung im Wesentlichen Funktionen der Beschaffungsplanung benötigen, muss das Datenmodell entsprechende Strukturen und Informationen bereitstellen. Eine wesentliche Komponente sind die Stammdaten, z. B. Produkt, Lokation, Ressource oder auch Kunden, die das zu planende logistische Netzwerk abbilden und die Datenstruktur des Datenmodells sowie die Planungsebenen definieren. Stammdaten werden in Form von Stammdatentypen und Attributen im IBP-System modelliert. Mit Stammdatentypen definieren Sie die Grundstruktur Ihres logistischen Netzwerks und können sie mit Attributen erweitern, die die Selektion, Navigation und Aggregation/Disaggregation vereinfachen. Attribute können Sie über die App **Attribute – Modellkonfiguration** und Stammdatentypen über die App **Stammdatentypen – Modellkonfiguration** anlegen oder anpassen. Sie können Anpassungen an ihrem Planungsbereich auch zentral über die App **Planungsbereiche – Modellkonfiguration** vornehmen, Sie werden dann automatisch in die beiden oben genannten Apps geleitet.

In diesem Abschnitt gehen wir auf die wesentlichen Objekte ein, die für eine Beschaffungs- sowie Kapazitätsplanung modelliert werden müssen, um die Anforderungen aus Beschaffungs-, Produktions-, und Kapazitätsplanungssicht abzubilden:

- **Produkt**
  Das Produkt ist ein Objekt, das betriebswirtschaftlich geplant und im logistischen Netzwerk produziert, transportiert, gelagert und verkauft wird. Das Produkt kann dabei z. B. der Materialnummer in SAP ERP und der Produktnummer in SAP APO entsprechen.
  Es handelt sich bei *Produkt* um einen einfachen Stammdatentyp (IBPPRODUCT) mit dem Schlüsselattribut PRDID. Es können weitere Attribute, die eindeutig einer PRDID zuzuordnen sind, ergänzt werden (z. B. *Produktfamilie*):
  - Das *Outputprodukt* ist das Ergebnis eines Produktionsprozesses. Es handelt sich um einen Referenzstammdatentyp (IBPPRODUCTTO) des Stammdatentyps *Produkt*. Das Schlüsselattribut ist PRDTO.
  - Eine *Komponente* (Inputprodukt) ist der Gegenstand, der als Input im Produktionsprozess verwendet wird. Sie können einen einfachen Stammdatentyp oder einen Referenzstammdatentyp (IBPCOMPONENT) von *Produkt* verwenden. Als Schlüsselattribut nutzen Sie PRDFR.
    Wenn Sie Kennzahlen verwenden möchten, die die Relation von *Outputprodukt* und seinen Komponenten (Inputprodukten) anzeigen, dann müssen Sie beiden Stammdatentypen *Outputprodukt* und *Komponente* verwenden.
- **Lokation**
  Die Lokation beschreibt die Organisationseinheiten, an denen Produkte oder Ressourcen verwaltet werden. Dabei werden in SAP IBP neben internen Organisationseinheiten wie z. B. Werken oder Distributionszentren auch die externen Lieferanten als Lokationen modelliert.
  Es handelt sich um einen einfachen Stammdatentyp (IBPLOCATION) mit dem Schlüssel LOCID. Über das Attribut LOCTYPE definieren Sie, um was für eine Lokation es sich handelt. Mit dem Lieferantenlokationstyp ›V‹ legen Sie die äußerste Grenze des logistischen Netzwerks fest, über die hinaus nicht weiter im Modell geplant wird. Für diesen Fall dürfen Sie keine weitere Bezugsquelle festlegen.
  - Eine *Anlieferlokation* ist eine Lokation, an die ein Produkt geliefert wird. Sie wird entweder als einfacher Stammdatentyp oder als Referenzstammdatentyp (IBPLOCATIONTO) von *Lokation* modelliert. Der Schlüssel ist das Attribut LOCTO.
  - Eine *Auslieferlokation* hingegen ist eine Lokation, aus der ein Produkt ausgeliefert wird. Die Auslieferlokation wird entweder als einfacher Stammdatentyp oder als Referenzstammdatentyp (IBPLOCATIONFR) von *Lokation* modelliert. Der Schlüssel ist das Attribut LOCFR.

- **Lokationsprodukt**
  Das Lokationsprodukt beschreibt das Produkt, das einer bestimmten Lokation zugeordnet ist. Einige Informationen und Parameter sind nur auf dieser kombinierten Ebene verfügbar. Es handelt sich um einen zusammengesetzten Stammdatentyp (IBPLOCATIONPRODUCT), der die Schlüsselattribute PRDID und LOCID verwendet. Dieser Stammdatentyp ist für die Planung mit den zeitreihenbasierten Beschaffungsalgorithmen nur notwendig, wenn Teilnetze oder Losgrößenverfahren verwendet werden. Das Stammdatenattribut wird bei der Planung mit dem Optimierer benötigt, wenn Sie die Fair-Share-Verteilung deaktiviert haben, aber trotzdem Lokationsproduktinformationen anzeigen möchten. Über die Fair-Share-Verteilung kann verfügbares Material gerecht verteilt werden. Für die relevanten Einstellungen siehe den Unterabschnitt »Konfiguration des zeitreihenbasierten Beschaffungsplanungsoptimierers« in Abschnitt 16.3.4.
- **Kunde**
  Den Kunden modellieren Sie für die Geschäftspartner, mit denen Sie Geschäftsbeziehungen über den Verkauf von Waren oder Dienstleistungen pflegen. Dieses Stammdatenobjekt repräsentiert die Kundenlokation und kann der Kundennummer, dem Auftraggeber, dem Warenempfänger oder irgendeinem sinnvollen Aggregat aus Ihrem ERP-System entsprechen.

  Es handelt sich um einen einfachen Stammdatentyp (IBPCUSTOMER) mit dem Schlüsselattribut CUSTID. Weitere Attribute zur Navigation oder für die Gruppierung, wie z. B. *Kundenregion* oder *Kundengruppe*, können hilfreich sein.
- **Kundenprodukt**
  Kundenprodukte sind Produkte, die von Kunden bestellt wurden und somit auf Kunden oder Kundengruppen modelliert werden. Das Stammdatenattribut ist erforderlich, wenn Sie die Kundenbedarfe als Consensus Demand ausgehend von *Kundenlokation* planen möchten. Einige Attribute wie z. B. *Marktsegment* sind nur auf dieser Ebene sinnvoll. Es handelt sich um einen zusammengesetzten Stammdatentyp (IBPCUSTOMERPRODUCT), der sich aus den Schlüsselattributen CUSTID und PRDID zusammensetzt.
- **Ressource**
  Ressourcen bilden Elemente ab, die für eine bestimmte Funktion in der Lieferkette stehen, z. B. Maschinen, Personen, Einrichtungen, Lager, Transportmittel oder andere Objekte, die eine begrenzte Kapazität haben. Abhängig vom Planungsalgorithmus können Produktions-, Lager- und Handlingressourcen für den Wareneingang berücksichtigt werden. Es handelt sich um einen einfachen Stammdatentyp (IBPRESOURCE) mit dem Schlüsselattribut RESID.
- **Lokationsressource**
  Eine Lokationsressource ist eine Ressource, die einer bestimmten Lokation zugeordnet wurde. Eine Ressource gehört physisch immer zu einer Lokation und wird

entsprechend modelliert. Auf dieser Ebene wird das Kapazitätsangebot festgelegt. Wenn Sie ein zeitunabhängiges Kapazitätsangebot modellieren wollen, können Sie dies über ein Attribut und dann als Attribute als Kennzahl tun. Ein zeitabhängiges Kapazitätsangebot erreichen Sie über eine Kennzahl auf dem Planungslevel PERLOCRES, was in der Regel der häufigeren Modellierung entspricht. Es handelt sich um einen zusammengesetzten Stammdatentyp (IBPRESOURCELOCATION) mit den Schlüsselattributen LOCID und RESID.

- **Lokationsproduktressource**
  Die Lokationsproduktressource bildet den Kapazitätsverbrauch einer Handling- oder Lagerressource für ein Lokationsprodukt ab. Es handelt sich um einen zusammengesetzten Stammdatentyp (IBPRESOURCELOCATIONPRODUCT) mit den Schlüsselattributen LOCID, RESID und PRDID.
- **Kundenbezugsquelle**
  Über die Kundenbezugsquelle wird definiert, wie ein Kundenbedarf für ein bestimmtes Produkt gedeckt werden soll. Dabei kann die Verteilung des Kundenbedarfs auf verschiedene Quelllokationen, die Durchlaufzeit für den Versand zum Kunden, Losgrößenparameter und Gültigkeiten der Bezugsquellen festgelegt werden. Gültigkeiten bzw. Zeiträume können flexibler über einen eigenen Stammdatentypen realisiert werden. Es handelt sich um einen zusammengefassten Stammdatentyp (IBPSOURCECUSTOMER), der die Schlüsselattribute CUSTID, PRDID und LOCID verwendet.
- **Lokationsbezugsquelle**
  Mithilfe der Lokationsbezugsquelle bilden Sie die Umlagerung zwischen Lokationen ab. Sie können die Verteilung bzw. den Anteil festlegen, der von der Auslieferlokation gedeckt werden soll, und auch Einstellungen zu Lieferzeiten, Losgrößenparameter und Gültigkeiten der Bezugsquellen vorgeben. Gültigkeiten bzw. Zeiträume können flexibler über einen eigenen Stammdatentypen realisiert werden. Es handelt sich um einen zusammengefassten Stammdatentyp (IBPSOURCELOCATION), der die Schlüsselattribute PRDID, LOCID und LOCFR verwendet.
- **Produktionsbezugsquelle**
  Durch die Produktionsbezugsquelle modellieren Sie die Produktion oder Montage eines Produkts. Es handelt sich um eine einstufige Stückliste, deren Kopfebene das Outputprodukt und deren Positionsebene die Komponenten und erforderlichen Mengen enthält.
  Auf der Kopfebene können Sie die Art der Bezugsquelle, beispielsweise P (Produktion), C (Kuppelproduktion) und U (Externe infinite Bezugsquelle), Gültigkeiten, den Ausgabekoeffizient, den Anteil (Quote), die durch die Bezugsquelle gedeckt werden kann, Losgrößenparameter und die Dauer der Produktionsbeschaffungszeit festlegen. Gültigkeiten bzw. Zeiträume können flexibler über einen eigenen Stammdatentyp realisiert werden. Es handelt sich um einen einfachen Stamm-

datentyp (IBPSOURCEPRODUCTION), der als Schlüssel die Attribute SOURCEID und PRDID verwendet und für den das Attribut LOCID erforderlich ist.

Die Positionsebene beinhaltet die Komponenten, die zur Herstellung eines Produkts erforderlich sind. Die notwendigen Mengen der Komponenten werden über den Komponentenkoeffizienten definiert und verhalten sich relativ zur Menge des Hauptoutputprodukts aus dem Stammdatentyp der Kopfebene. Dabei kann der Koeffizient starr über das Stammdatenattribut oder zeitlich variabel über eine Kennzahl abgebildet werden. Es handelt sich hier um einen einfachen Stammdatentyp (IBPPRODUCTIONSOURCEITM), der als Schlüssel die Attribute SOURCEID und PRDID verwendet.

- **Aggregate Constraint**
  Mithilfe dieses Stammdatentyps können Sie aggregierte Restriktionen modellieren, indem Sie das Attribute in die entsprechenden Planungsebenen aufnehmen und Kennzahlen zuordnen. Dies ermöglicht das Setzen von Eingabegrößen wie z. B. Restriktionen auf aggregierter Ebene. Dafür wird ein einfacher Stammdatentyp (IBPAGGCONSTRAINT) mit dem Schlüsselattribut AGGREGATE verwendet.
- **Ersatzprodukt (Substitute Product)**
  Mithilfe dieses Stammdatentyps können Sie Produktsubstitutionen modellieren. Es handelt sich um einen Stammdatentyp *Substitute Product* (IBPSPRODUCT) mit einem Attribut *Ersatzprodukt-ID* (SPRDIF). Dies spielt zusammen mit dem Stammdatentyp *Substituted Product* (IBPSPRODUCTTO) und den Attribut *Ersatzprodukt* (SPRDTO), um die Produktersetzung zu planen.

[»]

Stammdatenattribute und zeitreihenbasierte Algorithmen

Damit Sie die zeitreihenbasierten Beschaffungsplanungsalgorithmen ausführen können, müssen Sie die von SAP vorgegebenen technischen IDs für Stammdatenattribute und -typen verwenden. Dies bedeutet beispielweise, dass das Stammdatenattribut für *Produkt* den technischen Namen PRDID haben muss und der Produktstammdatentyp den Namen PRODUCT.

Zusätzlich sollten Sie für die Bezeichnung von Stammdatenattributen auch ein zwei- bis dreistelliges eigenes Präfix verwenden und das im Standard ausgelieferte Präfix *IBP* ersetzen. Sie müssen dabei für alle Stammdatentypen dasselbe Präfix verwenden.

Attribute sind die granularste Einheit, und zusammengefasst zu Stammdatenattributen bilden sie ein betriebswirtschaftliches Objekt wie *Produkt*, *Lokation* oder *Kunde* mit verknüpften Informationen ab. In diesem Abschnitt haben Sie einen Überblick über grundlegende Stammdaten erhalten, die für eine S&OP-Planung verwendet werden können. Entsprechend Ihren Anforderungen können Sie unter Berücksichtigung der genannten Hinweise das Stammdatenmodell erweitern.

Besonderheiten der zeitreihenbasierten Haltbarkeitsplanungsheuristik

Um die Haltbarkeitsplanungsheuristik verwenden zu können, müssen Sie den SAP4S-Planungsbereich als Vorlage verwenden. In diesem Planungsbereich können Sie ausschließlich die Haltbarkeitsheuristik ausführen. Er basiert im Wesentlichen auf dem Planungsbereich SAP4 für die zeitreihenbasierte Beschaffungsplanung und ist um den für die Haltbarkeitsplanung relevanten Stammdatentyp IBPSHELFLIFE erweitert. Der Stammdatentyp definiert die Haltbarkeit eines Produkts als Periodenzahl und enthält das Ganzzahlattribut SHELFLIFEID. Einige Kennzahlen leiten ihre Informationen zu Haltbarkeiten über dieses Attribut ab und müssen daher den Planungsleveln der Kennzahlen hinzugefügt werden.

Stammdatentypen Haltbarkeitsheuristik

Sie sollten die technischen IDs und Stammdatentypen genauso definieren wie von SAP ausgeliefert und dokumentiert, und sollten ein Präfix aus zwei oder drei Buchstaben vergeben.

Des Weiteren werden einige der Stammdatentypen aus dem SAP-Planungsbereich mit spezifischen Attributen erweitert. Tabelle 16.2 zeigt die aus der Haltbarkeitsheuristik relevanten spezifischen Stammdatentypen. Idealerweise überprüfen Sie immer die Konfiguration des von SAP ausgelieferten SAP4S-Planungsbereichs.

Stammdatentyp	Attribut (Haltbarkeit)	Attributbeschreibung
IBPSHELFLIFE	SHELFLIFEID	Haltbarkeitsperioden
IBPCUSTOMERPRODUCT	MINSHELFLIFECONSDEM	Mindesthaltbarkeitswert für Konsensbedarf
IBPLOCATIONPRODUCT	MINSHELFLIFEINDEPDEM	Mindesthaltbarkeitswert für Primärbedarf
IBPLOCATIONPRODUCT	MINSHELFLIFEINVTARGET	Mindesthaltbarkeitswert für Sollbestand
IBPSOURCEPRODUCTION	PREMSHELFLIFE	Resthaltbarkeit
IBPPRODUCTIONSOURCEITM	MINSHELFLIFECOMP	Mindesthaltbarkeitswert für Komponente

Tabelle 16.2 Attribute und Stammdatentypen Haltbarkeitsheuristik

Dies sollte die wesentlichen Besonderheiten aus Sicht der Haltbarkeitsplanung darstellen.

Besonderheiten der zeitreihenbasierten finiten Kapazitätsplanung (finite Prioritätenheuristik und Optimierer)

In Bezug auf die Stammdaten und Attribute möchten wir an dieser Stelle keine expliziten Erläuterungen vornehmen, da die Stammdatenattribute grundsätzlich von allen Planungsalgorithmen verwendet werden.

16.3.2 Planungsebenen und Zeitprofil

Ein weiterer wichtiger Aspekt bei der Konfiguration in SAP IBP ist die Definition von relevanten Planungsebenen (*Planning Levels*). Die Beschaffungs- und Kapazitätsplanung muss relevante Informationen, Stammdaten und Kennzahlen für eine Produktions- und Beschaffungsplanung unterstützen. Dabei liegen die Informationen auf unterschiedlichen betriebswirtschaftlichen Ebenen vor bzw. sind nur auf einigen dieser Ebenen überhaupt aussagekräftig. Teilweise müssen Kennzahlen, die immer nur auf einer Ebene hinterlegt sind, auf eine andere Ebene (Planungsebene) konvertiert werden. Somit muss das Datenmodell für einen umfassenden S&OP-Prozess alle einzelnen Prozessschritte und notwendigen Stammdaten und Planungsebenen abdecken.

Abbildung 16.10 zeigt exemplarisch das Zusammenspiel von Stammdaten, Planungsebenen und Kennzahlen an einem einfachen einstufigen Beispiel. Die Absatzplanung ist auf der Ebene Produkt und Kunde relevant und liefert als Ergebnis den Consensus Demand (Konsensbedarf).

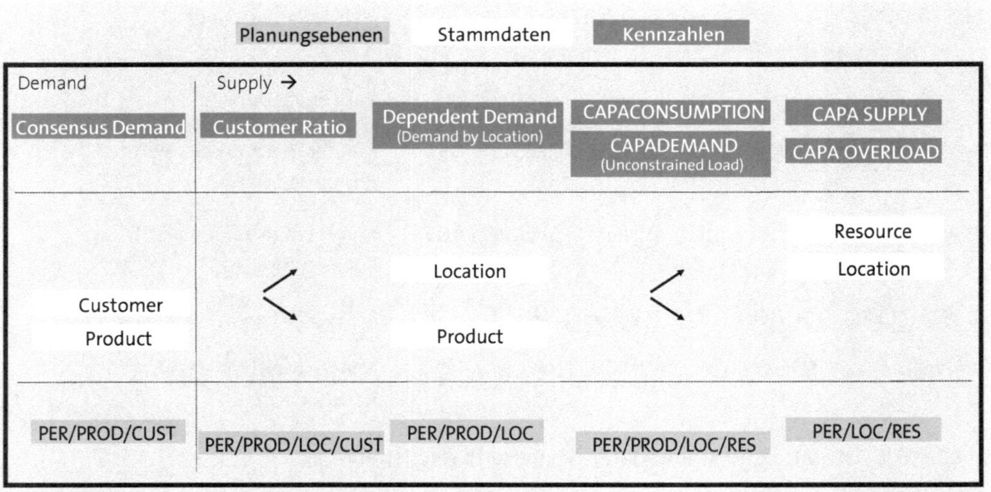

Abbildung 16.10 Planungsebenen im Zusammenspiel mit Kennzahlen

Der Absatzplan wird mithilfe von Customer-Ratios-Kennzahlen auf interne Lokationen transferiert und als Dependent Demand pro Produkt und Lokation abgebildet. In diesem einstufigen Beispiel wird der Bedarf dann pro Produkt, Lokation und Ressource als CAPADEMAND zusammengeführt und über die benötigte Kapazität pro Produkt, Lokation und Ressource (CAPACONSUMPTION) abgeleitet. Dadurch wird der Bedarf auf die Ebene Lokation und Ressource konvertiert und kann mit der verfügbaren Kapazität auf Ressourcenebene verglichen werden. Die beschriebene Verwendung von Planungsebenen beinhaltet in aller Regel eine weitere zeitliche Dimension, die über PER dargestellt ist und in der Realität Tag, Woche, Monat etc. reflektiert.

Die zeitliche Dimension dargestellt als PER in Abbildung 16.10 und Tabelle 16.3 definiert die zeitliche Granularität, auf der eine Planungsebene definiert ist. Die Planungsebenen enthalten entsprechend Zeitattribute, wie z. B. Jahr (YEAR), Monat (MTH), Woche (WK), Tag (DAY) etc. Die grundsätzlich verfügbaren Zeiteinheiten für Planungsebenen werden im Zeitprofil für einen Planungsbereich festgelegt. Auf Basis der verfügbaren Zeiteinheiten aus dem Zeitprofil definieren Sie dann das Schlüsselattribut für eine spezifische Planungsebene. Notwendige Konvertierungen können entsprechend über weitere Planungsebenen realisiert werden. Gängige Beispiele sind die Anforderung zur Währungs- oder Mengenumrechnung, die dann die Planungsebene um die Attribute zur Währung (CURR und CURRTO) oder Mengeneinheit (UOMTO) erweitert.

SAP liefert in den Beispielplanungsbereichen einige Best-Practice-Planungsebenen aus, die für eine Beschaffungs- und Kapazitätsplanung ausgelegt ist. Tabelle 16.3 führt einige wichtige Planungslevel zur Unterstützung auf.

Planungsebene	Beschreibung	Beispiel für Verwendung
PER/PER1	Period	Zeitabhängige Berechnungen, um Vergangenheit, Gegenwart und Zukunft abzuleiten
PERLOCRES	Period | Location | Resource	Kapazitätsberechnungen wie Verfügbarkeit und Verwendung
PERPRODCUST	Period | Product | Customer	Informationen auf Produkt- und Kundenebene, z. B. Bedarfe, Kosten oder Umsätze

Tabelle 16.3 Planungsebenen – Beispielebenen für eine Beschaffungs- und Kapazitätsplanung

Planungsebene	Beschreibung	Beispiel für Verwendung
PERPRODCUSTUOM (PERPRODUOM)	Period | Product | Customer | UOM From	Definition der Mengeneinheiten auf den verschiedenen Ebenen
PERPRODLOC	Period | Product | Location	Primäre Ebene für die Absatz-, Beschaffungs-, Produktions- und Bestandsplanung
PERPRODLOCCOMPSRC	Period | Product | Location | Component | Source	Abbildung von Stücklistenstruktur und Komponentenbedarf
PERPRODLOCCUST	Period | Product | Location | Customer	Informationen auf der Produkt- und Lokationsebene, die den Kunden beliefert
PERPRODLOCLOCFR	Period | Product | Location | Ship-From Location	Transportbeziehung und Informationen zwischen zwei Lokationen pro Produkt
PERPRODLOCLOCFRRES	Period | Product | Location | Ship-From Location | Transportation Resource	Definiert die Ebene des Transportressourcenbedarfs pro Produkt
PERPRODLOCRES	Period | Product | Location | Resource	Informationen pro Produkt und Lokation auf einer Ressource, z. B. Kapazitätsverbrauch
PERPRODLOCSRC	Period | Product | Location | Source	Informationen über die Produktionsbezugsquelle pro Produkt und Lokation
PERPRODLOCRESSRC	Period | Product | Location | Resource | Source	Informationen auf Ressourcenebene, z. B. Verbrauch und Bedarf
AGG PERPRODLOCAGG PERPRODLOCCUSTAGG PERPRODLOCLOCFRAGG PERPRODLOCLOCFRRESAGG PERPRODLOCRESSRCAGG PERPRODLOCSRCAGG PERPRODLOCTOLOCAGG		Definiert mögliche aggregierte Ebenen zur restriktiven bzw. finiten Planung – müssen entsprechend Ihren Anforderungen angepasst werden

Tabelle 16.3 Planungsebenen – Beispielebenen für eine Beschaffungs- und Kapazitätsplanung (Forts.)

Die in Tabelle 16.3 genannten Planungsebenen beschreiben einige der relevanten Planungsebenen eines konsistenten Datenmodells für eine Beschaffungs- und Kapazitätsplanung. Das endgültige Setup ist abhängig von Ihren Anforderungen. Die Planungsebenen legen Sie pro Planungsbereich über die App **Planungsbereiche – Modellkonfiguration** an und Zeitprofile über die App **Zeitprofile – Modellkonfiguration**.

Besonderheiten der zeitreihenbasierten Haltbarkeitsplanungsheuristik

Der Planungsbereich SAP4S enthält die Planungsebenen, die auch der Beispielplanungsbereich SAP4 für zeitreihenbasierte Beschaffungsplanung enthält. Darüber hinaus gibt es noch einige spezielle Planungsebenen, die um die **SHELFLIFEID** (*Haltbarkeitsperioden*) und von der Haltbarkeitsbeschaffungsplanungs-Heuristik verwendet werden. Es werden Kennzahlen den entsprechenden speziellen Planungsebenen zugeordnet, damit die Haltbarkeiten berücksichtigt werden können.

Die speziellen Planungsebenen enthalten in der Regel das Attribut für Haltbarkeitsperioden. Welche speziellen Planungsebenen existieren, können Sie direkt aus der Konfiguration des ausgelieferten Planungsbereichs SAP4S entnehmen.

Besonderheiten der zeitreihenbasierten finiten Kapazitätsplanung (finite Prioritätenheuristik und Optimierer)

Im Wesentlichen sind alle notwendigen Konfigurationen bezüglich einer finiten Planung im SAP4-Planungsbereich bereits berücksichtigt. Der Planungsbereich sieht als detaillierteste Ebene den Monat vor. Im Rahmen der Zeitprofileinstellungen ist zu berücksichtigen, dass Sie die zeitliche Granularität unter Optimierungsaspekten betrachten. Eine Planung auf Tagesebene über einen längeren Zeitraum hat Auswirkungen auf die Laufzeit. Dies sollte im Einzelfall geprüft und entschieden werden. Diese Entscheidung hat auch Auswirkungen auf die Konfiguration der Planungsebenen. Aus Optimiererperspektive sind dabei die Planungsebenen zur Planung von aggregierten Constraints hervorzuheben.

Abbildung 16.11 zeigt die im SAP4-Planungsbereich ausgelieferten Planungsebenen zur Berücksichtigung von aggregierten Constraints durch den Optimierer.

Planungsbereich

SAP Sample Model 4 SAP4

Informationen Attribute **Planungsebenen** Attribute als Kennzahlen Kennzahlen Versionen Planungsoperatoren

Planungsebenen (8) agg

ID	Beschreibung	Schlüsselattribute	Attribute	Kennzahlen
AGG	Aggregate Constraint Planning Level	1	1	1
PERPRODLOCAGG	Period | Product | Location Aggregate	9	8	2
PERPRODLOCCUSTAGG	Period | Product | Location | Customer Aggregation	11	10	4
PERPRODLOCLOCFRAGG	Period | Product | Location | Ship-From Location AGG	14	13	2
PERPRODLOCLOCFRRESAGG	Period | Product | Location | Ship-From Location | Transportation Resource | Aggregate	19	18	2
PERPRODLOCRESSRCAGG	Period | Product | Location | Resource | Source | Aggregation	16	15	2
PERPRODLOCSRCAGG	Period | Product | Location | Source Aggregation	9	8	2
PERPRODLOCTOLOCAGG	Period | Product | Ship-to Location | Location	14	13	2

Abbildung 16.11 SAP4 – Planungsebenen für aggregierte Constraints (Optimierer)

16.3.3 Kennzahlen

Informationen, die während der Beschaffungs- und Kapazitätsplanung in einem IBP-System bereitgestellt werden, werden in Kennzahlen gespeichert. Die Kennzahlen enthalten Werte, die zusammen mit Stammdatenattributen und der zeitlichen Dimension in einem Businesskontext stehen. Kennzahlen zeigen dabei Daten entweder an und können während der Planung als Eingangsgröße verwendet werden, oder sie können manuell oder durch Operatoren verändert werden. Um die einzelnen Phasen eines S&OP-Prozesses optimal zu unterstützen, sind unterschiedliche Kennzahlen notwendig und werden sinnvollerweise in dedizierten Sichten auf entsprechenden Planungsebenen verwendet. Jede Kennzahl hat eine Basisplanungsebene, die die detaillierteste Ebene darstellt, auf der die Kennzahl gespeichert wird.

Kennzahlen sind entweder Eingabekennzahlen, Ausgabekennzahlen oder beides, können aber aus S&OP-Sicht zusätzlich auch eine der folgenden Eigenschaften haben:

- **Eingabekennzahlen für Planungsalgorithmen**
  Es handelt sich um Kennzahlen, die als Eingangsgröße für die zeitreihenbasierten Planungsalgorithmen definiert sind. Abhängig vom Algorithmus werden die relevanten Eingangskennzahlen gelesen, wie z. B. Kosten nur vom Optimierer, und während des Planungslaufs verwendet. Beispielkennzahlen zur Eingabe für Beschaffungsplanung sind z. B. Consensus Demand, Capacity Supply, die verschiedenen Ratios, Cost Rates und die verschiedenen angepassten Kennzahlen.
- **Ausgabekennzahlen für Planungsalgorithmen**
  Das Ergebnis der zeitreihenbasierten Beschaffungsplanungsalgorithmen, die die Eingabekennzahlen als Input für ihre Berechnung verwenden, wird in Ausgabe-

kennzahlen ausgegeben. Auch hier ist es abhängig vom verwendeten Algorithmus, welche Ausgabekennzahlen gefüllt werden. Beispielkennzahlen zur Ausgabe für Beschaffungsplanung sind z. B. die verschiedenen Receipts-Kennzahlen und die verschiedenen Demand-Kennzahlen (z. B. CONSTRAINEDDEMAND, NETDEMAND, PCAPADEMAND, DEPENDENTDEMAND etc.).

[«]

Kennzahlen

Einige Kennzahlen können Eingabe- und Ausgabekennzahlen zugleich sein und nehmen eine entsprechende Rolle in der Prozessierung der Planungsalgorithmen ein.

- **Knoten- und Kantenkennzahlen**
  Das Supply-Chain-Modell kann als eine Zusammensetzung von Knotenpunkten und Kanten zwischen diesen Knoten verstanden werden. Knoten sind z. B. Kunden- und Lokationsprodukte. Die Kanten verbinden zwei Knoten und stellen somit die Kunden-, Transport-, Produktions- und externe Bezugsquellen dar. Die Kennzahlen, die knotenbezogene Informationen enthalten, werden als *knotenbezogene Kennzahlen* bezeichnet, und ihre Basisplanungsebene enthält den Knoten, z. B. *Produkt — Lokation*. Die Kennzahlen, die Informationen zu den Bezugsquellen enthalten, werden als *kantenbezogene Kennzahlen* bezeichnet, und die Basisplanungsebene dieser Kennzahlen kombiniert in der Regel die Schlüssel zweier Knoten, z. B. *Produkt – Lokation* und *Auslieferlokation*.
- **Vor- und nachgelagerte Kennzahlen**
  In der Regel möchten Sie als Planungsverantwortlicher alle Informationen zu einem Lokationsprodukt sehen. Allerdings gibt es einige kantenbezogene Informationen, die nicht immer über die Planungsobjekte selektiert werden (insbesondere wenn verschiedene Knoten involviert sind). Die Information des nachgelagerten logistischen Netzwerks, das auf einer anderen Basisplanungsebene basiert, kann mit den vorgelagerten Kennzahlen gemeinsam angezeigt werden. Die nachgelagerten Kennzahlen enden meist auf DS, was für *Downstream* steht. Ein Beispiel ist DEPENDENTLOCATIONDEMANDDS (*Dependent Location Demand*), die den Umlagerungsbedarf auf den nachgelagerten Knoten anzeigt.
- **Angepasste Kennzahlen**
  Wie weiter oben bei den Ein- und Ausgabekennzahlen erläutert, können Sie Eingabekennzahlen manuell oder durch Datenbankänderung anpassen, Ausgabekennzahlen hingegen lassen sich nicht interaktiv oder durch ein Datenbankupdate verändern. Wenn Sie das Ergebnis des Beschaffungsplanungsalgorithmus beeinflussen möchten, können Sie dies aber mithilfe der angepassten Kennzahlen tun. Eine angepasste Kennzahl wird vom Algorithmus als Eingabekennzahl berücksichtigt, sie fixiert somit den Wert der entsprechenden Ausgabekennzahl und beeinflusst die Ergebnisse der anderen Ausgabewerte hinsichtlich der fixierten

Werte. Beispiele für angepasste Kennzahlen, mit denen Sie Mengen in einzelnen Perioden fixieren können, sind z. B. ADJUSTEDPRODUCTION oder ADJUSTEDTRANSPORT.

Die beschriebenen Eigenschaften sind generell für Kennzahlen im IBP-Datenmodell gültig. Es gibt eine Vielzahl von Kennzahlen, die die oben genannten Eigenschaften bzw. Funktionen aufweisen und insgesamt die folgenden Bereiche abdecken:

- Kundenbedarfe
- Lokationsprodukte
- Produktion
- Transport
- Kapazitäten: eine finite Betrachtung definiert, ob Kapazitätsplanung oder eine Kapazitätsauswertung möglich ist
- Quoten

An dieser Stelle gehen wir nicht auf alle einzelnen Kennzahlen ein, sondern verweisen auf die ausgelieferte Best-Practice-Konfiguration in z. B. SAPIBP1, SAP4 oder die Dokumentation zu den zeitreihenbasierten Planungsalgorithmen. Wir möchten lediglich einige ausgewählte Kennzahlen und Aspekte nennen, die den Charakter der zeitreihenbasierten Beschaffungsplanung verdeutlichen (siehe Tabelle 16.4). Dies inkludiert auch spezifische Kennzahlen zur Kapazitätsplanung, aber auch die Kennzahlen, die zur Generierung eines Beschaffungsplans relevant sind.

Kennzahl-ID	Beschreibung	Planungsebene	Kommentar
Beschaffungs-, Produktions- und Kapazitätsplanung			
CUSTOMERRATIO	Customer Sourcing Ratio	PERPRODLOC-CUST	Quotierung pro Material und Periode für Belieferung von Kunden
LOCATIONRATIO	Location Sourcing Ratio	PERPRODLOC-LOCFR	Quotierung für interne Umlagerungen zwischen eigenen Lokationen
PRODUCTIONRATIO	Production Sourcing Quota	PERPRODLOC-SRC	Quotierung, wenn es mehrere SOURCEIDs zur Produktion gibt

Tabelle 16.4 Auszug aus den Kennzahlen für Beschaffungs- und Kapazitätsplanung

Kennzahl-ID	Beschreibung	Planungsebene	Kommentar
COMPONENT-COEFFICIENT	Qty Per	PERPRODLOC-COMPSRC	Komponentenbedarf, um ein Outputprodukt zu produzieren; Abbilden der Stückliste
COSTPERUNIT	Cost Per Unit	PERPRODLOC	Produktkosten in einer Lokation pro Einheit, wird zur Berechnung verwendet
EXCHANGERATE	Exchange Rate	PERCURR-CURRTO	Wechselkurs für Währungsumrechnung
INITIALINVENTORY	Inventory On Hand Qty	PERPRODLOC	Initialer Bestand in aktueller Periode
INVENTORYTARGET	Inventory Target	PERPRODLOC	Eingabe: Zielbestand als Vorgabe für die Beschaffungsplanung
DEPENDENT-CUSTOMER-DEMAND	Dep Customer Demand Qty	PERPRODLOC-CUST	Ausgabe: Kundenbedarfe aggregiert auf der Lieferlokation
DEPENDENTLOCA-TIONDEMAND	Dep Location Demand Qty	PERPRODLOC-LOCFR	Ausgabe: Bedarfe aggregiert von einer nachgelagerten Lokation kommend
DEPENDENT-PRODUCTION-DEMAND	Dep Production Demand Qty	PERPRODLOC-COMPSRC	Ausgabe: Bedarfe auf Komponentenebene aus der Produktion
DEPENDENT-DEMAND	Dependent Demand Qty	PERPRODLOC	Summe der abhängigen Sekundärbedarfe (aus Dependent Customer Demand, Dependent Location Demand und Dependent Production Demand)

Tabelle 16.4 Auszug aus den Kennzahlen für Beschaffungs- und Kapazitätsplanung (Forts.)

Kennzahl-ID	Beschreibung	Planungsebene	Kommentar
NETDEMAND	Net Demand Qty	PERPRODLOC	Ausgabe: Nettobedarf unter Berücksichtigung von Total Demand, Total Receipts, Inventory Target und Initial Stock on Hand
CAPASUPPLY	Available Capacity	PERLOCRES	Verfügbare Kapazität einer Ressource → Inwiefern dieser Input als Restriktion betrachtet wird, definiert ob es sich um eine finite Kapazitätsplanung handelt oder nicht.
CAPADEMAND (TCAPADEMAND / PCAPADEMAND)	Handling Capacity Required (Transport/ Produktion)	PERPROD-LOCRES	Ausgabe: benötigte Kapazität einer Ressource, um die Bedarfe des Beschaffungsplans zu decken → verschiedene Kennzahlen zu Kapazitätsbedarf Transport oder Produktion (siehe Abschnitt 16.2)
CAPACONSUMPTION (TCAPACONSUMPTION / PCAPACONSUMPTION)	Handling Capacity Consumption (Transport/ Produktion)	PERPROD-LOCRES	Kapazitätsbedarf, um ein Produkt zu produzieren → verschiedene Kennzahlen zu Kapazitätsbedarf Transport oder Produktion (siehe Abschnitt 16.2)
CAPAUSAGE (TCAPAUSAGE / PCAPAUSAGE)	Capacity Usage	PERPRODLOCRES	Kapazitätsauslastung → verschiedene Kennzahlen zu Kapazitätsbedarf Transport oder Produktion (siehe Abschnitt 16.2)

Tabelle 16.4 Auszug aus den Kennzahlen für Beschaffungs- und Kapazitätsplanung (Forts.)

Kennzahl-ID	Beschreibung	Planungsebene	Kommentar
PRODUCTION	Production Receipts Qty	PERPROD-LOCSRC	Ausgabe: geplante Produktion des Beschaffungsplanungsalgorithmus
ADJUSTED-PRODUCTION	Adjusted Production Qty	PERPROD-LOCSRC	Manuell geplante und für den Algorithmus fixierte Produktion
RECEIPT	Unspecified Receipt/External Procurement Qty	PERPRODLOC	Ausgabe: Externe Zugänge
ADJUSTEDRECEIPT	Adjusted External Receipts Qty	PERPRODLOC	Externe Zugänge (manuell geplant) und für den Algorithmus fixierte Zugänge
TOTALRECEIPT	Receipts Qty	PERPRODLOC	Ausgabe: Summe aller Zugänge für ein Lokationsprodukt
CONSTRAINED-DEMAND	Constrained Demand Plan Qty	PERPROD-LOCCUST	Ausgabe: Ergebnis des Beschaffungsalgorithmus auf der Ebene Periode, Produkt, Lokation und Kunde
ADJUSTED-CONSTRAINED-DEMAND	Adjusted Customer Receipts Qty	PERPROD-LOCCUST	Manuelle Anpassung des Constrained Demand, für den Algorithmus fixiert
PROJECTED-INVENTORY	Projected Inventory Qty	PERPRODLOC	Projizierter Bestand pro Periode, Produkt und Lokation unter Berücksichtigung von Total Demand und Total Receipt

Tabelle 16.4 Auszug aus den Kennzahlen für Beschaffungs- und Kapazitätsplanung (Forts.)

Kennzahlen und Planungsalgorithmus

Damit Sie die zeitreihenbasierten Beschaffungsplanungsalgorithmen verwenden können, müssen Sie die technischen IDs für Kennzahlen definieren, wie von SAP in den Best-Practice-Planungsbereichen bzw. in der Dokumentation festgelegt.

Die von den zeitreihenbasierten Algorithmen verwendeten Ein- und Ausgabekennzahlen müssen die von SAP vordefinierten, spezifischen Wurzelattribute in ihrer Basisplanungsebene aufweisen. Abhängig von der Kennzahl sind dies Periode (PERIODID), Kunde (CUSTID), Produkt (PRDID), Ressource (RESID), Produktionsbezugsquelle (SOURCEID), Komponente (PRDFR), Outputprodukt (PRDTO), Lokation (LOCID), Auslieferlokation (LOCFR) und Anlieferlokation (LOCTO).

Über die neue App **Einstellungen für ZR-Beschaffungsplanung** können Sie nun etwas flexibler Attribute und Kennzahlen in normalisierten Planungsbereichen verwenden, indem Sie ihnen betriebswirtschaftliche Bedeutungen zuordnen. Auch hier gibt es einige Restriktionen, wie z. B. dass Sie dies nicht für Schlüsselattribute durchführen dürfen oder dass Sie von SAP Standard ausgelieferte Attribute oder Kennzahlen nicht für andere betriebswirtschaftliche Bedeutungen verwenden dürfen.

Mit den Attributen, Stammdatentypen und Kennzahlen haben Sie die grundlegenden Konfigurationsobjekte kennengelernt, die aus Sicht von SAP IBP für die zeitreihenbasierte Planung relevant sind.

Besonderheiten der zeitreihenbasierten Haltbarkeitsplanungsheuristik

Im Wesentlichen finden Sie im Planungsbereich SAP4S dieselben Kennzahlen wie in SAP4 und einige werden in der Haltbarkeitsplanungsheuristik verwendet.

Die Planungslevel einiger Kennzahlen müssen Sie um die haltbarkeitsspezifischen Attribute ergänzen. Bei einigen Kennzahlen müssen Sie das Attribut IBPSHELFLIFEID hinzufügen und bei einigen Kennzahlen die ergänzten Nichtschlüsselattribute der verwendeten Stammdaten. Für eine detaillierte Auflistung verweisen wir auf den SAP4S-Planungsbereich oder auf die Dokumentation in der SAP-Hilfe.

Besonderheiten der zeitreihenbasierten finiten Kapazitätsplanung (finite Beschaffungsplanungsheuristik und Optimierer)

Neben den in diesem Abschnitt genannten Beispielkennzahlen zur zeitreihenbasierten Beschaffungsplanung gibt es noch eine Vielzahl von Kennzahlen, die Sie nur im Rahmen der simultan finit planenden Algorithmen wie der zeitreihenbasierten finiten Beschaffungsplanungsheuristik und dem zeitreihenbasierten Beschaffungsplanungsoptimierer verwenden können. Dies sind im Wesentlichen Steuerungskennzahlen bzw. Lenkungskosten, die als Eingabekennzahlen von den finiten Planungsalgorithmen berücksichtigt werden und z. B. Bestandshaltungskosten, Fertigungskosten und Transportkosten widerspiegeln. Einige dieser Kennzahlen werden in der finiten Beschaffungsplanungsheuristik und im Beschaffungsplanungsoptimierer verwendet. Es gibt auch Kennzahlen die ausschließlich vom Beschaffungsplanungsoptimierer verwendet werden. Sie haben eine Vielzahl von Kennzahlen als Eingabemöglichkeit, mit denen Sie das Planungsergebnis beeinflussen können, wie die beispielhaft in Tabelle 16.5 aufgeführten Kennzahlen.

Kennzahl-ID	Planungsebene	Bezeichnung/Kommentar
Finite Heuristik und Optimierer		
NONDELIVERYCOSTRATE	PERPRODCUST	Kostensatz für Nichtlieferung von Kundenbedarf
INDEPDEMANDNON-DELIVERYCOSTRATE	PERPRODLOC	Kostensatz für Nichtlieferung von Primärbedarf
CONSDEMLATEDELIVMAX	PERPRODCUST	Maximale Anzahl Perioden bei verspäteter Lieferung des Kundenbedarfs
CONSDEMLATE-DELIVCOSTRATE	PERPRODCUST	Kostensatz für verspätete Lieferung für Kundenbedarf
INDEPDEMLATEDELIVMAX	PERPRODLOC	Maximale Anzahl Perioden verspätet gelieferter Primärbedarf
INDEPDEMLATE-DELIVCOSTRATE	PERPRODLOC	Kostensatz für verspätet gelieferten Primärbedarf
TRANSPORTATI-ONCOSTRATE	PERPRODLOCTOLOC	Transportkostensatz
EXTERNALRECEIPT-COSTRATE	PERPRODLOC	Kostensatz für externe Zugänge
PRODUCTIONCOSTRATE	PERPRODLOCSRC	Produktionskostensatz
Mehrere Kennzahlen-IDs	Mehrere Planungsebenen	Minimum Quota (Kunden/Lokation/Produktion/externe Zugänge)
Mehrere Kennzahlen-IDs	Mehrere Planungsebenen	Maximum Quota (Kunden/Lokation/Produktion/externe Zugänge)
SUBPERIODSOFMAX-COVERAGE	PERPRODLOC	Maximum Eindeckungs-unterperioden

Tabelle 16.5 Kennzahlen finite Heuristik und Optimierer (ausgewählte Beispiele)

Kennzahl-ID	Planungsebene	Bezeichnung/Kommentar
MAXCONSTRAINED-DEMAND MAXCONSTRAINED-DEMANDDS	PERPRODLOCCUST	Maximum Constrained Demand Receipt Maximum Constrained Demand Supply
MAXTRANSPORT	PERPRODLOCLOCFR PERPRODLOCTOLOC	Maximum Transport-zugänge
MAXTRANSPORTDS		Maximum Transportzugang
MAXPRODUCTION	PERPRODLOCSRC	Maximum Produktions-zugänge
MAXRECEIPT	PERPRODLOC	Maximum externe Zugänge
MINCAPAUSAGE	PERLOCRES	Minimalkapazitäts-auslastung Ressourcen
MINCAPAUSAGEVIOL-COSTRATE	PERLOCRES	Satz für Nichteinhaltung Minimalkapazitäts-auslastung Ress.
Nur Optimierer		
INVENTORYHOLDING-COSTRATE	PERPRODLOC	Lagerhaltungskostensatz
INVENTORYTARGET-VIOLATIONCOSTRATE	PERPRODLOC	Kostensatz für Nichteinhal-tung des Zielbestands
MAXINVENTORY	PERPRODLOC	Maximalbestand
MAXINVENTORY-VIOLATIONCOSTRATE	PERPRODLOC	Kostensatz bei Überschrei-tung des Maximalbestands
FIXEDCUSTOMER-TRANSPORTATIONCOST	PERPRODLOCCUST	Fixkosten für Transport zum Kunden
FIXEDPRODUCTIONCOST	PERPRODLOCSRC	Produktionsfixkosten
CAPASUPPLYEXPANSION-COSTRATE	PERLOCRES	Kostensatz für Kapazitäts-angebotserweiterung
CAPASUPPLYEXPANSION	PERLOCRES	Kapazitätsangebots-erweiterung
LPSUBSTCOSTRATE	PERPRODLOCSPRD	Kostensatz für Lokations-produktionsersatz

Tabelle 16.5 Kennzahlen finite Heuristik und Optimierer (ausgewählte Beispiele) (Forts.)

Kennzahl-ID	Planungsebene	Bezeichnung/Kommentar
MINAGGDEMAND MINAGGPRODUCTION MINAGGTRANSPORT MINAGGINVENTORY MINAGGPCAPAUSAGE MINAGGTCAPAUSAGE	Mehrere Planungsebenen	Aggregierte Constraints Kennzahlen – Minimum
MAXAGGDEMAND MAXAGGPRODUCTION MAXAGGTRANSPORT MAXAGGINVENTORY MAXAGGPCAPAUSAGE MAXAGGTCAPAUSAGE	Mehrere Planungsebenen	Aggregierte Constraints Kennzahlen – Maximum

Tabelle 16.5 Kennzahlen finite Heuristik und Optimierer (ausgewählte Beispiele) (Forts.)

[«] 16

Kennzahlen für finite Beschaffungsplanungsheuristik

Die finite Beschaffungsplanungsheuristik zeigt einige Besonderheiten:

- Finite Heuristik berücksichtigt keine Fixkosten
- Finite Heuristik berücksichtigt keine Kapazitätserweiterung
- Finite Heuristik unterstützt keine aggregierten Constraints
- Kosten werden zur Priorisierung von Bedarfen und Bezugsquellen verwendet

Einige ausgewählte Kennzahlen haben wir an dieser Stelle genannt, ansonsten verweisen wir auf die SAP-Dokumentation (zu finden unter *help.sap.com/ibp* über den Pfad **IBP Anwendungshilfe • Geschäftsanwendungen • Zeitreihenbasierte Beschaffungsplanung • Kennzahlen • Eingabekennzahlen ausschließlich für den Optimierer und die finite Heuristik**).

Nun sollten Sie einen Überblick erhalten haben, welche Eingabekennzahlen Ihnen für die Planung von simultan finiten Kapazitäten zur Verfügung stehen.

16.3.4 Beschaffungsplanung – zeitreihenbasierte Planungsalgorithmen

Damit Sie die zeitreihenbasierte Beschaffungsplanung verwenden können, muss das IBP-System entsprechend konfiguriert werden. Die notwendige Konfiguration ist abhängig vom verwendeten Algorithmus. Im Wesentlichen müssen Sie folgende Einstellungen vornehmen:

- Planungsbereich für Beschaffungsplanung konfigurieren, inkl.
  - Stammdatentypen, die für den Planungsalgorithmus erforderlich sind

  - Ein- und Ausgabekennzahlen, die für den Algorithmus notwendig sind
  - Definition der Planungsebenen
  - Festlegen der Zeitprofile
  - Aktivierung des Planungsbereichs für die Beschaffungsplanung
  - Erstellen von Planungsprofilen für Algorithmen nach unternehmensindividuellen Anforderungen
- Relevante Daten für die Beschaffungsplanung aus den Quellsystemen wie z. B. SAP importieren
- Planungssichten sowie Dashboards und Analytics anlegen

Einen Großteil dieser Schritte haben wir in den vorangegangenen Abschnitten bereits erläutert. An dieser Stelle gehen wir also näher auf die Planungsalgorithmen ein.

Die Konfiguration der Planungsalgorithmen für die zeitreihenbasierte Beschaffungsplanung erfolgt über die App **S&OP Operatorprofile**. Hier können Sie S&OP-Operatorprofile neu anlegen, bearbeiten, kopieren oder löschen. Die folgenden Algorithmustypen können angelegt werden:

- zeitreihenbasierte (ZR-basierte) Beschaffungsplanungsheuristik
- zeitreihenbasierter (ZR-basierter) Beschaffungsplanungsoptimierer
- zeitreihenbasierte (ZR-basierte) Vorplanungsverrechnung
- Prüfmodus
- lokale Aktualisierungen
- Quoten berechnen

S&OP-Planungsprofile

Die Planungsoperatoren des Typs S&OP-Operator (SCM) wurden mit Release 1802 durch Planungsprofile ersetzt und werden sukzessive migriert. Die in Planungsbereichen verwendeten Operatoren werden automatisch in die neuen Profile umgewandelt.

Im Wesentlichen kann die Konfiguration der Planungsalgorithmen in zwei Typen unterschieden werden, die zeitreihenbasierten Beschaffungsplanungsheuristiken und den zeitreihenbasierten Beschaffungsplanungsoptimierer. Beide werden wir nachfolgend näher beleuchten.

Konfiguration der zeitreihenbasierten Beschaffungsplanungsheuristiken

In der Gruppe der zeitreihenbasierten infiniten Beschaffungsplanungsheuristiken sind in SAP IBP Release 2008 die folgenden vier Algorithmen/Heuristiktypen zusammengefasst:

- Beschaffungsplanungsheuristik (unendlich ohne Unterdeckungen)
- Propagierungsheuristik (Bestandspropagierung): Dieser Algorithmus wird seit SAP IBP Release 2008 nicht mehr mit ausgeliefert, kann aber weiter verwendet werden, wenn Sie ihn vorher bereits genutzt haben.
- Beschaffungsplanungsheuristik (finite Heuristik)
- Haltbarkeitsplanungsheuristik (Planung der Haltbarkeit im Lager): Dieser Algorithmus kann nur ausgewählt werden, wenn die notwendige Konfiguration für Haltbarkeiten im Planungsbereich enthalten ist. Als Vorlage dient der Planungsbereich SAP4S, der ausschließlich die Haltbarkeitsplanungsheuristik erlaubt.

Bis auf die finite Heuristik unterstützen die hier behandelten Algorithmen keine simultane finite Berücksichtigung von Kapazitäten. Die Kapazitätsauswertung bzw. Planung muss nachgelagert erfolgen. Aktuell gibt es für das zweistufige Verfahren einer Kapazitätsplanung in IBP auch noch keine automatische Unterstützungsfunktion. Diese steht in Form einer sogenannten »Capacity Leveling«-Funktionalität auf der IBP-Produktroadmap. Mit der finiten Heuristik hingegen, die Ihnen seit dem IBP-Release 1911 zur Verfügung steht, können Sie wie bereits dargestellt Kapazitäten simultan in der Planung berücksichtigt.

Parameter pro Heuristiktyp

Wie möchten Ihnen noch einen kurzen Hinweis zu den Parametern pro Heuristiktyp geben:

- Heuristiktyp *Unendlich ohne Unterdeckung*:
  Alle Parameter sind relevant, bis auf **Unbegrenzte Haltbarkeit für negativ projizierte Bestände verwenden**. Die Parameter **Negativen projizierten Bestand übertragen** und **Losgrößenberechnung** sind nur für diesen Heuristiktyp unterstützt.
- Heuristiktyp *Bestandspropagierung*:
  Alle Parameter sind relevant bis auf **Negativen projizierten Bestand übertragen, Unbegrenzte Haltbarkeiten für negative projizierte Bestände verwenden, Losgrößenberechnung, Richtlinie für Kalenderreferenzprüfung.**
- Heuristiktyp *Finite Heuristik*:
  Alle Parameter sind relevant bis auf **Zugänge optimieren, Negativen projizierten Bestand übertragen, Unbegrenzte Haltbarkeiten für negative projizierte Bestände verwenden, Losgrößenberechnung.**
- Heuristiktyp *Planung der Haltbarkeit im Lager*:
  Alle Parameter sind relevant bis auf **Zugänge optimieren, Negativen projizierten Bestand übertragen, Losgrößenberechnung, Richtlinie für Kalenderreferenzprüfung.**

Abhängig vom Planungsbereich können Sie die Algorithmen im S&OP-Operatorprofil festlegen. Die Konfiguration der S&OP-Operatorprofile ist, wie in Abbildung 16.12 zu sehen, in die Bereiche **Allgemeine Informationen**, **Vorplanverrechnungsprofil**, **Primärparameter**, **Limits für Meldungen** und **Zusätzliche Parameter** gegliedert. Nachfolgend beschreiben wir die einzelnen Parameter und im Hinweis-Kasten ordnen wir die unterstützen Parameter den Heuristiktypen zu.

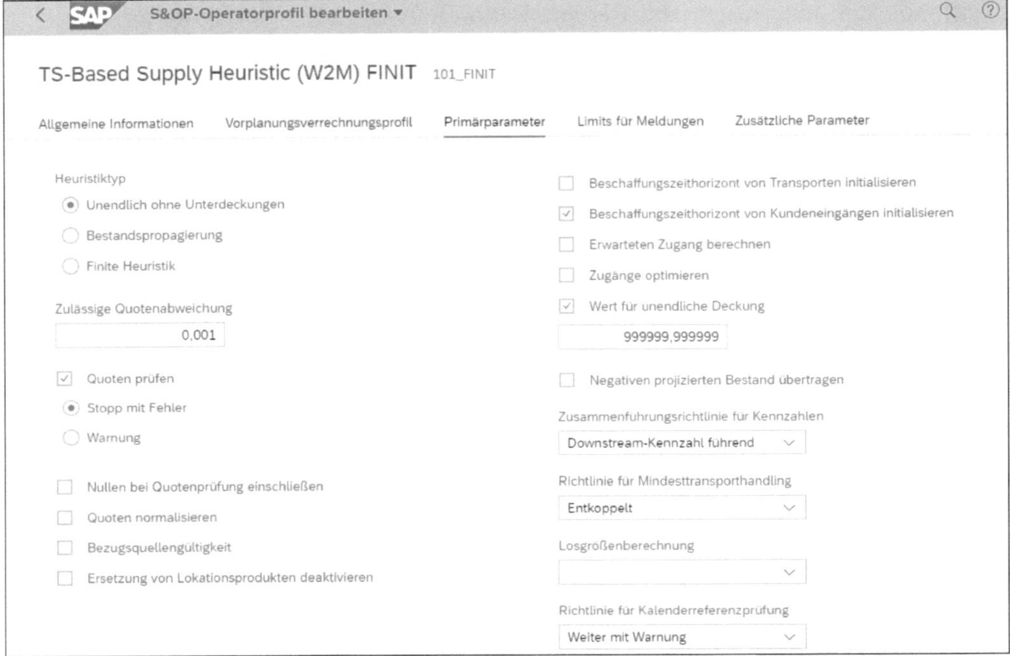

Abbildung 16.12 S&OP-Operatorprofil: Beispiel für die ZR-basierte Heuristik

Im Bereich **Allgemeine Informationen** legen Sie die folgenden Punkte fest:

- die ID zur Identifizierung des Profils
- den Namen des Profils
- eine Beschreibung (wird im IBP-Excel-Add-in verwendet)
- den Planungsbereich, in dem der Planungsalgorithmus verwendet wird (muss für die Beschaffungsplanung aktiviert sein und steuert, welche Algorithmen verwendet werden können)
- Bei **Verarbeitungsmodus** legen Sie fest, ob der Algorithmus **Interaktiv**, im **Batch** oder **Interaktiv und Batch** ausgeführt werden kann.
- Im Feld **Zeitprofilebene** definieren Sie die zeitliche Granularität, mit der der Planungsalgorithmus ausgeführt wird.

- Die Option **Ganze Planungsperioden berücksichtigen** verwenden Sie in Kombination mit der definierten zeitlichen Granularität der Zeitprofilebene. Damit wird sichergestellt, dass die Selektion entsprechend der definierten Planungsperioden erweitert wird.

Im Bereich **Vorplanungsverrechnungsprofil** können Sie das Profil zur Vorplanverrechnung festlegen. Des Weiteren können Sie hinterlegen, ob Sie **Prognose neu berechnen** oder **vorhandene Ergebnisse verwenden** möchten.

Im Bereich **Primärparameter** haben Sie Einstellungsmöglichkeiten, die das Planungsergebnis beeinflussen, z. B.:

- **Heuristiktyp**: Legt fest, welchen der oben genannten Algorithmen Sie verwenden möchten. Abhängig vom Planungsbereich werden die möglichen Typen zur Auswahl gestellt und die weiteren Selektionsoptionen passen sich dem ausgewählten Heuristiktyp an.
- **Zulässige Quotenabweichung**: Gibt die erlaubte Abweichung von der Gesamtquote von 100 % an. Liegt die Quote unter 100 %, wird nicht der gesamte Bedarf berücksichtigt. Liegt die Quote über 100 %, wird mehr als der angeforderte Bedarf berücksichtigt. Es wird empfohlen, einen niedrigen Wert im erlaubten Bereich von 0 bis 0,1 zu wählen.
- **Quoten prüfen**: Kann verwendet werden, um inkonsistente Quoten zu identifizieren. Sobald eine inkonsistente Quote entdeckt wurde, können Sie entweder eine Warnung ausgeben oder mit Fehler stoppen, dann wird kein Beschaffungsplan ermittelt. Die Empfehlung lautet, möglichst die Prüfung **Stopp mit Fehler** zu aktivieren.
- **Nullen bei Quotenprüfung einschließen**: Berücksichtigt auch Gesamtquoten mit 0 % und interpretiert diese als inkonsistent.
- **Quoten normalisieren**: Ermittelt konsistente Quoten für alle Bezugsquellen von 100 % entweder nach der Methode **Gleich**, die alle Bezugsquellen gleich bewertet, oder **Proportional**, wobei bestehende Quotenanteile beibehalten werden. Sie haben hier auch die Möglichkeit zu entscheiden, ob Quoten mit 0 überhaupt bei der Quotennormalisierung berücksichtigt werden, was einen Einfluss auf das Ergebnis hat. Mit diesem Parameter werden die Quoten temporär während der Planung ermittelt und nicht auf der Datenbank geändert.
- **Bezugsquellengültigkeit**: Aktiviert die Berücksichtigung der definierten Bezugsquellengültigkeit. Gültigkeitszeiträume werden über die Stammdatentypen, z. B. *Validity of Customer Source*, *Location Source Validity* und *Production Source Validity*, festgelegt. Generelle Gültigkeit bzw. Ungültigkeit wird direkt in der Bezugsquelle über die Attribute TINVALID, CINVALID und PINVALID gesteuert.

- **Beschaffungszeithorizont von Transporten initialisieren**: Ermöglicht das Löschen der Kennzahlen *Transport Receipts* und *Transport Supply* innerhalb des Beschaffungszeithorizonts. Ohne den Parameter bleiben Kennzahlen innerhalb des Beschaffungszeithorizonts mit den vorhandenen Zahlen gefüllt.
- **Beschaffungszeithorizont von Kundeneingängen initialisieren**: Funktioniert auf die gleiche Weise wie der Parameter oben und bezieht sich auf die Kennzahlen *Customer Supply* und *Customer Receipts*.
- **Erwarteten Zugang berechnen**: Hiermit können Sie fixierte Mengen zwischen Teilnetzwerken ignorieren, und der Algorithmus legt alle notwendigen Zugänge zur Deckung von Kundenbedarfen an. Dabei ignoriert er die fixierten Zugangszahlen, löscht diese aber nicht und überschreibt die Kennzahl *Inter-Subnetwork Transport Receipts*. Dieser Parameter ist nicht relevant für die Haltbarkeitsheuristik.
- **Zugänge optimieren**: Lässt den Planungsalgorithmus versuchen, Zugänge unter Berücksichtigung der angepassten oder minimalen Kennzahlen so zu optimieren, dass Zugänge zwischen den möglichen Bezugsquellen verteilt und falls notwendig Quoten übersteuert werden. Dieser Parameter ist nicht relevant für die Haltbarkeitsheuristik.
- **Wert für unendliche Deckung**: Legt fest, mit welchem Wert eine unendliche Deckung in der Kennzahl *Coverage* dargestellt wird.
- **Negativen projizierten Bestand übertragen**: Wird von der zeitreihenbasierten Beschaffungsplanungsheuristik vom Typ **Unendlich ohne Unterdeckungen** verwendet. Mit diesem Parameter definieren Sie, ob der Algorithmus negativen projizierten Bestand in die Folgeperiode verschiebt oder ob er dies nicht tut und wieder mit Null beginnt.
- **Zusammenführungsrichtlinie für Kennzahlen**: Steuert die Synchronisierung der vorgelagerten und nachgelagerten Eingabekennzahlen. Sie haben die drei Optionen automatische Synchronisierung (**Standard**), in vorgelagerter Richtung (**Upstream**), in nachgelagerter Richtung (**Downstream**).
- **Richtlinie für Mindesttransporthandling**: Hiermit können Sie die Kennzahlen *Minimum Transportzugang* und *Minimum Transportzugänge* vom System synchronisieren lassen. Standardverhalten ohne diesen Parameter war, dass Sie sicherstellen mussten, dass diese Kennzahlen synchronisiert wurden.
- **Losgrößenberechnung**: Hier können Sie hinterlegen, ob Sie Korrekturen positiver oder negativer Bestände einschließen wollen. Dies führt dazu, dass notwendige Bestandskorrekturen bei der Berechnung der Losgrößenverfahren 1 (statische Beschaffungsperioden), 2 (dynamische Beschaffungsperioden) und 5 (dynamischen Beschaffungsperioden mit Sicherheitsbestand) berechnet werden.
- **Richtlinie für Kalenderreferenzprüfung**: Hier können Sie eine Prüfung aktivieren, ob ein Planungskalender in SAP IBP vorhanden ist.

Im Abschnitt **Limits für Meldungen** stehen Ihnen schließlich noch folgende Parameter zur Verfügung:

- **Globales Limit je Meldungstyp**: Begrenzt die Anzahl der Meldungen, die das System in ein Protokoll für alle Meldungs-IDs schreibt. Der Standardwert ist 100.
- **Positionen**: Hier können Sie pro **Meldungs-ID** einen **Wert** festlegen, der das globale Limit übersteuert.

Mithilfe von zusätzlichen Parametern können Sie das Planungsergebnis beeinflussen, also z. B. festlegen, dass alle angepassten Kennzahlen initialisiert werden sollen. Pflegen Sie entsprechend den Namen des Parameters und den Wert.

Konfiguration des zeitreihenbasierten Beschaffungsplanungsoptimierers

Wenn Sie den zeitreihenbasierten Optimierer verwenden möchten, müssen Sie ein spezifisches S&OP-Operatorprofil anlegen. Im Wesentlichen sind die Abschnitte und Parameter vergleichbar mit dem im vorherigen Unterabschnitt vorgestellten zeitreihenbasierten Heuristikprofil. Das Operatorprofil setzt sich aus den Bereichen **Allgemeine Informationen**, **Primärparameter**, **Limits für Meldungen** und **Zusätzliche Parameter** zusammen. Zusätzlich gibt es noch optimiererspezifische Bereiche wie **Optimierer-Parameter** oder **Zeitaggregationsprofil**. In diesem Abschnitt gehen wir auf die Besonderheiten des zeitreihenbasierten Optimierers ein.

Abbildung 16.13 zeigt die Gruppierung der Parameter für die Optimierung. Die Rubrik **Optimierer-Parameter** untergliedert sich in folgende Bereiche:

- Unter **Allgemeines** definieren Sie die maximale Lösungslaufzeit, aktivieren die Erläuterungen zu den Ergebnissen (**Optimierungsergebnisse erklären**) und legen den Modus **Gewinnmaximierung** oder **Liefermaximierung** fest. Im Kontext der Liefermaximierung können Sie den Nichtlieferkostensatz für alle Bedarfe hinterlegen.
- Im Profilabschnitt **Diskretisierung** können Sie die Auswirkungen diskreter Entscheidungen, die die Laufzeit betreffen, reduzieren. Mit der Definition von Horizonten wie z. B. für Kundentransporte, minimale oder inkrementelle Kundentransportlosgrößen sowie Kundentransportfixkosten, externe Zugänge und entsprechende Fixkosten, Transporte, minimale und inkrementelle Transportlosgrößen sowie Transportfixkosten und auch für Produktion, minimale und inkrementelle Produktionslosgrößen und Fixkosten können Sie die Horizonte für diskrete Entscheidungen eingrenzen. Somit sind für die verbleibenden Perioden die Constraints nicht aktiv.
- Im Bereich **Fair-Share-Verteilung** können Sie die Fair-Share-Funktion aktivieren und Segmente für Nichtlieferung, verspätete Lieferung, Sollbestand und für Lagerhaltung berücksichtigen. Über die Fair-Share-Funktion können Sie bei Material-

engpässen mit den Beschaffungsplanungsoptimierer die gerechte Verteilung von Materialien für die genannten Segmente planen.

- Wenn Sie die **Zeitunabhängigen Strafkosten** aktivieren, werden die Kosten aus den Kennzahlen ignoriert, und es werden die Strafkosten aus dem Profil für z. B. verspätete bzw. Nichtlieferungen, für Transporte, Produktion, externe Zugänge, Lagerhaltung etc. während des Optimierungslaufs verwendet.
- Mithilfe von **Globale Kostenfaktoren** können Sie auf einfache Weise alle relevanten Kostenkennzahlen ändern. In den meisten Fällen wird der Kostenfaktor 1 verwendet.
- Unter **Sonstiges** können Sie die Verletzung von aggregierten Constraints zulassen, z. B. für Kundentransporte, Transporte, Produktion oder Bestand. Auch die Berücksichtigung von Quotierungen und die Kosten bei Nichteinhaltung legen Sie hier fest. Sie können auch Rabatte für Nichtliefer- und Spätlieferkosten aktivieren und so steuern, dass die Strafkosten mit jeder Periode verringert werden. Auch können Sie über einen Parameter festlegen, dass Perioden ohne definierte Kapazitäten als infinit betrachten werden. Bisher wurden diese als Ressourcen ohne freie Kapazitäten interpretiert. Des Weiteren können Sie festlegen, ob Sie eine finite Heuristik vor dem Optimiererlauf ausführen wollen, was je nach konkretem Szenario zu einer Laufzeitverbesserung führen kann.

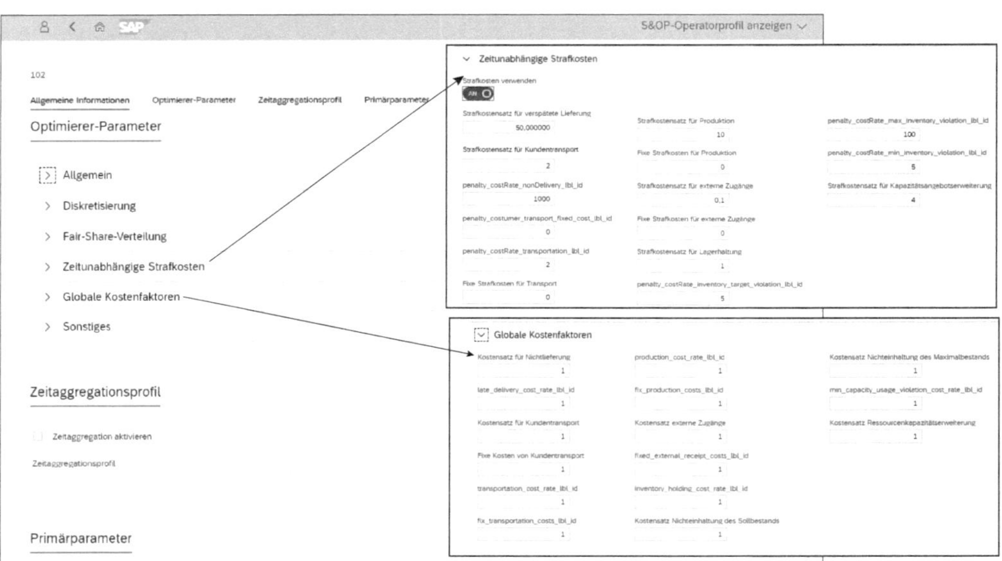

Abbildung 16.13 S&OP-Operatorprofil: Parameter im ZR-basierten Optimierer

Im Profilabschnitt **Zeitaggregationsprofil** können Sie die Zeitaggregation aktivieren und ein Profil verknüpfen, das Sie vorher in der App **Zeitaggregationsprofile** angelegt haben. Mithilfe der Zeitaggregation lassen sich unterschiedliche zeitliche Granularitäten während eines Planungslaufs verwenden und z. B. in naher Zukunft in Tagen planen, dann in Wochen, später in Monaten und evtl. noch weiter in der Zukunft in Quartalen oder Jahren. Die verfügbaren Zeitaggregationsebenen sind abhängig vom Zeitprofil aus dem Planungsbereich und bilden eine Grundlage. Somit können Sie die Granularität der Planung vom Zeitverlauf abhängig unterscheiden, was nebenbei auch einen Effekt auf die Performance hat.

Lizenz für den zeitreihenbasierten Optimierer

Der zeitreihenbasierte Beschaffungsplanungsoptimierer hängt lizenzseitig an SAP IBP Response & Supply. Da es sich aber um einen zeitreihenbasierten Algorithmus handelt und in der Regel zeitreihenbasiert mittel- bis langfristig geplant wird, haben wir den ZR-basierten Optimierer an dieser Stelle erläutert.

Konfiguration der Hilfsalgorithmen

Zu guter Letzt möchten wir noch überblicksartig auf einige weitere (Hilfs-)Algorithmen eingehen, die zur Unterstützung der bereits erläuterten zeitreihenbasierten Planungsalgorithmen eingesetzt werden können.

Die *zeitreihenbasierte Vorplanungsverrechnung* über **TS-Based Forecast Consumption** sollten Sie verwenden, wenn Sie mit der Vorplanung von Primärbedarfen und Kundenbedarfen arbeiten. Wenn die Prognosen zukünftige Kundenbedarfe prognostizieren, müssen diese um tatsächlich in der Planung berücksichtigte Kundenaufträge reduziert werden. Diesen Prozess nennt man *Vorplanungsverrechnung*.

Zum einen können Sie den Vorplanungsverrechnungsmodus und damit die Strategie festlegen, wie die Vorplanung verrechnet wird, wie z. B. vorwärts, rückwärts, beides in unterschiedlicher Reihenfolge oder auch nur relevante Horizonte bzw. Perioden. Voraussetzung ist, dass Sie einen Stammdatentyp <Präfix>FORECASTCONSUMPTIONMODE mit den vordefinierten Attributen zur Steuerung der Vorplanungsverrechnung in Ihren Planungsbereich auf der Ebene der Vorplanungsverrechnung aufgenommen haben. Der Stammdatentyp wird z. B. im SAP4-Beispielplanungsbereich von SAP ausgeliefert. Des Weiteren müssen Sie über die App **Vorplanungsverrechnungsprofile** weitere Einstellungen vornehmen, z. B. **Eingabe Vorplanung**, **Eingabe Kundenaufträge**, **Ausgabe offene Vorplanung**, **Ausgabe Gesamtbedarf**, **Vorplanungsverrechnungsebene** etc.

Sie können *Quoten aus einem Beschaffungsplan* über den Algorithmustyp **Compute Quotas** auf Basis des aktuellen Beschaffungsplans berechnen lassen. Da der aktuelle Beschaffungsplan für die Ermittlung der Quoten herangezogen wird, kann es sinnvoll sein, mithilfe des Beschaffungsplanungsoptimierers einen kostenoptimierten Beschaffungsplan als Grundlage zu schaffen.

Lokale Aktualisierungen von Kennzahlen können Sie über den Algorithmustyp **Local Updates** erzielen. Damit lassen sich Auswirkungen aufgrund veränderter Datenkonstellationen nur auf Lokationsproduktebene aktualisieren. Kennzahlenwerte wie *Fehlmenge*, *Unterdeckung* und *Projizierter Bestand* werden aktualisiert, aber nicht ans Netzwerk weitergereicht.

Mithilfe des Algorithmus **Check Mode** führen Sie eine *Prüfung der Datenkonsistenz* für Stammdaten und Kennzahlen durch. Sobald Sie den Prüfmodus einstellen, werden alle verfügbaren Prüfungen ausgeführt.

16.4 Beispiele für zeitreihenbasierte Kapazitätsplanung

In diesem Abschnitt möchten wir Ihnen anhand der Excel-Benutzeroberfläche für die zeitreihenbasierte Planung in IBP die unterschiedlichen Planungsergebnisse simplifiziert darstellen. Weiterführende Erläuterungen zu den verfügbaren Benutzeroberflächen zur Planung und insbesondere zur Auswertung finden Sie in Kapitel 18, »Interaktive mittel- bis langfristige Kapazitätsplanung in SAP IBP«.

Logistische Netzwerke sind in der Regel kompliziert und die Verzahnung sowie unterschiedlichste Abhängigkeiten müssen berücksichtigt werden. Allein die Anzahl der Produkte, Lokationen oder Arbeitsplätze/Ressourcen, die mit all ihren Interdependenzen zu berücksichtigen sind, erfordert in der Regel spezielle Kenntnisse und Erfahrungen. Daher empfiehlt es sich, in einem PoC (Proof of Concept) oder während der Implementierung mit simplifizierten Beispielen zu starten, um das Prinzip der einzelnen Algorithmen zu verstehen. In unserem Beispiel laufen auch eine Vielzahl von Produkten, Lokationen und Arbeitsplätze/Ressourcen im logistischen Netzwerk zusammen. Die Betrachtung des kompletten Netzwerks mit all seinen Abhängigkeiten ist schwierig zu erläutern, daher möchten wir an dieser Stelle am Beispiel eines Arbeitsplatzes bzw. einer Ressource, auf dem/der eigentlich eine Vielzahl von Produkten gefertigt wird, nur die Auswirkung auf ein Produkt darstellen. Die Rahmenparameter bleiben immer identisch, lediglich die verschiedenen Algorithmen werden angewendet und wir möchten die unterschiedlichen Ergebnisse aufzeigen. Grundsätzlich unterstützt Sie IBP bei der Betrachtung und Steuerung des gesamten Netzwerks End-to-End und auch in den von SAP ausgelieferten Excel-Templates sind, wie in Abbildung 16.14 dargestellt, optimierte Sichten vorgesehen, um die gesamte Supply Chain von Kunden, über Distributionszentrum, Produktionswerk zum Lieferanten zu planen. Wir fokussieren uns in der Darstellung auf die Kundenbedarfssicht (Customer Demand) und die Kapazitätssicht (Capacity).

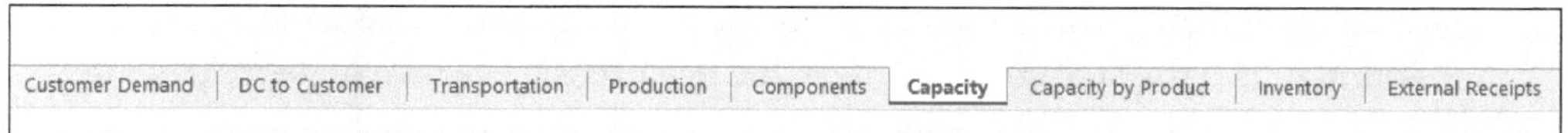

Abbildung 16.14 SAP IBP – Sichten im Excel-Template

In Abschnitt 16.4.1, »Zeitreihenbasierte infinite Planung (Beispiel)«, zeigen wir die Ergebnisse der zeitreihenbasierten Beschaffungsplanungsheuristik, die einen infiniten Plan erzeugt, und in Abschnitt 16.4.2, »Zeitreihenbasierte finite Planung (Beispiel)«, zeigen wir Ergebnisse der finiten Planung mit dem zeitreihenbasierten Optimierer und der finiten Beschaffungsplanungsheuristik.

16.4.1 Zeitreihenbasierte infinite Planung (Beispiel)

Bei einer infiniten Planung werden die Kapazitäten nicht als Restriktion berücksichtigt und daher werden alle Bedarfe zeitgerecht entsprechend der hinterlegten Stammdaten gedeckt. Allerdings werden, wie in Abbildung 16.15 dargestellt, die verfügbare Kapazität in KW45 und KW46 ignoriert und die Heuristik erzeugt ein Planungsergebnis unter der Prämisse, dass die notwendigen Kapazitäten immer zur benötigten Zeit vorhanden wären. Es findet auch keine Prüfung freier Kapazitäten in angrenzenden Perioden statt.

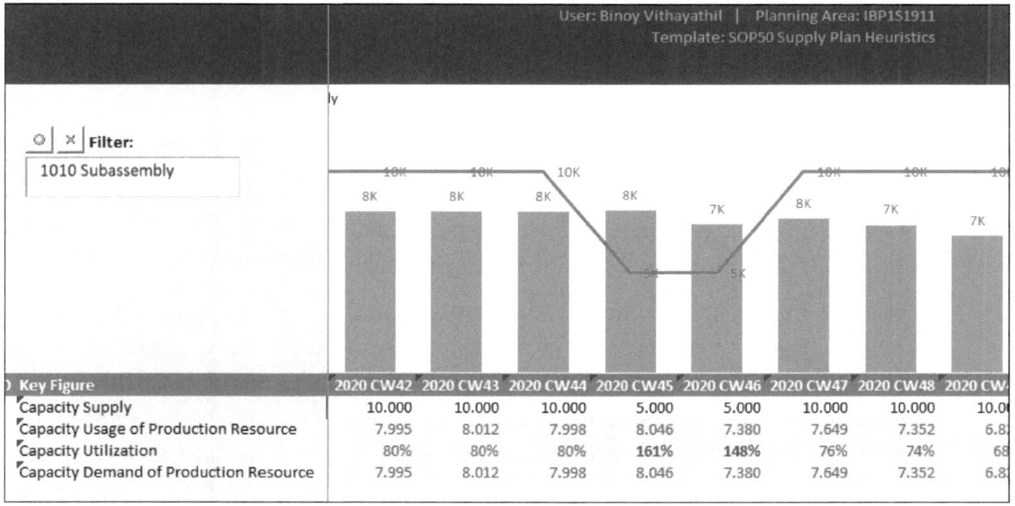

Key Figure	2020 CW42	2020 CW43	2020 CW44	2020 CW45	2020 CW46	2020 CW47	2020 CW48	2020 CW
Capacity Supply	10.000	10.000	10.000	5.000	5.000	10.000	10.000	10.0
Capacity Usage of Production Resource	7.995	8.012	7.998	8.046	7.380	7.649	7.352	6.8
Capacity Utilization	80%	80%	80%	**161%**	**148%**	76%	74%	68
Capacity Demand of Production Resource	7.995	8.012	7.998	8.046	7.380	7.649	7.352	6.8

Abbildung 16.15 Kapazitätssicht – infinite Beschaffungsplanungsheuristik

Die Kapazitätsauslastungen von 161 % und 148 % weisen auf Handlungsbedarf hin, um die Kundenbedarfe in der Realität erfüllen zu können. Diese Vorgehensweise zeigt Kapazitätsengpässe auf, die Sie in Kapazitätsauswertungen analysieren und bearbeiten können. Diese Vorgehensweise führt auf der Kundenbedarfssicht, die in Abbildung 16.16 dargestellt ist, dazu, dass alle Bedarfe wie gewünscht gedeckt werden.

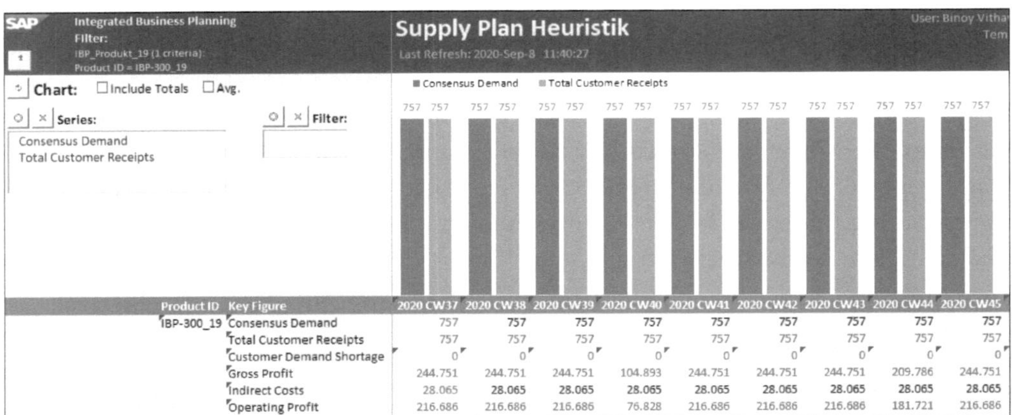

Abbildung 16.16 Kundenbedarfssicht – infinite Beschaffungsplanungsheuristik

Eine isolierte Betrachtung der Kundenbedarfssicht suggeriert, dass alle Bedarfe gedeckt werden können. Es ist wichtig bei der Anwendung dieses Algorithmus diese Funktionsweise zu kennen und entsprechende Ausnahmemeldungen/Alerts zu definieren, damit der nicht machbare infinite Plan korrekt interpretiert werden kann und die notwendigen Maßnahmen eingeleitet werden.

16.4.2 Zeitreihenbasierte finite Planung (Beispiel)

Sobald Sie eine finite Planung mit dem Optimierer oder der finiten Heuristik ausführen, können Sie entsprechend der beschriebenen Funktionsweisen Kapazitätsrestriktionen berücksichtigen. In unserem Beispiel schauen wir uns eine Produktionsressource und die entsprechende Produktionskapazität dazu an.

Abbildung 16.17 zeigt die Auslastungssituation nach einem finiten Planungslauf, wobei das Ergebnis der finiten Betrachtung in diesem Beispiel für beide Algorithmen identisch ist, weil der Kapazitätsbedarf die verfügbare Kapazität im betrachteten Horizont übertrifft. Die verfügbare Kapazität wird in allen Perioden berücksichtigt und der Algorithmus belegt alle verfügbaren Kapazitäten, um die Bedarfe zu decken. Dies führt in dieser Situation dazu, dass in allen betrachteten Perioden eine Ressourcenauslastung von 100 % geplant wird; in der KW45 und KW46 entsprechend 100 % der verringerten Kapazität.

Die Berücksichtigung der verfügbaren Kapazität führt nun dazu, dass nicht alle Bedarfe gedeckt werden können. Einige Kundenbedarfe können verspätet und einige gar nicht erfüllt werden. Abhängig von dem verwendeten Algorithmus und der erläuterten Vorgehensweise liefern die Algorithmen unterschiedliche Ergebnisse.

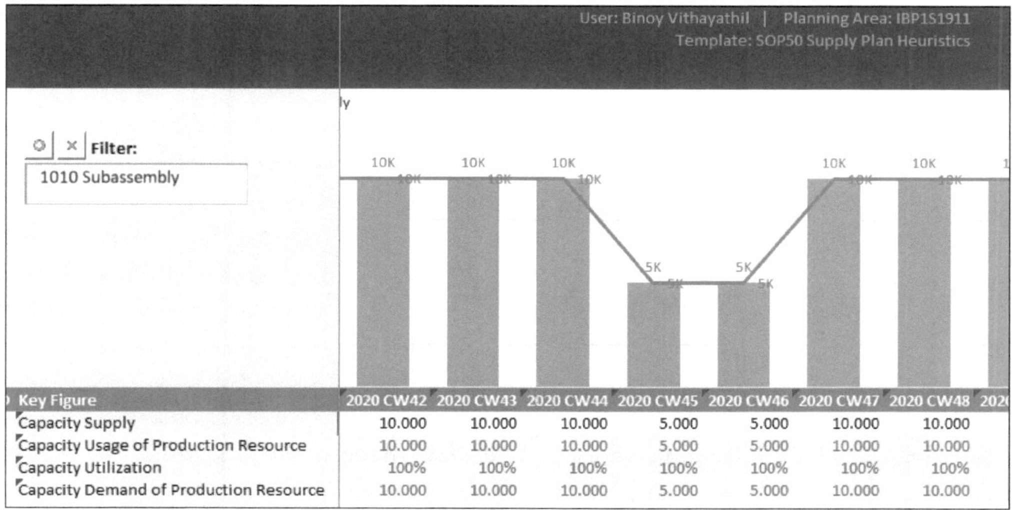

Key Figure	2020 CW42	2020 CW43	2020 CW44	2020 CW45	2020 CW46	2020 CW47	2020 CW48
Capacity Supply	10.000	10.000	10.000	5.000	5.000	10.000	10.000
Capacity Usage of Production Resource	10.000	10.000	10.000	5.000	5.000	10.000	10.000
Capacity Utilization	100%	100%	100%	100%	100%	100%	100%
Capacity Demand of Production Resource	10.000	10.000	10.000	5.000	5.000	10.000	10.000

Abbildung 16.17 Kapazitätssicht – finite Beschaffungsplanung

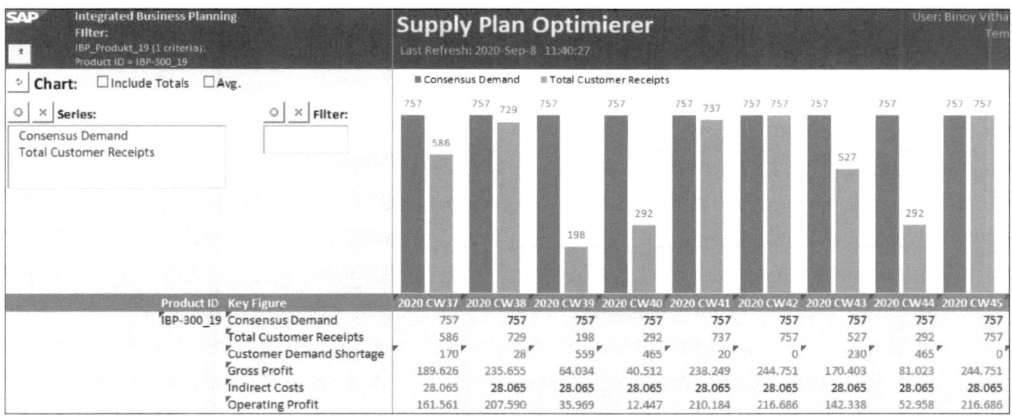

Product ID	Key Figure	2020 CW37	2020 CW38	2020 CW39	2020 CW40	2020 CW41	2020 CW42	2020 CW43	2020 CW44	2020 CW45
IBP-300_19	Consensus Demand	757	757	757	757	757	757	757	757	757
	Total Customer Receipts	586	729	198	292	737	757	527	292	757
	Customer Demand Shortage	170	28	559	465	20	0	230	465	0
	Gross Profit	189.626	235.655	64.034	40.512	238.249	244.751	170.403	81.023	244.751
	Indirect Costs	28.065	28.065	28.065	28.065	28.065	28.065	28.065	28.065	28.065
	Operating Profit	161.561	207.590	35.969	12.447	210.184	216.686	142.338	52.958	216.686

Abbildung 16.18 Kundenbedarfssicht – zeitreihenbasierter Beschaffungsplanungs-optimierer

Abbildung 16.18 zeigt die Auswirkungen einer finiten Kapazitätsplanung mit dem zeitreihenbasierten Beschaffungsplanungsoptimierer, der das Gesamtproblem aus Kostengesichtspunkten optimiert.

Abbildung 16.19 zeigt das Ergebnis der zeitreihenbasierten finiten Beschaffungsplanungsheuristik, die einen finiten Beschaffungsplan ermittelt, der Bedarfe priorisiert und sukzessive durchplant und dabei den kostengünstigsten Bezugsquellenpfad auswählt. Die verfügbare Kapazität ist in beiden Planungsläufen identisch, lediglich die unterschiedliche Vorgehensweise führt zu unterschiedlichen Ergebnissen bezüglich der Bedarfserfüllung.

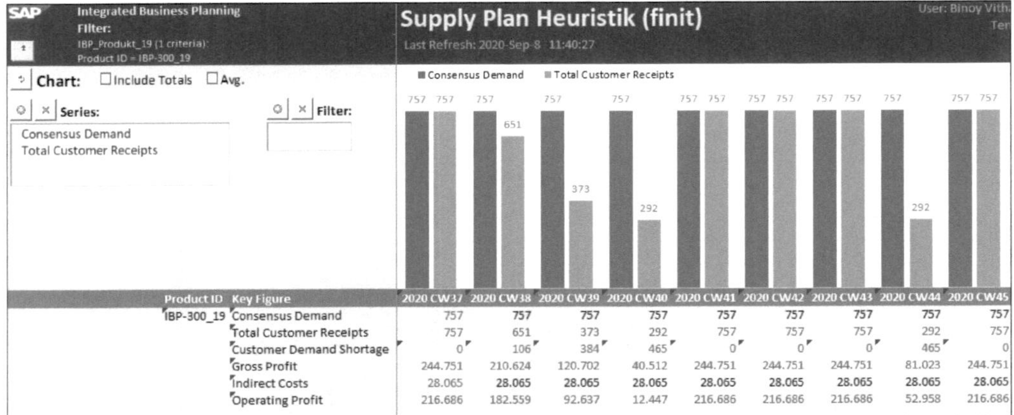

Product ID	Key Figure	2020 CW37	2020 CW38	2020 CW39	2020 CW40	2020 CW41	2020 CW42	2020 CW43	2020 CW44	2020 CW45
IBP-300_19	Consensus Demand	757	757	757	757	757	757	757	757	757
	Total Customer Receipts	757	651	373	292	757	757	757	292	757
	Customer Demand Shortage	0	106	384	465	0	0	0	465	0
	Gross Profit	244.751	210.624	120.702	40.512	244.751	244.751	244.751	81.023	244.751
	Indirect Costs	28.065	28.065	28.065	28.065	28.065	28.065	28.065	28.065	28.065
	Operating Profit	216.686	182.559	92.637	12.447	216.686	216.686	216.686	52.958	216.686

Abbildung 16.19 Kundenbedarfssicht – finite Beschaffungsplanungsheuristik

In diesem Abschnitt haben wir Ihnen grob die Planungsergebnisse von drei zeitreihenbasierten Planungsalgorithmen dargestellt. Die infiniten und finiten Planungsergebnisse unterscheiden sich aufgrund der unterschiedlichen Funktionsweisen.

16.5 Fazit

Dieses Kapitel hat Ihnen einen Überblick über die zeitreihenbasierten Beschaffungs- und Kapazitätsplanungsfunktionen gegeben. Es gibt einige Algorithmen, die ein infinites Planungsergebnis erzeugen. Diese ermöglichen Ihnen eine nachgelagerte Kapazitätsauswertung und manuelle Korrektur. Eine systemgestützte Unterstützung durch ein Capacity Leveling für diesen zweistufigen Prozess ist aktuell noch nicht verfügbar. Des Weiteren haben Sie mit der finiten Heuristik und dem Optimierer zwei Planungsalgorithmen kennengelernt, mit denen Sie zeitreihenbasiert eine finite Beschaffungs- und Kapazitätsplanung realisieren können.

Kapitel 17

Auftragsbasierte Kapazitätsplanung in SAP IBP

Das IBP-System bietet neben den zeitreihenbasierten Kapazitätsplanungsfunktionen auch Optionen an, mit denen sich unmittelbar durch die IBP-Algorithmen entsprechende Aufträge generieren lassen.

Bei den Planungsergebnissen, die mit den in Kapitel 16, »Zeitreihenbasierte Kapazitätsplanung in SAP IBP«, beschriebenen Funktionen generiert werden, handelt es sich um zeitreihenbezogene Daten. Das heißt, es werden Kennzahlenausprägungen mit Bezug zu Zeitperioden abgeleitet, beispielsweise die Kapazitätsauslastung in einem bestimmten Monat.

Dahingegen können Sie mit der auftragsbasierten Kapazitätsplanung des IBP-Moduls IBP für Response & Supply auch Aufträge generieren. Dabei verwenden die zu diesem Modul gehörigen auftragsbasierten Funktionen auch Zeitreihen. Der Auftragskontext bringt einen kürzeren Planungshorizont mit sich, als dies beim Zeitreihenkontext der Fall ist, es ist also hier eher von mittelfristiger bis kurzfristiger Planung die Rede. Es ist jedoch anzumerken, dass mit dieser Funktion keine Feinplanung wie beispielsweise mit ePP/DS möglich ist. Dies zeigt sich auch in der Genauigkeit der Daten: Während ePP/DS eine sekundengenaue Planung ermöglicht, arbeitet die auftragsbasierte Planung auf Tagesebene, sie ist also gröber als die Ergebnisse der Feinplanung.

Order-Based Planning

Die auftragsbasierte Planung im IBP-System wird auch als *Order-Based Planning* (OBP) bezeichnet; im deutschen Sprachgebrauch wird gelegentlich auch die Abkürzung ABP (für *auftragsbasierte Planung*) verwendet.

Wir geben Ihnen zunächst eine Übersicht über die auftragsbasierte Kapazitätsplanung, bevor wir auf die Basiseinstellungen und auf Planungsläufe eingehen.

17.1 Übersicht über die auftragsbasierte Kapazitätsplanung in SAP IBP

Startpunkt für die auftragsbasierte Planung ist die *Prognose*. Sie kann beispielsweise auch durch eine Vorplanungsverrechnung mit tatsächlichen Kundenaufträgen verrechnet worden sein, d. h., die als temporäre Stellvertreterinformation verwendeten Vorplanungsmengen sind bereits um die tatsächlich realisierten Kundenanforderungen reduziert.

Die resultierenden Bedarfsmengen werden im auftragsbasierten Planungskontext nach Prioritäten sortiert und dementsprechend in der durch diese Prioritäten vorgegebenen Reihenfolge durch die Planungsläufe berücksichtigt. Die Planungsläufe bestehen dabei aus zwei Gruppen von Verfahren:

1. prioritätsbasierte Heurisiken
2. auftragsbasierte Optimierung

Das Ergebnis der Planungen ist ein machbarer Plan aus vorgeschlagenen Zugängen, der Kapazitäten berücksichtigt. Die Zugänge sind dabei bereits konkrete Aufträge, d. h., anders als im zeitreihenbasierten Kontext entstehen hier ähnlich zu den Funktionen der Auftragsanlage wie dem MRP-Lauf in den ERP-Systemen oder in ePP/DS temporäre Beschaffungsvorschläge. Diese können durch den Planer entsprechend nachbearbeitet werden.

Der Auftragskontext bringt es mit sich, dass die Benutzeroberflächen der zeitreihenbasierten Planung in der auftragsbasierten Vorgehensweise eine untergeordnete Rolle spielen. Sie können zwar für die Anzeige bestimmter Inputs für die Planung verwendet werden, für die Anzeige der Ergebnisse der Planung spielen jedoch browserbasierte Apps die herausragende Rolle, da sie den Auftragskontext besser abbilden können als die für die Darstellung von Zeitreihen konzipierten Planungssichten. Details hierzu erläutern wir Ihnen in Kapitel 18, »Interaktive mittel- bis langfristige Kapazitätsplanung in SAP IBP«.

17.2 Basiseinstellungen

In den folgenden Abschnitten stellen wir Ihnen die wichtigsten Schritte für die Initiierung der auftragsbasierten Planung vor.

17.2.1 Planungsbereich

Zentral ist dabei die Konfiguration des *Planungsbereichs*. Dieser enthält die Stammdaten, also die in Kapitel 3, »Globale Stammdaten«, beschriebenen Attribute und Stammdatentypen. Zusätzlich wird auch ein Zeitprofil zugeordnet, in dem die Zeitprofilebenen definiert werden, also beispielsweise, dass eine Planung auf Tagesbasis möglich sein soll. Darüber hinaus enthält der Planungsbereich noch weitere steuernde Einstellungen, die für die Planung wichtig sein können.

SAP liefert mit dem IBP-System den Beispielplanungsbereich SAP7 aus, der als Vorlage für die Verwendung der auftragsbasierten Planung eingesetzt werden kann. Sie können diesen Planungsbereich in der App **Beispielmodellentitäten** kopieren und die resultierende Kopie für Ihre Zwecke anpassen.

17.2.2 Stamm- und Bewegungsdaten

Sie können über die Schnittstelle SAP HANA Smart Data Integration (SDI) Stammdaten in Ihre Kopie des Beispielplanungsbereichs SAP7 laden (zur Schnittstelle siehe Kapitel 6, »Integration von Stamm- und Bewegungsdaten in SAP APO, ePP/DS und SAP IBP«). Dabei kommen sogenannte *externe Stammdatentypen* zum Einsatz.

Ferner arbeitet auch die auftragsbasierte Planung – analog zu den anderen beschriebenen IBP-Funktionen wie der zeitreihenbasierten Planung – auch mit Kennzahlen als Bewegungsdaten. Dabei kann unterteilt werden in die folgenden Kategorien:

- Kapazitätskennzahlen
- Bedarfskennzahlen
- Kontingentierungskennzahlen
- (Sicherheits-)Bestandskennzahlen
- Zugangskennzahlen
- Transport- und Lieferantenkennzahlen
- Anpassungskennzahlen
- Kennzahlen zur Analyse der Zugangsverwendungen

[«]

Weiterführende Literatur

Eine vollständige Auflistung der jeweiligen Stamm- und Bewegungsdaten würde den Rahmen dieses Buches sprengen. Für Details empfehlen wir unser Buch *SAP Integrated Business Planning*, das 2020 ebenfalls bei SAP PRESS erschienen ist (siehe unter *https://www.sap-press.de/4647*).

17.2.3 Vorplanungsbezogene Einstellungen

Vorplanungsmengen werden als temporäre Stellvertreter in der Planung verwendet, bis sich die tatsächlichen Kundenauftragsmengen realisiert haben. Um Doppelzählungen zu vermeiden, müssen eingehende Kundenaufträge zu einer Verrechnung der Prognosen führen. Hierfür steht Ihnen im IBP-System die *Vorplanungsverrechnung* zur Verfügung, die Sie in der App **Vorplanungsverrechnungsprofile** konfigurieren müssen. Beachten Sie bitte dabei, dass diese App jeweils separat für die zentreihenbasierte als auch die auftragsbasierte Planung zur Verfügung steht, d. h., dass es sich hier um getrennte Einstellungen handelt. Abbildung 17.1 zeigt beispielhaft das Vorplanungsverrechnungsprofil zur Planungsebene **PERPRODLOCCUST** (Periode – Produkt – Lokation – Kunde) der Periodenart Tag.

Abbildung 17.1 Vorplanungsverrechnungsprofil der auftragsbasierten Planung

Die Planungsebene müssen Sie vorab in der App **ABP-Planungsebenen** definiert haben, dort können Sie der jeweiligen Planungsebene entsprechende Attribute zuordnen (siehe hierzu Abbildung 17.2).

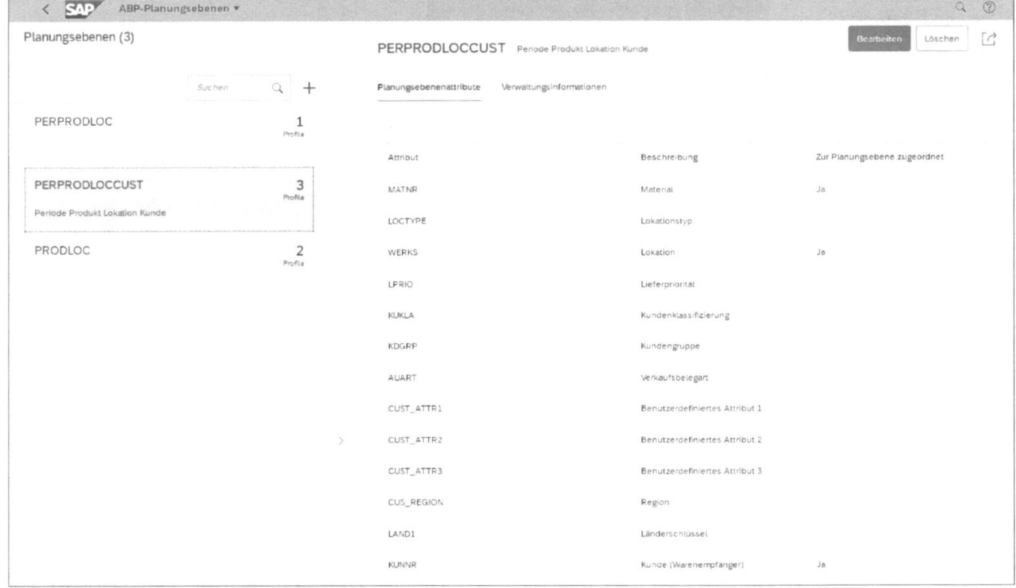

Abbildung 17.2 Definition von ABP-Planungsebenen

Eine Vorplanungsverrechnung kann stattfinden, wenn Planungskombinationen auf der entsprechenden Planungsebene vorhanden sind. Sie können die Verrechnung auch auf aggregierter Planungsebene ausführen lassen, müssen die Kombinationen in diesem Fall mithilfe einer Kennzahl auf der aggregierten Planungsebene laden.

Generell findet die Vorplanungsverrechnung in der auftragsbasierten Planung des IBP-Systems immer nur in der gleichen Periode statt, eine Vorwärts- oder Rückwärtsverrechnung ist aktuell nicht möglich. Tabelle 17.1 zeigt überblickartig ein vereinfachtes Beispiel zur Vorplanungsverrechnung.

Werk	Material	Kunde	Bedarfstyp	Tag 1	Tag 2	Tag 3	Tag 4
0001	P1	C1	Prognose	100	200	300	400
0001	P1	C1	Kundenauftrag	60	185	300	460
0001	P1	C1	Offene Prognose	40	15	0	0

Tabelle 17.1 Beispiel für eine Vorplanungsverrechnung

Sie können in den Einstellungen der Planung vorsehen, ob neben der Kundenauftragsmenge auch die offene Prognosemenge verwendet werden soll. Die Zuordnung des Profils ist in der Spalte FCST_CONS_PROFILE_ID der Tabelle IBP_LOCATION_MATERIAL möglich. Hierfür kann sowohl die offene Schnittstelle als auch das Add-on für SAP IBP verwendet werden. Im zweiten Fall gibt es Transaktion /IBP/ECC_MDSET zur Erstellung eines Profils. Die Zuordnung kann in Transaktion /IBP/ECC_LOCMAT pro Lokationsprodukt vorgenommen werden. Auf IBP-Seite können Sie die Zuordnung in der App **Lokationsmaterialien anzeigen** einsehen (siehe hierzu Abbildung 17.3).

17.2.4 Kontingentierung

Mit Kontingenten erstellen Sie Limitationen, anhand derer die Bestätigungsmengen von Kundenaufträgen begrenzt werden können. Bevor die Planung Kontingente berücksichtigen kann, müssen Sie in der App **Kontingentierungsprofile** die entsprechenden Einstellungen dafür vornehmen. Analog zur Vorgehensweise bei der Vorplanungsverrechnung definieren Sie die ABP-Planungsebene (z. B. das Lokationsprodukt) und die Periodizität (z. B. Wochen).

Aktuell werden nur identische ABP-Planungsebenen für Vorplanungsverrechnung und Kontingentierung unterstützt. Anders als bei der Vorplanungsverrechnung können Sie eine Vorwärtsterminierung vorsehen, wofür Sie das Feld **Planning Run Lateness Strategy** in Transaktion /IBP/RM_FEATURE entsprechend ausprägen müssen.

Die Zuordnung des Profils zum Lokationsprodukt kann über die Schnittstelle in der Spalte PAL_PROCEDURE der Tabelle IBP_LOCATION_MATERIAL erfolgen, alternativ kann das Kontingentierungsprofil bei Verwendung des IBP-Add-ons wie bei dem Vorplanungsverrechnungsprofil für SAP ECC in Transaktion /IBP/ECC_MDSET angelegt und in Transaktion /IBP/ECC_LOCMAT zugeordnet werden. Sie können die zugeordneten Profile in der App **Lokationsmaterialien anzeigen** einsehen (siehe Abbildung 17.3). Eine Änderung ist hier jedoch nicht möglich.

Abbildung 17.3 Anzeige von Profilen für Lokationsmaterialien

Nachdem ein Kontingentierungsprofil geändert wurde, müssen Sie zur Aktivierung der Änderungen, zur Anpassung von abhängigen Daten und zum Löschen konsumierter Kontingente in allen Versionen des Datenmodells den Job **Auftragsbasierte Planung: Kontingentierungsprofil aktivieren** in der App **Anwendungsjobs** ausführen. Vorab ist dafür eine Jobvorlage in der App **Anwendungsjobvorlagen** anzulegen. Abbildung 17.4 zeigt beispielhaft die Anlage einer Anwendungsjobvorlage mit dem Schritt der Kontingentierungsprofilaktivierung.

Abbildung 17.4 Anlage einer Anwendungsjobvorlage für die Profilaktivierung

17.2.5 Bedarfspriorisierung

Die auftragsbasierte Planung in SAP IBP ermöglicht es, Bedarfe zu priorisieren, um knappe Inputwerte wie Kapazitäten zuerst den hochpriorisierten Bedarfen zuordnen zu können. Als Bedarfe werden Kundenaufträge, Prognosewerte und Sicherheitsbestand angesehen. Sie können zum einen die Auftragstypen Kundenauftrag sowie Prognosebedarfe als solche priorisieren, zum anderen dann innerhalb dieser Kategorien bestimmte Elemente in Bezug auf andere durch Zuordnung einer höheren Priorisierung als bedeutender deklarieren. Sicherheitsbestände werden ebenfalls berücksichtigt, jedoch verglichen mit Kundenaufträgen und Prognosebedarfen immer mit geringerer Priorität.

Die Festlegung der Bedarfspriorität findet sich in einer Reihe von Bedingungen wieder, die Inhalt einer *Regel* sind. Jede Regel besteht aus einem oder mehreren Segmenten. Diese stellen sich sowohl als flexible Bedingung, beispielsweise die Priorisierung eines Kundenauftrags, als auch als Attribut zur Sortierung des Bedarfs dar, z. B. eine Sortierung nach Lieferdatum. Ein Segment kann innerhalb einer Regel und auch in anderen Regeln mehrfach verwendet werden.

Abbildung 17.5 zeigt die Segmentierung anhand von Prognosebedarfen und Kundenaufträgen.

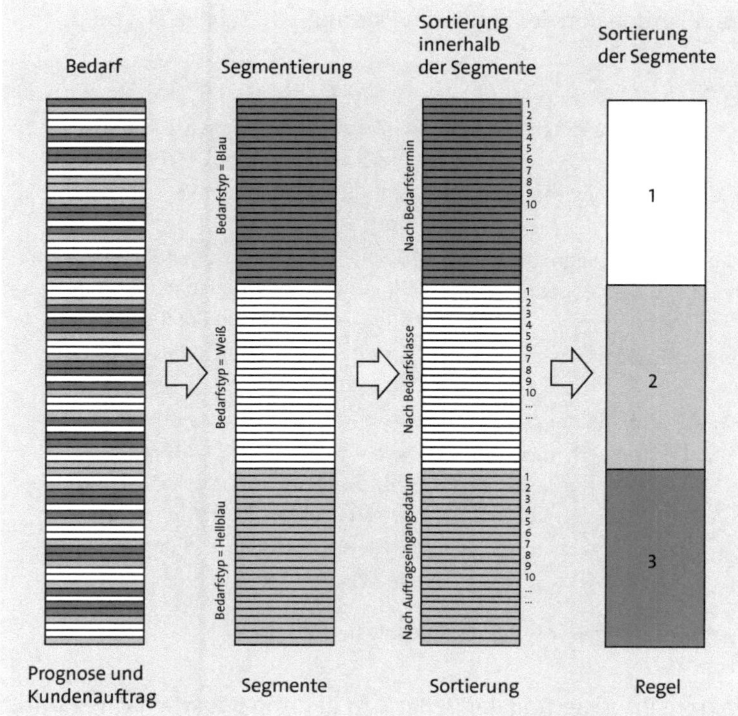

Abbildung 17.5 Bedarfspriorisierung anhand von Segmenten, Sortierung und Regeln

Zunächst werden die Prognosewerte und die Kundenaufträge abhängig vom Bedarfstyp segmentiert. Darauf folgt die Sortierung der Bedarfe innerhalb der vorher gebildeten Segmente nach verschiedenen Attributen, z. B. der Bedarfsklasse, dem Eintrittsdatum für Aufträge und dem geplanten Entnahmedatum. Zum Schluss werden die Segmente als Ganzes in einer bestimmten Reihenfolge angeordnet. Das Ergebnis sind drei verschiedene Prioritäten, die im Planungslauf berücksichtigt werden. Auf Priorität 1 stehen die Prognosewerte und Kundenaufträge, die nach ihren Bedarfsklassen vorsortiert wurden. Priorität 2 ergibt sich aus der Sortierung der Kundenaufträge nach ihrem Eintrittsdatum, und Priorität 3 beinhaltet wieder beide Bedarfselemente, sortiert nach ihrem geplanten Entnahmedatum. Diese Prioritäten bilden eine Regel.

Falls die Menge eines Zugangs zu gering ist, um die gesamte, identisch priorisierte Bedarfsmenge zu befriedigen, kann die begrenzte Zugangsmenge gleich auf die Bedarfe aufgeteilt werden. Somit teilt sich der Zugang bei einem Engpass gleichmäßig auf die Kunden auf. Die Umsetzung erfolgt dabei auf Basis von sogenannten *Gleichverteilungssätzen*, die auf der festgelegten Planungsebene im *Gleichverteilungssatzprofil* berechnet werden.

Die Prioritätsregeln können sowohl in den regulären als auch in simulierten Planungsläufen verwendet werden. Dabei unterscheidet sich die Vorgehensweise im Falle der simulierten Planung von der regulären Planung, wie Tabelle 17.2 zeigt.

Reguläre Planung	Planungslaufsimulation
1. Auswahl der Regel zur Priorisierung der Bedarfe 2. Anwendung der Regel auf den vorhandenen Bedarf 3. Abgleich der Bedarfe mit den Segmentbedingungen nach der vorgegebenen Reihenfolge in der Regel 4. Zuordnung der Bedarfe zu den passenden Segmenten 5. Sortierung der Bedarfe anhand der Attribute, die in der Regel festgelegt wurden	1. Identifizierung des passenden restriktionsbasierten Prognose-/Bestätigungsplanungslaufs und der verwendeten Priorisierungsregel 2. Abgleich des simulierten Bedarfs mit den Segmentbedingungen nach der vorgegebenen Reihenfolge in der Regel 3. Zuordnung der Bedarfe zu den passenden Segmenten 4. Sortierung der Bedarfe anhand der Attribute, die in der Regel festgelegt wurden 5. Ermittlung, ob der simulierte Bedarf in die vorgegebene Reihenfolge der schon existierenden Bedarfe in dem betreffenden Segment passt

Tabelle 17.2 Bedarfspriorisierung während der Planungsläufe

Sie können die konkrete Priorisierung der Bedarfe in der App **Bedarfe nach Priorität anzeigen** visualisieren (siehe Abbildung 17.6).

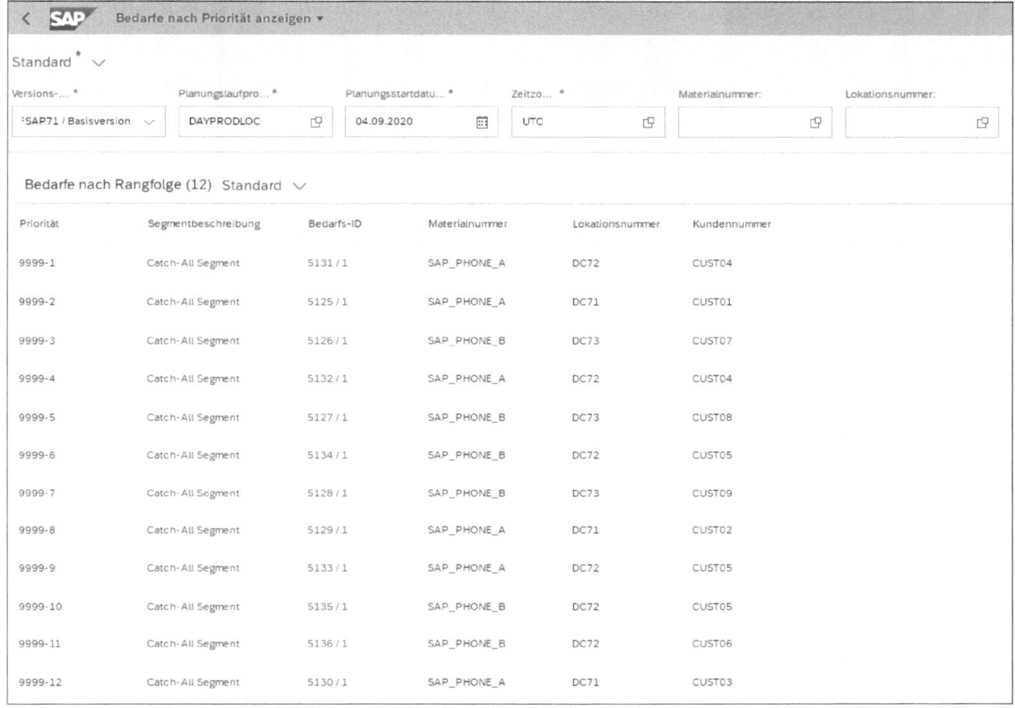

Priorität	Segmentbeschreibung	Bedarfs-ID	Materialnummer	Lokationsnummer	Kundennummer
9999-1	Catch-All Segment	5131 / 1	SAP_PHONE_A	DC72	CUST04
9999-2	Catch-All Segment	5125 / 1	SAP_PHONE_A	DC71	CUST01
9999-3	Catch-All Segment	5126 / 1	SAP_PHONE_B	DC73	CUST07
9999-4	Catch-All Segment	5132 / 1	SAP_PHONE_A	DC72	CUST04
9999-5	Catch-All Segment	5127 / 1	SAP_PHONE_B	DC73	CUST08
9999-6	Catch-All Segment	5134 / 1	SAP_PHONE_B	DC72	CUST05
9999-7	Catch-All Segment	5128 / 1	SAP_PHONE_B	DC73	CUST09
9999-8	Catch-All Segment	5129 / 1	SAP_PHONE_A	DC71	CUST02
9999-9	Catch-All Segment	5133 / 1	SAP_PHONE_A	DC72	CUST05
9999-10	Catch-All Segment	5135 / 1	SAP_PHONE_B	DC72	CUST05
9999-11	Catch-All Segment	5136 / 1	SAP_PHONE_B	DC72	CUST06
9999-12	Catch-All Segment	5130 / 1	SAP_PHONE_A	DC71	CUST03

Abbildung 17.6 App »Bedarfe nach Priorität anzeigen«

17.2.6 Pegging

In der auftragsbasierten Planung wird – vergleichbar mit dem Vorgehen in der kurzfristigen Planung in APO-PP/DS oder in ePP/DS – eine Verknüpfung von Bedarfen mit Zugangselementen vorgenommen. Diese Funktion wird als *Pegging* bezeichnet (siehe hierzu Abschnitt 20.2). Dabei stehen in der auftragsbasierten Planung zwei Pegging-Strategien zur Verfügung:

- Just-in-Time-Zugänge
- Stabile Zugänge

Durch die Berücksichtigung von Pegging werden die stufenübergreifenden Beziehungen hergestellt, über die die Materialverfügbarkeit sichergestellt werden kann.

17.3 Planungsläufe

Im Rahmen der auftragsbasierten Kapazitätsplanung sind die folgenden Planungsläufe verfügbar:

- Beschaffungs- und Kontingentierungsplanung (engl. *Supply and Allocation Planning*)
  - Restriktionsbasierter Prognoselauf mit der prioritätsbasierten Heuristik
  - Restriktionsbasierter Prognoselauf mit dem Optimierer
- Auftragsbestätigungsplanung (Response Planning)
- Deployment

Im Folgenden geben wir Ihnen zunächst einen Überblick über die grundlegende Funktionsweise der auftragsbasierten Planungsläufe, bevor wir auf Details dieser Funktionen eingehen.

17.3.1 Grundlegende Funktionsweise auftragsbasierter Planungsläufe

Auftragsbasierte Planungsläufe basieren auf zwei Grundbausteinen, und zwar auf der finiten ABP-Heuristik sowie auf dem ABP-Optimierer.

Finite ABP-Heuristik

Die finite ABP-Heuristik ermittelt unter Verwendung der vorgegebenen Bedarfspriorisierung einen auftragsbasierten Beschaffungsplan, dabei werden entsprechende Restriktionen wie Kapazitätsbeschränkungen berücksichtigt. Der Ablauf gestaltet sich wie folgt:

1. Die Heuristik versucht, alle übergebenen Bedarfe zu befriedigen. Dabei werden die Bedarfe gemäß ihrer Priorität absteigend abgearbeitet.
2. Es wird versucht, jeden Bedarf zu befriedigen, indem in der Lokation, in der der Bedarf auftritt, nach verfügbarem Bestand gesucht wird. Kann kein ausreichender Bestand identifiziert werden, legt das System auf Basis von Produktionsdatenstrukturen bzw. Transportbeziehungen Zugänge an.
3. Die Bezugsquellen werden gemäß Priorität ermittelt, je nach Art der Bezugsquelle erfolgen diese Schritte:
   - Produktionsdatenstrukturen: Anlage der Zugangselemente (Planaufträge) und Erzeugung der abhängigen Bedarfe
   - Umlagerungstransportbeziehungen: Anlage der Zugangselemente (Umlagerungsbestellanforderungen) in der Ziellokation und entsprechende Bedarfselemente in der Quelllokation
   - Beschaffungstransportbeziehung: Anlage der Zugangselemente (Bestellanforderungen)
4. Die Schritte 2 und 3 werden so lange wiederholt, bis alle abhängigen Bedarfe befriedigt sind. Falls keine vollständige Bedarfsdeckung zum geforderten Zeitpunkt

möglich ist, erfolgt eine verspätete Anlage. Falls dies nicht möglich ist, kann es dazu kommen, dass der Bedarf nicht vollständig gedeckt wird.

5. Die Schritte 2 bis 4 werden für alle weiteren Bedarfe gemäß den vorgegebenen Prioritäten durchgeführt.
6. Nach Befriedigung aller Bedarfe versucht der Algorithmus, den Beschaffungsplan zu modifizieren, um Sicherheitsbestandsmengen befriedigen zu können. Änderungen an der Bedarfsdeckung werden dabei jedoch nicht zugelassen.

Dieses Vorgehen wird als *Tiefensuche* (engl. In-Depth Search) bezeichnet, da anders als bei der Materialbedarfsplanung nicht Material für Material gemäß Dispositionsstufe abgearbeitet wird, sondern priorisierter Bedarf für priorisierter Bedarf, und dies mehrstufig (vergleiche hierzu die Vorgehensweise von Capable-To-Match, die wir in Kapitel 12, »Capable-to-Match (CTM) in SAP APO«, beschreiben). So wird sichergestellt, dass die hochpriorisierten Bedarfe mit hoher Wahrscheinlichkeit auch auf den untergeordneten Stufen ausreichend Kapazität vorfinden, um rechtzeitig gedeckt werden zu können. Dies bedeutet, dass mit dieser Vorgehensweise im Vergleich zur klassischen Sukzessivplanung mit einer zunächst erfolgenden Materialbedarfsplanung zur Auftragsanlage und einer anschließenden Feinplanung ein anderes Vorgehen gewählt wird.

Die finite ABP-Heuristik wird im restriktionsbasierten Prognoselauf mit der prioritätsbasierten Heuristik, in der Auftragsbestätigungsplanung (Response Planning) sowie im Deployment angewendet.

ABP-Optimierer

Bei Verwendung des ABP-Optimierers werden auf Tagesebene aggregierte Auftragsdaten herangezogen, um einen finiten Beschaffungsplan zu erzeugen. Dabei wird kostenoptimiert vorgegangen, d. h., der Planungslauf berücksichtigt die in den Planungslaufprofilen oder in den Kostenzeitreihen bzw. in einer Kombinationen aus beidem gepflegten Kosten. Ergebnis des Optimierungslauf ist dabei ein gesamtkostenoptimierter, machbarer Produktions-, Distributions- und Fremdbeschaffungsplan mit konkreten Aufträgen sowie die Verbindung der Aufträge zu Bedarfen (Pegging). Verwendet wird in diesem Zusammenhang die *gemischt-ganzzahlige lineare Programmierung* (Mixed-Integer Linear Programming, MILP).

Der ABP-Optimierer wählt aus den vorhandenen Bezugsquellen unter Berücksichtigung der Kapazität, der Materialverfügbarkeit sowie der definierten Kosten die gesamtkostenminimierte Lösung. Dabei kann es dazu kommen, dass Bedarfe nicht vollständig befriedigt werden, auch können Sicherheitsbestands-Constraints oder andere sogenannte weiche Constraints verletzt werden. Die weichen, also verletzbaren Constraints werden verletzt, wenn sie im Widerspruch zu einem harten, nicht verletzbaren Constraint wie beispielweise maximalen Losgrößen stehen.

17.3.2 Beschaffungs- und Kontingentierungsplanung

Input für die Beschaffungs- und Kontingentierungsplanung ist die Prognose, die als *Unconstrained Forecast* bezeichnet wird. Dies ist darin begründet, dass die Prognosemengen vor der Beschaffungs- und Kontingentierungsplanung noch keine Restriktionen (engl. Constraints) wie das Kapazitätsangebot berücksichtigen.

Berücksichtigung von Kundenbedarfen in den Planungsläufen

Kundenaufträge oder damit verbundene Vorplanungsverrechnungen werden in die Planungsläufe der Beschaffungs- und Kontingentierungsplanung nicht einbezogen.

Neben der Prognose werden auch fixierte Zugänge, d. h. Fertigungsaufträge und Bestellungen berücksichtigt. Abbildung 17.7 zeigt den Ablauf der Beschaffungs- und Bestätigungsplanung im Überblick.

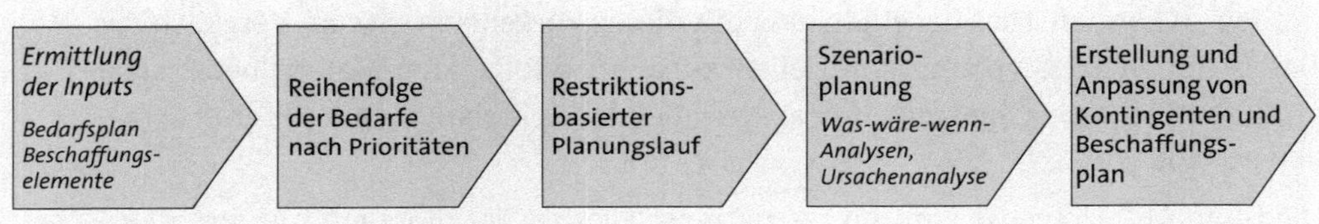

Abbildung 17.7 Ablauf der Beschaffungs- und Bestätigungsplanung

Zunächst erfolgt die Ermittlung der oben genannten Inputs, woraufhin die Bedarfspriorisierung vorgenommen wird. Dies wird dann durch den Planungslauf berücksichtigt, der entsprechende Restriktionen wie beispielsweise die Kapazitäten einbezieht. Daran kann sich eine Szenarioplanung anschließen, bei der Was-wäre-wenn- bzw. Ursachen-Analysen (*What-If-Analysis* resp. *Root-Cause-Analysis*) durchgeführt werden. Abschließend wird die Beschaffungsplanung final erstellt bzw. angepasst, das Ergebnis kann zur Kontingentierung verwendet werden.

Bedeutung des Begriffs Beschaffungsplan

Im englischen Sprachgebrauch wird das Ergebnis der Planungen im IBP-Modul Response & Supply als *Supply Plan* bezeichnet. Daran angelehnt finden sich im Deutschen Begrifflichkeiten wie *Nachschubplanung* oder *Beschaffungsplanung*. Damit ist jedoch auch die Planung der Produktion gemeint, d. h., diese Begriffe beziehen sich nicht allein auf die Fremdbeschaffung.

Im weiteren Verlauf dieses Kapitels stellen wir Ihnen die beiden Optionen vor, die in der auftragsbasierten Kapazitätsplanung des IBP-Systems für die Durchführung der Beschaffungs- und Bestätigungsplanung verwendet werden können.

Restriktionsbasierter Prognoselauf mit der prioritätsbasierten Heuristik

Der restriktionsbasierte Prognoselauf (*Constrained Forecast Run*) mit der prioritätsbasierten Heuristik ermöglicht es Ihnen, einen machbaren Beschaffungsplan zu erzeugen, d. h., hier werden die relevanten Restriktionen bei der Erstellung des Plans berücksichtigt. Dazu zählen die folgenden Constraints:

- Ressourcenkapazität
- Lieferantenmengen
- Kalender
- Bestand
- minimale und maximale Losgrößen bzw. Rundungswerte
- Start des Plans (Planungsstart)
- Maximalzugänge und -bedarfe
- Fixierungshorizonte

Dabei ist es möglich, die obigen Constraints mit Ausnahme des Kalenders zu deaktivieren, dies können Sie in der App **Planungslaufprofile** vornehmen. Deaktivierbare Constraints werden auch als *schaltbar* bezeichnet.

Wie bereits erwähnt, werden auch fixierte bzw. feste Zugänge wie fixierte Planaufträge, Fertigungsaufträge und (Umlagerungs-)Bestellungen berücksichtigt, und auch Bestand wird in die Planungen einbezogen.

Falls die Heuristik auf Basis der gegebenen Inputwerte eine Unterdeckung durch ein internes planerisches Zugangselement wie ein Planauftrag oder eine (Umlagerungs-) Bestellanforderung decken muss, werden gültige Bezugsquellen für Produktion, Fremdbeschaffung und Transport berücksichtigt. Dabei haben Sie die Möglichkeit, die Bezugsquellenauswahl zu beeinflussen, indem Sie eine Bezugsquellenpriorität und Gültigkeiten in den Bezugsquellen hinterlegen. Von Bedeutung für die Planung sind zusätzlich weitere Angaben aus der Bezugsquelleninformation, z. B. die Dauer der Beschaffung (Wiederbeschaffungszeiten) sowie der Kapazitätsbedarf pro Mengeneinheit.

Im Anschluss an den Heuristiklauf haben Sie die Möglichkeit, die Engpassfaktoren des machbaren Plans zu analysieren und über Anpassungskennzahlen Änderungen vorzunehmen.

Restriktionsbasierter Prognoselauf mit dem Optimierer

Der restriktionsbasierte Prognoselauf mit dem Optimierer verwendet die gleichen Inputs wie die prioritätsbasierte Heuristik der Beschaffungs- und Bestätigungsplanung, d. h. Prognosebedarfe, fixierte und feste Zugänge sowie Sicherheitsbestände.

Ergebnis ist auch hier eine restriktionsbasierte Prognose (*Constrained Forecast*). Wie in Abschnitt 17.3.1, »Grundlegende Funktionsweise auftragsbasierter Planungsläufe«, zum ABP-Optimierer beschrieben, wird anders vorgegangen als bei der prioritätsbasierten Heuristik: Der ABP-Optimierer erzeugt einen gesamtkostenoptimierten Produktions-, Distributions- und Beschaffungsplan auf Basis der gemischt-ganzzahligen linearen Programmierung. Die Berechnung erfolgt dabei auf Basis der folgenden Parameter:

- maximale Optimiererlaufzeit in Sekunden
- maximale Verspätung von Zugängen im Vergleich zu den jeweiligen Bedarfen
- Planungshorizont für die Optimiererplanung
- Losgrößenhorizont
- Kostenrate für Nichtbelieferung (pro Einheit)
- Kostenrate für verspätete Belieferung (pro Einheit und Verspätungstag)
- Lagerkostenrate (pro Einheit und Tag im Bestand)
- Kostenrate für die Verletzung des Bestandsziel
- Kostenrate für die Produktion (pro produzierter Einheit)
- fixe Produktionskosten
- Kostenrate für die Beschaffung (pro beschaffter Einheit)
- Kostenrate für den Transport (pro transportierter Einheit)

Der ABP-Optimierer arbeitet auf Tagesbasis, eine Gleichverteilung, wie wir sie im Rahmen der Bedarfspriorisierung beschrieben haben (Abschnitt 17.2.5), ist aktuell nicht möglich.

Generierung von Kontingenten

Auf Basis der Ergebnisse des restriktionsbasierten Prognoselaufs, der entweder mit der prioritätsbasierten Heuristik oder dem ABP-Optimierer ausgeführt wurde, können Sie Kontingentierungen generieren, da ein machbarer Plan vorliegt. Nachdem Sie die restriktionsbasierte Prognose (Constrained Forecast) geprüft und gegebenenfalls angepasst haben, können Sie über die Ausführung des Planungsoperators vom Typ Copy in die Kontingentierungskennzahl kopieren. Es ist dabei Voraussetzung, dass die Planungsebenen der restriktionsbasierten Prognose und der Kontingentierungskennzahl identisch sind. Im Nachgang zur Kopie können Sie Anpassungen in einer entsprechenden Kennzahl vornehmen und das Ergebnis an die Bestätigungsplanung übergeben.

17.3.3 Bestätigungsplanung

Die Bestätigungsplanung basiert, wie auch der restriktionsbasierte Prognoselauf mit der prioritätsbasierten Heuristik, auf der finiten ABP-Heuristik (siehe Abschnitt 17.3.1, »Grundlegende Funktionsweise auftragsbasierter Planungsläufe«), d. h., sie arbeitet prioritätsbasiert und erstellt einen finiten Beschaffungsplan. Die verwendete Heuristik weist im Vergleich zum restriktionsbasierten Prognoselauf mit der prioritätsbasierten Heuristik den entscheidenden Unterschied auf, dass sie Kundenaufträge berücksichtigt. Diese spezifische Ausprägung der finiten ABP-Heuristik wird als *Auftragsbestätigungsheuristik* bzw. als *Bestätigungslauf* bezeichnet. Der Ablauf der Bestätigungsplanung (siehe Abbildung 17.8) sieht demnach angepasste Inputs sowie die Verwendung der spezifischen Ausprägung der finiten ABP-Heuristik vor.

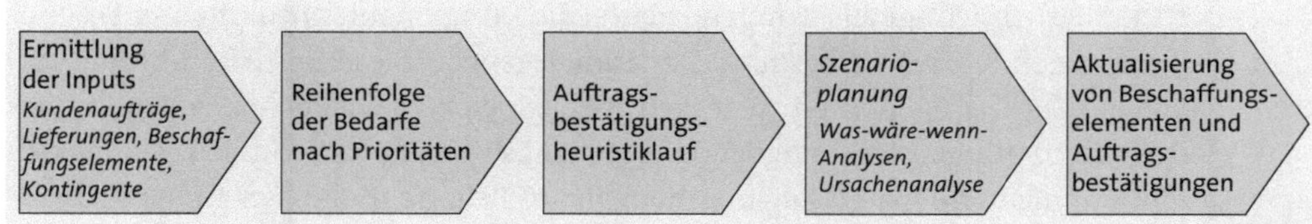

Abbildung 17.8 Ablauf der Bestätigungsplanung

Ein weiterer Unterschied besteht zusätzlich darin, dass auf Basis der zuvor erstellten Kontingente unter Berücksichtigung der bereits im Rahmen der Beschaffungs- und Kontingentierungsplanung genannten Restriktionen ein machbarer Plan erzeugt wird, der zu Kundenauftragsbestätigungsmengen führt.

[«]

Kontingente – schaltbarer Constraint für die Bestätigungsplanung

Im Rahmen der Beschaffungs- und Kontingentierungsplanung haben wir Ihnen bereits die Funktion der schaltbaren Constraints vorgestellt, die beim restriktionsbasierten Prognoselauf mit der prioritätsbasierten Heuristik deaktiviert werden können. In der Bestätigungsplanung können Sie zusätzlich die Kontingente deaktivieren.

Wie auch der restriktionsbasierte Prognoselauf mit der prioritätsbasierten Heuristik berücksichtigt die Auftragsbestätigungsheuristik fixierte und feste Zugänge und legt bei Bedarf Aufträge (Planaufträge, Bestellanforderungen und Umlagerungsbestellanforderungen) an.

Durch den Bestätigungslauf kann sich die Bedarfssituation aufgrund von Verschiebungen ändern. Die Gründe für die Änderungen können Sie in der Engpassanalyse im Rahmen der interaktiven Planung analysieren (siehe hierzu Kapitel 18, »Interaktive mittel- bis langfristige Kapazitätsplanung in SAP IBP«).

17.3.4 Deployment

Da ein Beschaffungsplan durch aktuelle Geschehnisse wie dem kurzfristigen Eintreffen von Kundenaufträgen oder zu spät eintreffenden Zugängen von Lieferanten niemals als abgeschlossen angesehen werden kann, besteht eine Schwierigkeit darin, zum richtigen Zeitpunkt mit der Ausführung des Beschaffungsplans zu beginnen. Mit dem Deployment können sie zentral verfügbare Zugänge des Beschaffungsplans auf die Lokationen verteilen, d. h. einen kurzfristigen Distributionsplan generieren.

Dabei können Sie auf die beiden oben beschrieben ABP-Algorithmen zurückgreifen, also sowohl die finite ABP-Heuristik als auch den ABP-Optimierer einsetzen. Über die Festlegung des Available-to-Deploy-Profils in der gleichnamigen App können Sie definieren, welche Auftragsarten zum Deployment zur Verfügung stehen sollen.

Der Lauf berücksichtigt alle Kundenbedarfe, die Komponentenbedarfe und Prognosen sowie den Sicherheitsbestand. Der Lauf versucht, diese Bedarfe mit den vorhandenen Zugangselementen zu decken, legt jedoch keine neuen Planaufträge oder Bestellanforderungen an. Lediglich Umlagerungsbestellanforderungen werden angelegt, um die verfügbaren Zugangsmengen auf Bedarfe in den Lokationen zu verteilen. Diese Umlagerungsbestellanforderungen, die nur zu Available-to-Deploy-Zugangselementen gepeggt sind, werden zu Deployment-Umlagerungsbestellanforderungen. Die Planungsergebnisse können an das ausführende ERP-System übergeben werden.

17.4 Fazit

In diesem Kapitel haben wir die Funktionen der auftragsbasierten Planung in SAP IBP überblicksartig dargestellt. Zu diesem Zweck sind wir zunächst auf die wichtigsten Basiseinstellungen eingegangen, bevor wir Ihnen in Abschnitt 17.3 die vorhandenen Planungsläufe vorgestellt haben. Dabei haben wir Ihnen die unterschiedlichen Ausprägungen der beiden grundlegenden Optionen, der finiten ABP-Heuristik sowie des ABP-Optimierers, gezeigt.

Sie kennen nun die automatisierten Planungsfunktionen der auftragsbasierten Planung in SAP IBP. Die interaktiven Planungsfunktionen der auftragsbasierten Planung finden Sie in Kapitel 18, »Interaktive mittel- bis langfristige Kapazitätsplanung in SAP IBP«.

Kapitel 18

Interaktive mittel- bis langfristige Kapazitätsplanung in SAP IBP

In der mittel- bis langfristigen Kapazitätsplanung bietet SAP Integrated Business Planning (SAP IBP) dem Planer verschiedene Benutzeroberflächen für die Planung. So können browserbasierte Ansätze genauso verfolgt wie eine Planung über ein Microsoft-Excel-Interface.

Interaktive mittel- bis langfristige Kapazitätsplanung in SAP IBP bietet auf unterschiedlichen Oberflächen (engl. *User Interfaces*) verschiedene Funktionen für Planer bzw. Administratoren des IBP-Systems. Wir werden Ihnen zunächst einen Überblick über die Microsoft-Excel-basierten browserbasierten Benutzeroberflächen geben, welche die Basis für die zeitreihenbasierte Planung im Allgemeinen bilden. Das heißt, hier weisen die Funktionalitäten der Kapazitätsplanung keine eigene Oberfläche im eigentlichen Sinne auf, es werden lediglich andere Attribute bzw. Kennzahlen angezeigt als in den Anwendungen des IBP-Systems, die nicht für Kapazitätsplanung vorgesehen sind.

Im Anschluss gehen wir auf die browserbasierten Benutzeroberflächen ein, die im Kontext von SAP IBP häufig als *Web UIs* bezeichnet werden. Sie sind zentral für die Konfiguration und administrative Verwaltung des SAP-IBP-Systems, bieten darüber hinaus jedoch auch Funktionen für die Planung. Dabei existieren eigene Funktionen für die zeitreihenbasierte und für die auftragsbasierte Planung.

Ebenfalls in den browserbasierten Vorgehensweisen verankert ist die Prozesskollaboration mit der in SAP IBP eingebetteten Komponente *SAP Jam*, die für einen Integrated-Business-Planning-Prozess zentral ist.

[«]

Prozesskollaboration im IBP-System mit SAP Jam

Die Funktionen zur Prozesskollaboration über SAP Jam können zwar auch im Bereich der Kapazitätsplanung verwendet werden, sind jedoch übergreifend einsetzbar und weisen im eigentlichen Sinne keine explizit für die Kapazitätsplanung ausgeprägten Funktionen auf. Aus diesem Grunde gehen wir in diesem Buch nicht weiter auf diese Funktionen ein. Für weitere Details empfehlen wir unser Buch *SAP Integrated Busi-*

ness Planning, das 2020 ebenfalls bei SAP PRESS erschienen ist (siehe unter *https://www.sap-press.de/4647*).

18.1 Microsoft Excel

Für viele Planungsschritte in SAP IBP wird Microsoft Excel mit einem entsprechenden IBP-Excel-Add-in als zentrale Benutzeroberfläche für User-Interaktion genutzt.

Excel und Excel-Add-in

Auch wenn die SAP-IBP-Planung in Microsoft Excel nur mittels eines IBP-Excel-Add-ins möglich ist, werden wir zur Vereinfachung im Folgenden von Excel als der Benutzeroberfläche sprechen, ohne es explizit als Add-in zu kennzeichnen. An den Stellen, an denen zwischen Microsoft Excel und dem Excel-Add-in für SAP IBP selbst unterschieden werden muss, werden wir das IBP-Excel-Add-in ausdrücklich (aber verkürzt) *Add-in* nennen.

Anders als SAP IBP wird Excel nicht cloudbasiert ausgeführt. Um es für die Planung mit SAP IBP nutzen zu können, muss das Add-in entweder auf dem PC des jeweiligen Planers installiert oder über eine Remote-Access-Umgebung wie Citrix bereitgestellt werden.

Mit jedem Release von SAP IBP wird in der Regel auch ein neues Excel-Add-in vorgestellt. Die jeweiligen Neuerungen der Releases, die auch die Excel-Benutzeroberfläche betreffen, können naturgemäß nur mit dem passenden Release des Add-ins genutzt werden. Im Allgemeinen sind die jeweils neuesten SAP-IBP-Releases abwärtskompatibel bis zu einem bestimmten, in SAP-Hinweis 2394311 genannten Release des Add-ins.

Version des Add-ins

Es ist nicht zwingend notwendig, jeweils zur aktuellsten Version des Add-ins zu wechseln. Dennoch wird es seitens SAP als Best Practice angesehen, die neueste Version des Add-ins einzusetzen.

Die folgenden Voraussetzungen müssen erfüllt sein, um mit dem Add-in arbeiten zu können:

- Die Anwendungsbenutzer müssen das Add-in installiert haben oder über eine Remote-Access-Umgebung wie Citrix darauf zugreifen können.

- Es muss ein Internetzugang vorliegen.
- Es muss ein gültiger Anwendungsbenutzer im IBP-System vorliegen.
- Es müssen entsprechende Berechtigungen bzgl. der Anzeige bzw. der Verwendung der Daten vorliegen.
- Das SAP-IBP-Backend-System muss lauffähig sein.
- Der Planungsbereich muss aktiv sein.

Nachdem wir Ihnen einleitend die Grundlagen zur Verwendung von Excel zur Planung in SAP IBP erläutert haben, gehen wir nun auf die Details zur Installation ein.

18.1.1 Download und Installation des Add-ins

Sie können das jeweils passende Add-in mithilfe der App **Excel-Add-in herunterladen** aus dem SAP Fiori Launchpad herunterladen (Abbildung 18.1. Alternativ laden Sie das Add-in mit einem entsprechenden User im Software Center des SAP Support Portals herunter.

18

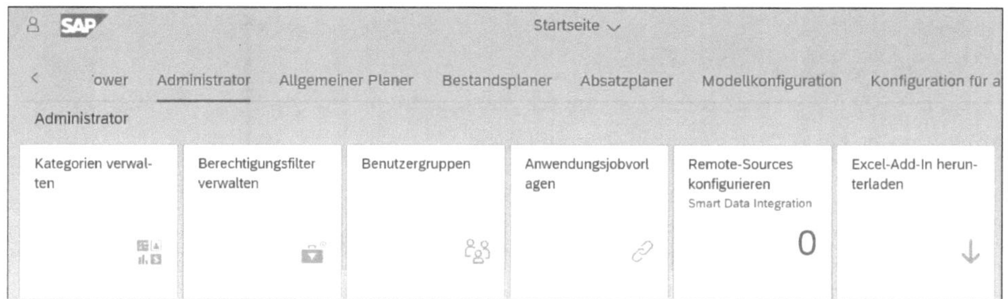

Abbildung 18.1 Download des Excel-Add-ins

Im Anschluss müssen Sie das Add-in in Excel installieren, indem Sie die Downloaddatei ausführen. Nach der Installation steht Ihnen in Excel eine zusätzliche IBP-Registerkarte im Excel-Menüband zur Verfügung (siehe Abbildung 18.2).

Abbildung 18.2 IBP-Registerkarte nach der Installation des Add-ins

> **Installation des Add-ins**
>
> Entsprechende Informationen zur zentralen Installation des Add-ins finden Sie in den SAP-Hinweisen 2135948, 2114654 und 2092187.

18.1.2 Über Excel in SAP IBP anmelden

Um sich über das Excel-User-Interface am IBP-System anzumelden, betätigen Sie die Schaltfläche **Anmelden** in der Gruppe **Verbindung** der IBP-Registerkarte (siehe Abbildung 18.2). Es öffnet sich ein Dialogfenster, in dem Sie die Verbindung angeben, mit der Sie sich auf das jeweilige IBP-System einwählen wollen. Diese besteht aus der URL des Systems sowie einem beschreibenden Namen, der es Ihnen ermöglicht, eine spezifische Verbindung aus einer Liste mehrerer Verbindungen wiederzufinden. Abbildung 18.3 zeigt das geöffnete Dialogfenster **Anmeldung**.

Abbildung 18.3 Das Dialogfenster »Anmeldung«

Falls Sie noch keine Verbindung angelegt haben, klicken Sie auf die Schaltfläche **...**, und öffnen Sie so das Dialogfenster **Verbindungsmanager**. Hierin werden Ihnen die existierenden Verbindungen angezeigt (siehe Abbildung 18.4).

Abbildung 18.4 Verbindungsmanager

Über die Schaltfläche **Erstellen** gelangen Sie in einen Dialog, in dem Sie die Verbindungsdaten angeben (Abbildung 18.5). Sie müssen zunächst einen Namen für die Verbindung wählen und dann die URL des IBP-Systems angeben. Nachdem dies erfolgt ist, ermitteln Sie die Planungsbereiche des Systems, hierfür ist die Schaltfläche **Planungsbereiche suchen** zu nutzen.

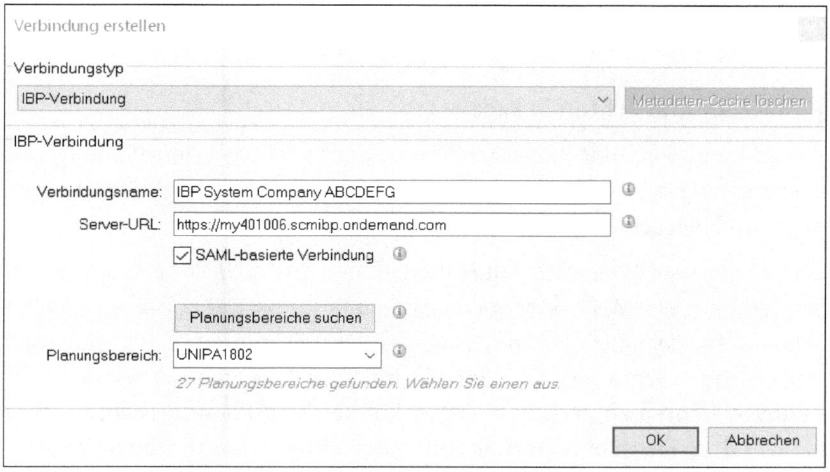

Verbindung erstellen
Verbindungstyp
IBP-Verbindung
Metadaten-Cache löschen
IBP-Verbindung
Verbindungsname: IBP System Company ABCDEFG
Server-URL: https://my401006.scmibp.ondemand.com
SAML-basierte Verbindung
Planungsbereiche suchen
Planungsbereich: UNIPA1802
27 Planungsbereiche gefunden. Wählen Sie einen aus.
OK
Abbrechen

Abbildung 18.5 Eine Verbindung erstellen

18

In der Regel fordert das System Sie in einem separaten Fenster auf, die Anmeldedaten einzugeben, es sei denn, Sie sind bereits angemeldet. Im Anschluss an den Suchprozess steht Ihnen dann im Dropdown-Menü des Planungsbereichs eine Liste der Planungsbereiche zur Verfügung, die im angegebenen SAP-IBP-System vorhanden sind. Wählen Sie den Planungsbereich aus, in dem Sie arbeiten wollen, da das Arbeiten im Excel-Interface immer an einen Planungsbereich gebunden ist.

Arbeiten in mehreren Planungsbereichen

Sie können auch in mehreren Planungsbereichen Tätigkeiten verrichten, müssen hierfür jedoch separate Verbindungen anlegen und sich getrennt anmelden.

Nachdem Sie die Einstellungen vorgenommen haben, gelangen Sie durch einen Klick auf die Schaltfläche **OK** zurück in den Verbindungsmanager. Im Verbindungsmanager (Abbildung 18.4) können Sie dann die angelegte Verbindung auswählen und auf die Schaltfläche **OK** klicken, wodurch Sie zurück zum Dialogfenster **Anmeldung** gelangen (Abbildung 18.3). Hier wird nun die ausgewählte Verbindung angezeigt. Nachdem Sie auf die Drucktaste **Anmelden** geklickt haben, werden Sie am IBP-System angemeldet, und viele zuvor ausgeblendete Schaltflächen der IBP-Registerkarte sind nun verwendbar bzw. es werden zusätzliche eingeblendet. Sie können nun mit dem Anlegen einer Planungssicht beginnen.

Festlegung einer Verbindung als Standard

Sie können im Verbindungsmanager auch eine der Verbindungen als Standard festlegen, sodass diese bei Aufruf des Dialogfensters **Anmeldung** vorausgewählt ist.

18.1.3 SAP-IBP-Planungssichten in Excel

Planungssichten (engl. *Planning Views*) stellen in der Excel-basierten Planung mit SAP IBP die grundlegenden Sichten dar, mit denen zeitreihenbasierte Daten angezeigt, verändert und gelöscht werden können.

Sie sind damit in gewisser Weise das Äquivalent zu den SAP-GUI-Transaktionen der ERP-Systeme ECC bzw. S/4HANA oder auch des APO-Systems. Dabei weisen sie eine sehr hohe Flexibilität bezüglich der individuellen Gestaltung auf, d. h., mit ihnen können die vielfältigen Optionen von Excel samt VBA-Code genutzt werden, um maßgeschneiderte Sichten zu erzeugen. Daher können sich Planungssichten stark unterscheiden; anders als bei den Transaktionen der anderen genannten SAP-Systeme gibt es hier weniger von SAP ausgelieferten Standard. Die in diesem Buch gezeigten Planungssichten stellen lediglich Beispiele dar und können von denen in Ihrem IBP-System abweichen.

Die Planungssichten in SAP IBP enthalten immer ein oder mehrere Arbeitsblätter, in denen in einem bestimmten Teil Daten aus der IBP-Datenbank dargestellt werden. Es ist jedoch auch möglich, spezifische Funktionen von Excel allgemein oder des Add-ins im Speziellen zu nutzen, um die direkt mit der IBP-Datenbank synchronisierten Daten erweitert auszuwerten bzw. die Planung mit zusätzlichen Informationen anzureichern.

Excel-Funktionen, die zur Anreicherung genutzt werden können, sind beispielsweise das vielfältige Formelwerk, das die Microsoft-Excel-Software zur Verfügung stellt. Ebenso kann VBA-Code genutzt werden. Wir werden auf diese Standardfunktionen von Excel in diesem Buch aber nur am Rande eingehen, wenn es für das Verständnis der Möglichkeiten in SAP IBP sinnvoll ist. Einen vollständigen Überblick können wir im Rahmen dieses auf SAP IBP fokussierten Buches nicht geben; wir empfehlen Ihnen hier zusätzliche Quellen beispielsweise des Rheinwerk Verlags, von Vierfarben oder anderen Fachverlagen.

Neben der Möglichkeit, Daten aus der IBP-Datenbank direkt in Excel anzuzeigen und zu verändern, bietet das Add-in auch spezielle Formatierungsoptionen. Die zugehörigen Funktionen werden als *EPM-Funktionen* (EPM = Enterprise Performance Management), engl. *EPM-Formatting*, bezeichnet. Abbildung 18.6 zeigt beispielhaft eine Planungssicht in Excel.

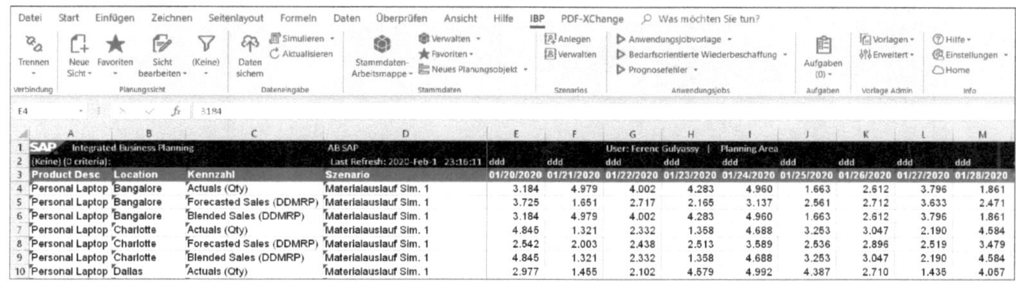

	A	B	C	D	E	F	G	H	I	J	K	L	M
1	SAP Integrated Business Planning			AB SAP			User: Ferenc Gulyassy |	Planning Area					
2	(Keine) (0 criteria):			Last Refresh: 2020-Feb-1 23:16:11	ddd	ddd	ddd	ddd	ddd	ddd	ddd	ddd	ddd
3	Product Desc	Location	Kennzahl	Szenario	01/20/2020	01/21/2020	01/22/2020	01/23/2020	01/24/2020	01/25/2020	01/26/2020	01/27/2020	01/28/2020
4	Personal Laptop	Bangalore	Actuals (Qty)	Materialauslauf Sim. 1	3.184	4.979	4.002	4.283	4.960	1.663	2.612	3.796	1.861
5	Personal Laptop	Bangalore	Forecasted Sales (DDMRP)	Materialauslauf Sim. 1	3.725	1.651	2.717	2.165	3.137	2.561	2.712	3.633	2.471
6	Personal Laptop	Bangalore	Blended Sales (DDMRP)	Materialauslauf Sim. 1	3.184	4.979	4.002	4.283	4.960	1.663	2.612	3.796	1.861
7	Personal Laptop	Charlotte	Actuals (Qty)	Materialauslauf Sim. 1	4.845	1.321	2.332	1.358	4.688	3.253	3.047	2.190	4.584
8	Personal Laptop	Charlotte	Forecasted Sales (DDMRP)	Materialauslauf Sim. 1	2.542	2.003	2.438	2.513	3.589	2.536	2.896	2.519	3.479
9	Personal Laptop	Charlotte	Blended Sales (DDMRP)	Materialauslauf Sim. 1	4.845	1.321	2.332	1.358	4.688	3.253	3.047	2.190	4.584
10	Personal Laptop	Dallas	Actuals (Qty)	Materialauslauf Sim. 1	2.977	1.455	2.102	4.579	4.992	4.387	2.710	1.435	4.057

Abbildung 18.6 Beispiel einer Planungssicht in Excel

EPM-Formatting-Optionen

Die EPM-Funktionen sind sehr umfangreich und teilweise sehr speziell, sie sind vor allem für die detaillierte Ausgestaltung einer Planungssicht bzgl. für spezifische Anforderungen relevant und daher weder für das allgemeine Verständnis noch für die konkrete Nutzung des Excel-Interfaces essenziell. Eine ausführliche Darstellung aller bereitgestellten Formatierungsfunktionen würde den Rahmen dieser Publikation sprengen, daher werden wir darauf nur am Rande eingehen.

18.1.4 Mit Planungssichten arbeiten

Es gibt vier Optionen, wie Sie in Microsoft Excel eine neue Planungssicht anlegen bzw. bestehende Planungssichten öffnen können:

- Öffnen einer bestehenden Vorlage (engl. *Template*)
- Öffnen eines bestehenden Favoriten (engl. *Favorite*)
- Kopieren einer bestehenden Planungssicht
- Anlegen einer neuen, blanken Planungssicht (engl. *Plain Planning View*)

Wir werden Ihnen diese Optionen nun näher erläutern und dabei auch darauf eingehen, wie Sie diese Funktionen verwenden können.

Arbeiten mit Vorlagen

Die Möglichkeit des Öffnens einer bestehenden Vorlage erreichen Sie über die Schaltfläche **Neue Sicht** auf der IBP-Registerkarte. Abbildung 18.7 zeigt die Menüeinträge der Schaltfläche **Neue Sicht**. Um eine bestehende Vorlage zu öffnen, wählen Sie die Option **Aus Vorlage ...** aus.

Abbildung 18.7 Anlegen einer neuen Planungssicht mit der Schaltfläche »Neue Sicht«

Es öffnet sich ein Fenster, in dem verschiedene Einstellungen vorgenommen werden können, auf die wir im Laufe dieses Kapitels noch genauer eingehen werden. Für den hier beschriebenen Schritt klicken Sie links oben das Auswahlmenü **Vorlage** an, um die bestehenden Vorlagen zu sehen (Abbildung 18.8).

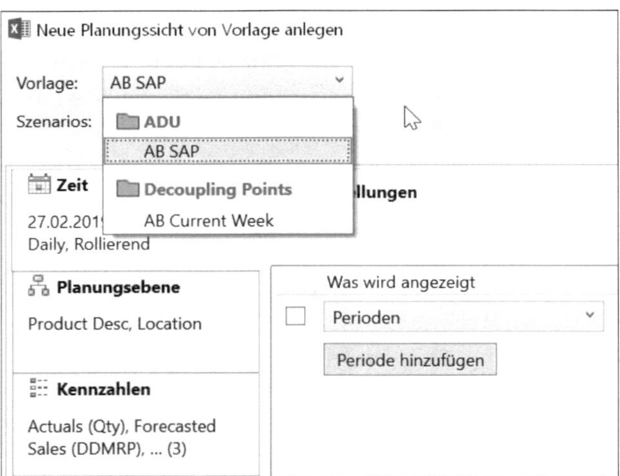

Abbildung 18.8 Neue Planungssicht aus einer Vorlage anlegen

Nach Auswahl einer Vorlage können Sie in dem neu geöffneten Fenster weitere Detaileinstellungen vornehmen. Da diese jedoch nicht nur bei der Verwendung von Vorlagen relevant sind, werden wir sie Ihnen in Abschnitt 18.1.5, »Bestandteile einer Planungssicht«, genauer erläutern.

Um die ausgewählte Vorlage in eine Planungssicht zu überführen, bestätigen Sie Ihre Eingaben mit der Drucktaste **OK**. Daraufhin wird die Planungssicht geladen und eine Verbindung mit der Datenbank hergestellt.

Um für das Anlegen einer neuen Planungssicht eine Vorlage nutzen zu können, muss naturgemäß überhaupt erst einmal eine Vorlage vorhanden sein. Sie kann entweder zentral bereitgestellt oder durch den Anwendungsbenutzer angelegt werden.

Um selbst eine Vorlage zu erstellen, klicken Sie auf der IBP-Registerkarte auf die Schaltfläche **Vorlagen**. Die Menüoptionen ermöglichen es, vorhandene Vorlagen aufzurufen, eine Vorlage hinzuzufügen, bestehende Vorlagen nach einer Änderung der Einstellungen zu aktualisieren, bestehende Vorlagen zu löschen oder über **Organisieren** eine Ordnerstruktur für die Vorlagen anzulegen bzw. zu bearbeiten (Abbildung 18.9).

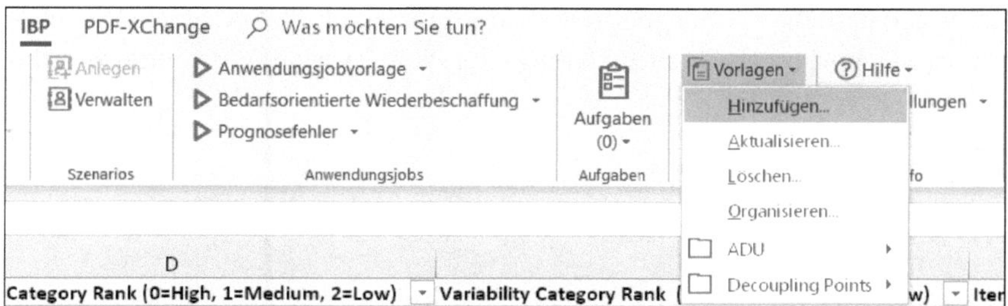

Abbildung 18.9 Verwalten von Vorlagen über die Schaltfläche »Vorlagen« auf der IBP-Registerkarte

Umgang mit Daten

Aus Sicherheits- und Datenschutzgründen wird eine Vorlage immer ohne Daten gespeichert.

Arbeiten mit Favoriten

Im Gegensatz zu einer Vorlage, die in der Regel zentral von einem Administrator bereitgestellt wird, sind Favoriten (engl. *Favorites*) benutzerindividuell, auch wenn es ebenfalls die Möglichkeit gibt, sie mit anderen Benutzern zu teilen. Das passiert jedoch nicht über eine zentrale Nutzerverwaltung, wie es bei Vorlagen der Fall ist, sondern ist eine Aktion, die ein Anwendungsbenutzer separat ausführen kann.

Favoriten werden getrennt von den Vorlagen verwaltet, d. h., man kann sie zwar aus einer Vorlage generieren, sie werden jedoch separat abgelegt und es erfolgt keine Aktualisierung, wenn die Ursprungsvorlage, aus der der Favorit entstanden ist, angepasst wird. Man spricht deshalb auch davon, dass sie einen von Vorlagen getrennten Lebenszyklus haben.

Um einen Favoriten anzulegen, klicken Sie auf der IBP-Registerkarte auf die Schaltfläche **Favoriten**. Sie befindet sich ebenfalls in der Gruppe **Planungssicht**, in der auch die schon angesprochenen Funktionen zum Anlegen einer Planungssicht zu finden sind (siehe Abbildung 18.10). Nach Betätigung der Schaltfläche öffnet sich ein Dropdown-Menü mit den folgenden Optionen:

- Hinzufügen
- Aktualisieren
- Löschen
- Freigeben
- Verwalten

Beim Hinzufügen wird die aktuell geöffnete Planungssicht als Favorit abgelegt, unabhängig davon, welche der Optionen zur Anlage der Planungssicht verwendet worden sind.

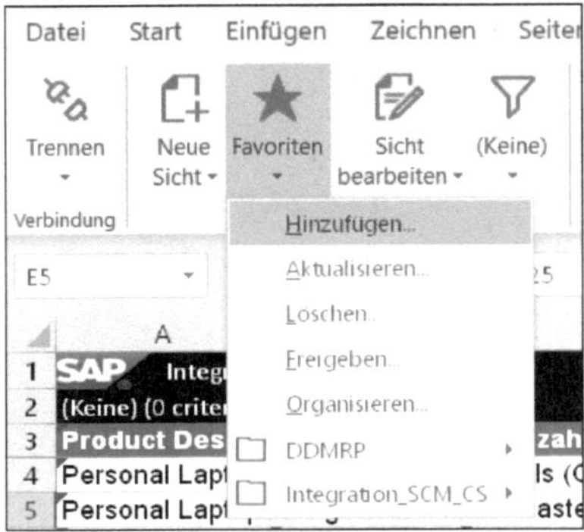

Abbildung 18.10 Hinzufügen eines Favoriten im Excel-Interface

Die **Aktualisieren**-Funktion ermöglicht es, für eine bereits als Favorit abgelegte Planungssicht Änderungen auch in diesen Favoriten zu übernehmen.

Sofern es sich um einen selbst angelegten Favoriten handelt, besteht die Möglichkeit, ihn zu löschen. Wenn Ihnen als Anwendungsbenutzer ein Favorit durch einen anderen Benutzer freigegeben wurde, können Sie ihn nicht löschen, aber unter **Verwalten** die Option **Opt Out** wählen, um die Freigabe Ihrerseits zu beenden. Ferner können Sie unter **Verwalten** auch eigene Ordner anlegen, um Ihre Favoriten zu organisieren.

Favoriten im Excel-Interface

Neben den hier dargestellten Favoriten für eigene Planungssichten besteht auch die Möglichkeit, einen Favoriten für eine *Stammdaten-Arbeitsmappe* (engl. *Master Data Workbook*) anzulegen. Auf diese Option gehen wir in Abschnitt 18.1.8, »Stammdatenfunktionen des Excel-Interfaces«, separat ein.

Bitte beachten Sie, dass Sie für die Bearbeitungsfunktionen der Favoriten in Bezug auf Planungssichten die Schaltfläche **Favoriten** in der Gruppe **Planungssicht** der IBP-Registerkarte verwenden müssen, wohingegen die gleichnamige Schaltfläche **Favoriten** in der Gruppe **Stammdaten** die Optionen für Stammdaten-Arbeitsmappen bereithält.

Planungssichten kopieren oder selbst erstellen

Wenn Sie bereits eine Planungssicht geöffnet haben, können Sie über die Option **Kopieren** mit der Schaltfläche **Neue Sicht** in der Gruppe **Planungssicht** in der IBP-Registerkarte eine neue Planungssicht mit den gleichen Eigenschaften anlegen, die wiederum auch als Favorit abgespeichert werden kann.

Sie können eine Planungssicht aber auch von Grund auf selbst anlegen. Dazu öffnen Sie ein leeres Arbeitsblatt in Excel, betätigen die Schaltfläche **Neue Sicht** und wählen im zugehörigen Menü die Option **Ohne Vorlage auf aktuellem Arbeitsblatt** aus (siehe dazu Abbildung 18.7). Anders als bei Favoriten, Vorlagen oder Kopien können die grundlegenden Einstellungen einer Planungssicht nun nicht übernommen werden, sondern müssen Schritt für Schritt vorgegeben werden.

Um ein Verständnis dafür aufzubauen, um welche Einstellungen es sich handelt, stellen wir Ihnen im nächsten Abschnitt die einzelnen Bestandteile einer Planungssicht vor. Diese sind naturgegeben nicht nur bei selbst erstellten Planungssichten relevant, sondern analog auch bei Vorlagen, Favoriten oder Kopien gültig.

18.1.5 Bestandteile einer Planungssicht

Unabhängig davon, wie Sie eine Planungssicht angelegt haben, können generell die folgenden Bestandteile enthalten sein:

- Kopfdaten
- Zeiteinstellungen
- Planungsebenen
- Kennzahlen
- Layout
- Filter
- Alerts

Die konkret vom SAP-IBP-System angebotenen Optionen hängen dabei von der Konfiguration ab, beispielsweise können einzelne der genannten Bereiche aufgrund von bestimmten Vorgaben fehlen.

Mit Ausnahme der Layouts und Alerts handelt es sich bei den oben genannten Punkten um Pflichteinstellungen, ohne deren Festlegung keine Planungssicht genutzt werden kann. Filter können per globaler Konfiguration zu einer Pflichteinstellung erklärt werden; ist dies nicht der Fall, handelt es sich bei Filtern um eine optionale Einstellung.

Die Bestandteile der Planungssicht können Sie in einem eigenen Dialogfenster festlegen (siehe Abbildung 18.11). Es öffnet sich entweder automatisch beim Anlegen der Planungssicht mittels einer der beschriebenen Optionen der Schaltfläche **Neue Sicht** in der Gruppe **Planungssicht** der IBP-Registerkarte im Excel-Interface oder Sie können es mit einem Klick auf die Schaltfläche **Sicht bearbeiten** in derselben Gruppe aus einer bereits geöffneten Planungssicht heraus öffnen. Je nach Art des Aufrufs unterscheidet sich die Fensterüberschrift gegebenenfalls, die angebotenen Optionen sind jedoch die gleichen.

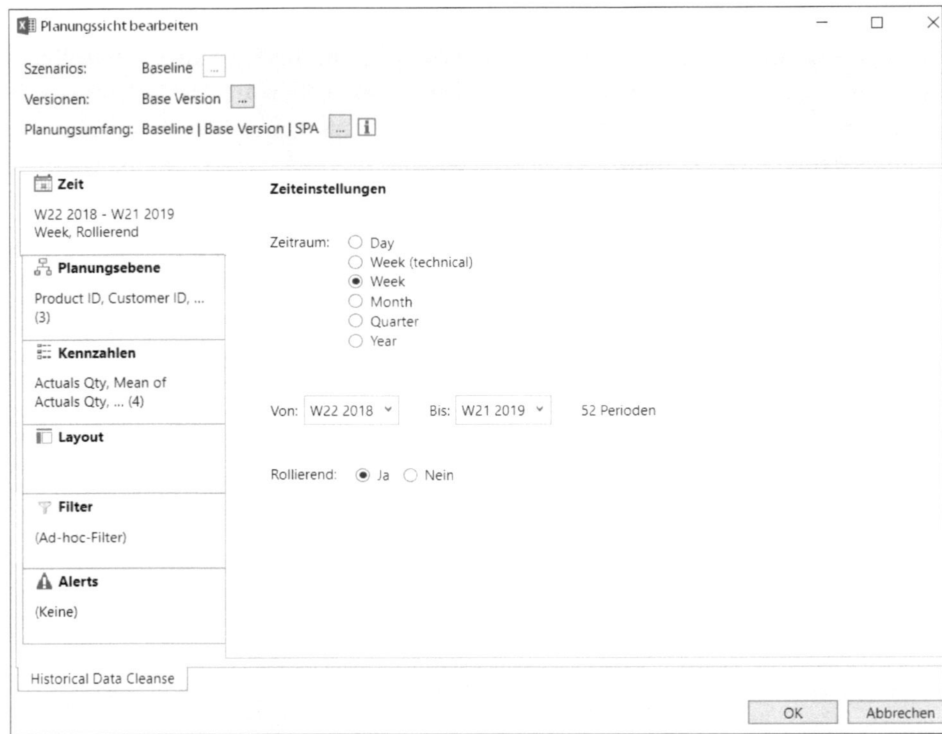

Abbildung 18.11 Das Dialogfenster »Planungssicht bearbeiten« zur Festlegung der Bestandteile einer Planungssicht

Simulationsumgebungen einer Planungssicht

Zu den Kopfdaten einer Planungssicht gehört die Festlegung der folgenden drei Bereiche:

- Versionen (engl. *Versions*)
- Szenarios (engl. *Scenarios*)
- Planungsumfang (engl. *Planning Scope*)

Versionen und Szenarios werden in SAP IBP genutzt, um Simulationen durchzuführen. Sie müssen für eine Planungssicht festlegen, in welcher Umgebung diese angesiedelt sein soll, d. h. aus welcher Kombination aus Szenario und Version Daten angezeigt werden sollen.

Eine *Version* ist eine eigene Planungsumgebung in Bezug auf die enthaltenen Daten. Dies bezieht sich häufig auf versionsspezifische Stamm- und Bewegungsdaten, nicht selten halten Unternehmen mehrere Versionen vor. Sie werden in der Konfiguration durch den Administrator festgelegt. Plakative Beispiele für verschiedenen Versionen in Unternehmen sind *Worst Case*, *Real Case* bzw. *Base Version* und *Best Case*. Mit diesen Versionen kann im Unternehmen neben der Realität (Real Case) auch geplant werden, was passiert, wenn ein vergleichsweise negativer Geschäftsverlauf (Worst Case) bzw. eine äußerst positive Entwicklung (Best Case) eintritt. Beispielsweise kann dann mithilfe der Best-Case-Version eingeschätzt werden, ob die vorhandenen Kapazitäten immer noch zur Befriedigung der Nachfrage ausreichen würden.

Planungsobjekte

Bei Planungsobjekten handelt sich um die Objekte, auf deren Basis die Planung in SAP IBP durchgeführt wird. Sie sind definiert als:

- Kombination von Stammdatenmerkmalen
- Kombination von Attributwerten mit Zeitdimension

Details zu Planungsobjekten finden Sie in Abschnitt 18.1.8, »Stammdatenfunktionen des Excel-Interfaces«.

Über die Schaltfläche **Verwalten** in der Gruppe **Versionen** der IBP-Registerkarte im Excel-Interface lässt sich eine vorhandene Version in eine vorab durch den Administrator angelegte Version kopieren oder löschen (Abbildung 18.12). Über die Schaltfläche **Einplanen** können Sie eine Versionskopie auch in einem periodischen Hintergrundjob einplanen, dabei lassen sich diverse Filter für Planungsobjekte oder Kennzahlen nutzen. Die Schaltfläche **Status** erlaubt einen entsprechenden Blick auf die eingeplanten Jobs.

Bei einem *Szenario* handelt es sich um eine benutzerspezifische »alternative Realität« (engl. *Alternative Reality*) zu einem Plan, z. B. zum Real Case. Szenarios werden vom Anwendungsbenutzer direkt im Excel-Interface mit der Schaltfläche **Anlegen** in der Gruppe **Szenarios** angelegt und beziehen sich auf eine Version. Bei Szenarios handelt es sich demnach um Unterobjekte einer Version.

Abbildung 18.13 zeigt beispielhaft das Dialogfenster beim Anlegen eines Szenarios. In diesem Pflegedialog ist auch die Freigabe des Szenarios für andere Benutzer oder Benutzergruppen möglich.

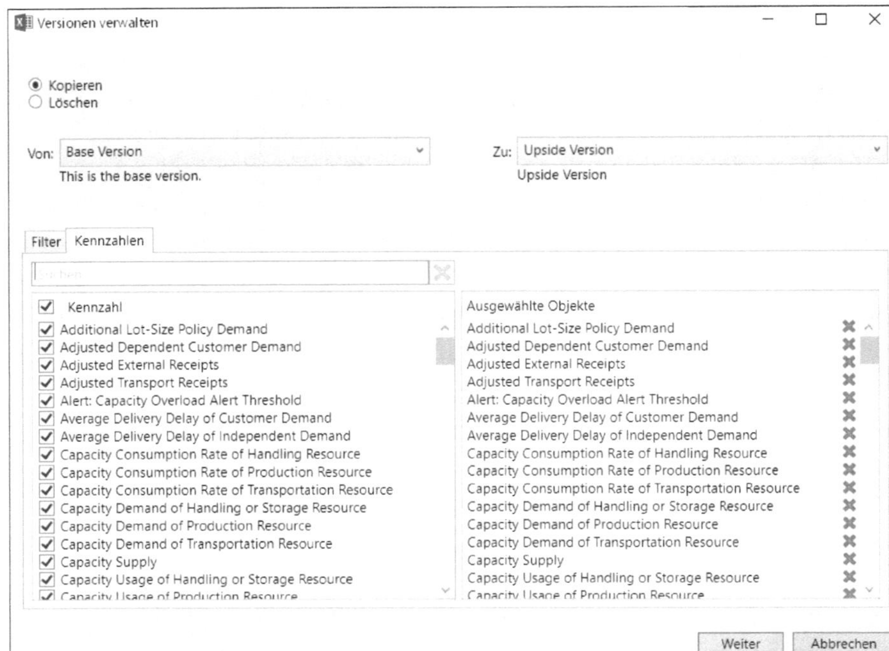

Abbildung 18.12 Versionen aus dem Excel-Interface heraus verwalten

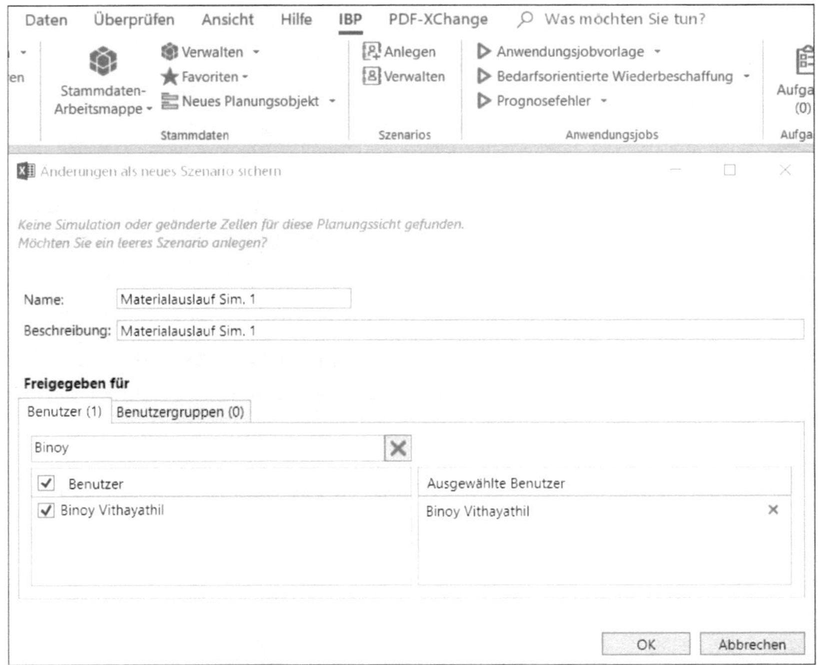

Abbildung 18.13 Anlegen eines Szenarios im Excel-Interface

Über die Schaltfläche **Verwalten** in der Gruppe **Szenarios** der IBP-Registerkarte können Sie ein existierendes Szenario hochstufen, es also in das *Baseline-Szenario* übernehmen. Hier besteht ebenfalls die Möglichkeit des Zurücksetzens, des Löschens und des Duplizierens.

Baseline-Szenario

Auch wenn Sie noch keine Daten zu Simulationszwecken geändert und damit kein explizites Simulationsszenario erzeugt haben, arbeiten Sie technisch gesehen in einem Szenario. Dieses unveränderte Set an Bewegungsdaten wird als *Baseline* bzw. *Baseline-Szenario* bezeichnet.

Anders als eine Version, bei der das komplette Set an Daten separat vorgehalten wird, ist das Szenario nur mit der Speicherung einiger weniger abweichender Bewegungsdaten verbunden; die Stammdaten sowie die restlichen Bewegungsdaten werden der zugrunde liegenden Version entnommen. Wenn diese Daten sich dort ändern, erfolgt die Änderung auch im verbundenen Szenario.

Mit dem *Planungsumfang* legen Sie schließlich fest, welche *Planungsobjekte* (engl. *Planning Objects*) von bestimmten Planungsschritten betroffen sein können. Um diese Funktion nutzen zu können, müssen in der Konfiguration sogenannte *Subnetworks* für den Planungsbereich aktiviert worden sein, und zusätzlich müssen die jeweiligen Planungsobjekte stammdatenseitig entsprechend Subnetworks zugeordnet sein. Bei einem Subnetwork handelt es sich um einen abgegrenzten Bereich der Supply Chain, für den ein Planer verantwortlich zeichnet.

Subnetworks/Planungsumfänge

Die Abgrenzung der Subnetworks kann beispielsweise anhand von regionalen Kriterien erfolgen, d. h., Produkte eines bestimmten Werkes oder mehrerer Werke einer Region bilden ein Subnetwork. Es ist aber auch möglich, bestimmte Produktgruppen zu einem Subnetwork zusammenzufassen und so einen abgegrenzten Bereich der Supply Chain zu bilden, der einem Planer zugeordnet ist und bei Planungsläufen gemeinsam betrachtet werden soll.

In der Planungssicht muss nun also in den Kopfdaten festgelegt werden, welche Versionen und Szenarios angezeigt werden sollen. Dabei ist es auch möglich, zu Vergleichszwecken mehrere Planungsumgebungen gleichzeitig in einer Planungssicht darzustellen. Mit dem Planungsumfang wird festgelegt, auf welche Planungsobjekte sich bestimmte, aus dem Excel-Interface ausgeführte Planungsaktionen beziehen sollen.

Im Dialogfenster **Planungssicht bearbeiten** können Sie über die Schaltfläche **i** in der Zeile **Planungsumfang** des Kopfbereichs einsehen, welche Planungsoperatoren von dieser Einschränkung des Planungsumfangs betroffen sind (Abbildung 18.14).

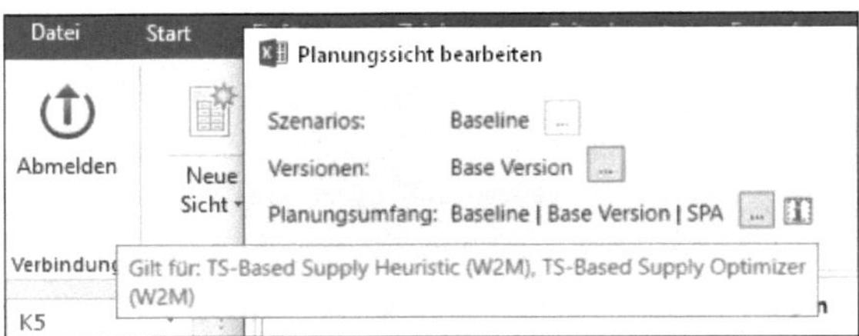

Abbildung 18.14 Kopfdaten des Dialogfensters »Planungssicht bearbeiten«

Zeiteinstellungen einer Planungssicht

In der Rubrik **Zeiteinstellungen** des Dialogfensters **Planungssicht bearbeiten** können Sie festlegen, welche Periodentypen dargestellt werden sollen, also beispielsweise, ob die Darstellung auf Wochenbasis und/oder auf Monatsbasis erfolgen soll. Hierbei ist es auch möglich, mehrere unterschiedliche Periodentypen anzugeben, wenn die Konfiguration dies vorsieht. Über diesen Weg können auch zeitbasierte Gesamtwerte angezeigt werden, z. B. der Durchschnitt der Nachfrage der letzten sechs Monate. Es werden die Optionen angeboten, die in der Konfiguration des Zeitprofils definiert worden sind.

Simulationen auf unterschiedlichen Zeitebenen

Bitte beachten Sie, dass eine lokale Simulation zu einem Zeitpunkt immer nur in einem Periodentyp durchgeführt werden kann. Falls Sie also mehrere Periodentypen angeben und eine Simulation in mehreren Periodentypen (z. B. Wochen und Monaten) starten wollen, müssen Sie sie nacheinander durchführen. Mehr zu lokalen Simulationen finden Sie in Abschnitt 18.1.6, »Datenverwaltung und Simulation im Excel-Interface«.

Neben den Periodentypen ist auch zu definieren, welcher Zeitraum angezeigt werden soll und ob eine rollierende Darstellung gewünscht ist. Auch bezüglich des Zeitraums gelten die Einschränkungen, die in der Konfiguration festgelegt worden sind. Abbildung 18.15 zeigt beispielhaft die Festlegung von Zeiteinstellungen einer Planungssicht.

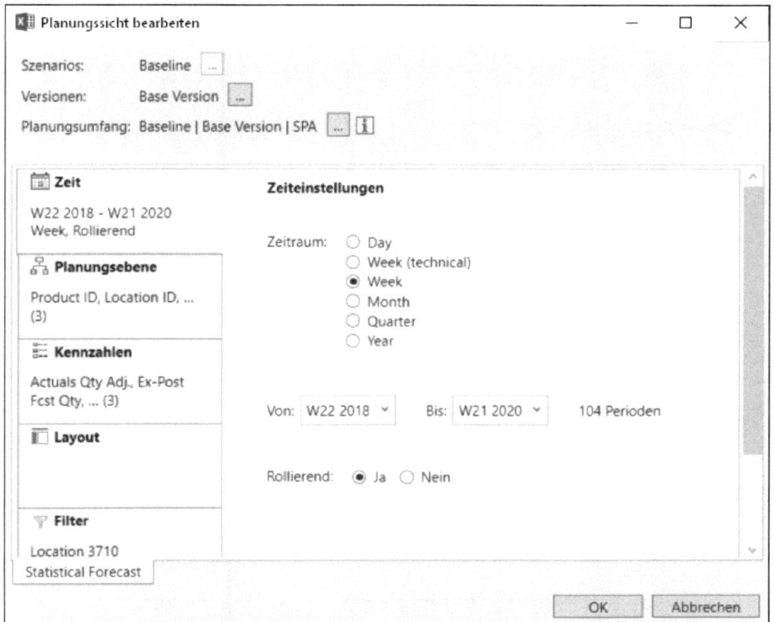

Abbildung 18.15 Zeiteinstellungen einer Planungssicht (Beispiel)

Periodentyp der Speicherung bzw. der Anzeigeebene

Bitte beachten Sie, dass in SAP IBP die entsprechenden Bewegungsdaten auf der Basisebene gespeichert werden, die in der Kennzahlenkonfiguration festgelegt ist (siehe hierzu Kapitel 5, »Bewegungsdaten«). Bei der Anzeige werden die Daten entsprechend in Echtzeit aggregiert, den Modus der Aggregation können Sie in der Konfiguration der Kennzahlen definieren. Man spricht hier von *Echtzeitaggregation über Zeitperioden* (engl. *On-the-fly Aggregation Across Time Periods*). Dies ermöglicht es, für unterschiedliche Kennzahlen unterschiedliche Aggregationsmodi zu verwenden. Während es beispielsweise bei mengenbasierten Kennzahlen sinnvoll ist, die Daten von feineren Ebenen wie Tagen auf Wochen oder Monate aufzusummieren, empfiehlt es sich bei preisbezogenen Kennzahlen, eher mit Durchschnittswerten zu arbeiten.

Planungsebenen einer Planungssicht

In einer Planungssicht müssen Sie ebenfalls festlegen, auf welchen Planungsebenen die Daten angezeigt werden sollen (siehe Abbildung 18.16). Nach Auswahl der Schaltfläche **Planungsebene** wählen Sie aus der Liste der zur Verfügung stehenden Attribute diejenigen aus, die in der Planungssicht angezeigt werden sollen. Die Reihenfolge der Ebenen gibt dabei vor, wie die Anzeige sortiert wird.

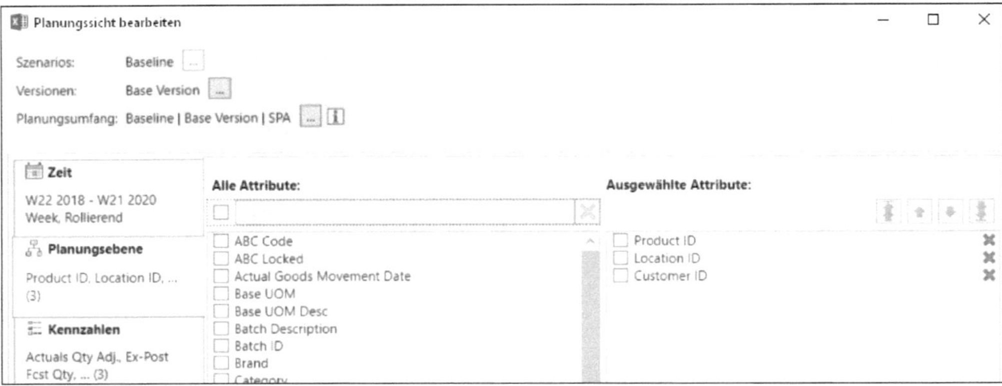

Abbildung 18.16 Planungsebenen in einer Planungssicht festlegen

Es ist möglich, dass zumindest Teile der angezeigten Planungsobjekte nicht auf allen ausgewählten Planungsebenen definiert sind. In diesem Fall zeigt das System in den entsprechenden Spalten der Planungssicht **None** an.

Planungsebenen

Sie können eine Prognose auf Ebene einer Produktgruppe ausführen, in diesem Fall wäre die Planungsebene die Produktgruppe. Um Werte auf Ebene eines Produkts zu erhalten, muss eine entsprechende Disaggregation ausgeführt werden.

Es wäre aber ebenfalls möglich, die Prognose direkt auf Ebene des Produkts auszuführen, dann wäre die relevante Planungsebene das Produkt. In der Anzeige des Excel-Interfaces könnten dann aber auch die Werte auf Produktgruppenebene angezeigt werden, dazu müsste eine Aggregation konfiguriert werden.

Echtzeitaggregation über Planungsebenen

Wie bereits im Zusammenhang mit den Zeiteinstellungen beschrieben, definiert die Kennzahlenkonfiguration, wie die Speicherung von Daten im SAP-IBP-System erfolgt. Das bezieht sich nicht nur auf die zeitliche, sondern auch auf die fachliche Ebene, auf der die Daten vorgehalten werden. So ist es beispielsweise möglich, Daten auf Produktebene zu speichern und dann auf höhere Ebenen wie die Produktgruppe zu aggregieren, genauso kann aber auch umgekehrt die Speicherung auf Produktgruppenebene und dann eine Disaggregation auf Produktebene erfolgen.

Kennzahlen in einer Planungssicht

Ein weiterer wichtiger Bestandteil einer Planungssicht, die als Pflichteingabe fungiert, ist der Bereich der verwendeten Kennzahlen. Diese sind das Bewegungsdatum in der zeitreihenbasierten Planung des SAP-IBP-Systems.

Wenn Sie im Dialogfenster **Planungssicht bearbeiten** links unter den Planungsebenen auf die Schaltfläche **Kennzahlen** klicken, werden Ihnen rechts die verfügbaren Kennzahlen angezeigt (Abbildung 18.17). Sie müssen naturgemäß entsprechend in der Konfiguration vorbereitet worden sein. Durch Auswahl der Kennzahlen werden diese in den Bereich **Ausgewählte Kennzahlen** verschoben. Die Reihenfolge, in der die Kennzahlen im rechten Bereich unter **Ausgewählte Kennzahlen** erscheinen, ist maßgeblich für die Reihenfolge, in der sie in der Planungssicht zu sehen sein werden. Durch Markieren der einzelnen ausgewählten Kennzahlen und Betätigen der Pfeil-Schaltflächen im rechten oberen Bereich kann die Reihenfolge nachträglich geändert werden.

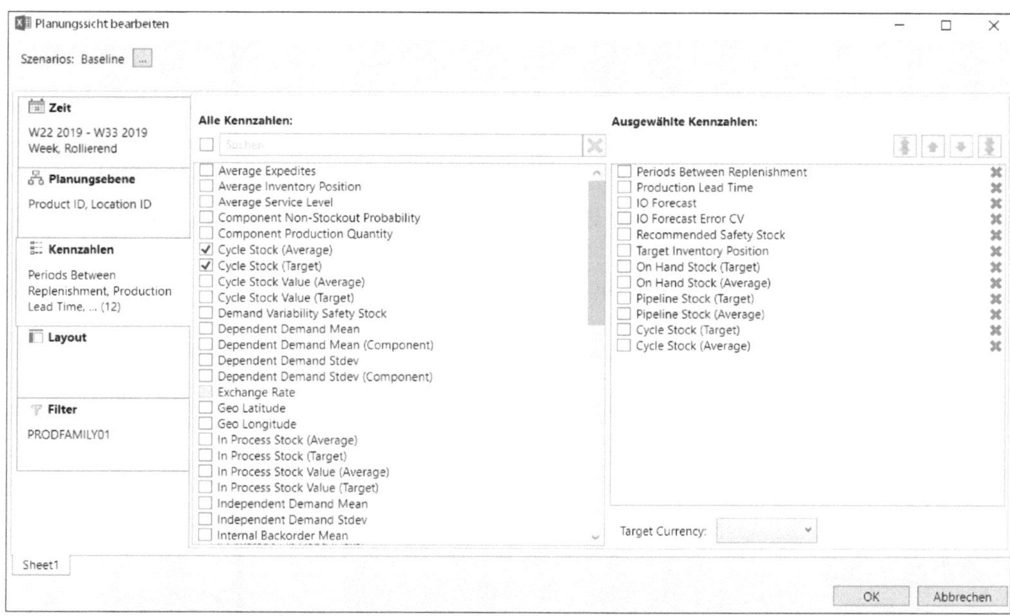

Abbildung 18.17 Auswahl von Kennzahlen im Dialogfenster »Planungssicht bearbeiten«

Je nach Konfiguration müssen Sie im rechten unteren Bereich noch Einstellungen für Planungsnotizen sowie Umrechnungen im Hinblick auf Währung und Mengeneinheiten vornehmen.

Kennzahlen

Bei der statistischen Prognose handelt es sich beispielsweise um eine Kennzahl. Kennzahlen variieren über die Zeit, d. h., im August des kommenden Jahres beträgt die Kennzahl zum Beispiel 100 Mengeneinheiten, wohingegen sie im September des kommenden Jahres beispielsweise 120 Mengeneinheiten beträgt. Um den monetären Wert der Prognose in einer Periode zu erhalten, könnte die Kennzahl statistische Prognose mit einer weiteren Kennzahl, dem Preis, multipliziert werden. Das Resultat wäre eine dritte Kennzahl, nämlich der Wert der statistischen Prognose.

In die Ermittlung des Werts der statistischen Prognose könnte jedoch statt eines zeitabhängigen Preises aus einer entsprechenden Kennzahl auch ein Stammdatenattribut Preis einbezogen werden, dann würde der Preis – anders als bei Verwendung einer Kennzahl – nicht zeitabhängig variieren.

Übergreifende Informationen zu Kennzahlen finden Sie in Kapitel 5, »Bewegungsdaten«.

Das Layout der Planungssicht

Wenn Sie in der linken Spalte des Dialogfensters **Planungssicht bearbeiten** die Schaltfläche **Layout** anklicken, können Sie im rechten Bereich des Fensters festlegen, welche der ausgewählten Planungsebenen bzw. Zeitperioden zeilenweise und welche spaltenweise angezeigt werden sollen. Abbildung 18.18 zeigt beispielhaft die Layouteinstellungen einer Planungssicht.

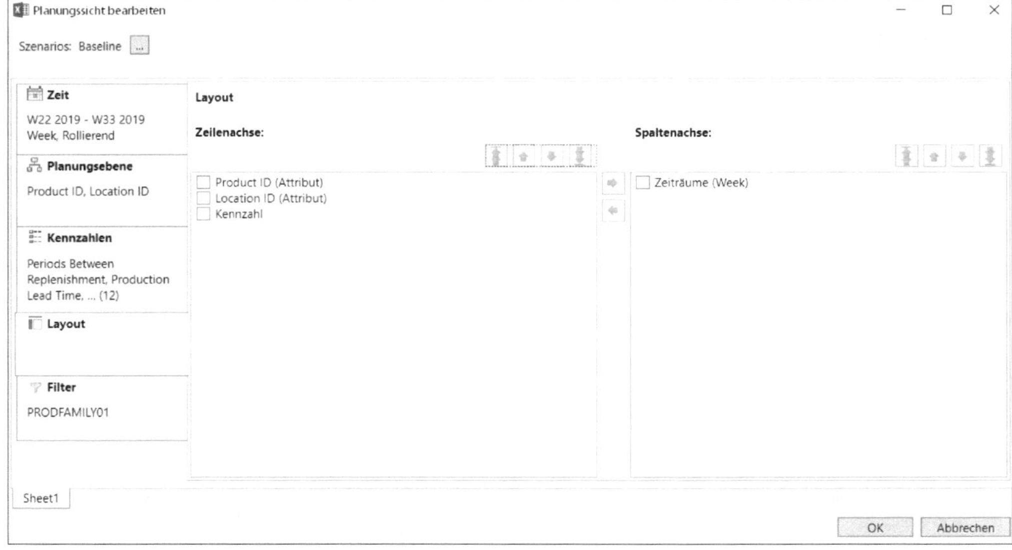

Abbildung 18.18 Layouteinstellungen für eine Planungssicht

Die angebotenen Attribute, Kennzahlen und Zeiträume hängen von den Einstellungen auf den drei bereits erläuterten Registerkarten des Dialogfensters **Planungssicht bearbeiten** ab.

Verwendung von Filtern in einer Planungssicht

Im Dialogfenster **Planungssicht bearbeiten** steht zusätzlich die Schaltfläche **Filter** zur Verfügung. Mit dieser Funktion lässt sich die Datenanzeige auf das notwendige Maß reduzieren, was sowohl die Laufzeit der Nutzung der Planungssicht positiv beeinflusst als auch den Nutzen der Planungssicht selbst erhöht, indem die Konzentration auf das Wesentliche ermöglicht wird. Die Einstellungen der Filter können im Dialogfenster **Planungssicht bearbeiten** mittels der Schaltfläche **Filter** geändert werden (siehe Abbildung 18.19).

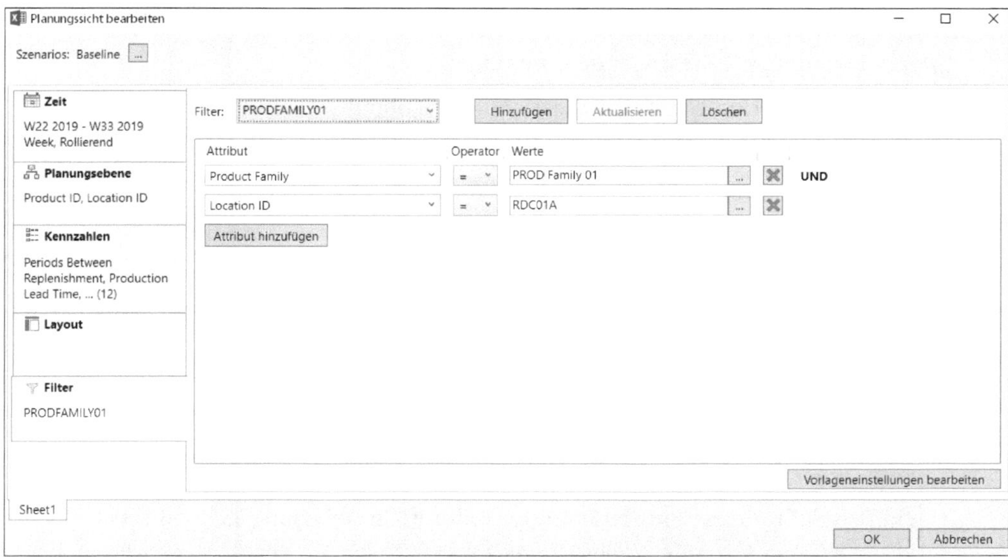

Abbildung 18.19 Filtereinstellungen im Dialogfenster »Planungssicht bearbeiten«

Es ist aber auch möglich, in der Gruppe **Planungssicht** der IBP-Registerkarte direkt in einen Filter zu wechseln bzw. mit der Schaltfläche **Bearbeiten** in den Bearbeitungsmodus des Filters zu springen (siehe Abbildung 18.20). Wenn Sie diese Art des Aufrufs verwenden, wird das Dialogfenster **Planungsfenster bearbeiten** geöffnet und direkt der Bereich **Filter** ausgewählt.

Sie können zwei Arten von Filtern anlegen:

- attributbasierte Filter
- wertbasierte Filter

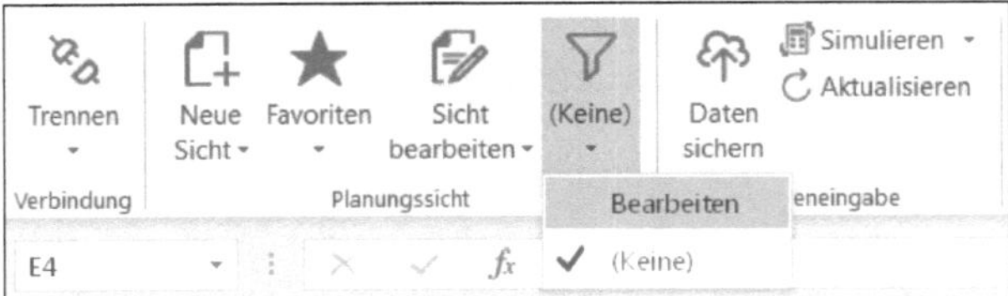

Abbildung 18.20 Aufruf eines Filters direkt aus der IBP-Registerkarte

Bei den *attributbasierten Filtern* können kaskadierende Vorgehensweisen gewählt werden, d. h., Sie können Attribute auf Basis anderer Attribute auswählen. Beispielsweise lassen sich die vorgeschlagenen Attributausprägungen für die Lokation einschränken, indem Sie vorab eine Region auswählen, sodass entsprechend nur die Lokationen einer Region angezeigt werden.

Attributbasierte Filter können auch für weitere Funktionen im SAP-IBP-System angewendet werden, wie die folgende Liste zeigt:

- bei der Definition einer Planungssicht (siehe oben)
- im Filterbereich in der IBP-Registerkarte
- beim Start eines Anwendungsjobs aus dem Excel-Interface
- in einer Stammdaten-Arbeitsmappe, falls der Filter zu den dort ausgewählten Stammdaten passt
- in der Änderungshistorie
- in der SAP-Fiori-App **Planungsfilter**, in der die angelegten Filter separat verwaltet und auch für Nutzer oder Nutzergruppen freigegeben werden können

Filter in einer Planungssicht

Ein Beispiel für einen attributbasierten Filter ist in Abbildung 18.19 zu sehen; hier wird nach den Attributen *Produktfamilie* und *Lokation* gefiltert, d. h., es wird in dieser Planungssicht nur das angezeigt, was zu den konkret angegebenen Ausprägungen Produktfamilie **PROD Family 01** und Lokation **RDC01A** abgelegt ist.

Beispiele für wertbasierte Filter wären das Filtern nach Kunden mit mehr als 1.000.000 Euro Umsatz im letzten Jahr oder ein Ausfiltern aller Werte, die leer bzw. 0 in Bezug auf eine bestimmte Kennzahl sind.

Bei einem wertbasierten Filter können Sie zum einen über einen Zeithorizont steuern, auf welchen Bereich der Daten der Filter Anwendung finden soll. Zum anderen haben Sie die Möglichkeit für die in der Planungssicht ausgewählten Kennzahlen eine Bedingung zu hinterlegen, nach der gefiltert werden soll. Diese Bedingung kann sich auf alle ausgewählten Perioden einzeln beziehen, auf die Summe über alle Perioden bzw. auf die Gesamtheit der Werte in den ausgewählten Perioden beziehen.

18.1.6 Datenverwaltung und Simulation im Excel-Interface

In der Gruppe **Dateneingabe** der IBP-Registerkarte stehen die folgenden Optionen zur Verfügung (siehe Abbildung 18.21):

- Daten sichern
- Aktualisieren
- Simulieren

Mit der Schaltfläche **Daten sichern** können Sie manuell angepasste bzw. durch eine Simulation im Excel-Interface erzeugte Daten auf der SAP-IBP-Datenbank sichern.

Mit der Schaltfläche **Aktualisieren** übernehmen Sie Daten aus der SAP-IBP-Datenbank in Ihr Excel-Interface und setzen so lokal geänderte Daten wieder auf den in der Datenbank vorhandenen Wert zurück.

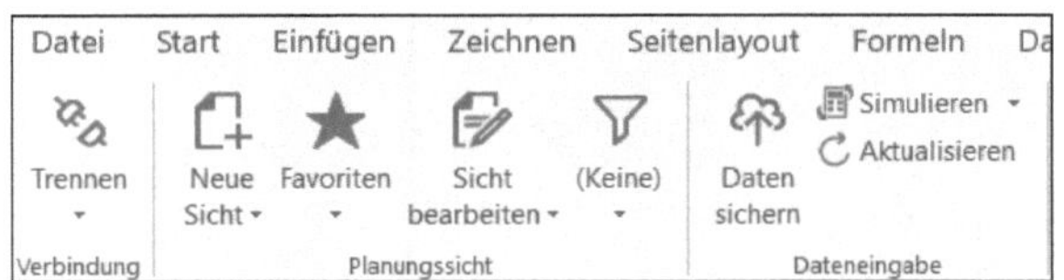

Abbildung 18.21 Datenverwaltung und Simulation im Excel-Interface

Mit der Schaltfläche **Simulieren** lassen sich über ein Dropdown-Menü vielfältige Simulationsfunktionen ausführen. Dabei können lokal geänderte Kennzahlen in einer lokal (in der Excel-Benutzeroberfläche) vorgehaltenen Simulationsversion genutzt werden, um die Auswirkungen der Änderung auf andere Kennzahlen zu simulieren oder um Planungsoperatoren zu starten. Dies passiert, ohne dass die Datenbankeinträge des IBP-Systems geändert werden, und es ist auch nicht zwingend nötig, hierfür mittels Versionen oder Szenarien eine eigene Simulationsumgebung aufzubauen.

Mehrere Planungssichten in einer Excel-Arbeitsmappe

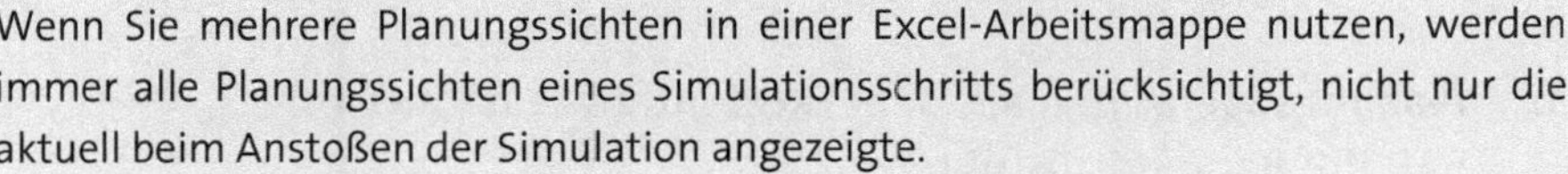

Wenn Sie mehrere Planungssichten in einer Excel-Arbeitsmappe nutzen, werden immer alle Planungssichten eines Simulationsschritts berücksichtigt, nicht nur die aktuell beim Anstoßen der Simulation angezeigte.

Wenn Sie lediglich die Auswirkungen einer Änderung auf andere Kennzahlen ermitteln möchten, ohne die Änderungen schon in der Datenbank des IBP-Systems zu speichern, können Sie die Schaltfläche **Simulieren** (engl. *Simulate (Basic)*) betätigen. Abbildung 18.22 zeigt Ihnen beispielhaft die Simulationsoptionen im Excel-Interface.

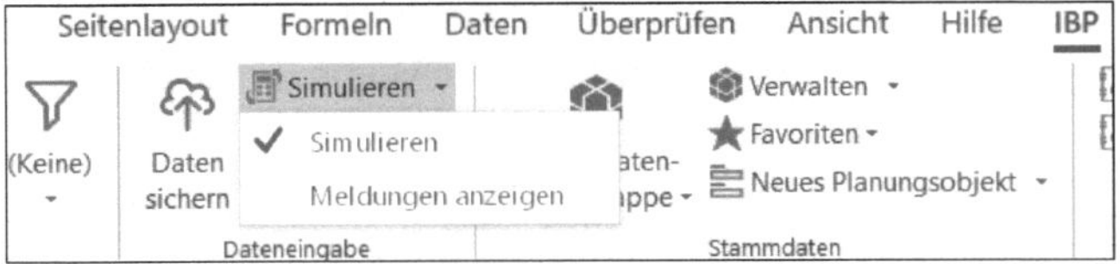

Abbildung 18.22 Aufruf von lokalen Simulationsoptionen im Excel-Interface

Eine weitere Möglichkeit besteht in der simulativen Ausführung von Planungsoperatoren. Bei einem *Planungsoperator* handelt es sich um einen Algorithmus, mit dem in der Regel Daten im IBP-System massenhaft verändert werden. Je nach Konfiguration stehen Ihnen im Dropdown-Menü der Schaltfläche **Simulieren** verschiedene Planungsoperatoren zur Verfügung. Wenn Sie einen Planungsoperator auswählen, wird zunächst immer die Option **Simulieren** ausgeführt, um alle Kennzahlen der Planungssicht vorab zu aktualisieren.

Planungsoperatoren

Als Beispiele für solche Planungsoperatoren sind folgende Algorithmen zu nennen:

- Statistische Prognose
- Prognosefehlerkalkulation
- Mehrstufige Sicherheitsbestandsplanung
- Supply Optimierer

Damit ein Planungsoperator auch für simulative Zwecke zur Verfügung gestellt wird, muss der interaktive Modus in der Konfiguration des Planungsoperators aktiviert sein.

Mit der Option **Nachrichten anzeigen** können Sie sich ein Protokoll der zuletzt durchgeführten Simulation anzeigen lassen.

Alle nach dem letzten Speichern durchgeführten simulativen Schritte lassen sich durch Betätigung der Drucktaste **Aktualisieren** in der Gruppe **Dateneingabe** des IBP-Menübands rückgängig machen. Mit diesem Schritt werden dann die zuletzt abgespeicherten Daten aus der Datenbank des IBP-Systems erneut geladen.

18.1.7 Planungsoperatoren aus dem Excel-Interface heraus im SAP-IBP-Backend ausführen

Sie können Planungsoperatoren im Excel-Interface nicht nur simulativ nutzen. Es ist auch möglich, sie aus dem Excel-Interface heraus im Hintergrund auf der IBP-Datenbank auszuführen. Hierfür steht die Gruppe **Erweitert** auf der IBP-Registerkarte des Excel-Interfaces zur Verfügung (siehe Abbildung 18.23).

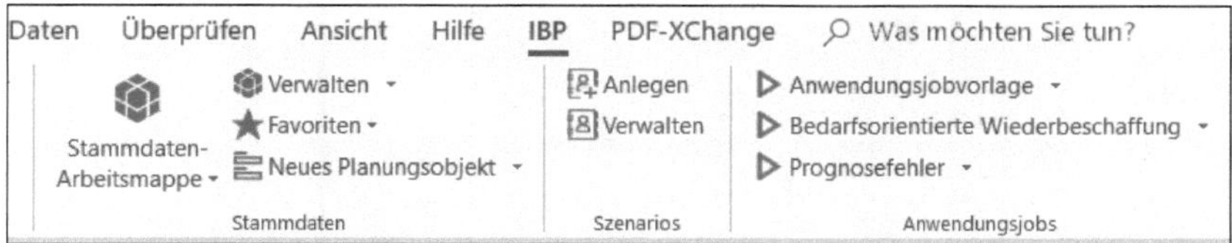

Abbildung 18.23 Aufruf von Planungsoperatoren im Excel-Interface

Welche Planungsoperatoren angezeigt werden, ist von der Konfiguration abhängig. Die einem Planungsbereich zugeordneten Planungsoperatoren definieren Sie in der Konfiguration des Planungsbereichs.

In der Konfiguration werden die Planungsoperatoren zu *Planungsoperatortypen* zusammengefasst. Für jeden zugeordneten Planungsoperatortyp, der entsprechend konfiguriert worden ist, erscheint in der Gruppe **Erweitert** der IBP-Registerkarte eine Schaltfläche, über die ein Dropdown-Menü geöffnet werden kann (siehe Abbildung 18.24). Darin stehen jeweils drei Optionen zur Verfügung:

- Ausführen
- Status
- Einplanen

18

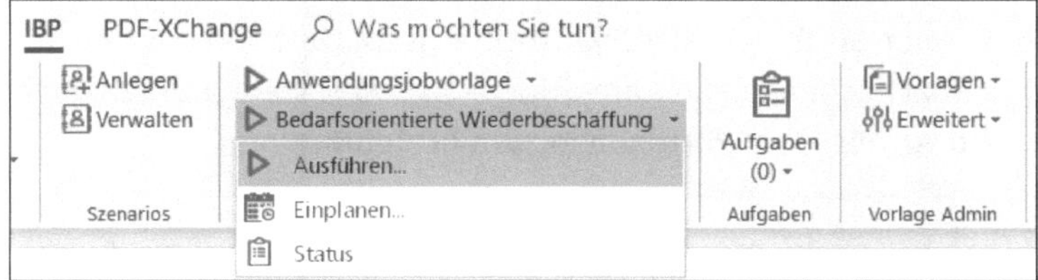

Abbildung 18.24 Dropdown-Menü eines Planungsoperatortyps im Excel-Interface

Mit der Option **Ausführen** gelangen Sie – je nach Planungsoperatortyp und Konfiguration – zu einem Dialogfenster mit detaillierten Einstellungen. Hier können Sie beispielsweise den Planungsoperator auswählen und die Version, das Szenario, den Planungsumfang bzw. den Filter definieren, der bei der Ausführung verwendet werden soll (Abbildung 18.25).

Nach Ausführung erhalten Sie in einem separat geöffneten Fenster die Information, ob der Hintergrundlauf in die Warteschlange eingestellt werden konnte (Abbildung 18.26).

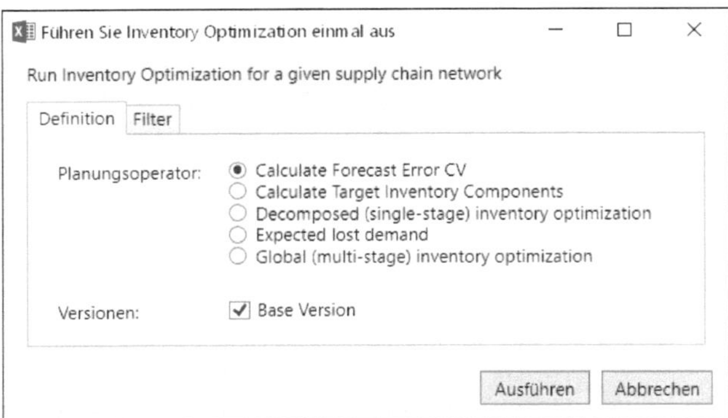

Abbildung 18.25 Ausführung eines Planungsoperators aus dem Excel-Interface

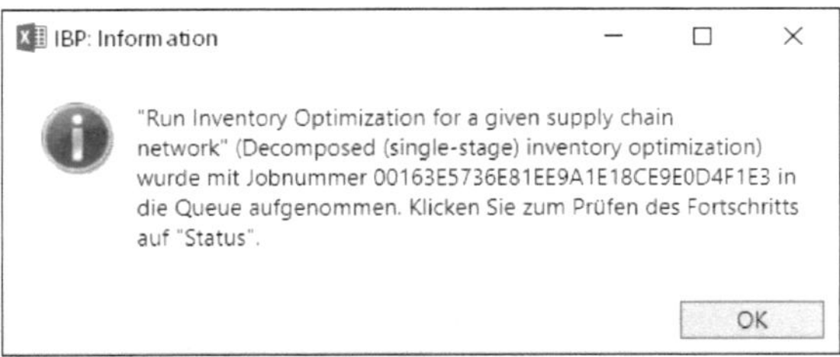

Abbildung 18.26 Information über erfolgreiche Einstellung des Hintergrundlaufs in die Warteschlange

Den Hintergrundlauf können Sie über die Drucktaste **Status** im Dropdown-Menü des Planungsoperatortyps überwachen (siehe Abbildung 18.27). Hier stehen Ihnen auch detaillierte Optionen zur Anzeige von Protokollen zur Verfügung.

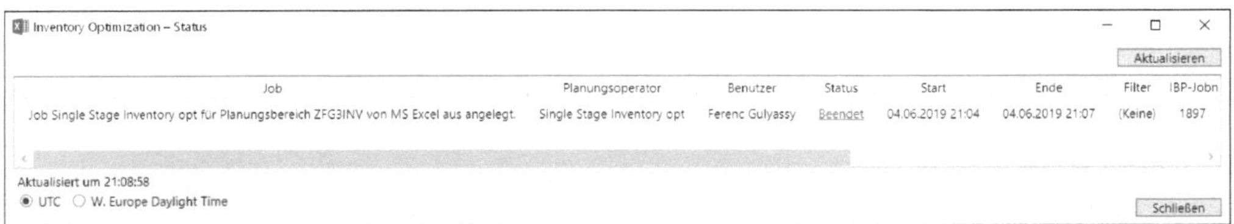

Abbildung 18.27 Status des aus dem Excel-Interface gestarteten Hintergrundlaufs

Nach erfolgreicher Durchführung übernehmen Sie die Planungsergebnisse des Hintergrundlaufs über die Drucktaste **Aktualisieren** in die Planungssicht (siehe hierzu Abbildung 18.21).

Ferner ist es möglich, mit der Drucktaste **Einplanen** im Dropdown-Menü des Planungsoperatortyps (siehe Abbildung 18.24) analog einen Hintergrundlauf zu einem bestimmten Zeitpunkt einzuplanen, wie in Abbildung 18.28 zu sehen.

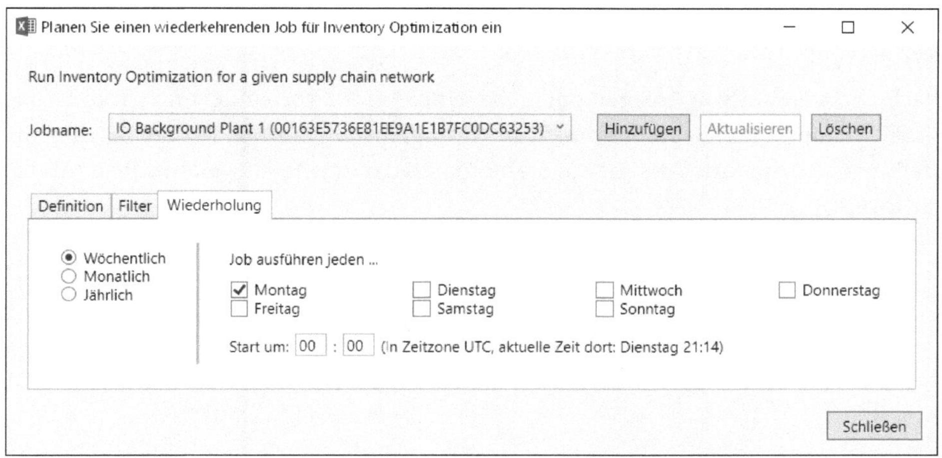

Abbildung 18.28 Wiederkehrende Einplanung eines Hintergrundlaufs eines Planungsoperators

[«]

Excel-Interface vs. Web UI

Im Web UI steht Ihnen für die Einplanung von Planungsoperatoren die App **Anwendungsjobs** zur Verfügung. In der Regel bietet sie mehr Auswahloptionen für die Einplanung als das Excel-Interface. Einen detaillierten Vergleich der beiden Vorgehensweisen finden Sie in SAP-Hinweis 2686746.

18.1.8 Stammdatenfunktionen des Excel-Interfaces

Auch Stammdaten des IBP-Systems können im Excel-Interface angelegt, geändert oder angezeigt werden. Hierfür stehen Ihnen in der Gruppe **Stammdaten** der IBP-Registerkarte verschiedene Optionen zur Verfügung (Abbildung 18.29), die wir im Folgenden genauer erläutern werden.

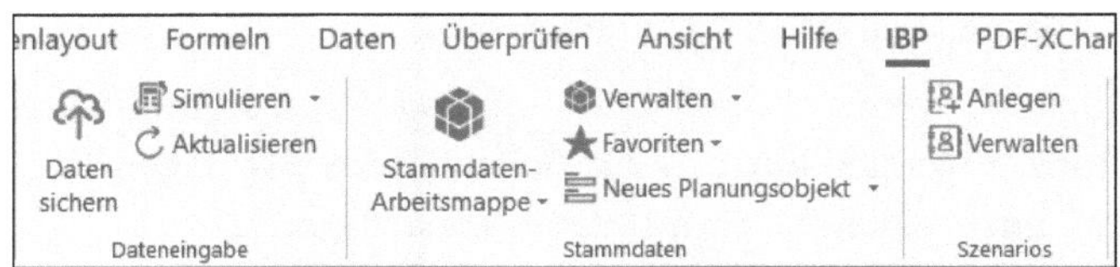

Abbildung 18.29 Funktionen für die Bearbeitung von Stammdaten im Excel-Interface

Anlegen einer Stammdaten-Arbeitsmappe

Mit der Schaltfläche **Stammdaten-Arbeitsmappe** können Sie über ein Dropdown-Menü mit den beiden Optionen **Anlegen** und **Bearbeiten** Stammdaten und auch

Kennzahlen in einer eigenen Arbeitsmappe mit einem oder mehreren Arbeitsblättern anlegen.

Nach der Auswahl von **Anlegen** oder – bei einer bereits vorhandenen Stammdaten-Arbeitsmappe – von **Bearbeiten** wird ein Dialogfenster geöffnet, in dem Sie die Einstellungen vornehmen, die für die Stammdaten-Arbeitsmappe gelten sollen (Abbildung 18.30).

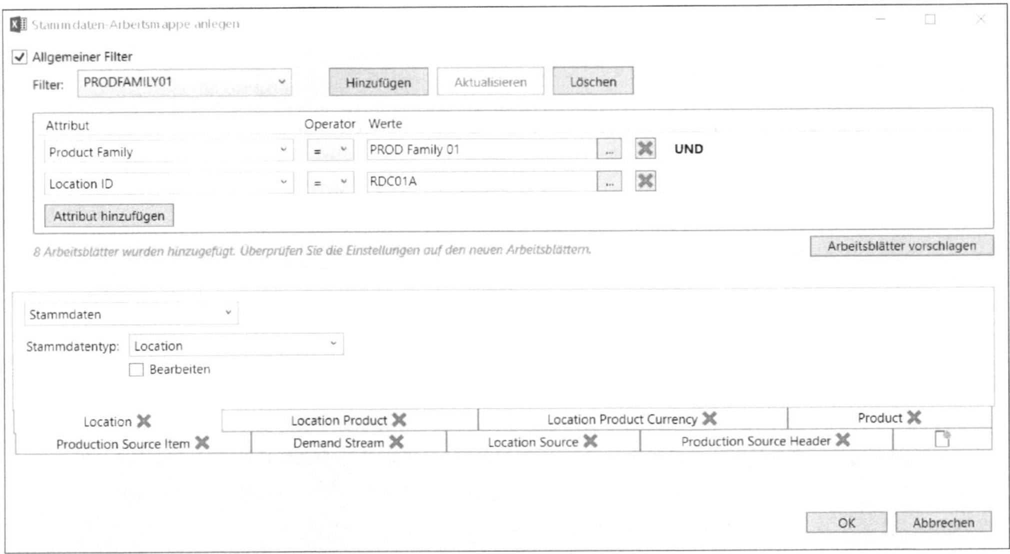

Abbildung 18.30 Einstellungen für eine Stammdaten-Arbeitsmappe

Neben Einstellungen zu einem attributbasierten Filter können Sie im unteren Bereich dieses Fensters vorgeben, ob Sie Stammdaten oder Planungsobjekte mit Kennzahlen angezeigt bekommen möchten. Je nachdem werden Ihnen dann beispielsweise in einem weiteren Feld die zum Planungsbereich gehörenden Stammdatentypen zur Auswahl angeboten. Sie können darüber hinaus über ein eigenes Feld vorsehen, ob Sie die geladenen Stammdaten auch ändern können wollen.

Über die Drucktaste **Neu** fügen Sie weitere Arbeitsblätter mit weiteren Stammdaten oder Planungsobjekten samt Kennzahlen hinzu. Mit **Arbeitsblätter vorschlagen** können Sie sich eine Auswahl an anzuzeigenden Stammdaten vorschlagen lassen.

Nach einem Klick auf die Drucktaste **OK** wird eine Excel-Arbeitsmappe mit den entsprechenden Daten geöffnet (siehe Abbildung 18.31).

Sie können die durchgeführten Änderungen über die Drucktaste **Änderungen sichern** in der Gruppe **Stammdaten** in der IBP-Registerkarte auf der Datenbank des IBP-Systems verbuchen. Eine Stammdaten-Arbeitsmappe lässt sich auch mit der Drucktaste **Favoriten** speichern und zu einem späteren Zeitpunkt neu aufrufen.

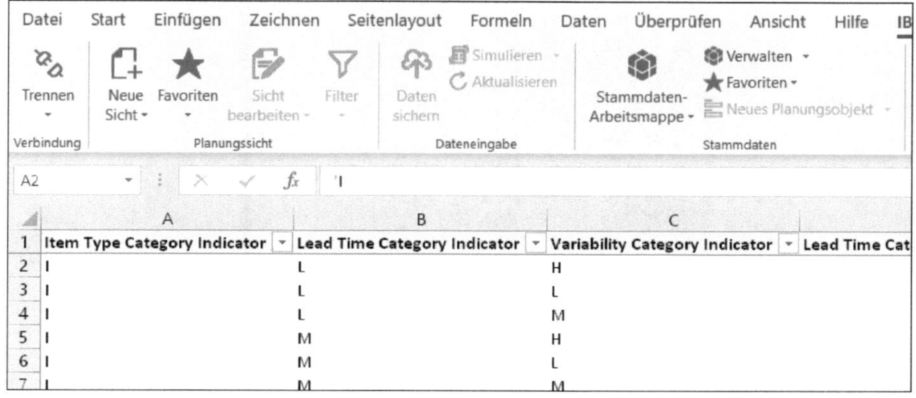

Abbildung 18.31 Stammdaten-Arbeitsmappe

Einzelbearbeitung von Stammdaten aus dem Excel-Interface heraus

Es ist auch möglich, einzelne Stammdaten ohne eigene Stammdaten-Arbeitsmappe anzuzeigen. Hierfür müssen Sie in der Gruppe **Stammdaten** die Schaltfläche **Verwalten** betätigen und im Dropdown-Menü die Option **Einzel** wählen (Abbildung 18.32).

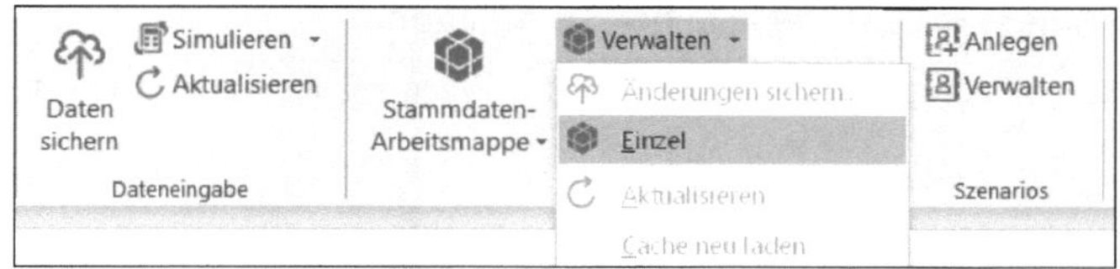

Abbildung 18.32 Aufruf der Einzelbearbeitung von Stammdaten ohne Arbeitsmappe

Option »Verwalten« in der Gruppe »Stammdaten«

Bitte beachten Sie, dass die Option **Verwalten** in der Gruppe **Stammdaten** der IBP-Registerkarte nur angezeigt wird, wenn Sie keine Stammdaten-Arbeitsmappe geöffnet haben. Diese Option wird durch **Änderungen sichern** ersetzt, sobald Sie eine entsprechende Stammdaten-Arbeitsmappe mit aktivierter Bearbeitungsfunktion geöffnet haben.

Das Dialogfenster **Stammdaten** öffnet sich, in dem Sie zunächst einmal den Stammdatentyp auswählen müssen. Im Anschluss werden Ihnen die zugeordneten Schlüsselattribute zur Selektion angeboten, und Sie können hier ebenfalls wählen, ob Sie die selektierten Stammdaten anzeigen, ändern, kopieren oder löschen wollen. Abbildung 18.33 zeigt die Optionen bei der Einzelbearbeitung von Stammdaten anhand des Beispiels **Location**.

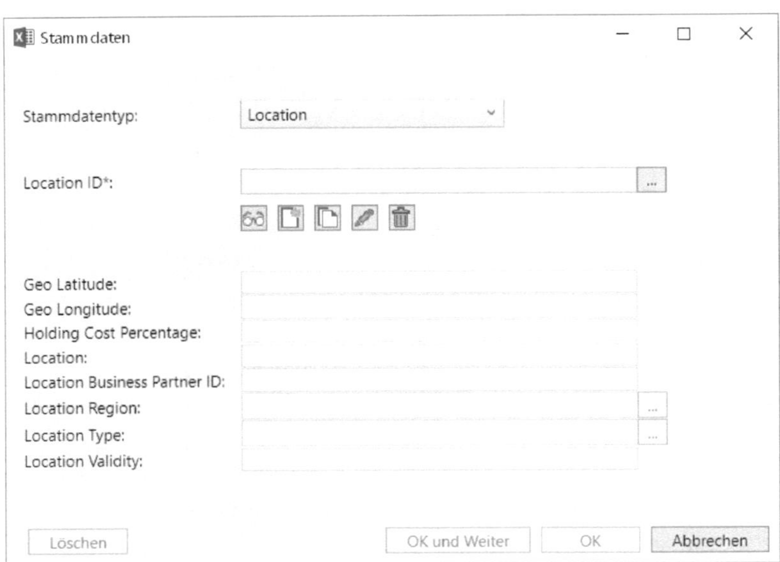

Abbildung 18.33 Einzelbearbeitung von Stammdaten ohne Arbeitsmappe

Planungsobjekte direkt aus dem Excel-Interface heraus anlegen

In der Gruppe **Stammdaten** können Sie zusätzlich auch Planungsobjekte anlegen bzw. löschen.

> **Vergleich zwischen Merkmalswertekombination und Planungsobjekten**
>
> Grundsätzlich lässt sich das Planungsobjekt aus dem IBP-System mit der Merkmalswertekombination (engl. *Characteristics Value Combination*, CVC) aus dem APO-System vergleichen. Der Unterschied besteht darin, dass ein Planungsobjekt anders als die Merkmalswertekombination eine Zeitdimension aufweist.

Gibt es eine Kombination von Attributwerten, für die jedoch kein Planungsobjekt angelegt worden ist, ist weder eine Anzeige dieser Kombination in einer Planungssicht noch eine Planung im IBP-System generell möglich. Durch die Integration von Stammdaten in das IBP-System beispielweise über Cloud Platform Integration for Data Services (CPI-DS, siehe Kapitel 6, »Integration von Stamm- und Bewegungsdaten in SAP APO, ePP/DS und SAP IBP«) werden Planungsobjekte automatisch angelegt, nicht jedoch wenn neue Stammdaten mit den oben beschriebenen Funktionen im Excel-Interface generiert werden. In diesem Fall müssen Sie Planungsobjekte aus der bereits angelegten Kombination von Attributausprägungen von Merkmalen generieren.

Das Excel-Interface stellt zwei Wege bereit, um Planungsobjekte zu erzeugen:

- direktes Anlegen aus dem Excel-Interface heraus
- Generierung über eine Stammdaten-Arbeitsmappe

Falls Sie Planungsobjekte direkt im Excel-Interface generieren wollen, klicken Sie auf die Schaltfläche **Neues Planungsobjekt** (Abbildung 18.34). In einem Dialogfenster wählen Sie dann aus, welche Merkmalswertekombination genutzt werden soll, um das Planungsobjekt zu generieren (Abbildung 18.35). Ein bestehendes Planungsobjekt lässt sich analog über die Schaltfläche **Planungsobjekt löschen** entfernen.

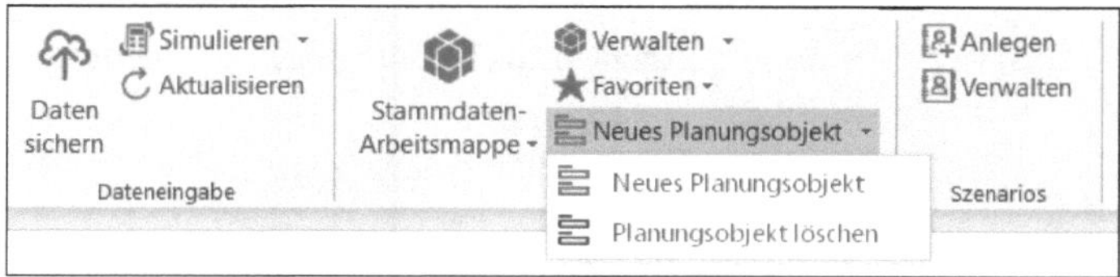

Abbildung 18.34 Direkte Verwaltung von Planungsobjekten im Excel-Interface

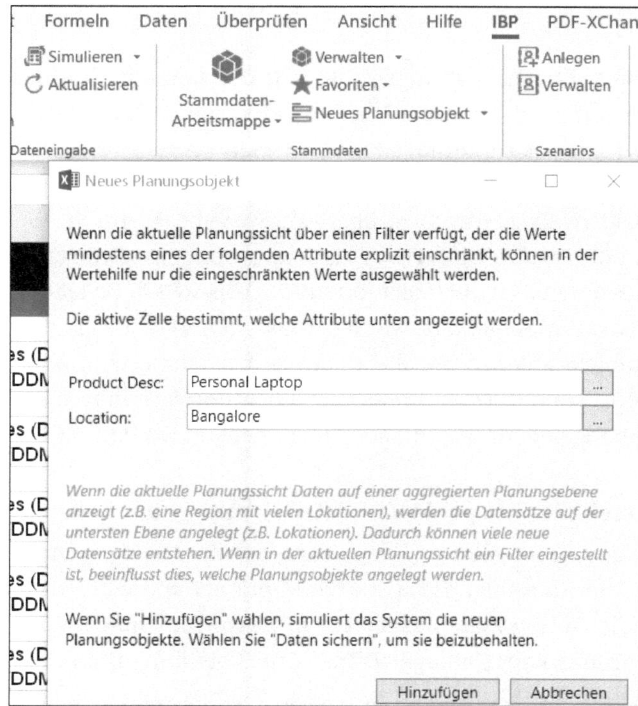

Abbildung 18.35 Ein neues Planungsobjekt im Excel-Interface anlegen

Voraussetzungen für das Anlegen von Planungsobjekten im Excel-Interface

Wenn Sie ein Planungsobjekt direkt aus dem Excel-Interface heraus anlegen, entnimmt das IBP-System Werte wie die Stammdatenmerkmale (z. B. *Produkt* und *Lokation*) und die Zeitdimension (z. B. *Woche*) automatisch aus der geöffneten Planungssicht. Sie müssen also nur die Attributwertkombination pflegen, beispielweise *Produkt Prod-New* und *Lokation 1000*. Im Umkehrschluss bedeutet dies jedoch, dass das Generieren von Planungsobjekten ohne geöffnete Planungssicht nicht möglich ist; in diesem Fall ist die Schaltfläche **Planungsobjekt anlegen** ausgegraut und kann nicht ausgewählt werden.

Darüber hinaus bestehen weitere Voraussetzungen für das Gelingen dieses Prozesses:

- Vorher müssen die entsprechenden Stammdaten angelegt worden sein.
- Es müssen Kennzahlen zugeordnet sein. Diese Zuordnung wird ebenfalls aus der Planungssicht entnommen.
- Sie müssen die Planungssicht zusätzlich speichern, da das Anlegen initial nur simulativ erfolgt.

Wir skizzieren nun ein Beispiel für ein Planungsobjekt mit der Kombination der Stammdatenmerkmale *Produkt* und *Lokation*, der Attributwertkombination *Produkt Prod-New* und *Lokation 1000* mit der Zeitdimension *Woche*. Ein Planer öffnet eine Planungssicht mit den Planungsebenen *Produkt* und *Lokation* sowie dem Periodentyp *Woche* und erzeugt lokal im Excel-Interface über die Einzelbearbeitung von Stammdaten ein neues Produkt (*Prod-New*). Ferner existieren bereits fünf verschiedene Lokationen als Stammdaten in SAP IBP (Lokationen *1000* bis *5000*). Da jedoch das Produkt nicht in allen Lokationen geplant werden muss, generiert der Planer über die Funktion **Planungsobjekt anlegen** nur die konkrete Attributwertkombination *Produkt Prod-New* und *Lokation 1000*. Dies reduziert die Systemlast, indem unnötige Planungsobjekte nicht angelegt und damit auch nicht geplant werden.

Planungsobjekte aus dem Excel-Interface per Stammdaten-Arbeitsmappe anlegen

Eine weitere Möglichkeit, Planungsobjekte zu generieren, ist das Anlegen einer Stammdaten-Arbeitsmappe. Hierfür wählen Sie anstatt der Option **Stammdaten** (siehe hierzu Abbildung 18.30) die Option **Planungsobjekte mit Kennzahlendaten**. Das Dialogfenster **Stammdaten-Arbeitsmappe anlegen** öffnet sich (Abbildung 18.36).

Darin müssen Sie im unteren Bereich des sich öffnenden Fensters die entsprechende Version, die Planungsebene und die Kennzahlen auswählen, um eine Arbeitsmappe mit den entsprechenden Daten zu generieren. In der Auswahlliste im linken unteren Bereich bekommen Sie alle auf der ausgewählten Planungsebene abgelegten Kennzahlen angezeigt, sie können diese durch Markieren in die rechts angezeigte Liste aller ausgewählten Kennzahlen verschieben. Sie können, falls Sie das Häkchen **Bearbeiten** gesetzt haben, neue Einträge erzeugen oder bestehende Einträge ändern. Speichern Sie Ihre Eingaben, um die Einträge auf der Datenbank des SAP-IBP-Systems zu verbuchen.

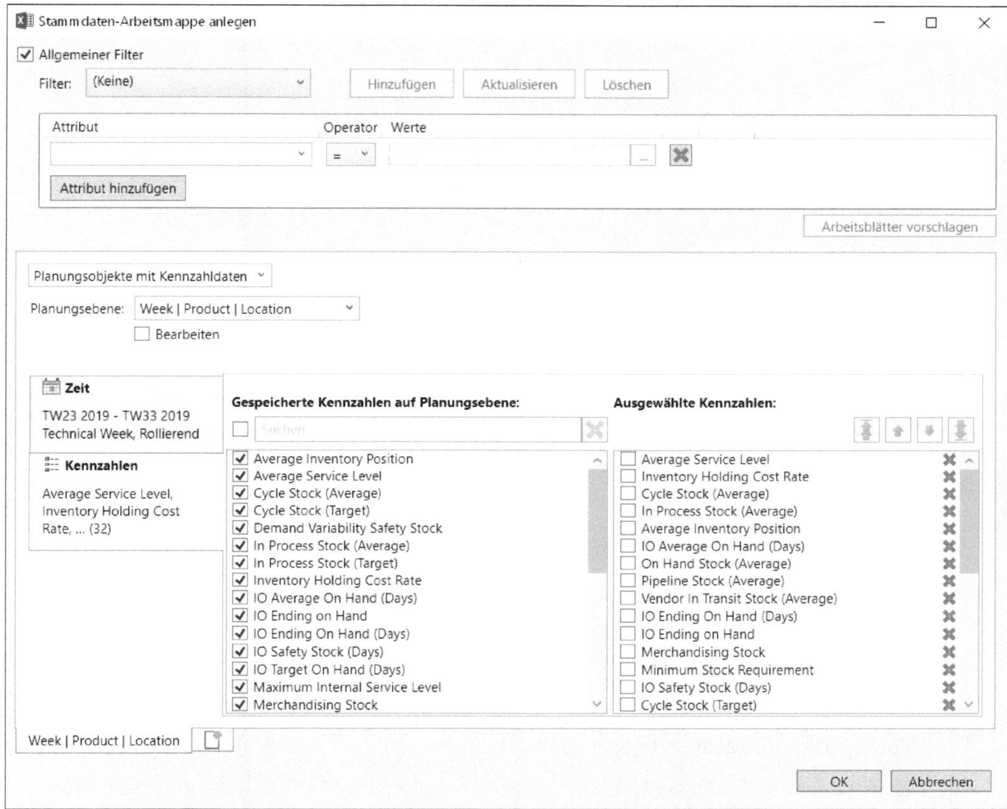

Abbildung 18.36 Planungsobjekte mit Kennzahlendaten in einer Stammdaten-Arbeitsmappe

Empfehlung zur Generierung von Planungsobjekten

In der Regel werden die Funktionen zu Planungsobjekten im Excel-Interface genutzt, um kleinere Umfänge anzulegen. In größerem Maßstab sollten Sie aus Gründen der Vereinfachung und der Erhöhung der Performance die Funktionen zur Integration von Daten im IBP-System nutzen (siehe hierzu Kapitel 6, »Integration von Stamm- und Bewegungsdaten in SAP APO, ePP/DS und SAP IBP«).

Sie sollten vermeiden, Planungsobjekte massenweise auf aggregierten Ebenen anzulegen, denn die Planungsobjekteinträge werden immer auf der Basisebene der jeweiligen Kennzahlen angelegt. Beim Anlegen auf einer aggregierten Ebene kann es so dazu kommen, dass ungewollt auch Einträge auf niedrigeren Ebenen angelegt werden, die nicht benötigt werden. Hier empfiehlt SAP die Verwendung der Stammdaten-Arbeitsmappe, denn dabei müssen die Ebenen explizit ausgewählt werden und es kann nicht zu einem ungewollten Anlegen von Planungsobjekten kommen, welches die Systemperformance unnötigerweise negativ beeinflussen würde.

18.1.9 Rechtsklick-Bearbeitungsfunktionen im Excel-Interface

Zur Vereinfachung der Planungstätigkeit stehen im Excel-Interface verschiedene Funktionen per Rechtsklick zur Verfügung:

- **Quick-Edit**
  Mit dieser Funktion ist es möglich, direkt aus der Planungssicht heraus eine Planungsebene hinzuzufügen (Drilldown-Funktion)
- **Planungsnotizen**
  Sie können einzelnen Zellen Notizen hinzufügen, die – anders als Standardkommentare in Microsoft Excel – nicht lokal in der Arbeitsmappe, sondern in der SAP-IBP-Datenbank gespeichert werden.
- **Fixieren**
  Sie können bestimmte Kennzahlenwerte oder aber ganze Kennzahlenreihen fixieren.
- **Änderungshistorie**
  Mit dieser Option können Änderungshistorien angezeigt werden.

Verfügbarkeit der Bearbeitungsfunktionen

Bitte beachten Sie, dass die Verfügbarkeit der Bearbeitungsfunktionen konfigurations- und berechtigungsabhängig ist.

18.1.10 Weitere Funktionen im Excel-Interface

Im Excel-Interface gibt es eine Reihe weiterer Funktionen, die wir in den folgenden Unterabschnitten ausschnittsweise ausführen möchten:

- Alerts
- Task Management
- Lokale Elemente (Excel-Formeln)
- Absprünge in Apps des Web UI

- Hilfefunktionen
- Einstellungen und Nachrichtenhistorie

Nach der überblicksartigen Auflistung erläutern wir Ihnen nun die Funktionen im Detail.

Alerts

Sie können in Planungssichten sogenannte *Alerts* anzeigen. Hierfür muss in der Konfiguration eine entsprechende Alert-Kennzahl definiert worden sein. In der Planungssicht können Sie dann einstellen, ob die entsprechenden Alerts angezeigt werden sollen. Im Dialogfenster **Planungssicht bearbeiten** steht dann eine eigene Schaltfläche **Alerts** zur Verfügung, wenn die Konfiguration dies vorsieht (Abbildung 18.37).

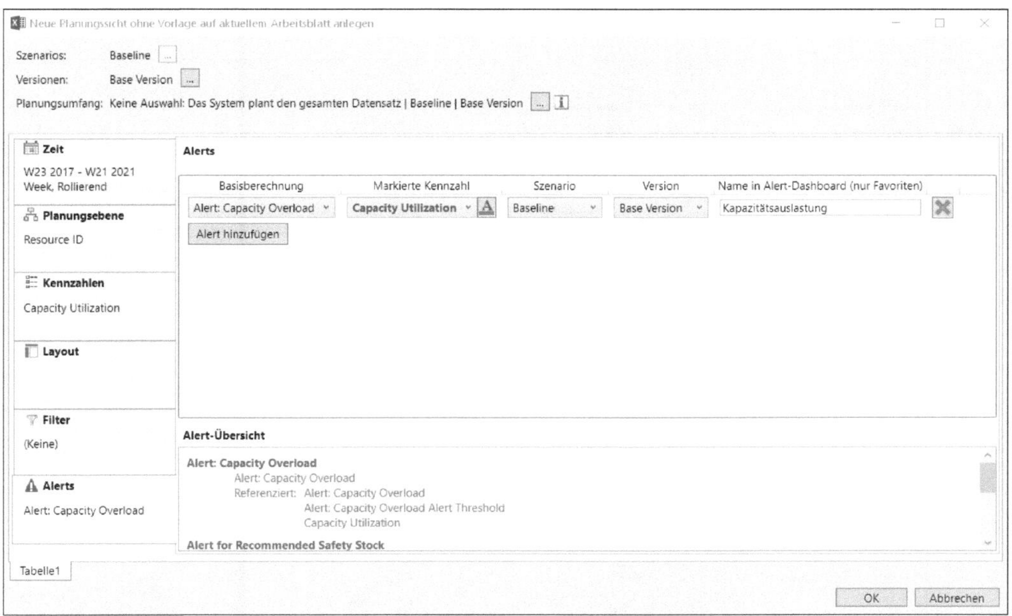

Abbildung 18.37 Das Dialogfenster »Planungssicht bearbeiten« mit Alerts

Kennzahlen, die eine im Alert definierte Schwellwertgrenze über- oder unterschreiten, können farblich hervorgehoben werden. Ferner wird eine neue Gruppe **Alerts** in der IBP-Registerkarte angezeigt, in der die Anzahl der in der Planungssicht vorhandenen Alerts angezeigt wird. Wenn Sie in dieser Gruppe auf die Schaltfläche **Dashboard** klicken, wird in einem Dialogfenster angezeigt, welche Alerts vorhanden sind.

Task Management

Sie können das Task Management des IBP-Systems in Excel integrieren. Es ist eng mit den Funktionen von SAP Jam verbunden. Ist das System entsprechend konfiguriert, können Sie über eine zusätzliche Gruppe **Aufgaben** in der IBP-Registerkarte und die entsprechende Schaltfläche **Aufgaben** ein Fenster mit Informationen zu den dem jeweiligen Anwendungsbenutzer zugeordneten Aufgaben öffnen.

Lokale Elemente

Es ist ebenfalls möglich, eigene Berechnungen mit Excel-Standardfunktionen einzufügen. Diese Berechnungsformeln werden als *lokale Elemente* (engl. *Local Members*) bezeichnet. Sie müssen vorab konfiguriert werden, damit die Synchronisation mit der SAP-IBP-Datenbank die lokalen Berechnungen berücksichtigt und nicht überschreibt. Die Konfiguration nehmen Sie – mit den entsprechenden Berechtigungen – in der Gruppe **Vorlage Admin** über die Schaltfläche **Erweitert** vor (Abbildung 18.38).

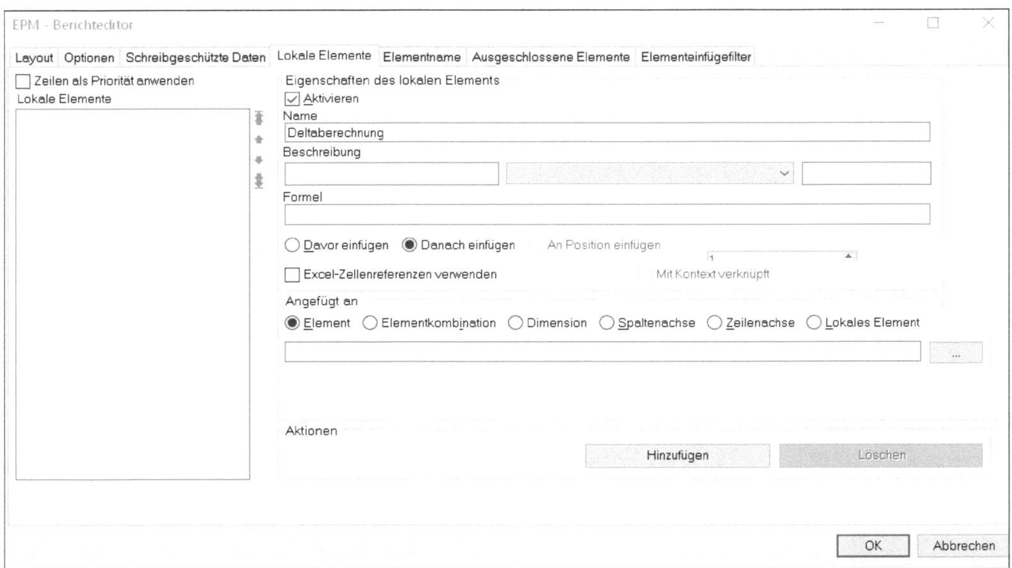

Abbildung 18.38 Konfiguration von lokalen Elementen im Excel-Interface

Absprünge in Apps des Web UI

Aus dem Excel-Interface können Sie in das Fiori Launchpad abspringen. Hierfür steht Ihnen in der IBP-Registerkarte die Schaltfläche **Home** zur Verfügung (Abbildung 18.39). Je nach Systemkonfiguration können Sie auch in die folgenden Apps abspringen:

- **Kollaboration**
- **Promotionen**

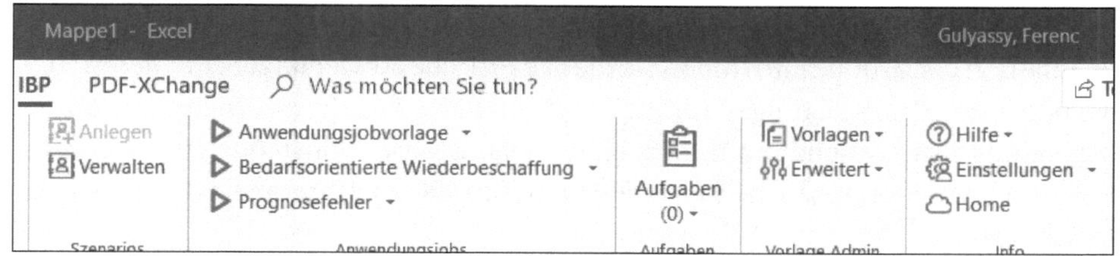

Abbildung 18.39 Absprung in das Web UI

> **Erläuterung des Systemverhaltens**
>
> Bitte konsultieren Sie den SAP-Hinweis 2454058, um zusätzliche Details zum Systemverhalten beim Absprung zu erhalten.

Hilfefunktionen

Über die Gruppe **Info** können Sie im Dropdown-Menü der Schaltfläche **Hilfe** verschiedene Hilfefunktionen aufrufen (Abbildung 18.40):

- **IBP-Hilfe öffnen**
  Über diesen Eintrag öffnen Sie die Seiten des SAP Help Portals zu SAP IBP.
- **Erste Schritte**
  Hierüber gelangen Sie zu einem YouTube-Video mit ersten erläuternden Schritten zum Excel-Interface.
- **Info**
  Mit dieser Option rufen Sie Detailinformationen zur Version des Excel-Add-ins auf.
- **Verbindungsgeschwindigkeit**
  Mit diesem Menüpunkt testen Sie die Verbindungsgeschwindigkeit.
- **Protokoll**
  Sie können ein Protokoll (engl. Log) aufrufen, in diesem Fall ein technisches Log, das im Falle eines Fehlers oder bei Problemen dem Support für die Analyse dient.

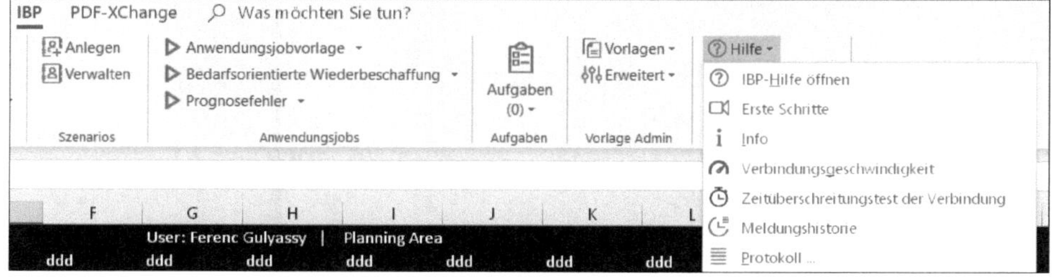

Abbildung 18.40 Hilfefunktionen im Excel-Interface

Einstellungen und Nachrichtenhistorie

Ebenfalls in der Gruppe **Info** finden Sie die Schaltfläche **Einstellungen**, mit deren Hilfe Sie bestimmte Vorbelegungen für die Arbeit im Excel-Interface vornehmen können (Abbildung 18.41). Abbildung 18.42 zeigt das Dialogfenster **Einstellungen**. Man kann im Dropdown-Menü zwischen **Einstellungen** und **Adminstratoreneinstellungen** unterscheiden.

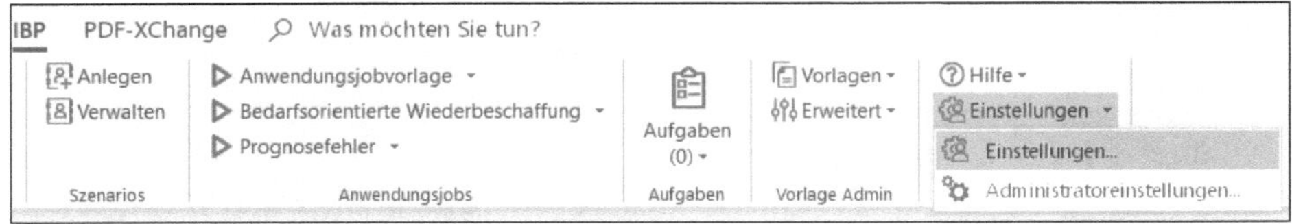

Abbildung 18.41 Aufruf der Einstellungen des Excel-Interfaces

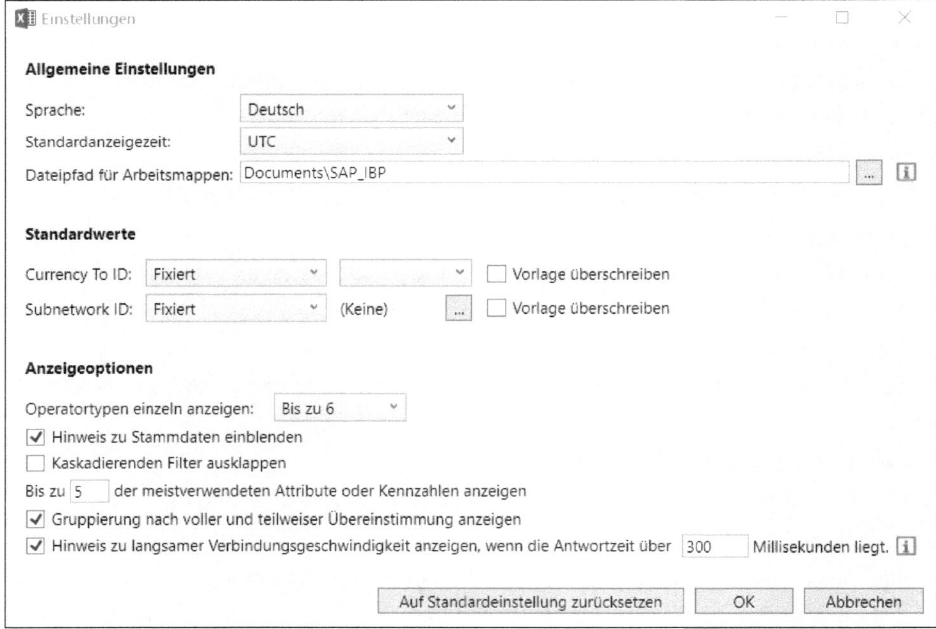

Abbildung 18.42 Einstellungen im Excel-Interface

Optionen in den Einstellungen

Bitte beachten Sie, dass die konkret in den Einstellungen vorhandenen Optionen je nach Konfiguration des SAP-IBP-Systems abweichen können. Auch können Einstellungen und Administratoreneinstellungen identisch sein.

Mittels der Schaltfläche **Nachrichtenhistorie** in der Gruppe **Info** lassen sich schließlich die letzten Systemnachrichten abrufen.

18.2 Browserbasierte Benutzeroberflächen (Web UIs)

Für die browserbasierte Vorgehensweise stehen Ihnen zwei Benutzeroberflächen zur Verfügung. Über das SAP Fiori Launchpad können Sie die Administration und die Konfiguration des IBP-Systems und teilweise auch die Planung vornehmen. Die Prozesskollaboration, auf die wir – wie zu Beginn des Kapitels bereits ausgeführt – nicht im Detail eingehen, kann über die in das IBP-System eingebundene Komponente SAP Jam erfolgen.

Wir werden Ihnen im Folgenden einen Überblick über die Optionen des SAP Fiori Launchpads geben.

18.2.1 Das SAP Fiori Launchpad im Allgemeinen

SAP Fiori ist eine browserbasierte Oberflächentechnologie von SAP, die Sie anstatt oder zusätzlich zur herkömmlich in vielen SAP-Produkten wie SAP ECC oder SAP APO verwendeten SAP-GUI-Technologie verwenden können. Im Rahmen von SAP IBP wird das SAP GUI in der täglichen Nutzung des Systems nicht mehr verwendet, stattdessen wird meistenteils SAP Fiori eingesetzt.

ABAP-Layer

Auch in SAP IBP gibt es ein ABAP-Layer, auf dessen Basis verschiedene Prozesse im Hintergrund gesteuert werden. Dieses kann dann auch mittels einer SAP-GUI-Oberfläche eingesehen werden, allerdings ist dies SAP-Mitarbeitern vorbehalten und kann nicht durch Kunden erfolgen.

Das SAP Fiori Launchpad in SAP IBP beherbergt eine Vielzahl von verschiedenen Apps, mit deren Hilfe sich das SAP-IBP-System konfigurieren, verwalten oder für die Planung nutzen lässt. Im Rahmen dieses Kapitels erläutern wir Ihnen den allgemeinen Umgang mit dem SAP Fiori Launchpad, also beispielsweise die Personalisierung oder die Navigation. Sie können das SAP Fiori Launchpad mit einem Internetbrowser wie beispielsweise Google Chrome, Mozilla Firefox oder Microsoft Edge aufrufen.

[«]

Verschiedene Browser

SAP Fiori basiert auf SAPUI5 und kann somit nur in Browsern genutzt werden, die über entsprechende HTML5-Grundlagen verfügen, die für SAPUI5 zum Einsatz kommen. Für jedes SAP-IBP-Release veröffentlicht SAP einen Hinweis bezüglich der Browserkompatibilität, dem Sie entnehmen können, welche Browser für das jeweilige Release unterstützt werden. Rufen Sie die Seite *https://launchpad.support.sap.com* auf, und nutzen Sie die Suchbegriffe »IBP« und »Browser«, um zu den für Ihr IBP-Release gültigen Informationen zu gelangen.

Anmeldung am SAP Fiori Launchpad

Um das SAP Fiori Launchpad aufzurufen, benötigen Sie nur die entsprechende URL des Systems sowie Benutzername und Passwort. Diese Informationen werden in der Regel durch die Systemadministration bereitgestellt. Abbildung 18.43 zeigt beispielhaft einen Anmeldescreen.

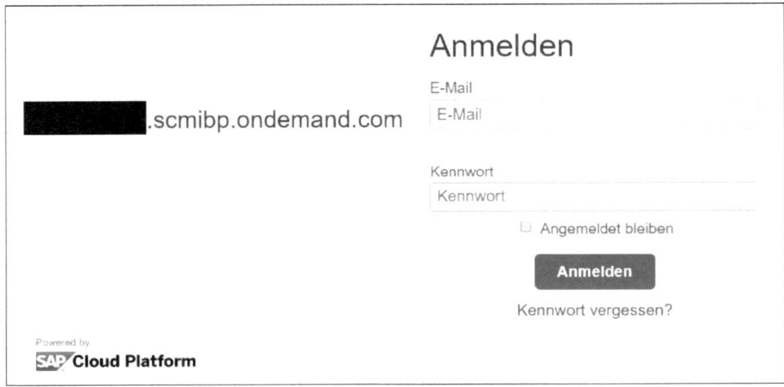

Abbildung 18.43 Anmeldung am SAP Fiori Launchpad

Nach der Einwahl gelangen Sie zur Startseite (engl. *Home Screen*) des SAP Fiori Launchpads. Dieses enthält verschiedene Gruppen von Kacheln (engl. *Tiles*) oder Links, hinter denen sich die SAP-Fiori-Apps verbergen. Abbildung 18.44 zeigt eine Startseite des SAP Fiori Launchpads für ein SAP-IBP-System.

Konkrete Gestaltung des SAP Fiori Launchpads

Die konkrete Gestaltung kann zwischen den hier dargestellten Screenshots und Ihrem System teilweise deutlich abweichen. Zum einen variiert die Darstellung von Browser zu Browser, zum anderen können auch in SAP Fiori analog zum SAP GUI verschiedene Themes verwendet werden.

Auch unterschiedliche Berechtigungen können einen Einfluss darauf haben, wie das SAP Fiori Launchpad konkret angezeigt wird. Ferner sind vielfältige Personalisierungsmöglichkeiten vorhanden, die eine individuelle Anpassung der angezeigten Information ermöglichen. Diese werden wir Ihnen nun vorstellen.

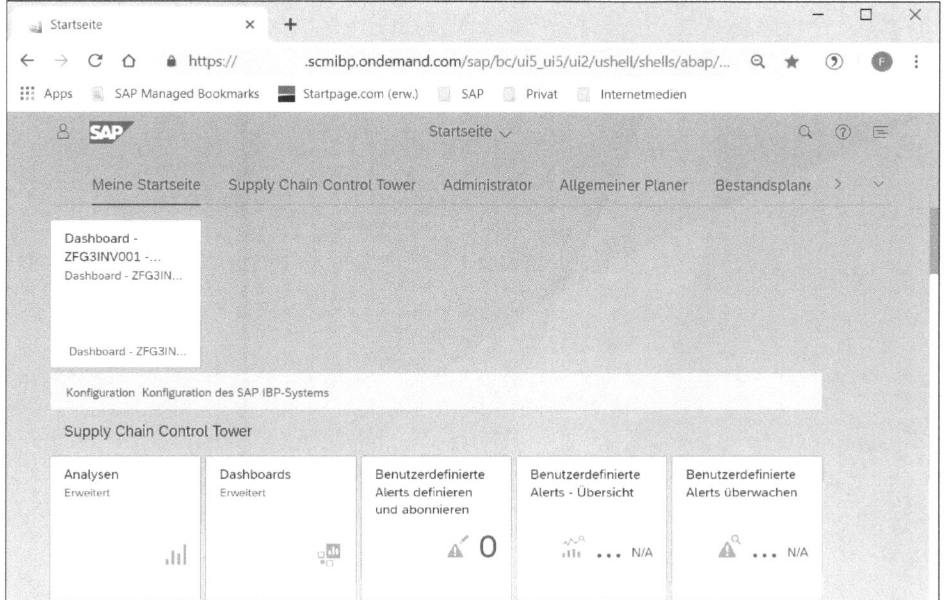

Abbildung 18.44 Startseite_des_SAP Fiori_Launchpads (Beispiel)

Das SAP Fiori Launchpad personalisieren

Der Bildschirm des SAP Fiori Launchpads ist in verschiedene Teile aufgeteilt. Im Kopf der Seite findet sich links oben eine stilisierte Person, über die Sie eine zusätzliche Leiste im linken Bereich einblenden können (siehe Abbildung 18.45). Hier finden Sie die erweiterten Personalisierungseinstellungen.

Im unteren Bereich finden Sie hier eine Liste der zuletzt verwendeten Apps und eine Liste der am häufigsten verwendeten Apps. Im oberen Bereich sehen Sie den Namen des Anwendungsbenutzers, ferner können sie sich über die Schaltfläche Abmelden abmelden.

Unterhalb der Schaltfläche zum Abmelden finden sich drei weitere Schaltflächen, die zentral für die Personalisierung des SAP Fiori Launchpads sind: **App Finder**, **Einstellungen** und **Startseite bearbeiten**.

> **Anzeige der häufig verwendeten Apps**
>
> Bitte beachten Sie, dass die häufig verwendeten Apps nicht in der Liste der zuletzt verwendeten Apps auftauchen. Sie sind nur unter **Häufig verwendet** zu finden. Demnach zeigt die Liste **Zuletzt verwendet** nur diejenigen zuletzt verwendeten Apps an, die nicht zu den häufig verwendeten zählen.
>
> Die beiden genannten Optionen werden nur angezeigt, wenn Sie dies in den Einstellungen so vorgegeben haben.

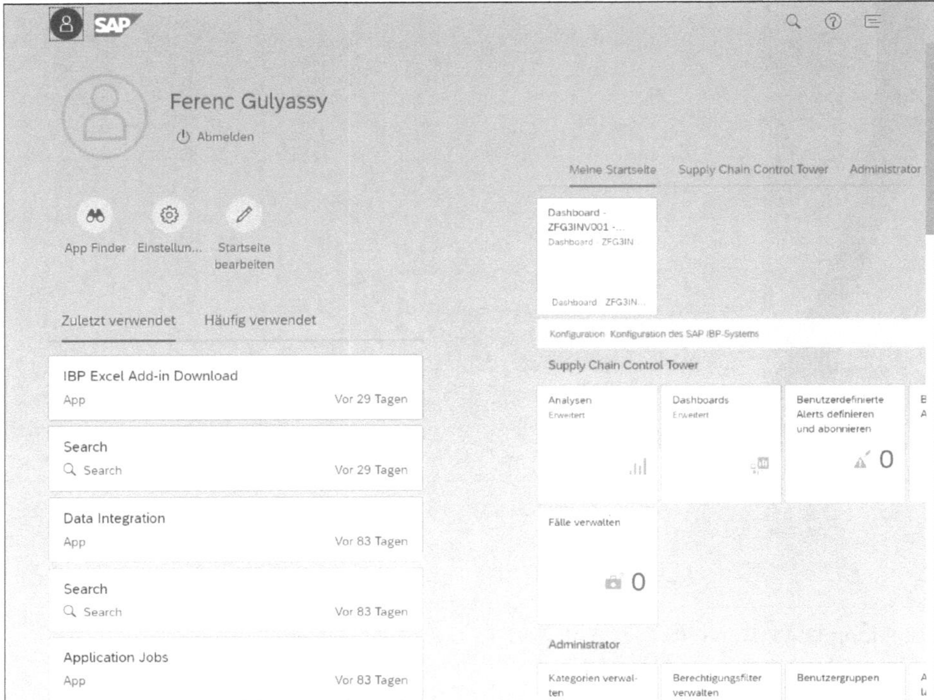

Abbildung 18.45 Erweiterte Personalisierungseinstellungen im SAP Fiori Launchpad

Über die Schaltfläche **Startseite bearbeiten** gelangen Sie in den Bearbeitungsmodus des SAP Fiori Launchpads, d. h., hier können Sie die Gestaltung und den Inhalt an Ihre persönlichen Bedürfnisse anpassen. Abbildung 18.46 zeigt beispielhaft die bereits in Abbildung 18.44 gezeigte Startseite eines SAP Fiori Launchpads, nun jedoch im Bearbeitungsmodus. Wie zu sehen ist, können nun zusätzliche Optionen angewählt werden.

Um die Startseite übersichtlicher zu gestalten, können Sie eingeblendete Kacheln bzw. Apps von ihr entfernen. Hierfür nutzen Sie die jeweils in der rechten oberen Ecke einer Kachel zu findende Schaltfläche **X**. Ähnliches gilt für die unterhalb der jeweiligen Gruppe angezeigten Links.

Über die Schaltfläche [+ Gruppe hinzufügen] in der Mitte lassen sich neue Gruppen anlegen. Eine Gruppe besteht dabei aus einer Auswahl von Kacheln bzw. Links zu Apps. In Abbildung 18.46 ist beispielsweise in der ersten Gruppe **Meine Startseite** ein Link zur Konfiguration sowie eine Kachel zu einem Dashboard eingebunden.

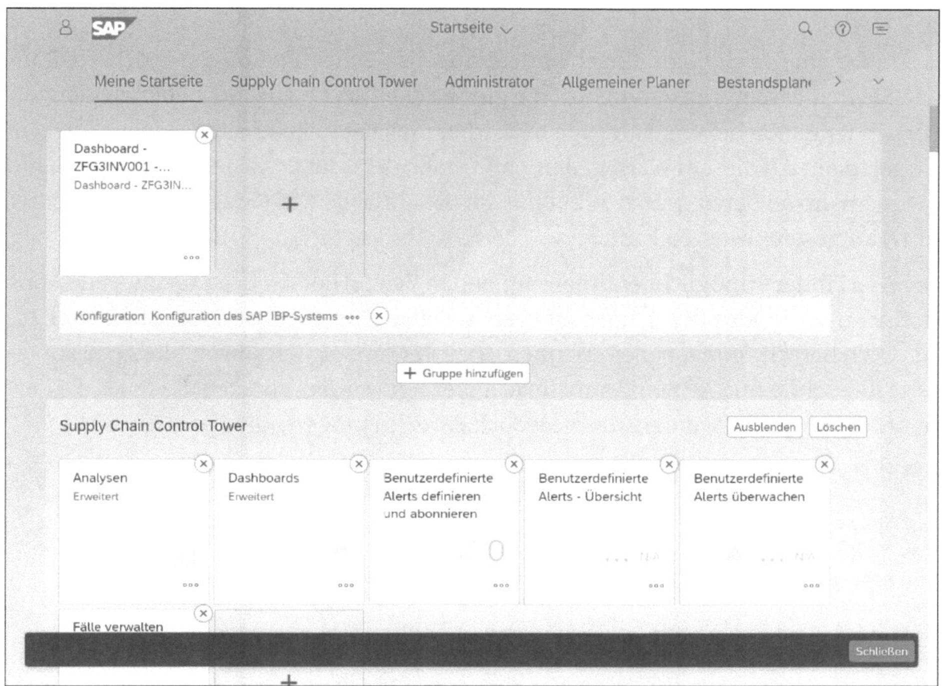

Abbildung 18.46 Startseite des SAP Fiori Launchpads im Bearbeitungsmodus

Die Kacheln bzw. Links können per Drag-and-Drop von einer Gruppe in eine andere verschoben werden (auch außerhalb des Bearbeitungsmodus). Sie können am rechten oberen Rand einer Gruppe mit der Schaltfläche **Ausblenden** dafür sorgen, dass die Gruppe nicht im Anzeigemodus zu sehen ist.

Im Bearbeitungsmodus sind auch ausgeblendete Gruppen nach wie vor sichtbar und können wieder eingeblendet werden. Rechts neben der Schaltfläche **Ausblenden** findet sich die Schaltfläche **Löschen**, mit der Sie eine Gruppe dauerhaft entfernen können. Sie können auch eine ganze Gruppe per Drag-and-Drop an eine andere Stelle ziehen und so die Reihenfolge der Gruppen anpassen. Im Bearbeitungsmodus lässt sich der Name der jeweiligen Gruppe per Klick anpassen.

[«]

Ausnahmestatus der Gruppe »Meine Startseite«

Die Gruppe **Meine Startseite** hat einen Ausnahmestatus, sie kann nicht verschoben, ausgeblendet oder gelöscht werden, auch ein Ändern des Namens ist nicht möglich.

Wenn keine Kachel und kein Link enthalten ist, wird diese Gruppe gewissermaßen ausgeblendet. Sie können zu einem späteren Zeitpunkt erneut Kacheln bzw. Links hinzufügen und so für ein Einblenden der Gruppe sorgen.

App Finder

Wenn Sie eine noch nicht eingeblendete App als Kachel hinzufügen möchten, können Sie im Bearbeitungsmodus auf die große Schaltfläche **+** rechts neben der letzten vorhandenen Kachel einer Gruppe bzw. in der nächsten Zeile einer Gruppe klicken. Sie gelangen auf diesem Wege in den App Finder, der über das bereits angesprochene Menü im linken Bereich auch direkt mit der Schaltfläche **App Finder** (siehe Abbildung 18.47) aufgerufen werden kann.

Der App Finder ermöglicht es Ihnen – unabhängig von der Art des Aufrufs – alle Apps zu finden, zu denen Sie Zugang haben, etwa weil die Ihrem Anwendungsbenutzer zugeteilten Berechtigungen dies erlauben. Hier werden folglich sowohl die Apps aufgelistet, die schon im SAP Fiori Launchpad angezeigt werden, als auch die Apps, die derzeit nicht angezeigt werden, für die jedoch Berechtigungen vorliegen.

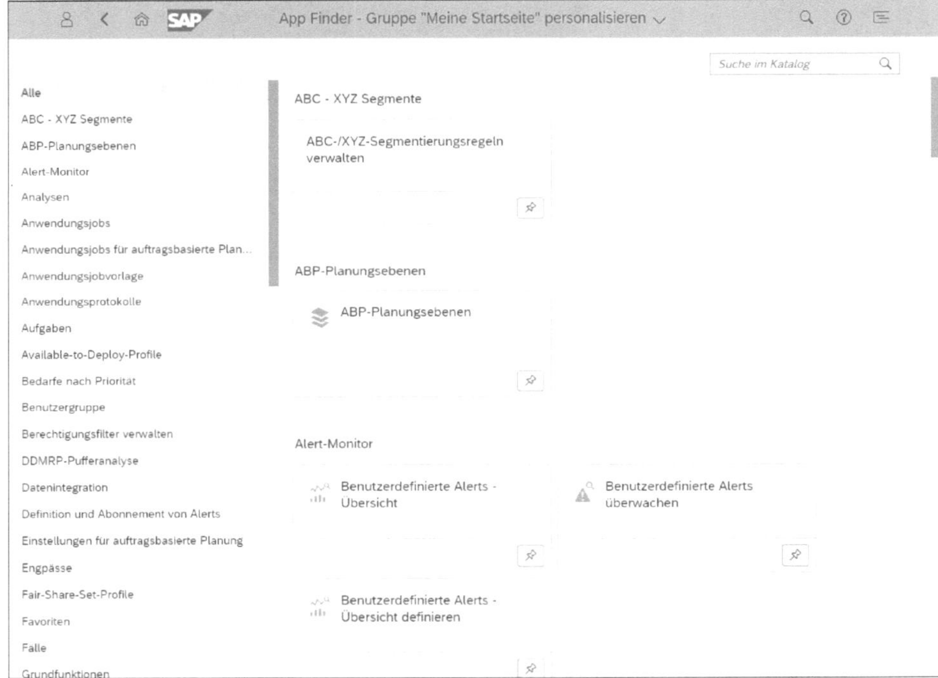

Abbildung 18.47 App Finder

Im linken Teil des Bildschirms des App Finders findet sich eine Liste der Apps bzw. Überbegriffe für Gruppen von Apps, im rechten Bildschirmteil sind die Apps noch einmal mit größeren Schaltflächen und Symbolen dargestellt. Mittels eines Klicks auf eine Option im linken Bereich wird die Darstellung rechts gefiltert. Indem Sie hier auf eine Schaltfläche klicken, können Sie eine App direkt aufrufen, ohne sie dem personalisierten SAP Fiori Launchpad zuzuordnen.

Über die Schaltfläche [pin] erreichen Sie jedoch auch von hier aus die dauerhafte Zuordnung der jeweiligen App zur Startseite. Abbildung 18.48 zeigt beispielhaft die Zuordnung einer App zu **Meine Startseite** aus dem App Finder heraus.

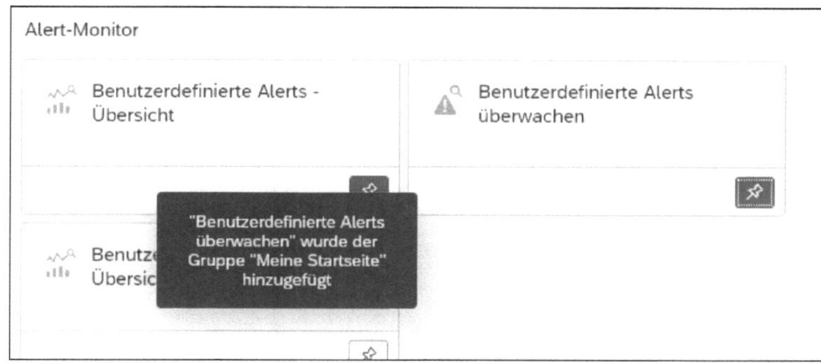

Abbildung 18.48 Zuordnung einer App zu »Meine Startseite« über den App Finder

[«]

Darstellung bereits zugeordneter Apps

Die Schaltfläche für die Zuordnung ändert ihre Farbe nach erfolgter Zuordnung, sie wird dunkel dargestellt: [pin].

18

Aus der Gruppe **Meine Startseite** können Sie die neu hinzugefügte App dann in eine andere Gruppe schieben oder per Drag-and-Drop in einen Linkbereich ziehen und sie so als Link darstellen.

Wenn Sie im rechten oberen Bereich des App Finders den Namen einer App in das Suchfenster **Suche im Katalog** eingeben, können Sie die Liste der angezeigten Optionen entsprechend filtern. Durch erneuten Klick auf die Schaltfläche [pin] löschen Sie die Zuordnung wieder.

[«]

Direkte Zuordnung zu anderen Gruppen als »Meine Startseite«

Wenn Sie über die Schaltfläche **+** einer anderen Gruppe in den App Finder navigieren, wird die dort ausgewählte App der Gruppe zugeordnet, in der Sie die Schaltfläche **+** betätigt haben.

[«]

Mehrfache Anzeige von Kacheln bzw. Links

Es ist möglich, Kacheln oder Links mehrfach in Ihr personalisiertes SAP Fiori Launchpad aufzunehmen, um beispielsweise eine bestimmte Kachel in mehrere Gruppen einordnen zu können.

Sie verlassen den App Finder mit einem Klick auf die Schaltfläche **Zurück** im linken oberen Bereich des Bildschirms (Abbildung 18.49). Den Bearbeitungsmodus des SAP Fiori Launchpads wiederum verlassen Sie über die Schaltfläche **Schließen** (siehe dazu Abbildung 18.49).

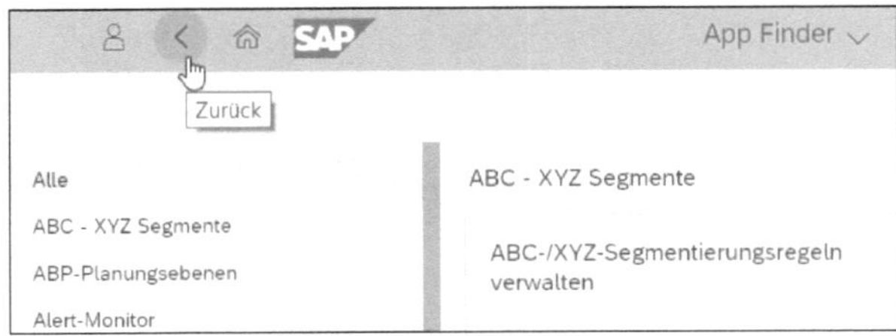

Abbildung 18.49 Verlassen des App Finders

Einstellungen

Die grundsätzlich für Sie gültigen Einstellungen des SAP Fiori Launchpads können Sie in den erweiterten Personalisierungseinstellungen über die Schaltfläche **Einstellungen** aufrufen. Nach Betätigung der genannten Schaltfläche öffnet sich das Dialogfenster **Einstellungen** (Abbildung 18.50).

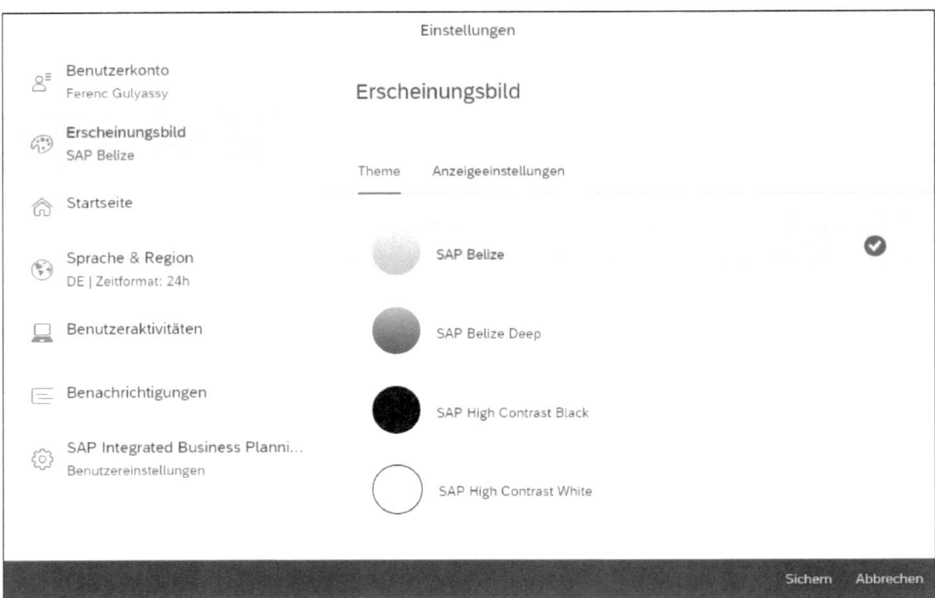

Abbildung 18.50 Das Dialogfenster »Einstellungen« mit unterschiedlichen Themes zur Auswahl

Im linken Bereich finden sich verschiedene Schaltflächen, mit denen Sie unterschiedliche Detailbereiche der Einstellungen aufrufen können. Diese werden dann im rechten Bereich hervorgehoben. Unter **Benutzerkonto** stehen grundlegende Informationen wie der Benutzername, die eingestellte E-Mail-Adresse und die Server-URL des verwendeten SAP-IBP-Systems.

Ausgestaltung des Dialogfensters »Einstellungen«

Zwischen den in diesem Buch dargestellten Abbildungen und dem Erscheinungsbild in Ihrem System kann es z. B. aufgrund verschiedener Berechtigungen zu leichten Abweichungen kommen (es können beispielsweise Schaltflächen fehlen oder nur als Anzeigebereich enthalten sein). Wir erläutern hier grundsätzlich, wie mit den vorzufindenden Einstellungen umgegangen werden kann. Dies ist in allen Variationen identisch.

Wenn Sie auf die Schaltfläche **Erscheinungsbild** klicken, gelangen Sie in den Bereich, in dem Sie aus unterschiedlichen Themes wählen können. Außerdem ist es hier über die im rechten Fenster erscheinende Schaltfläche **Anzeigeeinstellungen** möglich, weitere Einstellungen zur Anzeige vorzunehmen. Hierzu zählen beispielsweise die Größe der verwendeten Controls, insbesondere für die mobile Nutzung über Tablets, bzw. die Verwendung von Animationen, die beim Einsatz älterer Browserversionen teilweise Einschränkungen unterliegt.

SAP Fiori Launchpad auf mobilen Geräten

Die SAP-Fiori-Technologie ist bereits für die Nutzung auf mobilen Endgeräten wie Tablets optimiert, d. h., hierfür sind nutzerseitig keine weiteren Schritte erforderlich.

Über die Schaltfläche **Startseite** können Sie auswählen, ob sämtliche Gruppen angezeigt werden sollen und so dann im Browser durch einfaches Scrollen durch die Gruppen navigiert werden kann oder ob immer nur der Inhalt einer Gruppe zu sehen sein soll. Insbesondere bei großen Gruppen mit vielen Kacheln und Links empfiehlt sich die Einzelansicht.

Die Schaltfläche **Sprache & Region** zeigt Ihnen die Anmeldesprache an, die der des jeweiligen Browsers entspricht. Ferner wird das Datumsformat (z. B. dd.MM.yyyy für 26.08.2021) sowie das Zeitformat (12-Stunden-Format oder 24-Stunden-Format) angezeigt.

Im Bereich **Benutzeraktivitäten** können Sie zum einen vorsehen, ob zuletzt verwendete sowie häufig verwendete Apps in der Leiste zu den erweiterten Personalisierungseinstellungen aufgeführt werden sollen, und zum anderen können Sie hier den Verlauf mit der Schaltfläche **Löschen** löschen (Abbildung 18.51).

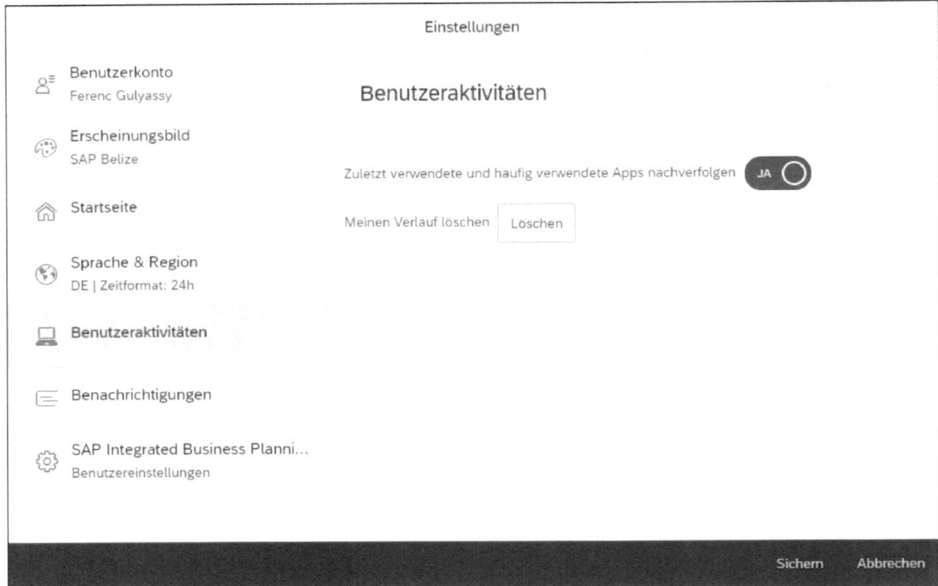

Abbildung 18.51 Das Dialogfenster »Einstellungen« mit Benutzeraktivitäten

Unter **Benachrichtigungen** können Sie definieren, ob Auffälligkeiten mit hoher Priorität angezeigt werden und ob bereits auf der Startseite eine Vorschau erfolgen soll.

Die letzte Schaltfläche links unten, **SAP Integrated Business Planning – Benutzereinstellungen**, ermöglicht es Ihnen, einen Standardplanungsbereich zu hinterlegen, der dann an verschiedenen Stellen in diversen Apps voreingestellt ist, manuell jedoch in aller Regel abgeändert werden kann.

Falls Sie Änderungen an den Einstellungen vorgenommen haben, müssen Sie diese mit der Schaltfläche **Sichern** in der rechten unteren Ecke des Dialogfensters übernehmen; wenn Sie die Anpassungen verwerfen möchten, klicken Sie stattdessen auf **Abbrechen**.

Navigation im SAP Fiori Launchpad

Nachdem wir die Personalisierungsmöglichkeiten erläutert haben, gehen wir in der Folge auf die Navigation im SAP Fiori Launchpad ein.

Sie haben mehrere Möglichkeiten, um im SAP Fiori Launchpad zu navigieren. Unterhalb des Kopfbereichs wird Ihnen in einer Leiste eine Übersicht über die eingeblendeten Gruppen geboten (Abbildung 18.52). Falls die Breite des Browserfensters nicht ausreicht, um alle Gruppen aufzuführen, können Sie am rechten Ende der Leiste mit Pfeiltasten zu den weiteren Gruppen navigieren oder ein Dropdown-Menü öffnen, in dem die einzelnen Gruppen vertikal in einer Liste abgebildet sind. Mit einem Klick auf einen Gruppennamen können Sie zu der entsprechenden Gruppe navigieren.

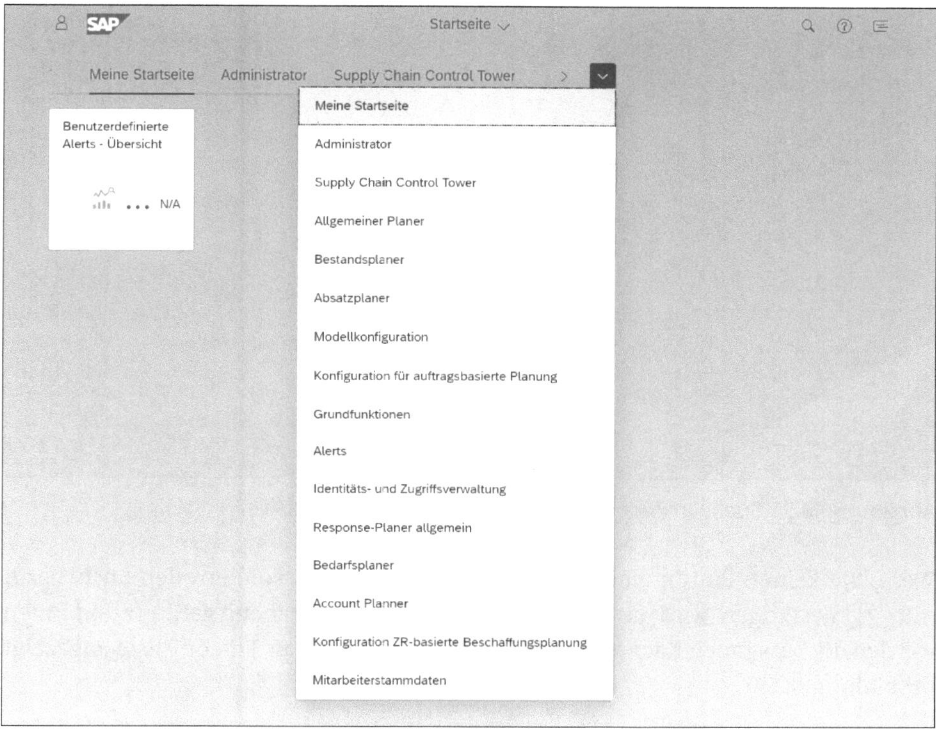

Abbildung 18.52 Dropdown-Menü der SAP-Fiori-Launchpad-Gruppen

Falls Sie in den Einstellungen keine Einzelanzeige der Gruppen vorgesehen haben, können Sie auch durch Nutzung der Scrollfunktion des jeweiligen Browsers durch die einzelnen Gruppen navigieren, bis Sie die Gruppe erreicht haben, die die entsprechende Kachel bzw. den Link enthält.

Navigation per Pfeiltasten

Die Navigation per Pfeiltasten steht Ihnen auch im Bearbeitungsmodus zur Verfügung.

Analog zu der bereits beschriebenen Funktion im App Finder können Sie auch im SAP Fiori Launchpad eine Suche ausführen. Hierfür müssen Sie die Schaltfläche in der rechten oberen Ecke des Browserfensters anklicken. Es öffnet sich ein Suchfeld, in das Sie den Namen der gewünschten App eingeben. Bereits während der Eingabe wird Ihnen über ein Dropdown-Menü eine Auswahl der passenden Apps angezeigt, die Sie zur weiteren Verzweigung als Schaltflächen auswählen können. Abbildung

18.53 zeigt die Suche im SAP Fiori Launchpad nach dem Begriff »Konfiguration« mit der entsprechenden Vorschlagsliste.

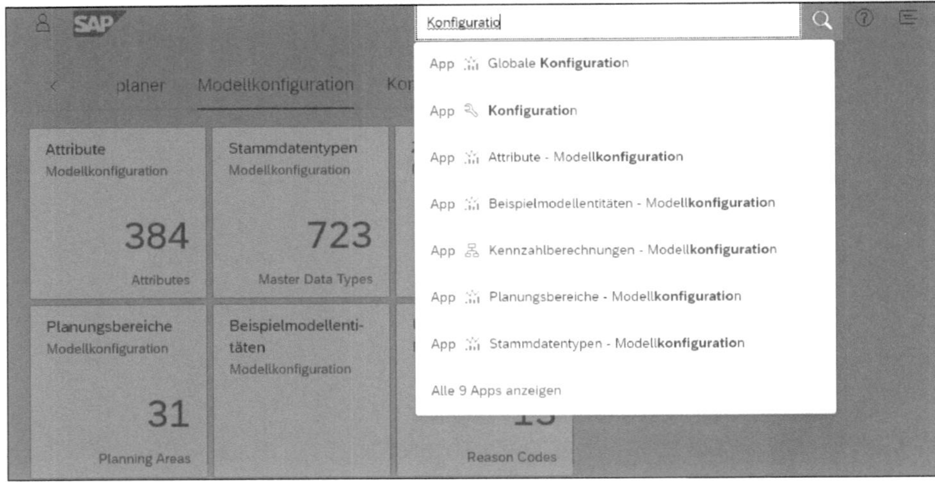

Abbildung 18.53 Suche im SAP Fiori Launchpad mit Vorschlagsliste

Wenn Sie keinen Eintrag der Vorschlagsliste verwenden, sondern den Suchbegriff mit [↵] bestätigen, wird das SAP Fiori Launchpad entsprechend gefiltert und Ihnen werden die passenden Kacheln ohne Gruppenzuordnung als Ergebnisliste angezeigt (Abbildung 18.54).

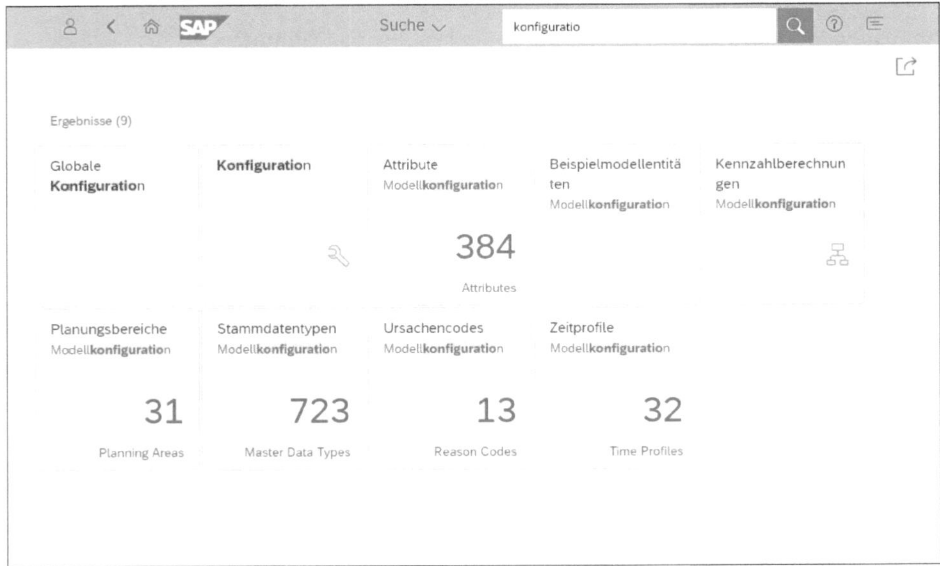

Abbildung 18.54 Suche im SAP Fiori Launchpad mit Ergebnisliste

Falls Sie sich nicht mehr auf der eigentlichen Startseite befinden (z. B. weil aktuell die Ergebnisliste einer Suche angezeigt wird oder Sie sich bereits in einer App bewegen), können Sie in der linken oberen Ecke des Browserfensters über die Schaltfläche zurück zum Startbildschirm oder alternativ mittels der Schaltfläche nur einen Schritt zurück navigieren.

Unabhängig davon, welchen Weg Sie gewählt haben, um die jeweilige Kachel bzw. den Link zu finden: Zum Aufruf der jeweiligen Funktion reicht ein einfacher Klick auf eine Kachel oder einen Link.

Hilfefunktion

Im rechten oberen Bereich finden Sie die Schaltfläche, mit der Sie die Hilfefunktion aufrufen können. Je nach Kontext werden entsprechend unterschiedliche Informationen angezeigt bzw. auch Absprünge zur Verfügung gestellt (siehe Abbildung 18.55). Es kann sich bei der Hilfe zum einen um Informationen in der dunklen Leiste im unteren Bereich des Browserfensters handeln, zum anderen können aber auch Pfeile etc. bestimmte Punkte im System hervorheben, zu denen in der Hilfeleiste dann detaillierte Informationen angezeigt werden.

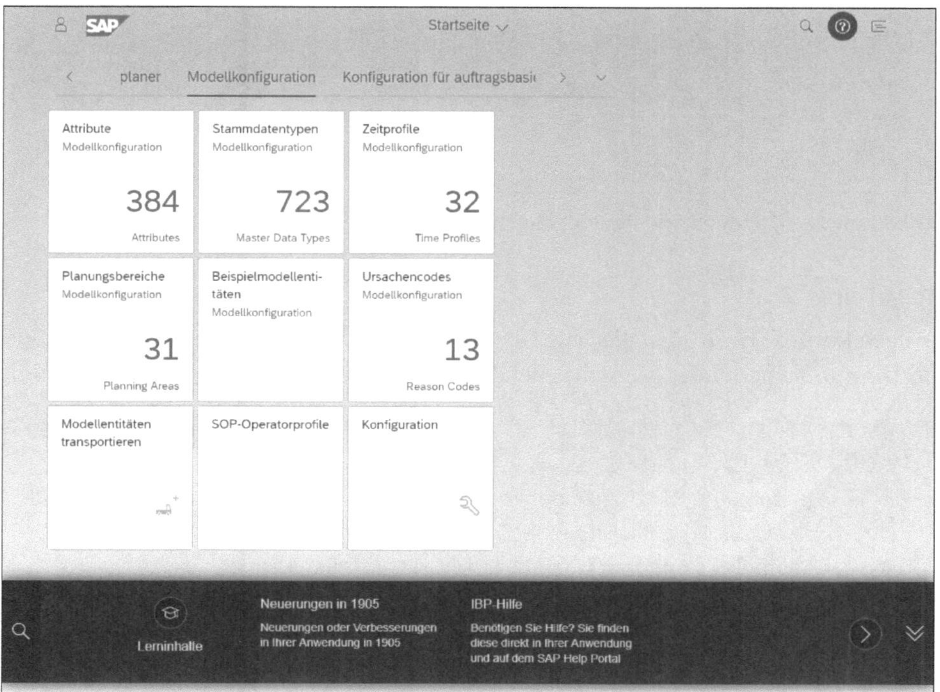

Abbildung 18.55 Eingeblendete Hilfefunktion

Benachrichtigungen

Ebenfalls im rechten oberen Eck finden Sie die Schaltfläche [icon], mit der Sie die Benachrichtigungen des Systems anschauen können. Nach Betätigung der Schaltfläche öffnet sich im rechten Bereich des Fensters eine Informationsleiste mit den für Sie relevanten Benachrichtigungen, die Sie nach Datum, Typ oder Priorität sortieren können (Abbildung 18.56).

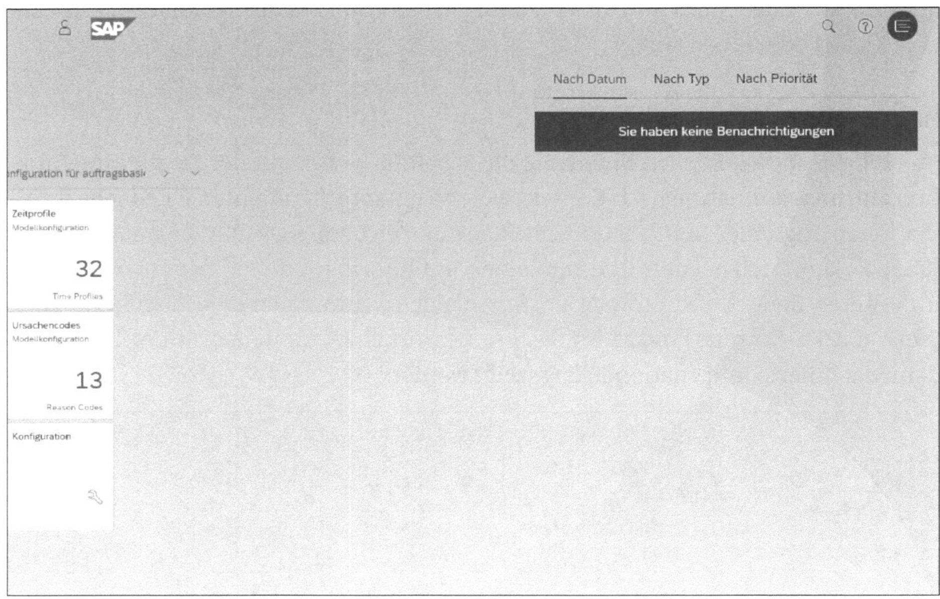

Abbildung 18.56 Eingeblendete Benachrichtigungen mit Sortierfunktion

Teilen einer Sicht

Je nach Kontext kann auch die Schaltfläche [icon] eingeblendet werden, mit der Sie eine bestimmte Ansicht oder Ähnliches per Link mit anderen teilen können (engl. *Share*).

Teilen-Funktion

Ein Beispiel für einen Kontext, in dem das Teilen der Ansicht im SAP Fiori Launchpad möglich ist, ist die Ergebnisliste einer Suche. Hier finden Sie im rechten oberen Bereich das Symbol [icon], mit dem Sie diese Liste per Link teilen können.

Anzeige aller meiner Apps

In der Mitte des oberen Bereichs des Browserfensters steht Ihnen zusätzlich eine Schaltfläche zur Verfügung, über die Sie ein Dialogfenster mit allen Apps aufrufen können (siehe Abbildung 18.57).

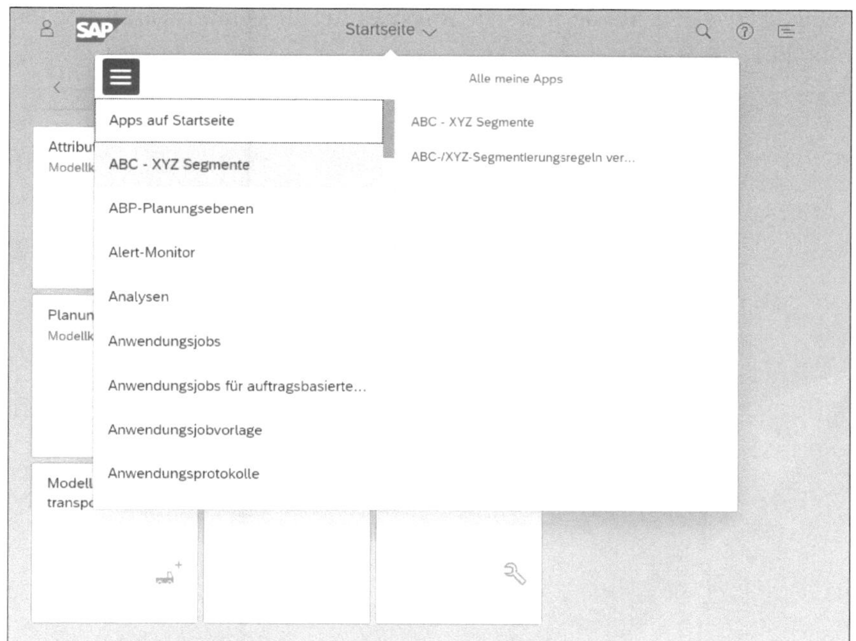

Abbildung 18.57 Schaltfläche und Liste »Alle meine Apps«

Die Bezeichnung dieser Schaltfläche hängt vom Kontext ab, in dem Sie sich gerade bewegen. Beispiele wären Startseite, Suche oder IBP-Konfiguration. Wenn Sie sich gerade in einer App befinden, lautet der Name der Schaltfläche entsprechend dem der App.

18.2.2 Webbasierte Planung

Seit IBP-Release 1908 bietet SAP-Planungssichten mit der App **Webbasierte Planung** auch über einen browserbasierten Aufruf für die zeitreihenbasierte Planung an. Der Anwendungsfall hinter dieser Funktion ist die Bereitstellung der oben beschrieben Planungssicht über die browserbasierte Planung. Dies bedeutet, dass der grundsätzliche Planungsansatz, den Sie mit den Excel-basierten Planungsansätzen durchführen können, auch ohne die lokale Installation eines Excel-Add-ins durch einen einfachen Zugriff über einen Browser ermöglicht werden soll.

Sie finden die App in drei Ausführungen im SAP Fiori Launchpad, und zwar in einer allgemeinen Version, einer spezifisch auf Kundenaspekte ausgelegten Version und einer weiteren für Lieferantenaspekte.

Sie können nach Aufruf der App **Webbasierte Planung** eine Liste der angelegten Planungssichten einsehen. Im oberen Bereich können Sie über die Schaltfläche **Anlegen** in den Dialog verzweigen, auf dem Sie die Angaben für die Planungssicht machen können (Abbildung 18.58).

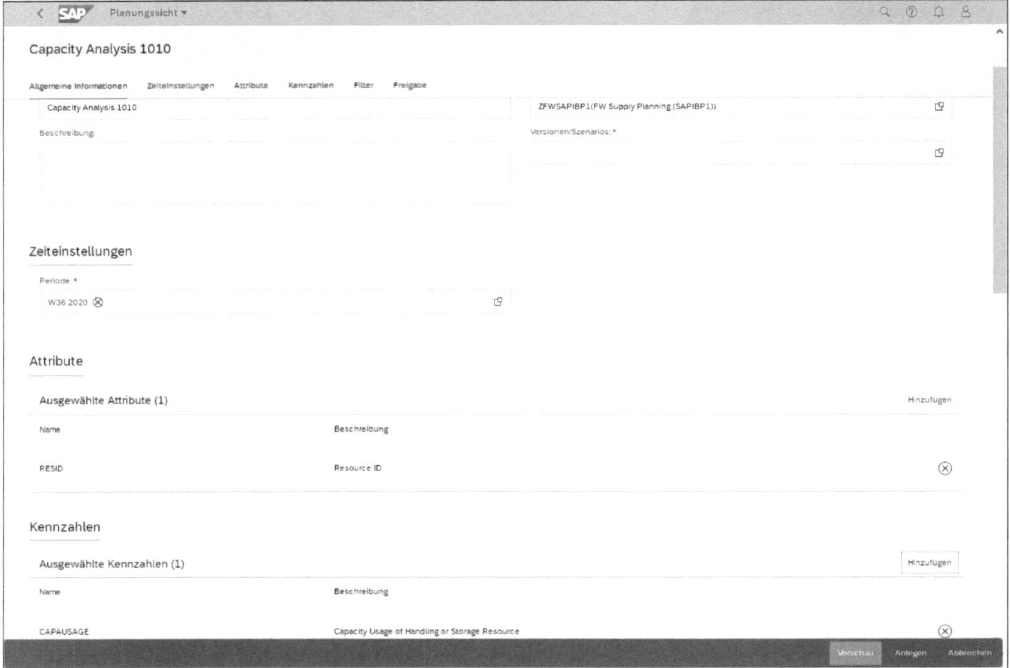

Abbildung 18.58 Anlegen einer webbasierten Planungssicht

Grundsätzlich sind hier größtenteils die gleichen Angaben zu machen, wie wir sie bereits im Rahmen von Abschnitt 18.1.5, »Bestandteile einer Planungssicht«, beschrieben haben. Jedoch fehlen einige der Optionen, die in Excel zur Verfügung stehen, d. h., die webbasierte Planung bietet weniger Funktionsumfang als die Excel-basierte Vorgehensweise. Insgesamt können Sie hier die folgenden Angaben hinterlegen:

- Kopfdaten: Hierzu zählen der Name der Planungssicht, eine entsprechende Beschreibung, der Planungsbereich sowie eine Auswahl des Szenarios bzw. der Version.
- Zeiteinstellungen
- Attribute
- Kennzahlen
- Filter
- Freigabeinformationen für die Planungsmappe

Im Gegensatz zur Excel-basierten Planungssicht können Sie folglich keine Einstellungen zum Layout und zu den Alerts vornehmen.

Auch die Planungssicht selbst weist in der webbasierten Version im Vergleich zur Excel-basierten Variante einen reduzierten Funktionsumfang auf (siehe Abbildung 18.59). So können Sie keinen Planungsoperator ausführen.

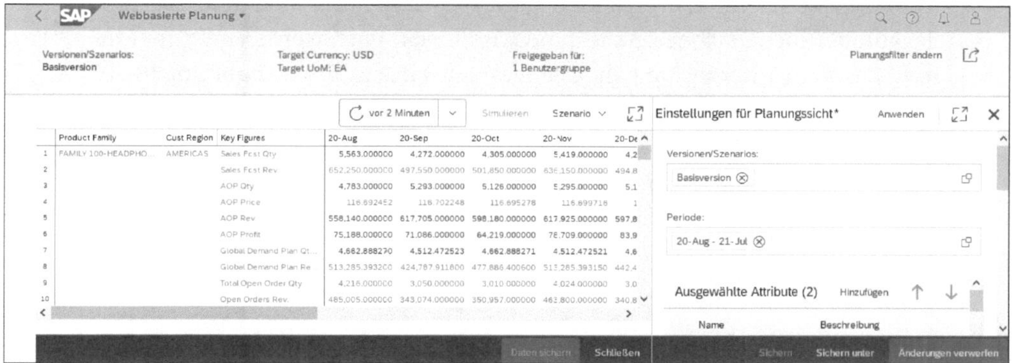

Abbildung 18.59 Anzeige von Planungsdaten in der webbasierten Planungssicht

18.2.3 Interaktive Apps im Bereich der auftragsbasierten Kapazitätsplanung

Die zeitreihenbasierte Planung wird im Wesentlichen mittels der Planungssichten in Microsoft Excel durchgeführt, mit der webbasierten Planung besteht die Möglichkeit einer vereinfachten Verwendung der Planungssichten auch über die browserbasierten Benutzeroberflächen. Diese ist jedoch in den wesentlichen Grundzügen absolut identisch mit den Excel-basierten Sichten.

In der auftragsbasierten Planung ist die grundlegende Situation eine andere. Sie verwendet auch in Teilen die zeitreihenbasierten Planungssichten, jedoch sind – wie bereits durch den Namen deutlich wird – ein wichtiges Ergebnis dieser Planungen die Aufträge. Für eine Darstellung dieser Aufträge ist Microsoft Excel nicht geeignet, u. a. weil Auftragsdaten einen hierarchischen Charakter aufweisen. Aus diesem Grund gibt es eine Reihe von browserbasierten Apps explizit für die auftragsbasierte Planung, die wir Ihnen im Folgenden genauer vorstellen.

App »Projizierten Bestand anzeigen«

Eine zentrale Anwendung im Bereich der auftragsbasierten Planung stellt die App **Projizierten Bestand anzeigen** (engl. **View Projected Stock**) dar. Sie repräsentiert die Übersicht, die Sie in den ERP-Systemen GUI-basiert über die aktuelle Bedarfs-/Bestandssituation (Transaktion MD04) bzw. Ihren Sammeleinstieg mit Transaktion MD07 erlangen können. Auch im APO-System sowie in ePP/DS gibt es mit der Produktsicht (Transaktion /SAPAPO/RRP3) bzw. der Produktübersicht ein entsprechendes Äquivalent (siehe hierzu Kapitel 25, »Interaktive, kurzfristige Kapazitätsplanung in SAP APO und ePP/DS«).

Im oberen Teil der App sehen Sie die Sammelliste aller Lokationsmaterialien, kritische Bestandskonstellationen werden auf einem Zeitstrahl grafisch visualisiert. Der Zeitstrahl ergibt sich aus dem Datumshorizont, den Sie im oberen Bereich der App einstellen können und in dem das IBP-System nach ebendiesen Bestandsunterdeckungen sucht. Sicherheitsbestandsunterdeckungen werden gelb angezeigt, während Bestandsunterdeckungen rot angezeigt werden (siehe Abbildung 18.60).

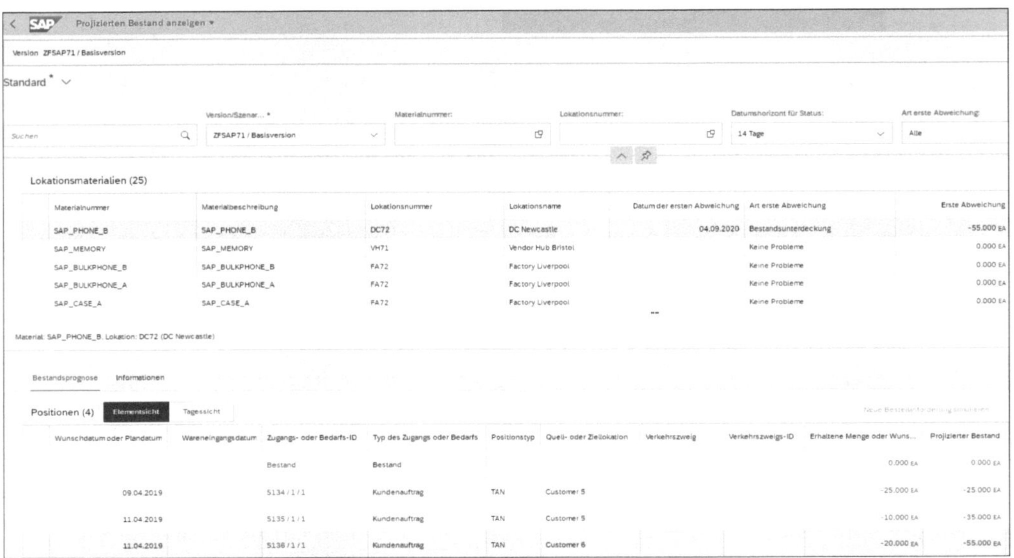

Abbildung 18.60 Einstiegsbild der App »Projizierten Bestand anzeigen«

Nach einem Klick auf eine der Zeilen der Sammelliste der Lokationsmaterialien wird im unteren Teil des Bildschirms die Einzelelementesicht angezeigt, d. h., hier finden Sie eine Übersicht über alle Bedarfs- und Zugangselemente. Über die Schaltfläche oberhalb der Einzelelemente können Sie in die Tagessicht wechseln und sehen dort die entsprechende Bedarfsbestandssituation auf Tagesbasis aggregiert. Diese Sicht, die mit der Periodensummensicht der aktuellen Bedarfs-/Bestandssituation des ERP-Systems auf Tagesbasis vergleichbar ist, empfiehlt sich insbesondere, wenn Sie viele Einzelelemente für ein Material anzeigen wollen.

Die Materialliste als übergreifender Sammeleinstieg sowie die Einzelelementesicht der Bedarfe und Zugänge, also die mit den oben genannten Transaktionen vergleichbaren Informationen, stellen lediglich das Einstiegsbild der App **Projizierten Bestand anzeigen** dar. Über die Registerkarte **Informationen** können Sie detaillierte Informationen zum ausgewählten Lokationsmaterial anzeigen, auch können Informationen zum letzten Planungslauf visualisiert werden.

Ferner können Sie für eingekaufte Materialien Änderungen an einem besehenden Bestellbeleg oder auch neue Bestellanforderungen simulieren. Hierfür stehen Ihnen im oberen Teil der Einzelelementsicht entsprechende Schaltflächen zur Verfügung.

Für einzelne Elemente finden Sie in der Spalte **Zugangs- oder Bedarfs-ID** einen Link, mit dem Sie in weitere Apps der auftragsbasierten Planung verzweigen können. So führt ein Klick auf den Link eines Kundenauftrags zur App **Bestätigungen anzeigen**, wohingegen ein Klick auf einen Link eines Zugangselements zur App **Verwendung der Zugänge analysieren** verzweigt.

App »Bestätigungen anzeigen«

Wenn Sie die App **Bestätigungen anzeigen** aus der App **Projizierten Bestand anzeigen** heraus aufrufen, ist die Anzeige direkt nach einer bestimmten Kundenauftragsposition gefiltert. Falls der Aufruf aus dem SAP Fiori Launchpad erfolgt, müssen Sie über die im oberen Teilbereich der App zu findenden Filteroptionen eine Selektion vornehmen.

Dabei steht Ihnen auch die Möglichkeit zur Verfügung, bestimmte *Engpasstypen* auszuwählen. Ein Engpasstyp ist eine Restriktion, die für eine Kundenauftragsposition kritisch ist. In der auftragsbasierten Planung können folgende Engpasstypen verwendet werden:

- Angepasste Menge
- Fixierungshorizont
- Kontingentierung
- Lieferanteneinschränkung
- Projizierter Bestand
- Ressource
- Supply-Chain-Modell
- Wiederbeschaffungszeit

Die Ermittlung der Engpässe erfolgt im Rahmen der Planung, Sie können jedoch auch einen planungsunabhängigen Hintergrundjob zur Ermittlung der Engpässe in der App **Anwendungsjobs** einplanen (Job: **Auftragsbasierte Planung: Engpassanalyse**).

Nach der Identifikation einer Kundenauftragsnummer können Sie die Liste der konkurrierenden Kundenaufträge anzeigen (siehe Abbildung 18.61). In dieser Sicht sehen Sie neben Informationen zu Auftragsdaten, Wunsch- und Bestätigungsmenge auf Positionsebene auch die zugeordnete Bedarfspriorität. Ein Klick auf die Segmentbeschreibung ermöglicht Ihnen detaillierte Informationen zu den Priorisierungsinformationen und zur Pegging-Strategie (siehe Abschnitt 17.2.5, »Bedarfspriorisierung«, und Abschnitt 17.2.6, »Pegging«). Im unteren Teil des Bildschirms sehen Sie die Liste der Einteilungen zur Position.

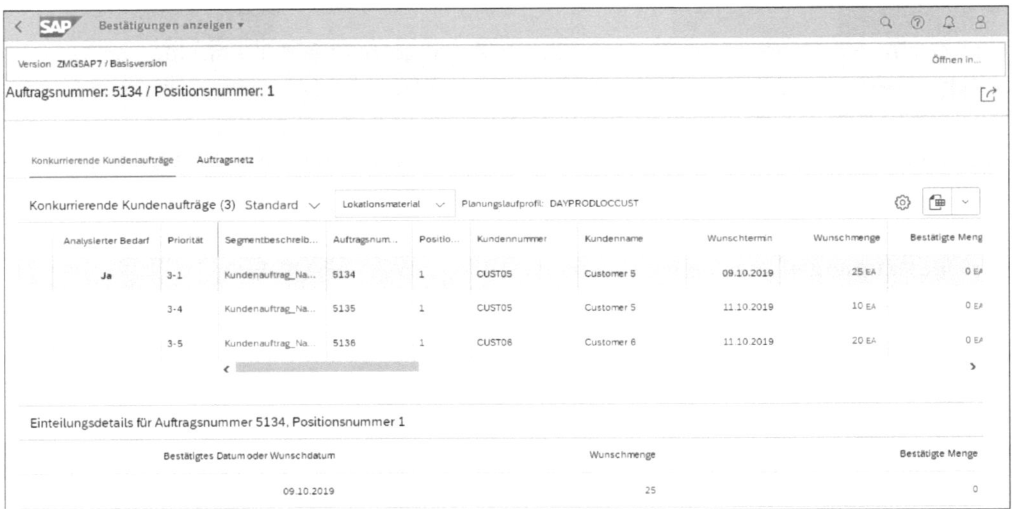

Abbildung 18.61 Sicht konkurrierende Kundenaufträge in der App »Bestätigungen anzeigen«

Über die Schaltfläche **Kontingentierungsdetails anzeigen** im unteren rechten Bereich lässt sich ein Pop-up mit den Details zur Auftragskontierung öffnen. Ferner steht Ihnen die Möglichkeit zur Verfügung, einen simulativen Planungslauf für die Auftragsposition auszuführen. Dafür können Sie das Wunschdatum und die Wunschmenge anpassen. Eine analoge Funktion steht Ihnen auch für noch nicht vorhandene Kundenaufträge mit der App **Kundenauftrag simulieren** zur Verfügung.

Neben der Anzeige der konkurrierenden Kundenaufträge gibt es in der App **Bestätigungen anzeigen** auch die Möglichkeit, auf das mehrstufige Auftragsnetz zu verzweigen, d. h. auf die mehrstufig mit der Kundenauftragsposition verpeggten Zugänge. Diese Sicht repräsentiert demnach die Pegging-Sicht (Top-down) der auftragsbasierten Planung (vgl. hierzu Abschnitt 20.2, »Pegging«). Dabei wird Ihnen im linken Teilbereich der App angezeigt, welche Engpasstypen für das jeweilige Element relevant sind, d. h., ob beispielsweise eine Ressourcenüberlast zu beobachten ist.

App »Verwendung der Zugänge analysieren«

Das Äquivalent zur App **Bestätigungen anzeigen** auf Zugangsseite ist die App **Verwendung der Zugänge analysieren**. Auch in diese App können Sie entweder aus der App **Projizierten Bestand anzeigen** oder direkt aus dem SAP Fiori Launchpad heraus verzweigen.

In dieser App finden Sie die Information, zu welchen Bedarfen die Zugänge verpeggt sind, hierfür steht Ihnen die Sicht **Verwendung der Zugänge** zur Verfügung (Abbildung 18.62). Anders als in der App **Bestätigungen anzeigen** wird Ihnen hier das Pegging in der Bottom-up-Richtung angezeigt, d. h. von den Zugängen in Richtung der Bedarfe.

Über die Registerkarte **Verwendung der Ressourcen** können Sie zur ressourcenbezogenen Analyse wechseln.

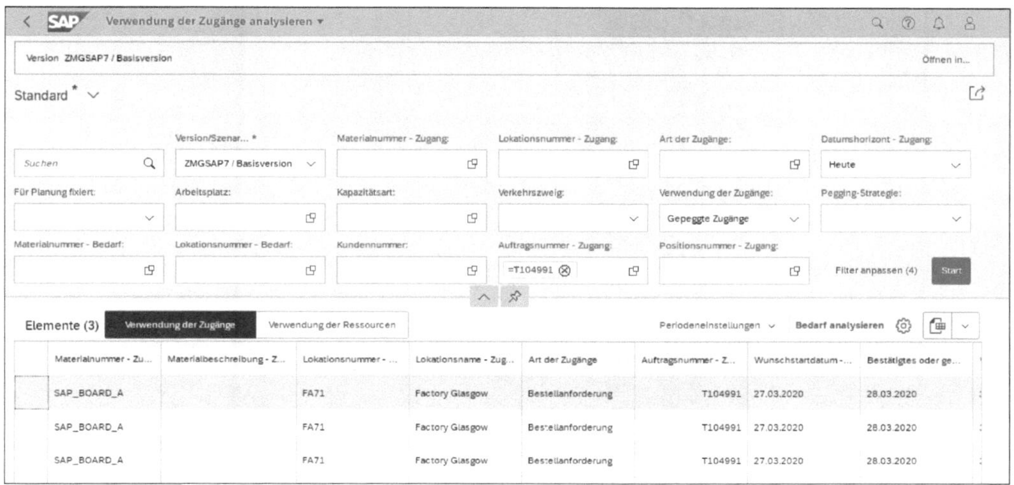

Abbildung 18.62 App »Verwendung der Zugänge analysieren«

18.3 Fazit

Sie haben nun die Funktionen der interaktiven Kapazitätsplanung des mittel- bis langfristigen Horizont im SAP IBP kennengelernt. Dabei haben wir Ihnen zunächst einen Überblick über die Microsoft-Excel-basierten Benutzeroberflächen gegeben. Diese sind die standardmäßig zum Einsatz kommenden Oberflächen für die zeitreihenbasierte Planung, sie werden jedoch auch für bestimmte Planungsaufgaben im Rahmen der auftragsbasierten Planung verwendet.

Letztere weist jedoch aufgrund des Charakters der verwendeten Planungsobjekte, d. h. der Aufträge, auch einige browserbasierte Apps auf, die für die Planung verwendet werden. Dabei wird demnach für diese Planungsaufgaben der auftragsbasierten Planung die gleiche Benutzeroberfläche verwendet wie für viele andere Aufgaben in SAP IBP, wie z. B. die Konfiguration, die allgemeine Verwaltung zentraler Aufgaben wie der Jobsteuerung oder der Benutzerverwaltung.

TEIL V

Kurzfristige Kapazitätsplanung

Kapitel 19
Kapazitätsplanung in SAP ECC und SAP S/4HANA

Aufbauend auf den Planungsfunktionen der Auftragsanlage haben Sie mit der Funktion Capacity Requirements Planning im ECC- sowie im S/4HANA-System die Möglichkeit, Aufträge auf Basis von Kapazitätserwägungen terminlich feinzuplanen.

Die Funktion zur kurzfristigen Kapazitätsplanung in den ERP-Systemen SAP ECC und SAP S/4HANA wird mit dem englischen Begriff *Capacity Requirements Planning* (CRP) bezeichnet. Schon der Begriff zeigt deutlich, worin sich CRP von Material Requirements Planning (MRP) unterscheidet. Anders als in MRP liegt der Fokus in CRP nicht auf der Deckung der Materialbedarfe, sondern auf der Deckung der Kapazitätsbedarfe.

In CRP werden demnach vorab definierte Kapazitätsbedarfe, die durch die Funktionen der Auftragsanlage entstanden sind (siehe hierzu Kapitel 7, »Funktionen der Auftragsanlage«), mit dem Kapazitätsangebot abgeglichen und Maßnahmen eingeleitet, falls sich beim Abgleich eine Problemsituation ergibt. Dabei sind die Funktionen der kurzfristigen Kapazitätsplanung im ECC- und im S/4HANA-System größtenteils identisch. Lediglich im Bereich der Oberflächen ergeben sich größere Unterschiede. Wir werden daher die Funktionen gemeinsam behandeln und lediglich an Stellen mit unterschiedlichen Funktionsumfang explizit auf die diesbezüglichen Details eingehen.

Die kurzfristige Kapazitätsplanung in den ERP-Systemen umfasst die folgenden Komponenten:

- **Kapazitätsauswertung**
  In der *Kapazitätsauswertung* wird der Kapazitätsbedarf dem zur Verfügung stehenden Kapazitätsangebot gegenübergestellt.
- **Kapazitätsabgleich**
  Aus der Kapazitätsauswertung resultieren häufig *Anpassungsbedarfe*, d. h., zeitlich müssen Kapazitätsbedarf und -angebot miteinander in Einklang gebracht werden, um einen machbaren Plan zu erzeugen.

Dieser Schritt wird vor allem dadurch nötig, dass die vorab in der Materialbedarfsplanung ablaufende Terminierung keine Kapazitätsverfügbarkeit berücksichtigt und so in der Regel Zeitintervalle entstehen, in denen die durch die Eigenfertigungsvorgänge ausgelösten Kapazitätsbedarfe die zur Verfügung stehenden Eigenfertigungskapazitäten überschreiten.

Die Maßnahmen, um Kapazitätsbedarf und -angebot miteinander in Einklang zu bringen, werden als *Kapazitätsabgleich* bezeichnet.

- **Kapazitätsverfügbarkeitsprüfung**
  Im Rahmen der Auftragsausführung (siehe hierzu Abschnitt 26.3.3, »Status«) ändert sich der Status von Zugangselementen (z. B. Fertigungsaufträge). Diese Statusänderungen sind für die Nachverfolgung des Bearbeitungsfortschritts von hoher Bedeutung. In diesem Schritt kann es je nach Detaillierungsgrad der vorhergehenden Planungen sinnvoll sein, die Machbarkeit dieser Planungen noch einmal daraufhin zu verifizieren, dass sowohl die Material- als auch die Kapazitätsverfügbarkeit gewährleistet ist. Zu diesem Zweck stehen Ihnen in den ERP-Systemen Verfügbarkeitsprüfungen zur Verfügung, von denen wir in diesem Buch die *Kapazitätsverfügbarkeitsprüfung* näher beleuchten. Zur Materialverfügbarkeitsprüfung finden Sie einige erläuternde Hinweise in Abschnitt 26.3, »Verfügbarkeitsprüfung«, sowie im Buch *Verfügbarkeitsprüfung mit SAP* von Jens Drewer, Dirk Honert und Jens Kappauf, das 2011 bei SAP PRESS erschienen ist.

Identische Kapazitätsplanungsfunktionen für verschiedene Bereiche

Vor der Erläuterung der einzelnen angebotenen Funktionen sei vorab noch angemerkt, dass sowohl die Möglichkeiten für Kapazitätsauswertung und -abgleich als auch die Charakteristika von Kapazitätsbedarf und Kapazitätsangebot von verschiedenen Planungsfunktionen der ERP-Systeme genutzt werden. Die in diesen Kapiteln dargestellten Funktionen sind daher im Wesentlichen in den Bereichen Projekt-, Produktions- und Instandhaltungsplanung in den ERP-Systemen identisch.

Wir stellen Ihnen die Funktionen hier in den wesentlichen Zügen für den Fall der Produktionsplanung vor, die Erkenntnisse lassen sich jedoch in allen relevanten Charakteristika auf die anderen Bereiche übertragen. Dies ist darin begründet, dass die Aufträge der Projektplanung (Netzpläne) und die der Instandhaltungsplanung (Instandhaltungsaufträge) analog zu Fertigungs- oder Prozessaufträgen Kapazitätsbedarfe tragen, die durch Kapazitätsangebote gedeckt werden müssen, die aus SAP-Stammdaten resultieren. An Stellen, an denen besondere Eigenschaften der einzelnen Bereiche berücksichtigt werden müssen, gehen wir explizit auf diese ein.

19.1 Auftragsterminierung und Kapazitätsbedarfe

Kapazitätsbedarfe werden von Aufträgen bzw. genauer von Vorgängen, die zu den Aufträgen gehören, abgesetzt. Sie entstehen daher in den ERP-Systemen durch die Anlage von Aufträgen diverser Funktionalitäten, wie z. B. der Produktion (Plan-, Fertigungs- und Prozessaufträge), der Projektabwicklung (Netzpläne) und der Instandhaltung (Instandhaltungsaufträge), auf die wir in Kapitel 7, »Funktionen der Auftragsanlage«, näher eingehen.

In den folgenden Abschnitten gehen wir zunächst auf die Terminierung der Vorgänge ein, die Träger der Kapazitätsbedarfe sind, und im Anschluss auf die in der Terminierung angelegte Höhe bzw. Lage der Kapazitätsbedarfe. Da sich die Funktionalitäten der Produktions-, der Projekt- sowie der Instandhaltungsplanung an dieser Stelle leicht unterscheiden, gehen wir zunächst intensiv auf die Funktionalitäten der Produktionsplanung ein und verdeutlichen im Anschluss, an welchen Stellen sich das Systemverhalten in den anderen Funktionalitäten unterscheidet.

19.1.1 Auftragsterminierung und Kapazitätsbedarfsermittlung in der Produktionsplanung

Die Kapazitätsbedarfe in der Produktionsplanung werden in den ERP-Systemen nach einem mehrstufigen Konzept erzeugt. Auf Basis einer groben Eckterminierung wird über eine detailliertere Durchlaufterminierung der Zeitpunkt einzelner Bearbeitungsaktivitäten festgelegt, die wiederum die Grundlage für die Erzeugung der Kapazitätsbedarfe bilden. Um Ihnen ein Bild davon zu vermitteln, wie die zeitliche Lage der Kapazitätsbedarfe in Bezug auf die Terminierung des Auftrags zustande kommt, erläutern wir Ihnen zunächst das Konzept der Terminierung, das den maßgeblichen Rahmen für die terminliche Lage der Kapazitätsbedarfe setzt.

Eckterminierung

Die Eckterminierung ermittelt auf Basis von tagesgenauen Materialstammfeldern grobe Eckstart- und Eckendtermine der Beschaffungselemente, während die nachgelagerte Durchlaufterminierung auf der Grundlage der Arbeitspläne und -plätze detaillierte Terminierungsergebnisse für Eigenfertigungsaufträge wie Plan-, Fertigungs- und Prozessaufträge liefert.

Durch die Ecktermine wird der Rahmen für die Lage der Bearbeitungsvorgänge eines Bedarfsdeckers gesetzt. In der Regel werden Eckstart- und Eckendtermin sowie Auftragseröffnungstermine bestimmt. Dabei nutzen die ERP-Systeme normalerweise zunächst die Rückwärtsterminierung, d. h., die zeitliche Lage der Ecktermine wird vom Bedarfstermin aus in Richtung des Heute-Datums berechnet. Fällt der auf diese Weise ermittelte Eckstarttermin in die Vergangenheit, schaltet das System im Standard auf Vorwärtsterminierung um. Dieses Verhalten können Sie jedoch im Customizing des Werks (**Produktion • Bedarfsplanung • Werksparameter • Gesamtpflege der Werksparameter durchführen**) oder der Dispositionsgruppe (**Produktion • Bedarfsplanung • Dispositionsgruppe • Gesamtpflege der Dispositionsgruppe durchführen**) übersteuern, d. h., es können bereits aus dem Materialplanungslauf heraus Ecktermine in der Vergangenheit zugelassen werden.

Bei eigengefertigten Materialien steht die *Eigenfertigungszeit* im Zentrum der Eckterminierung. Dabei wird zwischen der losgrößenunabhängigen und der losgrößenabhängigen Eigenfertigungszeit unterschieden, wobei es sich um zwei sich gegenseitig ausschließende Alternativen handelt.

Die *losgrößenunabhängige Eigenfertigungszeit* können Sie pauschal für alle möglichen Losgrößen in Arbeitstagen auf der Registerkarte **Disposition 2** oder auf der Registerkarte **Arbeitsvorbereitung** des Materialstamms pflegen (siehe Abbildung 19.1).

Abbildung 19.1 Eigenfertigungszeiten in der Arbeitsvorbereitungssicht des Materialstamms

Die losgrößenabhängige Eigenfertigungszeit dagegen besteht aus einer Kombination von mehreren Feldinhalten der Registerkarte **Arbeitsvorbereitung**. Hier ist es möglich, neben den ebenfalls losgrößenunabhängigen Rüst- und Übergangszeiten separat eine auf eine Basismenge bezogene Bearbeitungszeit (Feld **BearbZeit**) zu hinterlegen.

Die Rüstzeit ist die Anzahl an Arbeitstagen, die pro Auftrag für Rüst- und Abrüstvorgänge insgesamt benötigt werden, wobei hier aufgrund des groben Charakters der Eckterminierung nicht in die Überlegungen einbezogen wird, ob aufgrund der Bearbeitungsreihenfolge tatsächlich Rüstvorgänge anfallen. Im Feld **Übergangszeit** werden die unproduktiven Schritte zwischen der eigentlichen Bearbeitung, wie z. B. Warte-, Liege- und Transportzeiten, sowie den Vorgriffs- und Sicherheitszeiten abgebildet. Auch die losgrößenabhängigen Angaben zur Eigenfertigungszeit werden in Arbeitstagen gepflegt, hierbei können im Gegensatz zur losgrößenunabhängigen Alternative auch Dezimalzahlen verwendet werden.

Sie haben über Transaktion CA97N die Möglichkeit, die Feldinhalte der losgrößenabhängigen Eigenfertigungszeit aus dem Arbeitsplan fortzuschreiben. Die Eckterminierung ermittelt jedoch auch bei der Wahl dieser Option lediglich tagesgenaue Termine.

Die zweite wesentliche Komponente im Rahmen der Eckterminierung von Eigenfertigungsaufträgen neben der beschriebenen Eigenfertigungszeit ist die *Wareneingangsbearbeitungszeit*, die Sie ebenfalls in Arbeitstagen auf der Registerkarte **Disposition 2** im Materialstamm pflegen können. Die Wareneingangsbearbeitungszeit dient der Abbildung von Prüf- und Einlagerungszeiten, die zwischen der eigentlichen Fertigstellung eines Auftrags und der dispositiven Verfügbarkeit der produzierten Mengen im Lager anfallen.

Neben der Eigenfertigungs- sowie der Wareneingangsbearbeitungszeit wird mit dem *Eröffnungshorizont* eine dritte Zeitspanne bei der Eckterminierung im Rahmen der Eigenfertigung einbezogen. Diesen können Sie im **Horizontschlüssel** der Registerkarte **Disposition 2** im Materialstamm als Anzahl von Arbeitstagen hinterlegen, die vom geplanten Start des Auftrags abgezogen werden, um einen Eröffnungstermin zu ermitteln.

Dieser Eröffnungstermin soll dem Disponenten einen Anhaltspunkt liefern, ab wann eine Umsetzung eines Planauftrags in einen festen Auftrag (z. B. Fertigungsauftrag), die sogenannte Auftragsumsetzung oder -eröffnung, angestrebt werden sollte. Innerhalb des Eröffnungshorizonts sollten die nötigen Maßnahmen zur Vorbereitung der Umsetzung eingeleitet werden, d. h., nur wenn die Umsetzung innerhalb des Eröffnungshorizonts erfolgt, kann die Produktion in der Zeit durchgeführt werden, die in der Planung vorgesehen wurde.

Zur Durchführung der Eckterminierung wird nun in den meisten für die Kapazitätsplanung relevanten Fällen ausgehend vom Bedarfstermin rückwärts zunächst die Wareneingangsbearbeitungszeit verrechnet, um so den Eckendtermin des Auftrags zu erhalten. Vom Eckendtermin wird ebenfalls über Rückwärtsrechnung die Eigenfertigungszeit abgezogen, um so den geplanten Eckstarttermin des Eigenfertigungsauftrags zu erhalten. Der Eckstarttermin bildet gewissermaßen den Endpunkt des Eröffnungshorizonts, der zeitlich vor den Eckterminen des Eigenfertigungsauftrags liegt und dessen Beginn durch den Eröffnungstermin bestimmt ist (siehe Abbildung 19.2).

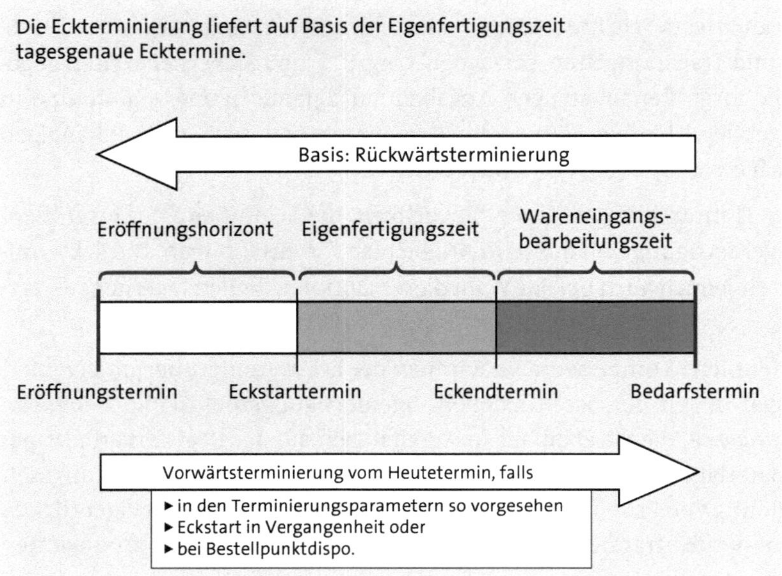

Abbildung 19.2 Eckterminierung bei Eigenfertigung (ERP-System)

Durchlaufterminierung

Wie beschrieben, entstehen Kapazitätsbedarfe in den ERP-Systemen auf verschiedenen Wegen, die Eckterminierung bildet dabei lediglich den Ausgangspunkt. Die Absetzung von Kapazitätsbedarfen in der Produktionsplanung erfolgt auf Basis des folgenden Schritts, der Durchlaufterminierung.

Die Durchlaufterminierung ist nur für die Eigenfertigung relevant. Sie basiert auf der Eckterminierung und konkretisiert die Eigenfertigungszeit. Ob eine Durchlaufterminierung bereits im Materialplanungslauf für Planaufträge durchgeführt werden soll, wird in den Steuerungsparametern des Planungslaufs über das Terminierungskennzeichen bestimmt (siehe Abbildung 19.3).

In jedem Fall wird unabhängig von den Terminierungseinstellungen des Planungslaufs bei der Umsetzung eines Planauftrags in einen Fertigungs- oder Prozessauftrag die Durchlaufterminierung angestoßen. Gleiches gilt, wenn ein Fertigungs- oder Prozessauftrag ohne Bezug zu einem Planauftrag angelegt wird. Im Gegensatz zur groben Eckterminierung werden bei der Durchlaufterminierung sekundengenaue Termine auf Vorgangsebene bestimmt. Zu diesem Zweck greift die Durchlaufterminierung unter anderem auf Arbeitsplan- und auf Arbeitsplatzdaten zurück.

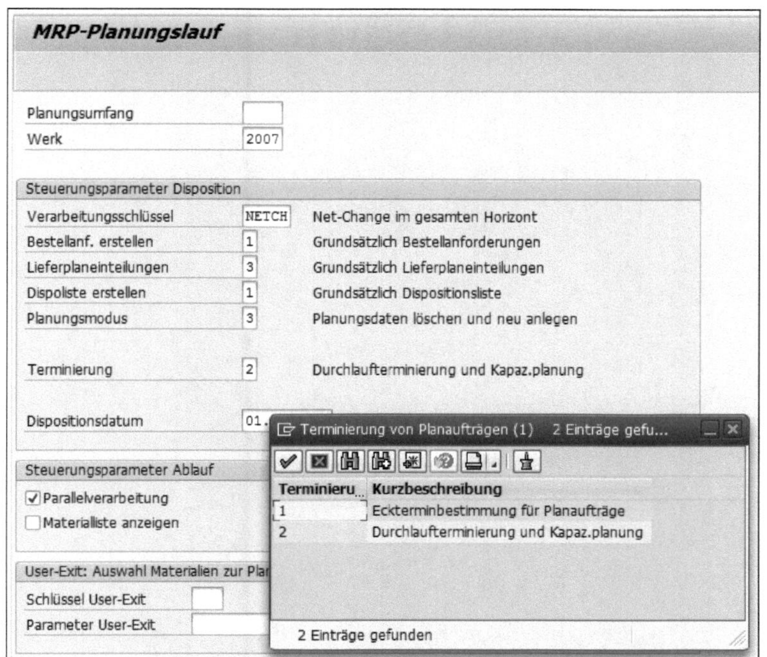

Abbildung 19.3 Einstellung einer Durchlaufterminierung für Planaufträge in den Steuerungsparametern des MRP-Laufs

Die erste zentrale Komponente im Rahmen der Durchlaufterminierung bildet die sogenannte Sicherheitszeit. Diese definieren Sie im Horizontschlüssel im Customizing in Arbeitstagen und ordnen sie anschließend im Materialstamm auf der Registerkarte **Disposition 2** zu (siehe Abbildung 19.4).

Bei der Sicherheitszeit handelt es sich um einen sogenannten Auftragspuffer, neben dieser wird auch die sogenannte Vorgriffszeit zu den Auftragspuffern gerechnet. Die Auftragspuffer dienen im Allgemeinen dem Umstand, dass die genaue Lage der Bearbeitungsvorgänge innerhalb der Ecktermine gegebenenfalls aufgrund bestimmter praxisrelevanter Umstände verschoben werden muss.

Die Sicherheitszeit liegt bei Durchführung der Durchlaufterminierung direkt vor dem Eckendtermin und soll somit die Möglichkeit geben, ungeplante Störungen von Ressourcen abfangen zu können. So können Sie in einem bestimmten Rahmen auf Maschinenausfälle reagieren, die kurz vor dem geplanten Produktionstermin eines Vorgangs auftreten, ohne dass die Auftragsecktermine automatisch verletzt werden müssen. Der Beginn der Sicherheitszeit wird als Produktionsendtermin bezeichnet, da dieser das Ende des letzten Produktionsvorgangs definiert.

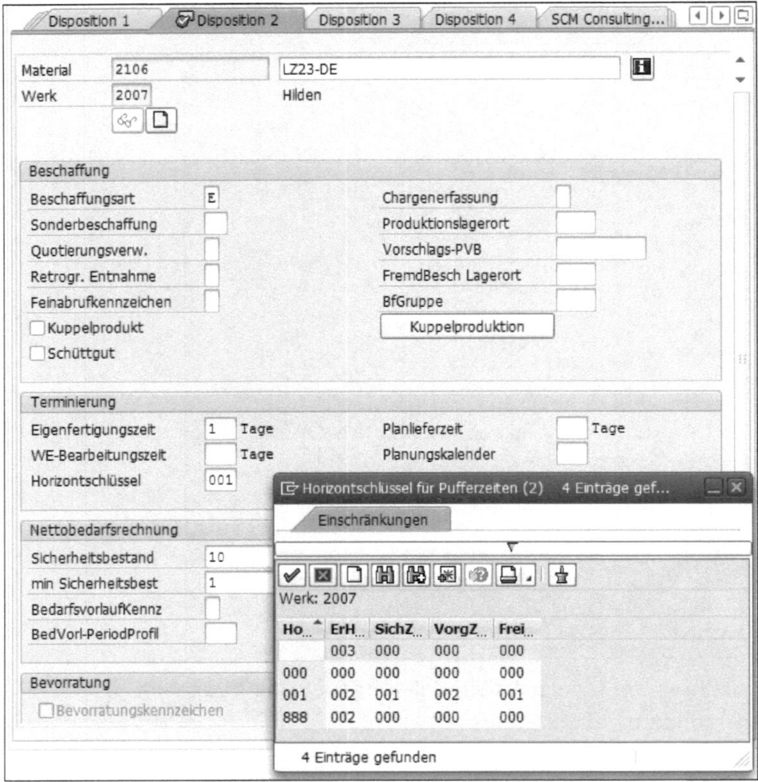

Abbildung 19.4 Auftragspuffer im Horizontschlüssel auf der Registerkarte »Disposition 2« des ERP-Materialstamms

Die Lage der Ecktermine muss gewährleisten, dass das Material am Bedarfstermin zu Arbeitsbeginn zur Verfügung steht, daher liegt der Eckendtermin grundsätzlich nach dem Produktionsendtermin. Ist keine Sicherheitszeit gepflegt, liegt der Eckendtermin immer einen Tag nach dem Produktionsendtermin.

Die Ermittlung dieser Termine erfolgt beispielsweise bei der plangesteuerten sowie der stochastischen Disposition durch Rückwärtsterminierung vom Beginn der Sicherheitszeit in der umgekehrten Reihenfolge der Vorgänge aus der Stammfolge des Arbeitsplans. Ausschlaggebend für die Dauer von Rüst- und Bearbeitungsvorgängen sind dabei in der Regel die sogenannten Vorgabewerte aus dem Arbeitsplan. Dabei handelt es sich um Planwerte für die Durchführung von Produktionsaktivitäten, deren Wert im Vorgang gepflegt wird. Über den sogenannten Vorgabewertschlüssel aus dem Arbeitsplatz, der im Customizing zu definieren ist, werden einem Vorgang bis zu sechs Datenfelder und Schlüsselwörter für die Vorgabewerte zugeordnet. Diese stehen anschließend bei der Pflege des Arbeitsplans durch die Arbeitsplatzzuordnung zum Vorgang zur Verfügung (siehe hierzu auch Kapitel 3, »Globale Stammdaten«).

Bei der Bestimmung der Dauer von Rüst- oder Bearbeitungstätigkeiten wird auf die Terminierungsformeln des Arbeitsplatzes zurückgegriffen, wenn im Vorgang ein terminierungsrelevanter Steuerschlüssel gepflegt ist, anderenfalls erfolgt keine Terminierung des Vorgangs. In den Terminierungsformeln des Arbeitsplatzes kann die Durchführungszeit für einen Vorgang durch Verwendung von Formelparametern flexibel den realen Gegebenheiten angepasst werden. Als Formelparameter können dabei neben den bereits in Abschnitt 3.4.1, »ERP-System – Stammdatum ›Plan‹«, beschriebenen Vorgabewerten auch allgemeine Vorgangsdaten und Benutzerfelder aus dem Arbeitsplan oder auch Formelkonstanten aus dem Arbeitsplatz eingesetzt werden.

Die Durchführungszeiten der sogenannten Vorgangsabschnitte Rüsten, Bearbeiten und Abrüsten lassen sich jeweils bei der diskreten Fertigung durch eine eigene Formel getrennt ermitteln. Dabei wird die Durchführungszeit eines gesamten Vorgangs als Summe der Durchführungszeiten der Vorgangsabschnitte bestimmt. Bei der Prozessfertigung dagegen fallen die Vorgangsabschnitte weg, es steht lediglich ein einzelner Vorgangsabschnitt zur Verfügung. Die für die Prozessfertigung benötigten Inputwerte werden daher nicht in den gleichen Feldern gepflegt wie bei der diskreten Fertigung. Auf den Registerkarten **Terminierung** und **Kapazitäten** des Arbeitsplatzes stehen Formeln für die Terminierungsdauer sowie die Höhe von Kapazitätsbedarfen mit dem Zusatz »Eigenbearbeitung für die Prozessfertigung« zur Verfügung.

[«]

Berücksichtigung der Einsatzzeiten von Kapazitäten sowie der Kapazitätsbelegung in der Durchlaufterminierung

Bei der terminlichen Lage von Vorgängen im Rahmen der Durchlaufterminierung werden die Einsatzzeiten der Produktionskapazitäten berücksichtigt, d. h., ein durchlaufterminierter Vorgang kann nur innerhalb der Arbeitszeit der zugrunde liegenden Kapazität liegen. Die Belegung der Kapazität durch andere Aufträge etc. wird dabei jedoch nicht angeglichen, es entsteht folglich kein machbarer Plan auf Basis der Durchlaufterminierung. Die Durchlaufterminierung ist daher im eigentlichen Sinn auch kein Schritt der Kapazitätsplanung, sondern ein vorgelagerter Schritt, der zur Erzeugung und initialen Terminierung der Kapazitätsbedarfe nötig ist. Um einen kapazitiv machbaren Plan zu erstellen, müssen daher weitere Kapazitätsplanungsmaßnahmen ergriffen werden!

In einem Arbeitsplatz können gleichzeitig mehrere Kapazitäten eingetragen sein. Welche der eingetragenen Kapazitäten für die Terminierung herangezogen wird, entscheiden Sie durch einen Eintrag im Feld **Terminierungsbasis** auf der Registerkarte

Terminierung des Arbeitsplatzes (siehe hierzu Abschnitt 3.3, »Arbeitsplatz und Ressource«).

Innerhalb der Vorgangstermine spielen die Übergangszeiten eine wichtige Rolle. Dabei handelt es sich um Zeiten, die zwischen den eigentlichen Aktivitäten von aufeinanderfolgenden Vorgängen liegen. Hierzu zählen die Wartezeiten, die Sie in der Sicht **Vorgangsdetail** des Arbeitsplans oder im Arbeitsplatz auf der Registerkarte **Terminierung** pflegen können. Die Wartezeit ist die Zeitpanne, die ein Auftrag standardmäßig vor der Bearbeitung an einem Arbeitsplatz liegt, da dieser nicht für eine Bearbeitung zur Verfügung steht. Dies kann der Fall sein, wenn zum eingeplanten Zeitpunkt ein anderer Auftrag auf der Kapazität geplant ist oder aber die Kapazität aufgrund eines Defekts nicht verwendet werden kann.

[»]

Wartezeitkonzept in den ERP-Systemen, im APO-System und in ePP/DS

Die Wartezeit ist ein pauschaler Zeitpuffer, der in den Stammdaten vorgegeben werden muss, um Ungenauigkeiten in der Planung abzufangen, die im Wesentlichen durch die sogenannte Ressourcenkonkurrenz entstehen. Darunter ist zu verstehen, dass Aufträge um die knappen Bearbeitungskapazitäten konkurrieren. Bei Nutzung der Wartezeit geht man davon aus, dass mit einer gewissen Wahrscheinlichkeit die benötigte Ressource nicht zur Verfügung steht. Damit die geplanten Termine nicht unrealistisch werden und die Machbarkeit des Plans gewährleistet bleibt, muss diese Möglichkeit mit einer pauschalen Pufferzeit abgedeckt werden.

Die Wartezeit in den ERP-Systemen ist demnach als Planungsinput gedacht, während eine ideale Planung derartige Wartezeiten eher als Output ergeben sollte. Wenn Sie bereits Puffer als Input in der Planung vorgeben, werden diese in den folgenden Planungsschritten als Randbedingung berücksichtigt. Durch den Puffer entsteht eine zusätzliche Ungenauigkeit, die eine detaillierte Planung zunehmend von der Realität abweichen lässt, zusätzlich kann sie zu einer nicht optimalen Auslastung führen. Daher empfiehlt es sich sowohl in den ERP-Systemen, im APO-System als auch in ePP/DS, mit zunehmender Genauigkeit der Kapazitätsplanung unter Berücksichtigung von knappen Kapazitäten die Wartezeit zu reduzieren.

Da die Ressourcenkonkurrenz im APO-System sowie in ePP/DS bei einer Vielzahl von Planungsalgorithmen, wie z. B. der PP/DS-Optimierung, durch Einbeziehung der knappen Kapazitäten berücksichtigt wird, sollten die Wartezeiten in den Stammdaten zumindest nach einer Anlaufphase im Anschluss an ein Implementierungsprojekt (gegebenenfalls schrittweise) so weit wie möglich reduziert werden, wenn sie die Ressourcenkonkurrenz betreffen.

In den ERP-Systemen kann neben der normalen Wartezeit auch eine minimale Wartezeit gepflegt werden, wobei hierunter die Zeitspanne zu verstehen ist, die ein Auftrag selbst im besten Fall warten muss; d. h., eine Reduzierung unter den in diesem Feld angegebenen Wert ist nicht möglich.

Im Gegensatz zur Wartezeit, die vor einem Bearbeitungsschritt angesiedelt ist, kann mittels einer *Liegezeit* eine zeitlich nachgelagerte Übergangszeit festgelegt werden. Hier können Sie eine maximale Liegezeit im Vorgangsdetail des Arbeitsplans pflegen. Dies ist z. B. sinnvoll, wenn zur Bearbeitung am nachfolgenden Arbeitsplatz nur eine maximale Zeitspanne verstreichen darf, damit eine Weiterverarbeitung möglich ist (z. B. bei Abkühlprozessen). Neben der maximalen Liegezeit kann mit der prozessbedingten Liegezeit auch eine zeitliche Untergrenze für die Liegezeit gepflegt werden.

Eine weitere Übergangszeit ist die sogenannte *Transportzeit*, die für den Transport der produzierten Materialien von einem Arbeitsplatz zum nachfolgenden verstreicht. Die Transportzeit kann analog zur Wartezeit als normal bzw. minimal im Vorgangsdetail des Arbeitsplans gepflegt werden. Neben dieser Möglichkeit kann jedoch auch im Arbeitsplatz eine Transportdauer hinterlegt werden. Dabei müssen Sie zunächst im Customizing eine Transportzeitmatrix pflegen (**Produktion • Kapazitätsplanung • Stammdaten • Arbeitsplatzdaten • Transportzeitmatrix pflegen**), in der die Transportzeiten zwischen verschiedenen Gruppen von Arbeitsplätzen, den sogenannten *Ortsgruppen*, festgelegt werden. Hier legen Sie auch fest, welche Kalendereinstellungen bei der Terminierung zugrunde gelegt werden sollen. Auf der Registerkarte **Terminierung** ordnen Sie den Arbeitsplatz einer Ortsgruppe zu.

Bei der Bestimmung der Vorgangstermine mittels Durchlaufterminierung werden die Arbeitsplan- bzw. Arbeitsplatzdaten in der höchsten Detaillierungsstufe verwendet, d. h., Warte-, Liege- und Transportzeiten werden wie auch die Rüst- und Abrüstzeiten neben der eigentlichen, in der Regel mengenabhängigen Bearbeitungszeit (Personen, Maschinen) in die Berechnungen einbezogen. Die Warte- und die Transportzeit können wie beschrieben je nach Konstellation sowohl im Arbeitsplan als auch im Arbeitsplatz gepflegt werden. Hinsichtlich der Verwendung dieser Übergangszeiten gilt die Grundregel, dass spezifische die allgemeineren Einstellungen übersteuern: Da der Arbeitsplan materialbezogen definiert ist, wird eine hier eingetragene Übergangszeit als spezifischer angesehen als eine eventuell im Arbeitsplatz gepflegte und übersteuert diese daher.

Der zweite Auftragspuffer neben der beschriebenen Sicherheitszeit wird durch die sogenannte *Vorgriffszeit* repräsentiert. Diese hinterlegen Sie analog im Customizing in Arbeitstagen im Horizontschlüssel und ordnen sie im Anschluss im Materialstamm zu. Auch die Vorgriffszeit dient dazu, einen planerischen Puffer auf Ebene des Auftrags zu schaffen. Im Gegensatz zur Sicherheitszeit, die dem Abfangen von Störungen wichtiger Produktionskapazitäten dient, soll mit der Vorgriffszeit die Flexibilität geschaffen werden, Terminverschiebungen z. B. aus Kapazitätsplanungsgründen vornehmen zu können, ohne dabei die durch die Eckterminierung gesetzten Rahmenbedingungen verlassen zu müssen.

Basierend auf den im Rahmen der Eckterminierung berechneten Terminen, verwendet die Durchlaufterminierung bei der plangesteuerten und der stochastischen Disposition zunächst rückwärts vom Eckendtermin die Sicherheitszeit, um so den Produktionsendtermin zu ermitteln. Dieser bildet die Grundlage für die Ermittlung der Vorgangstermine, die ebenfalls rückwärts unter Einbeziehung der Arbeitsplan- und Arbeitsplatzdaten feinterminiert werden. Der Anfangstermin des ersten Vorgangs markiert den Produktionsstarttermin, von dem aus per Rückwärtsrechnung durch Einbeziehung der Vorgriffszeit aus dem Horizontschlüssel die Eigenfertigungszeit konkretisiert wird (siehe Abbildung 19.5).

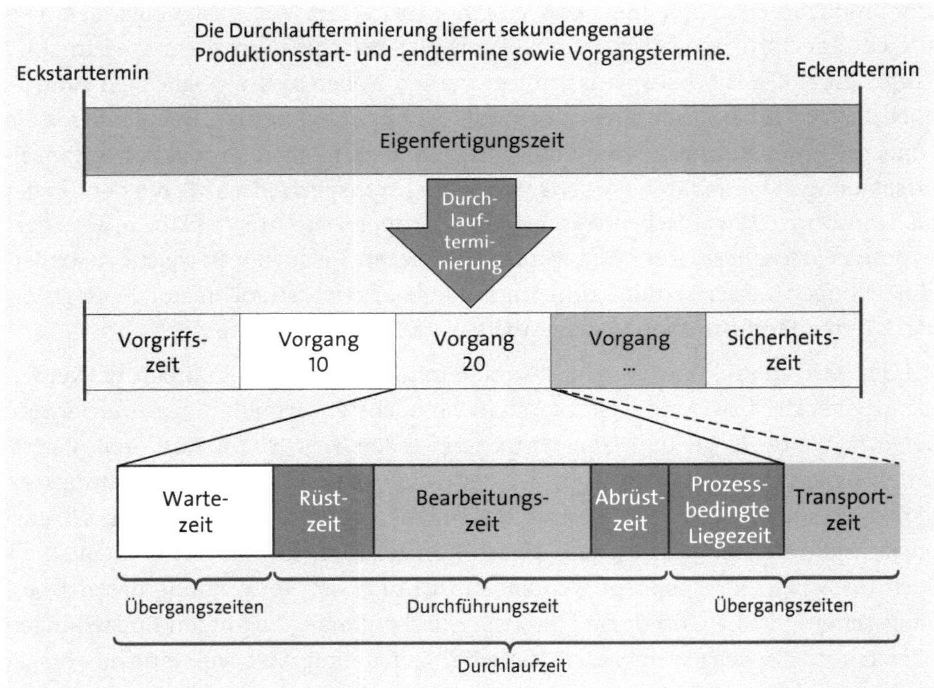

Abbildung 19.5 Konkretisierung der Eigenfertigungszeit im Rahmen der Durchlaufterminierung

Zusammenspiel zwischen Eck- und Durchlaufterminierung

Die im Rahmen der Durchlaufterminierung durchgeführte Konkretisierung der Eigenfertigungszeit greift in der beschriebenen Art und Weise auf Arbeitsplan- bzw. Arbeitsplatzdaten zurück. Diese müssen nicht zwangsläufig mit der Eigenfertigungszeit übereinstimmen, die die Basis für die Bestimmung der Ecktermine bildet. Dies ist dann der Fall, wenn Sie zur Pflege der Eigenfertigungszeit im Materialstamm einen Wert verwendet haben, der länger oder kürzer ist als die aus der Verwendung des Arbeitsplans bzw. -platzes resultierende Zeit aller Puffer und Vorgangsdaten. In mehreren denkbaren Konstellationen, wie beispielsweise einer großen Losgröße in Zusammenhang mit einer losgrößenunabhängigen Eigenfertigungszeit, kann es zu Problemen führen, wenn die durch die Eigenfertigungszeit bestimmten Ecktermine und die aus den Arbeitsplan- und Arbeitsplatzdaten hervorgehenden terminierten Termine voneinander abweichen.

Dies kann z. B. bei der Umsetzung von Planaufträgen in Fertigungsaufträge der Fall sein. Wenn Sie Planaufträge lediglich eckterminieren und in diesem Fall die Sekundärbedarfstermine auf dem Eckstarttermin liegen, kann es bei der sich anschließenden Durchlaufterminierung im Rahmen der Planauftragsumsetzung in einen Fertigungsauftrag zu einem »Hüpfen« der Sekundärbedarfstermine kommen. Dies geschieht, wenn die genaueren Daten der Durchlaufterminierung von denen der Eckterminierung abweichen und die Komponentenbedarfe somit durch die Umsetzung terminlich verschoben werden. Im schlimmsten Fall besteht die Gefahr, dass eine rechtzeitige Herstellung der Komponenten plötzlich nicht mehr möglich ist. In den SAP-ERP-Systemen existieren mehrere Vorgehensweisen, um das reibungslose Zusammenspiel zwischen Eck- und Durchlaufterminierung zu gewährleisten.

Terminanpassung

Die ERP-Systeme prüfen, ob der Produktionsstarttermin später als der Eckstarttermin liegt bzw. ob beide identisch sind. Trifft eine dieser Bedingungen zu, kann das System optional je nach Customizing-Einstellung eine Anpassung des Eckstarttermins an den Produktionsstarttermin aus der Durchlaufterminierung vornehmen. Dabei wird die Vorgriffszeit aus dem Horizontschlüssel berücksichtigt. Analog zur beschriebenen Vorgehensweise bei Rückwärtsterminierung kann für Fertigungsaufträge auch bei Vorwärtsterminierung eine Anpassung des Eckendtermins erreicht werden.

Reduzierung

Liegt der Produktionsstarttermin vor dem Eckstarttermin und soll dieser als bindend angesehen werden, kann das System über eine Reduzierung der vorgesehenen Puffer versuchen, die Produktionstermine anzupassen. Hierbei sind zwei alternative Vorgehensweisen denkbar: Zum einen können die Auftragspuffer (Vorgriffs- und Sicherheitszeit) reduziert werden. Zum anderen können die Vorgangspuffer (z. B. Wartezeiten) schrittweise um einen prozentualen Anteil verringert werden. Daneben kann eine Reduzierung durch Splittung oder Überlappung erreicht werden. Es ist auch möglich, die Terminanpassung mit der Reduzierung zu kombinieren.

Unterschied zwischen Terminierung, Terminplanung und Kapazitätsbedarfsterminierung

Im Allgemeinen versteht man unter Terminplanung die Festlegung der zeitlichen Lage eines Auftrags. Im Unterschied dazu wird von Terminierung gesprochen, wenn Elemente, wie z. B. Auftragsvorgänge, an der Terminplanung ausgerichtet zeitlich in den Kontext eingeordnet werden. Diese Terminierung kann beispielsweise aus der Kapazitätsplanung resultieren, wenn Kapazitätserwägungen dazu führen, dass die ursprüngliche Terminierung durch einen Kapazitätsengpass zum ursprünglich geplanten Zeitpunkt angepasst werden muss.

Zusätzlich ist bezüglich der genannten Begriffe zu beachten, dass die zeitliche Lage eines Vorgangs nicht unbedingt in Gänze identisch mit der Lage der durch ihn abgesetzten Kapazitätsbedarfe sein muss. Dies ist beispielsweise dann der Fall, wenn ein Vorgang zwar mehrere Stunden in der Bearbeitung ist, jedoch beispielsweise das Bedienpersonal der Maschine nur zeitweise zum Beginn der Bearbeitungsaktivität zur Verfügung stehen muss. In diesem Fall kann es sinnvoll sein, die Dauer des Vorgangs aufgrund der Bearbeitungsdauer auf der Maschine entsprechend lang zu definieren, während der Kapazitätsbedarf auf der Personenkapazität nur einen Teil davon beträgt. Aus diesem Grund müssen im Arbeitsplatz für unterschiedliche Kapazitäten jeweils unterschiedliche Formeln für die Terminierung und die Ermittlung der Kapazitätsbedarfe gepflegt werden. Die Berechnung der Kapazitätsbedarfe wird in Kapitel 3, »Globale Stammdaten«, näher erläutert.

Zusammenspiel von Eckterminierung und Materialverfügbarkeit in der Kapazitätsplanung

Der Einsatz des Eckterminkonzepts spielt in den ERP-Systemen auch aus Kapazitätsplanungsgesichtspunkten eine bedeutende Rolle. Durch das Setzen eines zeitlichen Rahmens für die Durchlaufterminierung können – in Verbindung mit der Zuordnung von Komponentenbedarfen zum Eckstarttermin – der Kapazitätsplanung in den ERP-Systemen Freiheiten eingeräumt werden. So kann die Kapazitätsplanung Vorgänge umterminieren, sodass die Materialverfügbarkeit weiterhin gewährleistet bleibt. Der für die Kapazitätsplanung verantwortliche Planer kann somit sicher sein, dass zumindest die geplante Materialverfügbarkeit durch eine aus Kapazitätsgründen durchgeführte Umterminierung nicht negativ beeinflusst wird, da der Ecktermin des Auftrags von der Umterminierung eines Vorgangs nicht betroffen ist. Dies erleichtert die Erstellung eines machbaren Plans.

[«]

Ecktermin- vs. Pegging-Konzept zur Sicherstellung der Materialverfügbarkeit im APO-System und in ePP/DS

Im APO-System und in ePP/DS spielt das Eckterminkonzept für die Kapazitätsplanung keine Rolle, da die Materialverfügbarkeit durch die Funktion des Peggings wesentlich genauer in die Planungen einbezogen werden kann, als dies durch die Verwendung von Eckterminen möglich ist. Zum einen erlaubt das Pegging eine sekundengenaue anstatt einer tagesgenauen Planung, zum anderen kann es sich je nach Einstellung dynamisch an geänderte Termine anpassen und somit wesentlich flexibler auf die in der Realität zu beobachtende »Planungsnervosität« reagieren als das statische Eckterminkonzept. Daher werden die Ecktermine standardmäßig nicht an das APO-System bzw. ePP/DS übergeben. Wenn Sie trotz der Vorteile des Peggings nicht auf die Ecktermine verzichten möchten, können Sie diese über die Standard-SAP-Erweiterungsmöglichkeiten im Core Interface als Auftragsgültigkeit an das APO-System bzw. ePP/DS übertragen und in der Folge in einer Vielzahl von Planungsfunktionalitäten nutzen.

Terminliche Lage von Kapazitätsbedarfen

Neben den beschriebenen Steuerungsparametern im MRP-Lauf, die exklusiv für Planaufträge wirken, muss für die Erzeugung von Kapazitätsbedarfen am jeweiligen Vorgang ein **Steuerschlüssel** hinterlegt sein, der die Erzeugung von Kapazitätsbedarfen vorsieht (siehe hierzu Abbildung 19.6). Nur dann wird neben der genauen Terminierung im Rahmen der Durchlaufterminierung auch eine Erzeugung von Kapazitätsbedarfen angestoßen.

Grundsätzlich wichtig zu beachten ist bezüglich der Kapazitätsbedarfe, dass hierfür im Arbeitsplatz von der Terminierung abweichende Formeln verwendet werden, die Sie auf der Registerkarte **Kapazitäten** im Arbeitsplatz pflegen können (siehe Abbildung 19.6).

Auch wenn abweichende Formeln für die Kapazitätsbedarfsermittlung gepflegt werden können, beziehen sich die in den Formeln verwendeten Werte grundsätzlich auf die Werte aus dem Arbeitsplan (siehe hierzu Abschnitt 3.4.1, »ERP-System – Stammdatum ›Plan‹«. Neben der Höhe des Kapazitätsbedarfs, die durch die Formel definiert wird, spielt die zeitliche Lage des Kapazitätsbedarfs im Rahmen des terminierten Vorgangs eine besondere Rolle.

Da sich ein Vorgang über mehrere Perioden hinziehen kann und im Rahmen der Auswertung wichtig ist, welcher Periode welcher Kapazitätsbedarf zugeordnet werden muss, müssen dem System die Informationen über die zeitliche Lage der Kapazitätsbedarfe mitgeteilt werden. Die zeitliche Lage der Kapazitätsbedarfe wird durch die Verteilung definiert, die Sie ebenfalls auf der Registerkarte **Kapazitäten** im Arbeitsplatz vorgeben können (siehe hierzu Kapitel 3, »Globale Stammdaten«).

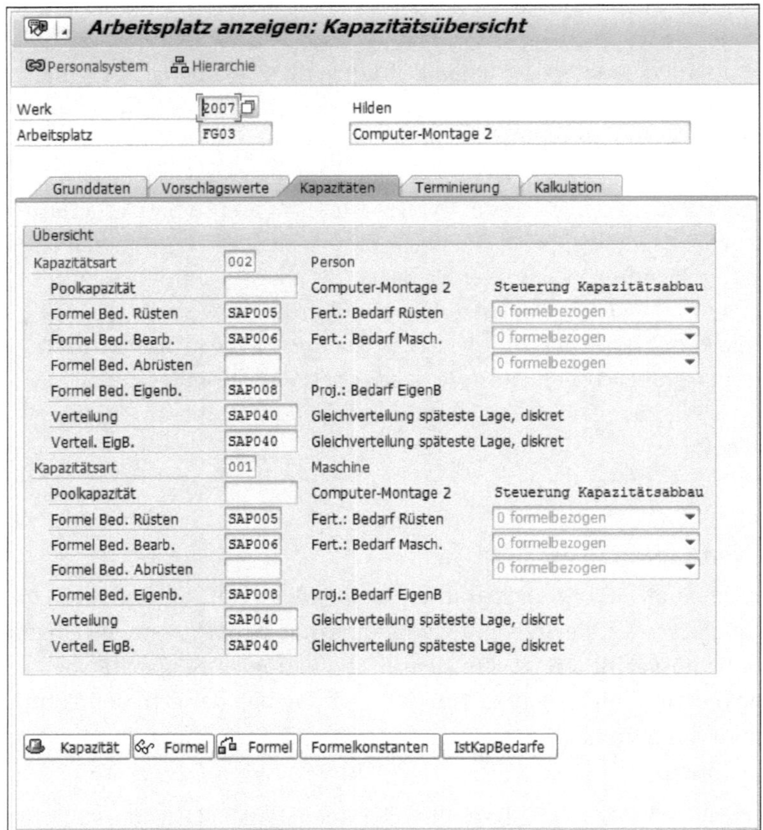

Abbildung 19.6 Registerkarte »Kapazitäten« im ERP-Arbeitsplatz

Der Vorgang, der sich bei der diskreten Fertigung in einzelne Bestandteile wie die Vorgangsabschnitte Rüsten, Bearbeiten und Abrüsten aufgliedern kann, erhält im Rahmen der Terminierung nicht nur eine terminliche Lage, sondern es werden auch ein frühester und ein spätester Termin errechnet, bei denen entsprechende Puffer (Wartezeiten) verrechnet wurden. Diese spielen nun im Rahmen der Ermittlung der zeitlichen Lage des Kapazitätsbedarfs eine wichtige Rolle. Sie legen über die Verteilung fest, welche der zeitlichen Lagen (früheste, späteste) verwendet werden soll. Des Weiteren ist über die Verteilung festzulegen, ob der Kapazitätsbedarf kontinuierlich über die Dauer des Vorgangs wirken oder ob die Verteilung diskret sein soll, d. h., ob zu vorab definierten Zeitpunkten bestimmte Anteile des Kapazitätsbedarfs liegen sollen. So kann festgelegt werden, dass z. B. nach 50 % der Dauer der gesamte Kapazitätsbedarf angefallen ist.

19.1.2 Auftragsterminierung und Kapazitätsbedarfsermittlung in der Projektplanung

Voraussetzung für die Planung von Kapazitäten im Rahmen der Projektplanung ist die Verwendung von Arbeitsplätzen, Sie können also nicht auf die Pflege eines Arbeitsplatzes im Netzplan verzichten. Um Kapazitätsbedarfe zu erzeugen, müssen zusätzlich in Netzplanvorgängen sowohl diese Arbeitsplätze eingetragen als auch eine geplante Arbeit gepflegt worden sein. Des Weiteren muss der Steuerschlüssel der Vorgänge die Erzeugung von Kapazitätsbedarfen vorsehen und im Netzplankopf das Kennzeichen **Kapazitätsbedarf** gesetzt sein. Schließlich muss eine Terminierung durchgeführt worden sein, um auf dieser Basis Kapazitätsbedarfe abzusetzen.

Es werden drei unterschiedliche Arten von Kapazitätsbedarfen unterschieden:

- **Sollkapazitätsbedarf**
  Dieser Kapazitätsbedarf ergibt sich aus den Plandaten der Vorgänge.
- **Restkapazitätsbedarf**
  Der Restkapazitätsbedarf repräsentiert den aktuellen Bedarf, der sich aus dem ursprünglich geplanten Bedarf, den bereits rückgemeldeten Leistungen und gegebenenfalls der prognostizierten Restarbeit ergibt.
- **Istkapazitätsbedarf**
  Der Istkapazitätsbedarf ist bereits angefallene, rückgemeldete Leistung.

Der Abbau, d. h. die Nullsetzung der genannten Kapazitätsbedarfe eines Vorgangs, erfolgt im Fall einer Endrückmeldung oder durch technisches Abschließen.

Im Rahmen der Projektplanung resultieren die Kapazitätsbedarfe aus Netzplanvorgängen. Die Terminierung wird direkt aus den im Projekt, im Projektstrukturplan oder im Netzplan vorgegebenen Terminen abgeleitet, wobei auch hier sowohl die Vorwärts- als auch die Rückwärtsterminierung angewendet wird.

Je nachdem, aus welcher Transaktion Sie die Terminierung anstoßen, wird eine sogenannte Netzplanterminierung, eine Gesamtnetzterminierung oder eine PSP-Terminierung durchgeführt:

- **Netzplanterminierung (Transaktion CN22)**
  Die Netzplanterminierung terminiert genau einen Netzplan.
- **Gesamtnetzterminierung (Transaktion CN24N)**
  Bei der Gesamtnetzterminierung werden mehrere Netzpläne gleichzeitig terminiert, sofern es eine Verbindung durch Anordnungsbeziehungen oder in Form von Teilnetzen gibt.
- **PSP-Terminierung (Transaktion CJ02)**
  Bei der PSP-Terminierung erfolgt die Selektion auf der Ebene von PSP-Elementen. Die Terminierung wird im Anschluss für alle Vorgänge durchgeführt, die zu den PSP-Elementen gehören.

Die Grundprinzipien dieser drei Terminierungsmöglichkeiten unterscheiden sich dabei nicht, im Rahmen einer Terminierung im Projektsystem erfolgt immer sowohl eine Vorwärts- als auch eine Rückwärtsterminierung.

Vorwärtsterminierung

Bei der Vorwärtsterminierung werden von den ERP-Systemen zunächst alle zu terminierenden Vorgänge, die auf Basis ihrer Anordnungsbeziehungen unter den ausgewählten Vorgängen keine Vorgänger mehr besitzen, zeitlich gesehen in Richtung Zukunft terminiert.

Dabei liegt nun je nach Systemeinstellung ein Starttermin zugrunde, der entweder aus dem Kopf des Netzplans oder dem zugeordneten PSP-Element stammen kann. Als dritte Option kann dieser Starttermin auch das aktuelle Tagesdatum sein.

Ausgehend von diesem Starttermin berechnen die ERP-Systeme für die ausgewählten Vorgänge die frühestmöglichen Startzeitpunkte; auf Basis der terminierungsrelevanten Dauer wird daraus der frühestmögliche Endzeitpunkt ermittelt. Durch Auswertung der Anordnungsbeziehung wiederholt sich diese Berechnung nun in der durch die Anordnungsbeziehung vorgegebenen Reihenfolge für alle zu terminierenden Vorgänge.

Mögliche Arten von Anordnungsbeziehungen

Durch die Anordnungsbeziehung berücksichtigen die ERP-Systeme, ob es sich beispielsweise um eine *Normalfolge* handelt. Ist dies der Fall, beginnt der frühestmögliche Start des Nachfolgers mit dem Ende des Vorgängers. Es sind jedoch auch *Anfangsfolgen* möglich, bei denen der Nachfolger zeitgleich mit dem Vorgänger beginnt. Eine weitere Option ist die *Endfolge*, bei der das Ende des Vorgängers und das Ende des Nachfolgers zeitgleich liegen, sowie die *Sprungfolge*, bei der der Vorgänger zeitlich nach dem Ende des Nachfolgers liegt.

Neben den Anordnungsbeziehungen berücksichtigen die ERP-Systeme im Rahmen der Terminierung auch eingegebene *Zeitabstände*. Diese führen zu einer relativen Verschiebung der jeweiligen Vorgänge gegenüber ihrem terminlichen Referenzpunkt (bei der Vorwärtsterminierung Start- oder Endtermin des Vorgängers) und sind als Minimalabstände zu interpretieren. Sie haben die Möglichkeit, die Zeitabstände sowohl absolut als auch in Prozent von der jeweiligen Dauer zu pflegen, und es sind sowohl positive als auch negative Zeitabstände möglich. Des Weiteren können Sie Zeitabstände auf Basis des Fabrikkalenders oder eines Arbeitsplatzes terminieren, in dem entsprechende Daten in der Anordnungsbeziehung gepflegt werden. Falls die Vorgänge, die terminiert werden sollen, Anordnungsbeziehungen zu nicht selektierten Vorgängen besitzen, werden auch diese berücksichtigt. Können in diesem Zusammenhang Anordnungsbeziehungen nicht eingehalten werden, werden Warnmeldungen ausgegeben, die Sie im Terminierungsprotokoll einsehen können. Nachdem die Vorwärtsterminierung zu einer Terminierung aller selektierten Vorgänge geführt hat, stehen die frühesten Lagen der jeweiligen Vorgänge fest.

Rückwärtsterminierung

Bei der Rückwärtsterminierung ermitteln die ERP-Systeme aus den selektierten Vorgängen diejenigen Vorgänge, die aufgrund ihrer Anordnungsbeziehungen über keinen Nachfolger mehr innerhalb der ausgewählten Vorgänge verfügen. Ausgangsbasis für die Rückwärtsterminierung ist nun analog zur Vorwärtsterminierung ein Endtermin, der je nach Einstellung aus dem Netzplankopf oder aus den jeweils zugeordneten PSP-Elementen stammen kann. Analog zur Vorwärtsterminierung ermitteln die ERP-Systeme nun spätestmögliche Endtermine und auf Basis der terminierungsrelevanten Dauern spätestmögliche Starttermine.

Wie bei der Vorwärtsterminierung verwendet das System nun die Anordnungsbeziehungen, um in Rückwärtsrichtung sukzessiv alle Vorgänge zu terminieren und so die späteste Lage zu ermitteln. Die zeitlich frühesten sowie spätesten Termine der Vorgänge eines Netzplans werden im Anschluss als terminierte Termine an den Netzplankopf weitergegeben. Abbildung 19.7 zeigt ein Beispiel für terminierte Termine auf Netzplanebene.

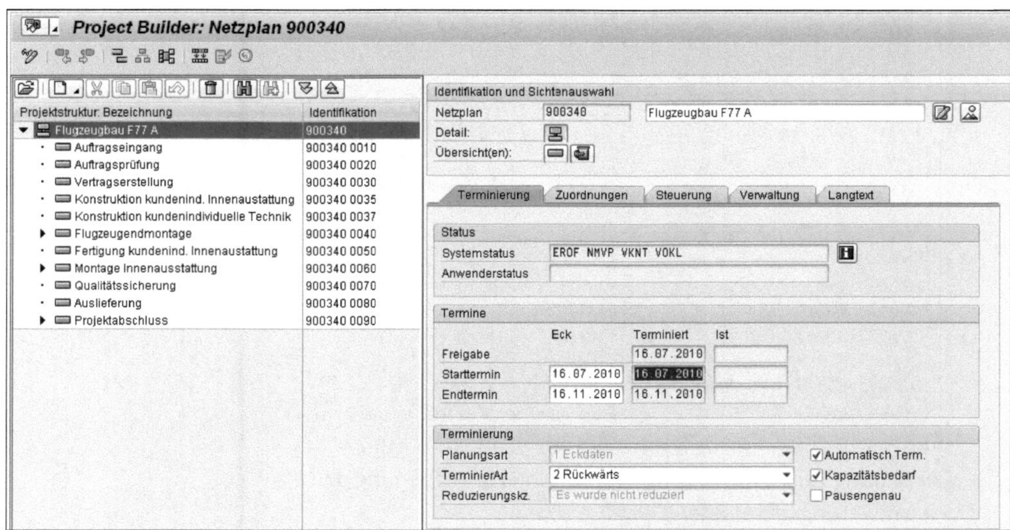

Abbildung 19.7 Terminierte Termine auf Netzplanebene

Wenn die terminierten Termine außerhalb der Eck- bzw. Prognosetermine des Netzplankopfs liegen, können die ERP-Systeme durch die *Reduzierung* die Dauer von Vorgängen auch selbstständig verringern. Hierfür müssen Sie im Netzplanvorgang eine

Reduzierungsstrategie hinterlegen, mit der Sie den ERP-Systemen bis zu sechs verschiedene Reduzierungsstufen mitgeben können.

Auf jeder Reduzierungsstufe können Sie eine prozentuale Reduzierung des Vorgangs frei vorgeben. Reicht die Reduzierung einer Stufe nicht aus, springt das System in die nächstfolgende Stufe und reduziert die Dauer erneut um die angegebene Prozentzahl. In den Terminierungsparametern des Customizings müssen Sie zur Durchführung einer Reduzierung zusätzlich die Anzahl der Stufen angeben, die das System automatisch durchlaufen soll. Hier haben Sie auch die Möglichkeit, die Reduzierung auf zeitkritische Vorgänge zu beschränken.

Bei netzplanbasierter Terminierung wählen Sie hierfür Transaktion OPU6 (Terminierungsparameter festlegen), für PSP-Element-basierte Terminierung, wie beispielsweise bei der Gesamtnetzterminierung, wählen Sie folgenden Customizing-Pfad (siehe Abbildung 19.8): **Projektsystem • Termine • Terminplanung im Projektstrukturplan • Parameter für PSP-Terminierung festlegen**.

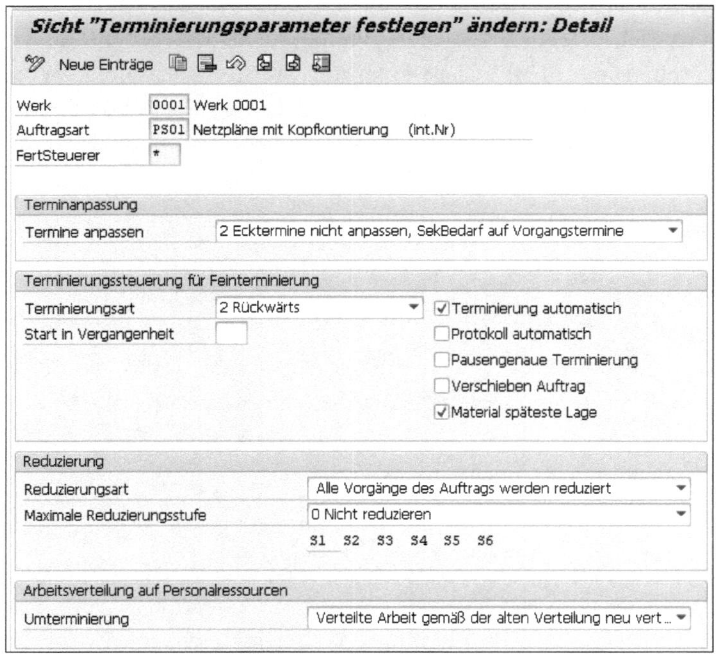

Abbildung 19.8 Customizing-Transaktion zur Festlegung der Terminierungsparameter (OPU6)

Um feste Randbedingungen in die Terminierung einfließen zu lassen, können Sie terminliche Einschränkungen für Vorgänge festlegen, d. h. Start- oder Endtermin von Vorgängen fest vorgeben oder durch Grenzwerte beschränken. Dabei berücksichtigt das System im Rahmen der Terminierung die folgende Priorisierungsreihenfolge:

1. Isttermine
2. terminliche Einschränkungen
3. Anordnungsbeziehungen
4. Start- und Endtermine (je nach Systemeinstellung aus dem Netzplankopf oder dem PSP-Element)

Aus den frühest- und spätestmöglichen Terminen ermitteln die ERP-Systeme für jeden Vorgang *Pufferzeiten*. Dabei wird zwischen dem Gesamtpuffer und einem freien Puffer unterschieden:

- **Gesamtpuffer**
  Der Gesamtpuffer repräsentiert die Differenz aus spätester und frühester Lage und gibt somit die Zeitspanne an, um die Sie den Vorgang ausgehend von seiner frühesten Lage verschieben können, ohne den vorgegebenen Endtermin zu verletzen. Vorgänge mit einer Pufferzeit kleiner/gleich null werden als zeitkritisch bezeichnet und entsprechend in der Netzplangrafik bzw. im Diagrammbereich der Projektplantafel farblich hervorgehoben.
- **Freier Puffer**
  Dagegen ist der freie Puffer die Zeitspanne, die ein Vorgang ausgehend von seiner frühesten Lage nach hinten verschoben werden kann, ohne die früheste Lage nachfolgender Vorgänge negativ zu beeinflussen. Diese freien Puffer ergeben sich üblicherweise entweder aufgrund von terminlichen Einschränkungen der nachfolgenden Vorgänge oder bei parallelen Pfaden innerhalb eines Netzplans, bei dem ein Pfad mehr Zeit in Anspruch nimmt als der andere. Durch das Setzen des Kennzeichens **Dehnbar** im Netzplanvorgang können Sie erreichen, dass für die Berechnung der frühesten Lage des Vorgangs die Dauer zuzüglich des freien Puffers als terminierungsrelevante Dauer herangezogen wird und somit den Kapazitäten mehr Zeit für die Durchführung des Vorgangs zur Verfügung steht.

Wenn Sie einem Vorgang Materialkomponenten zuordnen, können Sie zwischen einem *fixen Bedarfstermin* und einem Bedarfstermin wählen, der sich aus dem Start oder dem Ende des jeweiligen Vorgangs ableitet. Dabei sind die Terminierungsparameter maßgeblich dafür, ob sich der Termin auf die früheste oder die späteste Lage des Vorgangs beziehen soll. Des Weiteren kann ein absoluter Zeitabstand eingegeben werden, der bei der Ableitung des Bedarfstermins aus dem Vorgangstermin berücksichtigt wird.

Netzplanvorgänge weisen keine Vorgangsabschnitte wie Rüsten, Bearbeiten oder Abrüsten auf, der Vorgang selbst wird daher nicht mehr untergliedert, wie bei der Eigenfertigung beschrieben wurde. Auch wird im Rahmen der Projektplanung kein Arbeitsplan zugrunde gelegt. Anders als bei der Eigenfertigung resultiert ein kapazitiv zu planender Auftrag, also der Netzplan, in der Regel nicht aus der »Kopie« eines vorher erstellten Plans, sondern wird individuell angelegt. Sonst gleicht die Berechnung der Lage sowie der Höhe der der Kapazitätsbedarfe der Eigenfertigung, jedoch werden auf der Registerkarte **Kapazitäten** des Arbeitsplatzes andere Felder für die Formel sowie die Verteilung herangezogen, als dies bei der diskreten Fertigung der Fall ist. Sowohl die Formel als auch die Verteilung tragen jeweils den Zusatz **Eigenbearbeitung**, es kommen also die gleichen Feldinhalte zum Einsatz wie bei der Eigenfertigung im Rahmen der Prozessindustrie.

19.1.3 Auftragsterminierung und Kapazitätsbedarfsermittlung in der Instandhaltungsplanung

Im Rahmen der Instandhaltungsplanung werden Kapazitätsbedarfe aus den Vorgängen von Instandhaltungsaufträgen an die Kapazitätsplanung übergeben. Die Terminierung des Auftrags resultiert aus dem Auftrag selbst, dort sind entsprechende Angaben in den Feldern analog zur Projektplanung zu hinterlegen. Hier werden auch die gleichen, mit dem Zusatz **Eigenbearbeitung** versehenen Felder aus dem ERP-Arbeitsplatz herangezogen.

19.2 Kapazitätsauswertung

In der Kapazitätsauswertung werden die Kapazitätsbedarfe und -angebote ermittelt und grafisch oder in Listen einander gegenübergestellt. Dabei weisen sowohl das ECC- als auch das S/4HANA-System identische Funktionen im Hinblick auf die Benutzeroberfläche SAP GUI auf. Im S/4HANA-System stehen Ihnen zusätzlich Fiori-Apps zur Verfügung.

19.2.1 Einfache Kapazitätsauswertungsfunktionen im SAP GUI

Die Grundfunktion der Kapazitätsauswertung gliedert sich in drei Untersichten, mit denen Sie Sollkapazitätsbedarfe und Restkapazitätsbedarfe anzeigen lassen können:

- **Standardübersicht**
  Die Standardübersicht vermittelt einen Überblick über die Belastungssituation an ausgewählten Arbeitsplätzen durch periodenweise Gegenüberstellung in einer tabellarischen Liste.
- **Kapazitätsdetailliste**
  Die Kapazitätsdetailliste können Sie nutzen, um eine detaillierte Analyse der die Kapazitätsbedarfe auslösenden Aufträge vorzunehmen (siehe Abbildung 19.9). Diese Sicht listet die Bedarfsverursacher der in der Standardübersicht dargestellten Kapazitätsbelastungen tabellarisch auf. Über eine Feldauswahlfunktion im

Kopf der Liste kann die anzuzeigende Datengrundlage beeinflusst werden. Außerdem können Sie durch die Menüfunktion **Springen • Felder vergleichen** die so selektierten Daten spaltenweise miteinander vergleichen, d. h. Differenzen oder prozentuale Relationen bilden.

- **Variable Übersicht**
  Die variable Übersicht ermöglicht es Ihnen, beliebige Daten aus der Kapazitätsplanung auszuwerten und darzustellen. Die dargestellten Informationen sind dabei mit Ausnahme der fest vorgegebenen Periodenspalte abhängig von den zugrunde liegenden Einstellungen).

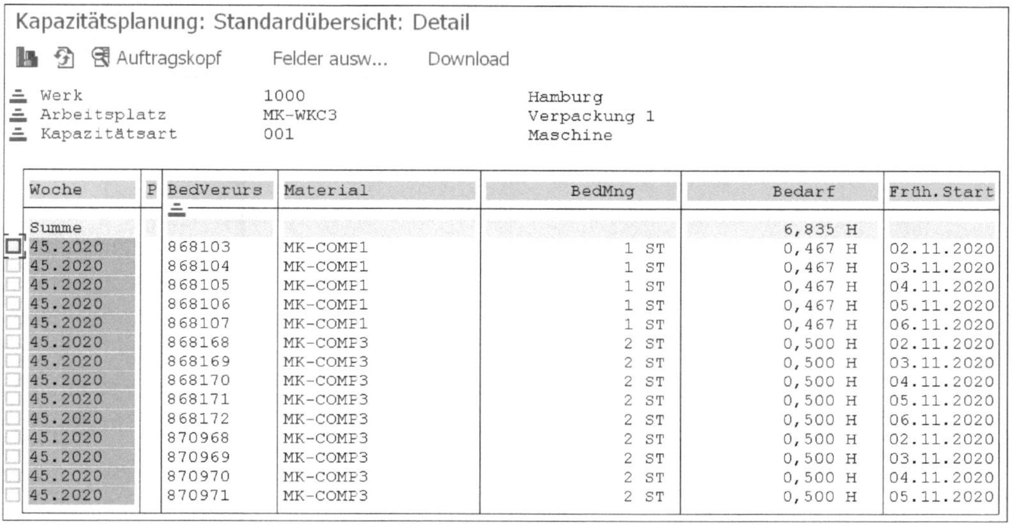

Kapazitätsplanung: Standardübersicht: Detail

Auftragskopf Felder ausw... Download

Werk 1000 Hamburg
Arbeitsplatz MK-WKC3 Verpackung 1
Kapazitätsart 001 Maschine

Woche	P	BedVerurs	Material	BedMng	Bedarf	Früh.Start
Summe					6,835 H	
45.2020		868103	MK-COMP1	1 ST	0,467 H	02.11.2020
45.2020		868104	MK-COMP1	1 ST	0,467 H	03.11.2020
45.2020		868105	MK-COMP1	1 ST	0,467 H	04.11.2020
45.2020		868106	MK-COMP1	1 ST	0,467 H	05.11.2020
45.2020		868107	MK-COMP1	1 ST	0,467 H	06.11.2020
45.2020		868168	MK-COMP3	2 ST	0,500 H	02.11.2020
45.2020		868169	MK-COMP3	2 ST	0,500 H	03.11.2020
45.2020		868170	MK-COMP3	2 ST	0,500 H	04.11.2020
45.2020		868171	MK-COMP3	2 ST	0,500 H	05.11.2020
45.2020		868172	MK-COMP3	2 ST	0,500 H	06.11.2020
45.2020		870968	MK-COMP3	2 ST	0,500 H	02.11.2020
45.2020		870969	MK-COMP3	2 ST	0,500 H	03.11.2020
45.2020		870970	MK-COMP3	2 ST	0,500 H	04.11.2020
45.2020		870971	MK-COMP3	2 ST	0,500 H	05.11.2020

Abbildung 19.9 Kapazitätsdetailliste (Beispiel)

In den Transaktionen CM01 bis CM05 können Auswertungen der Kapazitätssituation angesteuert werden. In den Einstiegsbildern werden die Arbeitsplätze und Kapazitätsarten spezifiziert, die ausgewertet werden sollen. Die Steuerung der Anzeige sowie der Auswertung erfolgt über sogenannte *Gesamtprofile*, die vorab im Customizing der Kapazitätsplanung definiert werden müssen.

[«]

Gesamtprofil

Gesamtprofile fassen verschiedene untergeordnete Profile zusammen, die die Datenselektion, die Auswertungsoberfläche und die Funktionen der Kapazitätsbereiche bestimmen. Abbildung 19.10 zeigt Ihnen überblicksartig die in einem Gesamtprofil zusammengefassten Profile der Kapazitätsplanung.

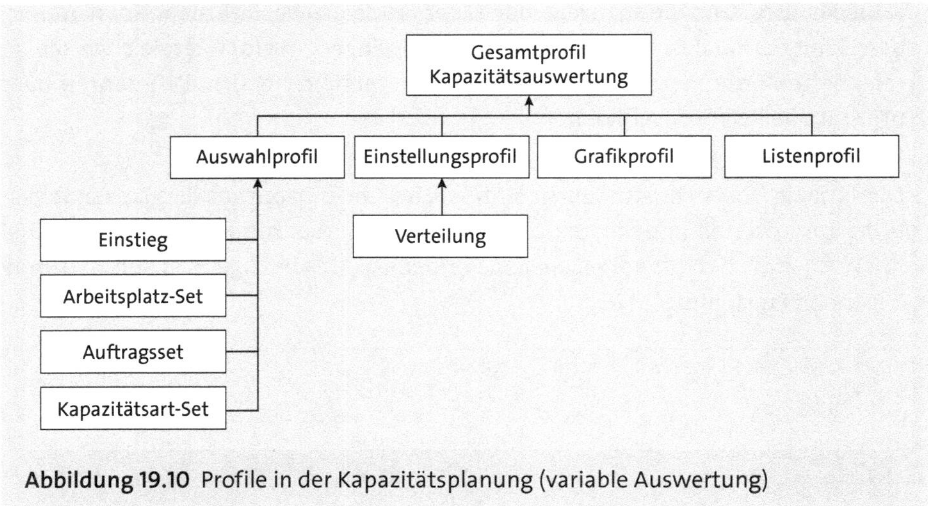

Abbildung 19.10 Profile in der Kapazitätsplanung (variable Auswertung)

Die fünf genannten Transaktionen sind dabei grundsätzlich identisch, durch Benutzerparameter können Sie jedoch unterschiedliche Darstellungen realisieren. Sie können für jeden Benutzer über die Parameter-ID (CY1 bis CY5) der Benutzervorgaben bestimmte Gesamtprofile den genannten Transaktionen zuordnen, sodass jeder Benutzer unterschiedliche Anzeige-, Auswerte- und Bearbeitungsoptionen mit den genannten Transaktionen verbinden kann. Es ist auch möglich, bestimmte Einstellungen zur Laufzeit zu ändern und so in die Gestaltung der Übersichten zur Kapazitätsauswertung einzugreifen.

Aus diesen *Auswertungslisten* heraus ist ein Absprung in die Arbeitsplätze und Kapazitäten möglich, wobei zwischen dem Anzeige- und dem Bearbeitungsmodus gewählt werden kann. Ebenso besteht die Möglichkeit, Aufträge zu bearbeiten und Rückmeldungen vorzunehmen und in die aktuelle Bedarfs-/Bestandssituation eines Materials abzuspringen. Über einen Download ist es möglich, die im Rahmen der Kapazitätsauswertung erzeugten Übersichten in Microsoft Excel zu exportieren und dort weiterzubearbeiten.

Diese einfachen Kapazitätsauswertungsfunktionen unterliegen bestimmten Einschränkungen. So können weder Istkapazitätsbedarfe noch Kapazitäts-Splits ausgewertet werden.

19.2.2 Erweiterte Auswertungsfunktionen im SAP GUI

Für Istkapazitätsbedarfe sowie die Anzeige von Kapazitäts-Splits stehen die Funktionen der erweiterten Auswertung zur Verfügung.

- Mit Transaktion CM50 (Parameter-ID: CY:) kann die Kapazität eines Arbeitsplatzes dargestellt werden.

- Mit Transaktion CM51 (Parameter-ID: CY ~) können einzelne Kapazitäten angezeigt werden.
- Mit der Auftragssicht (Transaktion CM52; Parameter-ID CY_) können Sie die durch einen oder mehrere Aufträge belasteten Kapazitäten darstellen.
- Weitere, versionsbezogene Sichten sind mit den folgenden Transaktionen möglich:
  - Transaktion CM53 für PSP-Elemente/Version (Parameter-ID CY8)
  - Transaktion CM54 für Versionen (Parameter-ID CY9)
  - Transaktion CM55 für Arbeitsplätze/Version (Parameter-ID CY?)
- Wurden Bedarfe an einzelnen Personalressourcen nur aufgrund von Netzplanvorgängen erzeugt, kann Transaktion CMP9 (Arbeitsverteilung auf Personalressourcen) zur Auswertung der Arbeitsplatzverteilung genutzt werden.
- In den Transaktionen CN50 (Kapazitätsbedarfe anzeigen) und CN50N (Kapazitätsbedarfe anzeigen) stehen Ihnen Funktionen zur Verfügung, um die Kapazitätsbedarfe bestimmter Projekte oder Netzpläne anzuzeigen.

Dabei gliedert sich bei den erweiterten Auswertungen die Anzeige bzw. Analyse in die Standardübersicht und die Kapazitätsdetailliste. Anders als in den einfachen Kapazitätsauswertungen stehen hier jedoch keine Änderungsfunktionen von Arbeitsplätzen und Aufträgen zur Verfügung. Die erweiterten Kapazitätsauswertungen können darüber hinaus nicht aufgefrischt werden, und auch eine temporäre Beeinflussung der zugrunde liegenden Standardeinstellungen während der Laufzeit ist nicht möglich.

Kapazitätsauswertung mit dem Capacity Requirements Planning Cockpit

Es gibt die Möglichkeit, die Kapazitätsauswertungsfunktionalitäten durch die SAP-SCM-Consulting-Lösung Capacity Requirements Planning Cockpit zu erweitern. Weitergehende Informationen dazu finden Sie in SAP-Hinweis 1907791.

19.2.3 Kapazitätsauswertung in SAP Fiori

Im S/4HANA-System steht Ihnen mit der App **Arbeitsplatzkapazität verwalten** eine Möglichkeit zur Verfügung, Kapazitätsauslastungen einzusehen. Auf einem ersten Bildschirm sehen Sie einen Überblick über verschiedene Arbeitsplätze mit ihren Kapazitätsauslastungen. Explizit ausgewiesen wird dabei die kumulierte Last über den gesamten Auswertungshorizont, die maximale Last pro Periode, die erste Überlast, die überfällige Überlast (d. h. rückständige Kapazitätsbedarfe) sowie der Gesamtkapazitätsbedarf. Zusätzlich zeigt Ihnen ein Säulendiagramm im rechten Bereich die jeweiligen Kapazitätsbelastungen im Zeitablauf an, die Farbgebung suggeriert dabei die Auslastung. Überlasten werden in Rot dargestellt, hohe Auslastungen unterhalb des Kapazitätsangebots in Gelb und niedrige Auslastungen in Grün.

Durch Umstellung des Auswertungshorizonts beeinflussen Sie die zugrunde liegende Periodizität, d. h., bei Auswahl eines Auswertungshorizonts von 14 Tagen erhalten Sie eine Darstellung in Tagen; wenn Sie jedoch beispielsweise 12 Wochen auswählen, repräsentieren die Säulen in der Grafik jeweils Wochen. Ein Klick auf die Grafik zeigt Ihnen die Auslastungszahlen in Tabellenform in einem kleinen Pop-up an. In Abbildung 19.11 ist der Einstiegsbildschirm der App **Arbeitsplatzkapazität verwalten** dargestellt.

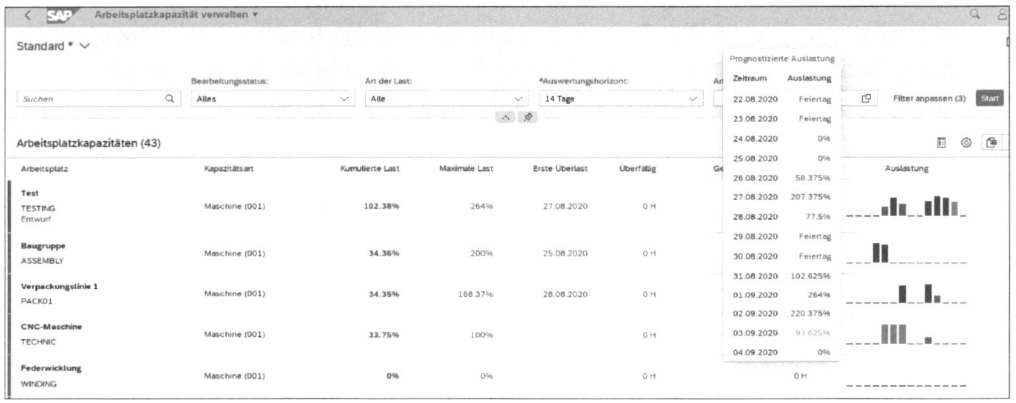

Abbildung 19.11 Einstiegsbildschirm der App »Arbeitsplatzkapazität verwalten«

Sie können vom Einstiegsbild aus in die Details des jeweiligen Arbeitsplatzes springen. Im oberen Teilbild des Detailbilds der App **Arbeitsplatzkapazität verwalten** sehen Sie das entsprechende Säulendiagramm des Einstiegsbildschirms in vergrößerter Form, auch sind die Informationen des Pop-ups mit Auslastungszahlen direkt integriert. Im rechten oberen Bereich dieses Teilbilds können Sie zu einer tabellarischen Darstellungsform wechseln.

Darunter befindet sich eine Liste der Vorgänge, die zu der dargestellten Kapazitätsbelastung führen. Sie können zwischen einer Darstellung aller Vorgänge im jeweiligen Zeitabschnitt und einer Darstellung der überfälligen, d. h. rückständigen Vorgänge, wählen. Durch einen Klick auf einen Balken in der oberen grafischen Darstellung können Sie die entsprechenden Aufträge filtern.

Im untersten Teilbild erfolgt eine Darstellung der jeweiligen hinterlegten Schichten. Sie haben die Möglichkeit, von hier aus direkt das Schichtangebot zu verändern und so durch Anpassungen am Kapazitätsangebot Überlasten zu bearbeiten.

Abbildung 19.12 zeigt beispielhaft den Detailbildschirm der App **Arbeitsplatzkapazitäten verwalten**.

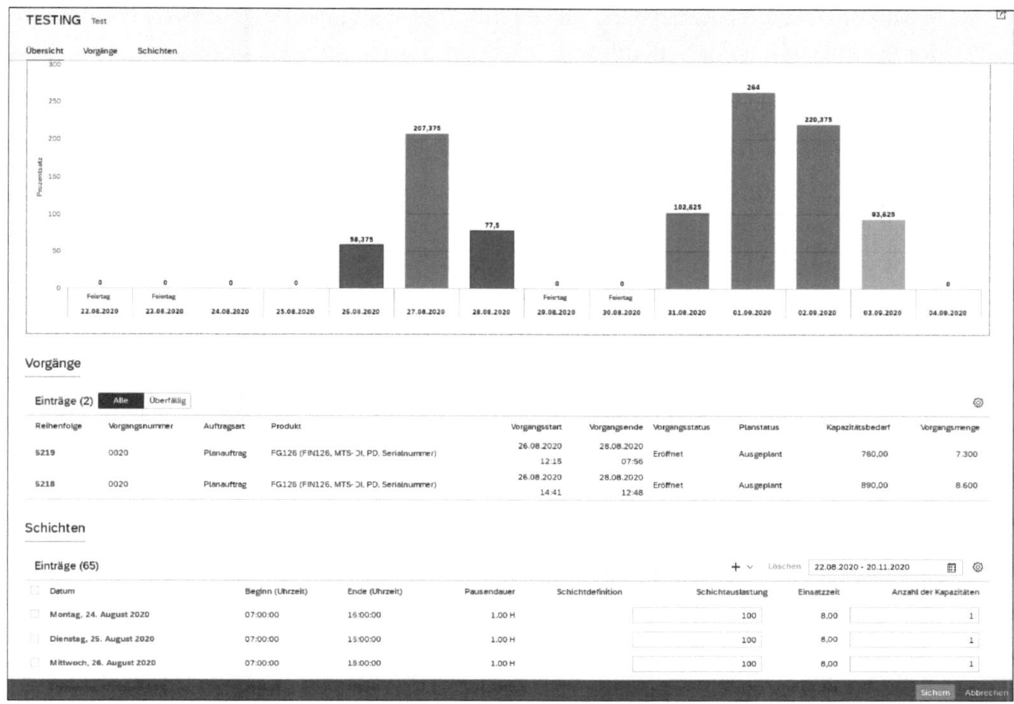

Abbildung 19.12 Detailbildschirm der App »Arbeitsplatzkapazität verwalten«

19.3 Kapazitätsabgleich

Wir haben bereits bei der Kapazitätsauswertung angemerkt, dass sowohl das ECC- als auch das S/4HANA-System identische Funktionen im Hinblick auf die Benutzeroberfläche SAP GUI aufweisen. Dies ist auch für den Kapazitätsabgleich gültig. Im S/4HANA-System stehen Ihnen auch hier zusätzlich Fiori-Apps zur Verfügung.

Die durch die Terminierung bestimmte zeitliche Lage von Aufträgen der Produktionsplanung (Plan-, Fertigungs- und Prozessaufträge), der Projektplanung (Netzpläne) und der Instandhaltungsplanung (Instandhaltungsaufträge) bildet die Grundlage für den Kapazitätsabgleich. Durch die Funktionen der Kapazitätsauswertung kann festgestellt werden, ob einige der benötigten Ressourcen Überlasten aufzeigen. Dies ist dann der Fall, wenn für ein bestimmtes Zeitintervall die Kapazitätsbelastung das Kapazitätsangebot überschreitet.

Im Rahmen des Kapazitätsabgleichs werden Maßnahmen eingeleitet, dieses temporäre Ungleichgewicht zwischen Bedarf und Angebot auszugleichen. Hier sind viele

Maßnahmen denkbar, beispielsweise eine Anpassung des Angebots an die Bedarfe durch eine zusätzliche Schicht.

19.3.1 Kapazitätsabgleichsfunktionen im SAP GUI

Die ERP-Systeme unterstützen die Abgleichbemühungen im SAP GUI vor allem durch die Bereitstellung verschiedener Transaktionen, die die Anpassung der Bedarfe an das Angebot erleichtern, z. B. durch zeitliches Verschieben von Vorgängen. Dabei stellen die ERP-Systeme mithilfe der folgenden Transaktionen tabellarische und grafische Übersichten, sogenannte Plantafeln, zur Verfügung (siehe die grafische Plantafel in Abbildung 19.13):

- Transaktion CM21 (Plantafel grafisch)
- Transaktion CM22 (Plantafel tabellarisch) für die Arbeitsplatzsicht
- Transaktion CM27 (Plantafel grafisch)
- Transaktion CM28 (Plantafel tabellarisch) für die Einzelkapazitätssicht
- Transaktion CM31 (Plantafel grafisch)
- Transaktion CM23 (Plantafel tabellarisch) für die Auftragssicht
- Transaktion CM25 (variable Sicht)

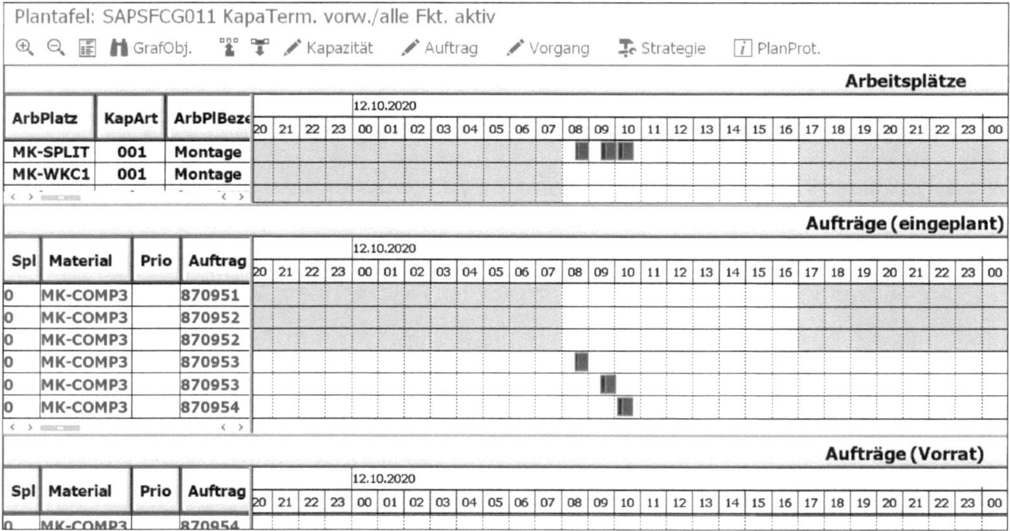

Abbildung 19.13 Beispiel für eine grafische Plantafel

Während die tabellarischen Plantafeln eine Listendarstellung der Kapazitätsdaten zur Verfügung stellen, basieren die grafischen Plantafeln auf einer Gantt-Chart-Darstellung.

Sowohl die grafische als auch die tabellarische Plantafel dienen der festen zeitlichen Einplanung von Bedarfen an Kapazitäten. Zu diesem Zweck müssen zunächst beim Einstieg Kapazitäten und Vorgänge bestimmt werden, die kapazitiv beplant werden sollen. Im Anschluss werden die Kapazitätsbedarfe mithilfe der Funktionen der Einplanung der Vorgänge zeitlich fixiert. Alle Vorgänge, die durch eine Einplanung den Status **EIGP** (Eingeplant) erhalten haben, sind für Änderungen an planungsrelevanten Feldern gesperrt, wie z. B. den Terminen, der geplanten Arbeit und Dauer sowie dem Arbeitsplatz. Erst wenn Sie den Einplanungsstatus in einer Kapazitätsplantafel wieder zurückgenommen haben, können die planungsrelevanten Informationen des Objekts wieder verändert werden.

Bei der Einplanung von Vorgängen werden verschiedene Schritte durchlaufen. Ausgangspunkt der Einplanung ist der *Einplanungstermin*, der entweder durch die Terminierung vom System ermittelt oder frei vom Benutzer vorgegeben werden kann. Bei mehreren einzuplanenden Vorgängen wird die Einplanungsreihenfolge festgelegt, wobei hierfür Einstellungen des Strategieprofils herangezogen werden. Im Anschluss daran werden verschiedene Prüfungen zu den Terminen und dem Arbeitsplatz durchgeführt, die zu einer Beeinflussung oder Unterbindung der Einplanung führen.

[zB] 19

Prüfungen zu Terminen

Dies ist z. B. dann der Fall, wenn im Netzplanvorgang eine Einschränkung wie **muss beginnen am**, **Start nicht früher** oder **Start nicht später** gepflegt worden ist.

Es ist nicht möglich, eine Einplanung auf einem Arbeitsplatz vorzunehmen, der gesperrt ist oder für den ein Löschkennzeichen gesetzt wurde.

Durch Verwendung eines *Strategieprofils*, das Sie vorab im Customizing der Kapazitätsplanung definieren müssen, kann festgelegt werden, ob im Rahmen der Einplanung von Vorgängen im nächsten Schritt von einem unbegrenzten oder einem begrenzten Kapazitätsangebot auf Kapazitätsebene ausgegangen werden soll. Hierfür muss im Strategieprofil das Kennzeichen **Kapazitätsterminierung** gesetzt und eine Planungsrichtung vorgegeben werden. Zusätzlich muss in der Kapazität das Kennzeichen **Relevant für Kapazitätsterminierung** gepflegt sein. In diesem Fall suchen die ERP-Systeme bei der Einplanung ausgehend vom vorgegebenen Einplanungstermin in der Planungsrichtung nach freier Kapazität, falls die im Rahmen der Kapazitätspflege vorgegebene Kapazität samt eines gegebenenfalls verwendeten Überlastfaktors überschritten ist.

Im *Zeitprofil* kann ein Zeitraum vorgegeben werden, in dem nach freier Kapazität gesucht werden soll (siehe Abbildung 19.14). Im Anschluss wird je nach Einstellung des Strategieprofils eine Vorgangsprüfung durchgeführt, d. h., es wird entsprechend geprüft, ob der Vorgang innerhalb der Auftragsecktermine bzw. der berechneten Puffer liegt, ob es zu unzulässigen Überlappungen mit Vorgängern oder Nachfolgern kommt und ob alle Mussüberlappungen eingehalten worden sind. Kommen diese Prüfungen zu einem positiven Ergebnis, wird der Status **EIGP** (Eingeplant) auf Ebene des Vorgangs gesetzt. Falls diese Voraussetzungen nicht erfüllt sind und das Kennzeichen **Abbruch der Einplanung bei Fehler** im Strategieprofil gesetzt wurde, wird das Setzen des Einplanungsstatus unterbunden. Im Gegensatz zum Eigenfertigungsfall in der Produktion erfolgt bei Netzplänen keine Mittelpunktterminierung.

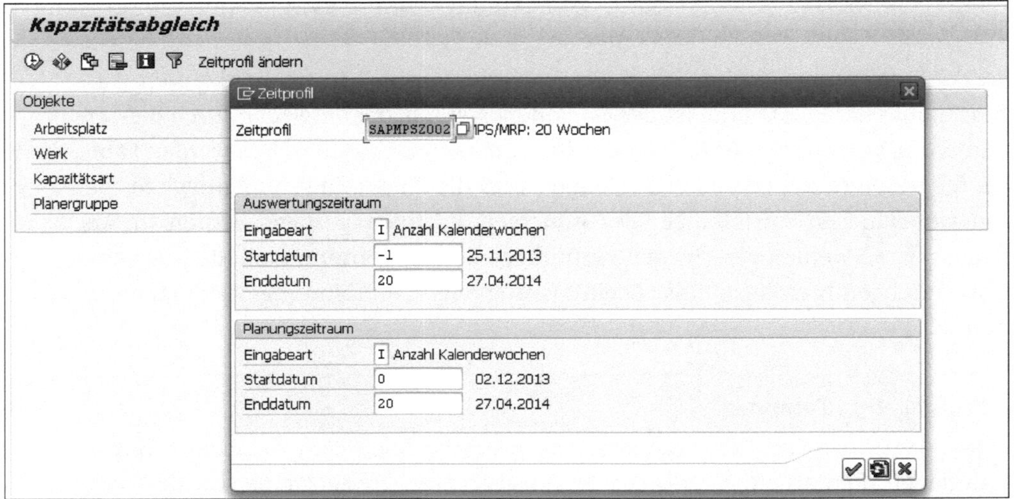

Abbildung 19.14 Zeitprofil

Bei diesen Einplanungsaktivitäten werden bestimmte Ausnahmetatbestände im Planungsprotokoll eingetragen, das direkt aus den Plantafeln über den Button **PlanProt.** abgerufen werden kann. Die Funktionen der Einplanung können ebenfalls über die Massenverarbeitung angesteuert werden.

Sie können die Kapazitätsplanungsfunktionen im ECC- bzw. im S/4HANA-System erweitern, indem Sie die Add-on-Lösung Lean Manufacturing Planning and Control implementieren. Mit dieser Lösung steht Ihnen – direkt in die ERP-Systeme eingebettet, d. h. ohne die Notwendigkeit der Verwendung einer Schnittstelle – eine kombinierte Leitstandslösung zur Verfügung, die zentrale Informationen der Kapazitätsplanung in einer Übersicht kombiniert. Sie können in einem zentralen Cockpit eine grafische Plantafel mit einer tabellarischen Plantafel sowie einer Kapazitätsauslastungsübersicht kombinieren, auch die Einbindung einer mehrstufigen Auftragsverknüpfung ist möglich. Dabei ermöglichen über 80 vorhandene Aktionsparameter die Ausführung diverser Funktionen, die für die Kapazitätsplanung von Bedeutung sind. Dazu zählen unter anderem Algorithmen, die einen machbaren Plan unter Berücksichtigung der Material- und Kapazitätsverfügbarkeit erzeugen. Ein großer Teil der für die Einplanung verwendbaren Aktionsparameter kann auch im Batch eingeplant werden, und Alerting-Funktionen ermöglichen Ihnen durch die interaktive Abarbeitung von nicht durch die Algorithmen auflösbaren Problemkonstellationen einen ausnahmebasierten Ansatz. Auch beinhaltet diese Lösung Funktionen rund um die Lean-Planning-Vorgehensweise *Rhythm Wheel* (Fahrplan) sowie eine Produktionsglättung.

Abbildung 19.15 zeigt Ihnen beispielhaft den Produktionsleitstand von Lean Manufacturing Planning and Control.

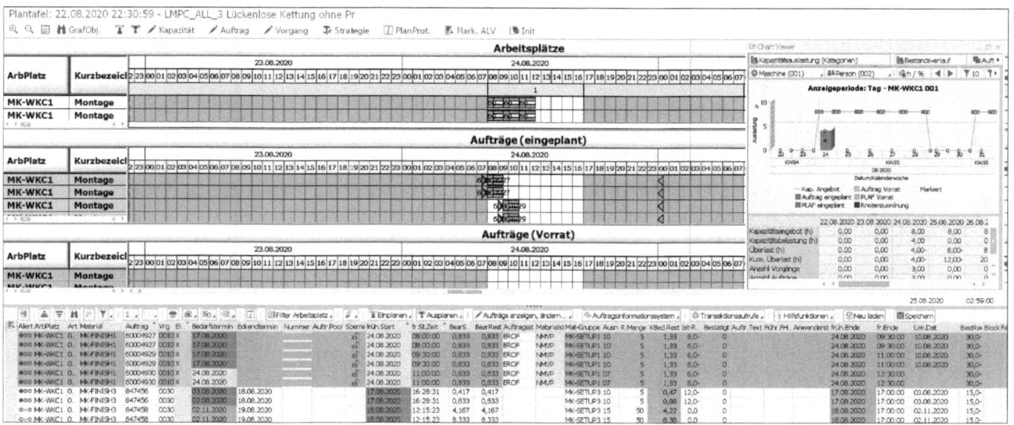

Abbildung 19.15 Produktionsleitstand von Lean Manufacturing Planning and Control

> **Details zu Lean Manufacturing Planning and Control**
> Nähere Informationen rund um die Lösung Lean Manufacturing Planning and Control finden Sie in SAP-Hinweis 2440628.

19.3.2 Kapazitätsabgleichsfunktionen in SAP Fiori

Analog zu den bereits erläuterten Kapazitätsauswertungsfunktionen im S/4HANA-System steht Ihnen in dieser Umgebung auch eine Fiori-App für den Kapazitätsabgleich zur Verfügung. Die App **Produktion einplanen** zeigt Ihnen auf einem Einstiegsbildschirm eine Liste der einzuplanenden Vorgänge zu einer vorgebbaren Selektion von Arbeitsplätzen, Horizont und Einplanungsstatus. Dabei werden Ihnen Überblicksinformationen zum Vorgang angezeigt, etwa die jeweilige Bezugsquelle, der Kapazitätsbedarf und Termine. Über eine Schaltfläche können Sie den Einplanungsstatus ändern, und falls Sie beispielsweise einen noch nicht eingeplanten Vorgang einplanen wollen, können Sie über ein eigenes Fenster Termininformationen für die Einplanung hinterlegen.

Durch einen Klick auf die jeweilige Vorgangszeile verzweigen Sie in einen Detailbildschirm. Dabei können Sie auch die Strategie für die Einplanung festlegen. Dies erfolgt durch Betätigung einer Schaltfläche im linken oberen Bereich des Detailbildschirms. Im Fenster, das sich daraufhin öffnet, können Sie den Planungsmodus, die Berücksichtigung von begrenzten Kapazitäten sowie die Terminierungsrichtung festlegen. Je nach Planungsmodus wird Ihnen im rechten Bereich der App eine Zeitsachse mit freien Kapazitäten oder eine Vorgangsreihenfolge für gefundene Bezugsquellen angezeigt, hier können Sie einfach per Klick eine Einplanung vornehmen. Dabei erfolgt die Planung zunächst im Simulationsmodus, erst die Speicherung der Planungen sorgt für eine Verbuchung in der Datenbank.

Abbildung 19.16 zeigt den Detailbildschirm der App **Produktion einplanen** im Rahmen der Festlegung der Strategie. Im Hintergrund sehen Sie die Planungsfunktionen für den Planungsmodus **Periode**, bei dem Sie im rechten Teilbildschirm einen freien Slot für den jeweiligen Vorgang aussuchen können.

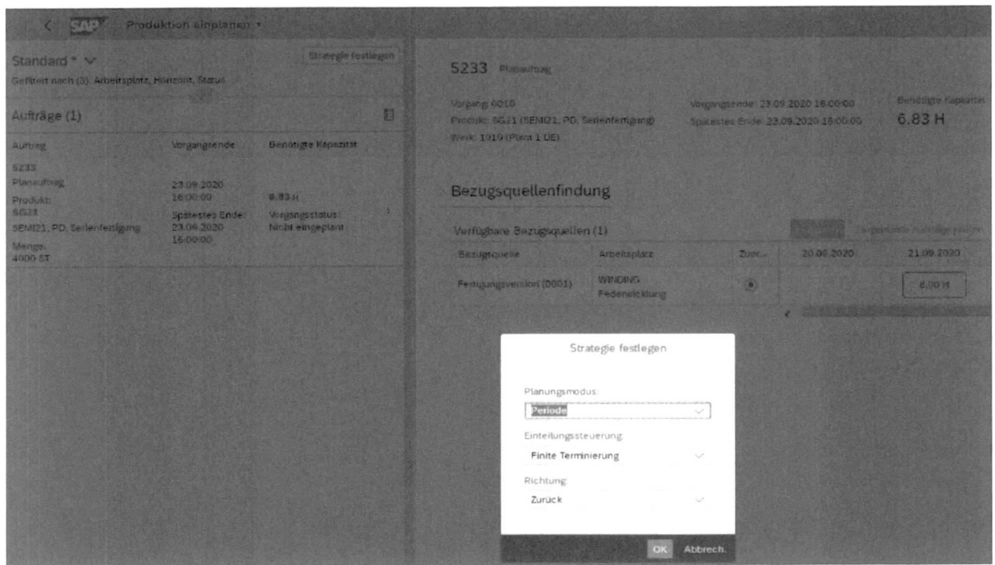

Abbildung 19.16 Strategie festlegen im Detailbildschirm der App »Produktion einplanen«

Damit Sie eine Übersicht über die aktuelle Einplanungssituation gewinnen können, stellt Ihnen das S/4HANA-System zusätzlich die App **Arbeitsplatzbelegungspläne überwachen** zur Verfügung. Aktuell (S/4HANA-Release 1909) sind jedoch mit dieser App nur Visualisierungen möglich, Einplanungen können nicht vorgenommen werden. Abbildung 19.17 zeigt beispielhaft die grafische Visualisierungsmöglichkeit der App **Arbeitsplatzbelegungspläne überwachen**.

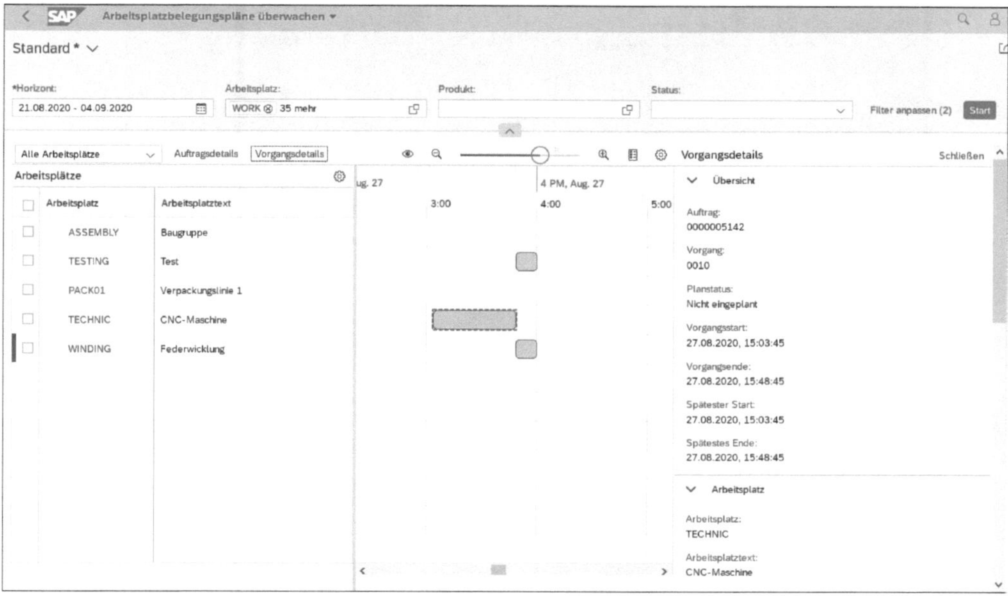

Abbildung 19.17 App »Arbeitsplatzbelegungspläne überwachen«

19

19.4 Kapazitätsverfügbarkeitsprüfung

Die Kapazitätsverfügbarkeitsprüfung wird durchgeführt, um bei der endgültigen Einplanung eines Vorgangs zu prüfen, ob die vorhergehenden Planungen auch wirklich der Realität entsprechen. Dabei spielt der Begriff der *Grundlast* eine besondere Rolle. Dabei handelt es sich um die kapazitiv bereits eingeplante Last, die bei der Einplanung eines zusätzlichen Vorgangs berücksichtigt werden muss. Sie können die Grundlast in der Transaktion CM07 mit dem Profil SAPSFC010 einsehen.

Insgesamt geht die Kapazitätsverfügbarkeitsprüfung periodenbezogen vor, d. h., es wird geprüft, wie viel Grundlast bereits in einer bestimmten Periode belegt ist und ob der zusätzlich einzuplanende Kapazitätsbedarf eines Vorgangs zu einer Überlast führen würde.

Als verfügbare Kapazität wird die Differenz aus dem Kapazitätsangebot des Arbeitsplatzes zuzüglich der dort erlaubten Überlast und der Grundlast angesehen. Dabei wird die Grundlast durch die bereits eingeplanten und kapazitiv bestätigten Kapazitätsbedarfe gebildet. Möchten Sie die Grundlast aktualisieren, indem Sie sämtliche Kapazitätsbedarfe in die Überlegungen einbeziehen, steht zu diesem Zweck Transaktion CM99 für die Initialisierung der Grundlast zur Verfügung. Mit dieser Transaktion lassen sich speziell über Auftrag bzw. Material selektierte Kapazitätsbedarfe explizit der Grundlast zuordnen bzw. aus ihr entfernen (siehe Abbildung 19.18).

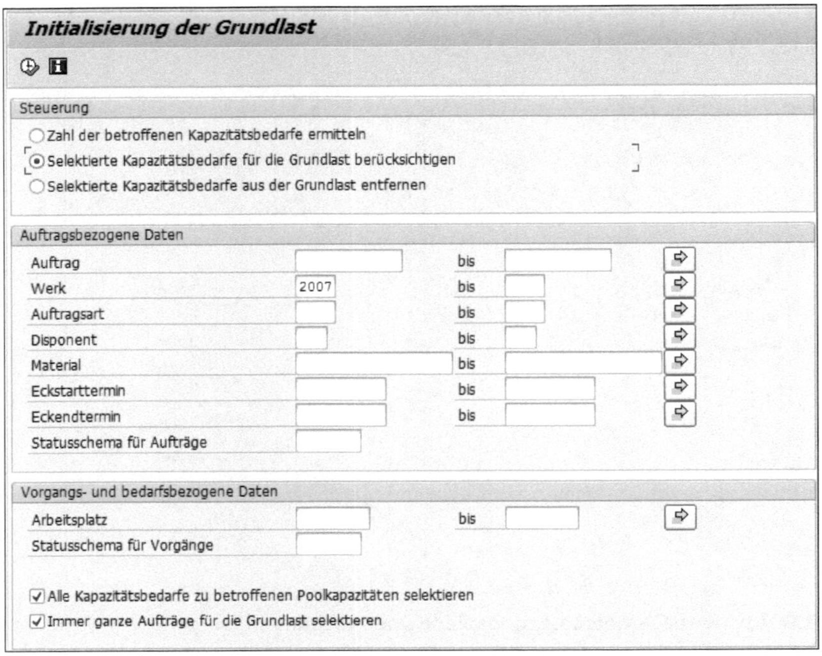

Initialisierung der Grundlast

Steuerung
Zahl der betroffenen Kapazitätsbedarfe ermitteln
Selektierte Kapazitätsbedarfe für die Grundlast berücksichtigen
Selektierte Kapazitätsbedarfe aus der Grundlast entfernen

Auftragsbezogene Daten
Auftrag bis
Werk 2007 bis
Auftragsart bis
Disponent bis
Material bis
Eckstarttermin bis
Eckendtermin bis
Statusschema für Aufträge

Vorgangs- und bedarfsbezogene Daten
Arbeitsplatz bis
Statusschema für Vorgänge
Alle Kapazitätsbedarfe zu betroffenen Poolkapazitäten selektieren
Immer ganze Aufträge für die Grundlast selektieren

Abbildung 19.18 Report zur Initialisierung der Grundlast (Transaktion CM99)

Dieser Report spielt demzufolge insbesondere dann eine Rolle, wenn die Grundlast initial angelegt oder im Zuge einer laufenden Planung angepasst werden soll. Dies bildet die Basis für die Kapazitätsterminierung, bei der die Auftragstermine auf Basis der Kapazitätsbelastung ermittelt werden.

Für die Kapazitätsplanung von zentraler Bedeutung ist der *Rückstand*, d. h. bereits in Verzug geratene, jedoch noch nicht (vollständig) bearbeitete Aufträge. Für diese Aufträge ist noch Kapazität vorzusehen, jedoch steht die ursprünglich für diese Aufträge geplante Kapazität nicht mehr zur Verfügung, da sie bereits in der Vergangenheit liegt. Werden diese rückständigen Aufträge in der Kapazitätsplanung nicht berücksichtigt, entstehen nicht machbare Pläne. Über die Parameter **Gesamte Kapazitätsbelastung** im Strategieprofil und das **Rückstandseinlastungsdatum** im Zeitprofil lässt sich erreichen, dass auch dieser Rückstand für die Ermittlung der verfügbaren Kapazität herangezogen wird. In diesem Fall werden die Kapazitätsbedarfe der Vergangenheit auf die Grundlast in der aktuellen bzw. der Folgeperiode auf Basis einer Vorwärtsterminierung angerechnet.

Da es sich bei der Kapazitätsverfügbarkeitsprüfung um eine periodenbasierte Prüfung handelt, spielt die zeitliche Lage der Kapazitätsbedarfe eine wichtige Rolle. Für die Kapazitätsverfügbarkeitsprüfung ist der Verteilungsschlüssel relevant, der dem Auswertungsprofil zugeordnet ist.

Die Kapazitätsverfügbarkeitsprüfung wird auftragsweise für die Vorgänge durchgeführt, die auf kapazitätsterminierungsrelevanten Arbeitsplatzkapazitäten liegen. Hierfür müssen Sie die Kapazität im Kopf als **Relevant für Kapazitätsterminierung** deklarieren (siehe Abbildung 19.19).

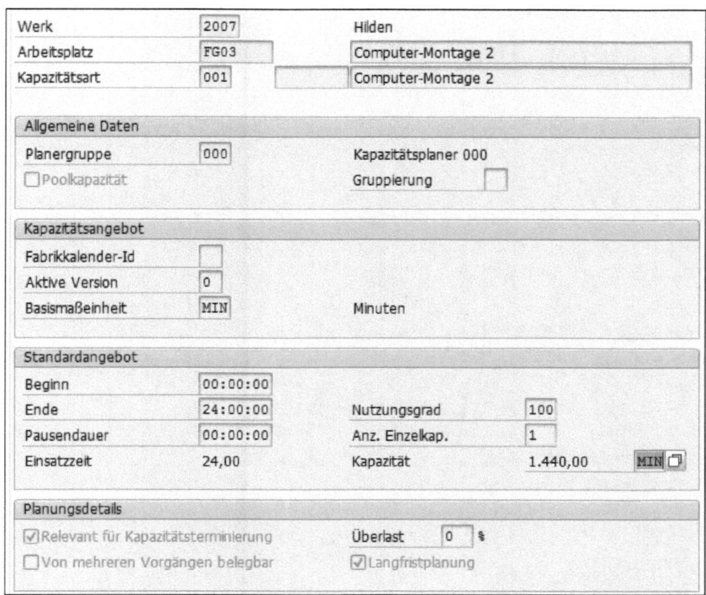

Abbildung 19.19 Arbeitsplatzkapazität

Die Reihenfolge der Prüfung wird durch die Auftragsnummer deklariert, sofern die Kapazitätsverfügbarkeitsprüfung automatisch bei Umsetzung bzw. Eröffnung oder bei der Freigabe durchgeführt werden soll. Ob die Prüfung zu diesen Zeitpunkten durchgeführt werden soll, wird im Rahmen der werks- bzw. auftragsartspezifischen Einstellungen der Prüfsteuerung in der Customizing-Transaktion OPJK definiert. Hier können Sie für die Eröffnung sowie die Freigabe separat definieren, ob eine Kapazitätsverfügbarkeitsprüfung durchgeführt werden, mit welchem Gesamtprofil diese durchgeführt werden und was im Fall einer mangelnden Verfügbarkeit geschehen soll. Falls kein Gesamtprofil zugeordnet wird, verwenden die ERP-Systeme standardmäßig das Profil SAPSFCG013. Abbildung 19.20 zeigt überblicksartig die Einstellungen zur Kapazitätsverfügbarkeitsprüfung in Transaktion OPJK.

Somit ist es über die genannte Funktionalität möglich, die Kapazitätsbelastung bei der Freigabe zu berücksichtigen. Die betriebswirtschaftliche Theorie spricht an dieser Stelle von einer belastungsorientierten Auftragsfreigabe (BOA).

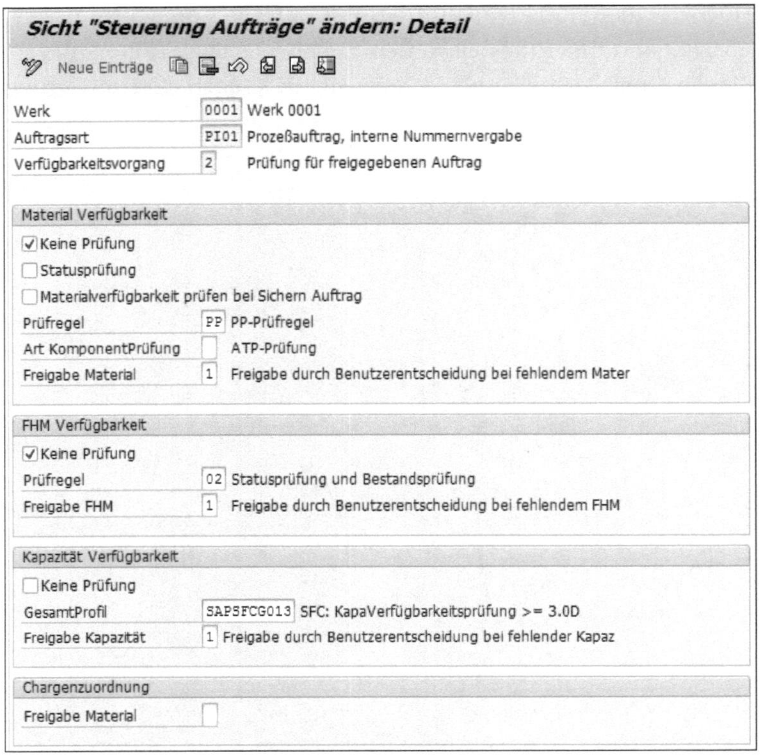

Sicht "Steuerung Aufträge" ändern: Detail

Neue Einträge

Werk	0001	Werk 0001
Auftragsart	PI01	Prozeßauftrag, interne Nummernvergabe
Verfügbarkeitsvorgang	2	Prüfung für freigegebenen Auftrag

Material Verfügbarkeit

- [x] Keine Prüfung
- [ ] Statusprüfung
- [ ] Materialverfügbarkeit prüfen bei Sichern Auftrag

Prüfregel	PP	PP-Prüfregel
Art KomponentPrüfung		ATP-Prüfung
Freigabe Material	1	Freigabe durch Benutzerentscheidung bei fehlendem Mater

FHM Verfügbarkeit

- [x] Keine Prüfung

Prüfregel	02	Statusprüfung und Bestandsprüfung
Freigabe FHM	1	Freigabe durch Benutzerentscheidung bei fehlendem FHM

Kapazität Verfügbarkeit

- [ ] Keine Prüfung

GesamtProfil	SAPSFCG013	SFC: KapaVerfügbarkeitsprüfung >= 3.0D
Freigabe Kapazität	1	Freigabe durch Benutzerentscheidung bei fehlender Kapaz

Chargenzuordnung

Freigabe Material	

Abbildung 19.20 Steuerungsparameter für die Verfügbarkeitsprüfung (Transaktion OPJK)

Falls der Kapazitätsbedarf eines Vorgangs nicht bestätigt werden kann, wird im Fertigungssteuerungsprofil (Customizing-Transaktion OPKP) definiert, ob die bestätigten Kapazitätsbedarfe übernommen oder ob alle Kapazitätsbedarfe verworfen werden sollen und ob eine Kapazitätsterminierung erfolgen soll. Bei einer Kapazitätsterminierung sucht das System nach Terminen, zu denen eine Einplanung möglich ist. Dabei wird das in den Steuerungsparametern der Verfügbarkeitsprüfung angegebene Gesamtprofil herangezogen (nicht das im Fertigungssteuerungsprofil angegebene Gesamtprofil des Kapazitätsabgleichs). Hier definieren Sie den Planungszeitraum (im zugeordneten Zeitprofil) sowie die Planungsrichtung (im zugeordneten Strategieprofil), in der nach freier Kapazität gesucht werden soll. Das entsprechende Strategieprofil lässt sich in Transaktion OPDO pflegen. Abbildung 19.21 zeigt die an der Kapazitätsverfügbarkeitsprüfung insgesamt beteiligten Profile.

Sie können die Prüfung neben den beschriebenen automatisiert durchgeführten Optionen auch interaktiv anstoßen, indem Sie im Kopf des jeweiligen Auftrags den Button **Verfügbarkeitsprüfung** anklicken.

Ist ausreichend Kapazität vorhanden, werden die einzelnen Vorgänge, für die diese Bestätigung vorgenommen werden kann, kapazitiv bestätigt. Eine Einplanung erfolgt nicht. Ein Planer hat auch im Fall der Nichtbestätigung durch manuelles Setzen des Kennzeichens **Kapazitiv bestätigt** die Möglichkeit, einen Kapazitätsbedarf zu bestätigen.

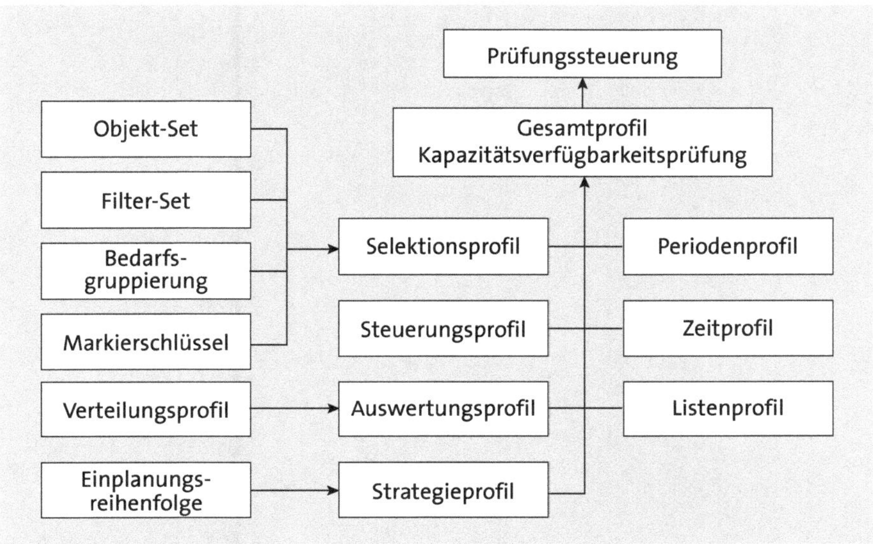

Abbildung 19.21 Profile für die Kapazitätsverfügbarkeitsprüfung

19.5 Fazit

Sie haben im vorliegenden Kapitel die Möglichkeiten kennengelernt, die die ERP-Systeme für die kapazitive Planung von Produktionsaufträgen, Netzplänen und Instandhaltungsaufträgen bietet. Zu diesem Zweck sind wir zunächst auf die Terminierungsfunktionen eingegangen, die die Grundlage für die Erzeugung der Kapazitätsbedarfe bilden. In einem nächsten Schritt haben wir Ihnen mit der Kapazitätsauswertung Möglichkeiten vorgestellt, die in den ERP-Systemen zur Bewertung von bestehender Kapazitätsbelastung existieren. Mit der anschließend dargestellten Funktion des Kapazitätsabgleichs haben wir Optionen erläutert, mit denen Sie Kapazitätsangebote und Kapazitätsbedarfe durch Verschiebung der Bedarfe in Einklang bringen können. Mit der Kapazitätsverfügbarkeitsprüfung wurde zusätzlich eine Funktion erläutert, mit der bei der Eröffnung und/oder der Freigabe oder aber auch interaktiv durch den Benutzer angestoßen geprüft wird, ob für die Bearbeitung eines zusätzlichen Bedarfs ausreichend Kapazität zur Verfügung steht.

Sie können die Möglichkeiten der ERP-Systeme zur kurzfristigen Kapazitätsplanung nun benennen und bewerten.

Kapitel 20

Grundlagen der kurzfristigen Kapazitätsplanung in SAP APO und ePP/DS

Die kurzfristige Kapazitätsplanung basiert sowohl im APO-System als auch in ePP/DS auf dem Planungselement APO-Auftrag sowie auf der automatischen Verknüpfung zwischen Bedarfen und Bedarfsdeckern, dem sogenannten Pegging. In diesem Kapitel führen wir Sie in die Grundlagen der kurzfristigen Kapazitätsplanung ein.

Bei der kurzfristigen Kapazitätsplanung in SAP handelt es sich unabhängig vom System, in dem die jeweiligen Planungen ausgeführt werden, um die Bestimmung von Mengen und Terminen sowie gegebenenfalls um die Entscheidungsunterstützung bei der Bezugsquellenermittlung von internen und externen Planungselementen. Dabei knüpft die Kapazitätsplanung an bereits angelegte Elemente an und konkretisiert diese unter Hinzuziehung der im bisherigen Planungsprozess noch nicht berücksichtigten Restriktionen, d. h. Einschränkungen. Die kurzfristige Kapazitätsplanung folgt somit auf die Auftragsanlage, die wir in Kapitel 7, »Funktionen der Auftragsanlage«, beschrieben haben.

In diesem Kapitel geben wir Ihnen zunächst einen Überblick über die Restriktionen, die im Rahmen der kurzfristigen Kapazitätsplanung im APO-System bzw. in ePP/DS berücksichtigt werden müssen. Im Anschluss erläutern wir detailliert das Planungsobjekt, das die Grundlage der kurzfristigen Kapazitätsplanung bildet. Mit dem Pegging wird darauffolgend die Basisfunktion erläutert, die benötigt wird, um eine der zentralen Restriktionen in die Planung einzubeziehen, die mehrstufige Abhängigkeit in komplexen Strukturen. Auf dieser Basis erläutern wir im Anschluss die Sonderfunktion des kontinuierlichen In-/Outputs, d. h. die Wirkungsweise der auftragsüberlappenden Planung.

20.1 Auftrag als Planungselement im APO-System bzw. in ePP/DS

Grundlage der Kapazitätsplanung sowohl im APO-System als auch in ePP/DS ist das Planungselement des Auftrags. Mit dieser allgemeinen Bezeichnung werden vorab angelegte Elemente (siehe hierzu Kapitel 7, »Funktionen der Auftragsanlage«) bezeichnet, die verschiedene für die Kapazitätsplanung benötigte Informationen tragen können. Es handelt sich bei Aufträgen allgemein um Bewegungsdaten, die häufig auf der Basis von Stammdaten angelegt werden.

Für die im APO-System anleg- und änderbaren Aufträge der kurzfristigen Produktionsplanung hat sich der Begriff *APO-Auftrag* herausgebildet. Da es sich bei ePP/DS um eine aus dem APO-System in das S/4HANA-System migrierte Funktion handelt, wird dieser Begriff auch in ePP/DS verwendet.

Darunter versteht man das aus Performancegründen auf seine wesentlichen planungsrelevanten Informationen reduzierte Planungsobjekt, das zentral in alle Überlegungen der kurzfristigen Kapazitätsplanung eingeht.

Der APO-Auftrag als Planungselement trägt unabhängig von der spezifischen Ausgestaltung in der Regel eine Auswahl der folgenden Informationen:

- Spezifikation der zugrunde liegenden Menge der Zugangs- (Outputprodukte) und Bedarfselemente (Inputprodukte)
- Festlegung der zugrunde liegenden Konfiguration der Zugangs- und Bedarfselemente
- Definition der Verfügbarkeitstermine bei Zugangs- und der Bedarfstermine bei Bedarfselementen
- Festlegung der auszuführenden Arbeitsschritte (Vorgänge bzw. Aktivitäten inklusive deren Reihenfolgebeziehungen, die zur Verarbeitung der Inputprodukte und zur Bereitstellung der Outputprodukte nötig sind)
- Festlegung der durch die Aktivitäten belasteten Ressourcen
- Informationen über den Planungsstatus des Auftrags, wie z. B. Fixierungen oder Freigaben
- Bestimmung der APO-Applikation, die den Auftrag angelegt hat, wie z. B. PP/DS
- Festlegung der Quell- bzw. Ziellokation, je nachdem, um welche Art des APO-Auftrags es sich handelt

In der Regel weisen APO-Aufträge nicht alle aufgeführten Elemente auf, besitzen jedoch die grundlegende Struktur, all diese Elemente beinhalten zu können. Auch die Elemente, die in der kurzfristigen Kapazitätsplanung nur Input für die Planung sind (wie z. B. Kundenaufträge), haben grundsätzlich die gleiche Struktur. Somit ist es möglich, mit einem Auftrag im APO-System bzw. in ePP/DS Planungsobjekte aus verschiedensten Bereichen abzubilden, wie beispielsweise:

- Objekte aus der Kundenauftragsabwicklung wie Kundenaufträge und -bedarfe
- Objekte der Absatzplanung wie Planprimärbedarfe
- Produktionsplanungsobjekte wie Plan- und Produktionsaufträge

- Projektplanungsobjekte wie den Projektauftrag
- Objekte aus der Instandhaltungsplanung wie Instandhaltungsaufträge
- Objekte aus der Beschaffungsplanung wie (Umlagerungs-)Bestellanforderungen und (Umlagerungs-)Bestellungen
- Objekte aus der Materialwirtschaft wie Bestände

Eine Reihe dieser Aufträge kann das APO-System bzw. ePP/DS wie beschrieben auf Basis verschiedener Planungsaktionen anlegen (siehe Kapitel 7, »Funktionen der Auftragsanlage«). Hierzu zählen vor allem (Umlagerungs-)Bestellanforderungen und Planaufträge, aber auch Umlagerungsreservierungen. Während eine Reihe der genannten Elemente zwar nicht im APO-System bzw. in ePP/DS direkt angelegt, aber zumindest hinsichtlich ihrer terminlichen Lage beeinflusst werden kann (z. B. Projektaufträge), sind einige im APO-System bzw. in ePP/DS nicht änderbar. Hierzu zählen Bestände und Kundenaufträge, für die das ERP-System hinsichtlich aller Ausprägungen verantwortlich ist.

Um welches Objekt es sich bei einem APO-Auftrag handelt, wird mit der sogenannten *ATP-Kategorie* (Available-to-Promise) festgelegt. Die Bezeichnung, die irreführend suggeriert, dass es sich dabei um eine Festlegung für die Verfügbarkeitsprüfung handelt, resultiert daher, dass diese Kategorien im Customizing der allgemeinen Einstellungen der globalen Verfügbarkeitsprüfung festgelegt werden. Sie haben jedoch anwendungsübergreifend Auswirkungen auf alle Planungsfunktionen des APO-Systems, ihr Einfluss ist demnach nicht auf die Verfügbarkeitsprüfung beschränkt. In einem S/4HANA-System mit implementiertem ePP/DS haben die ATP-Kategorien lediglich auf Letzteres Einfluss.

In der ATP-Kategorie ist als grundlegende Information die generelle »Ausrichtung« eines Auftrags enthalten. Dieser wird mit dem sogenannten *Kategorietyp* beschrieben, der die Kategorien in die vier verschiedenen Typen unterteilt:

- Bestand
- Zugang
- Bedarf
- Prognose

Ein Produkt kann APO-Aufträge verschiedenster ATP-Kategorien aufweisen, die wiederum verschiedensten Kategorietypen zuzuordnen sind. In der Regel enthält ein im APO-System bzw. in ePP/DS planbares Produkt sowohl Aufträge mit Kategorien der Typen Bestand, Zugang und Bedarf, bei prognostizierten Teilen zusätzlich sogar APO-Aufträge des vierten Kategorietyps Prognose. Die ATP-Kategorie ist somit nicht auf Produktebene, sondern auf Auftragsebene angesiedelt.

Die ATP-Kategorie ist somit das Unterscheidungskriterium der verschiedenen möglichen APO-Aufträge, sie definiert damit auch die konkrete Zusammensetzung des

APO-Auftrags hinsichtlich der planungsrelevanten Informationen. So benötigt beispielsweise ein Planauftrag andere planungsrelevante Informationen als eine Bestellanforderung, da Produktionsschritte im Planauftrag festgelegt werden, die bei einem fremdbeschafften Element wie der Bestellanforderung nicht benötigt werden.

Die Herkunft der planungsrelevanten Eigenschaften unterscheidet sich je nach ATP-Kategorie. In der Eigenfertigung spielt der Begriff des Plans eine besondere Rolle. Der Begriff des Plans, der im Kontext der in diesem Buch beschriebenen Inhalte mehrfach belegt ist, umschreibt im Kontext der kurzfristigen Produktions- und Feinplanung die Kombination aus ERP-Arbeitsplan und ERP-Stückliste (Fertigungsversion) bzw. die in der Regel darauf basierenden Produktionsdatenstrukturen (PDS) bzw. Produktionsprozessmodelle (PPM, siehe Abschnitt 3.4.4, »APO-System – Produktionsdatenstruktur/Produktionsprozessmodell«).

Bei der Auftragsanlage (siehe Kapitel 7, »Funktionen der Auftragsanlage«) werden die planungsrelevanten Vorgaben aus dem Plan in den jeweiligen APO-Auftrag kopiert und können dort gegebenenfalls je nach Einsatzkontext manuell geändert werden. Es ist jedoch auch möglich, die Zusammensetzung eines Auftrags ohne den Umweg über einen Plan von Hand zu konfigurieren. Derartig im ERP-System angelegte Aufträge werden an das APO-System bzw. ePP/DS übertragen, wenn die dafür notwendigen Voraussetzungen erfüllt sind. So müssen beispielsweise alle in einem Auftrag aufgeführten Inputprodukte vor der Übertragung des Auftrags im APO-System bzw. ePP/DS angelegt sein, anderenfalls werden diese Produkte als nicht planungsrelevant betrachtet und die Inputprodukte werden nicht im APO-System bzw. in ePP/DS angelegt.

In der Projekt- und der Instandhaltungsplanung wird in aller Regel nicht in gleicher Art und Weise auf standardisierte Arbeitspläne zugegriffen, hier ist die manuelle Ausgestaltung eines Auftrags hinsichtlich der planungsrelevanten Informationen wie der In- und Outputs der Normalfall. So wird beispielsweise im Rahmen der Projektplanung das Planungsobjekt Netzplan im ERP-System häufig manuell angelegt, alle benötigten Inputs werden von Hand eingetragen und – im Fall der APO- bzw. der erweiterten Planung – als Projektauftrag an das APO-System bzw. ePP/DS übertragen.

Es ist jedoch auch hier möglich, standardisierte Kopiervorlagen in Form von Standardnetzen zu verwenden oder sogar direkt bei der Anlage eines Kundenauftrags über die Planungsstrategie der Montageabwicklung auf eine derartige Vorlage zurückzugreifen. Häufig wird aber auch in diesen Fällen die konkrete Ausgestaltung des Netzplans im Nachgang manuell beeinflusst, da es im Zuge der Projekt- und Instandhaltungsplanung in weitaus geringerem Maß als in der Produktionsplanung zu stark repetitiven – also immer wiederkehrend gleichen – Folgen von Prozessschritten kommt, sodass die reine Verwendung von Kopiervorlagen wie im Rahmen der Produktionsplanung eher die Ausnahme bleibt (siehe unser Buch *Projektplanung mit SAP*, das 2010 bei SAP PRESS erschienen ist).

In der Beschaffungsplanung hingegen spielen andere Stammdatenobjekte eine Rolle, sodass hier nicht einfach auf Pläne als Kopiervorlagen zurückgegriffen werden kann. Vielmehr werden bei der Beschaffungsplanung Bedarfe gedeckt und gegebenenfalls in die angelegten Bedarfsdecker entsprechende Bezugsquellen eingetragen, wie z. B. Lieferanten. Hierbei kann auf einen größeren Teil der z. B. im Rahmen der Eigenfertigung benötigten Informationen verzichtet werden, da Vorschriften zur Produktion, wie z. B. Produktionsvorgänge, Zeiten und benötigte Inputkomponenten, nicht in der eigenen Planungsverantwortung liegen, sondern vom jeweiligen Lieferanten berücksichtigt werden müssen.

Die am häufigsten in der kurzfristigen Kapazitätsplanung verwendeten APO-Aufträge werden in der Produktions- und Feinplanung eingesetzt. Da sie in der Regel nicht nur den Großteil der in der Kapazitätsplanung verwendeten Objekte darstellen, sondern auch hinsichtlich der Zusammensetzung der in ihnen festgelegten Informationen die größte Komplexität aufweisen, werden wir uns im Folgenden auf die Plan- und Produktionsaufträge konzentrieren. Durch den hohen Abdeckungsgrad der möglichen Funktionen eines APO-Auftrags in der Produktions- und Feinplanung erhalten Sie somit ein Bild von den möglichen Inhalten des Planungsobjekts APO-Auftrag. Dort, wo spezifische Gesichtspunkte eine genauere Differenzierung erfordern, werden wir auf die expliziten Gegebenheiten der anderen Planungsbereiche eingehen, wie z. B. die Projekt- oder die Instandhaltungsplanung.

20.1.1 Zusammensetzung eines APO-Auftrags: In- und Outputprodukte

Ein APO-Auftrag aus dem Bereich der Produktions- und Feinplanung enthält in der Regel sowohl Inputprodukte als auch zumindest ein Outputprodukt. Bei den Inputprodukten handelt es sich um Bedarfe an Komponenten oder Baugruppen, die für die Produktion benötigt werden. Outputprodukte eines Auftrags hingegen sind diejenigen Zugangsprodukte, die nach der Durchführung der Produktion aus der Fertigungstätigkeit resultieren. Inputprodukte repräsentieren somit einen positiven Bedarf, Outputprodukte hingegen eine positive Zugangsmenge.

Bei der Produktion ist in der Regel nur ein Outputprodukt pro Auftrag zu verzeichnen, es sind jedoch auch Konstellationen denkbar, in denen mehr als ein Outputprodukt aus der Fertigungstätigkeit resultiert. Ein Beispiel hierfür wäre die Herstellung von Schokoladenprodukten wie Osterhasen, bei der es häufig während des Produktionsprozesses zu Bruchschokolade kommt, die wiederum für andere Zwecke verwendet werden kann. So kann diese Bruchschokolade beispielsweise wieder der Rohmasse zugeführt werden, oder aber die Bruchstücke werden wiederum als eigenes Inputprodukt in der Produktion bestimmter Produkte (z. B. Müsli) weiterverwendet.

In diesem Fall kommt es also bei ein und demselben Auftrag unter Umständen zu mehreren Outputprodukten, hier neben dem Osterhasen noch die Bruchschokolade, die als eigene Nummer im System abgebildet werden kann. In einem Einsatzkontext von mehreren Outputprodukten wird häufig der Begriff *Master-Output* für das Hauptprodukt (im Beispiel der Osterhase) verwendet.

In einem APO-Auftrag wird neben der Spezifikation der Produkte selbst auch die jeweilige Menge spezifiziert, die für die Produktion benötigt wird (Input).

Die Zusammensetzung der APO-Aufträge hinsichtlich der In- und Outputprodukte sowie der zugrunde liegenden Mengen in einem Auftrag kann auf verschiedene Weise zustande kommen. In der Produktions- und Feinplanung geschieht dies im häufigsten Fall über die Verwendung eines entsprechenden Plans (siehe Abschnitt 3.4.4, »APO-System – Produktionsdatenstruktur/Produktionsprozessmodell«). Die mit einer ERP-Fertigungsversion verbundenen Kopfprodukte und Komponentenbedarfe werden je nach Konstellation entweder direkt an die APO-Äquivalente PDS und PPM übertragen und dann im APO-System bzw. in ePP/DS für die Auftragsanlage herangezogen oder im Rahmen der MRP-basierten Feinplanung im ERP-System bei der Auftragsanlage zugrunde gelegt und anschließend mit dem im ERP-System angelegten Auftrag an das APO-System übertragen (siehe Kapitel 7, »Funktionen der Auftragsanlage«).

MRP-basierte Feinplanung in ePP/DS

Aktuell wird der Prozess der MRP-basierten Feinplanung offiziell in ePP/DS nicht unterstützt.

Wie beschrieben, kann jedoch auch eine manuelle Auftragsanlage erfolgen, bei der neben anderen Informationen auch die Zusammensetzung eines Auftrags hinsichtlich von In- und Outputprodukten ohne einen vorab bereitgestellten Plan im System festgelegt wird. Wie wir bereits zu Beginn des Kapitels erwähnt haben, wird in der Projekt- und Instandhaltungsplanung weniger auf allgemeine Pläne zurückgegriffen.

Es ist jedoch ein weiterer wichtiger Unterschied zwischen der Produktions- und Feinplanung auf der einen und der Projektplanung sowie der Instandhaltungsplanung auf der anderen Seite in Bezug auf In- und Outputprodukte zu nennen. Während in der Produktions- und Feinplanung in der Regel zumindest ein Outputprodukt in einem Auftrag zu verzeichnen ist, ist dies in der Projektplanung sowie in der Instandhaltungsplanung nicht immer der Fall. Beispielsweise kann in der Projektplanung die Erstellung einer komplexen Lebensmittelproduktionsanlage Inhalt eines Netzplans, die Lebensmittelproduktionsanlage selbst jedoch nicht als Produkt im APO-System bzw. in ePP/DS abgebildet sein. In diesem Fall würden Sie in der ERP-Komponente Projektsystem einen Netzplan (und damit auch je nach Einstellungen indirekt das

APO-Planungselement Projektauftrag) erstellen, der keinen Output aufweist. Sie können jedoch durch den Eintrag einer negativen Komponentenbedarfsmenge einen solchen Zugang (Output) künstlich planerisch herstellen. In diesem Fall handelt es sich de facto beim Output nicht um einen positiven Zugang, sondern im Gegensatz zum Input um einen negativen Bedarf.

Die Elemente der Beschaffungsplanung wie Bestellanforderungen und Bestellungen umfassen aufgrund der zu Beginn des Kapitels beschriebenen Zusammenhänge in der Regel keine Inputprodukte, sondern lediglich ein Outputprodukt pro APO-Auftrag. Die Planungsverantwortung für diese Objekte und somit auch die Hoheit über die zu verwendenden Inputs etc. liegt beim Lieferanten und ist somit für die eigene Planung irrelevant.

20.1.2 Zusammensetzung eines APO-Auftrags: Vorgänge, Aktivitäten, Modi und Ressourcen

In Anlehnung an die Datenstruktur einer Vielzahl von Elementen im ERP-System unterscheidet man auch bei APO-Aufträgen mehrere Detaillierungsgrade. So kann eine Unterscheidung zwischen Kopf- und Positions- bzw. Vorgangs- sowie Aktivitätsinformationen vorgenommen werden. Während Kopfinformationen für den Auftrag als Ganzes gelten, können je nach konkretem Auftrag unterschiedliche Positions- oder Vorgangsinformationen zu Planungszwecken herangezogen werden.

Im Rahmen der kurzfristigen Kapazitätsplanung spielen insbesondere die detaillierten Positions- oder Vorgangsinformationen eine Rolle, da die kurzfristige Kapazitätsplanung einen hohen Detaillierungsgrad für die Erzeugung von machbaren Plänen benötigt. Jedoch spielen je nach Einsatzkontext auch in diesem Zusammenhang Kopfinformationen in der Planung eine Rolle. Die folgende Auflistung zeigt eine Übersicht über die verschiedenen Ebenen der planungsrelevanten Daten in einem APO-Auftrag am Beispiel eines Planauftrags:

- Auftragskopf
- Vorgang und Untervorgang
- Aktivität
- Modus
- Anordnungsbeziehung

Die Struktur der Auftragsdaten ist damit identisch mit den Daten aus der PDS, die je nach Einsatzkontext die »Kopiervorlage« eines Auftrags im APO-System bilden kann (siehe Abschnitt 3.4.4, »APO-System – Produktionsdatenstruktur/Produktionsprozessmodell«).

Auf der Kopfebene des Auftrags werden die Daten gesammelt, die für den gesamten Auftrag inklusive der untergeordneten Ebenen relevant sind. So werden beispielsweise auf Kopfebene des APO-Auftrags Gültigkeiten für alle Elemente des Auftrags geführt. In der Zeitspanne der Gültigkeit müssen dann die einzelnen Objekte des Auftrags wie Vorgänge und Aktivitäten liegen, wenn es dem Planungsalgorithmus nicht explizit erlaubt wird, die Gültigkeit der Aufträge zu missachten. Somit ist die Information der Kopfebene für die untergeordneten Ebenen maßgeblich.

Der *Vorgang* trägt die Information über die zur Produktion notwendigen Schritte. In der Prozessindustrie kennt auch das APO-System bzw. ePP/DS im Rahmen der kurzfristigen Kapazitätsplanung das Element des Untervorgangs. Dabei werden die Vorgangsinformationen wiederum mittels der Begriffe Aktivität und Modus weiter strukturiert. Die einzelnen Aktivitäten, die zu einem Produktionsschritt gehören, lassen sich im APO-System bzw. in ePP/DS in die drei Kategorien Rüsten, Bearbeiten und Abrüsten einteilen. Damit wird die Parallele zum stammdatenführenden ERP-System deutlich, hier werden die Aktivitäten als Vorgangsabschnitte bezeichnet.

Mit dem Begriff des *Modus* wird das ERP-Stammdatum Folge im APO-System bzw. in ePP/DS als Information hinterlegt. Der Modus ist Träger der Information, auf welcher Ressource die Herstellung erfolgen soll. Es ist möglich, über die Anlage von alternativen Modi auch mehrere alternative Bearbeitungsmöglichkeiten in einen Auftrag einzufügen. Die Reihenfolge, in der die unterschiedlichen Bearbeitungsmöglichkeiten vom APO-System bzw. in ePP/DS zu berücksichtigen sind, können Sie bei Verwendung von PDS durch die Pflege von Modusprioritäten in der ERP-Transaktion PDS_MAINT verankern. In dieser Transaktion können Sie auch die Kopplung von Modi vorsehen.

Eine *Moduskopplung* ist dann sinnvoll, wenn beispielsweise aus technischen oder räumlichen Gründen im Fall der Auswahl eines Modus für eine Aktivität (z. B. ein Ausweichen auf eine alternative Bearbeitungsmöglichkeit) zwingend auch eine weitere Aktivität (z. B. Nachfolgeaktivität) in einer bestimmten Art und Weise gewählt werden soll, also mit der Auswahl eines Modus auch ein anderer Modus vordefiniert ist. Auch die Moduskopplung wird in Transaktion PDS_MAINT durch die Pflege eines Moduskopplungstyps hinterlegt. Dabei stehen die folgenden Möglichkeiten zur Verfügung:

- **Moduskopplung über Namensgleichheit**
  Die Modi der Aktivitäten müssen identische Namen erhalten. Zusätzlich müssen die Aktivitäten die gleiche Anzahl an Modi aufweisen.
- **Moduskopplung über Primärressource**
  Die Modi von zwei Aktivitäten werden derselben Primärressource zugeordnet. Die Namensgebung der Modi ist dabei unerheblich.

Im Fall der Verletzung einer Moduskopplung können Sie sich im Alert-Monitor über die Fehlersituation informieren lassen.

Die *Aktivitätsbeziehungen* beschreiben die Reihenfolgeabhängigkeiten zwischen Aktivitäten eines Auftrags. Es handelt sich somit um auftragsinterne Anordnungsbeziehungen (AOB). Diese Anordnungsbeziehungen können dabei sowohl zwischen Aktivitäten desselben Vorgangs (z.B. zwischen Rüsten und Bearbeiten) als auch vorgangsübergreifend (beispielsweise zwischen Vorgang 10 und 20 eines Auftrags) ausgestaltet sein. Sie beinhalten die Informationen über den Bezugstyp der einzelnen Aktivitäten. Die folgenden Bezugstypen sind dabei möglich:

- Start-Start-Beziehung
- Start-Ende-Beziehung
- Ende-Start-Beziehung
- Ende-Ende-Beziehung

Die auftragsinternen Anordnungsbeziehungen sind im Datenkonstrukt des APO-Auftrags die Träger der Informationen über die Übergangszeiten (siehe hierzu Abschnitt 3.4, »Fertigungsversion, Produktionsdatenstruktur (PDS) und Produktionsbezugsquellen«).

Von den auftragsinternen Anordnungsbeziehungen sind die auftragsübergreifenden Anordnungsbeziehungen zu unterscheiden, die auch als externe Anordnungsbeziehungen bezeichnet werden. Externe Anordnungsbeziehungen verknüpfen dabei Aktivitäten unterschiedlicher Aufträge miteinander. Prinzipiell erlaubt das Datenmodell des APO-Systems bzw. von ePP/DS die Modellierung externer Anordnungsbeziehungen analog zum ERP-System, im Standard kommt dieses Konstrukt jedoch nur bei der Lohnbearbeitung zum Einsatz. In diesem Einsatzkontext sind die Bestellanforderung der Umlagerung vom Lohnbearbeiter und der Planauftrag durch eine externe Anordnungsbeziehung miteinander verknüpft. Andere Verwendungen der externen Anordnungsbeziehungen sind im Standard nicht verfügbar, auch gibt es keine Möglichkeiten, solche Beziehungen massenweise zu pflegen oder anzuzeigen. Jedoch werden sie von verschiedenen Planungsfunktionalitäten (liveCache Scheduler und PP/DS-Optimierung, siehe Kapitel 22, »Optimierung in der kurzfristigen Kapazitätsplanung in SAP APO und ePP/DS«) berücksichtigt, wenn sie im APO-System angelegt sind. Dies beinhaltet auch die beiden beschriebenen Arten der Moduskopplung.

20

Anlage von externen Anordnungsbeziehungen

Einen einfachen Beispielreport, mit dem externe Anordnungsbeziehungen im APO-System angelegt werden können, finden Sie im Anhang von SAP-Hinweis 601990. SAP weist explizit darauf hin, dass dieser Report nicht zur Verwendung in Produktivumgebungen für die Abbildung des üblichen Planungsgeschehens eingesetzt werden soll, sondern lediglich als Beispiel für kundenspezifische Lösungen zur Anlage von externen Anordnungsbeziehungen vorgesehen ist.

In der Komplexität der Anordnungsbeziehungen liegt ein wesentlicher Unterschied zwischen den Planungsobjekten der einzelnen betrachteten Bereiche. Es zeigt sich insbesondere ein Unterschied bezüglich der Produktionsplanung und der Instandhaltungsplanung einerseits und der Projektplanung andererseits. In der Regel weisen die Planungsobjekte der Projektplanung, also Projektaufträge, eine wesentlich komplexere Zusammensetzung hinsichtlich der zwischen den Vorgängen bestehenden Anordnungsbeziehungen auf. Dahingegen sind die Objekte der Produktionsplanung und der Instandhaltungsplanung in der Regel durch lineare Abhängigkeiten zwischen den einzelnen Vorgängen charakterisierbar. Die Objekte der Beschaffungsplanung weisen durch ihren einfachen Aufbau, der durch die Delegation der Planung an den Lieferanten begründet ist, keine derartig komplexen Strukturen auf.

20.1.3 Zusammensetzung eines APO-Auftrags: Termine

Im Rahmen der Kapazitätsplanung werden nach verschiedenen Kriterien diverse Termine unterschieden.

So gibt es Start- und Endtermine sowohl auf Kopfebene (den gesamten Auftrag betreffend) als auch auf Vorgangs- oder sogar Aktivitätsebene. Die Bedeutung der Termine auf einzelnen Ebenen kann sich naturgemäß von APO-Auftrag zu APO-Auftrag je nach ATP-Kategorie unterscheiden. Die Bedeutung eines Starttermins auf Kopfebene in einer Bestellanforderung differiert beispielsweise von der eines Starttermins auf Kopfebene in einem Planauftrag. Daher sollte für die Interpretation von Terminen in einem APO-Auftrag, sowohl die ATP-Kategorie als auch die Ebene, auf der der Termin in einem Auftrag zu finden ist, herangezogen werden. Grundsätzlich lassen sich je nach ATP-Kategorie die folgenden Termine in einem APO-Auftrag finden:

- **Start-/Endtermin (Start-/Enddatum und Start-/Endzeit)**
  Hier wird zwischen dem eigentlichen Start-/Endtermin und den frühesten und spätesten Start-/Endterminen unterschieden, die unter Berücksichtigung von stücklistenübergreifenden Abhängigkeiten berechnet werden (siehe hierzu Abschnitt 19.1, »Auftragsterminierung und Kapazitätsbedarfe«). Start-/Endtermine sind sowohl auf Auftragskopfebene, auf Vorgangsebene als auch auf Aktivitätsebene zu verzeichnen. Auf Aktivitätsebene ist im APO-System bzw. in ePP/DS auch der Starttermin der Restbearbeitungszeit für den Fall zu finden, dass bei teilrückgemeldeten Aktivitäten noch eine Restbearbeitung vorgenommen werden muss. Bei noch nicht teilrückgemeldeten Aktivitäten sind die Starttermine von Aktivität und Restbearbeitung identisch.
- **Gültigkeitsstart-/Gültigkeitsendtermin (Datum und Uhrzeit)**
  Auf Auftragskopfebene werden Aufträge mit Gültigkeitsterminen versorgt, die je nach Planungsalgorithmus beachtet werden können.

- **Eröffnungstermin (Datum und Uhrzeit)**
  Der Eröffnungstermin ist der Termin, ab dem dem Planer angezeigt wird, dass ein für planerische Zwecke temporär im System vorhandenes intern ausgerichtetes Element wie eine Bestellanforderung oder ein Planauftrag in ein verbindliches Element wie eine Bestellung oder einen Produktionsauftrag umgesetzt werden sollte, um die geplanten Termine einhalten zu können.
- **Verfügbarkeitstermin (Datum und Uhrzeit)**
  Beim Verfügbarkeitstermin handelt es sich um den Termin, an dem die vom Zugangselement bereitgestellte Produktmenge zur Verfügung steht. Die zur Verfügbarkeit gehörende Wareneingangsaktivität ist am Verfügbarkeitstermin abgeschlossen. Der Verfügbarkeitstermin ist folglich vor allem für Elemente mit dem ATP-Kategorietyp Zugang und Bestand relevant.
- **Bedarfstermin (Datum und Uhrzeit)**
  Der Bedarfstermin ist der Termin, an dem die vom Bedarfselement angeforderte Produktmenge benötigt wird. Damit ist der Bedarfstermin insbesondere für Aufträge der ATP-Kategorietypen Bedarf und Prognose relevant. Jedoch setzen auch viele Zugangselemente selbst Bedarfe ab (für Inputprodukte), die wiederum einen Bedarfstermin aufweisen.

In der kurzfristigen Kapazitätsplanung des APO-Systems bzw. in ePP/DS besteht prinzipiell die Möglichkeit, zeitkontinuierlich sekundengenau zu planen. Aus diesem Grund sind die angegebenen Termine prinzipiell im Gegensatz zu den langfristigen Elementen der Kapazitätsplanung jeweils mit Datum sowie Uhrzeit ausgeprägt. Dies erlaubt den größtmöglichen Detaillierungsgrad bei der Planung, da bestimmte praxisrelevante Anforderungen, wie z. B. reihenfolgeoptimierte Einplanung von Aufträgen, nur möglich sind, wenn die genaue zeitliche Lage von Aufträgen spezifiziert ist. Wäre für einen Vorgang nur tagesgenau spezifiziert, wann der Start zu erfolgen hat, wäre damit nicht ausreichend detailliert festgelegt, in welcher Reihenfolge für die Vorgänge gerüstet werden muss, und somit könnten reihenfolgeabhängige Rüstzeiten nicht korrekt in der Planung berücksichtigt werden (sofern pro Tag mehr als ein Vorgang eingeplant werden muss). Daher ist eine Planungsgenauigkeit auf Basis von Sekunden auch in den Fällen sinnvoll, in denen die Genauigkeit der Produktionsausführung dies nicht erfordert (weil der Produktionsstart des Vorgangs in aller Regel nicht sekundengenau erfolgen wird).

Welche Termine für welche Planungsaktion herangezogen werden, hängt sehr stark von der Funktionalität und dem Einsatzkontext ab. Auch werden nicht immer alle entsprechend im APO-System bzw. in ePP/DS zu Planungszwecken vorhandenen Termine in jeder Planungstransaktion angezeigt.

Unterschied Terminierung und Terminplanung

Im Allgemeinen versteht man unter Terminplanung die Festlegung der zeitlichen Lage eines Auftrags z. B. im Rahmen der Kapazitätsplanung. Im Unterschied dazu wird von Terminierung gesprochen, wenn die für die Ausgestaltung eines Auftrags benötigten zeitlichen Dauern etc. ermittelt werden. Bei der Terminplanung geht es folglich darum, Termine (z. B. Start- und Endtermine) für einen vorab in einer Terminierung definierten Auftrag zu finden. Vereinfachend kann man sagen, dass die Terminierung im Rahmen der Auftragsanlage stattfindet, während die Terminplanung Aufgabe der nachgelagerten Kapazitätsplanung ist. Dabei ist jedoch zu berücksichtigen, dass es Rückwirkungen zwischen den beiden Bereichen gibt. So hat beispielsweise die zeitliche Lage eines Auftrags (aus einer Terminplanung) Rückwirkung auf die Terminierung (in der Auftragsanlage), da Aspekte, wie z. B. gültige Nutzungsgrade und Nichtarbeitszeiten, auch bei der Terminierung berücksichtigt werden müssen. Daher muss bei jeder Terminierung auch eine (zumindest initiale) Terminplanung und bei jeder Terminplanung auch eine Terminierung durchgeführt werden.

20.1.4 Zusammensetzung eines APO-Auftrags: Mengen

Bezüglich der Menge eines Auftrags, die sich je nach Kontext auf den Auftragskopf, den Vorgang, die Aktivität oder auch die In- und Outputprodukte beziehen kann, wird noch einmal zwischen den folgenden Begriffen unterschieden:

- **Zugangsmenge**
  Menge, die durch ein Zugangselement bereitgestellt wird
- **Bedarfsmenge**
  Menge, die als Bedarf in die Planungen einzubeziehen ist
- **Auftragsmenge**
  Die Auftragsmenge ist beispielsweise die Zugangsmenge auf Ebene des Auftragskopfes.
- **Vorgangsmenge**
  Die Vorgangsmenge kann sich im Fall von vorgangsbezogenem Ausschuss von der Auftragsmenge unterscheiden. So kann beispielsweise auf Auftragskopfebene mit einem Zugang von 100 Stück geplant werden, während in einem Vorgang des Auftrags jedoch 110 produziert werden müssen, wenn davon auszugehen ist, dass es im Rahmen der Produktion zu einem Ausschuss von zehn Stück kommen kann.
- **Gutmenge**
  Bei der Gutmenge handelt es sich um die Menge, die abzüglich des (erwarteten) Ausschusses in die Planungen einzubeziehen ist. Die Gutmenge wird auf Vorgangsebene angezeigt. Hierbei unterscheidet das APO-System bzw. ePP/DS planerisch die Situationen, in denen die Produktion noch nicht gestartet worden ist (in

diesem Fall wird die geplante Gutmenge angegeben), in denen die Produktion bereits begonnen und der Wareneingang teilweise bereits stattgefunden hat (geplante Gutmenge) und in denen Minder- oder Mehrzugänge zurückgemeldet worden sind (erwartetet Gutmenge).

- **Ausschussmenge**
  Die Ausschussmenge ist die produzierte Menge eines Produkts, die aufgrund bestimmter Charakteristika wie Qualitätsmängeln nicht als regulärer Zugang einbezogen werden kann.
- **Bestellmenge**
  Die Bestellmenge ist die Zugangsmenge aus einem Element der Fremdbeschaffung (z. B. eine Bestellanforderung oder eine Bestellung).
- **Bestätigte Menge (ATP)**
  Die bestätigte Menge ist die Menge, die das APO-System bzw. ePP/DS als verfügbare Menge resultierend aus der ATP-Prüfung in die Planungen einbeziehen kann.
- **Basismenge**
  Die Basismenge ist die Menge eines Materials bzw. Produkts in Basismengeneinheiten, die bei der Festlegung der Terminierungsdauer im System zugrunde gelegt wird. So können Sie beispielsweise im Arbeitsplan bestimmen, dass eine losgrößenabhängige Bearbeitungszeit von x Tagen auf eine Basismenge von 100 Stück bezogen ist, die eigentliche Kalkulation der Dauer erfolgt mit der Vorgangsmenge. Dieser Wert ist dann für die Kalkulation der Dauer des APO-Auftrags maßgeblich.

Nachdem Sie sich mit dem Auftrag als wichtigstem Planungselement im APO-System bzw. in ePP/DS vertraut gemacht haben, stellen wir Ihnen im folgenden Abschnitt mit dem Pegging die Basisfunktion vor, die benötigt wird, um eine der zentralen Restriktionen in die Planung einzubeziehen.

20.2 Pegging

Mit dem Begriff Pegging wird im APO-System bzw. in ePP/DS eine für die kurzfristige Kapazitätsplanung zentrale Funktionalität bezeichnet, die es ermöglicht, eine der genannten zentralen Restriktionen, die der mehrstufigen Abhängigkeiten, für die Erstellung eines machbaren Plans in die Überlegungen einzubeziehen.

Dabei bezeichnet man als Pegging die Herstellung einer Beziehung zwischen Zugangselementen bzw. Bedarfsdeckern (z. B. Bestellungen, Bestellanforderungen, Planaufträge, Fertigungsaufträge und Bestände) und Bedarfen (z. B. Kundenaufträge, Planprimärbedarfe, Sekundärbedarfe, Reservierungen und Umlagerungsbedarfe). Die Pegging-Struktur ist dabei ein mehrstufiges Konstrukt, das alle Pegging-Beziehungen einer Stücklistenstruktur vom Endprodukt bis hin zum Rohmaterial aufzeigt. Dabei wird eine Pegging-Struktur automatisch zwischen allen Bedarfen und Bedarfsdeckern aufgebaut, wenn eine Reihe von Voraussetzungen erfüllt ist:

- Die Elemente müssen im selben Pegging-Bereich liegen, d. h., Produkt, Lokation, Kontierung und Planversion müssen übereinstimmen. Bis auf das im ERP-System nicht vorhandene Attribut der Planversion ist der Pegging-Bereich mit dem des ERP-Planungsabschnitts identisch.
- Die Elemente müssen entsprechend der Bedarfsstrategie miteinander verknüpft sein, d. h., beispielsweise kann ein Bedarf aus der Vorplanung ohne Endmontage nicht mit einem Zugang für Lagerfertigung verknüpft sein.
- Der Produktzugang (Bedarfsdecker) liegt zeitlich vor dem Bedarf, anderenfalls wird keine Pegging-Beziehung aufgebaut.
- Im Lokationsproduktstamm müssen peggingrelevante Einstellungen wie z. B. Pegging-Intervalle gepflegt worden sein.
- Bei Verwendung der merkmalsbasierten Planung (CDP; Characteristics-Dependent Planning) wird Pegging zusätzlich in Abhängigkeit von Merkmalen gebildet.

In ihren jeweiligen Mengen können miteinander verpeggte Bedarfe und Bedarfsdecker eines Produkts unterschiedlich sein. In diesem Fall muss ein Bedarf gegebenenfalls von mehreren Zugängen gedeckt werden respektive umgekehrt. Im Pegging wird demnach zwischen Zugängen und Bedarfen von einer m:n-Beziehung gesprochen, jede Verbindung zwischen einem Bedarf und seinem verpeggten Bedarfsdecker wird als Pegging-Beziehung oder Pegging-Kante bezeichnet. Abbildung 20.1 verdeutlicht beispielhaft ein mehrstufiges Pegging-Netz.

Das Pegging-Netz wird bei jeder Mengen- und Terminänderung oder Auftragsanlage bzw. Löschung im APO-System bzw. in ePP/DS neu aufgebaut, in diesem Zusammenhang spricht man von dynamischem Pegging. Diese dynamisch aufgebauten Pegging-Beziehungen lassen sich durch verschiedene Funktionen in fixiertes Pegging umwandeln. Dieses fixierte Pegging wird dann erst wieder aufgebrochen, wenn der Planer sich dazu entschließt. Bis dahin interpretieren alle auf das Pegging zurückgreifenden Funktionen diese Pegging-Beziehung als feste Verbindung.

Dynamische und fixierte Pegging-Beziehungen werden in verschiedenen APO- bzw. ePP/DS-Anwendungen ausgewertet. Welche Funktionalitäten des APO-Systems bzw. von ePP/DS das Pegging in welcher Art und Weise berücksichtigen und welche Implikationen dies jeweils für die kurzfristige Kapazitätsplanung hat, beschreiben wir in Kapitel 21, »Heuristiken der kurzfristigen Kapazitätsplanung in SAP APO und ePP/DS«, bis Kapitel 25, »Interaktive, kurzfristige Kapazitätsplanung in SAP APO und ePP/DS«.

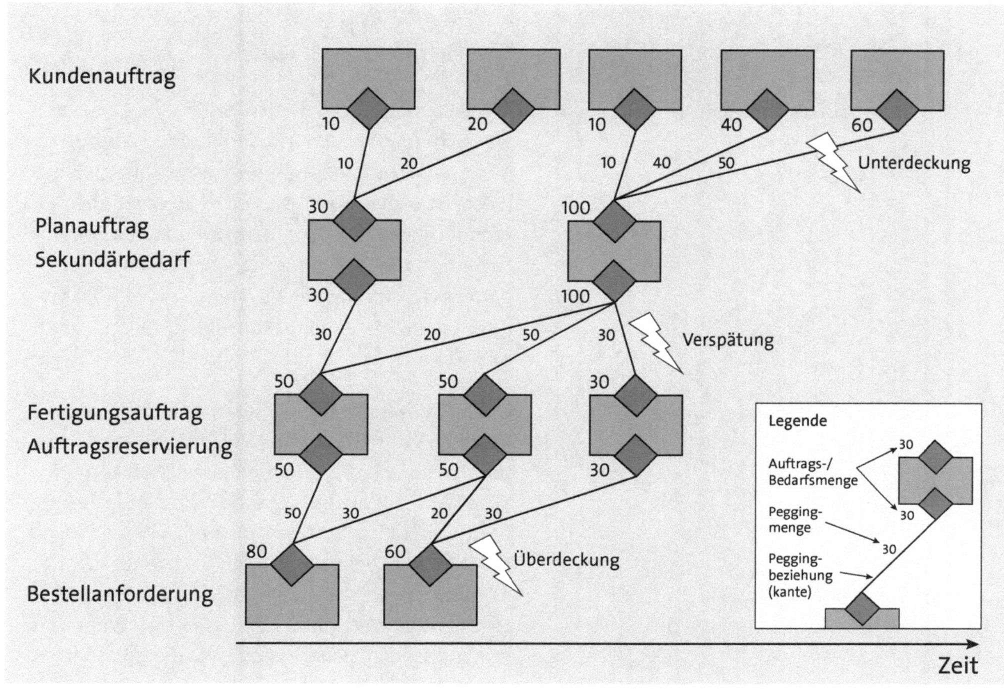

Abbildung 20.1 Mehrstufiges Pegging-Netz

[«]

Unterschied zwischen Pegging und externe Anordnungsbeziehung

In gewisser Weise handelt es sich bei der Funktion des Peggings um die Abbildung einer mehrstufigen Anordnungsbeziehung, die wie die externen Anordnungsbeziehung auftragsübergreifend wirkt. Zwischen Pegging und externen Anordnungsbeziehungen gibt es jedoch einen zentralen Unterschied: Anders als die externen Anordnungsbeziehungen werden Pegging-Beziehungen zu Planungszwecken angelegt, während die externe Anordnungsbeziehung eher als Stammdatenrestriktion zu verstehen ist.

20.2.1 Dynamisches Pegging

Verpeggt werden beim dynamischen Pegging nur Pegging-relevante Elemente. Hierunter werden Bedarfs-, Bestands- und Zugangselemente verstanden, die im liveCache vorhanden sind und für die im jeweiligen Lokationsproduktstamm das Kennzeichen **dynamisches Pegging ausschalten** nicht gesetzt ist. Die Pegging-Einstellungen sind daher mit dem Produkt verknüpft. Nicht Pegging-relevant sind ferner Sekundärbedarfe aus Dummybaugruppen aus PDS und Schüttgüter sowie Transitbestand, als bedingt Pegging-relevant gelten die Elemente aus Tabelle 20.1.

Bedarfs-, Zugangs- oder Bestandselement	Bedingte Pegging-Relevanz
Kundenauftragseinteilung	Diese Elemente sind dann nicht Pegging-relevant, wenn im ERP-System mit der Planungsstrategie 10 geplant wird (anonyme Lagerfertigung). Bei dieser Strategie kommt es nicht zu einer Verrechnung von Kundenaufträgen und Planprimärbedarfen, zur Verhinderung von Doppelzählungen verwendet das APO-System bzw. ePP/DS für das Pegging daher in diesem Fall nur Planprimärbedarfe.
Sicherheitsbestand	Der Sicherheitsbestand wird im APO-System bzw. in ePP/DS durch Bedarfs- und/oder Zugangselemente repräsentiert. In der Planversion können Sie einstellen, ob die Sicherheitsbestandselemente virtuell sein sollen. Virtuelle Elemente sind nicht im liveCache vorhanden und daher nicht Pegging-relevant, sie werden lediglich von der Nettobedarfsrechnung berücksichtigt. Wenn mit rein statischen Sicherheitsbestandsmethoden geplant werden soll, kann der Sicherheitsbestand mittels der Standardheuristik SAP_PP_018 im liveCache angelegt werden. Diese Sicherheitsbestände werden sowohl von der Nettobedarfsrechnung als auch vom Pegging berücksichtigt. Details hierzu finden Sie in SAP-Hinweis 374624.
Umlagerungsbestand zwischen Lokationen	Diese Bestandsarten sind nur dann Pegging-relevant, wenn sie entsprechend im Lokationsproduktstamm auf der Registerkarte **Bedarf** unter **Verfügbare Bestände** eingestellt worden sind (die Verfügbarkeit von Beständen kann mittels Customer-Exit APOCF011 für die Bestandsarten geändert werden, deren Verfügbarkeit nicht im Standard-APO-System bzw. in ePP/DS eingestellt werden kann).
Umlagerungsbestand zwischen Sublokationen	–
Qualitätsprüfbestand; Kundenkonsignationsbestand in Qualitätsprüfung; Lieferantenkonsignationsbestand in Qualitätsprüfung	–

Tabelle 20.1 Bedingt Pegging-relevante Zugangs-, Bedarfs- und Bestandselemente

Bedarfs-, Zugangs- oder Bestandselement	Bedingte Pegging-Relevanz
Gesperrter Bestand, gesperrter Kundenkonsignationsbestand, gesperrter Lieferantenkonsignationsbestand	–
Nicht freier Bestand; nicht freier Lieferantenkonsignationsbestand	–

Tabelle 20.1 Bedingt Pegging-relevante Zugangs-, Bedarfs- und Bestandselemente (Forts.)

In der Auftragssicht ist für ein nicht Pegging-relevantes Element das Kennzeichen **Nicht pegging-relevant** gesetzt.

Die Pegging-relevante Menge ermittelt das APO-System bzw. ePP/DS aus anderen Mengendaten. Tabelle 20.2 zeigt einen Überblick über die Ermittlung der Pegging-relevanten Mengen in Abhängigkeit vom jeweiligen Pegging-Element.

Art des Elements	Element	Pegging-relevante Menge
Bedarf	Kundenbedarf (aus Kundenauftrag oder Vertriebslieferplan)	Ob die Wunsch- oder die bestätigte Menge Pegging-relevant sein soll, können Sie im PP-Planungsverfahren einstellen, das im Anschluss in den jeweiligen Produktstamm eingetragen werden muss. Die Pegging-relevante Menge wird durch bereits gelieferte Mengen reduziert.
	Planprimärbedarf	Planprimärbedarfsmenge minus Entnahmemengen minus Kundenbedarfe
	Sekundärbedarf	ursprüngliche Sekundärbedarfsmenge minus Entnahmemenge
	Umlagerungsbedarf	Bestellmenge minus bereits gelieferte Menge
Zugang	Zugang aus Eigenfertigung	▪ Planauftrag: geplante Gutmenge ▪ Produktionsauftrag: geplante restliche Gutmenge
	Zugang aus Fremdbeschaffung	offene Bestellmenge = Liefermenge minus bereits gelieferte Menge
Bedarf/ Zugang	Sicherheitsbestand	–

Tabelle 20.2 Pegging-relevante Mengen

20

Wenn Sie eine Pegging-Beziehung fixiert haben, ist eine bestimmte Teilmenge oder die komplette Zugangsmenge fest dem Bedarf zugeordnet. Sowohl die Nettobedarfsrechnung als auch das dynamische Pegging berücksichtigen beim Zugang und beim Bedarf nur noch die jeweiligen Mengen abzüglich der fixierten Menge.

Das Pegging wird nicht über einen unbeschränkten Zeitraum dynamisch erzeugt, sondern nur innerhalb des *Pegging-Intervalls*. Bei diesem Zeitabschnitt handelt es sich um einen Bedarfstermin, an dem die zum dynamischen Pegging zuordenbaren Bedarfe liegen. Zugangselemente mit Verfügbarkeitstermin außerhalb des Pegging-Intervalls werden nicht dynamisch verpeggt. Das Pegging-Intervall wird am Lokationsproduktstamm definiert (siehe Abbildung 20.2) und legt somit die maximal erlaubte Verfrühung und Verspätung des Verfügbarkeitstermins eines verpeggten Zugangselements zum Bedarfstermin des Bedarfs fest.

Abbildung 20.2 verdeutlicht das Pegging-Intervall aus Sicht des Bedarfselements. Im Produktstamm wurde folgendes Pegging-Intervall festgelegt:

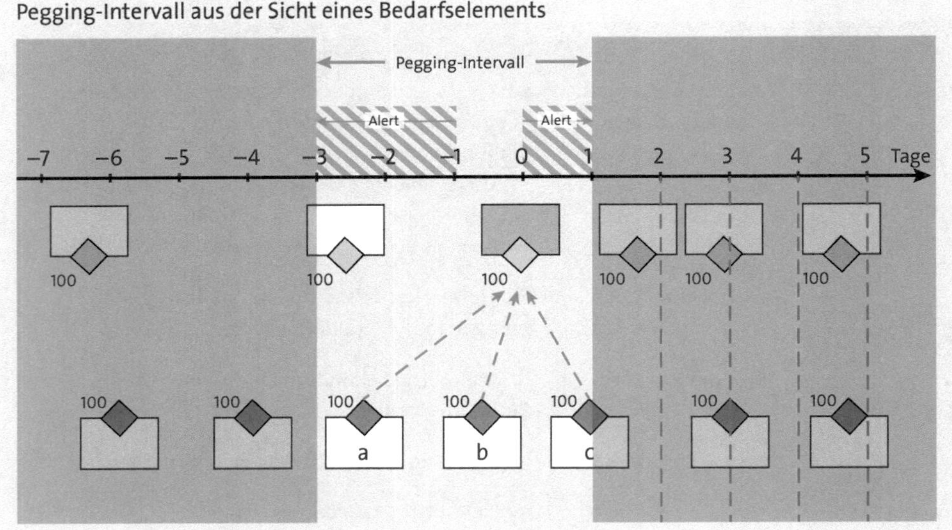

Abbildung 20.2 Pegging-Intervalle aus Sicht des Bedarfselements

- Der Verfügbarkeitstermin muss drei Tage vor und spätestens einen Tag nach dem Bedarfstermin liegen.
- Das APO-System bzw. ePP/DS soll dem Planer einen Hinweis geben, wenn der Verfügbarkeitstermin mehr als einen Tag vor dem Bedarfstermin oder wenn er nach dem Bedarfstermin liegt.

In Abbildung 20.2 ist die Situation aus Sicht eines Bedarfs dargestellt. Der Bedarf zum Zeitpunkt kann sich theoretisch mit allen Zugängen verpeggen, die im Pegging-Intervall liegen. Gemäß Pegging-Intervall kann der betrachtete Bedarf demnach mit einem Zugang verpeggt werden, der die zeitliche Lage von a, b oder c aufweist. Kommt es zu einem Pegging mit einem Zugang der zeitlichen Lage von a oder c, wird der Planer auf diese Situation mit einem Alert hingewiesen, verpeggt sich der Zugang mit einem Zugang der zeitlichen Lage von b, erfolgt keine Auslösung eines Alerts.

Wird zusätzlich mit Haltbarkeitsdaten geplant, d. h., Sie haben im Produktstamm das **Kennzeichen Planung mit Haltbarkeiten** gesetzt, werden die Haltbarkeitsanforderungen beim dynamischen Pegging zusätzlich zum Pegging-Intervall berücksichtigt (siehe hierzu Abschnitt 24.2 zu Haltbarkeiten als Sonderprozess in der kurzfristigen Kapazitätsplanung). Dies bedeutet, dass die Haltbarkeitsanforderungen eines Bedarfselements mit der Reifezeit und der Haltbarkeit eines Zugangs- oder Bestandselements kompatibel sein müssen, anderenfalls darf keine dynamische Pegging-Beziehung hergestellt werden. Folglich wird nur eine dynamische Pegging-Beziehung hergestellt, wenn die jeweiligen Elemente die folgenden Haltbarkeitsbedingungen erfüllen:

- Ein Zugangs- oder Bestandselement muss zum Bedarfstermin die Reifezeit abgeschlossen haben.
- Ein Zugangs- oder Bestandselement muss mindestens bis zur geforderten Mindesthaltbarkeit eines Bedarfselements haltbar sein.
- Ein Zugangs- oder Bestandselement darf höchstens bis zur geforderten maximalen Haltbarkeit eines Bedarfselements haltbar sein.

Im Lokationsproduktstamm legen Sie auch die **Pegging-Strategie** fest (siehe Abbildung 20.3).

Dabei handelt es sich um die Vorschrift, die die zeitliche Reihenfolge festlegt, mit der das APO-System bzw. ePP/DS beim dynamischen Pegging Bedarfe verarbeitet und in welcher zeitlichen Reihenfolge die Zugangselemente innerhalb des Pegging-Intervalls mit einem Bedarf verknüpft. Grundsätzlich beginnt das APO-System bzw. ePP/DS beim dynamischen Pegging mit dem Bedarfselement, das zeitlich am frühesten liegt, und arbeitet die Bedarfselemente in der Folge in ihrer zeitlichen Reihenfolge Richtung Zukunft ab. Sind Bestände vorhanden und die Verfügbarkeitstermine der Bestände (mit Ausnahme bei Chargen immer das aktuelle Tagesdatum) liegen zeitlich im Pegging-Intervall, muss das System einem Bedarfselement zuerst Bestände zuordnen. Bei Bedarfsterminen in der Vergangenheit gilt dabei kein Pegging-Intervall, bei Bedarfsterminen in der Zukunft wird das Pegging-Intervall berücksichtigt.

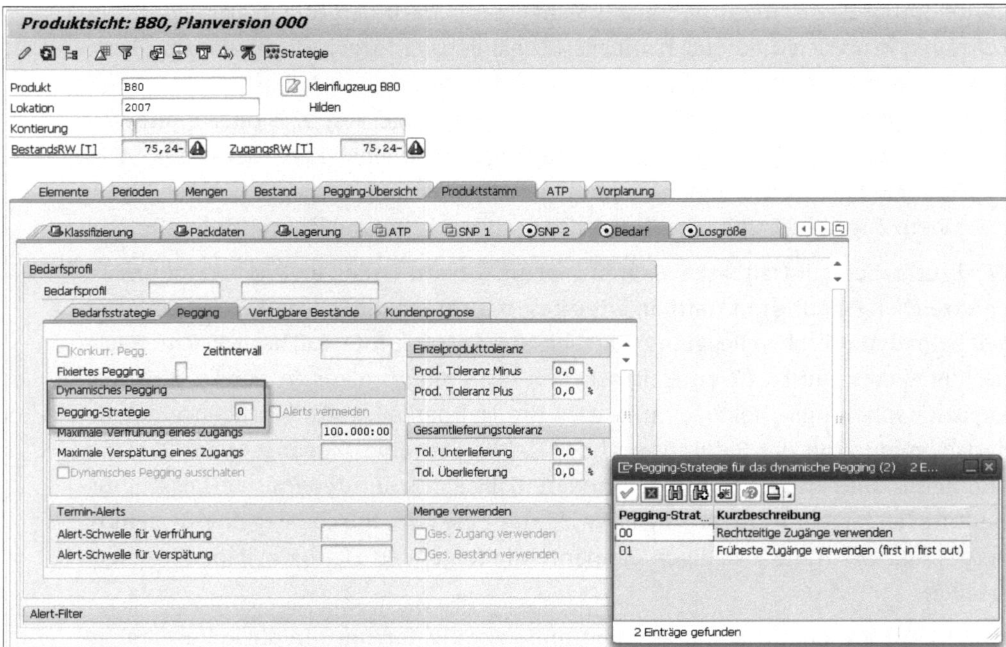

Abbildung 20.3 Pegging-Einstellungen auf der Registerkarte »Bedarf« im Produktstamm

In der Regel sind nun mehrere Zugangselemente innerhalb des Pegging-Intervalls verfügbar, die Pegging-relevant sind. Daher muss nun in der Pegging-Strategie festgelegt werden, welche Zugänge zuerst zugeordnet werden sollen. Dabei stehen zwei Optionen zur Verfügung:

- **Früheste Zugänge verwenden (FIFO; First-in, First-out)**
  Das APO-System bzw. ePP/DS verwenden zur Reihenfolge der Deckung eines Bedarfs immer die Reihenfolge der Zugänge im Pegging-Intervall, beginnend am ersten Zugang innerhalb des Intervalls. Mit dieser Pegging-Strategie werden überschüssige Zugänge erst spät verfügbar (siehe Abbildung 20.4).
- **Rechtzeitige Zugänge verwenden**
  Ausgehend vom Bedarfstermin, suchen das APO-System bzw. ePP/DS rückwärts bis zum Beginn des Pegging-Intervalls. Wird dabei kein geeigneter Zugang gefunden, erfolgt die Suche ausgehend vom Bedarfstermin bis zum Ende des Pegging-Intervalls. Diese Pegging-Strategie unterstützt eine bedarfssynchrone Produktion (siehe Abbildung 20.5).

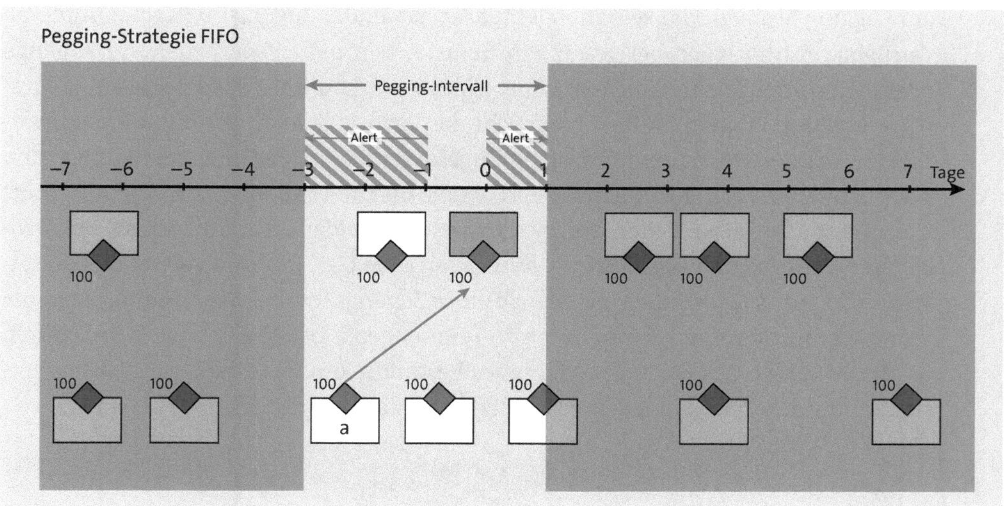

Abbildung 20.4 Pegging-Strategie »Früheste Zugänge verwenden« (First-in, First-out)

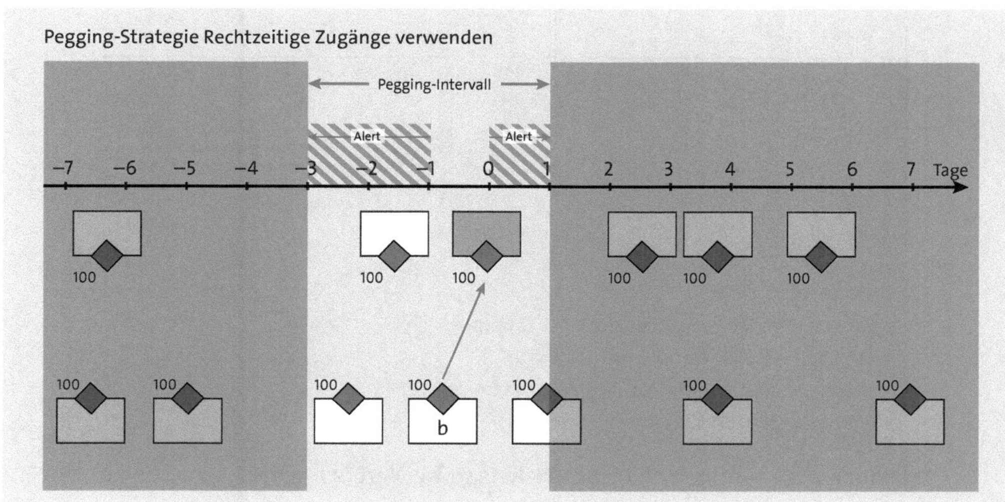

Abbildung 20.5 Pegging-Strategie »Rechtzeitige Zugänge verwenden«

Ebenfalls zur Pegging-Strategie gehört die im Lokationsproduktstamm (siehe Abbildung 20.6) festzulegende Strategie **Alerts vermeiden**. Wenn Sie dieses Kennzeichen setzen, versucht das System, Pegging-Beziehungen ohne Alerts herzustellen. Dabei wird im ersten Schritt eine Verknüpfung eines Bedarfs mit einem Zugang der gleichen Menge im Rahmen der Liefertoleranzen angestrebt, es gilt dabei die Suchreihenfolge der Pegging-Strategie. Ist kein mengenmäßig passender Zugang im Pegging-Intervall verfügbar, dürfen auch bei gesetztem Kennzeichen dem Bedarf mehrere Zugänge oder die Teilmenge eines Zugangs zugeordnet werden, die auf Basis der Pegging-Strategie zugeordnet werden. Dabei versucht das System jedoch, Termin-Alerts zu vermeiden, d. h., es ordnet dem Bedarf nur Zugänge zu, die im Zeitintervall zwischen den Alert-Schwellen für Termin-Alerts liegen (siehe hierzu Abbildung 20.6 und Abschnitt 25.2, »Alert-Monitor«). Neben der Option **Alerts vermeiden** existiert auch die Möglichkeit, die Kennzeichen **Ges. Auftrag verwenden** oder **Ges. Bestand verwenden** zu setzen. Dabei muss immer die volle Menge eines Zugangs- oder eines Bestandselements verwendet werden, die Verwendung von Teilmengen ist nicht gestattet. Würde durch die Zuordnung eines Zugangs- oder eines Bestandselements eine Überdeckung entstehen, würde vom System keine Pegging-Beziehung hergestellt.

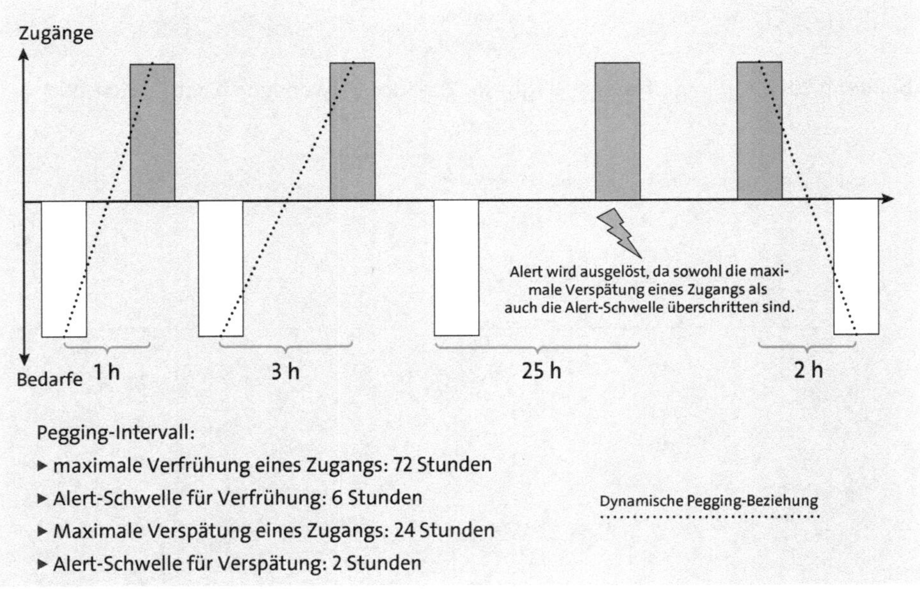

Abbildung 20.6 Termin- und Mengen-Alerts sowie Alert-Schwelle

[»]

Dynamisches Pegging bei kontinuierlichen Zugangs- und Bedarfselementen

Bei kontinuierlichen Bedarfen oder Zugängen, also im Produktionsumfeld mit Konti-Input-Output, erfolgt der Materialverbrauch bzw. -zufluss kontinuierlich über einen bestimmten Zeitraum. Das APO-System bzw. ePP/DS behandelt nicht überlappende kontinuierliche Bedarfe und Zugänge beim dynamischen Pegging trotzdem als diskrete Elemente (weitere Informationen finden Sie im SAP Help Portal unter *http://s-prs.de/v735500*).

20.2.2 Fixiertes Pegging

Wie beschrieben, unterscheidet sich fixiertes Pegging von dynamischem Pegging dadurch, dass die Pegging-Beziehung zwischen dem Bedarf und dem Bedarfsdecker fixiert worden ist. Die Fixierung führt dazu, dass stabile Beziehungen existieren und einmal durchgeführte Planungen und Bestätigungen weiterhin Gültigkeit behalten, da die Zugangselemente nun zumindest planerisch fest zugeordnet sind.

Zur Fixierung von Pegging-Beziehungen können Sie die automatisierte Funktion SAP_PP_019 (Heuristik) verwenden. Mittels dieser Produktheuristik können Sie ein- oder mehrstufig fixierte Pegging-Beziehungen anlegen. Für einen mehrstufigen Lauf müssen Sie die Funktion in einen MRP-Lauf (beispielsweise direkt vor der Nettobedarfsrechnung mittels BAdI /SAPAPO/RRP_HEUR_DO oder als Planungsschritt nach dem MRP-Lauf) einbinden. In den Heuristikeinstellungen können Sie bestimmte Vorgehensweisen festlegen (siehe hierzu Abbildung 20.7).

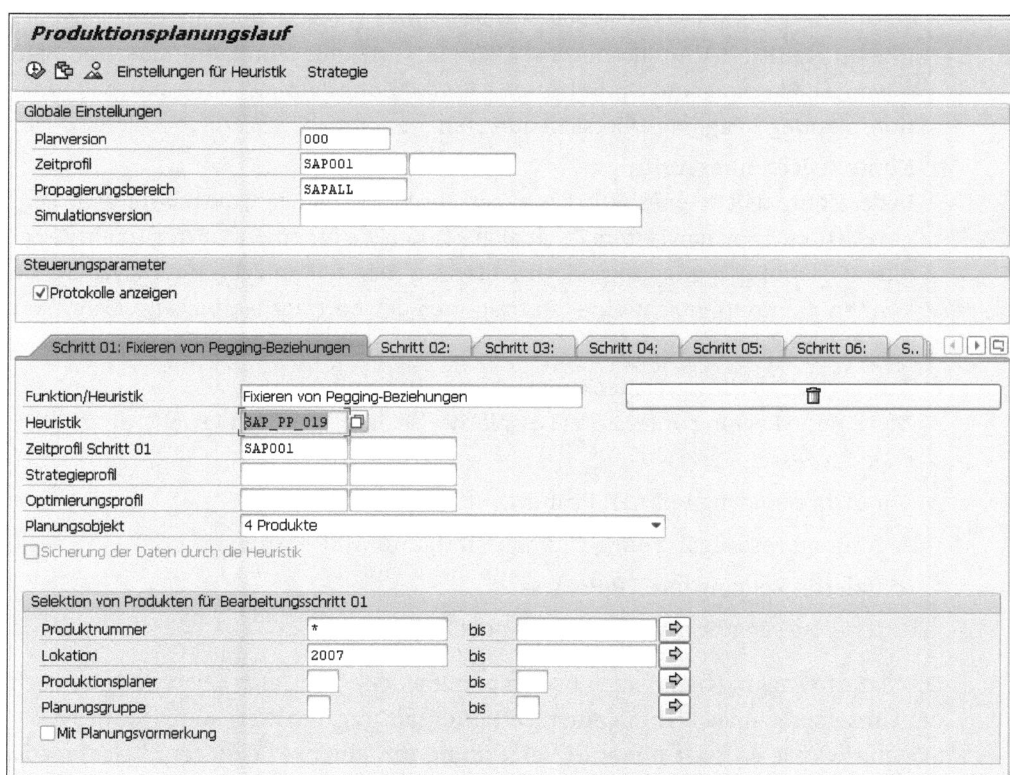

Abbildung 20.7 Automatische Fixierung von Pegging-Beziehungen im Produktionsplanungslauf mit der Produktheuristik SAP_PP_019

Die fixierten Pegging-Beziehungen können Sie unter Verwendung der Heuristik SAP_PP_011 löschen. Wird ein Pegging mit der Heuristik SAP_PP_011 gelöscht, wird sofort ein neues dynamisches Pegging gesucht, d. h., das alte fixierte Pegging wird nicht einfach in dynamisches Pegging umgewandelt. Das Löschen des Peggings bewirkt gewissermaßen eine planungsrelevante Änderung wie eine Umterminierung, die sofort zu einer neuen dynamischen Ermittlung des Peggings führt.

Die beiden genannten Heuristiken SAP_PP_019 und SAP_PP011 können Sie mittels BAdI /SAPAPO/RRP_FIXPEG modifizieren.

Neben diesen automatisierten Bearbeitungsfunktionen besteht auch die Möglichkeit, fixierte Pegging-Beziehungen manuell zu erstellen oder zu löschen. Hierfür steht Ihnen eine Reihe von Bearbeitungs- und Analysefunktionen zur Verfügung:

- **Pegging-Übersicht**
  Die Pegging-Übersicht ermöglicht einen Überblick über alle einstufigen Pegging-Beziehungen, die für ein Lokationsprodukt vorliegen. In dieser Funktionalität haben Sie die Möglichkeit, einstufige Pegging-Beziehungen zu fixieren und zu löschen oder nach alternativen Pegging-Mengen zu suchen. Sie können die Pegging-Übersicht mittels Transaktion /SAPAPO/PEG1 oder aus dem Menü über den Pfad **Advanced Planning and Optimization • Produktionsplanung • Interaktive Produktionsplanung • Pegging-Übersicht** aufrufen.
- **Kontextsicht eines Auftrags**
  In der Kontextsicht eines Auftrags haben Sie die Möglichkeit, die mehrstufige Pegging-Struktur zu analysieren. Zusätzlich können Sie für einen Auftrag fixierte Pegging-Beziehungen einstufig oder mehrstufig manuell anlegen oder löschen. Sie können die Kontextsicht eines Auftrags aus der Auftragsbearbeitungssicht über den Button **Kontext** aufrufen.
- **Auftragsbearbeitungssicht (Registerkarte »Pegging«)**
  Das fixierte Pegging unterstützt beispielsweise die folgenden betriebswirtschaftlichen Prozesse:
  - Auftragseingang mit ATP-Prüfung
  - Auftragsbestätigung ohne Onlinebestätigung (MRP-Prozess)
  - fixiertes Pegging im CTP-Prozess
  - fixiertes Pegging als Grundlage für die Feinplanung

Das fixierte Pegging bleibt auch nach einem Belegwechsel, also beispielsweise nach der Umsetzung eines Plan- in einen Fertigungsauftrag, erhalten, wenn Sie das APO-System Release 4.1 oder höher in Verbindung mit einem ERP-System Release 4.6C oder 4.7 und dem Plug-in 2004.1 oder höher einsetzen (siehe hierzu Abbildung 20.8 und für Einschränkungen SAP-Hinweis 698427). Hierfür müssen Sie im Customizing der Produktions- und Feinplanung in den globalen Parametern das fixierte Pegging aktivieren. Ebenso müssen Sie im ERP-Customizing zum APO-System unter anwendungsspezifischen Einstellungen und Erweiterungen zu Beständen das fixierte Pegging für Bestände aktivieren, analog sind die Einstellungen für Prüflose dort vorzunehmen.

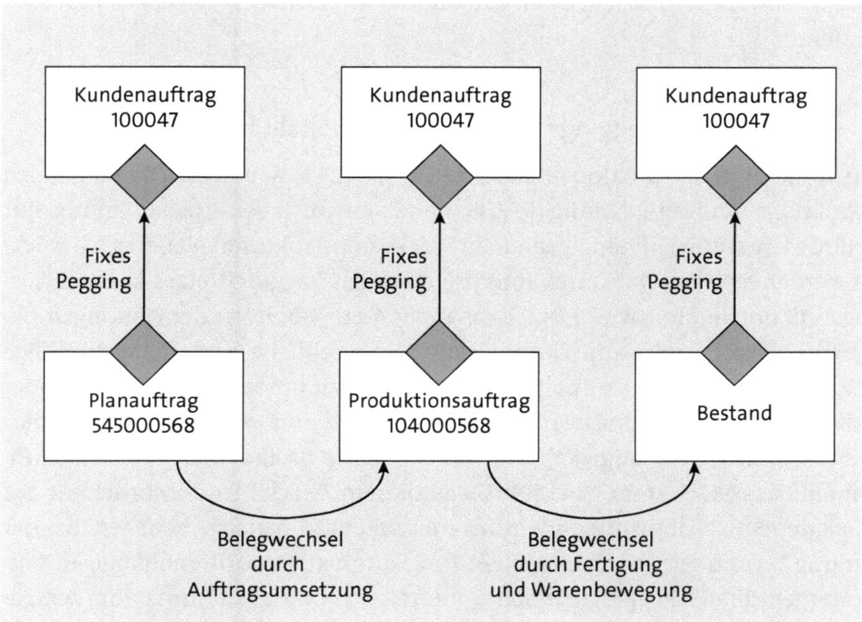

Abbildung 20.8 Fixiertes Pegging bei Belegwechsel

Selbst wenn Sie in den globalen Parametern und im ERP-System die entsprechenden Einstellungen vorgenommen haben, können Sie im Lokationsproduktstamm auch einzelne Produkte explizit vom fixierten Pegging ausschließen (siehe hierzu Abbildung 20.3).

Seit APO-Release 5.1 existiert mit SAP_PP_MRPDS eine Heuristik zum Auslesen von ERP-Auftragsnetzen und zur Anlage von fixierten Pegging-Beziehungen.

Zu beachten ist, dass das fixierte Pegging bei der Nettobedarfsrechnung so berücksichtigt wird, dass fixierte Pegging-Mengen aus der Rechnung ausgeschlossen werden, sie sind also nicht für die Nettobedarfsrechnung relevant. Das System kann zusätzlich ein Zugangselement nur um die nicht fixierte Pegging-Menge reduzieren. Dies kann bei einigen Planungsszenarien, wie beispielsweise der periodischen Losgröße, zu Problemen führen.

Des Weiteren sollten Sie berücksichtigen, dass es sich bei fixiertem Pegging um eine Planungsfunktion handelt, die nur im APO-System bzw. direkt in ePP/DS zur Verfügung steht. Dies bedeutet, die fixierten Zuordnungen stehen nicht in den Transaktionen der ERP-Systeme wie MD04 oder MIGO für Ausführungszwecke zur Verfügung; dies gilt auch für eine Systemkonstellation mit SAP S/4HANA mit implementiertem ePP/DS. Weitere Einschränkungen können Sie den SAP-Hinweisen 704583 und 458996 sowie der offiziellen SAP-Dokumentation unter *http://s-prs.de/735501* entnehmen.

20.2.3 Bedeutung von Pegging für Planungsfunktionalitäten

Pegging ist die zentrale Funktionalität des APO-Systems bzw. von ePP/DS im Bereich der Produktions- und Feinplanung (PP/DS) und damit auch der Projektplanung, mit deren Hilfe mehrstufige Abhängigkeiten in Stücklistenstrukturen planerisch berücksichtigt werden können. Nur durch Interpretation des Pegging-Netzes können Auswertungsfunktionalitäten, wie beispielsweise der Alert-Monitor, oder Planungsfunktionen, wie beispielsweise die Optimierung, eine zeitliche und mengenmäßige Beziehung zwischen Bedarfen und Bedarfsdeckern dazu nutzen, einen Projekt- oder Produktions- und Beschaffungsplan unter Berücksichtigung von Materialverfügbarkeit und terminlichen Abhängigkeiten zu erzeugen. Auf Basis der Pegging-Beziehungen können das APO-System bzw. ePP/DS zu diesem Zweck Planungsprobleme auf verschiedenen Stücklistenstufen identifizieren und automatisiert beheben, bei der Feinplanung Terminvorgaben für einen Auftrag automatisch an die abhängigen Aufträge untergeordneter Pegging-Ebenen weiterreichen und die Summe von Verspätungen optimieren. Neben PP/DS wird Pegging auch im Bereich von Capable-to-Match (CTM) im APO-System eingesetzt.

Hinsichtlich der Projektplanung gilt die – in der Praxis meist irrelevante – Einschränkung, dass nur Projektaufträge im Pegging berücksichtigt werden, an deren Vorgängen entsprechende Komponentenzuordnungen vorhanden sind. Der Grund ist, dass die Pegging-Eigenschaften am Produkt festgemacht sind und der Projektauftrag anders als Plan- und Fertigungsaufträge kein Hauptprodukt innehat. Da in der Praxis jedoch Komponentenzuordnungen am Projektauftrag existieren, nimmt dieser auch am Pegging teil.

Unterschied zwischen Pegging und Nettobedarfsrechnung

Pegging ist dabei nicht mit der Nettobedarfsrechnung zu verwechseln. Die Nettobedarfsrechnung dient der Ermittlung von Bedarfsmengen zu bestimmten Zeitpunkten, um hieraus neue Bedarfsdecker wie Bestellanforderungen und Planaufträge zu erzeugen, während das Pegging eine planerische Zuordnung von bereits vorhandenen Zugängen bzw. Beständen zu Bedarfen vornimmt.

20.3 Fazit

In diesem Kapitel zu den Grundlagen der kurzfristigen Kapazitätsplanung im APO-System bzw. in ePP/DS haben Sie mit dem APO-Auftrag das grundlegende Planungselement kennengelernt, das durch die Reduktion auf die planungsrelevanten Informationen die performante Verwendung für die Kapazitätsplanung ermöglicht. Zusätzlich können Sie nun die für die Planungen im kurzfristigen Zeithorizont benötigte Verknüpfung zwischen Bedarfen und Bedarfsdeckern (Pegging) einschätzen, die die Erstellung eines machbaren Plans unter Berücksichtigung der mehrstufigen Abhängigkeiten in einem Plan ermöglicht. Darauf aufbauend lernen Sie in den folgenden Kapiteln die kurzfristige Planung im APO-System bzw. in ePP/DS näher kennen.

Kapitel 21

Heuristiken der kurzfristigen Kapazitätsplanung in SAP APO und ePP/DS

Die Kapazitätsplanung in SAP APO sowie in ePP/DS lässt sich auf verschiedene Arten automatisieren. Hierfür stehen mit Heuristiken Funktionen bereit, mit denen sich die kurzfristige Kapazitätsplanung automatisiert vor- bzw. nachbereiten und durchführen lässt.

In der kurzfristigen Kapazitätsplanung steht eine Reihe von automatisierten Planungsfunktionen zur Verfügung, die Sie mit den PP/DS-Funktionen des APO-Systems bzw. mit ePP/DS realisieren können. Dabei kann man im Wesentlichen zwei Gruppen von PP/DS-Planungsfunktionalitäten unterscheiden:

- PP/DS-Heuristiken
- PP/DS-Optimierung

In aller Regel unterscheiden sich die Funktionen von SAP APO nicht von denen in ePP/DS, daher werden wir die Optionen der beiden Systemkonstellationen kombiniert unter dem Oberbegriff *PP/DS* erläutern.

Einsatz von PP/DS-Planungsfunktionalitäten in anderen Bereichen als der Produktionsplanung

Obwohl es sich bei diesen Funktionen um Optionen handelt, die SAP im Bereich der Produktions- und Feinplanungskomponente PP/DS angesiedelt hat, können diese Funktionen in den meisten Fällen völlig analog auch zur kapazitätsbasierten Planerstellung in den folgenden Bereichen eingesetzt werden:

- Projektplanung
- Produktionsplanung
- Instandhaltungsplanung
- Beschaffungsplanung

Lassen Sie sich nicht von dem Begriff PP/DS (Production Planning and Detailed Scheduling) in die Irre führen.

Während es sich bei der PP/DS-Optimierung um einen Algorithmus handelt, mit dem sich automatisiert auf Basis eines komplexen mathematischen Algorithmus ein machbarer und sogar ein unter Kapazitätsgesichtspunkten optimierter Projekt-, Produktions- und/oder Instandhaltungsplan und daraus abgeleitet auch ein Beschaffungsplan erstellen lässt, sind PP/DS-Heuristiken spezialisierte Planungsfunktionen zur Vorbereitung, Durchführung oder Nachbereitung der automatisierten Projekt-, Produktions-, Instandhaltungs- und/oder Beschaffungsplanung im Rahmen der kurzfristigen Planung. Durch den Einsatz von PP/DS-Heuristiken entsteht nicht zwangsläufig ein machbarer oder gar ein optimierter Plan, da PP/DS-Heuristiken in der Regel nur einen Teil der Restriktionen berücksichtigen, die für die Erstellung eines solchen Plans zu berücksichtigen wären.

Abgrenzung SNP-Heuristik und PP/DS-Heuristiken

Bei der SNP-Heuristik handelt es sich um einen Planungsalgorithmus der langfristigen Planung, in dem Aufträge angelegt werden. Sie kann also für sich allein genommen beispielsweise als Funktionalität für die der Kapazitätsplanung vorgelagerten Materialbedarfsplanung verwendet werden, wobei das Einsatzgebiet die langfristige Planung ist. Somit kann man die SNP-Heuristik mit einem Teil der im kurzfristigen Bereich eingesetzten PP/DS-Heuristiken vergleichen, nämlich mit Produktheuristiken, die in eine Ablaufheuristik eingebunden sind, um die Materialbedarfsplanung abzudecken. Bei der SNP-Heuristik handelt es sich jedoch nicht um eine Feinplanungsheuristik im engeren Sinn, auch wenn durch die in der Regel nachgelagerte Funktion des Capacity Levelings Kapazitätsgesichtspunkte in die Überlegungen einfließen können.

Wir werden im Rahmen dieses Kapitels in der Regel auf den Zusatz PP/DS verzichten, wenn von den Heuristiken der kurzfristigen Kapazitätsplanung die Rede ist.

Im SAP-Umfeld wird mit dem Begriff der Heuristik eine Planungsfunktion umschrieben, mit der ausgewählte Objekte beplant werden können. Je nach Planungsfokus handelt es sich bei den zu beplanenden Objekten um Produkte, Ressourcen, Aufträge oder Vorgänge. Die sowohl in der Hintergrundplanung als auch in der interaktiven Planung einsetzbaren Heuristiken bieten eine große Bandbreite an Planungsfunktionalitäten, die sich auf vielfältige Weise an kundenspezifische Gegebenheiten anpassen lassen. Eine Heuristik wird definiert durch einen festen Algorithmus, dessen Ablauf bereits im SAP-Standard gegebenenfalls durch bestimmte, für den jeweiligen Algorithmus vorgesehene, ergänzende Steuerungsparameter in den Heuristikeinstellungen beeinflusst werden kann.

Die Definition von Heuristiken wird im Customizing der Produktions- und Feinplanung vorgenommen, indem Sie einen SAP-Standardalgorithmus (Funktionsbaustein) eingeben und eigene Einstellungen in den ergänzenden Steuerparametern vornehmen. Über diese Steuerungsparameter hinaus, die in den Customizing-Einstellungen der Heuristiken verändert werden können, können Sie mithilfe der von SAP zur Verfügung gestellten Algorithmen eigene Heuristiken definieren. Zur Erstellung von Heuristiken können zusätzlich auch eigene Algorithmen verwendet werden, wenn diese in das APO-System bzw. in ePP/DS integriert wurden.

Nach dieser kurzen Begriffserläuterung verdeutlichen wir im folgenden Abschnitt überblicksartig die verschiedenen Gruppen, denen die einzelnen Heuristiken jeweils zugeordnet werden, und zeigen Ihnen, wie Sie Heuristiken im Rahmen der kurzfristigen Kapazitätsplanung einsetzen können. Anschließend erläutern wir Ihnen in Abschnitt 21.2 den für das Verständnis des Systemverhaltens zentralen Begriff des Strategieprofils sowie einige weitere Profile, die für die heuristische Planung eine Rolle spielen. Abschließend stellen wir Ihnen in Abschnitt 21.3 ausgewählte Heuristiken detaillierter vor, die in der kurzfristigen Kapazitätsplanung eingesetzt werden.

21.1 Überblick der in PP/DS vorhandenen Heuristiken

In PP/DS vorhandene Heuristiken lassen sich je nach Planungsfokus in verschiedene Gruppen einteilen (siehe Abbildung 21.1):

- Produktheuristiken
- Serviceheuristiken
- Feinplanungsheuristiken
- Ablaufheuristiken

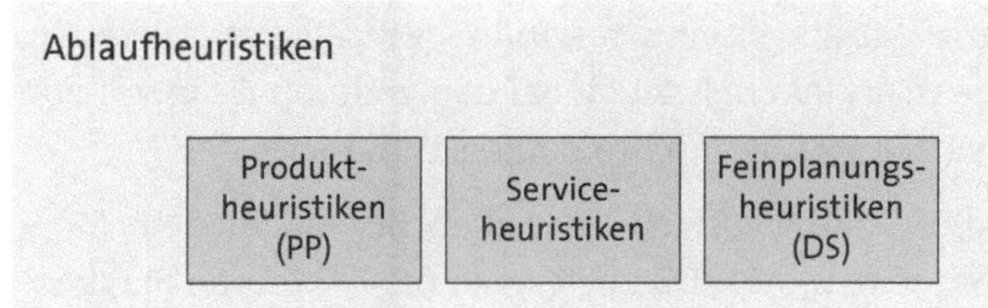

Abbildung 21.1 Überblick Heuristiken

21.1.1 Produktheuristiken

Die Gruppe der Produktheuristiken wird durch Planungsfunktionen gebildet, die für die Auftragsanlage im Rahmen der Produktions- und Beschaffungsplanung im APO-System bzw. in ePP/DS genutzt werden. Dabei geht es um die Planung von Produktbedarfen. Dies bedeutet analog zu den Abläufen, dass im Materialbedarfsplanungslauf des ERP-Systems mit diesen Heuristiken die in einer Produktlokationskombination im APO-System bzw. in ePP/DS zu deckenden Bedarfe analysiert und durch die

Anlage entsprechender Aufträge gedeckt werden. Sie werden demnach eingesetzt, sofern Sie Ihre Materialbedarfsplanung im APO-System durchführen. Daher kommen diese Heuristiken nur im Rahmen des klassischen PP/DS-Ansatzes (vergleiche hierzu Abschnitt 2.3.6, »APO-Production Planning & Detailed Scheduling (PP/DS)«) zum Einsatz.

Abgrenzung der Begrifflichkeiten Materialbedarfsplanung (MRP) und Produktbedarfsplanung

Wenn ein aus dem ERP-System integriertes Material im APO-System bzw. in ePP/DS als Produkt bezeichnet wird, spricht man auch hier von einer Materialbedarfsplanung. Der Begriff der Produktbedarfsplanung, der gegebenenfalls angesichts der Bezeichnung des Stammdatums im APO-System bzw. in ePP/DS naheliegen könnte, ist nicht geläufig, weshalb wir auch in diesem Rahmen von PP/DS-Materialbedarfsplanung bzw. MRP in (e)PP/DS sprechen.

Im Rahmen der kurzfristigen Kapazitätsplanung spielen diese Heuristiken lediglich in der vorbereitenden Auftragsanlage der Produktions- und Beschaffungsplanung eine Rolle. Viele der Produktheuristiken bilden dabei spezielle Dispositions- oder Losgrößenverfahren oder sonstige spezifische Logiken für die PP/DS-Materialbedarfsplanung ab. Beispiele für Produktheuristiken sind die Heuristik SAP_PP_007 für die Abbildung der aus dem ERP-Dispositionsverfahren bekannten Bestellpunktdisposition und die Heuristik SAP_PP_013 zur Abbildung des ebenfalls aus dem ERP-System bekannten optimierenden Losgrößenverfahrens nach Groff.

Allein die Tatsache, dass eine Heuristik bezüglich des Planungsfokus auf das Objekt Produkt ausgerichtet ist, kann nicht als eindeutiges Indiz dafür gewertet werden, dass es sich um eine Produktheuristik handelt. Auch bei den anderen Gruppen von Heuristiken finden sich auf das Produkt ausgerichtete Algorithmen.

Um eine Produktheuristik für die Planung vorzusehen, haben Sie verschiedene Möglichkeiten, diese im APO-System bzw. in ePP/DS zu verankern. So können Sie diese beispielsweise im Planungslauf oder im PP-Planungsverfahren vorgeben oder auch im Produktstamm auf der Registerkarte **PP/DS** eintragen (siehe hierzu Abbildung 21.2). Falls Sie ePP/DS einsetzen, können Sie die Produktheuristik auf der Registerkarte **Erweiterte Planung** im Materialstamm eintragen (siehe Abbildung 21.3).

Da Produktheuristiken nur bei der der Kapazitätsplanung vorgelagerten Auftragsanlage der Produktions- und Beschaffungsplanung eine Rolle spielen, gehen wir im Rahmen dieses Kapitels nicht näher auf diese Gruppe der Heuristiken ein. Weiterführende Details zur Auftragsanlage finden Sie in Kapitel 7, »Funktionen der Auftragsanlage«, und in unserem Buch *Disposition mit SAP*, das 2014 bei SAP PRESS erschienen ist.

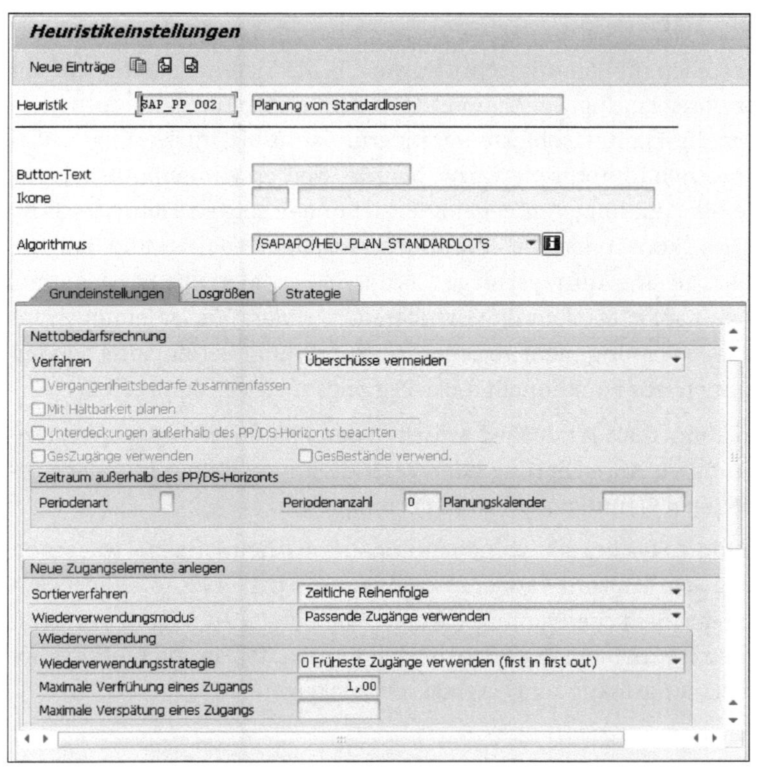

Abbildung 21.2 Einstellungsmöglichkeiten der Produktheuristik am Beispiel der Heuristik SAP_PP_002 (Planung von Standardlosen)

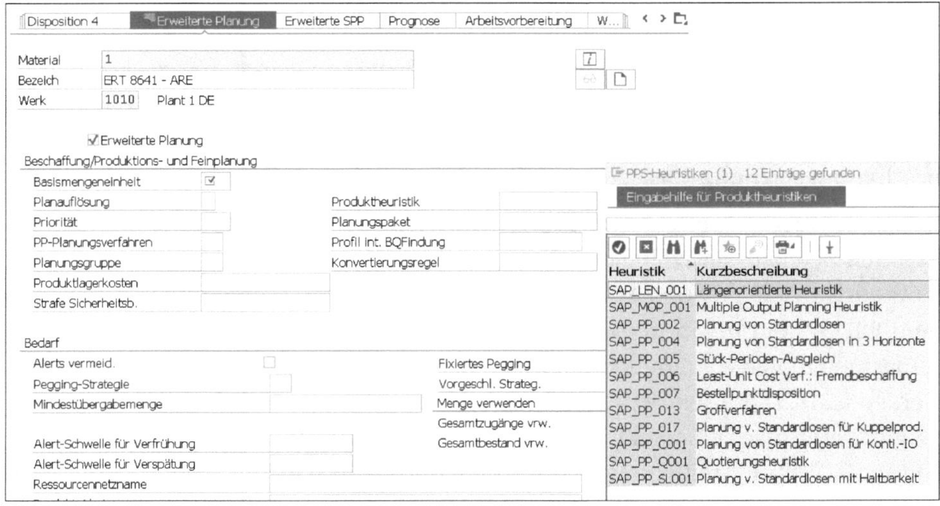

Abbildung 21.3 Pflege der Produktheuristik auf der Registerkarte »Erweiterte Planung« im Materialstamm

21.1.2 Serviceheuristiken

Serviceheuristiken stellen für Planungsschritte, wie z. B. die Materialbedarfsplanung oder aber die Kapazitätsplanung, Services bereit, indem sie bestimmte Informationen ermitteln oder die Planungsobjekte verändern, damit sie im jeweiligen Planungsschritt entsprechend interpretiert bzw. beplant werden können. Als Beispiel sei an dieser Stelle die Fixierung von Pegging-Beziehungen mittels Heuristik SAP_PP_019 genannt. Diese konserviert die Zuordnung zwischen Bedarfen und Bedarfsdeckern im Anschluss an eine Auftragsanlage z. B. durch die Materialbedarfsplanung, um eine kurzfristige Kapazitätsplanung vorzubereiten, sodass Verschiebungen im Rahmen der Kapazitätsplanung nicht zu einer Neuzuordnung der entsprechenden Mengen führen können (zur Funktionalität des Peggings siehe Abschnitt 20.2).

Serviceheuristiken können als Bindeglied zwischen den Planungsschritten verstanden werden, da sie durch Anreicherung oder Veränderung von Stamm- oder Auftragsdaten die jeweiligen Planungsschritte erst ermöglichen.

Während der Planungsfokus bei den vorgenannten Produktheuristiken – wie schon aus der Bezeichnung deutlich wird – auf dem Produkt liegt, haben die jeweiligen Serviceheuristiken unterschiedliche Planungsfokusse. Wie bereits zu Beginn des Kapitels allgemein zu den Heuristiken der kurzfristigen Kapazitätsplanung hervorgehoben, kann sich der Planungsfokus auf Folgendes erstrecken:

- Produkte
- Ressourcen
- Aufträge
- Vorgänge

Bei den Serviceheuristiken finden sich alle genannten Planungsfokusse. Auch können Sie Serviceheuristiken allgemein in allen genannten Planungsbereichen einsetzen, sie sind demnach nicht auf die Produktions- und Feinplanung beschränkt, sondern lassen sich im Allgemeinen auch für die Projekt-, die Instandhaltungs- und die Beschaffungsplanung einsetzen.

Jedoch existieren spezialisierte Serviceheuristiken, die lediglich in einem der genannten Bereiche sinnvoll einsetzbar sind. Beispielhaft sei an dieser Stelle die Serviceheuristik SAP_PP_020 (Stage-Numbering-Algorithmus) genannt, mit der das aus dem ERP-System bekannte Dispositionsstufenverfahren zur Vorbereitung der Planungsreihenfolge von Produkten im Rahmen der Materialbedarfsplanung ermittelt werden kann. Diese Heuristik stellt dem APO-System bzw. in ePP/DS demnach den Service bereit, nach einer teilweise durch die Heuristikeinstellungen beeinflussbaren Logik die Planungsreihenfolge von Produkten im PP/DS-MRP-Lauf zu ermitteln. Diese Heuristik ist nur für die Produktions- und Beschaffungsplanung relevant, da der von ihr vorbereitete Materialbedarfsplanungslauf nur in diesem Kontext von Bedeutung ist und für die Projekt- und die Instandhaltungsplanung nicht eingesetzt wird.

In Abschnitt 21.3, »PP/DS-Heuristiken in der kurzfristigen Kapazitätsplanung im Detail«, erläutern wir Ihnen beispielhaft einige zentrale Serviceheuristiken.

21.1.3 Feinplanungsheuristiken

Feinplanungsheuristiken sind Planungsalgorithmen für die Durchführung der Feinplanung selbst. Anders als bei Serviceheuristiken, die die Planerstellung lediglich indirekt beeinflussen, da sie diese vor- oder nachbereiten, werden die Feinplanungsheuristiken für die Kapazitätsplanung eingesetzt, wie z. B. die Auftragsverschiebung. Sie basieren dabei auf in der Auftragsanlage erzeugten Bedarfsdeckern, die gegebenenfalls durch eine Serviceheuristik mit Informationen angereichert worden sind.

[«]

Abgrenzung Funktion und Feinplanungsheuristik

Streng genommen unterscheiden das APO-System bzw. ePP/DS zwischen den sehr allgemeinen und häufig in der Feinplanung eingesetzten Funktionen und den Feinplanungsheuristiken im engeren Sinn. Da es sich bei dieser Unterscheidung hauptsächlich um eine begriffliche Trennung handelt, behandeln wir die Funktionen und die Feinplanungsheuristiken in diesem Rahmen gemeinsam.

[«]

Abgrenzung Service- und Feinplanungsheuristik

In manchen Kontexten und Quellen werden Feinplanungsheuristiken ebenfalls als Serviceheuristiken interpretiert. Wir unterscheiden jedoch zwischen Serviceheuristiken im eigentlichen Sinn, mit denen sich die Planerstellung vor- oder nachbereiten lässt, und Feinplanungsheuristiken, die zur Durchführung der Feinplanung selbst eingesetzt werden. Insbesondere in Bezug auf die kurzfristige Kapazitätsplanung ist diese zusätzliche Unterscheidung sinnvoll, da damit direkt der Einsatzzweck der jeweiligen Heuristik beschrieben werden kann.

Planungsfokus bei Feinplanungsheuristiken sind die Objekte der Kapazitätsplanung, also im eigentlichen Sinn Vorgänge. Diese tragen die Kapazitätsbedarfe und sind daher das im Rahmen der Feinplanung zu betrachtende Objekt. Trotzdem lassen sich auch Feinplanungsheuristiken finden, die auf die Planungsobjekte Ressourcen oder Aufträge ausgerichtet sind. Dabei handelt es sich jedoch in der Regel lediglich um eine indirekte Selektion der entsprechenden Vorgänge als Planungsobjekte.

Da die Feinplanungsheuristiken gemeinsam mit den Serviceheuristiken eine Kernfunktionalität für die automatisierte kurzfristige Kapazitätsplanung bereitstellen, gehen wir in Abschnitt 21.3, »PP/DS-Heuristiken in der kurzfristigen Kapazitätsplanung im Detail«, intensiv auf die durch die Feinplanungsheuristiken angebotenen Funktionalitäten ein.

21.1.4 Ablaufheuristiken

Ablaufheuristiken unterscheiden sich grundsätzlich von den drei zuvor genannten Heuristiktypen. Sie stellen eine Funktion zur Verfügung, mittels der einige der vorliegenden Heuristiken in einen mehrstufigen Lauf eingebunden werden können. Daher beinhalten diese Heuristiken die Definition des Ablaufs eines Planungslaufs. So wird beispielsweise bei einer PP/DS-Materialbedarfsplanung die Ablaufsteuerungsheuristik SAP_MRP_001 eingesetzt, die eine Bedarfsplanung nach Dispositionsstufenverfahren analog zur Materialbedarfsplanung im ERP-System durchführt.

Für eine Planung mittels Ablaufheuristik benötigen Sie daher neben dieser immer noch mindestens eine weitere der Heuristiken. Dabei kann es sich beispielsweise um eine Produkt- oder auch eine Serviceheuristik handeln. Während die Ablaufheuristik die Reihenfolge der Planung bereitstellt, entstammt der Algorithmus und damit die eigentliche Planungslogik immer der im Rahmen der Ablaufheuristik eingesetzten Funktion.

Ein Beispiel für die Verwendung von Ablaufheuristiken als Ordnungsrahmen für den mehrstufigen Einsatz einer anderen Heuristik ist die Ablaufheuristik SAP_MRP_001, bei der in der Reihenfolge der Dispositionsstufen andere Heuristiken eingesetzt werden, wie z. B. die Produktheuristiken, um einen Materialbedarfsplanungslauf im APO-System bzw. in ePP/DS durchzuführen. Jedoch kann diese Ablaufheuristik auch genutzt werden, um Serviceheuristiken einzubinden und diese im eigentlichen Sinn einstufige Vorgehensweise mehrstufig durchzuführen. Als Beispiel wäre hier die Serviceheuristik SAP_PP_012 zum Verändern von Auftragsprioritäten genannt, mit der Sie einstufig beispielsweise aus Kundenaufträgen oder Vorplanbedarfen über das Pegging auf die verknüpften Bedarfsdecker, wie z. B. Planaufträge, Prioritäten, vererben können. Binden Sie diese Heuristik in die Ablaufheuristik ein, durchläuft das APO-System bzw. ePP/DS die ausgewählten Objekte mehrstufig in der durch die Ablaufheuristik vorgegebenen Reihenfolge und vererbt die Auftragsprioritäten entsprechend über das gesamte Auftragsnetzwerk.

21.1.5 Kundenspezifische Heuristiken

Die genannten Heuristiken lassen sich im Regelfall durch Customizing an spezifische Anforderungen anpassen. Hierzu können Sie im Customizing der Feinplanung jeweils heuristikspezifische Einstellungen verändern.

Über diese Möglichkeiten der Anpassung von bestehenden Heuristiken hinaus können durch zumeist überschaubare Entwicklungsaufwände kundenspezifische Logiken verankert werden. In diesem Zusammenhang spricht man von einem sogenannten *Heuristic Framework*, in dem Ihnen im APO-System bzw. in ePP/DS eine Art Baukasten zur Verfügung gestellt wird, mit dem auch kundenindividuelle Lösungen umgesetzt werden können. Dieser Baukasten ermöglicht es Ihnen, z. B. einige der folgenden Funktionen einzubinden:

- Sortierungen der einzuplanenden Vorgänge nach kundeneigenen Regeln
- Auslesen oder Beeinflussen des Pegging-Netzes
- Einplanungsfunktionen wie das finite Verschieben von Aufträgen

So können Sie mit häufig relativ geringem Aufwand kundenspezifische Anforderungen im APO-System sowie in ePP/DS realisieren, die durch die Standardheuristiken nicht aufgefangen werden können.

Anlage einer kundeneigenen Heuristik
Die technische Vorgehensweise zur Anlage einer kundeneigenen Heuristik finden Sie im SAP Help Portal unter *http://s-prs.de/735502*.

21.1.6 Einsatz der Heuristiken in der kurzfristigen Kapazitätsplanung

Sie können die beschriebenen Heuristiken in der Praxis auf zwei verschiedene Arten einsetzen:

- **In der Hintergrundplanung**
  Um eine Heuristik in die Hintergrundplanung einzubinden, definieren Sie in der Transaktion /SAPAPO/CDPSB0 eine Variante und planen die entsprechende Heuristik als einen von maximal zehn möglichen Schritten in den Produktionsplanungslauf ein. Mit der Transaktion /SAPAPO/CDPSB1 oder den Transaktionen SE38 und SA38 können Sie den Report /SAPAPO/BACKGROUND_SCHEDULING mit der entsprechenden Variante starten.
- **In der interaktiven Planung**
  Sie binden eine oder mehrere Heuristiken in die interaktive Planung ein, indem Sie im Customizing der Produktions- und Feinplanung im Ordner **Heuristiken** ein Heuristikprofil pflegen, das bis zu 13 verschiedene Heuristiken enthalten kann. Dieses Heuristikprofil ist dann beim Einstieg in die jeweilige Transaktion der interaktiven Planung auszuwählen, wie z. B. die grafische Feinplanungstafel (siehe Abschnitt 25.7).

Dabei sei jedoch angemerkt, dass sich nicht alle Heuristiken technisch oder rein logisch sowohl für die Hintergrundverarbeitung als auch für den Einsatz in der interaktiven, also manuellen Planung eignen. So können Sie beispielsweise die Heuristik zur manuellen Reihenfolgeplanung (SAP003) nicht in den Hintergrundlauf einbinden, da hier interaktiv vom Planer Entscheidungen getroffen werden müssen.

Einsatz mehrerer Heuristiken in einem Planungslauf

Es ist nicht nur technisch möglich, sondern in aller Regel auch üblich, mehrere Heuristiken gleichzeitig in den Produktionsplanungslauf einzubinden. Zu diesem Zweck stehen Ihnen bis zu zehn Schritte innerhalb eines Laufs zur Verfügung, prinzipiell lassen sich auch mehrere Läufe aneinander koppeln.

Performance von Heuristiken

Generell ist bezüglich des Einsatzes von Feinplanungsheuristiken anzumerken, dass sie anders als die PP/DS-Optimierung nicht auf einem eigenen Server gestartet werden. Deshalb ist es nicht empfehlenswert, die Kapazitätsplanung für ein großes Spektrum an Ressourcen gleichzeitig zu starten. SAP empfiehlt diesbezüglich, Heuristiken nicht für mehr als drei Ressourcen gleichzeitig zu starten.

21.2 Strategieprofile in der kurzfristigen Kapazitätsplanung

Bevor wir auf konkret in der Feinplanung eingesetzte Heuristiken eingehen, erläutern wir den für das Verständnis des Verhaltens der Heuristiken zentralen Begriff der Profile bzw. die dazugehörige Funktionalität. In diesem Zusammenhang ist eine Vielzahl von Profilen zu nennen, die in der kurzfristigen Kapazitätsplanung von Bedeutung sind (siehe Abschnitt 25.7, »Grafische Feinplanungstafel«).

Zentral für die Steuerung der Heuristikplanung ist der Begriff des Strategieprofils. Strategieprofile bündeln Einstellungen, die im Rahmen der heuristischen Planung die Regeln für die Ein- und Umplanung der Planungsobjekte der Kapazitätsplanung enthalten.

Die Bündelung von Einstellungen zur kurzfristigen Kapazitätsplanung im Strategieprofil bedeutet, dass die Träger der Kapazitätsbedarfe, namentlich die Vorgänge gemäß bestimmter Regeln, terminlich unter Berücksichtigung bestimmter festzulegender Restriktionen verschoben werden.

An dieser Stelle ist es sinnvoll, die diversen verwendeten Begrifflichkeiten voneinander abzugrenzen, die bei der kurzfristigen Kapazitätsplanung von Relevanz sind:

- **Einplanen**
  Unter *Einplanung* wird das Setzen des Einplanungsstatus **eingeplant** verstanden. Auf der Ebene des Auftrags können Sie diesen Status in der Auftragsbearbeitung

einsehen. Dahingegen können Sie den Einplanungsstatus **eingeplant** auf Vorgangsebene im Vorgangsdetail des APO-Systems bzw. von ePP/DS daran erkennen, dass der Status **ausgeplant** nicht gesetzt ist. Nur ein eingeplanter Vorgang belastet das Ressourcenangebot direkt und wird bei der finiten Planung anderer Vorgänge entsprechend als Kapazitätsbelastung berücksichtigt.

Ein Auftrag gilt dann als eingeplant, wenn alle Vorgänge des Auftrags eingeplant sind. Abbildung 21.4 zeigt beispielhaft den Einplanungsstatus eines Auftrags.

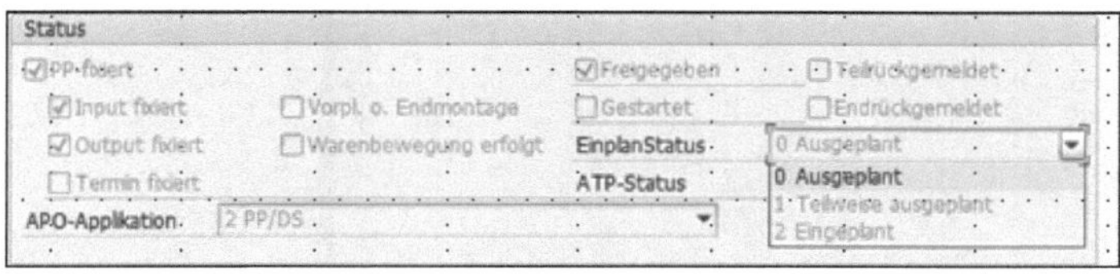

Abbildung 21.4 Einplanungsstatus (Auftragsebene)

- **Umplanen**
  Unter einer *Umplanung* versteht man eine Planungsaktion, bei der für einen eingeplanten Vorgang ein neuer Termin oder eine neue Ressource bestimmt wird. Bei dieser Umplanungsaktion bleibt der Status des Vorgangs eingeplant, d. h., es erfolgt weiterhin eine Ressourcenbelastung. Vom Umplanen eines Auftrags spricht man, wenn alle Vorgänge des Auftrags umgeplant werden. Eine Umplanungsaktion wird nicht in einem eigenen Status im Auftrag oder im Vorgang fortgeschrieben.
- **Ausplanen**
  Bei einer *Ausplanung* eines Vorgangs oder eines Auftrags wird das jeweils beplante Objekt »von der Ressource genommen«, es ist keine Kapazitätsbelastung mehr zu berücksichtigen. In diesem Fall wird auf der Ebene des Vorgangs der Status **ausgeplant** gesetzt, ein Auftrag bei dem einige Vorgänge ausgeplant sind, erhält den Einplanungsstatus **teilweise ausgeplant**, falls alle Vorgänge ausgeplant sind, den Einplanungsstatus **ausgeplant** (siehe Abbildung 21.5).
- **Anpassen**
  Von einer *Anpassung* spricht man, wenn ein ausgeplanter Vorgang terminlich oder in Bezug auf die zu verwendende Ressource geändert, also angepasst wird. Diese Planungsaktion ist gewissermaßen das Äquivalent zur Umplanung, jedoch für einen ausgeplanten Vorgang. Auch diese Planungsaktion verändert keinen Status auf der Ebene des Auftrags oder des Vorgangs.

Diese Begriffe können auf der Ebene des Auftrags sowie auf der Ebene des Vorgangs auftreten (siehe Status **ausgeplant** in Abbildung 21.5).

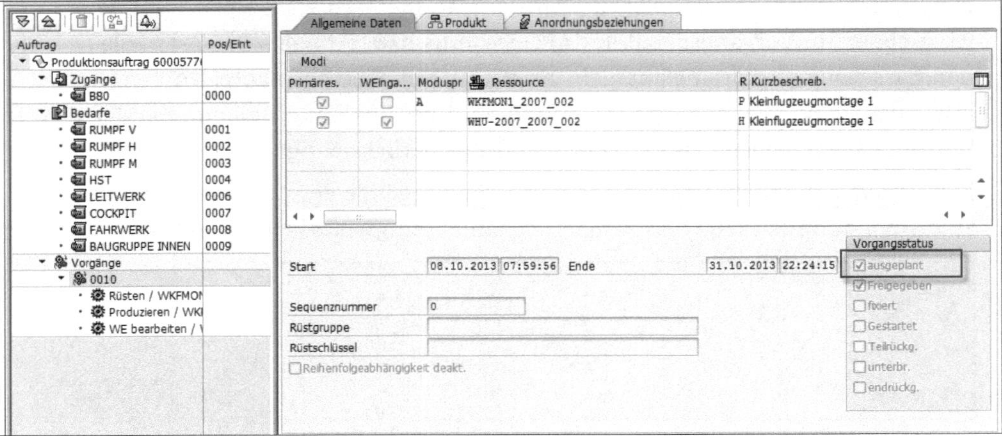

Abbildung 21.5 Vorgangsstatus »ausgeplant«

[»]

Einsatz der Profile in der »direkten« interaktiven Planung

Neben dem Einsatz in der heuristischen Planung, die wie beschrieben sowohl im Hintergrund als auch in der interaktiven Planung ablaufen kann, sind einige der Profile auch für die manuelle interaktive Planung grundlegend.

Diese manuelle interaktive Planung – beispielsweise aus der grafischen Feinplanungstafel – kann auch als »direkte« interaktive Planung verstanden werden, weil dabei anders als bei der heuristischen Planung kein Algorithmus zwischengeschaltet ist, sondern der Planer direkt die terminliche Lage der Vorgänge beeinflusst.

In diesem Fall dienen beispielsweise die Strategieprofile gewissermaßen der Planungsunterstützung, damit die vom Planer ausgewählten, zu berücksichtigenden Restriktionen eingehalten werden. Damit unterstützen Strategieprofile den Planer im Rahmen der direkten manuellen Planung bei der Erstellung eines machbaren Plans, indem – durch das System unterstützt – die im Strategieprofil verankerten Einschränkungen und Regeln auch in jeder manuell ausgeführten Planungsaktion Berücksichtigung finden.

Dies reduziert die Komplexität und die Fehleranfälligkeit der Planung, da der Planer sich darauf konzentrieren kann, einen aus seiner Sicht idealen Zeitpunkt für die Durchführung der Aktivität zu finden, während das APO-System dafür sorgt, dass die vorab im Strategieprofil definierten Regeln dabei eingehalten werden.

Somit kann festgehalten werden, dass Strategieprofile sowohl in der heuristischen als auch in der »direkten« interaktiven Planung das zentrale Systemobjekt für die Festlegung der Einplanungsregeln bilden. Wir erläutern das Strategieprofil aus Gründen der Verständlichkeit bereits im Rahmen dieses Kapitels, jedoch sind die hier beschriebenen Punkte in aller Regel analog auf die »direkte« interaktive Planung übertragbar (siehe Kapitel 25, »Interaktive, kurzfristige Kapazitätsplanung in SAP APO und ePP/DS«).

Analog können in diesem Zusammenhang auch weitere Profile genannt werden, wie beispielsweise das Zeitprofil, das sowohl in der heuristischen als auch in der »direkten« interaktiven Planung eingesetzt und daher hier erläutert wird, auch wenn sie in der interaktiven Planung eine zentrale Rolle spielen.

Strategieprofile lassen sich über die Customizing-Transaktion S_AP9_75000090 pflegen. Im Rahmen der heuristischen Planung werden die Einstellungen des Strategieprofils in aller Regel über die zur Heuristik gehörenden Customizing-Einstellungen festgelegt. Dies können Sie im Customizing der Produktions- und Feinplanung des APO-Systems für jede einzelne Heuristik pflegen (siehe Abbildung 21.6).

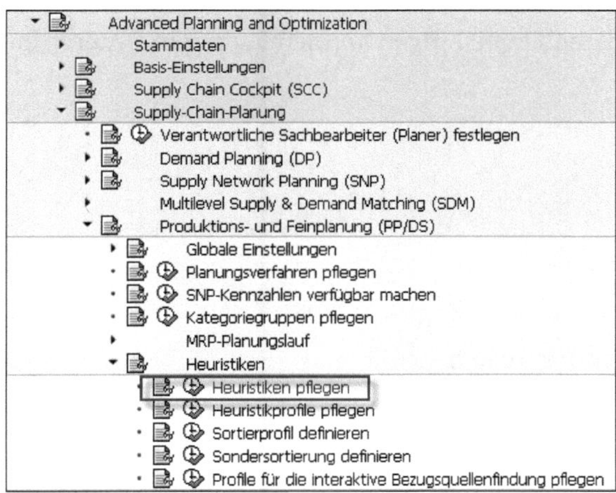

Abbildung 21.6 Heuristikeinstellungen pflegen im APO-Customizing der Produktions- und Feinplanung

21.2.1 Überblick über die Einstellungen des Strategieprofils

Die Einstellungen im Strategieprofil lassen sich in drei Obergruppen einteilen:

- strategieübergreifende Parameter
- allgemeine Strategieparameter
- Strategieparameter für abhängige Objekte

Die strategieübergreifenden Einstellungen finden Sie im Kopf des Strategieprofils, die jeweiligen Einstellungen der beiden anderen Obergruppen auf unterschiedlichen Registerkarten unterhalb der strategieübergreifenden Parameter.

Dabei ist anzumerken, dass ein Strategieprofil mehrere Strategien beinhalten kann, die sukzessive nacheinander durchgeführt werden. Die strategieübergreifenden Einstellungen gelten in diesem Fall für alle Strategien eines Strategieprofils.

Während in den allgemeinen Strategieparametern die Einstellungen für die Planung des ausgewählten Objekts selbst vorgenommen werden, betreffen die Parameter auf der Registerkarte **Strategieparameter für abhängige Objekte** des Strategieprofils das Planungsverhalten bezüglich der nicht direkt ausgewählten, jedoch durch die Planungsaktion gegebenenfalls betroffenen Objekte, wie z. B. die anderen Vorgänge des Auftrags. Diese sind von der jeweiligen Planungsaktion ebenfalls betroffen und müssen umgeplant bzw. zeitlich angepasst werden, wenn laut Strategieeinstellungen (siehe Abschnitt 21.2.9, »Anordnungsbezogene Planungsregeln (auftragsintern und auftragsübergreifend)«) zeitliche Anordnungs- oder Pegging-Beziehungen nicht verletzt werden dürfen.

Die diesen Obergruppen zugeordneten Einstellungen können logisch in Untergruppen eingeteilt werden:

- Planungsreihenfolge
- zeitliche Planungsregeln
- Planungsrichtung
- Planungsmodus
- Planungssubmodus
- kapazitätsangebotsbezogene Planungsregeln
- stammdatenbezogene Planungsregeln
- anordnungsbezogene Planungsregeln (auftragsintern und auftragsübergreifend)
- Einstellungen bezüglich spezieller Planungsabwicklungen
- Regeln bei Planungsproblemen und Fehlern

Bevor wir in der Folge auf die einzelnen Einstellungen im Detail eingehen, sei an dieser Stelle erwähnt, dass bei einzelnen Heuristiken bestimmte Einschränkungen bezüglich der aufgeführten Punkte bestehen, d. h., es sind nicht in jeder Heuristik alle Einstellungen in der geschilderten Art und Weise vorzufinden. So finden Sie beispielsweise in der Heuristik »Reihenfolge manuell planen« (SAP003, siehe hierzu Abschnitt 21.3, »PP/DS-Heuristiken in der kurzfristigen Kapazitätsplanung im Detail«) anders als bei anderen Heuristiken keine Einstellung im zugehörigen Strategieprofil zur Planungsreihenfolge, da der Einsatzzweck der Heuristik die manuelle Vorgabe eben dieser vorsieht und somit eine Option in den Heuristikeinstellungen nicht sinnvoll wäre. Auch können Sie in der Regel die Einstellungen zu speziellen Planungsabwicklungen in den meisten Heuristiken nicht einsetzen, da diese in der Regel generell und nicht nur in speziellen Planungsabwicklungen wie der Block- oder der Kampagnenplanung einsetzbar sind.

Wir erläutern in der Folge ungeachtet vereinzelter Einschränkungen bei einigen Heuristiken den Gesamtumfang der im Standard-APO-System bzw. in ePP/DS verfügbaren Einstellungen, um Ihnen einen Überblick über die Möglichkeiten zu bieten, die – wie beschrieben – auch in der »direkten« interaktiven Planung eingesetzt werden. Wir empfehlen Ihnen, auf Basis dieser Überblicksliste für jede potentiell einzusetzende Heuristik zu prüfen, ob die jeweilige Einstellung für Sie sinnvoll und möglich ist.

21.2.2 Planungsreihenfolge

Die Planungsreihenfolge bestimmt die Sequenz, in der die jeweils zu planenden Objekte einer Planung unterzogen werden sollen. Um die Planungsreihenfolge festzulegen, können Sie den Button **Einplanungsreihenfolge** anklicken, der in den strategieübergreifenden Parametern des Strategieprofils zu finden ist; er gilt folglich für alle Strategien, die für das jeweilige Strategieprofil gepflegt worden sind.

In dem folgenden Fenster können Sie die Sortierkriterien festlegen, nach denen das APO-System bzw. ePP/DS die Objekte bei der Planung sortieren soll. Abbildung 21.7 zeigt Ihnen beispielhaft eine mögliche Sortierfolge.

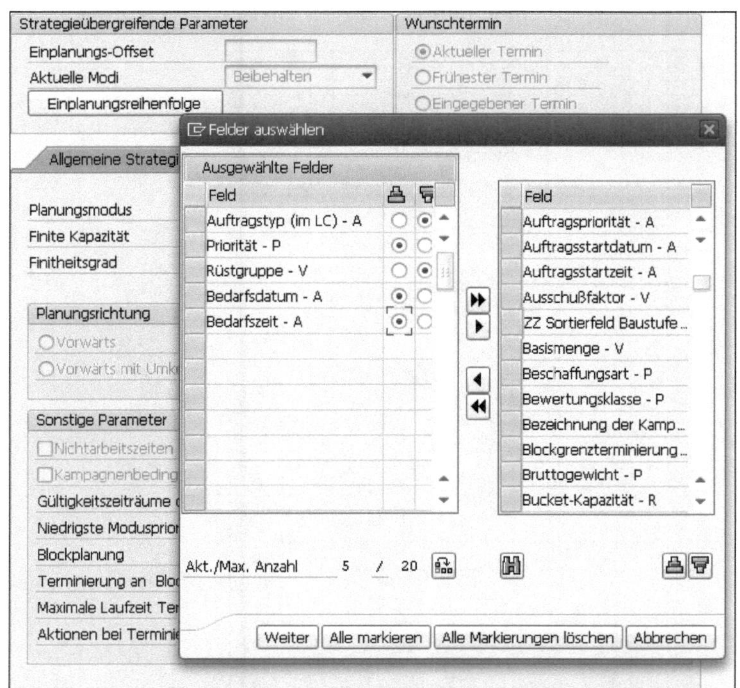

Abbildung 21.7 Festlegung der Einplanungsreihenfolge im Strategieprofil

In diesem Beispiel wird zunächst nach Auftragstyp absteigend sortiert, innerhalb der Auftragstypen wiederum erfolgt die Sortierung nach Priorität. Das P hinter der Bezeichnung (Priorität) verdeutlicht dabei, dass es sich um ein Feld handelt, das im zugehörigen Produkt zu finden ist. Insgesamt können Sie je nach Konzept bei der Sortierung Informationen aus allen vier möglichen Quellen (Produkt, Ressource, Auftrag, Vorgang) verwenden. Innerhalb einer Priorität erfolgt gemäß der beispielhaften Einstellung die weitere Sortierung nach der Rüstgruppe aus dem Vorgang (V) und im Anschluss gemäß Bedarfsdatum und -zeit aus dem Auftrag (A). In Abbildung 21.7 ist auch zu sehen, dass Sie zwischen aufsteigenden und absteigenden Optionen wählen können.

21.2.3 Zeitliche Planungsregeln

Mit den zeitlichen Planungsregeln legen Sie die folgenden Einstellungen fest:

- Wunschtermin
- Einplanungs-Offset
- Berücksichtigung der Auftragsgültigkeit
- Berücksichtigung der Nichtarbeitszeit

Abbildung 21.8 verdeutlicht die zeitlichen Planungsregeln im Strategieprofil.

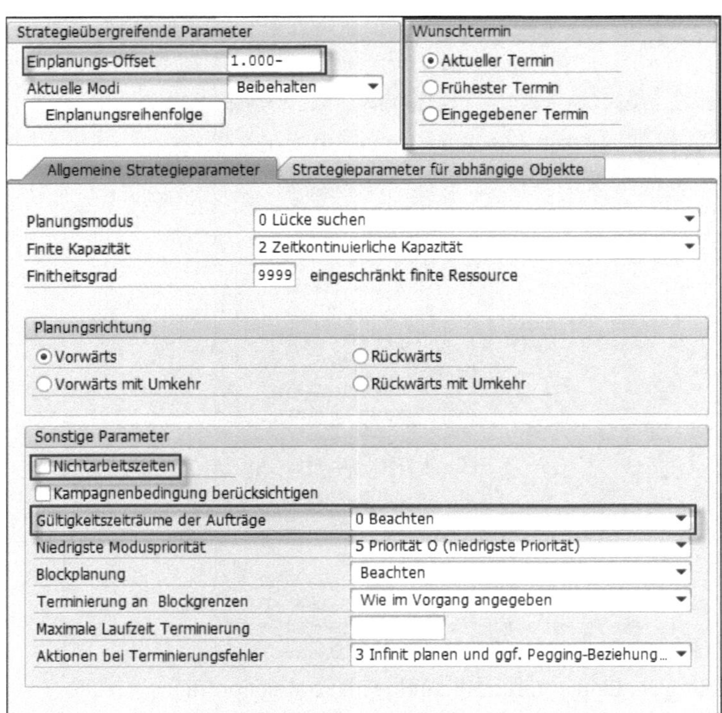

Abbildung 21.8 Zeitliche Planungsregeln im Strategieprofil

Wunschtermin

Im Rahmen der zeitlichen Einplanungsregeln können Sie bei den strategieübergreifenden Parametern festlegen, zu welchem Zeitpunkt die Einplanung vorgenommen werden soll. Dieser Termin wird als Wunschtermin bezeichnet und ist im Rahmen der Planung in den Feinplanungstafeln sowie bei der Funktion **Neu planen** relevant. Zu diesem Zweck haben Sie die Möglichkeit, im Strategieprofil zwischen den folgenden Optionen zu wählen:

- **Aktueller Termin**
  Wenn Sie die Option **Aktueller Termin** wählen, beginnt das APO-System bzw. ePP/DS bei der Einplanung gemäß dem jeweiligen Strategieprofil beim aktuellen Vorgangs- oder Auftragstermin. Dabei ist die Planungsrichtung entscheidend, da bei Vorwärtsterminierung der aktuelle Vorgangs- oder Auftragstermin und bei Rückwärtsterminierung der jeweilige Endtermin relevant ist.
- **Frühester Termin**
  Diese Option ist nur für die Planungsfunktion **Neu planen** relevant, die im Produktionsplanungslauf eingebunden oder manuell aus den Feinplanungstafeln heraus aufgerufen werden kann. Bei der Auswahl des frühesten Termins als Wunschtermin beginnt PP/DS die Einplanungsversuche beim frühestmöglichen Termin, der sich aus dem aktuellen Zeitpunkt +/- der Offset-Zeit oder aus dem jeweiligen Zeitprofil ergibt. Das Zeitprofil muss jeweils in bestimmten Anwendungen angegeben werden (beispielsweise im Produktionsplanungslauf für Feinplanungsfunktionen sowie -heuristiken oder in der Feinplanungstafel) und definiert den Planungszeitraum. Es gilt jeweils der spätere Termin der beiden folgenden Optionen als der frühestmögliche Termin:
  - aktueller Zeitpunkt +/– Offset-Zeit
  - durch das Zeitprofil definierter Planungszeitraum

  In der Folge versucht das System, die Planungsobjekte innerhalb des Planungszeitraums gemäß der Planungsrichtung zu verschieben, wobei der früheste Termin sinnvollerweise nur mit der Planungsrichtung **Vorwärts** kombiniert werden kann. Der Planungszeitraum wird dabei neben dem frühesten durch den spätesten Termin beschränkt, zu dem Vorgänge ein- oder umgeplant werden können. Dieser ist definitionsgemäß der 31.12.2037 um 23:59:49. Umgeplant werden können nur Vorgänge, die innerhalb des Planungszeitraums beginnen. Eine Ausnahme bilden dabei aus dem ERP-System übertragene Aufträge, für die der Planungszeitraum nicht durch den frühesten Termin beschränkt ist, jedoch gilt hier ebenfalls der genannte späteste Termin als zeitliche Restriktion.
- **Eingegebener Termin**
  Auch diese Option ist – wie die Option frühester Termin – nur für die Planungsfunktion **Neu planen** relevant. Wird im zugrunde liegenden Strategieprofil die Option

Eingegebener Termin gewählt, können Sie bei der Planung aus den Feinplanungstafeln heraus einen Wunschtermin eingeben, von dem ausgehend in die Planungsrichtung ein möglicher Einplanungstermin gesucht wird. Kombinieren Sie diese Option mit der Planungsrichtung **Rückwärts**, ist je nach zugrunde liegendem Planungsfokus der Wunschendtermin des Vorgangs oder des Auftrags einzugeben, während bei der Planungsrichtung **Vorwärts** der Wunschstarttermin vorzugeben ist. Binden Sie die Planungsfunktion **Neu planen** in den Produktionsplanungslauf ein, ist diese Option nicht relevant.

Der Wunschtermin beeinflusst, zu welchem Termin PP/DS den einzuplanenden Vorgang initial einzuplanen versucht. Welche Schritte dabei durchgeführt werden, um die Einplanung selbst vorzunehmen, wird unter anderem mit dem Planungsmodus sowie der Planungsrichtung beeinflusst (siehe Abschnitt 21.2.4, »Planungsrichtung«, und Abschnitt 21.2.5, »Planungsmodus«).

Einplanungs-Offset

Mit dem Einplanungs-Offset können Sie eine Anzahl von Minuten definieren, zu denen der Beginn des Planungszeitraums bzw. der früheste Termin vor oder nach dem aktuellen Zeitpunkt liegen soll. Verwenden Sie einen negativen Wert, liegt der früheste Termin vor dem aktuellen Termin, bei positiven Werten entsprechend dahinter.

Berücksichtigung der Auftragsgültigkeit

Im Feld **Gültigkeitszeiträume der Aufträge** können Sie festlegen, ob bei der Ein- oder Umplanung die Auftragsgültigkeit beachtet werden soll. Sie haben dabei mehrere Optionen:

- **Gültigkeitszeiträume beachten**
  Ist diese Option ausgewählt, beachtet das APO-System bzw. ePP/DS bei der Ein- oder Umplanung nicht nur die Gültigkeitszeiträume für den jeweils zu planenden Auftrag, sondern auch für abhängige Aufträge die Gültigkeit. Abhängige Aufträge werden dabei über das Pegging-Netz ermittelt, eine Einplanung der Aufträge außerhalb der Auftragsgültigkeit ist nicht möglich.
- **Gültigkeitszeiträume nur für abhängige Aufträge beachten**
  Bei Auswahl dieser Option sind nicht die Gültigkeitszeiträume des eigentlich umzuplanenden Auftrags zu beachten, sondern nur die Gültigkeitszeiträume der abhängigen Aufträge, die über das Pegging-Netz mit dem umplanbaren Auftrag verbunden sind. Dies gilt auch nur für den Fall, dass im Strategieprofil vorgesehen wurde, dass Pegging-Beziehungen beachtet werden müssen.

- **Gültigkeitszeiträume nicht beachten**
  Bei dieser Option muss das APO-System bzw. ePP/DS die Gültigkeitszeiträume der Aufträge nicht beachten.

Verletzt PP/DS im Rahmen der Planungen einen Gültigkeitszeitraum, wird dies im Planungsprotokoll ausgewiesen, je nach Konstellation kann es zu einer Planauflösung kommen.

Berücksichtigung der Nichtarbeitszeiten

Mit dem Setzen des Kennzeichens **Nichtarbeitszeiten** erlauben Sie die Ein- oder Umplanung eines Vorgangs in eine nicht als Arbeitszeit vorgesehene Zeitspanne. Dabei geht das APO-System bzw. auch ePP/DS davon aus, dass in der Nichtarbeitszeit der identische Nutzungsgrad sowie die gleiche Kapazität zur Verfügung stehen wie in der Zeit unmittelbar davor, diese werden entsprechend fortgeschrieben.

Dabei ist zu beachten, dass nur die Vorgänge in Nichtarbeitszeiten geplant werden können, die direkt in eine solche Zeit geschoben werden. Dies gilt nicht für abhängige Vorgänge, die beispielsweise durch Anordnungsbeziehungen ebenfalls mit umzuplanen sind, diese werden auch bei Setzen dieser Option nicht in Nichtarbeitszeiten eingeplant.

Eine Planung in Nichtarbeitszeiten des einzuplanenden Vorgangs ist somit nur möglich, wenn keine sonstigen Restriktionen wie Anordnungsbeziehungen auch für die abhängigen Vorgänge verletzt werden müssen.

Ein in Nichtarbeitszeiten eingeplanter Vorgang wird grundsätzlich immer fixiert. Diese Fixierung bleibt auch erhalten, wenn die Nichtarbeitszeit entfernt wird, sie muss gegebenenfalls manuell im Auftrag zurückgesetzt werden, falls der Auftrag noch einmal umgeplant werden soll.

Anzumerken ist an dieser Stelle auch, dass Ausfallzeiten nicht als gewöhnliche Nichtarbeitszeiten betrachtet werden. Eine Planung in Ausfallzeiten ist unter keinen Umständen möglich, der jeweilige Nutzungsgrad der Ressource beträgt in der Ausfallzeit immer null.

21.2.4 Planungsrichtung

Mit der Planungsrichtung geben Sie vor, ob PP/DS bei der Suche nach einem Ein- oder Umplanungstermin vor- oder rückwärts vorgehen soll. Es besteht auch die Möglichkeit, eine Umkehr der Planungsrichtung vorzusehen, d. h., dass die Richtung gewechselt werden soll, wenn in einer Planungsrichtung kein entsprechendes Zeitfenster gefunden werden konnte.

Das System startet dabei den Einplanungsversuch kontextabhängig beim gewünschten Termin:

- Bei der Planung in der grafischen Feinplanungstafel wird der Termin verwendet, der vom Planer per Drag-and-Drop vorgegeben worden ist.
- Bei der Auftragsanlage wird der Bedarfstermin des Hauptprodukts zugrunde gelegt.
- Bei der Planung mit der Funktion **Neu planen** wird der im Rahmen des Wunschtermins angegebene Termin verwendet.

Abbildung 21.9 zeigt die zur Verfügung stehenden Optionen bezüglich der Planungsrichtung im Strategieprofil.

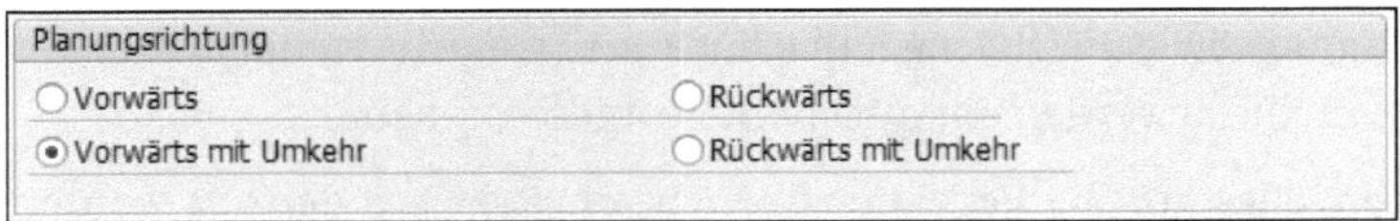

Abbildung 21.9 Einstellungen zur Planungsrichtung im Strategieprofil

21.2.5 Planungsmodus

Der Planungsmodus dient zur Festlegung, wie die Planung der ausgewählten Objekte auf die ausgewählten Ressourcen erfolgen soll. Dabei wird in finite und infinite Planungsmodi unterschieden:

- **Finite Planungsmodi**
  - Lücke suchen
  - Vorgang einfügen
  - Vorgang einrütteln
  - Vorgang hinten anfügen
  - Vorgang einfügen und Lücke schließen bis zum Anfang/Ende
  - Bucket mit freier Kapazität suchen
- **Infinite Planungsmodi**
  - Infinite Planung
  - Infinite Reihenfolgeplanung

Auf der Registerkarte **Strategieparameter für abhängige Objekte** können Sie mit dem **Planungssubmodus** vorsehen, mit welchem Planungsmodus entsprechend abhängige Vorgänge geplant werden sollen (siehe Abschnitt 21.2.6, »Planungssubmodus«).

Lücke suchen

Bei Verwendung des Planungsmodus **Lücke suchen** versucht PP/DS, die in Planungsrichtung liegende nächste ausreichend große Lücke mit genügend Kapazität zu finden und den ein- oder umzuplanenden Vorgang entsprechend zeitlich zu verschieben. Dieser Planungsmodus ist dabei nur auf finit zu planenden Ressourcen wirksam, d. h., wird dieser Planungsmodus auf einer infiniten Ressource gewählt, erfolgt eine infinite Planung ohne Berücksichtigung der Ressourcenbelastung. Abbildung 21.10 zeigt die Vorgehensweise bei der Verwendung des finiten Planungsmodus **Lücke suchen** in Kombination mit der Planungsrichtung **Rückwärts**.

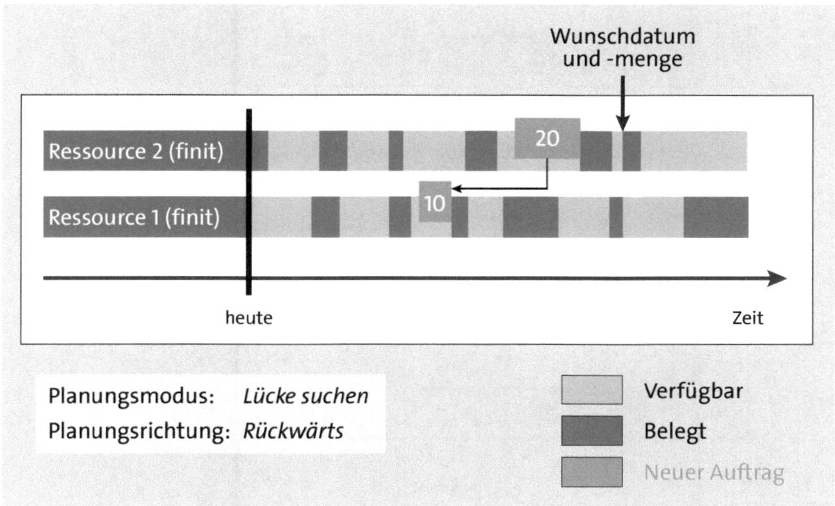

Abbildung 21.10 Planungsmodus »Lücke suchen« mit Planungsrichtung »Rückwärts«

Vorgang einfügen

Wird der finite Planungsmodus **Vorgang einfügen** verwendet, versucht PP/DS, den ein- oder umzuplanenden Vorgang so nah wie möglich zum Wunschtermin in die bestehende Planungssituation einzufügen.

Ist zum Wunschtermin bereits ein Vorgang eingeplant, wird der einzufügende Vorgang in Planungsrichtung **Vorwärts** oder **Rückwärts** an den bereits zum Wunschtermin eingeplanten Vorgang geplant. Eventuell dort liegende Vorgänge werden in Planungsrichtung verschoben. Wenn PP/DS keine ausreichend große Lücke erzeugen kann, weil gegebenenfalls Anordnungsbeziehungen verletzt würden, behalten alle Vorgänge ihre zeitliche Lage und der einzufügende Vorgang wird nicht eingeplant.

Dieser Planungsmodus kann nur für finite Ressourcen eingesetzt werden, bei infiniten Ressourcen erfolgt eine Einplanung ohne Berücksichtigung der Ressourcenbelastung. Zusätzlich ist zu beachten, dass der Planungsmodus weder für die Blockplanung mit Buckets noch für die Planung zeitkontinuierlicher Single-Misch-Ressourcen mit aus der Blockplanung abgeleiteten Bucket-Kapazitäten verwendet werden kann. In diesem Fall empfiehlt sich die Verwendung des Planungsmodus **Lücke suchen**.

Abbildung 21.11 zeigt beispielhaft die Vorgehensweise bei der Verwendung des finiten Planungsmodus **Vorgang einfügen**.

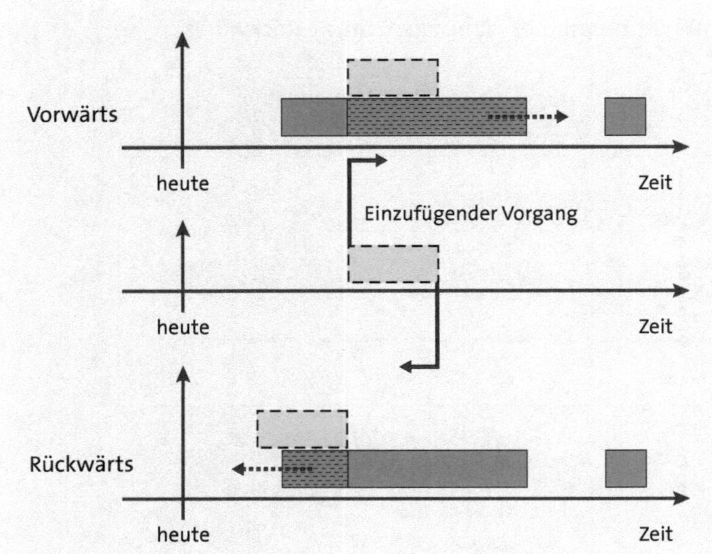

Abbildung 21.11 Planungsmodus »Vorgang einfügen« mit Planungsrichtung »Vorwärts« bzw. »Rückwärts«

Vorgang einrütteln

Bei dem finiten Planungsmodus **Vorgang einrütteln** erzeugt das APO-System bzw. ePP/DS, wenn nötig, eine ausreichend große Lücke, um einen ein- oder umzuplanenden Vorgang in die bestehende Ressourcenbelegung einzufügen. Zu diesem Zweck werden benachbarte Vorgänge entsprechend verschoben.

Die bereits für den Planungsmodus **Vorgang einfügen** genannten Einschränkungen bezüglich infiniter Ressourcen sowie Blockplanung und Bucket-Kapazitäten gelten auch für diesen Planungsmodus. Zusätzlich kann dieser Planungsmodus nur bei finiten Single-Activity-Ressourcen eingesetzt werden.

Abbildung 21.12 zeigt die Vorgehensweise bei Verwendung des Planungsmodus **Vorgang einrütteln**.

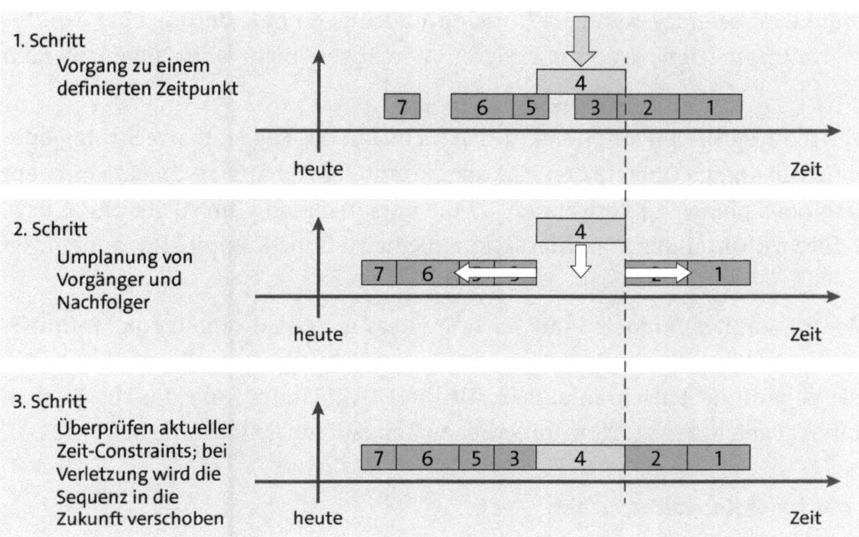

Abbildung 21.12 Planungsmodus »Vorgang einrütteln«

Vorgang hinten anfügen

Bei Verwendung des finiten Planungsmodus **Vorgang hinten anfügen** plant das APO-System bzw. ePP/DS den ein- oder umzuplanenden Vorgang unabhängig von der gewünschten Planungsrichtung oder dem Wunschtermin hinter den letzten Vorgang auf der Ressource ein.

Auch dieser Planungsmodus ist nur für finite Ressourcen anwendbar, bei infiniten Ressourcen erfolgt eine Einplanung ohne Berücksichtigung der Ressourcenbelastung. Die genannten Einschränkungen für die Blockplanung und die aus Bucket-Kapazitäten abgeleiteten zeitkontinuierlichen Kapazitäten gelten auch hier.

Vorgang einfügen und Lücke schließen bis zum Anfang/Ende

Der finite Planungsmodus **Vorgang einfügen und Lücke schließen bis zum Anfang/Ende** kommt nur in der interaktiven Planung in der grafischen Feinplanungstafel zum Einsatz.

Im ersten Schritt versucht das APO-System bzw. ePP/DS, einen ein- oder umzuplanenden Vorgang an der gewünschten Stelle zu platzieren. Im nachfolgenden Schritt werden ausgehend vom ursprünglichen Termin des Vorgangs die in Planungsrichtung liegenden Lücken in der Ressourcenbelegung geschlossen. Die vorhandene Reihenfolge der Aufträge wird nicht verändert, auch werden keine alternativen Ressourcen beachtet. Bei der Blockplanung werden dabei nur die Lücken im jeweiligen Block berücksichtigt.

Der Prozess wird beendet, wenn ein Vorgang aufgrund einer Fixierung oder eventueller Anordnungsbeziehungen zu anderen Vorgängen nicht verschoben werden kann.

Aus Performancegründen empfiehlt es sich nicht, auf der Registerkarte **Strategieparameter für abhängige Objekte** den Planungssubmodus **Abhängige Objekte mit dem Planungsmodus planen** zu verwenden, da die entsprechend vom APO-System bzw. ePP/DS durchzuführenden Planungsaktionen eine zu hohe Komplexität annehmen würden.

Auch dieser Planungsmodus ist nur für finite Ressourcen anwendbar, bei infiniten Ressourcen erfolgt eine Einplanung ohne Berücksichtigung der Ressourcenbelastung. Die genannten Einschränkungen für die Blockplanung und die aus Bucket-Kapazitäten abgeleiteten zeitkontinuierlichen Kapazitäten gelten auch hier.

Bucket mit freier Kapazität suchen

Der Planungsmodus **Bucket mit freier Kapazität suchen** wird in der Bucket-orientierten CTP-Planung sowie in der Blockplanung verwendet.

Infinite Planung

Bei dem Planungsmodus **Infinite Planung** werden die ein- oder umzuplanenden Vorgänge vom APO-System bzw. ePP/DS infinit zum Wunschtermin eingeplant, ohne die Ressourcensituation zu beachten.

Infinite Reihenfolgeplanung

Bei dem infiniten Planungsmodus **Infinite Reihenfolgeplanung** plant PP/DS ausschließlich die vom Planer explizit selektierten Vorgänge samt der abhängigen Vorgänge infinit in einer vorzugebenden Reihenfolge ohne Berücksichtigung der Ressourcensituation ein. Dabei erfolgt eine lückenlose Planung der ausgewählten Vorgänge, eventuell nicht selektierte bereits auf der Ressource liegende Vorgänge werden dabei nicht verändert.

Zu beachten ist, dass abhängige Vorgänge bei der Auswahl dieses Planungsmodus immer infinit eingeplant werden, unabhängig davon, welche Einstellungen auf der Registerkarte **Strategieparameter für abhängige Objekte** vorgenommen worden sind.

21.2.6 Planungssubmodus

Im Planungssubmodus auf der Registerkarte **Strategieparameter für abhängige Objekte** legen Sie fest, mit welchem Planungsmodus die abhängigen Objekte geplant werden sollen. Zur Bestimmung, welche Vorgänge als abhängig klassifiziert werden,

werden Anordnungs- oder Pegging-Beziehungen ausgewertet. Ein Vorgang wird als abhängig angesehen, wenn er durch eine auftragsinterne Anordnungsbeziehung (von Vorgang zu Vorgang) oder aber durch eine Pegging-Beziehung in Verbindung zum ausgewählten Vorgang steht und die Ein- oder Umplanungsaktion diese Zuordnung verletzen würde. Dabei kommt es aber nur zu einer Ausweitung auf den abhängigen Vorgang, wenn die entsprechende Anordnungs- und/oder Pegging-Beziehung im Strategieprofil als zu beachten vermerkt ist (siehe Abschnitt 21.2.9, »Anordnungsbezogene Planungsregeln (auftragsintern und auftragsübergreifend)«). Als »abhängig« werden Ressourcen deshalb folgerichtig angesehen, wenn sie zumindest mittelbar (durch Anordnungsbeziehungen zwischen Vorgängen oder durch Pegging-Beziehungen) von der Ein- oder Umplanung eines Vorgangs betroffen sind, der auf einer der ausgewählten Ressource liegt.

Die folgenden Planungssubmodi werden dabei unterschieden (siehe Abbildung 21.13):

- Abhängige Vorgänge gemäß Planungsmodus planen
- Lücke suchen b. Planungsmodus Lücke suchen, sonst infinit
- Abhängige Vorgänge infinit einplanen
- Abhängige Vorgänge infinit planen
- Abhängige Vorgänge ausplanen

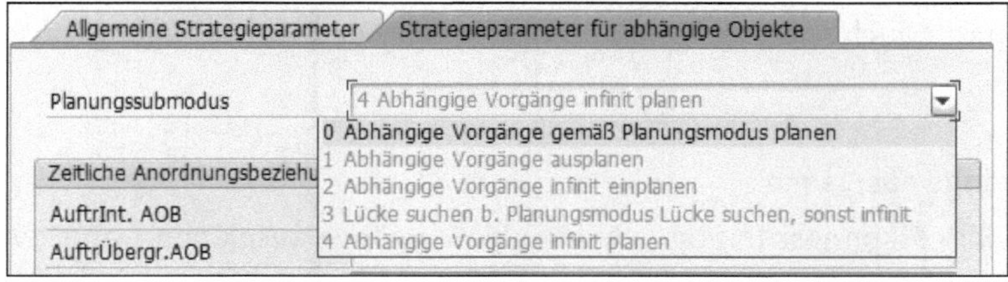

Abbildung 21.13 Planungssubmodi im Strategieprofil

Abhängige Vorgänge gemäß Planungsmodus planen

Bei der Verwendung des Planungssubmodus **Abhängige Vorgänge gemäß Planungsmodus planen** übertragen Sie den Planungsmodus auf die abhängigen Vorgänge. Abhängige Vorgänge, die vor der Planungsaktion ausgeplant sind, behalten hierdurch ihren Einplanungsstatus »ausgeplant«.

Es ist zu beachten, dass dieser Planungssubmodus die Planungsperformance hinsichtlich der Dauer der Planungsaktion negativ beeinflussen kann. Wenn Sie beispielsweise diesen Planungssubmodus mit dem Planungsmodus **Vorgang einrütteln** kombinieren, kann es dazu kommen, dass das APO-System bzw. ePP/DS bei der Verschiebung eines Vorgangs verhältnismäßig viele Vorgänge mit verschieben muss, was rechenintensiv ist und daher einige Zeit in Anspruch nehmen kann.

Lücke suchen bei Planungsmodus Lücke suchen, sonst infinit

Der Planungssubmodus **Lücke suchen b. Planungsmodus Lücke suchen, sonst infinit** orientiert sich wie der vorgenannte am Planungsmodus des ausgewählten Vorgangs. Übernommen wird jedoch nur der Planungsmodus **Lücke suchen**, alle anderen Planungsmodi führen zu einer infiniten Planung der abhängigen Vorgänge.

Abhängige Vorgänge infinit einplanen

Wenn Sie den Planungssubmodus **Abhängige Vorgänge infinit einplanen** verwenden, plant PP/DS alle abhängigen Vorgänge auf den abhängigen Ressourcen infinit ein. Dies bedeutet, alle abhängigen Vorgänge haben im Anschluss an die Planung den Einplanungsstatus »eingeplant«.

Abhängige Vorgänge infinit planen

Bei Verwendung des Planungssubmodus **Abhängige Vorgänge infinit planen** plant PP/DS die abhängigen Vorgänge auf den abhängigen Ressourcen ohne Berücksichtigung der Kapazitätssituation um. Dabei wird der Einplanungsstatus beachtet:

- Ist der abhängige Vorgang mit dem Einplanungsstatus »eingeplant« versehen, wird der abhängige Vorgang nach der Umplanung des übergeordneten Vorgangs infinit eingeplant.
- Ist der abhängige Vorgang mit dem Einplanungsstatus »ausgeplant« versehen, bleibt dieser Status auch nach der Umplanung des übergeordneten Vorgangs ausgeplant.

Abhängige Vorgänge ausplanen

Bei Verwendung des Planungssubmodus **Abhängige Vorgänge ausplanen** plant PP/DS alle abhängigen Vorgänge auf allen abhängigen Ressourcen aus, d. h., alle entsprechenden Vorgänge weisen im Anschluss den Einplanungsstatus »ausgeplant« auf und belasten das Kapazitätsangebot daher nicht.

Dieser Planungssubmodus empfiehlt sich beispielsweise, wenn die Ein- oder Umplanung eines Auftrags auf einer Ressource abhängige Vorgänge auf Ressourcen beeinflusst, die von anderen Planern zu beplanen sind. Somit wird durch die Planungsaktion eines Planers nicht in den Verantwortungsbereich der anderen Planer »hineingeplant«, durch den Einplanungsstatus »ausgeplant« können diese Vorgänge als Arbeitsvorrat interpretiert werden.

21.2.7 Kapazitätsangebotsbezogene Planungsregeln

Im Rahmen der kapazitätsangebotsbezogenen Planungsregeln legen Sie fest, welche Aktionen Kapazitätsbelastung berücksichtigen sollen und welche alternativen Kapazitätsangebote Berücksichtigung finden dürfen.

In diesem Zusammenhang sind die folgenden Planungsregeln zu nennen:

- Finitheitsgrad
- Finite Kapazität
- Automatische Modusauswahl

Abbildung 21.14 zeigt die kapazitätsangebotsbezogenen Planungsregeln des Strategieprofils.

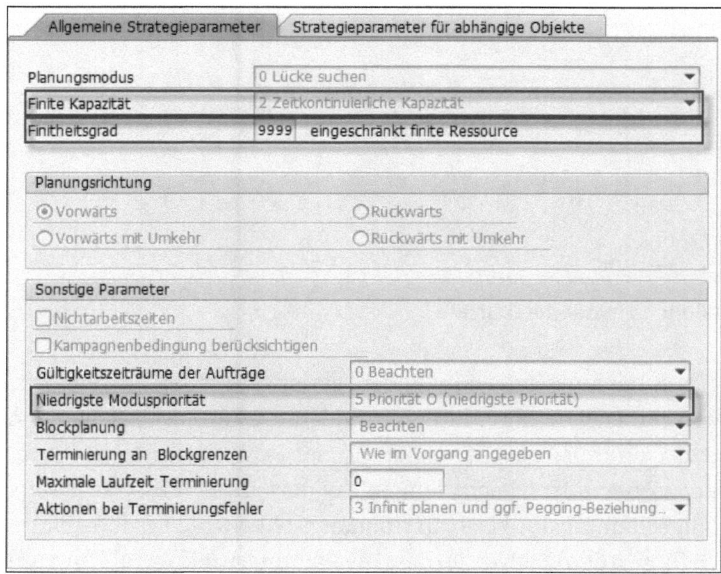

Abbildung 21.14 Kapazitätsangebotsbezogene Planungsregeln im Strategieprofil

Finitheitsgrad

Mit dem Finitheitsgrad wird festgelegt, welche der selektierten Kapazitäten finit, d. h. unter Berücksichtigung der beschränkten Kapazitäten, zu beplanen ist. Dabei können Sie den Finitheitsgrad auch so einsetzen, dass ein und dieselbe Ressource von unterschiedlichen Planungsfunktionen bezüglich der begrenzten Kapazitäten unterschiedlich verwendet wird, also für die eine Planungsfunktion finit und für eine andere infinit.

Der Finitheitsgrad ist dabei eine Zahl, die Sie zunächst im PP/DS-Customizing der Feinplanung definieren müssen. Im Anschluss muss der Finitheitsgrad sowohl in der

Ressource als auch in der Planungsfunktion eingetragen werden, wie beispielsweise im Strategieprofil.

Ob eine Ressource für eine Planungsfunktion nun finit oder infinit ist, ergibt sich dabei aus mehreren Angaben, die gleichzeitig gesetzt sein müssen. So muss in der Ressource das Kennzeichen **Finite Planung** gesetzt sein (siehe Abbildung 21.15).

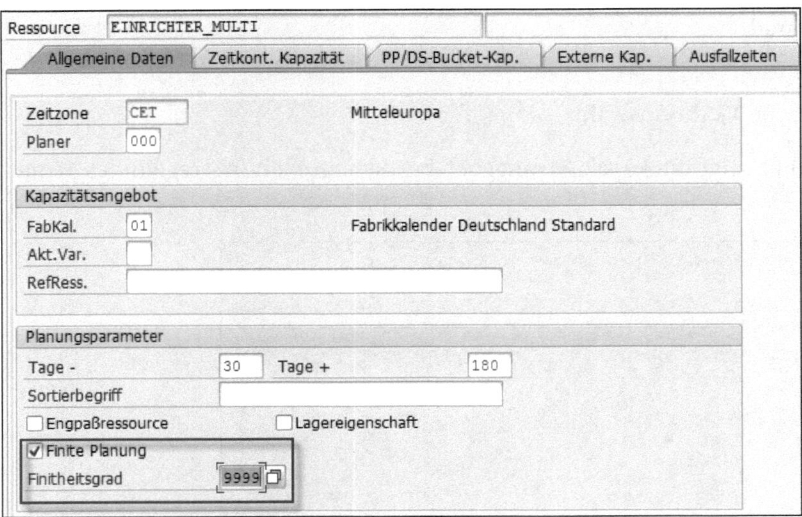

Abbildung 21.15 Einstellungen in der Ressource

Zusätzlich muss die Planungsfunktion, wie z. B. der Planungsmodus der Heuristik, eine finite Planung vorsehen (siehe Abschnitt 21.2.5, »Planungsmodus«). Neben den genannten Voraussetzungen muss gleichzeitig der in der Planungsfunktion eingetragene **Finitheitsgrad** größer oder gleich dem in der jeweiligen Ressource sein, damit sie für die jeweilige Planungsfunktion als finit angesehen wird. Die Einstellungen in Abbildung 21.16 führen demnach dazu, dass die Planungsfunktion als finit angesehen wird, da ein finiter **Planungsmodus** gewählt wurde und der **Finitheitsgrad** mit der Angabe in der Ressource übereinstimmt.

Allgemeine Strategieparameter | Strategieparameter für abhängige Objekte

Planungsmodus	0 Lücke suchen
Finite Kapazität	2 Zeitkontinuierliche Kapazität
Finitheitsgrad	9999 eingeschränkt finite Ressource

Abbildung 21.16 Einstellungen in der Planungsfunktion

Die beiden Einstellungen in Abbildung 21.17 führen hingegen dazu, dass die Planungsfunktion als infinit angesehen wird, obwohl das Kennzeichen **Finite Planung** in der Ressource gesetzt wurde. Im oberen Beispiel (❶ in Abbildung 21.17) wird die Planungsfunktion als infinit angesehen, da der **Finitheitsgrad** nicht größer oder gleich dem Finitheitsgrad in der Ressource ist. Im unteren Beispiel ❷ wurde hingegen ein infiniter **Planungsmodus** ausgewählt, sodass die Planungsfunktion auch hier als infinit angesehen wird.

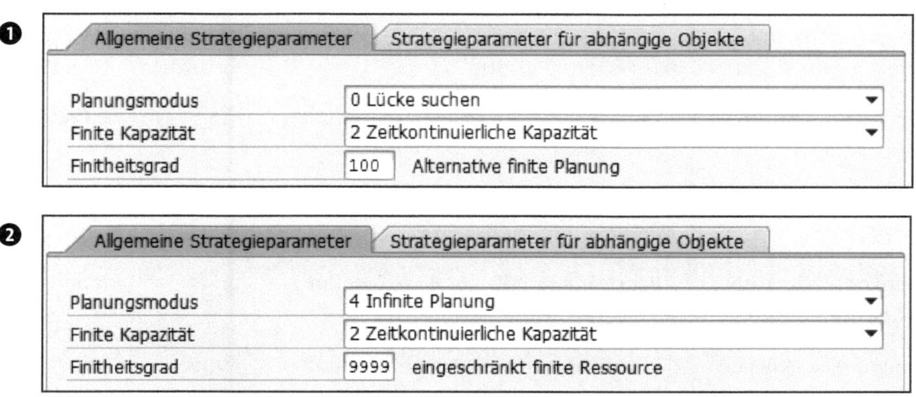

Abbildung 21.17 Einstellungen in der Planungsfunktion

Finite Kapazität

Mit der Einstellung zur finiten Kapazität kann festgelegt werden, welche der gegebenenfalls mehreren vorhandenen Kapazitäten verwendet werden soll. Dabei kann eine Kapazität grundsätzlich zeitkontinuierlich oder Bucket-orientiert definiert sein, was Sie neben der Option im Strategieprofil auch über die Ressource einstellen können.

Während bei der zeitkontinuierlichen Planung eine sekundengenaue Terminierung auf dem Zeitstrahl möglich ist, wird bei der Bucket-orientierten Planung nur grob unter Berücksichtigung von aggregierter Kapazität in bestimmten Zeitabschnitten (Buckets) geprüft, ob ausreichend Kapazität vorhanden ist. Damit einher geht ein geringerer Detaillierungsgrad, der bestimmte Prozesse unmöglich macht, wie beispielsweise die Berücksichtigung von Reihenfolgeabhängigkeiten bei der Rüstplanung.

Wie die Kapazität vom APO-System bzw. von ePP/DS behandelt wird, hängt auch vom Planungsmodus ab. Tabelle 21.1 zeigt überblicksartig das Systemverhalten in Abhängigkeit von den Einstellungen in der Ressource im Strategieprofil für verschiedene Planungsmodi.

Finite Kapazität (Ressource)	Finite Kapazität (Strategieprofil)	Planungsmodus »infinit«	Planungsmodus »Lücke suchen«	Planungsmodus »Bucket suchen«
zeitkontinuierliche Kapazität	wie in den Ressourcen festgelegt	infinit	finit	infinit
Bucket-Kapazität	Bucket-Kapazität	infinit	Bucket-orientiert	Bucket-orientiert
zeitkontinuierliche Kapazität	zeitkontinuierliche Kapazität	infinit	finit	infinit
zeitkontinuierliche Kapazität	wie in den Ressourcen festgelegt	infinit	finit	infinit
zeitkontinuierliche Kapazität	Bucket-Kapazität	infinit	finit	infinit
zeitkontinuierliche Kapazität	zeitkontinuierliche Kapazität	infinit	finit	infinit

Tabelle 21.1 Zusammenwirken der Einstellungen der finiten Kapazität sowie des Planungsmodus

Automatische Modusauswahl

Ein Modus bezeichnet – wie bereits im Rahmen der Stammdatenerläuterungen beschrieben – eine alternative Bearbeitungsmöglichkeit, auf die während der Planung gewechselt werden kann. Im Rahmen der Planungen wird eine automatische Modusauswahl vorgenommen, wenn eine der folgenden Aktionen durchgeführt wird:

- Ein Auftrag wird angelegt.
- Ein ausgeplanter Vorgang soll mit der Planungsfunktion **Neu planen** eingeplant werden.
- Bei der Planungsaktion soll ein abhängiger Vorgang umgeplant bzw. terminlich angepasst werden, weil Anordnungs- oder Pegging-Beziehungen beachtet werden sollen.

Im Strategieprofil können Sie nun festlegen, auf welche der gegebenenfalls vorhandenen alternativen Modi die Planung zurückgreifen darf. PP/DS darf prinzipiell die Modusprioritäten A bis O frei planen, es sei denn, die freie Modusauswahl wurde eingeschränkt. Dies ist in den folgenden Fällen relevant:

- In den strategieübergreifenden Parametern wurde festgelegt, dass der aktuelle, also der vor der Planungsaktion gültige Modus beibehalten werden soll.
- In den Strategieparametern für abhängige Objekte wurde eingestellt, dass die abhängigen Vorgänge ihren Modus beibehalten müssen.
- Die Moduspriorität wurde begrenzt. Die niedrigste mögliche Moduspriorität Z ist dabei immer nur für eine manuelle Planung verfügbar.
- Es ist eine Moduskopplung vorgesehen.

Nachdem wir Ihnen die kapazitätsangebotsbezogenen Planungsregeln erläutert haben, gehen wir nun über zu den stammdatenbezogenen Planungsregeln.

21.2.8 Stammdatenbezogene Planungsregeln

Zu den stammdatenbezogenen Planungsregeln können auch die in anderem Rahmen beschriebenen Planungsregeln interpretiert werden:

- Berücksichtigung von Nichtarbeitszeiten (siehe Abschnitt 21.2.3)
- Automatische Modusauswahl (siehe Abschnitt 21.2.7)
- Anordnungsbezogene Planungsregeln (siehe Abschnitt 21.2.9)
- Ressourcennetz berücksichtigen (siehe Abschnitt 21.2.10)
- Produktlagerdefinition (siehe Abschnitt 21.2.10)

Da diese Regeln mehreren Gruppen zugeteilt werden können, erläutern wir sie in diesem Kontext nur einmal.

Zu den stammdatenbezogenen Planungsregeln, die anders als die vorgenannten nur einer der hier aufgeführten Gruppen zugeordnet werden können, sind die folgenden zu zählen:

- Maximalabstände beachten
- Planerische Mindestabstände bei infiniter Planung oder Bucket-orientierter Kapazitätsprüfung verwenden
- Zeitpuffer berücksichtigen

Maximalabstände beachten

Als Maximalabstand wird der größte zeitliche Abstand zwischen zwei Aktivitäten verstanden, die durch eine Anordnungsbeziehung verknüpft sind. Diese Maximalabstände können im Rahmen der Terminierung der kurzfristigen Kapazitätsplanung sowie bei der PP/DS-Optimierung berücksichtigt werden. Der Maximalabstand wird bei einer Übertragung des Produktionsprozessmodells (PPM) oder einer Produktionsdatenstruktur (PDS) aus dem ERP-System vom Arbeitsplatz abgeleitet und in den Auftrag übernommen.

Sie setzen das Kennzeichen **Maximalabstände beachten** im Strategieprofil, wenn bei der Ein- oder Umplanung von Vorgängen die erlaubten zeitlichen Maximalabstände berücksichtigt werden sollen. Dabei müssen Sie jedoch gleichzeitig im Strategieprofil eingestellt haben, dass eine Beachtung der auftragsinternen Anordnungsbeziehungen zwischen den einzelnen Vorgängen erfolgen soll.

Planerische Mindestabstände bei infiniter Planung oder Bucket-orientierter Kapazitätsprüfung verwenden

In der kurzfristigen Kapazitätsplanung wird zwischen prozessbedingten und planerischen Mindestabständen unterschieden.

Unter prozessbedingtem Mindestabstand versteht man einen anlagen- bzw. verfahrenstechnisch bedingten Abstand zwischen zwei Aktivitäten eines Auftrags, der technisch gesehen nicht unterschritten werden sollte. Bei einem planerischen Mindestabstand handelt es sich dagegen um den zeitlichen Mindestabstand zwischen zwei Aktivitäten eines Auftrags, der größer als der prozessbedingte Mindestabstand ist und der der Erstellung eines robusten Plans dienen soll.

Während der planerische Mindestabstand aus planungstechnischen Gründen nicht unterschritten werden sollte, ist der prozessbedingte Mindestabstand eine untere technische Grenze für den planerischen Mindestabstand. Hinsichtlich des planerischen Mindestabstands gelten die folgenden Bedingungen:

- Der planerische Mindestabstand muss größer sein als der prozessbedingte Mindestabstand.
- Der planerische Mindestabstand muss kleiner sein als der Maximalabstand.

Sowohl der planerische als auch der prozessbedingte Mindestabstand werden bei der Verwendung von PDS oder von im ERP-System erzeugten Aufträgen aus den Liegezeiten des ERP-Arbeitsplatzes abgeleitet.

Das Kennzeichen **Planerische Mindestabstände bei infiniter Planung oder Bucket-orientierter Kapazitätsprüfung verwenden** ist nur unter bestimmten Voraussetzungen relevant. Zentral ist dabei die Einstellung im Strategieprofil, ob Sie Anordnungsbeziehungen beachten möchten (siehe Abschnitt 21.2.9, »Anordnungsbezogene Planungsregeln (auftragsintern und auftragsübergreifend)«). Nur wenn Sie zeitliche Anordnungsbeziehungen im Strategieprofil als zu beachtende Restriktion vorgesehen haben, wirkt auch das Setzen des Kennzeichens **Planerische Mindestabstände beachten**. Wenn Sie die Einstellung vorgesehen haben, dass Anordnungsbeziehungen nur im Propagierungsbereich zu beachten sind, beachtet PP/DS die planerischen Mindestabstände nur auf Ressourcen, die zum Propagierungsbereich gehören.

Wenn Sie das Kennzeichen **Anordnungsbeziehungen** so setzen, dass Anordnungsbeziehungen beachtet werden sollen, verwenden das APO-System bzw. ePP/DS bei den Feinplanungsaktivitäten, die auf dem entsprechenden Strategieprofil beruhen, grundsätzlich den planerischen statt den prozessbedingten Mindestabstand. Für Vorgänge mit dem Einplanungsstatus »ausgeplant« verwenden das APO-System bzw. ePP/DS unabhängig von diesem Kennzeichen den planerischen Mindestabstand, wenn Anordnungsbeziehungen beachtet werden sollen, d. h., das Kennzeichen ändert das Systemverhalten nur für eingeplante Vorgänge.

Neben der Kombination aus gesetztem Kennzeichen **Planerischer Mindestabstand** und zu berücksichtigenden Anordnungsbeziehungen muss jedoch zusätzlich entweder infinit geplant oder der Planungsmodus **Bucket mit freier Kapazität suchen** verwendet werden. Infinit planen Sie durch die Verwendung eines infiniten Planungs(sub)modus oder wenn Sie die Ressource über den Finitheitsgrad oder das Finitheitskennzeichen nicht als finit gekennzeichnet haben.

Es empfiehlt sich, bei der Verwendung des Kennzeichens **Planerischer Mindestabstand** bei einer einmal gewählten Einstellung zu bleiben, da sonst ein uneinheitliches Ergebnis bezüglich der Verwendung der Abstände erzeugt und die Performance negativ beeinflusst wird.

Zeitpuffer berücksichtigen

Ein Zeitpuffer kann in der Ressource gepflegt werden, um die Bearbeitung vor ungeplanten Verzögerungen in der Materialbereitstellung zu schützen. Dieser ressourcenabhängige Zeitpuffer dient als Sicherheitszeit, mit der PP/DS bei der Planung dazu gezwungen wird, einen größeren Abstand zwischen einem Vorgang und seinen Vorgängern einzuhalten, wobei als Vorgänger ein Vorgang gilt, der eine auftragsinterne Anordnungs- oder eine auftragsübergreifende Pegging-Beziehung aufweist. Somit schützt dieser Puffer vor einem durch die Materialbereitstellung hervorgerufenen Stillstand der entsprechenden Ressource.

Das Setzen des Kennzeichens **Zeitpuffer berücksichtigen** wird bei der Ein- oder Umplanung nur beachtet, wenn im Strategieprofil die Option **Auftragsinterne Anordnungsbeziehungen beachten** ausgewählt worden ist. Beim Ausplanen von Aktivitäten wird der Zeitpuffer dagegen immer beachtet.

21.2.9 Anordnungsbezogene Planungsregeln (auftragsintern und auftragsübergreifend)

Bei den anordnungsbezogenen Planungsregeln ist zwischen den auftragsinternen und den auftragsübergreifenden Regeln zu unterscheiden. Während sich die auftragsinternen Planungsregeln auf die Abbildung von zeitlichen Anordnungsbeziehungen zwischen Aktivitäten desselben Auftrags erstrecken, steht bei den auftragsübergreifenden Anordnungsbeziehungen die Pegging-Beziehung im Mittelpunkt der Betrachtung.

Sie können sowohl bei den **auftragsinternen** als auch bei den **auftragsübergreifenden Anordnungsbeziehungen** zwischen den folgenden drei Optionen wählen:

- **Nicht beachten**
  Bei der Auswahl dieser Option dürfen bei der Ein- oder Umplanung die für die Anordnungsbeziehungen gültigen Zeitabstände verletzt werden.
- **Im Propagierungsbereich beachten**
  Der Propagierungsbereich ist eine bei der Planung anzugebende Auswahl an Ressourcen oder Produkten, die in der jeweiligen Planung angezeigt oder geändert werden kann. Mit dem Propagierungsbereich, den Sie in der Customizing-Transaktion S_AP9_75000085 festlegen können, haben Sie die Möglichkeit, die durch die Planung zu verändernden Ressourcen und Produkte auf der Grundlage der gegebenenfalls bereits über das Berechtigungskonzept eingeschränkten Auswahl zu spezifizieren. Sie können den Propagierungsbereich im Produktionsplanungslauf oder in den Einstiegen zur interaktiven Planung auswählen.

  Wenn Sie diese Option wählen, muss PP/DS bei der Planung gemäß den Einstellungen im Strategieprofil nur die Anordnungsbeziehungen beachten, die innerhalb des Propagierungsbereichs liegen.
- **Immer beachten**
  Bei Verwendung dieser Option sind die Anordnungsbeziehungen in allen Fällen zu beachten, unabhängig davon, ob es sich dabei um eine Beziehung zu einem Element innerhalb des Propagierungsbereichs handelt oder nicht.

Nachdem die anordnungsbezogenen Planungsregeln erklärt wurden, werden wir nun auf die Einstellungen für spezielle Planungsabwicklungen eingehen.

21.2.10 Einstellungen bezüglich spezieller Planungsabwicklungen

Die folgenden Einstellungen lassen sich speziellen Planungsabwicklungen zuordnen:

- Kompaktplanung
- Kampagnenplanung
- Blockplanung
- Ressourcennetze
- Produktlagerdefinition

Sie können die *Kompaktplanung* für die Planung abhängiger Objekte auf der entsprechenden Registerkarte des Strategieprofils vorsehen. Dabei handelt es sich um eine Planungsfunktion mit dem Ziel der Reduktion der Durchlaufzeit. Im Rahmen der Kompaktplanung versucht das APO-System, für ausgeplante Vorgänge oder ganze Aufträge eine Einplanung mit möglichst geringen zeitlichen Abständen zwischen den Vorgängen zu erreichen.

Unter einer *Kampagne* wird die Zusammenfassung von Aufträgen verstanden, die zeitlich nacheinander geschaltet werden, um die Produktionsanlage ohne wesentliche Rüstvorgänge laufen lassen zu können. Im Gegensatz zum ERP-System, in dem in einer Kampagne nur die Aufträge eines Materials enthalten sein können, fassen das APO-System bzw. ePP/DS unter Umständen auch die Aufträge unterschiedlicher Produkte zu Kampagnen zusammen.

Wenn Sie das Kennzeichen **Kampagnenbedingung beachten** auf der Registerkarte **Allgemeine Strategieparameter des Strategieprofils** setzen, werden die Kampagnen strikt beachtet, d. h., auf der kampagnenrelevanten Ressource wird die Kampagne nicht durch kampagnenfremde Aufträge unterbrochen. Um eine Ressource als kampagnenrelevant zu kennzeichnen, ist in der Transaktion /SAPAPO/RES01 das Kennzeichen **Kampagnenrelevant** zu setzen.

Bei der *Blockplanung* definieren Sie homogene Blöcke im Produktionsplan, in denen Aufträge mit den gleichen Merkmalen geplant werden können.

Durch das Setzen des Kennzeichens **Blockplanung** haben Sie die folgenden Möglichkeiten bezüglich der in der Blockplanung definierten Blöcke:

- Beachten
- Beachten, Blockfixierungen ignorieren
- Ignorieren

Zusätzlich können Sie vorsehen, wie an Blockgrenzen terminiert werden soll. Dabei steht Ihnen die Möglichkeit zur Verfügung, die Terminierung an den Blockgrenzen wie im Vorgang angegeben durchzuführen, sie generell nicht zu beachten oder die Berücksichtigung für ausgewählte Vorgänge vorzunehmen.

Soll die Terminierung an Blockgrenzen vorgenommen werden, werden die Bedarfstermine der Inputkomponenten auf den Blockanfang gesetzt, während der Zugangstermin der Outputkomponente auf das Blockende gelegt wird. Zusätzlich ist damit festgelegt, dass Vorgängervorgänge grundsätzlich spätestens am Blockanfang enden und Nachfolgervorgänge frühestens am Blockende beginnen können, die minimalen Zeitabstände in den Anordnungsbeziehungen der Vorgänger- und Nachfolgervorgänge beziehen sich dann auf die Blockgrenzen.

Ein *Ressourcennetz* beschreibt die physischen Verknüpfungen zwischen Ressourcen in einem Werk, wodurch der Materialfluss determiniert ist. Auf der Registerkarte **Bedarf** im Produktstamm können Sie bezogen auf das Lokationsprodukt festlegen, ob eine Ressourcennetzstrategie bei der Bildung von Pegging verwendet und, wenn ja, welches Ressourcennetz dabei verwendet werden soll.

Wenn Sie das Kennzeichen **Ressourcennetz berücksichtigen** im Strategieprofil setzen, werden Beschränkungen berücksichtigt, die in Bezug auf Ressourcennetze bestehen. Dies gilt jedoch nur, wenn entsprechende Pegging-Beziehungen bestehen und auch laut Einstellungen im Strategieprofil zu berücksichtigen sind. Zusätzlich muss die auf der Registerkarte **Allgemeine Strategieparameter** gesetzte niedrigste Priorität für die Ressourcennetzverknüpfung im Strategieprofil gültig sein, d. h. mindestens null betragen.

Das Kennzeichen **Produktlagerdefinition** ist bei der Planung mit Behälterressourcen relevant. Es ermöglicht, dass bei der Ein- oder Umplanung Behälterressourcen berücksichtigt werden, sofern Pegging-Beziehungen existieren und im Strategieprofil als relevant für die Planungen gekennzeichnet sind. Zusätzlich ist auf der Registerkarte **Bedarf** des Materialstamms unter den Pegging-Einstellungen die Berücksichtigung der Behälterressource vorzusehen.

21.2.11 Regeln bei Planungsproblemen und Fehlern

Bezüglich der Regeln bei Planungsproblemen und Fehlern können Sie Folgendes festlegen:

- **Maximale Laufzeit für die Terminierung**
  Um eine sehr lange Laufzeit bei der Terminierung mittels eines Strategieprofils zu unterbinden, ist systemintern eine maximale Anzahl von Terminierungsschritten vorgegeben. Sie können die Laufzeit durch die Vorgabe einer Zeitspanne für die Terminierung in Sekunden beeinflussen, wobei Werte zwischen 0 und 86.400 Sekunden (ein Tag) gewählt werden können.
- **Aktion bei Terminierungsfehler**
  Mit dieser Einstellung können Sie festlegen, was bei Terminierungsfehlern geschehen soll. Es besteht die Möglichkeit, eine infinite Planung vorzunehmen oder den Auftrag auszuplanen, zusätzlich kann eine Reihe von Festlegungen bezüglich der Berücksichtigung von Anordnungsbeziehungen im Strategieprofil verankert werden.

Im Anschluss an die Einstellungen für spezifische Planungsabwicklungen erläutern wir Ihnen nun die Funktion des Zeitprofils.

21.2.12 Zeitprofil

Neben dem Strategieprofil haben wir Ihnen im Zuge der bisherigen Ausführungen auch das Heuristikprofil sowie den Propagierungsbereich erläutert. Mit dem *Zeitprofil* spielt ein weiteres Profil in der heuristischen Planung eine wichtige Rolle.

Mit dem Zeitprofil legen Sie den Planungszeitraum für die Funktionen der kurzfristigen Kapazitätsplanung fest. Sie können das Zeitprofil in der Customizing-Transaktion S_AP9_75000087 pflegen. Dabei sind zweierlei Einstellungen vorzunehmen:

- Anzeigezeitraum
- Planungszeitraum

Sie können das Zeitprofil in der heuristischen Planung in den Produktionsplanungslauf (Transaktion /SAPAPO/CDPSBO) einbinden, für die interaktive Planung ist im jeweiligen Einstieg der Transaktion zur interaktiven Planung ein entsprechendes Zeitprofil zu wählen.

[«]

Verwendung der Profile in der interaktiven Planung
Analog zum Strategieprofil werden die genannten Profile auch in der direkten interaktiven Planung eingesetzt, diese Ausführungen sind demnach auch für die interaktive Planung relevant.

21.3 PP/DS-Heuristiken in der kurzfristigen Kapazitätsplanung im Detail

In der Folge stellen wir Ihnen ausgewählte Heuristiken vor, die im Bereich der Vor- und Nachbereitung (Serviceheuristiken) sowie der eigentlichen Durchführung der Kapazitätsplanung (Feinplanungsheuristiken) eingesetzt werden.

Funktion »Neu planen«

Mit der Funktion **Neu planen** planen Sie bereits eingeplante, jedoch von Planungsproblemen betroffene Vorgänge und Aufträge um bzw. ausgeplante Vorgänge ein. Für diese Funktion spielt der im Rahmen der Erläuterungen zum Strategieprofil vorgestellte Begriff des Wunschtermins eine wichtige Rolle, da die dahinterstehenden Einstellungen maßgeblich für den Einplanungszeitpunkt sind, zu dem das APO-System bzw. ePP/DS den jeweiligen Vorgang einzuplanen versucht.

Funktion »Reihenfolge planen« (SAP001)

Die Funktion **Reihenfolge planen** basiert auf dem Funktionsbaustein /SAPAPO/HEUR_PLAN_SEQUENCE und dient in der interaktiven Planung aus der Feinplanungstafel sowie in der automatisierten Hintergrundplanung der Umplanung in einer beliebigen Reihenfolge. Zu diesem Zweck plant PP/DS zunächst alle ausgewählten Vorgänge aus und in der gewünschten Planungsreihenfolge ein. Dabei werden die Strategieeinstellungen zugrunde gelegt, die in den Heuristikeinstellungen vorgenommen werden. Diese orientieren sich – wie beschrieben – an denen des Strategieprofils, da diese Funktion jedoch nicht im Rahmen der speziellen Planungsabwicklungen eingesetzt wird, können Sie keine Einstellungen bezüglich der Kampagnen-

oder Blockplanung bzw. der Ressourcennetze oder Behälterressource vornehmen. Planungsobjekte sind Ressourcen oder Vorgänge.

Rückstand auflösen (SAP002)

Der Algorithmus **Rückstand auflösen** (/SAPAPO/HEUR_RESOLVE_BACKLOG) plant Vorgänge um, die vor dem (gegebenenfalls unter Berücksichtigung eines Offsets entstandenen) aktuellen Zeitpunkt liegen. PP/DS plant diese Vorgänge dabei zunächst aus und dann unter Verwendung eines in den Heuristikeinstellungen definierbaren Planungsmodus einer ebenso vorzugebenden Reihenfolge wieder ein. Planungsobjekte sind Ressourcen oder Vorgänge.

Reihenfolge manuell planen (SAP003)

Mittels des Algorithmus **Reihenfolge manuell planen** (/SAPAPO/HEUR_PLAN_SEQUENCE_MAN) können Sie aus der grafischen Feinplanungstafel eine Gruppe ausgewählter Vorgänge in einer beliebigen Einplanungsreihenfolge einplanen. Diese Heuristik ist demnach nicht für die Hintergrundplanung geeignet, sondern unterstützt den Planer bei der interaktiven Feinplanung.

Durchlaufzeit minimieren (SAP004)

Mit dem Algorithmus **Durchlaufzeit minimieren** (/SAPAPO/HEUR_REDUCE_LEAD-TIME) können Sie aus der grafischen Feinplanungstafel und in der Massenfeinplanung im Hintergrund die Durchlaufzeit von Aufträgen reduzieren, die Vorgänge auf selektierten Ressourcen aufweisen. Dabei fixiert PP/DS alle Vorgänge auf den ausgewählten Ressourcen. Ausgehend von jedem fixierten Vorgang, plant es die anderen Vorgänge des betroffenen Auftrags so um, dass sich auf Basis der zugrunde liegenden Planungsrestriktionen, wie z. B. Stammdaten, möglichst kleine Zeitabstände zwischen den Vorgängen des Auftrags einstellen. Dies kann in gewisser Weise als Äquivalent einer Mittelpunktterminierung im ERP-System verstanden werden. In den Heuristikeinstellungen können Sie Planungsmodi festlegen und bestimmte Restriktionen wie die Berücksichtigung von auftragsinternen und -übergreifenden Anordnungsbeziehungen ausschalten. Planungsobjekte sind Ressourcen oder Vorgänge.

Neuterminierung: Bottom-up (SAP_PP_009)

Die Heuristik SAP_PP_009 mit dem Algorithmus /SAPAPO/HEU_MIN_PEG_GIV_SUPPLY wird eingesetzt, wenn Sekundär- oder Umlagerungsbedarfe planerisch möglichst wenig Unterdeckungen aufweisen sollen. Für alle Aufträge (hierzu zählen in diesem Kontext neben Projektaufträgen und PP/DS-Elementen auch SNP-Aufträge) wird ermittelt, ob deren Sekundär- und Umlagerungsbedarfe durch vorhandene

Zugänge gedeckt werden können. Zu diesem Zweck ordnet die Heuristik in einem ersten Schritt den Bedarfen die vorhandenen Aufträge zu. In einem zweiten Schritt werden die Aufträge, deren Sekundär- und Umlagerungsbedarfe gedeckt werden können, so verschoben, dass die Zugänge die Bedarfe möglichst pünktlich decken. Zu diesem Zweck werden die Auftragsaktivitäten umgeplant, denen die Komponenten zugeordnet sind. Insgesamt wird eine Vorwärtsterminierung ausgehend vom Zugangselement der Komponente bis zum Endprodukt durchgeführt (siehe Abbildung 21.18).

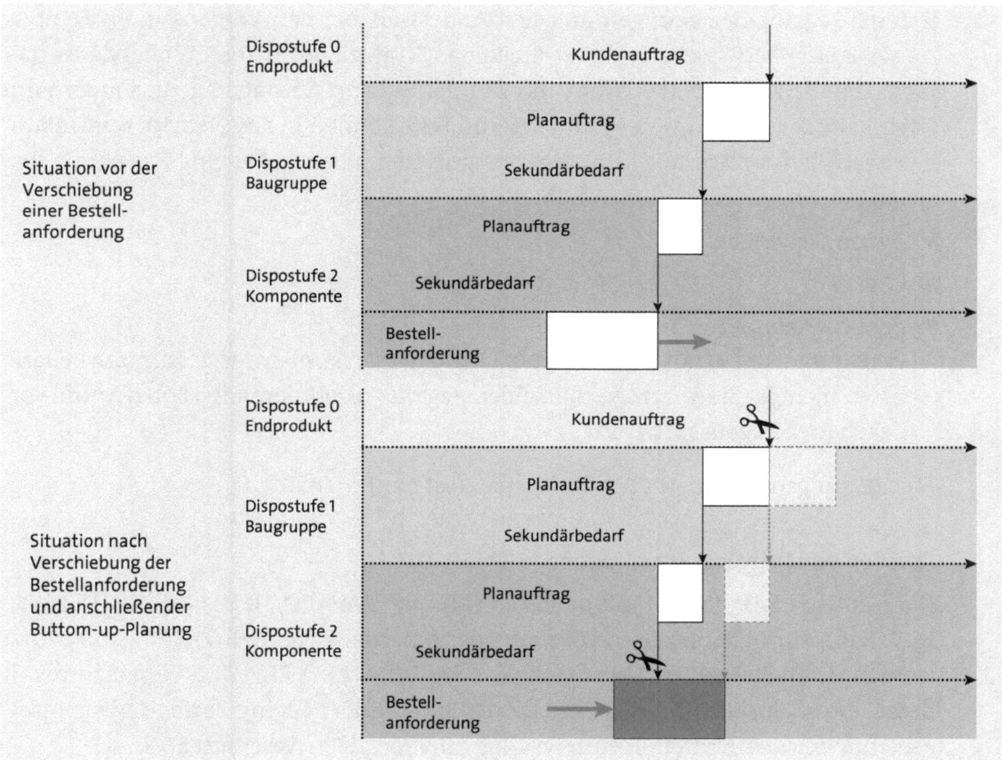

Abbildung 21.18 Bottom-up-Planung

Diese Heuristik kann in der interaktiven Planung oder aus dem Produktionsplanungslauf heraus aufgerufen werden. Dabei kann die Heuristik auch in eine mehrstufige Vorgehensweise eingebunden werden (durch Eintragung der Heuristik SAP_PP_009 in Ablaufheuristiken wie SAP_MRP_001 und SAP_MRP_002 oder der Heuristik zur mehrstufigen Planung einzelner Aufträge SAP_PP_022). Planungsobjekte sind Ressourcen, Aufträge oder Produkte.

Neuterminierung: Top-down-Heuristik (SAP_PP_010)

Analog zur Bottom-up-Planung plant die Top-down-Heuristik SAP_PP_010 ein- oder mehrstufig den umgekehrten Fall, d. h. vom Endprodukt in Richtung der Komponenten. Planungsobjekte sind Ressourcen, Aufträge oder Produkte.

Fixieren von Pegging-Beziehungen (SAP_PP_019)

Über die Serviceheuristik SAP_PP_019 mit dem Algorithmus /SAPAPO/HEU_PEG_FIX_CREATE bereiten Sie die Feinplanung vor, indem Sie in der Massenverarbeitung fixierte Pegging-Beziehungen anlegen. Anders als bei den vorgenannten Feinplanungsheuristiken spielt an dieser Stelle das Strategieprofil keine Rolle, da es hier nicht um die zeitliche Ein- oder Umterminierung von Aufträgen geht, sondern um die inhaltliche Änderung bzw. Anreicherung. Sie können in den Heuristikeinstellungen bezüglich der Grundlage für die Erzeugung der fixierten Pegging-Beziehung zwischen den folgenden Optionen wählen:

- dynamisches Pegging
- Chargen
- benutzerdefinierte Einstellungen
  Im Rahmen der benutzerdefinierten Einstellungen können Sie bestimmte Bedarfe bzw. Zugänge filtern bzw. nach in einem eigens zu definierenden Sortierprofil vorgegebenen Regeln sortieren.

Das Planungsobjekt dieser Serviceheuristik ist das Produkt.

Löschen von Pegging-Beziehungen (SAP_PP_011)

Die Heuristik SAP_PP_011 mit dem Algorithmus /SAPAPO/HEU_PEG_FIX_DELETE_NEW kann zur massenweisen Löschung der fixierten Pegging-Beziehungen genutzt werden. Zusätzlich sei an dieser Stelle das BAdI /SAPAPO/RRP_FIXPEG genannt, mit dem Sie kundenspezifische Logiken bei der Bildung der Pegging-Beziehungen umsetzen können. Weitere Details zum Pegging erhalten Sie in Abschnitt 20.2.

Ändern der Auftragsprioritäten (SAP_PP_012)

Mittels der Serviceheuristik SAP_PP_012 mit dem Algorithmus /SAPAPO/HEU_PRIO_CHANGE können Sie die Auftragsprioritäten, beispielsweise von Kundenaufträgen, über das dynamische oder fixierte Pegging auf die zugeordneten Bedarfsdecker vererben und so der Feinplanung eine wichtige Entscheidungsgrundlage bei der Einplanung von Aufträgen bieten. Ist ein Bedarfsdecker mit mehreren Aufträgen unterschiedlicher Priorität verpeggt, wird die höchste Priorität (mit dem numerisch niedrigsten Wert) vererbt.

Wenn Sie die Heuristik in eine Ablaufheuristik (z. B. SAP_MRP_001, siehe Abschnitt 21.1.4, »Ablaufheuristiken«) einbinden, kann die Vererbung der Auftragspriorität mehrstufig erfolgen. Planungsobjekte der Heuristik sind Produkte.

21.4 Fazit

In diesem Kapitel haben wir Ihnen einen Überblick über die Heuristiken der kurzfristigen Kapazitätsplanung in SAP APO bzw. ePP/DS gegeben. Zu diesem Zweck haben wir im Anschluss an die einleitende Begriffserläuterung die vorhandenen Heuristiken in vier verschiedene Gruppen eingeteilt und Ihnen die Charakteristika der einzelnen Heuristiken erläutert. In diesem Zusammenhang sind wir auch auf die Option der Formulierung von kundenspezifischen Heuristiken eingegangen und haben Ihnen gezeigt, wie Sie die Heuristiken in den Planungsprozess einbinden können. Im Anschluss haben Sie mit dem Strategieprofil eine Einstellungsmöglichkeit kennengelernt, die für die Feinplanungsheuristiken von elementarer Bedeutung ist, da der Feinplanung mit diesem Systemelement die Feinplanungsstrategie mitgegeben werden kann. Neben dem Strategieprofil haben wir mit dem Heuristikprofil, dem Propagierungsbereich und dem Zeitprofil weitere wichtige Profile für die heuristische Planung vorgestellt. In diesem Zusammenhang haben wir darauf hingewiesen, dass die genannten Profile auch von der interaktiven Planung genutzt werden. Abschließend haben wir Ihnen einige Heuristiken im Detail vorgestellt.

Sie können nun die Heuristiken in die entsprechenden Gruppen gliedern, die Einstellungen des Strategieprofils einordnen und vornehmen sowie zentrale Heuristiken der kurzfristigen Kapazitätsplanung im APO-System bzw. in ePP/DS benennen.

Kapitel 22

Optimierung in der kurzfristigen Kapazitätsplanung in SAP APO und ePP/DS

Mit der PP/DS-Optimierung stehen Ihnen im APO-System bzw. in ePP/DS Funktionen zur Verfügung, mit denen Sie die machbaren Pläne der Kapazitätsplanung weiter optimieren können.

Während das ERP-System keine oder maximal rudimentäre Möglichkeiten zur Optimierung eines Plans zur Verfügung stellt (siehe Kapitel 19, »Kapazitätsplanung in SAP ECC und SAP S/4HANA«), kann hierfür auf APO-Seite bzw. in ePP/DS im Rahmen der kurzfristigen Planung die PP/DS-Optimierung genutzt werden. Wie bereits in Kapitel 21, »Heuristiken der kurzfristigen Kapazitätsplanung in SAP APO und ePP/DS«, angedeutet, handelt es sich dabei um einen Planungsalgorithmus, der eine automatisierte Erstellung eines optimierten Produktions- oder Beschaffungsplans ermöglicht und somit eine Alternative zu den Heuristiken der kurzfristigen Kapazitätsplanung darstellt.

Der PP/DS-Optimierer ist insgesamt das am häufigsten verwendete Planungstool für die Erstellung von machbaren Plänen und im eigentlichen Sinn auch das einzige Werkzeug zur Erzeugung von wirklich optimierten Plänen. Dieses Tool wird sowohl im Rahmen des APO-Systems als auch in ePP/DS eingesetzt.

[«]

Keine Unterschiede bei PP/DS-Optimierung zwischen APO-System und ePP/DS

Der Umfang des PP/DS-Optimierers bzgl. der in diesem Buch erläuterten Funktionen im APO-System ist mit dem von ePP/DS identisch, aus diesem Grund fehlen in der weiteren Beschreibung konkrete Bezüge zu diesen Systemkonstellationen.

Sie können den PP/DS-Optimierer in beiden Systemkonstellationen entweder aus dem Produktionsplanungslauf (Transaktion /SAPAPO/CDSPBO) oder aus der interaktiven Planung (z. B. aus der grafischen Feinplanungstafel oder anderen Transaktionen der interaktiven Planung) heraus starten. Die für die PP/DS-Optimierung grundlegenden Einstellungen nehmen Sie in der Transaktion /SAPAPO/CDPSC5 oder im Customizing der Feinplanung vor.

Dabei kann der PP/DS-Optimierer sowohl für die Optimierung von Aufträgen der Produktions- und Beschaffungsplanung als auch von Projektaufträgen verwendet werden. Es ist folglich ein auf die Planung von Aufträgen ausgerichtetes Tool, das primär für die terminliche Einplanung von Aufträgen unter simultaner Berücksichtigung von Material- und Kapazitätsverfügbarkeit auf Ressourcen gedacht ist. Dies bedeutet, dass es sich bei diesem Tool um ein der Auftragsanlage nachgelagertes Tool handelt.

Im Planungsablauf wird demnach in einem ersten Schritt die Anlage von Plan- und gelegentlich auch Fertigungsaufträgen im ERP- oder im APO-System angestoßen. Im Bereich der Produktions- und Beschaffungsplanung wird hierfür der Materialbedarfsplanungslauf durchgeführt und somit die Anlage von Planaufträgen und Bestellanforderungen veranlasst. Dieser Schritt kann sowohl im ERP- als auch APO-System erfolgen. Im Rahmen der Projektplanung werden auf ERP-Seite zunächst Netzpläne angelegt und dann als Projektaufträge an das APO-System übertragen, bevor sie dort für eine Optimierung genutzt werden können. Durch die PP/DS-Optimierung werden in der Regel keine Aufträge angelegt, somit folgt der Einsatz des PP/DS-Optimierers (wie der der geschilderten Heuristiken) dem in den gegenwärtigen Planungssystemen üblichen Sukzessivplanungskonzept. Während im Rahmen der Produktions- und Beschaffungsplanung in der Regel die aus dem Hauptprodukt eines Auftrags resultierenden Bedarfstermine maßgeblich für die Planungen sind, ist bei Projektaufträgen die Grundlage der Optimierung die Priorität und der eingeplante Endtermin.

22.1 Verwendung des genetischen Algorithmus in der PP/DS-Optimierung

Verwendet wird in der PP/DS-Optimierung ein sogenannter *genetischer Algorithmus*. Dies ist ein komplexes mathematisches Verfahren, das auf Erkenntnisse aus der Naturwissenschaft zurückgreift.

Genetische Algorithmen kommen bei der Lösung von Problemen zum Einsatz, für die eine geschlossene optimale Lösung nicht effizient, d. h. im Rahmen eines gesetzten Zeitintervalls, wie z. B. einem Nachtlauf, ermittelt werden kann. Bei Erstellung eines Plans muss das System ein hohes Maß an Komplexität berücksichtigen. Dieses resultiert aus der Kombinatorik, die der Vielzahl von zu berücksichtigenden Aufträgen entspringt.

Genetischer Algorithmus

Sie können sich die Komplexität anhand eines einfachen Beispiels abseits der Erstellung eines Plans vor Augen führen: Wenn Sie 20 Bücher in einem Regal platzieren möchten, resultieren daraus 20 (20 ! = 20 × 19 × 18 × 17 × ... × 2 × 1) mögliche Reihenfolgen, um dies durchzuführen, also 2.432.902.008.176.640.000 Optionen – bei nur fünf Büchern mehr sind es bereits 15.511.210.043.331.000.000.000.000 (= 25!).

Wie an diesem sehr einfachen Zahlenbeispiel zu erkennen ist, steigt die Komplexität bereits bei niedrigen Zahlen stark an. Übertragen Sie dieses einfache Beispiel auf die kurzfristige Kapazitätsplanung und vergegenwärtigen sich, dass bei der Ermittlung eines optimalen Plans in der Regel weit mehr als 25 Aufträge bezüglich ihrer Reihenfolge auf mehr als einer Ressource mit vielfältigen Interdependenzen einzuplanen sind (häufig mehrere Hunderttausend Aktivitäten auf einer drei- bis vierstelligen Anzahl von Ressourcen), können Sie leicht die enorm hohe Anzahl möglicher Lösungen erahnen.

Zwar reduzieren die vorhandenen Restriktionen wie Bedarfstermine, Materialverfügbarkeiten, Nichtarbeitszeiten, auftragsinterne Anordnungsbeziehungen, reihenfolgeabhängige Rüstzeiten und prozessbedingte Restriktionen (z. B. Liegezeiten) das Spektrum der möglichen Lösungen, erhöhen aber zugleich den Ermittlungsaufwand eines solchen machbaren Plans immens.

Anders als bei der SNP-Optimierung stehen für die Lösung eines solch komplexen Problems aus mathematischen Gründen keine effizienten Optimierungsalgorithmen wie die der linearen Optimierung zur Verfügung. Die Ermittlung eines optimalen Plans wäre daher mit einer sogenannten *Vollenumeration* verbunden, d. h. mit einer Erstellung aller möglichen Pläne und einer anschließenden Bewertung dieser Pläne anhand definierter Zielkriterien. Da in der Praxis in der Regel eine enorm hohe Anzahl an Plänen zu evaluieren wäre, würde die Ermittlung eines optimalen Plans mehr Zeit in Anspruch nehmen, als dafür im üblichen Unternehmenskontext zur Verfügung steht.

Die Erstellung eines Plans muss in der Regel effizient innerhalb weniger Stunden im Nachtlauf oder gegebenenfalls gar untertägig möglich sein. Ein Planungssystem wie APO bzw. ePP/DS benötigt folglich einen effizienten Algorithmus, der einen optimierten Plan innerhalb der zur Verfügung stehenden Zeit erstellen kann. Der PP/DS-Optimierer bedient sich hierbei des bereits erwähnten genetischen Algorithmus. In der Erbgutlehre kann ein bestimmter Ablauf bei der Entstehung und Weiterentwicklung von DNA-Strängen beobachtet werden, der sich auf die Erstellung eines Plans übertragen lässt. Wie ein DNA-Strang kann auch ein Plan in eine mathematische Form übersetzt werden, in einen sogenannten *Permutationsplan*. Dieser bildet die Grundlage für den genetischen Algorithmus, dessen Grundidee sich wie folgt skizzieren lässt:

1. Erzeugung einer Menge von Lösungskandidaten (erste Generation)
2. Bewertung anhand einer Zielfunktion (Evaluation)

3. Auswahl derjenigen Lösungskandidaten, die dem Gütekriterium am ehesten entsprechen (Selektion)
4. Variation der Eigenschaften und Vermischung zwischen den Lösungskandidaten (Rekombination)
5. zufällige Veränderung der neuen Individuen (Mutation)

Dieser Ablauf wird iterativ wiederholt, bis ein definiertes Abbruchkriterium erreicht worden ist.

Der PP/DS-Optimierer erstellt in Anlehnung an dieses Verfahren in einem ersten Schritt einen nach Möglichkeit machbaren Plan, der den Startpunkt bildet. Dieser wird auf Basis der vorgegebenen Zielsetzung evaluiert. Durch systematische Variation des Plans werden neue Lösungen erzeugt, die wiederum zu evaluieren sind. Ist eine Lösung der bisher besten Alternative überlegen, wird diese vom System übernommen, anderenfalls wird sie verworfen. Dieses Verfahren wird dabei so lange wiederholt, bis die vorgegebene Optimierungszeit erreicht ist.

Bei der Ermittlung eines optimierten Plans bedient man sich folglich im weiteren Sinn biologischer Erkenntnisse aus der Genetik, um sich dem Optimum zu nähern. Da es sich bei diesem Verfahren nicht um eine Vollenumeration handelt, kann das Auffinden des optimalen Plans (globales Optimum) jedoch nicht garantiert werden. Die Güte der Lösung wird vielmehr von der Anzahl der gefundenen und evaluierten Lösungen beeinflusst.

22.2 Zielfunktion in der PP/DS-Optimierung

Zur Bewertung von Lösungen wird in der PP/DS-Optimierung eine Zielfunktion verwendet. Es fließen optional bis zu sieben Zielkriterien in die Bewertung ein, die im Optimierungsprofil gewichtet werden müssen:

1. **Summe der Verspätungskosten bzw. maximale Verspätungskosten**
   Diese Kosten sind mit der verspäteten Fertigstellung von Aufträgen oder Aktivitäten verknüpft. Eine *Verspätung* liegt in diesem Zusammenhang dann vor, wenn ein Zugangstermin später als ein Bedarfstermin liegt oder der späteste erlaubte Start- oder Endtermin einer Aktivität vor dem tatsächlichen Start- oder Endtermin geplant worden ist. Die Kosten für die Verspätung eines Auftrags hängen zum einen von der Auftragspriorität und zum anderen von der Dauer der Verspätung ab:

   Verspätungskosten = prioritätsabhängige Kosten × Verspätungskosten in Sekunden

   Die prioritätsabhängigen Kosten werden abhängig von der Auftragspriorität gepflegt, die durch den Kundenauftrag, den Vorplanungsbedarf oder – produktabhängig – durch den Produktstamm festgelegt werden kann. Woher der Auftrag die

Priorität erhält, kann planversionsabhängig im Planversionsmanagement festgelegt werden. Die Aktivität erbt die Priorität vom Auftrag.

Die Verletzung der Gültigkeit eines Auftrags kann ebenfalls optional als Verspätung gewertet werden:

- *Harte Beachtung der Gültigkeit*
  Der PP/DS-Optimierer bricht ab, falls keine machbare Lösung vorliegt.
- *Weiche Beachtung der Gültigkeit*
  Das Gültigkeitsstartdatum wird beachtet, eine Verletzung des Endes der Gültigkeit wird mit doppelten Verspätungskosten bestraft.
- *Beachtung der Gültigkeit mit Ausplanen*
  In den Fällen, in denen eine Verletzung vorliegt, erfolgt eine Ausplanung.

2. **Produktionsspanne**
   Die Produktionsspanne ist die Zeitspanne zwischen dem vom Benutzer vorgegebenen, frühestmöglichen Starttermin eines Plans und dem Ende des letzten nicht fixierten Vorgangs im optimierten Plan. Hierunter können auch Vorgänge fallen, die das System hinter den Optimierungshorizont geschoben hat. Es handelt sich hierbei folglich nicht um eine Optimierung der Durchlaufzeit eines Auftrags, sondern um die als Produktionsspanne bezeichnete Durchlaufzeit des gesamten zu erstellenden Plans. Somit erreichen Sie über die Verwendung dieses Kriteriums, dass der PP/DS-Optimierer diejenigen Pläne besser bewertet, bei denen die entsprechenden »Randaktivitäten« möglichst nah zusammenliegen. Dies bedeutet folglich nicht, dass innerhalb des Plans gegebenenfalls längere Durchlaufzeiten zu beobachten sind.
3. **Summe der Rüstzeiten bzw. der Rüstkosten**
   Die Belegung von Single-Activity-Ressourcen kann im Hinblick auf die Summe der Rüstzeiten und die Summe der Rüstkosten optimiert werden. Das System greift dabei auf die reihenfolgeabhängigen Rüstzeiten und -kosten aus der Rüstmatrix zurück (siehe Kapitel 4, »Anwendungsspezifische Stammdaten«).
4. **Summe Moduskosten**
   Die Moduskosten einer Aktivität sind die Kosten, die mit der Durchführung einer Aktivität in einem bestimmten Modus (alternative Folge) verbunden sind. Etwas weniger formal kann man Moduskosten als die Kosten beschreiben, die durch das Ausweichen auf alternative Bearbeitungsmöglichkeiten entstehen, sofern diese als alternative Modi innerhalb eines Plans oder Auftrags abgebildet werden. Dabei verwendet die PP/DS-Optimierung die folgenden Moduskosten:

   Moduskosten = fixe Kosten + variable Kosten × Aktivitätsdauer in Sekunden

   Die fixen und die variablen Kosten werden im Optimierungsprofil in Abhängigkeit von der Moduspriorität gepflegt. Dabei ist zu berücksichtigen, dass diese Kosten relativ anzugeben sind, d. h., dass beispielsweise beim Ausweichen auf die zweitbeste Ressource doppelt so hohe Kosten anzusetzen sind wie bei der besten Ressource.

5. **Summe der Ausplanungskosten**
   Ausplanungskosten werden durch das Ausplanen einer Aktivität verursacht. Der PP/DS-Optimierer weist einer ausgeplanten Aktivität Ausplanungskosten zu, die der kürzesten Nettodauer ihrer Modi entsprechen.

   Die Ausplanungskosten nehmen eine Sonderstellung wahr, sie können anders als die anderen genannten Kosten nicht im Optimierungsprofil gewichtet werden. Die PP/DS-Optimierung berechnet das Gewicht intern so, dass ein Vorgang ausgeplant immer höhere Kosten verursacht als eingeplant:

   gewichtete Summe der Ausplanungskosten = Gewicht × Summe der Ausplanungskosten × 1 Sekunde

   Das Gewicht der Ausplanungskosten wird systemintern bestimmt, damit sichergestellt ist, dass eine Ausplanung vom PP/DS-Optimierer immer als die schlechteste aller möglichen Optionen angesehen wird. Ausplanungskosten fallen nur an, wenn die folgenden Optionen im Optimierungsprofil ausgewählt worden sind:

   - ausplanen, falls rechts vom Optimierungshorizont
   - verspätete Vorgänge ausplanen
   - verspätete Vorgänge ausplanen mit Nachfolgervorgängen

Generell ist bei der Interpretation der angegebenen Kosten und der errechneten Zielfunktionswerte zu beachten, dass es sich hierbei um rein virtuelle Kosten handelt, die lediglich dem Vergleich von Lösungsalternativen miteinander dienen. Es sind also in keinem Fall wirkliche Geldflüsse zu beobachten, die Zielfunktion überträgt lediglich die betriebswirtschaftlichen Ziele bei der Termin- und Kapazitätsplanung in eine mathematisch interpretierbare Form, die die virtuellen Kosten ermittelt. Anhand der Zielfunktion bewertet der PP/DS-Optimierer somit die Planung im Optimierungsfenster, d. h. Termine, Ressourcenzuordnung und die Reihenfolge der Aktivitäten.

Diese nur als Hilfsmittel zur Evaluation dienenden Kosten werden auch häufig umgangssprachlich mit dem Begriff *APO-Dollar* umschrieben, woraus deutlich wird, dass es sich hierbei nicht um eine wirkliche Währung mit monetär interpretierbaren Finanzflüssen handelt.

22.3 Randbedingungen in der PP/DS-Optimierung

Der PP/DS-Optimierer berücksichtigt bei der Planung eine Vielzahl von Randbedingungen, die auch *Constraints* genannt werden. Man unterscheidet hierbei zwischen harten und weichen Randbedingungen. Als *harte Randbedingungen* werden Randbedingungen bezeichnet, die vom PP/DS-Optimierer unter allen Umständen eingehalten werden müssen. Hierzu zählen die folgenden:

- Arbeits- und Nichtarbeitszeiten
- Nutzungsgrad
- auftragsinterne Anordnungsbeziehungen
- fixiertes Pegging (Verspätungen können dabei jedoch zugelassen werden)
- Anordnungsbeziehungen bzw. Pegging zwischen fixierten und nicht fixierten Objekten

Neben diesen harten gibt es eine Reihe von *weichen Randbedingungen*, die der PP/DS-Optimierer verletzen kann, um die harten Randbedingungen einhalten zu können. Hierzu zählt beispielsweise der Bedarfstermin. Die Verletzung dieser weichen Bedingungen wird jedoch gegebenenfalls mit virtuellen Kosten bestraft, die eine Lösung »verteuern«. Auf diese Weise versucht der PP/DS-Optimierer, solche Verletzungen von Randbedingungen auch im Fall einer »Weichheit« zu verhindern. Die Option, zumindest einzelne Randbedingungen zu verletzen, ist unabdingbar, damit der PP/DS-Optimierer ein »Ventil« in den Fällen erhält, in denen kein machbarer Plan erzeugt werden kann, der alle Bedingungen erfüllt. Damit wird verhindert, dass in einer solchen Situation, die in der Realität den Regelfall darstellt, ein Abbruch des PP/DS-Optimierungslaufs erfolgt, sondern ein unter den gegebenen Umständen machbarer und möglichst optimaler Plan erzeugt wird.

Neben den harten und den weichen gibt es als weitere Gruppe die sogenannten *optional harten Randbedingungen*. Hinsichtlich dieser Randbedingungen können Sie im Optimierungsprofil im Zusammenwirken mit den Stammdaten einstellen, ob sie als harte Randbedingungen angesehen werden sollen. Hierzu sind die folgenden Randbedingungen zu zählen:

- Kapazitäten
- Gültigkeit der Bezugsquelle
- zeitliche Anordnungsbeziehungen zu Aufträgen außerhalb des Optimierungsfensters

Ob eine Kapazität von der PP/DS-Optimierung als finit, d. h. als begrenzt, angesehen wird, wird im Optimierungsprofil sowie in den Ressourcenstammdaten mit dem sogenannten *Finitheitsgrad* definiert. Mit diesem können Sie gemeinsam mit dem Kennzeichen finit steuern, ob eine Ressource vom PP/DS-Optimierer als finit angesehen wird. Beim Finitheitsgrad handelt es sich um eine Zahl, die Sie einer Ressource sowie einem Planungsalgorithmus wie dem PP/DS-Optimierer (aber auch anderen Algorithmen, wie z. B. einigen finit planenden Heuristiken) zuordnen. Im Planungsalgorithmus werden die Ressourcen als finit beplant, deren Finitheitsgrad kleiner oder gleich dem Finitheitsgrad des jeweiligen Profils (in diesem Fall des Optimierungsprofils) ist. Durch diesen Finitheitsgrad ist es möglich, dieselbe Ressource durch einen Planungsalgorithmus als finit und durch einen anderen als infinit betrachten zu lassen.

22.4 PP/DS-Optimierungsfenster

Eine besondere Bedeutung kommt dem Begriff des *Optimierungsfensters* zu. Dabei handelt es sich um den Bereich, für den die PP/DS-Optimierung die Planung optimiert. Das Optimierungsfenster ist zum einen definiert durch eine zeitliche Komponente, den sogenannten Optimierungshorizont, den Sie im Optimierungsprofil einstellen können. Zum anderen wird das Optimierungsfenster durch die Ressourcen gebildet, die an die Optimierung übergeben werden, d. h. die den Selektionsbereich der Optimierung darstellen. Der PP/DS-Optimierer kann im Allgemeinen nur die Planung innerhalb des Optimierungsfensters ändern.

Zusätzlich zu den im Optimierungsfenster liegenden Ressourcen sind gegebenenfalls weitere Ressourcen einer PP/DS-Optimierung betroffen. Im Optimierungsprofil wird festgelegt, wie mit Aktivitäten auf nicht direkt selektierten Kalenderressourcen umgegangen werden soll. Kalenderressourcen sind dabei Ressourcen, die nicht zur Planung von begrenzten Kapazitäten eingesetzt, jedoch zur Abbildung der zeitlichen Verfügbarkeit in die Planungen einbezogen werden sollen (z. B. die Planung des Wareneingangs, der nur zu bestimmten Zeiten verfügbar ist). Sie haben die Möglichkeit, festzulegen, ob diese Aktivitäten als fixiert oder als umplanbar betrachtet werden sollen. Neben den nicht selektierten Kalenderressourcen können Sie im Optimierungsprofil ebenfalls festlegen, wie mit nicht selektierten Sekundärressourcen umgegangen werden soll. Dabei steht die Option zur Verfügung, die entsprechenden Aktivitäten infinit zu planen oder eine Fixierung vorzunehmen. Hinsichtlich nicht selektierter Primärressourcen gilt, dass eine Fixierung vorgenommen wird, wenn eine Primärressource nicht für die Optimierung selektiert wurde.

22.5 Ressourcen in der PP/DS-Optimierung

Der PP/DS-Optimierer legt wie beschrieben in der Regel keine Aufträge an, und er wechselt auch keine Bezugsquellen von Aufträgen. Durch die Verankerung von alternativen Folgen im ERP-Plan und die Übertragung als alternative Modi (Primärressourcen) in der Produktionsdatenstruktur können Sie jedoch einen Wechsel auf alternative Bearbeitungsmöglichkeiten vorsehen. Einer Aktivität können somit verschiedene Modi zugeordnet werden, auf denen sie durchgeführt werden kann. Im Allgemeinen sind diese Alternativen nicht gleichwertig, es können Modusprioritäten in den Stammdaten des APO-Systems bzw. in ePP/DS hinterlegt werden, die alphabetisch in absteigender Reihenfolge mit A bis Z bezeichnet werden. Der PP/DS-Optimierer kann dabei bis zum 15. höchstpriorisierten Modus einen automatisierten Moduswechsel durchführen. Ein Wechsel auf einen alternativen Modus wird dann nötig, wenn auf dem ursprünglichen Modus keine ausreichende Kapazität vorhanden ist. Die Priorität Z wird immer einem Modus zugeordnet, der nur manuell auszuwählen ist, das bedeutet, dass dieser Modus für die Optimierung nicht relevant ist. Im Optimierungsprofil können Sie jedoch auch die automatische Moduswahl des PP/DS-Optimierers weiter einschränken.

Im APO-System bzw. in ePP/DS können an der Ressource und in der Bezugsquelle zeitliche Puffer hinterlegt werden, die als ressourcenabhängige Zeitpuffer bezeichnet werden. Dabei handelt es sich um eine Sicherheitszeit, die nötig ist, um die auf einer Ressource liegenden Aktivitäten vor unvorhergesehenen Verspätungen in der Materialbereitstellung schützen zu können (siehe Abbildung 22.1).

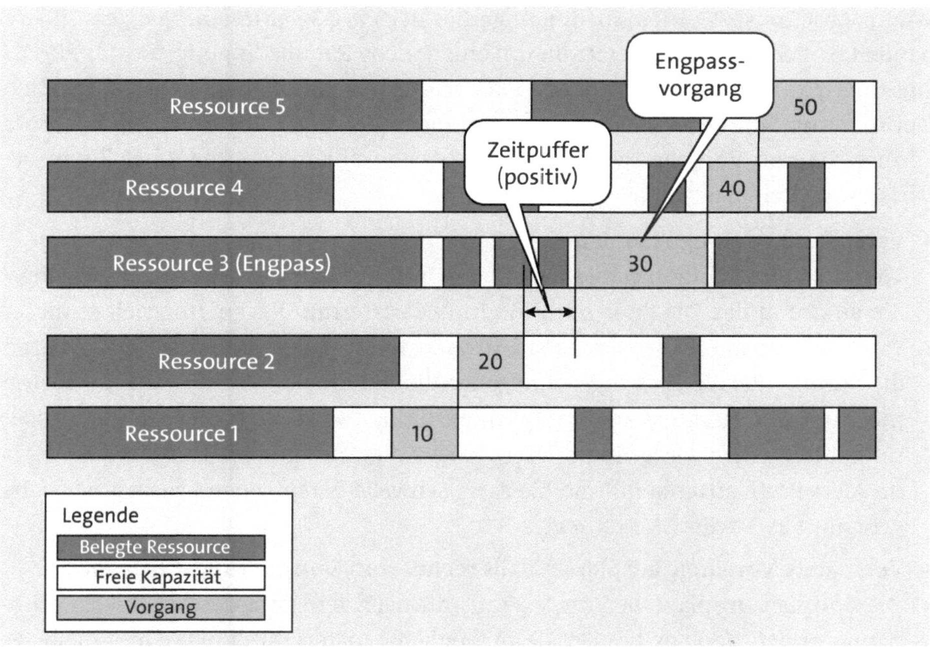

Abbildung 22.1 Ressourcenabhängiger Zeitpuffer

Die als finit gekennzeichnete Engpassressource gibt den Takt an. Über Zeitpuffer soll gewährleistet werden, dass der Taktgeber durch Verzögerungen der Materialversorgung nicht in seinem Takt unterbrochen wird. Zwischen zwei Aktivitäten A20 (Ressource 2) und A30 (Ressource 3) ist eine Ende-Start-Beziehung mit einem Mindestabstand von einer Stunde definiert. Ist in Ressource 3 ein Zeitpuffer von einer Stunde eingetragen, muss Aktivität A20 auf Ressource 2 spätestens zwei Stunden vor dem Beginn von Aktivität A30 auf Ressource 3 abgeschlossen sein.

22

Die zeitlichen Abstände zwischen den Aktivitäten können jedoch aus Planungsgesichtspunkten auch anders ausgestaltet werden. Neben den ressourcenabhängigen Zeitpuffern können auch die planerischen Mindestabstände in der kurzfristigen Kapazitätsplanung und damit auch in der PP/DS-Optimierung eine Rolle spielen. Im Optimierungsprofil können Sie über das Kennzeichen **Planerischer Mindestabstand** auf der Registerkarte **Ressourcenverarbeitung** entscheiden, ob planerische Mindestabstände verwendet werden sollen. Anordnungsbeziehungen können auch über die Verfügbarkeit der belegten Ressourcen terminiert werden, wenn Sie dies im Optimierungsprofil über die Auswahloption **Terminieren der Anordnungsbeziehung** eingestellt haben.

22.6 Aufträge in der PP/DS-Optimierung

Wie in Abschnitt 22.3, »Randbedingungen in der PP/DS-Optimierung«, geschildert, handelt es sich beim Bedarfstermin um eine weiche Randbedingung, die der PP/DS-Optimierer brechen kann, um einen Plan erzeugen zu können – es kann durch den Optimierungslauf demzufolge zu Verspätungen kommen. Im Optimierungsprofil können Sie nun Vorgehensweisen für Vorgänge wählen, die gegenüber ihrem Bedarfstermin verspätet sind:

- **Verspätete Vorgänge einplanen**
  Wenn Sie diese Option wählen, wird der Optimierungslauf diejenigen Vorgänge, die aufgrund des Peggings nach ihrem Bedarfstermin liegen, ungeachtet dieser Tatsache einplanen. Es fallen Verspätungskosten an, wenn Sie bei den Zielkriterien die Summe der Verspätungen und/oder die maximale Verspätung minimieren möchten. Im Anschluss an den Optimierungslauf wird der Planer auf die Verspätung durch einen Alert hingewiesen, sofern die Anzeige von Verspätungs-Alerts im Alert-Profil ausgewählt und die Alert-Schwelle entsprechend gesetzt ist (siehe Abschnitt 25.2, »Alert-Monitor«).
- **Verspätete Vorgänge ausplanen, falls rechts vom Optimierungshorizont**
  Die Optimierung plant die Vorgänge aus, die nach dem Ende des Optimierungshorizonts enden, und positioniert sie an möglichst späten Zeitpunkten innerhalb des Optimierungshorizonts.
- **Verspätete Vorgänge ausplanen**
  Die Optimierung plant alle Vorgänge aus, die gegenüber ihrem Bedarfstermin verspätet sind oder nach dem Horizontende enden.

Auf der Registerkarte **Zusatzstrategien** kann eingestellt werden, dass die Nachfolger ausgeplanter Vorgänge ebenfalls ausgeplant werden sollen.

Sie können im Optimierungsprofil eine Zeitspanne für eine maximale Verspätung vorgeben. Alle nur verspätet einplanbaren Vorgänge werden ausgeplant, die maximale Verspätungsdauer wird nur dann berücksichtigt, wenn im Optimierungsprofil auf der Registerkarte **Grundeinstellungen** im Feld **verspätete Vorgänge** das Ausplanen verspäteter Aktivitäten eingestellt worden ist (siehe Abbildung 22.2).

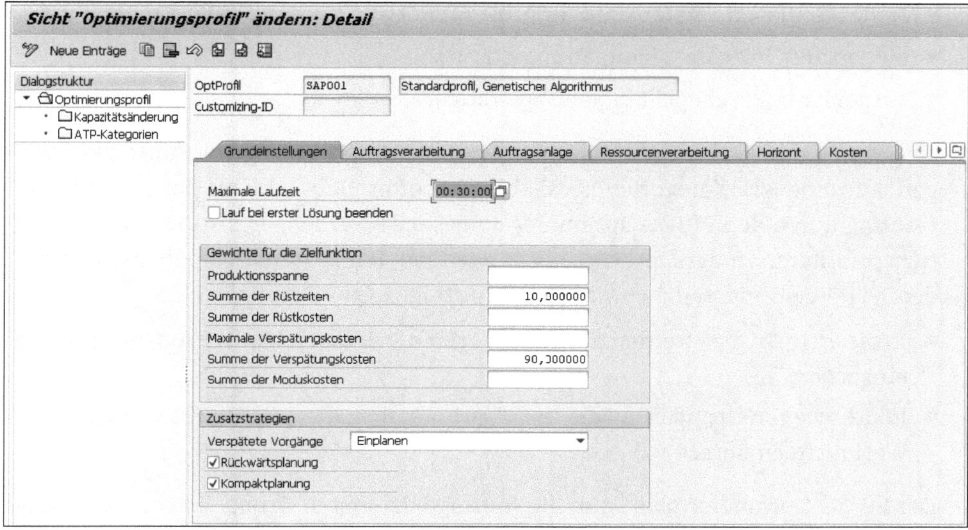

Abbildung 22.2 Einstellungen auf der Registerkarte »Grundeinstellungen« des Optimierungsprofils

Wichtig ist im Rahmen jedes automatisiert vorgehenden Planungsalgorithmus die Vorgehensweise hinsichtlich der Fixierungen. Alle Aktivitäten, Vorgänge und Aufträge, die die PP/DS-Optimierung als fixiert ansieht, können nicht umgeplant werden.

Grundsätzlich für die Optimierung fixiert sind folgende Elemente:

- Aktivitäten, die nicht oder nur teilweise im Optimierungsfenster liegen
- angefangene, teil- oder endrückgemeldete Vorgänge
- Vorgänge, die im Produktionsplanungslauf oder in den Feinplanungstafeln fixiert wurden (Termin fixiert)
- Kundenaufträge
- Planprimärbedarfe
- Aktivitäten, die innerhalb eines Fixierungsintervalls einer Ressource starten oder enden

Bei Bedarf für die Optimierung fixierbar sind:

- ausgewählte Auftragstypen (Fremdbeschaffung (mit/ohne PLFZ), Umlagerung, Transport, Netzplan)
- Aufträge, die nur teilweise im Optimierungshorizont liegen (Start vor/Ende nach Optimierungshorizont)

- Aufträge mit freigegebenen Vorgängen (Umplanen, freigegebenen Vorgang fixieren, kompletten Auftrag fixieren)
- Aufträge, die angefangene, teil- oder endrückgemeldete Vorgänge enthalten
- Aufträge, die Aktivitäten enthalten, die für die Optimierung bereits fixiert sind
- eingeplante Vorgänge (Einplanungsstatus)
- ausgeplante Vorgänge (Einplanungsstatus)

Sie können den PP/DS-Optimierer auch zu einer Priorisierung von Aufträgen zwingen. Einzelne ATP-Kategorien (Available-to-Promise) können zur bevorzugten Einplanung durch den PP/DS-Optimierer vorgesehen werden, ebenso können Sie Auftragsprioritäten in der Optimierung verwenden. Bei letzterer Vorgehensweise teilt der PP/DS-Optimierer die vorhandenen Aufträge in zwei Gruppen ein:

- In die erste Gruppe werden die Aufträge mit der entsprechenden Auftragspriorität einsortiert.
- In der zweiten Gruppe sind die Aufträge enthalten, die dem jeweils vorgegebenen Wert nicht entsprechen.

Der PP/DS-Optimierer plant nun die Aufträge der ersten Gruppe bevorzugt ein. Im Optimierungsprofil kann über Radiobuttons auf der Registerkarte **Auftragsverarbeitung** zusätzlich eine Priorisierung von angefangenen, teilrückgemeldeten Aufträgen vorgesehen werden. Dabei können Sie vorsehen, dass die Auftragsreihenfolge dieser Aufträge beibehalten wird.

Kombinierte Priorisierung anhand der ATP-Kategorien »Fertigungsaufträge« und »Auftragspriorität 2«

Das System teilt die vorhandenen Aufträge zunächst gemäß den ausgewählten ATP-Kategorien für Fertigungsaufträge ein. Beide Teilmengen (Fertigungsaufträge und Nichtfertigungsaufträge) werden nochmals gemäß ihrer Auftragspriorität aufgeteilt, daher bildet das System vier Gruppen von Aufträgen:

- Fertigungsaufträge mit Auftragspriorität 1 oder 2 (höchste Priorität)
- Fertigungsaufträge mit Auftragspriorität größer oder gleich 3 (zweithöchste Priorität)
- alle anderen Auftragstypen mit Auftragspriorität 1 oder 2 (dritthöchste Priorität)
- alle anderen Auftragstypen mit Auftragspriorität größer oder gleich 3 (vierthöchste Priorität)

Des Weiteren können Sie das Verhalten des PP/DS-Optimierers hinsichtlich vorgelagerter Produktionsstufen beeinflussen. Als vorgelagert wird dabei ein Auftrag angesehen, der weiterverarbeitende Nachfolgeaufträge im Optimierungsfenster aufweist und darüber hinaus eine der folgenden Bedingungen erfüllt:

- Der Auftrag belegt mindestens eine Ressource außerhalb des Optimierungsfensters, die keine Kalenderressource ist.
- Der Auftrag belegt keine der für die Optimierung ausgewählten Ressourcen oder ausschließlich Kalenderressourcen und steht in einer zeitlichen Anordnungs- oder Pegging-Beziehung zu einem Auftrag, der auf einer für die Optimierung ausgewählten Ressource liegt.

Eine Nichtbeachtung der Beziehungen zu vorgelagerten Aufträgen ist insbesondere dann sinnvoll, wenn die Endmontage zunächst geplant werden soll und sich die Vorstufen der Produktion daran ausrichten sollen, oder wenn die Vorstufen noch nicht von der Bedarfsplanung erfasst worden sind, da in diesem Fall eine »falsche« Pegging-Struktur aufgebaut wird. Ebenfalls sinnvoll ist diese Einstellung, wenn die in der Produktions- und/oder Projektplanung ermittelten Termine ausschlaggebend für die Beschaffungsplanung sein sollen und nicht umgekehrt. Wird im Optimierungsprofil jedoch eingestellt, dass das System vorgelagerte Aufträge beachten muss, betrachtet die PP/DS-Optimierung Pegging-Beziehungen und Anordnungsbeziehungen zu diesen Aufträgen als fixiert und beachtet diese als Nebenbedingungen für die Aufträge im Optimierungsfenster.

Es kann ebenfalls im Optimierungsprofil auf der Registerkarte **Auftragsverarbeitung** festgelegt werden, ob der PP/DS-Optimierer bei der Optimierung Pegging-Beziehungen und zeitliche Anordnungsbeziehungen zu Aufträgen nachgelagerter Produktionsstufen beachten muss. Die nachfolgenden Produktionsstufen zu ignorieren kann z. B. dann sinnvoll sein, wenn die Produktion stufenweise entlang des Materialflusses geplant werden soll. So kann die Planung von der momentanen Situation auf den Nachfolgestufen entkoppelt werden.

Wenn die Aufträge der nachgelagerten Stufen nicht beachtet werden, besitzt der PP/DS-Optimierer jedoch keine Information über die einzuhaltenden Termine. Soll der PP/DS-Optimierer diese Termine beachten, müssen die nachfolgenden Ressourcen infinit geplant oder die Nachfolgeaufträge ausgeplant und anschließend mit der aktuellen Planungsstufe optimiert werden.

22.7 Ablauf der PP/DS-Optimierung

Sie können den Optimierungslauf beispielsweise durch Einplanung des Reports /SAPAPO/BACKGROUND_SCHEDULING im Hintergrund ausführen, es ist jedoch auch möglich, die Optimierung interaktiv beispielsweise aus der grafischen Feinplanungstafel heraus zu starten.

Der PP/DS-Optimierer führt während des Optimierungslaufs die folgenden Schritte durch, solange die im Optimierungsprofil festgelegte Laufzeit nicht überschritten ist:

1. **Umwandlung der Pegging-Beziehungen**
   Das System wandelt die Pegging-Beziehungen, die ganz oder teilweise im Optimierungsfenster liegen, in zeitliche Anordnungsbeziehungen oder Bedarfstermine um. Diese Daten stellen harte bzw. weiche Randbedingungen dar, d. h., sie schränken den möglichen Einplanungsspielraum ein.
2. **Auswertung der zeitlichen Anordnungsbeziehungen zur Ableitung der möglichen Einplanungstermine der Aktivität**
   Zeitliche Anordnungsbeziehungen werden in der PDS bzw. in dem die PDS bereits interpretierenden Auftrag definiert. Anordnungsbeziehungen zwischen nicht fixierten Aktivitäten stellen für die PP/DS-Optimierung harte Randbedingungen dar. Anordnungsbeziehungen von nicht fixierten zu fixierten Aktivitäten wandelt das System in früheste und späteste Start- und Endtermine für die nicht fixierten Aktivitäten um. Früheste Termine sind dabei harte Randbedingungen, für späteste Termine kann festgelegt werden, ob sie harte oder weiche Randbedingungen sind.

   Tabelle 22.1 gibt einen Überblick über die Behandlung von Beziehungen zwischen fixierten und nicht fixierten Aktivitäten.

Erste Aktivität	Zweite Aktvität	Art des Abstands	Durch Anordnungsbeziehung definierter Termin
fixiert	nicht fixiert	Maximalabstand	spätester Start- und Endtermin
fixiert	nicht fixiert	Minimalabstand	frühester Start- und Endtermin
nicht fixiert	fixiert	Maximalabstand	frühester Start- und Endtermin
nicht fixiert	fixiert	Minimalabstand	spätester Start- und Endtermin

Tabelle 22.1 Behandlung von fixierten und nicht fixierten Aktivitäten in der PP/DS-Optimierung

3. **Konsistenzprüfung**
   Der PP/DS-Optimierer überprüft die entstandene Planungssituation auf Konsistenz hin.
4. **Optimierung auf Basis der Zielfunktion und der Randbedingungen**
   Der eigentliche PP/DS-Optimierungslauf wird durchgeführt, d. h., es wird eine Initiallösung erzeugt und hinsichtlich der Zielkriterien evaluiert. Im Anschluss variiert der PP/DS-Optimierer diese Lösung systematisch und bewertet die gefundenen Lösungen jeweils erneut. Kommt es zu einer Verbesserung des Zielfunktionswerts, wird die ermittelte Lösung als zumindest vorübergehend beste Lösung

übernommen. Dieser iterative Prozess wiederholt sich so lange, bis die vorgegebene Laufzeit erreicht ist.

5. **Optional – Kampagnenoptimierung für die Prozessindustrie**
   Optional wird eine speziell für die Prozessindustrie entwickelte Kampagnenoptimierung mit spezieller Zielfunktion durchgeführt.
6. **Optional – Rückwärtsplanung**
   Bei der Optimierung der Werte der Zielfunktion plant der PP/DS-Optimierer Aktivitäten so früh wie möglich ein, wodurch Lagerkosten entstehen. Bei der Rückwärtsplanung, die das System im Anschluss an die Optimierung durchführen kann, versucht die PP/DS-Optimierung, die Aktivitäten so nah wie möglich zum jeweiligen Bedarfstermin einzuplanen. Dabei sucht das System jeweils vom Bedarfstermin ausgehend rückwärts den nächstmöglichen Einplanungstermin und plant die Aktivität um. Im Optimierungsprofil kann auf der Registerkarte **Zusatzstrategien** festgelegt werden, ob das System bei der Rückwärtsplanung die bei der Optimierung erreichte Produktionsspanne erhöhen darf.
7. **Optional – Kompaktplanung**
   Standardmäßig wird während der Optimierung die Auftragsdurchlaufzeit nicht berücksichtigt. Bei der Kompaktplanung versucht die PP/DS-Optimierung in einem dem eigentlichen Optimierungslauf nachgelagerten Schritt, für ausgeplante Vorgänge oder ganze Aufträge eine Einplanung mit möglichst kleinen zeitlichen Abständen zwischen den Vorgängen zu erreichen. Mit ihr können demnach Durchlaufzeiten reduziert und Work-in-Process (WIP) gesenkt werden. Im Idealfall gelingt es dem System durch die Kompaktplanung, die Abstände auf die in der PDS definierten Mindestabstände zu reduzieren. Die Zielkriterien *Rüsten* oder *Verspätung* werden dabei nicht verschlechtert, es wird kein Auftrag zusätzlich verspätet.

Nachdem wir Ihnen den Ablauf der PP/DS-Optimierung vorgestellt haben, gehen wir nun auf weitergehende Aspekte der Optimiererumgebung ein.

22.8 Weitere Aspekte der PP/DS-Optimierung

Da die PP/DS-Optimierung auf einem komplexen mathematischen Algorithmus basiert und eine Vielzahl von Abhängigkeiten und Randbedingungen berücksichtigt werden muss, hat SAP eine Erklärungskomponente vorgesehen. Im *Erklärungsprotokoll* können Erklärungen zum Ergebnis angezeigt werden, um dieses besser verstehen und analysieren zu können. Diese Erklärungskomponente ist eine im Hinblick auf die Akzeptanz des Optimierungsergebnisses sehr bedeutsame Komponente. Zur Aktivierung des Erklärungsprotokolls müssen Sie im Optimierungsprofil auf der Registerkarte **Experteneinstellungen** das Kennzeichen **Ergebnis erklären** setzen. Abbildung 22.3 zeigt ein Beispiel einer Erklärungskomponente.

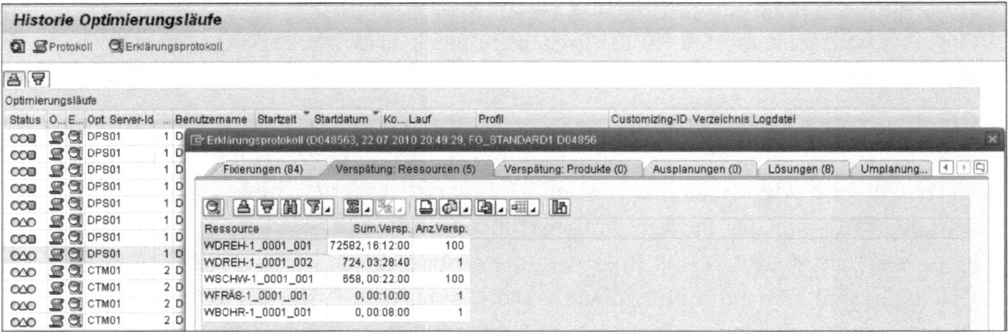

Abbildung 22.3 Erklärungskomponente

Um zusätzlich die umgeplanten Aktivitäten und die gefundenen Lösungen im Erklärungsprotokoll anzeigen zu können, müssen im Optimierungsprofil die Kennzeichen **Ergebnis protokollieren** sowie **Zwischenlösungen protokollieren** gesetzt werden. Das System blendet dann die entsprechenden Registerkarten im Erklärungsprotokoll ein. Es werden die folgenden Informationen eingeblendet:

- Fixierungen
- Ausplanungen
- Umplanungen
- Lösungen
- Verspätungen

Auf der Registerkarte **Verspätungen** der Erklärungskomponente werden Aufträge angezeigt, die gegenüber ihrem Bedarfstermin verspätet sind. Die fehlenden Komponenten oder verursachenden Ressourcen können auch auf den Registerkarten **Verspätung: Ressourcen** und **Verspätung: Produkte** angezeigt werden.

Die in das APO-System bzw. in ePP/DS integrierten Standardoptimierungen wie die PP/DS-Optimierung können durch externe Optimierungen anderer Hersteller ergänzt werden, die in Bezug auf spezielle Eigenschaften (z. B. Abmessungen, Gewicht oder Temperatur) optimieren. Dabei besteht die Möglichkeit der Ankopplung einer externen Optimierung unter Verwendung von Business Application Programming Interfaces (BAPI) oder die Integration einer externen Optimierung mittels der Optimization Extension Workbench (APX).

Insgesamt unterscheidet sich die Pegging-Logik im PP/DS-Optimierer leicht von der »normalen« Pegging-Logik des APO-Systems bzw. von ePP/DS. Dies wird anhand des nachfolgend dargelegten dreistufigen Prozesses deutlich, der die Bildung von Pegging-Beziehungen für die PP/DS-Optimierung beschreibt:

1. **Bildung des normalen Peggings**
   Das System verwendet die Pegging-Parameter aus dem Produktstamm, fixierte Pegging-Beziehungen bleiben erhalten.
2. **Löschen der dynamischen Pegging-Beziehungen**
   Der PP/DS-Optimierer löscht alle nicht fixierten Pegging-Beziehungen innerhalb des Optimierungsfensters.
3. **Bildung eines neuen dynamischen Peggings innerhalb des Optimierungsfensters**
   Das System kann dabei Rückwärts-Pegging durchführen, wobei defaultmäßig ein Bedarfselement mit einem bis zu 24 Stunden verspäteten Zugangselement verknüpft wird. Im Optimierungsprofil oder beim Aufruf der Optimierung kann ein anderer Wert eingegeben werden, der im Produktstamm eingestellte Wert für das Rückwärts-Pegging ist für die Optimierung nicht relevant. Die neu erzeugten Pegging-Beziehungen sind nur für die Optimierung gültig, nach der Übertragung der optimierten Planung in die Planversion stellt der PP/DS-Optimierer Pegging-Beziehungen gegebenenfalls neu her.

Die Pegging-Beziehungen für die PP/DS-Optimierung zu fixierten Bedarfselementen definieren für das Zugangselement den Bedarfstermin, der eine weiche Randbedingung ist. Eine Pegging-Beziehung zwischen einem Zugangselement und einem nicht fixierten Bedarfselement wandelt das System in eine Anordnungsbeziehung zwischen dem Zugangs- und dem Bedarfselement um (harte Randbedingung). Diese Anordnungsbeziehung erzwingt das rechtzeitige Einplanen des Zugangselements, d. h., der Zugangstermin darf nicht später liegen als der Bedarfstermin. Bei der PP/DS-Optimierung werden gegebenenfalls ursprünglich vorhandene Verspätungen eines Zugangselements gegenüber einem nicht fixierten Bedarfselement beseitigt.

Unterdeckungen können durch das Einstellen einer Nachoptimierung im Optimierungsprofil beseitigt werden.

Für die Performanceoptimierung können Sie das Optimierungsfenster im Profil dekomponieren, d. h. in kleinere Teile aufspalten lassen.

22

22.9 Fazit

Mit der PP/DS-Optimierung haben Sie in diesem Kapitel eine APO- bzw. ePP/DS-Funktionalität der kurzfristigen Kapazitätsplanung kennengelernt, mit der Sie für die kurzfristige Kapazitätsplanung nicht nur machbare, sondern sogar im Hinblick auf verschiedene Zielkriterien, wie z. B. Verspätungen, Rüsten oder Kosten für das

Ausweichen auf alternative Bearbeitungsmöglichkeiten, optimierte Pläne erzeugen lassen können.

Zu diesem Zweck haben wir Ihnen das Konzept der Zielfunktion samt Verwendung von virtuellen Planungskosten erläutert und sind auf die speziellen Einstellungsmöglichkeiten eingegangen, die Sie im Bezug auf die Ressourcen, Aufträge und Zeithorizonte verwenden können, um das Optimierungsergebnis an Ihre Bedürfnisse anzupassen. Sie sind nun in der Lage, die PP/DS-Optimierungsfunktionalitäten einschätzen und konzeptionell betrachten zu können.

Kapitel 23
Kapazitive Verfügbarkeitsprüfung

Die Kapazitätsplanung ist häufig der letzte Schritt eines Planungsprozesses. Mit den Funktionen der kapazitiven Verfügbarkeitsprüfung können Sie bereits in einer Frühphase des Planungsprozesses Kapazitätsaspekte einbeziehen und somit schon bei der Kundenauftragserfassung einen verlässlichen Liefertermin ermitteln, der auf einem machbaren Plan beruht.

Die Funktionen zur kapazitiven Prüfung der Verfügbarkeit im Rahmen der Kundenauftragsabwicklung stellen im eigentlichen Sinn eine um Aspekte der Kapazitätsplanung erweiterte Verfügbarkeitsprüfung dar. In diesem Einsatzszenario wird die Kapazitätsplanung, die normalerweise erst im Anschluss an die Verfügbarkeitsprüfung aus einem Kundenauftrag sowie an die Auftragsanlage ausgeführt wird, bereits bei der Ermittlung des Kundenauftrags-Bestätigungstermins sowie bei der zeitgleich stattfindenden Auftragsanlage ausgeführt.

23.1 Grundlagen

Im Rahmen der Verfügbarkeitsprüfung der ERP-Systeme wird im Allgemeinen von Available-to-Promise (ATP) gesprochen. Dabei werden Verfügbarkeitstermine ermittelt, die an die jeweiligen Kunden weitergegeben werden. Bei einer reinen Verwendung von ATP werden lediglich zukünftige geplante Mengen einbezogen. Diese Vorgehensweise ist ebenfalls Grundlage für die um bestimmte Funktionen ergänzte Verfügbarkeitsprüfung im APO-System namens *Global Available-to-Promise* (globale Verfügbarkeitsprüfung, GATP). Kapazitäten können maximal indirekt berücksichtigt werden, indem die Termine der zukünftig geplanten Mengen unter Nutzung der Auftragsanlage- und Kapazitätsplanungsfunktionen, die wir Ihnen in diesem Buch in Kapitel 7, »Funktionen der Auftragsanlage«, bzw. in Kapitel 19, »Kapazitätsplanung in SAP ECC und SAP S/4HANA«, bis Kapitel 22, »Optimierung in der kurzfristigen Kapazitätsplanung in SAP APO und ePP/DS«, erklärt haben, ermittelt worden sind.

Es gibt jedoch im Rahmen der in diesem Buch im Mittelpunkt stehenden SAP-Funktionen zwei Optionen, mit denen Sie die bereits im Rahmen der Ermittlung des Kundenauftragsbestätigungstermins simultan sowohl die Auftragsanlage als auch die

Kapazitätsplanung durchführen können. Dabei kommt es auf die implementierten Systeme an, welche Optionen Ihnen zur Verfügung stehen.

Falls Sie das APO-System implementiert haben, können Sie die Funktion *Capable-to-Promise* (CTP) nutzen.

Einsatz von CTP im Rahmen von ePP/DS

Die Funktion CTP steht aktuell nur bei Verwendung eines APO-Systems zur Verfügung, mit ePP/DS können Sie diese Funktionen nicht verwenden.

Falls Sie SAP ECC oder SAP S/4HANA einsetzen, können Sie ab Release 2020 die SAP-SCM-Consulting-Lösung *Capable-to-Confirm* (CTC) implementieren, die ebenfalls eine Kapazitätsprüfung bereits im Rahmen der Kundenauftragsanlage vornimmt.

Vergleich zwischen CTP und CTC

Sowohl bei Verwendung von CTP als auch von CTC resultieren kapazitiv geprüfte Verfügbarkeitstermine aus dem Kundenauftragsbestätigungsprozess. Jedoch können Sie mit CTP über mehrere Stücklistenstufen hinweg auf kapazitive Verfügbarkeit prüfen, wohingegen CTC im Release 2020 lediglich eine einstufige Prüfung vorsieht.

Da die Funktionsweisen der beiden Optionen sich ansonsten größtenteils ähneln, CTC jedoch keine eigenen Stammdateneinstellungen benötigt, konzentrieren wir uns bei unseren Erläuterungen hier auf die Funktion CTP. Weitere Informationen zu CTC finden Sie in SAP-Hinweis 2910082.

Bei CTP handelt es sich um eine fortgeschrittene Variante der erweiterten Verfügbarkeitsprüfung. Bereits aus der Bezeichnung geht hervor, dass es dabei nicht wie bei der ATP-Prüfung um die Ermittlung der Verfügbarkeit (engl. Availability) von Mengen geht, sondern um die Prüfung auf die Fähigkeit hin (engl. Capability), bestimmte Mengen avisieren zu können. Es wird demnach nicht auf verfügbares Material hin geprüft, sondern auf die Befähigung, das benötigte Material zum entsprechenden Termin bereitzustellen. Somit sind in diesem Zusammenhang nicht nur Bestände sowie bereits bestehende Zu- und Abgangselemente zu prüfen, sondern gegebenenfalls auch inwiefern ausreichend Produktionskapazität zur Verfügung steht, um einen Termin aus dem Kundenauftrag heraus bestätigen zu können.

Um eine derartige Aussage treffen zu können, muss bereits bei der Erfassung einer Kundenauftragsposition im ERP-System ein zugehöriges APO-Zugangselement (z. B. Planauftrag) angelegt und zeitgleich kapazitiv eingeplant werden. Mit der Eingabe der Kundenauftragsposition erfolgt ein Absprung aus dem ERP-System in das APO-

System, um dort die detaillierten Möglichkeiten der Kapazitätsplanung verwenden zu können. Dies erfolgt durch simulative Anlage eines Planauftrags. Dieser Planauftrag belegt zunächst temporär die erforderlichen Ressourcen. Die relevanten Planungsdaten werden in Echtzeit an die Verfügbarkeitsprüfung in der Kundenauftragsposition im ERP-System zurückgegeben. Somit steht bereits während der Erfassung der Kundenauftragsposition ein kapazitiv abgeglichener Verfügbarkeitstermin zur Verfügung. Der APO-Planauftrag besitzt so lange einen temporären Status, bis der gesamte Kundenauftrag gespeichert wird, im Anschluss an die Speicherung erfolgt eine Umwandlung der temporären Objekte in reguläre Planaufträge.

Bei Bedarf kann die CTP-Prüfung auch mehrstufig durchgeführt werden. In diesem Fall werden die durch die temporären Planaufträge abgesetzten Sekundärbedarfsmengen sofort durch eigene temporäre Zugangselemente gedeckt, die bei Bedarf ebenfalls finit eingeplant werden können. Falls dies prozessbedingt nötig ist, kann die gesamte Stücklistenstruktur geprüft werden. In diesem Fall werden entsprechende Terminverschiebungen aufgrund mangelnder Kapazität über alle übergeordneten Stücklisten hinweg bis hin zur ERP-Kundenauftragsposition weitergegeben. Somit berücksichtigt die CTP-Prüfung simultan und mehrstufig sowohl die Produktals auch die Kapazitätsverfügbarkeit bereits im Bestätigungstermin einer Kundenauftragsposition.

Die CTP-Funktionalität ist durch die temporäre Anlage und kapazitive Einplanung von Zugangselementen eng mit der Produktions- und Feinplanung im APO-System (PP/DS) verzahnt und kann daher lediglich bei zusätzlichem Einsatz der entsprechenden Feinplanungsfunktionalitäten effektiv genutzt werden.

Insgesamt lässt sich festhalten, dass es sich bei CTP um ein Vorgehen handelt, bei dem Kapazitätsaspekte bereits im Rahmen der Auftragsanlage und sogar darüber hinaus bei der Verfügbarkeitsprüfung auf den jeweiligen Bedarf einbezogen werden. Daher ist es wohl die am weitestgehend umgesetzte Form der Kapazitätsplanung, da hier bereits in den beiden üblicherweise der Kapazitätsplanung vorgelagerten Schritten entsprechende Restriktionen Berücksichtigung finden. Allerdings handelt es sich bei CTP um ein bedarfsorientiertes Vorgehen, d. h., der Bedarf wird aus einem Kundenauftrag orientiert an den Bedarfsterminen befriedigt. Anders als bei anderen Verfahren der Kapazitätsplanung steht hier somit nicht die Ausplanung der Ressource im Mittelpunkt der Überlegungen, sondern die Deckung des Bedarfs unter Berücksichtigung der jeweiligen Ressourcensituation.

Aufgrund der zugrunde liegenden Mischung aus Aspekten der Verfügbarkeitsprüfung und Kapazitätsplanung kann man bei CTP sowohl von Prüfung als auch von Planung sprechen.

23.2 Verwendung und Funktionsweise

CTP wird insbesondere in einem Szenario eingesetzt, in dem es bei der Anlage von Kundenauftragspositionen darum geht, absolut verlässliche Terminzusagen auf Basis der Material- und Kapazitätsverfügbarkeit treffen zu können. Dies bedeutet, dass CTP vor allem bei Make-to-Order-Konstellationen eingesetzt wird, in denen in kürzester Zeit verlässliche Bestätigungstermine an den Kunden weitergegeben werden müssen. Sie können CTP aber auch im Einsatzkontext der Vorplanung mit Endmontage oder der Baugruppenvorplanung einsetzen.

Der genaue Ablauf einer beispielhaften CTP-Prüfung sieht wie folgt aus:

1. Für ein Enderzeugnis wird im ERP-System ein Kundenauftrag erfasst.
2. Eine ATP-Prüfung wird ausgelöst, die im APO-System stattfindet. Falls die Wunschmenge nicht oder nur zum Teil bestätigt werden kann, wird die Produktions- und Feinplanung (PP/DS) des APO-Systems aufgerufen.
3. Das APO-System legt für das in der Kundenauftragsposition vorgegebene Produkt einen temporären Bedarf sowie ein temporäres Zugangselement (z. B. Planauftrag) in Höhe der fehlenden Menge an.
   - Das Zugangselement wird gegebenenfalls finit auf die entsprechende Ressource eingeplant.
   - Je nach Systemeinstellungen werden für die Komponenten ebenfalls temporäre Bedarfe sowie Zugangselemente angelegt und letztere auf den entsprechenden Ressourcen eventuell finit eingeplant. Dieser Prozess erfolgt je nach Einstellung mehrstufig.
   - Durch die temporären Bedarfe werden die temporären Zugangselemente vor einem Zugriff durch andere Bedarfe geschützt.
   - Die Zugangselemente belegen bereits während der Prüfung die entsprechende Ressourcenkapazität, sodass hier ein Zugriff durch andere Elemente prinzipiell nicht möglich ist.
4. Das Ergebnis wird als bestätigte Menge und bestätigter Termin im Liefervorschlagsbild der Kundenauftragserfassung angezeigt.
5. Abbildung 23.1 zeigt beispielhaft das Ergebnisbild einer CTP-Prüfung in der Kundenauftragsanlage.
6. Der Kundenauftrag wird gesichert.
7. Durch die Sicherung erfolgt eine Verbuchung des Kundenauftrags im APO-System, das temporäre Zugangselement wird in ein reguläres umgewandelt.

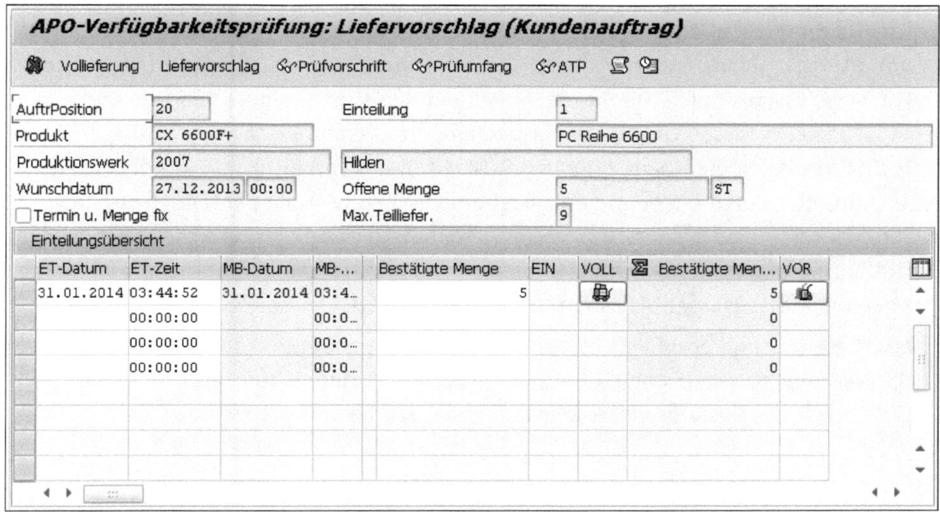

Abbildung 23.1 Ergebnis einer CTP-Prüfung, angezeigt in der Kundenauftragsanlage im ERP-System

Es ist zu berücksichtigen, dass der CTP-Prozess seine Stärken vor allem bei »schlanken« Szenarien ausspielen kann. Dies resultiert zum einen daraus, dass in einem Onlineprozess Daten über das Core Interface (CIF) ausgetauscht werden und somit die Fülle der auszutauschenden Daten Einfluss auf die Laufzeit und somit auf die Anwendbarkeit des Verfahrens hat und zum anderen weil die Einzelplanung für den entsprechenden Bedarf samt inkludierter Kapazitätsplanung unter Berücksichtigung aller Stamm- und Bewegungsdaten auf den jeweiligen Ressourcen durchgeführt wird. Angesichts der durchzuführenden Schritte sollte die Anzahl der über CTP abgebildeten Stücklistenstufen möglichst gering gehalten werden, auch sollte die Anzahl der im Planungsprozess verwendeten finiten Ressourcen auf das Nötigste beschränkt sein. Ein weiterer Erfolgsfaktor kann eine überschaubare Anzahl an zur Auswahl stehenden Bezugsquellen sein. Auch wenn eine zeitkontinuierliche Betrachtungsweise mit CTP möglich ist, wird aus Performancegründen häufig eine Bucket-orientierte Kapazitätsplanung eingesetzt.

[!]

Machbarkeit und Optimum eines mit CTP erzeugten Plans

Mittels CTP entsteht ein unter Berücksichtigung der praxisbedingten Randbedingungen machbarer Plan. Dieser Plan ist in der Regel aber – je nach Rahmenbedingungen – weit vom Optimum entfernt.

Die Lage der durch CTP erzeugten Bedarfsdecker wird durch die Reihenfolge des Auftragseingangs sowie durch die übermittelten Wunschlieferdaten bestimmt. Hierdurch kommt es in der Regel zu verschiedenen Phänomenen, die dem genannten Optimum des Plans entgegenstehen. So wird durch die zufällige Reihenfolge des Auftragseingangs sowie die in dieser Reihenfolge stattfindende Reservierung von Kapazität kein rüstoptimaler Plan entstehen, dies bedeutet, dass bei Vorliegen der Restriktion der reihenfolgeoptimalen Rüstzeiten ein verhältnismäßig hoher Anteil der Kapazität durch unkoordinierte Rüstreihenfolgen verloren geht. Auch entstehen durch die bedarfsorientierte Vorgehensweise häufig Lücken im Plan, die gegebenenfalls auch durch die Strategie **Lücke suchen** nicht vollständig gefüllt werden können, wenn die Auftragslänge die Länge der Lücken übersteigt.

Aus diesem Grund empfiehlt es sich, den mit CTP erzeugten Plan regelmäßig einer Optimierung zu unterziehen. Dabei ist insbesondere darauf zu achten, dass die von CTP ermittelten Bestätigungstermine nicht negativ beeinflusst werden.

23.3 Einstellungen für die CTP-Planung

Um CTP im APO-System zu nutzen, müssen verschiedene Einstellungen sowohl im ERP- als auch im APO-System vorgenommen werden.

23.3.1 Einstellungen im ERP-System

Im ERP-System müssen zur korrekten Funktionsweise die folgenden Einstellungen vorgenommen werden.

ATP-Customizing

Im ERP-Customizing des Vertriebs ist ein frei wählbarer betriebswirtschaftlicher Vorgang zu pflegen, der im Anschluss der Verkaufsbelegart (z. B. Transportauftrag, TA) zugeordnet werden muss.

Die ATP-Prüfgruppe, die auf der Registerkarte **Disposition 3** des Materialstamms im Feld **Verfügbarkeitsprüfung** zugeordnet werden muss, ist entsprechend zu überprüfen (siehe Abbildung 23.2).

Sie können im CTP-Kontext verwendbare kundeneigene Prüfgruppen definieren, indem Sie die im Standard ausgelieferte Prüfgruppe **02 Einzelbedarf** kopieren.

Zusätzlich sind die für CTP relevanten Prüfregeln A (SD-Auftrag) und AE (SD-Auftrag Einzelbestand) zu überprüfen, und der Prüfumfang ist festzulegen.

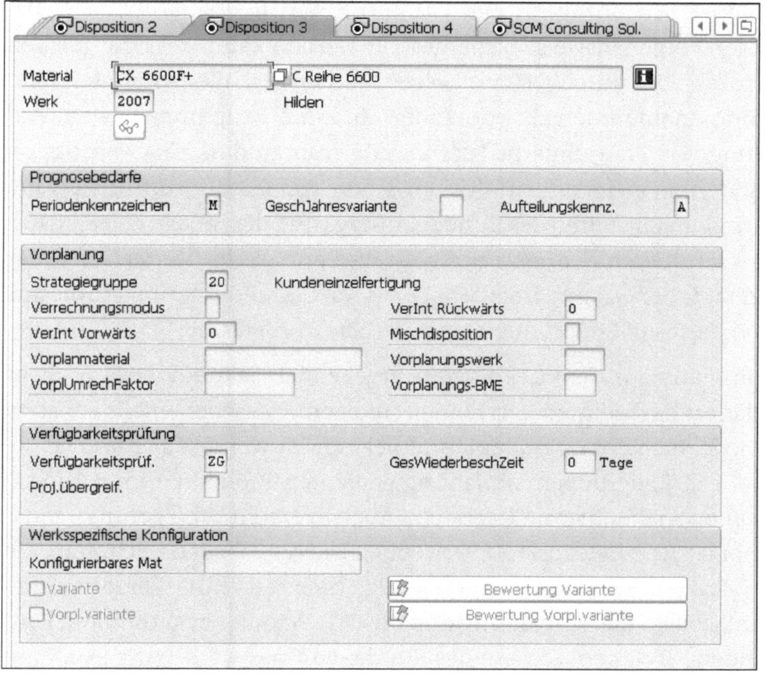

Abbildung 23.2 Verfügbarkeitsprüfung (Prüfgruppe) auf der Registerkarte »Disposition 3« des Materialstamms

Planungsstrategie einstellen

Im ERP-System und in ähnlicher Form auch im APO-System existiert für den Prozess der Bedarfsübergabe ein Regelwerk, wie sich die angelegten Bedarfe verhalten sollen. Im ERP-System wird dieses Regelwerk häufig über die Planungsstrategie im System verankert. Dabei ist anzumerken, dass die Planungsstrategie nur die Vorschrift enthält, die zur Findung der eigentlich steuernden Eigenschaften, der Bedarfsart sowie der dahinterstehenden Bedarfsklasse Funktion benötigt wird. Auch kann die Bedarfsartenfindung im Customizing des Vertriebs so konfiguriert werden, dass nicht die Planungsstrategie, sondern die Kombination aus Dispomerkmal und Positionstyp für die steuernden Eigenschaften bei der Bedarfsübergabe zuständig ist. Näheres finden Sie im Buch *Disposition mit SAP*, das ebenfalls bei SAP PRESS erschienen ist.

Für den CTP-Prozess eignen sich im Allgemeinen die Strategien der Kundeneinzelfertigung, die Vorplanung mit Endmontage, die Losfertigung sowie die Baugruppenvorplanung. Anonyme Lagerstrategien, bei denen Kundenaufträge nicht dispositiv relevant sind, und Vorplanungsstrategien wie die Vorplanung ohne Endmontage sind nicht mit dem CTP-Prozess vereinbar. Für das Aufsetzen eines funktionierenden und zielführenden CTP-Szenarios ist zu beachten, dass die zugrunde liegende Planungsstrategie sinnvoll auszuwählen und zu konfigurieren ist.

Von herausgehobener Bedeutung für den CTP-Prozess ist die Baugruppenvorplanung, da mit dieser Vorgehensweise sichergestellt werden kann, dass die für den Make-to-Order-Prozess, der durch CTP umgesetzt werden soll, die benötigten Baugruppen- bzw. Komponentenmengen vorhanden sind. Auf Baugruppenebene wird durch die Erstellung von Planprimärbedarfen dafür gesorgt, dass eine Produktion oder Beschaffung der entsprechenden Mengen schon vor Kundenauftragseingang durchgeführt wird. Beim Eintreffen des Kundenauftrags und der Anlage von Planaufträgen bzw. daraus resultierenden Fertigungsaufträgen erfolgt eine Verrechnung der Planprimärbedarfe mit den Sekundärbedarfen bzw. Auftragsreservierungen, die aus der Deckung der Bedarfe auf Endproduktebene initiiert worden sind.

Damit sich die simulativ aus dem CTP-Prozess ergebenden Sekundärbedarfe nicht sofort mit den Planprimärbedarfen verrechnen und somit gegebenenfalls sonstige Systemprozesse außerhalb der CTP-Simulation beeinflusst werden, werden die Sekundärbedarfe bei mit Baugruppenvorplanung geplanten Produkten im APO-System mit einer eigenen ATP-Kategorie-ID erstellt. Auch in einem Umlagerungsszenario wird die temporäre ATP-Kategorie-ID verwendet. Die Nettobedarfsrechnung, die während des CTP-Prozesses abläuft, berücksichtigt umgekehrt die Planprimärbedarfsmengen nicht, sodass die Vorplanung und die CTP-Planung in getrennten Umgebungen stattfinden. Nach dem Sichern des Kundenauftrags werden die Elemente mit der ATP-Kategorie-ID in die dauerhaften Elemente AY (Sekundärbedarfe) und BH (Umlagerungsbestellanforderungen) umgewandelt.

Stammdaten an das APO-System übertragen

Bevor eine CTP-Planung durchgeführt werden kann, müssen Werke, Lieferanten und Kundenstammsätze an das APO-System übertragen werden (siehe Kapitel 6, »Integration von Stamm- und Bewegungsdaten in SAP APO, ePP/DS und SAP IBP«). In einem nachgelagerten Schritt ist das ATP-Customizing zu übertragen, bevor Sie die APO-relevanten Materialstämme als Produkte dem APO-System bekannt geben. Im Anschluss ist ein Integrationsmodell für die Verfügbarkeitsprüfung anzulegen und zu aktivieren, bevor die Integrationsmodelle für Arbeitsplätze, Arbeitspläne und Stücklisten angelegt und aktiviert werden.

23.3.2 Einstellungen im APO-System

Im Folgenden stellen wir Ihnen die Einstellungen vor, die Sie im APO-System vornehmen müssen:

Prüfmodus

Wenn Sie mit SAP-Standardstrategien, Bedarfsarten und Bedarfsklassen arbeiten, ist am Prüfmodus nach der Übertragung keine Änderung vorzunehmen. Bei eigendefinierten Strategien bzw. Bedarfsarten/-klassen sind Einstellungen in den Feldern **Zuordnungsmodus** und **Produktionstyp** vorzunehmen (siehe Abbildung 23.3).

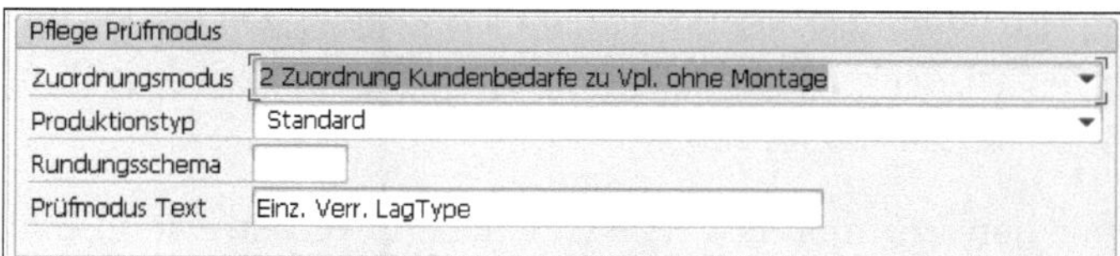

Abbildung 23.3 Einstellungen zum Prüfmodus im APO-System

Im Feld **Zuordnungsmodus** wird geregelt, ob es zu einer Verrechnung mit Vorplanbedarfen kommen soll. Dabei verrechnen sich im APO-System Vorplanbedarfe mit entsprechenden Kundenauftragspositionen, wenn der Zuordnungsmodus aus dem Kundenauftrag und der Zuordnungsmodus aus der Bedarfsstrategie, dem Äquivalent der Planungsstrategie auf APO-Seite, identisch sind.

Im Feld **Produktionstyp** wird standardmäßig die Option **Standard** verwendet, bei dessen Einsatz das APO-System die Verfügbarkeitsprüfung auf Basis von ATP-Zeitreihen durchführt. Wählen Sie hingegen die Option **Merkmalsauswertung**, führt das APO-System die Verfügbarkeitsprüfung auf Basis des Peggings durch. Dabei darf der Begriff nicht so interpretiert werden, dass nur klassifizierte Produkte mit entsprechend zugrunde liegenden Merkmalsausprägungen geprüft werden können, eine Prüfung ist generell auch ohne Merkmalsausprägung möglich. Sollen fixierte Pegging-Beziehungen im Rahmen der CTP-Planung angelegt werden, müssen Sie hier zwingend die Einstellung **Merkmalsauswertung** wählen. Mit dem Produktionstyp **Merkmalsauswertung** sind einige Einschränkungen verbunden (siehe auch SAP-Hinweis 601813):

- Auf der Ebene der Sublokation (Lagerort) bzw. der Ebene der Version ist keine Prüfung möglich, eine entsprechende Einschränkung wird nicht beachtet.
- Eine Bestätigung gegen den Prüfhorizont ist gegebenenfalls erst nach Einbau von SAP-Hinweis 668476 möglich.
- Es kann nicht differenziert werden, ob Zugänge in der Vergangenheit berücksichtigt werden sollen. Da diese Elemente grundsätzlich am Pegging teilnehmen, werden sie auch im Rahmen einer Verfügbarkeitsprüfung berücksichtigt.
- Die erweiterte Bestätigungslogik kann nicht eingesetzt werden.
- Der Prüfumfang kann nicht auf bestimmte ATP-Kategorien eingeschränkt werden, da sich das Pegging unabhängig von vorgegebenen Einstellungen bildet.
- Kumulationseigenschaften der ATP-Gruppe werden nicht beachtet. Eine Beeinflussung der Kumulation kann eventuell über die Einstellung des Peggings im Produktstamm erreicht werden.
- Die Merkmalsauswertung sollte nicht im Zusammenhang mit der Basismethode der Prüfung gegen Vorplanung verwendet werden.

- Die Merkmalsauswertung sollte nicht im Rahmen von regelbasiertem ATP mit einer Verfügbarkeitsprüfung gegen ATP-Zeitreihen eingesetzt werden.
- Es werden keine flussoptimalen Ergebnisse erzielt, da das Pegging bei der Zuordnung von Bedarfen zu Bedarfsdeckern keine Optimierungsregeln berücksichtigt, die zu einem optimalen Materialfluss führen.

Nachdem wir Ihnen damit den Prüfmodus vorgestellt haben, werden wir in den nächsten Abschnitten noch auf die Prüfsteuerung und die Prüfvorschrift eingehen.

Prüfsteuerung

Insbesondere bei Verwendung von kundeneigenen ATP-Einstellungen sollten Sie die Prüfsteuerungskonfiguration überprüfen. Für die beiden genannten betriebswirtschaftlichen Ereignisse A und AE darf der Prüfhorizont nicht gesetzt sein, wohingegen das Kennzeichen **Zugänge in Vergangenheit berücksichtigen** zwingend gesetzt sein muss. Zusätzlich müssen Sie den Prüfumfang festlegen. Es empfiehlt sich dabei, eine Kopie des Standardprüfumfangs der ATP-Gruppe 02 für die betriebswirtschaftlichen Ereignisse A und AE zu verwenden.

Prüfvorschrift

Für die betriebswirtschaftlichen Ereignisse A und AE sind die Prüfvorschriften zu pflegen. Für den CTP-Prozess spielen dabei insbesondere die Felder **Produktprüfung** und **Produktion starten** eine herausgehobene Rolle (siehe Abbildung 23.4).

Im Feld **Produktprüfung** muss festgelegt werden, ob zunächst beim Anlegen des Kundenauftrags eine Produktprüfung auf Basis der ATP-Zeitreihen durchgeführt werden soll. In diesem Fall ist in diesem Feld der Eintrag **Erster Schritt** vorzunehmen. Erst im Anschluss an diese Prüfung wird dann der CTP-Prozess gestartet, der die Produktion einleitet. Hierdurch werden zum einen vorhandene Zugangselemente genutzt, zum anderen ermöglicht die Teilbestätigung gegebenenfalls die Bestätigung zu einem frühen Termin. Allerdings kann es hierbei durch den sukzessiven Charakter der Prüfschritte dazu kommen, dass eine Bestätigung nach einem Kundenwunschtermin ermittelt wird, auch wenn gegebenenfalls durch CTP eine Einhaltung möglich gewesen wäre. Auch die Verwendung von festen Losgrößen kann in diesem Zusammenhang zu Übermengen führen. Dies ist beispielsweise dann der Fall, wenn aufgrund der vorgelagerten Produktprüfung CTP nur für eine Teilmenge aufgerufen wird und dann im Anschluss durch die feste Losgröße eventuell ein Bedarfsdecker entsteht, der ausreichend gewesen wäre, um die gesamte Bedarfsmenge zu decken. Eine nachträgliche Beeinflussung der bereits ermittelten Teilbestätigungen ist jedoch nicht mehr möglich.

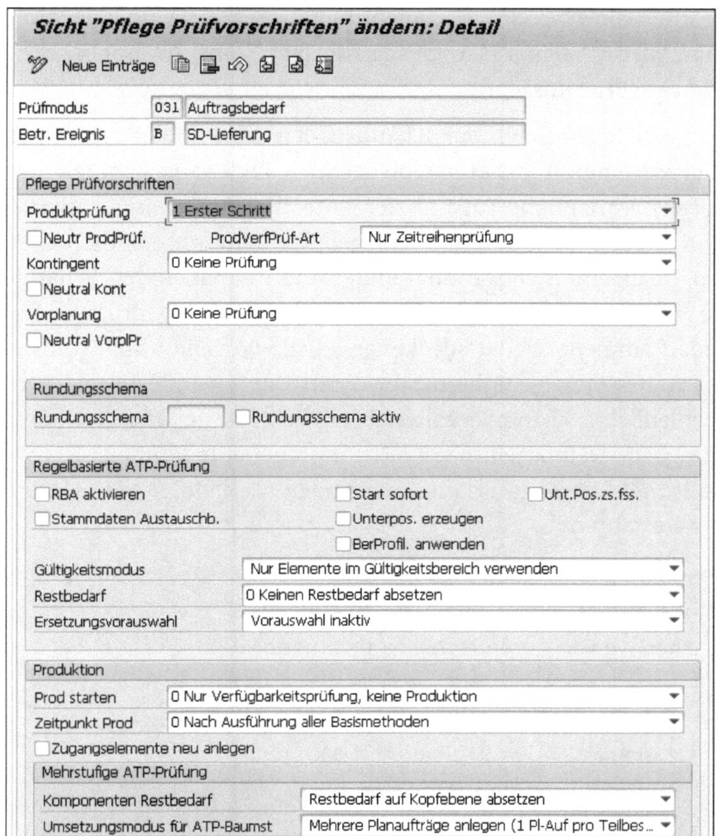

Abbildung 23.4 Einstellungen zur Prüfvorschrift

Über die Einstellung im Feld **Produktion starten** wird festgelegt, dass die Produktions- und Feinplanung aus der Verfügbarkeitsprüfung heraus aufgerufen werden soll. Hier können Sie die Einstellung **Produktion direkt** vorsehen. Mit dieser Prüfvorschrift wird anstelle einer Verfügbarkeitsprüfung eine Nettobedarfsrechnung aufgerufen. Diese Funktion haben Sie bereits in Kapitel 7, »Funktionen der Auftragsanlage«, kennengelernt, weitergehende Informationen dazu finden Sie im Buch *Disposition mit SAP*, das 2014 bei SAP PRESS erschienen ist.

Mittels dieser Funktion werden nach Abzug des vorhandenen Bestands sowie fixierter oder fester Zugänge Nettobedarfe ermittelt, die dann zur Anlage von neuen Zugangselementen führen. In der einfachsten Form dieser Vorgehensweise kann das APO-System die überschüssigen Bedarfsdecker zuordnen, die bisher noch nicht zugeordnet worden sind. Bestehende Zuordnungen bleiben dabei unangetastet, d. h., dass auch beim Vorliegen von zeitlich eigentlich passenden Beständen oder Bedarfsdeckern keine entsprechende Bestätigung erfolgt, wenn diese Zugänge bereits anderweitig zugeordnet worden sind. Wenn die zugeordneten Bestände und Bedarfsdecker nicht ausreichen, wird ein neuer Planauftrag angelegt. Somit kommt es gegebenenfalls zu suboptimalen Ergebnissen.

Über die Neuverteilung von Zugangselementen kann jedoch in Kombination mit der Funktion **Produktion direkt** eingestellt werden, ob das APO-System im Rahmen dieser Auftragsanlage bereits vorhandene Zugangselemente, die anderweitig zugeordnet sind, aber terminlich passend wären, entsprechend neu zuordnen soll. Dabei prüft das APO-System, ob es einen verwendbaren Bestand der passenden Bedarfsdecker gibt. Wenn diese Menge bereits zugeordnet ist, wird von CTP geprüft, ob für den zugeordneten Bedarf ein neuer Bedarfsdecker angelegt wird. Hierdurch kommt es in Summe eventuell zu besseren Bestätigungsterminen. Das folgende Beispiel verdeutlicht das unterschiedliche Systemverhalten bezüglich der beiden Optionen ohne/mit Neuverteilung. Die Neuverteilung der Zugangselemente können Sie vorsehen, indem Sie dies im PP-Planungsverfahren einstellen (siehe folgenden Unterabschnitt »PP-Planungsverfahren«).

Produktion direkt ohne/mit Neuverteilung der Zugänge

In unserem Beispiel gehen wir von folgender Ausgangssituation aus:

Datum	Zugangs-/Bedarfselement	Menge
01. Januar 2014	Bestand	1.000 Stück
01. Februar 2014	Kundenauftrag 4711	1.000 Stück

Nun wird ein neuer Kundenauftrag 4712 über 450 Stück mit Wunschtermin 05. Januar 2014 angelegt.

- **Produktion direkt ohne Neuverteilung**
  Da der Bestand bereits zugeordnet ist, kann der neu eintreffende Kundenauftrag nicht über die Verwendung des Bestands bestätigt werden, da dieser bereits dem Kundenauftrag 4711 zum 01. Februar zugeordnet ist. Die vorgesehenen Einstellungen führen nun dazu, dass der durch CTP angelegte Planauftrag aufgrund von Kapazitätsengpässen erst mit einem Verfügbarkeitstermin zum 08. Januar angelegt werden kann. Daher kann der Kundenauftrag 4712 erst verspätet zum 08. Januar bestätigt werden, das Wunschlieferdatum wird im Rahmen der Bestätigung nicht eingehalten.
- **Produktion direkt mit Neuverteilung**
  Die CTP-Planung ordnet zunächst dem neu angelegten Kundenauftrag 4712 die Menge von 450 Stück aus dem Bestand zu. Gleichzeitig wird nun geprüft, ob der Kundenauftrag 4711, dem die zugeordnete Menge durch die beschriebene Aktion entzogen werden würde, durch Anlage eines kapazitiv geprüften Planauftrags

weiterhin sein Bestätigungsdatum behalten kann. Zu diesem Zweck wird mit dem 05. Januar als Wunschdatum die Produktion aufgerufen. Da das System terminlich in der Lage ist, die Produktion über 450 zusätzliche Einheiten rechtzeitig vorzusehen, wird ein entsprechender Bedarfsdecker angelegt. Somit kann durch Nutzung der Neuverteilung sowohl der Kundenauftrag 4711 sein Bestätigungsdatum behalten und gleichzeitig der Kundenauftrag 4712 rechtzeitig zum Wunschtermin bestätigt werden.

Bei der Funktion **Produktion direkt** werden die der Verfügbarkeitsprüfung zuzuordnenden Einstellungen zum Prüfumfang und zum ATP-Horizont nicht berücksichtigt, da hierbei die Nettobedarfsrechnung gestartet wird, die diese Funktionen nicht berücksichtigen kann.

PP-Planungsverfahren

Das PP-Planungsverfahren ist eng verknüpft mit dem Verhalten der Planung mit CTP, da es für die Auftragsanlage von hoher Relevanz ist. Dabei ist eine Reihe von PP-Planungsverfahren für die CTP-Planung relevant. Sie können den CTP-Prozess mit den folgenden PP-Planungsverfahren durchführen:

- PP-Planungsverfahren 3 »Sekundärbedarfe sofort decken«
- PP-Planungsverfahren 1 »Manuell mit Prüfung«
- PP-Planungsverfahren 4 »Planung im Planungslauf«

Das PP-Planungsverfahren 3 »Sekundärbedarfe sofort decken« ist speziell für den CTP-Prozess konzipiert. Dabei ist dieses Planungsverfahren obligatorisch für die Planung des im Kundenauftrag einzutragenden Enderzeugnisses sowie für die zentralen Komponenten, für die im Fall einer CTP-getriggerten Produktion eine Prüfung auf Kapazitäten hin durchgeführt werden soll. Bei diesem PP-Planungsverfahren wird – in der Standardeinstellung – unmittelbar die Aktion **Produktheuristik sofort starten** ausgeführt, wenn ein Kundenauftrag im ERP-System angelegt bzw. geändert wird. Dabei werden bei einem neuen Kundenauftrag oder bei einem vorgezogenen Bedarfstermin neue Beschaffungsvorschläge erzeugt, wird die Menge eines bestehenden und gesicherten Kundenauftrags erhöht und wird für die fehlende Menge ein neues Beschaffungselement abgebildet. Ein analoges Verhalten wird für Komponenten oder das Enderzeugnis selbst sichergestellt, wenn ein Sekundär- oder ein Umlagerungsbedarf entsteht. Auch hierbei wird durch eine sofort ausgeführte Aktion (in diesem Fall Sekundär- oder Umlagerungsbedarf sofort decken) eine termingerechte Produktion vorgesehen.

Für diese Aktion stellt SAP eigens die Standardheuristik SAP_PP_CTP zur Planung der Unterdeckungsmengen für CTP bereit. Diese Heuristik ist dem PP-Planungsverfahren 3 in der Standardauslieferung zugeordnet. Ebenfalls möglich ist die Verwendung der Heuristik SAP_PP_003. Ein großer Vorteil bei der Verwendung dieser Heuristiken besteht darin, dass die Beschaffungselemente auch im nachgelagerten Planungsprozess erhalten bleiben, wenn Sie keine zu den Produktstammeinstellungen passenden Losgrößen besitzen. Dies führt dazu, dass ungünstige Losgrößenzusammenfassungen vermieden werden, die zu neuen unerwünschten Beschaffungselementen führen würden.

Wird ein Kundenauftrag gelöscht bzw. die Menge eines bestehenden Auftrags reduziert, sorgt das Planungsverfahren dafür, dass sich die Planauftragssituation an die geänderte Bedarfskonstellation anpasst, was insbesondere auf Engpassressourcen von großer Bedeutung ist, da somit nicht mehr benötigte Kapazität freigegeben wird.

Nur dieses Planungsverfahren erlaubt es, die verrechneten Verfügbarkeitstermine von Komponenten in der Stücklistenstruktur »Bottom-up« an übergeordnete Stücklistenkomponenten zu übergeben. Auch ist es nur mit diesem Planungsverfahren möglich, bereits bestehende Zugangselemente unverändert bestehen zu lassen.

Tabelle 23.1 gibt einen Überblick über die Einstellungen, die Sie für einen Einsatz des PP-Planungsverfahrens 3 im Rahmen von CTP verwenden sollten.

Feld	Eingabewert
Heuristik	SAP_PP_CTP
ABAP-Klasse für CTP-Prozesse	/SAPAPO/CL_RRP_CTP
Bestätigte Menge ist Pegging-relevant	Kennzeichen muss gesetzt sein
Fixes Pegging in CTP/ATP	Anlegen von fixierten Pegging-Beziehungen

Tabelle 23.1 Empfohlene Einstellungen für das PP-Planungsverfahren 3 »Sekundärbedarfe sofort decken«

Wird beispielsweise der Plan (ein Produktionsproduktionsmodell (PPM) oder eine Produktionsdatenstruktur (PDS)) geändert, wird mit diesem PP-Planungsverfahren eine Planungsvormerkung erzeugt, die im nächsten Planungslauf zu einer Neuauflösung der betreffenden Aufträge führt.

Möchten Sie mit der Neuverteilung der Zugangselemente arbeiten, müssen Sie im PP-Planungsverfahren zum einen das Kennzeichen **Produktion direkt** mit Neuverteilung setzen, zum anderen muss im PP-Planungsverfahren eine ABAP-Klasse für CTP-Prozesse eingestellt sein. Dabei können Sie die Neuverteilung nur einsetzen, wenn Sie entweder mit der ABAP-Klasse /SAPAPO/CL_RRP_CTP oder /SAPAPO/CL_RRP_FIX arbeiten.

23.4 Prozesse in der CTP-Planung

Im Folgenden stellen wir Ihnen die Prozesse in der CTP-Planung näher vor: die Bucket-orientierte CTP-Planung sowie die CTP-Planung mit Kapazitätsreservierung.

23.4.1 Bucket-orientierte CTP-Planung

Bei dieser Art der Kapazitätsplanung wird die Ressourcenkapazität – anders als bei zeitkontinuierlicher Planung – lediglich grob geplant. Die zur Verfügung stehende Kapazität wird in Abschnitte – sogenannte *Buckets* – eingeteilt. Im Rahmen der Kapazitätsplanung wird nun lediglich geprüft, ob in einem solchen Zeitabschnitt insgesamt für alle dort geplanten Aufträge genügend Kapazität zur Verfügung steht, die genaue Lage der geplanten Aufträge innerhalb des Buckets spielt dabei keine Rolle. Dieses Szenario ist einfacher und damit schneller als eine zeitkontinuierliche Abbildung, da auf den Detaillierungsgrad der sekundengenauen zeitlichen Planung verzichtet wird. Dabei müssen Sie jedoch die folgenden Nachteile in Kauf nehmen:

- Durch den fehlenden Detaillierungsgrad entsteht nicht zwangsläufig ein machbarer Plan.
- Reihenfolgeabhängige Rüstzeiten werden nur in Form von durchschnittlichen Rüstzeiten oder Kapazitätsabschlägen einbezogen. Eine genaue Bestimmung der wirklichen Rüstzeiten auf Basis der konkreten Auftragsreihenfolgen wird nicht vorgenommen, da bei dieser Form der Planung der Genauigkeitsgrad nicht ausreicht, um diese Daten zu ermitteln. Daher kann es beim Einsatz von Bucket-orientierten CTP dazu kommen, dass trotz der vorhergehenden Prüfung der Kapazitäten im Rahmen der Kundenauftragsanlage ein nicht machbarer Plan entsteht, wenn die Reihenfolgeplanung zu längeren tatsächlichen Rüstzeiten führt als die auf Basis von Durchschnittswerten vorgehende Bucket-orientierte Kapazitätsplanung. Daher sollten Sie die Bucket-orientierte CTP-Planung nur dann einsetzen, wenn der Anteil der reihenfolgeabhängig bestimmten Rüstzeiten an der Gesamtkapazität zu vernachlässigen ist.
- Die Bucket-orientierte CTP-Prüfung wird für Ressourcen durchgeführt, die nur als Primär- oder Kalenderressourcen verwendet werden.
- Da es sich bei der Aggregation zu Buckets in der Produktions- und Feinplanung (PP/DS) um eine Zeitaggregation handelt, werden bestimmte Funktionen wie die Kapazitätsaggregation von Ressourcenhierarchien oder Alternativen nicht unterstützt.
- Bei der Bucket-orientierten Planung kann als Dimension nur die Zeit verwendet werden, andere Dimensionen werden nicht unterstützt.
- Die folgenden Strategieeinstellungen werden nicht unterstützt:
  - Synchronisierung

- Planung in Nichtarbeitszeiten
- Kampagnenbedingungen berücksichtigen

Der Ablauf einer Bucket-orientierten CTP-Planung kann beispielhaft wie folgt skizziert werden:

1. Für ein Enderzeugnis wird im ERP-System ein Kundenauftrag erfasst.
2. Eine ATP-Prüfung wird ausgelöst, die im APO-System stattfindet. Falls die Wunschmenge nicht oder nur zum Teil bestätigt werden kann, wird die Produktions- und Feinplanung (PP/DS) des APO-Systems aufgerufen.
3. Das APO-System legt für das in der Kundenauftragsposition vorgegebene Produkt einen temporären Bedarf sowie ein temporäres Zugangselement (z. B. Planauftrag) in Höhe der fehlenden Menge an. Dabei führt das APO-System eine Bezugsquellenfindung, eine Planauflösung und eine Terminierung ausgehend vom Wunschtermin rückwärts durch.
4. Das APO-System führt die Bucket-orientierte Kapazitätsprüfung durch, indem ausgehend vom Wunschtermin des Auftrags rückwärts unter Berücksichtigung der dem System mitgegebenen Restriktionen, wie beispielsweise den Anordnungsbeziehungen etc., ermittelt wird, ob ausreichend freie Bucket-Kapazität für die entsprechenden Vorgänge zur Verfügung steht. In diesem Fall wird die Bucket-Kapazität reserviert. Kann das System keine freie Kapazität ermitteln, wird zunächst in Planungsrichtung rückwärts und im Anschluss vorwärts nach freier Kapazität gesucht.
5. Parallel wird der Auftrag infinit, d. h. gegen unbegrenzte Kapazitäten auf der zeitkontinuierlichen Kapazität, terminiert. Daraus kann das System den Verfügbarkeitstermin des Planauftrags berechnen und einen Bestätigungstermin ermitteln.
6. Nach der Sicherung des Kundenauftrags werden die simulativen Elemente in entsprechende Bedarfsdecker umgewandelt.
7. Im Anschluss können Sie eine Feinplanung auf der zeitkontinuierlichen Ressource durchführen. Hierfür können Sie die in Kapitel 21, »Heuristiken der kurzfristigen Kapazitätsplanung in SAP APO und ePP/DS«, Kapitel 22, »Optimierung in der kurzfristigen Kapazitätsplanung in SAP APO und ePP/DS«, und Kapitel 25, »Interaktive, kurzfristige Kapazitätsplanung in SAP APO und ePP/DS«, aufgeführten Feinplanungsfunktionen der kurzfristigen Kapazitätsplanung einsetzen. Es empfiehlt sich, den nachgelagerten Feinplanungsalgorithmus (beispielsweise die PP/DS-Optimierung) so einzustellen, dass das Ergebnis der CTP-Planung nicht nachträglich überplant wird und somit hinsichtlich der Bestätigungssituationen eine neue Situation entsteht. Sie sollten diesen Umstand daher bei der Konfiguration von Verspätungseinstellungen und Feinplanungshorizonten etc. berücksichtigen.

Aufgrund der sukzessive ablaufenden Ermittlung des Bestätigungstermins in der Bucket-orientierten Umgebung und der danach ablaufenden Feinplanung spricht man in diesem Zusammenhang häufig von einem Zweistufenverfahren, während die zeitkontinuierliche CTP-Planung als Einschrittverfahren angesehen werden kann. In Tabelle 23.2 sehen Sie eine Gegenüberstellung der Bucket-orientierten CTP-Planung und der nachgelagerten Feinplanung.

	Schritt: Bucket-orientierte CTP-Planung	Schritt: Nachgelagerte Feinplanung
Ziel	Bestimmung Bestätigungstermin	Erstellung machbarer bzw. optimierter Plan
Verantwortlichkeit	Vertriebsmitarbeiter	Produktionsplaner
Durchführung	online im Dialogbetrieb	interaktiv bzw. durch automatische Algorithmen im Hintergrund
Horizont	vom Ende des Fixierungshorizonts bis zum Ende des Planungshorizonts	Feinplanungshorizont
Kapazitätskategorie	PP/DS-Bucket-Kapazität	zeitkontinuierliche Kapazität
Funktionalität	CTP	Heuristiken PP/DS-Optimierung interaktive Planung

Tabelle 23.2 Vergleich zwischen Bucket-orientierter CTP-Planung und der Feinplanung

Die beschriebene zeitkontinuierliche CTP-Planung plant genauer und kann daher auch im Hinblick auf reihenfolgeabhängige Rüstzeiten einen machbaren Plan erstellen. Durch den höheren Genauigkeitsgrad ergeben sich jedoch negative Einflüsse auf die Performance, da dabei der Schritt der Feinplanung einbezogen wird, der bei der Bucket-orientierten CTP-Planung in einen nachfolgenden Schritt ausgelagert ist, der gegebenenfalls sogar in einem Hintergrundjob ausgeführt wird. Insbesondere im CTP-Prozess spielt die Geschwindigkeit der Berechnung eine wichtige Rolle, da schon während der Kundenauftragserfassung zeitintensive Prozesse wie die Anlage des Kundenauftrags, die mehrstufige Anlage von Bedarfsdeckern sowie die Planung gegen begrenzte Kapazitäten durchgeführt werden. Daher sollten Sie – wie bereits erwähnt – insbesondere bei Anwendung der zeitkontinuierlichen CTP-Prüfung die Anzahl der in der Planung abzubildenden Stücklistenstufen etc. genau prüfen.

Im Folgenden stellen wir Ihnen die Einstellungen vor, die Sie für die Bucket-orientierte CTP-Planung vornehmen müssen.

Festlegung der PP/DS-Bucket-Parameter (Transaktion /SAPAPO/RES01)

Grundsätzlich können Bucket-Parameter in PP/DS für Single- und Multi-Activity- sowie für Single-Misch- und Multi-Misch-Ressourcen gepflegt werden. Setzen Sie das Kennzeichen **Finite Planung** auf der Registerkarte **Allgemeine Daten**, zusätzlich müssen Sie sowohl die Parameter der zeitkontinuierlichen als auch die der PP/DS-Bucket-Kapazität pflegen.

Im Feld **Bucket-Definition** auf der Registerkarte **PP/DS-Bucket-Kapazität** können Sie einstellen, dass sich die Bucket-Kapazität auf Basis der zeitkontinuierlichen Kapazität ermitteln soll (siehe Abbildung 23.5). So ist sichergestellt, dass die Bucket-orientierte CTP-Planung mit der nachgelagerten Feinplanung eingesetzt werden kann und die Kapazitätsangebote der beiden »Welten«, also sowohl der Bucket-orientierten als auch der zeitkontinuierlichen Umgebung, identisch sind. Das Kapazitätsangebot des Buckets berechnet sich dabei wie folgt:

- Single-Ressource: *Produktivzeit der Ressource × Bucket-Faktor*
- Multi-Ressource: *Produktivzeit der Ressource × Anzahl Kapazitäten × Bucket-Faktor*

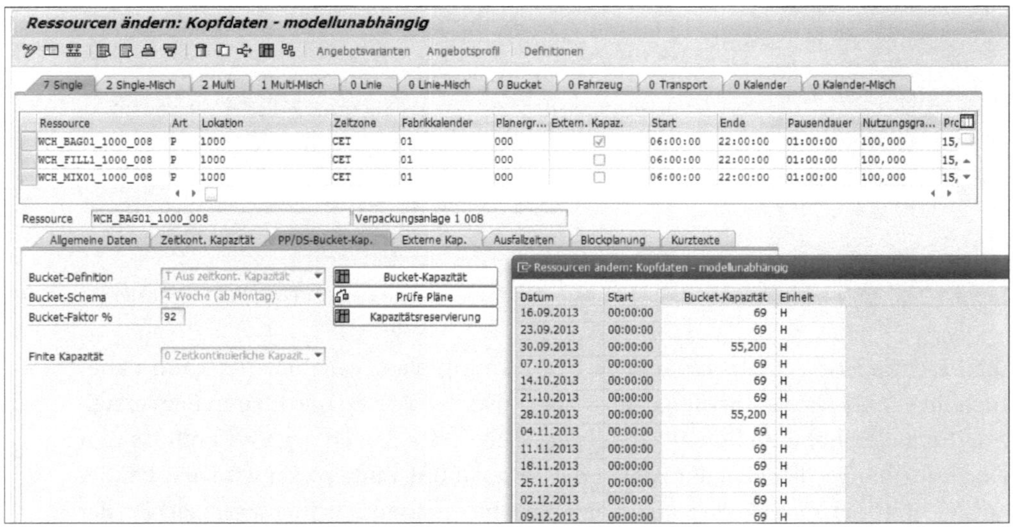

Abbildung 23.5 Ressourcenbezogene Einstellungen der Bucket-orientierten CTP-Planung

Mit dem **Bucket-Faktor** steht somit eine Einstellungsmöglichkeit zur Verfügung, mit der das genaue Verhältnis zwischen dem Kapazitätsangebot der zeitkontinuierlichen Kapazität und der Bucket-Kapazität festgelegt werden kann. Mit diesem Bucket-Faktor wird üblicherweise der Abschlag berücksichtigt, der sich durch die Reihenfolgeabhängigkeiten hinsichtlich der Rüstzeiten ergibt. So können Sie den Faktor beispielsweise bei 90 % angeben, wenn Sie davon ausgehen, dass die detailliertere

Berücksichtigung der reihenfolgeabhängigen Rüstzeiten für ein entsprechend niedrigeres Bucket-Angebot sinnvoll wäre, um nicht im nachgelagerten Schritt der Feinplanung zu grundlegend anderen Ergebnissen zu kommen als in der vorgelagerten Bucket-orientierten CTP-Planung.

Wenn Sie die reihenfolgeabhängigen Rüstzeiten mittels Kapazitätsabschlag in die Bucket-orientierte CTP-Planung einbeziehen, kann es des Öfteren dazu kommen, dass die finite Planung in der nachgelagerten Feinplanung zu einem Ergebnis kommt, das weniger Zeit für die Rüstzeiten vorsieht, als Sie im Kapazitätsabschlag berücksichtigt haben. In diesem Fall kann es – je nach Systemeinstellung – zu einem PP/DS-Bucket-Überlast-Alert kommen, da der Einfluss des Kapazitätsabschlags auf die Bucket-Kapazität höher ist, als die tatsächlich reihenfolgeabhängigen Rüstzeiten erfordert hätten, die als Ergebnis der nachgelagerten Feinplanung zu beobachten sind. Daher sollten Sie bei der Schwellenwertdefinition im entsprechenden Alert-Profil den Kapazitätsabschlag berücksichtigen (zu den Alert-Profilen siehe Abschnitt 25.2, »Alert-Monitor«).

Eine weitere Möglichkeit, um reihenfolgeabhängige Rüstzeiten zu berücksichtigen, bietet sich über die Modellierung von durchschnittlichen Rüstzeiten (siehe den Unterabschnitt »Berücksichtigung von reihenfolgeabhängigen Rüstzeiten« in diesem Abschnitt).

Im Feld **Bucket-Schema** auf der Registerkarte **PP/DS-Bucket-Kapazität** legen Sie die Größe sowie den Startzeitpunkt des Buckets fest. Mit dieser Einstellung kann also definiert werden, dass ein Bucket beispielsweise am Montag beginnen und die Kapazität einer Woche umfassen soll. Alle Buckets sind gleich lang. Wenn Sie spezifische Bucket-Definitionen verwenden möchten, können Sie diese über das BAdI /SAPAPO/CRESBUCKET festlegen. Die Größe eines Buckets sollte sich im Allgemeinen daran orientieren, welcher Detaillierungsgrad im Rahmen der Planung benötigt wird. Je größer die Buckets gewählt werden, desto ungenauer ist die Planung. Ein weiterer Einflussfaktor ist die durchschnittliche oder auch die maximale Auftragslänge. Hier sollten Sie die Länge des Buckets so wählen, dass auch die längsten Vorgänge eines anzulegenden Auftrags innerhalb eines Buckets geplant werden können.

Im Feld **Finite Kapazität** bestimmen Sie, ob die zeitkontinuierliche oder die Bucket-Kapazität finit beplant werden soll. Beachten Sie, dass die Einstellung des zugrunde liegenden Strategieprofils diese Einstellung gegebenenfalls übersteuert. Mit dem Button **Bucket-Kapazität** können die Kapazitätsangebote der einzelnen Buckets angezeigt werden.

Abbildung 23.5 zeigt beispielhaft die ressourcenbezogenen Einstellungen für die Bucket-orientierte CTP-Planung, ebenfalls dargestellt wird im rechten unteren Bereich der Abbildung das Kapazitätsangebot der einzelnen Buckets.

Einstellungen im Plan (PPM/PDS)

Für die Bucket-orientierte CTP-Planung können Sie sowohl PPM als auch PDS verwenden. Eine zwingende Voraussetzung in beiden Fällen ist es, die entsprechende Ressource als Primärressource zu verwenden und zugleich das Kennzeichen **Kalenderressource** zu setzen, sodass die Arbeitszeiten der Ressource für die Terminierung herangezogen werden. Sind nicht beide planseitigen Voraussetzungen erfüllt, wird das APO-System eine infinite Planung durchführen.

Über den Button **Prüfe Pläne** können Sie die Pläne (PPM und/oder PDS) daraufhin überprüfen, ob die betrachtete Ressource in den Plänen als Primärressource ausgewählt und das entsprechende Kennzeichen **Kalenderressource** gesetzt ist. Es werden alle Pläne angezeigt, in denen die Ressource als Sekundärressource genutzt wird und/oder das Kennzeichen **Kalenderressource** nicht gesetzt ist. Analog können Sie diese Prüfung auch über eine Modellkonsistenzprüfung erreichen.

Berücksichtigung von reihenfolgeabhängigen Rüstzeiten

Bei der Bucket-orientierten CTP-Planung werden aufgrund des gröberen Charakters der Planung keine reihenfolgeabhängigen Rüstzeiten berücksichtigt. Um ein hinsichtlich der Planung konsistentes Bild zu erreichen, werden die reihenfolgeabhängigen Rüstzeiten je nach Stammdatenkonstellation über die Berechnung einer durchschnittlichen Rüstdauer einbezogen. Hierzu sind im Plan (PPM oder PDS) entsprechende fixe und variable Dauern zu pflegen. Die durchschnittliche Rüstdauer wird nach folgender Formel berechnet:

durchschnittliche Rüstdauer = fixe Dauer + variable Dauer × Auftragsmenge/Outputmenge

Sind keine fixen oder variablen Dauern für eine Rüstaktivität gepflegt, werden reihenfolgeabhängige Rüstzeiten bei der Bucket-orientierten CTP-Planung nicht berücksichtigt.

Alternativ (oder auch zusätzlich) können Sie die Konsistenz über einen Kapazitätsabschlag abbilden (siehe den Unterabschnitt »Festlegung der PP/DS-Bucket-Parameter (Transaktion /SAPAPO/RES01)« in diesem Abschnitt).

Festlegung des Strategieprofils

Für die Bucket-orientierte CTP-Planung liefert SAP ein Standardstrategieprofil mit dem Namen SAP_BCTP aus. Abbildung 23.6 zeigt die allgemeinen Strategieparameter des SAP-Standardstrategieprofils für die Bucket-orientierte CTP-Planung.

Sie können auch ein eigenes Strategieprofil definieren bzw. durch Kopie eines vorhandenen Strategieprofils erzeugen. Jedoch ist auch in eigendefinierten Strategieprofilen die Verwendung der Einstellungen aus Tabelle 23.3 empfohlen.

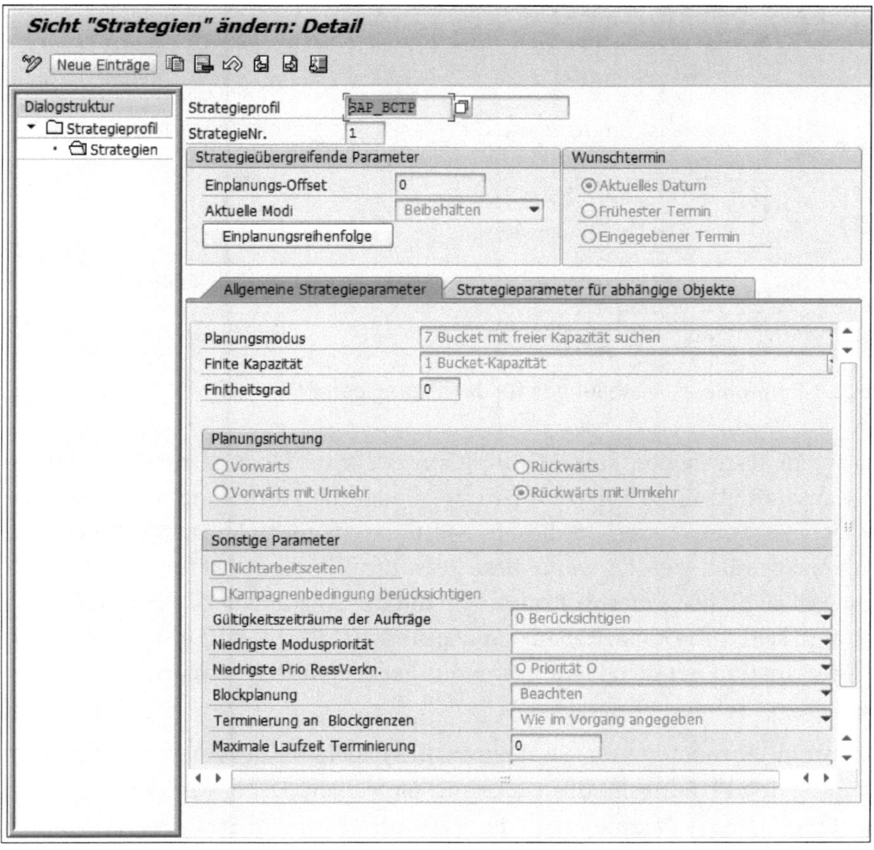

Abbildung 23.6 SAP-Standardstrategieprofil SAP_BCTP für die Bucket-orientierte CTP-Planung (allgemeine Strategieparameter)

	Feldbezeichnung	Eingabewert
Allgemeine Strategie-parameter	Planungsrichtung	Rückwärts mit Umkehr
	Planungsmodus	Bucket mit freier Kapazität suchen
	Finite Kapazität	Bucket-Kapazität
	Nichtarbeitszeiten	Keine Angabe
	Kampagnenbedingungen berücksichtigen	Keine Angabe
	Gültigkeitszeiträume der Aufträge	Berücksichtigen

Tabelle 23.3 Empfohlene Einstellungen für das Strategieprofil

	Feldbezeichnung	Eingabewert
Strategieparameter für abhängige Objekte	Auftragsinterne AOB	Immer beachten
	Auftragsübergreifende AOB	Immer beachten
	Kompaktplanung	Keine
	Planerischer Mindestabstand	Kennzeichen setzen
	Fixiertes Pegging	Nicht beachten
	Dynamisches Pegging	Nicht beachten

Tabelle 23.3 Empfohlene Einstellungen für das Strategieprofil (Forts.)

Alternativ zur festgelegten Empfehlung können Sie im Planungsmodus auch die Bucket-Kapazität als finite Kapazität eintragen oder die Einstellung wie in der Ressource festgelegt verwenden. In diesem Fall muss als finite Kapazität die Bucket-Kapazität ausgewählt werden, wenn diese Ressource für die Bucket-orientierte CTP-Planung finit zu planen sein soll. Ressourcen mit der Einstellung **Zeitkontinuierliche Kapazität** im Feld **Finite Kapazität** auf der Registerkarte **PP/DS-Bucket-Kapazität** werden in Kombination mit dem Planungsmodus **Bucket mit freier Kapazität suchen** infinit beplant.

Sie können in eigendefinierten Strategieprofilen auch bei der Bucket-orientierten CTP-Planung den Planungsmodus **Lücke suchen** wählen. Dabei wird abhängig von den Einstellungen des Parameters in der Ressource sowie im Strategieprofil wie in Tabelle 23.4 geplant.

Einstellung Feld »Finite Kapazität« im Strategieprofil	Einstellung Feld »Finite Kapazität« in der Ressource	Planungsverhalten
Bucket-Kapazität	–	für alle Ressourcen mit PP/DS-Bucket-Kapazität finit, alle anderen Ressourcen infinit
Wie in Ressource festgelegt	Bucket-Kapazität	Das APO-System führt eine Bucket-orientierte CTP-Planung durch.
Zeitkontinuierliche Kapazität	–	Alle betroffenen finiten Ressourcen werden zeitkontinuierlich finit geplant.

Tabelle 23.4 Planungsprofil in Abhängigkeit des Strategieprofils und der Einstellung der Ressource

Bezüglich der beschriebenen Einstellung zum planerischen Mindestabstand sind einige Punkte zu beachten. Diese Einstellung ist generell nur für die infinite Planung oder die Bucket-orientierte CTP-Planung relevant. Das APO-System verwendet statt des prozessbedingten den planerischen Mindestabstand, wenn das Kennzeichen gesetzt ist. Zusätzlich müssen jedoch noch weitere Bedingungen erfüllt sein:

- Entweder ist ein infiniter Planungsmodus oder der Planungsmodus **Bucket mit freier Kapazität suchen** eingestellt.
- Es ist der Planungsmodus **Lücke suchen** in Verbindung mit sonstigen Einstellungen vorgesehen, die zu einer infiniten oder Bucket-orientierten Planung führen. Hierzu sind die folgenden Einstellungen zu rechnen:
  - Aufgrund des Finitheitskennzeichens bzw. des Finitheitsgrads sind keine Ressourcen finit zu beplanen.
  - Die Bucket-Kapazität ist als finite Kapazität in das Strategieprofil eingetragen.
  - Ein infiniter Planungssubmodus ist eingetragen.

Wird dieses Kennzeichen nicht gesetzt, wird der prozessbedingte Mindestabstand berücksichtigt. Für ausgeplante Vorgänge gilt grundsätzlich eine Berücksichtigung des planerischen Mindestabstands, wenn Anordnungsbeziehungen beachten werden sollen, unabhängig davon, ob dieses Kennzeichen gesetzt ist.

Grundsätzlich ist es empfohlen, gewählte Einstellungen bezüglich des planerischen Mindestabstands beizubehalten, da sonst uneinheitliche Planungsergebnisse und gegebenenfalls schlechte Planungsperformance in Kauf genommen werden müssen.

Festlegung von Material-, Kapazitäts- und Zeitpuffern

Die Bucket-orientierte CTP-Planung wird in der Regel in einem zweistufigen Szenario im Zusammenhang mit einer nachgelagerten Feinplanung eingesetzt. In der nachgelagerten Feinplanung können durch die zusätzlich zu berücksichtigenden Restriktionen Terminverschiebungen entstehen. Um weiterhin den Bestätigungstermin einhalten zu können, sollten die Verschiebungen im Rahmen der Feinplanung in Rückwärtsrichtung erfolgen. Dies kann je nach Konstellation schwierig bis unmöglich sein, wenn beispielsweise der Bestätigungstermin nah am Heute-Datum liegt und somit gegebenenfalls keine ausreichende Kapazität und/oder auch nicht ausreichend Komponentenmengen zur Verfügung stehen, um den bestätigten Termin auch in der Realität einzuhalten.

Damit die nachgelagerte Planung über ausreichende Freiheitsgrade verfügt, sollte über den Einsatz einiger im APO-System verankerbarer Puffer nachgedacht werden:

- **Zeitpuffer**
  Bei den Zeitpuffern können Sie planerische Mindestabstände oder auch Zeitpuffer an der Ressource (zu pflegen auf der Registerkarte **Zeitkontinuierliche Kapazität in**

der Ressource) einsetzen. Mit den Zeitpuffern ist es möglich, ressourcenbezogen einen zeitlichen Puffer bei der Einplanung einer Aktivität zu hinterlegen, um beispielsweise einen unbeabsichtigten Abriss der Materialversorgung zu verhindern.

- **Materialpuffer**
  Um mengenmäßige Puffer bezüglich der Inputprodukte bereitzustellen, empfiehlt sich beispielsweise die Planungsstrategie der Baugruppenvorplanung. Hiermit können Sie sicherstellen, dass Baugruppen bzw. Komponenten zum Zeitpunkt des Kundenauftragseingangs bereitstehen.
- **Kapazitätspuffer**
  Der bereits im Rahmen des Bucket-Faktors erläuterte Kapazitätsabschlag kann genutzt werden, um aus der Bucket-orientierten CTP-Planung hervorgegangene Bestätigungstermine auch in der nachgelagerten Feinplanung abbilden zu können.
- **Reihenfolgeabhängige Rüstzeiten**
  Um durch die Restriktion von reihenfolgeabhängigen Rüstzeiten einen nicht mehr als machbar zu gestaltenden Plan erstellen zu können, können neben dem beschriebenen Kapazitätsabschlag auch durchschnittliche Rüstzeiten abgebildet werden.

Um Auswertungen für PP/DS-Buckets vorzunehmen, steht in der Auftrags- und Ressourcenauswertung (Transaktion /SAPAPO/CDPS_REPT) eine Vielzahl von Informationen zu Bucket-Kapazitätsangebot und -Bedarf zur Verfügung. Auch in der grafischen Feinplanungstafel des APO-Systems können Sie Informationen zu Buckets auswerten, eine Umplanung zwischen Buckets ist nicht möglich. Um die Bucket-Belastung im Teilbild der Ressourcenauslastung anzeigen zu können, muss im entsprechenden Plantafelprofil auf der Registerkarte **Kurvendaten** die Option **Bucket- bzw. zeitgenaue Ressourcenauslastung** gewählt werden.

23.4.2 CTP-Planung mit Kapazitätsreservierung

In verschiedenen Planungsprozessen können Kapazitätsreservierungen vorgesehen werden. Auch die Bucket-orientierte CTP-Planung kann um die Reservierung von Kapazitäten für die Produktion von Aufträgen mit bestimmten deskriptiven Merkmalen erweitert werden. Dabei werden die deskriptiven Merkmale aus der Kundenauftragserfassung verwendet, um zu ermitteln, ob die daraus resultierenden Aufträge in die entsprechenden Kapazitätsreserven eingeplant werden können. Im Gegensatz zu den Heuristiken der Beschaffungsplanung, die deskriptive Merkmale aus einem Prognosebedarf oder einem Kundenbedarf ableitet, verwendet CTP die Merkmalswerte aus dem Feldkatalog des Kundenauftrags und vererbt diese Informationen auf den Planauftrag.

Um die Kapazitätsreservierung im APO-System zu verankern, sind die folgenden Aktionen nötig:

- **Einrichtung der Kapazitätsreservierungsgruppe**
  Bei einer Kapazitätsreservierungsgruppe handelt es sich um die Zusammenfassung von maximal drei deskriptiven Merkmalen, die einer Verrechnungsgruppe entnommen werden können. In der Verrechnungsgruppe muss jedem deskriptiven Merkmal eine ATP-Kategorie zugeordnet sein.
- **Zuordnung der Kapazitätsreservierungsgruppe zur Ressource**
  Über den Button **Kapazitätsreservierung** auf der Registerkarte **PP/DS-Bucket-Kapazität** in der Ressourcenbearbeitung können Sie die Kapazitätsreservierungsgruppe zuordnen und die zugeordneten deskriptiven Merkmale einsehen. Diese Zuordnung kann auch aus Supply Network Planning (SNP) importiert werden. Durch die Zuordnung der Verrechnungsgruppe zur Ressource werden die enthaltenen deskriptiven Merkmale der entsprechenden Ressource planversionsabhängig zugeordnet, die beispielsweise auch von der PP/DS-Optimierung berücksichtigt werden. Für jedes deskriptive Merkmal besteht hier die Möglichkeit, einen Finitheitsgrad zuzuweisen, mit dem über das Strategieprofil gesteuert werden kann, für welche deskriptiven Merkmale eine finite Planung vorgenommen werden soll.
- **Pflege eines Kapazitätsreservierungs-Freigabedatums**
  Sie pflegen für Kapazitätsreservierungen ein Freigabedatum, zu dem die reservierte Kapazität allgemein freigegeben werden soll. Die eigentliche Freigabe führen Sie mittels Transaktion /SAPAPO/CAPREV_REL aus. Mit dieser Transaktion können Sie auf ausgewählten Ressourcen Kapazitätsreservierungen freigeben, deren Freigabedatum in der Vergangenheit liegt. Die freizugebende Kapazität wird der Sammelzuordnung zugeschlagen, d. h., sie steht in der Folge für alle deskriptiven Merkmale zur Verfügung.

In der Ressourcenplantafel (siehe Kapitel 25, »Interaktive, kurzfristige Kapazitätsplanung in SAP APO und ePP/DS«) können Sie über den Button **Kapazitätsreservierung** Informationen über die reservierte Kapazität, die verfügbaren Reservierungen und das Reservierungsfreigabedatum anzeigen lassen. In der grafischen Feinplanungstafel dagegen werden Kapazitätsreservierungen nicht angezeigt, es kann jedoch über den Menüeintrag **Zusätze • Auswertungen • Kapazitätsreservierung** eine Übersicht geöffnet werden.

Im Alert-Monitor besteht die Möglichkeit, PP/DS-Bucket-Überlast-Alerts auch zu jeder Überlast bezüglich der einzelnen Kapazitätsreservierungen anzuzeigen. Dabei werden das deskriptive Merkmale sowie der Wert separat angezeigt, für den die Überlast auftritt.

23.5 Funktionale Einschränkungen in der CTP-Planung

Sie sollten die folgenden funktionalen Einschränkungen im CTP-Prozess beachten:

- **Einsatz für Lieferungsbelege**
  CTP kann nicht für Lieferungsbelege eingesetzt werden.
- **Parallele Belegung von Ressourcen**
  Auch bei CTP kann eine parallele Belastung durch zwei Aufträge nicht gänzlich ausgeschlossen werden, weil die APO-Standardverfügbarkeitsprüfung Global Available to Promise (GATP) mit der Übergabe der Planungshoheit an die Produktions- und Feinplanung (PP/DS) dort den Start einer sogenannten Simulationsversion auslöst. In dieser Simulationsversion, die vergleichbar ist mit der Einplanung von Aufträgen in der grafischen Feinplanungstafel oder der Produktsicht ohne eine Verbuchung der Planungsaktion durch Sichern der Ergebnisse, werden die entsprechenden Aufträge zunächst simulativ auf den Ressourcen eingeplant. Ähnlich wie bei Planungsaktionen in den genannten Transaktionen der interaktiven Planung (siehe Kapitel 25, »Interaktive, kurzfristige Kapazitätsplanung in SAP APO und ePP/DS«) erfolgt zunächst keine Verbuchung. Ist der Einplanungsprozess erfolgreich, übergibt die Produktions- und Feinplanung die ermittelten Planungsdaten erneut an die Verfügbarkeitsprüfung. Erst in diesem Moment wird das Planungsergebnis im System sichtbar. Daraus resultiert bei zeitlich paralleler Kundenauftragserfassung die Möglichkeit, eine Ressource gleichzeitig mit mehreren Aufträgen zu belasten, d. h. auch eine Überlastsituation bzw. fehlende Komponentenmengen zu erhalten, die durch die Funktionen der interaktiven Planung erkannt und behoben werden müssen. Je länger die Einplanungssimulation dauert, desto größer wird die Wahrscheinlichkeit für diese prinzipiell unerwünschte Planungssituation. Auch aus diesem Grund sollten Sie die Anzahl der über CTP abgebildeten Dispositionsstufen auf die planungstechnisch nötigen Bereiche begrenzen.
- **Performance**
  Um die Simulationszeit möglichst kurz zu halten, sind folgende Systemkonstellationen tunlichst zu vermeiden:
  - hohe Anzahl finiter Ressourcen
  - hohe Anzahl an Aktivitäten pro Auftrag
  - hohe Anzahl an Komponenten mit der Einstellung »Sekundärbedarfe sofort decken«
  - hohe Anzahl an zu planenden Dispositionsstufen
  - hohe Anzahl an alternativen Bezugsquellen
  - hohe Anzahl an zu bildenden Losen

- **Teillieferung/Splittung**
  Im Zusammenhang mit CTP ist kein Splitten von Planaufträgen und Umlagerungsaufträgen möglich.
- **Prüfumfang**
  Es ist kein Prüfumfang im Zusammenhang mit dem Planungsverfahren **Manuelle Planung mit Prüfung** einstellbar.
- **Verwendung von Konfiguration oder CDP-Merkmalen**
  Im Zusammenhang mit CTP ist keine Verwendung von CDP-Merkmalen (analog dazu ebenfalls nicht möglich: Verwendung von Konfiguration) oder die Bestandssuche mit CDP-Merkmalen (vergleichbar mit der Chargensuche im ERP-System) möglich.
- **SD-Lieferpläne**
  CTP eignet sich lediglich für eine positionsbezogene Abwicklung. Da Sie bei SD-Lieferplänen einteilungsbezogen arbeiten, ist CTP für SD-Lieferpläne nicht geeignet. Einteilungsbezogene Abwicklungen sind im System aufgrund der Vielzahl der üblicherweise vorhandenen Einteilungen zu einzelnen Positionen mit Problemen hinsichtlich der Systemperformance belegt. Ebenso kann als Nachteil angesehen werden, dass bereits bestätigte Einteilungen den bestätigten Wunschtermin verlieren, wenn neue Lieferplaneinteilungen terminlich zwischen diesen Einteilungen eingefügt werden oder eine Änderung der Menge oder des Termins erfolgt.
- **Periodische Losgrößen**
  Periodische Losgrößen sind in CTP nicht möglich: Aufgrund des Charakters von CTP, Eigenfertigungsbedarfsdecker kundenauftragsbezogen anzulegen und einzuplanen, ist ein periodisches Losgrößenverfahren, bei dem mehrere Bedarfsmengen zu Losen zusammengefasst werden, nicht sinnvoll und daher auch nicht möglich. Ein zusätzlicher Bedarf in einer Periode würde auf Basis des periodischen Losgrößenverfahrens zu einer Erhöhung einer Auftragsmenge eines bereits bestehenden Planauftrags führen, wodurch sich die Sekundärbedarfstermine Richtung heute verschieben würden. Daher würde die Gefahr bestehen, dass sich hinsichtlich der bereits bestätigten Kundenauftragspositionen eine nicht machbare Plankonstellation ergibt.
- **Sicherheitsbestände und -reichweiten**
  SAP unterstützt CTP in Kombination mit Sicherheitsbeständen bzw. -reichweiten nicht.
- **Anonyme Lagerfertigung**
  Die Verwendung von CTP mit den Strategien der anonymen Lagerfertigung ist nicht sinnvoll möglich, da diese Strategien keinen Kundenauftragsbezug bei der Deckung von Bedarfen vorsehen.

- **Strategie »Vorplanung ohne Endmontage«**
  Die Verwendung von CTP in Kombination mit der Strategie **Vorplanung ohne Endmontage** ist nicht möglich: Bei der Vorplanung ohne Endmontage werden Planaufträge mit dem Ziel angelegt, dass durch eine entsprechende Sekundärbedarfsauflösung bereits frühzeitig Baugruppen und Komponenten beschafft bzw. produziert werden, ohne dass die Produktion des Endprodukts ohne Kundenauftragseingang bereits initiiert werden würde.

  Dies wird dadurch erreicht, dass für das Endprodukt entsprechend Vorplanbedarfe in einem speziell für diesen Zweck vorgesehenen Vorplanungsabschnitt angelegt werden, die dann im Anschluss im Rahmen der Auftragsanlage zur Erzeugung von nicht umsetzungsfähigen Planaufträgen führen, die wiederum entsprechend Kapazitäts- und Komponentenbedarfe absetzen. Durch die Anlage eines Kundenauftrags für das Endprodukt müsste CTP entsprechende Bedarfsdecker im Vorplanabschnitt löschen, um sicherstellen zu können, dass sowohl Kapazität als auch Komponentenverfügbarkeit gewährleistet sind. Ein Abbruch der Kundenauftragserfassung in diesem Fall wiederum würde aufgrund des Aufbaus von CTP nicht dazu führen, dass diese – prinzipiell in einem anderen Kontext angelegten – Elemente erneut angelegt werden, sie liegen außerhalb des Verantwortungsbereichs von CTP. Um die daraus resultierenden Probleme zu verhindern, unterstützt SAP diesen Prozess nicht.
- **Rückstandsbearbeitung**
  CTP kann – anders als beispielsweise Capable-to-Match (CTM) – nicht in der Rückstandsbearbeitung verwendet werden: Dies ist in der schlechten Performance begründet, da bei der Rückstandsbearbeitung alle selektierten Kundenauftragspositionen einzeln geprüft werden. Das System müsste dabei die zugehörigen Beschaffungselemente einzeln neu anlegen, wobei die sonst zur Verfügung stehenden performanceverbessernden Funktionen wie die Veränderungsplanung und Parallelisierung technisch nicht möglich sind. Falls für ein CTP-geplantes Produkt eine Rückstandsbearbeitung durchgeführt wird, werden zwar vorhandene Zugänge berücksichtigt, jedoch keine neuen Zugänge angelegt.
- **Verfügbarkeitsprüfung von Sekundärbedarfen, Reservierungen oder Bedarfen**
  Eine Verwendung von CTP bei der Verfügbarkeitsprüfung von Sekundärbedarfen, Reservierungen oder Bedarfen aus Umlagerungsanforderungen ist nicht möglich: Wenn Sie in der Prüfvorschrift definieren, dass für die entsprechenden Geschäftsereignisse auf die Produktion zurückgegriffen werden soll, führt dies dazu, dass temporäre Aufträge im System verbleiben. Dies macht deutlich, dass der entsprechende Prozess von SAP nicht vollumfänglich unterstützt wird, daher ist der Einsatz von CTP in diesem Szenario nicht empfehlenswert.

- **Abbruch einer Kundenauftragserfassung**
  Der Abbruch einer Kundenauftragserfassung mit Eingabe von »/n« im Transaktionsfeld wird nicht empfohlen, weil bei CTP zunächst auch ohne Sichern des Kundenauftrags die dadurch initiierte simulative Anlage von Bedarfsdeckern wie Kapazitäts- und Komponentenangebot auch für andere Transaktionen sichtbar reserviert wird. Wird die Kundenauftragserfassung abgebrochen, werden die simulativ temporär erzeugten Bedarfsdecker wieder gelöscht und damit die Komponenten- und Kapazitätsreservierungen rückgängig gemacht. Dies erfolgt bei einer kontrollierten Beendung des Prozesses ohne Sichern des Kundenauftrags mit einer Löschfunktion. Brechen Sie dagegen die Kundenauftragserfassung unter Verwendung von »/n« im Transaktionsfeld ab, erfolgt dies über den sogenannten Task-Handler, der die Löschung der Auftragsdaten aus dem liveCache veranlasst. Auf der Datenbank bleiben jedoch vereinzelte Auftragsreste zurück. Auch wenn diese Auftragsdaten nicht planungsrelevant sind, kann dies zu liveCache-Inkonsistenzen führen, die Sie über die liveCache-Konsistenzprüfung in der Transaktion /SAPAPO/OM17 ermitteln und beseitigen müssen.

23.6 Fazit

Sie haben in diesem Kapitel mit der Funktion CTP eine Möglichkeit kennengelernt, um bereits im Rahmen des Kundenauftragseingangs die Verfügbarkeitsprüfung sowie die Anlage von Bedarfsdeckern unter Berücksichtigung von Kapazitäten durchzuführen.

Zu diesem Zweck sind wir zunächst auf die Grundlagen des Verfahrens eingegangen, um daran anschließend die Funktionsweise sowie die Verwendung zu erläutern. Dann haben wir Ihnen die Einstellungsmöglichkeiten vorgestellt, bevor wir auf spezielle Formen des CTP-Prozesses – die Bucket-orientierte CTP-Planung sowie die CTP-Planung mit Kapazitätsreservierung – eingegangen sind. Abschließend haben wir die Einschränkungen erläutert, die bei der Verwendung dieses Verfahrens berücksichtigt werden müssen. Somit können Sie nun einschätzen, welche Vor- und Nachteile dieses Verfahren bietet und wann es idealerweise eingesetzt wird.

Kapitel 24

Sonderprozesse in der kurzfristigen Kapazitätsplanung in SAP APO und ePP/DS

Auf Basis der geschilderten grundlegenden Prozesse können in der kurzfristigen Kapazitätsplanung einige Sonderprozesse eingesetzt werden, die häufig in speziellen Planungskonstellationen oder Branchen von besonderer Bedeutung sind.

Wir stellen Ihnen in der Folge analog zu Kapitel 13, »Sonderprozesse in der langfristigen Planung in SAP APO«, einige Sonderprozesse überblicksartig vor, die Sie in der kurzfristigen Kapazitätsplanung im APO-System verwenden können.

[«]

Sonderprozesse im Ansatz für die MRP-basierte Feinplanung bzw. in ePP/DS
Die im Rahmen dieses Kapitels vorgestellten Sonderprozesse sind nicht mit dem Ansatz für die MRP-basierte Feinplanung kompatibel, teilweise erfordern sie auch eine Materialbedarfsplanung im APO-System.

24.1 Finiter MRP-Lauf und kapazitätsgetriebene Auftragsanlage

In der kurzfristigen Kapazitätsplanung steht eine Reihe von Funktionen zur Verfügung, die die Auftragsanlage beeinflussen. Mit der Funktion Capable-to-Match (CTP) haben wir Ihnen bereits eine zentrale Vorgehensweise vorgestellt, bei der Auftragsanlage und Kapazitätsplanung gemeinsam durchgeführt werden. Mit der Vorgehensweise, in einen PP/DS-Lauf ein Strategieprofil mit einem finiten Planungsmodus einzubeziehen, haben Sie die Möglichkeit, während des MRP-Laufs Kapazitäten einzubinden (siehe Abbildung 24.1). Die Planung erfolgt dann unter Berücksichtigung begrenzter Kapazitäten, gegebenenfalls werden Bezugsquellen auf Basis der begrenzten Kapazitäten ausgewählt.

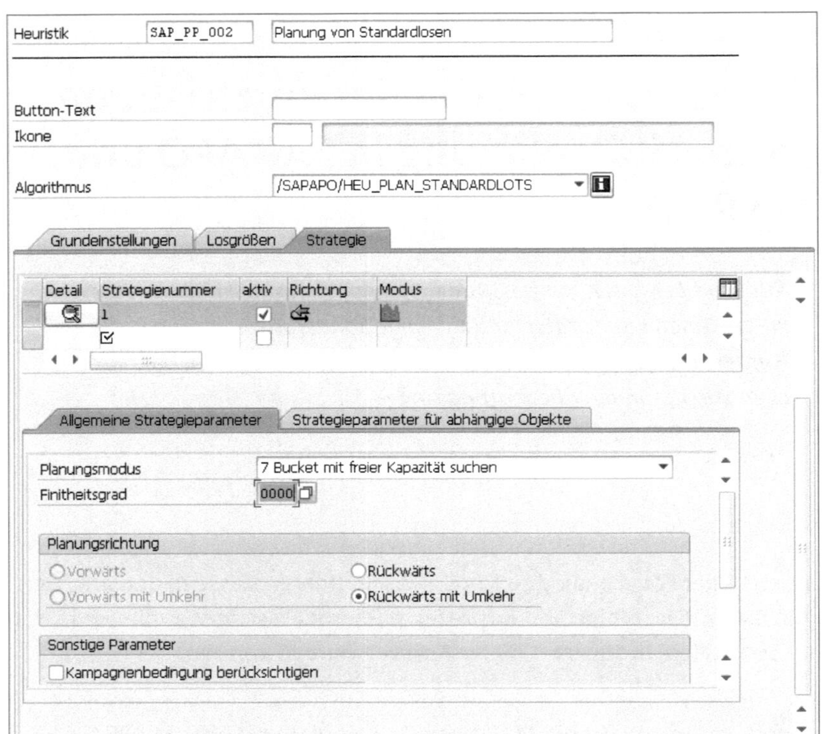

Abbildung 24.1 Finite Strategie in der Produktheuristik

Dabei hat diese Vorgehensweise einige Implikationen zur Folge. Die Aufträge werden zunächst nach MRP-Logik mengenmäßig geplant, bevor das in der Dispositionsstufenlogik oder der internen Bearbeitungsreihenfolge von MRP nächste Produkt geplant wird. Das Sukzessivplanungskonzept liegt also auch hier zugrunde, jedoch wird statt einer zunächst stattfindenden Auftragsanlage für alle Produkte gemäß MRP-II-Konzept die Terminierung jedes Auftrags auf Basis von begrenzten Kapazitäten ermittelt. Durch die Reihenfolge der Planung, die in jedem MRP-Lauf mit einem identischen oder vergleichbaren Materialspektrum durch das vorgelagerte Dispositionsstufenverfahren und die interne Bearbeitungsreihenfolge in MRP vorgegeben ist, kommt es zu notorischen »Loser«-Materialien. Diese erhalten bei Vorliegen von Engpässen aufgrund der Planung zu einem späten Zeitpunkt im MRP-Lauf »chronisch« keine entsprechenden Kapazitäten. Zusätzlich ist diese Vorgehensweise im Vergleich zum üblichen infiniten MRP-Vorgehen erheblich performanceintensiver. Es sollte daher genau geprüft werden, ob dieser Schritt einer im wahrsten Sinne des Wortes sukzessiv ablaufenden Planung vorzuziehen ist. In der Regel erfolgt eine finite MRP-Planung vor allem dort, wo die Bezugsquellenauswahl auf Basis von begrenzten Kapazitäten stattfinden soll, gegebenenfalls werden dann weitere Feinplanungsschritte mit Berücksichtigung von begrenzten Kapazitäten nachgeschoben, die der Reihenfolgeplanung im Rahmen der vorher gesetzten Grenzen dienen.

Obwohl in der Literatur gegebenenfalls Stellen zu finden sind, an denen die Vorgehensweise des finiten MRP-Laufs als simultane Auftragsanlage und Kapazitätsplanung bezeichnet wird, kann man aufgrund der Vorgehensweise nicht von Simultanplanung sprechen, da auch hier die Auftragsmenge und die Kapazitäten in separaten Schritten ermittelt bzw. berücksichtigt werden.

Neben den beiden zentralen Funktionen CTP und finiter MRP-Lauf, bei denen Auftragsanlage und Kapazitätsplanung gemeinsam in einem – in sukzessive Unterschritte aufgeteilten – Vorgehen betrachtet werden, können Sie mit der Heuristik SAP_PP_CDOC eine kapazitätsgetriebene Auftragsanlage vorsehen. Dabei können Sie für bestimmte, auszuwählende Ressourcen Planaufträge neu anlegen oder bestehende mengenmäßig so anpassen, dass Sie eine gleichmäßige Kapazitätsauslastung erreichen. Dabei handelt es sich um eine Funktion, die in gewisser Weise eine Analogie zu der Push-Produktion aufweist (siehe Abschnitt 24.2, »Haltbarkeiten«), wobei es hier keine Überdeckung an vorhandenen Mengen der Treiber für neue Aufträge gibt, sondern eine nicht ausgelastete Kapazität.

24.2 Haltbarkeiten

In der kurzfristigen Kapazitätsplanung besteht in einer Reihe von Funktionalitäten die Möglichkeit, Haltbarkeiten in die Überlegungen einzubeziehen. Dies ist insbesondere in Branchen wie der Nahrungsmittelindustrie von Bedeutung, in der schon in der Produktionsplanung darauf zu achten ist, dass nicht ein zu großer Anteil der naturgegebenen Haltbarkeitsvorgaben planerisch verbraucht wird.

Hierzu ist eine Reihe von Voraussetzungen zu beachten:

- In den Basiseinstellungen des APO- bzw. ePP/DS-Customizings ist als Klassensystem CDP eingetragen. Beachten Sie diesbezüglich die SAP-Hinweise 339576 (für Releases bis R/3 4.5), 394378 (ab Release R/3 4.6) sowie 483576 für aktuelle Releases.
- Für jedes relevante Produkt müssen in den Produktstammdaten Haltbarkeitsdaten gepflegt werden, und das Kennzeichen **Planung m. Haltbkt.** muss gesetzt werden (siehe Abbildung 24.2).

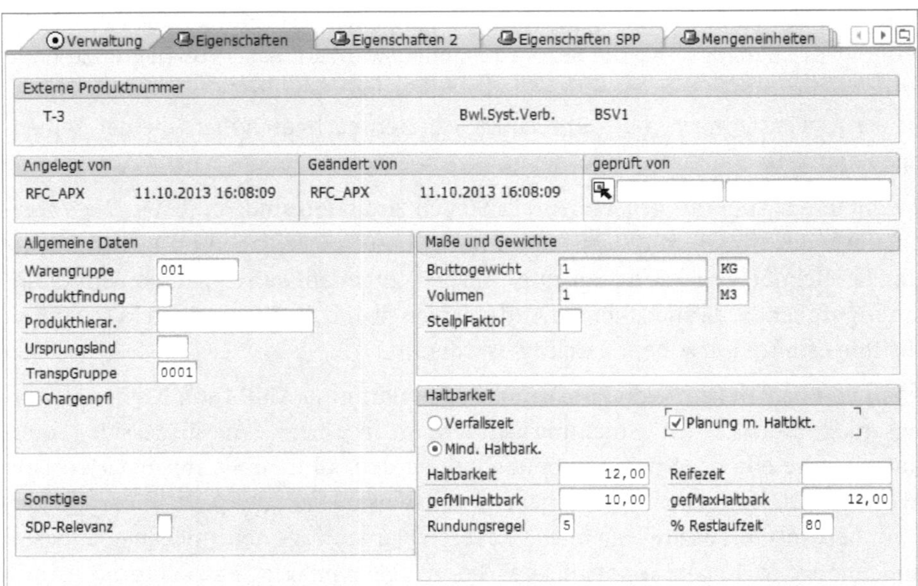

Abbildung 24.2 Haltbarkeitsdaten im Produktstamm

Wenn Sie diese Voraussetzungen beachten, können Sie Haltbarkeiten in verschiedenen Funktionalitäten der kurzfristigen Kapazitätsplanung einsetzen:

- Produktheuristiken, die auf dem Algorithmus /SAPAPO/HEU_PLAN_STANDARD-LOTS basieren, z. B. SAP_PP_002 und SAP_PP_SL001. Die Verwendung dieser Heuristiken ermöglicht die Anlage von Beschaffungsvorschlägen, die Haltbarkeitsbedingungen berücksichtigen. Hierfür müssen Sie in den Heuristikeinstellungen das Kennzeichen **Mit Haltbarkeit planen** setzen (siehe Abbildung 24.3). In diesem Fall erfolgt eine Berücksichtigung der Haltbarkeitsdaten bereits bei der Nettobedarfsrechnung des PP/DS-MRP-Laufs mit dieser Heuristik, indem nur Bestände, Zugänge und Bedarfe verrechnet werden, die kompatible Haltbarkeitsdaten haben. Sie müssen dabei im Produktstamm die Option **Minimieren der Alerts** gesetzt und dürfen in den Heuristikeinstellungen **Fixierte Vorgänge vorab berücksichtigen** nicht gesetzt haben. Zusätzlich dürfen Losgrößenparameter nicht den Haltbarkeitsanforderungen zuwiderlaufen.
- Dynamisches Pegging stellt nur Pegging-Beziehungen zwischen Elementen her, die bezüglich ihrer Haltbarkeitsanforderungen kompatibel sind. Dies bedeutet, dass zusätzlich zu der durch die Pegging-Intervalle definierten zeitlichen Einschränkung bei der Zuordnung von Bedarfen und Bedarfsdeckern durch das Pegging die Haltbarkeitsanforderungen beachtet werden müssen. Dies wiederum bedeutet, dass nur dann ein dynamisches Pegging von PP/DS gebildet wird, wenn für ein Zugangs- oder Bestandselement folgendes zutrifft:

- Zum Bedarfstermin des Pegging-Partners ist die Reifezeit abgeschlossen.
- Das Zugangs- oder Bestandselement ist bis zur geforderten Mindesthaltbarkeit des Bedarfselements haltbar.
- Das Zugangs- und Bedarfselement ist höchstens bis zur geforderten maximalen Haltbarkeit des Bedarfselements haltbar.

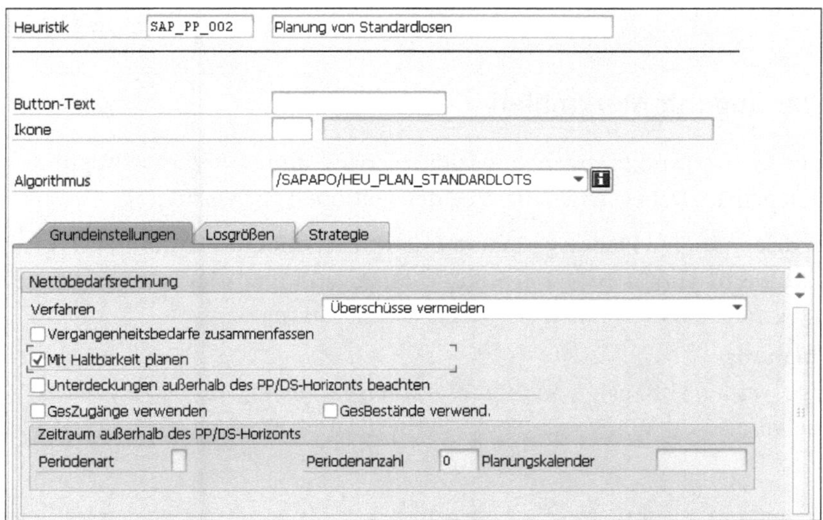

Abbildung 24.3 Einstellung der Planung mit Haltbarkeiten in den Heuristikeinstellungen

- Die PP/DS-Optimierung kann auf Basis vorab mit den genannten Produktheuristiken angelegter Aufträge die Reifezeit, die Haltbarkeit, die geforderten Haltbarkeiten sowie die individuellen Haltbarkeitsanforderungen von Chargen und Kundenaufträgen berücksichtigen.
- Die Push-Produktion versucht, Haltbarkeitsanforderungen zu berücksichtigen, jedoch kann es z. B. bei Kapazitätsengpässen dazu kommen, dass Elemente verspätet angelegt werden und somit die Haltbarkeitsanforderungen unberücksichtigt bleiben.
- Die Feinplanung berücksichtigt Haltbarkeitsanforderungen, wenn Sie im Strategieprofil vermerkt haben, dass dynamische Pegging-Beziehungen beachtet werden sollen.

Eine spezielle Produktionsabwicklung, die insbesondere bei begrenzten Haltbarkeiten von Relevanz ist, ist die Push-Produktion (siehe SAP-Hinweis 594982). Diese wird eingesetzt, wenn Sie beispielsweise von einem Rohstoff wie Milch mehr zur Verfügung haben, als durch Bedarfe abgefragt wird. Soll dieser Rohstoff unabhängig von konkreten Bedarfen verbraucht werden, um ihn nicht wegen begrenzter Haltbarkeit entsorgen zu müssen, können Sie über den Menüpunkt **Springen** in der Produktsicht oder über den Alert-Monitor für Überdeckungs-Alerts mit der rechten Maustaste die Push-Produktion starten. Dabei wird über das Pegging die Überdeckungsmenge berechnet, wobei fixierte und nicht fixierte Elemente im Gegensatz zur Standardnettobedarfsrechnung analog behandelt werden. Begrenzte Kapazitäten werden erst im nachgelagerten Schritt der Kapazitätsplanung der Aufträge durchgeführt.

24.3 Planung mit Merkmalen

Sie können in der kurzfristigen Kapazitätsplanung unter Berücksichtigung von Merkmalen planen. Dabei stehen diese beiden Optionen zur Verfügung:

- **Merkmalsabhängige Planung (Characteristics-Dependent Planning; CDP)**
  Produkte werden unter Berücksichtigung der zugehörigen Merkmale geplant. Das Pegging erfolgt dabei auf Basis der Merkmalszuordnungen.
- **Blockplanung**
  Aufträge werden abhängig von ihrer Merkmalsbewertung auf den einzelnen Ressourcen verplant, denen vorab Blöcke für bestimmte Merkmale zugewiesen wurden.

Erläuterung: Zentrale Begrifflichkeiten Merkmalsbewertung und Merkmalsanforderung

Für das Verständnis der Begrifflichkeiten im Rahmen der Planung mit Merkmalen sind die Begriffe Merkmalsbewertung und Merkmalsanforderung zentral.

- Der Begriff *Merkmalsbewertung* ist wie folgt definiert: Es erfolgt eine eindeutige Zuordnung von Werten zu den Merkmalen eines Objekts, die sich aus der Klassenzuordnung des Objekts ableiten lassen. Jedem Merkmal der Klasse ist maximal ein Wert zugewiesen.
- Unter *Merkmalsanforderungen* werden die möglichen Ausprägungen von Merkmalen verstanden, die ein Objekt (wie z. B. eine Ressource) von einem anderen Objekt (wie z. B. eine auf der Ressource zu produzierende Aktivität) fordert. Diese Merkmalsanforderungen sind einem Bedarf oder – im Rahmen der Blockplanung – einer Blockgrunddefinition zugeordnet. Die Merkmalsanforderungen können dabei mehrwertig oder als Intervall definiert sein.

24.3.1 Stamm- und Bewegungsdaten im Rahmen der Planung mit Merkmalen

Bevor wir Ihnen die beiden Möglichkeiten CDP und Blockplanung näher vorstellen, gehen wir auf Stamm- und Bewegungsdaten ein, die in diesem Zusammenhang wichtig sind.

[«]

Einschränkungen beim Planen mit Merkmalen
Beachten Sie im Allgemeinen und insbesondere bei der Verwendung von Produktionsprozessmodellen für die Planung mit Merkmalen die Informationen der offiziellen SAP-Dokumentation und des Hinweissystems, da diverse Einschränkungen zu berücksichtigen sind.

Klassen und Merkmale

Um mit Merkmalen planen zu können, müssen Sie das Klassensystem nutzen. Es empfiehlt sich nach Möglichkeit, die entsprechenden Einstellungen aus dem ERP-System über den Standardintegrationsweg zu übertragen. Hierzu müssen Klassen und Merkmale in das PP/DS integriert werden, indem Sie entsprechende Integrationsmodelle generieren und aktivieren. Diese Übertragungsart ist auch für ePP/DS zu verwenden (vgl. hierzu Kapitel 6, »Integration von Stamm- und Bewegungsdaten in SAP APO, ePP/DS und SAP IBP«).

Pläne

Bei der Planung mit Merkmalen, d. h. im Bereich CDP und in der Blockplanung, haben Sie im APO-System die Möglichkeit, sowohl mit Produktionsprozessmodellen (PPM) als auch mit Produktionsdatenstrukturen (PDS) zu arbeiten, in ePP/DS können Sie nur PDS verwenden. Zwischen PDS und PPM bestehen im Hinblick auf die Einbindung von Merkmalen einige Unterschiede.

PDS entstehen auch im Fall des Planens mit Merkmalen auf Basis der ERP-Stammdaten Stückliste und Arbeitsplan, die auf ERP-Seite zu einer Fertigungsversion zusammengefasst sind. Sie sind auch in diesem Fall nicht in PP/DS änderbar.

Das im ERP-System den Vorgängen zugeordnete Beziehungswissen zur Herleitung von Werten für Merkmale wird im APO-System bzw. in ePP/DS automatisch einem Modus zugewiesen. Damit dieses Beziehungswissen an Aktivitäten oder Vorgängen verwendet werden kann, muss eine spezielle Zuordnung des Beziehungswissens zu einer bestimmten Beziehungsgruppe vorgenommen werden. Diese ist für die Verwendung von Beziehungswissen am Vorgang die Beziehungsgruppe SAPAPOOPR, für die Verwendung an der Aktivität die Beziehungsgruppe SAPAPOACT. Um diese in den ERP-Systemen vorzunehmen, können Sie im ERP-Customizing über **Logistik allgemein • Variantenkonfiguration • Beziehungswissen • Gruppe festlegen** die Beziehungsgruppe festlegen. Im SAP Easy Access Menü können Sie dann über **Logistik • Zentrale Funktionen • Variantenkonfiguration • Beziehung • Einzelbeziehung** die Beziehungsgruppe auf den Basisdaten angeben.

[»]

Verwendung von benutzerdefinierten Funktionen in PP/DS

Die Funktionsdefinitionen und Funktionsbausteine müssen sowohl im ERP-System als auch in PP/DS vorliegen. Die im ERP-System üblicherweise genutzten Funktionsbausteine CUOV_DET_FUNCTION_ARGUMENT und CUO_SET_FUNCTION_ARGUMENT sind im APO-System nicht vorhanden. Eine vergleichbare Funktionalität können Sie mit der Klasse /SAPAPO/CL_CU_GEN_SERVICE realisieren, in der entsprechende Methoden für GET sowie SET der Argumente zu finden sind.

Bei der Blockplanung erfolgt eine Propagierung der Merkmale an die Aktivitäten, die Bewertung wird dann mit den Blockgrunddefinitionen verglichen. Arbeiten Sie mit PPM, müssen Sie vorab eine Merkmalspropagierung angelegt haben.

Einstufige Auflösung von Stücklisten im CDP

Durch die einstufige Auflösung von Stücklisten beim CDP können Sie sich in mehrstufigen Stücklisten nicht auf Materialien untergeordneter Stufen beziehen.

Über die Verwendung von Objektmerkmalen, die auf Stammdatenfelder verweisen, können Sie mit Beziehungswissen für eine Veränderung z. B. von Vorgangsdauern, Komponentenbedarfen oder Ausschussmengen sorgen. Wird dem Objektmerkmal ein Wert zugewiesen, erhält das entsprechende Stammdatum den gleichen Wert. Sie können in der Tabelle /SAPAPO/TCUCDPRF die Strukturen aufrufen, auf die in Objektmerkmalen verwiesen werden kann, um Feldinhalte zu beeinflussen.

Sie können das BAdI /SAPAPO/CULLRTOEXPL verwenden, um Merkmalsanforderungen für das Pegging bei der PDS-Auflösung beeinflussen zu können. Hierbei kann für einen Bedarf ein zulässiger Wertebereich festgelegt werden, sodass eine Verrechnung mit Zugängen innerhalb dieses Wertebereichs möglich wird.

Die PDS-Übertragung kann mit dem BAdI /SAPAPO/CURTO-CREATE beeinflusst werden. Mittels dieser Standardeingriffsmöglichkeit in das Coding können Sie beispielsweise vorsehen, dass für die Blockplanung nicht nur, wie vom Standard vorgesehen, die Produktionsaktivitäten blockplanungsrelevant sind, sondern beispielsweise auch Rüstvorgänge. Hierfür kann die Methode BLOCK_PLANNING_RELEVANCE genutzt werden.

Bewegungsdaten

Merkmalsbewertungen können über das Core Interface (CIF) für die folgenden Objekten übertragen werden:

- Chargenbestand
- Kundenauftrag

- Fertigungsauftrag
- Materialvariante
- Bestellanforderung
- Bestellung

Es existieren jedoch, wie bereits beschrieben, diverse Einschränkungen im Vergleich zur ERP-Planung, die in der offiziellen SAP-Dokumentation und im Hinweissystem aufgeführt werden.

24.3.2 Merkmalsabhängige Planung (CDP)

Zu CDP-relevanten Komponenten wird die Merkmalsbewertung im liveCache abgelegt und für das Pegging verwendet. Es kommt zu einem Pegging zwischen dem anfordernden Bedarf und Zugang, wenn beide derselben Klasse zugeordnet sind und die Werte der bewerteten Merkmale im zulässigen Wertebereich der Merkmalsanforderung liegen bzw. sich nicht widersprechen. Folglich kommt es auch zum Pegging, wenn Merkmale unbewertet sind.

Produktvarianten, die mit den Materialvarianten des ERP-Systems vergleichbar sind, können in der merkmalsabhängigen Planung verwendet werden.

Es kann auf eine Reihe speziell für CDP konzipierte bzw. dort verwendbare PP/DS-Heuristiken zurückgegriffen werden. Hier sind die folgenden Heuristiken zu nennen:

- PP/DS-Deployment-Heuristiken (SAP_DEPL_MUL sowie SAP_DEPL_SNG)
- Heuristik zur Propagierung von deskriptiven Merkmalen (SAP_PP_023)
- Heuristik für die Propagierung von Haltbarkeitsdaten (SAP_PP_025)
- Heuristik für das Löschen abhängiger Aufträge (SAP_PP_024)
- Bedarfspropagierungsheuristik (SAP_PP_022)

Ebenso können Sie die interaktive Bezugsquellenfindung verwenden, die Sie in den Heuristikeinstellungen der Heuristiken SAP_PP_001, SAP_PP_002, SAP_PP_003, SAP_PP_004 sowie SAP_CTP_DLG vorsehen können. Mittels dieser Funktion kann nach der Ermittlung der Beschaffungsvorschläge in einem einstufigen PP/DS-Lauf die Beschaffungsbezugsquelle für jeden der Beschaffungsvorschläge manuell ausgewählt werden.

24.3.3 Blockplanung

Ziel der Blockplanung ist es, die Ressourcenbelegung in bestimmten Blöcken zu systematisieren, d. h., dass in einzelnen Blöcken von z. B. zwei Tagen lediglich Aufträge mit bestimmten Merkmalen geplant werden. Ein Block ist dabei als Zeitabschnitt definiert, in dem auf einer Ressource eine oder mehrere Aktivitäten mit denselben

Eigenschaften bearbeitet werden. Dieser Prozess kann beispielsweise in der Nahrungsmittelindustrie eingesetzt werden, wenn Sie in vordefinierten Blöcken Produkte mit bestimmten Eigenschaften, wie z. B. koschere Produkte, gemeinsam fertigen möchten, ohne dass dabei Produkte in die gleichen Zeitintervalle eingeplant werden, die diese Voraussetzungen nicht erfüllen.

Zusammenhang zwischen Blockplanung und Rüstreihenfolgebildung

Bei der Blockbildung handelt es sich um eine Entscheidung, die man als der Rüstreihenfolgeplanung vorgelagert verstehen kann. Während die Rüstreihenfolgebildung durch die Eigenschaften der Rüstkosten und/oder -zeiten zustande kommt, wird über die Blockplanung in einem vorgelagerten Schritt entschieden, aus welchem Vorrat sich die Rüstreihenfolgebildung in einem definierten Zeithorizont, dem Block, bedienen kann. Die Reihenfolgebildung über Rüstgruppen und -schlüssel ist demnach ein Schritt innerhalb der Blöcke, der sich auf das Rüstkriterium fokussiert, während die Blockbildung eine Vorsortierung herbeiführt.

Die Blockplanung, die selbst nicht im ERP-System durchführbar ist, sollte im Fall der Verwendung einer Konfiguration auf Klassen und Merkmalen beruhen, die Sie aus dem jeweiligen ERP-System übertragen haben. Es ist jedoch auch möglich, für die Blockplanung im ERP-System als nicht konfigurierbare Materialien eingestellte Produkte zu verwenden. Die Werte müssen sich dabei aus der Klassifizierung von Vorgängen im ERP-Arbeitsplan oder durch Standardbewertungen an Aktivitäten aus dem PPM-Plan ergeben, da die Merkmalsbewertung nicht dynamisch aus dem Kundenauftrag resultieren kann.

Nutzen können Sie für die Blockplanung daher sowohl im Fall der Verwendung der Konfiguration als auch ohne konfigurierbare Materialien PDS sowie PPM. Möchten Sie eine Blockplanung ohne Konfiguration durchführen, sind einige Voraussetzungen zu erfüllen (auf Basis der Verwendung von PDS):

- Bei Verwendung von PDS muss das BAdI CUSLNTRTO_ADDIN mit der Methode USE_OPERATION_CLASSIFICATION implementiert und aktiviert werden. Dabei muss X für den Parameter EV_TRUE gesetzt sein.
- Im ERP-System müssen die Vorgänge des Arbeitsplans in einer Klasse der Klassenart 018 klassifiziert sein.
- Die Merkmale müssen in das APO-System bzw. PP/DS integriert werden.
- Im APO-System muss eine Klasse der Klassenart 400 angelegt werden, und die Merkmale müssen entsprechend zugeordnet werden.
- Es müssen entsprechende Blöcke zu den Merkmalen auf den Ressourcen definiert werden.

Bei der Verwendung von PPM im APO-System ist lediglich eine Standardbewertung möglich, eine Merkmalspropagierung steht nicht zur Verfügung.

[«]

Unterschiedliche Interpretation der Sichtweise in unterschiedlichen Industrien

In prozessorientierten Bereichen, wie z. B. der Chemieindustrie, erfolgt häufig eine Kampagnenbildung, in der mehrere Aufträge zu einer Kampagne zusammengefasst werden. Da ein begonnener Prozess nicht unterbrochen wird, erfolgt die Betrachtung eher auf Auftragsebene, ohne zwischen den zugrunde liegenden Ressourcen zu unterscheiden.

In der stückorientierten Fertigung, wie z. B. in der Konsumgüterindustrie, liegt der Betrachtungsfokus jedoch auf den unterschiedlichen Ressourcen, über die die Wertschöpfung zu erfolgen hat. Ein Auftrag läuft dabei nicht selten über mehrere Ressourcen, die einzeln betrachtet werden.

Ressourcen

Sie müssen eine Ressource als blockplanungsrelevant definieren, um die Blockplanung verwenden zu können. Hierfür müssen Sie in Transaktion /SAPAPO/RES01 für die Ressource auf der Registerkarte **Blockplanung** oder in Transaktion /SAPAPO/MC01_BBD die entsprechenden Einstellungen vornehmen. Ein Block ist dabei ein Zeitintervall, in dem eine Ressource eine oder mehrere Aktivitäten mit den denselben Eigenschaften bearbeitet. Er wird über die zugeordnete Blockgrunddefinition mit einer Blockregelnummer sowie dem zugeordneten Endtermin definiert. Dabei kann die Definition auf einer planversionsunabhängigen Ressource vorgenommen und dann in die Planversion kopiert werden, in der ein nachträgliches Ändern der Blöcke möglich ist.

Die Verwendung von Blöcken ist an einige Voraussetzungen geknüpft:

- Die betreffenden Produkte sind im APO-System bzw. in ePP/DS der Klasse 400 zugeordnet und idealerweise aus dem ERP-System samt zugehöriger Merkmale und Klassen übertragen worden.
- Sie verwenden Primärressourcen.
- Die blockgeplanten Ressourcen sind als Kalenderressourcen definiert.
- Blockplanungsrelevant sind im Standard ohne weitere Eingriffe nur Aktivitäten vom Typ »Produzieren«.

Die Blockpflege besteht aus mehreren Schritten:

1. **Blockgrunddefinition anlegen**
   In der Blockgrunddefinition werden die Merkmalsanforderungen zur betrachteten Klasse festgelegt (siehe Abbildung 24.4). Dabei bezieht sie sich auf die Klasse,

nicht auf die Ressource. Eine Änderung führt dazu, dass die Merkmalsanforderungen aller Blöcke geändert werden, die der Blockgrunddefinition dieser Klasse zugeordnet sind. Eine Löschung wiederum zieht nach sich, dass die entsprechenden Blöcke mit der zugeordneten Blockgrunddefinition durch freie Blöcke ersetzt werden.

2. **Referenzzyklus festlegen**
   In einem Referenzzyklus fassen Sie mehrere Blockgrunddefinitionen zusammen, zusätzlich werden sie mit einer relativen Dauer versehen. Somit lassen sich wiederkehrende Blocksequenzen abbilden.
3. **Blöcke anlegen und bearbeiten**
   Die Blöcke können einzeln mit den entsprechenden Blockgrunddefinitionen angelegt oder über eine definierte Abfolge aus den Referenzzyklen abgebildet werden. Es besteht die Möglichkeit, angelegte Blöcke tabellarisch oder grafisch zu bearbeiten. Sie können auch Blöcke aus Supply Network Planning (SNP) ableiten, wenn Sie im APO-System planen.

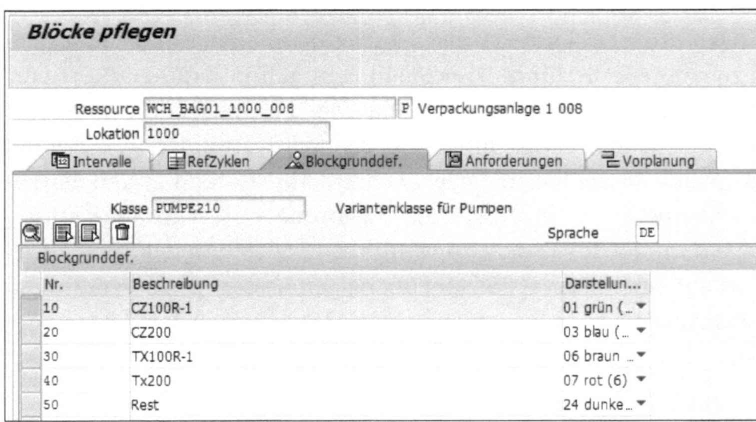

Abbildung 24.4 Blockgrunddefinition in der Ressource pflegen

Heuristik SAP_CDPBP_03

Sie können die erweiterte Blockpflege auch mit der für die Blockplanung zentralen Heuristik SAP_CDPBP_03 durchführen, mit der Sie Blöcke anlegen, löschen und verschieben sowie die Länge variieren können. Diese Heuristik können Sie aus der grafischen Feinplanungstafel heraus starten, wenn Sie die Heuristik vorab einem Heuristikprofil zugeordnet haben und dieses Profil entsprechend beim Einstieg ausgewählt wurde.

Wird ein Vorgang einer PDS zu einer blockplanungsrelevanten Ressource übertragen, wird dies in der Übertragung erkannt.

Feinplanung

Die Blöcke können in der grafischen Feinplanungstafel angezeigt werden. Dabei muss das jeweilige Plantafelprofil entsprechend konfiguriert werden. Sie haben die Wahl, die Blöcke als Balken oder Linien darzustellen, wobei bei der letztgenannten Option die Blockbezeichnungen über die Quick-Info angezeigt werden können, die über das BAdI /SAPAPO/CDPS_BLKDATA mit der Methode BLOCKDESCR_CHANGE kundenspezifisch angepasst werden können.

Aus der grafischen Feinplanungstafel heraus können Sie Blöcke fixieren oder definieren oder auch über bereits beschriebene Einstellungen im Strategieprofil dafür sorgen, dass für eine Planungsaktion die Blockplanung ausgeschaltet wird.

Für die Feinplanung stehen ferner noch weitere Heuristiken zur Verfügung:

- **SAP_CDPBP_01 (Blöcke neu planen)**
  Diese Heuristik ermöglicht die erneute Terminierung von Aktivitäten, die in einem Block geplant sind.
- **SAP_CDPBP_02 (Blockgrenzen anpassen und neu planen)**
  Diese Heuristik ermöglicht es, die Kapazitätssituation von Blöcken eines Zyklus anzupassen, indem Blöcke mit Überlast verlängert und Blöcke mit Überlast verkürzt werden. Das Ergebnis sind verschobene Blockgrenzen, im Anschluss wird die Funktion SAP_CDPBP_01 zur Neuplanung aufgerufen.
- **SAP_CDPBP_04 (Blockpflege, interaktiv aufgerufen)**
  Im Fall von Blockänderungen wie Verlängerungen, Verkürzungen, Löschungen oder Verschiebungen werden Aufträge umgeplant. Hierfür sollten Sie in den Heuristikeinstellungen der Heuristik SAP_CDPBP_03 die Umplanung aktivieren. In diesem Fall werden die folgenden Aktionen ausgeführt:
  - *Verlängerung eines Blocks*: Die nachfolgend liegenden Aufträge, die von der Verlängerung betroffen sind, werden in ihre Originalblöcke verschoben. Somit wird die ursprüngliche Zuordnung zu den Blöcken wiederhergestellt.
  - *Verkürzung eines Blocks*: Die nachfolgend liegenden Aufträge, die von der Verkürzung betroffen sind, werden in ihre Originalblöcke verschoben. Nicht mehr passende Aufträge werden ausgeplant.
  - *Löschung eines Blocks*: Die nachfolgend liegenden Aufträge, die von der Verlängerung betroffen sind, werden in ihre Originalblöcke verschoben. Die Aufträge des gelöschten Blocks werden in einen passenden Block umterminiert, die relative Lage innerhalb des Blocks bleibt dabei erhalten.
  - *Verschiebung eines Blocks*: Durch Ändern des Endtermins eines Blocks werden etwaige bereits zum gleichen Zeitintervall liegende Blöcke überschrieben. Die in den so gelöschten Blöcken liegenden Aufträge werden dabei ebenfalls gelöscht.

Eine Beeinflussung der Logik ist mit dem BAdI /SAPAPO/BLK_ORD_RESCHED möglich.

Die Blockplanung kann sowohl mit der Bucket-orientierten Planung als auch mit Capable-to-Promise (CTP) kombiniert werden.

Bedarfsgenerierung aus Blöcken

Sie haben die Möglichkeit, aus der Blockplanung heraus Vorplanungen für Vorprodukte zu erzeugen. Diese resultieren nicht aus konkreten Kundenaufträgen oder abgeleiteten Bedarfen aus Plan- oder Fertigungsaufträgen, sondern nur aus den vorhandenen Kapazitätsangeboten der Blöcke. Somit ist es möglich, bereits vor dem Vorhandensein von konkreten Bedarfen die Blöcke zu beplanen und gegebenenfalls Vorprodukte zu beschaffen.

24.4 Kurzfristige Kapazitätsplanung im Projektumfeld

Für die Planung von Projektaktivitäten können, wie bereits hervorgehoben, direkt Funktionalitäten der kurzfristigen Kapazitätsplanung eingesetzt werden. Dabei kann die Planung von Projektauftragsvorgängen mit der PP/DS-Optimierung oder manuell in Transaktionen der interaktiven Planung erfolgen, wie z. B. der grafischen Feinplanungstafel. Von besonderer Bedeutung sind im Zusammenhang der Projektplanung jedoch auch einige Service- bzw. Feinplanungsheuristiken. Ein im Projektplanungskontext bzw. für die planerisch analog zu handhabende kundenauftragsorientierte Fertigung häufig im APO-System bzw. in ePP/DS angewendetes Szenario lässt sich wie folgt in sukzessive angeordneten Planungsschritten beschreiben:

1. **Anlage eines Netzplans bzw. eines Kundenauftrags im ERP-System**
   Sie legen mit den im Rahmen dieses Buches beschriebenen Mitteln einen Netzplan an.
2. **Übertragung des Auftrags über das CIF**
   Sie haben bereits ein Integrationsmodell für die Netzpläne generiert und aktiviert, somit wird der angelegte Netzplan automatisch bei der Verbuchung im ERP-System an das APO-System bzw. ePP/DS übergeben und ist dort für Planungen als Projektauftrag verfügbar. Er ist folglich als Bedarf im APO-System bzw. in ePP/DS vorhanden.
3. **Durchführung der Produktionsplanung im APO-System**
   Zur Deckung der Komponentenbedarfe an den Netzplanvorgängen führen Sie einen Materialbedarfsplanungslauf im APO-System bzw. in ePP/DS durch und legen so für alle aus dem Projektauftrag resultierenden Bedarfe Zugangselemente (Planaufträge und Bestellanforderungen) an. Ergebnis dieses Laufs ist ein komple-

xes, mehrstufiges Netzwerk zur Deckung der aus dem Projektauftrag stammenden Bedarfe.

[«]

Empfehlung von SAP

SAP empfiehlt, an dieser Stelle die Pegging-Beziehungen zu fixieren, um eine feste Zuordnung zwischen Bedarfen und Zugangselementen herzustellen. Dies kann mittels Heuristik SAP_PP_019 geschehen.

4. **Anlage von planerischen Mindestabständen und Offsets im PP/DS**
   Um einen Planungsspielraum für die Feinplanung oder für Abweichungen bei den Rückmeldungen zu erhalten, legen Sie planerische Mindestabstände für Anordnungsbeziehungen und planerische Offsets an Bedarfen an. Dies kann beispielsweise durch die Verwendung des BAdIs /SAPAPO/RRP_SRC_EXIT oder manuell in der grafischen Feinplanungstafel geschehen. Eine Massenpflege ist auch mittels des BAdIs /SAPAPO/CDPS_PMAN_01 möglich. Diese planerischen Mindestabstände und Offsets können zu einem späteren Zeitpunkt bei Bedarf wieder reduziert werden.
5. **Durchführung einer Rückwärtsterminierung in PP/DS**
   Sie führen eine infinite Rückwärtsterminierung mittels der Heuristik SAP_PMAN_003 durch. Diese Heuristik terminiert das gesamte Netzwerk unter Berücksichtigung der planerischen Mindestabstände und Offsets und passt dabei auch den Produktions- und Beschaffungsplan an die neuen Gegebenheiten an.
6. **Übertragung der Daten von PP/DS an das jeweilige ERP-System**
   Durch das Vorhandensein von aktiven Integrationsmodellen für die entsprechenden Bewegungsdatenobjekte erfolgt eine Übertragung dieser Daten an das ERP-System. Beide Systeme weisen einen synchronisierten Stand hinsichtlich der Bedarfsdecker sowie der Elemente der Projektplanung auf.
7. **Berechnung des kritischen Pfads im PP/DS**
   Die Heuristik führt ausgehend vom Endtermin des Netzwerks eine Rückwärtsterminierung durch, um späteste Termine zu ermitteln. In einem nächsten Schritt erfolgt eine Vorwärtsterminierung basierend auf den spätesten Terminen, um früheste Starttermine zu ermitteln. Durch Verwendung der Heuristik SAP_PMAN_001 können Sie den kritischen Pfad ermitteln, d. h. alle Vorgänge in einem mehrstufigen Auftragsnetzwerk, deren zeitlicher Abstand zwischen frühestem und spätestem Startwert null ist oder einen bestimmten Wert unterschreitet. Diese Vorgänge werden als kritisch angenommen, da der zugrunde liegende zeitliche Puffer zu gering bzw. nicht vorhanden ist. Diese Vorgänge können in der grafischen Feinplanungstafel markiert oder in einer Liste angezeigt werden.

8. **Kürzung von planerischen Mindestabständen und Offsets in PP/DS entlang des kritischen Pfads**
   Die planerischen Mindestabstände und Offsets werden entlang des kritischen Pfads gekürzt.
9. **Durchführung einer Rückwärtsterminierung in PP/DS**
   Mittels Heuristik SAP_PMAN_003 führen Sie eine Rückwärtsterminierung durch, um das Netzwerk erneut an die geänderten planerischen Mindestabstände und Offsets anzupassen. Liegt das Netzwerk nun teilweise in der Vergangenheit und existieren immer noch planerische Mindestabstände und Offsets, können die Schritte 7, 8 und 9 wiederholt werden, bis das Netzwerk nicht mehr in der Vergangenheit liegt oder die planerischen Mindestabstände und Offsets nicht mehr weiter reduziert werden können (z. B. weil die prozessbedingten Mindestabstände erreicht sind, die nicht unterschritten werden dürfen).
10. **Durchführung einer Vorwärtsterminierung in PP/DS, falls nötig**
   Falls keine Reduktion mehr möglich ist, kann mittels der Heuristik SAP_PMAN_002 eine infinite Vorwärtsterminierung durchgeführt werden, wenn der entsprechend anvisierte Endtermin nicht mehr haltbar ist. Das APO-System und ePP/DS terminieren zunächst auf Basis des Heute-Datums oder auf Basis eines eingegebenen Termins vorwärts und ermitteln so die frühesten Termine – es ergibt sich ein neues Projektende. Auf Basis dieses Projektendes terminiert das System nun rückwärts und errechnet die spätesten Termine. Ergebnis ist ein neuer, einhaltbarer Endtermin des Projekts. Es wird ein kompaktes Netzwerk erzeugt, dessen Anordnungs- bzw. Pegging-Beziehungen den Minimalabständen entsprechen. In den Heuristikeinstellungen können Sie einstellen, ob die Reduktion auf die planerischen oder die prozessbedingten Mindestabstände erfolgen soll.

Nachdem wir Ihnen die kurzfristige Kapazitätsplanung im Projektfertigungsumfeld überblicksartig vorgestellt haben, werden wir den Fokus nun auf die prozessfertigungsbezogene Durchführung der kurzfristigen Kapazitätsplanung legen.

24.5 Kurzfristige Kapazitätsplanung im Prozessfertigungsumfeld

Für die kurzfristige Kapazitätsplanung im APO-System bzw. in ePP/DS im Prozessfertigungsumfeld (PP-PI) stehen einige zusätzliche Funktionen zur Verfügung.

So werden Materialflüsse, die im jeweiligen ERP-System definiert und an PP/DS zur Planung übergeben worden sind, im Planungssystem als Produktlagerdefinition angelegt. Diese können verwendet werden, um im Plan ein Produkt zu einer Behälterressource zuzuordnen. Die Planung bietet die Möglichkeit, die maximale Kapazität dieser Behälterressource zu berücksichtigen.

[«]

Spezielle Einschränkungen der kurzfristigen Kapazitätsplanung im APO-System für die Prozessindustrie

Beachten Sie für die kurzfristige Kapazitätsplanung die in den SAP-Hinweisen 1155421 und 1171154 und auf der Seite *http://s-prs.de/v735503* genannten Einschränkungen.

24.5.1 Grundlegende Stammdaten der kurzfristigen Kapazitätsplanung speziell für die Prozessindustrie

Aus planerischer Sicht ist eine Behälterressource eine Ressource, in der Produkte zwischengelagert oder produziert werden können. Es kann sich dabei um eine Multi-Activity-Ressource mit Lagereigenschaft handeln, auch die Abbildung als Multi-Misch-Ressource ist möglich. Sobald die zusätzliche Lagereigenschaft gewählt ist, wird diese Ressource als Behälterressource bezeichnet, d. h., es handelt sich dabei nicht um einen eigenen Ressourcentyp. Die Behälterressource zeichnet sich dadurch aus, dass sie neben der zeitlichen Dimension eine Kapazitätsdimension aufweist, die nicht mit dem Füllstand verwechselt werden darf. Eine Füllstandsbeschreibung, die Sie nach Setzen des Kennzeichens **Lagereigenschaft** auf der Registerkarte **Allgemeine Daten** der Ressource pflegen können, setzt sich aus den folgenden Angaben zusammen:

- Höchstbestand
- minimale Produktionsmenge, die im Behälter gelagert werden muss
- erlaubte Restmenge, die maximal in einem Behälter gelagert werden kann, wenn ein Produkt eingefüllt werden soll
- Kennzeichen **Mehrere Produkte zulassen**
- Restfüllstände auf null setzen

Von Bedeutung ist im Rahmen der Behälterressource auch der Produktfluss, der dem Plan zugeordnet wird. In diesem wird beschrieben, wie Produkte in Behälterressourcen eingefüllt oder entnommen werden und zu welchen Zeitpunkten dies eingeplant werden soll.

Neben der Behälterressource und der Produktlagerdefinition, die Sie entweder manuell im APO-System sowie in ePP/DS mit der Transaktion /SAPAPO/STORDEF oder aber bei der Planübertragung automatisch anlegen lassen können (beeinflussbar mit dem BAdI /SAPAPO/BADI_PSD_DEFS), um die Zuordnung von Komponenten einer Bezugsquelle zu einer Behälterressource vorzunehmen, ist in diesem Zusammenhang auch die Funktion des Ressourcennetzes zu nennen. Ein Ressourcennetz können Sie im APO-System sowie in ePP/DS mit der Transaktion /SAPAPO/RESNET anlegen oder aus dem jeweiligen ERP-System mittels des Reports RESNET_TRANSFER übertragen, für die Beeinflussung steht das BAdI /SAPAPO/BADI_RESNET zur Verfü-

24

gung. Dabei handelt es sich, vereinfacht gesagt, um eine Liste von Direktverbindungen, die zwischen zwei oder mehreren Ressourcen vorgenommen werden. Damit steht Ihnen eine Option bereit, um bestehende Produktionseinschränkungen zu modellieren und die aus der Kombinatorik verschiedener Ressourcen entstehende Komplexität durch Einschränkungen zu reduzieren. Häufig handelt es sich dabei um Pipelines oder Ähnliches.

Im Produktstamm müssen Sie einstellen, mit welchem Ressourcennetz ein Produkt geplant werden soll und ob das Pegging das zugehörige Ressourcennetz und/oder die Behälterressource berücksichtigen soll (siehe Abbildung 24.5).

Abbildung 24.5 Produktspezifische Einstellungen zu Ressourcennetzen und Pegging

24.5.2 Kurzfristige Kapazitätsplanung mit prozessindustriespezifischen Funktionen

Speziell für die Planung in der Prozessindustrie steht in der PP/DS-Optimierung die Möglichkeit zur Verfügung, Aufträge anlegen zu lassen. Hierfür können Sie auf der Registerkarte **Auftragsanlage** einstellen, ob die Auftragsanlage aktiv sein soll und ob Sie hierfür alle Lokationsprodukte, die auf den selektierten Ressourcen liegen, für eine Auftragsanlage vorsehen möchten, oder ob dies nur für bestimmte Objekte erfolgen soll (siehe Abbildung 24.6).

Eine Anlage von Rüst- und Reinigungsaufträgen ist mit der Heuristik SAP_PCM_SRVA möglich, entsprechende Aufträge können Sie mit der Heuristik SAP_PCM_ODEL löschen. Darüber hinaus kann mit der Heuristik SAP_PCM_CRT zur Anlage einer Kampagne eine Kampagnenplanung durchgeführt werden. Eine Auflösung einer solchen Kampagne ist mit der Heuristik SAP_PCM_DIS möglich.

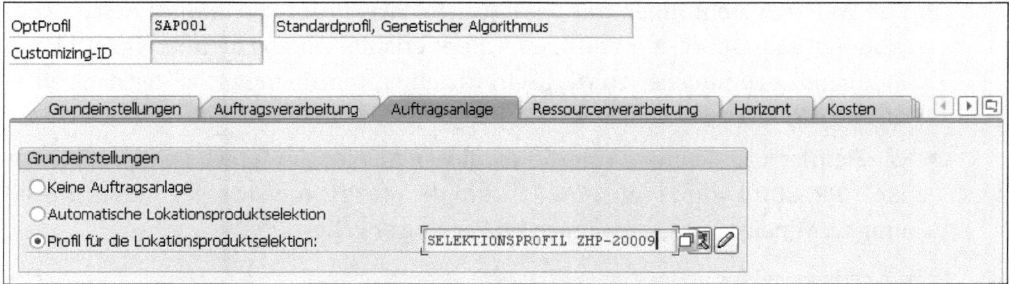

Abbildung 24.6 Auftragsanlage in der Optimierung

Im Rahmen der PP/DS-Optimierung können Sie mittels der Kampagnenoptimierungsfunktion, die eine eigene Zielfunktion verwendet, optimale Kampagnen bilden. Dabei kann eine zweistufige Vorgehensweise gewählt werden, bei der in einem ersten Schritt auf einer Engpassressource eine optimale Kampagne ermittelt wird. Dabei löscht PP/DS zunächst alle Rüst- und Reinigungsaufträge und bildet dann unter Berücksichtigung der Zielkriterien optimierte Kampagnen:

- gewichtete Summe der Lagerkosten
- gewichtete Summe der Verspätungskosten
- gewichtete Summe der Rüstzeiten
- gewichtete Summe der Rüstkosten

Hierbei können Sie einstellen, ob bereits bestehende Kampagnen aufgelöst, beibehalten oder erweitert werden können. Die entsprechenden Einstellungen nehmen Sie auf der Registerkarte **Zusatzstrategien** des Optimierungsprofils vor (siehe Abbildung 24.7).

Anschließend optimiert der PP/DS-Optimierer die Gesamtplanung unter Berücksichtigung aller Ressourcen, wobei auch im Rahmen dieses Schritts die auf der Engpassressource liegenden Kampagnen noch zeitlich verschoben und die Reihenfolge der Vorgänge auf der Engpassressource verändert werden können. Die Kampagnenlänge und die Ressourcenzuordnung zur Engpassressource werden dabei nicht mehr angepasst.

Speziell für die Planung von Ressourcennetzen steht Ihnen durch die Aktivierung der Business Function SCM_APO_PPDS_PI ab SCM 7.02 eine Reihe von Heuristiken komplett neu oder aber mit erweiterter Logik zur Verfügung:

- Mittels der Heuristik SAP_PI_002, die Sie in den Transaktionen der interaktiven kurzfristigen Kapazitätsplanung wie der grafischen Feinplanungstafel oder aus der Produktsicht aufrufen können, können Sie Vorgänge strecken und stauchen sowie Ressourcenlücken füllen.

- Des Weiteren steht Ihnen mit der Heuristik SAP_MULT_SCH (Multi-Ressourcenplanung) eine Option zur Verfügung, die es erlaubt, entlang definierter Zeitblöcke Modi und Bezugsquellen zu wechseln, um einen Termin möglichst zeitnah befriedigen zu können.
- Die Heuristik zur Planung von Standardlosen mit kontinuierlichem Input/Output (SAP_PP_C001) wurde mit SCM 7.02 um die prozessindustriespezifische Einstellung zu Mindestübergabemengen im Pegging erweitert.

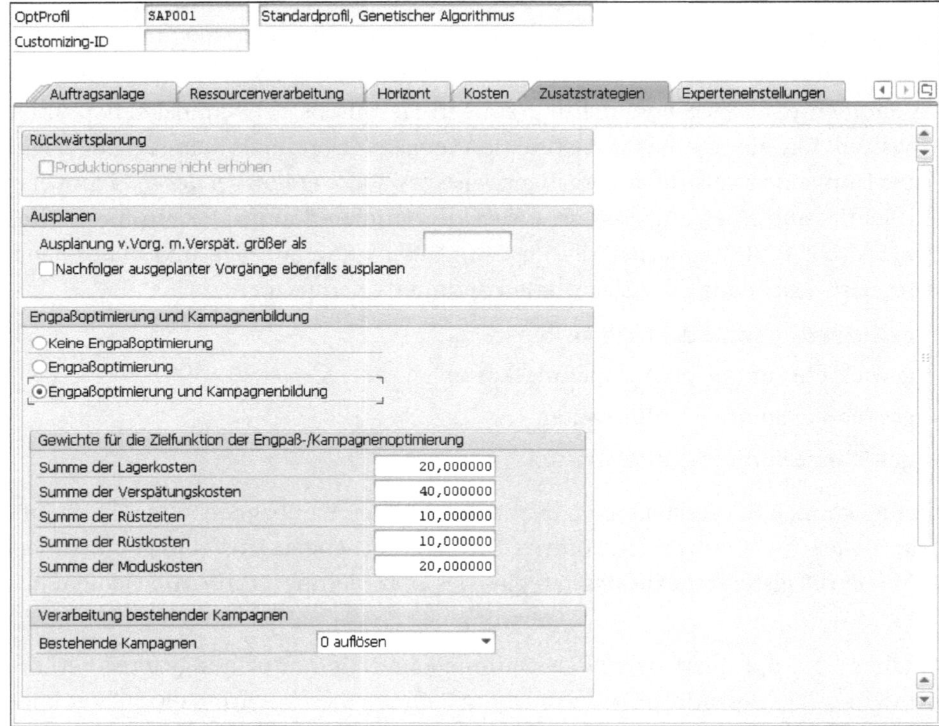

Abbildung 24.7 Kampagnenplanung in der Optimierung

Neben den mit der genannten Business Function realisierten Heuristikfunktionen ist auch die Optimierungsfunktion im Zusammenhang mit kontinuierlichem Input/Output erweitert worden, sodass die Pegging-Funktionalitäten mit Übergabemengen beachtet werden.

24.5.3 Auswerten der Planung mit prozessindustriespezifischen Funktionen

Sie haben die Möglichkeit, spezielle Alerts für die Behälterressourcenplanung zu verwenden (siehe Abbildung 24.8).

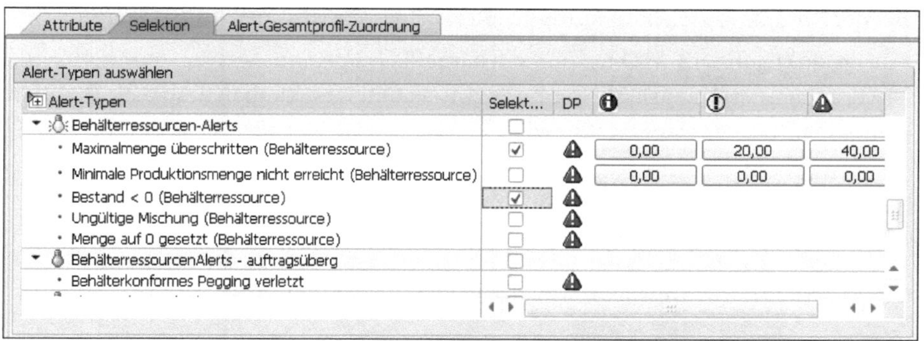

Abbildung 24.8 Spezielle Alert-Typen für die Planung von Behälterressourcen

Darüber hinaus besteht die Option, die in einer Behälterressource befindliche Materialmenge in der grafischen Feinplanungstafel zu visualisieren.

24.6 Kurzfristige Kapazitätsplanung im Serienfertigungsumfeld

Bei den linienbasierten und getaktet planenden Prozessen in der Serienfertigung im Rahmen der kurzfristigen Kapazitätsplanung im APO-System bzw. ePP/DS werden zwei Fälle unterschieden:

- Planung mit PPM sowie PDS im APO-System, PDS in ePP/DS)
- Planung mit dem integrierten Produkt- und Prozess-Engineering (iPPE)

Während sich die Planung mit PPM/PDS im Serienfertigungsumfeld hinsichtlich der verwendeten Planstammdaten nicht von der geschilderten Vorgehensweise der Standardprozesse unterscheidet, können Sie mit dem – nur in der Industrielösung Discrete Industries (DI) des ERP-Systems vorhandenen – Stammdatum iPPE im Zusammenspiel mit dem APO-System bzw. ePP/DS auch konfigurierbare Produkte mit hohen Auftragsvolumina planen, die beispielsweise in der Automobilindustrie der Regelfall sind. In diesem Fall werden die iPPE-Fertigungsstammdaten des ERP-Systems in PP/DS übernommen und stehen dort als Kopie der ERP-Daten für die Planung zur Verfügung. Die verschiedenen Änderungsstände können weiterhin im DI-System verwaltet werden, die Produktionsrückmeldungen werden im Gegensatz zu allen anderen Branchenkontexten in PP/DS mit der Transaktion /SAPAPO/PPC1 vorgenommen (siehe Abbildung 24.9).

Bezüglich dieses Prozesses sind einige Einschränkungen zu beachten:

- Die Verwendung ist ohne ein DI-System nicht möglich.
- Eine Produktkalkulation kann nicht vorgenommen werden, da iPPE-Daten nur eine Kalkulation mit Kostensammlern ermöglichen.

- Bei der Produktionsrückmeldung können keine Istleistungen erfasst werden.
- Für Produkte, die im APO-System bzw. in ePP/DS geplant werden, können keine Materialbereitstellungsliste, kein ereignisgesteuertes Kanban und kein Kanban mit Planaufträgen eingesetzt werden.

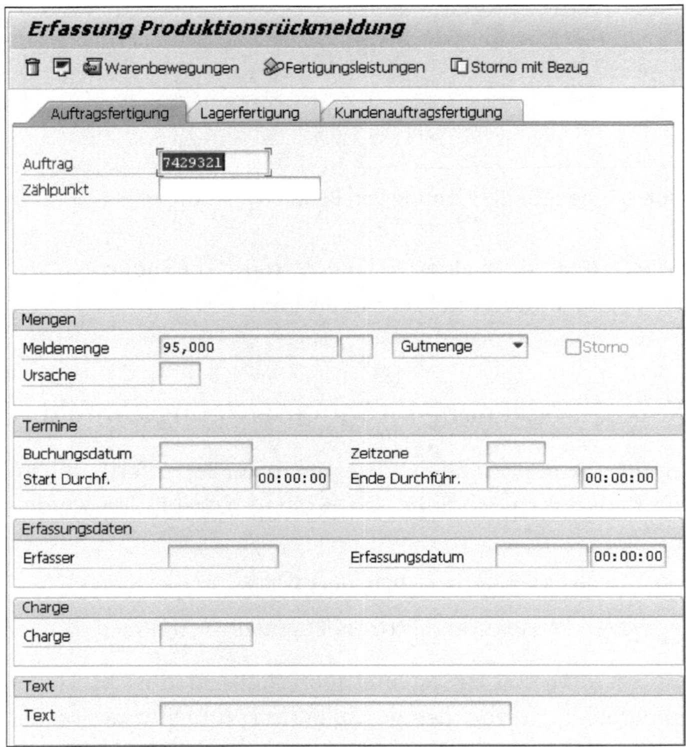

Abbildung 24.9 Erfassung Produktionsrückmeldung im APO-System

Mit diesem Prozess besteht die Möglichkeit, die Rapid Planning Matrix (RPM) zu verwenden, um das iPPE performant aufzulösen. Dabei wird technisch gesehen auf eine hauptspeicherbasierte Technologie zurückgegriffen.

Speziell für die kurzfristige Planung im Serienfertigungsumfeld stehen Ihnen zusätzlich die Heuristiken SAP_REM_001 und SAP_REM_002 zur Multi-Ressourcenplanung zur Verfügung. Mittels dieser Heuristiken können Sie Planaufträge gleichmäßig über Ressourcen verteilen und so eine gleichmäßig hohe Auslastung erreichen. Während die Heuristik SAP_REM_002 zunächst eine bevorzugte Ressource gleichmäßig auszulasten versucht, plant die Heuristik SAP_REM_001 alle selektierten Ressourcen simultan.

Mit der Funktion der Modellmixplanung kann eine Auftragsanlage vergleichbar mit dem MRP-Lauf durchgeführt werden, wobei bei der Auftragsanlage ein bestimmter

Modellmix beachtet wird (z. B. maximal 100 Dieselmotoren in einem definierten Zeitintervall). Dabei können auch begrenzte Kapazitäten berücksichtigt werden. Eine ebenfalls mit dieser Funktion mögliche Sequenzplanung für konfigurierbare Produkte ermöglicht eine getaktete Reihenfolgeplanung, die speziell für die Planung von konfigurierbaren Produkten gedacht ist.

Im Zusammenhang mit der Serienfertigung in der kurzfristigen Kapazitätsplanung kann die Heuristik SAP_MMP_HFW1 eingesetzt werden.

24.7 Fazit

Wir haben Ihnen in diesem Kapitel Sonderprozesse der kurzfristigen Kapazitätsplanung vorgestellt, die in bestimmten Planungs- oder Branchenkontexten von besonderer Bedeutung sind. Zunächst sind wir dabei auf die Möglichkeiten eingegangen, einen MRP-Lauf in PP/DS finit auszuführen. Im Anschluss sind wir auf Haltbarkeitsanforderungen in der Kapazitätsplanung eingegangen, bevor wir die Planung mit Merkmalen überblicksartig erläutert haben. Im Anschluss daran sind wir auf die häufig branchenspezifischen Themen der Kapazitätsplanung in der projektorientierten Produktion sowie der Prozess- und der Serienfertigung eingegangen. Sie können nun die Möglichkeiten, die Ihnen PP/DS im Rahmen dieser Sonderprozesse ermöglicht, benennen und einschätzen.

Kapitel 25
Interaktive, kurzfristige Kapazitätsplanung in SAP APO und ePP/DS

Die kurzfristige Kapazitätsplanung im APO-System bzw. in ePP/DS wird in der Unternehmenspraxis häufig in zwei Schritte aufgeteilt: Zunächst erzeugen Algorithmen wie die Heuristiken oder die PP/DS-Optimierung ein automatisiertes Planungsergebnis, bevor der Planer interaktiv mit Unterstützung durch das APO-System bzw. ePP/DS Ausnahmesituationen identifiziert, abarbeitet und den vorab erstellten Plan optimiert.

Unter dem Begriff *interaktive Planung* werden manuelle Eingriffsmöglichkeiten verstanden, mit deren Hilfe der Planer bei Planungsproblemen wie Verspätungen, Kapazitätsüberlastungen oder Auftragsanlage systemgestützt in die Erstellung eines machbaren Plans eingreifen kann. Dabei sind die beiden Schlüsselbegriffe *manuell* und *systemgestützt* hervorzuheben, die nur scheinbar einen Widerspruch darstellen:

- **Manuell**
  Der Planer kann mithilfe der Funktionen aus dem APO-System bzw. ePP/DS manuell den Plan bearbeiten, der zuvor durch automatisierte Abläufe erstellt wurde. Die interaktive Planung wird demnach in aller Regel im Anschluss an die automatisierte Planung ausgeführt, um Konfliktsituationen zu beheben, die automatisiert nicht auflösbar sind.
- **Systemgestützt**
  Systemgestützt bedeutet in diesem Zusammenhang, dass das APO-System bzw. ePP/DS auch bei manuellen Maßnahmen, wie z. B. einer Umplanung, Funktionen bereitstellt, die die dem System mitgegebenen Restriktionen berücksichtigen, wie die begrenzte Kapazität oder die Materialverfügbarkeit.

Das APO-System sowie ePP/DS unterstützen demnach durch automatisierte Mechanismen die interaktive Erstellung bzw. Abrundung eines machbaren oder gar optimierten Produktionsplans.

Funktionsumfang in APO-PP/DS und ePP/DS

Die Funktionen des APO-Systems im kurzfristigen Horizont sind weitestgehend mit denen von ePP/DS identisch. Auf die geringfügigen Unterschiede zwischen diesen Funktionen gehen wir in den jeweiligen Abschnitten ein.

25.1 Werkzeuge der interaktiven Planung

Zu diesem Zweck stellen das APO-System allgemein und insbesondere die Produktions- und Feinplanungskomponenten PP/DS sowie ePP/DS eine Reihe von Tools zur Verfügung, die die manuelle Planung unterstützen. Dabei wird zum einen der Fokus auf die Identifizierung der Problemsituationen gelegt. Für diese steht beispielsweise mit dem Alert-Monitor eine leistungsfähige Komponente bereit, die auf das Pegging zurückgreift und in den anderen Transaktionen der interaktiven Planung durch Bereitstellen von Informationen bei der Problemlösung hilft. Zum anderen stellt SAP im Bereich der interaktiven Planung eine Reihe von Transaktionen zur Verfügung, die Sie direkt bei der Beseitigung dieser Ausnahmesituationen unterstützen. Typische Planungsaktionen der interaktiven Planung sind dabei beispielsweise:

- Verspätungen durch Umterminierung beseitigen
- Unterdeckungen durch Anlage von Zugangselementen beseitigen
- Kapazitätsüberlastungen durch Umterminierung oder Wechsel auf alternative Ressourcen bzw. Fremdbeschaffung beseitigen
- Einsparung von Rüstzeiten durch Zusammenlegen von Aufträgen
- erneutes Aufrufen von automatischen Planungsalgorithmen wie Heuristiken und der PP/DS-Optimierung

Abbildung 25.1 enthält eine Übersicht der in der kurzfristigen Kapazitätsplanung des APO-Systems sowie ePP/DS nutzbaren Funktionalitäten.

Die Funktionen unterscheiden sich dabei hinsichtlich ihrer grundsätzlichen Stoßrichtung. Es existieren dabei fünf verschiedene Gruppen von Funktionalitäten, die sich hinsichtlich ihres Einstiegs unterscheiden:

- **Ausnahmesituationsbasierter Einstieg**
  Möchten Sie die Bearbeitung des automatisiert erzeugten Planungsergebnisses über eine Analyse der Ausnahmesituationen beginnen, können Sie dies über den Alert-Monitor realisieren. Diese Funktionalität, die Sie über die Transaktion /SAPAPO/AMON1 aufrufen können, bietet eine Vielzahl an auswählbaren Ausnahmesituationen, die wiederum hinsichtlich ihrer Orientierung ressourcen-, pro-

dukt- oder auftragsbezogen sein können. Mehr zum Alert-Monitor erfahren Sie in Abschnitt 25.2.

- **Ressourcenbezogener Einstieg**
  Die ressourcenbezogene Auswertung ist aufgrund der bereits in Abschnitt 2.1, »Charakteristika und Vorgehensweisen in der Kapazitätsplanung«, geschilderten Ressourcenkonkurrenz die zentrale Vorgehensweise im Rahmen der kurzfristigen Kapazitätsplanung. Dafür stehen Ihnen die grafische Feinplanungstafel (aufrufbar unter anderem über die Transaktion /SAPAPO/CDPSO) und die tabellarisch aufgebaute Ressourcenplantafel (Transaktion /SAPAPO/RPT) zur Verfügung. In diesen Transaktionen werden Ihnen die eigentlichen Planungsobjekte der kurzfristigen Kapazitätsplanung angezeigt, d. h. die Aufträge bzw. die Vorgänge als eigentliche Träger der Kapazitätsbedarfe. Jedoch sind auch hier teilweise Sichten mit Produktbezug verfügbar. So finden Sie in der grafischen Feinplanungstafel beispielsweise Teilbilder über den Produktbestand und können in produkt- oder auftragsorientierte Sichten abspringen.

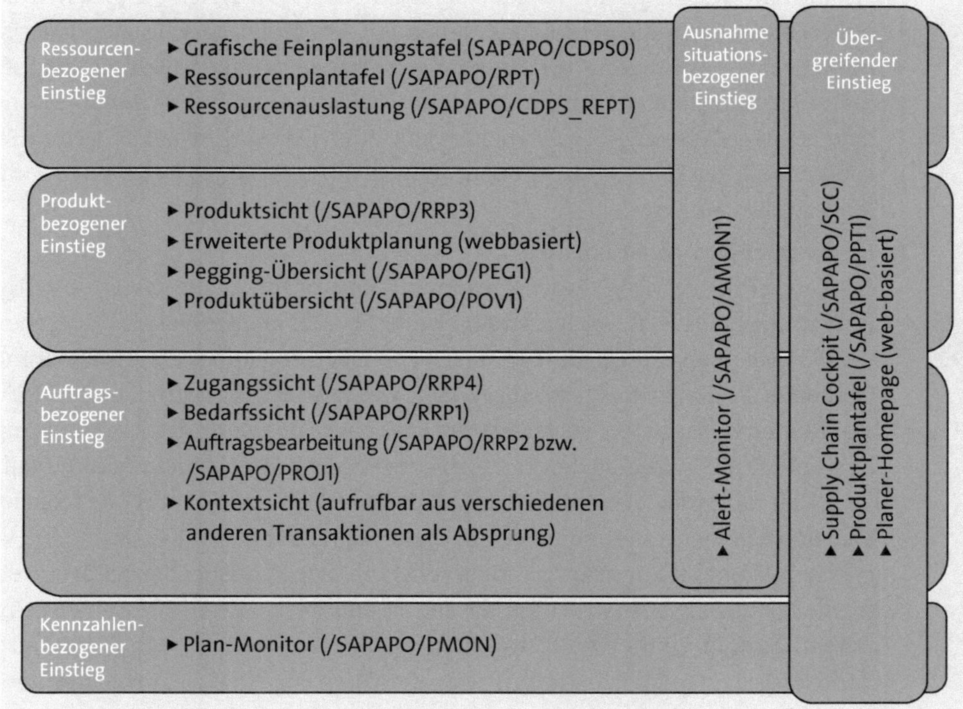

Abbildung 25.1 Übersicht über Funktionen der interaktiven, kurzfristigen Kapazitätsplanung im APO-System bzw. ePP/DS

- **Produktbezogener Einstieg**
  Der produktbezogene Einstieg spielt im Rahmen der Materialbedarfsplanung eine bedeutende Rolle, die der Kapazitätsplanung vorgelagert ist. Aufgrund des Charakteristikums der Ressourcenkonkurrenz sind produktbezogene Vorgehensweisen für die kurzfristige Kapazitätsplanung wenig zielführend, da bei einer isolierten Betrachtung einzelner Materialien die durch die Konkurrenzsituation verursachten Probleme nicht sichtbar werden und nicht abgearbeitet werden können, da die letztendliche Konsequenz einer Aktion für alle betroffenen Objekte nicht deutlich wird. Aus diesem Grund spielen die produktbezogenen Transaktionen, wie beispielsweise die Produktsicht (Transaktion /SAPAPO/RRP3), vornehmlich für die Beschaffungsplanung eine Rolle, da auf diese keine Ressourcenkonkurrenz wirkt und somit bei der Betrachtung einzelner Materialien die volle Transparenz über alle nötigen Informationen bzw. über sämtliche Konsequenzen der Planungstätigkeit möglich ist.
- **Auftragsbezogener Einstieg**
  Für die auftragsbezogenen Vorgehensweisen gelten prinzipiell die gleichen Charakteristika wie für die produktbezogenen Vorgehensweisen. Falls der Planer nur mit einzelnen Aufträgen einsteigt, können selbstverständlich auch nur die Informationen transparent abgerufen werden, die diesen Auftrag betreffen. Die Konsequenzen einer Planungsaktion auf alle relevanten Objekte, die auf denselben Ressourcen zu fertigen sind, können hingegen nicht in ausreichendem Maß eingeschätzt werden.
- **Kennzahlenbezogener Einstieg**
  Der kennzahlenbezogene Einstieg kann nur indirekt für die interaktive kurzfristige Planung eingesetzt werden. In Abschnitt 2.1, »Charakteristika und Vorgehensweisen in der Kapazitätsplanung«, haben wir neben den Anpassungsmaßnahmen, bei denen die Kapazitätsbedarfe geändert werden, um auf begrenzte Kapazitätssituationen zu reagieren, auch den Weg über eine Anpassung des Kapazitätsangebots erläutert. Sie können den kennzahlenbezogenen Weg über die Funktionalität des Plan-Monitors (Transaktion /SAPAPO/PMON) nutzen, um verschiedene Planalternativen zu simulieren und in Bezug auf resultierende Kennzahlen zu vergleichen. Hierzu gehören auch Simulationen unterschiedlicher Kapazitätsangebote, wie z. B. zusätzlicher Schichten, die aus organisatorischen Gründen meist einen etwas längeren Zeithorizont aufweisen als die Maßnahmen zur Kapazitätsbedarfsanpassung und die indirekt in die interaktive kurzfristige Kapazitätsplanung einfließen.

Die Kategorisierung hinsichtlich des Einstiegs bedeutet, dass dabei jeweils unterschiedliche Objekte ausgewertet werden, d. h., der Planer nutzt die jeweilige Funktionalität, um die in der Regel automatisiert entstandenen Planungsergebnisse für eine

Analyse von beispielsweise Produkten, Ressourcen oder Aufträgen interaktiv zu bearbeiten. Dies bedeutet jedoch nicht zwingend, dass sich dies auch in den Selektionsoptionen der jeweiligen Transaktionen niederschlagen muss. So ist es beispielsweise auch möglich, die interaktive, kurzfristige Kapazitätsplanung mittels grafischer Feinplanungstafel ressourcenbezogen durchzuführen, für die Selektion jedoch Produkte zu verwenden.

Neben den genannten Einstiegen gibt es in der kurzfristigen Kapazitätsplanung mit dem Supply Chain Cockpit (Transaktion /SAPAPO/SCC) und der Produktplantafel (Transaktion /SAPAPO/PPT1) aber auch übergreifende Funktionalitäten, die für mehrere Einstiegsmöglichkeiten verwendet werden können.

[«]

Empfehlung für die interaktive, kurzfristige Kapazitätsplanung

Wenn Sie das APO-System oder ePP/DS für die interaktive, kurzfristige Kapazitätsplanung einsetzen möchten, empfehlen wir Ihnen aufgrund der Ressourcenkonkurrenz (siehe Abschnitt 2.1, »Charakteristika und Vorgehensweisen in der Kapazitätsplanung«), als zentralen Einstiegspunkt die ressourcenbezogenen Sichten zu wählen. Hierfür bieten sich die grafische Feinplanungstafel, die Ressourcenplantafel, die Ressourcenauslastung sowie die ressourcenbezogenen Ausnahmesituationen an. Ebenso können Sie die Produktplantafel verwenden, wobei die Konfiguration dabei vornehmlich ressourcenbezogen sein sollte, d. h., hier sollten Sie die genannten ressourcenbezogenen Sichten in den Mittelpunkt stellen.

Die produkt- sowie die auftragsbezogenen Transaktionen und die zugehörigen Ausnahmesituationen empfehlen wir Ihnen für die operative Beschaffungsplanung im APO-System bzw. ePP/DS, während Sie den kennzahlenbezogenen Plan-Monitor idealerweise für den Vergleich von Planalternativen, für Entscheidungen über die Konfiguration von Planungsvorgehensweisen oder für grundlegende Stammdatenanpassungen wie zusätzliche Schichten verwenden sollten.

Einige dieser interaktiven Transaktionen des APO-Systems bzw. von ePP/DS weisen Äquivalente in den ERP-Systemen auf. Tabelle 25.1 zeigt überblicksartig vergleichbare Transaktionen im ERP-System.

ERP-System	APO-System sowie ePP/DS
Aktuelle Bedarfs-/Bestandsliste (MD04) – Einzeleinstieg	Produktsicht (/SAPAPO/RRP3)
Aktuelle Bedarfs-/Bestandsliste (MD07) – Sammeleinstieg	Produktübersicht (/SAPAPO/POV1)

Tabelle 25.1 Vergleichbare Transaktionen der interaktiven, kurzfristigen Planung im ERP- und APO-System bzw. ePP/DS

ERP-System	APO-System sowie ePP/DS
Dispoliste (MD05; MD06)	–
Auftragsbericht (z. B. aus der aktuellen Bedarfs-/Bestandsliste)	Kontextsicht (z. B. aus der Auftragsbearbeitung oder der Produktsicht)
Grafische Feinplanungstafel (z. B. CM25)	Grafische Feinplanungstafel (z. B. /SAPAPO/CDPS0)
Kapazitätsauswertung (z. B. CM01)	Ressourcenauslastung (/SAPAPO/CDPS_REPT)
Tabellarische Plantafel (z. B. CM22)	Ressourcenplantafel (/SAPAPO/RPT)
z. B. Fertigungsauftrag (COOIS), Planauftrag (MD16), Bestellanforderungen (ME5A), Bestellungen (ME2N) etc.	Zugangssicht (/SAPAPO/RRP4)
z. B. Kundenaufträge (VA05), Vorplanbedarfe (MD63) etc.	Bedarfssicht (/SAPAPO/RRP1)
z. B. Planauftrag (MD13), Fertigungsauftrag (CO03), Bestellanforderung (ME53N), Bestellung (ME23N) etc.	Auftragsbearbeitung (SAPAPO/RRP2)
–	Pegging-Übersicht (/SAPAPO/PEG1)
–	Alert-Monitor (/SAPAPO/AMON1)
–	Plan-Monitor (/SAPAPO/PMON)
–	Supply Chain Cockpit (/SAPAPO/SCC)
–	Erweiterte Produktplanung (webbasiert)
–	Planer-Homepage (webbasiert)

Tabelle 25.1 Vergleichbare Transaktionen der interaktiven, kurzfristigen Planung im ERP- und APO-System bzw. ePP/DS (Forts.)

In der Folge gehen wir nun auf die verschiedenen Funktionalitäten ein, die Sie im Rahmen der interaktiven, kurzfristigen Kapazitätsplanung einsetzen können. Die in Tabelle 25.1 genannten Pegging-bezogenen Sichten Pegging-Übersicht und Kontextsicht haben wir Ihnen bereits im Rahmen des Abschnitt 20.2, »Pegging«, erläutert.

25.2 Alert-Monitor

Der Alert-Monitor ist die zentrale Monitoringkomponente im Rahmen der interaktiven, kurzfristigen Kapazitätsplanung im APO-System bzw. in ePP/DS, wenn Sie eine Analyse der Ausnahmesituationen beginnen möchten.

[«]

Begriffsunterscheidung Ausnahmemeldung vs. Alert

Während der Planer in den ERP-Systemen durch sogenannte *Ausnahmemeldungen* auf Problemsituationen hingewiesen wird, verwendet man im APO-System sowie in ePP/DS die englische Bezeichnung *Alerts*.

Damit finden sich die systembezogen definierten Begrifflichkeiten, die bereits im Umfeld der Stammdaten erläutert wurden, auch im Rahmen der interaktiven Planung wieder. Sie können daher bereits an den Begriffen erkennen, ob Sie sich im ERP- oder im APO-System bzw. in ePP/DS bewegen. Doch der Unterschied zwischen Ausnahmesituationen und Alerts liegt nicht nur in der Bezeichnung, sondern auch im Funktionsumfang: Alerts im APO-System bzw. in ePP/DS bieten mehr Funktionen und sind dynamischer als Ausnahmemeldungen im ERP-System.

Der Alert-Monitor ermöglicht Ihnen einen einheitlichen Blick auf die Problemsituation unter klar definierbaren Regeln. Dabei steht der Alert-Monitor grundsätzlich nicht nur in der Produktions- und Feinplanungskomponente PP/DS zur Verfügung, sondern auch andere Anwendungen des APO-Systems greifen auf den Alert-Monitor zurück. Sie können den Alert-Monitor im APO-System entweder über Transaktion /SAPAPO/AMON1 oder über das Menü **Advanced Planning and Optimization • Supply Chain Monitoring • Alert-Monitor • Alert-Monitor** aufrufen. Während Ihnen die genannte Transaktion auch in ePP/DS zur Verfügung steht, finden Sie den Alert-Monitor dort über den Menüpfad **Logistik • Erweiterte Planung • Monitoring • Alert Monitor • Alert Monitor.**

Neben dieser Option steht auch ein Einstieg nach Objekten unter der Transaktion /SAPAPO/AMON3 bzw. im APO-Menü über **Advanced Planning and Optimization • Supply Chain Monitoring • Alert-Monitor • Alert-Übersicht nach Objekten** sowie in ePP/DS unter **Logistik • Erweiterte Planung • Monitoring • Alert Monitor • Alert-Übersicht nach Objekten** zur Verfügung.

Für die interaktive, kurzfristige Kapazitätsplanung sind insbesondere die PP/DS-Alerts von besonderer Bedeutung, die im Wesentlichen auf Pegging-Informationen sowie auf Informationen über Ressourcenauslastungen zurückgreifen. Die Pegging-basierten Alerts dienen der Identifizierung von Problemsituationen, die auf terminliche oder mengenmäßige Schwierigkeiten in der mehrstufig ausgewerteten Materialverfügbarkeit hindeuten, wohingegen die auslastungsbezogenen Alerts auf Kapazitätsprobleme hinweisen.

Die Aufgabe des Alert-Monitors besteht darin, den Planer mithilfe von Alerts über bearbeitungswürdige Ausnahmesituationen zu informieren. Was eine bearbeitungswürdige Ausnahmesituation ist, legen Sie im Alert-Profil fest. Angezeigt werden die entstehenden Alerts im Alert-Monitor, jedoch auch in den anderen Transaktionen der interaktiven Planung, wie beispielsweise der grafischen Feinplanungstafel, der Produktplantafel oder der Produktsicht.

Die Einstellungen zu den Alerts werden wie in anderen Anwendungen der interaktiven Planung über Profile gesteuert. Im Gegensatz zu den ERP-Systemen, in dem die Ausnahmemeldungen nur zentral auf Mandantenebene und im Customizing eingestellt werden können, handelt es sich beim Alert-Monitor des APO-Systems bzw. von ePP/DS um eine Funktionalität, in der jeder Benutzer bei Bedarf auch mehrere Profile anlegen kann, selbst wenn er keine Customizing-Berechtigungen besitzt. Hier ist zunächst das Alert-Gesamtprofil zu nennen (siehe Abbildung 25.2), in dem einige Einstellungen vorgenommen werden müssen, die bei der Anzeige der Alerts mit dem Alert-Monitor selbst eine Rolle spielen.

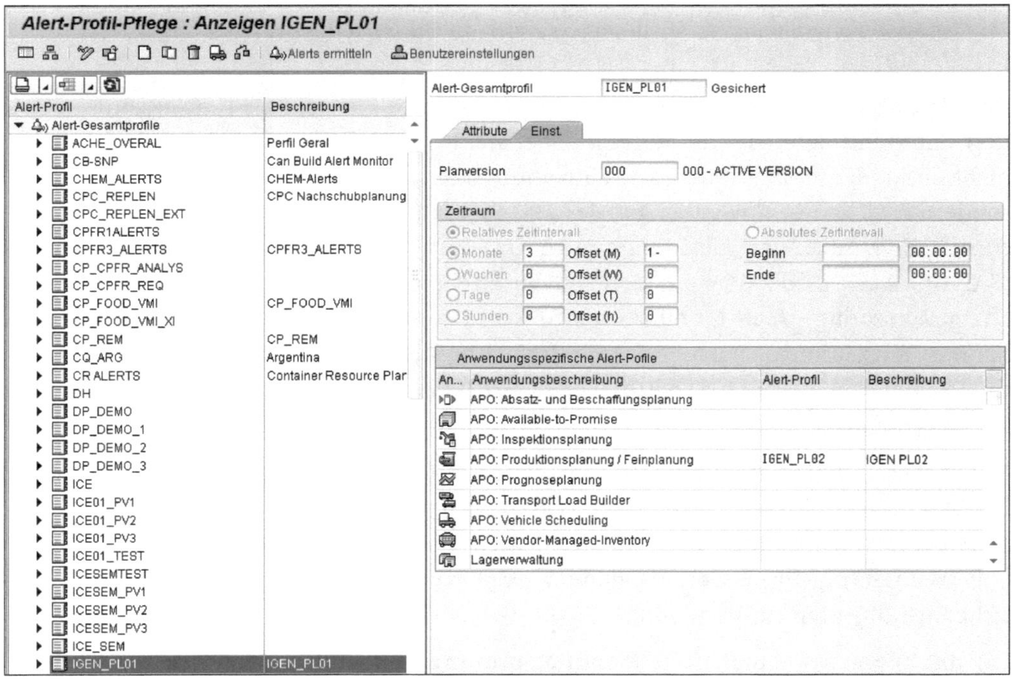

Abbildung 25.2 Gesamtprofil des Alert-Monitors

Einerseits können Sie im Bereich **Zeitraum** den Zeitraum definieren, in dem Alerts ausgewertet werden sollen. Hier können Sie relative oder absolute Zeitintervalle hinterlegen. Zusätzlich müssen Sie die **Planversion** spezifizieren, in der die Alerts ermittelt werden sollen. Wie bereits erwähnt, sind diese Einstellungen lediglich für den

Alert-Monitor selbst relevant. Sollen Alerts in anderen Anwendungen angezeigt werden, wie z. B. der grafischen Feinplanungstafel, wird hier kein Alert-Gesamtprofil zugeordnet, sondern ein anwendungsspezifisches Unterprofil (in der grafischen Feinplanungstafel z. B. das PP/DS-Alert-Profil).

Andererseits fungiert das Alert-Gesamtprofil auch als Sammelkonstrukt für verschiedene anwendungsspezifische Alert-Konfigurationen, die in Unterprofilen festgelegt werden. Wie bereits erläutert, ist für die integrierte Projekt- und Produktionsplanung das PP/DS-Alert-Profil ausschlaggebend. Im PP/DS-Alert-Profil können Sie eine Selektion für ATP-Kategorien und/oder Produkte bzw. Ressourcen vornehmen – diese Einstellungen sind nur für den Aufruf von Alerts im Alert-Monitor selbst relevant (siehe Abbildung 25.3). Wenn Sie Alerts mit einem PP/DS-Alert-Profil in anderen Anwendungen der interaktiven Planung verwenden, wie beispielsweise der grafischen Feinplanungstafel, sind die in der entsprechenden Anwendung durchgeführten Selektionen relevant, nicht die Einschränkungen bezüglich der ATP-Kategorien, Produkte und Ressourcen aus dem Alert-Profil.

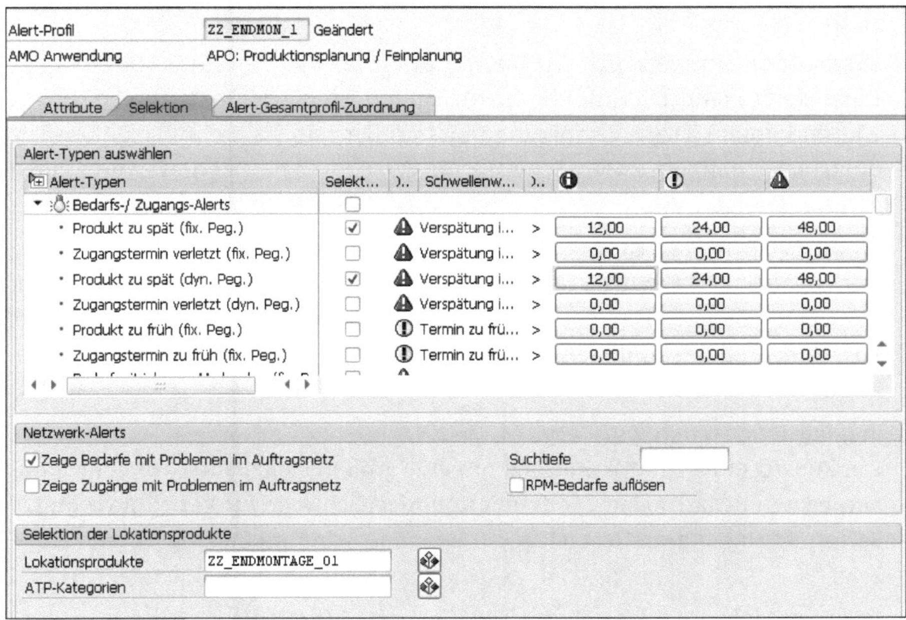

Abbildung 25.3 PP/DS-Alert-Profil

25.2.1 Übersicht über die unterschiedlichen Alert-Typen

Im Alert-Monitor oder in den auf den Alert-Monitor zugreifenden Anwendungen des APO-Systems bzw. von ePP/DS werden jeweils unterschiedliche Alert-Typen angezeigt. Ein Alert-Typ spiegelt dabei eine mögliche betriebswirtschaftliche Problemsituationen (wie z. B. eine Bedarfsunterdeckung) wider, der Alert (technisch als ATID für Alert-Typ-ID bezeichnet) wird dann bei einer konkreten Realisierung dieser Problemsituation angezeigt, also in diesem Fall beim Auftreten eines konkreten unterdeckten Kundenbedarfs. Alert-Typen werden wiederum zu Alert-Objekttypen (AOT) zusammengefasst, dabei handelt es sich um eine Gruppe von Alert-Typen, die betriebswirtschaftlich zusammengehören und aus diesem Grund technisch im APO-System zusammenfasst und angezeigt werden.

Die folgenden 26 Alert-Objekttypen bzw. 76 Alert-Typ-IDs (ATID) stehen in PP/DS zur Verfügung (siehe SAP-Hinweis 500051):

- **Bedarfs-/Zugangs-Alerts (auch Termin-Alerts genannt – AOT 0050)**
  - *Produkt zu spät (fix. Peg.) (ATID 0003) und (dyn. Peg.) (ATID 0005)*
    Der Bedarf eines Auftrags (auch als Inputknoten bezeichnet) liegt zeitlich vor dem damit durch Pegging verbundenen Zugang (als Outputknoten bezeichnet). Dieser Alert wird am Bedarfsknoten angezeigt, sofern die Verspätung größer ist als die im Produktstamm definierte Alert-Schwelle für Verspätungen und zusätzlich die im PP/DS-Alert-Profil hinterlegten Schwellenwerte überschritten sind.
  - *Zugangstermin verletzt (fix. Peg.) (ATID 0004) und (dyn. Peg.) (ATID 0006)*
    Der Bedarf des Auftrags (Inputknoten) liegt zeitlich vor dem verpeggten Zugang (Outputknoten). Diese Verspätung muss größer sein als die im Lokationsproduktstamm definierte Alert-Schwelle für Verspätungen. Der Alert wird am Zugang angezeigt.
  - *Produkt zu früh (fix. Peg.) (ATID 0011)*
    Der Zugang eines Produkts erfolgt um eine größere Zeitspanne vor dem damit verpeggten Bedarf, als in der definierten Alert-Schwelle für die Verfrühung im Lokationsproduktstamm festgelegt ist. Der Alert wird am Bedarfsknoten angezeigt.
  - *Zugangstermin zu früh (fix. Peg.) (ATID 0012)*
    Der Zugang eines Produkts erfolgt um eine größere Zeitspanne vor dem damit verpeggten Bedarf, als in der definierten Alert-Schwelle für Verfrühung im Lokationsproduktstamm festgelegt ist. Der Alert wird am Zugangsknoten angezeigt.
  - *Bedarf mit inkompatiblen Merkmalen (fix. Peg.) (ATID 0013)*
    Ein Bauteil passt aufgrund seiner Merkmale nicht zum Produkt. Derartige Situationen können beispielsweise auftreten, wenn Sie ein Element fix verpeggt haben, das inkompatible Merkmale aufweist.
  - *Zugang mit inkompatiblen Merkmalen (fix. Peg.) (ATID 0014)*
- **Shelflife-Alerts (AOT 0055)**
  - *Reifezeit unterschritten (Bedarf) (ATID 0551) und (Zugang) (ATID 0552)*
    Zu einem Produkt gibt es einen Bedarf, der zeitlich vor dem Ende der geforder-

ten Mindestreifezeit liegt. Die dazugehörenden Alerts werden wahlweise entweder am Bedarf oder am Zugang der betroffenen Pegging-Beziehung angezeigt.

- *Haltbarkeit zu kurz (Bedarf) (ATID 0553) und (Zugang) (ATID 0554)*
  Ein Produkt hat zum Zeitpunkt des verpeggten Bedarfs bereits seine Mindesthaltbarkeit überschritten. Die dazugehörenden Alerts werden wahlweise entweder am Bedarf oder am Zugang der betroffenen Pegging-Beziehung angezeigt.
- *Haltbarkeit zu lang (Bedarf) (ATID 0555) und (Zugang) (ATID 0556)*
  Der Verfallszeitpunkt liegt nach der maximal festgelegten Haltbarkeit. Die dazugehörenden Alerts werden wahlweise entweder am Bedarf oder am Zugang der betroffenen Pegging-Beziehung angezeigt.
- *Zugang ohne Pegging-Beziehung mit Verfallsdatum (ATID 0557)*
  Ein noch nicht mit einem Bedarf verpeggter Zugang verfällt innerhalb des Betrachtungszeitraums. Der Alert wird lediglich dann angezeigt, wenn auch die Überdeckung selbst im Betrachtungszeitraum liegt.

- **Auftrag in der Vergangenheit (AOT 0100)**
  - *Kundenauftrag in der Vergangenheit (ATID 0030)*
    Der Bedarf eines Kundenauftrags liegt bereits in der Vergangenheit, ist jedoch noch nicht zurückgemeldet worden.
  - *Zugangstermin in der Vergangenheit (ATID 0031)*
    Ein Zugangstermin liegt bereits in der Vergangenheit, ohne dass der Zugang gebucht oder das Endlieferkennzeichen gesetzt worden ist.
  - *Starttermin in der Vergangenheit (ATID 0032)*
    Der Starttermin eines Auftrags liegt in der Vergangenheit, ohne dass der Auftrag bereits begonnen wurde (Fertigungsauftrag) bzw. es existiert am Zugangsknoten bei einer Umlagerung noch ein offener Bedarf. Bei einer reinen (externen) Fremdbeschaffung wird der Alert seit APO-Release 4.0 nicht mehr angezeigt.
  - *Eröffnungstermin in der Vergangenheit (ADIT 0033)*
    Der Eröffnungstermin eines Auftrags liegt bereits in der Vergangenheit, das entsprechende temporäre planerische Element (Planauftrag bei Eigenfertigung bzw. Bestellanforderung bei Fremdbeschaffung) wurde jedoch noch nicht in ein festes Element (Fertigungsauftrag bei Eigenfertigung bzw. Bestellung bei Fremdbeschaffung) umgewandelt. Der Eröffnungstermin berechnet sich folgendermaßen:

    Eigenfertigung: Starttermin – Eröffnungshorizont

    Fremdbeschaffung: Liefertermin – Planlieferzeit – Eröffnungshorizont

  - *Vertriebslieferplan in der Vergangenheit (ATID 0034)*
    Der Bedarf eines Vertriebslieferplans liegt bereits in der Vergangenheit, ist jedoch noch nicht zurückgemeldet worden.
- **Vorgangs-Alerts (AOT 0150)**
  - *Rückmeldetermin (Vorgang) in der Vergangenheit (ATID 0001)*
    Der Endzeitpunkt eines Teilvorgangs eines Fertigungsauftrags liegt bereits in der Vergangenheit, ohne dass der Vorgang zurückgemeldet wurde.
- **Auftrags-Alerts – produktabhängig (AOT 0200)**
  - *Auftrag erzeugt Überdeckung (ATID 0021)*
    Nach der Bildung der Pegging-Beziehungen aller Zugänge und Bedarfe sind Restmengen übrig geblieben. Dieser Alert wird als Überdeckungs-Alert bezeichnet.
  - *Auftrag hat Unterdeckung (ATID 0022)*
    Nach Bildung der Pegging-Beziehungen aller Zugänge und Bedarfe konnte ein Bedarf nicht gedeckt werden. Dieser Alert wird als Unterdeckungs-Alert bezeichnet.
  - *Externer Anfrageprozess nicht gestartet (ATID 0230)*
    Eine Ausschreibung wurde noch nicht in eine Bestellung umgewandelt.
  - *Auftrag ohne Berücksichtigung von Blockgrenzen eingeplant (ATID 0235)*
    Ein Zu- bzw. ein Abgang einer Aktivität ist nicht auf die Grenze des entsprechenden Blocks terminiert, obwohl sich die Aktivität in einem Block befindet, für den das Kennzeichen **Berücksichtigung von Blockgrenzen** in den Ressourceneinstellungen gesetzt wurde.
- **Unter-/Überbestätigungs-Alerts (AOT 0210)**
  - *Bestätigte Menge übersteigt Wunschmenge (ATID 0211)*
  - *Bestätigte Menge unterschreitet Wunschmenge (ATID 0212)*
- **Reichweiten-Alerts (AOT 0250)**
  - *Mindestreichweite unterschritten (ATID 0001)*
    Die im PP/DS-Alert-Profil eingestellte Mindestreichweite wird durch die prognostizierte Reichweite eines Lokationsprodukts unterschritten. Die Reichweite wird auf der Ebene des Pegging-Bereichs berechnet. Im PP/DS-Alert-Profil können Sie bis zu drei unterschiedliche Reichweitentypen hinterlegen, die vorab im Customizing der Produktions- und Feinplanung im Pfad Produktplantafel definiert werden müssen. Dort können Sie festlegen, welche ATP-Kategorien bei der Berechnung der Reichweite berücksichtigt werden müssen. Im Customizing werden ebenfalls die entsprechenden Schwellenwerte festgelegt. Durch Verwendung des User-Exits APOCV001 können Sie hier auch ein produktspezifisches Vorgehen wählen.

- *Geforderte Reichweite überschritten (ATID 0252)*
  Die im PP/DS-Alert-Profil eingestellte geforderte Reichweite wird durch die prognostizierte Reichweite eines Lokationsprodukts überschritten. Hier gelten dieselben Festlegungen wie beim Alert »Mindestreichweite unterschritten« (ATID 0001) hinsichtlich der Reichweitentypen.

- **Reichweiten-Alerts (Datenbank) (AOT 0260)**
  - *Mindestreichweite unterschritten (DB) (ATID 0261)*
    Die im PP/DS-Alert-Profil eingestellte Mindestreichweite wird durch die prognostizierte Reichweite eines Lokationsprodukts unterschritten. Der Alert wird auf der Datenbank abgelegt und ist nicht nur – wie beispielsweise im Fall des Alerts »Mindestreichweite unterschritten« (ATID 0001) – im liveCache vorhanden.
- **Auftrags-Alerts – produktunabhängig (AOT 0300)**
  - *Auftrag nicht eingeplant (ATID 0041)*
    Ein Auftrag ist zumindest teilweise ausgeplant.
  - *Auftrag außerhalb seines Gültigkeitszeitraums (ATID 0042)*
    Der Startzeitpunkt einer Aktivität eines Auftrags liegt außerhalb des Gültigkeitszeitraums des Auftrags.
- **Constraint-Alerts – auftragsübergreifend (AOT 0400)**
  - *Mindestabstand zwischen Aufträgen unterschritten (ATID 0011)*
  - *Maximalabstand zwischen Aufträgen überschritten (ATID 0013)*
  - *Moduskopplung zwischen Aufträgen verletzt*
- **Constraint-Alerts innerhalb Auftrag (AOT 0500)**
  - *Mindestabstand innerhalb eines Auftrags unterschritten (ATID 0012)*
  - *Maximalabstand innerhalb eines Auftrags überschritten (ATID 0014)*
  - *Moduskopplung innerhalb eines Auftrags verletzt (ATID 0516)*
  - *Mindestabstand in Auftrag wegen Blockgrenzenterminierung verletzt (ATID 0517)*
    Der eingestellte Mindestabstand zwischen zwei Aktivitäten innerhalb eines Auftrags wurde aufgrund der Blockgrenzterminierung unterschritten. Haben Sie lediglich die Alert-Typen 0012 und 0014 im Alert-Profil ausgewählt, zeigt das APO-System bzw. ePP/DS die Constraint-Alerts an, die durch die Blockplanung verursacht wurden, jedoch ohne die Information, dass es die Blockplanung war, die zu der Alert-Situation geführt hat.

    Werden sowohl die Alert-Typen 0012 und 0014 als auch der Alert 0517 ausgewählt, werden Constraint-Alerts, die durch die Blockplanungsterminierung verursacht wurden, ausschließlich als Alert 0517 ausgegeben. Ist im Alert-Profil ausschließlich der Alert-Typ 0517 ausgewählt, werden lediglich die Constraint-Alerts ausgewiesen, die durch die Blockgrenzterminierung verursacht wurden.

- **Kampagnen-Alerts (AOT570)**
  - *Kampagne ist unterbrochen (ATID 0571)*
  - *Rüst- oder Reinigungsauftrag liegt innerhalb einer Kampagne (ATID 0572)*
- **Ressourcen-Alerts PP/DS (AOT 0600)**
  - *Überlast auf Single-Activity-Ressource (ATID 0052)*
    Zwei Aktivitäten sind gleichzeitig auf einer Single-Activity-Ressource eingeplant und die Ressource ist eine finite Ressource.
  - *Überlast auf einer Multi-Activity-Ressource (ATID 0053)*
    Es sind mehr Aktivitäten als möglich gleichzeitig auf einer Ressource eingeplant bzw. die maximale Ressourcenauslastung auf einer Multi-Activity-Ressource ist überschritten, und die Ressource ist eine finite Ressource.
  - *Inkompatible Merkmale auf Ressource (ATID 0054)*
    Es ist eine Aktivität auf einer Ressource eingeplant, deren Merkmalsausprägung (z. B. Farbe) zu dem Zeitpunkt nicht passt.
  - *Maschinenausfall (SCEM) (ATID 0601)*
    Im Event Management (EM) wurde der Ausfall einer Ressource festgestellt.
- **Alerts zu Aktivitäten auf einer Ressource (AOT 0620)**
  - *Nicht unterbrechbare Aktivität wird durch Pause unterbrochen (ATID 0625)*
  - *Aktivität verletzt Synchronisation auf der Ressource (ATID 0626)*
- **Durchschnittliche Ressourcenauslastung (PP/DS) (AOT 0650)**
  - *Durchschnittliche Ressourcenüberlast (ATID 0001)*
    Die durchschnittliche Auslastung einer Ressource über einen bestimmten Zeitraum liegt über dem im Alert-Profil definierten Schwellenwert. Sie können im Alert-Profil ein Periodenprofil hinterlegen, in dem Sie Perioden-Buckets definieren, auf die die durchschnittliche Ressourcenauslastung berechnet wird.
  - *Durchschnittliche Ressourcenunterlast (ATID 0002)*
    Die durchschnittliche Ressourcenauslastung über einen bestimmten Zeitraum, den Sie durch Hinterlegung eines Periodenprofils im PP/DS-Alert-Profil definieren, liegt unter einem hinterlegten Schwellenwert.
  - *Kapazitätsüberlast im Bucket (ATID 0051)*
    Die geplante Auslastung einer Ressource innerhalb eines Zeitraums (Bucket) liegt über dem Kapazitätsangebot.
- **Ressourcenauslastung im Bucket (PP/DS) (AOT 0655)**
  - *Ressourcenüberlast im Bucket (PP/DS) (ATID 0657)*
- **Behälterressourcen-Alerts (AOT 0660)**
  - *Maximalmenge überschritten (Behälterressource) (ATID 0061)*
  - *Minimale Produktionsmenge nicht erreicht (Behälterressource) (ATID 0062)*

- *Bestand < 0 (ATID 0063)*
  Dieser Alert wird erzeugt, wenn die im Behälter befindliche Menge theoretisch kleiner als null wird. Diese Situation kann nur in Verbindung mit Unterdeckungen auftreten.
- *Auffüllen verletzt erlaubte Restmenge (ATID 0064)*
  Ein Behälter muss bei einer Produktion eine gewisse Höchstmenge wieder unterschreiten, bevor er wieder aufgefüllt werden darf.
- *Ungültige Mischung (Behälterressource) (ATID 0065)*
  Materialien, die in den Behälter gefüllt werden sollen, dürfen nicht miteinander verarbeitet werden.
- *Menge auf 0 gesetzt (ATID 0066)*
  Dieser Alert tritt genau dann auf, wenn ein Produkt in einen Behälter gefüllt werden soll, in dem sich noch ein anderes Produkt befindet.

- **Behälterressourcen-Alerts – auftragsübergreifend (AOT 0665)**
  - *Behälterkonformes Pegging verletzt (ATID 0665)*
    Der Alert tritt auf, wenn zwei Aufträge miteinander verpeggt sind, bei denen ein Auftrag auf eine Behälterressource zugreift und der andere nicht bzw. wenn beide auf unterschiedliche Behälterressourcen zugreifen, d. h., der Zugang befüllt eine Behälterressource, der Bedarf entnimmt jedoch aus einer anderen Behälterressource.
- **Problem im Auftragsnetz (Zugang/Bedarf) (AOT 0700)**
  - *Bedarf mit Problem im Auftragsnetz (ATID 0060)*
    Ein mit dem PP/DS-Alert-Profil selektierter Bedarf ist von einem Problem betroffen, das sich im selben Auftragsnetz befindet. Dabei führen nur vorgelagerte, also in der Stückliste weiter unten befindliche Probleme zu einem derartigen Alert, der auch als Netzwerk-Alert bezeichnet wird.
  - *Zugang mit Problem im Auftragsnetz (ATID 0061)*
    Ein mit dem PP/DS-Alert-Profil selektierter Zugang ist von einem Problem betroffen, das im vorgelagerten Auftragsnetz liegt.
- **Problem im Auftragsnetz (Auftrag) (AOT 0750)**
  - *Auftrag mit Problem im Auftragsnetz (ATID 0070)*
    Ein mit dem PP/DS-Alert-Profil selektierter Auftrag ist von einem Problem betroffen, das im vorgelagerten Auftragsnetz liegt.
- **Planungsheuristik-Alerts (AOT 0900)**
  - *Ausnahme bei der Beschaffungsplanung (ATID 0901)*
    Während einer Planungsheuristik können verschiedene Ausnahmen auftreten. Diese werden üblicherweise im Planungslog gespeichert. Ausgewählte betriebs-

wirtschaftliche Meldungen können jedoch auch in die Alert-Datenbank geschrieben und mithilfe dieses Alert-Typs im Alert-Monitor angezeigt werden.

- **Ausschreibungs-Alerts (Collaborative Planning) (AOT 1100)**
  - *Angebot zu Anfrageprozess erhalten (ATID 1101)*
  - *Entscheidungszeitpunkt der Anfrage überschritten (ATID 1102)*
  - *Kein Angebot zu Anfrage eingegangen (ATID 1103)*
  - *Kein Angebot zu Anfrage, Endzeitpunkt unterschritten (ATID 1104)*
  - *Antwort zu Anfrageprozess noch nicht erstellt (ATID 1111)*
  - *Anfrage wurde zurückgezogen (ATID 1112)*
  - *Anfrage wurde geändert (ATID 1113)*
- **Vertriebslieferplan-Alerts – Lieferplan (AOT 1200)**
  - *Vertriebslieferplan: Nachricht aus Zulässigkeitsprüfung (ATID 1201)*
    Der Alert repräsentiert die Gesamtheit aller Prüfungen, die beim Eingang eines lieferrelevanten Abrufs ablaufen. Die Alert-Situation entscheidet darüber, ob der Abruf automatisch weiterverarbeitet werden kann.
  - *Vertriebslieferplan: Nachricht aus Machbarkeitsprüfung (ATID 1202)*
    Es erfolgt eine Prüfung eines Vertriebslieferplans auf Realisierbarkeit in Bezug auf Mengen und Termine. Grundlage bilden dabei vorhandene Bestände und das bestehende Produktionsprogramm.
- **Vertriebslieferplan-Alert – Produkt (AOT 1210)**
  - *Vertriebslieferplan: Nachricht zum Produkt (ATID 1211)*
    Der Alert resultiert aus einer Machbarkeitsprüfung und bezieht sich auf ein Produkt.
- **Beschaffungslieferplan-Alerts – LP (AOT 1220)**
  - *Bestätigung zum Beschaffungslieferplan (ATID 1221)*
    Der Alert ergibt sich aus der Prüfung, ob bei der Bestätigung zu einem Beschaffungslieferplan eine Toleranz überschritten wurde.
- **Bestands-Alert (AOT 1301)**
  - *SB unterschritten (ATID 1301)*
    Der Bestand ist niedriger als im Feld **Sicherheitsbestand** des Lokationsprodukts (Registerkarte **Losgröße**) angegeben.
  - *Ziellagerbestand unterschritten (ATID 1302)*
    Der Bestand ist niedriger als im Feld **Höchstbestand** des Lokationsprodukts (Registerkarte **Losgröße**) angegeben.
  - *Ziellagerbestand überschritten (ATID 1303)*
    Der Bestand ist höher als im Feld **Höchstbestand** des Lokationsprodukts (Registerkarte **Losgröße**) angegeben.

Nachdem wir Ihnen die einzelnen Alert-Typen im Überblick gezeigt haben, folgt nun eine Erläuterung der Schwellenwerte, mit denen Sie die Kritizität bestimmter Konstellationen im ausnahmebasierten Planen festlegen können.

25.2.2 Schwellenwerte für Alert-Typen

Für eine Vielzahl dieser Alerts können Sie im PP/DS-Alert-Profil Schwellenwerte hinterlegen, die überschritten werden müssen, damit ein Alert angezeigt wird (siehe hierzu die SAP-Hinweise 367103 und 373434). Sie können für jeden dieser Alerts drei Schwellenwerte angeben:

- **Information** ( )
  Informationen sind weniger kritische Situationen im APO-System.
- **Warnung** ( )
  Warnungen sind mittelschwere Ausnahmesituationen.
- **Fehler** ( )
  Fehler sind gravierende, schwerwiegende Ausnahmesituationen.

Wenn Sie keinen Schwellenwert hinterlegen, wird eine eigens definierte Standardpriorität (Information, Warnung, Fehler) angezeigt. Ist ein Schwellenwert z. B. für eine Warnung gepflegt, aber nicht für die niedrigere Priorität Information, werden Alerts unterhalb dieses Schwellenwerts nicht angezeigt, sie erhalten systemintern die Priorität 0. Ist ein Schwellenwert gepflegt (z. B. für eine Warnung), aber für eine höhere Priorität nicht (für einen Fehler), wird die Priorität des höchsten Schwellenwerts für den Alert verwendet.

[«] 25

Verwendung einzelner Prioritäten

Möchten Sie beispielsweise eine Kombination aus Information und Fehler verwenden, können Sie bei den Schwellenwerten für die Warnung bei Alerts, die einen Größer-Vergleich (>) durchführen, eine -1 und bei Alerts mit einem Kleiner-Vergleich (<) einen möglichst hohen Wert setzen, sodass diese Priorität in der Praxis nicht angewendet wird.

25.2.3 Spezifische Einstellungen für wichtige Alert-Typen

Für die bedeutsame Gruppe der Termin-Alerts können Sie neben den Schwellenwerten auch noch eine Alert-Schwelle im Produktstamm für Verspätungen und Verfrühungen definieren. Auf diese Weise können Sie das Erscheinen von Alerts in Abhängigkeit von der Bedeutung des Produkts steuern, das hinter einem potenziellen Alert steht. Auf der Registerkarte **Pegging** des Produktstamms können Sie eine Zeitspanne hinterlegen, bei deren Unterschreitung auch dann keine Alerts für das jeweilige Produkt angezeigt werden, wenn die jeweiligen Schwellen des Alert-Profils überschritten sind. Beachten Sie außerdem, dass Termin-Alerts ohnehin nur dann angezeigt werden, wenn eine Pegging-Beziehung zwischen den jeweiligen Elementen besteht, wie z. B. einem Kundenauftrag und einem Fertigungsauftrag, anderenfalls kommt es nicht zu Verspätungen oder Ähnlichem, sondern zu Unterdeckungs-Alerts. Diese Schwellen werden ebenfalls zur Reichweitenberechnung herangezogen, mit dem BAdI /SAPAPO/RRP_COVPARAM können Sie die Berechnung der Reichweite beeinflussen.

Für die Bedarfsunterdeckungs-Alerts (ATID 0022) können Sie im PP/DS-Alert-Profil das Kennzeichen **keine Bedarfsunterdeckungs-Alerts außerhalb der Planlieferzeit** setzen, um Alerts zu unterdrücken, wenn die Bedarfsunterdeckungen außerhalb der Wiederbeschaffungszeit liegen. Ebenso können Sie für diese Alerts eine Berücksichtigung der Unterlieferungstoleranz auf der Registerkarte **Pegging** des Materialstamms vorsehen.

Eine wichtige Gruppe von Alerts ist die der Netzwerk-Alerts (AOT 0700 und 0750). Diese führen dazu, dass Alerts mehrstufig Problemsituationen verdeutlichen, da eine Problemsituation an übergeordnete Stücklistenstufen über die Pegging-Struktur bis hin zum Endproduktbedarf wie einem Kundenauftrag »vererbt« wird. Für Aufträge der Produktionsplanung werden Netzwerk-Alerts nur auf Ebene des Auftrags angezeigt, speziell für die Projektplanung werden Netzwerk-Alerts jedoch bei Projektaufträgen explizit auf Vorgangsebene dargestellt. Die Ermittlung dieser Alerts kann zu Performanceproblemen führen. Im PP/DS-Alert-Profil haben Sie daher die Möglichkeit, die Suchtiefe für Netzwerk-Alerts einzuschränken. Dabei entspricht jede Pegging-Beziehung zwischen einem Bedarf und dem Bedarfsdecker (Zugangselement) einem Schritt in der Suchtiefe.

Im PP/DS-Alert-Profil haben Sie über das Feld **Offset** die Möglichkeit, das Heute-Datum für die Alert-Ermittlung im Monitor um eine bestimmte Anzahl von Tagen zu verschieben (siehe Abbildung 25.2 zum Gesamtprofil). Mit einem positiven Wert können Sie das Heute-Datum in die Zukunft verschieben. Durch Verwendung eines negativen Werts ist eine Verschiebung in die Vergangenheit möglich. Diese Funktion ist z. B. für Vergangenheits-Alerts wie »Starttermin in der Vergangenheit« (ATID 0032) relevant.

Speziell für Unter- und Überbestätigungs-Alerts (AOT 0210) können Sie Perioden zu Buckets zusammenfassen, in denen Wunschmengen und bestätigte Mengen zusammengefasst und im Anschluss miteinander verglichen werden. Im Standard stehen Ihnen Sekunden (Default), Minuten, Stunden und Tage zur Verfügung, durch Verwendung des BAdIs /SAPAPO/AM_CNF_ALERT können Sie jedoch auch modifikationsfrei eigene Periodenarten verankern.

25.2.4 Weitere Einstellungen für Alerts

Es besteht auch die Möglichkeit, eigene Alert-Typen zu definieren. Diese müssen dann in den Alert-Monitor-Einstellungen auswählbar gemacht werden und können im Anschluss mithilfe des Alert-Monitors bzw. innerhalb einer Planungsanwendung angezeigt werden. Hierfür ist zum einen die Implementierung des BAdIs /SAPAPO/AM_ALERTLIST nötig, zum anderen müssen zahlreiche Änderungen an Systemtabellen per Modifikation vorgenommen werden (siehe hierzu SAP-Hinweis 781319). Mit demselben BAdI ist es möglich, die Alert-Ausgabe um kundenspezifische Felder zu erweitern.

Im Menü der Alert-Profil-Pflege können Sie unter **Springen** auch eine Alert-Situation in der Hintergrundverarbeitung ermitteln lassen (siehe Abbildung 25.4), die in diesem Fall gesichert und dann zur späteren Bearbeitung aufgerufen werden kann. Dies kann auch über den Report /SAPAPO/READ_ALERTS_BATCH geschehen.

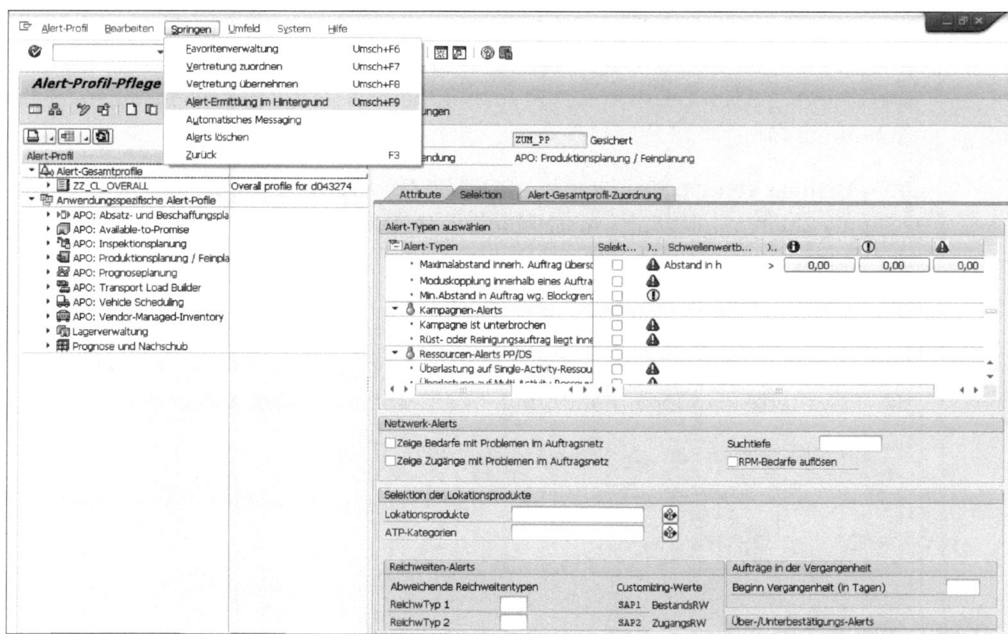

Abbildung 25.4 Alert-Ermittlung im Hintergrund

Sie haben auch die Möglichkeit, Alerts per E-Mail zu versenden. Damit können Sie sicherstellen, dass die Planer über alle in ihrem Zuständigkeitsbereich angesiedelten Problemstellungen informiert sind. Sie können Alerts sowohl interaktiv als auch automatisch versenden:

- **Alerts interaktiv versenden**
  Sie können zum einen auf die interaktive Versendung von Alerts zurückgreifen, d. h., ein Benutzer kann aus dem Alert-Monitor heraus über einen rechten Mausklick über die Funktion **Dokument senden** im Kontextmenü eine Benachrichtigung erstellen und an einen Empfänger versenden. Das APO-System bzw. ePP/DS übernimmt in diesem Fall die Beschreibung und die zugehörigen Alert-Parameter in die Nachricht. Es besteht die Möglichkeit, die Daten zu verändern, zusätzliche Notizen zu erfassen und eine Anlage einzufügen.
- **Alerts automatisch versenden**
  Sie können auch eine automatische Benachrichtigung einrichten, sodass eine reguläre E-Mail oder eine SAP-Mail an den Posteingang des SAP Business Workplace versendet wird. Hierzu wählen Sie im APO-System den Pfad **Advanced Planning and Optimization • Supply Chain Monitoring • Lfd. Einstellungen • Versenden von Alerts einstellen**. In ePP/DS finden Sie die Option im Menü unter **Logistik • Erweiterte Planung • Monitoring • Lfd. Einstellungen • Versenden von Alerts einstellen**. In beiden Fällen können Sie den zu benachrichtigenden Systembenutzer, die entsprechende E-Mail-Adresse und ein zuzuordnendes Gesamtprofil einstellen (siehe Abbildung 25.5).

Im Anschluss können Sie über den APO-Pfad **Advanced Planning and Optimization • Supply Chain Monitoring • Alert-Monitor • Alerts versenden** oder per Einplanung des Reports /SAPAPO/AMON_MAIL_BROADCAST (Transaktion /SAPAPO/AMON-MSG_SEND) mit einer entsprechenden Variante für ein Versenden der Alerts sorgen. In ePP/DS steht Ihnen dieser Report ebenfalls zur Verfügung; um die Funktion über das Menü zu finden, müssen Sie folgenden Pfad verwenden: **Logistik • Erweiterte Planung • Monitoring • Alert Monitor • Alerts versenden**.

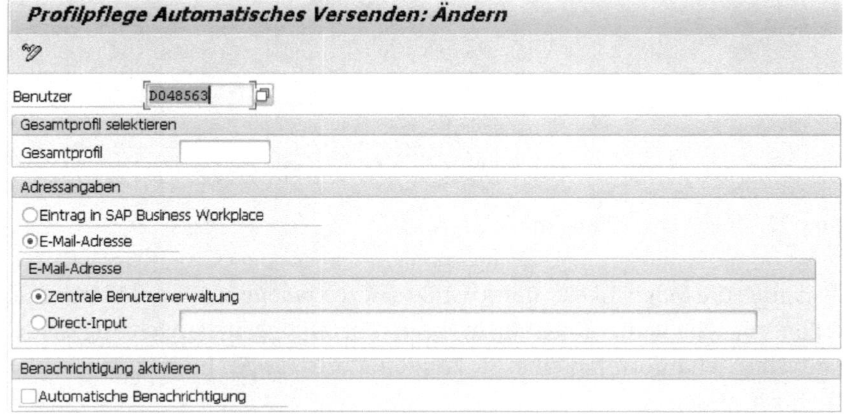

Abbildung 25.5 Automatisches Versenden von Alerts

Ebenso können Sie Vertretungen zuordnen, also für einen definierten Bereich ein benutzerspezifisch angelegtes Alert-Gesamtprofil einem anderen Benutzer zuordnen. Dies erfolgt im Einstiegsbild zum Alert-Monitor unter Verwendung des Menüpunkts **Umfeld**. In dem sich öffnenden Pop-up können Sie auf der Registerkarte **Vertretung** die entsprechenden Einstellungen vornehmen. Jeder Benutzer kann die von ihm am häufigsten genutzten Gesamtprofile als Favoriten im Einstiegsbild des Alert-Monitors hinterlegen. Für die Zeitspanne einer Vertretung, die Sie im beschriebenen Pop-up hinterlegen können, erscheint dann das entsprechend vorgesehene Gesamtprofil beim als Vertretung angegebenen Benutzer. Hierfür muss jedoch entsprechend dem Systembenutzer das Berechtigungsobjekt C_APO_AMON samt Aktivität 22 zugeordnet sein (Rolle AMON Superuser).

Im Menü **Umfeld** können Sie auch selbst definierte Beschreibungstexte zu Alerts hinterlegen (siehe Abbildung 25.6). Diese kann der Planer aufrufen, indem er mit der rechten Maustaste auf einen Alert klickt.

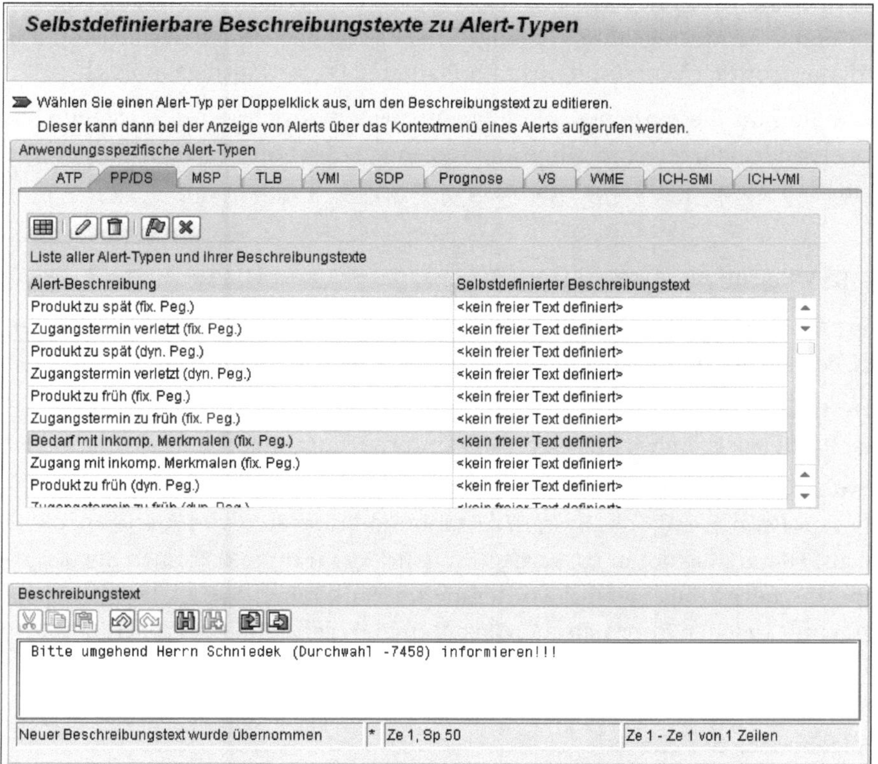

Abbildung 25.6 Definition von Beschreibungstexten für Alerts

Seit APO-Release 7.0 sowie in ePP/DS steht die Möglichkeit zur Verfügung, Alert-Profile, bei denen es sich standardmäßig nicht um Customizing handelt, in der eigenen Systemlandschaft transportieren zu können.

Wie bereits beschrieben, handelt es sich bei der Funktionalität des Alert-Monitors um eine für die Produktions- und Feinplanung konzipierte Funktionalität, die jedoch analog zu anderen Funktionen von PP/DS auch für die Projektplanung und insbesondere für Integrationsszenarien mit einer kombinierten Verwendung aus Projekt-, Produktions- und Beschaffungsplanung im APO-System bzw. in ePP/DS eingesetzt werden kann. Es bestehen jedoch einige Einschränkungen. Projektaufträge weisen hinsichtlich der Auswertung von Alerts den Nachteil auf, dass sie nur Alert-Monitor-relevant sind, wenn sie Komponenten tragen. Dies liegt darin begründet, dass sie kein Hauptprodukt im eigentlichen Sinn tragen, und daher auch nur Pegging-Relevanz vorliegt, wenn an einem Vorgang ein Komponentenbedarf zu verzeichnen ist. Auch in diesem Fall enthält der Alert-Monitor nur begrenzte Informationen (wie beispielsweise Ressourcenkapazität und Pegging-Beziehungen). Die zur Verfügung stehenden Alerts, die Aufträge und Vorgänge in der Vergangenheit anzeigen, sind nur für Fertigungsaufträge und somit nicht für Plan- und Projektaufträge möglich.

Nachdem Sie nun die einzelnen Alert-Typen sowie die wichtigsten Einstellungen kennengelernt haben, zeigen wir Ihnen im folgenden Abschnitt in aller Kürze, wie Sie Alerts im Alert-Monitor bearbeiten können.

25.2.5 Bearbeitung von Alerts

Das Alert-Monitor-Fenster, das Sie über die Transaktion /SAPAPO/AMON1 aufrufen können, besteht aus den folgenden Bildbereichen (siehe Abbildung 25.7):

- **Alert-Profil-Selektion**
  In der Profil-Selektion wird das Alert-Gesamtprofil ausgewählt.
- **Auswahl Alert-Sichten**
  In diesem Bereich zeigt das System Anzahl und Prioritäten von Alerts an, dabei wird auf Hierarchieknoten zurückgegriffen. Im Menü **Umfeld** können Sie benutzerspezifische Anzeigehierarchien definieren. So können Sie festlegen, welche Sichten mit welchen Informationen (Spalten) im Ergebnisbild des Alert-Monitors und in der Alert-Übersicht nach Objekten für einen bestimmten Benutzer angezeigt werden sollen.
- **Anzeigebereich der Alerts**
  Im Anzeigebereich der Alerts wird die Liste der in der Sichtenauswahl aus dem Gesamtprofil selektierten Alerts mit den zugehörigen Informationen angezeigt. In diesem Bereich kann eine Vielzahl von Bearbeitungsfunktionen verwendet werden:

- ▢ – Ausblenden des Alerts (für eine bestimmte Zeitspanne) – Status HD wird verliehen (kurz engl. für Hide)
- ▢ – Zur Kenntnis nehmen des Alerts – Status AK wird verliehen (kurz engl. für Acknowledge)
- ▢ – Weiterleiten des Alerts – Status FW wird verliehen (kurz engl. für Forward)
- ▢ – Senden einer SMS oder E-Mail
- Löschen des Alerts
- Absprung in entsprechende Bearbeitungsanwendungen (z. B. in die grafische Feinplanungstafel oder die Anzeige abhängiger Bedarfe) je nach Alert-Typ
- Sortieren, Filtern, Drucken und Exportieren der Liste
- ▢ – Ändern des Layouts

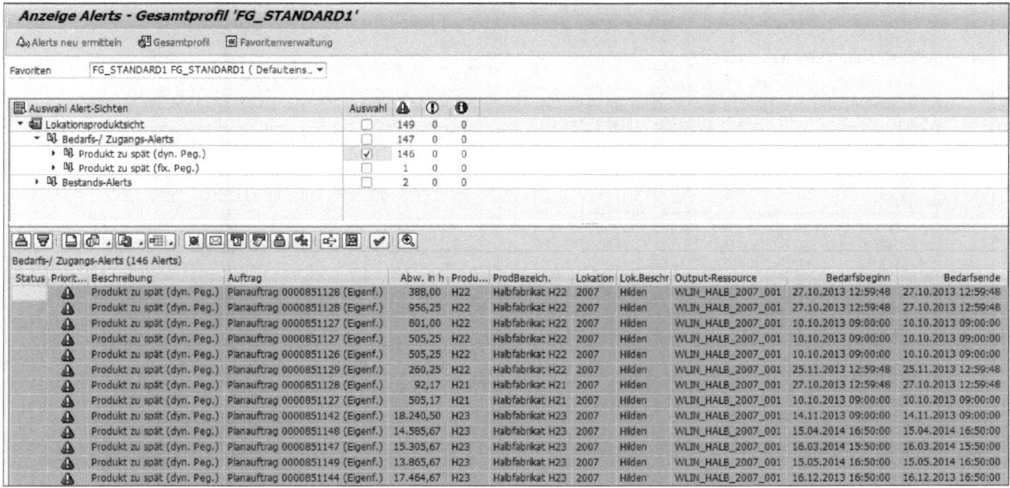

Abbildung 25.7 Alert-Monitor

Bei einigen Bearbeitungsaktionen verleiht das APO-System wie beschrieben einen bestimmten Status. Die Status dienen der Verwaltung der jeweiligen Objekte, um deren Bearbeitungsstand deutlich zu machen. Über den Benutzerparameter /SAPAPO/ASTAT_DAYS ist es möglich, den Status vom System automatisch nach einer bestimmten Anzahl von Kalendertagen zurücksetzen zu lassen, wenn der Alert immer noch besteht. Im Customizing können zusätzliche Alert-Status definiert werden. Diese zusätzlich definierten Status können im Customizing auf bestimmte Alert-Objekttypen eingeschränkt werden. Dort kann ebenfalls definiert werden, ob ein Alert-Status nur für einen bestimmten (benutzerspezifischer Alert-Status) oder für alle Benutzer (globaler Alert-Status) sichtbar ist.

Der konkrete Einsatz des Alert-Monitors bzw. der Alert-Funktionalität ist vom Kontext abhängig. Abbildung 25.8 verdeutlicht einen beispielhaften Ablauf der Alert-Bearbeitung.

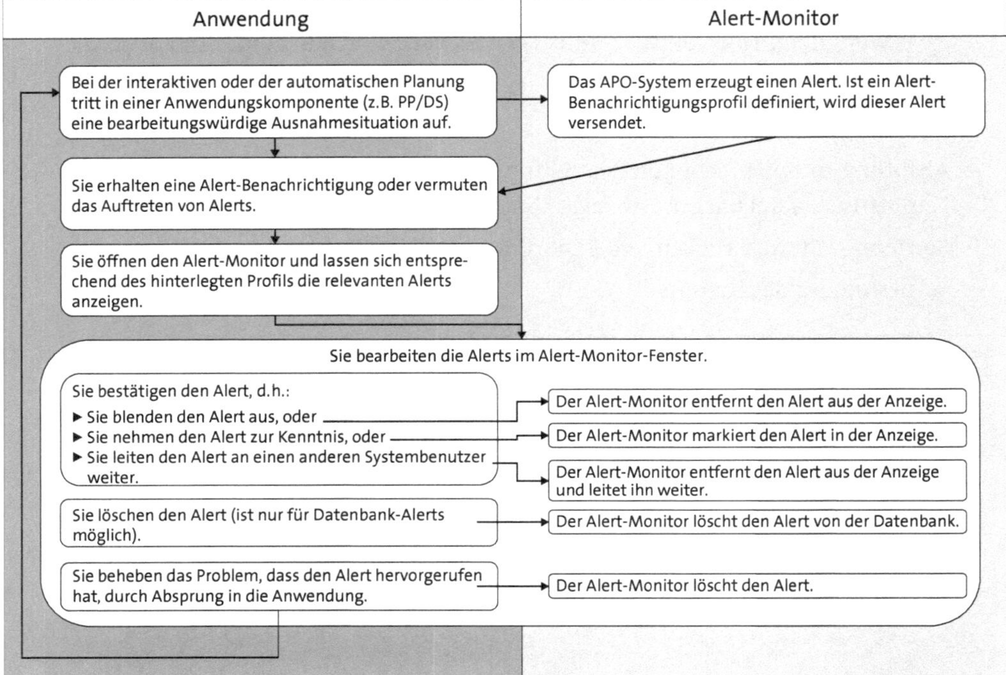

Abbildung 25.8 Ablauf der Alert-Bearbeitung

Interessante SAP-Hinweise zum Thema Alert-Monitor

In den SAP-Hinweisen 495166, 521639, 390055, 519070, 781319 und 500051 finden Sie weitere Informationen zum Alert-Monitor.

25.3 Plan-Monitor

Anders als der Alert-Monitor, der auf Ausnahmesituationen hinweist, ist der Plan-Monitor ein Werkzeug zur Beurteilung der Qualität der aktuellen Planungssituation. Neben dieser Hauptfunktion kann der Plan-Monitor verwendet werden, um verschiedene Plan- und Simulationsversionen oder Planungen über verschiedene Zeiträume miteinander vergleichen zu können. Dabei berücksichtigt der Plan-Monitor Kennzahlen, die Sie vorab in einem Kennzahlenschema angelegt haben. Es werden

Kennzahlen bezogen auf bestimmte Objekte, Versionen und Zeiträume ermittelt und den Ergebnissen Punktwerte zugeordnet. Dabei haben Sie die Möglichkeit, eigene Rechenvorschriften zu definieren, nach denen die Punktwerte berechnet werden.

Der Plan-Monitor kann entweder über die Transaktion /SAPAPO/PMON (Plan-Monitor) oder über den APO-Pfad **Advanced Planning and Optimization • Supply Chain Monitoring • Plan-Monitor** aufgerufen werden. In ePP/DS finden Sie die Funktion über den Menüpfad **Logistik • Erweiterte Planung • Monitoring • Alert Monitor • Plan Monitor**. Darüber hinaus steht der Plan-Monitor jeweils auch in der grafischen Feinplanungstafel (unter dem Menüpunkt **Zusätze**) und in der Produktplantafel zur Verfügung.

Im Zentrum der Konfiguration des Plan-Monitors steht das sogenannte *Kennzahlenschema*. Dieses legt benutzerunabhängig fest, nach welchen Kriterien der Plan-Monitor die Planung bewerten soll. Das Kennzahlenschema definieren Sie, indem Sie auf den Button **Definition** im Einstiegsbild des Plan-Monitors klicken oder den folgenden APO-Pfad aufrufen: **Advanced Planning and Optimization • Supply Chain Monitoring • Lfd. Einstellungen • Kennzahlenschema definieren**. In ePP/DS nutzen Sie den Menüpfad **Logistik • Erweiterte Planung • Monitoring • Lfd. Einstellungen • Kennzahlenschema definieren.** Neben einigen allgemeinen Einstellungen legen Sie innerhalb eines Kennzahlenschemas die sogenannten Kennzahlenvarianten zur Berechnung der Kennzahlen fest (siehe Abbildung 25.9).

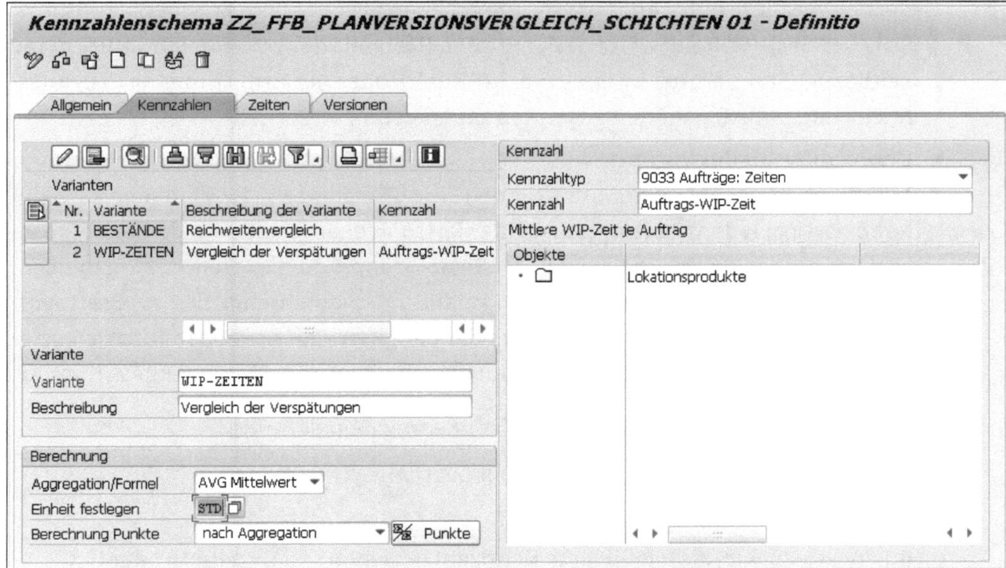

Abbildung 25.9 Kennzahlendefinition des Plan-Monitors

Sie können zu den folgenden Kennzahlen im Plan-Monitor Kennzahlenvarianten definieren:

- **Kennzahlen zu Auftragsmengen**
  Bei den Kennzahlen zu Auftragsmengen können Sie die Anzahl aller Aufträge zu den selektierten Lokationsprodukten ermitteln. Des Weiteren haben Sie die Möglichkeit, die Ermittlung der Anzahl an bestimmten Eigenschaften festzumachen, wie Einplanungsstatus des Auftrags oder der betroffenen Vorgänge, Fixierung, Rückmeldestatus etc. Ebenso besteht beispielsweise die Möglichkeit, Wareneingänge oder Ausschussmengen zugrunde zu legen.
- **Kennzahlen zu Auftragszeiten**
  Mittels der Kennzahlenvarianten zu Auftragszeiten können Sie z. B. produkt- bzw. **auftragsbezogene Durchlaufzeiten**, **Produktionszeiten**, **WIP-Zeiten** (WIP = Work-in-Process), **Wartezeiten**, **Liegezeiten** und/oder **Rüstzeiten** auswerten.
- **Kennzahlen zu Pegging-Beziehungen**
  Mit den Kennzahlen zu Pegging-Beziehungen besteht die Möglichkeit, Anzahlen von Pegging-Beziehungen hinsichtlich **Verfrühungen** und **Verspätungen**, **Summe von Verspätungen**, **aggregierte Mengenverspätung**, **Verspätete Mengen**, **Rechtzeitige Mengen**, **Summe** und **Menge**, **Zeitpuffer** und **maximaler Verspätung** auszuwerten.
- **Kennzahlen zu Beständen**
  Bei den bestandsbezogenen Kennzahlen haben Sie die Wahl zwischen der Ermittlung der **Bestandsreichweite** des gesamten Bestands der Lokationsprodukte ohne Zeitbezug (Standardreichweitentyp SAP1) und/oder der Ermittlung der Zugangsreichweite (SAP 2) oder den **gesamten Lagerkosten**.
- **Kennzahlen zu Ressourcen**
  Mit diesen Kennzahlenvarianten können Sie z. B. die **Anzahl der Vorgänge** auch differenziert nach dem **Auftragsstatus**, der **Ressourcenangebotszeit**, der **Ressourcenauslastung**, der **Ressourcenleerzeit**, der **Ressourcenproduktionszeit**, der **Ressourcenrüstzeit**, der **gesamten Bruttovorgangsdauer**, der **durchschnittlichen Bruttovorgangsdauer**, der **Nettovorgangsdauer** oder der **gesamten** sowie der **durchschnittlichen rückgemeldeten Vorgangsausschussmenge** bzw. **Ausschussmenge** ermitteln.

Eine Kennzahlenvariante wird durch folgende Angaben definiert:

- Name und Beschreibung der Kennzahlenvariante
- Kennzahl
- Business-Objekte, auf die sich die Kennzahl beziehen soll (Produkte oder Ressourcen)

- Mengeneinheiten
- Aggregationsmodus
- Reihenfolge von Punktwertberechnung und Aggregation
- Angabe, ob die Kennzahlenvariante angezeigt werden soll
- Festlegung, in welchem Umfang Anwendungsdaten in der Kennzahlenvariante verwendet werden
- Rechenvorschrift

Die Rechenvorschrift steht im Zentrum der eigentlichen Berechnung. Sie müssen in der Rechenvorschrift einen Aggregationsmodus hinterlegen, der festlegt, ob Sie eine Kennzahlenvariante oder eine Formelvariante verwenden möchten und wie die eigentliche Berechnung zu erfolgen hat. Für die Berechnung der Werte der Kennzahlenvariante kann eine der vorhandenen Standardaggregationen ausgewählt werden. Wenn hier Formeln ausgewählt werden, wird keine Kennzahlen-, sondern eine Formelvariante definiert, mit der die Ergebnisse von Kennzahlenvarianten weiterverarbeitet werden können.

Dazu ist im Kennzahlenschema neben der Planversion eine Zeitspanne zu hinterlegen, für die die Kennzahlen ermittelt werden sollen. Im Anschluss an die Berechnung kann das Ergebnis in einer Tabelle oder einer Grafik angezeigt werden.

25.4 Supply Chain Cockpit

Das Supply Chain Cockpit (SCC) ist eine der APO-Planungsanwendungen für das Monitoring, die in ePP/DS nicht zur Verfügung steht. Im APO-System können Sie SCC durch Verwendung der Transaktion /SAPAPO/SCC02 (Supply Chain Cockpit) oder im Menü über **Advanced Planning and Optimization • Supply Chain Monitoring • Supply Chain Cockpit** aufrufen. Im Zentrum steht dabei eine grafische Schalttafel zur Verwaltung und Kontrolle der Supply Chain. Das Supply Chain Cockpit dient als Werkzeug zur globalen Informationsaggregation von Supply-Chain-Daten. Zwei Hauptfunktionen bilden den Kern des Supply Chain Cockpits:

- Zugriff auf aktuelle Planungsdaten des APO-Systems
- Ermittlung zentraler Supply-Chain-Kennzahlen durch Zugriff auf SAP NetWeaver BW

Dabei steht die Umsetzung des SCOR-Modells (Supply Chain Operational Reference Model) im Zentrum dieser Anwendung. Das SCOR-Modell wurde vom Supply Chain Council als industrieübergreifender Standard für das Supply Chain Management entwickelt. Das SCOR-Modell bildet die gesamte Logistikkette vom Zulieferer bis hin zum Kunden mitsamt den dazwischen liegenden Planungsprozessen ab. Dabei beschreibt es Standardmanagementabläufe, Beziehungen zwischen diesen Standardabläufen, Standardstatistiken zur Performancemessung hinsichtlich der Abläufe und Managementpraktiken, die »Best-in-Class«-Performance produzieren. Dabei unterscheidet man zwischen vier grundlegenden Schritten auf dem obersten Level des SCOR-Modells:

1. **Plan**
   Kennzahlen im Bereich Plan sind die Bedarfs- und Versandprognosegenauigkeit, die Befolgung von Plänen, die Umschlagshäufigkeit und die Planungszykluszeit.
2. **Source**
   Kennzahlen im Bereich Source sind Lieferantendurchlaufzeiten, Qualität der Materialien und der Materialbestand.
3. **Make**
   Kennzahlen im Bereich Make sind die Produktionskosten, die Produktqualität und die Kapazitätsauslastung.
4. **Deliver**
   Kennzahlen im Bereich Deliver sind die termingerechte Transportabwicklung und Lieferung, die Erfüllungszeit der Bestellung und die Retouren.

Die Prozesse, Funktionen und Kennzahlen des ersten Levels werden auf untergeordneten Leveln weiter untergliedert, d. h., auf Level 2 erfolgt eine weitere Detaillierung anhand von differenzierten Kennzahlen, die sich gegebenenfalls noch weiter in verschiedene Detailstufen (Level 3) aufgliedern lassen.

Ein weiteres zentrales Kennzeichen des SCOR-Modells sind Benchmarking-Techniken. Dies sind vergleichende Analysen mit Referenzwerten, die beispielsweise aus vergleichbaren Unternehmen derselben Branche stammen.

Ziel des SCC ist es, eine zentrale Funktionalität zu bilden, mit der die Prozesse der gesamten Supply Chain auf Basis des SCOR-Modells überwacht werden können. Dabei soll die Performance der Supply Chain durch Ermittlung von Kennzahlen messbar gemacht werden. Sie können diese Informationen durch die Einbettung des Plan- und Alert-Monitors ergänzen. Des Weiteren ermöglicht das SCC durch Zugriff auf aktuelle Planungsdaten eine Analyse der Planungssituation, es ist dabei vernetzt mit allen zentralen APO-Funktionalitäten. Das Bild des SCC ist in die folgenden Bereiche eingeteilt (siehe hierzu Abbildung 25.10):

❶ grafische Oberfläche im linken oberen Bereich zur Darstellung des aktuellen Modells

❷ Anzeige der Objekte eines Arbeitsbereichs im mittleren oberen Bereich

❸ Anzeige von anwendungsspezifischen Alerts im rechten oberen Bereich

❹ Auswahl verschiedener Buttons für die Selektion des Arbeitsbereichs im mittleren Bereich

❺ Auswahl der Objekte des Arbeitsbereichs in einer Baumübersicht im unteren Bereich

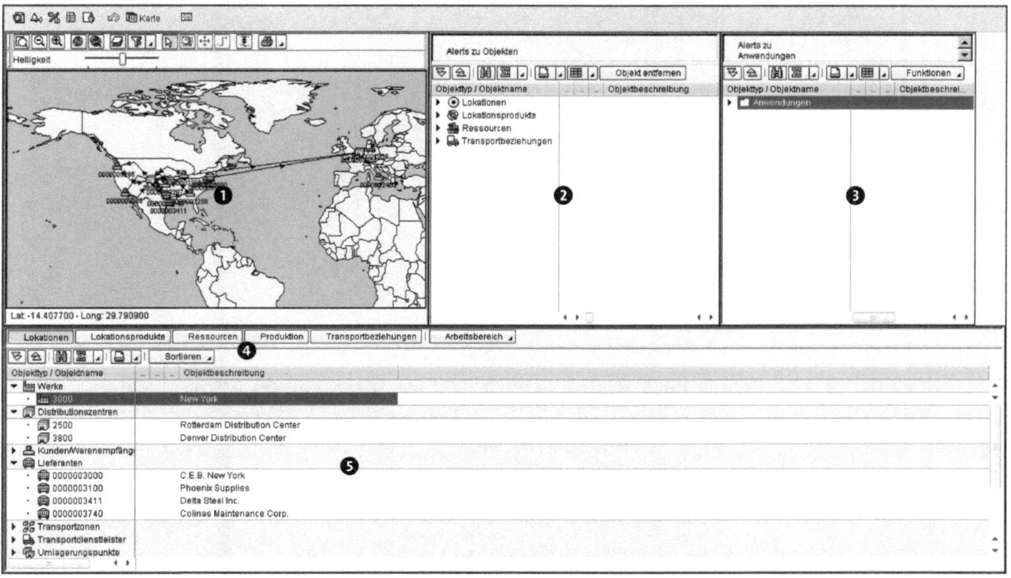

Abbildung 25.10 Supply Chain Cockpit

Um das SCC nutzen zu können, müssen Sie zum einen SCC-Benutzerprofile pflegen. Hier legen Sie alle für das SCC relevanten Einstellungen benutzerspezifisch und modellabhängig fest. Teil der SCC-Benutzerprofile sind beispielsweise Art und Umfang der Objekte im **Arbeitsbereich**, Filterungen für den Arbeitsbereich, Verwendung von Stammdatenhierarchien und die Gestaltung des **Kontextmenüs**. Darüber hinaus definieren Sie hier Einstellungen für den im Cockpit verwendeten Alert- und Plan-Monitor und legen den Abfragezeitraum fest.

Neben den SCC-Benutzerprofilen müssen Sie SCC-Arbeitsbereiche definieren, bevor Sie das SCC verwenden können. Mit diesen SCC-Arbeitsbereichen können Sie das Cockpit auf bestimmte Bereiche einschränken, sodass der Anwender jeweils nur die Informationen erhält, die er benötigt. Ein Supply-Chain-Arbeitsbereich beinhaltet dabei Lokationen, Ressourcen, Produkte, Produktionsdatenstruktur (PDS) und Transportbeziehungen. Hierfür muss das Kontextmenüprofil im Customizing des SCC gepflegt werden (siehe Abbildung 25.11).

Zur Erleichterung der Informationsverarbeitung können die verschachtelten Menüs individuell bearbeitet werden.

Abbildung 25.11 Kontextmenüprofil

25.5 Auftragsbearbeitung

Im APO-System sowie in ePP/DS steht mit Transaktion /SAPAPO/RRP2 eine Funktion zur Auftragsbearbeitung zur Verfügung (siehe Abbildung 25.12). In dieser Transaktion können Sie sich alle Aufträge des APO-Systems bzw. von ePP/DS anzeigen lassen.

Mittels Transaktion /SAPAPO/PRJ1 können Sie sowohl im APO-System als auch in ePP/DS speziell auf Projektaufträge zugreifen. Der Vorteil der genannten Transaktion im Gegensatz zur allgemeinen Auftragsbearbeitung liegt in den etwas differenzierteren Selektionskriterien, da hier standardmäßig neben der Auftragsnummer sowie dem logischen System auch eine Vorgabe des jeweiligen PSP-Elements sowie des Vorgangstexts möglich ist.

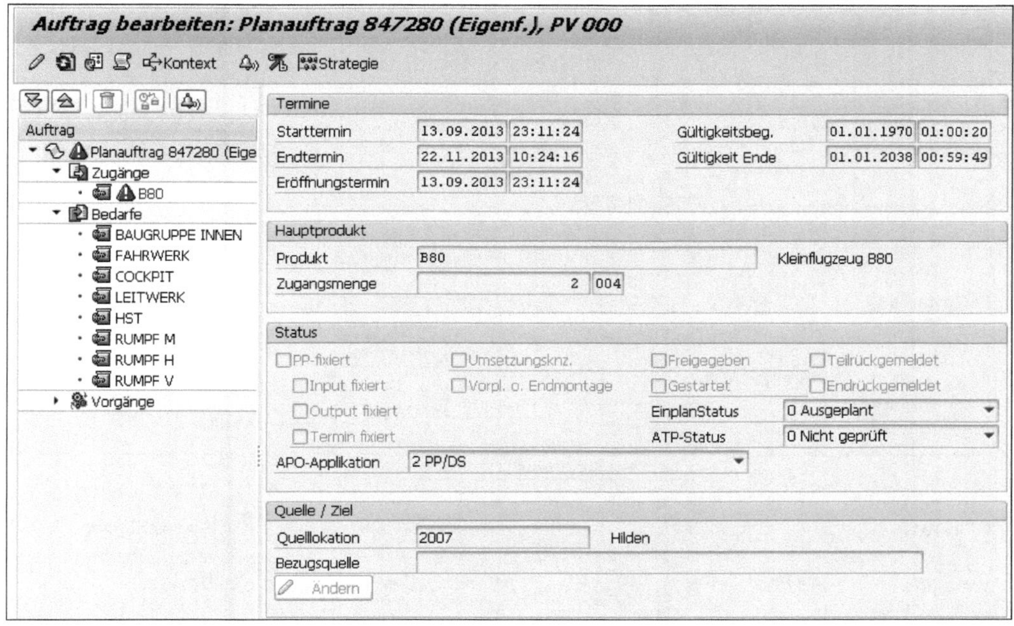

Abbildung 25.12 Auftragsbearbeitung

Speziell für die Projektplanung ist in der Auftragsbearbeitung die Anzeige von frühesten und spätesten Vorgangsterminen möglich. Damit diese Daten angezeigt werden, müssen Sie in den globalen Parametern des PP/DS-Customizings das Kennzeichen **Früheste/späteste Vorgangstermine anzeigen** markieren. Das APO-System bzw. ePP/DS ermitteln dabei die Vorgangstermine unter Berücksichtigung der durch Pegging-Beziehungen mit dem Auftrag verknüpften Vorgänger- und Nachfolgeraufträge. Diese Aufträge werden dabei vom System als fixiert angenommen.

Abbildung 25.13 verdeutlicht beispielhaft die Ermittlung der frühesten und spätesten Termine von Vorgängen.

In der Auftragssicht können Sie – wie bei den Alerts bereits hervorgehoben – Netzwerk-Alerts explizit für Projektaufträge auf Vorgangsebene anzeigen lassen.

Ein Planauftrag oder eine Bestellanforderung kann unter anderem mit der Transaktion /SAPAPO/RRP5 angelegt werden, jedoch ist es auch möglich, diese aus anderen Transaktionen der interaktiven, kurzfristigen Planung durchzuführen, wie beispielsweise der Produktsicht oder der grafischen Feinplanungstafel. In der genannten Transaktion zur Auftragsanlage ist es jedoch zusätzlich möglich, Vorplanbedarfe anzulegen. Hierfür ist lediglich ein negatives Vorzeichen im Feld **Zugangs-/Bedarfsmenge** zu verwenden.

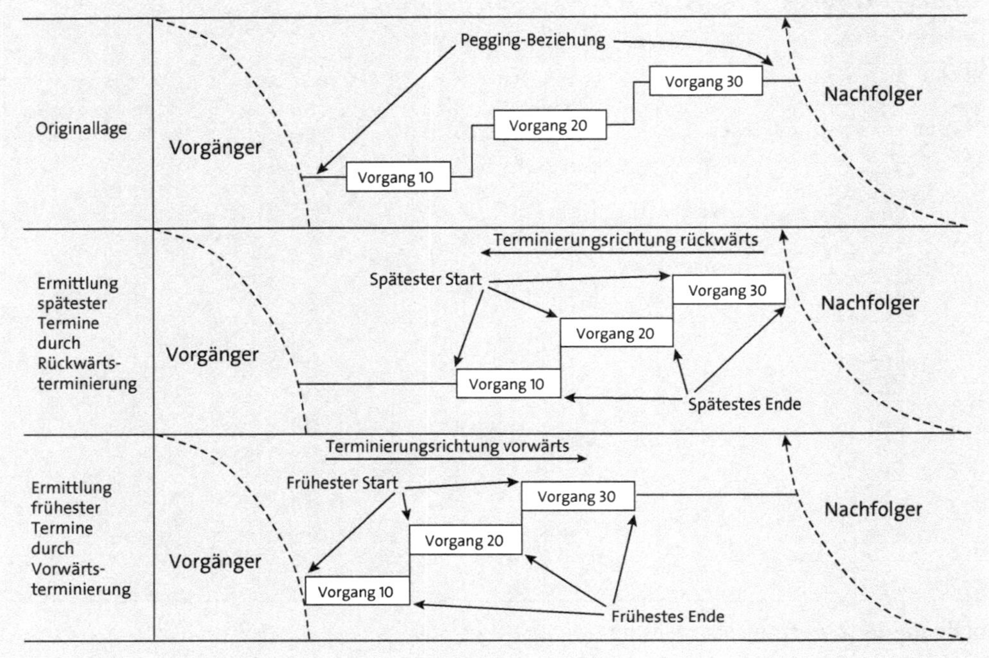

Abbildung 25.13 Ermittlung früheste und späteste Termine (Beispiel)

25.6 Zugangs- und Bedarfssicht

Einen Sammeleinstieg in Aufträge und Bedarfe können Sie sowohl im APO-System als auch in ePP/DS über die Transaktionen /SAPAPO/RRP4 (für Zugänge) und /SAP-APO/RRP1 (für Bedarfe) realisieren. Dabei zeigen die Transaktionen jeweils alle relevanten Zugangs- oder Bedarfs-ATP-Kategorien an, die in der jeweiligen Planversion im entsprechenden Zeitraum mit dem Vorzeichen vorhanden sind. Darüber hinaus können Sie sich in diesen Sichten durch Alerts auf Ausnahmesituationen hinweisen lassen.

Abbildung 25.14 verdeutlicht beispielhaft die Bedarfssicht, die Zugangssicht ist analog aufgebaut.

Sie können sowohl aus der Zugangs- als auch aus der Bedarfssicht heraus Aufträge bzw. Vorplanbedarfe anlegen. Die beiden genannten Sichten sind somit mit einer Vielzahl von Einzeltransaktionen auf ERP-Seite vergleichbar, mit denen Sie Aufträge oder Bedarfe bearbeiten können.

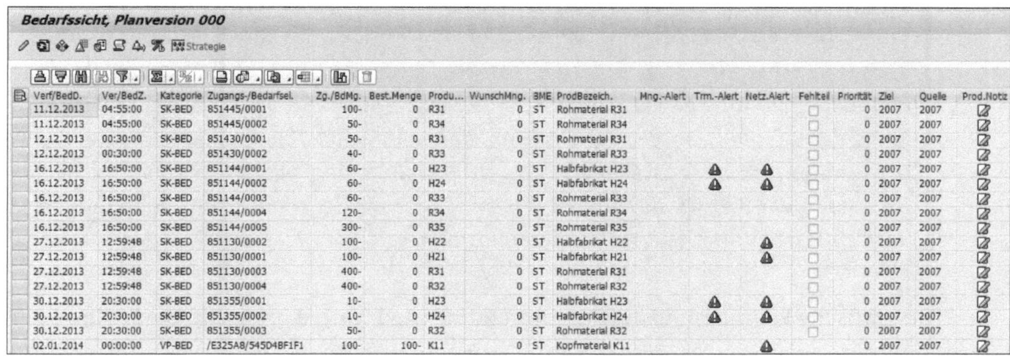

Bedarfssicht, Planversion 000

Verf/BedD.	Ver/BedZ.	Kategorie	Zugangs-/Bedarfsel.	Zg./BdMg.	Best.Menge	Produ...	WunschMng.	BME	ProdBezeich.	Mng.-Alert	Trm.-Alert	Netz.Alert	Fehlteil	Priorität	Ziel	Quelle	Prod.Notiz
11.12.2013	04:55:00	SK-BED	851445/0001	100-	0	R31	0	ST	Rohmaterial R31					0	2007	2007	
11.12.2013	04:55:00	SK-BED	851445/0002	50-	0	R34	0	ST	Rohmaterial R34					0	2007	2007	
12.12.2013	00:30:00	SK-BED	851430/0001	50-	0	R31	0	ST	Rohmaterial R31					0	2007	2007	
12.12.2013	00:30:00	SK-BED	851430/0002	40-	0	R33	0	ST	Rohmaterial R33					0	2007	2007	
16.12.2013	16:50:00	SK-BED	851144/0001	60-	0	H23	0	ST	Halbfabrikat H23					0	2007	2007	
16.12.2013	16:50:00	SK-BED	851144/0002	60-	0	H24	0	ST	Halbfabrikat H24					0	2007	2007	
16.12.2013	16:50:00	SK-BED	851144/0003	60-	0	R33	0	ST	Rohmaterial R33					0	2007	2007	
16.12.2013	16:50:00	SK-BED	851144/0004	120-	0	R34	0	ST	Rohmaterial R34					0	2007	2007	
16.12.2013	16:50:00	SK-BED	851144/0005	300-	0	R35	0	ST	Rohmaterial R35					0	2007	2007	
27.12.2013	12:59:48	SK-BED	851130/0002	100-	0	H22	0	ST	Halbfabrikat H22					0	2007	2007	
27.12.2013	12:59:48	SK-BED	851130/0001	100-	0	H21	0	ST	Halbfabrikat H21					0	2007	2007	
27.12.2013	12:59:48	SK-BED	851130/0003	400-	0	R31	0	ST	Rohmaterial R31					0	2007	2007	
27.12.2013	12:59:48	SK-BED	851130/0004	400-	0	R32	0	ST	Rohmaterial R32					0	2007	2007	
30.12.2013	20:30:00	SK-BED	851355/0001	10-	0	H23	0	ST	Halbfabrikat H23					0	2007	2007	
30.12.2013	20:30:00	SK-BED	851355/0002	10-	0	H24	0	ST	Halbfabrikat H24					0	2007	2007	
30.12.2013	20:30:00	SK-BED	851355/0003	50-	0	R32	0	ST	Rohmaterial R32					0	2007	2007	
02.01.2014	00:00:00	VP-BED	/E325A8/545D4BF1F1	100-	100-	K11	0	ST	Kopfmaterial K11					0	2007	2007	

Abbildung 25.14 Bedarfssicht

25.7 Grafische Feinplanungstafel

Die grafische Feinplanungstafel im SAP GUI ist das primäre Werkzeug des APO-Systems zur interaktiven, kurzfristigen Kapazitätsplanung. Sie steht Ihnen ebenfalls in ePP/DS zur Verfügung, zusätzlich können Sie in diesem Rahmen auch die Fiori-App **Fertigungsplantafel** einsetzen.

Beschränkte Verwendbarkeit der App »Fertigungsplantafel«

Die App **Fertigungsplantafel** kann nur bis zu einer SAPUI5-Version 1.6 verwendet werden. Mit höheren Versionen funktioniert die App nicht mehr fehlerfrei, SAP empfiehlt daher in SAP-Hinweis 2935187 die Verwendung der GUI-basierten grafischen Feinplanungstafel.

Wir gehen in diesem Rahmen lediglich auf die grafische Feinplanungstafel im SAP GUI ein, bei der sich zwischen APO-System und ePP/DS keine Unterschiede ergeben. Sie lässt sich dabei völlig analog im Kontext der Produktions- sowie der Projektplanung einsetzen. Somit kann sie idealerweise auch für ein integratives Szenario mit einer Kombination aus Projekt- und Produktionsplanung verwendet werden.

Begrifflichkeiten rund um die Plantafeln in SAP

Im SAP-System gibt es verschiedene Plantafeln für die Durchführung der Kapazitätsplanung im kurzfristigen Horizont. Da sich die Begrifflichkeiten recht ähnlich sind, möchten wir Ihnen an dieser Stelle einen Überblick geben.

Der Begriff *Plantafel* wird für die Funktionen der ERP-Systeme gebraucht und jeweils durch den Zusatz gekennzeichnet, ob es sich um eine tabellarische oder eine grafische Variante handelt. Im APO-System bzw. in ePP/DS wird für die grafische Variante offiziell der Terminus *Feinplanungsplantafel* verwendet; die tabellarische Herangehensweise erfolgt in der *Ressourcenplantafel*. Ferner kann auf Produktebene auch in der *Produktplantafel* geplant werden. In SAP Fiori wird darüber hinaus die App **Fertigungsplantafel** angeboten. Um die Funktionen einfacher voneinander abzugrenzen bzw. um den etwas umständlichen Begriff »Feinplanungsplantafel« zu vermeiden, verwenden wir hier für die grafische Herangehensweise in der ERP-Umgebung mit SAP GUI den Begriff *grafische Feinplanungstafel*.

Die grafische Feinplanungstafel kommt zum einen für die grafische Darstellung der Planungssituation zum Einsatz, kann demnach genauso wie der Alert- und der Plan-Monitor zur Identifizierung von Planungsproblemen genutzt werden. Zum anderen ist der Haupteinsatzzweck der grafischen Feinplanungstafel die Behebung von Planungsproblemen. Diese können entweder per Drag-and-Drop oder durch Aufruf automatischer Planungsfunktionen wie der PP/DS-Optimierung oder Heuristiken behoben werden. Aus diesem Grund stehen in der grafischen Feinplanungstafel prinzipiell alle Tools der interaktiven Planung sowie eine Vielzahl der automatischen Planungsalgorithmen zur Verfügung, daher wird diese Funktionalität oftmals auch als (Produktions-)Leitstand bezeichnet. Abbildung 25.15 zeigt eine mögliche Variante der grafischen Feinplanungstafel.

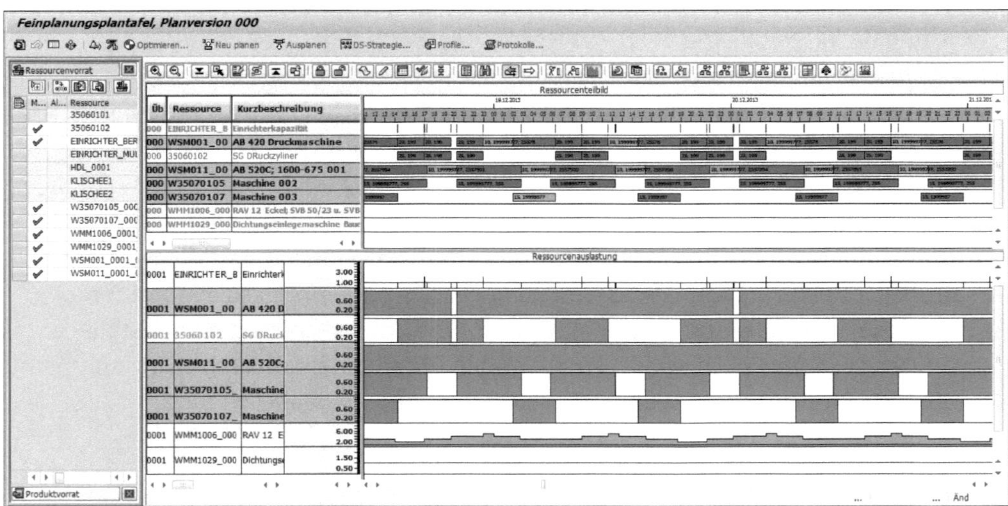

Abbildung 25.15 Grafische Feinplanungstafel

Die Feinplanungstafel können Sie mit der Transaktion /SAPAPO/CDPSO (grafische Feinplanungstafel variable Sicht) aufrufen. Dabei gelangen Sie zur sogenannten variablen Sicht. Diese ist für wechselnde Einstiege gedacht, d. h. für Planer, die die grafische Feinplanungstafel mit unterschiedlichen Zielsetzungen und daher unterschiedlichen Selektionen und Einstellungen aufrufen möchten. Mit den Transaktionen /SAPAPO/CDPS1 (grafische Feinplanungstafel Sicht 1), /SAPAPO/CDPS2 (grafische Feinplanungstafel Sicht 2) und /SAPAPO/CDPS3 (grafische Feinplanungstafel Sicht 3) stehen jedem Benutzer speziell vorbelegbare Transaktionen zur Verfügung. Über die Benutzerparameter /SAPAPO/CDPS_VIEW_1, /SAPAPO/CDPS_VIEW_2 und /SAPAPO/CDPS_VIEW_3 können jeweils durch die Hinterlegung von bestimmten Profilen Einstellungen vorbelegt werden, die den Benutzern den Umweg über die Selektionsmaske ersparen. Diese Funktion ist vergleichbar mit der ERP-Funktionalität zur Kapazitätsauswertung der Transaktionen CM01 bis CM05.

Neben der direkten Auswahl oder der Ansteuerung über das APO-Menü **Advanced Planning and Optimization • Produktionsplanung • Interaktive Produktionsplanung • Feinplanung • Feinplanungstafel – Variable Sicht** (bzw. Sichten 1 bis 3) respektive in ePP/DS über **Logistik • Erweiterte Planung • Produktionsplanung • Interaktive Produktionsplanung • Feinplanung • Feinplanungstafel – Variable Sicht** haben Sie sowohl im APO-System als auch in ePP/DS drei zusätzliche Transaktionen zur Verfügung, mittels derer Sie ähnlich zu den Transaktionen in der ERP-Funktion CRP vorbelegte Einstiege realisieren können (siehe Abschnitt 19.2, »Kapazitätsauswertung«, und Abschnitt 19.3, »Kapazitätsabgleich«). Die Feinplanungstafel ist in verschiedene Bereiche gegliedert (siehe Abbildung 25.16).

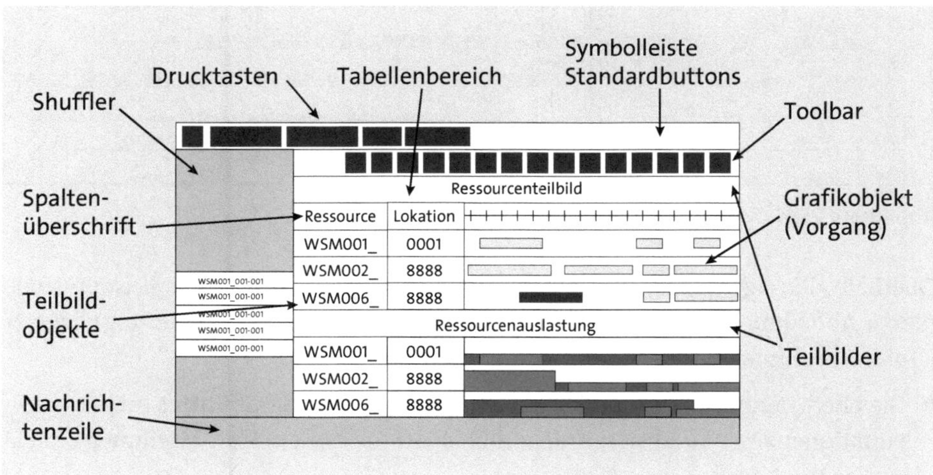

Abbildung 25.16 Aufbau der grafischen Feinplanungstafel

Im Zentrum stehen verschiedene Teilbilder, die je nach Konfiguration verschiedene Objekte im Zeitablauf grafisch darstellen, wie z. B. Aufträge, Vorgänge, Produktbestände oder Ressourcenauslastungen. Die zur Planung dienenden zentralen Objekte Vorgang und Auftrag werden in den jeweiligen Teilbildern als Grafikobjekte visualisiert, Produktbestände und Ressourcenauslastung werden als Histogramme dargestellt. Die Teilbilder sind im sogenannten *Diagrammbereich* (auch als *Arbeitsbereich* bezeichnet) im rechten Teil der grafischen Feinplanungstafel untergebracht und werden untereinander dargestellt. Insgesamt können in der grafischen Feinplanungstafel bis zu acht Teilbilder dargestellt werden, aus Gründen der Bedienbarkeit und Übersichtlichkeit werden jedoch in der Regel nur maximal zwei bis drei Teilbilder auf einmal zur Anzeige ausgewählt.

Im linken Bereich der grafischen Feinplanungstafel ist der sogenannte *Tabellenbereich* zu finden, der die jeweils zeilenweise dargestellten Informationen erläutert. Bei der Auswahl des Ressourcenauslastungs-Teilbilds beispielsweise werden Ressourcen (in diesem Zusammenhang als Teilbildobjekt bezeichnet) zeilenweise dargestellt, im linken Tabellenbereich wird das in jeder Zeile dargestellte Teilbildobjekt (im genannten Beispiel die Ressource) mit bestimmten auswählbaren Informationen beschrieben (siehe Abbildung 25.17).

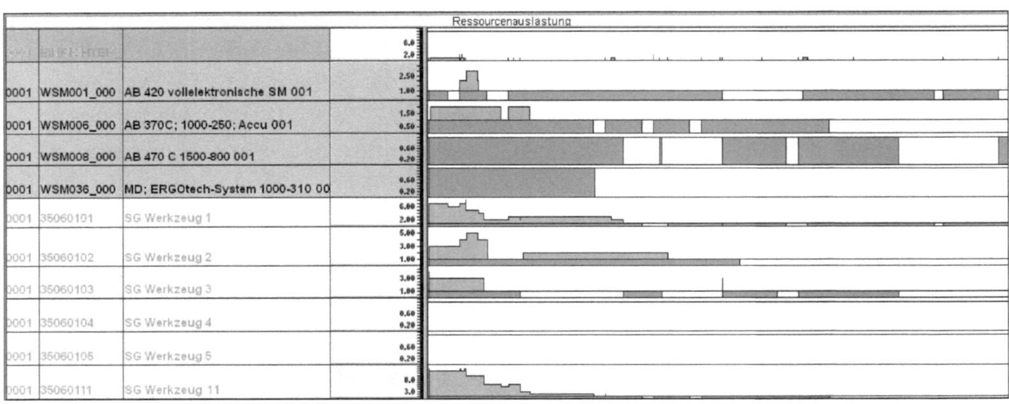

Abbildung 25.17 Teilbild – Ressourcenauslastung

Oberhalb der eigentlichen Feinplanungstafel finden Sie zwei *Symbolleisten* (siehe hierzu Abbildung 25.16), in denen verschiedene Buttons zur Ansteuerung diverser Funktionen hinterlegt werden können.

- Die obere der beiden Symbolleisten enthält einige Standardbuttons mit gängigen Funktionen wie Aktualisieren, dem Alert-Monitor, dem Plan-Monitor, Rückgängig machen etc.
- Die untere Symbolleiste wird als *Toolbar* bezeichnet und kann über das Customizing der grafischen Feinplanungstafel (siehe hierzu das Plantafelprofil) beeinflusst werden. Analog können Sie über die rechte Maustaste ein Kontextmenü aufrufen, über das in Abhängigkeit vom angeklickten Objekt (wie z. B. einem Vorgang oder einem Auftrag, aber auch der Zeitleiste oder der Kopfzeile der angezeigten Teilbilder) bestimmte Funktionen bzw. Absprünge angesteuert werden können.

Im linken Bereich kann der sogenannte *Shuffler* (Auswahlbereich) eingeblendet werden, mit dessen Hilfe sich auch nach der eigentlichen Selektion die angezeigten Objekte, Ressourcen und Produkte beeinflussen lassen. Der Shuffler lässt sich aus der Anwendung heraus mit dem Button [Symbol] schließen. Über die Benutzereinstellungen, die entweder über die obere Symbolleiste oder über das Menü unter **Einstellungen** geändert werden können, können Sie auf der Registerkarte **Navigationsbereich** das Kennzeichen **Navigationsbereich anzeigen** setzen, um den Shuffler wieder einzublenden. Hier ist es auch möglich, das generelle Aussehen des Shufflers zu beeinflussen.

Die Konfiguration der Feinplanungstafel wird über sogenannte Profile gesteuert. Dabei gibt es eine Reihe von Profilen zur Steuerung von bestimmten Funktionen, die in einem Gesamtprofil zusammengefasst werden.

Das Gesamtprofil umfasst die folgenden Unterprofile (siehe hierzu Abbildung 25.18 sowie die detaillierten Erläuterungen einzelner Profile in Abschnitt 21.2, »Strategieprofile in der kurzfristigen Kapazitätsplanung«):

- **PP-Strategieprofil**
  Ein Strategieprofil beinhaltet die Strategien, mit denen das APO-System bzw. ePP/DS einen Auftrag bei einer Planungsaktion planen soll. Bei den Aktionen zur interaktiven Planung wird zwischen PP- und DS-Funktionen unterschieden. PP-Funktionen sind Funktionen zur Auftragsanlage, Änderung der Bezugsquelle oder Beeinflussung von Auftragsmengen. Bei diesen Aktionen wird die Einplanung gemäß dem PP-Strategieprofil gesteuert.

Sicht "Customizing: Gesamtprofil" ändern: Detail

Neue Einträge

Gesamtprofil	SAP001	Standard Gesamtprofil
Customizing-ID		

Spezielle Einstellungen

Planversion		Einstiegsbild überspringen

Unterprofile

DS-Strategieprofil	SAP001	Standard DS-Strategieprofil SAP
PP-Strategieprofil	SAP002	Standard PP-Strategieprofil SAP
Plantafelprofil	SAP001	Standardprofil 1, DS (nicht änderbar)
Arbeitsgebiet	SAP001	Alle Ressourcen
Zeitprofil	SAP001	Planungszeitraum -2 bis +3 Monate
OptProfil	SAP001	Standardprofil, Genetischer Algorithmus
Heuristikprofil	SAP001	Standard Heuristikprofil Graph.Plantafel
PP/DS-Alert-Profil		
Propagierungsbereich	SAP001	Propagierungsbereich = Arbeitsgebiet
Kennzahlenschema		

Abbildung 25.18 Gesamtprofil

- **DS-Strategieprofil**
  Analog zum PP-Strategieprofil wird auch beim DS-Strategieprofil die Strategie festgelegt, mit der das APO-System bzw. ePP/DS eine Planung unterstützen soll. Dabei zieht das APO-System das DS-Strategieprofil bei allen Feinplanungsaktionen, wie z. B. Umplanungen.
- **Plantafelprofil**
  Das Plantafelprofil steuert das Aussehen der grafischen Feinplanungstafel. Das heißt, mit dem Plantafelprofil legen Sie unter anderem den Detaillierungsgrad der Zeitachse, das Aussehen des Tabellenbereichs sowie des Diagrammbereichs, die anzuzeigenden Teilbilder, das Aussehen und die anzuzeigenden Zusatzinformationen der Grafikobjekte sowie die in der Toolbar bzw. dem Kontextmenü zu verwendenden Absprünge und Funktionen fest.
- **Arbeitsgebiet**
  Das Arbeitsgebiet legt fest, welche Ressourcen, Aufträge und Produkte im Tabellenbereich der grafischen Feinplanungstafel angezeigt werden können. Das Arbeitsgebiet lässt sich einerseits über das Customizing der Feinplanung anlegen, andererseits können Sie auch über das Einstiegsbild zur grafischen Feinplanungstafel Arbeitsgebiete anlegen, es werden demnach keine Customizing-Berechtigungen benötigt. Damit nimmt das Arbeitsgebiet unter den Profilen des Gesamtprofils eine Sonderstellung ein. Das Arbeitsgebiet definiert dabei nur den allgemeinen Rahmen. Aus der durch das Arbeitsgebiet gebildeten Selektion lassen sich weitere Einschränkungen (z. B. durch den Shuffler, siehe hierzu beispielsweise die Entscheidungstabellen der Grafikobjekte) vornehmen.
- **Zeitprofil**
  Mit dem Zeitprofil legen Sie die Zeitspannen fest, die in der grafischen Feinplanungstafel angezeigt werden (Anzeigezeitraum). Des Weiteren definieren Sie mit diesem Profil einen zweiten Bereich, den sogenannten Planungszeitraum. Dieser Planungszeitraum muss innerhalb des Anzeigezeitraums liegen und legt den Rahmen fest, innerhalb dessen Aktivitäten in der Feinplanungstafel umgeplant werden können. Dabei ist das Startdatum der Aktivität ausschlaggebend. Außerhalb des Planungszeitraums können Aktivitäten nicht um- oder ausgeplant werden, es kann jedoch bei Verwendung von reihenfolgeabhängigen Rüstzeiten zu einer Veränderung von nicht innerhalb des Planungszeitraums liegenden Aktivitäten kommen, da sich durch Umplanungen die Rüstreihenfolge am Übergang zwischen Planungszeitraum und dem Zeitraum danach beeinflussen lässt.
- **Optimierungsprofil**
  Das Optimierungsprofil legt die Einstellungen für die PP/DS-Optimierung fest (siehe Kapitel 22, »Optimierung in der kurzfristigen Kapazitätsplanung in SAP APO und ePP/DS«).

- **Heuristikprofil**
  Im Heuristikprofil können Sie die in der Feinplanungstafel aufrufbaren Heuristiken festlegen.
- **PP/DS-Alert-Profil**
  Im Alert-Profil werden die relevanten Einstellungen für die Verwendung von Alerts festgelegt.
- **Propagierungsbereich**
  Der Propagierungsbereich legt fest, welche Ressourcen und Produkte von einem Planer in der grafischen Feinplanungstafel geändert werden können. Dies umfasst das Anlegen und Ändern von Aufträgen dieser Produkte, das Ändern der Kapazität und der Planungsparameter dieser Ressourcen und das Umplanen von Kapazitäten, die diese Ressourcen belegen. Dies muss nicht identisch mit der Auswahl des Arbeitsgebiets sein, das die Selektion der anzuzeigenden Objekte vornimmt. Durch Setzen des Kennzeichens **Aus Arbeitsgebiet** können Sie jedoch eine Identität zwischen diesen beiden Profilen (dem für die Selektion und dem für Umplanungsberechtigung) herstellen. Grundsätzlich ist das Berechtigungskonzept ausschlaggebend.
- **Kennzahlenschema**
  Das Kennzahlenschema legt fest, nach welchen Kriterien die Planung bewertet werden soll (siehe hierzu Erläuterungen zum Plan-Monitor).

Im Plantafelprofil unter **Weitere Einstellungen** können Sie die für die Projektplanung unter Umständen wichtige Funktion einstellen, dass Anordnungs- oder Pegging-Beziehungen in speziellen Planungssituationen visuell mit einer helleren und dickeren blauen Linie hervorgehoben werden. Die Planungssituationen lassen sich wie folgt skizzieren:

- Der terminierte Abstand (Nettoabstand) der Anordnungsbeziehung unterschreitet den planerischen Mindestabstand.
- Die Auswertung der Pegging-Beziehung ergibt, dass der Bedarf zeitlich vor dem Zugang liegt (unter Berücksichtigung der Reifezeit).

Daneben gibt es in der grafischen Feinplanungstafel die Möglichkeit, eine hierarchische Selektion von Aufträgen vorzunehmen. Vorgänger- und Nachfolgeraufträge können einzeln markiert werden, oder Sie wählen alle mit einem für die Projekt- oder Produktionsplanung wichtigen Auftrag verknüpften Vorgänger- und Nachfolgeraufträge aus.

Hinsichtlich der Verwendung der grafischen Feinplanungstafel für die Projektplanung sind folgende Punkte besonders zu beachten:

- Vorgänge ohne Kapazitätsbedarfe werden im Ressourcendiagramm nicht als Grafikobjekte angezeigt.

- Um ein Gesamtbild der Einplanung zu erhalten, das alle Anordnungsbeziehungen umfasst, kann eine Dummyressource mit einem Dummykapazitätsbedarf verwendet werden.
- Das Ressourcendiagramm und das Vorgangsdiagramm mit »Pegging-Beziehungen anzeigen« sind für Projektaufträge relevant.
- Das Auftragsdiagramm zeigt lediglich den eingeplanten Start- und Endtermin eines Projektauftrags an.
- Das Produktdiagramm ist nur relevant, wenn der Projektauftrag eine Pegging-Beziehung beispielsweise zu einem Fertigungsauftrag hat. Wenn die Einplanung des Projektauftrags zu einer Freigabe dieses Peggings führt, verschwindet der verursachende Vorgang des Projektauftrags aus dem Produktdiagramm.

Aus der grafischen Feinplanungstafel heraus besteht die Möglichkeit, in andere Funktionen der ressourcenbezogenen Auswertung abzuspringen. So haben Sie über den Menüpfad **Zusätze • Auswertungen • Ressourcenauslastung** die Möglichkeit, in die Kapazitätsauslastung abzuspringen, die auch über die Transaktion /SAPAPO/CDPS_REPT aufrufbar ist.

Ebenfalls aus der grafischen Feinplanungstafel aufrufbar ist die Ressourcenplantafel, die eine tabellarische Planung von Vorgängen auf einzelnen Ressourcen erlaubt. Diese Funktion wird häufig eingesetzt, um Rüstreihenfolgen zu bewerten, da hier tabellarisch die Reihenfolge von Rüstgruppen und -schlüsseln im Zeitablauf dargestellt wird (siehe Abbildung 25.19). Sie können die Ressourcenplantafel über den Menüpfad **Springen • Ressourcenplantafel** aus der grafischen Feinplanungstafel oder per Transaktion /SAPAPO/RPT aufrufen.

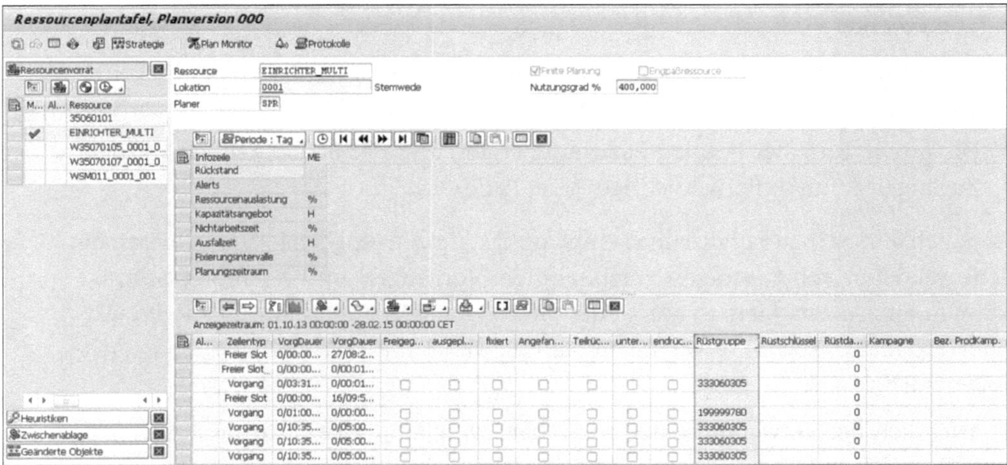

Abbildung 25.19 Rüstgruppenreihenfolge in der Ressourcenplantafel (tabellarisch)

25.8 Kapazitätsauswertungen

Wie oben bereits im Rahmen der Erläuterung der Absprungmöglichkeiten der grafischen Feinplanungstafel beschrieben, können Sie in APO-PP/DS sowie in ePP/DS auch eine tabellarische Anzeige der Kapazitätsauslastung aufrufen. Zum einen steht Ihnen dafür die Transaktion /SAPAPO/CDPS_REPT zur Verfügung, zum anderen können Sie in APO den Menüpfad **Advanced Planning and Optimization • Produktionsplanung • Auswertung • Auftrags- und Ressourcenauswertung** bzw. in ePP/DS den Menüpfad **Logistik • Erweiterte Planung • Produktionsplanung • Auswertung • Auftrags- und Ressourcenauswertung** nutzen.

Hier bietet sich unter anderem die Möglichkeit, tabellarisch die Auslastung von Ressourcen zu bewerten (siehe Abbildung 25.20) und die Kapazitätsbedarfsverursacher aufzulisten. Auch können Sie in Übersichten zum Work-In-Progress (WIP) verzweigen.

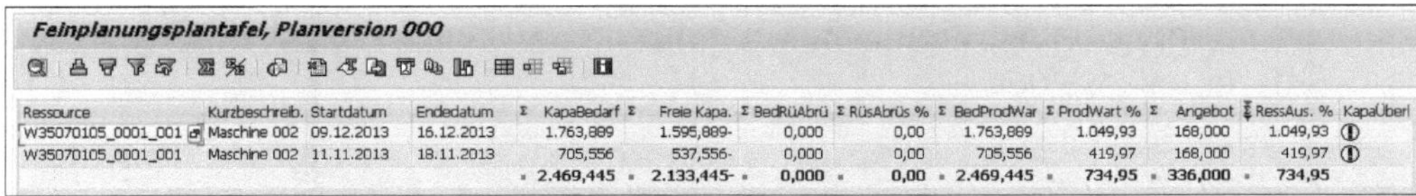
Feinplanungsplantafel, Planversion 000

Ressource	Kurzbeschreib.	Startdatum	Endedatum	Σ KapaBedarf	Σ Freie Kapa.	Σ BedRüAbrü	Σ RüsAbrüs %	Σ BedProdWar	Σ ProdWart %	Σ Angebot	RessAus. %	KapaÜberl
W35070105_0001_001	Maschine 002	09.12.2013	16.12.2013	1.763,889	1.595,889-	0,000	0,00	1.763,889	1.049,93	168,000	1.049,93	
W35070105_0001_001	Maschine 002	11.11.2013	18.11.2013	705,556	537,556-	0,000	0,00	705,556	419,97	168,000	419,97	
				2.469,445	**2.133,445-**	**0,000**	**0,00**	**2.469,445**	**734,95**	**336,000**	**734,95**	

Abbildung 25.20 Ressourcenauslastung (tabellarisch)

In ePP/DS gibt es – neben der oben beschriebenen Kapazitätsauswertungsfunktion im SAP GUI – auch die Fiori-basierte App **Kapazitätsauslastung ermitteln**. Anders als in der GUI-Version können Sie hier auch direkt Schichtpflege vornehmen.

25

25.9 Produktsicht, erweiterte Produktplanung und Produktübersicht

Für die Produktplanung bieten sich Ihnen in einem APO-System einige Funktionalitäten:

- Produktsicht
- erweiterte Produktplanung (EPP)
- Produktübersicht

ePP/DS kann hier lediglich mit den Funktionen Produktsicht und Produktübersicht aufwarten.

25.9.1 Produktsicht

Die APO-bzw. ePP/DS-Funktionalität *Produktsicht* stellt – wie die Bezeichnung bereits andeutet – das Produkt in den Mittelpunkt der Planungen. Daher spielt diese Transaktion im Rahmen der interaktiven, kurzfristigen Kapazitätsplanung keine bedeutende Rolle. Dies ist im bereits häufiger hervorgehobenen Umstand der Ressourcenkonkurrenz begründet, die in einer produktbezogenen Sicht nicht planerisch abzubilden ist. Sie wird vielmehr für eine Nachbearbeitung der Materialbedarfsplanung für die Produkte eingesetzt, die nicht mehr durch die nachgelagerte Kapazitätsplanung laufen sollen. Dies ist vornehmlich im Bereich der operativen Beschaffungsplanung der Fall, zusätzlich kann diese Funktion für Produkte genutzt werden, die nicht auf Engpassressourcen gefertigt werden.

Abbildung 25.21 zeigt beispielhaft eine Planungskonstellation in der Produktsicht mit einer Reihe von Alerts, die Sie über die Transaktion /SAPAPO/RRP3 aufrufen können. Wenn Sie – wie Abbildung 25.21 gezeigt – in der Produktsicht Netzwerk-Alerts anzeigen möchten, können Sie dies in den Benutzereinstellungen vorgeben (siehe hierzu SAP-Hinweis 495166).

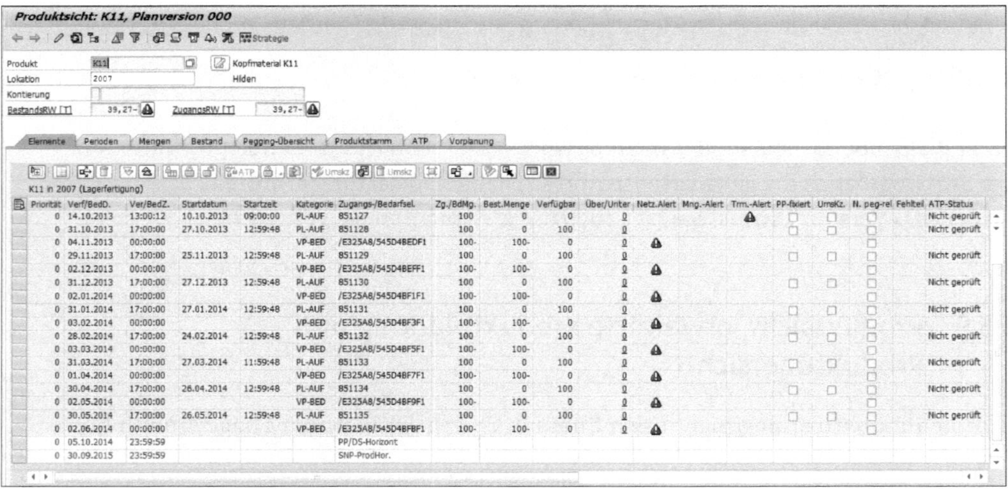

Abbildung 25.21 Produktsicht

Die Produktsicht ist in ihrer Funktion mit der aktuellen Bedarfs-/Bestandsliste aus den ERP-Systemen (Transaktion MD04) vergleichbar, jedoch können Sie die vielfältigen Möglichkeiten des Peggings nutzen, um auch die Nachbearbeitung des MRP-Ergebnisses zielgerichteter durchzuführen, als dies in den ERP-Systemen mit den statischen und in der Regel einstufigen Ausnahmemeldungen möglich ist.

25.9.2 Erweiterte Produktplanung (EPP)

Mit SCM 7.03 steht Ihnen zusätzlich zur genannten Produktsicht, die im SAP GUI aufgerufen werden kann, die Funktion der erweiterten Produktplanung (EPP) zur Verfügung. Dabei handelt es sich um eine webbasierte Sicht der interaktiven Planung auf Basis von SAP NetWeaver Business Client 4.0 for Desktop, die im Vergleich zur Produktsicht eine größere Flexibilität bezüglich der folgenden Funktionalitäten bietet:

- **Selektion von Lokationsprodukten**
  Sie können verwendete Auswahlkriterien für eine Wiederverwendung speichern und nach Bedarf ändern. Zudem können vorhandene Selektionen aus der langfristigen, interaktiven Planung verwendet werden. In einer Trefferliste, in der Sie benutzerspezifisch Kennzahlen anzeigen lassen können, kann zwischen den Lokationsprodukten gewechselt werden.
- **Anlegen und Verwalten von Aufträgen**
  Die Auftragsliste kann gleichzeitig mit den Details zum Auftrag angezeigt werden. Neben den Funktionen der Anlage, Bearbeitung und Löschung von Aufträgen besteht die Möglichkeit, Merkmalswerte für ein Lokationsprodukt zu definieren. Sie können in der EPP ebenfalls mittels Massenbearbeitungsfunktion mehrere Aufträge fixieren bzw. defixieren, SNP- in PP/DS-Aufträge umwandeln und die Mengeneinheiten ändern. Aus einem APO-Auftrag kann direkt in den ERP-Auftrag und dort in den Bearbeitungsmodus gesprungen werden.
- **Nachverfolgung von Alerts und Pegging**
  Neben der reinen Anzeige von produktspezifischen Alerts kann EPP genutzt werden, um zwischen Alerts zu springen und Detailinformationen zu Alerts und Pegging-Beziehungen bzw. nur teilweise oder gar unverpeggten Elementen anzuzeigen.

Zusätzlich können lokationsspezifische Produktsichten aufgerufen werden, auch bietet sich die Möglichkeit, Notizen zu Aufträgen oder Lokationsprodukten anzulegen.

25.9.3 Produktübersicht

Den Sammeleinstieg zur Produktsicht können Sie im SAP GUI über die Produktübersicht mittels Transaktion /SAPAPO/POV1 realisieren (siehe Abbildung 25.22).

Da die Alerts dynamisch entstehen (im Gegensatz zu den statischen Ausnahmemeldungen der ERP-Systeme, die teilweise an den Planungslauf gebunden sind), existiert im APO-System bzw. in ePP/DS kein Äquivalent zur ERP-Dispositionsliste (Transaktion MD05). Jedoch haben Sie in der Produktübersicht über den Button **Sicht: Planungslauf Info** die Möglichkeit, sich Informationen über den letzten Planungslauf anzeigen zu lassen.

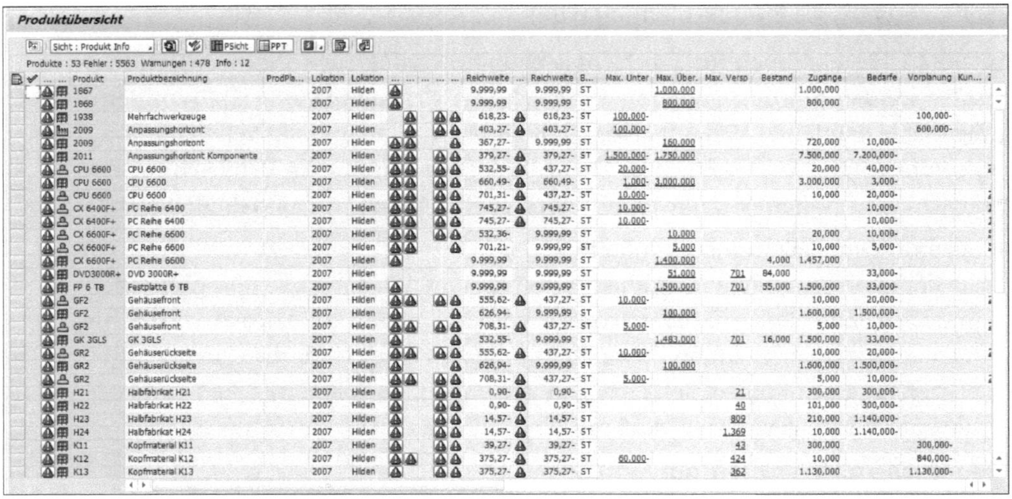

Abbildung 25.22 Produktübersicht

25.10 Produktplantafel

Auch die Produktplantafel stellt, wie schon der Name suggeriert, die Planung eines Produkts in den Mittelpunkt. Allerdings ist sie eher eine Sammlung verschiedener anderer Transaktionen, die wir bereits vorab beschrieben haben, als eine eigene Funktionalität. Sie können in der Produktplantafel bis zu drei verschiedene Sichten gleichzeitig einblenden. Dabei haben Sie die Wahl aus bis zu 14 unterschiedlichen Einzelfunktionalitäten, die Sie per Drag-and-Drop einblenden können (siehe hierzu Abbildung 25.23):

- Alert-Monitor
- Produktsicht
  - Einzelelemente
  - periodisch
  - Mengengrafik
- Produktübersicht
- Pegging-Übersicht
- Lokationsübergreifende Sicht: periodisch
- Ressourcensicht
- Feinplanungstafel
- Heuristiken
- Optimierer

- Produktionssicht
  - Einzelelemente
  - periodisch
- Plan-Monitor

Trotz des Produktfokus in der Planung kann in der Produktplantafel auch eine ressourcenbezogene Sicht verwirklicht werden. Dies ist beispielsweise über das Einblenden der Feinplanungstafel, der Ressourcensicht sowie der Produktionssicht möglich. Jedoch bleibt auch in diesem Fall der Einstieg produktorientiert, d. h., Sie selektieren und navigieren im Rahmen der Planung prinzipiell durch die einzelnen Produkte, haben dabei aber die Möglichkeit, Ressourcenkonkurrenz bei der Planung in die Überlegungen einzubeziehen.

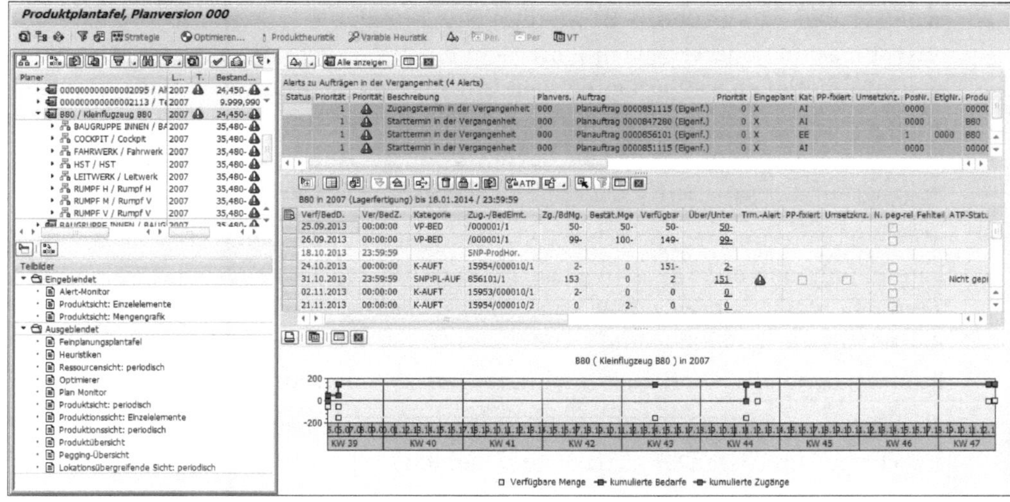

Abbildung 25.23 Produktplantafel

Organisatorische Verantwortlichkeiten in der Kapazitätsplanung

Noch mehr als bei der Auswahl und Konfiguration einzelner Planungsfunktionalitäten muss bei der organisatorischen Zuordnung auf die konzeptionelle Grundlage der Kapazitätsplanung Rücksicht genommen werden, d. h., die Planung muss ressourcenorientiert erfolgen. Anderenfalls können in der Kapazitätsplanung in aller Regel keine guten Ergebnisse erzielt werden, da die Ressourcenkonkurrenz nicht ausreichend berücksichtigt wird.

Wir empfehlen Ihnen daher, die organisatorischen Verantwortlichkeiten in der Kapazitätsplanung streng ressourcenorientiert zu verteilen, d. h., es sollte immer eine eindeutige Zuordnung von sinnvoll zusammengefassten Ressourcen zu Planern geben. Sie sollten daher den Kapazitätsplanungsprozess – auch wenn es auf den ersten

Blick mit der Produktplantafel möglich erscheint – nicht auf einer organisatorischen Zuordnung von Materialien zu Planern aufbauen, wie es häufig im Rahmen der vorgelagerten Materialbedarfsplanung der Fall ist.

25.11 Fazit

In diesem Kapitel haben Sie einen Überblick über die zur Verfügung stehenden Funktionen erhalten, mit denen sich automatisierte Planungsergebnisse nachbearbeiten lassen. Zu diesem Zweck haben wir Ihnen zunächst einen Überblick über die bereitstehenden Werkzeuge gegeben und in diesem Rahmen erläutert, dass verschiedene Einstiege existieren, um die interaktive, kurzfristige Planung durchzuführen. Im Anschluss haben wir mit dem Alert-Monitor eine Funktion vorgestellt, die neben einem ausnahmesituationsbezogenen Einstieg in einer Vielzahl von anderen Transaktionen Informationen zur Verfügung stellt, um Alerts zu identifizieren. In der Folge sind wir mit dem Plan-Monitor auf eine Funktionalität eingegangen, die eine kennzahlenbezogene Auswertung ermöglicht, bevor wir mit der Auftragsbearbeitung sowie der Zugangs- und Bedarfssicht auftragsbezogene Sichten vorgestellt haben.

Mit der Erläuterung der grafischen Feinplanungstafel sowie den von dort aus aufrufbaren Funktionen der Ressourcenauslastung und der Ressourcenplantafel folgten zentrale ressourcenbezogene Planungsmöglichkeiten. Anschließend haben wir mit der Produktsicht, der erweiterten Produktplanung, der Produktübersicht sowie der Produktplantafel eher produktorientierte Transaktionen vorgestellt.

Sie können nun die Funktionen der interaktiven, kurzfristigen Kapazitätsplanung einschätzen und deren Einsatzgebiete benennen.

TEIL VI

Anschließende Prozessschritte und Kapazitätsplanungsszenarios

Kapitel 26
Auftragsausführung (Execution)

Nach Abschluss der Kapazitätsplanung werden temporäre planerische Elemente – vor allem Planaufträge – in verbindliche Elemente (z. B. Fertigungsaufträge) umgesetzt, an denen keine grundlegenden Änderungen mehr durchgeführt werden. Anschließend erfolgt die Ausführung der Planungen durch konkrete Produktion der geplanten Mengen.

Im »normalen« Planungsablauf eines produzierenden Unternehmens werden häufig rollierend wiederkehrende Schritte durchgeführt, die dazu dienen, ein möglichst optimales Planungsergebnis im Hinblick auf die zu berücksichtigenden Restriktionen zu erzielen. In der unternehmerischen Realität werden diese Schritte dabei in der Regel sukzessiv nacheinander ausgeführt, d. h., die Planung wird von Schritt zu Schritt konkretisiert, bis die in der Realität umzusetzenden Mengen samt zugehöriger Termine und Bezugsquelle feststehen. Die *Auftragsausführung* stellt dabei den der Planung nachgelagerten Schritt dar, in dem die vorher durchgeführten Planungen in die Realität umgesetzt werden. Daher kann die Auftragsausführung auch als *Planungsumsetzung* bezeichnet werden, aus dem englischen Sprachgebrauch ist auch der Begriff *Execution* gebräuchlich. Im klassischen, der SAP-Planung prinzipiell zugrunde liegenden Sukzessivplanungskonzept folgt die Auftragsausführung im Anschluss an die Kapazitätsplanung, wie Abbildung 26.1 verdeutlicht.

Für einzelne Materialien und/oder Aufträge können dabei auch einzelne Schritte übersprungen werden. So wird die Kapazitätsplanung beispielsweise nicht für alle Materialien im gleichen Maß eine hohe Bedeutung aufweisen. Sie wird nur für Materialien auf Ressourcen ausgeführt, die als relevante Engpässe anzusehen sind. Für fremdbeschaffte Materialien wiederum übernimmt beispielsweise der Lieferant die Kapazitätsplanung. Die in der Folge dargelegten Abläufe verdeutlichen beispielhaft einen Maximalablauf, der nicht in allen Fällen in jedem einzelnen Schritt bzw. in der hier geschilderten Reihenfolge durchlaufen werden muss.

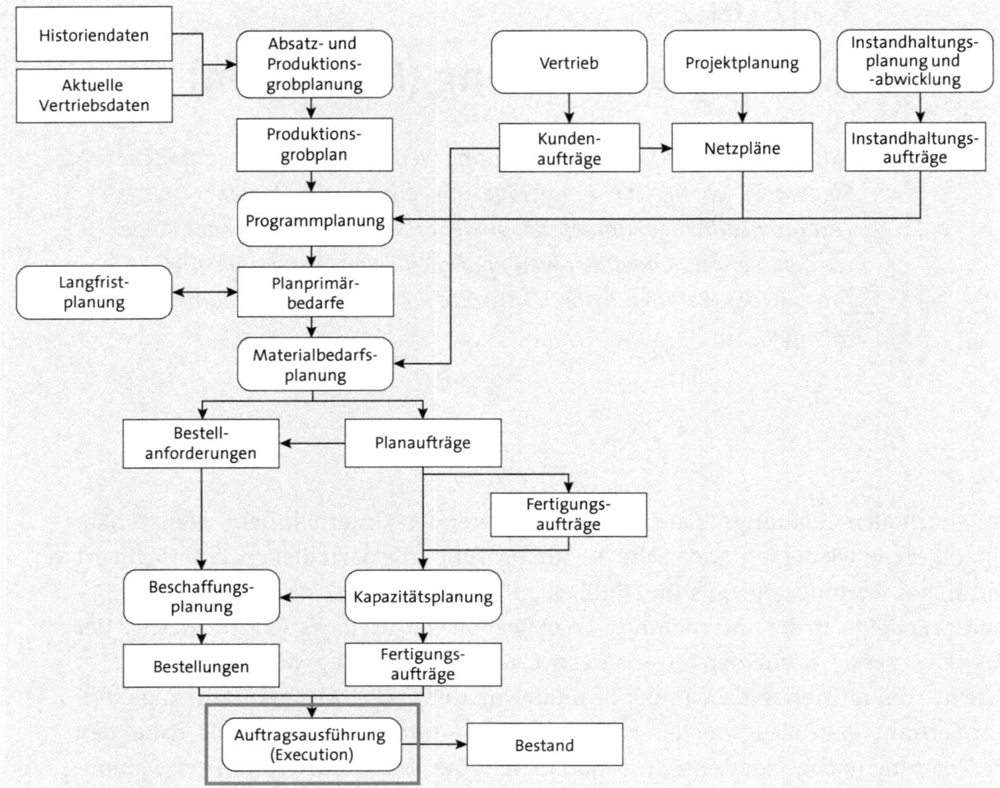

Abbildung 26.1 Auftragsausführung im Sukzessivplanungskonzept von SAP ECC, SAP S/4HANA, SAP APO und SAP IBP

26.1 Überblick über die Ausführung im Rahmen der Eigenfertigung

Bei der Auftragsausführung werden die vorab geplanten Mengen und Termine »in der Realität« ausgeführt. Während des Durchlaufs der einzelnen Schritte wird an den Aufträgen der Eigenfertigung über eine systeminterne Statusverwaltung im ERP-System am festen Auftrag »mitgeschrieben«, welche der Schritte bereits durchlaufen wurden.

Die Auftragsausführung im Rahmen der Eigenfertigung gliedert sich in sukzessiv ablaufende Schritte, die überblickartig in Abbildung 26.2 dargestellt werden.

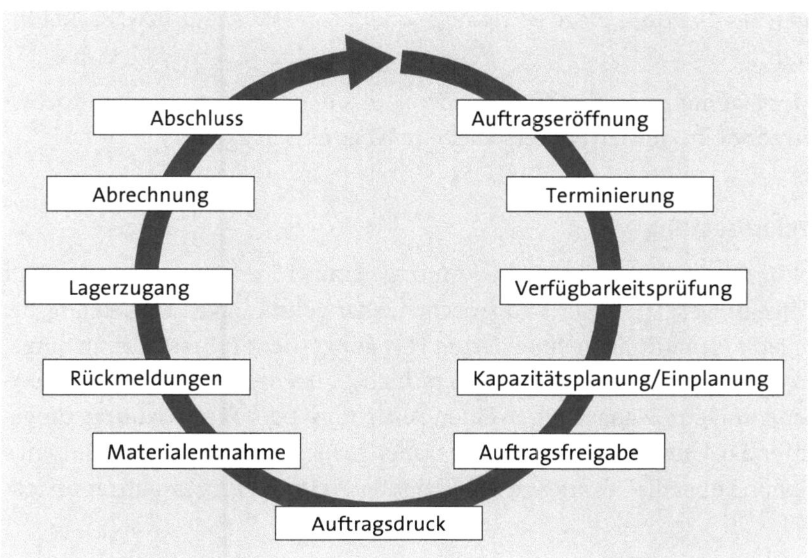

Abbildung 26.2 Auftragsumsetzung bei Eigenfertigung (Überblick)

[«]

Eindeutige Verantwortlichkeit für die Ausführung der Planungen

Unabhängig davon, in welchem System Sie die Planungen durchführen, wird die Ausführung der Planungen immer von einem eindeutigen ERP-System innerhalb der Systemlandschaft übernommen. Bei dem ausführenden ERP-System kann es sich um ein ECC- oder ein S/4HANA-System handeln, jedoch wird für jeden Bereich (z. B. Werk usw.) genau ein ERP-System für die Ausführung verwendet.

Wir benutzen den Begriff *ERP-System* für dieses jeweils eindeutige, ausführende System ohne den expliziten Zusatz *SAP ECC* bzw. *SAP S/4HANA*, wenn die jeweils beschriebenen Funktionen in beiden Systemen möglich wären.

26.2 Auftragsumsetzung/Eröffnung

Den Ausgangspunkt der Auftragsausführung bildet die Auftragsumsetzung. Diese basiert in der Regel auf den Ergebnissen der vorhergehenden Planungen durch Verwendung der temporären planerischen Elemente der Planungsschritte wie Planaufträge und Bestellanforderungen. Diese temporären Elemente werden dabei in verbindliche feste Elemente wie Fertigungs- oder Prozessaufträge bzw. Bestellungen im Fall der Fremdbeschaffung umgewandelt. Es ist jedoch auch möglich, ohne den Umweg über temporäre planerische Elemente, wie z. B. Planaufträge oder Bestellanforderungen auf direktem Wege Fertigungs- oder Prozessaufträge bzw. Bestellungen anzulegen.

Um im Fall der Eigenfertigung einen Planauftrag in einen Fertigungs- oder Prozessauftrag umzuwandeln, können Sie verschiedene Wege einschlagen.

26.2.1 Einzelumsetzung

Bei der Einzelumsetzung wird ein einzelner Auftrag manuell vom Benutzer ausgewählt und in der Folge umgesetzt. Dabei wird zwischen einer vollständigen Umsetzung, bei der der komplette Planauftrag in einen festen Fertigungs- oder Prozessauftrag umgewandelt wird, und einer Teilumsetzung unterschieden. Bei der vollständigen Umsetzung wird der komplette Planauftrag in einen Fertigungs- oder Prozessauftrag umgewandelt, während bei der Teilumsetzung der bisherige Planauftrag in einer Teilmenge erhalten bleibt und über die Restmenge ein Fertigungs- oder ein Prozessauftrag erstellt wird.

Sowohl die vollständige Umsetzung, bei der man in der Regel auf den Zusatz »vollständig« verzichtet, da es sich hier um den Regelfall handelt, als auch die Teilumsetzung lässt sich interaktiv aus den ERP-Transaktionen zur Nachbearbeitung des Dispositionsergebnisses anstoßen, d. h. der aktuellen Bedarfs-/Bestandsliste (Transaktion MD04) und der Dispoliste (Transaktion MD05). Bei dieser Form der Umsetzung wird Ihnen nach Auswahl des Planauftrags über einen Doppelklick auf den Eintrag in der jeweiligen Liste ein Pop-up angezeigt, in dem Ihnen verschiedene Buttons zur vollständigen oder auch zur teilweisen Umsetzung sowohl in einen Fertigungs- als auch in einen Prozessauftrag angeboten werden. Dabei ist darauf zu achten, dass für eine derartige Umsetzung jeweils die richtigen Stammdaten im System zur Verfügung stehen müssen, anderenfalls wird keine Umsetzung in einen Fertigungs- oder Prozessauftrag möglich sein.

Abbildung 26.3 verdeutlicht beispielhaft die Möglichkeiten aus der aktuellen Bedarfs-/Bestandsliste bzw. der Dispoliste für die Umsetzung eines Planauftrags in ein festes Element wie einen Fertigungs- oder einen Prozessauftrag. Im Pop-up sind Ausnahmemeldungen zu sehen, die im Rahmen der Umsetzung in einen Fertigungsauftrag von Relevanz sein können.

Die analogen Funktionen zur manuellen Einzelumsetzung eines Planauftrags lassen sich auch mittels separater Transaktionsaufrufe der folgenden Transaktionen ausführen:

- vollständige Einzelumsetzung in einen Fertigungsauftrag (Transaktion CO40)
- Teilumsetzung in einen Fertigungsauftrag (Transaktion CO48)
- vollständige Einzelumsetzung bzw. Teilumsetzung in einen Prozessauftrag (Transaktion COR7)

Abbildung 26.3 Umsetzung eines Planauftrags aus den Transaktionen zur Nachbearbeitung des Dispositionsergebnisses (ERP-System)

Die Arten der Umsetzung aus den Transaktionen zur Nachbearbeitung des Dispositionsergebnisses sowie der Aufruf der genannten Transaktionen ist vergleichbar, da aus Transaktion MD04 bzw. MD05 in die jeweiligen Transaktionen abgesprungen wird.

Auch das APO-System bietet Möglichkeiten, um Planaufträge in entsprechende feste Elemente umzusetzen. Zu diesem Zweck können Sie einen Planauftrag analog zur geschilderten Vorgehensweise beispielsweise in der Produktsicht (Transaktion /SAPAPO/RRP3) oder in der Auftragsbearbeitung (Transaktion /SAPAPO/RRP2) durch Markieren des Umsetzungskennzeichens und anschließendes Speichern in einen Fertigungs- oder Prozessauftrag umsetzen. Die Umsetzung erfolgt dabei aus dem APO-System in das ERP-System, zur Konsistenz der Auftragsnummern erhält der im APO-System umgesetzte Auftrag seine endgültige Nummer aus dem ERP-System. Dieser Prozess wird als *Key Completion* bezeichnet und läuft aus dem APO-System in das jeweilige ERP-System und wieder zurück über das Core Interface (CIF) ab.

Mit der Umsetzung im APO-System wird die weitere Verantwortung an das angeschlossene ERP-System delegiert, das als das ausführende System die weitergehende Ausführung übernimmt. Im APO-System sind zwar weiterhin entsprechende Auftragsinformationen vorhanden, da auch die umgesetzten Aufträge von Relevanz für die Kapazitätsplanung sind, jedoch erfolgen die weiteren Planungsschritte in aller Regel im der Systemlandschaft angehörenden ERP-System. Je nach Planungskontext und Konzept ist es auch möglich, mit bereits umgesetzten Aufträgen im APO-System Planungen durchzuführen, die sich auf Menge, Termin und/oder Bezugsquelle eines Auftrags erstrecken. In diesem Fall handelt es sich jedoch nicht um die Ausführung von Ausführungsschritten im APO-System, sondern vielmehr um während der Auftragsumsetzung ablaufende Planungsschritte.

Ähnlich verhält es sich mit dem IBP-System, auch hier werden Fertigungsaufträge zu Planungszwecken in auftragsbasierten Funktionen berücksichtigt. Das IBP-System bietet jedoch keine Funktionen, um einen geplanten Auftrag umzusetzen. Hier liegt die Verantwortung für die ausführenden Schritte in allen Fällen bei dem jeweiligen ERP-System.

Das Anlegen eines festen Elements ohne Planauftrag ist nur aus dem ERP-System möglich. Hierfür können Sie Transaktion CO01 nutzen, sofern Sie einen Fertigungsauftrag mit Kopfmaterial anlegen möchten. Zur Anlage eines Fertigungsauftrags ohne Kopfmaterial z. B. zum Zweck von Nach- oder Wartungsarbeiten (ohne Nutzung der Instandhaltungsfunktionalität im ERP-System) steht Transaktion CO07 zur Verfügung. Auch besteht die Möglichkeit, einen Fertigungsauftrag direkt mit Bezug zu einem Kundenauftrag (Transaktion CO08) und einem Projekt (Transaktion CO10) anzulegen.

Wenn Sie die Prozessfertigung einsetzen, können Sie einen Prozessauftrag ohne Bezug zu einem Planauftrag mittels Transaktion COR1 mit Bezug zu einem Material und durch Verwendung von Transaktion CORO ohne Material erzeugen.

Wird mit der Serienfertigung gearbeitet, erfolgt keine Umsetzung in ein festes Element wie einen Fertigungs- oder Prozessauftrag.

26.2.2 Sammelumsetzung

Im ERP-System steht die Option zur Verfügung, mehrere Planaufträge gleichzeitig umzusetzen. Hierfür können Sie Transaktion CO41 nutzen bzw. den zugehörigen Report im Hintergrund einplanen. Abbildung 26.4 zeigt beispielhaft die Sammelumsetzung von Planaufträgen im ERP-System mittels Transaktion CO41.

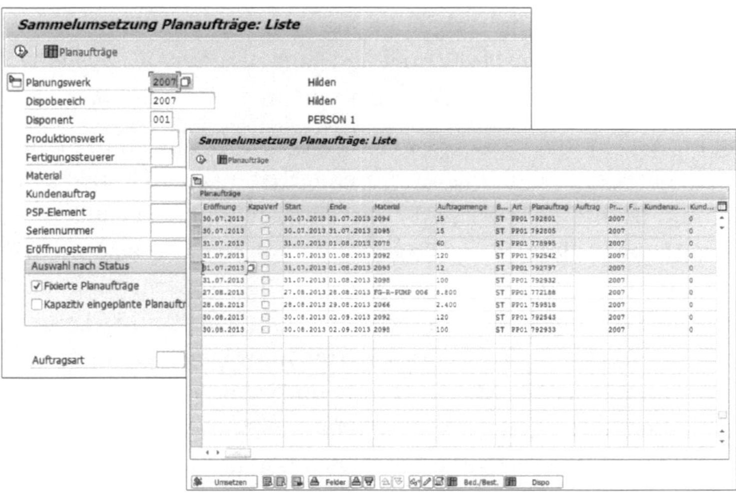

Abbildung 26.4 Sammelumsetzung Planaufträge im ERP-System (Transaktion CO41)

Als Äquivalent zur Sammelumsetzung bei diskreter Fertigung steht bei Einsatz der Prozessfertigung Transaktion COR8 für die Sammelumsetzung von Planaufträgen zur Verfügung.

Im APO-System können Sie eine Sammelumsetzung mittels Transaktion /SAPAPO/RRP7 durchführen.

[«]

Auswahl des Systems zur Umsetzung auf Basis des Einsatzkontextes

Bezüglich der geschilderten Möglichkeiten zur Umsetzung ist darauf zu achten, dass der Einsatzkontext determiniert, in welchem System Sie welche Umsetzungsform nutzen können bzw. müssen.

Lediglich in den folgenden Fällen ist es empfehlenswert, die Umsetzung im ERP-System durchzuführen:

- Szenario ohne Nutzung der kurzfristigen Kapazitätsplanung im APO-System (beispielsweise auf Basis von CRP oder SNP)
- Ansatz für die MRP-basierte Feinplanung
- Durchführung von kurzfristiger Kapazitätsplanung im APO-System nur für Fertigungs- oder Prozessaufträge (d. h. keine Feinplanungstätigkeiten wie Umterminierungen im APO-System mit Planaufträgen)

In allen anderen kombinierten ERP-APO-Einsatzkontexten der kurzfristigen Kapazitätsplanung (z. B. der Nutzung des klassischen PP/DS-Ansatzes) sollte die Umsetzung zwingend im APO-System durchgeführt werden, da ein im APO-System feingeplanter Planauftrag seine Vorgangstermine nicht an den ERP-Planauftrag weitergibt, weil dieser keine Planauftragsvorgänge im engeren Sinn besitzt. Zwar werden im Fall der Durchlaufterminierung im ERP-Planauftrag Vorgangstermine kalkuliert, diese kommen jedoch auf Basis einer einfachen Terminierung der zugrunde liegenden Stammdaten zustande, gegebenenfalls im APO-System vorgenommene Umterminierungen einzelner Planauftragsvorgänge gehen bei der Übertragung an das ERP-System verloren. Somit stehen diese Informationen lediglich im APO-System zur Verfügung, weshalb die Umsetzung in einen Fertigungsauftrag dort erfolgen sollte. Da Fertigungsaufträge auch im ERP-System über Vorgänge im engeren Sinn verfügen, werden diese Informationen entsprechend bei einer Umsetzung im APO-System in beiden Systemen vorgehalten.

26.2.3 Auftragsstatus

Umgesetzte Aufträge erhalten im ERP-System den Systemstatus EROF, unabhängig davon, mit welcher Vorgehensweise die Umsetzung erfolgt.

26.3 Verfügbarkeitsprüfung

Bei der Verfügbarkeitsprüfung sind im hier geschilderten Kontext die folgenden Prozessabläufe zu unterscheiden:

- Materialverfügbarkeitsprüfung
- Kapazitätsverfügbarkeitsprüfung (siehe hierzu Kapitel 19, »Kapazitätsplanung in SAP ECC und SAP S/4HANA«)

Verfügbarkeitsprüfungen können zu verschiedenen Zeitpunkten aus verschiedenen Funktionalitäten heraus ausgeführt werden. Es besteht die Möglichkeit einer Kopplung an den Zeitpunkt der Auftragsumsetzung bzw. -freigabe über das Fertigungssteuerungsprofil in Transaktion OPKP (siehe Abbildung 26.5).

Abbildung 26.5 Auszug aus dem Fertigungssteuerungsprofil im ERP-Customizing (Transaktion OPKP)

Im Rahmen der Verfügbarkeitsprüfungen soll sichergestellt werden, dass die Bearbeitung eines verbindlich eingeplanten Auftrags zum Erliegen kommt, da beispielsweise Material fehlt. Zu diesem Zweck wird in der diskreten Fertigung einstufig auf die Komponenten im Fertigungsauftrag hin geprüft und im Negativfall eine Fehlteileliste bzw. -übersicht erzeugt, anhand der eine gezielte Problembearbeitung möglich ist (beispielsweise durch eine Expressbeschaffung eines fehlenden zentralen Teils). Dabei enthält die Fehlteileübersicht zusätzliche Informationen bezüglich der fehlenden Komponenten im Vergleich zur Fehlteileliste.

Die Steuerung der Materialverfügbarkeitsprüfung im ERP-System ergibt sich dabei aus dem Zusammenwirken verschiedener Einstellungen, die in der dem Auftrag zugrunde liegenden Auftragsart sowie dem jeweiligen Materialstamm vorgenommen werden. Abbildung 26.6 zeigt überblicksartig die verschiedenen Systemeinstellungen, die die Materialverfügbarkeitsprüfung beeinflussen.

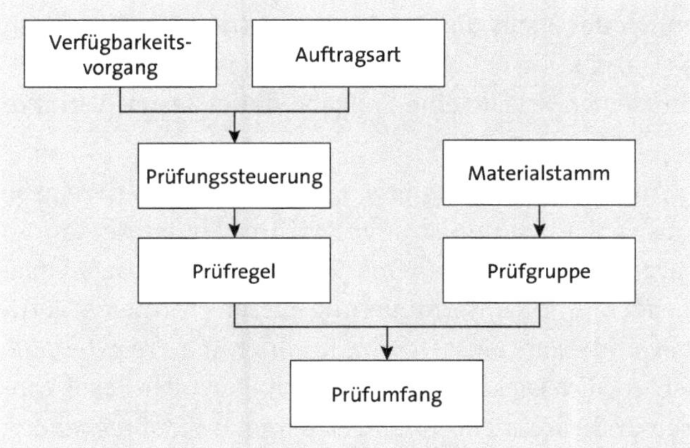

Abbildung 26.6 Überblick über Herkunft der Einstellungen zur Materialverfügbarkeitsprüfung im ERP-System

Nähere Informationen dazu erhalten Sie in den Büchern *Verfügbarkeitsprüfung mit SAP* und *Produktionsplanung und -steuerung mit SAP ERP*, die beide ebenfalls bei SAP PRESS erschienen sind. 26

26.3.1 Einzelprüfung

Die Materialverfügbarkeitsprüfung kann interaktiv aus dem Änderungsmodus des Fertigungsauftrags (Transaktion CO02) über den entsprechenden Button in der Kopfzeile oder über den Menüpunkt **Funktionen** erreicht werden.

26.3.2 Sammelprüfung

Eine Sammelverfügbarkeitsprüfung kann für Fertigungsaufträge mittels Transaktion COMAC durchgeführt werden. In diesem Fall können Sie die Ergebnisse der Sammelverfügbarkeitsprüfung im Hintergrund in der Transaktion CO24 aufrufen.

26.3.3 Status

Ein noch nicht im Hinblick auf die Materialverfügbarkeit geprüfter Fertigungsauftrag hat auf Kopfebene den Status NMVP (Materialverfügbarkeit nicht geprüft). Wurden alle Komponentenbedarfe im Rahmen einer Materialverfügbarkeitsprüfung bestätigt, erhält der Auftrag den Status MABS (Material bestätigt), während der Status bei mindestens einer nicht bestätigten Komponente FMAT (fehlendes Material) lautet.

26.4 Auftragsfreigabe

Im Anschluss an die Umsetzung oder – falls dies im Fertigungssteuerungsprofil im Customizing der Produktion (Transaktion OPKP) so vorgesehen ist – im Fall der Eigenfertigung erfolgt sofort im selben Schritt eine Freigabe dieses festen verbindlichen Elements.

Die Zeitspanne zwischen der Auftragsumsetzung bzw. Eröffnung und der Freigabe kann sowohl für planerische als auch für administrative Schritte genutzt werden. So kann als planerischer Schritt in einem Szenario mit einer kurzfristigen Kapazitätsplanung für Fertigungsaufträge noch eine Umterminierung dieser eröffneten Fertigungsaufträge erfolgen, wobei in diesem Einsatzszenario durch die Freigabe eine endgültige Fixierung vorgesehen wird. Diese Fixierung ist dabei in aller Regel konzeptionell bzw. organisatorisch und wird nicht durch Setzen eines entsprechenden Kennzeichens erreicht, wie dies beispielsweise bei Planaufträgen der Fall ist.

Ab der Auftragsfreigabe wird in manchen Kontexten auch vom Beginn der Auftragsdurchführung gesprochen, da der Auftrag nun für die eigentliche Produktion vorbereitet ist und die Durchführung beginnen kann.

Wie beschrieben, kann über das Fertigungssteuerungsprofil im Customizing der Produktion die Freigabe direkt an die Umsetzung geknüpft werden. Es ist ebenfalls möglich, an die Freigabe diverse weitergehende Schritte zu knüpfen, wie beispielsweise den Auftragsdruck etc. (Einige Einstellungen im Fertigungssteuerungsprofil werden überblicksartig in Abbildung 26.5 in Abschnitt 26.3, »Verfügbarkeitsprüfung«, deutlich.)

26.4.1 Einzelfreigabe

Ist die Freigabe nicht an die Umsetzung bzw. die Eröffnung geknüpft, kann sie aus dem Änderungsmodus des Fertigungs- bzw. Prozessauftrags (Transaktion CO02 bzw. COR2 durch Doppelklick auf den Fertigungs- oder Prozessauftrag aus den Transaktionen MD04 oder MD05 zur Nachbearbeitung des Dispositionsergebnisses) heraus über den jeweiligen Button oder den Menüpunkt **Funktionen** ausgeführt werden.

Ebenfalls besteht die Möglichkeit, nur einzelne Vorgänge freizugeben. Hierzu müssen Sie in die Vorgangsübersicht wechseln und über den Menüpunkt **Vorgang** eine Freigabe ausführen. Dabei ist zu beachten, dass die Vorgangsreihenfolge eingehalten wird. Dies bedeutet, für die Freigabe eines Vorgangs müssen seine Vorgänger ebenfalls freigegeben sein. Eine Freigabe kann auch an Ereignispunkte geknüpft werden.

[«]

Auftragsausführung, Auftragsumsetzung und Auftragsdurchführung

An dieser Stelle möchten wir die unterschiedlichen Begrifflichkeiten noch einmal kurz voneinander abgrenzen, da es hier zu Missverständnissen kommen kann.

- Der Begriff der *Auftragsausführung* beschreibt übergreifend alle Schritte, die sich an die Planung anschließen, um diese in die Realität umzusetzen. Treffend könnte man die Auftragsausführung auch mit Planungsumsetzung beschreiben.
- Dahingegen sind *Auftragsumsetzung* und *Auftragsdurchführung* Teilbereiche der Auftragsausführung. Während die Auftragsumsetzung die Umsetzung des temporären planerischen Elements aus der vorhergehenden Planung in verbindliche feste Elemente beschreibt, beinhaltet die Auftragsdurchführung die der Umsetzung nachgelagerten Schritte während der Planungsausführung.

26.4.2 Sammelfreigabe

Eine Sammelfreigabe von Fertigungsaufträgen können Sie mittels Transaktion CO05N durchführen, die überblicksartig in Abbildung 26.7 zu sehen ist.

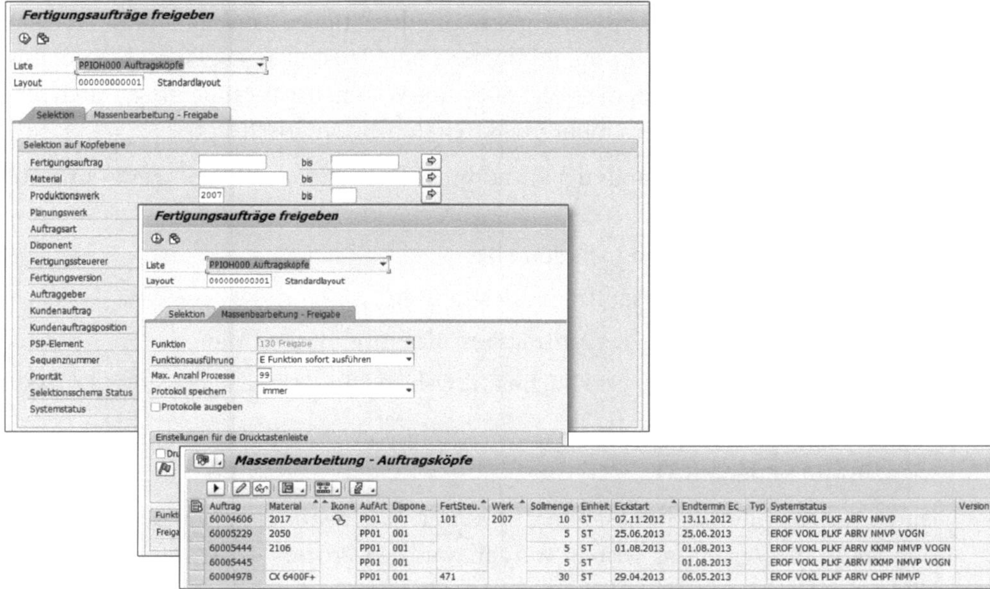

Abbildung 26.7 Sammelfreigabe von Fertigungsaufträgen

26

Für Prozessaufträge kann auf die analoge Funktion in Transaktion COR5 zurückgegriffen werden.

26.4.3 Auftragsdruck

Da durch die Freigabe alle Rahmenparameter für die Eigenfertigung festgelegt sind, kann nun die Weitergabe der Informationen an die Produktion erfolgen. In vielen Unternehmen wird diesbezüglich in dieser Phase der Druck der Auftragspapiere angestoßen, die an die Mitarbeiter in der Produktion weitergegeben werden und dort als Grundlage für die physische Erstellung der Materialien dienen. In den vergangenen Jahren ist jedoch vermehrt zu beobachten, dass die Weitergabe der Informationen an die Produktion nicht mehr papierbasiert, sondern elektronisch z. B. durch entsprechende Bildschirme in der Produktion erfolgt.

26.4.4 Status

Die Freigabe auf Kopfebene führt zu einer Freigabe aller Vorgänge des Fertigungsauftrags. Bei der Freigabe erhält der Auftrag auf Kopfebene den Systemstatus FREI oder TFRE, falls nur einzelne Vorgänge freigegeben worden sind. Der Auftragsdruck führt zu dem Systemstatus DRUC.

26.5 Materialentnahme

Im Rahmen der Materialentnahme gilt es, die benötigten Komponenten aus dem Lager zu entnehmen und für die Produktion bereitzustellen. Die Abbildung dieses Prozessschritts im ERP-System erfolgt über eine Warenausgangsbuchung. Durch diesen Schritt finden im System mehrere Aktivitäten automatisch statt:

- Aktualisierung des Bestands der entnommenen Komponente (auf Werks- und auf Lagerortebene)
- Fortschreibung der Verbrauchsstatistik
- Belastung des Fertigungsauftrags mit Istkosten
- Abbau der Reservierung des Auftrags um die entnommene Menge
- Erzeugung von Material- und Buchhaltungsbeleg für den nachgelagerten Prozess

Für die Materialentnahmen steht eine Vielzahl von Transaktionen zur Verfügung, wie z. B. MB1A oder MIGO.

Durch Nutzung der Kommissionierung können die benötigten Komponenten auftragsweise zur Verfügung gestellt werden, was den Prozess der Warenausgangsbuchung deutlich vereinfacht. Hierfür können Sie mittels Transaktion CO27 zum einen die Warenausgangsbuchung und zum anderen eine Kommissionierliste erstellen. In dieser Liste werden sämtliche Komponenten für die selektierten Fertigungsaufträge aufgelistet. Durch Markieren werden die zu kommissionierenden Teile ausgewählt. Über den Button **Kommissionieren** wird für jeden Komponentenbedarf eine Bestandsfindung durchgeführt, bei der der Sonderbestand, die Bewertungsart und der Lagerort ermittelt werden. Diese Informationen können in der Massenbearbeitung im Rahmen der Kommissionierung nicht wie bei der interaktiven Warenausgangsbuchung direkt angegeben, sondern müssen über Regeln gefunden werden. Diese Regeln können Sie in Transaktion OSPX vorgeben. In diesem Zusammenhang sind auch die Einstellungen zur Bestandsfindungsgruppe in der Sicht **Werksdaten/Lagerung 2** sowie die Customizing-Transaktion OPJ2 von Relevanz, in der die Definition der Vorgänge für die Bestandsführung vorgenommen wird.

Eine Minimierung des Aufwands zur Materialentnahme ist über die Verwendung der retrograden Entnahme zu erreichen. Dabei erfolgt die Warenausgangsbuchung automatisch bei der Rückmeldung des Vorgangs. Dies minimiert zum einen den Aufwand bezüglich der Systemaktivitäten, führt zum anderen aber je nach Konstellation zu einer mehr oder minder großen zeitlichen Verzögerung bei der Buchung und damit auch zu einer zumindest temporären Bestandsungenauigkeit. Ob eine retrograde Entnahme vorgenommen werden soll, können Sie in der Sicht **Disposition 2** des Materialstamms festlegen (siehe Abbildung 26.8).

Abbildung 26.8 Kennzeichen »Retrograde Entnahme« in der Sicht »Disposition 2« des Materialstamms

Neben der Option, die retrograde Entnahme über den Arbeitsplatz zu steuern, besteht auch die Möglichkeit, hierfür den Arbeitsplan zugrunde zu legen. In diesem Fall müssen Sie in der Komponentenübersicht des Arbeitsplans zum Material das Kennzeichen **Retrograde Entnahme** setzen. In diesem Fall übersteuert die Einstellung aus dem Arbeitsplan die Einstellung aus dem Materialstamm bzw. dem Arbeitsplatz.

Somit haben Sie auch die Möglichkeit, fallweise über die Behandlung eines Materials in Bezug auf die Materialentnahme zu entscheiden.

Retrograd entnommene Komponenten erscheinen nicht in der Kommissionierliste.

26.6 Rückmeldung

Die Rückmeldung dient der Weitergabe der Information über den Produktionsfortschritt an das System. Für die Benutzer des Systems wird erst durch die Rückmeldung transparent, welche Bearbeitungsschritte bereits durchgeführt worden sind. Dabei können verschiedene Daten an das ERP-System gemeldet werden:

- Mengen bzw. Teilmengen
- Leistungen (Dauern der Vorgangsabschnitte Rüsten, Bearbeiten, Abrüsten)
- Termine
- Personaldaten
- verwendete Arbeitsplätze

Voraussetzung für eine Rückmeldung ist das Vorliegen eines rückmelderelevanten Steuerschlüssels, den Sie in Transaktion OPJ8 definieren können (siehe Abbildung 26.9).

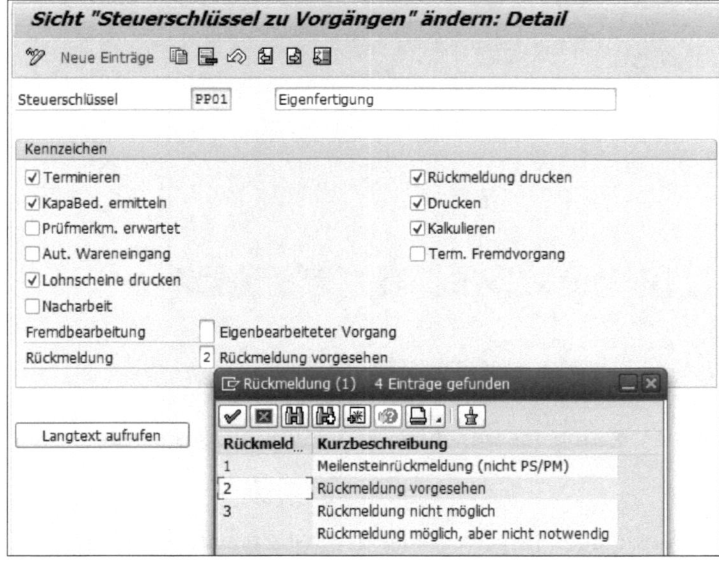

Abbildung 26.9 Einstellungen im Steuerschlüssel zur Rückmeldung

Die Rückmeldung ist dabei ausschlaggebend für weitere betriebswirtschaftliche Aktionen. Für die Kapazitätsplanung ist in diesem Zusammenhang insbesondere der

Abbau der Kapazitätsbedarfe relevant. Jedoch werden mit diesem Schritt auch Istkosten auf den Auftrag gebucht oder bei retrograder Entnahme Materialbuchungen vorgenommen. Sie können ebenso einstellen, dass mit der Rückmeldung auch der Wareneingang für die Menge des Kopfmaterials des Auftrags gebucht wird. Die hierfür nötigen Einstellungen können entweder im Steuerschlüssel oder über das Fertigungssteuerungsprofil vorgenommen werden.

26.6.1 Einzelerfassung

Je nach betriebswirtschaftlichem Kontext können verschiedene Formen der Rückmeldung zum Einsatz kommen:

- **Lohnrückmeldeschein (Transaktion CO11N bzw. COR6N)**
  Zu einem Vorgang werden Termine, Gut- bzw. Ausschussmengen, Leistungen und Personaldaten zurückgemeldet.
- **Zeitereignisrückmeldung (Transaktion CO19 bzw. CORZ)**
  Bei Zeitereignisrückmeldungen geben Sie Datum und Uhrzeit von Bearbeitungsbeginn sowie -ende an, woraus das System automatisch die Bearbeitungsdauer und die daraus resultierenden sonstigen Informationen ableitet. Abbildung 26.10 zeigt beispielhaft die Erfassungsmaske für eine Zeitereignisrückmeldung.

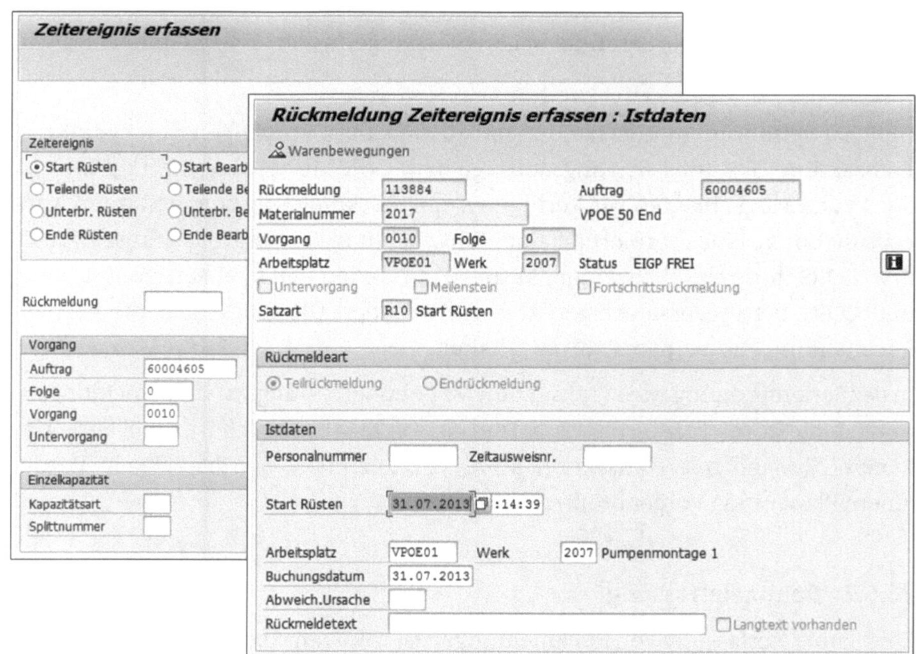

Abbildung 26.10 Erfassungsmaske zur Zeitereignisrückmeldung (Transaktion CO19)

- **Meilensteinrückmeldung**
  Bei einer Meilensteinrückmeldung werden vorab ein oder mehrere Meilensteinvorgänge definiert, bei deren Rückmeldung alle vorgelagerten Vorgänge automatisch ebenfalls zurückgemeldet werden. Ob es sich um einen Meilensteinvorgang handelt, legen Sie in der beschriebenen Einstellung im Steuerschlüssel des Vorgangs fest.
- **Fortschrittsrückmeldung (Transaktion CO1F)**
  Fortschrittsrückmeldungen gleichen in gewisser Weise den Meilensteinrückmeldungen, da auch hier mit der Rückmeldung eines Vorgangs die jeweils vorgelagerten Vorgänge zurückgemeldet werden. Allerdings ist es hier nicht notwendig, vorab die Meilensteinvorgänge zu definieren.

Bei Rückmeldungen sind grundsätzlich jeweils die folgenden Rückmeldearten zu unterscheiden:

- **Teilrückmeldung**
  Um einen Zwischenstand bei der Abarbeitung im System zu dokumentieren und die Information nicht erst bei vollständigem Abschluss der Bearbeitung vorliegen zu haben, ist es möglich, auch die erst teilweise abgeschlossene Bearbeitung eines Vorgangs im System rückzumelden.
- **Endrückmeldung**
  Die Bearbeitung wird als final abgeschlossen gemeldet, eine weitere Bearbeitung erfolgt nicht.

Üblicherweise werden Rückmeldungen zu einzelnen Vorgängen durchgeführt. Mit Transaktion CO15 für Fertigungsaufträge bzw. CORK für Prozessaufträge stehen jedoch auch Möglichkeiten zur Verfügung, eine Rückmeldung zum gesamten Auftrag vorzunehmen. Eine Stornierung einer Rückmeldung kann mittels Transaktion CO13 bzw. CORS durchgeführt werden. Mittels Transaktion CO14 bei Fertigungsaufträgen und CORT bei Prozessaufträgen können Sie einen Überblick über die gebuchten Rückmeldungen zu einem Auftrag erhalten.

In der Serienfertigung wird Transaktion MFBF zur Erfassung von Rückmeldungen genutzt, eine Stornierung erfolgt mit Transaktion MF41. Möglich ist auch, entkoppelte Rückmeldungen mit Transaktion MF70 vorzunehmen, bei denen kein Bezug zu einem Planauftrag vorgenommen wird.

26.6.2 Sammelerfassung

Eine Sammelerfassung von Rückmeldungen ist mit Transaktion CO12 für die diskrete Industrie sowie Transaktion CORR für die Prozessindustrie möglich, für die Serienfertigung mittels Transaktion MF42N.

26.6.3 Status

Ein teilrückgemeldeter Auftrag bzw. Vorgang erhält den Systemstatus TRÜCK, bei Vorliegen einer Endrückmeldung liegt der Systemstatus RÜCK vor.

26.7 Lagerzugang

Nachdem die Fertigung abgeschlossen ist, erfolgt ein Lagerzugang bezüglich des zu fertigenden Materials. Hierfür wird Transaktion MB31 mit Bezug zu einem Fertigungsauftrag verwendet. Je nachdem, in welchen Bestand die Menge gebucht werden soll, kommen dabei unterschiedliche Bewegungsarten zum Einsatz.

Folge einer Wareneingangsbuchung sind bestimmte betriebswirtschaftliche Vorgänge:

- Bestandsbuchung auf Lager
- Verbrauchsfortschreibung
- Entlastung des Fertigungsauftrags
- Erhöhung des Bestandswerts bzw. Belastung des Empfängers (z. B. ein weiterer Auftrag oder ein Projekt)
- Fortschreibung der Sachkonten der Finanzbuchhaltung
- Erzeugung von Material- und Buchhaltungsbeleg

Im Fertigungsauftrag wird der Wareneingang fortgeschrieben und die gebuchte Menge als geliefert dargestellt. Dabei ist es nicht zwingend erforderlich, dass für eine Wareneingangsbuchung vorab eine Rückmeldung durchgeführt wurde. Abbildung 26.11 zeigt beispielhaft den Wareneingang zum Fertigungsauftrag.

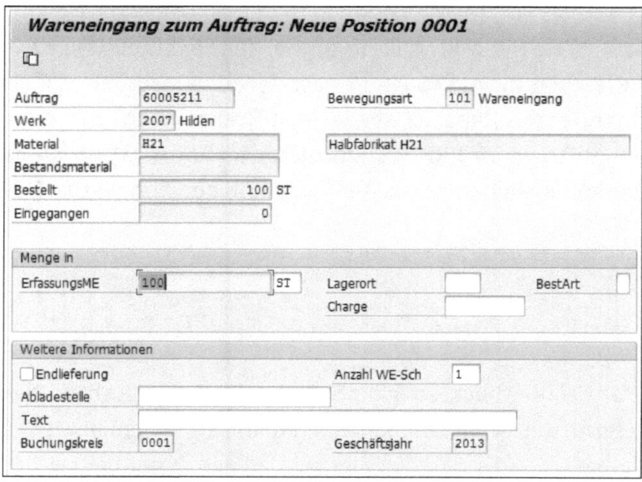

Abbildung 26.11 Wareneingang zum Fertigungsauftrag

26.8 Abrechnung

Die während der Fertigung anfallenden Kosten werden wie bereits beschrieben auf den Auftrag belastet, wohingegen zum Zeitpunkt des Warenzugangs eine Entlastung des Auftrags erfolgt. Da die Abrechnung der Kosten für die hier im Zentrum stehende Kapazitätsplanung keine Rolle spielt, soll auf die detaillierte Beschreibung dieses Prozessschritts an dieser Stelle verzichtet werden. Nähere Informationen erhalten Sie im Buch *Produktionsplanung und -steuerung mit SAP ERP*, das ebenfalls bei SAP PRESS erschienen ist.

26.9 Abschluss

Bezüglich des Abschlusses eines Auftrags wird zwischen logistischem sowie logistischem und buchhalterischem Abschluss unterschieden. Logistisch ist ein Auftrag abgeschlossen, sobald der Status TABG gesetzt, d. h. der technische Abschluss erfolgt ist. In diesem Fall sind die dispositiven Tätigkeiten an diesem Auftrag abgeschlossen, d. h., die eventuell noch offene Menge ist dispositiv nicht mehr relevant, was auch für die Reservierungen und Kapazitätsbedarfe gilt. Das Setzen dieses Status erfolgt im Änderungsmodus des Auftrags über den Menüpunkt **Funktionen**.

Weiter als der rein logistische Abschluss von Aufträgen ist der sowohl logistisch als auch buchhalterisch orientierte Abschluss. Wenn der Auftrag sowohl logistisch als auch buchhalterisch abgeschlossen ist, ist auch keine Buchung von Kosten auf einem Auftrag mehr möglich. Durch den Abschluss eines Auftrags, der mittels des bereits beschriebenen Menüpunkts **Funktionen** möglich ist, erhält dieser den Status ABGS.

Ein massenweises Setzen der genannten Status ist mittels Transaktion COHV möglich.

Während die beschriebenen Schritte der Materialentnahme, der Rückmeldung bzw. des Lagerzugangs über das CIF auch im APO-System nachvollzogen werden, da sie Auswirkungen auf Lagerbestände und Kapazitätsbedarfe aufweisen, wird mit dem technischen Abschluss eines Auftrags im ERP-System dieser auch im APO-System endgültig gelöscht. Analog verhält es sich mit dem IBP-System in den auftragsbasierten Funktionen.

26.10 Fazit

Sie haben im vorliegenden Kapitel überblicksartig die Schritte der Auftrags- bzw. Planungsausführung kennengelernt, die sich an die Kapazitätsplanung anschließen.

Zu diesem Zweck sind wir zunächst auf die Optionen zur Auftragsumsetzung eingegangen. Diese werden genutzt, um die temporären Elemente, die aus den vorgelagerten Planungsschritten wie der Kapazitätsplanung entstanden sind, in feste Elemente umzuwandeln, die maßgeblich für die Produktion sind. In der Folge sind wir auf die Prüfung der Materialverfügbarkeit sowie auf die Auftragsfreigabe eingegangen, die den Startschuss für die Durchführung der geplanten Schritte in der Realität liefert. Im Anschluss an die Freigabe und den häufig in diesem Schritt durchgeführten Auftragsdruck erfolgt mit der Materialentnahme ein systemisches Nachvollziehen einer physischen Materialbereitstellung, die für die Produktion benötigt wird. Im Anschluss an die eigentliche Produktion wird dem System das Ergebnis über eine Rückmeldung mitgeteilt, auf die die Buchung des Lagerzugangs folgt. Am Ende des Lebenszyklus eines Auftrags erfolgt neben der Abrechnung der buchhalterischen Kosten, die für den hier geschilderten Kontext der Kapazitätsplanung nicht von Belang sind, der Abschluss der Aufträge.

Kapitel 27
Kapazitive Planung von Transporten

Um Ihre Supply Chain zu optimieren, haben Sie mit dem SAP-System auch die Möglichkeit, Kapazitäten von Transporten planerisch zu berücksichtigen. In diesem Kapitel erhalten Sie einen Überblick über diese Möglichkeiten.

In den vorangegangenen Kapiteln haben wir Ihnen primär Funktionen vorgestellt, mit denen Sie die Produktion im kurzfristigen und langfristigen Horizont im SAP-System kapazitiv planen können. Bereits in den Kapiteln zur langfristigen Kapazitätsplanung mit SNP in Teil III dieses Buches wurde beschrieben, dass es grundsätzlich möglich ist, Transporte im Supply-Chain-Modell bei der lokationsübergreifenden Planung zu berücksichtigen.

In einigen Planungsszenarien stellen die Transporte von Erzeugnissen den Engpass dar und müssen detaillierter geplant werden. Durch die kapazitive Planung der Transporte im SAP-System können potenzielle Kapazitätsengpässe berücksichtigt werden. In diesem Kapitel stellen wir Ihnen ausgewählte Möglichkeiten vor, mit denen Sie Kapazitäten von Transporten im SAP-System planerisch berücksichtigen können. Dabei gehen wir in den folgenden Abschnitten auf die Funktionen Transport Load Builder (TLB), Transportplanung/Vehicle Scheduling (TP/VS) und Transportation Management (TM) ein.

27.1 Grundlagen des Deployments und des Transport Load Builders

Deployment und Transport Load Builder (TLB) sind Funktionen, die zwar SNP zugeordnet sind, aber eigentlich die kurzfristige Planung bzw. Verteilung der produzierten Produkte betreffen (siehe Abschnitt 9.1.1, »Prozesse in SNP«). Grundsätzlich können Sie bei der lokationsübergreifenden Planung Transportkapazitäten berücksichtigen. SNP berücksichtigt dabei planerisch nur die Kapazitäten der kompletten Transportbeziehung (z. B. einer ganzen Transportflotte) im Planungslauf. Mit den Funktionen Deployment und TLB können Sie die Umlagerung von tatsächlich produzierten und beschafften Mengen planen und dabei einzelne Transportmittel berücksichtigen.

27.1.1 Deployment

Das Deployment kann nach Abschluss der Produktion ermitteln, welche Bedarfe durch das tatsächlich vorhandene Angebot (Bestände in den Quelllokationen) gedeckt werden können. Das Deployment erzeugt dabei Deployment-Umlagerungen auf Grundlage der im SNP-Planungslauf erzeugten SNP-Umlagerungen.

Mithilfe der Deployment-Heuristik können Sie vom System einen Distributionsplan für ein Produkt in einer Lokation ermitteln lassen. Dabei werden verschiedene Distributionsregeln (Push- und Fair-Share-Regeln sowie Horizonte) berücksichtigt, sobald die verfügbaren Produktmengen den Bedarf unter- bzw. überschreiten. Das Regelwerk können Sie im Deployment-Profil oder im Lokationsproduktstammsatz auf der Registerkarte **SNP2** festlegen.

Mithilfe der Deployment-Optimierung können Sie vom System einen Distributionsplan für alle von Ihnen ausgewählten Produkte und Lokationen Ihres Supply-Chain-Modells ermitteln lassen, der hinsichtlich einer Gesamtkostenbewertung der günstigste Plan ist. Auch hier werden die nach der Produktion verfügbaren Produktmengen in den Quelllokationen ermittelt und entsprechend den tatsächlichen Bedarfen nach einem Regelwerk an die Ziellokationen verteilt. Dabei werden vom Optimierer die folgenden Faktoren berücksichtigt:

- Distributionsregeln wie Fair-Share oder Push, falls das tatsächliche Angebot den Bedarf unter- oder überschreitet
- Kosten, die im Supply-Chain-Modell definiert wurden, wie z. B. Transportkosten, Lagerkosten und Strafkosten für Nichtlieferung
- Restriktionen, wie z. B. Transportkapazitäten, Lagerkapazitäten und Transportlosgrößen

Die Restriktionen und Distributionsregeln sowie weitere Parameter legen Sie im SNP-Deployment-Optimierer-Profil über Transaktion S_AP9_86000062 fest.

27.1.2 Transport Load Builder (TLB)

Mithilfe des TLB können Sie anhand der Deployment-Umlagerungen Transportladungen zusammenstellen und TLB-Transporte generieren. Dabei können Sie die Kapazitäten von einzelnen Transportmitteln berücksichtigen und die Transportladungen entsprechend den einzelnen Kapazitäten der Transportmittel aufteilen bzw. zusammenfassen. Bei der Zusammenstellung der Transporte werden benutzerdefinierte Parametergrenzen (minimal und maximal) z. B. für Gewicht, Volumen oder Anzahl der Paletten beachtet, und die Beladung der Transportmittel wird produktweise oder gleichmäßig auf die einzelnen Transportmittel durchgeführt.

Die minimalen und maximalen Parameterwerte für Volumen, Gewichte und Paletten pro Ladung definieren Sie im TLB-Profil in Transaktion /SAPAPO/TLBPRF, und zwar über flexible Regelbeziehungen zur Verknüpfung von Ober- und Untergrenzen für diese Parameter sowie Werte. Weitere kundenspezifische Parameter können Sie über BAdIs und wie in SAP-Hinweis 710198 beschrieben anlegen.

Die Lademethode legen Sie in der Transportbeziehung fest, wie in Abbildung 27.1 dargestellt. Bei einer produktweisen Beladung werden die Ladegruppen und die Produkte innerhalb der Ladegruppen in alphabetischer Reihenfolge sortiert und in dieser Reihenfolge auf die Transportmittel geladen. Bei der gleichmäßigen Beladung werden die Produkte so auf die Transportmittel verteilt, dass der prozentuale Anteil der Produkte auf jedem Transport möglichst identisch ist.

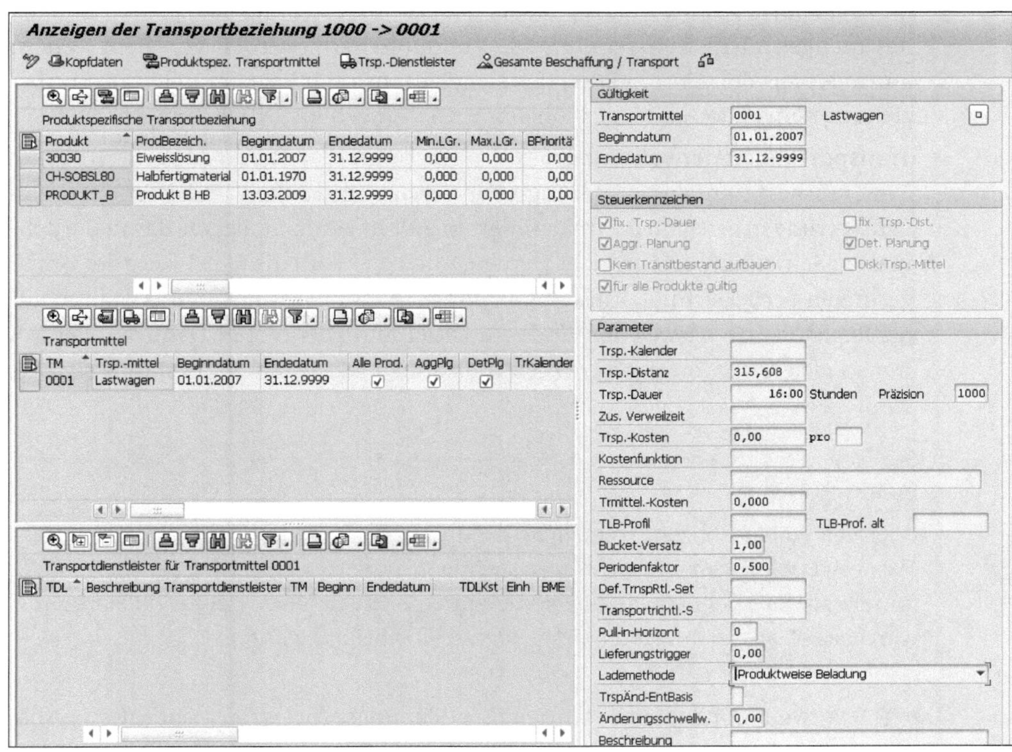

Abbildung 27.1 Transportbeziehung – Lademethode

Bei Transportrestmengen in der aktuellen Periode versucht der TLB zuerst, mit einer Umverteilung der Produktmengen sicherzustellen, dass alle Transporte innerhalb der gültigen Parameterober- und -untergrenzen liegen. Zu diesem Zweck werden einige Transporte zuerst bis zur Untergrenze beladen. Wenn auf diese Weise keine gültige Lösung ermittelt werden kann, kann für die Mengenanpassung entweder eine

Transportmengenerweiterung oder eine Transportmengenreduzierung angewendet werden:

- **Transportmengenreduzierung**
  Die Transportmengenreduzierung wird unter Berücksichtigung der Bedarfe der aktuellen Periode sowie der Deployment-Umlagerungen oder Nachschubaufträge durchgeführt, indem die Reichweite priorisiert und eine entsprechende Reduzierung vorgenommen wird. Für die Reduzierung gibt es drei alternative Vorgehensweisen. Über die **Binäre Suche** ermittelt das System Rundungswerte, um die die zu transportierende Menge reduziert wird. Über die Option **Rundungswertweises Suchen** werden die Transporte jeweils um einen Rundungswert reduziert und die Transporte dann erneut zusammengestellt. Bei der Option **Schnelle Suche** werden die Transporte aus der vorhergehenden Zusammenstellung beibehalten und die Restmengen nicht transportiert. Die Rundungswerte werden von dem System entweder aus den Stammdaten des Ziellokationsprodukts oder der Transportbeziehung verwendet, abhängig von den Einstellungen im SNP-Planungsprofil.
- **Transportmengenerweiterung**
  Die Transportmengenerweiterung wird durch Hinzuziehen und Vorziehen von Umlagerungen erreicht, die im definierten Pull-in-Horizont liegen, damit die definierten Schwellenwerte erreicht werden. Auch hier wird die Reichweite der Umlagerungen berücksichtigt. Außerdem können Sie im Lokationsproduktstamm auf der Registerkarte **WE/WA** den Eindeckungszeitraum definieren. Dann darf der TLB nur so viele Umlagerungen vorziehen, dass die Bedarfe dieses Zeitraums gedeckt sind.

Pull-in-Horizont

Über den Pull-in-Horizont können Sie die Anzahl der Tage festlegen, an denen der TLB nach Deployment-Umlagerungen sucht und diese verwendet, um die Transportmittel innerhalb der definierten Parametergrenzen zu befüllen. Der Pull-in-Horizont wird in der Transportbeziehung festgelegt (siehe Abbildung 27.1).

Der TLB verwendet bei dem beschriebenen Planungsprozess kein optimierungsbasiertes Verfahren und kann daher keine optimale Lösung gewährleisten. Das grundlegende Verhalten definieren Sie im Customizing über ein Profil für die TLB-Basiseinstellungen, das Sie über **Advanced Planning and Optimization • Supply Chain Planning • Supply Network Planning (SNP) • Grundeinstellungen • TLB-Basiseinstellungen** festlegen können.

Im interaktiven Planungstableau des TLB, entweder durch den Absprung über den Button **TLB-Sicht** aus Transaktion /SAPAPO/SDP94 oder direkt über Transaktion /SAPAPO/SNPTLB, können Sie sich die Deployment- und TLB-Umlagerungen anschauen, die für einen Tag automatisch generiert wurden. Sie können manuelle Anpassungen vornehmen, um volle Lkw-Ladungen zusammenzustellen, und z. B. Deployment-Umlagerungen, die nicht umgesetzt wurden, einfach per Drag-and-Drop zur bestehenden TLB-Umlagerung hinzufügen oder eine neue TLB-Umlagerung anlegen.

Die Funktionen des Deployments und des TLB dienen dazu, geplante Umlagerungen zu bestätigen. Weitere Funktionen wie die Routenplanung oder die Auswahl von Spediteuren und die Erzeugung von Lieferungen sowie Transporten im OLTP-System werden in APO durch die Komponente Transportplanung/Vehicle Scheduling (TP/VS) geplant, die wir Ihnen im nächsten Abschnitt kurz vorstellen werden.

27.2 Grundlagen von SAP APO TP/VS

Mit der Komponente Transportplanung/Vehicle Scheduling (TP/VS) bietet APO eine Funktion, mit der Sie die in Ihrer Supply Chain notwendigen Transporte auch kapazitiv planen sowie optimieren können. Betriebswirtschaftliche Beispielprozesse, die Sie planerisch abbilden müssen, sind die logistischen Aktivitäten für die Warenlieferung an Kunden (ausgehende Transporte), die Abholung von erworbenen Waren von Lieferanten (eingehende Transporte) und/oder die Prüfung der Verfügbarkeit und Konditionen einer Transportalternative, wie z. B. über einen Logistikdienstleister. Planungsgrundlage sind dabei Lieferungen und Aufträge, wie z. B. Kundenaufträge, Bestellungen, Retouren und Umlagerungen. Die Aufträge und Lieferungen werden unter Berücksichtigung von verschiedenen Einschränkungen, wie z. B. Wunschlieferterminen und vorhandenen Transportkapazitäten, in Transporte und auf die freien Kapazitäten einzelner Fahrzeuge eingeplant. Als Ergebnis der Planung in TP/VS liefert das System Plantransporte.

Mit der Komponente TP/VS können Sie die folgenden Transportprozesse planerisch abbilden:

- **Auslieferung**
  Als Hersteller liefern Sie Waren z. B. aufgrund eines Kundenauftrags an einen Warenempfänger. In TP/VS können Sie Plantransporte für Kundenaufträge sowie Bestellungen planen.
- **Anlieferung**
  Als Warenempfänger nehmen Sie Waren in Empfang, die ein Lieferant z. B. aufgrund einer Bestellung an Sie geliefert hat. In TP/VS können Sie Plantransporte für Kundenaufträge sowie Bestellungen planen.
- **Umlagerung**
  Sie lagern Produkte oder Waren von einer Lokation auf eine andere um, z. B. vom Werk in das Distributionszentrum. Sie können z. B. die Umlagerungsbestellungen aus SNP planerisch berücksichtigen.

- **Cross-Docking-Umlagerungen**
  Sie laden Waren oder Produkte an einer Umladelokation auf ein anderes Fahrzeug um.
- **Retouren**
  Ein Kunden sendet Ihnen Waren z. B. aufgrund einer Beschädigung zurück.
- **Dynamische Routenplanung**
  Sobald Sie einen Kundenauftrag im ERP-System anlegen, können Sie mithilfe dieser Funktion automatisch eine Transportplanung und -terminierung einplanen.

Das Ziel des Transportplanungsprozesses ist die Optimierung des eingehenden und ausgehenden Transportbedarfs z. B. zwischen Werken und Distributionszentren oder anderen Lokationen, wie z. B. Lieferanten oder Kunden.

Abbildung 27.2 zeigt den klassischen Prozessablauf in TP/VS. Nachdem die grundlegenden Customizing-Einstellungen für TP/VS vorgenommen, die erforderlichen Stammdaten bereitgestellt und die Planungs- und Kostenprofile angelegt wurden, können die Transportbedarfe optimiert werden. Der Planungsprozess kann dabei interaktiv oder in der Hintergrundverarbeitung mithilfe des Optimierers, der dynamischen Routenfindung oder auch manuell durchgeführt werden. Nach Abschluss der Planung für einen oder mehrere Transporte kann die automatische Auswahl der Transportdienstleister gestartet und optional im Rahmen der kooperierenden Planung die TDL-Ausschreibung (Transportdienstleister) angestoßen werden. Anschließend können die entsprechenden Lieferungen und Transporte angelegt werden. Das Transportmanagementszenario mithilfe von TP/VS umfasst die folgenden Hauptprozesse:

- Belegerfassung im ERP-System
- dynamische Routenplanung
- Vehicle Scheduling
- Auswahl der Transportdienstleister
- kooperative Transportplanung
- Übertragung von Lieferungen und Transporten an das ERP-System
- Ausführen der Transporte im ERP-System

Die Gesamtlösung verwendet aus Systemsicht das ERP-System zur Ausführung, während die Planung und Simulation in TP/VS erfolgt. Das BW-System wird zur Überwachung und für das Reporting verwendet.

In einem Transportplanungsprozess mit TP/VS können Sie Kapazitäten bei der Planung der Transporte sowie bei der Auswahl der Transportdienstleister berücksichtigen.

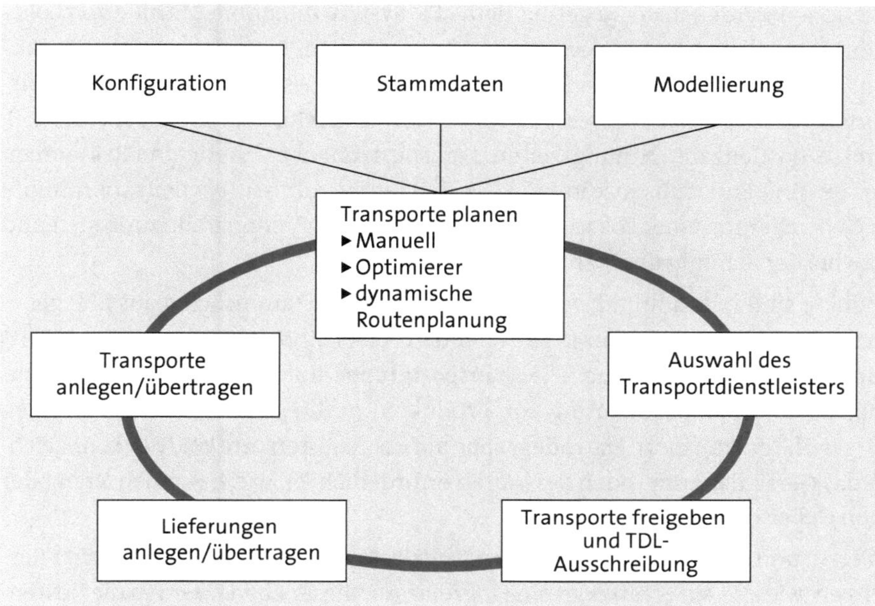

Abbildung 27.2 Prozessablauf in TP/VS (Quelle: SAP)

Während der Planung der Transporte können Sie Kapazitäten und Kapazitätsengpässe genau wie in den Produktionsplanungsfunktionen in APO mithilfe von Ressourcen berücksichtigen. In TP/VS verwenden Sie *Fahrzeugressourcen*, um die Verfügbarkeit und Kapazität von Fahrzeugen bzw. Transportmitteln abzubilden, und *Laderessourcen*, um die Kapazität zur Be-/Entladung von Fahrzeugen z. B. mit einem Gabelstapler zu modellieren. Sie können aber auch an Öffnungszeiten gebundene Ressourcen verwenden.

Auch bei der Auswahl der TDL können Kapazitäten über eine Transportkontingentierung berücksichtigt werden, indem dem TDL für einen gewissen Zeitraum maximale oder minimale Transportkapazitäten bzw. Transporte (z. B. pro Transportbeziehung, Zeitraum oder Transportmittel) zugeteilt werden. Die Prüfung der Transportkontingente ist eine Optimierungsoption, die Sie bei der manuellen oder bei der automatischen TDL-Auswahl sowie bei der automatischen Routenfindung nutzen können.

Im nächsten Abschnitt erhalten Sie einen groben Überblick über die grundlegenden Einstellungen in TP/VS und die relevanten Stammdaten.

27.2.1 Relevante Stammdaten für Kapazitätsplanung in TP/VS

Die folgenden Stammdaten in APO sind bei der Nutzung von TP/VS relevant und können alle im SAP-Menü über den Menüpfad **Advanced Planning and Optimization • Stammdaten** festgelegt werden:

- Lokationen werden in der Regel aus dem ERP-System integriert. Mithilfe von Lokationen werden in APO Kunden, Werke, Versandstellen, Transportzonen, Distributionszentren und Lieferanten abgebildet. Dabei müssen in APO einige transsportspezifische Einstellungen für TP/VS in APO nachgepflegt werden, wie z. B. Adresse/Postleitzahl, Öffnungszeiten, Transportzonenbeziehung und Ressourcen zum Be- und Entladen. So können Sie z. B. über die Adresse/Postleitzahl mithilfe der Geocodierung einer Lokation in APO Längen- und Breitengrade zuordnen und diese bei der Planung der Transporte berücksichtigen.
- Produkte sind relevant und werden aus den Materialstammsätzen aus ERP generiert. Die die Transportplanung betreffenden Felder sind dabei z. B. die **Transportgruppe** und die **Ladegruppe**. Die **Transportgruppe** auf der Registerkarte **Eigenschaften** wird zur Gruppierung von Produkten nach Fahrzeugtypen verwendet, z. B. gekühlter Transport. Die **Ladegruppe** auf der Registerkarte **WE/WA** kennzeichnet das Gerät, das zum Laden der Waren erforderlich ist, wie z. B. einen Kran oder einen Gabelstapler.
- Ein Transportmittel definiert eine Fahrzeugklasse bzw. eine Gruppe ähnlicher Ressourcen, wie z. B. ein Schiff oder ein Flugzeug. Auf dieser Ebene werden die Kostenstruktur und die geografische Verfügbarkeit erfasst. Dabei können Sie eigene und fremde Transportmittel unterscheiden; diese werden bei der Optimierung unterschiedlich berücksichtigt.
- Ressourcen geben die Kapazitäten an. Dabei kann TP/VS Fahrzeugressourcen, Kalenderressourcen, Single- oder Multi-Misch-Ressource für Be-/Entladung verwenden. Transportressourcen werden nur von SNP und nicht von TP/VS verwendet. TP/VS-Ressourcen müssen Sie manuell in Transaktion /SAPAPO/RES01 anlegen.

  Mit Fahrzeugressourcen können Sie eigene Fahrzeuge, Fahrplanfahrzeuge (Fahrzeugressourcen mit Fahrplan), Anhänger, Fahrzeug- bzw. Transportmittelkombinationen (Zusammenfassen von mehreren Transportmitteln, z. B. Fahrzeug und Anhänger) oder Ladeabteile (Unterteilung eines Laderaums einer Fahrzeugressource) modellieren. Die Kapazität kann mit bis zu acht Dimensionen und Mengeneinheiten beschrieben werden, wie z. B. mit Paletten, wobei Gewicht und Volumen standardmäßig vordefiniert sind. Aus Performancegründen ist es sinnvoll, die Anzahl der Dimensionen möglichst gering zu halten. Das Kapazitätsangebot für diesen Ressourcentyp kann nicht zeitabhängig definiert werden. Um jedoch eine zeitabhängige Verfügbarkeit festzulegen, können Sie Schichtprogramme verwenden. Um eine Fahrzeugressource definieren zu können, müssen Sie Transportmittel festgelegt haben. Transportmittel sind immer einem Verkehrsweg zugeordnet. So sind z. B. dem Verkehrsweg »See« die zwei Transportmittel »Containerschiff« und »Frachter« zugeordnet. Dem Transportmittel »Containerschiff« sind dann zwei Fahrzeugressourcen »ROSE« und »SAM« zugeordnet, die ein konkretes Transportmittel darstellen, z. B. das Schiff »ROSE«.

- Die Transportbeziehung beschreibt die direkte Route zwischen zwei Lokationen. In den Transportbeziehungen sind einige für TP/VS relevante Daten zu pflegen, wie z. B. Transportmitteldauer und -distanz, Transportmittelkosten oder TDL-Auswahleinstellungen. Über das Steuerkennzeichen **Det. Planung** wird festgelegt, ob die Transportbeziehung von TP/VS berücksichtigt wird. In der Regel werden Transportbeziehungen auf der Transportzonenebene erfasst.
- Mithilfe von Transportzonenhierarchien können Sie Transportzonen definieren, die den Effekt haben, dass Sie Lokationen gruppieren und somit die Anzahl der zu bearbeitenden Transportbeziehungen reduzieren können. Wenn Sie Transportzonen verwenden, müssen Sie nur zwei Transportbeziehungen definieren; alle anderen Transportbeziehungen werden dann zur Laufzeit generiert: zum einen die Referenztransportbeziehung, die die Beziehung zwischen der Quelllokation und der Transportzone festlegt, und zum anderen die Intrazonentransportbeziehung, die als Start und als Ziel die Transportzone aufweist und die Grundlage für alle Beziehungen zwischen den Lokationen innerhalb der Transportzone darstellt. Die Zuordnung der Transportzone kann aus dem ERP-System übertragen werden.
- Umladehierarchien können verwendet werden, um multimodale Transporte zu modellieren. Dies bedeutet, dass ein oder mehrere Aufträge auf ihrem Weg zur Ziellokation in Form von verketteten Transporten an Umladelokationen von einem Fahrzeug auf eine anderes umgeladen werden. Somit kann man einen Transport nach Übersee und den damit verbundenen Transportmittelwechsel z. B. von einem Lkw auf ein Schiff und zurück auf einen Lkw modellieren. Die Umladehierarchien werden in APO angelegt.
- Das Kostenprofil für TP/VS können Sie verwenden, um die Kosten und Randbedingungen zu hinterlegen, die bei der Nutzung des Optimierers verwendet werden.
- Mit Fahrplänen können Sie fixe, periodisch wiederkehrende Abfahrtszeiten festlegen, die in der Planung auch vom Optimierer eingesetzt werden.

Die relevanten Stammdaten, die in SAP APO angelegt und im Rahmen von TP/VS genutzt werden, sollten Ihnen bekannt sein.

27.2.2 Relevante Grundeinstellungen in TP/VS

Zur Vorbereitung des TP/VS-Modellierungs- und Optimierungsprozesses müssen Sie die Planungsumgebung einrichten. Dazu müssen neben den Stammdaten verschiedene Customizing-Einstellungen und Konfigurationsschritte durchlaufen werden. In diesem Abschnitt geben wir Ihnen lediglich einen kurzen Überblick über die wesentlichen Optionen.

Zu den Grundeinstellungen im Customizing für TP/VS gehören unter anderem die Geocodierung, Nummernkreise z. B. für temporäre Transporte, Transportarten ermitteln, Verkehrszweige, Transportgruppen, Transportmittel und Transporteinheiten festlegen. Für die Optimierung müssen noch Optimierungs- sowie Kostenprofile festgelegt, Kompatibilitäten, Bedingungen sowie Dimensionen und Einheiten definiert werden. Des Weiteren sind Einstellungen in den Schnittstellen z. B. über das Core Interface (CIF) mit ERP oder zur Auswahl des Transportdienstleisters vorzunehmen.

Über Bedingungen (Transaktion /SAPAPO/VS15) können Sie die Anwendung einer Funktion beschränken, z. B. auf Aufträge, Auftragspositionen oder Transporteinheiten etc. Diese Bedingungen können Sie als Filter in den Funktionen Zeitfenster für Abholung und Anlieferung, Kompatibilitäten, im Optimierungsprofil, bei den Split-Regeln, der Ermittlung der Transportart, den Steuerungsregeln oder im Routenfindungsprofil verwenden.

Mithilfe von Kompatibilitäten und Inkompatibilitäten (Transaktion /SAP APO/VS12) können Sie festlegen, wie Planungsdaten miteinander kombiniert werden können. Hier definieren Sie z. B., ob bestimmte Materialien oder Aufträge zusammen versendet werden können, ob das Kühlgut nur auf einem dafür vorgesehenen Transportmittel transportiert werden darf oder ob Empfangs- und Auslieferlokation über einen Verkehrszweig kompatibel sind.

Über die Steuerungsregeln (Transaktion /SAPAPO/VS80) können Sie festlegen, welche Aktion durchgeführt werden soll, sobald die zugehörigen Aufträge in ERP angepasst werden. TP/VS kann nur Plantransporte anpassen, die noch nicht an das ERP-System übertragen wurden. Wenn Sie keine Steuerungstabelle hinterlegt haben, bleiben die Plantransporte in TP/VS unverändert, obwohl die Situation in ERP sich verändert hat.

27.2.3 Planung in TP/VS

Grundsätzlich können Sie die Planung in TP/VS interaktiv (Transaktion/SAPAPO/VS01) oder in der Hintergrundverarbeitung (Transaktion /SAPAPO/VS05) durchführen und Plantransporte erstellen. Es ist eine manuelle Planung sowie eine optimiererbasierte automatische Planung möglich. Auch die Funktion der automatischen Routenfindung ist Bestandteil der Planung mit TP/VS (Transaktion /SAPAPO/VS08). In diesem Abschnitt gehen wir auf diese drei Möglichkeiten kurz ein. Die dem Planungsprozess nachgelagerten Schritte, wie z. B. die automatische TDL-Auswahl, werden hier nicht angesprochen.

Die Optimierung in TP/VS hat zum Ziel, unter Einhaltung der Randbedingungen eine kostengünstige Verteilung von Aufträgen und Lieferungen auf Fahrzeuge sowie eine Lieferreihenfolge und Transporttermine zu ermitteln, die aus Gesamtkostensicht optimal bzw. minimal sind. Das Planungsergebnis wird dabei unter anderem von den

Basiseinstellungen im Vehicle Scheduling im Customizing und vom Optimierungsprofil (Transaktion S_AP9_75000203) beeinflusst, wie in Abbildung 27.3 dargestellt.

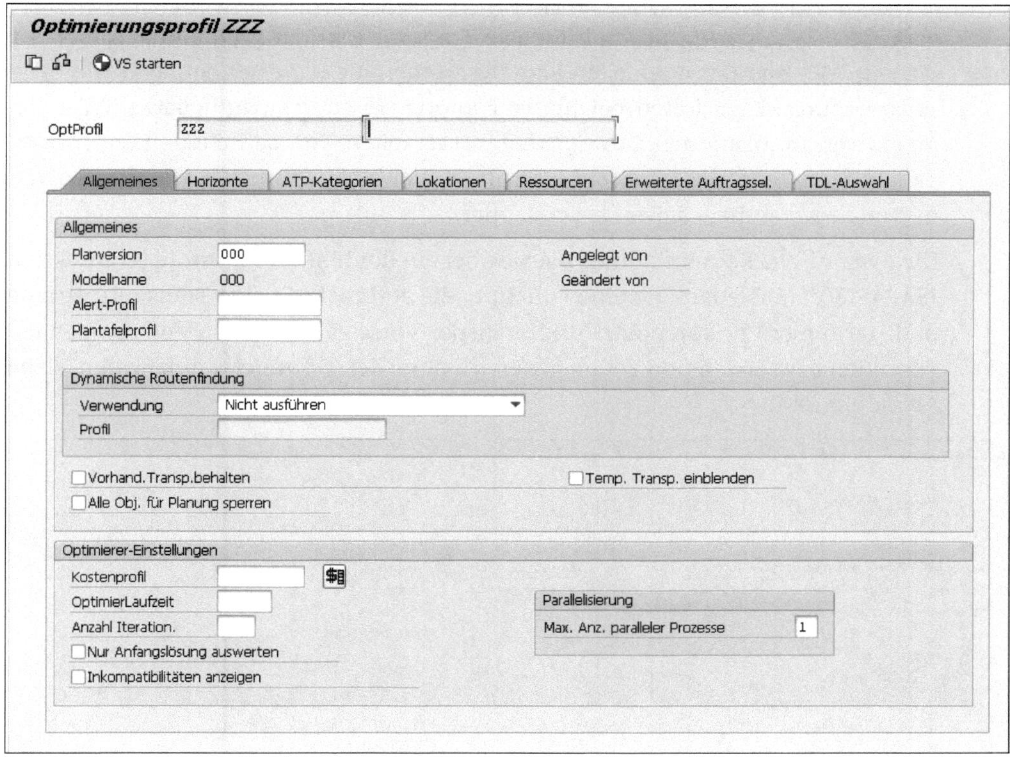

Abbildung 27.3 TP/VS – Optimierungsprofil

Die Gesamtkosten setzen sich dabei aus Auftragskosten, wie bei Nichtlieferung, verspäteter oder verfrühter Lieferung, und aus Fahrzeugkosten zusammen, die fix sein oder variabel von Dauer, Menge, Entfernung abhängen können. Der Optimierer erzeugt Plantransporte aus den Daten wie Aufträgen, Lieferungen und Fahrzeugen und verarbeitet bereits vorhandene Plantransporte aus vorhergehenden Optimierungsläufen oder aus der manuellen Planung. Diese vorhergehenden Planungsläufe können eine Anfangslösung darstellen oder es können alternativ während der Optimierung noch weitere Anfangslösungen ermittelt werden, indem nach heuristischen Kriterien Aufträge und Lieferungen auf Fahrzeugressourcen verteilt werden, ohne dass bestehende Plantransporte berücksichtigt werden. Die beste dieser so ermittelten Anfangslösungen bildet den Startpunkt der Optimierung und wird schrittweise modifiziert, sodass z. B. Aufträge umgeladen und Lieferreihenfolgen so angepasst werden, dass die Gesamtkosten unter Einhaltung der Randbedingungen minimal sind. Die aus Sicht der Gesamtkosten beste Lösung wird als Endlösung ausgeliefert. Die Optimierung können Sie im Hintergrund, aber auch interaktiv ausführen.

In der interaktiven Planung haben Sie die Möglichkeit, neben der automatischen Planung mit der Optimierungsfunktion eine manuelle Planung von Transporten durchzuführen. Neben der Anlage von einzelnen Transporten können Sie manuell auch verkettete Transporte und multimodale Transporte in der mehrstufigen Planung planen. Während der manuellen Planung werden die Randbedingungen wie Fahrzeugressourcenkapazitäten bei finiter Planung, Ressourcenverfügbarkeiten, Laderessourcen an Lokationen, Öffnungszeiten, Leerzeiten, Kompatibilitäten und Inkompatibilitäten, Zeitfenster für Abholung und Anlieferung, Fahrpläne, Wartezeiten und maximale Aufenthaltsdauer berücksichtigt.

Die dynamische Routenfindung, die Sie über ein Routenfindungsprofil (Transaktion /SAPAPO/VS16) steuern, ist eine Funktion, die automatisch eine Transportplanung und -terminierung durchführt und Transportvorschläge mit den entsprechenden Terminen bzw. Daten und Zeiten generiert, ohne den Optimierer aufzurufen (siehe Abbildung 27.4).

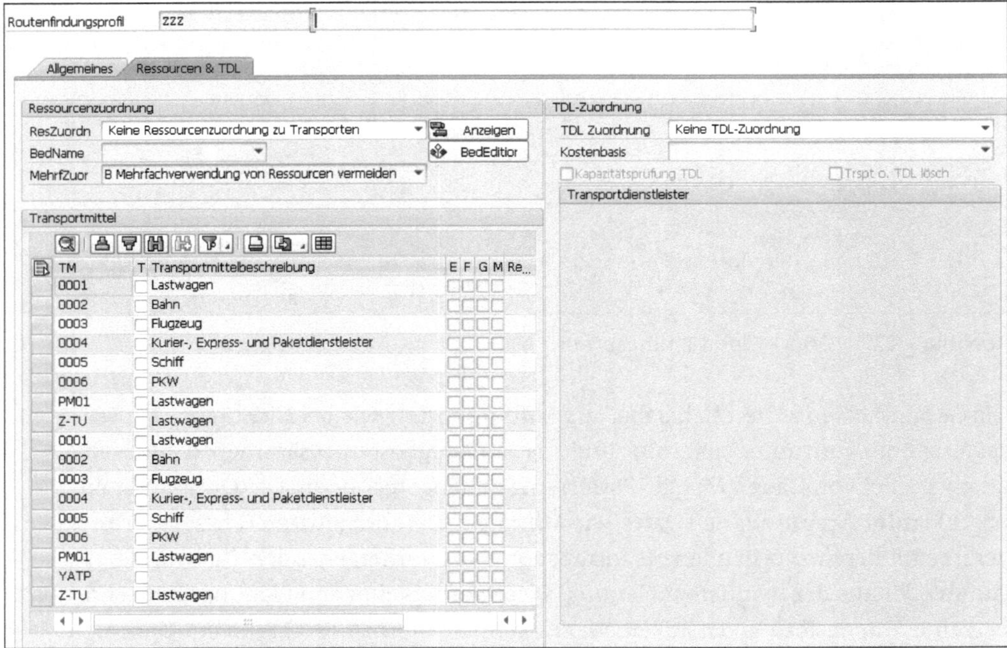

Abbildung 27.4 Routenfindungsprofil

Dabei werden die folgenden Schritte durchlaufen:

- geografische Ermittlung, wie z. B. Berücksichtigung von Transportbeziehungen, Kompatibilitäten sowie Transportmitteln
- Zuordnung von Fahrzeugressourcen, z. B. abhängig von Kapazitäten und Kompatibilitäten

- Terminierung unter Berücksichtigung von oder auch ohne Ressourcenkapazität- und/oder -verfügbarkeit
- Prüfen von Kontingenten von Transportdienstleistern und die Ermittlung von Transport- und Strafkosten

Die dynamische Routenfindung kann automatisch während der Eingabe eines Kundenauftrags im ERP-System, interaktiv für Ihre Aufträge und Lieferungen aus der Planungssicht der Komponente TP/VS heraus oder im Hintergrundmodus sowie im Simulationsmodus ausgeführt werden. Einige Details zur dynamischen Routenfindung werden in SAP-Hinweis 307611 beschrieben.

27.3 Grundlagen von SAP Transportation Management (TM)

Die bisher beschriebenen Funktionen wie TLB oder TP/VS zur kapazitiven Planung von Transporten sind Funktionen bzw. Komponenten in APO. SAP bietet mit dem Transport Management (TM) eine umfassende Lösung, die Sie bei allen Aktivitäten unterstützt, die mit dem physischen Transport von Waren verbunden sind. An dieser Stelle geben wir Ihnen einen groben Überblick über die Funktionen von TM. TM umfasst folgende Komponenten und Funktionseigenschaften, mit denen Sie folgende Aktivitäten ausführen können:

- **Speditionsauftragsmanagement**
  Hier können Sie Angebote erfassen, bearbeiten und bestätigen oder Speditionsaufträge an Ihre Auftraggeber versenden. Dabei können Sie bereits die Transportroute und Kosten ermitteln lassen. Die Aufträge bilden dann die Grundlage für eine Transportplanung unter Berücksichtigung von Kapazitäten.
- **ERP-Logistikintegration**
  Unterstützt die Übertragung von Aufträgen aus dem ERP-System in SAP TM, um eine Transportplanung und Ausführung auf Basis der ERP-Daten zu ermöglichen.
- **Frachtauftragsmanagement**
  Hier können Sie Frachtbuchungen und Frachtaufträge erstellen und bearbeiten, die dann als Grundlage der Transportplanung und Spediteurauswahl dienen.
- **Planung**
  Hier können Sie eine Transportplanung auf Basis der in TM vorliegenden Aufträge erstellen und dabei verfügbare Kapazitäten berücksichtigen. Dabei kann die Planung manuell oder automatisch unter Verwendung von Optimierungsalgorithmen durchgeführt werden. Diese Funktion von TM stellt eine aus Kapazitätsplanungssicht wichtige Komponente dar.

- **Speditionsabrechnung und Frachtabrechnung**
  Hier können Sie die Fakturierung und Rechnungsprüfung aus TM veranlassen, die dann letztendlich im ERP-System erfolgt.
- **Stammdaten und Transportnetz**
  Hier können Sie Stammdaten anlegen und verwalten, die Sie für die Aktivitäten in TM benötigen.
- **Gefahrgut (EH&S)**
  Hier können Sie einen sicheren und vorschriftsmäßigen Transport von Gefahrgut gewährleisten.
- **Weitere Funktionen**
  Weitere Funktionen sind der Business Context Viewer, Enterprise Services, ESR-Content und BI Content.

Für die Kapazitätsplanung ist vor allem die Komponente Planung relevant, die mit dem Speditionsauftragsmanagement, dem Frachtauftragsmanagement, der Frachtabrechnung und den Stammdaten integriert ist. Der Funktionsumfang der Komponente Planung ermöglicht Ihnen eine manuelle Planung von Frachteinheiten und eine Optimierung unter Berücksichtigung von Randbedingungen, wie beispielsweise Kapazitäten. Außerdem können Sie pro Frachteinheit mehrere alternative Transportvorschläge erzeugen lassen, von denen Sie dann einen Vorschlag übernehmen können. Anschließend können Sie beispielsweise eine Spediteurauswahl und eine Frachtauswahl durchführen oder Frachtaufträge direkt an einen Spediteur versenden.

27.3.1 Relevante Stammdaten für Kapazitätsplanung in TM

Um eine Kapazitätsplanung von Transporten zu realisieren, muss das Planungsproblem durch Stammdaten im System abgebildet werden. In TM gibt es verschiedene Stammdatenobjekte, wie z. B. Produkt, Geschäftspartner, Organisationsmanagement, Transportnetz (Lokation, Transportzone, Transportbeziehung, Fahrplan), Verkehrszweig, Spediteurprofil, Equipment, Transportkosten oder Ressourcen.

Zum Abbilden von Kapazitäten im System werden im Wesentlichen Ressourcen verwendet, die daher eine zentrale Rolle bei der Planung und Ausführung in SAP TM spielen. Die Ressourcendaten sind relevant für die Planung der Auftragstermine unter Berücksichtigung der Kapazitätsangebote und Arbeitszeiten. Ressourcen definieren dabei die Kapazität, die für die Ausführung von Transportaktivitäten für Frachteinheiten benötigt wird, wie z. B. für das Be- und Entladen oder für den Transport. Dabei stehen in TM die folgenden Ressourcentypen zur Verfügung:

- **Kalenderressource**
  Kapazitäten, in denen ein Kalender, Schichten sowie Ausfallzeiten zugeordnet sind, damit Sie die Betriebszeit von Lokationen modellieren können. Diese wird insbesondere für die Terminierung der Wareneingangsbearbeitungszeit verwendet.
- **Fahrzeugressource**
  Kapazität eines oder mehrerer Transportmittel, mit denen Transportdienstleistungen erbracht werden können. Mit dieser Ressource bilden Sie die Kapazität und Verfügbarkeit von Fahrzeugen ab, die Sie für den Transport verwenden möchten. Auch hier stehen Ihnen wie in TP/VS bis zu acht Dimensionen und Maßeinheiten zur Verfügung, um die Kapazität zu beschreiben, wobei die Masse und das Volumen bereits standardmäßig vordefiniert sind. In der Fahrzeugressource legen Sie Parameter fest, die die Ressource weiter differenzieren, wie z. B. ob es sich um ein passives Transportmittel (z. B. Anhänger) handelt. Fahrzeugkombinationen sind möglich, Ladeabteile können definiert, Kapazitäten und Verfügbarkeiten sowie Ausfallzeiten festgelegt, physikalische Eigenschaften, spezielle Qualifikationen, Zusatzequipment (z. B. Feuerlöscher) oder Gruppierungsattribute etc. definiert werden.
- **Handlingressource**
  Kapazität, um eine Anlage oder ein Gerät zur Handhabung an einer bestimmten Lokation zu modellieren, die z. B. die Kapazität zur Be- und Entladung von Fahrzeugressourcen darstellt, wie beispielsweise einen Gabelstapler. Auch hier gibt es einige Parameter, mit denen Sie das Kapazitätsangebot und die Verfügbarkeit modellieren können.
- **Fahrer**
  Kapazität, um eine Person abzubilden, die Fahrzeuge fahren und bedienen und transportbezogene Aktivitäten ausführen kann. Hier können Sie auch Parameter zur Definition von Verfügbarkeiten, Qualifikation etc. hinterlegen.

Mithilfe von Kapazitäten legen Sie die Kapazitäten für eine Ressource fest, die zu bestimmten Zeitpunkten zur Verfügung stehen. Sie können ein Standardkapazitätsangebot definieren, das keinen Mehrschichtbetrieb berücksichtigt, d. h. immer gleich ist und nur durch die Ressourcenverfügbarkeit begrenzt wird. Eine zeitkontinuierliche Kapazität berücksichtigt einen Mehrschichtbetrieb und kann über eine Angebotsvariante auf Grundlage verschiedener Schichtprogramme definiert werden. Sie können eine zeitkontinuierliche Kapazität für Fahrzeug- und Kalenderressourcen sowie für Fahrer festlegen. Für Handlingressourcen definieren Sie ein Angebotsprofil, um eine zeitkontinuierliche Kapazität abzubilden.

Bei der Ermittlung der aktuellen Kapazität geht das System folgendermaßen vor und berücksichtigt die folgenden Kapazitätstypen:

1. Die verfügbare Kapazität wird zunächst aus dem relevanten Angebotsprofil (in der Regel für Handlingressourcen) und dann aus der zeitkontinuierlichen Angebotsvariante (in der Regel Fahrzeug, Kalender und Fahrer) ermittelt.
2. Wurde kein Angebotsprofil oder keine Angebotsvariante angelegt, wird die verfügbare Kapazität aus dem Standardkapazitätsangebot (unter Berücksichtigung der Fabrikkalender) ermittelt.

Die Definition von Ausfallzeiten und Verfügbarkeit etc. hat auch einen Einfluss auf die Ergebnisse der Kapazitätsplanung. An dieser Stelle gehen wir nicht weiter auf die möglichen Einstellungen ein, weiterführende Information finden Sie in der SAP-Hilfe zu TM.

27.3.2 Planung in TM

Grundsätzlich können Sie die Planung unter Berücksichtigung von Kapazitäten manuell oder mithilfe der VSR-Optimierung (Vehicle Scheduling und Routing) durchführen.

Bei der manuellen Planung ordnen Sie Frachteinheiten manuell einzelnen Kapazitäten zu, z. B. Fahrzeugressourcen, und haben letztendlich die Verantwortung für ein konsistentes Planungsergebnis. Abhängig von den Systemeinstellungen werden dann vom System automatisch Frachtbelege angelegt, d. h. Frachtaufträge und Frachtbuchungen. Dabei können Sie Frachtbelege direkt aus den Frachteinheiten oder aus den Ressourcen anlegen, wie Fahrzeugressourcen, Anhänger oder Fahrpläne, oder Frachteinheiten bereits vorhandenen Frachtbelegen zuordnen. Nachdem die Frachteinheiten angelegt wurden, haben Sie anschließend die Möglichkeit, verschiedene Planungsanpassungen vorzunehmen.

Auch der VSR-Optimierer versucht unter Einhaltung von harten und weichen Randbedingungen, wie z. B. Kapazitäten oder Inkompatibilitäten, eine kostengünstige Zuordnung von Frachteinheiten zu Kapazitäten wie Fahrzeugressourcen zu finden sowie Lieferreihenfolgen und Transporttermine zu ermitteln. Voraussetzung ist, dass Sie die notwendigen Stammdaten gepflegt und Planungsprofile angelegt haben. Ähnlich wie bei der Optimierung in TP/VS arbeitet der Optimierer in TM mit einer Anfangslösung. Auch in TM wird die Anfangslösung auf zwei Arten erzeugt: entweder aus einem vorhergehenden Optimierungslauf bzw. einer manuellen Planung oder indem nach heuristischen Kriterien Frachteinheiten auf Kapazitäten verteilt werden. Diese Anfangslösung wird dann schrittweise angepasst, indem Frachteinheiten auf eine andere Kapazität geladen werden oder die Lieferreihenfolge einer Kapazität geändert wird. Dabei wird versucht, die Gesamtkosten zu minimieren und die Randbedingungen einzuhalten.

Es besteht auch die Möglichkeit, alternative Transportvorschläge für selektierte Frachteinheiten zu erzeugen. Dabei wird im Gegensatz zum Optimierungslauf versucht, alternative Transportvorschläge zu entwickeln, die die Informationen bezüglich Route, Frachtauftrag und Zuordnung von Frachtauftrag zu Frachteinheit enthalten.

27.4 Fazit

In diesem Kapitel haben Sie einen groben Überblick über die Funktionen Deployment, TLB, TP/VS sowie TM erhalten. Sie können nun einordnen, welche der beschriebenen Funktionen Sie für die unterschiedlichen Problemstellungen der Kapazitätsplanung von Transporten verwenden können.

Kapitel 28

Integration der Kapazitätsplanungsfunktionen

Die Integration der Planung ist enorm wichtig für den Erfolg eines Unternehmens. Durch die Integrationsfähigkeit der einzelnen Planungsfunktionen in den SAP-Planungssystemen APO bzw. IBP und die SAP ERP-Systeme werden die notwendigen Anforderungen für eine unternehmensweit integrierte Kapazitätsplanung erfüllt.

In den vorangegangenen Kapiteln haben wir Ihnen die möglichen kurz- bis langfristigen Kapazitätsplanungsfunktionen in SAP APO bzw. SAP IBP und SAP ERP unabhängig voneinander vorgestellt. Die Planungsfunktionen in den SAP-ERP-Systemen, die die Kapazitätsplanung unterstützen, wurden einzeln in den entsprechenden Kapiteln in Teil III, »Langfristige Kapazitätsplanung«, und Teil IV, »Mittel- bis langfristige Kapazitätsplanung«, beschrieben. Bei der Planung ist es enorm wichtig, dass Sie die Planungsaktivitäten im kurzfristigen sowie im langfristigen Horizont so aufeinander abstimmen, dass keine Inkonsistenzen oder Schiefstände entstehen. Welche dieser alternativen Planungsfunktionen Sie als sinnvoll bewerten, hängt von Ihren individuellen Anforderungen ab. Entsprechend sollten Sie entscheiden, welche der Prozesse Sie mit welcher Komponente umsetzen möchten.

In diesem Kapitel stellen wir nun die Integrationsfähigkeit und die einzelnen Schnittstellen der in den vorangegangenen Kapiteln beschriebenen Funktionen zusammengefasst dar. Abhängig davon, welche der Funktionen Sie verwenden bzw. für Sie relevant sind, erhalten Sie in den folgenden Abschnitten detaillierte Informationen über die Integrationsfähigkeit und, falls möglich, die Schnittstellenkonfiguration der einzelnen Komponenten. Dabei wird in Abschnitt 28.1 zunächst die Integration der kurz- und langfristigen Planung innerhalb des ERP-Systems dargestellt, anschließend in Abschnitt 28.2 die Integration zwischen den Komponenten in ERP und APO gezeigt, und in Abschnitt 28.3 werden die Schnittstellen der Kapazitätsplanungsfunktionen innerhalb von APO erläutert. Abschließend erläutern wir Ihnen in Abschnitt 28.4 die Integration der Kapazitätsplanungsfunktionen zwischen den ERP-Systemen und dem IBP-System.

28.1 Integration der Kapazitätsplanung in den ERP-Systemen

In diesem Abschnitt beschreiben wir die Integration zwischen der kurz- und langfristigen Planung, die in den ERP-Systemen. Im Rahmen der kurzfristigen Kapazitätsplanung steht Ihnen die Funktion Capacity Requirements Planning (CRP) zur Verfügung (siehe Kapitel 19, »Kapazitätsplanung in SAP ECC und SAP S/4HANA«) und im Rahmen der Langfristplanung die Funktionalität Langfristplanung (siehe Kapitel 8, »Langfristplanung und predictive MRP in SAP ECC und SAP S/4HANA«) in den ERP-Systemen, die entsprechend Ihren Anforderungen integriert und aufeinander abgestimmt verwendet werden müssen, damit keine Inkonsistenzen entstehen.

Die Integration der Langfristplanung und der operativen Produktionsplanung (PP) bzw. Kapazitätsplanung in CRP kann in zwei Unterpunkte untergliedert werden. Die Langfristplanung muss bzw. kann mit Bewegungsdaten gefüllt werden, wie z. B. den fixierten Aufträgen aus der operativen Planung. Nach der Planung können die Planungsergebnisse aus der Langfristplanung dann wieder an die operative Planung übergeben werden.

28.1.1 Übernahme fixierter Aufträge aus der operativen Planung

Wie in Abschnitt 8.1.2, »Einstellungen und Stammdaten der Langfristplanung«, beschrieben, verwendet die Langfristplanung im Wesentlichen Stammdaten der operativen Planung, wenn keine spezifischen Stammdaten für die Langfristplanung definiert wurden. In einigen Fällen hingegen ist es sinnvoll, auch einige Bewegungsdaten aus der operativen Planung zu integrieren. Welche Planprimärbedarfe bzw. Planprimärbedarfsversionen Sie in der Langfristplanung verwenden oder ob die Kundenaufträge der operativen Planung berücksichtigt werden sollen, legen Sie im Planungsszenario selbst fest. Zur Simulation einer kurz-, aber auch mittel- bis langfristigen Planung ist es sinnvoll, die Ausgangssituation der operativen Planung so realistisch wie möglich als Grundlage zu nehmen. Dafür haben Sie die Möglichkeit, feste Zugänge, aber auch fixierte Planaufträge aus der operativen Planung zu übernehmen. Dies können Sie über die entsprechenden Einstellungsoptionen im Planungsszenario, die in Abschnitt 8.1.2, »Einstellungen und Stammdaten der Langfristplanung«, vorgestellt wurden, und/oder im Einstiegsbild im Langfristplanungslauf definieren.

Bei der materialweisen Übernahme der fixierten Planaufträge während des Planungslaufs werden alle fixierten Aufträge für jedes Material der Stücklistenstruktur übernommen. Die simulierten Planaufträge, die innerhalb des Übernahmezeitraums liegen, werden in der Langfristplanung gelöscht. In die Langfristplanung werden nur die Planauftragsköpfe übernommen und fixiert, sodass die Änderungen auf den Komponenten verloren gehen.

28.1.2 Übernahme der Planungsergebnisse aus der Langfristplanung in die operative Bedarfsplanung

Nachdem die Planung in der Langfristplanung durchgeführt wurde, ist es in einigen Szenarien sinnvoll, die Ergebnisse der Planung auch wieder an die operative Planung zu übergeben. Neben dem Produktionsprogramm bzw. der Planprimärbedarfsversion können Sie im Menü der Bedarfsplanung in der interaktiven Einzelplanung auch die fixierten Planungsaufträge aus der Langfristplanung in die operative Planung übernehmen. Für fremdbeschaffte Materialien können Sie beim Übergabevorgang mit den entsprechenden Einstellungen festlegen, dass anstelle von Planaufträgen Bestellanforderungen und Lieferplaneinteilungen erzeugt werden. Bei der Übernahme wird ein Übernahmezeitraum vorgeschlagen, der den Beginn und das Ende des Übergabezeitraums und der zu selektierenden Aufträge festlegt. Bei der Übernahme aus der Langfristplanung werden die Aufträge, die nicht fixierten Bestellanforderungen und die Lieferplaneinteilungen innerhalb des Übernahmezeitraums gelöscht und durch Objekte aus der Langfristplanung ersetzt.

Die fixierten Planaufträge aus der Langfristplanung können Sie über die Transaktion MD43 und im Fenster **Planungsergebnis: Einzelzeilen** über das Menü **Bearbeiten • Simu. PlAuft. kop.** in die operative Planung übernehmen.

28.2 Integration der Kapazitätsplanung in den SAP-ERP-Systemen und SAP APO

In diesem Abschnitt beschreiben wir die Integration zwischen den kurz- und langfristigen Planungsfunktionen in ERP und APO, wenn diese systemübergreifend verwendet werden.

28.2.1 Integration der Langfristplanung mit PP/DS

28

Die Integration der Langfristplanung mit PP/DS entspricht im ersten Schritt der Integration der Langfristplanung mit PP bzw. CRP (siehe Abschnitt 28.1, »Integration der Kapazitätsplanung in den ERP-Systemen«) und im zweiten Schritt der Integration zwischen PP und PP/DS (siehe Abschnitt 28.2.3, »Integration von PP und PP/DS«).

28.2.2 Integration von SNP mit CRP

Wenn Sie die werksübergreifende Kapazitätsplanung im APO-System einsetzen, aber die weitere Produktionsfeinplanung nicht in APO-PP/DS, sondern direkt im jeweiligen ERP-System durchführen, können Sie die Ergebnisse der SNP-Planung an das angeschlossene ERP-System übertragen. Dabei sollten Sie prüfen, ob es zwingend erforderlich ist, die Ergebnisse der SNP-Planung zu integrieren, da die Veröffentlichung von z. B. Planaufträgen aus APO an das jeweilige ERP-System performanceintensiv sein kann.

Bei den Ergebnissen der SNP-Planung handelt es sich um Bewegungsdaten, die im APO-System als Aufträge (Planaufträge, Kundenaufträge, Bestellungen, Bestände etc.) oder Umlagerungsprozesse modelliert sind. Grundsätzlich können die in APO angelegten Planaufträge oder Bestellanforderungen an das ausführende ERP-System übertragen werden, wie auch Fertigungsaufträge, Bestellungen und Reservierungen aus dem jeweiligen ERP an das APO-System übergeben werden. Mögliche Auftragsänderungen werden in beiden Systemen synchronisiert. Die Übertragung dieser Bewegungsdaten aus dem SNP-Planungslauf entspricht der Übertragung, die in Abschnitt 28.2.3, »Integration von PP und PP/DS«, zwischen PP/DS und PP beschrieben ist. Die Integration setzt neben den Stammdaten in beiden Systemen in der Regel ein aktives Integrationsmodell für die spezifische Bewegungsart voraus, das die Bewegungsdaten per Core Interface (CIF) in Echtzeit im APO- und im angeschlossenen ERP-System synchronisiert. Weitere Ausführungen zum CIF finden Sie in Kapitel 6, »Integration von Stamm- und Bewegungsdaten in SAP APO, ePP/DS und SAP IBP«.

28.2.3 Integration von PP und PP/DS

Die Integration der Produktions- und Feinplanungskomponente des APO-Systems (PP/DS) mit dem jeweiligen ERP-System erfolgt durch die Übertragung von Bedarfsdeckern zwischen beiden Systemen. So bestehen drei Optionen zur Integration:

- Durchführung der Materialbedarfsplanung im ERP-System mittels MRP-basierter Feinplanung und anschließender Feinplanung im APO-System
- Durchführung der Materialbedarfsplanung im ERP-System und anschließende Feinplanung im APO-System unter Verwendung von Produktionsdatenstrukturen (PDS)
- Durchführung der Materialbedarfsplanung sowie der Feinplanung im APO-System

In allen drei denkbaren Szenarien findet die *Execution*, also die eigentliche Ausführung der Produktion, im jeweils angeschlossenen ERP-System statt. Dies ist auf die Aufgabenteilung zwischen dem als ausführenden System gedachten ERP-System, bei dem es sich entweder um ein SAP ECC oder ein SAP S/$HANAhandelt, und der für die Feinplanung gedachten APO-Funktionalität PP/DS zurückzuführen. In einem integrierten Szenario kommt dem APO-System demnach immer – zumindest für einen Teil des Produktspektrums – die Funktion der Feinplanung zu, während das jeweilige

ERP-System immer für alle Materialien die Funktion der Ausführung (Execution) übernimmt.

Die im Materialbedarfsplanungslauf erzeugten Bedarfsdecker (Planaufträge und Bestellanforderungen) werden per Echtzeitübertragung in allen Szenarien über das CIF an das jeweils andere System übertragen, wenn die entsprechenden Einstellungen hierfür gesetzt sind.

Bei Auftragsänderungen in einem der beiden Systeme (z. B. Umplanung aus dem APO-System heraus) wird die jeweilige Änderung ebenfalls entsprechend an das andere System übertragen. Für die Materialien bzw. Produkte, für die das APO-System zur Feinplanung genutzt wird, sollten Sie in jedem Fall die Auftragsumsetzung in APO verwenden, weil das APO-System in der Regel über detailliertere Informationen verfügt als das jeweilige ERP-System.

[zB]

Detailliertere Informationen in APO als in ERP

So weisen APO-Planaufträge genauso wie Fertigungsaufträge Vorgänge im eigentlichen Sinn auf, während das ERP-Pendant in allen denkbaren Szenarien nur über Vorgangstermine verfügt, die durch die Durchlaufterminierung entstanden sind. In den Fällen, in denen die Feinplanung des APO-Systems zu einer Umterminierung einer dieser Vorgänge geführt hat, laufen die Informationen des APO-Systems und die des angeschlossenen ERP-Systems auseinander. Setzen Sie nun den Planauftrag im ERP-System in einen Fertigungsauftrag um, wird der Termin des jeweiligen Vorgangs nicht die detailgeplanten APO-Informationen enthalten. Eine Ausnahme bildet hierbei der Ansatz für die MRP-basierte Feinplanung, bei dem eine Auftragsumsetzung im ERP-System möglich ist.

Ähnliches gilt für den Fall der Fremdbeschaffung, wenn mehrere Bezugsquellen vorhanden sind und die Bezugsquellen-Findungslogik des APO-Systems eine optimierte Bezugsquelle ausgewählt hat. Auch derartige Bestellanforderungen sollten Sie im APO-System in eine Bestellung umsetzen. Sowohl für die Eigenfertigung als auch für die Fremdbeschaffung steht Ihnen in APO die Transaktion /SAPAPO/RRP7 zur Verfügung.

Darüber hinaus ist es üblich, die drei genannten Möglichkeiten mit einer reinen ERP-Planung zu kombinieren. So kann z. B. ein Teil des Material- bzw. Produktspektrums im APO-System zumindest feingeplant und ein anderer Teil nicht oder nur zu Informationszwecken in das APO-System integriert werden. Dies kann z. B. sinnvoll sein, wenn Sie einen Teil des Materialspektrums mit verbrauchsgesteuerten Verfahren planen und die Fertigung dieser Materialien nicht auf Engpassressourcen erfolgt.

28.3 Integration der Kapazitätsplanung in SAP APO (SNP und PP/DS)

In diesem Abschnitt beschreiben wir die Integration zwischen den kurz- und langfristigen Planungsfunktionen in APO. Für die langfristige Planung steht Ihnen SNP und für die kurzfristige Planung PP/DS zur Verfügung. Sobald Sie die Komponenten SNP und PP/DS in APO verwenden, müssen Sie die beiden Planungsfunktionen integrieren, sodass Sie eine konsistente, lückenlose und aufeinander abgestimmte Planung durchführen können.

In SNP (siehe Kapitel 9, »Grundlagen der langfristigen Kapazitätsplanung in SAP APO«, bis Kapitel 12, »Capable-to-Match (CTM) in SAP APO«) erstellen Sie z. B. aus Kostengesichtspunkten einen mittel- bis langfristigen groben Produktions- und Distributionsplan, der werksübergreifend maximal tagesgenau die Produktion, Beschaffung und Transporte plant. Dabei sollten Sie in SNP lediglich ausgewählte Engpassressourcen und Komponenten berücksichtigen, um einen groben Plan zur mittel- bzw. langfristigen Orientierung zu erhalten. Mit PP/DS (siehe Kapitel 20, »Grundlagen der kurzfristigen Kapazitätsplanung in SAP APO und ePP/DS«, bis Kapitel 25, »Interaktive, kurzfristige Kapazitätsplanung in SAP APO und ePP/DS«) führen Sie eine detaillierte, vollständige Produktionsplanung durch, in der Sie die zu beschaffenden Losgrößen mit sekundengenauen Auftragsterminen und den Auftragsreihenfolgen auf den Produktionsressourcen planen. In den nachfolgenden Abschnitten sind ausgewählte Aspekte der SNP- und PP/DS-Integration beschrieben. Weiterführende Informationen können Sie auch in SAP-Hinweis 481906 nachlesen.

28.3.1 Integration PP/DS-Horizont und SNP-Horizont

Die Zuständigkeit dieser beiden Produktionsplanungskomponenten wird grundsätzlich über den SNP-Produktionshorizont und den PP/DS-Horizont gesteuert, den Sie jeweils, wie in Abbildung 28.1 gezeigt, im Lokationsproduktstammsatz auf den Registerkarten **SNP2** und **PP/DS** hinterlegen können.

Der definierte PP/DS-Horizont ist Gegenstand der PP/DS-Planung, und der Horizont außerhalb des SNP-Planungshorizonts ist Gegenstand der SNP-Planung. In Bezug auf die Integration von SNP und PP/DS sind die folgenden Szenarien denkbar:

- **SNP und PP/DS sind für verschiedene Planungshorizonte verantwortlich**
  SNP wird für die mittel- bis langfristige Planung eingesetzt und PP/DS für die kurzfristige Planung. Da sich die Planungshorizonte nicht überlappen, sind der PP/DS-Horizont und der SNP-Produktionshorizont gleich lang bzw. wurde lediglich der SNP-Produktionshorizont gepflegt. Sobald die SNP-Zugänge in den PP/DS-Horizont gelangen, müssen Sie die SNP-Aufträge in PP/PS-Aufträge umsetzen.

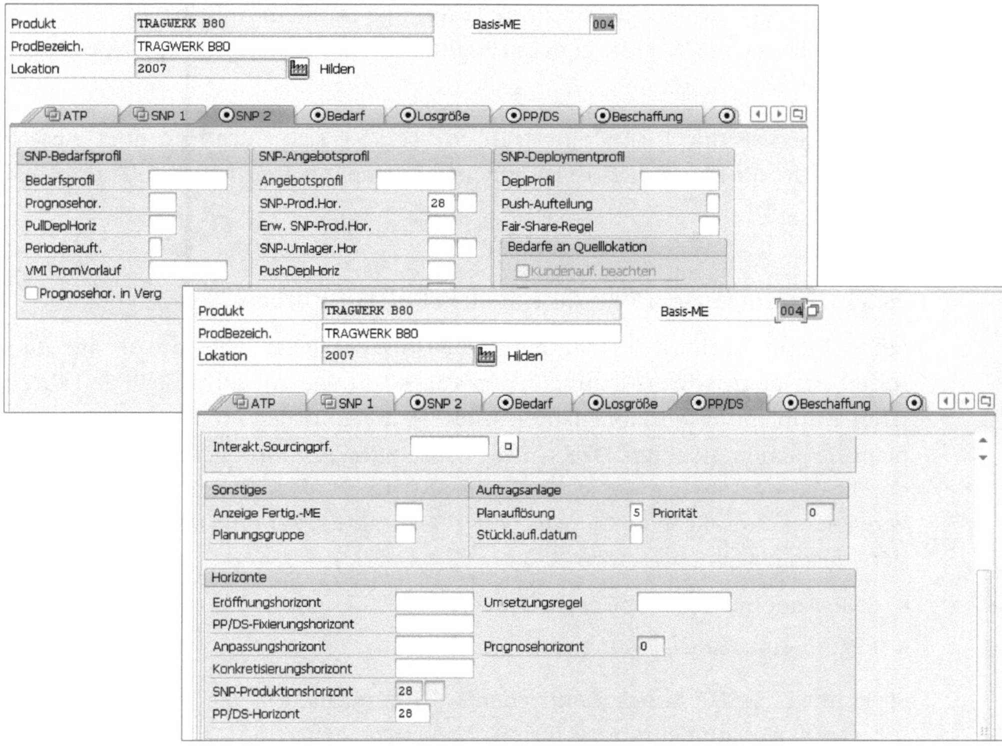

Abbildung 28.1 SNP- und PP/DS-Produktionshorizont

- **SNP und PP/DS sind für verschiedene Planungshorizonte verantwortlich – mit überlappenden Horizonten**
  SNP wird für die mittel- bis langfristige Planung eingesetzt und PP/DS für die kurzfristige Planung. Da sich die Planungshorizonte überlappen sollen, müssen Sie den PP/DS-Horizont länger definieren als den SNP-Produktionshorizont. Sobald die SNP-Zugänge in den PP/DS-Horizont gelangen, müssen Sie die SNP-Aufträge ebenfalls in PP/DS-Aufträge umsetzen.
- **SNP und PP/DS sind für verschiedene Lokationen verantwortlich**
  Sie können z. B. für Produktionswerke die Stärken der Feinplanung von PP/DS ausschöpfen und für Distributionszentren mit SNP die Produktionskapazitäten grob berücksichtigen und Umlagerungsbedarfe erzeugen. Diese Umlagerungsbedarfe werden dann bei der Feinplanung des Produktionswerks berücksichtigt, wenn dieses betroffen ist.
- **SNP und PP/DS haben einen gemeinsamen Planungsbereich**
  Hierbei gibt es einige Enderzeugnisse und deren kritische Komponenten, für die SNP die Planungshoheit hat. Dies bedeutet, die Planung von Zugängen und kos-

tengünstigen Bezugsquellen sowie Losgrößen ist allein Aufgabe von SNP, PP/DS nutzt diese von SNP erzeugten Zugänge lediglich, um diese erzeugten Zugänge detaillierter zu planen.

Sobald Sie SNP und PP/DS einsetzen, müssen Sie sich Gedanken über diese Planungshorizonte machen, um eine konsistente und integrierte Planung umsetzen zu können.

28.3.2 Umsetzen von SNP-Aufträgen in PP/DS-Aufträge

Ein wichtiger Schritt in der Planung ist die Umsetzung der SNP-Planaufträge aus der mittel- bis langfristigen Planung in die PP/DS-Aufträge, sobald diese in den kurzfristigen Feinplanungshorizont laufen und Sie diese in der Produktions- und Feinplanung planen möchten. Da Sie diese Umsetzung nur innerhalb einer Planversion durchführen können, müssen Sie für die SNP- und PP/DS-Planung eine Planversion verwenden und folgende Kennzeichen in Transaktion /SAPAPO/MVM (Modell- und Versionsmanagement) setzen:

- SNP: Änderungsplanung aktiv
- PP/DS: Änderungsplanung aktiv

Sie können die SNP-Aufträge entweder im Hintergrund mit der Massenverarbeitung umsetzen oder aus der interaktiven Planung gezielt einzelne SNP-Aufträge. Dabei erzeugt das System aus den SNP-Aufträgen die entsprechenden PP/DS-Aufträge und löscht anschießend die SNP-Aufträge. Damit diese Umsetzung funktioniert, müssen Sie aufeinander abgestimmte Ressourcen und Bezugsquellen definiert haben.

Umsetzung von SNP-Aufträgen in PP/DS-Aufträge

TP/VS und Produktersetzungsaufträge aus SNP können nicht in PP/DS-Aufträge umgesetzt werden.

Die Umsetzung der SNP-Aufträge in PP/DS-Aufträge steuern Sie über Transaktion /SAPAPO/RRP_SNP2PPDS und über eine Heuristik (z. B. SAP_SNP_SNGL), die auf dem Algorithmus /SAPAPO/HEU_SNP_CONVERT basiert. Neben den notwendigen Einstellungen in der Variante zu Transaktion /SAPAPO/RRP_SNP2PPDS wie **Planversion**, **Produkt**, **Lokation**, **Produktionsplaner** oder **Propagierungsbereich** (der die zu beplanenden Produkte und Ressourcen definiert) sind die **Ausführungsoptionen** wie die angewendete **Heuristik** von hoher Relevanz. Folgende Funktionen können Sie über Parameter auf der Registerkarte **Eigenschaften** der Heuristik im Customizing der Produktionsplanung steuern:

- **Beschaffungsmengenberechnung**
  Bei der Ermittlung der Beschaffungsmengen aus einem SNP-Auftrag für einen PP/DS-Auftrag können Sie entweder eine 1:1-Umsetzung vornehmen oder eine von SNP unabhängige Losgrößenermittlung durchführen, z. B. anhand der Losgrößeneinstellungen im Produktstamm.
- **Bezugsquellenermittlung**
  Auch bei der Bezugsquellenermittlung haben Sie die Option, die Bezugsquelle aus dem SNP-Auftrag zu übernehmen oder diese unabhängig von SNP mit der Bezugsquellenfindung in PP/DS zu ermitteln.
- **Auftragsstatus**
  Sie können festlegen, mit welchem Status PP/DS die umgesetzten Aufträge anlegt. Entweder erhalten die Aufträge den Status **Output fixiert**, sodass Sie diese nur manuell ändern können, oder es werden Umsetzungskennzeichen für die PP/DS-Aufträge gesetzt, sodass diese Aufträge automatisch in Produktionsaufträge bzw. Bestellungen umgesetzt werden.
- **Einplanung der PP/DS-Aufträge**
  Die Suche nach einer Einplanungsmöglichkeit der PP/DS-Aufträge steuern Sie über die Vorwärts- bzw. Rückwärtsterminierung, durch die Sie die Richtung angeben, in die gesucht werden soll, sowie den Startpunkt, d. h. Starttermin oder Endtermin.

Nachdem wir Ihnen die Umsetzung von SNP-Planaufträgen in PP/DS-Aufträge erläutert haben, gehen wir auf Besonderheiten bei der Bezugsquellenfindung in den beiden genannten APO-Modulen ein, die Sie an dieser Stelle beachten sollten.

28.3.3 Unterschied Bezugsquellenfindung und Eigenfertigung SNP und PP/DS

Grundsätzlich nutzen SNP und PP/DS mit PPM und PDS dieselben technischen Objekte, um die Pläne für die Eigenfertigung bereitzustellen. Ein wesentlicher Unterschied ist jedoch der Detaillierungsgrad der in SNP und PP/DS genutzten Pläne. Da PP/DS detailliert plant, sind die Pläne genauer, die sich aus Vorgängen, Aktivitäten, Komponenten und genutzten Ressourcen zusammensetzen, wobei sich die Pläne in SNP auf kritische Aktivitäten und wesentliche Engpasskomponenten oder Ressourcen etc. beziehen.

28.3.4 Funktion der Ressourcen

Wenn Sie die Ressourcenbelastung durch PP/DS-Aufträge bei der SNP-Planung berücksichtigen möchten, müssen Sie Misch-Ressourcen (Single-Misch- oder Multi-Misch-Ressourcen) nutzen. In den Misch-Ressourcen können Sie die Bucket-Kapazität von SNP und die zeitkontinuierliche Kapazität von PP/DS definieren, sodass die Belastung aus PP/DS als aggregierter Kapazitätsbedarf in SNP sichtbar wird. Dadurch kann SNP die aus der PP/DS-Planung abgeleiteten Ressourcenbelegungen berücksichtigen. Allerdings sind die Belastungen aus der Bucket-orientierten SNP-Planung in der zeitkontinuierlichen PP/DS-Planung nicht sichtbar.

28.4 Integration der Kapazitätsplanung in SAP S/4HANA, SAP IBP für Supply und ePP/DS

In diesem Abschnitt erläutern wir die Integration zwischen den langfristigen Planungsfunktionen von SAP IBP für Supply und denen von ePP/DS im S/4HANA-System. Abbildung 28.2 zeigt beispielhaft den Aufbau eines integrierten Szenarios aus IBP für Demand, IBP für Supply und ePP/DS.

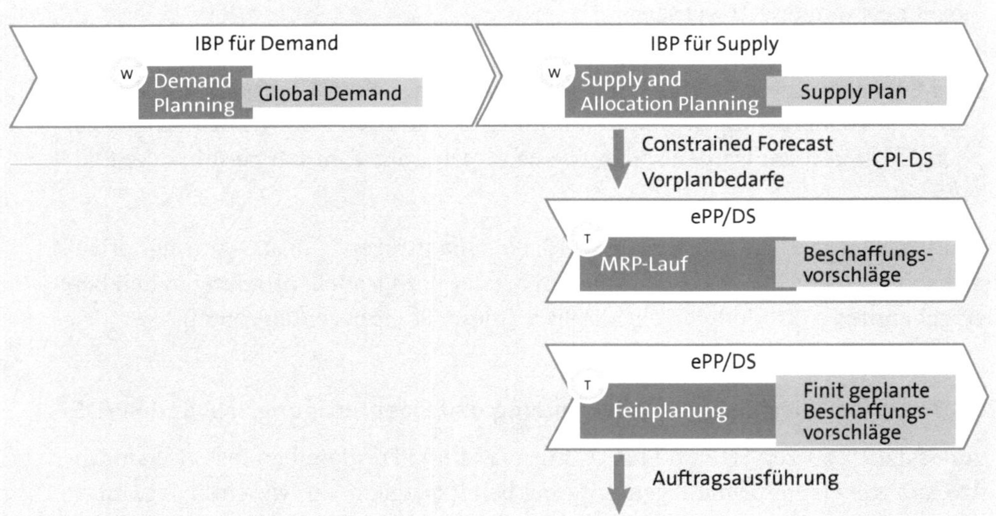

Abbildung 28.2 Aufbau einer Integration zwischen IBP für Demand, IBP für Supply und ePP/DS

Diesen Ablauf werden wir in den folgenden Abschnitten noch eingehender und im Detail beschreiben.

28.4.1 Integration von IBP für Demand und IBP für Supply

Wie die Integration zwischen IBP für Demand und IBP für Supply in einem integrierten Szenario aufgebaut ist, wird durch die jeweilige Konfiguration des IBP-Systems entschieden. So können Sie diese beiden Module in einem kombinierten Planungsbereich unterbringen, beispielsweise durch Verwendung der Vorlage des Beispielplanungsbereichs SAPIBP1. Ebenso ist es möglich, separate Planungsbereiche zu verwenden. In aller Regel erfolgt die Integration der finalen Ergebnisse eines Absatzplanungsprozesses, indem ein Kopieroperator eingesetzt wird, der die Ergebnisse des Absatzplanungsprozesses aus der entsprechenden Kennzahl (z. B. Consensus Demand) in eine Inputkennzahl des Supply-Prozesses kopiert.

28.4.2 Integration von IBP für Supply und ePP/DS

Nachdem in IBP für Supply die Absatzplanung durch einen Supply-Algorithmus wie den Supply-Optimierer im Hinblick auf die kapazitive Machbarkeit bewertet und in einen Supply-Plan übersetzt wurde, müssen Sie diese Ergebnisse zur weiteren Planung an den S/4HANA-Kern bzw. an ePP/DS übergeben. Dies erfolgt mittels einer restriktionsbasierten Prognose (Constrained Forecast). Die kapazitiv machbaren Planungen, die aus Zugangsvorschlagsmengen bestehen, werden an den S/4HANA-Kern und damit auch – die entsprechende Aktivierung vorausgesetzt – als Vorplanbedarfe an ePP/DS übergeben. Hierfür wird die Schnittstelle CPI-DS genutzt.

28.4.3 Integration von ePP/DS und S/4HANA-Kern

Die Vorplanbedarfe, die wie in Abschnitt 28.4.2, »Integration von IBP für Supply und ePP/DS«, beschrieben an den S/4HANA-Kern übergeben wurden, werden direkt in ePP/DS integriert und stehen dort für die Planungen zur Verfügung. Der PP/DS-MRP-Lauf, der über Transaktion MD01N gestartet wird, übersetzt die Vorplanbedarfe in Beschaffungsvorschläge. Anders als in IBP für Supply handelt es sich hierbei nicht um reine Mengeninformationen in einem Zeit-Bucket, sondern um konkrete Aufträge. Diese werden mit den Feinplanungsfunktionen von ePP/DS im kurzfristigen Horizont finit geplant. Im Anschluss können Sie die geplanten Aufträge in ePP/DS in Fertigungsaufträge umsetzen, die auch im S/4HANA-Kern für die Auftragsausführung zur Verfügung stehen (siehe Kapitel 26, »Auftragsausführung (Execution)«).

28.5 Fazit

In diesem Kapitel haben wir die Grundlagen und notwendigen Einstellungen zur integrierten Nutzung der Planungsfunktionen in den ERP-Systemen, SAP APO und SAP IBP besprochen, die Sie im Zusammenhang mit der Kapazitätsplanung einsetzen können. Sie kennen nun die Schnittstellen der einzelnen Planungsfunktionen und können diese entsprechend Ihren Anforderungen bewerten.

Kapitel 29
Beispielszenario

In diesem Kapitel erhalten Sie anhand eines integrierten Planungsbeispiels einen Gesamtüberblick über die Produktionsplanung mit finiten Kapazitäten im SAP-APO-System. Die einzelnen Planungsprozesse führen nur voll integriert zum gewünschten Planungserfolg.

In den vorangegangenen Kapiteln haben Sie die Kapazitätsplanungsfunktionen, die Ihnen in SAP APO und SAP ERP zur Verfügung stehen, unabhängig voneinander kennengelernt. Wir sind dabei sowohl auf die Kapazitätsplanung im lang- als auch im kurzfristigen Horizont eingegangen und haben abhängig von den einzelnen Planungsphasen die alternativen Funktionen und erforderlichen Konfigurationsschritte besprochen.

In diesem Kapitel navigieren wir nun gemeinsam durch das System, sodass Sie einen Eindruck davon erhalten, wie sich ein lang- bis kurzfristiger Planungsprozess systemgestützt in Ihrer Organisation ausgestalten könnte. Zunächst stellen wir Ihnen das Beispielszenario vor und gehen anschließend auf die Benutzeroberflächen und Aufgaben der Planer untergliedert nach den einzelnen Prozessphasen der integrierten lang- und kurzfristigen Kapazitätsplanung ein. Somit erhalten Sie ein Bild von der Durchführung einer integrierten lang- und kurzfristigen Kapazitätsplanung.

Dabei gehen wir initial auf die Möglichkeiten der Bedarfsplanung in Form der Vorplanung und der Kundenauftragsanlage ein. Der Fokus liegt dann auf den nachgelagerten Prozessschritten bzw. Funktionen, die eine Kapazitätsplanung im APO-System ermöglichen.

29.1 Projektbeispiel

Bevor wir Ihnen die Funktionen demonstrieren, möchten wir Ihnen das Projektbeispiel näher vorstellen.

29.1.1 Unternehmensszenario

Das Szenario in diesem Projektbeispiel basiert auf dem fiktiven Unternehmen FFB aus Hamburg-Dulsberg. Dabei handelt es sich um eine Tochterfirma des wiederum fiktiven internationalen Konzerns MHI der Luftfahrtindustrie, in dem Flugzeuge unterschiedlicher Größe gefertigt werden. Das Produktportfolio der Tochter FFB, die im Zentrum des Projektbeispiels steht, besteht aus den beiden Kleinflugzeugen B80 und F77. Jedes dieser beiden Flugzeuge besteht aus einer Reihe von Standardkomponenten, kann jedoch je nach Kundenauftrag an kundenspezifische Anforderungen angepasst werden.

Neben der Entwicklung und Herstellung der beiden Endprodukte B80 und F77 ist FFB im Konzernverbund von MHI ein wichtiger Zulieferer eines zentralen Bauteils namens T-3, das der Konzern in einer Vielzahl von Produkten einbaut. Dieses Bauteil wird darüber hinaus auch als Ersatzteil an Airlines und an konkurrierende Unternehmen der Flugzeugindustrie verkauft.

Abbildung 29.1 zeigt die Einordnung der im Zentrum des Projektbeispiels stehenden Tochterfirma FFB in den Konzernverbund und die Lieferverbindungen innerhalb und außerhalb des Konzerns.

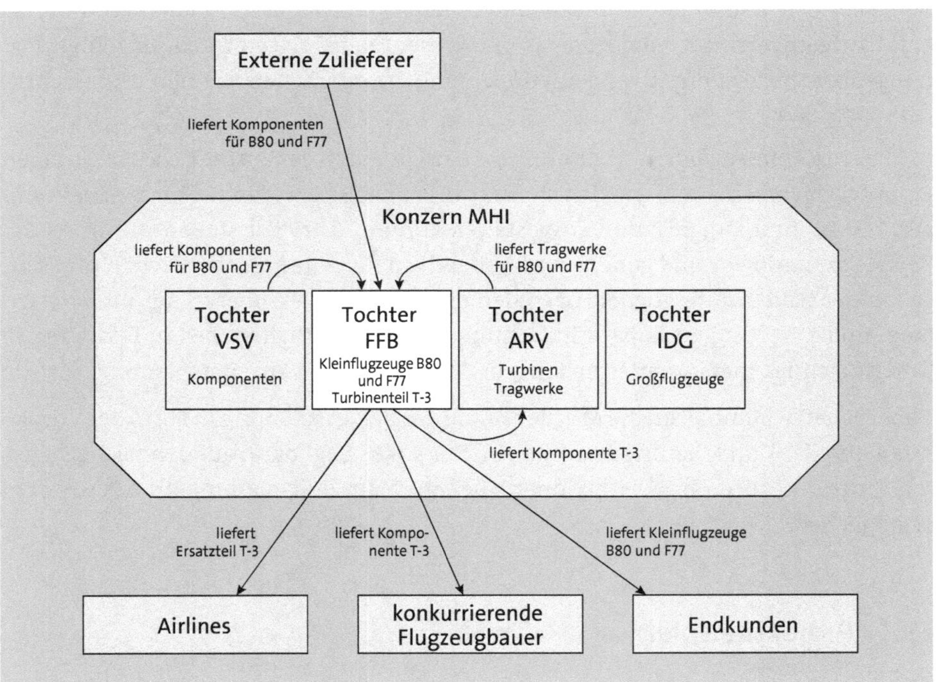

Abbildung 29.1 Lieferbeziehungen von FFB im Projektbeispiel

FFB evaluiert – gewissermaßen parallel zur Darstellung in diesem Buch – die Verwendung von Planungsfunktionalitäten des ERP- sowie des APO-Systems zur Abbildung der kapazitiven Planung. Dabei werden alle Planungsprozesse ausgehend von der

Projektplanung über die Produktions- und Beschaffungsplanung bis hin zur Instandhaltungsplanung betrachtet.

Die beiden Endprodukte B80 und F77, die sich nur in einem wesentlichen Teil unterscheiden, dem Tragwerk, sind planungstechnisch im Kontext dieses Buches für eine lang- bis kurzfristige Kapazitätsplanung abgebildet. Im Beispiel dieses Kapitels gehen wir weiter auf die Kapazitätsfunktionen der Produktionsplanung ein.

29.1.2 Angelegte Stammdatenobjekte

Aus Gründen der Verständlichkeit haben wir die Stammdaten, die in diesem Planungsbeispiel verwendet werden, auf wesentliche Stammdaten reduziert. Die verwendeten Daten sind daher hinsichtlich des Detaillierungsgrads nicht unbedingt realistisch, genügen uns jedoch, um das hier umschriebene Szenario darzustellen. Die angelegten Datenobjekte lassen sich wie folgt beschreiben:

- **Sieben Hauptbaugruppen**
  Die Hauptprodukte (Kleinflugzeuge B80 und F77) bestehen aus den sieben Hauptbaugruppen:
  - Rumpf vorne
  - Rumpf hinten
  - Rumpf Mitte
  - horizontaler Stabilizer-Tank
  - Leitwerk
  - Cockpit
  - Fahrwerk
- **Baugruppen für die Innenausstattung**
  Neben den Hauptbaugruppen enthalten die Stücklisten der beiden Endprodukte Baugruppen für die Innenausstattung der Flugzeuge.
- **Tragwerke**
  Der einzige Unterschied zwischen den beiden Endprodukten liegt in der Baugruppe Tragwerk, die als Material »Tragwerk B80« und »Tragwerk F77« im ERP-System von FFB angelegt ist. Das Tragwerk B80 wird im letzten Montageschritt für die Verdeutlichung einiger Kapazitätsplanungsfunktionen verwendet.
  - Mit Ausnahme der beiden Tragwerke kauft FFB alle anderen Baugruppen und Komponenten bei Konzerngesellschaften (teilweise desselben Buchungskreises) oder Zulieferern ein.
  - Das Tragwerk weist in beiden Fällen eine dreistufige Stücklistenstruktur auf und wird bei FFB teilweise selbst gefertigt, die dafür benötigten Komponenten

werden größtenteils ebenfalls zugekauft. Teilweise werden die Tragwerke auch im Konzernverbund eingekauft.

- Das Tragwerk B80 wird auch als Komponente für Flugzeuge anderer Hersteller gefertigt und direkt als Endprodukt an Kunden verkauft.

- **Turbinenkomponente**
  Die wesentliche Ausnahme bildet die Turbinenkomponente T-3, die von FFB selbst gefertigt und auch im Konzernverbund als strategische Komponente angesehen wird. Daher bestehen innerhalb des Konzerns vielfältige Lieferbeziehungen hinsichtlich dieser Komponente.

Abbildung 29.2 verdeutlicht die Stücklistenstruktur der beiden Hauptprodukte von FFB.

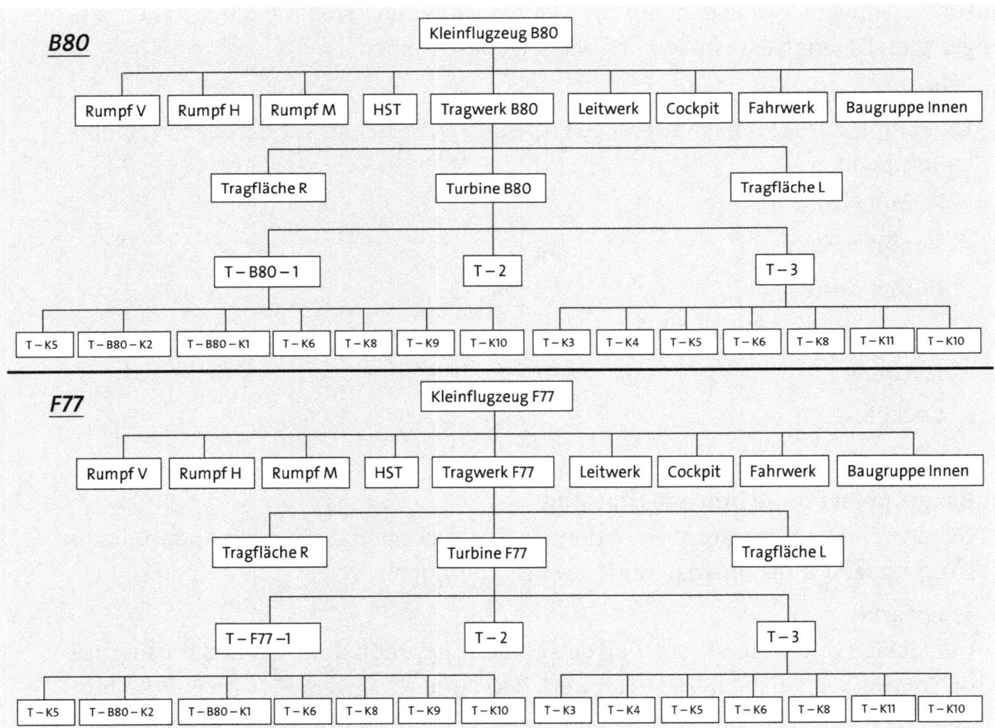

Abbildung 29.2 Stücklistenstruktur B80 und F77

[»]

Details des Planungsbeispiels

Damit Sie das Planungsbeispiel nachvollziehen können, haben wir uns entschieden, ausgewählte und einfach nachvollziehbare Kapazitätsplanungsfunktionen aus APO anhand eines Endprodukts, Modell TRAGWERK B80, und einer Ressource zur finalen

Montage des Produkts TRAGWERK B80 vorzustellen. Das Produkt TRAGWERK B80 belastet die Ressourcen mit zwei Stunden für Rüstaktivitäten und mit weiteren zwei Stunden mit variablen Produktionsaktivitäten abhängig von einem Stück. Die Produktionsressource steht 22,5 Stunden pro Tag und somit 112,5 Stunden pro Woche zur Verfügung. Es können somit 56 Stück von TRAGWERK B80 produziert werden.

29.2 Absatzplanung in SAP

Die Absatzplanung kann in SAP sowohl im ERP-System als auch im APO-System durchgeführt werden. Im Kontext der Kapazitätsplanung werden die Vorplanbedarfe als Ergebnis der Absatzplanung vorausgesetzt. Daher gehen wir in diesem Abschnitt nicht weiter auf die Funktionen der Absatzplanung ein, sondern listen lediglich die alternativen Funktionen im ERP- sowie im APO-System auf, über die Sie Vorplanbedarfe als Eingangsgröße in die Kapazitätsplanung generieren können.

Im ERP-System stehen Ihnen für eine Absatzplanung mithilfe von Systemprognosen die Funktionen der *Materialprognose* oder der *flexiblen Planung* zur Verfügung. Eine manuelle Anlage der Planprimärbedarfe ist in der Programmplanung über die Transaktionen MD61 bis MD63 möglich.

Im APO-System können Sie mit der Funktion APO Demand Planning (DP) die Absatzplanung systemgestützt realisieren und Planprimärbedarfe mithilfe von Systemprognosen und Lebenszyklusplanungen generieren. Zusätzlich ist es möglich, z. B. über die Transaktionen /SAPAPO/RRP3 und /SAPAPO/RRP5, Vorplanbedarfe im APO-System anzulegen.

29.3 Kundenauftragseingang auf Endproduktebene

Abhängig von den Einstellungen und den Anforderungen sind Kundenaufträge bedarfswirksam und eine wichtige Inputgröße für die Produktions- sowie Kapazitätsplanung. Wie Kundenaufträge während der Produktionsplanung berücksichtig werden, ist von den Einstellungen in Ihrem System bzw. Ihren Anforderungen abhängig. Kundenaufträge werden im ERP-System in der Komponente SD angelegt. Über die Transaktionen VA01 bis VA03 beispielsweise können Sie Kundenaufträge anlegen, ändern und anzeigen. Der Prozessschritt der Kundenauftragsanlage steht nicht im Fokus des Kontexts der Kapazitätsplanung und wird daher als ein vorgelagerter Prozessschritt der Produktions- und Kapazitätsplanung an dieser Stelle nicht weiter beleuchtet.

Auf der Ebene des Endprodukts TRAGWERK B80 gehen bei unserem Beispielunternehmen FFB Kundenaufträge ein, die durch Verwendung von Funktionen der Vertriebskomponente SD in das ERP-System eingegeben werden. Diese Kundenaufträge sind ebenfalls bedarfswirksam und werden bei der Produktions- sowie Kapazitätsplanung als Inputfaktor berücksichtigt. Abbildung 29.3 zeigt beispielhaft einen Kundenauftrag für das Endprodukt TRAGWERK B80.

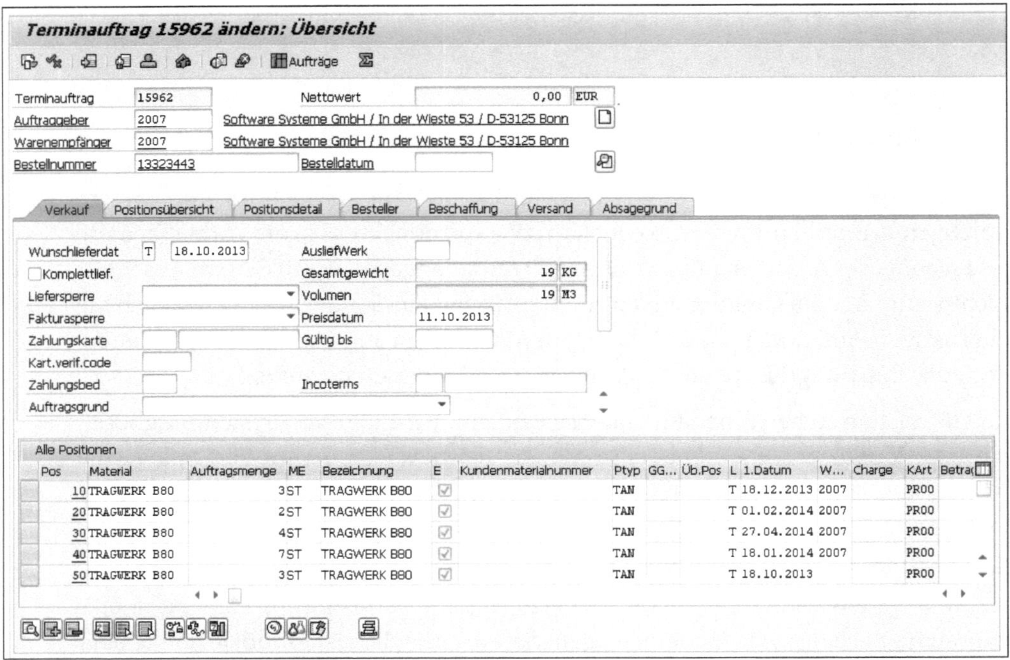

Abbildung 29.3 Kundenauftrag – Transaktion VA02

29.4 Beispiel für die Kapazitätsplanung im APO-System

In diesem Abschnitt gehen wir auf eine Kapazitätsplanungslösung ein, die komplett im APO-System abläuft. Der ermittelte Gesamtbedarf aus der Vorplanung und den vorhandenen Kundenaufträgen wird im langfristigen Horizont von SNP mithilfe der SNP-Heuristik und des Kapazitätsabgleichs geplant. Abhängig vom definierten Planungshorizont wird im kurzfristigen Horizont mit der Funktion der PP/DS-Optimierung geplant. Die Ergebnisse werden mit Transaktionen der kurzfristigen interaktiven Kapazitätsplanung erläutert.

29.4.1 Langfristige Planung mit SNP

Aufgrund der einfacheren Darstellbarkeit durch das zweistufige und nachvollziehbare Vorgehen haben wir uns entschieden, die Planungsfunktion SNP-Heuristik und den Kapazitätsabgleich als Beispiel zu verwenden und nicht den SNP-Optimierer oder CTM vorzustellen. Der SNP-Optimierer sowie CTM würden abhängig von den Einstellungen die verfügbaren Kapazitäten direkt finit berücksichtigen können.

Abbildung 29.4 zeigt die Situation nach dem Ablauf der Lokationsheuristik in SNP in Transaktion /SAPAPO/SDP94 in der SNP-Plansicht. Folgende Punkte können Sie hier erkennen.

- Die Kennzahl **Gesamtbedarf** beinhaltet alle Kundenaufträge und Vorplanungsbedarfe, die durch eine Planung gedeckt werden müssen bzw. mussten.
- Die Kennzahl **Produktion (geplant)** zeigt die SNP-Planaufträge, die durch die SNP-Heuristik bzw. manuell in SNP angelegt wurden. Der markierte Bereich bis Kalenderwoche 46 verdeutlicht den Startpunkt des SNP-Planungshorizonts. In Kalenderwoche 46 stehen noch SNP-Planaufträge, die in einem vorhergehenden Planungslauf angelegt wurden und nun in den PP/DS-Produktionshorizont gerückt sind. Diese werden in der kurzfristigen PP/DS-Planung weiter prozessiert.
- Die Kennzahl **Produktion (bestätigt)** zeigt alle durch PP/DS geplanten Aufträge.
- In Kalenderwoche 52 wird ein erhöhter Gesamtbedarf von 45 Stück angefragt.

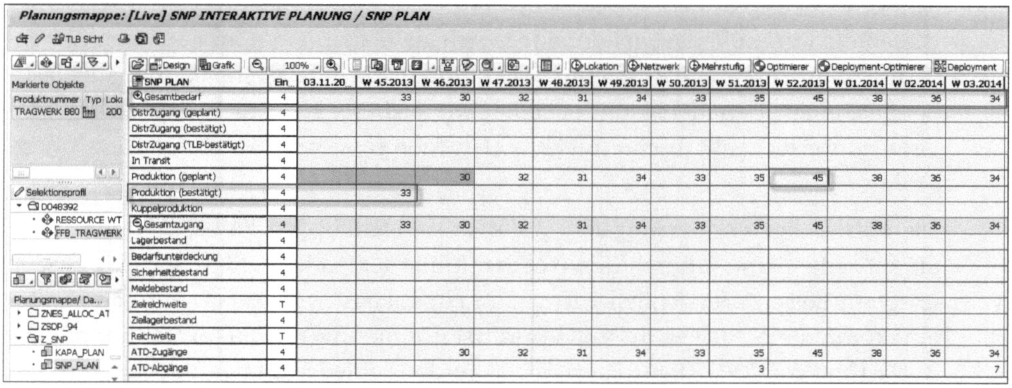
Planungsmappe: [Live] SNP INTERAKTIVE PLANUNG / SNP PLAN
TLB Sicht
Design
Grafik
100%
Lokation
Netzwerk
Mehrstufig
Optimierer
Deployment-Optimierer
Deployment
Markierte Objekte
Produktnummer Typ Loka
TRAGWERK B80 200
Selektionsprofil
D048392
RESSOURCE WT
FFB_TRAGWERK
Planungsmappe/ Da...
ZNES_ALLOC_AT
ZSDP_94
Z_SNP
KAPA_PLAN
SNP_PLAN
SNP PLAN | Ein | 03.11.20 | W 45.2013 | W 46.2013 | W 47.2013 | W 48.2013 | W 49.2013 | W 50.2013 | W 51.2013 | W 52.2013 | W 01.2014 | W 02.2014 | W 03.2014
Gesamtbedarf | 4 | | 33 | 30 | 32 | 31 | 34 | 33 | 35 | 45 | 38 | 36 | 34
DistrZugang (geplant) | 4
DistrZugang (bestätigt) | 4
DistrZugang (TLB-bestätigt) | 4
In Transit | 4
Produktion (geplant) | 4 | | | 30 | 32 | 31 | 34 | 33 | 35 | 45 | 38 | 36 | 34
Produktion (bestätigt) | 4 | | 33
Kuppelproduktion | 4
Gesamtzugang | 4 | | 33 | 30 | 32 | 31 | 34 | 33 | 35 | 45 | 38 | 36 | 34
Lagerbestand | 4
Bedarfsunterdeckung | 4
Sicherheitsbestand | 4
Meldebestand | 4
Zielreichweite | T
Ziellagerbestand | 4
Reichweite | T
ATD-Zugänge | 4 | | | 30 | 32 | 31 | 34 | 33 | 35 | 45 | 38 | 36 | 34
ATD-Abgänge | 4 | | | | | | | | 3 | | | | 7

Abbildung 29.4 Situation /SAPAPO/SDP94 – SNP-Plansicht nach der Lokationsheuristik

Abbildung 29.5 zeigt die Situation in der Kapazitätssicht nach dem Ablauf der infiniten Lokationsheuristik auf der Montageressource WTWMON1_2007_002. Hier erhalten Sie die folgenden Informationen:

- In Kalenderwoche 52 wird durch die infinite Planung der Lokationsheuristik ein Ressourcenauslastungsgrad von 200 % angezeigt, da 45 Stück des Produkts eingeplant wurden. Das liegt an dem reduzierten Kapazitätsangebot in dieser Woche und wird noch verstärkt durch die etwas erhöhte Nachfrage nach dem Modell TRAGWERK B80. Die Ressource steht nur mit zwei Tagen mit jeweils 22,5 Stunden und in Summe mit 45 Stunden in dieser Woche zur Verfügung.

- In Kalenderwoche 01 wurde durch die infinite Berücksichtigung der Kapazitäten auch eine Überlastung der Kapazitäten verursacht, sodass durch die Einplanung von 38 Stück eine Ressourcenauslastung von 116 % eingeplant wurde. Dies liegt ebenfalls an dem reduzierten Kapazitätsangebot. Die Ressource steht nur drei Tage mit jeweils 22,5 Stunden und somit 67,5 Stunden in dieser Woche zur Verfügung.

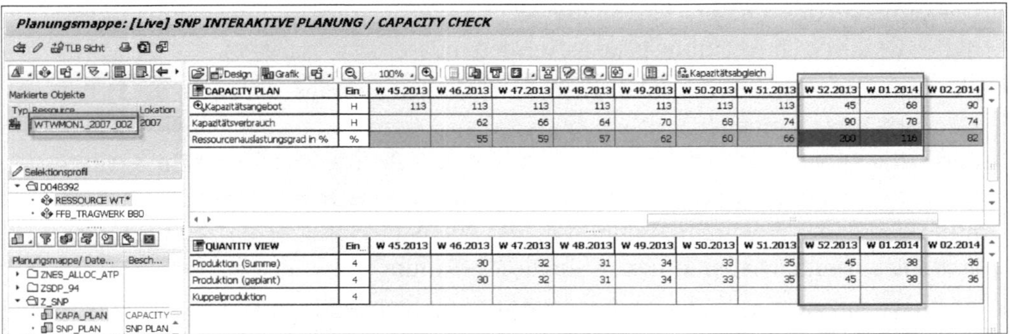

CAPACITY PLAN	Ein	W 45.2013	W 46.2013	W 47.2013	W 48.2013	W 49.2013	W 50.2013	W 51.2013	W 52.2013	W 01.2014	W 02.2014
Kapazitätsangebot	H	113	113	113	113	113	113	113	45	68	90
Kapazitätsverbrauch	H		62	66	64	70	68	74	90	78	74
Ressourcenauslastungsgrad in %	%		55	59	57	62	60	66	200	116	82

QUANTITY VIEW	Ein	W 45.2013	W 46.2013	W 47.2013	W 48.2013	W 49.2013	W 50.2013	W 51.2013	W 52.2013	W 01.2014	W 02.2014
Produktion (Summe)	4		30	32	31	34	33	35	45	38	36
Produktion (geplant)	4		30	32	31	34	33	35	45	38	36
Kuppelproduktion	4										

Abbildung 29.5 Situation /SAPAPO/SDP94 – Kapazitätssicht nach Lokationsheuristik

Diese Ressourcenüberlasten können Sie sich auch über Alerts im Alert-Monitor anzeigen lassen, sodass Sie ausnahmebasiert primär die überlasteten Kapazitäten bearbeiten können. Den Alert-Monitor stellen wir an dieser Stelle nicht explizit vor, sondern verweisen auf Abschnitt 14.2, »Alert-Monitor«, und Abschnitt 25.2, »Alert-Monitor«.

Die notwendigen Anpassungen, um die Ressourcenüberlast zu beseitigen, können Sie entweder manuell durchführen oder mithilfe der Funktion Kapazitätsabgleich. In unserem Beispiel verwenden wir einen heuristikbasierten Kapazitätsabgleich, der eine kombinierte Rückwärts- und Vorwärtsterminierung erlaubt und eine maximale Auslastung von 100 % berücksichtigt. Es werden keine Prioritäten oder alternativen Ressourcen berücksichtigt.

Abbildung 29.6 zeigt das Ergebnis des Kapazitätsabgleichs, den Sie interaktiv aus der Kapazitätssicht in der interaktiven SNP-Planung in Transaktion /SAPAPO/SDP94 durchführen können. Die Aufträge aus den Kalenderwochen KW 52 und KW 01, die die Überlast erzeugt haben (siehe Abbildung 29.6), wurden entsprechend auf die freien Kapazitäten der vorgelagerten Wochen KW 50 und KW 51 geschoben. Die angepasste Ressourcenauslastung ist unter ❶ dargestellt. In keiner der Wochen ist eine Ressourcenauslastung von über 100 % zu finden. Die neue Verteilung der Aufträge ist unter ❷ zu sehen. ❸ zeigt die ursprüngliche Situation, die zur Kapazitätsüberlastung geführt hat, bevor ein Kapazitätsabgleich durchgeführt wurde. Die Mengen in der KW 1 wurden von 38 Stück auf 32 Stück und in der KW 52 von 45 Stück auf 22 Stück reduziert. Die 29 Stück, die eine Überlast erzeugt haben, wurden entsprechend in die Wochen KW 50 und KW 51 verschoben.

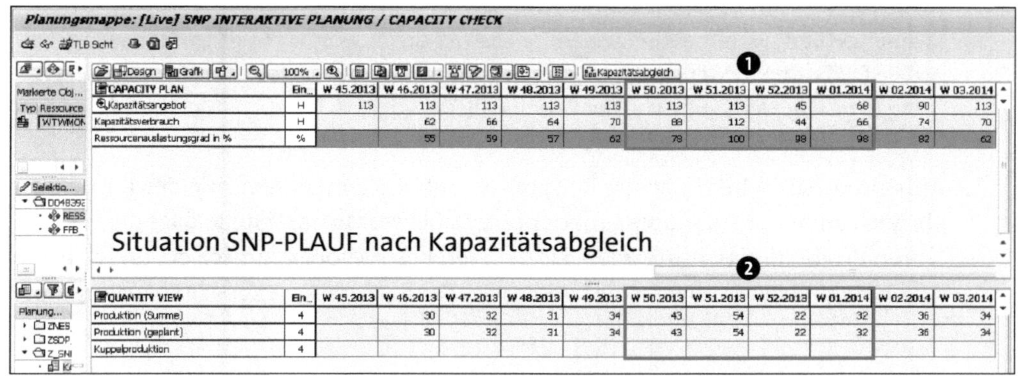

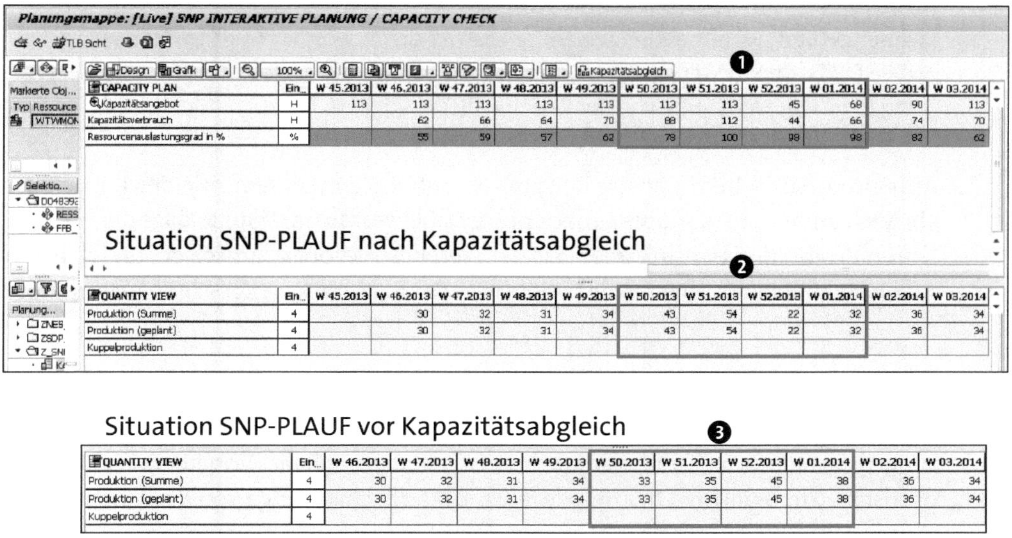

Planungsmappe: [Live] SNP INTERAKTIVE PLANUNG / CAPACITY CHECK

❶

CAPACITY PLAN	Ein..	W 45.2013	W 46.2013	W 47.2013	W 48.2013	W 49.2013	W 50.2013	W 51.2013	W 52.2013	W 01.2014	W 02.2014	W 03.2014
Kapazitätsangebot	H	113	113	113	113	113	113	113	45	68	90	113
Kapazitätsverbrauch	H		62	66	64	70	88	112	44	66	74	70
Ressourcenauslastungsgrad in %	%		55	59	57	62	78	100	98	98	82	62

Situation SNP-PLAUF nach Kapazitätsabgleich

❷

QUANTITY VIEW	Ein..	W 45.2013	W 46.2013	W 47.2013	W 48.2013	W 49.2013	W 50.2013	W 51.2013	W 52.2013	W 01.2014	W 02.2014	W 03.2014
Produktion (Summe)	4		30	32	31	34	43	54	22	32	36	34
Produktion (geplant)	4		30	32	31	34	43	54	22	32	36	34
Kuppelproduktion	4											

Situation SNP-PLAUF vor Kapazitätsabgleich ❸

QUANTITY VIEW	Ein..	W 46.2013	W 47.2013	W 48.2013	W 49.2013	W 50.2013	W 51.2013	W 52.2013	W 01.2014	W 02.2014	W 03.2014
Produktion (Summe)	4	30	32	31	34	33	35	45	38	36	34
Produktion (geplant)	4	30	32	31	34	33	35	45	38	36	34
Kuppelproduktion	4										

Abbildung 29.6 Situation /SAPAPO/SDP94 – Kapazitätssicht nach Kapazitätsabgleich

Abbildung 29.7 zeigt die Situation in der SNP-Plansicht nach dem Kapazitätsabgleich. Wie Sie sehen, kommt es durch die vorgezogene Produktion zu einem Aufbau eines Lagerbestands in den Kalenderwochen 50 bis 52.

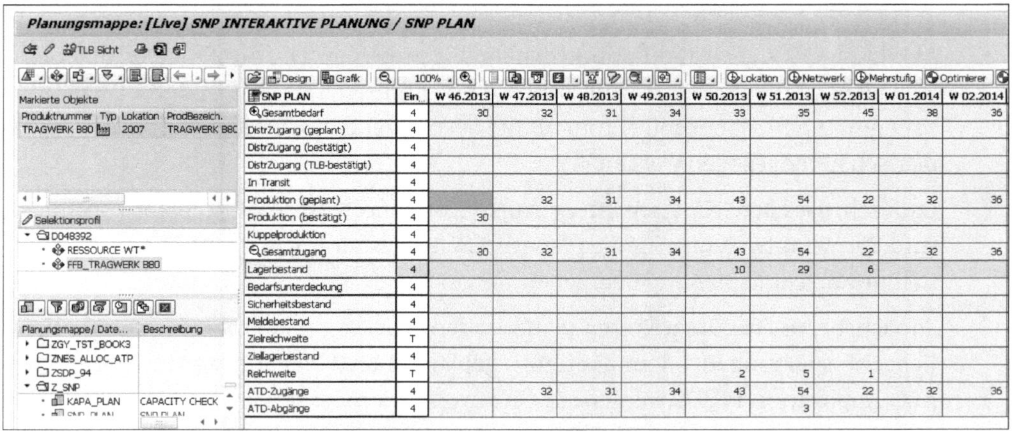

Planungsmappe: [Live] SNP INTERAKTIVE PLANUNG / SNP PLAN

SNP PLAN	Ein..	W 46.2013	W 47.2013	W 48.2013	W 49.2013	W 50.2013	W 51.2013	W 52.2013	W 01.2014	W 02.2014
Gesamtbedarf	4	30	32	31	34	33	35	45	38	36
DistrZugang (geplant)	4									
DistrZugang (bestätigt)	4									
DistrZugang (TLB-bestätigt)	4									
In Transit	4									
Produktion (geplant)	4		32	31	34	43	54	22	32	36
Produktion (bestätigt)	4	30								
Kuppelproduktion	4									
Gesamtzugang	4	30	32	31	34	43	54	22	32	36
Lagerbestand	4					10	29	6		
Bedarfsunterdeckung	4									
Sicherheitsbestand	4									
Meldebestand	4									
Zielreichweite	T									
Ziellagerbestand	4									
Reichweite	T					2	5	1		
ATD-Zugänge	4		32	31	34	43	54	22	32	36
ATD-Abgänge	4						3			

Abbildung 29.7 Situation /SAPAPO/SDP94 – Plansicht nach Kapazitätsabgleich

Restriktionen in der SNP-Planung

Der Kapazitätsabgleich hat keine weiteren Restriktionen außer dem verfügbaren Kapazitätsangebot berücksichtigt. Hätten wir diese Planung mit der SNP-Optimierung durchgeführt, wären optional weitere Restriktionen berücksichtigt worden, wie z. B. die Strafkosten für verspätete Lieferungen oder Lagerhaltungskosten. Das Planungsergebnis wäre abhängig von der Relation dieser Kosten.

Anhand dieses sehr einfachen Beispiels konnten Sie erkennen, wie der Kapazitätsabgleich auf einer Ressource funktioniert. Dabei wurde unterstellt, dass die vorgelagerten Produktionsschritte keine kapazitiven Restriktionen aufweisen. Im nächsten Abschnitt gehen wir nun auf die Funktionen der kurzfristigen Kapazitätsplanung ein.

29.4.2 Kurzfristige Kapazitätsplanung in PP/DS

In der kurzfristigen Kapazitätsplanung greifen wir nun das zuvor beschriebene APO-Langfristszenario auf und erläutern beispielhaft mögliche Vorgehensweisen. Zunächst sei auf den Umstand hingewiesen, dass die langfristige von der kurzfristigen Planung über zwei Horizonte abgegrenzt wird, die sich gegebenenfalls auch überlappen können. Der Horizont für die langfristige Planung wird über den SNP-Produktionshorizont abgegrenzt, den Sie im Produktstamm auf der Registerkarte **SNP2** pflegen können. Die langfristige Planung findet dabei außerhalb dieses Horizonts statt. Mit dem PP/DS-Horizont, den Sie auf der Registerkarte **PP/DS** des Produktstamms oder übergreifend in der Planversion definieren können, wird der Verantwortungsbereich der kurzfristigen Kapazitätsplanung festgelegt.

Abbildung 29.8 zeigt die Produktsicht mit den beiden Horizonten. Der markierte SNP-Planauftrag 856263 ist nun durch die fortschreitende Zeit in den PP/DS-Horizont gewandert, daher soll er nun für die nachfolgend beschriebenen Schritte exemplarisch herangezogen werden.

Dadurch, dass der SNP-Planauftrag 856263 nun innerhalb des PP/DS-Horizonts liegt, wird die Verantwortung für die planerische Ausgestaltung des Auftrags an die kurzfristige Kapazitätsplanung übergeben.

Zunächst muss für die weiteren planerischen Schritte im Rahmen der kurzfristigen Kapazitätsplanung aus dem eher grob geplanten SNP-Planauftrag ein Element der APO-Applikation PP/DS werden. Zu diesem Zweck müssen Sie eine Umsetzung des SNP-Planauftrags in einen PP/DS-Planauftrag vornehmen, indem Sie beispielsweise auf den Button **SNP** klicken (siehe Abbildung 29.9). Eine weitere Möglichkeit besteht darin, die Transaktion /SAPAPO/SNP2PPDS beispielsweise im Rahmen eines Hintergrundjobs einzusetzen.

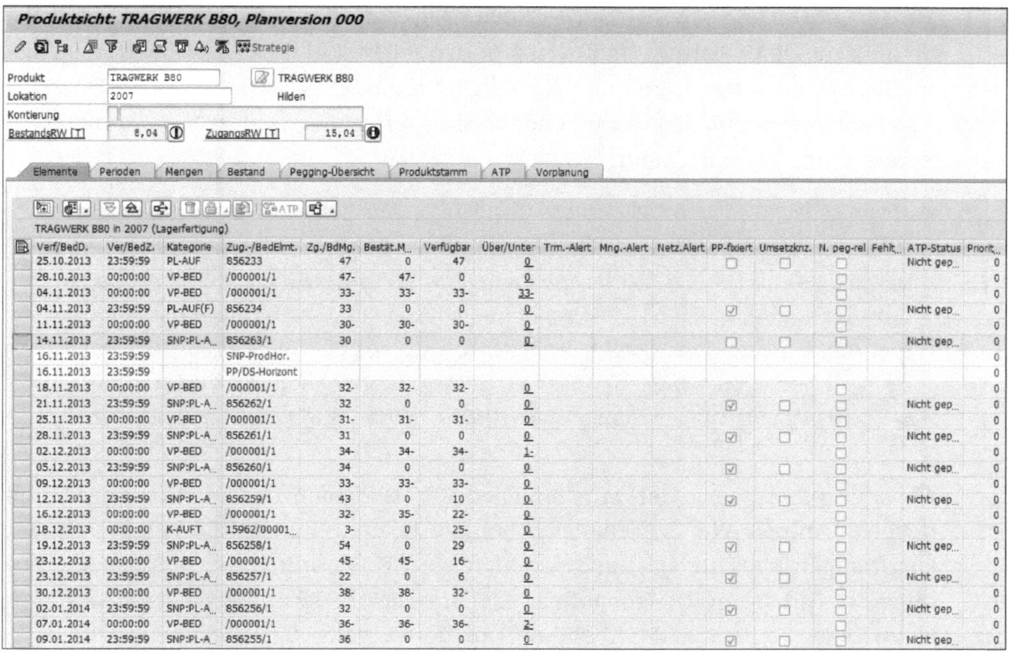

Abbildung 29.8 Produktsicht mit SNP-Planauftrag im PP/DS-Horizont

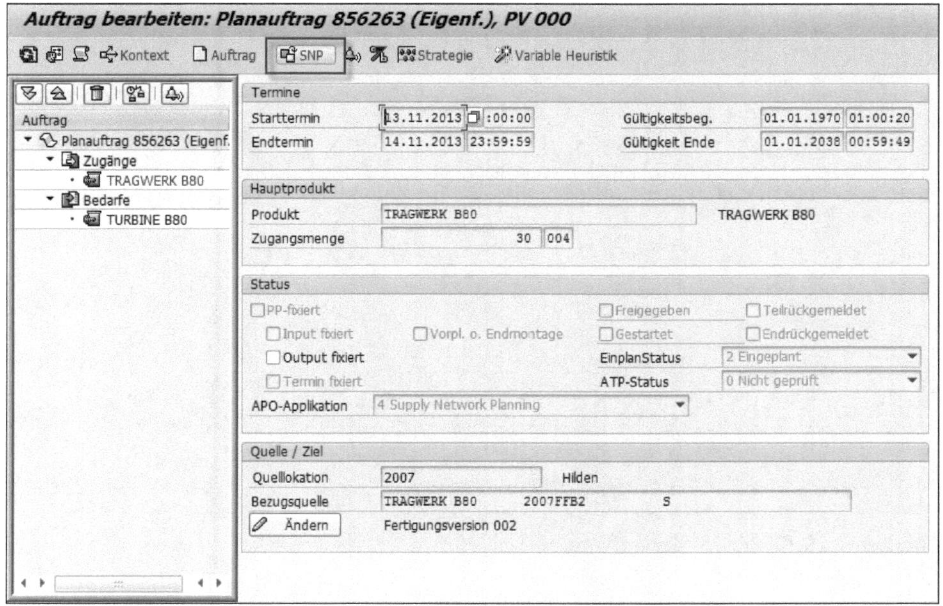

Abbildung 29.9 Umsetzung SNP- in PP/DS-Planauftrag

29

Mit der Umsetzung in einen PP/DS-Planauftrag erhält der Auftrag nun die Daten, die für die detaillierte Planung im Kurzfristhorizont benötigt werden. Dabei werden beispielsweise genauere Daten aus der PP/DS-Produktionsdatenstruktur (PDS) sowie eine zeitkontinuierliche Ressourcendefinition verwendet, wodurch es zu einer Neuterminierung kommen kann.

[»]

Umsetzung von SNP-Daten in Aufträge von ePP/DS

Das in diesem Kapitel beschriebene Szenario einer Umsetzung von SNP-Aufträgen in Aufträge von APO-PP/DS ist bei Verwendung von ePP/DS nicht unmittelbar möglich. Hier müssen Sie beispielsweise Zwischenschritte wie die Übertragung von Vorplanbedarfen vorsehen, die wir in Abschnitt 28.4., »Integration der Kapazitätsplanung in SAP S/4HANA, SAP IBP für Supply und ePP/DS«, für das IBP-System beschrieben haben.

Abbildung 29.10 zeigt den entstandenen PP/DS-Planauftrag mit Vorgängen und neuen Terminen. Wie Sie sehen, wurden die Termine nun auf Basis einer aus der kurzfristigen Kapazitätsplanung resultierenden PDS ermittelt, sodass der Starttermin vom 13.11. 00:00:00 Uhr auf den 12.11. um 05:51:55 terminiert wurde. Zusätzlich ist im linken Teilfenster der Abbildung nun der Vorgang 10 zu erkennen.

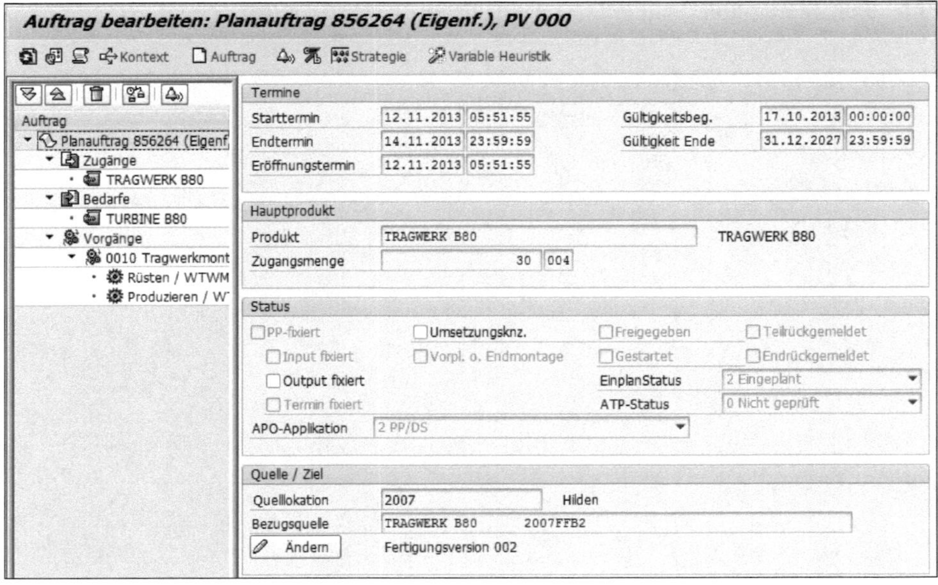

Abbildung 29.10 PP/DS-Planauftrag

Während der Umsetzung wurde auf die Heuristik SAP_SNP_SNGL zurückgegriffen, in der analog zu den Schilderungen in Abschnitt 21.2, »Strategieprofile in der kurzfristigen Kapazitätsplanung«, ein heuristikspezifisches Strategieprofil zur Anwendung kommt (siehe Abbildung 29.11).

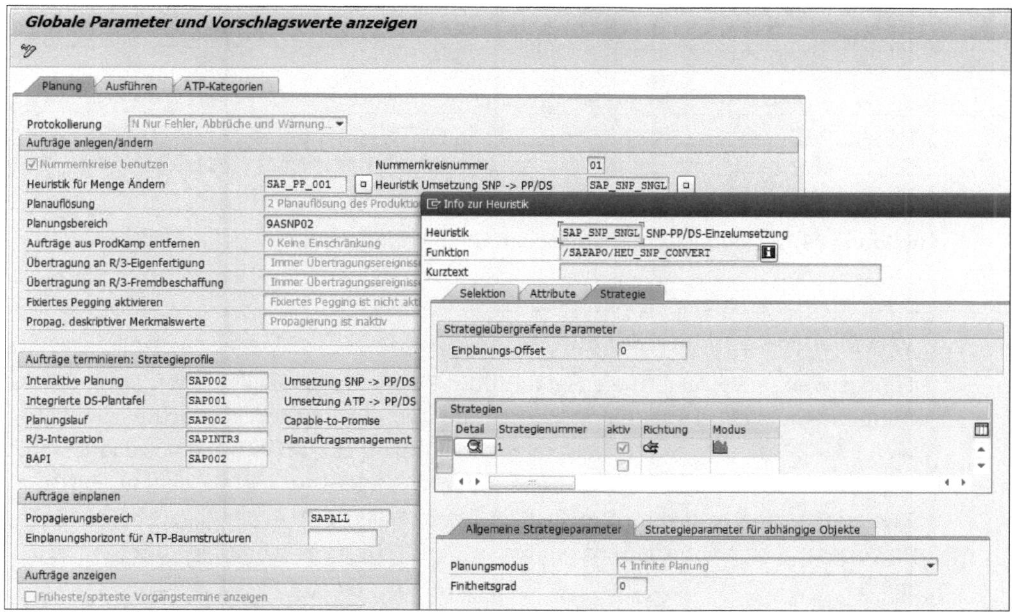

Abbildung 29.11 SNP-PP/DS-Einzelumsetzungsheuristik in den globalen Parametern des PP/DS-Customizings

In diesem Heuristik-Customizing ist – wie in Abbildung 29.11 dargestellt – hinterlegt, dass der PP/DS-Planauftrag bei der Anlage aus einem SNP-Planauftrag infinit eingeplant werden soll. Dies führt zu einer Ressourcenüberlast auf der Montageressource, da zeitgleich bereits ein PP/DS-Planauftrag eines anderen Produkts auf dieser Ressource eingeplant ist, die zu diesem Zeitpunkt nur über eine einzelne Bearbeitungsmöglichkeit verfügt. Die Überlast wird in Abbildung 29.12, die eine grafische Feinplanungstafel zeigt, durch den Balken im unteren Teilbild zur **Ressourcenauslastung** angezeigt, während die beiden größtenteils zeitgleich liegenden Planaufträge im oberen **Ressourcenteilbild** der grafischen Feinplanungstafel zu sehen sind.

Während in den produktorientierten Abbildungen der Produktsicht die Kapazitätssituation nicht zu sehen war, wird hier nun die vorliegende Ressourcenkonkurrenz deutlich. Wie Sie sehen, ist auf diesem Weg kein machbarer Plan entstanden, da der im Rahmen dieses Beispiels im Fokus stehende Planauftrag des Produkts TRAGWERK B80 um die knappe Kapazität auf der Tragwerkmontageressource mit anderen Produkten konkurriert, die jedoch in der produktorientierten Sicht nicht angezeigt wurden.

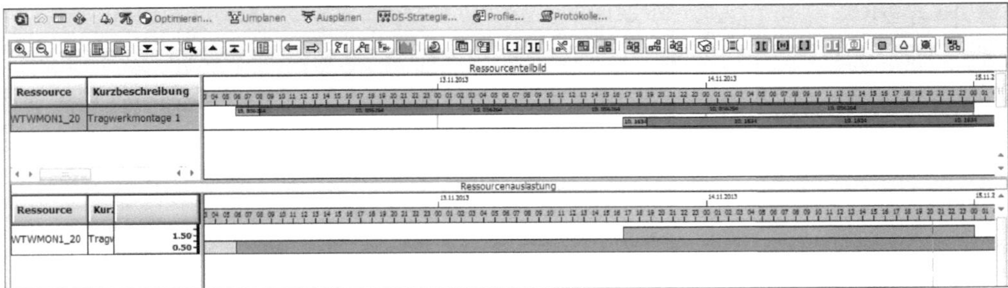

Abbildung 29.12 Überlast in der grafischen Feinplanungstafel

Verschiedene Optionen der Auftragsanlage

Für das weitere Beispiel ist die Herkunft des Planauftrags aus der langfristigen Planung unerheblich, die weiteren Schritte könnten auch analog beobachtet werden, wenn der PP/DS-Planauftrag beispielsweise aus dem ERP-MRP-Lauf (im Szenario der MRP-basierten Feinplanung) oder aber dem APO-MRP-Lauf (im klassischen PP/DS-Szenario) hervorgegangen wäre. Auch in diesen Fällen wird in der Regel ein infinites Planungsergebnis vorliegen, das durch weitere Schritte machbar gestaltet werden muss.

In der Folge werden für den kurzfristigen Horizont Feinplanungsfunktionalitäten angewendet, wie beispielsweise Serviceheuristiken zur Vererbung von Auftragsprioritäten oder die PP/DS-Optimierung. Der Auftrag wird in unserem Beispiel durch die Planungsfunktion der PP/DS-Optimierung in die Zukunft geschoben, da über das Pegging-Netz identifiziert wird, dass der Planauftrag erst für den Vorplanbedarf am 25. November benötigt wird, wie Sie in der Kontextsicht des betrachteten Planauftrags in Abbildung 29.13 sehen können. Hierdurch kann es – wie in unserem Beispiel – dazu kommen, dass der Auftrag außerhalb des PP/DS-Horizonts geschoben wird. Dies ist jedoch nur dann möglich, wenn der PP/DS-Horizont nicht mit dem Optimierungshorizont übereinstimmt.

Mit der fortschreitenden Zeit kommt es nun in der Folge dazu, dass der PP/DS-Planauftrag in einen Produktionsauftrag umgesetzt wird. Zu diesem Zweck kann beispielsweise das Umsetzungskennzeichen in der Produktsicht gesetzt werden, eine andere Möglichkeit besteht in einer Massenumsetzung im Hintergrund mit Transaktion /SAPAPO/RRP7. In einem Szenario der MRP-basierten Feinplanung ist es ebenfalls möglich, die Auftragsumsetzung aus dem ERP-System heraus durchzuführen. Abbildung 29.14 zeigt das gesetzte Umsetzungskennzeichen (**Umsetzknz.**) zum betrachteten Planauftrag 856264 in der APO-Produktsicht.

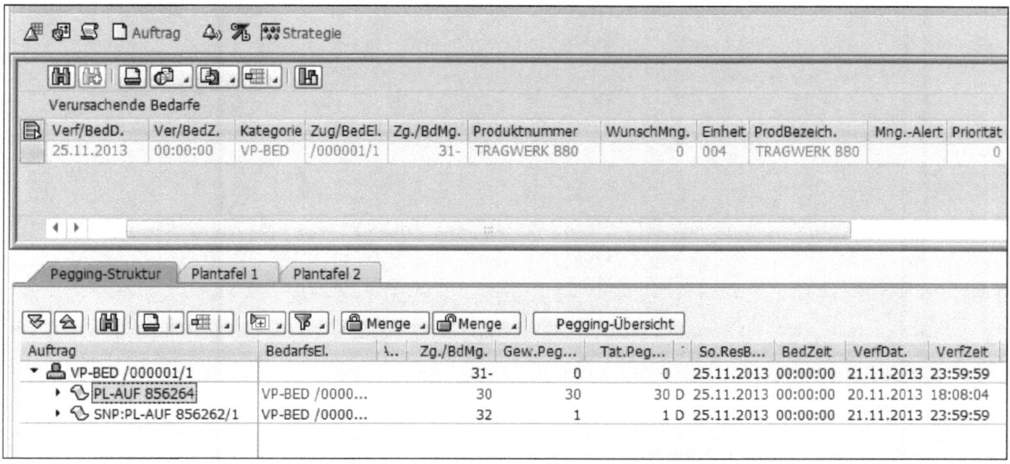

Verursachende Bedarfe

Verf/BedD.	Ver/BedZ.	Kategorie	Zug/BedEl.	Zg./BdMg.	Produktnummer	WunschMng.	Einheit	ProdBezeich.	Mng.-Alert	Priorität
25.11.2013	00:00:00	VP-BED	/000001/1	31-	TRAGWERK B80	0	004	TRAGWERK B80		0

Auftrag	BedarfsEl.	Zg./BdMg.	Gew.Peg...	Tat.Peg...	So.ResB...	BedZeit	VerfDat.	VerfZeit
VP-BED /000001/1		31-	0	0	25.11.2013	00:00:00	21.11.2013	23:59:59
PL-AUF 856264	VP-BED /0000...	30	30	30 D	25.11.2013	00:00:00	20.11.2013	18:08:04
SNP:PL-AUF 856262/1	VP-BED /0000...	32	1	1 D	25.11.2013	00:00:00	21.11.2013	23:59:59

Abbildung 29.13 Kontextsicht zum Planauftrag

Elemente | Perioden | Mengen | Bestand | Pegging-Übersicht | Produktstamm | ATP | Vorplanung

TRAGWERK B80 in 2007 (Lagerfertigung)

Verf/BedD.	Ver/BedZ.	Kategorie	Zug.-/BedElmt.	Zg./BdMg.	Bestät.M...	Verfügbar	Über/Unter	Umsetzknz.	N. peg-rel
18.11.2013	00:00:00	VP-BED	/000001/1	32-	32-	62-	29-		☐
20.11.2013	18:08:04	PL-AUF(F)	856264	30	0	32-	0	☑	☐
21.11.2013	23:59:59	SNP:PL-A...	856262/1	32	0	0	0	☐	☐
25.11.2013	00:00:00	VP-BED	/000001/1	31-	31-	31-	0		☐
28.11.2013	23:59:59	SNP:PL-A...	856261/1	31	0	0	0	☐	☐
02.12.2013	00:00:00	VP-BED	/000001/1	34-	34-	34-	0		☐
05.12.2013	23:59:59	SNP:PL-A...	856260/1	34	0	0	0	☐	☐
09.12.2013	00:00:00	VP-BED	/000001/1	33-	33-	33-	0		☐
12.12.2013	23:59:59	SNP:PL-A...	856259/1	43	0	10	0	☐	☐
16.12.2013	00:00:00	VP-BED	/000001/1	32-	35-	22-	0		☐
18.12.2013	00:00:00	K-AUFT	15962/00001...	3-	0	25-	0		☐
19.12.2013	23:59:59	SNP:PL-A...	856258/1	54	0	29	0	☐	☐
23.12.2013	00:00:00	VP-BED	/000001/1	45-	45-	16-	0		☐
23.12.2013	23:59:59	SNP:PL-A...	856257/1	22	0	6	0	☐	☐
30.12.2013	00:00:00	VP-BED	/000001/1	38-	38-	32-	0		☐
02.01.2014	23:59:59	SNP:PL-A...	856256/1	32	0	0	0	☐	☐

Abbildung 29.14 Umsetzung des Planauftrags in einen Fertigungsauftrag

Nach der Umsetzung steht der Fertigungsauftrag für die weitere Ausführung der Planung sowohl im APO-System (Abbildung 29.15) als auch im ERP-System (Abbildung 29.16) zur Verfügung.

29

Elemente | Perioden | Mengen | Bestand | Pegging-Übersicht | Produktstamm | ATP | Vorplanung

TRAGWERK B80 in 2007 (Lagerfertigung)

Verf/BedD.	Ver/BedZ.	Kategorie	Zug.-/BedElmt.	Zg./BdMg.	Bestät.M...	Verfügbar	Über/Unter	Trm.-Alert	Mng.-Alert	Netz.Alert	PP-fixiert	Umsetzknz.	N. peg-rel
18.11.2013	00:00:00	VP-BED	/000001/1	32-	32-	62-	29-						☐
20.11.2013	18:08:04	FE-AUF(F)	60005810	30	0	32-	0				☑		☐
21.11.2013	23:59:59	SNP:PL-A...	856262/1	32	0	0	0				☑	☐	☐
25.11.2013	00:00:00	VP-BED	/000001/1	31-	31-	31-	0						☐
28.11.2013	23:59:59	SNP:PL-A...	856261/1	31	0	0	0				☑	☐	☐
02.12.2013	00:00:00	VP-BED	/000001/1	34-	34-	34-	0						☐
05.12.2013	23:59:59	SNP:PL-A...	856260/1	34	0	0	0				☑	☐	☐
09.12.2013	00:00:00	VP-BED	/000001/1	33-	33-	33-	0						☐
12.12.2013	23:59:59	SNP:PL-A...	856259/1	43	0	10	0				☑	☐	☐
16.12.2013	00:00:00	VP-BED	/000001/1	32-	35-	22-	0						☐
18.12.2013	00:00:00	K-AUFT	15962/00001...	3-	0	25-	0						☐
19.12.2013	23:59:59	SNP:PL-A...	856258/1	54	0	29	0				☑	☐	☐
23.12.2013	00:00:00	VP-BED	/000001/1	45-	45-	16-	0						☐
23.12.2013	23:59:59	SNP:PL-A...	856257/1	22	0	6	0				☑	☐	☐
30.12.2013	00:00:00	VP-BED	/000001/1	38-	38-	32-	0						☐
02.01.2014	23:59:59	SNP:PL-A...	856256/1	32	0	0	0				☑	☐	☐

Abbildung 29.15 Fertigungsauftrag im APO-System

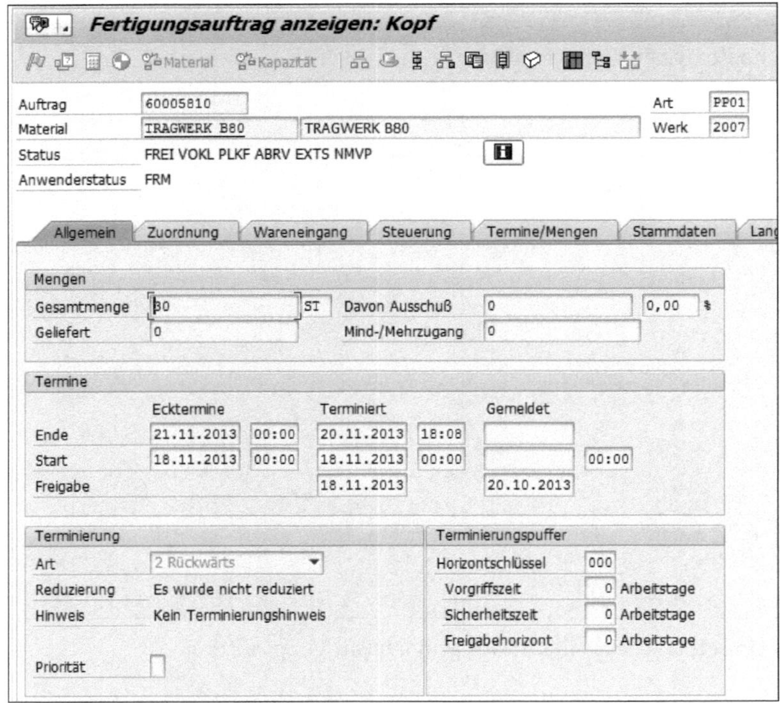

Abbildung 29.16 Fertigungsauftrag im ERP-System

29.5 Fazit

In diesem abschließenden Kapitel haben Sie nun einen Überblick erhalten, wie Sie die Kapazitätsplanung mittels verschiedener Funktionen im System abbilden können. Mit diesem Kapitel haben Sie auch einen Eindruck von der Benutzeroberfläche gewinnen können, und Sie haben erfahren, wie sich eine solche Implementierung am Ende auf den Arbeitsalltag eines einzelnen Planers auswirken kann.

Kapitel 30
Fazit und Ausblick

Eine zielgerichtete Kapazitätsplanung ist schon heute unabdingbar. Zum Abschluss dieses Buches nehmen wir eine kurze Bestandsaufnahme vor und wagen einen Blick in die Zukunft der Kapazitätsplanung.

Die Kapazitätsplanung hat in den letzten Jahrzehnten zunehmend an Bedeutung gewonnen. Beständiges Wirtschaftswachstum mit zunehmend relevanten Kapazitätsbeschränkungen sowie eine immer kapitalintensivere Produktion mit hohem Investitionsbedarf bei Kapazitätsausweitungen machen eine zielgerichtete Planung der beschränkten Kapazitäten sowohl werksübergreifend als auch in werksbezogenen Szenarien maßgeblich für den Erfolg der Supply-Chain-Planung.

Verstärkt wurde der Trend durch ständig wachsende Möglichkeiten auf dem Gebiet der Informationstechnologie. Dies ist nicht zuletzt in den fortschrittlichen Methoden begründet, die Advanced Planning Systems (APS) wie SAP APO im ersten Jahrzehnt dieses Jahrtausends bereitgestellt haben. Durch neuartige Technologien wie Cloudlösungen oder SAP HANA haben diese Methoden wieder neuen Aufwind bekommen, und es sind nun Vorgehensweisen in der Supply-Chain-Planung möglich, die früher nicht denkbar waren. Diese Technologien erfreuen sich zunehmender Beliebtheit, wie die Steigerungsraten der Nutzerzahlen des IBP-Systems zeigen.

Ergänzt werden diese Möglichkeiten durch die beständige Entwicklung neuer betriebswirtschaftlicher Theorien auf dem Gebiet der Supply-Chain-Planung sowie der mathematischen Grundlagen für die Lösung der komplexen Probleme, die sich hinter der Erstellung eines machbaren bzw. gar optimierten Plan verbergen. Beispielhaft sei hier nur die Verwendung von Machine-Learning-Funktionen genannt, die in verschiedenen IBP-Anwendungen bereits zum Einsatz kommen.

Einschnitte wie die Finanzkrise zum Ende der Nullerjahre oder aktuell auch die Corona-Krise haben auch nicht zuletzt für die Kapazitätsplanung neue Herausforderungen mit sich gebracht. Das vorübergehende Wegbrechen von Bedarfen und die daran anschließende Erholung mit hohen Überlasten zur Kompensation des Einbruchs haben langfristige Planungen durcheinander geworfen und die Notwendigkeit einer weitreichenden Flexibilität sehr deutlich aufgezeigt. Hier waren besonders die Unternehmen erfolgreich, die in der Lage waren, schnell auf die veränderten Anforderungen zu reagieren. Diese Art Flexibilität zu gewährleisten, wird auch in Zukunft das Ziel vieler Unternehmen in ihrem Supply-Chain-Planungsgeschehen sein.

Es ist davon auszugehen, dass sich die oben genannten Trends in technologischer und methodischer Hinsicht – ungeachtet der Verwerfungen durch die genannten Krisen – in den kommenden Jahren und Jahrzehnten noch weiterentwickeln werden.

Mit Blick auf die für die Kapazitätsplanung zur Verfügung stehenden Systeme ist in der näheren Zukunft eine noch weiter gehende Vernetzung der Systemfunktionalitäten zu erwarten. Beispielsweise wird systemübergreifend weiter an der Optimierung von Schnittstellen gearbeitet, bzw. mittel- bis langfristige Optionen wie IBP für Supply & Response werden funktional noch stärker mit kurzfristigen Ansätzen wie ePP/DS verbunden. Auch erwarten wir, dass umgekehrt längerfristige Planungskomponenten in Funktionen der kurzfristigen Planung wie ePP/DS Einzug halten werden, um Anwendungsfälle, wie sie früher im Zusammenwirken zwischen SNP und PP/DS im APO-System möglich waren, auch direkt mit ePP/DS zu unterstützen.

Dies alles werden voraussichtlich jedoch nur Zwischenschritte sein auf dem Weg hin zu Simultanplanungskonzepten, in denen die Kapazitäten bereits simultan im Schritt der Bestimmung von Auftragsmengen enthalten sein werden.

Als Fazit kann somit festgehalten werden, dass die Kapazitätsplanung nicht nur integraler Bestandsteil der Supply-Chain-Planung bleibt, sondern weiterhin an Bedeutung gewinnen wird.

Anhang

Anhang A
Relevante Erweiterungen

Im Folgenden listen wir Ihnen unterteilt nach den einzelnen Modulen einige relevante Schnittstellen, wie User-Exits, Funktionsbausteine, BAdIs etc., auf, mit denen Sie individuelle Funktionserweiterungen entwickeln können. Die Auflistung erhebt keinen Anspruch auf Vollständigkeit.

A.1 Planung im ERP-System

In Tabelle A.1 sind einige mögliche Funktionserweiterungen im ERP-System aufgeführt.

Erweiterungen	Beschreibung
CCOWB001	Kundenexit zum Modifizieren Menueinträge
CONF0001	Erweiterungen in der Auftragsrückmeldung
CONFPP01	PP-Auftragsrückm.: Kundenspez. Vorschlagswerte ermitteln
CONFPP02	PP-Auftragsrückmeldung: Kundenspez. Eingabeprüfungen 1
CONFPP03	PP-Auftragsrückm.: Kundenspez. Prüf. nach Vorgangsselekt.
CONFPP04	PP-Auftragsrückmeldung: Kundenspez. Eingabeprüfungen 2
CONFPP05	PP-Auftragsrückm.: Kundenspez. Ergänzungen beim Sichern
CONFPP06	Datenübernahme für automatisch erzeugte Rückmeldungen
CONFPP07	Detailbereiche der Einbilderfassung definieren
COOCM001	Konflikt für Änderungsschritt
COOCM002	Definition von Vergleichsfeldern für Auftragsvergleich
COZF0001 sowie COZF0002	Bestellanforderung zum Fremdvorgang ändern

Tabelle A.1 Mögliche Funktionserweiterungen im ERP-System

Erweiterungen	Beschreibung
MD_ADD_COL_EZPS	BAdI: Zusatzspalten bei der Auswertung PP-MRP Bedarfsplanung
MD_ADD_COL_OVERVIEW	BAdI: Anzeige von Zusatzspalten in der Materialübersicht
MD_ADD_ELEMENTS	Eigene Dispositionselemente in MPR/LTP
MD_CHANGE_CALENDAR	BAdI: Ändern des Kalenders für die Reichweitenrechnung
MD_CHANGE_MRP_DATA	Einlesen der Dispositionsdaten
MD_DISPLAY_ELEMENT	BAdI zur Änderung der Anzeige der Dispositionselemente
MD_EXPORT_TREE	Auftragsbericht: Inhalt des Auftragsbaums exportieren
MD_EXT_SUP	BAdI zur Ermittlung des abgebenden Lagerortes
MD_INTERACT_PLANNING	BAdI zur Deaktivierung der Änderbarkeit von Dispoelementen
MD_LAST_LOT_EXACT	BAdI zur Berechnung letztes Los exakt im
MD_M61R_DELKZ_POPUP	Definition: Daten zum Dispoelement anzeigen (MD04)
MD_M61R_EXT_REQS_TXT	Definition: Daten Dispoelement für externe Bedarfe ergänzen
MD_M61X_EXT_REQS_GET	Definition zur Selektion externer Bedarfe in FuGr
MD_MODIFY_PRODVERS	BAdI zur Modifikation der Fertigungsversion
MD_MODIFY_SOURCE	BAdI zur modifizierten Bezugsquellenfindung im MRP
MD_MRP_LIST	BADI zur Weiterverarbeitung der Dispositionsliste
MD_MRP_PARAMETERS	Änderung von Planungsparametern
MD_MRP_RUN_PARALLEL	Add-Ins für parallelen Planungslauf der Bedarfsplanung
MD_PIR_FLEX_CONS	BAdI zur flexiblen Primärbedarfsverrechnung/-abbau
MD_PLANNING_RESULT	BAdI zur Ausgabe des Planungsergebnisses
MD_PLANNING_SCENARIO	BAdI zur Pflege zusätzlicher Parameter im Planungsszenario
MD_PLDORD_BOMEX_CIF	BAdI: Abschaltung der Stücklistenzwangsauflösung im CIF
MD_PLDORD_CHANGE	BAdI zur Änderung von Planaufträgen
MD_PLDORD_POST	BAdI: Fortschreibung von Planaufträgen

Tabelle A.1 Mögliche Funktionserweiterungen im ERP-System (Forts.)

Erweiterungen	Beschreibung
MD_PLDORD_SCHEDULING	BAdI zur Terminierung von Planaufträgen
MD_PLDORD_TIME_STAMP	BADI zur Publikation von Zeitstempelproblemen
MD_PURREQ_CHANGE	BADI zur Änderung von Bestellanforderungen
MD_PURREQ_POST	BADI zur Fortschreibung von Bestellanforderungen
MD_PURREQ_REL_STRAT	BAdI zur Deaktivierung der Freigabeermittlung für MRP-Banfen
MD_STOCK_TRANSFER	Bedarfsterminierung von Umlagerungen
MD_SUBCONT_LOGIC	Lohnbearbeiterlogik
MDATA_TEMPLATE_TEST	Stammdatenvorlage im Testmodus ausführen
MDC_SUBSCR_ACL	Kunden-Subscreen für Logbuchmessbeleg
MDM_BUPA_INBOUND	Exit für Eingang von Kunde/Lieferant
PPCO0001	Erweiterung beim Sichern des Auftrags
PPCO0002	Erweiterung beim Setzen der Löschvormerkung bzw. -kennzeichen
PPCO0003	Erweiterung bei Montageauftragsänderung
PPCO0005	Erweiterung für Lagerortfindung/retrograde Entnahme
PPCO0006	Erweiterung zum Vorbelegen von Feldern im Auftragskopf
PPCO0007	Exit beim Sichern Fertigungsauftrag
PPCO0008	Erweiterung beim Hinzufügen und Ändern von Komponenten
PPCO0012	Erweiterung beim Anzeigen/Ändern der Daten des Auftragskopfs
PPCO0015	Zusatzprüfung für Dokumentverknüpfungen aus Stücklisten
PPCO0016	Dokumentverknüpfungen aus Stammdaten erzeugen
PPCO0017	Zusatzprüfung Dialogverarbeitung von Dokumentverknüpfungen
PPCO0018	Prüfung von Änderungen des Fertigungsauftragskopfs

Tabelle A.1 Mögliche Funktionserweiterungen im ERP-System (Forts.)

Erweiterungen	Beschreibung
PPCO0019	Prüfung von Änderungen des Fertigungsauftragskopfs
PPCO0021	Erweiterung bei Auftragsfreigabe
STATTEXT	Erweiterung zur Aufbereitung der Statustextzeile
WORKORDER_INFOSYSTEM	BAdI: Infosystem
WORKORDER_UPDATE	BAdI: Auftragsänderungen

Tabelle A.1 Mögliche Funktionserweiterungen im ERP-System (Forts.)

A.2 Planung im APO-System mit SNP

In Tabelle A.2 finden Sie einige relevante Funktionserweiterungen für APO-SNP.

Erweiterungen	Beschreibung
/SAPAPO/ADVX	BAdI für DP/SNP-Makroausführung
/SAPAPO/BADI_PEN_GROUP	BAdI zur Modifikation der Strafkostengruppe
/SAPAPO/CTM_DRS_COMP	Vergleich von Streckenbedarfen und -zugängen: Customer-Exits
/SAPAPO/CTM_MATLOC	CTM: Produkt- bzw. Lokationsdaten modifizieren
/SAPAPO/CTM_MCHECK	CTM: CTM-Stammdatenprüfung erweitern
/SAPAPO/CTM_ORDERS	BAdI zum Ändern von Aufträge vor Speichern im liveCache
/SAPAPO/CTM_ORDSEL	CTM: Auftragsselektion filtern
/SAPAPO/CTM_PLPAR	BAdI zum Ändern von Planungsparametern vor der Übertragung
/SAPAPO/CTM_RESOURCE	CTM: Ressource und Kapazität ändern
/SAPAPO/CTM_SOSEXT	CTM: Fremdbeschaffungsbezugsquellen modifizieren
/SAPAPO/CTM_SOSINT	CTM: Eigenfertigungsbezugsquellen modifizieren
/SAPAPO/CTM_SUBST	CTM: Substitutionen anpassen
/SAPAPO/CTM_SUPPLY	CTM: Bestand modifizieren

Tabelle A.2 Mögliche Funktionserweiterungen für SNP

Erweiterungen	Beschreibung
/SAPAPO/CULLSNPEXPL	Erweiterung für die Auflösung der SNP-Produktdatenstruktur
/SAPAPO/CURTO_SNP	Erweiterung beim Anlegen einer SNP-PDS (R/3)
/SAPAPO/DM_SNP_FILT	Steuerung der SNP-Planauftragsintegration im APO-Eingang
/SAPAPO/MSDP_TLB_ENH	Kundendefinierte SNP-TLB-Funktionen
/SAPAPO/RRP_SNP_CONV	Bezugsquellen und Beschaffungsmengen bei SNP-PP/DS-Umsetzung
/SAPAPO/SDP_BATCH	Erweiterungen zu DP-Batch-Jobs
/SAPAPO/SDP_CIFOUT	Modifikation der Daten beim Versenden von SNP-Aufträgen
/SAPAPO/SDP_COLWIDTH	Vorgabe der Spaltenbreite der Planungsperiode
/SAPAPO/SDP_DISTR	User-definierte Distributionsmethode für Deployment
/SAPAPO/SDP_DOPT_LOG	BAdI zur Bearb. der Eingabe- u. Ergebnislogs des Deploy-Opt.
/SAPAPO/SDP_EXTRACT	User Exit: Planungsbereichsdaten extrahieren
/SAPAPO/SDP_FIXWIDTH	Spaltenbreite Infoobjekte setzen
/SAPAPO/SDP_HEADER	HEADER
/SAPAPO/SDP_INTERACT	SDP: interaktive Planung
/SAPAPO/SDP_IOBJNM	SDP: InfoObjekte
/SAPAPO/SDP_MAK_SAF	BAdI: Austauschbarkeit bei der Sicherheitsbestandsberechnung
/SAPAPO/SDP_NOTE	Erweiterung für Notizen
/SAPAPO/SDP_OPT_LOG	BAdI zur Bearb. der Eingabe- u. Ergebnislogs des Optimierers
/SAPAPO/SDP_OPT_MOD	Kundenanpassungen von SNP Opt. bzw. Depl. Opt. Ergebnissen
/SAPAPO/SDP_ORD_TIME	Start- Endezeit für SNP Aufträge
/SAPAPO/SDP_PC	Erweiterungen zu Prozessketten im SCM

Tabelle A.2 Mögliche Funktionserweiterungen für SNP (Forts.)

Erweiterungen	Beschreibung
/SAPAPO/SDP_REL_SNP	Modifikation der Daten bei Freigabe von SNP an DP
/SAPAPO/SDP_RELDATA	Modifikation der Daten bei Freigabe von DP an SNP-Aufträge
/SAPAPO/SDP_RELSPLIT	Modifikation des Aufteilungsprofils bei Freigabe DP → SNP
/SAPAPO/SDP_RELSTRAT	Setzen der Bedarfstrategie bei der Freigabe
/SAPAPO/SDP_SAVE	Kontrolle des Vorgangs des Sicherns von Daten
/SAPAPO/SDP_SELECTOR	User Exits für SDP-Selektor
/SAPAPO/SDP_TLB_CTRL	Priosierung und/oder Verfügbarkeitsprüfung abschalten
/SAPAPO/SDP_TLBORDER	Manipulation der Deploymentaufträge vor dem TLB-Lauf
/SAPAPO/SDP_TRANSP	Erweiterungen zum Transport von DP/SNP-Objekte
/SAPAPO/SNP_ADV_SFT	BAdI zur Erweiterten Sicherheitsbestandsplanung im SNP
/SAPAPO/SNP_AGGR_ORDGROUP	BAdI: Assignment of Order Groups in Aggregated Planning
/SAPAPO/SNP_CAP	SNP Kapazitätsabgleich (kundenspezifisch)
/SAPAPO/SNP_DETAIL_V	Methoden in der SNP-Detailsicht (Layoutattribute ändern)
/SAPAPO/SNP_FIL_LOT	BAdI für kundenspezifische Quotierungslogik
/SAPAPO/SNP_GET_DATE	Erweiterung der Terminierungslogik für das Zugangsdatum
/SAPAPO/SNP_HEU	BAdI-Methoden zur Steuerung der SNP-Heuristik
/SAPAPO/SNP_INC_HRCH	Horizontprüfsteuerung für Austauschbarkeit
/SAPAPO/SNP_INC_STFW	Bestandsweitergabe für Produktaustauschbarkeit
/SAPAPO/SNP_INTERAKT	BAdI-Interface /SAPAPO/SNP_INTERAKT
/SAPAPO/SNP_JOB_CTRL	BAdI zur Steuerung des SNP-Jobverhaltens
/SAPAPO/SNP_LLC	BAdI für SNP-Dispositionsstufenermittlung

Tabelle A.2 Mögliche Funktionserweiterungen für SNP (Forts.)

Erweiterungen	Beschreibung
/SAPAPO/SNP_PERIO_LS	BAdI zur periodischen Losgrößenzusammenfassung
/SAPAPO/SNP_RND_PROF	BAdI zur kundenspezifischen Auswertung des Rundungsprofils
/SAPAPO/SNP_SHLF	Shelf Life planning
/SAPAPO/SNP_SHLF_PROP	Shelf Life Propagation
/SAPAPO/SNP_SOURCES	BAdI zur Steuerung der Bezugsquellenfindung
/SAPAPO/SNP_TRANS_SCHED	Terminierung von SNP-Umlagerungen erweitern
/SAPAPO/SNP_TRANSFER	Setze Transferkennzeichen für Aufträge an OLTP
/SAPAPO/SNP_USERSPL	Datenaufbereitung vor/nach Priorisierung von Deploym. Umlag.
/SAPAPO/SNPFRWK_BAS	SNP-MerkmArch.: Architekturschnittstelle für Basisfunktionen
/SAPAPO/SNPFRWK_INTF	SNP-MerkArc.: Architektur-Schnittstelle für SNP-Funktionen
/SAPAPO/TLB_CHK_DATE	/SAPAPO/TLB_CHK_DATE
/SAPAPO/TLB_DISP_CHG	Manipulation der Anzeigedaten im TLB-Grid
/SAPAPO/TLB_GET_TAFR	Startzeitpunkt der Transportaktivität eines TLB-Transports
/SAPAPO/TLB_SET_COL	Setzen der Farb-Eigenschaften für Auftragsanzeige int. TLB
SAPAPO/TS_DM_SET	Absatz- und Beschaffungsplanung: Daten schreiben

Tabelle A.2 Mögliche Funktionserweiterungen für SNP (Forts.)

A.3 Planung im APO-System mit PP/DS

In Tabelle A.3 sind einige mögliche Funktionserweiterungen im APO-System aufgeführt.

Erweiterungen	Beschreibung
/SAPAPO/AM_ALERT_PP	PP/DS-Alert-Liste verwalten
/SAPAPO/AM_ALERTLIST	BAdI: Alert-Liste erweitern oder ändern

Tabelle A.3 Mögliche Funktionserweiterungen im APO-System

Erweiterungen	Beschreibung
/SAPAPO/AM_CNF_ALERT	BAdI: Über-/Unterbestätigungs-Alerts
/SAPAPO/AM_SET_PRIO	BAdI: Ändern der Priorisierung gelesener Alerts
/SAPAPO/CDPS_AMOFILT	Datenfilter für aus DS-Plantafel aufgerufenen Alert Monitor
/SAPAPO/CDPS_BLKDATA	BAdI: Ändern von Daten zur Blockplanung
/SAPAPO/CDPS_FC_CDAT	Ändern von Kurvendaten für das Füllstandsteilbild
/SAPAPO/CDPS_FDISHEU	Ändern von Daten vor und nach Ausführen
/SAPAPO/CDPS_FT	Konfiguration der Oberfläche z fehlertoleranten Terminierung
/SAPAPO/CDPS_MATGEN	BAdI: Generierung von Rüstmatrizen
/SAPAPO/CDPS_MATGEN	BAdI zur Rüstmatrixgenerierung
/SAPAPO/CDPS_MC_CDAT	Ändern von Kurvendaten für das Produktbestandsteilbild
/SAPAPO/CDPS_OPRDATA	Lesen von zusätzlichen Vorgangsdaten
/SAPAPO/CDPS_OPTDATA	BAdI: Planungsdaten vor der Optimierung ändern
/SAPAPO/CDPS_ORDDATA	Lesen von zusätzlichen Auftragsdaten
/SAPAPO/CDPS_PCMBAR	Visualisierung des Kampagnenbalkens in der Plantafel ändern
/SAPAPO/CDPS_PMAN_01	BAdI: Massenpflege planerischer Mindestabstände und planerischer Offsets
/SAPAPO/CDPS_PMAN_02	BAdI: Heuristik Kritischer Pfad
/SAPAPO/CDPS_PMAN_03	BAdI: Kundeneigene Daten füllen (Projektfertigung)
/SAPAPO/CDPS_PP_RUN	Ändern von Selektionsdaten im Produktionsplanungslauf
/SAPAPO/CDPS_RC_CDAT	Ändern von Kurvendaten für das Ressourcenauslastungsteilbild
/SAPAPO/CDPS_SIMCHCK	Prüfung f. Bearbeiten/Kopieren/Löschen von SimulVersionen

Tabelle A.3 Mögliche Funktionserweiterungen im APO-System (Forts.)

Erweiterungen	Beschreibung
/SAPAPO/CDPS_SIMCTRL	PP/DS-Heuristik: Eigene Daten speichern/mergen/löschen
/SAPAPO/CIF_DELTA3	BAdI: Abgleich/Vergleich-Funktion
/SAPAPO/CIF_ENHANCE	Erweiterungen im CIF-Umfeld
/SAPAPO/CIF_PO_INBOU	BAdI: Eingangsverarbeitung Bestellbelege
/SAPAPO/CIF_TPSRC_IN	Eingangsverarbeitung Bezugsquellen
/SAPAPO/CL_EX_CIF_EH	CIF Fehlerbehandlung
/SAPAPO/CL_EX_CIF_IP	BAdI: Auftragsspezifische Eingangsverarbeitung beeinflussen
/SAPAPO/CL_EX_CIF_OP	Aufträge: APO-Daten vor Veröffentlichung verändern
/SAPAPO/CL_EX_SRVF_ORDER_VALID	Validierung eines Kundenauftrags für Service Fill Monitor
/SAPAPO/CL_EXCIF_IP	BADI: Abgleich von APO-Daten und CIF-Daten
/SAPAPO/CLP_RP_IO	CLP Anfrageprozess: Benutzeroberfläche
/SAPAPO/CLP_SDP01	Mapping von Merkmalen und deren Ausprägungen im CLP
/SAPAPO/CONFR	BAdI: Zugriff auf Konfigurationsdaten ausschalten
/SAPAPO/CUIB_HL	BAdI: Schnittstelle zur High-Level-Konfiguration
/SAPAPO/DM_BADI_CBF	Badi beim Auflösen der iPPE
/SAPAPO/DM_BADI_CONF	Anreicherung von Merkmalen
/SAPAPO/DM_BADI_CSP	BADI zur Verrechnung
/SAPAPO/DM_BADI_CUD	Badi zur Vorplanungstabellenpflege
/SAPAPO/DM_BADI_DMP2	Modifikation Bedarf in Transport mit /SAPAPO/DMP2
/SAPAPO/DM_BADI_REDU	BADI beim Warenausgang
/SAPAPO/DM_FIXPEG	BAdI: Anpassung von fixiertem Pegging bei Belegwechsel

Tabelle A.3 Mögliche Funktionserweiterungen im APO-System (Forts.)

Erweiterungen	Beschreibung
/SAPAPO/DM_ORDER_CHG	SNP-Planaufträge aus R/3 anlegen und Kategorie ändern
/SAPAPO/DM_PIR	Modifikation PIR aus R/3 Seite
/SAPAPO/DM_PO_CHANG2	BAdI: Fremdbeschaffungsaufträge vor Schreiben in LC ändern
/SAPAPO/DM_PO_CHANGE	BAdI: Fremdbeschaffungsaufträge vor Schreiben in LiveCache ändern
/SAPAPO/DM_PO_MNTN	BAdI: Schnittstelleneingang für Bewegungsdaten
/SAPAPO/DM_PO_OP_DA2	BAdI: Eröffnungshorizont und Kalender ändern
/SAPAPO/DM_RSV_PUB	Beschaffungstyp für Dispobereiche ändern
/SAPAPO/DM_SEL_MOD	Kombination deskriptiver Merkmale ändern
/SAPAPO/DM_SNP_FILT	Steuerung der SNP-Planauftragsintegration im APO-Eingang
/SAPAPO/DM_SUBCO_MD	Stammdaten für Lohnbearbeitung bei CIF-Eingang PDS anlegen
/SAPAPO/DM_TSTRID	Modifikation TSTRID Wert
/SAPAPO/EOG_ADDIN1	BAdI: Multiple Output Planning
/SAPAPO/EOG_HEUR	BADI in MOP-Heuristiken
/SAPAPO/EOGL_ADJUST	Anpassung der LOP-Aufträge mit mehreren Zugängen
/SAPAPO/EOGL_REC_SRT	BAdI: Sortierung von LOP-Zugängen vor der Bedarfsdeckung
/SAPAPO/PPC_BADI	BAdI: Produktionsrückmeldungen und Folgeprozesse weiterverarbeiten
/SAPAPO/PWB_SOS	BAdI: Bezugsquellenfindung
/SAPAPO/PWB_TPSRC_D	BAdI: Beschaffungsbeziehungen löschen
/SAPAPO/PWB_TPSRC_IN	BAdI: Beschaffungs- und Transportbeziehung ändern
/SAPAPO/RRP_ATPCHECK	BAdI: ATP-Prüfung im Auftrag erweitern
/SAPAPO/RRP_BOTTOMUP	BAdI für Heuristik 'Neuterminierung: Bottom-Up'

Tabelle A.3 Mögliche Funktionserweiterungen im APO-System (Forts.)

Erweiterungen	Beschreibung
/SAPAPO/RRP_BUCONTIO	BAdI: Heuristik für die Neuterminierung (Bottom-Up für Konti-IO) erweitern
/SAPAPO/RRP_COLL_CONV	BAdI: Massenumsetzung von Aufträgen
/SAPAPO/RRP_COVPARAM	BAdI: Prüfungen für die Umsetzung von Aufträgen definieren
/SAPAPO/RRP_EXPLODE	BAdI: Auflösung von Plan-/Produktionsaufträgen mit Multi-Ressource
/SAPAPO/RRP_FIXPEG	BAdI: Heuristiken für fixiertes Pegging erweitern
/SAPAPO/RRP_HEUR_DO	BAdI: Daten für PP-Heuristiken ändern
/SAPAPO/RRP_IO_CHECK	BAdI: Mehrstufige Planung (CTP) erweitern
/SAPAPO/RRP_IO_COL	BAdI: Erweiterung der Auftragssicht
/SAPAPO/RRP_ORD_CONV	Erweiterte Prüfung der Umsetzbarkeit eines Auftrags
/SAPAPO/RRP_PLANNING	BAdI: Beschaffungsplanungsheuristiken erweitern
/SAPAPO/RRP_QUOTA	BAdI: Quotierungsheuristik erweitern
/SAPAPO/RRP_SFTY_STK	BAdI: Heuristik für die Erzeugung von Sicherheitsbeständen im liveCache erweitern
/SAPAPO/RRP_SFTY_STK	BAdI für Sicherheitsbestandsheuristik
/SAPAPO/RRP_SNP_CONV	BAdI: SNP-PP/DS-Umsetzung erweitern
/SAPAPO/RRP_SRC_EXIT	BAdI: Bezugsquellenauswahl und Planauftragserstellung
/SAPAPO/RRP_SRC_EXIT	Erweiterungen beim Anlegen eines Plan-/Produktionsauftrages
/SAPAPO/RRP_TOPDOWN	BAdI: Heuristik für die Neuterminierung (Top-Down) erweitern
/SAPAPO/SFW_BW_EXT	BAdI: Rückwärtsplanung erweitern
/SAPAPO/SFW_FW_STB	Mehrstufige stabile Vorwärtsplanung
/SAPAPO/SOS_COST	BAdI: Priorisierung von Bezugsquellen und Transportmitteln

Tabelle A.3 Mögliche Funktionserweiterungen im APO-System (Forts.)

Erweiterungen	Beschreibung
CIFORD01	Exit: Erweiterung für Auftragseingangs-Schnittstelle (SAP APO — ERP)
CIFORD02	Erweiterung für Übertragung kundenspezifischer Auftragsfelder (ERP — SAP APO)
CIFORD03	Erweiterung für Eingang kundenspezifischer Felder im Eigenfertigungsauftrag (SAP APO — ERP)

Tabelle A.3 Mögliche Funktionserweiterungen im APO-System (Forts.)

A.4 Projektsystem (PS)

Abschließend finden Sie in Tabelle A.4 einige Erweiterung zum Projektsystem (PS).

Erweiterungen	Beschreibung
CAUFVD_CHANGE	BAdI: Gesamtnetzterminierung mit Selektionsmöglichkeit
CNEX0001	Prüfung der Benutzerfelder
CNEX0003	Kundenspezifische Felder in der Standardprojektdefinition
CNEX0004	Kundenspezifische Felder im Standard-PSP-Element
CNEX0005	Kundenspezifische Felder im Standardnetzvorgang
CNEX0006	Kundenspezifische Felder in der Projektdefinition
CNEX0007	Kundenspezifische Felder im PSP-Element
CNEX0008	Kundenspezifische Felder im Netzplanvorgang
CNEX0010	Kundenspezifischer Hierarchieaufbau in der logischen Datenbank des Projektsystems
CNEX0012	externe Netzplannummer aus der PSP-Nummer ableiten
CNEX0016	Kundenspezifische Felder im Netzplankopf
CONFPS01	PS-Rückmeldung: Kundenspez. Vorschlagswerte ermitteln
CONFPS02	PS-Rückmeldung: Kundenspez. Eingabeprüfungen 1
CONFPS03	PS-Rückmeldung: Kundenspez. Prüfung nach Vorgangsselektion
COZF0001	Bestellanforderung zum Fremdvorgang ändern

Tabelle A.4 Mögliche Funktionserweiterungen für PS

Erweiterungen	Beschreibung
PROJECTDEF_UPDATE	BAdI: Pojektdefinition
PS_PLANNING_PERIODS	Projektplantafel: Auswertungs- und Planungszeitraum ändern
PS_SUMM_KAP2001	Versorgung von Zusatzmerkmalen der Tabelle PSMERK
PS_TRANSFER_DATES	Termine übernehmen für PSP ohne Netzplan
WORKBREAKDOWN_UPDATE	BAdI: PSP

Tabelle A.4 Mögliche Funktionserweiterungen für PS (Forts.)

Anhang B
Literaturverzeichnis

Balla, Jochen; Layer, Frank: *Produktionsplanung mit SAP APO*. 2. Aufl. Bonn: SAP PRESS 2010

Dickersbach, Jörg Thomas; Keller, Gerhard: *Produktionsplanung und -steuerung mit SAP ERP*. 5. Aufl. Bonn: SAP PRESS 2014

Domschke, Wolfgang; Drexl, Andreas: *Einführung in Operations Research*. 9. Aufl. Heidelberg: Springer Press 2015

Drewer, Jens; Honert, Dirk; Kappauf, Jens: *Verfügbarkeitsprüfung mit SAP*. Bonn: SAP PRESS 2011

Franz, Mario: *Projektmanagement mit SAP Projektsystem*. 5. Aufl. Bonn: SAP PRESS 2017

Günther, Hans-Otto; Tempelmeier, Horst: *Produktion und Logistik*. 9. Aufl. Heidelberg: Springer Press 2012

Gulyássy, Ferenc; Hoppe, Marc; Vithayathil, Binoy; Köhler, Oliver: *Disposition mit SAP*. Bonn: SAP PRESS 2014

Gulyássy, Ferenc; Vithayathil, Binoy: *Projektplanung mit SAP*. Bonn: SAP PRESS 2010

Kiener, Stefan; Maier-Scheubeck, Nicolas; Obermaier, Robert; Weiß, Manfred: *Produktions-Management*. 10. Aufl. München: Oldenbourg Verlag 2012

Neumann, Klaus: *Produktions- und Operations-Management*. Heidelberg: Springer 1996

Tempelmeier, Horst: *Material-Logistik*. 8. Aufl. Heidelberg: Springer 2008

Thonemann, Ulrich: *Operations Management*. 3. Aufl. München: Pearson Studium 2015

Anhang C
Das Autorenteam

Ferenc Gulyássy arbeitet seit seinem Abschluss als Diplom-Kaufmann und Diplom-Volkswirt (Universität zu Köln) als Berater und stellvertretender Beratungsleiter für SAP Supply Chain Management (SCM) bei SAP SE. Schwerpunkte seiner Tätigkeit sind die Projekt-, Beschaffungs- und Produktionsplanung unter Berücksichtigung von Kapazitäten. Er hat im In- und Ausland eine Vielzahl von Projekten bei großen und mittelgroßen Unternehmen verschiedener Industrie- und Dienstleistungsbranchen mit den SAP-Funktionalitäten PS, PP, PP/DS, CTM und IBP durchgeführt. Zu seinen Aufgaben zählt neben der Implementierung von SAP-Systemen auch die Optimierung von Systemeinstellungen zur Umsetzung von Prozessverbesserungen. Auf diesen Erfahrungen basierend war er an der fachlichen Konzeption der SCM Consulting Solutions von SAP Consultings zur Optimierung von Planungsprozessen in den Planungssystemen von SAP (SAP ECC, SAP S/4HANA, SAP APO, SAP IBP) maßgeblich beteiligt. Als Schulungsreferent der Kurse für Bestandsoptimierung mit SAP (WDBOPT), Produktionsplanung und -steuerung in SAP ERP (SCM240), Demand-Driven and Predictive MRP Bootcamp in S/4HANA (DDpMRPBC), Produktions- und Feinplanung bzw. Schnittstellen in SAP APO (SCM250 und SCM210) und SAP IBP (IBP100–800) ist er ebenfalls für SAP Education tätig. Darüber hinaus ist er Lehrbeauftragter für Principles of Consulting und Advanced Supply Chain Management an der Jacobs University in Bremen.

Binoy Vithayathil ist nach einem Wirtschaftsingenieur-Studium und einem MBA seit 2007 als SCM-Berater bei SAP SE beschäftigt. Der Schwerpunkt seiner Tätigkeit liegt neben SAP ERP, SAP S/4HANA, SAP APO und SAP IBP primär auf der Optimierung logistischer Prozesse der Absatz- und Beschaffungsplanung und Disposition. Durch nationale sowie internationale Projekte bei großen und mittelständischen Unternehmen verfügt er über branchenübergreifende SCM-Erfahrung. Neben seiner Tätigkeit als Berater ist er auch als Schulungsreferent für die IBP-Kurse von SAP Education aktiv und hält Vorlesungen im Bereich Supply Chain Management an der Jacobs University in Bremen.

Index

C

D

E

F

G

H

I

J

K

M

N

O

P

Q

R

S

U

V

W

Z